Grundsätze

der

rationellen Landwirthschaft.

Von

A. Thaer.

Erster Band.

Sechste Auflage.

Berlin,
Druck und Verlag von Georg Reimer.
1868.

Vorrede.

Der nächste Zweck dieses Werks in der Gestalt, worin es jetzt erscheint, ist, einen Leitfaden und eine Basis zu haben, um meinen mündlichen Vortrag danach zu ordnen und darauf zu begründen. Es ist deshalb allerdings gedrängter geschrieben, als es bei alleiniger Rücksicht auf mein lesendes Publikum hätte geschehen sollen. Indessen hoffe ich durch Bestimmtheit, Vollständigkeit und Ordnung des Vortrages dies so ersetzt zu haben, daß demjenigen Leser, welcher mit Aufmerksamkeit und Ordnung — nicht zerstreut, fragmentarisch und flüchtig — lieset, Alles klar genug seyn werde. Bei einigen abstrakten Materien, z. B. in diesem Bande bei der Begründung der Wissenschaft, habe ich mich vielleicht zu kurz gefaßt; aber ich hätte, um diese Materie einem Theile meiner Leser vollständig zu entwickeln, durch Weitläuftigkeit einem andern Theile langweilig werden müssen. Wo es zur Aufklärung einer wichtigen Materie nothwendig war, habe ich so ausführlich geredet, daß es selbst für meine Zuhörer kaum einer weitern Erörterung bedarf. Es versteht sich übrigens, daß manche Gegenstände, welche in diesem Bande in der Lehre von der Oekonomie, nur des allgemeinen Ueberblicks wegen, dargestellt werden mußten, an ihrem Orte werden genauer behandelt werden. Wegen dieses mehr oder minder gedrängten Vortrages wird man die Verschiedenheit des Styls verzeihen.

Auch in der Ordnung des Vortrages habe ich mich gewissermaßen nach der Abtheilung des Mögelinschen Unterrichtskursus für das Winter- und Sommersemester und nach dem Gange der Vorlesungen der damit verbundenen Wissenschaften gerichtet. Der erste und ein Theil des zweiten Bandes enthalten das, was in der Lehre von der Landwirthschaftskunde mehr abstrakt und reiner wissenschaftlich ist, weniger einer sinnlichen Darstellung bedarf, und mehr Nachdenken als Beobachtung erfordert, zu dessen Vortrage und Studium also die Winterzeit mehr geeignet ist. Der Inhalt des ersten Bandes liegt vor Augen. Der zweite enthält: 1) die Agronomie, oder die Lehre von der Kenntniß und Würdigung des Bodens nach seinen chemischen und physischen Eigenschaften, rücksichtlich auf dessen zweckmäßigste Benutzung und Werthschätzung; 2) die Agrikultur, oder die Lehre von der Verbesserung und Vorbereitung des Bodens, welches Hauptstück sich wieder in zwei Abschnitte theilt: a) die Lehre von der chemischen Verbesserung und Befruchtung des Bodens durch Aufführung und Vermengung relativ verbessernder und absolut düngender Substanzen; b) die Lehre von der mechanischen Verbesserung und Vorbereitung des Bodens, welche sowohl die Operationen der eigentlichen Beackerung als die der Urbarmachung, der Abwässerung, der Bewässerung u. s. w. in sich begreift. Der Vortrag der Agronomie und des chemischen Theils der Agrikultur fällt in den Zeitraum, wo ich bei meinen Zuhörern schon die nöthigen chemisch-physischen Kenntnisse voraussetzen kann; der der mechanischen Agrikultur eröffnet die Sommervorlesungen zu einer Zeit, wo diese Operationen am besten sinnlich dargestellt werden können.

Der dritte Band enthält die Lehre von den vegetabilischen Produktionen in ihrem ganzen Umfange, und fußt nun auf die schon vorgetragene allgemeine und spezielle Pflanzenlehre, die hier in besonderer Rücksicht auf den Pflanzenbau in nähern Betracht und Anwendung kommt.

Der vierte Band wird die Lehre von den thierischen Produktionen enthalten, die eine Einleitung über diesen thierischen Organismus im gesunden Zustande, und über die krankhaften Abweichungen desselben um so mehr erfordert, da das Eigenthümliche der letztern in ihren häufigsten Formen bei jeder Thierart besonders angegeben wird; damit der rationelle Landwirth sich wenigstens von den gewöhnlichen Kurschmieden, Hirten und Quacksalbern unabhängig erhalten, den wahren Arzt aber würdigen könne.

Die Lehre von dem mit der Landwirthschaft — in Hinsicht der Benutzung der Produkte sowohl als der Viehzucht — in näherer und zweckmäßiger Verbindung stehenden technischen Gewerbe wird das Werk in einem besonderen Supplementbande schließen.

Ohne jene Hinsicht auf den Kursus des Mögelinschen Unterrichts hätte ich vielleicht eine andere Ordnung gewählt, und die abstraktere Lehre von der Oekonomie zuletzt behandelt. Ich zweifle indessen, ob dies dem Bedürfnisse derer, welche nach diesem Werke die Landwirthschaft rationell studiren wollen, angemessener gewesen wäre; vielmehr hat mich nunmehr die Erfahrung bei dem größten Theile meiner Zuhörer gelehrt, daß in jener Ordnung die klarste und deutlichste Ansicht entstehe. So lange man das Ganze nicht übersieht, sind einseitige und schwer wieder zu verlöschende Eindrücke beinahe unvermeidlich, und diese haben der Theorie und der Praxis der Landwirthschaft vielen Nachtheil gebracht. Hätte ich eine andere Ordnung gewählt, so würde ich das Werk auf einmal herausgegeben haben, welches sich unter den jetzigen Zeitumständen noch lange hätte verzögern müssen.

Ich fühlte aber eine Verpflichtung, dieses Werk entweder in dieser konzentrirten Form oder in einer ausführlichen bald herauszugeben. Meine englische Landwirthschaft und einige andere Schriften hatten einen bis dahin beispiellosen Eifer für die Landwirthschaft, das Gefühl und die Ueberzeugung von der Möglichkeit eines höheren Betriebes und die Sehnsucht nach der möglichsten Vollkommenheit allgemein erregt. Aber der einseitigen Ansicht wegen, die Manche nach jenem Werke gefaßt hatten, verfielen die, welche am raschesten zum Ziele hinstrebten, auf Abwege, wodurch sie es verfehlten, oder doch später und mit größerem Aufwande, als nöthig war, erreichten. Andere schwankten von einem Wege zum andern hinüber, und kamen wenig vorwärts, noch Andere blieben stehen, zweifelnd, welchen Weg sie einschlagen sollten. Manche kehrten schnell zurück, wenn ihnen ein Verirrter in den Weg sprang und zurief: „Hier ist's nicht recht, experto crede Ruperto!“ Manche wollten sich einen neuen Weg bahnen, den ihre Kräfte nicht zu erklimmen vermochten. Andere, die es verstanden, die Mittel zu berechnen, die erforderlich waren, um den Zweck früher oder später zu erreichen, stehen jedoch auf der Höhe und rufen Andern zu: „Hier bin ich, kommt mir nach!“

Dies Werk, hoffe ich, soll dergleichen Verirrungen, wozu ich durch jenes Werk allerdings einige Veranlassung mag gegeben haben, verhüten. Allein es ist kein hölzerner Wegweiser, den man nur ansprechen kann, wenn man ihn eben braucht. Es ist ein Grundriß, den man studiren und ganz vor Augen haben muß, wenn man sich auf jedem Punkte dieses Gebiets orientiren und nirgends verirren will.

Ich fühle lebhaft, daß dieses Werk nicht frei von Mängeln sey. Die Drangsale — wenn gleich nicht die Zerstörungen — des Krieges, denen ich mit wenigen Unterbrechungen seit sieben Jahren ausgesetzt war, manche Sorgen und häusliche Leiden lähmten die freie Thätigkeit des Geistes, die ein solches systematisches, nicht fragmentarisches Werk in einem Fache, welches noch nicht wissenschaftlich behandelt war, erforderte. Man erwarte also nichts Vollkommenes, sondern nur das Beste, was ich unter diesen Umständen zu geben vermag.

Ich wünsche Kritik dieses Werks im Ganzen und im Einzelnen. Ueber diejenige, welche gegründet scheint, werde ich mich in meinen Annalen bescheiden erklären, und, wenn man will, sie gern darin aufnehmen. Wenn ich aber bemerkte, daß nur Jemand an mir zum Ritter werden wollte, so würde ich ihm eben so wenig, wie einem Rückert oder Leupert antworten. Insbesondere wünsche ich Unvollständigkeit und Uebersehung gewisser nicht unerheblicher Fälle und Umstände gerügt, und solche Rügen würde ich mit Dank zur Verbesserung nutzen, weil dadurch die Wissenschaft gefördert wird.

Einige haben, wie ich vernehme, gewünscht und erwartet, hier eine besonders vollständige Litteratur und Anführung der Schriften, welche über jede Materie geschrieben sind, zu finden. Ich habe aber zu dieser Erwartung Niemand berechtigt, indem ich die Handarbeit, Büchertitel abzuschreiben, nicht liebe. Hätte ich mich aber auf die Kritik der Schriften einlassen wollen, so würden dazu allein 12 Bände nicht gereicht haben. Wir haben auch über die landwirthschaftliche Litteratur ein systematisches, nach Materien geordnetes, sehr vollständiges, verdienstvolles Werk: „F. B. Weber's Handbuch der ökonomischen Litteratur oder „systematische Anleitung zur Kenntniß der deutschen ökonomischen „Schriften, die sowohl die gesammte Land- und Hauswirthschaft, „als die mit denselben verbundenen Hülfs- und Nebenwissen„schaften angehen, mit Angabe ihres Ladenpreises und Bemer„kung ihres Werths (?) in 2 Bänden, Berlin 1803." Ferner eine sehr genaue und trefflich geordnete systematische Darstellung alles dessen, was sich über landwirthschaftliche Gegenstände in den Verhandlungen der gelehrten und landwirthschaftlichen Gesellschaften aller Nationen findet, an „Reuss repertorium commentationum a societatibus litterariis editarum, P. VI. Oeconomia, Goettingae 1806." (Es wäre zu wünschen, daß Jemand eine auf gleiche Weise geordnete Nachweisung der in andern von Einzelnen herausgegebenen Sammlungen enthaltenen Schriften ausarbeitete. Denn in der That findet man in einer bisher nur fragmentarisch behandelten Wissenschaft das Beste und Originellste in fragmentarischen Schriften.) Uebrigens findet man auch die Litteratur in Beckmann's Lehrbuche, in Weber's Handbuche der Felderwirthschaft, Frankfurt 1807; in Nau's Anleitung zur Landwirthschaft, Frankfurt am Main 1804, und mehreren andern Lehrbüchern, vollständig genug angeführt. Die Meinungen verschiedener ausgezeichneter älterer Schriftsteller über gewisse Gegenstände von Wichtigkeit findet man auch in Germershausen's Hausvater und Hausmutter mehr oder minder richtig und treffend dargestellt.

Die idealische Münze, welche ich in der Lehre von der Oekonomie angenommen habe, nämlich

1 ⋕ = dem Werthe eines $\frac{1}{6}$ Berliner Scheffels Roggen,
oder
= dem Preise einer gewöhnlichen unangestrengten Tagesarbeit

wird Manchem anfangs anstößig seyn. Bei genauerer Erwägung wird man finden, wie sehr diese idealische Münze die Ausmittelung allgemeiner Verhältnisse und Resultate und demnächst ihre Anwendung auf spezielle Fälle erleichtere.

Die Zeitumstände und die daher rührende Verlegenheit der angesehensten Buchhandlungen machen es nothwendig, daß dies Werk auf Pränumeration herauskomme. Ich würde ohne dies diesen — ursprünglich nur für genialisches Fuhrwerk bestimmten, aber von litterarischen Lohnkärrnern usurpirten und verdorbenen — Weg nicht eingeschlagen seyn. Ich verdanke es dem Vorspann meiner verehrungswürdigen Gönner und Freunde, daß ich selbst zu dieser Zeit so gut darauf gefahren bin. Dies macht mir doppelte Freude. Denn ich konnte keine bessere Gelegenheit haben, mich von ihrem wahrhaften Wohlwollen zu überzeugen. Ich bin stolz darauf, ihre Namen öffentlich nennen zu dürfen. Es geschieht ohne eine andere Ordnung, als daß die Namen derjenigen, welche die Annahme der Pränumeration zu besorgen die Güte hatten, vorstehen, und die durch sie eingegangenen jedesmal folgen. An erstere dieser Herren oder ihre Kommissionaire werden die Exemplare durch Buchhändlerfracht von der Verlagshandlung gesandt, und dieselben werden die Gewogenheit haben, die Pränumeration auf den zweiten Band anzunehmen und mir zu übersenden.

Sollte bei der Versendung irgend eine Unrichtigkeit vorgegangen seyn, so ersuche ich, mir solches anzuzeigen.

Mögelin, den 3ten Junius 1809.

Der Verfasser.

Inhaltsverzeichniß des ersten Bandes.

Erstes Hauptstück.

Begründung.

Begriff der rationellen Landwirthschaft.

Begründung der wissenschaftlichen Lehre.

Begründung des Gewerbes.

Das Kapital. 22.

Das Landgut und dessen Besitznehmung 28

Zweites Hauptstück.

Oekonomie, oder die Lehre von den Verhältnissen, von der Einrichtung und Direktion der Wirthschaft. 91.

Arbeit des Gespanns. 109.

Pferde und Ochsen.

Die Handarbeiten. 138.

Direktion der Wirthschaft. 177.

Landwirthschaftliche Buchhaltung. 200.

Verhältniß der Düngung, der Fütterung und des Viehstandes. 226.

Erstes Hauptstück.

Begründung.

Begriff der rationellen Landwirthschaft.

§. 1.

Die Landwirthschaft ist ein Gewerbe, welches zum Zweck hat, durch Produktion (zuweilen auch durch fernere Bearbeitung) vegetabilischer und thierischer Substanzen Gewinn zu erzeugen oder Geld zu erwerben.

§. 2.

Je höher dieser Gewinn nachhaltig ist, desto vollständiger wird dieser Zweck erfüllt. Die vollkommenste Landwirthschaft ist also die, welche den möglich höchsten, nachhaltigen Gewinn, nach Verhältniß des Vermögens, der Kräfte und der Umstände, aus ihrem Betriebe zieht.

Nicht die möglich höchste Produktion, sondern der höchste reine Gewinn, nach Abzug der Kosten — welches beides in entgegengesetzten Verhältnissen stehen kann — ist Zweck des Landwirths, und muß es seyn, selbst in Hinsicht auf das allgemeine Beste; den einzigen Fall ausgenommen, wo man der Wissenschaft wegen die Möglichkeit hoher Produktion, obwohl unter den bestehenden Verhältnissen mit geringerem Vortheil, zeigen wollte.

§. 3.

Die rationelle Lehre von der Landwirthschaft muß also zeigen, wie der möglich höchste reine Gewinn unter allen Verhältnissen aus diesem Betriebe gezogen werden könne.

§. 4.

Die Lehre des Ackerbaues kann dreierlei Art seyn, d. h. das Gewerbe kann auf dreierlei Weise gelehrt und erlernt werden: erstlich handwerksmäßig, zweitens kunstmäßig, drittens wissenschaftlich.

§. 5.

Die handwerksmäßige oder mechanische Erlernung besteht in der nachahmenden Uebung der Handgriffe, des Augenmaaßes und des Taktes oder der Zeitwahrnehmung. Sie ist eine bloße Abrichtung, und der handwerksmäßige Landwirth kann bloß nachahmen, und bei seinen gewohnten, nach Raum und Zeit mehr oder minder modificirten

Handgriffen bleiben, wovon er keinen Verstandsbegriff hat oder zu haben braucht.

§. 6.

Kunst ist Darstellung der Idee in der Wirklichkeit. Der bloß kunstmäßige Landwirth nimmt die Idee oder die Regel seines Verfahrens von Anderen auf Glauben an. Die kunstmäßige Erlernung besteht also in dem Auffassen fremder Ideen, oder in der Erlernung von Regeln, und in der Uebung, diese Regeln in Ausführung zu bringen.

§. 7.

Die wissenschaftliche Lehre setzt keine positiven Regeln fest, sondern sie entwickelt die Gründe, nach welchen man für jeden vorkommenden speciellen Fall — den sie scharf unterscheiden lehrt — das möglich beste Verfahren selbst erfindet. Die Kunst führt ein gegebenes und angenommenes Gesetz aus, die Wissenschaft giebt selbst das Gesetz.

§. 8.

Nur die wissenschaftliche Lehre allein kann allgemein gültig und allumfassend seyn, und zur Erreichung des Höchsten unter allen und jeden Verhältnissen führen. Alle positiven Regeln und Erlernungen sind nur auf bestimmte Lagen anwendbar, und jede bedarf besonderer, die nur die Wissenschaft so geben kann, daß das möglich Beste in jedem Fall erreicht werde. Der höhere Ackerbau kann also allein rationeller Ackerbau genannt werden, und beides ist eins.

Wie der Schiffer, der mit Kompaß und Karte das Weltmeer umsegelt, — mit deren Hülfe jeden Wind und Strömung benutzt, um sich seinem Ziele, wenn gleich oft durch manche Umwege und langsamen Schritts, zu nähern, Klippen und Hindernisse sicher umgeht, in jeder Lage die vortheilhafteste Richtung wählt, und immer glücklich in möglich kürzester Zeit den Hafen erreicht — sich zu dem Küstenfahrer verhält, der das Ufer nicht aus dem Auge verlieren darf, wenn er sich nicht dem blinden Schicksale überlassen will: so der rationelle Landwirth gegen den angelernten.

§. 9.

Die handwerks- und kunstmäßige Erlernung ist jedoch dem Landwirthe, der sich bis zur Wissenschaft und zum Ideale erheben will, nicht unnütz. Es ist gut, wenn er die Handgriffe kennen und die erforderliche Kraft gleichsam fühlen gelernt hat, um die mechanische Ausführung beurtheilen zu können. Auch gehört Uebung des Augenmaaßes und Ausdauer dazu, um den vom Verstande gebildeten Begriff in der Wirklichkeit ausführen zu können.

§. 10.

Aber der bloß gelernte Landwirth darf sich nie ohne bestimmte Anweisung von seinem Leisten entfernen, obwohl dieser nur für eine besondere Lage passend seyn kann.

Er darf nur seiner einmal angenommenen Regel oder der bestimmten Vorschrift des Einsichtsvollern folgen, und wird, wenn er selbst denken und frei handeln will, dem Soldaten gleich seyn, der voll persönlichen Muthes aus Reihe und Glied hervortretend Feuer giebt, und statt die gute Sache zu fördern, nur Alles in Verwirrung bringt.

Deshalb ist es oft sehr richtig, wenn man sagt, daß Wirthschaftsverwalter, die in anderen Gegenden und unter anderen Verhältnissen der Sache glücklich vorgestanden hätten, nun, anders wohin versetzt, durchaus bei jedem Schritte strauchelten und das Ganze in Verwirrung brachten. Ihre auf Glauben angenommene Regel paßte nicht bei verschiedenem Boden, verschiedenem Maaße der Kräfte und verschiedenen Verhältnissen. Und so erklärte man diese auf ihrem Flecke kunstgerechten Oekonomen für unwissende. Der wahre rationelle Landwirth dagegen wird sich in den verschiedenartigsten Lagen orientiren, wenn er sich die Zeit nimmt, diese richtig kennen zu lernen.

§. 11.

Wenigen Gebrauch kann deshalb der nicht wissenschaftlich gebildete Landwirth vom Lesen selbst der besten Bücher machen. Er weiß die neuen Ideen nicht zu ordnen und in das Ganze zu verweben. Sie richten daher nur Verwirrung in und durch ihn an. Höchstens darf er nur solche Bücher lesen, welche auf die besonderen Verhältnisse, worin er sich befindet, nahen Bezug haben.

§. 12.

Die wissenschaftliche Lehre der Landwirthschaft muß, ohne specielle Regeln zu geben, die Resultate der bisher gemachten Erfahrungen und des Nachdenkens kennen und würdigen lehren, sie bis auf ihren erforschbaren tiefsten Grund erklären, Licht über alle Operationen verbreiten, den Grund und Ungrund angenommener Meinungen aufdecken, und in jedem individuellen Falle zur Selbsterfindung der Regel führen, die wir zu befolgen haben, und jeden Erfolg derselben vorauszusehen und zu berechnen lehren. Da der wissenschaftliche Landwirth diese selbst erfundene Regel immer richtiger versteht, als die von einem Andern mitgetheilte, und sie sich im Momente der Anwendung seinem Verstande klarer darstellt, so wird er sie vollkommener ausführen, und jede während der Ausführung nöthige Modifikation treffen. Nur diese wissenschaftliche Lehre kann die Widersprüche der von einzelnen Wahrnehmungen abgezogenen Regeln vereinigen, und die Erfahrungen sichten und läutern. Sie erweckt das Talent, über alle bei der Ausführung des Gewerbes vorkommenden Fälle selbst zu urtheilen und auf eigenes Urtheil einen Entschluß zu gründen. Auch setzt sie uns allein in den Stand, über das Verfahren Anderer zu urtheilen, und lehrt uns, voreiligen Tadel zurückzuhalten, zu welchem der bloß kunstgerechte Landwirth so geneigt ist.

§. 13.

Wissenschaftlich ist die Landwirthschaft nur in einzelnen Theilen, nicht im ganzen Zusammenhange und von allgemein gültigen Gründen ausgehend, gelehrt worden. Die Lehre war entweder bloß empirisch, auf besondere Lokalitäten und individuelle Ansichten gegründet, oder, wenn sie systematisch und allumfassend seyn sollte, eine Compilation von Fragmenten, ein Gemenge widersprechender Resultate heterogener Erfahrungen.

Alle Wissenschaften dieser Art haben nur Fortschritte durch solche Köpfe gemacht, welche Theorie und eigene Praxis — Wissenschaft und Ausführung — vereinigten. Die Theorie des Ackerbaues hat bisher fast nur solche Köpfe beschäftigt, die wenig Praxis und Gelegenheit zu Beobachtungen und Prüfungen hatten. Dagegen hatten die Praktiker nur ihre Wirthschaftsart vor Augen, und zu wenig Bekanntschaft mit den Erfahrungen Anderer und den Entdeckungen der Naturforscher. Und da es ihnen überdem an mathematischen, logischen und Sprachbegriffen fehlte, so verirrten sie sich, sobald sie aus ihrer engern oder weitern Sphäre heraustraten.

Begründung der Lehre.

§. 14.

Auf Erfahrung.

Die Wissenschaft des Ackerbaues beruht auf Erfahrung, und es können nur die an eine Erfahrungs-Wissenschaft zu machenden Forderungen an sie ergehen. Ihr Grundstoff ist empirisch, d. h. durch sinnliche Wahrnehmung gegeben. Wäre die Erfahrung aber auch ganz empirisch, so ist doch die Entwickelung der Resultate und die Konstruktion der Wissenschaft das Werk des Verstandes.

§. 15.

Was Erfahrung sey?

Aber schon Erfahrung an sich ist nicht bloß sinnliche Wahrnehmung, sondern begreift Reflexion über das Wahrgenommene in sich. Der Begriff der Kausalität, oder daß eine Erscheinung die Wirkung einer andern sey, liegt jeder Erfahrung zum Grunde, und folglich ist jede aus sinnlicher Wahrnehmung und aus Thätigkeit des Verstandes zusammengesetzt.

Es ist auch dem rohesten Menschen eigen, bei jeder beachteten Erscheinung nach der Ursache zu fragen, und Etwas ohne Ursache kann sich keiner denken.

Die Ursache einer Erscheinung muß die Wirkung einer anderen seyn, und diese muß wiederum eine andere Ursache haben. So denkt sich jeder Mensch eine Kette von Ursachen so lang, als es möglich ist, nimmt oft die Phantasie zu Hülfe, um sie zu verlängern, — läßt die Welt auf einem Riesen, den Riesen auf einem Elephanten, und den Elephanten auf einer Schildkröte ruhen — muß aber endlich auf einen Punkt kommen, wo er keine Ursache der Ursachen mehr finden kann. Die letzte Ursache nennen wir dann Kraft, welche wir wie von der Natur, von der Gottheit ausgehend, betrachten. Kraft ist aber immer nur das Letzte, wohin unser Verstand dringen kann, und Manches, was man für eine nicht weiter zu ergründende Kraft ansah, ist nachmals als Wirkung tief liegender Ursachen anerkannt worden.

§. 16.

Zu dem Schlusse, daß eine Erscheinung die Wirkung einer anderen sey, führt uns das öftere Beieinanderseyn oder Aufeinanderfolgen dieser Erscheinungen. Hierin liegt aber der Grund der meisten Trugschlüsse, indem wir zu leicht geneigt sind, das Folgende immer als die Wirkung des Vorhergehenden anzusehen. (Post hoc, ergo propter hoc.) Auch fehlt es leider! an einem bestimmten allgemeinen Merkmale, eine bloße Folge in der Zeit von einer Folge aus der Kraft zu unterscheiden.

§. 17.

Das häufige und wiederholte Beieinanderseyn berechtigt uns erst, die Verbindung zweier Erscheinungen, als Ursache und Wirkung, nur zu vermuthen. Je öfter es sich wiederholt, desto mehr steigt die Wahrscheinlichkeit dieser Verbindung, und wird endlich zur moralischen Gewißheit für uns, welche jedoch aufhört, es zu seyn, wenn nur ein einziges Mal das Eine ohne das Andere erscheint. Dann dürfen wir wenigstens das Eine nicht für die alleinige Ursache der Wirkung des Anderen halten.

§. 18.

Die meisten Erscheinungen aber, so wie wir sie in ihrem ganzen Complexus wahrnehmen, sind nicht die Wirkung einer, sondern oft mannigfaltig zusammengesetzter und sich vereinigender Ursachen. Wenn deren neun beisammen sind, und die zehnte fehlt, so erfolgt auch die Wirkung nicht, oft die ganz entgegengesetzte.

Um eine vollständige Kornähre hervorzubringen, wird erfordert:

1) ein gesundes Samenkorn mit unbeschädigtem Keime;
2) Erde, die gelockert und wohl vorbereitet ist;
3) Feuchtigkeit im gehörigen Maaße, weder zu viel noch zu wenig;
4) Wärme im gehörigen Grade.

Dies wußte Jeder, aber nun weiß man, daß auch erfordert werde:

5) Luft, denn im luftleeren Raume entwickelt sich kein Keim;
6) Sauerstoff in gehörigen Verhältnissen, denn in einer Luft, wo dieser fehlt, entwickelt sich ebenfalls der Keim nicht;
7) Kohlenstoff, denn ohne diesen kommt die Pflanze nur zur Blüthe, nicht zur Samenbildung;
8) Licht, denn ohne solches erkrankt die Pflanze, und stirbt ab vor der Reife.

Es ist also das Hinzutreten aller dieser Stoffe und Potenzen, und vielleicht vieler anderen nöthig, um jene Wirkung oder Aehre, und ihr gerechtes Verhältniß, um eine vollkommene hervorzubringen. Ihr Mißrathen kann an dem Mangel des einen oder des anderen liegen.

§. 19.

Erfahrungen machen wir entweder durch bloße

Beobachtung, indem wir die von selbst zusammentreffenden Körper und Potenzen und deren Einwirkung auf einander gehörig beachten und das Resultat bemerken, oder durch

Versuche, indem wir wohlbekannte Dinge in genau bestimmten Verhältnissen zusammenbringen, ihre Wechselwirkung beachten, und dabei möglichst verhüten, daß nichts Fremdes oder Unbekanntes, was Einfluß auf den Erfolg haben kann, sich einmische.

Ein Versuch ist eine der Natur vorgelegte Frage, worauf sie, wenn er gehörig eingerichtet ist, durchaus eine Antwort — sey es auch nur durch Ja oder Nein — geben muß.

§. 20.

Versuche.

Die Kunst, Versuche anzustellen, hat man fast zuerst im vorigen Jahrhundert richtig kennen gelernt und ausgebildet. Auf dieselbe gründet sich jedoch vorzüglich die Gewalt des Menschen über die materielle Welt, und er kann diese um so weiter ausdehnen, je mehr er jene Kunst vervollkommnet und in Ausübung bringt.

§. 21.

Es verdient aber keinesweges den Namen eines Versuchs, wenn man mehrere Stoffe und Potenzen, unbestimmt und ungemessen, und ohne den Einfluß fremder abzuschneiden, auf einander wirken läßt und den Erfolg bemerkt. Solcher sogenannten Proben haben wir freilich viele, und es ist auch allerdings manches Wichtige und Nützliche dadurch zufällig entdeckt worden, in den früheren Perioden der Naturforschung. Aber nie erfuhr man dadurch das, was man gerade wissen wollte und worauf es ankam, und Millionen wurden fruchtlos angestellt, bevor man eine Entdeckung machte.

§ 22.

Ganz vollkommene und reine Versuche sind fast nur in einem isolirten Raume, unter der Glocke des Naturforschers und im Laboratorium des Chemikers möglich. Sie liegen außer dem Wirkungskreise des eigentlichen Landwirthes, ihre Erforschung, Kenntniß und genauere Anstellung ist jedoch, wie wir sehen werden, von höchster Wichtigkeit für die Lehre vom Ackerbau.

§. 23.

Versuche indessen, wo Zahl, Mäaß und Gewicht möglichst genau angewandt, und Alles, was wir diesen nicht unterwerfen können, doch mit möglichster Genauigkeit beachtet worden, können wir allerdings auch vom Landwirthe erwarten, und sie bleiben, ungeachtet sie nicht in vollkommenster Reinheit angestellt werden konnten, dennoch von Wichtigkeit.

§. 24.

Besonders aber giebt es eine Art von Versuchen, welche den völlig reinen Versuchen fast gleich kommen, und in der Landwirthschaft wenigstens eben so genau, wie in vielen andern Erfahrungswissenschaften angestellt werden können. Dies sind die komparativen Versuche. Da nämlich unter freiem Himmel die einwirkenden Dinge selten nach unserer Willkühr herbeigeschafft und entfernt, eben so wenig gemessen und gewogen werden können, so müssen wir, um die Wirkung eines in unserer Gewalt stehenden Dinges zu erforschen, nur dieses einzige in verschiedenen zugleich und neben einander angestellten Versuchen zusetzen und weglassen, quantitativisch und qualitativisch verändern, alles Uebrige aber möglichst gleich erhalten. Der Erfolg wird uns dann über den Antheil, den der einzige veränderte Umstand darauf hatte, belehren, und uns anzeigen, ob und wiefern dieser zur Erreichung eines gewissen Zweckes nützlich oder unnütz sey. Diese Versuche müssen jedoch, um vollständig zu seyn, unter mannigfaltigen, nicht in unserer Gewalt stehenden Umständen, in verschiedenen Klimaten, bei verschiedenem Witterungslaufe, auf verschiedenen Bodenarten, wiederholt werden.

§. 25.

Versuche dieser Art sind freilich nicht leicht, aber dennoch jedem denkenden Landwirthe möglich. Und Jeder, der einen solchen, aber vollständig, ausführt, sey es auch nur unter besonderen Umständen, und treu erzählt, macht sich um die Wissenschaft des Gewerbes, und folglich auch um die Praxis bei Welt und Nachwelt verdient. Sie in Menge anzustellen, übersteigt die Kräfte und die Forderungen, die man an den Einzelnen machen kann, und es wäre nur Sache des Staats, diesem Geschäfte gewachsene Männer in die Lage zu setzen, wo sie ihre Zeit und Talente ganz der Erforschung der Natur zum Besten der Landwirthschaft und des allgemeinen Wohlstandes widmen könnten.

Oekonomische Societäten, welche zur Beförderung der Wissenschaft gestiftet worden, sollten sich die Anstellung solcher Versuche und die Vertheilung derselben unter ihre Mitglieder vor Allem angelegen seyn lassen, so wie es die Mecklenburgische Societät thun wollte.

§. 26.

Beobachtungen.

Da aber bis jetzt die Zahl solcher genauen Versuche noch zu geringe ist, so müssen wir die, vielleicht schon zu große Sammlung von bloßen Beobachtungen und von Nachrichten über mancherlei angestellte Proben, bei aller ihrer Unvollkommenheit, zu Hülfe nehmen, und sie zur Begründung unserer Wissenschaft benutzen.

Haben sich doch Wissenschaften ausgebildet, die außer der Beobachtung der Wirkung unbekannter Potenzen und einzelner sehr unvollkommener Proben noch weniger von reinen Erfahrungssätzen zum Grunde legen konnten, z. B. die Medicin.

§. 27.

Es gehört aber viele Vorsicht und Scharfsinn dazu, um in dieses verworrene Chaos Licht und Ordnung zu bringen. Es müssen jene aufbehaltenen Beobachtungen nicht bloß gesammelt und geordnet, sondern auch von allen Seiten betrachtet, mit einander verglichen, zusammengepaßt, nach bekannten Thatsachen und den vorhandenen genauern Versuchen geprüft werden. So lassen sich aus ihnen wichtige Resultate herausziehen, die zwar mehr oder minder evident sind, denen man vernünftiger Weise seinen Beifall nicht versagen kann, und die zu einer genaueren Untersuchung leiten, woraus dann endlich ihre Bestätigung oder Widerlegung unwidersprechlich hervorgehen muß. Es muß nur dasjenige wohl unterschieden werden, was mit mehrerer oder minderer Zuversicht, und was nur auf eine zweifelhafte Art, nach der bis jetzt mangelhaften Erfahrung, angenommen werden darf. Viel weiter würden wir auch hierdurch schon gekommen seyn, wenn nicht die lächerliche Schaam, womit die meisten Landwirthe fehlgeschlagene Versuche verheimlichen, und die Uebertreibung, womit sie glückliche erzählen, die Fortschritte aufgehalten hätten.

§. 28.

Beihülfe der Naturwissenschaft.

Eine große Beihülfe zur Begründung unserer Wissenschaft, und insbesondere einen Faden, um uns aus dem Labyrinthe der gehäuften, mehrentheils einseitigen Erfahrungen herauszuwickeln, einen Prüfstein, um ihren Gehalt und ihre Aechtheit zu erforschen, giebt uns die in den letzteren Zeiten so hoch vervollkommnete Naturwissenschaft. Die Natur wirkt allenthalben nach gleichen und ewigen Gesetzen, und nur durch Benutzung der Naturkraft wirkt der Landwirth. Deshalb lassen sich aus physikalisch-chemischen Kenntnissen für den Ackerbau theils direkte Regeln ableiten, theils die Richtung bestimmen, die wir bei unseren Untersuchungen zu nehmen haben. Wenn nur durch jene die Gleichheit und die Ungleichheit des Bodens und seine Bestandtheile bestimmt ausgemittelt worden, so ist dies genug, um über die häufige Ungleichheit des Erfolgs bei angestellten Operationen Licht zu bekommen. Seit jeher hatten jene Wissenschaften Einfluß auf die Lehre vom Ackerbau gehabt, und aus ihrem unvollkommenen Zustande waren manche Vorurtheile und falsche Begriffe mit herübergebracht, die wir nicht anders, als durch die Benutzung der nun berichtigten Naturkenntnisse entfernen können. In den neuesten Zeiten ist vorzüglich die Chemie zur Bereicherung der Ackerkunde angewandt, und groß ist der Gewinn, den selbst die Praxis schon davon gehabt hat. Wir können jetzt manche Wahrheiten, die wir nach unseren Beobachtungen auf dem freien Felde und Wirthschaftshofe nur ahneten, evident erweisen und manche angenommenen Vorurtheile widerlegen.

Deshalb muß sich der wissenschaftliche Vortrag der Ackerbaulehre unerläßlich auf richtige physikalische und chemische Begriffe gründen, und wir müssen durch sie so tief wie möglich auf den Grund der Erscheinungen zu kommen suchen, weil wir nur dann mit Glück in unseren Untersuchungen arbeiten, und um so zahlreichere und richtigere Folgen ziehen können, je tiefer wir zu den Gründen der Naturerscheinungen eindringen.

Nur dürfen wir keine Stufe überspringen, sonst dringen wir nicht ein; wir stürzen in den Abgrund der Muthmaßungen und dunkeln Begriffe, welche zwar die Phantasie beschäftigen können, den Verstand aber verwirren.

§. 29.

Pflanzenkunde.

Da der Landwirth sich mit der Erzeugung, dem Wachsthum und der Vollendung der Pflanzen hauptsächlich beschäftigt, so ist die Kenntniß von der Organisation und Natur der Pflanzen sowohl (Pflanzenphysiologie), als die von ihren charakteristischen Unterscheidungszeichen, ihren natürlichen und künstlichen Ordnungen und ihren Benennungen (Botanik) der Landwirthschaftslehre unentbehrlich.

§. 30.

Thierkunde.

Und da der Landwirth ferner die Produktion der Thiere und der thierischen Substanzen zu seinem Geschäfte macht, so ist, um das richtige Verfahren hierbei auszumitteln, nicht minder die Kenntniß der thierischen Natur und ihrer Abweichung vom gesunden Zustande, der Lehre höchst wichtig.

§. 31.

Mathematik.

Ohne die Grundsätze der reinen Mathematik kann keine Wissenschaft sich ausbilden. Die Landwirthschaft bedarf aber mehrerer Theile der angewandten Mathematik, vorzüglich der Rechenkunst im ausgedehnteren Sinne des Worts, des Kalkuls zur mannigfaltigen Berechnung der Verhältnisse, und der genauen Buchhaltung, um sichere Data zu bekommen; ferner der Flächen- und Höhenmeßkunst, der Mechanik, der Hydraulik und Hydrostatik, und der Baukunst.

§. 32.

Zur Entwickelung der Lehre sind endlich politische, staatswirthschaftliche, rechtskundige und merkantilische Kenntnisse und richtige Begriffe aus allen diesen Fächern nicht zu entbehren.

§. 33.

Und da mancherlei Bereitungen selbstgewonnener Produkte den daraus zu ziehenden Nutzen erhöhen, und solche vortheilhaft auf das Ganze der Wirthschaft zurückwirken, so sind manche technologischen Kenntnisse erforderlich. Sie sind selbst in Hinsicht solcher Produkte nützlich, die der Landwirth an den Fabrikanten verkauft, um den Werth derselben für diesen, und wie der Werth erhöhet werden könne, zu erkennen.

Die Landwirthschaftslehre muß also aus allen diesen Wissenschaften Sätze zur Begründung der ihrigen entlehnen, und folglich diese Wissenschaften in ihrem ganzen Umfange zur Hand haben, obwohl sie selbige nicht selbst vorträgt.

Begründung des Gewerbes.

§. 34.

Zum Betriebe des Gewerbes wird vor allen erfordert: 1) ein fähiges Subjekt, 2) Kapital, 3) ein Landgut.

Das Subjekt.

§. 35.

Eigenschaften eines dazu tüchtigen Subjekts.

Jeder, welcher die Landwirthschaft mit höchstmöglichem Erfolg — denn von etwas Anderem kann hier nicht die Rede seyn — ausüben will, muß Energie und Thätigkeit, mit Ueberlegung, Ausdauer und mit allen erforderlichen Kenntnissen verknüpfen.

Zwar hat man es lange als Beruf zur Landwirthschaft angesehen, wenn ein junger Mensch zu anderen Gewerben zu wenig Fähigkeit besaß; und es giebt auch Beispiele, daß einige dieses Schlages, ungeachtet sie auf einer sehr niedern Stufe stehen blieben, dennoch bei der Landwirthschaft ihr Glück gemacht haben. Dies war aber bloß ein glückliches Zusammentreffen äußerer zufälliger Umstände, welches in einem gewissen Zeitraume nicht selten war, jetzt aber kaum mehr eintreten kann.

Der Betrieb der Landwirthschaft ist aus so mannigfaltigen einzelnen Verrichtungen zusammengesetzt, deren jede an sich sehr leicht scheint, die aber schwer im gerechten Verhältnisse zu erhalten sind, indem sie sich oft widerstreben. Diese der Zeit und den Kräften nach so zu ordnen, daß keine versäumt, sondern jede gehörig und in dem Maaße vollführt werde, daß andere gleich nöthige nicht darunter leiden, erfordert große Aufmerksamkeit und Thätigkeit ohne Unruhe, schnellen Entschluß ohne Uebereilung, allgemeinen Ueberblick des Ganzen, mit scharfer Aufmerksamkeit auf jeden Punkt, richtige Würdigung des mehr oder minder Nöthigen und Nützlichen in jedem Momente, Ausdauer bei der Vollendung des Angefangenen, ohne über dieses das Dringendere zu versäumen, richtige Berechnung der Kräfte und der Zeit, zur möglich vortheilhaftesten nachhaltigen Benutzung derselben.

§. 36.

Da vielleicht kein Gewerbe so vielen Zufälligkeiten und Unglücksfällen ausgesetzt ist, wie die Landwirthschaft, so ist, um ein glückliches Leben dabei zu führen, bei der erforderlichen Thätigkeit doch eine gewisse Ruhe des Gemüths eine nothwendige Bedingung.

Der Landwirth muß jedes unverschuldete Unglück oder jede verfehlte Erwartung, sobald er deren Folgen durch gehörige Vorkehrungen möglichst gemindert hat, verschmerzen und vergessen können, entweder vermöge eines gewissen natürlichen Phlegma, oder indem er sich höhere Trostgründe, die Philosophie oder Religion ihm geben, vorstellt. Nur gegen das, was durch ihn oder durch Andere verschuldet ist, darf er nicht leichtsinnig seyn, und eine natürliche lebhafte Empfindlichkeit, durch Vernunft gezügelt, beugt solchen Fehlern in der Folge vor.

§. 37.

Das Landleben hat bei allen Annehmlichkeiten so viel Einförmiges, und bei aller Geschäftigkeit doch solche Stunden der Langeweile, daß dem lebhaften Kopfe solches kaum genügen kann, wenn er sich nicht mit einem andern Studium beschäftigt. Unter allen aber ist keins angemessener für ihn, als das der Natur. Er kann der glücklichen Neigung, in der Naturwelt zu leben und ihre erhabenen Gesetze zu erforschen, sich auch mehr als jeder Andere hingeben, indem er sie, ohne seinen Geschäften Abbruch zu thun, immer befriedigen und fast in jedem Augenblicke damit vereinigen kann.

Wenn uns die moralische Welt und die gesellschaftlichen Verhältnisse fast nur den widrigen Anblick des Widerstrebens gegen die ewig beseligenden Gesetze der Vernunft darbieten, wodurch sich Schmerz und Elend über die Erde verbreiten, so zeigt uns die Natur nur um so mehr Ordnung und Einheit, je tiefer wir eindringen. Das Beseligende dieses Anblicks genügt nicht nur dem Gemüthe, sondern erweckt auch den Glauben, die ewige Weisheit, welche ihr Werk in der materiellen Welt unserem Auge offen darlegt und die Materie in immer neuen Gebilden erscheinen läßt, werde auch in der geistigen Welt Alles nach einem Plane, zu einem harmonischen Ganzen geordnet haben, dessen Vollendung der Ewigkeit vorbehalten ist. Dies Gefühl wird, wenn gleich nur dunkel, beim Landmanne lebhafter als beim Städter erregt, weshalb man auch beobachtet hat, daß bei ackerbauenden Nationen und Ständen immer mehrere und reinere Religiosität herrschte, als bei denen, die Krieg und Handel zu ihren Geschäften machten.

Ohne Liebe und Kenntniß der Natur wird das landwirthschaftliche Leben dem, der es bloß zur Erreichung des Hauptzweckes erwählt, leicht verleidet werden, und es gehört dann sehr große Resignation dazu, sich bloß seiner Pflicht zu widmen, und eine größere vielleicht, je gebildeter man ist. Manche, die des städtischen Lebens und seiner Mannigfaltigkeiten gewohnt waren, haben diese aus Ueberdruß oder anderen Ursachen verlassen und sich der Landwirthschaft widmen wollen; aber sie fanden die Pflichten und Entbehrungen bald zu schwer für sich, und gaben ihr Unternehmen ganz oder theilweise auf, nicht ohne schmerzlichen Verlust. Unter denen, die in Städten höher ausgebildet waren, habe ich nur solche ihrem Vorsatze getreu und in der Ausführung glücklich befunden, die sich der Neigung, in der Natur zu leben, was bei dem Gebildeten ohne gründliche Kenntniß derselben nicht geschehen kann, ganz hingaben.

§. 38.

Erwerbung der Kenntnisse.

Der Mann, der jene Talente, mit dieser Neigung verbunden, in sich wahrnimmt, der Jüngling, der die Anlage dazu äußert, wird sich mit großem Erfolge der Landwirthschaft widmen, und das höhere Ziel darin erreichen, wenn er sich eine vollständige Kenntniß davon erwirbt. Es fragt sich also, wie diese am sichersten erworben werde.

§. 39.

Man erwirbt sie ohne Zweifel am leichtesten und natürlichsten, wenn ein bloß sinnlicher und mechanischer Unterricht und Uebung oder eigentliche Erziehung zur Landwirthschaft dem wissenschaftlichen Unterricht vorhergeht. Dennoch haben wir der Beispiele sehr viele, daß, bei einer der landwirthschaftlichen ganz entgegengesetzten Erziehung und vormaligen Beschäftigung, sich Männer von entschiedenem Talent und Neigung, vermöge eines ganz wissenschaftlichen Unterrichts, zu großen Landwirthen gebildet, und sogar vor ältern einsichtsvollen Landwirthen in kurzer Zeit den Vorsprung gewonnen haben. Die Wissenschaft eröffnete ihnen Ansichten, welche die Routine übersah, und schärfte ihre Augen, dasjenige klar und bestimmt zu erkennen, wobei sich lange Uebung mit dunklerm Gefühle begnügt hatte.

Mehrentheils haben sie zwar bei einzelnen Theilen anfangs Fehler begangen und Lehrgeld bezahlen müssen, woran aber das Mangelhafte des bisherigen wissenschaftlichen Unterrichts nur Schuld war.

§. 40.

Erziehung zur Landwirthschaft.

Bei gleichen Talenten und gleichem wissenschaftlichen Unterricht muß jedoch derjenige immer den Vorzug haben, welcher ohne Vernachlässigung der übrigen Ausbildung in der ersten Jugend schon der Erziehung zum Landwirth genossen hat. Diese Erziehung erhalte der Jüngling von funfzehn Jahren in einer sehr betriebsamen, aus mannigfaltigen Zweigen zusammengesetzten, mit vielen und mancherlei Kräften wirkenden Wirthschaft, wenn sie gleich von höherer Zweckmäßigkeit noch weit entfernt wäre. Er soll hier nur die sinnlichen Eindrücke von allen Gegenständen und Geschäften des Ackerbaues erhalten, das Detail und die einzelnen Momente der Handgriffe durch eigenen Versuch und Uebung genau auffassen, sich in der Schätzung des Raums, der Zeit und der Kraft üben, und sich in seinem Kopfe einen Maaßstab davon bilden. Er lerne hier ferner den Umgang mit den arbeitenden Menschen und die Behandlungsweise kennen und üben, durch welche man bei ihnen am sichersten und nachhaltigsten den Zweck erreicht. Er übe sich ferner in der Thätigkeit, Geduld, Ausdauer und Moderation, jedes zu seiner Zeit, und gewöhne sich physisch und moralisch an das landwirthschaftliche Leben. Seine Aufmerksamkeit erwecke er, und komme seinem Gedächtniß zu Hülfe durch unmittelbare Anzeichnungen im Taschenbuche und durch die Führung eines Journals. Dann lerne er die Directions-Geschäfte nach der hier eingeführten Weise kennen, so viel er Gelegenheit dazu hat, und vernachlässige besonders nicht, sich bei Kauf- und Verkaufsgeschäften einen gewissen Takt zu erwerben, um List mit Gegenlist zu bekämpfen. Je mechanischer und positiver er hier Alles erlernt, desto besser ist es vielleicht, wenn er nachmals eine höhere Ausbildung erhalten soll. Schwankende und falsche Gründe, die für Manches angeführt zu werden pflegen, und die der junge Mann, bevor er sie prüfen kann, auf Glauben annimmt, wurzeln nur als Vorurtheile ein, die mit Mühe ausgerottet werden müssen. So vorbereitet wird er zum wissenschaftlichen Unterricht, mit der Erwartung, das Hohe und Große zu erreichen, übergehen können.

§. 41.

Hülfswissenschaften.

Man hat den Nutzen der Hülfswissenschaften für die höhere Landwirthschaft schon lange nicht ganz verkannt, und dann angenommen, daß ihre Erlernung vorhergehen müsse. Deshalb haben sich junge, der Landwirthschaft bestimmte Männer einige Jahre auf Universitäten aufgehalten, um hier das sogenannte Kameralfach zu studiren. Allein diese Nebenwissenschaften erfordern, in Bezug auf die Landwirthschaft, eine ganz besondere Behandlung. Das Allgemeine derselben muß in so fern vollständig und gründlich gelehrt werden, als nöthig ist, um jedes Spezielle davon abzuleiten. In Ansehung des Speziellen aber scheint mir nur Dasjenige zweckmäßig, was auf das Gewerbe oder die Lehre von diesem Gewerbe nahen Bezug hat. Durch eine zu weite Ausdehnung dieser Lehren wird das Gemüth zu sehr zerstreut und von dem Hauptziele abgelenkt, und die überwiegende Neigung, welche für das eine oder andere Studium in diesen empfänglichen Jahren entsteht, kann dem thätigen Leben Abbruch thun; oder aber, es entsteht eine gewisse Oberflächlichkeit, ein sogenanntes encyklopädisches Wissen. Wird dagegen Alles mit Hinsicht auf den einen bezweckten Gegenstand vorgetragen, so konzentrirt sich auf ihm alles Licht, und er erscheint dem Jünglinge in desto reizenderer Gestalt. Deshalb hat der verbundene und in einander greifende Vortrag der Haupt- und Hülfswissenschaften so große Vorzüge, und Mancher, der die Hülfswissenschaften auf Universitäten gehört hatte, fing bei selbigen erst an, den Bezug zu erkennen, den sie auf sein Studium haben könnten.

§. 42.

Lehrstühle der Landwirthschaft auf Universitäten.

Daß man schon seit hundert Jahren die Möglichkeit und Nützlichkeit eines wissenschaftlichen Unterrichts in der Landwirthschaft ahnete, beweisen die Lehrstühle, welche seitdem fast auf allen Universitäten dafür errichtet wurden. In so fern solche dem künftigen Staatsbeamten, dem Rechtsgelehrten, selbst dem Theologen und Arzte, eine klare Ansicht des landwirthschaftlichen Gewerbes geben sollen, erkenne ich ihren Nutzen an, und wünschte nur, daß der Vortrag von demselben diesem einzig von ihnen erreichbaren Zwecke angemessen wäre. Für den Unterricht suchenden Landwirth scheinen sie mir durchaus nicht passend, indem die Universitätsverhältnisse, die akademische Lebensweise und die ganze Ansicht der Dinge daselbst, etwas zu Heterogenes in seine Bildung bringt, welches ihm in Ansehung seiner künftigen Thätigkeit und Lebensweise leicht nachtheilig werden möchte, man auch kaum erwarten kann, daß ein praktisch-wissenschaftlicher Landwirth eine Lehrstelle auf Universitäten annehmen werde, und ein anderer zu diesem Vortrage durchaus nicht fähig ist.

§. 43.

Köpfe, in denen die Wissenschaft der Landwirthschaft mehr oder minder entwickelt bisher existirte, haben sich solche durch eigenes Nachdenken erschaffen müssen, und konnten die ungeheuere in diesem Fache geschriebene Masse von Büchern nur gebrauchen, um die darin zerstreuten guten Materialien herauszuheben. Mehrentheils waren dies aber nur solche, die zu eigenem Gebrauch und für ihre besonderen Verhältnisse sich ihre Systeme bildeten, oder auch Kameralisten und Statistiker, die wiederum einen vom landwirthschaftlichen verschiedenen Gesichtspunkt hatten, und Alles in die hergebrachten Formen zwängen mußten, die häufig nicht von der Natur, sondern von der Willkühr gegeben waren.

Wir haben wohl deshalb noch keine der Landwirthschaft angemessene Legislatur, weil wir keine Wissenschaft derselben hatten. Denn wie konnte der Gesetzgeber ein so verwickeltes Gewerbe richtig ins Auge fassen, von dem er nur einseitige Begriffe bekam? — Doch ist es neuerlich den staatswirthschaftlichen Schriftstellern Krug und Kraus gelungen.

§. 44.

Reisen.

Bisher konnte Nichts so sehr zur Ausbildung eines rationellen Landwirths beitragen, als Reisen durch die in landwirthschaftlicher Hinsicht ausgezeichneten Länder. Die Beobachtung der mannigfaltig verschiedenen Methoden und Einrichtungen verschiedener Völker zerstört das eingesogene Vorurtheil, als könne es nicht anders und besser als bei uns seyn, und die Einseitigkeit. Die Gebräuche ganzer Provinzen und Nationen, in den allgemeinen Wirthschaftsformen sowohl, als in dem Betriebe jedes Geschäfts und der Behandlung jedes Produkts, sind für den denkenden Mann Versuche im Großen, wenn er sie, mittelst vielseitiger Vergleichung der Resultate, gehörig neben einander zu stellen weiß. Es gehört aber eine große Ausdauer und Ueberwindung mancher Schwierigkeiten dazu, um solche Reisen nutzbar zu machen und mit seiner Beobachtung völlig auf den Grund zu bringen. Wer ein Land mit Extrapost durchgereist und nur in Wirthshäusern eingekehrt ist, wird unbedeutend wenig Ausbeute dieser Art daher zurückbringen. Ferner erfordert es einen durch viele Vorkenntnisse ausgebildeten Verstand und Scharfsinn und eine vorurtheilsfreie Unpartheilichkeit, um aus solchen Bemerkungen wahre und bestimmte Resultate zu ziehen. Sonst bringt man statt abgelegter Kleider und Vorurtheile nur neue in das Land, die unserm Klima und unserer gesellschaftlichen Konvenienz weniger angemessen sind, als die alten. Hätte jedoch das Handwerk des Ackerbaues schon, wie die zünftigen Handwerke, seinen Gesellen das Reisen zur Pflicht gemacht, so stände es ohne Zweifel besser um selbiges.

In der Folge Etwas über die Regel des Reisens in landwirthschaftlicher Hinsicht, die zweckmäßigsten Reiserouten, und über die landwirthschaftliche Geographie.

§. 45.

Besondere Institute zum landwirthschaftlichen Unterricht.

Endlich sind eigene landwirthschaftliche Unterrichts-Institute in den neueren Zeiten häufig vorgeschlagen, projektirt und versucht, aber noch nicht nachhaltend ausgeführt worden. Man hat zum Theil zu Vieles von ihnen verlangt. Das Mechanische muß in solchen zwar klar und von Grund aus gezeigt und gelehrt werden; die Uebung darin läßt sich aber schwerlich genugsam damit verbinden. Das, was wir Erziehung zur Landwirthschaft genannt haben, kann in niederen Schulen, die jedoch von keinem großen Umfange zu seyn brauchten, und denen jeder brave und fleißige Wirthschaftsverwalter, fast ohne alle wissenschaftliche Bildung, vorstehen könnte, besser erlangt werden, indem der längere Aufenthalt in diesen auch minder kostspielig ist.

An eine wissenschaftliche Unterrichtsanstalt sind aber folgende Forderungen zu machen.

Es muß daselbst alles Wissenschaftliche, was auf das landwirthschaftliche Leben direkten und indirekten Bezug hat, mit einander vereinigt und eingreifend und mit klar anzugebender Hinsicht auf den Hauptzweck gelehrt werden.

Hierzu ist erforderlich, daß jeder Lehrer nicht nur seine Wissenschaft in voller Klarheit und Gründlichkeit besitze, indem es immer weit schwerer ist, eine Wissenschaft in besonderm Bezug auf eine andere, als im Allgemeinen vorzutragen; sondern er muß auch von dem Hauptzwecke selbst, um dessenwillen sie vorgetragen wird, vollständige Kenntniß und einen hohen Begriff von dessen Wichtigkeit haben.

Neben der Erkenntniß muß Liebe und Enthusiasmus für die Sache erregt werden. Das Ideal der höchst möglichen Vollkommenheit muß so hoch, so einleuchtend und so reizend aufgestellt werden, daß die Sehnsucht, solches um sein selbst willen zu erreichen, im Gemüthe tief wurzele. Daß die auf ein solches Institut Kommenden dessen fähig sind, läßt sich schon aus ihrem Kommen annehmen.

Ein Ideal ist kein Hirngespinnst, obwohl es unerreichbar seyn kann. Es ist ein Produkt des Verstandes und der Vernunft, in welchem gar nichts willkührlich seyn darf; nämlich die Vorstellung der höchsten Vollkommenheit, die in irgend einer Sache denkbar ist, ohne alle Rücksicht auf die Einschränkungen, welche Nothwendigkeit und Zufall der Ausführung in den Weg legen. Man muß solches nothwendig vor Augen haben, wenn man das möglich Höchste unter allen Umständen erreichen will, um sich demselben in jeder Lage, wäre es auch nur durch einen kleinen Schritt und durch große Umwege, zu nähern. Unter Ideal der Landwirthschaft ist keine einzelne Einrichtung, sondern diejenige Ordnung, wodurch unter allen gegebenen Umständen der Zweck des Gewerbes nach §. 1. und 2. am vollkommensten erreicht wird, zu verstehen.

Es ist durchaus nöthig, daß eine sinnliche Darstellung aller Gegenstände und ihrer Behandlung in jedem Detail und in jedem Momente mit der Lehre verbunden sey, damit ein tiefer, klarer und bleibender Eindruck bewirkt werde, auch von jedem wichtigern Satze ein Erfahrungsbeweis oder erläuterndes Experiment gegeben werden könne. Deshalb ist eine hinlänglich ausgedehnte und komplizirte Wirthschaft dabei nöthig, die zu allen wichtigen Operationen die Vorkehrungen enthält und Veranlassung giebt. Da jedoch nicht Alles in einer Wirthschaft vereinigt seyn kann, ohne sie gar zu komplizirt zu machen, — wodurch sie wiederum aufhören würde, eine Musterwirthschaft zu seyn, wie sie doch seyn soll, — so muß für das Institut eine solche Gegend ausgewählt werden, wo mannigfaltige Einrichtungen und Verschiedenheiten in der Nähe zu beobachten und Vergleichungen anzustellen sind.

Die mit dem Institute verbundene Wirthschaft muß zwar eine Musterwirthschaft, braucht aber nicht eine vollendete zu seyn. Vielmehr ist es besser, wenn sie nur nach Vollendung hinstrebt, um die Schwierigkeiten, die dieser entgegenstehen, und ihre Umgehung zu zeigen. Auch muß sie sich in den gewöhnlichen Verhältnissen befinden, und keine außerordentlichen Hülfsquellen, womit sie sich schneller emporbringen kann, als sonst möglich ist, haben oder benutzen. Desgleichen darf sie sich keiner Hülfsmittel, vermöge eines unverhältnißmäßig großen Betriebs-Kapitals, bedienen, die im Großen durchaus nicht anwendbar wären.

Sie muß weder Dünger aus Städten kaufen, noch durch tiefes Rajolen mit dem Spaten und durch Unterpflügen mehrjähriger Ernten u. dgl. zu kostspielige Mittel ihren Acker verbessern; sondern muß durchaus ökonomisch richtig verfahren. Um zu zeigen, was durch solche Operationen bewirkt werden könne, reichen einzelne Quadratruthen zu.

Nicht minder muß ein vollständiger Apparat und zweckmäßige Einrichtungen für die hier gelehrten Hülfswissenschaften vorhanden seyn. Die ganze Lebensweise und Unterhaltung muß auf den einzigen Hauptzweck hinausgehen, und die ganze Thätigkeit auf denselben gerichtet werden, nicht durch Zwang oder positive Anordnungen, sondern vermöge der Liebe und des Interesses, welches für die Sache erregt wird. Durch offene und freie Unterhaltung wird am besten ein Austausch der Ideen und Meinungen, ein tieferes Nachdenken über selbige, und ein Abreiben aller mitgebrachten Schlacken des Vorurtheils bewirkt. Sie muß daher auf alle Weise befördert, herbeigeführt und geleitet werden, indem Nichts so sehr eine gründliche Prüfung befördert, als Widerspruch, der nicht durch Ansehn der Person, sondern durch Vernunft gehoben und zur klaren Entscheidung gebracht werden muß.

Da wissenschaftliche Ausbildung an sich keinen äußern Zwang leidet, sondern nur Wirkung des freien Geistes seyn kann, und da sich ferner im Allgemeinen annehmen läßt, daß diejenigen, welche sich auf einer solchen Anstalt einfinden, aus freier Wahl und also mit dem festen Willen, sich die möglichste Vollkommenheit in diesem Fach zu erwerben, hinkommen, so wäre Zwang schädlich und unnütz. Dagegen wären aber die, welche aus irgend einer andern Absicht kämen oder hergeschickt wären, sogleich zu entfernen, sobald es sich nämlich zeigte, daß sie von jenem gemeinsamen Geiste nicht ergriffen würden, und nur durch Zwang abgehalten werden könnten, ihn nicht zu stören. Jedoch muß allerdings eine gewisse Ordnung, in so fern sie um des gemeinen Bestens willen, und um Jedem seine Freiheit und Bequemlichkeit zu sichern, nöthig ist, festgesetzt und strenge beobachtet werden.

So sehr die gesellige Mittheilung unter jenen Voraussetzungen den Zweck befördert, so darf sie dennoch den einsamen Fleiß nicht stören, weshalb Jeder einzeln ein eignes Zimmer bewohnen und solches ungestört für sich besitzen muß.

Je mehr sich eine solche Anstalt einen weit verbreiteten Ruf verschafft, um aus entfernten und verschiedenartigen Provinzen Lehrbegierige herbeizuziehn, — nicht lauter unerfahrne, sondern auch solche Männer, die schon durch längere Uebung und Scharfsinn sich eine genauere Kenntniß ihrer landüblichen Wirthschaft erworben haben, — um so vollkommner wird sie werden. Denn Nichts ist wirksamer, um alle Einseitigkeit der Lehrenden und Lernenden zu verhüten, als wenn jene auf die mannigfaltigen mitgebrachten Begriffe Rücksicht nehmen müssen, damit diese erkennen, wie die gegebenen allgemeinen Begriffe alles Verschiedengestaltete in sich fassen und glücklich vereinigen. Durch die Zusammenkunft und das beständige Beieinandersehn von Männern aus den verschiedensten Klimaten, Ländern und Nationen, wo die abweichendsten Gebräuche, Einrichtungen und Meinungen herrschen, vereinigt sich hier eine lebendige Masse von Kenntnissen und Erfahrungen, zuweilen auch von Vorurtheilen und Meinungen, die anfangs eine ungemeine Gährung in allen Köpfen erregt, aus welcher aber bei gehöriger Leitung derselben bald ein klarer, reiner und allgemeiner Geist hervorgeht, der sich Allen mittheilt und Allen dasselbe Ideal der möglichsten Vollkommenheit darstellt, nur daß Jeder durch eigne Ideenverbindung solches nach seiner Individualität und Lokalität anders modifizirt und zu erreichen strebt. Ein solches Zusammentreten übertrifft bei weitem den Nutzen des Reisens selbst.

Ist eine Anstalt zu diesem Rufe gelangt, so wird sie nicht bloß Lehrlinge herbeiziehn, sondern auch Meister, denen sie Unterhaltung und Vortheil genug gewähren muß, um sie auf längere Zeit an sich zu halten. Dies thut vorzüglich große Wirkung auf die noch minder Festen, befestigt sie in ihrem Glauben, verstärkt ihr Bestreben, und wirft ein reizenderes Licht auf das Ideal, welches die Lehre ihnen hier aufgestellt hat.

Wären Anstalten dieser Art einmal dahin gelangt, so würde sich, von ihnen aus, die Wissenschaft auf die sicherste Weise über die civilisirte Welt verbreiten; die Praxis durch solche bald eine bessere Richtung und mehrere Sicherheit bekommen; veraltete, den Ackerbau durchaus niederdrückende Einrichtungen durch bessere Einsicht der Regierenden aufgehoben, und so Reichthum über die Fluren und Wohlstand über die Völker ergossen werden. Hier gebildete und von Liebe für vollkommnere Landwirthschaft begeisterte Männer würden als Apostel derselben in die Welt ausgehen, und den Glauben durch Lehre und Thaten, durch Weissagung und Wunder verbreiten.

Ueber die Lehre und das Studium der Landwirthschaft vergl. Annalen des Ackerbaues, I. Bd. S. 227.

Das Kapital.

§. 46.

Nächst der Fähigkeit des die Landwirthschaft betreibenden Subjekts ist das **Kapital** die wesentlichste Bedingung des Betriebes; denn der Vortheil und Erfolg steht bei gleichen Talenten des Betreibenden immer im Verhältniß mit dem dazu angelegten Kapitale. Deshalb ist auch nächst der Unfähigkeit der Subjekte der Mangel des in die Landwirthschaft belegten Kapitals der Hauptgrund ihrer Unvollkommenheit gewesen.

§. 47.

Wir verstehen unter Kapital im Allgemeinen das, was man nach dem gewöhnlichen Sprachgebrauche Vermögen nennt; ein jedes Gut, welches durch eignen Gebrauch oder Verleihung an Andere dem Eigenthümer ein Einkommen oder Rente giebt; und sehen nicht darauf, wie es ursprünglich hervorgebracht worden, ob durch Natur oder durch Arbeit.

Die Meisten pflegen zwar nur den durch Arbeit hervorgebrachten und gesammelten Vorrath nutzbarer Güter — deren Werth durch das Geld repräsentirt und ausgedrückt wird — **Kapital** zu nennen. Aber theils ist der Antheil oft nicht auszumitteln, den die Natur oder Arbeit an einem Gute gehabt hat, z. B. bei einem Bergwerke, Steinbruche oder bei urbar gemachtem, der Natur durch Kunst abgewonnenem Boden; theils ist es dem jetzigen Zustande der bürgerlichen Gesellschaft, wo man den Boden, von der Natur dargeboten, nicht in Besitz nehmen, sondern ihn allein gegen ein anderes eigentliches Kapital eintauschen kann, angemessener, auch den Grund und Boden zum Kapital zu rechnen. Ueberdem wird es uns so eine klarere Ansicht des landwirthschaftlichen Gewerbsbetriebes geben.

Der verewigte **Kraus** hat in seiner durch den Kammer-Präsidenten von **Auerswaldt** herausgegebenen **Staats-Wirthschaft** meines Erachtens am besten unterschieden, indem er den Werth der Landgüter zum **Vermögen** der Nation rechnet, aber nicht zum **Verlag**. Nirgends sind die gegenseitigen Verhältnisse der Landwirthschaft, des Staats und des National-Vermögens klarer und praktischer behandelt, als hier; und ich würde meine Begriffe ganz in die seinigen gefügt haben, wenn ich dieses Werk vor Ausarbeitung dieses Kapitels gelesen hätte. Es wird aber jedem Leser leicht fallen, dieses zu thun. In Ansehung der Resultate kommen wir auf eins hinaus.

§. 48.

Das im Ackerbau angelegte Kapital ist nach dieser Bestimmung dreierlei Art: 1) das Grundkapital, 2) das stehende Kapital, 3) das umlaufende oder Betriebskapital.

§. 49.

Grundkapital.

Das Grundkapital ist demnach dasjenige, wodurch sich der Landwirth in Besitz eines Landguts gesetzt hat oder setzen kann. Es ist der Werth des in Besitz genommenen oder zu nehmenden Grundes und Bodens. Der allgemeinen Observanz nach und mit zureichendem Grunde werden auch die Wirthschaftsgebäude und alles auf dem Boden Feststehende hierher gerechnet. Außerdem aber auch alle dem Gute anklebenden Gerechtsame, sie mögen unmittelbaren Bezug auf die Landwirthschaft haben, oder nicht.

Dieses Grundkapital oder der Werth des Landguts ist nicht gleichbleibend, sondern veränderlich, theils durch äußere Umstände in Hinsicht seines Verhältnisses gegen den Werth anderer Dinge oder des Geldes; theils aber und hauptsächlich in und durch sich selbst. Die Werthsveränderungen letzterer Art nennt man Meliorationen oder Deteriorationen. Durch Meliorationen wird das in ein Gut belegte Kapital ebensowohl, als durch den Ankauf eines neuen Grundes und Bodens vermehrt.

§. 50.

Stehendes Kapital.

Das stehende Kapital besteht in dem Werthe der zum Betriebe der Landwirthschaft nöthigen Dinge, und ist zu deren Ankauf verwandt.

Es wird gewöhnlich das Inventarium genannt, und dazu wird hauptsächlich das Zug- und beständige Nutzvieh, das Ackergeräth und Geschirr gerechnet. Nach dem Gebrauche einiger Länder werden dazu auch die Einsaat, die nach der Jahreszeit schon vollführte Bestellung des Feldes, und die von einer Ernte bis zur andern zum Wirthschaftsbetrieb erforderlichen selbstgewonnenen Konsumtibilien gerechnet. Eigentlich gehörte letzteres aber zu der folgenden Art des Kapitals.

§. 51.

Betriebskapital.

Das umlaufende oder Betriebskapital, womit das Gesinde, die Arbeiter, die anzukaufenden Bedürfnisse, das wechselnde Mastvieh u. s. w. bezahlt werden, besteht in dem Geldvorrathe, welcher dazu in der Kasse bereit liegen muß, oder in den Natural-Vorräthen, die man liegen hat, um dieses Geld daraus lösen zu können.

Von diesem Kapitale muß aber auch die Erhaltung des vorhergehenden oder des Inventariums, welches seiner Natur nach sich immer verschlechtert, bestritten werden. Und endlich werden in der Regel daraus auch die Kosten genommen, welche zur Vermehrung des Grundkapitals oder zur Verbesserung des Guts verwandt werden.

Dieses Betriebskapital ist die bewegende Kraft der ganzen Wirthschaft; von demselben wird die Arbeit bedingt, und diese ist es, welche eigentlich den Ertrag des landwirthschaftlichen Gewerbes hervorbringt. Daher steht dieser nächst den Talenten und dem Fleiße des Betreibers — besondere Glücks- und Unglücksfälle abgerechnet — immer im Verhältniß mit jenem Kapital.

Die Schwierigkeit und die Kostbarkeit, dieses Kapital zu erhalten, die Höhe der Zinsen, welche dafür gezahlt werden müssen, oder die Gelegenheit, mit seinem Kapitale in andern Gewerben einen höhern Gewinn machen zu können, sind das, was die Landwirthschaft, und folglich die Produktion des Grundes und Bodens am meisten zurückhält. Dagegen wird jede Erleichterung in der Erlangung dieses Kapitals, und jeder Anreiz, seine Kapitale in dieses Gewerbe zu belegen, den Zustand der Landwirthschaft am sichersten heben. Und da hierdurch nothwendig eine höhere Produktion bewirkt wird, so muß durch die Wohlhabenheit des Landmanns und durch den Gewinn, den ihm sein Gewerbe giebt, — indem er nämlich dadurch nur bewogen werden kann, sein erworbenes Vermögen in seinem Gewerbe stehen zu lassen, — Ueberfluß und Wohlfeilheit der Produkte gegen die Meinung der meisten Kurzsichtigen bewirkt werden.

§. 52.

Renten dieser Kapitale.

Um einen klaren Begriff vom landwirthschaftlichen Gewerbe zu bekommen, ist es nöthig, diese Kapitale und die Renten, welche sie geben, wohl abzusondern.

Das Grundkapital oder der Werth des Guts kann nur als ein, mit höchster Sicherheit auf Zinsen belegtes Kapital angesehen werden, und muß diejenigen Zinsen geben, die man von einem solchen, bei der möglich höchsten Sicherheit, erhalten kann. Ein Mehreres kann man von selbigem nicht verlangen.

Das stehende Kapital oder das Inventarium — obwohl wir annehmen, daß es vom Betriebskapitale in immer gleichem Zustande erhalten werden müsse, weshalb man es unter dieser Bedingung auch eisern nennt — ist doch immer mehreren Gefahren als das vorhergehende, oder der Grund und Boden, ausgesetzt; indem es Unglücksfällen unterworfen ist, bei denen der Eigenthümer desselben zu verlieren Gefahr läuft, weshalb man auch häufig durch Assekurationen solches zu sichern pflegt. Wären die Zinsen des Grundkapitals zu 4 Prozent anzunehmen, so müßten sie für dieses schon zu 6 Prozent berechnet werden.

Das umlaufende oder Betriebskapital ist den größten Gefahren unterworfen, ist die Bedingung des ganzen Gewerbes, und erfordert zu seiner Verwaltung große Aufmerksamkeit und Kenntnisse. Deshalb muß es, wie das Betriebskapital jedes Gewerbes, hohe Zinsen tragen und mindestens zu 12 Prozent angesetzt werden. Denn hierin besteht der Vortheil, der eigentlich aus dem Gewerbe hervorgeht.

Wenn demnach ein Eigenthümer sein Gut selbst bewirthschaftet, so muß er wohl unterscheiden, wie er den Ertrag seines Gutes als Rente dieser verschiedenen Kapitale zu berechnen habe. Den Grundwerth seines Guts würde er auch verzinst erhalten, wenn er es verpachtete oder verkaufte und das Kapital anderwärts sicher belegte. Dasselbe wäre der Fall mit dem Inventarium, wenn er es etwa unter gleicher Unsicherheit einem Andern überließe. Die Zinsen beider müssen also vom Ertrage der Wirthschaft abgezogen werden, und was dann bleibt, ist der reine Erwerb der Wirthschaftsführung, der aus dem angelegten Betriebskapital hervorgeht und der mit diesem in Verhältnissen steht, wenn man gleiche Kenntnisse und Fleiß voraussetzt. Wollte man noch genauer unterscheiden, so könnte man noch ein besonderes Kapital gesammelter Kenntnisse — welches allerdings nur durch Anstrengung und Aufwand gleich andern Kapitalen erworben wird — annehmen; und wenn z. B. ein geschickter Wirthschaftsverwalter einen über Verhältniß jener sämmtlichen Kapitale hinausgehenden Ertrag durch seine Geschicklichkeit hervorbrächte, so wäre der Ueberschuß seinem Kenntnißkapitale zuzuschreiben.

§. 53.

Durch diese genaue Unterscheidung wird der höchst fehlerhafte Schluß vom Ertrage eines Landguts auf dessen Werth vermieden, und wiederum das Schwankende der Erwartungen, die man sich nach dem Grundwerthe des Guts oder vom Ertrage der Wirthschaft macht, fester bestimmt.

§. 54.

Verhältnisse dieser Kapitale gegen einander.

In welchem Verhältnisse diese Kapitale gegen einander stehen müssen, läßt sich nicht im Allgemeinen bestimmen, sondern nur in jedem einzelnen Falle nach genauer Erwägung der Lokalitäten. Nur dieses: wer ein beschränktes Kapital besitzt, wird als Landwirth um so besser fahren, je mehr er davon als Betriebskapital zurückhält, und deshalb die Anlage des Grund- und selbst des stehenden Kapitals nicht zu hoch macht. Denn der reine Ertrag des Gewerbes richtet sich, weniger nach dem Umfange der Wirthschaft, als nach der Summe der auf ihren Betrieb verwandten Kosten.

Es versteht sich jedoch von selbst, daß diese Anlage ihre Grenzen habe, die aber viel weiter hinausliegen, als man wähnt.

Ich sage, als Landwirth, denn der Güterhändler hat ganz andere Regeln in seinem Gewerbe zu befolgen, welches zu gewissen Zeiten und unter gewissen Konjunkturen allerdings noch vortheilhafter, als der Betrieb der Landwirthschaft war.

In England, wo merkantilischer Kalkul und Scharfsinn sich am meisten über alle Gewerbe verbreitet hat, nimmt man an, daß das Betriebskapital, worunter man aber daselbst das stehende Kapital immer mit begreift, sieben- bis neunmal so stark seyn müsse, als die Zinsen des Grundkapitals, oder die Landrente. Wer ein Gut von jährlich 1000 Rthlrn. pachtet, muß 7- bis 9000 Rthlr. disponibles Vermögen haben. Man berechnet dann den Gewinn seines Gewerbes nicht nach der Pacht, sondern nach diesem Betriebskapitale, und nimmt an, daß man 12 Prozent davon haben müsse, von 9000 Rthlrn. also 1080 Rthlr. über die Pacht. Ist er Eigenthümer, so zieht er vom reinen Ertrage erst jene Pacht oder Landrente ab, die er, ohne Wirthschaft zu betreiben, auch haben könnte, und das Uebrige rechnet er als Gewinn des Gewerbes. Er wird aber nie so fehlerhaft schließen: Weil mir die Wirthschaft auf diesem Gute 1080 Rthlr. einträgt, so ist der Kapitalwerth des Guts gleich der Summe, die ich durch Multiplikation mit 25 aus jenem Wirthschaftsertrage erhalte. Und hieraus erhellt, wie fehlerhaft es sey, aus dem Ertrage eines Guts direkte auf dessen Werth zu schließen, wie dennoch bei den gewöhnlichen Anschlägen geschieht. Man sucht den Fehler zwar durch einen andern Fehler wieder auszugleichen, indem man den Ertrag weit geringer annimmt, als er bei einer gehörigen Bewirthschaftung seyn könnte. Nichtsdestoweniger aber bleibt diese Veranschlagung unbestimmt, verleitend und von den nachtheiligsten Folgen für das Gewerbe.

Selbst das stehende Kapital — obwohl dessen verstärkte Anlage zum Ertrage der Wirthschaft Vieles beiträgt — kann doch bei beschränktem Vermögen zu groß gemacht werden, wenn dadurch das umlaufende Kapital zu sehr geschwächt wird. Durch eine zu große Verwendung auf den Ankauf des Viehes hat sich Mancher außer Stand gesetzt, gehöriges Futter für selbiges bauen zu können.

§. 55.

Das Betriebskapital giebt oft einen Ertrag, den man häufig übersieht, indem solcher nicht baar in die Kasse zurückkommt, sondern unmittelbar zum Grundkapitale geschlagen, oder zur Verbesserung des Gutswerths angelegt wird. Wird Geld oder Arbeit direkte auf Meliorationen verwandt, so fällt es zwar bei genauerer Rechnungsführung wohl in die Augen; weniger aber, wenn man durch Aufopferung eines Theils des Ertrages die Kraft des Bodens vermehrt, indem man statt einer verkäuflichen Frucht, die den Boden erschöpft, eine andere baut, die seine Kraft nicht nur erhält, sondern auch durch Umwandlung in Dünger beträchtlich vermehrt. Weil aber hierdurch das Betriebskapital zum Vortheile des Grundkapitals vorerst vermindert wird, so muß jenes um so höher seyn oder beständigen Zufluß erhalten.

Hierin liegt eigentlich der Grund, warum man sagt, daß bei dem Uebergange zu einem bessern Ackersystem, insbesondere auf erschöpftem Boden, immer Verlust sey. Es ist aber kein Verlust, sondern eine Anlage in das Grundkapital, die, mit gehöriger Ueberlegung gemacht, allemal einen großen Gewinn giebt. Jedoch kann sie das Betriebskapital, wenn es zu schwach angelegt ist und keine Zuschüsse erhält, leicht erschöpfen. Solche Verbesserungen vermehren in der Regel den Kredit nicht gleich, und deshalb ist Mancher dadurch banquerot geworden, dessen Kredit schon vorher zu sehr gespannt war, wenn er im Uebrigen gleich richtig verfuhr. Der Fehler lag nur darin, daß er etwas Größeres unternahm, als wozu sein Betriebskapital reichte.

So werden aus Mangel dieses Kapitals fast alle großen Verbesserungen gehindert, um so mehr, je größer die Güter sind. Die Unvermögendern können es nicht finden, weil der Kapitalist in der Verwendung auf Verbesserungen keine Sicherheit findet. Die reichern Gutsbesitzer glauben es nicht zu können, weil sie sich zu einem Aufwande gewissermaßen verpflichtet halten, der ihre Rente mindestens konsumirt. Sie denken nur auf den jährlichen baaren Geld-Ertrag, und wollen diesen in keinem Jahre geschmälert haben, gleich als lebten sie von Leibrenten, und ginge sie das Kapital nichts an. Noch Andere wollen es nicht, weil sie vom Einkommen und Kapitale einen einseitigen Begriff haben, und sich darunter nur baares Geld, was zinsbar belegt werden kann, denken. Daher geldgeizige Wirthe in der Regel immer schlechte Wirthe sind, und es am deutlichsten beweisen, daß Geiz die Wurzel alles Uebels sey.

§. 56.

Wie dem Gewerbe das Betriebskapital am besten erhalten werde.

Wenn in einem Staate, der an sich arm ist, oder in welchem doch nur ein im Ganzen geringes Kapital der Landwirthschaft gewidmet ist, diese sich heben soll, so muß man solche Einrichtungen treffen, daß dieses geringe Betriebskapital möglichst in Thätigkeit komme und sich nicht noch mehr vermindere. Letzteres geschieht aber, wenn es zum Ankauf von Gütern verwandt wird, und gerade dadurch geht es für das Gewerbe verloren. Deshalb ist es wohl besser, wenn der Grundeigenthümer Grundeigenthümer bleibt und nur seine Rente zieht, der Wirthschaftsbetreibende aber nur Pächter ist. Weil aber jede Zeitpachtung so mißlich für beide Theile und durch die nothwendige Aussaugung so schädlich fürs Ganze ist, so kann Nichts so gut wie **Vererbpachtungen** jenes Problem der Staatswirthschaft lösen. Und damit jede Portion jenes Kapitals, wie sie sich in einzelnen Händen befindet, zur Thätigkeit komme, muß die Größe der Erbpachtungen mannigfaltig verschieden seyn, so daß Jeder Etwas finde, was seinen

Kräften angemessen ist, und Keiner verleitet werde, Etwas zu übernehmen, was diese übersteigt.

§. 57.

Es erhellt hieraus von selbst, daß sich ohne Kapital oder nachhaltigen Kredit das landwirthschaftliche Gewerbe nicht glücklich betreiben lasse, und daß jeder Versuch, dieses zu thun, jämmerlich ablaufe, und das Gewerbe auf der niedrigsten Stufe erhalte.

Dem selbst Arbeitenden ist sein Arbeitsvermögen gewissermaßen sein Betriebskapital. Indessen muß auch er so viel Kapital haben, als er braucht, um sich zu erhalten, bis er das Produkt seiner Arbeit verkaufen kann. Er darf aber, ohne sich ein anderes Kapital gesammelt zu haben, nicht weiter gehen, als jenes für sich reicht. Deshalb finden wir, daß ganz kleine Bauern sich forthelfen, größere aber, wenn sie völlig arm sind, nie aufkommen. Wahr bleibt es indessen, daß ohne allen gesammelten Vorrath das Arbeitsvermögen im Ganzen geringer benutzt wird.

Derjenige, welcher kein Geldkapital oder nur ein unbedeutendes neben einem beträchtlichen Kenntnißkapitale besitzt, wird aus diesem vorerst den größten und sichersten Vortheil ziehen, wenn er das Gewerbe für Andere betreibt. Dies hat allerdings größere Schwierigkeiten, als für sich selbst zu wirthschaften. Diese werden sich aber immer mehr vermindern, so wie sich die auf feste Gründe gestützte Wissenschaft mehr verbreitet, indem dadurch eine richtigere Schätzung der wahren Talente bewirkt, und durch festere Bestimmung der bisherigen schwankenden Meinungen den Mißverständnissen vorgebeugt wird, die sich jetzt so häufig zwischen dem Eigenthümer und dem Vorsteher der Wirthschaft ereignen.

Das Landgut und dessen Besitznehmung.

§. 58.

Wer mit den erforderlichen Neigungen, Talenten und Kenntnissen und mit dem nöthigen Kapitale zum Betriebe des landwirthschaftlichen Gewerbes ausgestattet ist, der muß sich nun drittens in den Besitz eines Landguts setzen durch Kauf, Pacht oder Erbpacht, wenn er nicht etwa auf irgend eine andere Weise bereits Eigenthümer eines solchen ist.

Wir sehen keinesweges, wie manche Andere, den Besitz eines Landguts als das erste und nothwendigste Erforderniß zur Ergreifung des landwirthschaftlichen Gewerbes an; indem man, vermöge der beiden erstern Bedingungen, immer im Stande seyn wird, ein Landgut zu erwerben, und zwar in den meisten Fällen ein zweckmäßigeres und den Fähigkeiten des Subjekts sowohl und dessen Vermögen angemesseneres, als ein schon besessenes zu seyn pflegt. Auch halten wir keinesweges, mit Andern, den Besitz eines ererbten Landguts für einen vollgültigen Beruf oder Motiv, sich der Landwirthschaft zu widmen, oder möchten es den Erben eines Landguts zur Pflicht machen, dieses zu thun. Wir glauben vielmehr, daß derjenige, welcher keinen innern Beruf zur Landwirthschaft fühlt, für sich selbst und für das allgemeine Beste räthlicher handele, wenn er sich aus seinem Landgute auf irgend eine Weise eine gehörige Rente zu sichern sucht, solches aber einem Andern zu bewirthschaften überläßt. Jene Meinung über die Pflicht des Gutsbesitzers, sein Gut selbst zu bewirthschaften, konnte sich nur auf einen gewissen strengern Begriff vom Lehnssysteme gründen, der gegenwärtig fast in keinem Staate Europa's mehr Statt findet und vom merkantilischen Geiste der Zeit verdrängt ist.

Vereinigt Jemand mit den übrigen Qualitäten den Besitz eines ererbten Landguts und ist dieses seinen Verhältnissen angemessen und nicht zu heterogen mit der Idee, die er sich vom Betriebe der Landwirthschaft gemacht hat, so kann dieses allerdings ein starkes mitwirkendes Motiv seyn, die Sache sehr erleichtern, und ihr durch die Liebe zum väterlichen Grund und Boden und durch manche Nebenumstände höheren Reiz geben. Da wir aber hier den Landwirth rein in seinem Gewerbe und frei von allen Nebenbegriffen betrachten, so können wir auf diese Zufälligkeiten nicht Rücksicht nehmen.

§. 59.

Auswahl eines Landguts.

Wer ein Landgut sucht, muß, um es auf das vortheilhafteste zu erhalten, weit umherschauen und sich nicht auf einen Distrikt, Provinz oder Staat beschränken, weil er um desto besser wählen kann, je mannigfaltiger die Gegenstände seiner Wahl sich ihm darstellen.

Wer Vaterlandsliebe besitzt, die sich auf Anerkennung wahrer Vorzüge der Verfassung gründet, wird hierin mit Recht eine Bestimmung finden, sich für ein Landgut in diesem Staate eher zu entscheiden. Aber eine bloße Vorliebe des Mutterlandes kann nicht in Betracht kommen, wenn von der Aufgabe die Rede ist, die der Landwirth als solcher zu lösen hat.

§. 60.

Dasjenige Landgut wird immer zu wählen seyn, welches, nach gehöriger Erwägung aller Umstände, den möglich höchsten reinen Ertrag verspricht, versteht sich nach Verhältniß der Kräfte des Besitznehmers. Ein ganz vollkommnes, fehlerfreies und in allen Stücken den Wünschen entsprechendes Landgut wird man selten oder nie finden, und es kommt nur darauf an, in wie fern die Summe seiner guten Eigenschaften die seiner schlechten übersteigt, folglich auf eine genaue Würdigung und Gegeneinanderstellung beider.

§. 61.

Um diese Gegeneinanderstellung klar und deutlich zu machen, scheint mir folgende Methode zweckmäßig:

Wenn man sich im Allgemeinen für ein Gut bestimmt hat, oder wenigstens mit der Wahl darauf beruht, so nehme man seinen zuvor nach allgemeinen Grundsätzen ausgemittelten Werth zu 100 oder zu 1000 an, fange dann an, alle Nebenumstände zu untersuchen und zu würdigen, taxire die Vorzüge, die man außer dem eigentlichen Grund und Boden daran bemerkt, jeden zu gewissen Prozenten, nach möglichst richtiger Schätzung; man setze diese untereinander, und summire alsdann, um wie viel dieses Gut über seinen eigentlichen Grundwerth höher zu schätzen sey. Dagegen bemerke man aber auf der andern Seite alle Nachtheile, die es hat, und alle Schwierigkeiten, die dem Betriebe höherer Wirthschaften entgegen stehen, taxire diese ebenfalls nach Prozenten, und summire sie, so wird sich durch Abziehung der einen Summe von der andern ergeben, um wie viel der nach seinem Flächeninhalt und Beschaffenheit des Bodens angenommene Werth durch solche Nebenumstände erhöhet oder vermindert werde.

Daß dies nicht mechanisch, sondern mit großer Ueberlegung und vorauszusetzenden Kenntnissen des ganzen Gewerbes geschehen müsse, versteht sich von selbst.

§. 62.

Es ist dem angehenden Landwirthe allerdings nicht zu verdenken, wenn er beim Ankauf eines Landguts auf solche Eigenschaften Rücksicht nimmt, die seinen persönlichen Verhältnissen, seiner Neigung zu einer besondern Wirthschaftsart und seiner Vorstellung eines besondern Ideals entsprechen. Besondere persönliche individuelle Verhältnisse können es ihm höchst wichtig machen, ein Gut bestimmter Art und in einer bestimmten Lage anzukaufen. Wer aber einzig und allein auf sein zu betreibendes Gewerbe, wie wir hier voraussetzen müssen, Rücksicht nehmen will, muß sich kein Ideal von einem Landgute und von einer besondern darauf zu betreibenden Wirthschaftsart machen, und nur bloß danach trachten, ein Material aufzufinden, durch welches er seine Vorstellung realisiren könne. Vielmehr muß er, erst nachdem er das Gut aus andern Gründen gewählt hat, die Wirthschaftsart, welche er darstellen will, bestimmen. Zufällig kann sich's freilich treffen, daß man ein Gut findet, was einer zuvorgefaßten Idee besonders angemessen ist; allein in der Regel wird die Wahl dadurch erschwert, beschränkt, und man wird von den Rücksichten abgeleitet, die man beim Kaufe zu nehmen hat, um einen möglichst vortheilhaften zu machen.

§. 63.

Vor Allem aber hat man dahin zu sehen, daß das anzunehmende Landgut mit dem Vermögen, welches man besitzt, in gerechtem Verhältnisse stehe. Es kommt aber hierbei nicht allein auf den Kaufpreis an, sondern auch auf den Ueberschlag der Kosten, die erforderlich sind, um die Wirthschaft so zu organisiren und so fortzuführen, daß daraus nach bestimmter Zeit der möglich höchste Gewinn hervorgehe.

Wenn wir hier überhaupt vom Gutsankaufe reden, so geschieht dies bloß in Rücksicht auf den eigentlichen Landwirth, der das zu erkaufende Landgut als ein zu bearbeitendes Material ansieht, aus welchem er ein Produkt darstellen will, nicht aber als Handel zum Wiederverkauf, bei welchem man bloß durch den Umsatz Gewinn zu machen trachtet. Denn diese Handelsspekulation hat ganz andere Grundsätze und Regeln, als das landwirthschaftliche Gewerbe.

§. 64.

Preis der Landgüter.

Der Preis der Landgüter ist sehr veränderlich. Seit einer langen Periode ist er bis zu dieser Zeit immer gestiegen, und von zwanzig zu zwanzig, oft von zehn zu zehn Jahren verdoppelt worden, so daß er nun zu einer Höhe kam, die vor fünfzig Jahren Jedem unglaublich geschienen hätte. Dieses ist eines Theils durch den vermehrten Geldumlauf dem gesunkenen Werthe desselben, und dem folglich gestiegenen Preise aller Produkte beizumessen. Es ist aber auch nicht zu verkennen, daß andern Theils die vermehrte und sich weiter verbreitende Kenntniß des landwirthschaftlichen Gewerbes, der glückliche Erfolg mancher Verbesserungen, der höhere Ertrag verbesserter Wirthschaftssysteme, und vielleicht nur die Ahnung einer noch höhern Vollkommenheit und eines den jetzigen weit übersteigenden Ertrages; dann aber auch die größere Neigung und Applikation zum Landleben, die unter der gebildeteren und wohlhabenden Klasse entstanden ist, eben so viel dazu beigetragen haben.

In so fern erstere Ursache, vermehrter Geldumlauf und gesicherter Kredit, den Preis der Güter in die Höhe getrieben hat, ist es wahrscheinlich, daß er in der nächsten Periode beträchtlich fallen werde, da Beides durch unglückliche politische Konjunkturen sehr geschwächt worden. Insbesondere wenn viele Güter auf einmal zum Verkauf gebracht werden müßten, könnte ihr Preis sehr fallen. Indessen darf man immer erwarten, daß die zweite Ursache — die verbreitete Kenntniß der Landwirthschaft — so stark entgegenwirken werde, daß dieses Sinken höchstens nur momentan sey. Und dies um so mehr, da beträchtliche Kapitale, die vorher in andern Gewerben angelegt waren, derselben Konjunkturen wegen dem Grundbesitze und dem Ackerbau zufließen müssen. Auf jeden Fall wird nach einer Reihe von Jahren die zweite Ursache so mächtig wirken, daß der Werth der Grundbesitzungen noch steigen wird, wenn Ruhe, Zutrauen und freier Handel hergestellt sind. Ein übermäßiges Sinken der Produkte ist von einer stärkeren Produktion keineswegs zu besorgen, weil mit derselben auch die Konsumtion zunimmt.

§. 65.

Bei dem schwankenden Werthe des Geldes bleibt dieses aber immer ein unsicherer Maaßstab zur Bestimmung des positiven Werths des Grundes und Bodens. Einen weit sicherern und gleichbleibenden, allenthalben anwendbaren finden wir in einem solchen Produkte, welches sich seiner Unentbehrlichkeit wegen in gleicherem Verhältnisse mit dem Werthe aller übrigen Dinge auf die Dauer erhält. Dies ist das Getreide, — bei uns vorzüglich der Roggen, — und um eine feste Werthsbestimmung eines Landguts zu setzen, ist es weit sicherer, zu sagen, es sey so viele Scheffel Roggen, als so viele Thaler werth. Wo man dann diesen so bestimmten Werth auf den nach den Zeitumständen veränderlichen Geldwerth reduziren will, da muß man das Durchschnittsverhältniß des Getreides zum Gelde in gewöhnlichen Jahren erforschen, und kann dann leicht ausmitteln, wie viel das Gut nach dem jetzt bestehenden Geldwerthe gelten müsse.

§. 66.

Werthschätzung eines Landguts.

Der Werth eines Landguts ergiebt sich: 1) aus der Größe des ganzen Areals und der einzelnen Theile; 2) aus der Güte des Bodens, die aus seinen Bestandtheilen und seinen physischen Eigenschaften eigentlich nur genau ausgemittelt, jedoch vorläufig aus verschiedenen, gleich in die Augen fallenden Anzeichen im Ganzen beurtheilt werden kann; 3) aus der Lage und den Verhältnissen der verschiedenen Pertinenzien gegen einander; 4) aus den äußern Verhältnissen, Vorzügen, und Gerechtsamen oder Belastungen und Dienstbarkeiten des Guts, oder aus dessen unkörperlichen, relativen Qualitäten.

§. 67.

Der Flächeninhalt.

Der Flächeninhalt eines Guts und seiner einzelnen Theile kann nur durch eine geometrische Vermessung genau bestimmt und aus der Karte und dem Vermessungsregister ersehen werden.

Es macht bei hügeligem und bergigem Lande oft einen merklichen Unterschied, ob diese Vermessung nach der Wellenlinie der Oberfläche, oder horizontal und nach der Basis, geschehen ist.

Man muß sich in einem Lande, dessen Feldmaaß man nicht genau kennt, sorgfältig nach demselben erkundigen. Es sind leider! noch sehr wenige Maaße vollkommen genau bestimmt. Denn wenn man auch weiß, wie viel Quadratruthen ein Ackermaaß halte, und aus wie viel Fußen eine Quadratruthe bestehe, so ist dennoch die Länge des Fußes unglanblich verschieden, und eine unbedeutend scheinende Verschiedenheit desselben macht eine große Abänderung im Maaße einer ganzen Ackerfläche.

§. 68.

Maaß nach der Aussaat.

Häufig aber sind Landgüter noch nicht vermessen, und diese Vermessung bei einer Kaufangelegenheit zu bewerkstelligen, ist unmöglich. Hier wird der Flächeninhalt nach gewissen Ackermaaßen angegeben, die an sich selbst höchst unbestimmt sind, z. B. die Hufen; oder man kann doch keine Gewährleistung fordern, daß das Gut oder dessen Pertinenzien das angegebene Maaß wirklich halte. Man nimmt deshalb in Ansehung des Ackerlandes zum Einsaatsmaaß die Zuflucht, welches aber eine nicht minder unsichere Angabe ist. Hier muß man vor Allem erforschen, wie viel auf einer wohlbekannten Fläche an **diesem** Orte ausgesäet werde, und welche Grundsätze man, in Ansehung der dichtern oder dünnern Aussaat, nach Verschiedenheit der Güte des Bodens und seiner Bestellung befolge.

Daß man von der Richtigkeit der Aussaat-Angabe überzeugt seyn, und daß man, wo dies nicht der Fall ist, mit der äußersten Vorsicht verfahren müsse, versteht sich von selbst.

Die Wiesen pflegen in solchen Fällen nach Fudern Heu angegeben zu werden, und Jedermann sieht ein, wie wenig dieses sagt.

In solchen Fällen muß man sich häufig nur auf sein Augenmaaß, auf das Abschreiten und Abreiten, und auf einen scharfen Ortssinn und Ueberblick verlassen. Die Ausbildung dieses Talents ist daher dem Landwirthe höchst wichtig, und kann, bei einer guten physischen Organisation, durch Uebung erlangt und unglaublich verstärkt werden. In Ermangelung desselben ist es oft nothwendig, einen andern geübtern, aber auch zuverlässigen Mann dabei zu Hülfe zu nehmen.

Mit diesem Talente kauft man oft um so vortheilhafter, da der Werth unvermessener Güter sehr unbestimmt zu seyn pflegt, und ihr Ertrag gewöhnlich nicht hoch getrieben worden ist.

§. 69.

In manchen Gegenden wird der Flächeninhalt zugleich mit der angeblichen Güte des Bodens — also ein **zusammengesetzter Begriff** — durch das Einsaatsmaaß bestimmt. Man hat hier nämlich den — obwohl im Allgemeinen falschen — Grundsatz angenommen, daß der Acker nach Verhältniß seiner Güte und seines Reichthums stärker, der schlechtere und magere aber schwächer besäet werden müsse, weil jener viel, dieser wenig tragen könne. Auf einen Scheffel Einsaat rechnet man daher vom besten Boden vielleicht 45, vom schlechtesten Boden 200 und mehrere Quadratruthen. Ja man hat außer dem Ackerlande auch andere Pertinenzien, Wasser, Morast und Moor, nach solchen Scheffeln gewürdiget, und aus der Summe dieser Scheffel die Größe eines Guts, zugleich mit dessen Ertrag und Werth, bestimmen wollen. Wie unzuverlässig eine solche Angabe sey, mußte bald in die Augen fallen, und sie hat gerade in den Ländern, wo diese Würdigungsart gesetzmäßig eingeführt und das Kataster darauf begründet war, allen Glauben verloren. Wo hingegen dieser Begriff weniger allgemein eingeführt ist und seine Unbestimmtheit weniger auffällt, da hängen kurzsichtige Landwirthe und Kameralisten noch wohl daran, so daß man sogar in den neuesten Zeiten, in einem aufgeklärten Staate, sehr drückende Abgaben nach dem Maaße der Einsaat — und obendrein nach sehr unsichern Angaben *eines* Jahrs — bestimmt hat, indem man solche dem Werthe der Güter dadurch am angemessensten zu machen glaubte. Zuweilen hat man gar von der Aussaat rückwärts sich einen Begriff vom Flächenmaaß gebildet, und versteht unter einem Morgen, einem Joch, einem Tagewerk, keine bestimmte geometrische Fläche, sondern ein solches Stück Landes, wo man eine Quantität Getreide nach hergebrachter Gewohnheit einzusäen pflegt.

Wenn die Größe des gesammten Ackers durch das Aussaatsmaaß angegeben wird, so versteht man entweder die sämmtliche Aussaat darunter, oder aber, was an einigen Orten häufiger geschieht, nur die Winterungsaussaat, folglich bei der Dreifelderwirthschaft nur den dritten Theil des Ackers.

§. 70.

Beurtheilung der Güte des Bodens.

Die Güte des Bodens nach seinen chemischen und physischen Eigenschaften gründlich zu beurtheilen und seinen Werth und Ertrag zu bestimmen, ist eine der wichtigsten Aufgaben der Landwirthschaftslehre, die wir in dem Hauptstücke von der *Agronomie* zu lösen *versuchen* werden. Hier, wo wir nur von dem reden, was beim Ankaufen des Guts — wo keine so genaue Untersuchung Statt findet — zu beobachten ist, müssen wir uns mit oberflächlichen, aber in die Augen springenden Zeichen behelfen.

§. 71.

Beim allgemeinen Ueberblick giebt der Wuchs der Bäume und

Sträucher, wenn sie auf der Feldmark stehen, ihre Art, ihre Stärke und Gesundheit, ihre Bezweigung, die Reinheit ihrer Borke, eine der sichersten Anzeigen von der Güte des Bodens ab.

Sodann läßt sich von den wildwachsenden Pflanzen, selbst einer schädlichen Unkrautsart, auf die Fruchtbarkeit des Ackerlandes schließen; jedoch ist es nicht genug, daß sie einzeln und verkümmert darauf stehe, sondern sie muß in Menge und üppig darauf hervorkommen. So zeigt die kleine Felddistel (Seratula arvensis) einen fruchtbaren kräftigen Lehm an, der Huflattig (Tussilago petasites) einen thonigen, die Tussilago farfara und die wilde Brombeere einen mergligen Lehm an, der Hühnerdarm (Alsine media), die Gänsedistel (Sonchus oleraceus), der glattschotige Hederich (Sinapis arvensis) halten sich auf lockerm, kraftvollem Boden auf; wogegen der knotige Hederich (Raphanus raphanistrum) auch auf schlechtem, magerem Boden wächst. Der kleine gelbe Hopfenklee (Medicago lupulina) giebt von der mergligen Beschaffenheit des Bodens ein sehr gutes Zeichen. Der Graswuchs im Allgemeinen, wonach sich die sogenannten Boniteurs am meisten zu richten pflegen, ist ein höchst mißliches Zeichen, da er von der Witterung und frischem Dünger, selbst vom schlechten Stande der Früchte, häufig abhängt.

Das Ansehn der jungen Saat ist ein sehr trügliches Merkmal, indem sie, früh und dicht gesäet, auf schlechtem Boden im Herbst und Frühjahr oft die auf besserem Boden beim oberflächlichen Ansehn übertrifft.

Man hat, um Käufer zu hintergehen, zuweilen übermäßig dicht gesäet.

Sicherer kann man von dem in Aehren stehenden Getreide und von der Stoppel auf die Güte des Bodens schließen, jedoch mit der Vorsicht, daß man die ganze Feldmark übersehe, und sich nicht mit einem einzelnen Felde begnüge, wo durch vorzügliche Düngung und Kultur auf Kosten der übrigen Felder zuweilen ein üppiges Getreide bewirkt ist.

Die schwarzbräunliche Farbe des Bodens, wenn er frisch gepflügt ist, ist ein Hauptmerkmal seiner Fruchtbarkeit; es sey denn, daß sie von Haid- und Moorboden herrühre. Auch die schwarzbräunliche Farbe des in den Furchen stehenden Wassers und des abgespülten Schlamms beweiset Reichthum des Ackers.

Bei einiger Uebung erkennt man schon durch den Fußtritt und durch das Aufstoßen mit dem Stocke, selbst durch das Gefühl beim Ueberreiten, die verschiedenen Grade der Gebundenheit des Bodens, und ob zäher Thon, milder Lehm oder loser Sand darin prädominire; auch giebt dies die Beschaffenheit der Erdklöße, nach frischer Beackerung, und die leichte Trennbarkeit oder der Widerstand älterer Klöße zu erkennen. Mittelst des Zerreibens zwischen dem Daumen und dem Zeigefinger kann man aber das Verhältniß des Thons zur grobkörnigen Kieselerde noch genauer schätzen lernen.

Die Tiefe der Ackerkrume erkennt man leicht durch das Einstoßen mit einem Stocke und an Gräben, wo die Erde eingeschossen ist, so wie man auch bei letztern die Art des Untergrundes erkennen kann, welche auch der Aufwurf des Maulwurfs angiebt.

Diese zuerst in die Sinne fallenden Kennzeichen müssen dann zu der genauern agronomischen Untersuchung, wenn man anders Zeit dazu hat, leiten.

§. 72.

Auch der wissenschaftliche Landwirth, der bestimmtere Begriffe von den Klassen und der Güte des Bodens hat, und die mannigfaltigen Rücksichten kennt, welche man dabei zu nehmen hat, muß die gebräuchliche Klassifikation und die Ausdrücke kennen, worin Empiriker, im Allgemeinen oder provinziell, die Bodenarten abtheilen und sie bezeichnen, damit er sie, besonders bei solchen Kaufunterhandlungen, verstehe.

§. 73.

Gewöhnliche Klassifikationen des Bodens.

Allgemein und natürlich ist die Unterscheidung zwischen **gutem**, **mittlerm** und **schlechtem** Boden. Allein sie ist bloß relativ, und was man hier Mittelboden nennt, heißt dort guter, und an andern Orten schlechter Boden. Man nimmt dabei nur auf den verhältnißmäßigen Grad der Fruchtbarkeit in jeder Gegend Rücksicht. Bald versteht man unter schlechtem Boden einen dürren, losen Sand, bald einen naßkalten, zähen Lehm. Auf die Möglichkeit, die mehrere oder mindere Schwierigkeit, letztern vielleicht durch Abwässerung zu verbessern, nimmt man wenig Rücksicht, und oft hat der gute Boden vor dem schlechten keinen andern Vorzug, als daß bisher mehrere Kultur und Düngung auf ihn verwandt worden, was freilich einen Unterschied in seinem jetzigen Werthe macht, aber doch oft mit geringern Kosten, als der Unterschied im Anschlage beträgt, ersetzt werden kann. Die durch Observanz angenommene Klassifikation wird selbst von empirischen aber klügern Landwirthen in gewissen Distrikten für falsch anerkannt, indem sie oft sagen, daß sie ihren Mittelboden ihrem guten Boden weit vorzögen. Man hat häufig den zähen Thon in die erste Klasse, den mürbern, oft kalkhaltigen Lehm in die zweite Klasse gesetzt; an andern Orten aber diesen mit Recht über jenen geschätzt, vielleicht weil man dort bei Koppelwirthschaft mehr auf wilde Begrasung, hier allein auf Beackerung und Fruchtbau sah.

Zuweilen nimmt man die Ausdrücke, schwerer, mittlerer und leichter Boden, im gleichen Sinne mit jenem, zuweilen aber unterscheidet man und bezeichnet mit diesen nur die Bündigkeit und den Widerstand, den der Acker dem Pfluge und der Egge entgegensetzt.

§. 74.

Zuweilen wird der Boden im allgemeinen Durchschnitt nach der Vermehrung der Einsaat bei dem landüblichen Feldsysteme klassifizirt, und man sagt, es sey Boden zum dritten, vierten, fünften und sechsten Korne. Man rechnet hier manchmal mit Einschluß, manchmal mit Ausschluß der Einsaat, und man muß die Stärke der Aussaat, auch ob man sie auf demselben Flächenraume jeder Bodenart gleich mache, kennen, um aus diesen ohnehin zu schwankenden Angaben Etwas zu schließen. Es hängt aber der Ertrag überhaupt mehr vom Düngerstande als von der Grundbeschaffenheit des Bodens ab.

§. 75.

Eine der gebräuchlichsten Klassifizirungsarten des Bodens ist die nach den Früchten, welche er bei dem eingeführten Ackersysteme, gewöhnlich der Dreifelderwirthschaft, getragen hat, und der angenommenen Meinung nach mit dem größten Vortheil tragen kann. Hier pflegt man folgende Klassifikation zu machen:

1) Weizenacker, welcher nach der Brache Weizen vortheilhafter als Roggen trägt: kann er nach der Dreifelderordnung in sechs Jahren zweimal Weizen tragen, obwohl er nur eine Düngung erhält, so nennt man ihn

a) starken Weizenboden, der in diesem Sinne wohl nur in angeschwemmten Stromniederungen vorkommt;

b) Weizenacker schlechthin, wenn er nur nach der Düngung Weizen und nach der zweiten ungedüngten Brache Roggen tragen kann.

2) Gerstacker. Bei dieser und der folgenden Klasse wird nicht auf die erste oder Winterfrucht, sondern nur auf die zweite oder Sommerfrucht Rücksicht genommen. Man unterscheidet auch hier

a) starken Gerstboden, der bei sechsjähriger Düngung zweimal nach der Winterung Gerste trägt. Da Manche annehmen, daß ein solcher Boden sich in der ersten Saat auch zum Weizen qualifizire, so setzen sie ihn mit diesem in eine Klasse. Andere aber unterscheiden ihn richtiger davon, indem mancher Boden der Gerste ungemein zuträglich, für den Weizen aber nicht geeignet seyn kann, daß er ihn mit größerem Vortheil als Roggen trüge. Dagegen kann der gebundene, dem Weizen mehr als dem Roggen zusagende Boden für die Gerste minder geeignet seyn, und mit weit größerem Vortheil in jeder Saat Hafer tragen;

b) schwacher Gerstboden, der nur in der zweiten Frucht nach dem Dünger Gerste trägt, den man in der vierten aber Hafer, obwohl mit geringem Erfolge, tragen läßt.

Wo große und kleine Gerste gebauet wird, nennt man jenen auch großen Gerst-, diesen kleinen Gerstboden.

3) Haferacker, welcher nach der Winterung Hafer trägt. Eigentlich gehört in diese Klasse nur der zähe, sogenannte kalkgründige Boden; denn jeder andere, der mit Vortheil Hafer trägt, wäre bei gehöriger Kultur auch im Stande, Gerste zu tragen. Im Allgemeinen setzt man aber auch denjenigen Boden in diese Klasse, den man für Gerste zu leicht oder zu lose hält. Man unterscheidet

a) starkes Haferland, welches bei neunjähriger Düngung jedesmal nach der Winterung, also dreimal Hafer trägt;

b) mittleres Haferland, welches man im achten Jahre nach der Düngung ruhen läßt;

c) schwaches Haferland, dem man nur einmal unter diesen Umständen Hafer abnimmt.

4) Roggenacker, welcher in der Dreifelderwirthschaft nur alle drei Jahre Roggen trägt, nach demselben aber keine Kraft zu einer andern Frucht mehr hat, sondern zwei Jahre ruhen muß.

Sechsjähriges, neunjähriges und zwölfjähriges Roggenland nennt man solches, welches nur alle sechs, neun oder zwölf Jahre mit Roggen bestellt wird und außerdem ruht. Hierzu gehört das entfernte Außenland, welches nie Dünger erhält, und dessen schlechte Qualität dann mehrentheils nicht von seiner Grundbeschaffenheit, sondern von diesem Düngermangel herrührt. Die Kraft, welche die Natur diesem Lande durch die Grasnarbe, oder die ihm der verstreute Weidemist der Schafe giebt, wird durch die Roggensaat sogleich wieder ausgesogen, und so der Boden in dem unfruchtbaren Zustande erhalten.

So viel Schwankendes diese Klassifikation auch hat, so ist sie doch unter den gewöhnlich angenommenen noch die genaueste, und zugleich die, welche den meisten Anschlägen zum Grunde liegt. Deshalb muß sie ein jeder Landwirth kennen, der seiner Beurtheilung des Bodens auch bestimmtere Begriffe unterzulegen weiß, sich aber in jeder Gegend, wohin ihn das Schicksal führt, genauer erkundigen, welchen Boden man nach seinen physisch-chemischen Beschaffenheiten in jede dieser Klassen zu setzen pflegt.

§. 76.

Die schlechte Qualität des Bodens wird schwer durch die Quantität ersetzt.

Jeder verständige Landwirth wird sich bei der Auswahl eines Gutes mehr durch die Güte des Ackerbodens, als durch die Größe desselben bestimmen lassen. Die schlechtere Qualität kann sehr selten durch die größere Oberfläche kompensirt werden. Es giebt solchen Boden, der als Ackerland durchaus gar nichts werth ist, und genau gerechnet nie die Kosten seiner Bearbeitung überträgt, wo folglich 1000 Morgen nicht 1 Morgen guten Bodens in Hinsicht auf Fruchtbau gleich zu schätzen wären. Trägt ein Boden nach der Düngung nicht vier Saaten zu 3 Scheffeln per Morgen ab, so kann man ihm in der That gar keinen Werth als Ackerboden beilegen, es sey denn, daß man unzweifelhaft wirksame Mittel zu seiner Verbesserung habe, z. B. angemessenen Mergel und Schlamm in der Nähe, wo man dann bei dem Ankauf so rechnen muß, als kaufe man nur den Raum, um sich einen zuträglichen Ackerboden zu schaffen. Wenn man gehörig rechnet, wird man im Durchschnitt guten Boden immer wohlfeiler als schlechten kaufen, indem die meisten Menschen noch einen zu großen Werth auf weite Ausdehnung setzen.

Je fruchtbarer im Ganzen eine Gegend ist, um desto geringer ist daselbst der Werth des schlechten Bodens, denn der reine Ertrag oder die Rente des natürlich fruchtbarsten Grundstücks schränkt die Rente des mit ihm konkurrirenden ein. Wo die Produkte der fruchtbarern Grundstücke zureichen, die Bedürfnisse zu befriedigen, werden die minder fruchtbaren kaum mit Vortheil bearbeitet werden können. Reichen aber jene nicht zu, so wird sich die Bearbeitung der letztern mehr belohnen, und man wird daher dieselbe Bodenart in einer unfruchtbarern Gegend höher, als in einer fruchtbaren bezahlen können.

.Man hat die Nachbarschaft fruchtbarer, gras- und strohreicher Niederungen höheren und dürrern Gütern vortheilhaft gehalten, indem sie ihnen Gelegenheit giebt, Heu und Stroh anzukaufen. In so fern durch solchen Ankauf der erste Grund zur Verbesserung gelegt wird, und die Kosten desselben zu Kapital geschlagen werden sollen, kann dieses allerdings vortheilhaft seyn, bei genauer Berechnung aber nie, als eine beständig fortzusetzende Bewirthschaftung, rentiren. Und so kann dieser Vortheil die Nachtheile nicht aufwiegen, welche eine solche Nachbarschaft durch die Wohlfeilheit mancher Produkte und die gewöhnliche Vertheurung des Arbeitspreises verursacht.

Grundstücke, welche nachgesuchte Bedürfnisse in einer Gegend ausschließlich liefern können, erhalten dadurch einen besonders hohen Werth.

§. 77.

Schätzung der Wiesen.

Nächst dem Ackerlande kommen vor allen die Wiesen in Betracht.

Man hat bisher ein gehöriges Verhältniß der Wiesen zum Ackerlande als eine nothwendige Bedingung eines guten Landguts angesehen, und ohne zureichenden Wiesenwachs, auch bei dem besten Ackerboden, ein Gut für fehlerhaft gehalten. Diese Meinung gründet sich auf eine anerkannte Wahrheit, daß ohne zureichende Viehfütterung in der Regel kein Ackerbau bestehen könne; dann aber auch auf ein Vorurtheil, daß ohne Wiesen keine Fütterung gewonnen werden könne. Wenn man weiß, daß durch Anbau von Futtergewächsen und durch abwechselnde Niederlegung des Ackerlandes zu künstlichen Wiesen das Drei- und Vierfache an Fütterung gewonnen werden könne, was ewige Wiesen von gleicher Fläche geben, so wird man den Mangel an natürlichen Wiesen bei Landgütern, die privatives und fruchtbares Ackerland besitzen, für keinen unersetzlichen Fehler halten. Es wird jedoch hierdurch der Werth guter Wiesen, in der Meinung des rationellen Landwirths, nur eingeschränkt, keineswegs, wie gewisse unverständige Menschen es verstanden haben, völlig aufgehoben.

Auch ist die Entbehrlichkeit der Wiesen nur bei guten und privativen Aeckern anzunehmen. Sie werden immer nöthiger, je schlechter das Ackerland und je mißlicher der Anbau der ergiebigsten Futterkräuter auf selbigem ist. Der trockene sandige Boden kann sich allerdings nur durch ein starkes Verhältniß guter Wiesen in Kultur erhalten und seinen Ertrag sichern; und eben so unentbehrlich sind sie, wo die Zerstückelung der Felder und die dabei bestehende Brach- und Stoppelhütung die freie Benutzung derselben verhindert.

Wenn der Wiesen zu viele bei einem Gute sind, und über $1/4$ der Ackerfläche betragen, so verlieren sie ihren Werth gegen das Ackerland, es sey denn, daß sie sich znm Umbruch qualifizirten, oder daß man Heu vortheilhaft verkaufen könnte.

§. 78.

Der Werth der Wiesen ist beinahe schwerer zu schätzen, als der des Ackerlandes, und es können hierüber erst in der Lehre vom Wiesenbau richtige Grundsätze angegeben werden. Man theilt sie bei den gewöhnlichen Veranschlagungen mehrentheils in drei Klassen, in gute, mittlere und schlechte, ein, die aber bei weitem zu ihrer richtigen Würdigung nicht zureichen. Oder man richtet sich nach dem abgeschätzten oder erfahrungsmäßigen Heuertrage und der Güte und dem Werthe dieses Heues, welcher letztere in verschiedenen Gegenden und Zeiten sehr verschieden ist; und so nimmt man häufig fünf Klassen an, wovon die erste zu 30 Centnern, die zweite zu 20 Centnern, die dritte zu 14 Centnern, die vierte zu 10 Centnern, die fünfte zu 6 Centnern Heu per Morgen berechnet wird. Es ist aber auch vorzügliche Rücksicht auf ihre Sicherheit und Unsicherheit zu nehmen, indem häufig die sonst vorzüglichsten Flußwiesen der Ueberschwemmung zur Unzeit ausgesetzt sind.

Nach der gewöhnlichen Veranschlagungsweise wird die Wiese nach ihrer Fläche oder nach dem geschätzten Heuertrage zu unerhört geringem Preise angeschlagen, welches aber deshalb geschieht, weil die Viehnutzung noch besonders und ebenfalls sehr geringe angeschlagen wird. Man wähnt so, wie in manchen Fällen, einen Fehler durch den andern auszugleichen.

Der Käufer muß nach der Kenntniß, die er von den Wiesen und von ihrer obgleich nicht ohne Kosten zu bewerkstelligenden Verbesserung hat, diese für sich nach dem Nutzen, den sie ihm in seiner Wirthschaft bringen können, und nach dem gewöhnlichen Heupreise der Gegend, den er am besten auf Getreide reduzirt, abschätzen. Daß er Rücksicht nehme, ob die Wiese privativ, oder dem Vor- und Nachhüten und andern Servituten unterworfen sey, auch ob er mit dem durchfließenden Wasser frei oder nicht frei schalten und walten könne, versteht sich wohl von selbst.

§. 79.

Schätzung der Weiden.

Die Weiden hielt man für eben so unentbehrlich wie die Wiesen, bis man entweder die Möglichkeit einer Stallfütterung, oder aber der wechselnden Niederlegung des Ackerlandes zur Weide kennen lernte. Sie werden seitdem allgemein geringer als vormals geschätzt, jedoch darum nicht werthlos. Bei Kaufanschlägen werden sie mehrentheils unter der Rubrik der Viehnutzung mit veranschlagt. Indessen verdienen sie bei dem Kaufe eines Gutes besondere Rücksicht.

§. 80.

Die Weiden finden Statt:

1) auf Auen oder mit Bäumen wenig besetzten Weideangern.

Sind sie hier privativ und uneingeschränkt, so ist der Grundwerth des Bodens zu schätzen, da es nämlich dem Besitzer frei steht, ihn auch auf andere Weise zu nutzen, in so fern die physische Beschaffenheit dieses erlaubt. Ist letzteres nicht der Fall, indem z. B. häufige Ueberschwemmungen eine andere Benutzung zu unsicher machen, so muß er sie nach der Nahrung, die sie einer gewissen Kopfzahl von Vieh geben können, beurtheilen.

Häufiger aber findet es sich, daß solche Weideanger Kommungüter sind, und jedem Eigenthümer eine bestimmte oder doch beschränkte Weideberechtigung darauf zusteht. Hier muß der Werth dieser Berechtigung ebenfalls nach der Kopfzahl des Viehes und dem effektiven Nutzen, den es davon hat, beurtheilt werden. Jedoch hat man nach den Ortsverhältnissen besondere Rücksicht darauf zu nehmen, ob eine baldige Theilung zu bewirken steht, da dann solche durch ihre Unkultur schlecht benutzten Grundstücke einen unglaublich höheren Werth, es sey als privative kultivirte Weide oder zu anderer Benutzung, erlangen können.

2) Auf der Brache und Stoppel des Ackerlandes. In so fern diese Weide auf eignen Aeckern ausgeübt wird, wird sie in der Veranschlagung als Acker oder der Viehnutzung mit berechnet. Wenn sie aber vermöge einer Berechtigung auf fremden Aeckern ausgeführt wird, so muß sie besonders in Anschlag gebracht werden. Denn so nachtheilig solche im Ganzen ist, und so wenig Vortheil der Berechtigte im Verhältniß des Schadens, den er den Triftleidenden dadurch thut, hiervon hat, so geht doch unter manchen Verhältnissen für jenen immer einige Benutzung daraus hervor, die er ohne Ersatz aufzugeben nicht schuldig ist. Die Hauptbenutzung derselben ist ohne Zweifel für die Schäferei, so daß Manche, obwohl fälschlich, geglaubt haben, daß Schäfereien ohne solche nicht bestehen könnten. Um ihren Werth auszumitteln, muß man bestimmen, wieviel auf Boden dieser Art und bei dieser Düngung auf einen Kopf Vieh erforderlich seyn würde, wenn der Acker den ganzen Sommer hindurch dreisch oder zur Weide läge. Sodann muß man die Dauer der Weidezeit, deren Anfang und Ende nach der Observanz und Bestellung verschieden ist, berücksichtigen, und endlich die Vegetationsperiode, worin sie fällt; indem nämlich diese in den früheren Monaten immer stärker, als in den spätern ist. Die Brachbehütung ist in den neuern Zeiten fast allenthalben durch die Berechtigung, einen Theil der Brache zu bestellen, eingeschränkt worden, in einigen Gegenden jedoch nicht, und es muß hier die Erlaubniß

dazu von dem Triftberechtigten besonders eingeholt und mit einem Aequivalent bezahlt werden. So ist auch der Termin, wo der zu brachende Acker zum erstenmale umgebrochen wird, bald willkührlich, bald früher oder später bestimmt; und da diese Weide mit dem ersten Umbruche ihren Werth zum größten Theile verliert, so ist hierauf bei Würdigung derselben besonders Rücksicht zu nehmen. So wie der Verstand sein Licht über die Angelegenheiten des Ackerbaues mehr verbreitet, darf man erwarten, daß diese alte, wohl mehrentheils erschlichene Berechtigung wird aufgehoben werden, jedoch, der Gerechtigkeit nach, nicht ohne billigen Ersatz für den wirklich daraus gezogenen Vortheil.

3) Auf Wiesen, im Frühjahre und nach geschehener Aberntung mit einem oder zwei Schnitten. Hier kann ebenfalls nur von der Berechtigung auf fremden Wiesen die Rede seyn, und der Werth derselben richtet sich nach der Güte des Wiesengrundes, nach der Dauer und der Jahreszeit. Der Vortheil derselben ist ebenfalls sehr geringe gegen den Nachtheil, der dem Wiesenbesitzer dadurch zugefügt wird, es sey denn, daß sie durch eben die Bedingung beschränkt wäre, die sich der Wieseneigenthümer festsetzen müßte, wenn er sie mit eignem Vieh betriebe.

4) Im Holze oder in Waldungen. Hierbei kommt es auf die Beschaffenheit des Forstgrundes, auf die Art des Holzes und auf den stärkern oder schwächern Bestand desselben an. Die in nicht zu nassen Elsenbrüchen, dann in Birken- und Eichenhölzern ist die bessere, in Buchen- und Nadelhölzern von sehr geringer Bedeutung. Dann macht es einen Unterschied, ob der Boden nur mit hohem oder auch mit Unterholze besetzt ist, und in welcher Dichtheit und Stärke beide stehn. Je dichter und stärker das Holz, um so schlechter ist die Weide, nicht bloß in Hinsicht des Raumes, sondern auch der mindern Nahrhaftigkeit des Grases, welches im Schatten wächst. Der geringe Nutzen, den auch diese Weide giebt, steht ebenfalls in keinen Verhältnissen mit dem Verderben, welches sie der Forstkultur bringt, und deshalb ist Aufhebung derselben eine unbedingte Forderung der gesunden Vernunft. Sie ist mehrentheils durch die Berechtigung des Forsteigenthümers, einen Theil in Zuschlag oder Schonung zu nehmen, beschränkt.

5) Auf Mooren und Brüchern. Hier kommt es darauf an, ob es Schwarz- oder Hoch-Moore, die nur Haide und andere schlechte Kräuter tragen, oder Grünlandsmoore, die auf einer milden und mo-

drigen Oberfläche den Wuchs besserer Gräser begünstigen, sind. Letztere pflegen aber an dem Fehler der Säure zu leiden. Ferner aber fragt sich's, in wie fern sie trocken und dem Viehe zugänglich sind, und dann, ob durch Beschlammung des Grases solches dem Viehe nicht widrig und seiner Gesundheit nachtheilig werde.

Bestimmter kann über die Benutzung und den relativen Werth dieser Weiden erst an einem andern Orte gehandelt werden. In den gewöhnlichen Anschlägen kommt ihre Benutzung unter der Rubrik der Viehnutzung zu stehen.

Die Berechtigung, solche Weiden zu betreiben, ist zuweilen unbeschränkt, mehrentheils aber auf eine gewisse Kopfzahl von jeder Viehart, oder nach Maaßgabe dessen, was der Hof durch selbstgewonnenes Winterfutter durchwintern kann. Kommt es in letzterem Falle auf eine genauere Bestimmung dieser Berechtigung, z. B. bei Theilungsangelegenheiten an, so kann wohl nur der Futtergewinn bei der landüblichen reinen Dreifelderwirthschaft zum Grunde gelegt werden, indem bei einer anderen Wirthschaftsart eine unübersehbare Menge von Winterfutterung in manchen Fällen gebauet werden konnte.

§ 81.

Schätzung des Holzes.

Die Schätzung des Holzes ist sehr problematisch. Wir erwähnen derselben nur, in so fern sie beim Ankaufe eines Guts oft von der größten Wichtigkeit ist, überlassen sie übrigens der Forstwissenschaft. Die Schätzung kann in mancher Rücksicht geschehen, und danach sehr verschieden ausfallen. Entweder nach dem Ertrage, den das Holz nach forstwirthschaftlichen Grundsätzen, um beständig im guten Zustande erhalten zu werden, geben kann; oder aber nach dem Werthe und dem möglichen Verkaufspreise des jetzt wirklich darauf vorhandenen Holzes, in so fern selbiges ganz oder zum Theil abgetrieben werden darf, da alsdann noch der Werth des abgetriebenen Grundes und Bodens in Hinsicht auf andere Benutzung hinzu kommt. Die Differenz beider Schätzungsarten ist enorm, zumal wenn jene nach dem erfahrungsmäßigen Ertrage öffentlicher Forsten angestellt wird. Es ist bekannt, daß in neueren Zeiten manche Güter gekauft, und von dem Verkaufsgelde, welches aus einem Theile des abgeschlagenen Holzes gelöst worden, völlig oder größtentheils bezahlt sind. Eine Spekulation, die manchen Güterhändler schnell bereichert hat, die aber nun in kultivirten und bevölkerten Gegenden seltener zur Ausführung wird gebracht werden können. Jedoch giebt es noch Güter, deren Holzwerth den jetzigen Verkaufspreis des Ganzen bald übersteigen möchte, wenn sie bei dem zunehmenden Holzmangel Absatz dafür erhalten, und durch Ziehung von Kanälen oder Aufräumung und Anstauung natürlicher Gewässer den Transport erleichtern. Nach manchen Taxations-Prinzipien wäre der Grund und Boden mehr werth, wenn er gar kein Holz trüge und zur Schafweide läge.

Auf solche Taxationen von gewöhnlichen Forstbedienten wird man daher beim Ankaufe von Gütern wenig Rücksicht zu nehmen haben, sondern den Werth des stehenden Holzes nach den Lokalverhältnissen für sich anschlagen, und dann auf den Werth des Grundes und Bodens, der oft einen angehäuften Reichthum von Dammerde enthält, und besonders bei einer einmal ruinirten Holzung als Acker- oder Wiesenland ungleich höher zu benutzen ist, Rücksicht nehmen; wogegen dann häufig anderer ausgesogener Ackerboden, dessen Fruchtbarkeit schwer herzustellen seyn würde, mit Holz zu besamen oder zu bepflanzen und in Schonung zu legen ist.

Immer ist der Bedarf an Bau-, Nutz- und Brennholz etwas sehr Annehmliches bei einem Gute, und deshalb beim Ankaufe besondere Rücksicht darauf zu nehmen.

§. 82.

In wie fern auf eingezogene Erkundigungen zu bauen.

Manche, die ein Gut zu kaufen die Absicht haben, legen ein großes Gewicht auf die von den Nachbarn oder in der Umgegend Bekannten, auch vom Gesinde, Viehhirten und Unterthanen eingezogenen Erkundigungen. Sie können allerdings Fingerzeige geben, doch müssen die Aussagen zuvor an Ort und Stelle geprüft seyn, bevor man darauf bauet. Wer sich dadurch des Sehens mit eigenen Augen überheben will, wird sehr leicht hintergangen werden. Solche Aussagen werden um so verdächtiger, je mehr die Landgüter in einer Gegend kurrente Handelswaare geworden, und in die Hände der eigentlichen Güterhändler, zumal derer, die das Geschäft in Kompagnie betreiben, gekommen sind. Die Kunstgriffe, deren man sich bedient hat, um Käufer zu hintergehen, scheinen unglaublich, und übertreffen beinahe die der Roßtäuscher. In solchen Gegenden muß man Jeden, den man befragt, für ein gestimmtes Instrument der Verkäufer halten. In solchen Fällen darf man aber selbst schriftlichen Dokumenten, Pachtkontrakten und Registern nicht trauen, wenn nicht für das darin Enthaltene Eviktion geleistet wird. Bei dem allen läßt sich jedoch zuweilen vortheilhaft von diesen Händlern kaufen, da ihnen nicht nur an schnellem Umsatze gelegen ist, sondern sie ihre Waare, die sie vermöge ihrer Spekulationen wohlfeil eingekauft haben, oft selbst nicht kennen.

Andere setzen ein großes Zutrauen auf die Geschichte eines Guts, um danach seinen Werth im Allgemeinen zu beurtheilen, und sie erkundigen sich, welche Besitzer oder Pächter es nach einander gehabt, zu welchem Preise es vormals verkauft oder verpachtet worden, und wie diese oder jene darauf fortgekommen seyen. Wenn man diese Geschichte vollständig und in ihren kleinsten Details erfahren könnte, so würde sie allerdings viele Aufklärung geben, aber so, wie man sie gewöhnlich erfährt, verleitet sie häufig zu Fehlschlüssen.

Weil sich die allgemeine Meinung von einem Gute häufig darauf begründet, so wird man solche Güter oft gerade am vortheilhaftesten erkaufen können, auf welchen mehrere Besitzer oder Inhaber zugesetzt haben oder zu Grunde gegangen sind. Zuweilen haben die letzten Inhaber viel hineingesteckt und die Kraft des Bodens wirklich dadurch vermehrt, aber nicht Ausdauer und Nachsatz genug gehabt, um die Früchte daraus zu ziehen, und es giebt der Beispiele viele, wo auf diese Weise reelle Meliorationen nur zum Nutzen des Nachfolgers gemacht worden sind. Auf der andern Seite können die letzten Inhaber es verstanden haben, einen hohen temporellen Geldertrag, aber mit Erschöpfung des Ackers, herauszuziehen, und dadurch ihr Vermögen zu verbessern, das Gut aber um so viel zu verschlechtern. Hierdurch kann ein Gut bei Kurzsichtigen in einen übeln oder guten Ruf kommen, wo sich dann im letztern Falle, wenn es zum Verkauf kommt, eine große Konkurrenz von Käufern, im erstern aber keine einfinden, und sonach über oder unter dem Werthe losgeschlagen werden wird. Jedoch darf man dieses auch nicht als allgemein annehmen, denn manchmal kann ein unwissender und nachlässiger Wirth sehr geringen Ertrag aus einem Gute gehabt und es dennoch so verschlechtert haben, daß ein beträchtliches Kapital zu dessen Wiederherstellung erforderlich ist.

Oftmals haben Güter große Hülfsquellen, die von unwissenden und unthätigen Wirthen übersehen und nicht gebraucht wurden, und diese lassen sich immer eher auf einem Gute erwarten, was in schlechten Händen, als das in guten gewesen ist.

§. 83.

Güter-Anschläge.

Bei jeder Kaufsverhandlung wird in der Regel vom Verkäufer über das Gut ein **Anschlag** gemacht und dem Käufer vorgelegt, der ihn dann mit seinen Erinnerungen oder mit einem Gegenanschlage beantwortet, damit diejenigen Punkte, bei deren Schätzung sie von einander abweichen, genauer erörtert werden können.

Ein solcher Anschlag ist entweder ein **Grund-** oder ein **Ertragsanschlag**. Ersterer, wozu die Data in der Lehre von der Agronomie werden angegeben werden, würde weit sicherer seyn, wenn die zu einem solchen bestimmten Anschlage erforderlichen Kenntnisse mehr verbreitet wären. Da dieses aber bis jetzt nicht der Fall ist, so behilft man sich mit Ertragsanschlägen, deren nothwendige Mangelhaftigkeit schon daraus erhellet, daß der Ertrag, der aus Grund und Boden, Kenntniß und Ueberlegung, Betriebskapital und Arbeit hervorgeht, und bei dem obendrein das Risiko nicht berechnet werden kann, dem Grundwerthe allein beigemessen wird. Weil man dieses, obwohl dunkel, fühlte, so hat man die Ertragssätze möglichst geringe angenommen, besonders aber, da sie sich in der Regel auf Dreifelderwirthschaft gründen, die Benutzung der Brache gar nicht gerechnet, sondern solche als den billigen Vortheil des Wirthschaftsbetriebes angesehen.

Deshalb paßt diese Veranschlagungsart, besonders so wie sie in den preußischen Staaten eingeführt, und mit verschiedenen Modifikationen bei den Kammeranschlägen der Domainen und in den ritterschaftlichen Taxprinzipien gesetzlich bestimmt ist, auch nur allein für die Dreifelderwirthschaft; sie wird dagegen höchst schwankend und unsicher, wenn sie auf andere Wirthschaftsarten angewandt werden soll, um so mehr, da man bei diesen noch keine hinlänglich bestätigten Erfahrungssätze zu haben glaubt. Wenn daher diese Taxationsmethode bei einem anders bewirthschafteten Gute angewandt werden sollte, so müßte dessen Ertrag dennoch so berechnet werden, als läge es in drei Feldern, weil bei jeder andern Berechnung nach diesen Prinzipien noch unrichtigere Resultate sich ergeben möchten, denen daher auch das öffentliche Zutrauen fehlt.

§. 84.

Diese in den preußischen Staaten hauptsächlich eingeführte Veranschlagungsmethode ist bei aller Mangelhaftigkeit unter den bekannten noch immer die vorzüglichste, und deshalb auch von den einsichtsvollern Oekonomen anderer Gegenden angenommen worden. Der wissenschaftliche Agronom wird nun zwar den Grundwerth des Bodens, abgesondert von dem Wirthschaftsertrage, für sich richtiger zu bestimmen wissen, muß jedoch diese Veranschlagungsart, sollte es auch nur um der Verhandlungen willen, die er mit Andern zu betreiben hat, seyn, im Allgemeinen kennen. Für die besondern Modifikationen, die in einzelnen Distrikten üblich, und durch die Lokalverhältnisse herbeigeführt sind, kann er sich dann in jedem, wo er Geschäfte hat, leicht unterrichten.

§. 85.

Bei Veranschlagung des Ackerlandes kommen folgende zwei Hauptpunkte in Betracht:

1) Wie viel wird, nach gegebener Beschaffenheit des Bodens, auf eine gewisse Fläche eingesäet?

2) Welche Vermehrung dieser Aussaat ist auf demselben anzunehmen?

§. 86.

Bestimmung der Einsaat.

Wo diese Veranschlagungsart gebräuchlich ist, hat man fast allgemein die Meinung angenommen, daß um so stärker eingesäet werden müsse,

a) je besser der Boden in seiner Grundbeschaffenheit ist;

b) je stärker und je frischer er gedüngt worden, und glaubt solche durch den Grundsatz, wer stark ist, kann stark tragen, erwiesen zu haben. Es kommt also auf die Klasse an, worin man den Boden nach §. 75. setzt, und ferner, die wievielste Frucht er nach der letzten Düngung trage. Jedoch sind neuerlich in der ostpreußischen Taxations-Instruktion richtigere Grundsätze über die Einsaat angenommen.

Da allgemein das Dreifeldersystem zum Grunde liegt, so erfolgen, wenn die Brache alle drei Jahre gedüngt wird, nur zwei Tragten; wenn sie alle sechs Jahre gedüngt wird, vier Tragten, und wenn sie alle neun Jahre gedüngt wird, sechs Tragten aus demselben Dünger, und nach jeder Brache eine Winterung und eine Sommerung. Weiter als auf eine neunjährige Düngung hat man sich nicht eingelassen, sondern rechnet alsdann den Acker, der solche nicht erhält, zum dreijährigen Roggenlande.

Die Möglichkeit der Düngung aber wird aus dem zu haltenden Viehstapel oder nach der bisherigen Erfahrung ausgemittelt, worüber in der Folge die Rede seyn wird.

§. 87.

Bestimmung der Körnervermehrung.

Nach derselben Klassifikation und Tragt bestimmt man dann auch die Körnervermehrung dieser Einsaaten, und der ganze Ertrag von einer Ackerfläche (einem Morgen) geht hervor aus der Multiplikation der Einsaat mit der angenommenen Kornvermehrung.

Das Einsaatsmaaß ist ziemlich bestimmt angenommen; in Ansehung der Vermehrung schwankt man, wie natürlich, zwischen einem Korne mehr oder weniger, welches freilich bei der Berechnung des reinen Ertrages einen sehr bedeutenden Unterschied machen muß, aber der Natur der Sache nach nicht abzuändern ist. Hierauf hat man also bei der Prüfung der Anschläge besonders sein Augenmerk zu richten und keinen höhern Ansatz passiren zu lassen, wenn er nicht auf die besondere Güte des Bodens oder auf die stärkere Düngung begründet ist.

§. 88.

Man nimmt gewöhnlich die in folgender Tabelle angegebenen Sätze an:

Art des Bodens.	Klasse.	Tragt nach dem Dünger.	Einsaat per Morgen		Das wievielste Ertragskorn.	Ganzer Ertrag per Morgen.				Kornart.
			Schfl.	Mtz.		Schfl.	Mtz.	od. Schfl.	Mtz.	
Weizenboden	Erste	Erste	1	6	7 bis 8	9	10	11	—	Weizen.
— —	—	Zweite	1	4	7 — 8	8	12	10	—	Gerste.
— —	-	Dritte	1	4	6	7	8	..	..	Weizen.
— —	—	Vierte	1	2	5 — 6	5	10	6	12	Gerste.
—	Zweite	Erste	1	6	6 — $6\frac{1}{2}$	8	4	8	15	Weizen.
— —	—	Zweite	1	4	6	7	8	..	..	Gerste.
— —	—	Dritte	1	4	5 — 6	6	4	7	8	Roggen.
— ..	—	Vierte	1	2	5 — 6	5	10	6	12	Gerste.
Gerstboden	Erste	Erste	1	4	6 – $6\frac{1}{2}$	7	8	8	2	Roggen.
— —	—	Zweite	1	4	6 — 7	7	8	8	12	Gerste.
— —	—	Dritte	1	2	5	5	10	..	..	Roggen.
— —	—	Vierte	1	—	5	5	—	..	..	Gerste.
— —	Zweite	Erste	1	4	6	7	8	..	..	Roggen.
— —	—	Zweite	1	4	6	7	8	..	..	Gerste.
— —	—	Dritte	1	2	$4\frac{1}{2}$	5	1	..	..	Roggen.
— —	—	Vierte	1	—	$4\frac{1}{2}$	4	8	..	..	Hafer.
Haferboden	—	Erste	1	2	5	5	10	..	..	Roggen.
— —	—	Zweite	1	2	5	5	10	..	..	Hafer.
— —	—	Dritte	1	—	$3\frac{1}{2}$	3	8	..	..	Roggen.
— —	—	Vierte	1	—	$3\frac{1}{2}$	3	8	..	..	Hafer.
— —	—	Fünfte	—	14	3	2	10	..	..	Roggen.
— —	—	Sechste wird ökonomisch nicht bestellt.								
Roggenboden	—	Erste	1	—	3	3	—	..	..	Roggen.
— —	—	Zweite	—	14	$2\frac{1}{2}$	2	3	..	..	—
—	—	Dritte	—	12	2	1	8	..	..	—

§. 89.

Wenn nun von der Ackerfläche auf diese Weise der Totalertrag in jeder Tragt ausgemittelt worden, so schreitet man zur Ausmittelung des reinen Ertrages, und zieht zuvörderst von jenem die Einsaat ab. Hierbei kann an sich kein Zweifel entstehen, da die Einsaat auf kräftigen Boden so stark angenommen ist, daß man viel davon ersparen kann.

§. 90.

Abzug des Konsumtions-Korns.

Wenn auch nach ausgemitteltem ganzen Ertrage die sämmtlichen Kosten der Wirthschaften besonders berechnet und von jenem abgezogen werden, so pflegt man dennoch bei der Berechnung des Kornertrages, bei jeder Kornart, das zur Wirthschaftskonsumtion in Natura (z. B. wie viel vom Weizen zu Suppen, vom Roggen zu Bröd, von der Gerste zu Bier u. s. w. gebraucht werde) Erforderliche, so wie den Drescherlohn-Scheffel sogleich abzuziehen. Eine, wie mir däucht, unnöthige Weitläufigkeit, da man weit leichter bei der Berechnung aller übrigen Wirthschaftskosten auch das zu konsumirende Getreide mit berechnen könnte, und dadurch eine vollständigere Uebersicht erhielte. Oft muß doch von einer oder der andern Kornart, z. B. vom Hafer, noch zugekauft werden.

§. 91.

Abzug des Korns zur Deckung der Wirthschaftskosten.

Man hat aber, um sich die in der That höchst schwierige Berechnung der Wirthschaftskosten zu ersparen, häufig vom Körnerertrage einen gewissen verhältnißmäßigen Theil ausgesetzt, um dadurch die sämmtlichen Kosten, nicht etwa bloß die Getreidekonsumtion zu decken. Diese Annahme ist nun, wie von selbst erhellet, sehr schwankend, und müßte nach der Lokalität und nach den Zeiten sehr verschieden seyn. Insbesondere macht es einen großen Unterschied, ob die Wirthschaft mit vielen Hofediensten, mit wenigen oder gar keinen betrieben wird; dann aber auch, wie der Arbeitspreis, das Gesindelohn, die Kosten seiner Beköstigungsart und der Preis anderer anzukaufenden Dinge in einer Gegend stehe. Wo man deshalb genauer hat gehen wollen, hat man neben der Aussetzung eines sogenannten Wirthschaftskorns noch einen besondern Kostenanschlag zu machen, vorgeschrieben, und eine Vergleichung angestellt, in wie fern jenes dafür ausgesetzte Korn diese decke. Hier findet es sich dann selten, daß man mit dem nach der Regel auszusetzenden Wirthschaftskorne reicht.

Man nimmt nämlich als Regel an, daß nach Abzug der Einsaat die Hälfte des übrigen für die sämmtlichen Wirthschaftskosten zu berechnen sey; jedoch nur dann, wenn das Ertragskorn nicht über das fünfte angeschlagen ist. Man läßt also, strenge genommen, nie über zwei Einsaatskörner für die Wirthschaft passiren; doch haben andere, die Unmöglichkeit damit auszureichen einsehend, nur von dem, was über fünf Körner ist, den vierten Theil als Wirthschaftskorn ausgeworfen. Hiermit wird man auf gutem Boden mehrentheils ausreichen, auf schlechtem aber, wo nur drei Körner Ertrag angenommen werden, wird unmöglich die Wirthschaft davon geführt werden können. Es müßten mindestens 1½ davon zu Wirthschaftskosten abgegeben werden, wenn man diese nicht anderswo herausfände.

Auf Weizen- und Gerstboden der ersten Art pflegt man auch auf die Veranschlagung einiger Brachnutzung zu dringen. Billigerweise kann dieses jedoch nie weiter als bis zu einem Drittel des wirklich gedüngten Landes dieser Klasse geschehen. Dieses nimmt man als mit Erbsen bestellt an, einen Scheffel per Morgen und vier Körner Ertrag.

§. 92.

Arrende-Korn.

Was nach Abzug der Einsaat und des Wirthschaftskorns jeder Art übrig bleibt, nennt man **Arrende-** oder **Pachtkorn**, und schlägt es, als reinen Ertrag der Wirthschaft, zu Gelde an.

Dieser Geldpreis ist nun eine sehr schwierige Bestimmung, indem er von Ort zu Ort und von Zeit zu Zeit so sehr verschieden ist. Bei den Domainen-Pachtveranschlagungen und in den ritterschaftlichen Taxprinzipien ist er nach Maaßgabe älterer Zeiten sehr geringe angenommen, und nur seit Kurzem bei erstern etwas erhöhet worden. Im Durchschnitt der letzten zwölf Jahre ist dieser angenommene Preis um die Hälfte geringer als der wirkliche gewesen, woraus dann der Hauptgewinn der Pächter entstanden ist, die sonst wegen des die Kosten nicht deckenden Wirthschaftskorns beim Ackerbau nicht hätten bestehen können. Bei Privatverpachtungen und Kaufanschlägen hat man ihn seit einiger Zeit höher, den Roggen zu 1 Rthlr. 8 Gr. und das übrige Getreide nach Verhältniß angenommen. Ungeachtet der Durchschnittspreis der letzten zwölf Jahre viel höher ist, so darf man doch wohl keinen höhern, als letztern annehmen, indem die hohen Preise dieser Zeit durch **besondere** Umstände veranlaßt wurden.

Es ließ sich wohl nie weniger als in der jetzigen Zeit voraussehen, wie der Preis des Getreides sich in der Folge verhalten werde, indem der Werth des Geldes gegen den Werth anderer Dinge von der Wendung, den die Finanz-, Kredit- und Handels-Konjunkturen in dieser Krise nehmen werden, abhängt.

§. 93.

Die Berechnung des Ertrages vom Ackerlande wird nun gewöhnlich so gemacht, daß man von jeder Hufe, Feldbreite oder Koppel, die unter einem Namen begriffen wird, die Morgenzahl sammt der Aussaat und dem Ertrag nach der Bonitirung von Winterung und Sommerung jedes von dem dritten Theil der Fläche angiebt, sodann von dem Ertrage jeder Kornart die Einsaat und das Wirthschaftskorn nach den §§. 89. 90. angegebenen Prinzipien abzieht, den reinen Ertrag zu Gelde anschlägt und in die Geldrubrik setzt.

§. 94.

Oder aber man nimmt das unter eine Klasse im Vermessungs- und Bonitirungs-Register verzeichnete Land zusammen, vertheilt es in die drei Felder gleichmäßig, und macht den Anschlag tabellarisch.

Um ein Beispiel von solchen Tabellen zu geben, nehmen wir in runden Zahlen an, daß ein Gut 1200 Morgen Ackerland habe. Davon sind 300 Morgen Weizenboden zweiter Art, 300 Morgen als Gerstboden erster Art, 300 Morgen als Haferboden, und 300 als dreijähriges Roggenland bonitirt. Nach Verhältniß des Viehstapels — dessen Stärke vorher nach dem Futtergewinn und nach Erfahrung ausgemittelt werden soll — können jährlich 200 Morgen ausgedüngt werden. Dieser Dünger werde ökonomisch so vertheilt, daß 50 Morgen Weizenboden oder der sechste Theil, 100 Morgen Gerstboden oder der dritte Theil, 33⅓ Morgen Haferboden oder der neunte Theil ausgedüngt würden. Es bliebe sodann noch der Dünger für 16⅔ Morgen Roggenland übrig, den man aber als halbe Düngung auf 33⅓ Morgen vertheilt, und so auf dem neunten Theil des Roggenlandes ausreichte.

Es würden also besäet:

1) Weizenboden zweiter Art.

In 1ster	Tragt mit	Weizen	50	Morgen.
= 2ter	=	= Gerste	50	—
= 3ter	=	= Roggen	50	—
= 4ter	=	= Hafer	50	—

2) Gerstboden.

In 1ster	Tragt mit	Roggen	100	Morgen.
= 2ter	=	= Gerste	100	—

3) Haferboden.

In 1ster	Tragt mit	Roggen	33⅓	Morgen.
= 2ter	=	= Hafer	33⅓	—
= 3ter	=	= Roggen	33⅓	—
= 4ter	=	= Hafer	33⅓	—

In 5ter Tragt mit Roggen . . . . $33^1/_3$ Morgen.
" 6ter " " Roggen

4) Roggenboden nach halber Düngung.

In 1ster Tragt mit Roggen . . . . $33^1/_3$ Morgen.
" 2ter " " Roggen . . . . $33^1/_3$ —
" 3ter " " Roggen . . . . $33^1/_3$ —
und überdem in die gedüngte Brache des Weizen- oder Gerstenlandes Erbsen . . . . 50 Morgen.

Dann wird folgende Tabelle die Uebersicht des ganzen Ertrages darstellen.

Es sind in derselben bei 6 und 7 Ertragskörnern $2^1/_2$ als Wirthschaftskorn angenommen.

Morgen.	Ausgesäet wird Weizen. Klasse.	Tragt.	Einsaat per Morgen nach Metzen.	Ertragskorn.	Ganzer Einfall. Schfl.	Metz.	Total-Ertrag. Schfl.	Metz.	Abzuziehendes Wirthschaftskorn im Ganzen. Das wievielste.	Schfl.	Metz.	Arrende-Korn. Schfl.	Metz.
50	1	1	22	6	68	12	412	8	2½	171	14	171	14
	Roggen.												
50	1	3	20	6	62	8	375	—	2½	156	4	156	4
100	2	1	20	6	125	—	750	—	2½	312	8	312	8
33⅓	3	1	18	4½	37	8	168	12	1¾	65	10	65	10
33⅓	3	3	16	3	33	5⅓	100	—	1	33	5⅓	33	5⅓
33⅓	3	5	14	2½	29	2⅔	72	14⅔	¾	21	14	21	14
33⅓	4	1	16	3	33	5⅓	100	—	1	33	5⅓	33	5⅓
33⅓	4	2	14	2½	29	2⅔	72	14⅔	¾	21	14	21	14
33⅓	4	3	12	2	25	-	50	—	¾	18	12	6	4
350	Summa		. .	. .	375	—	1689	9⅓	—	663	8⅔	651	⅔
	Gerste.												
50	1	2	20	7	62	8	437	8	2½	156	4	218	12
100	2	2	20	6	125	—	750	—	2½	312	8	312	8
150	Summa		. .	. .	187	8	1187	8	—	468	12	531	4
	Hafer.												
50	1	4	18	5	56	4	281	4	2	112	8	112	8
33⅓	3	2	18	4½	37	8	168	12	1¾	65	10	65	10
33⅓	3	4	16	3	33	5⅓	100	—	1	33	5⅓	33	5⅓.
116⅔	Summa		. .	. .	127	1⅓	550	—	—	211	7⅓	211	7⅓
	Erbsen.												
50	1	1	16	5	50	—	250	—	2	100	—	100	—

Reiner Ertrag.

Weizen .	171 Schfl.	14 Metz.	à Schfl.	2 Rthlr.	. 343	Rthlr.	18	Gr.
Roggen .	651 „	—⅔ „	à „	1⅓ „	. 868	„	1⅓	„
Gerste .	531 „	4 „	à „	1 „	. 531	„	6	„
Hafer . .	211 „	7⅓ „	à „	16 Gr.	. 140	„	23⅓	„
Erbsen .	100 „	— „	à „	1⅓ Rthlr.	. 133	„	8	„
Summa	1665 „	10 Metz.			2017	Rthlr.	8⅔	Gr.

§. 95.

Hauskoppel.

Wenn umzäunte Hauskoppeln, Wörthe oder Kämpe vorhanden sind, so pflegt man diese besonders und nicht nach Aussaat und Ertrage, sondern nach ihrem Flächeninhalte zu berechnen, und dadurch den Morgen weit höher, als beim offenen Feldlande anzuschlagen. Man hat ihn sogar bei offiziellen Anschlägen zu 3 bis 6 Rthlrn. gewürdigt, ungeachtet man nicht annehmen kann, daß sich der Boden in seiner bleibenden Grundbeschaffenheit vor der übrigen Feldmark besonders auszeichne. Der höhere Kultur- und Düngungszustand, worin sie zu stehen pflegen, und das sogenannte Gartenrecht, d. h. Freiheit von fremder Aufhütung, welches sie haben, und dann die wirklich höher sich ausweisende Benutzung sind der Grund dieser besondern und höhern Veranschlagung. Allein die Kultur und Düngkraft sind nicht bleibend, können nur durch größern Aufwand erhalten, durch denselben aber dem übrigen Felde ebensowohl ertheilt werden. Das Gartenrecht muß allerdings ihren Werth sehr vergrößern; wenn jedoch die Landesgesetze den Gutsbesitzer berechtigen, auf eine allgemeine Separation der gemeinen Feldbehütung zu dringen, so fällt auch dieser Vorzug der Wörthen weg, und die Benutzung der ganzen Feldmark, wenigstens des bessern Theils, kann der Benutzung von jenen gleich gemacht werden.

Ihr anerkannter bisheriger Werth giebt den überzeugendsten Beweis, zu welchem Werthe eine ganze Feldmark gebracht werden könne, indem nicht die Natur, sondern bloß menschliche Einrichtungen den Unterschied verursacht. Bei höherer Kultur wird die ganze Feldmark eine Wörthe werden, und man wird sich dann wahrscheinlich bewogen finden, sie auch auf eben die Weise nach Flächeninhalt zu taxiren.

§. 96.

Gärten.

Eben so werden auch die Küchengärten nach Flächeninhalte und beträchtlich hoch angeschlagen. Der höhere Ertrag, den man von ihnen annimmt, ist jedoch nur der auf sie verwandten Industrie mehrentheils beizumessen. Ein Gleiches ist der Fall mit den Hopfengärten.

Weingärten werden nach dem Werthe ihres Produkts, welches man aus der Erfahrung kennt, auf eine eigne Weise, wofür man kaum einen Maaßstab hat, geschätzt, indem die besondere Eigenthümlichkeit des darauf wachsenden Weins aus Boden, Lage und Klima noch nicht befriedigend genug abgeleitet werden kann.

Bei den Obstgärten und Obstanlagen kommt das dem Obstbau günstige Klima neben dem Boden in Betracht. Es giebt Gegenden, wo man alle zwei, andere Gegenden, wo man kaum alle neun Jahre einen vollen Ertrag rechnen kann. In jenen, wo es viele und größere Obstanlagen zu geben pflegt, ist der Werth nach dem Durchschnittsertrage ziemlich bestimmt; in diesen würde ich, außer dem Grund und Boden, nur den Werth der Bäume nach ihrer Größe, Gesundheit und Art anschlagen, es sey denn, daß ein warmer, gegen schädliche Winde besonders gedeckter Platz mit Obstbäumen von guter Qualität stark besetzt sey, in welchem Falle ein dem Obstbau ungünstiges Klima demselben einen vorzüglichen Werth geben kann.

Ueber die Wiesen und Weiden und ihre Veranschlagungsart ist oben in den §§. 70—80. geredet.

§. 97.

Veranschlagung der Viehnutzung.

In Ansehung der Viehnutzung können die Anschlagsprinzipien nicht anders als höchst schwankend und verschieden seyn. Man setzt sie deshalb in den gewöhnlichen Dreifeldersystems-Anschlägen kaum halb so hoch an, als ihre selbst hier anerkannte Benutzung ist. Da man indessen Wiesen und Weide schon berechnet hat, und der Werth des Düngers, um dessen willen das Nutzvieh vorzüglich gehalten wird, beim Ertrage des Ackers schon in Anschlag gekommen ist, so ist es auch in der That genug. Wenn Wiesen und Weiden gehörig angeschlagen werden, so dürfte für die Viehnutzung weiter gar nichts berechnet werden, indem der höhere Ertrag derselben lediglich der Industrie des Landwirths zuzuschreiben ist. Es versteht sich, daß das wirklich zu übergebende Vieh, nach gehöriger Taxation, zum Kapitalwerthe gerechnet werden müsse.

In den gewöhnlichen Anschlägen schwankt die Benutzungsannahme einer Kuh zwischen 3 und 10 Rthlrn. Der letzte Satz findet jedoch bei der Dreifelderwirthschaft nur selten auf den fruchtbarsten Stromniederungsweiden Statt. Ein Drittel der Kopfzahl wird als

Jung- oder Güstvieh gerechnet, und der Kopf von diesen zu einem Sechstel des milchenden Viehes angeschlagen. Jedoch nimmt man auch an, daß die Außenweiden das Jung- und Güstvieh erhalten, und berechnet alsdann entweder dieses oder jenes gar nicht.

Hundert Schafe werden zwischen 20 und 30 Rthlr. und ihre Außenweide dann gar nicht gerechnet. Obwohl der Ertrag der Schäferei, selbst ohne besondere Industrie, anerkannt größer ist, so hat man doch wegen des bisherigen großen Risiko des Schafsterbens diesen Ansatz in den gewöhnlichen Anschlägen noch nicht erhöhet; und allerdings muß bei dem wirklichen Ertrage der Schäferei Vieles auf Industrie gerechnet werden.

Die Schweinezucht wird zuweilen nach den Kühen, zuweilen nach der Aussaat berechnet. Im ersten Falle nimmt man an, daß von jeder Kuh ein Schwein aufgezogen werden könne, und setzt selbiges zu 8 bis 10 Gr. an. Bei der andern Art rechnet man auf jeden Scheffel Winteraussaat 1 Gr. für die Stoppelbenutzung mit den Schweinen.

Nach der Aussaat des Sommergetreides schlägt man dagegen die Federviehnutzung an, 1 Scheffel zu 6 Pf.

Die wilde Fischerei und Jagdbenutzung kann nur nach der Erfahrung oder Verpachtung nach jeder besonderen Lokalität angeschlagen werden. Die Teichfischerei aber erfordert eine genaue Kenntniß derselben, die wir hier nicht voraussetzen können.

§. 98.

Der Nebengewerbe.

Auch die mit der Landwirthschaft verbundenen Gewerbe der Bierbrauerei, Branntweinbrennerei, Ziegelei, des Mühlenbetriebes, werden häufig nach ihrer Benutzung angeschlagen welches nur historisch durch Register und Zeugenaussagen auszummeln ist. Da hierbei aber auf die Industrie, womit das Gewerbe betrieben worden, und welche nicht taxirt werden kann, sodann auf die Zeitumstände so Vieles ankommt, so sollte man das Gewerbe selbst von der besondern Berechtigung, selbiges überhaupt und in einem gewissen Umfange ausschließlich zu betreiben, wohl unterscheiden, und nur letztere als eine besondere, mit dem Gute verbundene Gerechtsame in Anschlag bringen.

§. 99.

Der Gefälle.

Die beständigen Geld- und Naturaliengefälle berechnen sich von selbst; die unbeständigen können nicht anders als nach einem Durchschnitt von einer Reihe von Jahren, oft mit einiger Rücksicht auf die Zeitumstände, berechnet werden. Machen solche einen beträchtlichen Theil der Rente eines Landgutes aus, so sind sie mehr ein Gegenstand für den Kapitalisten, als für den Landwirth. Sie verzinsen nur das Kapital, und lassen sich in der Regel nicht vermehren. Wer ein Landgut für 100,000 Rthlr. kauft, wovon 50,000 Rthlr. zinsbar durch solche Gefälle gedeckt werden, der hat eigentlich nur ein Landgut von 50,000 Rthlrn. gekauft. Hätte er das ganze Kapital dem landwirthschaftlichen Gewerbe widmen wollen, so würde er dabei seinen Zweck verfehlt haben.

§. 100.

Des Zehntens.

Zu den wichtigsten Naturaliengefällen gehört der Korn-Zehnten, den einige Güter von andern Feldern ziehen, einige aber auch geben müssen. Er ist eine Berechtigung von sehr großer Wichtigkeit, die nicht nur auf den unmittelbaren Ertrag des Gutes, sondern auch vermöge des Strohes auf das ganze Bewirthschaftungssystem einen sehr wichtigen Einfluß hat. Deshalb verdient er eine besonders genaue Erkundigung über die Art und Weise, wie er gezogen wird, über die bestehenden Anordnungen und Pflichten des Zehntnehmers und Zehntgebers, besonders ob er Ersterem auf den Hof gefahren, oder von ihm abgeholt werde, und in Ansehung aller dabei vorkommenden Verrichtungen und Gebräuche.

Ueber die Nachtheiligkeit des Zehntens für das zehntpflichtige Gut, und die Unmöglichkeit, Meliorationen und eine höhere Kultur dabei einzuführen, habe ich mich in meiner englischen Landwirthschaft, Th. III. S. 89, ausführlich erklärt, und der Zehnten schließt alle Kultur um so mehr aus, je schlechter der Boden ist; denn es giebt der Fälle viele, wo er den ganzen reinen Ertrag, und zuweilen mehr, völlig wegnimmt, weswegen wir denn auch manche Beispiele haben, daß der Zehnten per Morgen höher, als das Land selbst, bezahlt wird. Hieraus erhellet von selbst, daß ein zehntpflichtiges Gut zu kaufen — wenn anders nicht die sicherste Hoffnung, den Zehnten auf eine andere Weise zu kompensiren, vorhanden ist — durchaus keinem nachdenkenden Landwirthe einfallen könne.

Der Zehntberechtigte kann zwar vom Zehnten einen ungemein großen Nutzen, besonders zur Aufhelfung eines ausgesogenen Gutes, ziehen, indem er die Erhaltung eines stärkern Viehstandes, und folglich eine reichere Bedüngung möglich macht. Indessen ist es merkwürdig, daß in Gegenden, wo fast alle größere Oekonomien Zehnten von pflichtigen Feldern ziehen, und wo man glaubt, daß solche ohne Zehnten gar nicht bestehen können, diese Wirthschaften dennoch auf einem sehr mittelmäßigen Grade stehen, und ihren Ertrag nicht in dem Verhältnisse, wie man von der oft sehr großen Strohzufuhr erwarten könnte, vermehrt haben. Die Einrichtung der auf Zehnten berechneten Wirthschaften ist oft so fehlerhaft, daß es Wohlthat seyn könnte, durch Aufhebung des Zehntens eine andere zu erzwingen, wodurch mehrentheils der reine Ertrag ohne Naturalzehnten höher, als mit dem Zehnten getrieben werden könnte. Ein vernünftiger Gutsbesitzer, der die Möglichkeit, ohne fremdes Stroh seinen Acker in gerechter Düngung zu erhalten, einsieht, wird sich daher gern die Aufhebung des Naturalzehntens gegen ein bestimmtes Korngefälle oder sogenannten Sackzehnten gefallen lassen, entweder durch gültigen Privatvergleich, oder, wenn der Staat eine Einrichtung aufzuheben beschließt, die dem einen Theile unendlich geringern Nutzen als dem andern Schaden bringt, und dadurch die allgemeine Landeskultur auf einer niedern Stufe erhielt.

Durch eine strenge oder gar unbillige Ausübung des Zehntrechts, die man besonders von jährlichen Pächtern zu erwarten hat, vermindert sich der Werth des Zehntens von Jahr zu Jahr, indem die Feldmark und der Wohlstand der Pflichtigen dadurch erschöpft wird. Klee- und Futtergewächsbau wird völlig ausgeschlossen, wenn Zehnten davon gegeben werden sollen.

§. 101.

Frohnden.

Endlich kommen in Anschlag die Frohnden (Hofedienste, Herrndienste, Robot, Scharwerk).

Sie unterscheiden sich 1) in Gespann- und Handdienste. Erstere werden in der Regel nur von solchen Höfen geleistet, die ursprünglich groß genug sind, Gespann zu erhalten. Letztere von kleinen Höfen, die nicht groß genug dazu sind, oder es ursprünglich nicht waren. Erstere heißen gewöhnlich Bauern, und man unterscheibet sie wieder in ganze, die mit vier Pferden, und in halbe, die mit zwei oder einem Pferde dienen. Die mit der Hand dienenden werden Kossäthen oder Käthner genannt, doch werden Handdienste auch von solchen geleistet, die gar kein Ackerland, sondern nur Haus, Garten und Viehweide besitzen, unter dem Namen von Büdnern, Häuslern, Gärtnern, Einliegern, Insten u. s. w.

2) In gemessene und ungemessene.

Gemessene Dienste sind gewöhnlich nach Tagen bestimmt, so daß eine gewisse Anzahl von Hofetagen im Jahre abgeleistet werden müssen. Die Wahl dieser Tage durchs ganze Jahr hängt selten vom Gutsherrn ab, sondern sie sind in jeder landwirthschaftlichen Jahreszeit auf jede Woche festgesetzt. Dabei ist ein gewisses Quantum von jeder Art Arbeit auf den Tag vorgeschrieben oder nicht. Im letztern Falle sind sie für den Berechtigten gewöhnlich von sehr geringem Werthe, und sinken zu Nichts herab, wenn er sich auf der

Stelle keiner körperlichen Zwangsmittel bedienen kann, wie dies bei aufgehobener Leibeigenschaft oder Unterthänigkeit, und noch mehr bei aufgehobener Patrimonialgerichtsbarkeit der Fall seyn wird. Sie werden dann aber auch für den pflichtigen Bauern selbst und für das allgemeine Beste nachtheiliger, als jede andere Dienstart, weil sie Trägheit, Indolenz, absichtlich fehlerhaftes Verfahren und hämische Widerspenstigkeit erzeugen, wodurch die Moralität verdorben, und so viele Zeit und arbeitende Kraft völlig verschwendet wird. Der Knecht oder Bauerssohn wird von seinem Brodherrn oder Vater angelernt, unfleißig, nachlässig und tückisch zu seyn; er setzt eine Ehre darein, den Gutsherrn betrogen zu haben, gewöhnt sich an Faulheit, betrügt denn auch seinen Brodherrn oder Vater und endlich sich selbst um die Arbeit, die er hätte thun können. Daher findet man allgemein trägere Menschen an Orten, wo besonders solche Hofedienste geleistet werden, und das sämmtliche Gesinde ahmt die Faulheit und Tücke der Dienstthuenden nach. Deshalb sind Dienste, denen das Maaß der Arbeit an jedem Tage bestimmt ist, doch besser, und man thut wohl, in der Anzahl der Diensttage beträchtlich nachzulassen, wenn diese Bestimmung erlangt werden kann.

Zuweilen ist aber auch den Hofediensten ein gewisses Maaß von Arbeit bestimmter Art ohne alle Rücksicht auf Tage vorgeschrieben. In diesem Falle wird die Arbeit zwar mit Schnelligkeit, aber um desto schlechter verrichtet. In Fällen, wo der ganze Gutsacker oder ein Theil desselben durch Hofedienste dieser Art bestellt wird, zeichnet sich dieser durch schlechte Früchte sogar gegen den Bauernacker aus, und giebt häufig, selbst bei dem Vortheile beträchtlicher Zehnten und weiter Abtriften, den jämmerlichsten Ertrag. Man kann in solchen Gegenden den durch Hofedienste bestellten Acker schon in weiter Entfernung von dem durch eigenes Gespann bestellten unterscheiden, und der Unterschied des Ertrages beträgt unläugbar mehr, als der Werth der durch die Dienste verrichteten Arbeit.

Wenn daher das Maaß der Arbeit entweder nach Tagen oder überhaupt festgesetzt werden soll, so ist es am besten, solche Arbeiten auszuwählen, wo die Ausführung keinen beträchtlichen Unterschied machen kann, also, wo möglich, zu Fuhren, deren Ladung ziemlich genau zu bestimmen ist.

Ungemessene Dienste scheinen nur mit dem Zustande des Bauern vereinbar zu seyn, wo dessen Haus, Hof und Vieh dem Gutsherrn eigenthümlich gehört, und dieser auch das Recht hat, ihm solches zu lassen oder wegzunehmen. Hier ist der Bauer völlig als Knecht zu betrachten, der statt Lohns und Kost den Genießbrauch dieses Hofes hat. Der Herr darf ihn und sein Vieh in der Arbeit nicht übernehmen, wenn er sein Eigenthum nicht ruiniren will. Diese Einrichtung läßt sich auch ohne Unterthänigkeit und Leibeigenschaft denken, und ohne selbige vielleicht besser, als mit derselben. Beide Theile können sich dann einander aufsagen, wenn sie mit einander unzufrieden sind. Jedoch besteht diese Einrichtung noch an einigen Orten, wo der Bauer wirklicher Eigenthümer seines Hofes ist. Hier werden unbillige Forderungen durch den Grundsatz beschränkt, daß der Bauer so viel Zeit übrig behalten müsse, wie zur Bestellung seines eigenen Ackers und zur Führung seiner Wirthschaft erforderlich ist. Da die Entscheidung hierüber aber so ungemein verwickelt ist, so entstehen daraus die sogenannten Unmöglichkeits-Prozesse und unendliche Mißhelligkeiten, welche des davon zu erwartenden Dienstes kaum werth sind.

Die Handdienste sind zum Theil nach Tagen, zum Theil nach gewissen Arbeiten bestimmt. Zu letztern gehören besonders Feldbestellungs- und Erntedienste, wo eine dazu taugliche Person eine gewisse Quantität von Arbeit dabei verrichten muß. Bei Tagesdiensten ist es mehrentheils unbestimmt, ob eine männliche oder weibliche, eine starke oder schwache Person dazu gestellt werden soll. Da sie von solchen Leuten verrichtet werden, welche mehrentheils ihren übrigen Verdienst vom Hofe haben, und folglich von demselben abhängiger sind, auch wohl von Häuslern, die dadurch ihre Miethe bezahlen: so hat man nach Verhältniß mehr davon zu erwarten, als von Gespanndiensten, und man kann sie in der Regel einem weiblichen Tagelöhner gleich schätzen. Sie sind auch den Leistenden minder nachtheilig.

Hin und wieder findet man die Einrichtung, daß das Erntegeschäft von diesen Leuten ganz verrichtet wird, wofür sie dann einen bestimmten Theil des aufgemandelten Getreides, und beim Abdreschen wiederum einen bestimmten Drescherscheffel bekommen. So bequem diese Einrichtung Manchem geschienen hat, so ist man doch in Niederschlesien von ihrer Schädlichkeit jetzt sehr überzeugt, nicht sowohl der beträchtlichen Abgabe wegen, welche diese Leute zu fordern haben, als wegen der Unordnung und Unrechtlichkeit, womit die Ernte vollführt wird. Diese erblichen sogenannten Dreschgärtner werden daher jetzt allgemein als ein Onus des Guts angesehen.

Bei der Schätzung der Dienste, vorzüglich derer mit Gespann, ist vor Allem auf den Zustand der Bauern und ihres Zugviehes Rücksicht zu nehmen. Wo diese in gutem Stande sind, kann man allerdings bessere und mehrere Arbeit von ihnen erwarten und auf die gehörige Weise fordern. Wo aber der Bauer einmal in schlechten Umständen ist, da haben sie beinahe allen Werth verloren, und werden zuweilen eine wahre Last für das Gut, da in den meisten Ländern der Gutsbesitzer verpflichtet ist, den Bauer zu erhalten, für seine Leistungen an den Staat einzustehen und einen verwüsteten Bauerhof herzustellen. Auch wird, wenn man die Entbehrlichkeit der Dienste fühlt, der wohlhabende Bauer weit eher zu einem billigen Aequivalent an Gelde oder Getreide sich verstehen und solches gehörig entrichten, als der einmal in Dürftigkeit Versunkene es thun will und kann. Diese Rücksicht ist um so wichtiger, da wahrscheinlich alle Regierungen die Aufhebung der Frohnden, gegen billigen Ersatz, wo nicht gebieten, doch auf alle Weise befördern werden, indem man allgemein anerkennt, welch' eine große Masse von arbeitenden Kräften, die jetzt fast schlafen, dadurch erweckt und zum Vortheil des Staats in Thätigkeit gesetzt werden würde. Wenn auch, wie wir zugeben, die Aufhebung der Frohnden in einzelnen Fällen weder für den Berechtigten, noch für den Leistenden, in Betracht des zu erlegenden Aequivalents, vortheilhaft seyn sollte, so würde doch allenthalben eine beiden Theilen reell zuträgliche Einrichtung darüber getroffen werden können, wenn die Dienstleistungen als eine Abarbeitung eines bestimmten Quantums von Pacht, Erbzins oder Meiergefällen angesehen und berechnet würden, wo dann beide Theile nach ihrer Konvenienz sich auf gewisse Termine darüber vergleichen könnten.

Nach dem verschiedenen Zustande der Bauern und ihres Gespanns werden dann auch in den Anschlägen die Dienste sehr verschieden berechnet. Man rechnet einen Gespanndienst mit zwei Pferden täglich zu 2, 3 bis 8 Gr., in seltenen Fällen zu 12 Gr., einen Handdienst zu 1, $1\frac{1}{2}$ bis 3 Gr., und nimmt im Durchschnitt an, daß die Arbeit zweier Dienstgespanne der eines Hofgespanns, und die Arbeit dreier Handdienste der von zwei Tagelöhnern gleicher Art gleich komme. Jenes kann nur bei gutem Dienstgespann angenommen werden, und die Erfahrung lehrt, daß ein Hofgespann oft mehr als vier, fünf Dienstgespanne leiste. Auch ist zu erwägen, ob den Leuten beim Dienste an Gelde oder Naturalien etwas verabreicht, oder dem Zugviehe Weide eingeräumt werden müsse, in welchem Falle dieses von der Taxation der Dienste wieder abzuziehen ist. Mancher speziellen

Einrichtungen mit den Diensten können wir hier nicht erwähnen, man hat sich aber danach an jedem Orte zu erkundigen.

Ueber die Benutzung der Dienste wird übrigens im Kapitel von der Arbeit gehandelt werden.

§. 102.

Die Lage der Grundstücke.

Eine wichtige Rücksicht bei der Schätzung eines Landguts ist die Lage der Grundstücke gegen einander.

In einigen Gegenden ist die Zerstückelung und Vermengung der zu verschiedenen Gütern gehörigen, oder der herrschaftlichen mit den bäuerlichen fast allgemein. Der Grund dieser Zerstückelung mag vor Alters in der Unwissenheit gelegen haben, wie man bei Theilung einer Feldmark eine gewisse Gleichheit der Loose ausmitteln sollte, oder aber in andern Rücksichten, welche zu jener Zeit wichtiger als eine gehörige Bestellung des Feldes schienen. Jetzt macht diese Einrichtung eine hohe Stufe der Ackerkultur, wo sie nicht abgeändert wird, durchaus unerreichbar. Die Bearbeitung des Feldes ist vielen Schwierigkeiten und Zwange unterworfen, kann auf kleinen Breiten nie in der Vollkommenheit wie auf großen geschehen. Der Zeitverlust, der durch das Umherziehen von einem Felde zum andern verursacht wird, ist beträchtlich, und es ist weder eine zureichende Aufsicht auf die Arbeiter und Kontrole der geschehenen Arbeiten, noch ein zu treffender Voranschlag der Zeit und Kraft, welche zur Bestellung des Feldes nöthig seyn wird, möglich. Durch die Scheidungen der Ackerfelder, durch Raine — die doch nöthig bleiben, wenn die Grenzen nicht verletzt werden sollen — geht ein beträchtlicher Raum verloren. Die Vertilgung des eingesaamten Unkrauts wird dem Einzelnen unmöglich. Die oft so nützlichen Befriedigungen fallen weg, so daß man der Zerstörung des zahmen und des wilden Viehes, selbst der Menschen, nicht wehren kann. Auch die nothwendigen Begrabungen zur Ableitung der schädlichen Feuchtigkeit können von dem Einzelnen nicht bewerkstelligt werden, und werden von der Gemeinde höchst selten zweckmäßig veranstaltet und erhalten. Aber, was der Hauptnachtheil ist, die Weide ist nicht privativ, und kann nicht privativ benutzt werden, deshalb ist man an das eingeführte, mehrentheils höchst fehlerhafte und mit einer zweckmäßigen Benutzung unvereinbarliche Feldsystem gebunden, und alle wesentliche Verbesserungen werden unmöglich.

Deshalb ist der Werth solcher zerstückelten Grundstücke, nach der

Ueberzeugung aller rationellen Landwirthe, unter der Hälfte des Werths der zusammenliegenden und privativen. Ein solcher wird sich daher vor dem Ankauf eines Guts dieser Art immer scheuen, wenn er nicht die sichere Aussicht hat, einen Ackerumsatz bewirken, und seine Grundstücke, wo nicht sämmtlich, doch in beträchtlichen Privativen und einzufriedigenden Koppeln vereinigen zu können. Vergl. Englische Landwirthschaft, 2ten Theiles 2te Abtheilung, Seite 324.

Wenn ein Landgut seine Grundstücke im völligen Zusammenhange, oder doch in beträchtlichen Koppeln oder Marken hat, so kommt die Figur des Ganzen sehr in Betracht. Je näher sie dem Zirkel oder dem Quadrate kommt, um desto besser ist es, und ein Areal, was eine lange schmale Figur bildet, hat manche Unbequemlichkeiten, und läßt keine zweckmäßige Einrichtung der Schläge zu.

§. 103.

Lage des Hofes.

Dann ist es von großer Wichtigkeit für den Wirthschaftsbetrieb, wenn der Wirthschaftshof fast in der Mitte der ganzen Feldmark, oder in gleicher Entfernung von allen Ländereien liegt. Wenn die Eintheilung der Schläge so gemacht werden kann, daß sie alle auf den Wirthschaftshof zustoßen, und auch die entferntesten Grenzen des einen nicht beträchtlich weiter, als die des andern sind, so ist die Lage am vollkommensten, weil dann eine solche Einrichtung getroffen werden kann, bei welcher eine gleiche Vertheilung der Arbeiten, mit gleichen Kräften, durch alle Jahre Statt findet; wogegen man bei einer beträchtlich größern Entfernung eines Schlages nur mit Besorglichkeit an das Jahr gedenken kann, wo er gedüngt werden, vorzügliche Arbeit erhalten, oder etwa zum Futterschlage dienen soll.

Der Fehler einer unrichtigen Lage eines Wirthschaftshofes findet sich nur zu häufig, da man in den Zeiten, wo die Rittergüter zuerst bebauet wurden, ganz andere Rücksichten zu nehmen hatte, als die Bequemlichkeit der Bewirthschaftung, und nachher selten ganze Höfe, sondern mehrentheils nur einzelne Gebäude neu erbaut wurden, die man, um sie in Verbindung mit den alten zu erhalten, beständig auf den vorigen Platz setzte.

Es ist dem Uebel oft nur durch die Erbauung eines neuen Wirthschaftshofes oder Vorwerks abzuhelfen, und es ist oft wichtig genug, um sich hierzu entschließen zu müssen; welches man dann aber bei der Schätzung eines Guts für sich in Anschlag zu bringen hat.

§. 104.

Beschaffenheit und Richtung der Feldwege.

Die Feldwege zur Kommunikation mit dem Wirthschaftshofe und mit den Grundstücken unter einander verdienen eine besondere Rücksicht, weil Zeit und Kräfte durch fehlerhafte, schlechte, unebene und gekrümmte Wege beträchtlich versplittert werden. Ihre nöthige Verlegung und Reparatur darf man beim Kaufe eines Gutes nicht übersehen.

§. 105.

Einrichtung und Zustand der Gebäude.

Eine zweckmäßige Einrichtung und ein richtiges Verhältniß der Wirthschaftsgebäude gehört zur Vollkommenheit eines Gutes, und der Mangel daran wird durch eine übermäßige Größe derselben, die nichts weniger als wünschenswerth für den Landwirth ist, bei weitem nicht ersetzt.

Die Wirthschaftsgebäude werden in der Regel nicht in Anschlag gebracht, sondern als ein nothwendiges Erforderniß bei einem Gute angesehen. Ihre fehlerhafte Einrichtung und ihre Baufälligkeit oder die zu ihrer Herstellung erforderlichen Kosten muß der Käufer daher auf die Seite der nachtheiligen Eigenschaften zu setzen nicht versäumen.

Massive dauerhafte Gebäude sind immer schätzbar, wo man sie antrifft, obwohl derjenige sich nicht zu ihrer Anlage entschließen wird, der Zinsen und Zinseszinsen des Anlagekapitals berechnet.

§. 106.

Des Wassers.

Gutes und reichliches Wasser auf dem Wirthschaftshofe, und allenthalben, wo man es braucht, ist ein wichtiges Bedürfniß, dessen Werth man gewöhnlich nur da erst recht schätzen lernt, wo es fehlt.

Durchfließende Bäche wird man gehörig schätzen, wenn man die Möglichkeit, sie auf mannigfache Weise zu benutzen, erkennt. Ein nahe am Wirthschaftshofe vorbeifließender Bach kann zum Triebe eines mannigfach zu benutzenden Maschinenwerks oft sehr schätzbar seyn.

§. 107.

Gleichheit oder Verschiedenheit des Ackers.

Eine völlige Gleichheit des Ackerlandes in seiner Grundbeschaffenheit, wenn diese von mürber, mäßig feuchter Art ist, so daß der Acker immer zugänglich und bearbeitbar bleibt, erleichtert die Eintheilung der Schläge und Felder, und so die ganze Bewirthschaftung sehr. Große und häufige Abwechselung des Bodens macht dagegen bei der Eintheilung und der Wahl der Rotationen manche Schwierigkeiten, welche glücklich zu überwinden großen Scharfsinn fordert. Ist jedoch der Boden fehlerhaft, so ist es immer erwünscht, wenn er es auf verschiedene Weise ist, und der Fehler eines Theils von entgegengesetzter Art, als der eines andern Theils ist. Wo man einen Theil von zähem, widerspenstigem, nur bei einem gewissen bald vorübergehenden Grade der Trockenheit bearbeitbarem Boden hat, da ist ein verhältnißmäßiger Theil leichten Landes, welches sich bei jeder Witterung bearbeiten läßt, erwünscht und mehr als sonst werth, weil man Gespann und Menschen auf letzterem beschäftigen kann, wenn jener keine Arbeit zuläßt, in dem Zeitpunkte aber, wo günstige Witterung eintritt, um so mehrere Kräfte auf das schwer bearbeitbare Land zu verwenden hat. Einige hundert Morgen strenger Thonboden werden schätzbarer, wenn man eben so viel lehmigen Sand dabei hat. Auch kompensirt bei Extremen der Witterung der höhere Ertrag des einen den Mißwachs des andern. Verstattet es die Lage, so läßt sich so verschiedenartiger Boden zuweilen ziemlich gleichmäßig unter die Schläge vertheilen, in welchem Falle jedoch einige Abänderung der Früchte nach der Bodenart in demselben Schlage zu machen ist. Bei einer andern Lage wird man freilich mehrere Schlagrotationen wählen müssen, und die einer Art nicht leicht in völligen Zusammenhang bringen können.

§. 108.

Merkantilische Verhältnisse.

Unter den relativen Qualitäten eines Landgutes kommen die merkantilischen Verhältnisse und alle darauf Bezug habende Umstände in wichtigen Betracht. Diese hangen zum Theil von der geographischen Lage ab. Die Nachbarschaft großer Städte kann den Werth des Bodens um das Doppelte und Dreifache für den spekulirenden Landwirth erhöhen, der sie richtig zu benutzen weiß. Aber auch eine mehrere oder mindere Entfernung von großen Marktplätzen und Seehäfen verändert den Werth beträchtlich. Man pflegt aber in den Anschlägen den Preis des Getreides schon nach diesen Verhältnissen zu berechnen. Die Kommunikation mit diesen durch schiffbare Flüsse und Kanäle, oder doch durch gute, immer fahrbare Heerstraßen, die nicht durch zu hohe Zölle beschwert ist, bringt das Gut ihnen gewissermaßen näher, indem sie die Kosten des Verfahrens der Produkte vermindert, weswegen auch jeder vernünftige Gutsbesitzer mit Vergnügen zu ihrer Anlegung und Erhaltung beitragen wird.

Die Nachfrage nach Produkten mannigfaltiger Art ist dem denkenden Landwirthe ungleich vortheilhafter, als wenn sich diese nur auf einzelne wenige beschränkt. Er kann den Boden alsdann nach seiner verschiedenen Beschaffenheit mit den zweckmäßigsten Produkten benutzen, und eine größere und vortheilhafte Abwechselung unter denselben machen; wogegen er da, wo einzig und allein nach Getreide gefragt wird, weit beschränkter ist. Steht der Preis thierischer Produkte in einer Gegend hoch, so ist dies dem Ackerbau mehrentheils vortheilhafter, als wenn das Getreide im Verhältniß höher steht. Denn von seinen erzeugten thierischen Produkten kann er nach Verhältniß mehr zum Verkauf bringen, als von seinen vegetabilischen, weil letztere zum Theil in der Wirthschaft wieder aufgehen, und der Arbeitspreis sich mehr nach dem Preise des Getreides, als des Fleisches, der Wolle u. s. w. richtet. Hauptsächlich aber kommt die wohlfeile Düngererzeugung und deren großer Einfluß auf die Produktion der Vegetabilien in Betracht.

Auch auf den Preis und die Güte desjenigen, was der Landwirth kaufen muß, z. B. des Eisens, Leders, Salzes u. s. w., ist Rücksicht zu nehmen. Es giebt Gegenden, wo die landwirthschaftlichen Produkte niedrig, aber diese landwirthschaftlichen Bedürfnisse um desto höher stehen, und wo man sie oft gar nicht in erforderlicher Güte erhalten kann. Theils ist das Material schlecht, theils fehlt es an guten Arbeitern, und dies ist fast durchaus in armen Ländern der Fall, und in solchen, wo die Einfuhr aus andern Ländern nach falschen Staatsgrundsätzen verboten ist.

§. 109.

Reichthum des Landes.

Der Reichthum eines Staats, sowohl in Ansehung der öffentlichen Finanzen, als auch des Privatvermögens, verändert den Werth der Landgüter ungemein. Ein schneller Geldumlauf, es sey durch wirklich ausgeprägte Münze oder durch den Kredit der Papiere, ein geringer Zinsfuß begünstigen alle Unternehmungen des Landwirths; wogegen Geldmangel, Stockung des Umlaufs und der theure Kredit, hohe Zinsen, Sinken des Kurses mit dem Auslande die Energie des Landwirths lähmen muß. Ein guter Zustand und eine sorgfältige Administration der öffentlichen Finanzen sichert den Gutsbesitzer gegen neue und extraordinaire Auflagen. Eine stärkere Besteuerung des

Grundes und Bodens ist dem Landwirthe minder nachtheilig, als mannigfaltige indirekte Auflagen, die ihn zwar nur mittelbar, aber doch eben so gewiß treffen, den freien Handel und Wandel stören, viele Kosten und ein Heer von unproduktiven Accisebedienten erfordern, auf der einen Seite zu Vexationen, auf der andern zu Unterschleifen und Korruptibilität Veranlassung geben. Am übelsten ist aber ein wankendes und häufig abgeändertes, obwohl nicht von Grund aus verbessertes System bei der Erhebung der Staatsbedürfnisse.

Wo die öffentlichen Finanzen in gutem Stande sind und einigen Ueberschuß über die nothwendigen Ausgaben geben, da darf man von Seiten der Regierung eher Unternehmungen und Verbesserungen erwarten, die der Ackerkultur im Allgemeinen und folglich auch jedem Einzelnen vortheilhaft sind.

§. 110.

Staatsverfassung und Maximen der Regierung.

Auf den Werth eines Landguts haben aber auch übrigens die Staatsverfassung und die Maximen der Regierung einen sehr großen Einfluß. Bestimmte, unzweideutige, verständliche Gesetze, eine möglichst einfache und zur schnellen Entscheidung führende Prozeßordnung, eine auf keine mögliche Weise korruptible Justizverwaltung erhöhen den Werth des Eigenthums in den Augen eines jeden rechtlichen Mannes.

Eine gute, zweckmäßige Haus-, Land- und Feldpolizei, die gegen den Ueberlauf von Vagabonden schützt, das Eigenthum gegen Diebesbanden und möglichst gegen alle Gefahren sichert, die Pflicht der Armen-Erhaltung erleichtert, den mangelnden Gemeingeist zwar durch Zwangsmittel ersetzen muß, aber nicht in fiskalische Vexation ausartet, nicht auf längst widerlegte Vorurtheile fußt, nicht nach veralteten Formen, sondern nach vernünftigen Gründen verfährt, ihr Absehen nicht auf Strafgebühren, sondern auf den Zweck richtet, ist von großem Werthe. Vor Allem ist eine zweckmäßige und strenge beobachtete Gesinde-Ordnung wichtig.

Eine Regierung, die den ewig wahren Satz anerkennt und ihre Maxime wirklich danach einrichtet: daß die möglichste Verbesserung und Kultur des Grundes und Bodens vor allem Andern das Wohl, die Stärke und den Reichthum des Staats begründen, daß folglich der nachhaltigen Vermehrung der Produktion jede andere Rücksicht in der Staatswirthschaft untergeordnet werden müsse, wird dadurch schon den Werth des Grundeigenthumes ungemein erhöhen und auswärtige

Käufer herbeiziehen. Denn hier darf man sich versprechen, daß dem freien Betriebe des landwirthschaftlichen Gewerbes keine Hindernisse in den Weg gelegt werden, und daß der billig daraus zu ziehende Vortheil nicht durch fruchtlose Getreide- und Viehausfuhrsperren, noch durch andere Einschränkungen des freien Handels und Wandels gestört werde. Man wird von ihr dagegen die Aufhebung mancher aus alten Zeiten herstammenden und durchaus nicht mehr passenden Einrichtungen, — freilich gegen billigen Ersatz dessen, was Andere durch diese Aufhebung verlieren, — folglich die Aufhebung der wesentlichsten Hindernisse des betriebsamen Ackerbaues erwarten können.

Eine landständische oder repräsentative Verfassung, obwohl sie manche Mißbräuche nach sich gezogen und häufig durch Spannungen mit der Regierung gute Plane verhindert hat, ist dennoch bei einer guten Organisation etwas sehr Angenehmes für den Gutsbesitzer, und kann wohlthätig werden für den Staat. Sie bringt die Bedürfnisse des Landes unter die Augen des Regenten, verschafft Vorstellungen für das allgemeine Beste Gehör, sichert gegen übereilte willkührliche Maaßregeln, und vertritt jeden Einzelnen gegen widerrechtliches Verfahren und gegen Mißbrauch der Gewalt. Da die Landstände neuerlich in den meisten Staaten aufgehoben worden, so ist doch an deren Stelle eine andere Einrichtung getroffen worden, und eine solche kann sehr vortheilhaft seyn, wenn sie nicht auf bloße Formalitäten hinausläuft, sondern wenn wirklich dadurch die Vorschläge und Anzeigen der, unter der Leitung der einsichtsvollern, zusammengetretenen Gutsbesitzer zur Sprache gebracht werden. Einem Ausschusse derselben müßte sodann die Leitung und Ausführung gewisser polizeilicher und staatswirthschaftlicher Geschäfte übertragen, und gewisse Modifikationen darin zu machen überlassen werden; da es von ihnen zu erwarten steht, daß sie die Bedürfnisse und Verhältnisse des platten Landes ihres Distrikts besser kennen, als es städtische Regierungskollegien thun.

§. 111.

Militairische Verfassung.

Die militairische Verfassung eines Staats kann dem Ackerbau mehr oder minder nachtheilig und für den Landwirth drückend werden. Wo sie indessen die Sicherheit des Staats und die ungekränkte Selbstständigkeit desselben bewirkt, da wird jeder Patriot sich ihr mit

Vergnügen unterwerfen, und es kommt nur auf eine gute Organisation dieser Verfassung, auf ein gutes Verhältniß der Civil- und Militairbehörden und auf eine solche Einrichtung an, daß möglichst wenig arbeitende Kräfte dem Lande entzogen werden. Neuere Einrichtungen, die wir in den meisten Staaten hierin zu erwarten haben, werden hoffentlich das Problem lösen, die Vertheidigung des Vaterlandes zu sichern, ohne den Wohlstand desselben zu untergraben. Wenn jeder Staatsbürger im Fall der Noth Soldat, und jeder Soldat in Friedenszeiten produzirender Bürger würde, ohne darum alle kriegerischen Uebungen zu vernachlässigen, so müßte ein solcher Staat gegen feindliche Einfälle eben so gesichert, als glücklich und vermögend in seinem Innern seyn.

§. 112.

Bevölkerung.

Je stärker die Bevölkerung eines Landes, um desto vortheilhafter ist der Ackerbau, und um desto größer der Werth des Grundes und Bodens. Es kommt aber noch besonders auf die Art der Bevölkerung, auf die Stärke der verschiedenen Klassen der Menschen und deren Verhältniß zu einander an.

Eine große städtische Bevölkerung ist dem Ackerbau in merkantilischer Rücksicht sehr günstig, indem sie den Absatz vieler und mannigfaltiger Produkte sichert. Dagegen aber entziehen viele und große Städte dem Ackerbau auch die brauchbarsten und thätigsten Menschen, verderben durch ihre nahe Nachbarschaft oft die Moralität des Landvolks, und erschweren dadurch den Betrieb der Landwirthschaft. Auf die Nähe einer großen Stadt muß die ganze Wirthschaftsart besonders berechnet seyn, wenn man den möglichsten Vortheil daraus ziehen will, der dann freilich andere daraus erfolgende Beschwerden leicht überwiegt. Für den, der eine ruhige, feste Wirthschaft liebt, nur produziren, nicht spekuliren mag, ist die zu große Nähe einer Stadt gerade nicht sehr wünschenswerth, und er wird sich daselbst nicht ankaufen, weil der Preis der Grundstücke hier natürlich um Vieles höher ist.

Die ländliche Bevölkerung kann groß seyn in Ansehung derer, die selbst Wirthschaft betreiben, oder in Ansehung der für Andere arbeitenden und dienenden Klasse. Wo das Landeigenthum sehr vertheilt ist und die Besitzungen klein sind, da ist in der Regel der Werth der Grundstücke am größten und die Produktion am stärksten, besonders wenn nicht fehlerhafte Einrichtungen und zu große Armuth, vielleicht eine gar zu übertriebene Zerstückelung, die Betriebsamkeit der Landbauer lähmt. Eine größere Landwirthschaft wird hier aber selten mit Vortheil betrieben werden können, indem der Grund und Boden nicht nur sehr theuer ist, und eine hohe Rente an und für sich gewährt, sondern auch die Arbeit gewöhnlich hoch bezahlt werden muß, und überdem der Absatz der Produkte schwierig zu seyn pflegt, indem Jeder seinen Bedarf selbst banet, und in der Regel einen Ueberschuß hat, den er zu Markte bringt, und so die große Konkurrenz der Verkäufer den Marktpreis oft unter den Produktionspreis herabsetzt.

Dagegen ist eine große Volksmenge in der dienenden und arbeitenden Klasse sehr erwünscht für den größern Landwirth, erleichtert den Betrieb einer höhern Wirthschaft und Ackerkultur ungemein; wenn gleich der Arbeitspreis darum nicht sehr geringe ist. Kann man nur gegen gute Bezahlung — denn ohne solche läßt sich eine dauernde Vermehrung dieser Klasse gar nicht denken — eine Auswahl von Arbeitern zu allen Zeiten haben, so findet allerdings auch beim Ackerbau eine Theilung der Arbeit Statt, deren große Wirkung man in andern Gewerben anerkannt hat. Man kann auch hier jedem Arbeiter bestimmte Verrichtungen anweisen, in welchen er sich dann größere Fertigkeit verschafft, so daß er mit geringerer Anstrengung dabei mehr beschicken, im Verding sich mehr verdienen und doch die Arbeit wohlfeiler machen kann, als ein ungeübter. Bei größerem Verdienst nähren sich die Arbeiter besser, erhalten mehrere Kräfte und gewöhnen auch die Kinder früh zum Fleiß. Manche stehen zwar in dem Wahne, als sey Armuth ein vorzügliches Mittel, die Arbeitsamkeit zu befördern. Die Noth kann eine kurze Zeit dazu zwingen, läßt dann aber den Arbeiter in völlige Ohnmacht versinken. Lust zur Arbeit kann ein solcher nie bekommen, sondern nur der, der da sieht, daß seine Arbeit seinen Genuß und seinen Wohlstand vermehrt. Selbst wenn er mehrere Genüsse kennen lernt, so giebt ihm dies neuen Antrieb znm Fleiße, weil er sie, ohne fleißiger zu seyn, sich nicht verschaffen kann. Die Zahl der Arbeiter zu vermehren, ist höchst wohlthätig, aber nicht die Zahl der Bettler. Wo jene groß ist, da siedelt sich der Landwirth gern an, aber er hütet sich vor diesen.

§. 113.

Größere oder geringere Sicherheit gegen Kriegsgefahren.

Wäre in unsern Zeiten eine Gegend zu finden, wo man gegen feindliche Invasionen und Kriegsauftritte sicher wäre, so würde man diese vor allen zu wählen haben. Da aber unter den jetzigen Zeitumständen diese Sicherheit nirgends Statt findet, und die Gegenden, welche man am sichersten hielt, am meisten davon gelitten haben, so fällt diese Rücksicht beinahe weg, bis sich Alles wieder in vollkommnere Ruhe und Gleichgewicht gesetzt hat. Indessen ist doch in einigen Gegenden die Lage an Hauptstraßen, zwischen Festungen und vorzüglichen militairischen Positionen gefährlicher, als im offenen Lande, wo wenigstens der Kriegsschauplatz eher vorübergeht. Eine verkoppelte, mit sehr vielen Gräben und Hecken durchschnittene Gegend stellt den Kriegsoperationen viele Hindernisse entgegen, und der Feind wird, wo möglich, einen Angriff darauf vermeiden, wenn er sie anders besetzt, und von einer im Schießen geübten Landmiliz gut vertheidigt glaubt. Eine solche Provinz würde besonders bei einer etwas hügeligen Lage vielleicht die stärkste aller Festungen seyn.

§. 114.

Sitten.

Auch die Sitten, die Lebensweise, die Moralität, der Charakter und die Gebräuche, welche unter den verschiedenen Klassen der Einwohner in einer Gegend die herrschenden sind, kommen bei der Wahl eines Landguts in Betracht. Es giebt hier individuelle Rücksichten, die ein Jeder nach seiner Denkungsart und nach seinen Umständen zu nehmen hat. Nur Einiges im Allgemeinen:

Ob der Luxus vortheilhaft oder nachtheilig sey, ist eine so häufig aufgeworfene Frage, die aber im Ganzen noch nicht genugthuend beantwortet ist, und es auch, ohne sie zu zergliedern, nicht werden kann. In so fern er den bei Einzelnen angehäuften Reichthum in Umlauf bringt, die Zirkulation überhaupt befördert, den Arbeitsfleiß erweckt, wirkt er gewiß wohlthätig. Indessen ist der Aufwand einiger Reichen oder Verschwender bei weitem nicht von der Wirksamkeit, wie ein unter allen Klassen der Einwohner verbreitetes und ihnen angemessenes Wohlleben. Was jene ausgeben, kommt schnell wieder aus dem Umlaufe, geht zum großen Theile außer Landes, und es sind mehrentheils nur einzelne wenige Zwischenhändler, die dabei gewinnen, ohne daß es auf die eigentlichen Erwerbungen beträchtlichen Einfluß hat. Uebrigens aber hat eine sparsamere Lebensart, wobei ein Jeder von seinem Verdienste Etwas erübriget und mehr oder weniger zurücklegt, nicht nur auf die innere Glückseligkeit der Familien einen bessern Einfluß, sondern, indem dadurch das Betriebskapital der Gewerbe vermehrt wird, auch auf das allgemeine Beste, zumal in einem nicht sehr reichen Lande.

Gegenden, wo man sich einem übertriebenen Aufwande, seinem Stande und Verhältnisse nach, nicht wohl entziehen kann, ohne allen gesellschaftlichen Verbindungen und Vergnügungen zu entsagen, wird der auf das Wohl seiner Familie und den energievollen Betrieb seines Gewerbes bedachte Hausvater lieber vermeiden. Weit entfernt, den Lebensgenuß zu vermehren, trübt ihn dieser nur, und man kann in Ungarn eben so vergnügt leben, wenn man keinen Rhein- und Bordeaux-Wein tränke, wie am Rheine, wenn man keinen Ungar-Wein hätte.

Rechtlichkeit, Zuverlässigkeit und eine liberale Denkungsart sind den Einwohnern einer Gegend und den verschiedenen Klassen derselben — freilich immer mit Ausnahmen — mehr oder minder eigen. Es giebt Gegenden, wo unter den Gutsbesitzern und kultivirten Ständen gegenseitige nachbarliche Dienstgeflissenheit, Achtung, Zutrauen und Redlichkeit herrschen; andere, wo Schadenfreude, Mißtrauen, Neid, kleinlicher Egoismus und Pfiffigkeit auffallend hervorstechen. Der rechtliche liberale Mann vermeidet gern diese moralischen Disteln und Dornen.

Und so verdient denn auch der sittliche und häusliche Zustand der dienenden und arbeitenden Klasse in Betracht gezogen zu werden. Die körperliche Kraft und Gewandtheit der Eingebornen hängt nicht nur von ihren häuslichen Umständen, von ihrem relativen Wohlstande oder Armseligkeit ab, sondern auch ihre Sittlichkeit und Treue wird dadurch bestimmt, und treue, moralische Menschen sind dem Landwirthe von ungemeinem Werthe. Selbst die intellektuelle Bildung dieser Klasse, wahre oder falsche Religiosität, Toleranz oder Intoleranz gegen andere Religionsverwandte, ist für den Landwirth zuweilen sehr bedeutend.

Die Sittlichkeit hängt ohne Zweifel sehr von der Erziehung und der Bildung in der Jugend ab. Deshalb sind Schulanstalten, welche diese wahrhaft zweckmäßig befördern, von großer Wichtigkeit. Der auch nur seinen Vortheil richtig berechnende Landwirth wird also gern seinen Beitrag zur Erhaltung und Einrichtung derselben zahlen.

Die Gewohnheiten und Gebräuche einer Gegend, die Observanzen, die zuweilen mehr Kraft haben und strenger befolgt werden als positive Gesetze, muß man erforschen und in Erwägung ziehen, indem sie auf die Organisation der Wirthschaft großen Einfluß haben können.

§. 115.
Rechtsverhältnisse.

Endlich sind die Rechtsverhältnisse oder diejenigen Berechtigungen und Servituten, welche mit dem Besitze des Grundes und Bodens verbunden sind, wohl zu erforschen und genau zu bemerken, um sie bei der Werthschätzung eines Guts vor Augen zu haben. Sie können hier nur oberflächlich berührt werden, und erfordern ein besonderes Studium in jedem Lande, wo man sich niederlassen will.

§. 116.

Das Eigenthum ist entweder unbeschränkt, erblich und verkäuflich, heißt dann Erbgut, Allodium, oder es ist beschränkt, wie das Lehngut, das Erbzins- oder Erbpachtgut und das Bauergut auf mannigfaltige Weise zu seyn pflegt. Die Einschränkungen des freien Eigenthums, welche aus den Besitzungen letzterer Art hervorgehen, sind in verschiedenen Ländern und Provinzen höchst verschieden, mehr oder minder lästig, und man muß wegen der darüber vorhandenen Gesetze, Anordnungen und des oft ganz speziellen Herkommens die genaueste Erkundigung einziehen, ehe man sich zu einem solchen Ankaufe entschließt. Das Mehrere darüber findet man in verschiedenen Schriften der Rechtsgelehrten, insbesondere in Hagemann's Handbuch des Landwirthschaftsrechts, Hannover 1807, und Weber's ökonomisch-juristischem Handbuche der Landhaushaltungskunst, 1ster Bd., Berlin 1809.

Da aber gegenwärtig die meisten Regierungen den großen Nachtheil, der aus den Beschränkungen im Besitz des Landeigenthums hervorgeht, anerkennen, so ist man allenthalben darauf bedacht, die beschränkenden Einrichtungen aufzuheben und jedes Eigenthum gegen bestimmte davon zu erlegende Abgaben völlig frei zu machen, wodurch dann manche bisher fast werthlose Grundstücke ihren natürlichen Werth wieder erhalten werden, woraus der Nation eine große Vermehrung ihres Vermögens zuwachsen wird. Deshalb wird man dann auch in Staaten, die diesen Grundsatz konsequent befolgen, dergleichen Besitzungen vortheilhaft ankaufen können, ohne den mannigfaltigen Vexationen, denen sie bisher unterworfen waren, ausgesetzt zu seyn.

§. 117.
Besondere Gerechtsame.

Es giebt manche besondere Gerechtsame, die ein Gut auszuüben oder zu erleiden hat, und die also bei seiner Werthschätzung in Betracht kommen. Dahin gehören folgende:

Die Holzungsgerechtigkeit, oder die Berechtigung, aus eines Andern Forst seine Bedürfnisse an Bau-, Nutz- und Brennholz zu nehmen. Sie ist in Ansehung des eigenen Gebrauchs zuweilen ganz unbeschränkt, sonst aber mehr oder weniger ausgedehnt. Im erstern Falle geht sie auf den Ruin der Forsten aus, und man kann häufig schon vorabsehen, wann sie durch totale Zerstörung derselben ihre Endschaft erreichen werde.

Die Mastungsgerechtigkeit, oder das Recht, seine Schweine in des Andern Wald zu treiben. Auch diese ist zuweilen unbeschränkt, gewöhnlich aber der Zahl nach bestimmt. Sie ist der Benutzung der Forst mehrentheils höchst nachtheilig.

Die Wegegerechtigkeit, wonach man über des Andern Grundstück einen Weg verlangen kann, der einmal bestimmt ist, oder den der Eigenthümer gewissermaßen nach seiner Willkühr verlegen kann. Die Breite eines Feldweges muß 8 Fuß, wo er sich krümmt, 10 Fuß seyn, und die Durchfuhr eines beladenen Erntewagens frei bleiben.

Auch giebt es bloße Fußsteiggerechtigkeiten, die den Eigenthümern zuweilen sehr lästig und nachtheilig werden, und deren Entstehung man also sorgfältig verhindern muß.

Auch giebt es Uebertrift- und Viehtränkegerechtigkeiten auf fremdem Boden, welche zuweilen die Kultur einer beträchtlichen Breite verhindern.

Die Wasserleitungs- oder Wassernutzungsgerechtigkeit berechtigt den, der sie erworben hat, auf des Andern Grund und Boden Veranstaltungen zu Wasserleitungen zu machen, Rinnen, Gräben, Schleusen anzulegen, die jedoch dem Grundeigenthümer keinen andern Schaden thun dürfen, als der Natur der Sache nach nothwendig ist. In Ansehung der Befugniß, abgeleitetes Wasser den Nachbarn zuführen zu dürfen, sind die Provinzialkonstitutionen sehr verschieden, und dies macht oft einen großen Unterschied im Werthe beträchtlicher Grundstücke, indem sie danach abgewässert werden können oder nicht.

Wo man ein durchfließendes Wasser hat, ist es mehrentheils von großer Wichtigkeit, welche Gerechtsame und Beschränkungen in Ansehung desselben auf meinem Grund und Boden und dem meiner Nachbarn Statt finden.

Die Pferch- oder Hordenschlagsgerechtigkeit. Welchen Begriff man mit diesem Ausdrucke zu verbinden habe, darüber sind die Rechtsgelehrten selbst noch uneins, und was manche darüber gesagt haben, beweis't, daß sie von den landwirthschaftlichen Verhältnissen auch nicht die geringste Kenntniß hatten. Es wird ohne Zweifel die Gerechtigkeit, wonach eine Schäferei eines Andern Acker düngen muß, und welche in mehreren Gegenden üblich ist, darunter verstanden werden. Vergl. Hagemann, Seite 593.

§. 118.

Andere Gerechtigkeiten und Privilegien, wie die Gerichtsbarkeit, die sich in hohe, niedere und Pfahlgerichte unterscheidet, die Kanzlei- oder Schriftsässigkeit, die Zoll- und Accisefreiheit, die Landtagsfähigkeit, muß ein Jeder nach seinen und des Landes Verhältnissen anschlagen. Die Brauerei-, Brennerei-, Mühlen- und Krugprivilegien, oder der Zwang, sich solchen zu unterwerfen, sind oft von großer Wichtigkeit. Aber aufgeklärte Regierungen suchen auch diese, dem Ganzen höchst nachtheiligen Gewerbsbeschränkungen zu entfernen.

§. 119.

Wie der Werth dieser Umstände und Verhältnisse im Allgemeinen zu bestimmen.

Aus der gehörigen Erwägung aller dieser Umstände kann zwar keine nach Gelde genau zu bestimmende, positive Werthschätzung, wohl aber eine zureichende, um sich zu dem Ankauf dieses Gutes zu entschließen, hervorgehen. Nachdem man zuvörderst bestimmt hat, was der eigentliche Grund und Boden, ohne alle Rücksicht auf besondere Nebenumstände, werth seyn könne, wird man am besten nach der im §. 61. vorgeschlagenen Methode verfahren, und alle günstige und ungünstige Nebenumstände, jeden auf seiner Seite taxiren, und so die Bilanz ziehn, ob man mehr oder weniger, als der eigentliche Grundwerth beträgt, dafür geben könne.

Die Pachtung.

§. 120.

Verschiedene Gewerbes-Grundsätze des Eigenthümers und Pächters.

Die zweite Art, sich in den Besitz eines Landguts zu setzen, ist die Pacht. Sie ist ein Kauf des Guts oder seines Ertrages auf gewisse Jahre, und hat daher mit dem Kaufe Manches gleich. Die Erforschung eines, dem Vermögen und der Betriebsamkeit des Landwirths angemessenen Landguts, die Untersuchung des vorläufig gewählten und die Schätzung desselben, müssen auf gleiche Weise geschehen. Allein bei der Pachtung sind auch manche wesentlich verschiedene und gerade entgegengesetzte Rücksichten zu nehmen. Der Eigenthümer treibt sein Gewerbe oder muß es in der Absicht treiben, von seinem Gute einen sich immer vermehrenden Ertrag zu erhalten, oder dessen Kapitalwerth immer zu erhöhen. Der Pächter kann nur auf den möglich höchsten Ertrag in seinen Pachtjahren sehen, unbekümmert um den Werth, den das Gut nach Ablauf derselben haben wird. Wenn der Eigenthümer deshalb in den erstern Jahren gern mit einem geringern Ertrage zufrieden ist, um mit Sicherheit auf einen desto größern und nachhaltigern in der Folge rechnen zu können, so wird der Pächter den möglich höchsten in den ersten Jahren zu gewinnen suchen, selbst wenn der der letztern noch während seiner Pachtzeit dadurch verringert würde. Denn der Eigenthümer, der als vollkommener Landwirth handeln will, belegt sein Kapital und sein disponibles Einkommen in seinem Gute selbst am liebsten und am vortheilhaftesten; der Pächter zieht dagegen heraus, was er kann, um es anderweitig anzulegen, und Zinsen davon zu erhalten. Die Verbesserung des Guts macht die Freude des Eigenthümers, die Anfüllung des Geldkastens die des Pächters aus. Das Gut ist die geliebte Gattin des Eigenthümers, die Maitresse des Pächters, von der er sich wieder scheiden will.

Je länger indessen die Pachtzeit ist, um so mehr nähert sich der Pächter dem Eigenthümer, je kürzer, um desto mehr müssen die Maximen Beider von einander abweichen. Bei einer Pachtung auf 24 Jahre wird ein Pächter schon in den ersten $^2/_3$ seiner Pachtzeit verständiger Weise als Eigenthümer zu verfahren haben. Es kommt indessen immer die Zeit, wo er nach ganz entgegengesetzten Prinzipien handeln, und um so mehr herauszuziehen trachten wird, je mehr er anfangs hineingesteckt oder aufbewahrt hatte.

Dazu kommt dann, daß ein Pächter, seinen Vermögensumständen nach, in der Regel nicht so viel für das Gut thun könnte, wie der Eigenthümer, wenn er es auch wollte. Der Pächter muß jährlich die Pacht bezahlen; der Eigenthümer, der sein Gewerbe mit Eifer betreibt, wird von der reinen Rente Etwas erübrigen können, um es in dem Gute anzulegen. Jener verhält sich zu Diesem, wie ein Kaufmann, der mit angeliehenem Kapital handelt, zu Dem, der sein Gewerbe mit eigenem Vermögen betreibt. Jener muß vor Allem darauf sehen, daß er seine Zinsen bezahlen könne, Dieser kann gleich auf die Erweiterung seines Gewerbes und auf neue Spekulation denken.

Es ist also von einem Pächter nicht zu erwarten, und kann nach den Gewerbsgrundsätzen nicht von ihm verlangt werden, daß er bei der Bewirthschaftung eines Guts wie ein Eigenthümer verfahre, und einer selbst großen Verbesserung des Guts nur einen kleinen Theil seines Profits aufopfere.

§. 121.

Schwierigkeit der Pachtkontrakte.

Man hat es deshalb für nöthig erkannt, den Pächter durch besondere Bedingungen in seiner Willkühr einzuschränken, und ihm ein dem Gute vortheilhaftes Verfahren zur Pflicht zu machen. Allein solche Pachtkontrakte sind äußerst schwierig, und man hat vielleicht mit Recht gesagt, daß, wenn auch ein Kollegium der geschicktesten Rechtsgelehrten und der besten Oekonomen im Lande zusammenträte, und sich vier Wochen mit einem einzelnen Pachtkontrakte beschäftigte, es dennoch keinen zu Stande bringen würde, der das Gut gegen Deteriorationen bei einem pfiffigen Pächter schützte, ohne durchaus für einen rechtlichen Pächter verwerflich zu seyn. Macht man gar zu beschränkende Bedingungen, so wird ein ehrlicher und zugleich kluger Mann solche verwerfen, und die Pacht einfältigen oder hinterlistigen Menschen überlassen. Wäre auch die Pachtsumme so, daß er unter den gemachten Bedingungen dabei bestehen könnte, so wird er dadurch doch in allen seinen Unternehmungen gelähmt, und selbst oft von dem, was dem Gute vortheilhaft seyn könnte, abgehalten, und muß bei jeder Operation, die von dem bisherigen Leisten, sey sie auch noch so nützlich, im mindesten abweicht, Vorwürfe und Chikanen befürchten. Dagegen wird ein Pächter, dem es nur darauf ankommt, daß er nach dem Buchstaben seines Kontrakts nicht gerichtlich belangt, oder zu einem Schadenersatz, der seinen Vortheil überwiegt, angehalten werden könne, mit juristischen Kautelen angefüllte Pachtkontrakte, besonders wenn dabei nicht auf die *besondern* ökonomischen Verhältnisse des Guts scharfe Rücksicht genommen ist, immerhin eingehen, und doch Mittel und Wege finden, alle ihm beschwerlichen Bedingungen zu umgehen, oder sich wegen derselben anderweitig zum noch größern Nachtheil des Guts zu entschädigen.

§. 122.

Güldenes Pächter-ABC.

Um die Maximen, die sich schlaue Pächter zur Richtschnur zu machen pflegen, klar ins Licht zu stellen, und zugleich jeden Verpächter davor zu warnen, wollen wir hier folgendes güldene ABC für Pächter, *welche sich über die Pflichten eines ehrlichen Mannes einmal weggesetzt haben*, aufstellen.

1) Suche vor Allem ein Gut aufzufinden, welches bisher ent-

weder durch eine gute verbessernde Wirthschaft, oder aber durch geringe Benutzung und Schonung seiner Grundstücke in großer Kraft und Düngung steht. Du kannst es seinem Flächeninhalte und Bonität nach auf eine kurze Pachtzeit noch einmal so theuer bezahlen, wie ein anderes, welches geizige Wirthe oder emsige Pächter schon ausgesogen haben. Dort kannst du mit dem höchsten Raffinement alle Erschöpfungskünste anwenden, hier aber nur nach der bekannten hergebrachten Weise verfahren.

2) Baue lauter verkäufliche Früchte allenthalben, wo es möglich ist; gar nichts für das Vieh, weil dieses in der Regel die bessere Fütterung nicht unmittelbar wieder bezahlt, und du bei der kurzen Pachtzeit von dem Dünger den vollen Nutzen nicht mehr haben würdest.

3) Baue unter den sogenannten Brachfrüchten diejenigen, welche den höchsten Geldertrag geben, Oelsaat, Lein, Taback u. s. w., und wenn du die Arbeit nicht selbst zwingen kannst, so vermiethe das Land dazu an benachbarte kleine Leute für Geld oder einen Theil des Ertrages. Daß sie kein Stroh geben, schadet nichts, denn der Verkauf desselben ist dem Pächter mehrentheils untersagt, und du darfst ihn wenigstens nicht zu weit und zu öffentlich treiben.

4) Da dergleichen Früchte viele Düngung fordern, so beschränke diese — zumal, da deren immer weniger gemacht wird — auf die einmal im besten Stande befindlichen und nahegelegensten Felder, weil auch die Fuhre hier wenig Zeit wegnimmt. Sollten die übrigen dann auch in deinem letzten Pachtjahre nichts mehr tragen wollen, so hast du diesen Ausfall auf eine andere Weise genugsam ersetzt, und du hast dann Recht, über Mißwachs zu klagen und Remission zu fordern. Ueberdem werden die nahen Felder dem Gutsherrn und Fremden mehr in die Augen fallen, und wenn Jemand sagte, daß Lein, Raps und Tabacksbau den Boden aussauge, so kannst du dich nur auf den schönen Weizen berufen, der danach wächst. Bringe aber ja keinen Dünger auf das Feld, was seiner am meisten bedarf, denn der magere Acker bezahlt den ersten Dünger nie; allenfalls kannst du sie an den Rändern und Wegen etwas bestreuen. Wo möglich, bringe deinen Dünger in deinem letzten Erntejahre aufs Besömmerungsfeld, weil du dieses, nicht aber das zu bestellende Winterfeld, noch abzuernten hast.

5) In den ersten Jahren verarbeite das Land mit Pflug, Egge und Walze aufs fleißigste, um das Unkraut zu zerstören, alle im

Boden enthaltene Dungkraft zur Wirksamkeit zu bringen, und alle Erdklöße so fein zu pulvern, daß die Pflanzenwurzeln Nahrung aus ihnen ziehen können. Vermehre deshalb dein Gespann; jetzt wird sich's bezahlen! Aber gegen das Ende der Pachtzeit mußt du mit dem fleißigen Bearbeiten nachlassen, um dein Gespann vermindern zu können, oder es zu einträglichern Nebengewerben zu benutzen suchen. Wo möglich bestelle dann nur ein- oder zweifährig, und laß die Pflüge recht breit machen, damit du zwölfzöllige Furchen nehmen kannst. Auch brauchst du dich bei dem Beackern zu einer Saat, die du nicht mehr erntest, an eine gute passende Witterung nicht zu binden, sondern kannst solche vortheilhafter zu Nebenarbeiten benutzen.

6) Ein großer Vortheil ist es, wenn dir altes Grasland oder Holzgrund aufzubrechen und zu roden erlaubt wird, und du hast darauf beim Aufsuchen der Pacht vor Allem dein Auge zu richten. Strenge dann gleich in den ersten Jahren alle Kräfte dazu an. Handelsgewächse gedeihen sogleich vortrefflich darauf, und nach denselben wird es mittelmäßiges Getreide bis zu Ende der Pachtzeit ohne Dünger tragen, dann freilich total erschöpft seyn.

7) Um die Wiesen bekümmere dich nicht viel, außer bei der Heuernte. Sie bezahlen eine Verbesserungsarbeit nicht so schnell. Sollten sie auch in deinem letzten Pachtjahre wegen verschlämmter Gräben und Stocken der Quellen morastig geworden, mit Rusch und Busch bewachsen und mit Maulwurfshaufen besetzt seyn, folglich nur noch weniges und schlechtes Heu geben, so kommt es dir zu Ende der Pacht wenig darauf an, wenn du anders kein Heu verkaufen kannst.

8) Wenn das Inventarium nach der Taxe angenommen ist, und auch so wieder abgegeben werden soll, so schaffe vorher die besten Pferde, Ochsen, Kühe u. s. w. weg, und setze schlechte an deren Stelle, oder bezahle das Fehlende. Das gute wird bei solchen Taxationen immer geringer als das schlechte taxirt, und die Schlechtheit fällt minder auf, wenn man das Gute nicht daneben stellt. Rathsam ist es, die Kühe zu Ende der Pachtzeit gar nicht oder so spät begehen zu lassen, daß sie bei der Uebergabe noch nicht gekalbt haben; sie sehen dann viel beleibter aus, wenn sie gleich schlechtes Futter bekommen haben. Das spätere Hinmelken unbegangener Kühe im Herbste wird dir den Abgang der Frühjahrsmilch vor der Uebergabe leicht ersetzen. Auch alles alte Geschirr und Geräth bringe zur Taxation, verwahre zu dem Ende alles unbrauchbare, und flicke es vorher wieder zurecht. Das neu angefertigte schaffe aber bei Seite.

Oft macht es einen vortheilhaften Eindruck auf die Taxatoren, wenn Alles recht jämmerlich aussieht, sie bedauern dann den armen Pächter.

9) Daß du an die Erhaltung der Gärten, Teiche und Gebäude nichts wendest, versteht sich von selbst; denn mehrentheils trägt nach den Pachtkontrakten der Gutsherr die größern Reparationen, du mußt also die kleinen Schäden groß werden lassen.

10) Die dienenden Unterthanen greifst du auf alle nach den Gesetzen und Observanzen nur irgend verstattete Weise an; ob sie zu Grunde gehen, kümmert dich nicht.

11) Sollte der Verpächter Deputat verlangen, und auf deine Produkte, weil sie von seinem eigenen Gute sind, einen großen Werth setzen, mithin im Pachtanschlage dafür beträchtlich ablassen, so nimm es immerhin an. Zwar wirst du um desto früher mit ihm in Haber und Streit gerathen; aber das geschieht doch auf jeden Fall, zumal wenn er auf dem Gute wohnt, und wenn du durch deinen Kontrakt völlig gesichert bist, so mußt du dir daraus nichts machen. Sollte es dir aber, zumal im Anfange, nachtheilig werden können, so mußt du nur die rechten Mittel und Wege einschlagen, um die Domestiken, welche das Deputat annehmen, auf deine Seite zu ziehen.

§. 123.

Ausnahmen von der Regel.

Es giebt nun freilich Pächter, deren bekannter persönlicher Charakter den Gutsbesitzer genugsam sichern kann, daß sie Maximen dieser Art nie befolgen werden. Ja man trifft solche, die von der Idee der möglich vollkommensten Wirthschaft so lebendig ergriffen sind, daß sie derselben sogar ihren Gewinn aufopfern, wenn sie nur mit Wahrscheinlichkeit in der Ausführung derselben gesichert sind. Indessen gehört letzteres unter die Ausnahmen, und man kann es selbst von dem rechtlichen Manne als Pächter nicht erwarten, daß er an Verbesserungen eines Guts Etwas wenden werde, was sich ihm während seiner Pachtzeit nicht mit höchster Sicherheit wieder bezahlt. Was sich aber nicht verbessert, verschlechtert sich gewiß, und deshalb ist es ein seltener Fall, wo ein Gut nicht in schlechterem Zustande von einem Pächter abgegeben wurde, als in welchem er es antrat.

Ein ganz anderer Fall ist es mit den Domainenpächtern in einigen Staaten, die ihre Pachtungen unter sehr billigen Bedingungen, zwar auch nur auf kurze Termine erhalten haben, aber nach den Grundsätzen der Regierung gesichert sind, jedesmal Verlängerung derselben zu erhalten, wenn sie sich als rechtliche Pächter betragen und dem nach sehr billigen Sätzen anzufertigenden neuen Anschlage unterwerfen, wobei dann überdies auf die von ihnen bewirkten Meliorationen Rücksicht genommen wird; ja wo sie bei einer vorzüglichen Administration ihrer Pachtung eine noch vortheilhaftere zu erhalten, und diese dann auf ihre Familie gewissermaßen zu vererben hoffen können. Ein Generaldomainenpächter dieser Art konnte sich oft als Eigenthümer ansehen und in allen Stücken als solcher verfahren. Unter diesen Bedingungen ist es möglich gewesen, daß die Staatsdomainen, obwohl mit beträchtlicher Aufopferung der baaren Einnahme, sich in gutem Stande erhielten. In Staaten dagegen, wo man, ohne legale Rücksicht auf den persönlichen Charakter der Pächter, die Domainen den Meistbietenden verpachtete, und somit freilich eine weit höhere Rente daraus zog, haben alle im Pachtkontrakte aufgeführte Klauseln und angeordnete Kontrolen — denen sich der rechtliche Mann um so weniger unterwarf — es nicht verhindern können, daß sie sich beträchtlich verschlechterten, und schon, bei noch bestehenden hohen Kornpreisen, in ihrer Rente, so wie in ihrer Produktion, merklich herabsanken.

§. 124.

Da indessen manche Gutsbesitzer verhindert werden, ihre Güter selbst zu verwalten, und die Administration durch Andere, ohne das unmittelbare Auge des Herrn, oft große Schwierigkeiten und Bedenklichkeiten hat: so scheinen Verpachtungen nothwendig zu seyn, und eine Einrichtung, die den Verpächter, den Pächter und das Gut selbst möglichst sicherte, wäre nicht nur für Gutsbesitzer und für Landwirthschaft Treibende, sondern auch für das allgemeine Beste, von größter Wichtigkeit. Das in Grund und Boden steckende Vermögen der Eigenthümer gäbe seinen Ertrag durch die Rente, und der Gewerbetreibende könnte sein Kapital ganz dem Betriebe widmen. Der Grund und Boden würde die höchste Produktion geben, und dabei seine Kraft und seinen Werth von Jahr zu Jahren vermehren, und dann wirklich Verpachtung nachhaltig vortheilhafter, als eigene Administration machen. In meiner Englischen Landwirthschaft, Bd. II. Abth. 2. S. 87, habe ich einen Vorschlag gethan, wonach der Pächter nach Ablauf eines Termins eine Erneuerung desselben unter gewissen Bedingungen durchaus verlangen kann, wenn ihn der Eigenthümer nicht durch eine angemessene beträchtliche Entschädigungssumme abfinden will, mittelst welcher Jener, für den aus seinen Verbesserungen durch längere Bewirthschaftung des Guts zu ziehenden Vortheil, hinlänglich entschädigt wird, so daß er wenigstens nicht besorgen darf, der Eigenthümer werde ihm, ohne die erheblichsten Gründe, aufkündigen, wobei Dieser aber doch die Gewalt behält, sein Gut selbst wieder anzutreten, wenn er es seinen Verhältnissen nach rathsam findet. Dieser Vorschlag ließe sich noch auf verschiedene Weise modifiziren.

§. 125.

Die Uebernehmung des Inventariums, als eisern oder nach der Taxation, hat manche Schwierigkeiten, und oft liegt darin ein großes Hinderniß der Verbesserungen. Ein reiner Verkauf desselben an den antretenden Pächter hat immer Vorzüge, wenn man mit ihm des Handels eins werden kann; sonst verkauft man es, wie man will, und der Pächter schafft sich ein neues. Jedoch versteht es sich, daß hier von ganz kurzen Pachtungen die Rede gar nicht seyn könne. Auch wird die erste Einführung dieser sonst so natürlichen Einrichtung, die alle Vorstandsgelder und Kautionen unnöthig machte, in Gegenden, wo das Gegentheil gebräuchlich ist, Schwierigkeit finden.

§. 126.

Erhebliche Meliorationen, die den Grundwerth des Landguts auf ewig verbessern, können von dem Pächter auf keine Weise verlangt werden. Die Gelegenheit dazu ist dennoch so oft vorhanden, und der Nutzen so anerkannt, daß beide Theile sie zu befördern geneigt seyn müssen. Hier wären die Bedingungen zu machen, daß der Eigenthümer das dazu erforderliche Kapital, welches auf eine gewisse Summe bestimmt werden könnte, hergäbe, wenn der Pächter solches während seiner Pachtzeit mit 10 Prozent zu verzinsen sich erbietet. Bei dieser Verzinsung wird der Pächter keine Melioration vorschlagen, von deren reellem Nutzen er nicht die vollkommenste Ueberzeugung hat, und der Verpächter hat nur zu untersuchen, ob eine solche Melioration auch ausdauernd sey.

Bei allen Reparationen, sie mögen groß seyn oder klein, scheint es am zweckmäßigsten, daß der Eigenthümer das Material, der Pächter aber die Arbeit bezahle. Kleine Reparationen auf des Pächters, große auf des Verpächters Kosten zu setzen, gehört zu den nachtheiligsten Bedingungen, die man machen kann.

Die Erbpacht.

§. 127.

Die Erbpacht.

Die Erbpacht hat das Eigenthümliche, daß sie dem Inhaber eine eben so freie und sichere Benutzung gewährt, wie vollkommnes Eigenthum, dem Grundherrn aber, unter gehörigen Bedingungen, eine sichere, keinem Risiko unterworfene und nie zu schmälernde Rente giebt.

Sie ist mehr oder minder beschränkend nach den darüber geschlossenen Kontrakten. Oft hat man allerlei Bedingungen hinzugefügt, die ohne reellen und auf eine andere Weise weit besser zu erreichenden Vortheil des Grundherrn, für den Erbpächter aber höchst lästig sind und den Werth des Grundstücks vermindern. Dahin gehört die Beschränkung im Verkauf und in der Vererbung, indem jener nicht ohne Einwilligung des Grundherrn, diese nur in gewisser Ordnung geschehen darf. Wenigstens muß für diese Einwilligung in den meisten Fällen ein bestimmtes sogenanntes Laudemium gezahlt und der neue Besitzer gewissermaßen aufs neue damit beliehen werden. Diese aus dem Lehnsysteme hergenommene Beschränkung ist beiden Theilen und der Sache im Ganzen schädlich, muß nothwendig den Werth des Grundstücks für den Eigenthümer vermindern, den Kanon herabsetzen, folglich die möglich höchste Rente des Grundherrn schmälern und überhaupt den so nützlichen freien Uebergang der Grundstücke aus einer Hand in die andere erschweren. Denn wenn der neue Inhaber neben dem Kaufgelde und den Anlagekosten seiner Wirthschaft noch das Laudemium bezahlen soll, so wird dies Manche vom Kaufe abschrecken. Statt dieses ungewissen Einkommens wird sich der Grundherr bei einem nach Verhältniß erhöheten Kanon weit besser stehen.

§. 128.

Erbstandsgeld.

In den meisten Fällen wird bei Vererbpachtungen gleich eine gewisse Summe unter dem Namen von Erbstandsgelde bezahlt. In so fern dieses den Grundherrn gegen die Deterioration des Guts und für das richtige Einkommen seiner Rente sichert, ist es nützlich; jedoch kann es wohl selten rathsam seyn, dieses Erbstandsgeld höher, als dazu nöthig ist, anzusetzen, weil die Rente, die man erhalten und geben kann, dadurch in einem größeren Verhältnisse vermindert werden würde, zumal zu einer Zeit und in einem Lande, wo Kapitale unter der Klasse der Ackerbauenden nicht häufig sind. Die Zahl der Konkurrenten muß sich dabei nothwendig vermindern, und Jeder wird sich dieses Kapital zu höhern Zinsen anrechnen, als es der Grundherr benutzen kann.

§. 129.

Fehlerhaftes Verfahren macht die Sache verhaßt.

Schon vor längerer Zeit hat man die Nützlichkeit der Vererbpachtungen eingesehen, und Privatgüter sowohl, als Domainen, im Ganzen oder zerstückelt auf diese Weise ausgegeben. Weil man aber dabei ohne genugsame Ueberlegung verfuhr, und sich folglich der Nachtheil der gemachten Einrichtungen, insbesondere eine eminente Läsion des Grundherrn zeigte: so hat man sie nachher, auf solche fehlerhafte, mißrathene Beispiele sich stützend, hauptsächlich aber allerlei Nebenrücksichten wegen, allgemein verschrieen und Gutsbesitzer und Regierungen dagegen gewarnt.

Es kommt aber hier, wie bei allen Gegenständen der Staatswirthschaft, nur darauf an, daß man sich auf einen höheren Standpunkt erhebe und in klarem Lichte des Verstandes das Ganze überschaue. Dann wird man sich durch einzelne Beispiele, die ihrer verfehlten Einrichtung wegen das Gute den kurzsichtigen Augen zweifelhaft machen, nicht blenden, wohl aber jene Beispiele zur Warnung dienen lassen, um ähnliche Fehler bei einer an sich trefflichen Sache zu vermeiden.

Man hatte nämlich nicht nur den so unsichern und veränderlichen Maaßstab des Geldes zur Werthschätzung der Güter allein gebraucht, sondern auch nach der damals noch so niedrig stehenden Ackerbaukunst den Ertragsanschlag zu geringe gemacht, und manche Pertinenzien, die durch einige Kultur zu hoher Benutzung zu bringen waren, ganz übersehen. Es zeigte sich also bald, daß die Kontrakte zum größten Nachtheile des Grundherrn und zu einem zu überwiegenden Vortheil des Erbpächters abgeschlossen waren, so daß man sich deshalb auch in einem gewissen Staate berechtigt glaubte, diese Vererbpachtungen durch souveraine Macht wieder aufzuheben. Hierdurch war die Sache noch in üblern Ruf gekommen, und hatte nun selbst das Mißtrauen der Pächter gegen sich.

Indessen ist die Sache in verschiedenen Ländern wieder aufgenommen worden, und des dagegen erhobenen Geschrei's ungeachtet glücklich ausgefallen. Insbesondere hat es sich gezeigt, daß bei vererbpachteten und zerschlagenen Domainen nicht nur die öffentlichen Kassen, sondern auch die allgemeine Produktion, die Bevölkerung und der Wohlstand der Unterthanen beträchtlich gewonnen habe; und wenn auch die erstern neuern Versuche dieser Art nicht ganz fehlerfrei und nicht zum möglich höchsten Vortheil der öffentlichen Kassen eingerichtet seyn mögen: so haben sie dennoch die Sache wieder in Gang gebracht und diejenige Ueberzeugung bewirkt, die nur der Erfolg geben kann.

§. 130.

Bestimmung des Kanons nach dem Durchschnittspreise des Getreides.

Das Wesentlichste bei diesem Geschäfte ist, daß man den Werth des Grundes und Bodens oder dasjenige, was er nach Abzug aller Kosten und des billigen Vortheils des Pächters tragen kann, richtig schätze, und zwar nicht nach dem veränderlichen Werthe des Geldes, sondern nach einem bestimmten Getreidemaaße, dessen Werthverhältniß gegen alle übrige Dinge sich im größern Durchschnitt seit jeher gleich geblieben ist und gleich bleiben wird. Es verändert sich zwar von einem Jahre zum andern, und ist in kurzer Zeit noch veränderlicher als der Werth des Geldes, aber nicht in längern Perioden, sondern hält sich, mit allen wahren Bedürfnissen des Lebens, weil durch ihn der Arbeitspreis im Allgemeinen bestimmt wird, im Gleichgewichte. Daher muß die Erbpacht auf ein Maaß des gewöhnlichsten Getreides bestimmt, dieses aber in der Regel nicht in natura — weil dabei das Erbpachtsquantum in einem Jahre von hohem, im andern von geringem Werthe seyn würde — sondern nach dem Durchschnitt des Preises einer Reihe vorhergegangener Jahre in Gelde bezahlt werden. Jedoch sind bei Ziehung dieses Durchschnittspreises diejenigen Jahre und Zeiten herauszulassen, wo der Preis durch Mißwachs oder durch andere außerordentliche Konjunkturen sehr hoch gestiegen war, weil der Erbpächter beim Mißwachse, des hohen Preises ungeachtet, doch wohl Schaden gehabt, die Rückkehr außerordentlicher Umstände aber nicht zu erwarten und nicht zu hoffen ist. So würde es höchst unbillig seyn, einen Durchschnittspreis nach diesem letzten erlebten Decennium — wo die sämmtlichen Ernten unter dem Mittelmäßigen waren, und andere den Preis erhöhende Umstände hinzukamen — zu bestimmen, und es wäre wahrscheinlich, daß in dem nächsten ein jeder Erbpächter dabei zu Grunde gehen müßte.

Gegen diese Berechnung des Erbpachtgeldes nach dem Preise

des Getreides hat man eingewandt, daß, da dieser variiren und sinken könne, eine gewisse Rente wiederum nicht gesichert sey. Allein der reale Werth derselben bleibt hierbei immer gleich, und nur der nominale verändert sich. In Ansehung der Staatseinkünfte, wo man dieses am gefährlichsten gehalten hat, würde sich ein großer Theil der Ausgaben, in Ansehung ihres nominalen Betrages, zum entschiedenen Vortheil des Ganzen mit verändern lassen, z. B. alle Besoldungen, die nun von zehn zu zehn Jahren nach den steigenden oder fallenden Preisen im Gelde vermehrt oder vermindert werden müßten, wodurch einem Jeden sein angemessenes Auskommen mehr als jetzt gesichert wäre.

§. 131.

Vortheile der Erbpacht.

Die Vortheile der Vererbpachtung sind so evident, daß es keinen Zweifel hat, ihre Einrichtung werde in unserm schärfer rechnenden Zeitalter bald allgemein werden, wenigstens da, wo die Grundbesitzungen noch von beträchtlicher Größe sind. Auch werden andere Grundstücke, die bisher unter unsichern und beiden Theilen lästigern Bedingungen überlassen worden, nun auf diese Erbpachtseinrichtung modifizirt werden. Dies ist ohne Zweifel die sicherste Basis, worauf der allgemeine Wohlstand und der höhere Betrieb des Ackerbaugewerbes gegründet werden kann. Jeder Grundeigenthümer, es sey der Staat oder der Privatmann, wird aus seinem Grund und Boden eine sichere und reell unveränderliche Rente ziehen können; der Werth des Grundes und Bodens wird dadurch auf eine feste Weise bestimmt, und der Kredit darauf nach diesem Werthe vollkommen gesichert seyn, indem die Rente selbst verpfändet und die Zinsen unmittelbar erhoben werden können, so daß mit der Hypothek auch das Eigenthumsrecht gewissermaßen mit übergeht und ohne alle erdenkliche Weitläuftigkeit vollkommen gesichert ist. Hierdurch käme das größte Kapital jeder Nation, was im Grund und Boden steckt, in Umlauf, und jedes andere Vermögen erhielte zugleich die größte Sicherheit.

Der Gutsbesitzer würde jetzt nicht wider seinen Willen und Neigung genöthiget, sein Landgut selbst zu kultiviren, ohne in Gefahr zu kommen, daß solches durch Zeitpächter deteriorirt werde. Der unzählige Verdruß, den jede Verpachtung macht, die nothwendige Aufsicht und Kontrole, die vielen Abzüge durch zufällige Schäden fielen weg.

Aber, was noch weit mehr in Betracht zu kommen verdient,

das Gewerbe des Ackerbaues würde dadurch bald einen höhern Schwung bekommen, wenn Jeder, der Neigung und Talent dazu hat, Gelegenheit fände, solches mit einem weit geringern Kapitale und doch mit der Sicherheit, die nur das Eigenthum giebt, zu betreiben. Der Erbpächter kann völlig als Eigenthümer handeln, und alles, was er in dem Gute für die Zukunft anlegt, ist sein; aber er braucht das Grundkapital nicht anzuschaffen, sondern nur billig zu verzinsen, kann daher sein sämmtliches Vermögen als Betriebskapital benutzen.

§. 132.

Ob große oder kleine Erbpachten zu errichten?

Man hat nun die verwickelte Frage aufgeworfen: ob es in Hinsicht auf den Staat und das allgemeine Beste, auch in Hinsicht auf den Betrieb der Wirthschaft selbst besser sey, große oder kleine Erbpachtsgüter zu errichten? Diese Frage ist sehr verschieden beantwortet worden, und mußte es nach den verschiedenen Ansichten, welche Diesem oder Jenem seine Lokalität gab, nothwendig werden. Im Allgemeinen kann man sie, meines Erachtens, so beantworten: Man mache in jeder Provinz, in jedem Distrikte solche Erbpachtsgüter, wie am meisten verlangt und, was einerlei ist, am theuersten bezahlt werden. Wo vermögendere und einsichtsvollere Landwirthe sich zu größern Erbpachtungen melden, da gebe man sie ihnen, wie sie solche verlangen, vorausgesetzt, daß sie solche eben so theuer bezahlen wollen, wie die Liebhaber kleinere. Wo aber eine größere Konkurrenz von solchen ist, welche nicht das Vermögen und die Uebersicht für größere Wirthschaften haben, da gebe man ihnen auch kleine. Diese Nachfrage nach großen, mittlern und kleinen Erbpachtsbesitzungen wird am sichersten anzeigen, welche Größe nach dem Kulturzustande des Volks und der ackerbautreibenden Klasse, nach der Art des Grundes und Bodens und nach der Lokalität die nutzbarsten sind.

Der Streit über die Vorzüge der großen und der kleinen Wirthschaften kann ohne bestimmte Lokalität durchaus nicht entschieden werden. Jede hat im Allgemeinen ihre eigenen, die ich in meiner Englischen Landwirthschaft, B. II. Abth. 2. S. 91 und folgenden, kurz gegen einander zu stellen versucht habe. Ich gestehe aber nach nach meiner jetzigen Ueberzeugung, daß ich daselbst auf die Schale der großen Wirthschaften im Allgemeinen ein zu großes Uebergewicht gelegt habe. Wo unter den kleinern Besitzern wahre Betriebsamkeit und verhältnißmäßiges Vermögen sich findet, und sie in ihrem Betriebe uneingeschränkt und anderweitig nicht zu sehr belastet sind, da wird ein fruchtbarer Grund und Boden durch kleine Besitzer, die ihn mit eigenen Händen oder doch unter eigenen unverwandten Augen bearbeiten, nicht nur — wie vielleicht Jeder zugiebt — mehr produziren, sondern auch — was man um so mehr läugnet — größern reinen Ertrag geben können. Die Besorgniß, daß hier von den Produzenten Alles wieder konsumirt werde und folglich nichts zum Verkauf käme, ist völlig eitel, und kann nur aus der Ansicht der aus ganz andern Ursachen so jämmerlichen Bauerwirthschaften gewisser Gegenden entstanden seyn. Wenn kleine Erbpächter ihren Kanon bezahlen, so manche Dinge ankaufen, nach ihrer Art wohl leben und sich dennoch Etwas erübrigen können, — wie davon so viele Beispiele in manchen Gegenden, deren Boden keinesweges durch besondere Fruchtbarkeit ausgezeichnet ist, vor Augen liegen, — so müssen sie ja nothwendig Ueberschuß zum Verkaufe haben, und dieser Ueberschuß wird, wenn man die Sache genau untersucht, den übertreffen, welchen große Güter von einem gleichen Areal aufweisen können.

Jedoch ist dabei auf den Kulturzustand jeder Gegend und auf die Bevölkerung Rücksicht zu nehmen. In unbevölkerten und in der Kultur weiter zurückstehenden Distrikten, wo die Arbeit nach Verhältniß weit theurer als der Grund und Boden ist, und daher mehr eine extensive als intensive Wirthschaft Statt findet, kann das Ganze durch kleine Wirthschaften nicht kultivirt werden, und man würde den Betrieb der größern verhindern, wenn man ihm die Arbeiter dadurch entzöge, daß man ihnen allen kleinere Plätze einräumte, wovon sie sich allenfalls mit einiger Nebenarbeit allein nähren könnten. Hier darf man nur zur kleinern Parcellirung allmählig übergehen, so wie sich die Volksmenge vermehrt und arbeitende Hände sich anbieten. Es ist daher eine fehlerhafte Einrichtung, deren üble Folgen man schwer gefühlt hat, wenn man in einem gewissen Staate bestimmte, daß jedem Einwohner, den ein Gutsbesitzer ansetzte, auch ein Grundstück von etwa acht Morgen zugetheilt werden solle.

Bei der Zerschlagung der großen Privatlandgüter in kleinere Theile, und Ausgebung derselben in Erbpacht überlasse man daher die Art der Eintheilung dem Eigenthümer, weil diejenige, welche für ihn die vortheilhafteste ist, es auch für das allgemeine Beste seyn wird. Bei den Domainen sind hin und wieder vielleicht besondere Rücksichten zu nehmen.

§. 133.

Vortheile für Privatgrundbesitzer.

Die Besitzer großer Landgüter und Herrschaften, welche diese und ihre ihnen sonst ziemlich lästige Administration als die Quelle ihres Einkommens ansahen und betreiben mußten, erhalten durch dieses Erbpachtsystem ihre Rente vollkommen gesichert, werden aber von der Last und Sorge dadurch befreit. Wer bisher die Bewirthschaftung derselben aus Neigung und mit Vergnügen betrieben hat, muß immer besorgen, daß diese Neigung bei seinen Kindern nicht forterbe, mithin seine gemachten Einrichtungen mit ihm hinsterben würden. Wenn er seinen Plan mit Rücksicht auf eine zweckmäßige Parzellirung und Vererbpachtung anlegt, die Eintheilung der Felder und den Bau der Höfe vorläufig anordnet, so wird dieses seiner Thätigkeit und seinen Einsichten Stoff genug darbieten. Eine solche Vorbereitung, die den künftigen Erbpächtern die Sache ungemein erleichtert, und wodurch man ihnen den Abriß von dem, was sie erhalten werden, in die Hand geben kann, wird solche in Menge herbeiziehen. Es bedarf nur eines Vorschusses, vielleicht zur Bebauung der ersten Höfe; aus dem Verkaufe oder Erbstandsgelde dieser ersten können die andern eingerichtet werden, und so fort. Der Gutsbesitzer, der einiges disponible Kapital in Händen hat, wird einen solchen Bau immer leichter und wohlfeiler vollführen, als der antretende Erbpächter, weil er ihn länger vorbereiten kann, und er mehrere Kenntnisse davon besitzt. Einen wohlgelegenen und ausgezeichneten größeren Hof in der Nähe seines Schlosses für sich zu behalten, ihn mit Garten- und Lustanlagen in Verbindung zu setzen, und das landwirthschaftliche Gewerbe darauf in seiner höchsten Schönheit, seinem eigenthümlichen Reize und Ebenmaaße darzustellen, wird dabei immer möglich seyn. Und wenn er seinen Landsitz so mit freundlichen Wohnungen freier und thätiger Menschen umgeben hat, deren Felder ohne Zweifel bald in ungleich höherer Kultur stehen und die größte Mannigfaltigkeit darbieten werden, so wird ihm dies einen weit edleren Anblick, als die unabsehbare Fläche der vormaligen herrschaftlichen und bäuerlichen Feldmark geben. Nächst der Musterwirthschaft seines zurückbehaltenen Hofes wird ihn die Erhaltung, Eintheilung und Anlage der Forsten, der Teiche, der Torfmoore, der Kalk- und Ziegelbrennereien, vielleicht anderer reservirter Pertinenzien, vielleicht die Betreibung und Einrichtung technischer Gewerbe genugsam beschäftigen können, deren Administration jedoch nun auch Andern leichter aufgetragen werden kann, als die vormalige große Ackerwirthschaft des Gutes.

Weit entfernt, daß die Besorgniß, dieses Erbpachtsystem werde den Ruin der adeligen Familien, insbesondere der alten, bewirken, gegründet seyn sollte, bin ich vielmehr überzeugt, daß es ihre Erhaltung befördern werde, ja daß es solche in vielen Fällen allein noch möglich mache. Der bestimmte Werth, die sichere Rente, der zweifellose Kredit der Güter, der richtige Etat, den man über Einnahme und Ausgabe machen kann, und der auf keiner Seite Ausfälle besorgen läßt, müssen den Wohlstand vieler Familien sicherer erhalten, und den gesunkenen anderer wieder erheben. Majorate können ja, wenn man will, dabei eben so sicher bestehen.

§. 134.

Vortheile bei den Domainen.

Der Vortheil, welcher sich bei den Staatsdomainen bloß aus der Ersparung der Administrationskosten, der Bauten, der Schadenberechnungen und Remissionen ergeben wird, ist schon einleuchtend. Die reine Rente muß sich hierdurch, wenn auch der künftige Kanon die jetzige Zeitpacht nicht überstiege, schon beträchtlich vermehren; weit mehr wird aber der Staat indirekte durch die höhere Kultur, Produktion und Bevölkerung gewinnen.

Zweites Hauptstück.

Oekonomie,

oder

die Lehre

von den Verhältnissen, von der Einrichtung und Direktion der Wirthschaft.

Bedeutung des Worts Oekonomie.

Das Wort Oekonomie ist in sehr mannigfaltigem und, zuletzt von den Deutschen, in sehr unrichtigem Sinne gebraucht worden. Seiner Etymologie und ursprünglichen Bedeutung nach verstanden die Griechen die Einrichtung und Leitung des Haus- und Familienwesens darunter, also freilich dasselbe, was wir Haushaltung nennen. Xenophon in seinem Buche über die Oekonomie handelt darin von den häuslichen Verhältnissen, den Pflichten der Hausgenossen gegen einander, sagt aber nur beiläufig etwas vom Feldbaue, in so fern er auf den Hausstand Bezug hat. Er und andere Griechen gebrauchten dieses Wort sonst nie vom Ackerbau, sondern bedienten sich der Wörter Georgia oder Geoponia von demselben. Die Römer nahmen jenes Wort in einer weitläufigern und sehr verschiedenen Bedeutung. Sie verstanden nämlich darunter die Wahrnehmung der richtigsten Verhältnisse zur Erreichung des Zwecks einer jeden Sache, die Disposition, den Plan, die Eintheilung eines jeden Werkes. Cicero sagt: oeconomia causae, oeconomia orationis, und versteht darunter die Leitung einer Rechtssache, die Disposition einer Rede, in welchem Verstande es denn auch wieder einige neue deutsche Schriftsteller genommen haben, die von der Oekonomie eines Schauspiels, eines Gedichtes reden. In jenem Sinne der Römer ist das Wort auch von den Schriftstellern aller andern Nationen genommen worden, und sie verstehen darunter bloß das Verhältniß der einzelnen Theile unter sich und zum Ganzen, dasselbe, was wir auch Organisation zu nennen pflegen, und das Wort erhält nur durch seinen Bezug auf einen andern Gegenstand einen realen Sinn. So spricht man von der Oekonomie der Natur, des thierischen Körpers, des Staats, und allerdings auch eines Gewerbes, wo aber dieses genannt werden muß, wenn es sich nicht aus dem Zusammenhange von selbst versteht. Wenn die landwirthschaftliche Einrichtung darunter verstanden werden soll, so sagt der Franzose: économie rurale, der Engländer: rural economy, jedoch verstehen diese nie die wirkliche Ausführung, den eigentlichen Akt des Ackerbaues, sondern nur die Eintheilung und die Verhältnisse der Landwirthschaft darunter. Nur in den Zeiten, wo man in Deutschland die Würde jeder Lehre durch ein lateinisches oder griechisches Wort zu heben glaubte, und sich deren besonders zu dem Ende auf Büchertiteln bediente, haben einige Schriftsteller nicht nur die Lehre vom Ackerbau, sondern auch den Ackerbau selbst Oekonomie zu nennen angefangen, und das Wort ist von Manchen ausschließlich in diesem Sinne gebraucht worden. So hat Benekendorf sein weitschweifiges Werk oeconomia forensis betitelt, nach welchem Titel man ein Werk über die Einrichtung der Rechtspflege und Gerichtshöfe erwarten sollte. Danach haben sich dann auch die, welche den Ackerbau etwas ausgedehnter und kunstmäßiger zu betreiben vermeinen, Oekonomen genannt, und endlich nennt sich Jeder, der die Pflugtreiber zu treiben angestellt ist, also, obwohl er von den richtigen Verhältnissen der Wirthschaft auch nicht den mindesten Begriff hat.

Allein das Wort ist noch in einem andern, ihm eben so fremden Sinne genommen worden. Weil es nämlich das Wesentliche einer guten Oekonomie ist, den Zweck einer jeden Sache mit dem möglich mindesten Aufwande zu erreichen, so hat man die Sparsamkeit erst im Allgemeinen, dann die mit Gelde darunter verstanden, und nennt sogar wohl den Geiz, wenn er auch seines Zweckes gan verfehlt, Oekonomie, und deshalb denjenigen zuweilen einen guten Oekonomen, der Nichts an seine Wirthschaft wendet, sondern solche erschöpft.

Auch nannte man die Besorgung der Einnahmen und Ausgaben Oekonomie, und den, dem dieses besonders von geistlichen Korporationen aufgetragen war, den Oekonomen.

Wir gehen zu der lateinischen Bedeutung des Worts zurück, und verstehen unter Oekonomie, in Bezug auf die Lehre von der Landwirthschaft, die Lehre von den zweckmäßigsten Verhältnissen und von der Leitung und Anwendung derjenigen Kräfte, durch welche die Produktion hauptsächlich hervorgebracht wird, und daher handelt dieses Hauptstück von der Anstellung, Erhaltung und Leitung der arbeitenden Kräfte; von den Verhältnissen des Viehstandes, oder vielmehr der Fütterung und der Düngung zum Ackerbau; von den darauf gegründeten Feldeintheilungen oder Wirthschaftssystemen in Rücksicht auf die nach jeder Lokalität möglich vollkommenste Erreichung des

Zwecks dieses Gewerbes: des möglich höchsten nachhaltigen reinen Ertrages aus dem Ganzen der Wirthschaft. Endlich von der Direktion der Wirthschaft und ihrer Darstellung in Büchern und Rechnungen.

Die Arbeit im Allgemeinen.

§. 135.

Arbeit, die Quelle aller Güter.

Die Arbeit ist es, wodurch der Mensch Alles gewinnt oder gewonnen hat, was er genießt. Was Grund und Boden ohne Arbeit giebt, ist äußerst wenig, und kann nur bei dem Nomadenleben in Betracht kommen. Alle Lebensmittel, alle Genüsse, allen Wohlstand und Reichthum, selbst das zur Bewirkung der Arbeit nothwendige Kapital verdanken wir ihr. Durch die Quantität und Qualität der auf eine Sache verwandten Arbeit wird ihr Werth oder ihr natürlicher Preis bestimmt.

§. 136.

In wie fern jedoch der Grund und Boden Antheil daran habe.

Jedoch erfordert jede Arbeit ein Material, woran sie ausgeübt wird. Dies Material giebt die Natur der Ackerarbeit im Grund und Boden, und aus dem durch die Arbeit aus dem Grund und Boden hervorgebrachten Produkte wird das Material für die Verwendung jeder andern Arbeit geliefert.

§. 137.

Es ist also wohl nicht ganz unbedingt richtig, wenn man in der neuern Metapolitik alles Vermögen und Einkommen der Nation einzig und allein aus der Arbeit ableitet. Der Grund und Boden hat einen beträchtlichen Antheil daran. Auf der andern Seite gehen aber die zu weit, welche den Grund und Boden als die alleinige Quelle des Einkommens betrachten.

Eine Nation, die einen sehr fruchtbaren Grund und Boden bewohnt, würde sich weit leichter zu einem hohen Wohlstande emporheben können, als eine andere. Aber oft ist die Fruchtbarkeit des Bodens und des Klima wohl die Ursache gewesen, daß sie es nicht wollte.

§. 138.

Erst durch die Arbeit erhält der Boden einen Werth.

Ohne Arbeit trägt der Boden Nichts, und durch die Arbeit erhält er erst seinen Werth. In der Kindheit der Nationen nahm daher Jeder seinen Boden, den er bearbeiten wollte, umsonst, weil noch zu wenig arbeitende Kräfte vorhanden waren. Als man den Werth erkannte, den er durch die Arbeit zu erhalten fähig war, eignete sich der Gewalthabende denselben zu, und setzte einen Preis darauf. Dieser war sehr geringe, so lange es an Arbeit und an der Kunst, solche zweckmäßig zu verwenden, fehlte. So wie Beides sich vermehrte, stieg der Preis des Grundes und Bodens, mit demselben aber auch der Preis der Arbeit und folglich der Preis des aus beiden hervorgehenden Produkts.

§. 139.

Verhältniß zwischen dem Preise der Arbeit, des Bodens und der Produkte.

Daher ist in kultivirten und bevölkerten Ländern ein im Durchschnitt der Jahre feststehendes Verhältniß oder Gleichgewicht zwischen dem Preise des Grundes und Bodens, der Arbeit und der Produkte entstanden, welches, wenn es durch Zufälligkeiten gestört wird, sich doch bald wieder herstellt.

§. 140.

Indessen ist dieses Verhältniß nicht allenthalben gleich, sondern richtet sich nach der Quantität und Qualität des Bodens, gegen die der arbeitenden Kräfte, der Kunstkenntnisse und des dem Ackerbau gewidmeten Betriebskapitals. Der Grund und Boden ist wohlfeil, wo es an arbeitenden Kräften, an Kunstkenntnissen und Kapitale fehlt, und der Preis der letztern steht daselbst hoch gegen den des ersten. Wenn hingegen in einem bevölkerten Staate sich die arbeitenden Kräfte, die Kenntnisse und das zu ihrer Herbeischaffung und Vorausbezahlung nöthige Kapital vermehrt haben, so steigt der Werth des Grundes und Bodens im Verhältniß gegen jene.

§. 141.

Hierauf gründet sich der Vorzug des extensiven oder intensiven Betriebes.

Dies Verhältniß des Arbeitspreises gegen den Preis des Grundes und Bodens trägt zur Begründung der verschiedenen Ackersysteme Vieles bei. Man kann diese in ihren Extremen die extensiven und die intensiven nennen.

Wo nämlich der Boden wohlfeil, die Arbeit aber theuer ist, da wird man eine gewisse Masse von Produkten auf einer großen Fläche, aber mit möglichst geringer Arbeit hervorzubringen suchen müssen. Wo dagegen der Preis des Bodens hoch ist, Arbeit aber in genugsamer Menge und zu billigem Preise sich darbietet, da wird man auf einer geringen Ackerfläche denselben Werth an Produkten --- wie dies wohl immer möglich ist — durch verstärkte Anwendung der Arbeit zu erzielen suchen.

Es giebt Gegenden in Amerika, wo man einen Acker guten Bodens mit dem Preise einer Tagearbeit erkauft. In Belgien, in England und einigen Distrikten Italiens kann man dieselbe Fläche kaum in jähriger Pacht für den Preis von 80 Tagearbeiten erhalten.

§. 142.

Nähere Bestimmung der Verhältnisse, wo der eine oder der andere zu wählen ist.

Wer mit einem bestimmten Kapitale den Ackerbau betreiben will, wird im ersten Falle eine sehr große Fläche Landes zu kaufen haben, wenn er auch nur wenig zum Betriebe der Arbeit übrig behielte. Er muß extensive Wirthschaft mit möglich geringster Arbeitverwendung betreiben. Im zweiten Falle aber muß er eine kleine Fläche kaufen, nicht nur weil der Acker theuer ist, sondern auch, weil er ein größeres Kapital zur Bezahlung der mehrern zu verwendenden Arbeit übrig behalten muß. In jenem Falle werden oft Güter gekauft, wo allein die Frohnden zu den nothwendigsten Arbeiten zureichen, und wo daher, wenn das Inventarium einmal vorhanden ist, nur ein unbedeutender baarer Vorschuß zum Wirthschaftsbetriebe nöthig ist.

Je wohlfeiler das Land ist, um so weniger werden Verbesserungsarbeiten rathsam seyn. Wo man den Acker Landes um 15 Rthlr. kaufen kann, und davon 2 Rthlr. reinen Ertrag hat, würde es vielleicht unvortheilhaft seyn, 15 Rthlr. Verbesserungskosten, z. B. durch Mergeln, daran zu wenden, wenn er gleich danach den doppelten Ertrag gäbe, weil man für diese Kosten noch einen Acker kaufen könnte, der sich eben so stark verzinsete, wie die auf jenen verwandten Verbesserungskosten.

Ich sage vielleicht, denn es giebt dennoch viele Verhältnisse, wo es vortheilhafter seyn würde, einen in Besitz habenden Acker oder Gut mit denselben Kosten zu verbessern, wofür man ein anderes kaufen könnte.

§. 143.

Wenn der Acker theuer ist, werden auch die Produkte dadurch etwas vertheuert, jedoch oft nur in geringem Verhältnisse. Aber nicht immer ist der Acker theuer, wenn gleich die Produkte es sind, weil man aus Mangel an Kräften oder an Kenntnissen jenen nicht zu benutzen, und diese nicht hinreichend hervorzubringen versteht. In jenem Falle ist die möglich größte Anstrengung auf die Produktion zu verwenden; in diesem muß man wohl erwägen, ob man sein Kapital vortheilhafter auf Ankauf von mehrerem Boden, oder aber auf mehrere Bearbeitung verwende.

§. 144.

Wenn gleich die Extreme von sehr wohlfeilem Acker und sehr theurer Arbeit, und von sehr theurem Acker und wohlfeiler Arbeit in Deutschland selten oder gar nicht vorkommen, so sind doch mannigfaltige Gradationen dieses Verhältnisses in verschiedenen Provinzen und Distrikten vorhanden, die man bei der Einrichtung der Wirthschaft wohl zu erwägen hat, um sich danach für ein mehr oder minder **intensives** Wirthschaftssystem zu bestimmen.

Dort wird Koppelwirthschaft mit langer Ruhe des Ackers und Weidedünger Arbeit ersparen; hier wird jähriger Fruchtwechsel mit Futterbau und Stallfütterung die Arbeit vortheilhafter vermehren, und der höheren Kosten ungeachtet den reinen Ertrag beträchtlich vergrößern.

§. 145.

Ob der Arbeitslohn gestiegen sey?

Es ist seit einiger Zeit unter den Landwirthen eine allgemeine Klage, daß der Lohn der Arbeiter und des Gesindes übermäßig gestiegen sey, und man hält es für ein großes Uebel. Manche sehen dieses als einen Grund der gestiegenen Kornpreise an. In Gegenden, wo die Frohnden zum Theil aufgehoben sind, sucht man in dieser Aufhebung wiederum den Grund des gestiegenen Arbeitslohns. Es ist aber vielmehr der gestiegene Preis der Lebensmittel, zugleich mit dem dadurch bewirkten Anreiz zur höhern Produktion, welcher den Arbeitslohn nach dem Geldpreise hat erhöhen müssen, und durch Aufhebung der Frohnden ist vielmehr die Thätigkeit der arbeitenden Menschen vermehrt, und folglich die Summe der verrichteten Arbeit größer geworden, weshalb solche eher zur Verminderung des Arbeitspreises wirken muß.

§. 146.

Mehrentheils aber ist jene Klage ganz ungegründet, und die Vertheurung des Arbeitspreises ist bloß nominal, keinesweges real, indem nämlich der Werth des Geldes gegen den Werth aller übrigen Dinge sich vermindert hatte, der Preis der übrigen Dinge aber, besonders des Getreides, gegen den Preis der Arbeit vortheilhafter steht, als vormals.

Man muß die Ursachen, welche auf die Erhöhung und Erniedrigung des Arbeitslohns, nach Gelde berechnet, wirken, wohl unterscheiden. Sie sind folgende:

§. 147.

Wodurch der Arbeitslohn steige und falle? Er bleibt und muß in einem gewissen Verhältnisse mit dem Preise der Lebensmittel bleiben.

1) Die Preise der Lebensbedürfnisse. Der Arbeiter muß nothwendig so viel verdienen, daß er und wenigstens noch eine Person oder zwei Kinder davon leben und zwar so leben können, daß sie bei Kräften und gesund bleiben, auch ihre Kinder davon aufziehen. Hätten sie vorher nichts mehr als dieses Nothdürftige gehabt, und stiegen nun die Lebensbedürfnisse, ohne daß der Arbeitslohn erhöht würde, so würden sie bald so verkümmern und verarmen, daß sie unbrauchbar würden, ihre Kinder nicht gesund aufziehen könnten, und somit würde sich ihre Zahl bald so vermindern, daß nun die wenigen übrigbleibenden einen desto höhern Lohn fordern könnten. Es muß also nothwendig ein gewisses Verhältniß zwischen dem Preise der Lebensmittel und dem Preise der Arbeit bleiben, und dieses Verhältniß kann nur auf kurze Zeit und dann immer nachtheilig aufgehoben werden, setzt sich aber bald von selbst wieder ins Gleichgewicht.

Steigt der Arbeitspreis aus einer der andern Ursachen in einer Gegend über das Verhältniß gegen die Lebensmittel in die Höhe, verdienen folglich die Arbeiter mehr, als sie zur Nothdurft gebrauchen, so werden sie früher heirathen, mehrere Kinder erzeugen und aufziehen, und somit wird sich diese Klasse und die Zahl der Arbeitsuchenden so vermehren, daß der Lohn wieder fallen muß.

Indessen erfolgt diese Wirkung nicht schnell, und richtet sich nicht nach den jährig wechselnden Preisen des Getreides, sondern nur nach dem aus einer längern Reihe von Jahren auszumittelnden Durchschnitte. Vielmehr kann ein augenblickliches Sinken der Preise der

Lebensmittel das Gegentheil bewirken, indem solche Arbeiter, welche nur die Nothdurft kennen und für Ersparung keinen Sinn haben, nun in drei Tagen so viel verdienen können, als zu ihrer Nothdurft hinreicht, wozu vorher fünf Tage Arbeit erforderlich war. Sie werden sich nun leicht verleitet finden, zwei Tage die Woche weniger zu arbeiten, wodurch sich die Arbeit im Ganzen beträchtlich vermindert; derjenige also, welcher sie nöthig hat, solche um so theurer bezahlen muß. Allein vorübergehend ist auch dieses nur, weil doch da, wo höherer Verdienst ist, sich mehrere Menschen erzeugen und hinziehen, und mit höherem Verdienst der Wunsch, noch mehr zu verdienen und sich Etwas zu ersparen, bei den meisten doch rege wird, der vorher wegen der Unmöglichkeit, ihn zu befriedigen, unterdrückt war.

Im Allgemeinen also richtet sich in allen nicht entvölkerten Gegenden der Preis der Arbeit nach dem Preise der Lebensmittel, und man wird für 1 Scheffel Korn, beim gewöhnlichen Laufe der Dinge, fast allenthalben und zu allen Zeiten dieselbe Masse von natürlicher (kunstloser) Arbeit haben können, obwohl der Nominal- oder Geldpreis sehr verschieden ist.

Um den Zustand der Arbeiter also gleich zu erhalten, handelt der Landwirth, der die nöthige Anzahl von arbeitenden Familien auf seiner Besitzung angesetzt hat, sowohl richtig für sich, als billig für sie, der ihnen statt eines Theils des Geldlohns ihre Lebensbedürfnisse zu einem feststehenden Preise giebt, oder aber den Geldlohn nach dem Verhältnisse, wozu er ihnen diese Bedürfnisse verkauft, erhöhet oder vermindert, wenn er sich anders der Arbeit dieser Leute zu jeder Zeit versichert hat. Wenn auch der Staat den Arbeits- und Gesindelohn durch Polizeianordnungen bestimmen will, — wovon der Nutzen sehr zweifelhaft ist — so müßte es nicht nach Gelde, sondern nach dem Preise des gewöhnlichsten Lebensmittels, des Roggens, geschehen.

Annahme einer idealischen Münze oder eines andern Maaßstabes des Werths der Dinge.

Wenn ein Arbeiter sich ernähren, und bei zureichenden Kräften erhalten und dabei zwei Kinder aufbringen soll, so muß er in 9 Arbeitstagen mit unangestrengter kunstloser Arbeit einen Berliner Scheffel Roggen verdienen, wobei angenommen wird, daß sein Weib sich ihren Unterhalt selbst erwerbe. Erhalten die Tagelöhner gleich hin und wieder weniger, insbesondere seitdem die Preise des Getreides so beträchtlich gestiegen waren, so hat man ihnen andere Vortheile gewährt, die ihre Erhaltung möglich machten, welche aber allerdings mit in Anschlag zu bringen sind, wenn man von den Kosten der Arbeit redet. $^1/_9$ Scheffel Roggen nehme ich daher als den geringsten Lohn für eine gewöhnliche Tagearbeit eines Mannes an. Und da der Preis der Arbeit und des Getreides ein weit beständigeres, sich zu allen Zeiten und an allen Orten mehr gleichbleibendes Verhältniß bei den Berechnungen der Wirthschaft abgiebt, als der wandelbare Werth des Geldes, so nehmen wir diesen Preis einer Tagearbeit oder eines Neuntel Berliner Scheffels Roggen als eine idealische Münze bei unsern Wirthschaftsberechnungen an, und bezeichnen sie mit einem ♯.

Wenn man diese idealische Münze auf Geld reduziren will, so muß man den Durchschnittspreis eines Scheffels Roggen etwa von 10 Jahren in seiner Provinz oder Distrikte ausmitteln z. B.

gilt	1	Scheffel	Roggen	1	Rthlr.	—	Gr.,	so	macht	1 ♯ 2	Gr.	8	Pf.
=	1	=	=	1	=	3	=	=	=	1 ♯ 3	=	—	=
=	1	=	=	1	=	12	=	=	=	1 ♯ 4	=	—	=
=	1	=	=	2	=	—	=	=	=	1 ♯ 5	=	4	=

Da der Arbeitslohn und die Konsumtion die wichtigsten Artikel in der Kostenrubrik jeder Wirthschaft ausmachen, so werden die Berechnungen, welche wir abstrakt und hypothetisch über die Verhältnisse der Wirthschaften zu machen haben, allgemein gültiger und zutreffender seyn, als wenn wir uns des Geldes, welches immer nur den nominalen, nicht den realen Preis eines Dinges angiebt, dabei bedienten.

§. 148.

Zweite Ursache: Vermehrung oder Verminderung der Gewerbe.

2) Vermehrung oder Verminderung der Gewerbe. So wie sich die Nachfrage nach Arbeitern vermehrt, suchen diese ihren Lohn natürlich höher zu treiben, und der Arbeitspreis steigt in der ganzen Gegend. Der aus dieser Ursache gestiegene Arbeitslohn ist für den Landwirth ohne Schaden, vielmehr vortheilhaft. Er ist eine Folge und zugleich eine Ursache des vermehrten Wohlstandes der Gegend, vielleicht mit höherm Vorschuß für den Landwirth verbunden, aber in der Regel mit noch größerm Vortheile. Denn der durch Industrie vermehrte Wohlstand bewirkt sicher eine stärkere Nachfrage nach den Produkten und einen höhern Preis derselben.

Eine Ausnahme macht es jedoch, wenn die starke Nachfrage nach Arbeitern nicht von einer sicher begründeten Industrie und reellem

Wohlstande, sondern von einer vorübergehenden Unternehmung oder Arbeit, z. B. vom Bau einer beträchtlichen Chaussee, Grabung eines Kanals u. s. w., herrührt. Hier kann eine plötzliche Steigerung des Lohnes nachtheilig wirken und den Landwirth in große Verlegenheit setzen, weshalb zu dergleichen öffentlichen Arbeiten die Menschen nie bloß aus der Nachbarschaft, sondern von mehrern entfernten Gegenden her zusammengebracht werden müßten, wenn die Regierung den Wirthschaftsbetrieb einer Gegend nicht in Verwirrung bringen will.

Wenn dagegen der Gewerbsbetrieb in einem Lande herabsinkt, und Arbeit weniger gesucht wird, so bieten sich mehrere Arbeiter an, als man gebrauchen kann, und man vermindert ihren Lohn. Der sinkende Arbeitspreis ist hier aber die Anzeige der sinkenden Industrie und der nahe Vorbote des Verfalls derselben und der Verarmung, folglich für den Landwirth keinesweges vortheilhaft.

Da sich indessen die Zahl der Arbeit Suchenden bald ins Gleichgewicht zu setzen pflegt mit der Nachfrage nach Arbeitern, indem sich bei Vermehrung der letztern und erhöhtem Lohne bald mehrere einfinden, bei zu sehr vermindertem Lohne aber die arbeitenden Menschen sich wegziehen oder ganz verkümmern: so verändert sich der Arbeitslohn nur während des Steigens und Fallens der Industrie. Bleibt sie auf ihrem Punkte stehen, so werden sich gerade so viele Arbeiter eingefunden haben, als man gebraucht, und es ist der Arbeitslohn — besonders, wenn man nicht auf den nominalen, sondern den realen Preis, oder auf sein Verhältniß mit dem Werthe der Produkte sieht — keinesweges in solchen Gegenden immer höher, wo große Industrie herrscht, oder geringe, wo diese gänzlich fehlt. Der Verdienst hat in jeder Gegend arbeitende Menschen genug erzeugt, wogegen der Mangel an Verdienst in dieser die Menschen auswandern oder aussterben ließ. In letzteren fehlt es dann oft an den nothwendigsten Arbeitern in solchen Jahreszeiten, wo man deren viele sucht, und weil sie außer der Erntezeit keinen Verdienst finden, so lassen sie sich um so theurer bezahlen, wenn sie nun gesucht werden.

So ist in England der landwirthschaftliche Arbeitspreis, im Verhältniß gegen den Preis anderer Dinge, wirklich geringer als bei uns, ja er ist in einigen Gegenden so geringe, daß die arbeitenden Menschen gar nicht würden bestehen können, wenn sie nicht beständig fortdauernde Arbeiten fänden, und wenn sie nicht durch die daselbst vorhandenen, auf der andern Seite freilich höchst lästigen, Armen-Einrichtungen unterstützt würden.

§. 149.

Dritte Ursache: Durch Kalamitäten entstandener Mangel an Arbeitern.

3) **Wirklicher, durch Kalamitäten entstandener Mangel an Arbeitern.** Es kann durch Seuchen, Hungersnoth und Krieg eine solche Entvölkerung in einigen Gegenden entstehem, daß auch selbst bei dem damit verbundenen Herabsinken der Industrie es dennoch zu den nothwendigsten Arbeiten an Menschen fehlt, wo dann die wenigen übrig gebliebenen sehr hohen realen Arbeitslohn fordern können. Dies ist die traurigste Ursache des gestiegenen Arbeitslohns, weil mit dieser Steigerung der Werth der Produkte zugleich sinkt. Dies ist vielleicht der einzige Fall, wo der Landwirth die Steigerung des Lohns zu beklagen hat, und wo er sich Ersparung der Arbeit zum Gesetz machen muß. Sonst ist Arbeit selten so theuer, daß sie, gehörig verwandt, sich nicht reichlich bezahlt machte.

Diese Materie ist besonders klar und überzeugend dargestellt in Kraus Staatswirthschaft, Bd. I. S. 197—248.

§. 150.

Preis des Lohns und Preis der Arbeit sind zu unterscheiden.

Bei der Berechnung und Beurtheilung des Arbeitspreises muß man den Preis des Lohns und den der Arbeit selbst wohl unterscheiden. Jener kann in einer Gegend oft höher und dieser doch geringer seyn, als in einer andern. Denn die Kraft, die Thätigkeit und Geschicklichkeit der Menschen ist sehr verschieden, und richtet sich häufig nach der Nahrung und nach dem Wohlstande, worin sie in ihrer Art leben. Ein Arbeiter, dem ich 12 Gr. täglich gebe, kann mir oft, der Quantität und Güte nach, mehr als zweimal so viel Arbeit verrichten, als ein Anderer, der 6 Gr. erhält. Wo es also fleißige und besonders in gewissen Arbeiten geschickte Menschen giebt, ist die Arbeit in der Regel wohlfeiler, wenn gleich der Lohn höher steht.

§. 151.

Ersparung der Arbeit durch richtige Anwendung derselben.

Obwohl eine jede zweckmäßig verwandte Arbeit sich immer reichlich bezahlt, und Ersparung in der Ausgabe des Arbeitslohns mehrentheils eine schlechte Oekonomie anzeigt, so ist jedoch die möglich höchste Benutzung der Arbeit und ihrer Zeit eines der wichtigsten Momente, worauf der wahre Oekonom zu sehen hat. Manchem lehrt dies erst eine lange Erfahrung, und es ist wahr, daß diese eine sehr richtige Uebersicht und Taktik darin geben kann. Allein durch die Beobachtung gewisser Grundsätze, welche schon die Theorie an die Hand giebt, wird man sich diesen Ueberblick weit schneller und richtiger erwerben, ohne so vieles Lehrgeld, wie die Erfahrung als einzige Meisterin fordert, zu geben.

§. 152.

Diese ist in der Landwirthschaft schwieriger als bei andern Gewerben.

Die richtige Verwendung der Arbeit ist bei der Landwirthschaft ungleich schwieriger, als bei dem Manufakturen- und Fabrikenbetriebe. Denn die auf ein Produkt zu verwendende Arbeit nimmt mehrentheils nur einen kurzen Zeitraum ein. Sie ruhet dann einen weit längern hindurch, wo die Vollendung des Produktes größtentheils allein den Naturkräften überlassen wird, bis sie zur letzten Gewinnung desselben wieder eintreten muß. Nachdem jede Frucht bestellt worden, ist eine Zeitlang hindurch nicht viel daran zu thun, wogegen die Arbeit bei einem Fabrikate immer fortgeht, bis solches vollendet ist. Damit nun der Landwirth seine arbeitenden Kräfte immerfort benutzen könne, muß er theils mannigfaltige Produkte erzielen, theils den ganzen Gang der Wirthschaft so einrichten, daß jeder Zeitpunkt wenigstens mit einer vorbereitenden Beschäftigung ausgefüllt werde. Die Produkte muß er so auswählen, daß die Arbeit, die ein jedes fordert, zu gehöriger Zeit in den Lauf der Geschäfte eingreife, daß aber nie mehrere nothwendige Arbeiten zu gleicher Zeit zusammentreffen, als er mit seinen disponibeln oder herbeizuschaffenden Kräften bestreiten kann.

§. 153.

Regeln bei Einrichtung und Vertheilung der Arbeit im Allgemeinen.

Von großen Arbeiten sind nie viele auf einmal vorzunehmen, am wenigsten auf sehr entfernten Plätzen. So viel möglich muß man eine nach der andern, und jede mit aller Kraft angreifen und zu vollenden suchen; theils der Aufsicht wegen, theils weil ein gewisser Wetteifer unter den Arbeitern erweckt werden kann, wenn deren viele unter Aufsicht bei einander sind; wogegen sie bei einer großen Arbeit, wenn ihrer wenige dazu verwandt werden, über die Weitläuftigkeit fast erschrecken, bei dem geringen Fortschritte, welchen sie macht, selbst muthlos werden, und auch wohl glauben, daß man des großen Umfangs wegen doch nicht bemerken werde, ob sie von der Stelle gekommen seyen. Bei solchen großen Arbeiten ist immer ein Mensch oder ein Gespann zu viel besser, als eins zu wenig.

Bei kleinern Arbeiten muß man sich dagegen hüten, daß man nicht mehrere anstelle, als dabei nöthig sind. Sie stehen sich sonst leicht im Wege, verlassen sich einer auf den andern, und glauben leicht, daß man ihre Arbeit selbst größer anschlage, als sie wirklich ist. Eine gehörige Abmessung der Kräfte, die zu jeder Arbeit erforderlich sind, ist deshalb von großer Wichtigkeit. Man lernt sie kennen, indem man den Zeit- und Kraftaufwand in einzelnen Abtheilungen oder im Ganzen wohl beachtet.

§. 154.

Vor Allem sind diejenigen größern Arbeiten vorzunehmen, und mit aller Kraft zu betreiben, deren guter Erfolg von angemessener Witterung abhängt, sobald diese Witterung da ist. Hier muß man mit jeder Minute geizig seyn. Werden sie durch eine veränderte Witterung gestört, so ist es gegen die im vorigen §. angegebene Regel, zu einer andern großen Arbeit überzugehen, wenn anders nicht besondere Gründe und vielleicht die wahrscheinliche lange Dauer der zu jener Verrichtung ungünstigen Witterung es rathsam machen. Besser ist es, in solchen Zwischenzeiten kleine Arbeiten, die immer auch nothwendig sind, vorzunehmen, deren jede bald zu vollenden ist; weil man sich's zur Regel machen muß, nicht leicht eine angefangene Arbeit unvollendet zu lassen, welches man bei größern Arbeiten würde thun müssen, wenn für die erste Arbeit die Witterung wieder günstig würde.

§. 155.

Die auf den abgelegensten Flächen nöthigen Arbeiten müssen besonders mit allen Kräften zugleich angegriffen werden, um sie schnell zu vollführen, weil die Aufsicht dabei schwierig ist, und bei den Wegen viel Zeit verloren geht. Insbesondere ist dies der Fall, wenn ein häufiger Wechsel der Werkzeuge und deren Instandsetzung dabei nöthig ist. Oeftere Abwechselung der Werkzeuge ist überhaupt möglichst zu vermeiden, und die mit jedem auszuführende Arbeit nach einander zu verrichten, auch um deswillen, weil Mensch und Vieh damit immer geschickter arbeiten, wenn sie in die Gewohnheit gekommen sind.

§. 156.

Eine nothwendige oder einmal beschlossene Arbeit wird nie vortheilhaft aufgeschoben, sobald man die dazu nöthigen Kräfte bei einander haben kann, wenn sie gleich in dem gegenwärtigen Zeitpunkte etwas theurer zu stehen kommen sollte, als man sie in einem andern zu bestreiten hoffen dürfte. Man denkt oft, es werde sich noch wohl Zeit finden, sie mit wohlfeilerem Arbeitslohn auszuführen. Allein eine Ersparniß wiegt selten den Nachtheil eines Versäumnisses auf, und was geschehen soll, wird immer je früher desto besser ausgeführt.

Es ist deshalb immer gut, einen Ueberfluß von arbeitenden Kräften zu seiner Disposition zu haben, und wenn man diesen Ueberfluß auch nicht immer mit so großem Vortheil wie die nothwendigsten gebrauchen könnte, so wird es doch dem klugen Landwirthe nicht leicht an Gelegenheit fehlen, sie zu jeder Zeit so zu gebrauchen, daß sie sich wenigstens bezahlen. Daß dieß jedoch seine Grenze habe, und daß man sich auch mit zu vielen Arbeitern und Arbeitsvieh belasten könne, versteht sich von selbst.

Es giebt Produktionen, bei denen der Werth der Arbeit den Haupttheil ausmacht. Es giebt andere, wobei zwar auch Arbeit nothwendig ist, bei welchen aber der Acker und die Düngung einen größern Antheil haben, als jene. Auf letztere muß die Arbeit vor Allem verwandt werden, weil Acker und Dünger ohne solche das Ihrige auch nicht leisten würden. Der Ueberfluß der Arbeit kann alsdann auf erstere verwandt werden, wenn sie auch nur einen geringen Ueberschuß über das, was sie kosten, geben.

Wenn man jedoch solche Produktionen unternimmt, deren Werth hauptsächlich aus der darauf verwandten Arbeit hervorgeht, so muß man vorher wohl überlegen, ob die Arbeit auch nachhaltig genug darauf verwandt werden könne, ohne sie andern Produktionen, an welchen die Kraft des Bodens größern Antheil hat, zu entziehen. Denn wenn man jene nicht vollführen könnte, so würde die erste darauf verwandte Arbeit ganz verloren seyn.

Deshalb hat der sonst so vortheilhafte Bau mancher Gewächse, die viele Arbeit erfordern, seine Bedenklichkeiten, insbesondere wenn diese Arbeit mit jenen wichtigern Arbeiten zusammentreffen könnte. Und da sich dies bei dem Bau einer großen Mannigfaltigkeit von Gewächsen nicht leicht berechnen läßt, so muß man solchen nicht unternehmen, wenn man nicht gewiß ist, zu jeder Zeit eine völlig dazu hinreichende Menge von Arbeitern und genugsame Aufsicht zu haben.

Aus dieser Ursache ist auch die von Manchen angegebene Regel, daß ein Landwirth baare Ausgaben auf alle Weise vermeiden und Alles zu eigenem Bedarf selbst erzielen soll, selten zu befolgen; wozu auch noch dieses kommt, daß man nicht berechnen kann, ob man den ungewissen Ertrag der Produktionen völlig benutzen werde, der Verkauf derselben auf dem platten Lande aber mehrentheils sehr ungewiß ist, und die kleine Quantität dennoch eine weitere Versendung nicht verlohnt.

§. 157.

Uebrigens ist aber die Beachtung auch der kleinen Arbeiten von großer Wichtigkeit, weil sonst zusammengenommen dabei viele Zeit verschwendet wird. Müssen sie zu einer bestimmten Zeit und bei einer gewissen Witterung vorgenommen werden, so darf man sie nie aus dem Gedächtnisse verlieren, und muß sorgen, in diesem Zeitpunkte Arbeiter dafür zur Hand zu haben. Sind sie aber aufschieblich und zu jeder Zeit und Witterung ausführbar, so muß man die Zeit wohl wahrnehmen, wo man die Arbeiter zu größern Geschäften nicht benutzen kann.

§. 158.

In wie fern Theilnng der Arbeit auch in der Landwirthschaft vortheilhaft anzuwenden.

Diejenige vielfache Trennung oder Theilung der Arbeit, welche in den Fabriken zur Ersparung der Zeit und der Kräfte und zur Uebung der Arbeiter von so erstaunlichem Nutzen ist, kann in dem Grade bei der Landwirthschaft nicht angewandt werden. Indessen lassen sich doch auch hier bei manchen Arbeiten besondere Arbeiter zu einzelnen Theilen des Geschäfts anstellen, so daß ein jeder mit besondern Werkzeugen und Handgriffen einen Theil der Arbeit, ein anderer den andern Theil verrichtet. Der ersparte Uebergang von einem Werkzeuge zum andern und die größere Uebung in einem Handgriffe gegen die Verwechselung derselben, welche besonders bei steifen Leuten sehr in Betracht kommt, macht einen erheblichen Unterschied nicht bloß in Ansehung des Zeitaufwandes, sondern auch in Ansehung der Güte, worin jeder Theil der Arbeit gemacht wird. Allein es kommt sehr darauf an, daß die verschiedenen Theile der Arbeiten gehörig ineinander greifen, daß ein jeder Arbeiter genug und nicht zu viel zu thun habe, und einer nicht auf den andern zu warten brauche, weshalb man die Arbeit und die Arbeiter genau kennen, und Kräfte und Zeit gehörig abzuwägen wissen muß. Trifft Alles gut zu, und ist die Sache einmal in gehörigen Gang gebracht, so wird oft der Wetteifer unter den Arbeitern dadurch erregt. Ist dies aber nicht, so kann die Unthätigkeit dadurch nur befördert werden, indem jeder die seinige darauf schiebt, daß er auf den andern habe warten müssen. Auch haben die Arbeiter Vorwand, es einer auf den andern zu schieben, wenn die Arbeit schlechter gemacht worden.

Beispiele: Sammeln und Binden der Früchte, das Pflanzen, Kartoffelausheben u. s. w.

Auch findet bei größeren Wirthschaften Theilung der Arbeit in so fern statt, daß ein Theil der Menschen mit dem Gespann, mit Ochsen oder mit Pferden, ein anderer mit der Hand, und zwar manchmal nur besondere Arbeiten zu jeder Jahreszeit verrichtet. Nur kann wegen der Veränderlichkeit der Arbeit selten einer das ganze Jahr hindurch bei derselben Arbeit angestellt bleiben. Und hierdurch erhalten größere Wirthschaften allerdings einen Vorzug vor kleineren, und verlieren nur dadurch wieder, daß jeder minder angestrengt arbeitet, als in manchen kleinen.

Manche Arbeiten können durch schwächere Personen, Weiber und Kinder, eben so gut vollführt werden, wie durch stärkere, und kosten durch erstere so viel weniger. Es kommt also viel darauf an, die durch stärkere und schwächere Personen zu verrichtenden Arbeiten so zu vertheilen, daß man jeden durch das ganze Jahr mit Arbeiten beschäftige, die für ihn geeignet sind, und Männer nicht zu Arbeiten, die auch Weiber verrichten können, zu brauchen genöthiget werde.

§. 159.

Landwirthschafts-Kalender.

Man hat sogenannte Landwirthschafts-Kalender, worin die Verrichtungen von Monat zu Monat oder gar von Woche zu Woche nach ihrer angeblichen Folge verzeichnet sind. Manche setzen darauf einen großen Werth, und es werden deshalb noch immer neue verfertigt. Ich halte sie für ganz untauglich und verleitend für Anfänger. Der günstigste Zeitpunkt zur Verrichtung der Arbeiten differirt in demselben Klima, in verschiedenen Jahren, oft um mehr als einen Monat. Die Verspätung oder Beschleunigung einer Verrichtung verspätet oder beschleunigt die vieler andern, oder auch umgekehrt, indem man das Eine früher thun muß, wenn man das Andere erst später thun kann. Auch hat eine jede Wirthschaft nach ihrer besondern Einrichtung ihren eigenen Gang, welcher sich nur in individuellen Fällen für eine jede besonders berechnen läßt. Wer in einem solchen Kalender erst nachsuchen muß, was er zu thun habe, wird Alles zur Unzeit thun.

Arbeits-Voranschlag.

Dagegen ist es höchst nützlich, daß sich ein jeder Landwirth in jedem Jahre einen Voranschlag aller Verrichtungen, die in einem gewissen Zeitraume vorgenommen werden müssen, mache, und darin die Arbeiten nach ihrer mehrern und mindern Wichtigkeit und mit den vorangegebenen Rücksichten verzeichne, und dabei nicht bloß auf die großen Arbeiten, deren er sich von selbst wohl erinnern wird, sondern besonders auf die kleinern, die dem Gedächtnisse so leicht entfallen können, Rücksicht nehme, es sey nun, daß diese eine genaue Wahrnehmung der Zeit und Witterung erfordern, oder aber immer einzuschieben seyen, wenn jene Zeit und Kräfte übrig lassen. Danach wird man dann voraus berechnen können, ob vielleicht mehrere arbeitende Kräfte mit Vortheil herbeizuschaffen sind, oder ob man, wenn dieses nicht thunlich ist, einige Verrichtungen, und welche, unterlassen müsse.

Arbeit des Gespanns.

Pferde und Ochsen.

§. 160.

Da die Zahl und die Art der zu haltenden Leute sich größtentheils nach dem Gespanne richten muß, so werden zuvörderst die Verhältnisse des letztern auszumitteln seyn.

Das Gespann besteht in der Regel aus Pferden und Ochsen. Der Gebrauch der Esel und Maulthiere kommt zu selten vor, um deren hier zu erwähnen. Die Anspannung der Kühe findet zwar in einigen Gegenden in kleinen Wirthschaften Statt, wo sie nicht unzweckmäßig zu seyn scheint, hat auch wohl als Nothhülfe zuweilen angewandt werden müssen, ist indessen im Ganzen außer der Regel.

§. 161.

Streit über den Vorzug der Pferde oder der Ochsen.

Ueber den Vorzug der Pferde oder Ochsen ist oft und lange Streit geführt worden, aber mit zu einseitiger Ansicht von beiden Theilen und zuweilen mit zu großer Animosität, weshalb er denn auch nicht beigelegt und die Sache zu einem sichern Resultat gebracht werden konnte.

§. 162.

Vortheile der Pferde.

Einen unverkennbaren Vorzug haben die Pferde in folgenden Stücken:

Sie passen sich zu aller und jeder landwirthschaftlichen Arbeit, auf allen Wegen und bei jeder Witterung. Man hat daher, wo lauter

Pferde gehalten werden, nicht nöthig, die Arbeiten für sie auszuwählen, sondern man braucht sein ganzes Gespann zu jedem vorfallenden Geschäfte und läßt keinen Theil desselben stillstehn.

Sie verrichten jede Arbeit schneller, und sind zugleich dabei ausdauernd. Man kann daher nicht nur die Arbeiten in derselben Zeit geschwinder mit ihnen vollführen, sondern auch längere Tagesarbeiten von ihnen fordern. Es verrichten daher auch die Führer mit einer gleichen Anzahl Pferde mehr als mit Ochsen.

Wenn sie gleich bei dem gewöhnlichen Zuge einer Last nicht mehrere Kraft als Ochsen äußern, so überwinden sie doch, mittelst der Schnelligkeit ihrer Bewegung und Energie, manchen kurzen Widerstand, wovor die Ochsen stehen bleiben.

§. 163.

Vortheile der Ochsen.

Für die Ochsen spricht dagegen folgendes:

Sie verrichten den größern Theil der landwirthschaftlichen Arbeit, das Pflügen und die nahen Fuhren eben so gut, wie die Pferde, und man kann in einer gewöhnlichen Tagearbeit, wenn sie gut genährt werden, beinahe eben so viel von ihnen erwarten. Die Pflugarbeit machen sie gewissermaßen besser als die Pferde.

Die Kosten derselben sind beträchtlich geringer. Ihr Ankauf kommt im Durchschnitt bei weitem nicht so hoch; ihr Anspannungsgeschirr ist weit wohlfeiler, und ihre Nahrungsmittel kosten ungleich weniger, und bestehen in solchen Dingen, die des Transports wegen nicht so leicht verkäuflich sind, wie das Korn, welches die Pferde erhalten.

Was aber eine Hauptrücksicht ist: sie vermindern sich, wenn sie gut gepflegt und nicht gar zu lange beibehalten werden, in ihrem Werthe nicht gleich den Pferden, sondern verbessern sich mehrentheils, so daß sie oft theurer verkauft als eingekauft werden, und das in ihnen steckende Kapital dadurch fast verzinsen; wogegen der Werth des Pferdes endlich fast zu Null herabsinkt und das Kapital somit ganz aufgezehrt ist. Auch sind sie in der Regel minderen Gefahren und Zufällen ausgesetzt.

Sie erfordern weniger Wartung, indem ein Ochsenhirte 30 Stück Ochsen besorgen kann, wenn andere wechselnd damit arbeiten.

Endlich geben sie eine größere Quantität Mist, der im Allgemeinen einen zuträglichern Dünger, als der der Pferde abgiebt.

Es versteht sich, daß bei dieser Vergleichung solche Pferde und Ochsen gegen einander gestellt werden müssen, deren Verhältniß in Ansehung ihrer Beschaffen heit und ihrer Verpflegung nicht ungleich ist, und die beiderseits so beschaffen sind, wie sie es nach den Regeln einer guten Wirthschaft seyn müssen.

§. 164.

Wodurch der Vorzug der einen vor den andern in verschiedenen Wirthschaften bedingt werde.

Es hat demnach keinen Zweifel, und wird aus der Folge noch deutlicher erhellen, daß diejenige Arbeit, welche mit Ochsen zweckmäßig verrichtet werden kann, durch selbige wohlfeiler beschafft wird, als wenn sie mit Pferden geschähe. Hätte also eine Wirthschaft nur solche Arbeiten, die mit Ochsen bequem und ohne Aufenthalt verrichtet werden könnten, so würde sie nur Ochsen halten dürfen. Das Eggen allein, welches durch Pferde freilich besser geschieht, würde meines Erachtens noch kein Grund seyn, Pferde zu halten. Allein es fallen in den meisten Wirthschaften Arbeiten vor, zu welchen die Ochsen weniger geschickt sind, und welche, mit selbigen verrichtet, wenigstens viele Zeit wegnehmen würden. Deshalb wird man sich bewogen finden, nach der Quantität dieser Arbeiten mehrere oder wenigere Pferde zu halten, und danach dann die Zahl der Ochsen zu beschränken. Den Pferdestand auf diese Arbeiten, die auch nicht immer vorgenommen werden können, genau zu berechnen, wird selten möglich seyn, weshalb sie denn zuweilen auch zu solchen Arbeiten, die durch Ochsen wohlfeiler geschehen könnten, genommen werden müssen. Indessen ist es doch von großer Wichtigkeit, das gerechte Verhältniß beider so genau als möglich auszumitteln, welches aber nur in jeder individuellen Wirthschaft geschehen, und wozu hier nur die allgemeinen Gründe angegeben werden können. Ja es giebt allerdings Wirthschaften, deren besondere Verhältnisse, merkantilische und geographische Lage, es rathsam und vortheilhaft machen können, lauter Pferde und gar keine Ochsen zu halten, weil der Arbeiten, die mit letztern beschafft werden können, zu wenige sind, um eine doppelte Vorsorge, die Haltung eines Ochsenwärters u. s. w., zu verlohnen.

Man führt in manchen Gegenden zwar die Schwierigkeit gegen die Ochsen an, daß es so schwer, ja fast unmöglich sey, Knechte, die mit Ochsen gut arbeiten, zu erhalten. Der Fall scheint mir aber nur da einzutreten, wo man auf die Ansetzung von Tagelöhnern nicht Bedacht genommen hat; denn solche pflegen doch lieber mit Ochsen als mit der Hand zu arbeiten, wogegen unverheirathete, übrigens gute Knechte an manchen Orten nur bei Pferden dienen wollen.

Wenn jedoch nach neuern Versuchen eine andere Fütterung der Pferde, als mit Korn, und die dem Landwirthe in der Regel viel geringer zu stehen kommt, eingeführt werden kann, so würde die Sache zwischen Ochsen und Pferden vielleicht anders zu stehen kommen. Es versteht sich aber, daß die Pferde dabei in derselben vollen Kraft wie beim Korne bleiben müssen. Denn bei derjenigen schlechten Haltung, welche man den Gras- und Spreupferden mehrentheils angedeihen läßt, stehen diese Pferde den Ochsen offenbar weit nach, und es ist ein großer Verlust für das allgemeine Beste gewesen, daß der Bauer in manchen Gegenden gezwungen war, solche elende Pferde zu der Frohne, zum Vorspann und zu Kriegsfuhren zu halten.

§. 165.
Wechsel-Ochsen-Gespann.

Wenn man mit Ochsen dieselbe Tagesarbeit, wie mit Pferden, ohne mehrere Menschen verrichten will, so muß man die bekannte Einrichtung mit Doppel- oder Wechselgespann treffen. Sie besteht darin, daß jeder Ochse nur eine Zeit des Tages arbeitet, dann aber von einem andern abgelöst wird und ruht. Diese Wechselung geschieht zwei- oder dreimal des Tages. Selten und nur bei elenden Ochsen wird indessen ein dreifaches Gespann gehalten, sondern wenn dreimal gewechselt wird, so kommt derselbe Ochse, welcher des Morgens früh angespannt, dann aber abgelöst war, in der letzten Tagesperiode wieder daran; am folgenden Tage wird er dagegen nur einmal angespannt.

Ein solches Wechselgespann von vier Ochsen kann bei solchen Arbeiten, die überhaupt für Ochsen geeignet sind, etwas mehr ausrichten, als zwei Pferde, wenn anders der Treiber, der nicht gewechselt wird, sondern dem man die Ochsen in der Regel durch den Hirten oder einen Jungen zuführen läßt, die gehörige Ausdauer hat. Es ist zwar gewiß, daß eine gleiche Anzahl Ochsen, die nicht wechseln, sondern nur des Mittags eine Pause machen, mehr ausrichten können als bei dieser Wechseleinrichtung geschieht. Sie müssen jedoch besser genährt und gehalten werden, und werden dennoch auf die Dauer, wenn ihre Arbeit täglich fortgehen soll, zu stark angegriffen. So viele Arbeit thun zwei fortarbeitende Ochsen aber auf keinen Fall, wie vier wechselnde Ochsen, und folglich thut auch ihr Treiber weniger. Man kann das Verhältniß der Arbeit eines Wechselochsens gegen die eines fortarbeitenden wie 3 zu 4 annehmen. Dieses wird wenigstens zum Theil durch die mehrere Arbeit des Wechselochsentreibers kompensirt. Auch ist anzunehmen, daß man auf sechs fortarbeitende Ochsen einen überzähligen halten müsse. Deshalb findet man sich da, wo man die Thätigkeit der Wechselgespanne kennt, bewogen, nicht davon abzugehen. Wenn jedoch in den kurzen Wintertagen die Arbeitszeit überhaupt kurz ist, so kann man die Wechselgespanne trennen und sie ganz durcharbeiten lassen.

§. 166.

Winterarbeit der Ochsen.

Es ist ein sehr gewöhnliches, aber gewiß sehr unrichtiges Vorurtheil, daß man die Ochsen im Winter nicht gebrauchen, sondern sie ganz ruhen lassen müsse, dabei aber nur sehr schlecht füttern dürfe. Es fallen in einer wohleingerichteten Wirthschaft auch im Winter, wenn die Wege leidlich sind, Arbeiten genug vor, die mit Ochsen gut verrichtet werden können. Der Ochse ist keinesweges empfindlicher gegen die Kälte, als das Pferd, vielmehr im Winter, wenn er gut gefüttert worden, sehr munter. Gegen das Ausgleiten auf dem Froste können sie durch einen leichten Beschlag geschützt werden. Der mäßig fortarbeitende Ochse wird bei guter Fütterung gelenkiger und thätiger bleiben, als wenn er den ganzen Winter hindurch kein Bein gerührt hat.

Indessen fallen doch mehrere Tage, wo sie wegen des Regens und der schlechten Wege nicht arbeiten können, bei den Ochsen aus, als bei den Pferden, und wenn man bei großer Thätigkeit für die letztern 300 Arbeitstage im Jahre annimmt (wobei man jedoch auf zwölf Pferde ein überzähliges haben muß), so kann man auf die Ochsen im Wechsel nur 250 annehmen.

Aus diesen Datis und der nachfolgenden Berechnung der Kosten der Pferde und Ochsen wird man in jedem gegebenen Falle leicht ausmitteln können, ob mehr Pferde oder Ochsen, oder nur eins von beiden zu halten rathsamer sey.

§. 167.

Auswahl und Anschaffung der Pferde.

In Ansehung der Ackerpferde haben manche Landwirthe den Grundsatz, beim Einkauf derselben nur auf Wohlfeilheit zu sehen, und sich nicht darum zu kümmern, wenn sie bald unbrauchbar werden. Man verliere, sagen sie, durch die jährliche Benutzung und das Altern der Pferde doch immer, und um so mehr, je besser und theurer sie seyen. Beim häufigen Kauf und Verkauf schlechter Pferde könne man kaum so viel verlieren, man erspare das größere Kapital, und leide weniger bei Unglücksfällen. Sie kaufen daher gern Pferde, die abgetrieben und zu ihrem vorherigen Gebrauch nicht mehr tüchtig sind, den Pflug und die Egge aber noch wohl ziehen können, und berufen sich auf Fälle, wo solche Thiere bei langsamerer Arbeit und gutem Futter sich wieder erholt haben, und dann zu einem höheren Preise, als sie kosteten, verkauft wurden. Wenn man auf die Pferdehaltung allein zu sehen hätte, so würde dieses Verfahren unter manchen Verhältnissen nicht unrichtig seyn. Allein man kann sich bei den fortgehenden landwirthschaftlichen Arbeiten auf solche Pferde nie verlassen. Sie sind häufigen Zufällen von entstandener Kränklichkeit unterworfen; man ist ungewiß, wie viele Arbeit man ihnen zutrauen dürfe, und ein solches zusammengebrachtes Gespann ist nicht in gleichem Athem, Zuge und Takte, weshalb denn eine regulaire und sichere Wirthschaft bei solchen Gespannen — es sey denn, daß man viele überzählige halte — nicht bestehen kann. Wenn man aber wegen der Kräfte, die man besitzt, unsicher ist, so fällt alle Berechnung und Kontrole der Arbeit weg, und oft bringen ein Paar Pferde, die zu einer geschäftsvollen Zeit unbrauchbar werden und nicht gleich wieder ersetzt werden können, einen Schaden, der jenen Vortheil bei weitem überwiegt. Die Unbrauchbarkeit des einen stört im Gebrauche mehrere andere. Deshalb können meines Erachtens solche abgetriebene Pferde nur als Nebengespanne, die auf eine Zeitlang zu Meliorationen oder Bauten bestimmt sind, vortheilhaft angekauft werden.

§. 168.

Eigenschaften eines guten Ackerpferdes.

Die Hauptgespanne müssen aus gleichartigen, gedrungenen, kurzgerippten oder kurzgepackten, in der Brust und im Kreuze breiten, nicht dickknochigen, aber starksehnigen Pferden bestehen, die nicht hitzig, aber munter und ausdauernd seyn müssen, mit einem gut gefesselten, hart gehuften Fuße. Nur auf sehr schwerem Boden bedarf es großer schwerer Pferde, die, wenn sie in Kraft bleiben sollen, mit besonderer Sorgfalt gewartet und stark gefüttert werden müssen. Zu Ackerpferden paßt sich ein hartes Pferd mehr, was auch zu Zeiten bei schlechter Wartung und unordentlicher Fütterung in Kraft bleibt.

Ein solcher Schlag von Pferden, der vormals einigen deutschen Provinzen eigen war, ist selten mehr zu haben, indem er bei dem geringern Landmann durch Mangel an Sorgfalt und zu frühen Gebrauch verkrüppelt, auf den größern Gütern aber durch manche in dieser Hinsicht unzweckmäßige Durchkreuzungen verhalbedelt, für den Ackerbau aber verschlechtert ist.

Denn wer von größern Landwirthen nicht veredelte Pferde zum theueren Verkauf aufziehen wollte, hat sich der Pferdezucht, behufs des Ackerbaues, fast ganz entschlagen, in der Ueberzeugung, daß man solche Pferde immer wohlfeiler kaufen, als selbst aufziehen könnte.

Vorzüge der selbst aufgezogenen Pferde.

Wer indessen einen Schlag thätiger, kraftvoller, gut proportionirter und harter Pferoe kennt, wird den Vorzug, solche Pferde beim Ackerbau zu gebrauchen, weit über das anschlagen, was sie etwa mehr, als zusammengekaufte Pferde, kosten möchten. Ein selbst aufgezogenes, in seiner Natur gleiches, nicht sowohl in der Farbe, als in der Kraft und in den Verhältnissen des Körpers übereinstimmendes Gespann giebt eine Zuverlässigkeit im Gebrauche desselben, die man bei einem einzeln zusammengekauften, ungleichen Gespann von verschiedener Natur und Aufzucht durchaus nicht haben kann. Wohlfeilere Pferde, besonders solche, die schon in den Händen der Roßhändler gewesen sind, pflegen gewöhnlich in der Jugend schon übertrieben und dann mit starker Fütterung aufgeholfen zu seyn, wodurch sich eine Anlage zu Krankheiten in ihnen entsponnen hat. Die Pferde bekommen von dieser innern Schwäche häufige Zufälle, und man weiß dann nicht, ob man es einer Vernachlässigung in der Wartung oder der schwachen Konstitution Schuld geben soll. Ungleichartige Pferde in einem Gespann, deren Zusammenbringung man beim Ankaufe selten wird vermeiden können, reiben sich eins das andere auf, das träge das hitzige, und dieses jenes.

Rücksichten bei der Aufzucht für den Landwirth.

In der That aber ist, wie an einem andern Orte gezeigt werden wird, die Aufzucht der Pferde bei den meisten Wirthschaftsorganisationen so schwierig und so kostbar nicht, wie sie Einige berechnen. Wenn die Stuten zu rechter Zeit bedeckt werden, so wird ihr Gebrauch dadurch wenig verhindert, und die Zeit des Füllens und des ersten Säugens fällt in eine Periode, wo man ihnen einige Ruhe gönnen kann, und weiter dürfen sie nicht geschont werden. Man suche dann aber vor Allem einen recht zweckmäßigen Schlag zu bekommen, und verbessere denselben dann nur in und durch sich selbst, ohne sich zu heterogenen Durchkreuzungen verleiten zu lassen. Wenige haben der Versuchung widerstanden, ihren völlig angemessenen Pferdeschlag durch Zulassang schöner Hengste verfeinern zu wollen. Es ist aber ein höchst seltener Fall, daß aus solchen Durchkreuzungen in der ersten Generation etwas Ausgezeichnetes entstanden, und noch seltener, daß man einen solchen entstandenen Schlag festgehalten, und nicht durch das eine oder andere Extrem in gewisser Hinsicht wieder verdorben habe. Jedoch giebt es noch Ueberbleibsel einer, mit großer Ueberlegung und Kenntnissen eingerichteten Pferdezucht, welche, bei guter Behandlung in der Jugend, Pferde liefert, die sowohl zu schweren und ausdauernden Arbeiten, als zum schnellen Zuge und zum Gebrauch der Kavallerie gleich geschickt und dauerhaft sind, und dies ist derjenige Schlag, der für den Landwirth paßt. Die eigentlich auf den Verkauf berechnete Pferdezüchterei oder die Anlegung von Stutereien kann dagegen nur unter besonderen Lokalitäten, bei vorzüglichen Kenntnissen der Sache, bei richtiger Spekulation und Anlegung eines großen Kapitals vortheilhaft werden. Viele haben beträchtliche Aufopferungen dabei gemacht, ohne einen der Erwartung entsprechenden Erfolg.

§. 169.

Ankauf von Füllen.

Einige, von den Mißlichkeiten des Pferdeankaufs überzeugt, aber dennoch gegen eigene Zucht eingenommen, rathen, abgesetzte Füllen oder jährige zu kaufen, und diese dann aufzuziehen. Aber wenn man einmal einen guten Hengst und ein gutes Gespann von Zuchtstuten, die von jenem bedeckt werden, hat, so kosten die Füllen selbst am wenigsten, und jenes Verfahren scheint mir nur dann rathsam, wenn man Gelegenheit hat, die Füllen aus einer Gegend unmittelbar zu bekommen, wo ein gleichartiger, fester und guter Schlag existirt, ohne sich mit Roßtäuschern abzugeben. Hier aber pflegen die Füllen sehr theuer zu seyn.

Ein häufiger Umsatz mit jungen Pferden, wozu man die Füllen aus einer die Pferdezucht stark treibenden Gegend in gleichhaarigen Gespannen zusammenkauft, sie dann bei mäßiger Arbeit bis zum fünften oder sechsten Jahre behält, und dann als Luxuspferde wieder verkauft, kann dem kleinern Landwirthe, unter gewissen Verhältnissen, vortheilhaft seyn, paßt aber nur selten für den großen. Bei eigener Aufzucht jedoch wird er oft ein schönes Kutschgespann davon erübrigen und mit Vortheil verkaufen können.

§. 170.
Eigenschaften eines guten Zugochsen.

Auch bei den Ochsen macht die Race, die Größe und der Bau derselben einen großen Unterschied zu ihrem Gebrauch. Man hat gewisse Racen, bei denen sich Kraft und Munterkeit mit einer gehörigen Proportion des Gerippes fortpflanzen, und Zugochsen aus gewissen Gegenden stehen auch in Deutschland in besonderem Rufe. Doch fehlt es uns noch an so genauen Vergleichungen und Bemerkungen, wie die Engländer über ihre Hauptracen gemacht haben.

Im äußern Gebäude unterscheidet sich ein guter Zugochse nicht sowohl durch seine Höhe und Länge, als durch einen breiten Bau, einen starken Hals und Nacken, breite Brust, hohe Wölbung des Gerippes und vorzüglich beträchtliche Breite in den Hintertheilen. Der ganze Rücken muß platt und breit seyn. Beine und Füße müssen gesund und gelenkig, nicht steif und schleppend seyn. Er darf sich so wenig wie ein Pferd hinten mit den Hespen streifen, welches bei schmalen und hochbeinigen Ochsen leicht der Fall ist. Er muß ein munteres Ansehen haben und mit dem Auge rückwärts blicken, aber nicht scheu und unbändig seyn. Große und reine glatte Hörner dienen nicht bloß zur Befestigung gewisser Zuggeschirre und der Leitseile, sondern sind auch ein Merkmal von Gesundheit und Kraft. Hängende große Ohren, ein besonders großer Kopf und ein ungewöhnlich starker Hängelappen vor der Brust zeigen nach den Bemerkungen der Engländer oft eine Schwäche der übrigen Theile an, obwohl Andere sie für ein gutes Zeichen halten. Das Höhenmaaß des Ochsen vom Vorderfuße bis zum Wiederriß, worauf Viele allein achten, giebt eine sehr unzuverlässige Schätzung derselben ab.

§. 171.
Aufzucht der Ochsen.

Im fünften Jahre können junge Stiere angespannt, müssen aber vor dem siebenten Jahre nicht angestrengt werden, wenn sie völlig zu Kräften kommen und ausdauernd werden sollen. Die Meisten haben die Meinung, daß man einen Ochsen nicht über zehn Jahre alt werden lassen müsse, weil er sonst zum Mästen nicht tauglich und nicht verkäuflich seyn würde. Gesetzt, er verlöre auch etwas an seiner Mastfähigkeit und Güte des Fleisches — was denn doch gegen meine und Anderer Erfahrung ist, indem ich dreizehnjährige, aber wohl ausgemästete Ochsen von ungemein gutem Fleische gehabt habe, — so ist doch die Arbeit eines gut eingefahrnen und starken Zugochsen es werth, ihn länger beizubehalten. Sie bekommen erst ihre volle Stärke und Ausdauer im neunten Jahre und arbeiten bis zum sechszehnten, wenn sie in der Jugend nicht zu früh angegriffen werden, mit voller Kraft.

Von großer Erheblichkeit ist eine gute, geduldige Abrichtung der Ochsen, indem man sie allmählig an das Geschirr und an den Zug gewöhnt, ihnen immer eine größere Last zu ziehen giebt, und ihnen zugleich einen raschen Schritt durch Wetteifer mit einem andern, schnell gehenden Ochsen angewöhnt. Es kommt hierauf bei der Brauchbarkeit der Ochsen sehr viel an. Deshalb ist es wichtig, vernünftige Menschen bei den Ochsen zu haben, die sie weder träge werden lassen, noch übertreiben und überhitzen, und es liegt mehrentheils nur daran, wenn man mit den Ochsen wenig ausrichtet.

Würde alle die Sorgfalt auf die Zucht, Wartung und Abrichtung der Ochsen verwandt, die man auf Pferde verwendet, so würde man ihre Vollkommenheit sehr hoch treiben können. Aber das geschieht, der Verachtung wegen, die man gegen sie hat, nur an wenigen Orten, worüber der Dichter von Thümmel, dem sie auf seiner Rückreise von Carlsbad aushalfen, seine wackern Hornträger mit den Worten tröstet:

— — — denn eure stolzen Fresser
Bestimmen unter sich den Rang nicht besser.

§. 172.

Kosten der Pferde.

In Ansehung der Unterhaltungskosten der Pferde kommt Folgendes in Betracht: Das gewöhnlichste Körnerfutter derselben ist der Hafer, und Manche halten ihnen diesen ausschließlich nur für zuträglich. Allein es ist gewiß, daß ihnen jedes andere Getreide, im Verhältniß seiner Nährungsfähigkeit auf die gehörige Weise gegeben, eben so nützlich und gesund sey. Auch die Hülsenfrüchte, Erbsen, Bohnen und Wicken, sind der Natur der Pferde ungemein angemessen, und übertreffen ihrer vorzüglichen Nährungsfähigkeit wegen wohl noch die Getreidearten. Das vortheilhafteste Pferdefutter ist also dasjenige, welches nach Verhältniß seiner Nährungskraft zu jeder Zeit das wohlfeilste ist. Sie stehen, wie an einem andern Orte ausführlicher gezeigt werden wird, in folgenden Verhältnissen:

Hafer	=	5.
Gerste	=	7.
Roggen	=	9.
Weizen	=	12.
Hülsenfrüchte	=	10 bis 11.

Neben den Körnern erhalten die Pferde in der Regel Heu, welches allerdings Nahrhaftigkeit besitzt, und geschnittenes Stroh, welches nur zur Beförderung des Kauens und Ausfüllung des Magens, aber wenn es kräuterlos ist, wohl wenig zur eigentlichen Nahrung dient.

Je nachdem die Quantität des Heues vermehrt wird, kann die der Körner vermindert werden, und umgekehrt. Bei schneller und starker Arbeit ist eine Vermehrung des Kornfutters gegen das Heu, bei langsamer, aber ausdauernder Arbeit Vermehrung des Heues, der Erfahrung nach, vortheilhafter. Im Ganzen macht Korn die Pferde kräftiger, das Heu aber fleischiger.

§. 173.

Ein mittelmäßiges, gehörig arbeitendes Pferd bedarf im Durchschnitt durchs ganze Jahr täglich 10 Pfund oder 3 Metzen guten Hafers, und man muß diesen jährlich, da zuweilen doch eine Vermehrung des Futters vorfällt, auf 70 Scheffel rechnen.

Hierneben erfordert es täglich 10 Pfd. Heu, um in gehöriger Kraft bei ausdauernder Arbeit erhalten zu werden. Ferner wird ihm Strohhäcksel zwischen das Korn gegeben, welches man vermehrt oder vermindert, je nachdem man weniger oder mehr Heu giebt.

Die jährliche Futterung eines Pferdes kostet also:

70 Scheffel Hafer	à 5 #	= 350 #	
33 Centner Heu	à 3 =	= 99 =	
			449 #

Dazu kommen ferner zu berechnen:

die Zinsen des Ankaufkapitals	24 #	
jährliche Abnutzung . . .	48 =	
halber Hufbeschlag	14 =	
		86 #
Ueberhaupt also . . .		535 #

Das Stroh wird gegen den Mist gerechnet.

Nehmen wir den Werth eines Scheffels Roggen zu 1½ Rthlr. an, so ist ein # gleich 4 Gr., und ein Pferd kostete dann 89 Rthlr. 4 Gr. jährlich.

Die gewöhnliche wohlfeile Unterhaltung der Pferde, wo sie im Sommer auf die Weide getrieben, im Winter aber außer dem Heue nur mit Spreu oder Kaff und Ueberkehr erhalten werden, und dann in den strengen Arbeitszeiten nur etwas Korn oder Garbenhäcksel erhalten, läßt sich nicht wohl berechnen, und findet mit dem Hauptgespann in keiner energischen Wirthschaft Statt. Ein Nebengespann auf diese Weise zu erhalten, welches gewöhnlich nur leichtere Arbeiten thut, haben Einige nach ihrer Lokalität vortheilhaft erachtet.

Allein es hat nun keinen Zweifel mehr, daß auch Pferde in voller Kraft ohne alles Korn durch solche Fütterungsmittel, die dem Landwirthe weit weniger kosten, erhalten werden können: im Sommer mit grünem Klee, Wicken u. dergl., im Winter mit Kartoffeln, Möhren und verschiedenen andern nahrhaften Wurzelgewächsen. Wenn gleich davon eine so große Quantität gegeben werden muß, daß nach dem städtischen Preise der letztern kein Vortheil dabei zu seyn scheint, so kommen sie doch dem Landwirthe gegen das Getreide viel wohlfeiler zu stehen, und werden wegen der größern Schwierigkeit des Verfahrens vortheilhafter auf dem Hofe konsumirt. Die Gedeihlichkeit dieser Fütterungsart ist durch große Versuche außer allem Zweifel gesetzt, und nach ihrer Einführung wird die Sache zwischen Ochsen und Pferden vielleicht ein anderes Ansehn bekommen. Die Methode dieser Fütterung wird an ihrem Orte auseinandergesetzt werden.

§. 174.

Kosten der Ochsen.

Die Fütterung der Ochsen wird in ihrer Qualität und Quantität sehr verschieden eingerichtet. In den gewöhnlichen Wirthschaften, wo man die Ochsen nur einen Theil des Jahres gebraucht, und wo es überhaupt an Winterfutterung fehlt, ist diese äußerst kärglich eingerichtet. Sie erhalten in den Wintermonaten fast bloßes Stroh, und nur, wenn gegen das Frühjahr die Arbeit angehen soll, gesteht man ihnen etwas Heu zu, welches auf 12, höchstens 16 Centner auf den Kopf berechnet wird. Oft müssen sie zwar, um ihnen gegen die Arbeitszeit auf die Beine zu helfen, daneben noch etwas Körner oder Körner enthaltende Spreu haben, erholen sich aber dennoch auf der Weide erst wieder. Von dieser Haltung der Ochsen kann bei einer guten Oekonomie nicht die Rede seyn, obwohl sie in manchen Wirthschaftsanschlägen auf diese Weise angegeben, ihre Arbeit dann aber auch sehr geringe berechnet wird.

Wenn Ochsen in gutem Stande erhalten werden sollen, so müssen sie an trockener Fütterung täglich 22 Pfund Heu im Durchschnitt haben, und folglich auf den Ochsen ungefähr 40 Centner berechnet werden. Erhalten sie viele Spreu und Ueberkehr, so kann man mit 30 Centnern auf den Ochsen ausreichen. Hierbei aber bleiben sie in voller Kraft, um die ihnen zukommenden Arbeiten auch den Winter hindurch zu verrichten.

In Wirthschaften, wo man so viel Heu auf die Ochsen nicht verwenden kann, wird solches durch Körner, am besten geschrotene, ersetzt. Ein Scheffel Hafer kommt einem Centner guten Heues in der Fütterung gleich, oder 1 Pfund Hafer ist gleich 2 Pfunden Heu. Giebt man ihnen also 3 Pfund Hafer täglich, so können sie 6 Pfund Heu weniger erhalten, und dabei in gleicher, vielleicht größerer Kraft bleiben.

Die vortheilhafteste Fütterung im Winter ist aber ohne Zweifel die mit Kartoffeln oder anderem nahrhaften Wurzelwerke. Bekommt ein Ochse täglich 2 Metzen Kartoffeln neben 12 Pfund Heu, so hält er sich dabei, vieler Erfahrung nach, bei vollen Kräften.

§. 175.

Im Sommer werden die Ochsen entweder auf der Weide gehalten, und man rechnet dann $1\frac{1}{2}$ gewöhnliche Landkuhweiden auf einen Ochsen. Schlägt man eine Kuhweide zu 4 Scheffeln Roggen, oder 36 # an, so kostet eine Ochsenweide 54 #.

Oder man füttert die Ochsen auf dem Stalle mit grünem Klee, Wicken oder anderem Futterkraute. Es erfordert ein stark arbeitender Ochse dann täglich im Durchschnitt $1\frac{1}{2}$ Quadratruthen rothen Klee, zu zwei Schnitten berechnet, folglich $1\frac{1}{4}$ Morgen. Wenn man einen Morgen Klee zu 36 # anschlägt, so würde dieses jährlich auf 45 # zu berechnen seyn. Was Einige, auf einen vermuthlich fehlerhaften Versuch sich stützend, gegen die Sommerstallfütterung der Ochsen mit grünem Klee eingewandt haben, verdient keine Widerlegung, da unzählige Beispiele es erwiesen haben, daß die Ochsen dabei in vollkommener Kraft und zur Arbeit geschickter bleiben, als beim Weidegang, wenn anders die Fütterung gehörig eingerichtet ist.

§. 176.

Es werden also die Kosten eines Ochsen nach der verschiedenen Fütterungsart folgendermaßen zu berechnen seyn:

a) 40 Centner Heu à 3 #	=	120 #
Sommerweide	=	54 „
	macht	174 #
b) 200 Tage Heu à 18 Pfund = $32\frac{2}{3}$ Centner à 3 #	=	90 #
— „ Hafer à 3 Pfund = $12\frac{1}{2}$ Scheffel à 5 #	=	$62\frac{1}{2}$ „
Weide	=	54 „
		$206\frac{1}{2}$ #

c) 200 Tage Heu	à 10 Pfund	= 18 Centner . .		= 54 #
— " Kartoffeln	à 22 Pfund	= 44 Scheffel à 1 #		= 44 "
Weide				= 54 "
				152 #
d) Stallfütterung.				
200 Tage Heu	à 10 Pfund	= 18 Centner . .		= 54 #
— " Kartoffeln	à 22 Pfund	= 44 Scheffel à 1 #		= 44 "
Grüner Klee				= 45 "
				143 #

Den innern Kraft- und Futterungswerth kann man ungefähr so annehmen, daß sich gleichen

110 Pfund Heu 48 Pfund oder 1 Scheffel Hafer 200 Pfund oder 2 Scheffel Kartoffeln.

Der Produktionspreis aber, auf welchen der Landwirth bei eigenem Verbrauch Rücksicht nehmen muß, steht, wie an andern Orten gezeigt worden ist, oft ganz verschieden, und davon ist wieder der Marktpreis in den meisten Fällen verschieden. Zuweilen gilt ein Scheffel Hafer mehr, zuweilen weniger als ein Centner Heu; gelten sie gleich, so wird es doch in Hinsicht des Mistes für den Landwirth immer vortheilhafter seyn, sein Heu als seinen Hafer zu verfüttern. Aus dieser Verschiedenheit des innern Werthes gegen den Produktions- und Marktpreis geht aber der Vortheil, das Eine oder das Andere zu verfüttern, hervor, und zum Theil auch der Vortheil, das eine oder das andere Vieh mehr zu halten, je nachdem es nämlich mit diesem oder jenem Futter besser ernährt werden kann.

§. 177.

Bei diesen Fütterungsarten, man wähle welche man wolle, werden sich die Ochsen in voller Arbeitskraft und Fleische dermaßen erhalten, daß sie im Werthe nicht ab- sondern zunehmen, und selbst die Zinsen des in ihnen steckenden Kapitals decken. Wenn wir indessen in Hinsicht der letztern und des Risiko auch noch 12 # jährlich dem Ochsen berechnen wollen, so wird ein Ochse bei der richtigsten Fütterungsart doch ungefähr den vierten Theil eines Pferdes kosten, und wenn man dann auch annimmt, daß vier Wechselochsen nur mit zwei Pferden gleich arbeiten, so wird doch dieselbe Arbeit, mit Ochsen verrichtet, um die Hälfte wohlfeiler als mit Pferden seyn. Jedoch muß man bemerken, daß die Ochsen bei ungünstiger Witterung auch im Wechsel nicht so viele Arbeitstage im Jahre thun können, wie die

Pferde, und sich wie 2 : 3 oder höchstens wie 5 : 6 gegen diese verhalten.

§. 178.

Kosten der Werkzeuge zur Gespannarbeit.

Bei der Gespannarbeit kommen zugleich die Werkzeuge hier mit in Betracht, womit sie verrichtet wird. Eine möglichst vollkommene, dem Lokal, dem Boden und dem Zwecke angemessene Einrichtung derselben ist zwar vorzüglich in Hinsicht der bessern Qualität der Arbeit, aber auch in Hinsicht der Ersparung des Kraftaufwandes von größerer Wichtigkeit, als man gewöhnlich glaubt. So sehr man bei den Fabriken auf die Verbesserung derselben Nachdenken und Mühe verwandt und die Arbeit dadurch unglaublich erspart hat, so wenig hat man die Ackerwerkzeuge einer Verbesserung werth geachtet, welches leider der größern Indolenz der Landwirthe und dem wenigen Sinne für mechanische Kunst, vielleicht aber auch den Aeußerungen gewisser landwirthschaftlichen Schriftsteller beigemessen werden muß.

Diese haben nämlich die möglichste Sparsamkeit bei den Ackerwerkzeugen empfohlen, sie nicht nur auf die wohlfeilste Art zu verfertigen, sondern auch möglichst wenig zu vervielfältigen angerathen. Die Erhaltung eines Pflugs, sagen sie, von der wohlfeilsten Art kostet jährlich ungefähr 5 Scheffel Roggen = 45 #. Wenn ich nun in einer Wirthschaft mit zehn Pflügen einerlei Art ausreichen konnte, und nun Pflüge von zwei- und dreierlei Art anschaffen soll, so muß ich deren wenigstens zwanzig haben, und die Pflüge werden mir, statt 50 Scheffel, 100 Scheffel Roggen jährlich kosten, welches mir durch verminderten Kraftaufwand meines Gespanns schwerlich ersetzt werden kann. Aber auch ohne Hinsicht auf die bessere Arbeit ist diese Berechnung falsch. Denn es ist weniger Abgang an den Werkzeugen, die abwechselnd, als an denen, die beständig gebraucht werden. Und wenn sie nur beim Nichtgebrauche gehörig aufbewahrt und trocken gestellt werden, so wird sich das Holzwerk besser erhalten, wenn es zu Zeiten abtrocknet, als wenn es immer im feuchten Erdboden geht, und es möchte vielleicht rathsam seyn, auch von einerlei Art von Pflügen mehrere zu haben, und sie abwechselnd zu gebrauchen. Es kann also den vervielfältigten Werkzeugen durchaus nichts weiter zur Last geschrieben werden, als die Zinsen eines höhern Anlagekapitals, und wenn nun eine Wirthschaft, die zehn Pflüge hält, zur Anschaffung besserer und vervielfältigter Werkzeuge 300 Scheffel Roggen anlegt, so kann sie sich an jährlichen vermehrten Kosten nicht mehr als die Zinsen derselben oder 15 Scheffel berechnen, die sie sehr leicht bloß durch den verminderten Kraftaufwand erspart.

§. 179.

Werden auf die Kopfzahl des Zugviehes vertheilt.

Die speziale Aufzählung, Berechnung und Beschreibung der Werkzeuge gehört nicht an diesen Ort. Wir bemerken hier nur, um die Kosten der Arbeiten völlig zu bestimmen, daß nach allgemeinen Durchschnitten die Kosten des sämmtlichen Geschirrs, worin und womit es arbeitet, auf jedes Ackerpferd jährlich zu dem Werthe von 10 Scheffeln Roggen anzuschlagen sind. Daß die Lokalität und der sehr verschiedene Preis der Holz-, Schmiede-, und Seilerarbeit, dann auch die Art des Bodens und der Wege einigen Unterschied mache, versteht sich von selbst. Bei den Ochsen hat man das Geschirr, wenn sie bloß pflügen, nur um ⅓ so hoch angeschlagen. Wenn sie aber auch zu Fuhren gebraucht werden, die sie jedoch nie so viel leisten wie Pferde, bei welchen sie auch minder zerreißen und minder kostbares Geschirr erhalten, so wird man sie für zwei Wechselochsen höchstens halb so hoch wie für ein Pferd anzuschlagen haben. Das Ledergeschirr wird bei ihnen fast ganz erspart.

§. 180.

Menschen, die mit dem Gespann arbeiten. Knechte.

Um die Data zu einem allgemeinen Ueberschlage der Gespannarbeiten zu erhalten, erwähnen wir hier gleich der Menschen, die mit ihnen arbeiten.

Es kommt hier darauf an, wie stark die Gespanne sind, auf die ein Mensch gerechnet werden muß.

Ohne Hinsicht auf diese würde es nach den Gesetzen der Mechanik und nach entscheidender Erfahrung vortheilhafter seyn, das Zugvieh möglichst zu vereinzeln. Denn es ist eine ausgemachte Wahrheit, daß bei einer nach Verhältniß leichtern Konstruktion des Fuhrwerks die Thiere um so mehr ziehen und um so länger aushalten können, je weniger zusammengespannt werden. Vier Pferde vor zwei Wagen gespannt, ziehen beträchtlich mehr, als zusammen vor einen gespannt; am meisten aber ziehen sie, wenn jedes einzeln vor einen zweirädrigen Karren von gehöriger Konstruktion gespannt ist. Nach den in England angestellten Versuchen hat sich ergeben, daß vier einzelne Pferde in

Karren acht Pferden vor einem Lastwagen gleich kamen. Es läßt sich dieses aus der Abweichung der verschiedenen Zuglinien, der Kraftanstrengung, dem nie genau zusammentreffenden Takt im Schritt und Zuge und der oft einander widerstrebenden Aeußerung der Kraft erklären. Das einzelne Pferd kann die richtige Zuglinie haben, es erhält sich immer im gleichen Zuge, strengt sich, durch die Hitze seines Nachbars zum Wetteifer verleitet oder durch dessen Unthätigkeit gezwungen, nicht übermäßig an, und erschöpft sich nicht durch gereizte Unruhe.

Hierzu aber gehört eine besondere Einrichtung des Spann- und Fuhrwerks und eine Abrichtung der Pferde, so daß sie sich durch Worte und Zeichen leiten lassen, damit ein Treiber drei, vier oder mehrere Pferde in ihren Karren leiten und in Ordnung halten könne. Und da nicht immer eine gewisse Anzahl von einspännigen Fuhrwerken zugleich gebraucht werden, so hält man auf die Pferde nur einen Futterknecht, der sie im Stalle besorgt, läßt aber im Tage- oder Stücklohn andere Menschen damit arbeiten. Auch gehören dazu gute und ebene Wege.

§. 181.

Wie stark ein Gespann einzurichten.

Wenn man nach unserer gewöhnlichen Einrichtung die Knechte, welche ein Gespann verpflegen, auch damit arbeiten läßt, so wird gewöhnlich auf vier Pferde ein Knecht gehalten. Bei strenger Arbeitszeit pflegt man ihm jedoch geschnittenen Häckfel zu liefern. In einigen Wirthschaften findet man auch zwei Knechte bei einem Viergespann, da dann der jüngste Klein- oder Jungknecht oder Enke heißt. Letzteres findet hauptsächlich da Statt, wo die Pferde mehr zum Pflügen und zweispännig als vierspännig gebraucht werden. Wo es seltener der Fall ist, daß man das Viergespann trennt, da pflegt man, wo es geschehen muß, zwei Pferde mit einem Tagelöhner arbeiten zu lassen, oder hält auch auf mehrere Gespanne einen Enken.

Die in einigen Gegenden eingeführte Einrichtung der Dreigespanne, oder auf drei Pferde einen Knecht zu halten, scheint mir unvortheilhaft und in jeder Hinsicht verwerflich. Da die Pferde in eine Reihe gespannt werden, ziehen sie, ungeachtet die Waage danach eingerichtet seyn soll, doch mehrentheils schief. Sie drängen sich untereinander, und das dritte Pferd, wozu gewöhnlich das jüngste, welches man am meisten schonen will, genommen wird, läuft an Sträucher und Bäume, oder tritt in Gräben, weshalb man findet, daß so eingefahrne Pferde ungemein scheu werden. Das die Pferde so erleichternde Halten der halben Spur fällt dabei mehrentheils weg, weshalb dann auch die Wege dadurch mehr verdorben werden; und ich finde, daß die Ladungen bei diesem Fuhrwerke wenig stärker gemacht werden, als zwei Pferde derselben Art sie auch ziehen würden. Wenn mit zwei Pferden gearbeitet werden soll, — wogegen die Knechte dann mehrentheils Einreden haben, — so kommt das dritte Pferd mit einem aus einem andern Gespanne zusammen, mit welchem es nicht eingefahren ist.

Wir nehmen also an, daß auf vier Pferde ein Knecht gehalten werde, und daß man, wenn das Gespann getheilt wird, einen Tagelöhner mit zweien arbeiten lasse.

Wenn man die sämmtlichen Kosten der eigentlichen Haushaltung — worunter ich alles das verstehe, was unter der Aufsicht der Haushälterin oder Schleusnerin zu seyn pflegt — auf die verschiedenen Personen nach möglichst richtigem Verhältnisse vertheilt, so werden die Kosten der Unterhaltung eines Knechts nach meiner und Anderer Erfahrung gleich 34 Scheffeln Roggen zu berechnen seyn. Den Lohn und was der Knecht sonst noch erhält, schlage man zu 16 Scheffeln Roggen an. Folglich kostet ein Knecht, der ein Viergespann zu führen und zu warten im Stande ist, jährlich den Werth von 50 Scheffeln Roggen.

Bei den Ochsen wird häufiger die Einrichtung getroffen, daß ein Mensch, ein Ochsenhirte, ihre Fütterung und Wartung besorge, oder sie im Sommer auf der Weide hüte. Tagelöhner verrichten aber die Arbeit damit, und bleiben beim Wechselgespann während der Pflugarbeit immer auf dem Felde, wohin ihnen die Ochsen bei jedesmaliger Wechselung von dem Hirten zugeführt werden. Die Kosten eines solchen Ochsenhirten sind auf 40 Scheffel Roggen jährlich anzuschlagen. Er kann dreißig Stück sehr gut versorgen. Indessen muß man einen solchen Menschen halten, wenn man auch weniger hat.

Ich weiß, daß man an manchen Orten die Erhaltung der Dienstboten weit geringer berechnet; aber in den meisten Fällen kommen sie so hoch.

§. 182.

Vergleich der Kosten zwischen Ochsen und Pferden.

Hiernach lassen sich dann die Kosten der Pferde- und Ochsenarbeit im Allgemeinen bestimmen, und ein Vergleich zwischen beiden anstellen.

Die Kosten eines Pferdes sind folgende:

Die Fütterung	449	#
Zinsen des Kapitals, Abnutzung, Hufbeschlag	86	=
Das sämmtliche Geschirr und Werkzeug, womit es arbeitet	90	=
Der auf vier Pferde gehaltene Knecht kostet 450, folglich auf ein Stück	112,5	=
	737,5	#

Bei 300 Arbeitstagen käme also der Arbeitstag jedes Pferdes:

2,45 #

Wenn aber in der Hälfte dieser Arbeitstage die Pferde getrennt arbeiten, so daß 450 Tage noch ein Arbeiter auf das ganze Gespann gehalten werden muß, so kommen dafür noch auf jedes Pferd 37,5 # jährlich zu berechnen, und ein Arbeitstag kostet:

2,58 #

Nach dem Durchschnitt der oben berechneten vier Fütterungsarten kostet ein **reichlich** genährter Ochse

an Fütterung	168½	#
= Risiko	12	=
= Geschirr	22½	=
= Hirtenlohn (ein Hirte à 40 Schfl. auf 30 Stück)	12	=
= Führer bei 250 Arbeitstagen	62½	=
	277½	#

Zwei Ochsen im Wechsel kosten also 555 #.

Und so kostet bei 250 Arbeitstagen die tägliche Arbeit von 2 Ochsen im Wechsel 2,2 #. Die Arbeit eines Pferdes dagegen kostet 2,58. Die Tagearbeit der Wechselochsen also weniger 0,38. Lokalitäten können diesen Unterschied leicht abändern, ihn größer oder geringer machen. Man muß wohl bemerken, daß hier stärker als gewöhnlich genährte Ochsen, aber auch mehrere Arbeitstage, als gewöhnlich bei uns, angenommen werden.

Bei allen Arbeiten aber, zu denen Ochsen eben so geschickt wie Pferde sind, wird man mit 2 Wechselochsen mehr als mit einem Pferde ausrichten. Indessen giebt es mancherlei Wirthschaftsverhältnisse, wo der Vortheil bei den Ochsen größer oder geringer ist, und manchmal sich so vermindert, daß er die beschwerlichere Vorsorge für zweierlei Vieh und den Aufenthalt, den zweierlei Gespann in der Wirthschaft macht, dadurch nicht ersetzt bekommt. Wenn z. B. eine Wirthschaft, welche durchaus zwölf Pferde halten muß, nun noch acht Ochsen benutzen könnte, so würde sie oft eben so rathsam statt derselben noch vier Pferde mehr halten; es sey denn, daß sie die Weide und die Wartung der Ochsen nur sehr geringe anschlagen dürfte.

§. 183.

Gespann-Arbeiten. Pflügen.

Die Arbeiten, welche mit dem Gespann verrichtet werden, sind hauptsächlich folgende:

1) Das Pflügen. Die Angaben sind sehr verschieden, wie viel ein Pflug täglich leisten könne. Einige nehmen nur $1\frac{1}{2}$ Morgen, andere $2\frac{1}{2}$ und sogar 3 Morgen nach ihrer Erfahrung an. Jedes ist auf Erfahrung begründet, aber man muß die Umstände erwägen, worauf es dabei ankommt. Einen Hauptunterschied macht die Breite der Streifen. Wenn ich auf einem Gewende von 30 Rheinl. Ruthen breit, sechszöllige Furchen abschneide, so habe ich 720 Furchen zu machen; halte ich aber zehnzöllige, nur 432 Furchen. Nehme ich ein solches Gewende auch zu 30 Ruthen lang an, so hat das Gespann beim Pflügen desselben im erstern Falle $10\frac{4}{5}$ geographische Meilen, im zweiten Falle aber nur $6\frac{12}{25}$ Meilen ohne die Umwendungen gemacht. Die Arbeit, welche ein Pflug in einem Tage leisten kann, steht also im umgekehrten Verhältnisse mit der Breite der Furchen, welches man sehr genau berücksichtigen muß.

Bei der gewöhnlichen Pflugart auf Mittelboden nimmt man neunzöllige Furchen. In diesem Falle hat der Pflug auf fünf Morgen einen Weg von 14,400 Ruthen oder $7\frac{1}{5}$ geographischen Meilen zu machen. Nach Verhältniß der Breite des Stücks gegen die Länge kommen die Umwendungen häufiger und stärker, oder seltener und schwächer; doch werden sie mehrentheils so angeschlagen werden können, daß man $7\frac{1}{2}$ Meilen annehmen muß. Wenn daher ein Pflug bei dieser Breite der Furchen täglich $2\frac{1}{2}$ Morgen pflügt, so geht das Zugvieh und der Mensch $3\frac{3}{4}$ Meilen, und mehr kann man bei einer täglich fortdauernden Arbeit nicht verlangen. So wie man aber schmalere Furchen zu machen sich bewogen findet, muß man weniger erwarten, und kann dagegen mehr fordern, wo breitere Streifen genommen werden.

Dann kommt die Beschaffenheit des Bodens in Betracht, ob selbiger loser oder gebundener Art sey. Auf diesen hat das Zugvieh eine weit größere Anstrengung auszuüben, welche man zuweilen durch die Stärke der Thiere, ihre reichlichere Fütterung oder die Anspannung mehrerer zu überwinden pflegt. Da jedoch in einzelnen Wirthschaften die Beschaffenheit des Bodens verschieden ist, so kann mit der Bespannung darauf nicht immer Rücksicht genommen werden, und man muß sich dann auf schwerem Boden mit einer kleinern Arbeitsquantität begnügen. Sodann ist der Einfluß der Witterung, besonders auf dem gebundenen Boden, auf diese Arbeit sehr groß. Mancher Boden läßt sich bei günstiger Witterung sehr leicht bearbeiten, macht aber große Schwierigkeit, wenn er entweder zu feucht ist — in welchem Falle man ihn doch nie bearbeiten sollte — oder stark austrocknet.

Auch der Zustand eines jeden Bodens, worin er eben sich befindet, macht einen erheblichen Unterschied, weshalb beim ersten Umbruch, zumal wenn er mitten im Sommer bei der Trockniß geschieht, bei weitem weniger ausgerichtet werden kann, als bei den folgenden Fahren.

Eine bergige Lage der Felder erschwert und verlängert die Pflugarbeit beträchtlich gegen eine Ebene.

Ferner kommt die Tiefe der Furchen in Betracht, indem jeder halbe Zoll größerer Tiefe, zumal auf bindendem Boden, in der Anstrengung der Zugthiere einen großen Unterschied macht.

Es ist schon bemerkt worden, daß die Wendungen Zeit wegnehmen, und daß diese auf einem kürzern Gewende häufiger als auf einem langen vorfallen. Aber auch die Form des Stückes, ob nämlich dessen Seiten parallel laufen, oder seine Gestalt keilförmig ist, macht einen Unterschied, indem der zurückbleibende kurze Keil sehr häufige Umwendungen fordert und Aufenthalt giebt, wenn er gut abgepflügt werden soll.

Endlich hat die Konstruktion des Pfluges einen beträchtlichen Einfluß, indem der vollkommenere den Widerstand des Bodens — wie besonders auf schwerem Boden und bei tiefer Furche bemerklicher wird, — weit leichter überwindet, das Zugvieh daher minder anstrengt, ihm einen schnellern Schritt erlaubt und keinen Aufenthalt giebt. Auf leichtem Boden, wo die Friktion nicht stark ist, beschickt man mit einem Hacken am meisten, womit man denn breite Streifen greifen kann.

Auf die Jahreszeiten muß man ebenfalls Rücksicht nehmen, theils wegen der Kürze der Tage, theils wegen der schlechtern Witterung, die bei starker Anstrengung dem Viehe leicht Krankheiten zuzieht.

Alle diese einwirkenden Umstände muß man wohl in Erwägung ziehen, wenn man die Quantität der Pflug- und auch der andern Gespann-Arbeiten in einem gegebenen Lokale berechnen, und danach die zu haltende Zahl des Zugviehes bestimmen will.

Man wird sich also nicht wundern, wenn man in den Angaben praktischer Landwirthe von dem, was ihre Pflüge ausrichten, eine große Verschiedenheit findet. Ueberhaupt aber ist wohl zu unterscheiden, was die Pflüge etwa machen, wenn man bei einer eiligen Arbeit und günstiger Witterung sie mit besonderer Aufmerksamkeit beachtet, und das, was von ihnen im Durchschnitt des ganzen Jahres geschieht.

Genauer werden diese Arbeiten und der Kraftaufwand, den sie erfordern, in der Lehre vom Pflügen selbst unterschieden werden. Hier nehmen wir an, daß auf gutem, aus gleichen Theilen Lehm und Sand bestehenden sogenannten Gerstboden gut gepflügt werden: im Spätherbst 2 Morgen (bei vertieftem Pflügen zu Wurzelgewächsen $1^3/_4$ Morgen), im Frühjahre zu Erbsen, Hafer und erster Gerstfurche 2 Morgen, zur zweiten $2^1/_2$ Morgen; beim Aufbrechen der Brache 2 Morgen, bei der Wende- und Ruhefurche $2^1/_2$ Morgen, und zur Saatfurche $2^1/_4$ Morgen. Dies sind nämlich die Mittelsätze, welche bei günstiger Witterung etwas vermehrt, bei ungünstiger vermindert werden müssen.

Im Durchschnitt wird man von einem mit guten Wechselochsen bespannten Pfluge etwas ($^1/_4$ Morgen) mehr als von einem Pferdepfluge erwarten können.

§. 184.

Das Eggen.

2) Das Eggen. Hierbei ist die Verschiedenheit noch größer, als beim Pflügen. Es kommt nämlich darauf an, mit welcher Sorgfalt und mit welchen Werkzeugen diese wichtige Arbeit gemacht wird. Das Rundeggen ist die wirksamste, aber auch die schwerste Art, und man nimmt an, daß ein Viergespann aufs höchste 16 Morgen damit beschaffen könne. Auf bindendem und grasigem Boden muß man aber schon mit 14 Morgen zufrieden seyn. Kommt es jedoch nur auf das Ebeneggen, nicht auf das Zertrümmern der Klöße an, so können 20 Morgen damit beschafft werden. Wenn man bei dem Eggen nur lang zieht, und zwar einmal herauf, einmal herunter, so kann man 25 bis 28 Morgen täglich mit vier Pferden bestreiten.

Nicht allenthalben wird jede Pflugfahre geegget, sondern zuweilen nur die Saatfahre, welches aber auf jedem Boden fehlerhaft, bei einigermaßen bindendem und in Klöße sich zusammenballendem unverzeihlich ist.

Das Eggen wird in der Regel mit Pferden, der schnelleren Bewegung halber, verrichtet. Doch kann es allerdings auch mit Ochsen geschehen.

Das Walzen.

3) Das Walzen. Dieses ist eine mehrentheils bei der Arbeitsberechnung übersehene, aber dennoch auf losem sowohl als zähem Boden sehr nützliche Arbeit. Je nachdem die Walze breit und dünn, oder kurz und dick ist, kann damit mehr oder weniger beschickt werden; bei einer Breite von 8 Fuß können 18 Morgen mit zwei Pferden füglich gewalzt werden. Stachel- und eckige Walzen erfordern größere Anstrengung.

Arbeiten des verfeinerten Feldbaues.

4) Die Arbeiten des verfeinerten Feldbaues. Sie unterscheiden sich in solche, die zur Vorbereitung vor der Saat oder Pflanzung dienen, und in solche, die während der Vegetationsperiode vorgenommen werden. Zu den erstern gehört die Arbeit mit dem doppelten großen eilfschaarigen Exstirpator, mit welchem vier Pferde und zwei Menschen täglich 18 Morgen bearbeiten; und mit dem kleinen Exstirpator oder Saatpflug, der mit zwei Pferden und einem Menschen täglich 10 Morgen bearbeitet.

Auch gehört hierher der Schnittpflug, welcher vermittelst des am Voreisen oder Kolter angebrachten Streichbretts den Pflugstreifen horizontal in zwei Theile theilt, und den oberen zu unterst in die Furche legt. Er erfordert, um gleichviel Arbeit wie mit einem andern Pfluge zu verrichten, ein Pferd oder Ochsen mehr. Doch können ihn auch zwei Ochsen oder Pferde ziehn, wenn man $^1/_3$ weniger Arbeit von ihnen fordert, und Letzteres geht der Gewohnheit der Thiere wegen besser. Sein Gebrauch findet hauptsächlich beim Rasen- und Kleeumbruch Statt.

Von den Arbeiten der zweiten Art kommt hier die Pferdehacke (ihres häufigsten Gebrauches wegen unter dem Namen Kartoffelhacke bekannt) und verschiedene Schaufelpflüge oder Kultivatoren in Erwähnung, welche Instrumente bei zweifüßigen Distanzen der Pflanzenreihen mit einem Pferde, und nach den Umständen mit einem oder zwei Menschen, 6 Morgen machen. Der größere, tief eindringende Bearbeitungs- und Wasserfurchenpflug mit zwei weit und enge zu spannenden Streichbrettern erfordert zwei Pferde, und macht damit dieselbe Arbeit.

Die Drillmaschine zum Getreidesäen, in Reihen von 8 bis Zoll Distanz, kann täglich mit einem Pferde und zwei Menschen 2 Morgen machen. Wir nehmen jedoch des zuweilen vorfallenden

Aufenthalts wegen nur 10 Morgen an. Die sechsschaarige, mit der vorigen in Verbindung stehende Hackmaschine macht mit ihren verschiedenen Aufkratzungs-, Schaufel- und Anhäufeeisen mit einem Pferde und zwei Menschen 12 bis 15 Morgen, je nachdem das Land eben und rein, und der Arbeiter geübt ist.

§. 185.

Dünger-Ausfuhr.

5) Die Ausfuhr des Düngers. Diese in jeder guten Wirthschaft sehr beträchtliche Arbeit läßt sich nur nach gegebenem Lokale genau berechnen, weil dabei sehr viel auf die Entfernung des Feldes, die Beschaffenheit der Wege und die Jahreszeit, mit derselben auf die Witterung ankommt. Wir nehmen im Durchschnitt vierspännige Fuder Mist an, wie sie die Pferde bei leidlichen Wegen, ohne sich stark anzustrengen, ziehen können, mindestens zu 2000 Pfund. Man pflegt anzunehmen, daß 12 solcher Fuder täglich im Durchschnitt, in den längsten Tagen 15 Fuder, in den kürzesten aber 10 Fuder, mit wechselnden Wagen ausgefahren werden können. Weil aber obige Umstände, besonders die Entfernung des Feldes vom Hofe, einen so großen Unterschied machen, so muß man sich's in jedem besondern Falle berechnen, ob mehr oder weniger geschehen könne. Bei der so oft sehr ungleichen Entfernung der Schläge kann es in einem Jahre, wo ein sehr entfernter großer Schlag zu düngen ist, nöthig werden, ein Gespann bloß dieserwegen mehr als in einem andern Jahre zu halten.

Erntefuhren.

6) Die Erntefuhren. Auch diese Arbeit ist nach der Entfernung sehr verschieden. Es werden 7, 8, 10, 12, ja 16 Fuder mit Wechselwagen täglich eingefahren. Die Ladung eines Getreidefuders wird gewöhnlich nach Mandeln, Schocken oder Stiegen bestimmt. Da aber das Band so äußerst verschieden ist, und eine Garbe an einigen Orten 8 Pfund, an andern 50 Pfund wiegt, so läßt sich hiernach im Allgemeinen gar nichts bestimmen. In der Ernte, wo alle Arbeit angestrengt wird, ziehen vier gute Pferde 3500 Pfund, auch, wenn der Weg nicht weit und gut ist, 4000 Pfund, wenn man anders hinlänglich große Wagen hat. Wenn man also die Schwere seiner Mandeln ungefähr kennt, so wird sich leicht bestimmen lassen, was bei gehöriger Größe der Wagen geladen werden könne.

Bei der Heuernte kann man wegen des größern Volums nur 22 bis 24 Centner auf ein vierspänniges Fuder annehmen, und da Laden und Abladen mehr Zeit wegnimmt, mit der Arbeit des Morgens auch später angefangen wird, so kann man nur 6 bis 8 Fuder täglich rechnen, wenn auch die Wiesen ziemlich nahe liegen.

Die vorigen Arbeiten sind auf bestimmte Jahreszeiten beschränkt; es folgen nun die, welche zu jeder Zeit vorfallen und abgethan werden können.

§. 186.

Verfahren der Produkte.

7) Das Verfahren des Getreides und anderer Produkte. Man nimmt gewöhnlich an, daß 24 Scheffel Wintergetreide und Erbsen, 32 Scheffel Gerste und 36 bis 40 Scheffel Hafer geladen werden können. Auf vier bis fünf Meilen rechnet man einen Tag zur Hin- und einen Tag zur Herreise, und dann einen Tag zum Laden und Verkauf; auf sieben bis acht Meilen werden $3\frac{1}{2}$ Tage, auf drei Meilen 2 Tage, auf zwei Meilen 1 Tag gerechnet. Die Entfernung des Marktes macht also bei dieser, dem Gespann gewöhnlich höchst nachtheiligen Arbeit einen beträchtlichen Unterschied, und der Gewinn ist sehr groß, wenn man sich solche möglichst ersparen kann. Das Verfahren anderer Produkte und vielleicht landwirthschaftlicher Fabrikate: des Tabaks und anderer Handelsgewächse, der Butter, des Branntweins u. s. w., muß man nach dem Lokal und den Wirthschaftsverhältnissen anschlagen. Bei den Wollfuhren kann man wohl nur 40 Stein aufladen, wo dann aber, des großen Wagens ungeachtet, zwei Pferde zureichen.

Brennmaterial-Fuhren.

8) Das Anfahren des Holzes oder andern Feuermaterials. Man rechnet bei der Entfernung von einer bis anderthalb Meilen 1 Klafter Holz auf eine vierspännige Fuhre, bei größerer Entfernung nur $\frac{3}{4}$ Klafter. Bei einer Entfernung von einer halben Meile können täglich zwei Fuhren geschehen. 1500 Soden Torf werden einer Klafter Holz gleich geschätzt.

Die Klafter zu 6 Fuß Höhe und Breite und 3 Fuß lang.

Baufuhren.

9) Auf Bau- und Reparationsfuhren muß jährlich etwas gerechnet werden. Wenn jedoch erhebliche Bauten vorfallen, muß man einen zureichenden Ueberschlag machen, ob sie auch mit dem Hof- oder etwa Frohngespann bestritten werden können, oder ob man besondere

Baupferde und wie viel dazu anschaffen müsse. Sonst kann ein Bau die ganze Wirthschaft nicht bloß auf ein, sondern auf mehrere Jahre zurücksetzen.

Nebenfuhren.

10) **Nebenfuhren zur Einholung von allerlei Bedürfnissen aus der Stadt, zur Abholung des Gesindes und der Tagelöhner-Familien und zu manchem andern Behuf** nehmen unter manchen Verhältnissen viele Arbeit weg, so daß man es sogar als Grundsatz angenommen hat, bei 300 Arbeitstagen nur 260 auf bestimmte Wirthschaftsgeschäfte, 40 aber auf unzuberechnende Nebenfuhren anzunehmen. Es kommt aber viel darauf an, ob man sie sparsam einrichtet und so, daß diese Bedürfnisse auf dem Rückwege mitgebracht werden, wenn man Produkte nach der Stadt verfährt, gesetzt auch, daß die Gespanne einige Umwege machen müßten. Sonst kann unter verschiedenen Verhältnissen sehr viele Zeit damit versplittert werden.

Nebenbetriebsfuhren.

11) **Nebenbetriebsfuhren.** Es kann zuweilen in der Hinsicht schon vortheilhaft seyn, Nebenbetriebe, die viele Fuhren erfordern, anzulegen, um desto mehr Pferde **nutzbar** erhalten zu können. In der zum Ackerbau günstigsten Zeit werden sie dann alle auf dem Acker gebraucht, und jene Fuhren so lange eingestellt. Dagegen werden zu einer andern Zeit, wo auf dem Acker nichts zu thun ist, die Ackergespanne wiederum behufs jener Nebenbetriebe, z. B. der Ziegel- und Kalkbrennerei, beschäftigt. Ja es kann selbst Fälle geben, wo das Post- und Frachtfahren dem Landwirthe vortheilhaft ist; doch sind diese Fälle selten, und es wird häufiger schädlich, wenn man die Sache wohl erwägt.

Meliorationsarbeiten.

12) **Meliorationsarbeiten**, z. B. Planirungs-, Erd-, Soden-, Mergel-, Kalk-, Moderfuhren. Wenn man Arbeiten dieser Art von beträchtlichem Umfange vornehmen will, so erfordert es Ueberlegung, ob dazu eigene Gespanne anzuschaffen seyen, oder ob sie mit den Ackerpferden in der sonst geschäftlosen Zeit verrichtet werden können. Da für die ordinairen Gespanne zu gewissen Zeiten immer Muße übrig bleibt, wenn man zu andern Beschäftigung genug für sie hat, so wird ein guter Oekonom um so mehr immer einige Meliorationsarbeiten im Gange haben, wobei er sie alsdann benutzen kann.

§. 187.

Berechnung des nöthigen Gespanns.

Nach diesen Sätzen, die aber in jedem gegebenen Falle nach der Lokalität modifizirt werden müssen, läßt sich nun das für die Wirthschaft erforderliche Gespann berechnen. Es kann dieses zuerst im Allgemeinen geschehen, und die Summe der Arbeitstage in einem ganzen Jahre zusammengezogen werden, in welchem Falle man dann aber zum Nebenbetriebe und zu Meliorationsarbeiten wenigstens ein Viertheil ansetzen muß, um in den dringendern Arbeitsperioden gewiß auszureichen.

Genauer aber verfährt man, wenn man die Arbeiten so berechnet, wie sie in jeder verschiedenen Jahreszeit vorfallen, und dann die Zahl der Gespanne so bestimmt, daß man in jeder Periode gut damit ausreiche. Man muß in jeder Periode aber etwas, ungefähr $1/_{10}$, übrig haben, weil die Arbeiten in einem Theile derselben durch ungünstige Witterung aufgehalten werden können, in welchem Falle aber freilich einzuschaltende Nebenarbeiten verrichtet werden.

Nach den Jahreszeiten.

Wir theilen diese Perioden nach den gewöhnlichen vier Jahreszeiten, jedoch ohne gerade die Kalendertermine zu beobachten, ein.

Der Winter hält 80 Arbeitstage, in welchen das Mistausfahren zu den Brachgewächsen und Hülsenfrüchten geschehen, auch vielleicht noch einiges Stoppelstürzen nachgeholt werden kann. Außerdem muß das Gespann mit andern Fuhren beschäftigt werden.

Das Frühjahr hält 64 Arbeitstage und in demselben fallen, am meisten gedrängt, folgende Gespannarbeiten vor:

Zu den Brachgewächsen, zum zweiten-, dritten-, vielleicht auch viertenmal zu pflügen und zu eggen;

zu den Hülsenfrüchten einmal;

zu der Gerste zweimal;

zum Hafer ein- oder zweimal, welche letztere Arbeiten durch den Gebrauch des Exstirpators größtentheils erspart oder sehr erleichtert werden können;

Ausfuhr des ferner gemachten Düngers zu den spätern Brachgewächsen:

Vegetation befördernde Arbeiten mit Pferdehacken, auch Uebereggen der Winterungssaat.

Der Sommer, ungefähr mit dem Anfange des Junius, hält 80 Arbeitstage.

Das Pflügen der Brache zur Winterung oder auch des Klee- und Hülsenfruchtfeldes zu derselben;
Ausfahren des für die Winterung bestimmten Düngers;
fortgesetztes Pferdehacken verschiedener Früchte;
die Getreideernte;
die Heuernte.

Der Herbst, ungefähr vom Anfange Septembers an zu rechnen, hat 76 Arbeitstage.

Die Saatfurche zur Winterung zu pflügen, zu eggen u. s. w.;
Die Grummet- oder Nachheuernte;
die Ernte der Kartoffeln und anderer Wurzel- und Kohlgewächse;
der Umbruch der Stoppel oder des Dreesches zur künftigen Sommerung sowohl, als zur vollständigen Brachbearbeitung im folgenden Sommer.

Der Anfang und das Ende dieser Perioden ist nach den verschiedenen Klimaten verschieden, worauf folglich ein Jeder Rücksicht zu nehmen hat. Auch können ungewöhnliche Jahre eine oder die andere verkürzen, und man muß dann seine Maaßregeln zur Betreibung der Arbeit weise zu wählen wissen. Den Anfang des Frühjahres kann man im Durchschnitt in der Mitte des Märzes annehmen, auf kaltgründigem, zähem Thonboden und bei einer nördlich abhangenden Lage der Felder erst zwei oder drei Wochen später, welches einen so beträchtlichen Unterschied macht, daß schon in dieser Hinsicht, wenn der Boden allgemein dieser Art ist, eine andere Wirthschaftseinrichtung, als auf wärmerem Boden erforderlich wird. Wo man nur Hafer und große Gerste säet, schließt der Urbanustag oder der 25ste Mai diese Periode nach der gewöhnlichen Meinung; wird aber auch kleine Gerste und Buchweizen gebauet, so dehnt sie sich bis zum 15ten Junius aus. Man muß wohl bemerken, daß in diese Periode viele Feiertage zu fallen pflegen. Sie ist die schwierigste unter allen, und man kann sicher annehmen, daß, wenn in dieser Periode Alles gehörig mit dem Gespann ausgeführt wird, was geschehen soll, man zu andern Zeiten vollkommen ausreichen werde. Dazu kommt noch, daß man vom Gespanne in dieser Zeit keine sehr starke Anstrengung fordern kann, weil die Pferde jetzt häufig zu drusen pflegen, und die Ochsen in vielen Wirthschaften nicht kraftvoll aus dem Winter kommen. Deshalb ist die Erleichterung und Abkürzung der Arbeiten durch die erwähnten Werkzeuge in dieser Periode von so vorzüglicher Wichtigkeit. In der Herbstperiode wird der vorsichtige Landwirth alle Arbeiten, die der eintretende Frost beendet, möglichst zu beeilen suchen.

Die Winterperiode kann länger oder kürzer seyn, und oft kann man in derselben im Herbste nicht vollführte Arbeiten nachholen oder dem Frühjahre vorarbeiten. Die Düngerausfuhr, wozu diese Periode bei ebenen Feldern vorzüglich geeignet ist, findet jedoch nicht bei allen Wirthschaftseinrichtungen Statt, sondern kann bei den meisten existirenden nur mitten im Sommer, zum großen Nachtheil anderer Arbeiten, betrieben werden.

§. 188.

Allgemeiner Ueberschlag.

Man pflegt wohl einen ungefähren und mehrentheils zutreffenden Ueberschlag, wie viel man Gespann brauche, zu machen, wenn man berechnet, oder es auch aus der Erfahrung abnimmt, wie viel man in der eigentlichen Frühjahrs- oder Herbstbestellungszeit gebrauche, um diese Bestellung in 4 Wochen oder 24 Arbeitstagen ganz und gehörig zu vollenden.

Wenn ein zweispänniger Pflug täglich $2\frac{1}{3}$ Morgen zur Saat pflügt, und vier Pferde täglich 16 Morgen eggen, so können etwa 90 Morgen mit einem Viergespann in 4 Wochen bestellt werden. Pflügen sie aber wegen des schweren Bodens oder der tieferen und schmalern Furchen, die man geben will, oder der minderen Kräfte und Unthätigkeit wegen nur 2 Morgen, so werden nur 76 Morgen damit bestellt. Auf jede 90 oder 76 Morgen Winterung oder Sommerungsaussaat (nach der gewöhnlichsten Rechnung auf 112 und 95 Scheffel Aussaat) müssen also vier Pferde gehalten werden, und so pflegt man in manchen Gegenden auf einen Wispel Winterung ein Pferd anzunehmen. Wenn aber an Gerste und Hafer so viel, wie an Weizen und Roggen ausgesäet, und obendrein noch viele Hülsenfrüchte und Brachgewächse gebauet werden, so reicht man nach der gewöhnlichen Bestellungsart im Frühjahr nicht mit dem aus, was man in der Herbstzeit gebraucht.

§. 189.

Es ist immer am sichersten, sich ein Schema über die Arbeiten, die man in jedem gegebenen Falle nach der bestimmten Wirthschaftseinrichtung und der Lokalität gebraucht, mit Rücksicht auf jene Perioden zu machen. Man unterscheide zugleich in zwei verschiedenen Kolumnen diejenigen Arbeiten, welche am füglichsten mit Ochsen, und die, welche mit Pferden gemacht werden müssen, und zeichne dann in jeder Kolumne neben jeder Arbeit die Zahl der Arbeitstage nach der Stückzahl des Viehes an. So wird sich auch das richtigste Verhältniß zwischen den zu haltenden Ochsen und Pferden ergeben.

Vergl. die §. 200. angehängten Schemata.

Handarbeiten.

§. 190.

Gesinde und Löhner.

Diese unterscheiden sich zuvörderst:

a) in das Gesinde, welches seine Kräfte ausschließlich unserer Wirthschaft vermiethet hat, und welches wir dafür ernähren und im Ganzen bezahlen;

b) in solche, welche ihre Arbeit nur tage- oder stückweise bezahlt erhalten.

Von den Fröhnern, die mit Gespann und Hand für uns arbeiten, wird besonders die Rede seyn.

§. 191.

Welche sind vortheilhafter?

Ob man mehrere Arbeiter der ersten oder der zweiten Klasse halten solle, entscheiden die Ortsverhältnisse, welche manchmal gar keine Auswahl, manchmal eine beschränkte, selten eine ganz freie dabei zulassen.

Für das Gesinde spricht die größere Anhänglichkeit, Theilnahme und Treue, welche man von ihnen als Mitgliedern der Familie allenthalben erwarten sollte (aber freilich nicht immer antrifft), die Sicherheit, mit welcher man bei unaufschieblichen und täglich fortlaufenden Arbeiten auf sie rechnen kann, die nähere Aufsicht, unter welcher sie stehen, die Abhängigkeit und der Gehorsam, welchen man von ihnen zu fordern berechtigt ist, ihre Verantwortlichkeit für die ihnen besonders anvertrauten Geschäfte.

Tage- und Stückarbeiter erfordern dagegen weniger Vorsorge, können angenommen und sogleich wieder verabschiedet werden, wenn man will, und wie es die Arbeit und ihr Fleiß mit sich bringt. Ihre Betriebsamkeit ist größer, da sie für sich selbst und ihre Familie sorgen müssen, und bei schlechter Arbeit sogleich außer allen Verdienst gesetzt zu werden besorgen müssen.

Dazu kommt, daß bei den meisten Ortsverhältnissen die Kosten des Gesindes oder seiner Arbeit bei weitem höher zu stehen kommen, als die eines Tagelöhners. Man kann sie im Durchschnitt um die Hälfte höher annehmen, wenn man auch wirklich auf die verrichtete Arbeit, nicht auf die verwandte Zeit Rücksicht nimmt. Vom Zwangsgesinde kann hier nicht die Rede seyn, indem dieses oder seine Familie einen Theil seines Lohns schon in dem eingegebenen Baueracker erhält.

§. 192.

Personal des Gesindes.

Gesinde wird deshalb gewöhnlich nur zu solchen Arbeiten gehalten, die ununterbrochen fortgehen und eine beständige Aufmerksamkeit erfordern. Von den bei den Pferden zu haltenden Knechten ist im §. 181 geredet, und die Anzahl und Einrichtung der Gespanne bestimmt die Anzahl derselben. Zu den Ochsenarbeiten werden nur in einigen Wirthschaften Knechte gehalten, sonst nur auf 24 bis 30 Ochsen ein Hirte, und wenn mehrere sind, ein Junge daneben.

Ein Kuhhirte reicht auf 50 bis 60 Stück Kühe nicht nur auf der Weide — wo er allenfalls mit Hülfe eines guten Hundes 200 Stück in Ordnung halten kann — sondern auch im Stalle zu, wenn er bei dem Häckselschneiden im Winter einige Hülfe hat, im Sommer aber das grüne Futter gemäht und zugefahren wird.

Nicht bloß von der Zahl, sondern auch von der Milchergiebigkeit der Kühe hängt die Zahl der Hofmägde ab, welche außer dem Melken die sämmtlichen Arbeiten in der Molkerei und außerdem die im Hause und im Garten beschaffen und so viel möglich auch beim Bau gewisser Früchte, besonders des Flachses und Hanfes, und in der Ernte gebraucht werden, im Winter aber spinnen. Man rechnet in guten Stallfütterungswirthschaften auf 50 große Kühe drei Mägde, wovon eine als Molkenfrau oder Meyersche die Aufsicht über die anderen führt. In einigen Gegenden hält man ungleich mehrere; auf 10 Kühe eine Magd, die ihnen dann aber das Futter zutragen und ausmisten soll, welches Beides in Wirthschaften von mittlerer Größe vortheilhafter auf andere Weise geschieht. In den großen Holländereien der Koppelwirthschaft wird nur auf 25 Kühe eine Magd gehalten. In großen Wirthschaften wird noch eine besondere Magd zu den Hausarbeiten erfordert.

Ein Schweinehirt oder Schweinemeister ist bei einer erheblichen Schweinezucht nöthig, und dieser Zweig ist nicht so unbedeutend, daß man ihn einem alten Weibe oder Jungen überlassen dürfte.

Ueber die Haltung des Schäfers und der Schäferknechte kann erst im Abschnitte von der Schäferei gesprochen werden, indem seine Haltungs- und Löhnungsart sehr verschieden eingerichtet ist. Bei der allgemeinen ökonomischen Berechnung kömmt er nur in Betracht, in so fern er Geldlohn oder Deputat erhält.

Dann wird mehrentheils ein Ackervoigt, Meier, Oberknecht, Vorpflüger gehalten, der insbesondere bei den Ochsenpflügen mit Tagelöhnern vorarbeitet, auch bei der Ernte und andern Arbeiten mitarbeitend das Ganze in Ordnung hält. Er soll zugleich die sämmtlichen Ackergeschirre im Stande erhalten und neue verfertigen. In großen Wirthschaften wird aber außer jenem oft noch ein besonderer Baumeier gehalten, der hauptsächlich die Gestellarbeiten macht und zugleich die Hofarbeiten, Reparaturen und kleinen Bauten besorgt.

Ein oder mehrere Hofknechte, die bei allen vorfallenden Arbeiten zu Hülfe kommen, werden noch zuweilen gehalten; häufiger aber doch durch sichere Tagelöhner, wenn man diese anders haben kann, ersetzt.

§. 193.

Speisung auf dem Hofe oder Deputat.

Dieses Gesinde wohnt entweder auf dem Hofe, wird daselbst beköstigt, und in allen Bedürfnissen unterhalten, und ist dann in der Regel unverheirathet. Oder es wird ihm zu seiner Nahrung ein gewisses Deputat verabreicht, und wohnt dann mehrentheils in besondern Gebäuden und ist verheirathet. Jene Unterhaltungsart ist ohne Zweifel vortheilhafter in Ansehung der Kosten und der genaueren Aufsicht, unter welcher diese Menschen stehen. Je größer ihre Anzahl ist, um desto mehr vermindern sich die Kosten jedes Einzelnen, indem in Ansehung der Wohnung, der Feuerung, des Lichts und selbst der Speisung bei einer größern Anzahl mehr erspart werden kann. Wo sehr weniges Hofgesinde gehalten wird, da könnte es vielleicht rathsamer werden, allen ein Deputat zu geben.

Hält man aber einmal solches Hofgesinde, so ist es gewiß rathsam, die Zahl derer, die Deputat bekommen, so viel möglich einzuschränken, und unverheirathete Leute zu halten. Indem jene ihre ganze Familie aus der Wirthschaft zu ernähren suchen, sind sie selten mit dem für ihre Person reichlich genug zugemessenen Deputate zufrieden, sondern suchen noch, was möglich ist, nach ihrem Hause zu schaffen, wozu man ihnen selten die Gelegenheit abschneiden kann. Da man indessen zu einigen Stellen, zum Meier, Kuh- und Ochsenhirten, ältere und gesetzte Leute haben muß, so trifft man diese selten unverheirathet an, und muß sich daher die Deputateinrichtung bei ihnen gefallen lassen.

§. 194.

Speisung des Gesindes.

In Ansehung der Haltung und Speisung des Gesindes muß man auf die Observanz der ganzen Gegend Rücksicht nehmen, und insbesondere beim Antritt einer Wirthschaft die genaueste Erkundigung einziehn. Abänderungen darin zu machen, ist selten oder nie rathsam, und wenn man selbst eine Verbesserung machen wollte, würde man doch leicht die Unzufriedenheit dieser ganz an der Gewohnheit klebenden Menschen erregen. Es hat in den meisten Gegenden jeder Wochentag, jede Jahreszeit, mancher Festtag seine eigene Speisung, und die Leute würden unzufrieden werden, wenn sie an einem solchen Tage das nicht erhielten, was sie vielleicht an einem andern nicht essen mögen. In der Erntezeit tritt wohl allenthalben eine reichliche und bessere Speisung ein, welcher man durchaus nichts abziehen oder darin abändern darf, wenn man die hier so wichtige Thätigkeit und den Frohsinn der Leute nicht herabstimmen will. Wenn man das, was üblich ist, bewilligt, und sich überzeugt, daß die Leute es wirklich erhalten, so darf man auch der dennoch geäußerten Unzufriedenheit durchaus nicht nachgeben, weil bei einer solchen Nachgiebigkeit die Forderungen dieser Leute keine Grenzen zu haben pflegen.

§. 195.

Kosten derselben.

Es läßt sich der mannigfaltigen Verschiedenheit wegen im Allgemeinen nichts über die Unterhaltungskosten eines Knechts oder einer Magd bestimmen. Der Unterschied ist von einer Gegend zur andern so groß, daß er über das Doppelte beträgt. Jedoch findet man im Ganzen, daß das Gesinde da, wo es besser beköstigt wird, und besonders mehrere Fleischspeisen erhält, stärker arbeitet und sich zu allerlei Arbeiten mehr gebrauchen läßt, so daß die Kosten der von ihnen verrichteten Arbeit nicht so verschieden sind, wie die Kosten, die auf jede Person fallen. Man findet in verschiedenen landwirthschaftlichen und kameralistischen Handbüchern die Observanzen besonderer Gegenden angegeben, und jedes einzeln spezifizirt.

Am genauesten berechnet ist es von dem Grafen von Podewills in seinen Wirthschafts-Erfahrungen zu Gusow.

Nach einem allgemeinen, auf solche Angaben gezogenen Durchschnitte müssen in den mir genauer bekannten Gegenden die Speisungs- und sämmtliche Unterhaltungskosten eines Knechts, Meiers, Hirten gleich dem Werthe von 34 Scheffeln Roggen oder 306 #; die einer Magd und eines Jungen zu 28 Schfl. gleich 252 # angeschlagen werden, worunter aber Alles, was zu deren Haltung nöthig, auch Feuerung, Licht, Betten u. s. w. mit begriffen ist. Zu Gelde gerechnet ist die Differenz wegen des verschiedenen Preises der Viktualien größer.

Auch der Lohn ist sehr verschieden; indessen pflegt er doch auch in gleicherem Verhältnisse mit dem Preise des Getreides, als mit dem Nominalwerthe nach Gelde zu stehen, und man kann solchen für einen Knecht auf 16 Scheffel Roggen oder 96 #, und für eine Magd mit dem Leinen und was sie sonst erhält, auf 12 Scheffel oder 72 # anschlagen.

Der Lohn des Hofmeiers pflegt etwas höher, der der Hirten etwas geringer als der Knechtslohn zu seyn.

§. 196.

Tage-, Stück- oder Quoten-Lohn anderer Arbeiten.

Andere Arbeiter erhalten entweder Tagelohn oder verdungenes Stücklohn für ein gewisses Maaß jeder Arbeit oder Quoten von dem Ertrage einer gewissen Arbeit.

Die Arbeit im Tagelohn erfordert die genaueste Aufsicht, um die Menschen bei einer gewissen Thätigkeit zu erhalten. Bei dieser Tagelöhnung verdienen die Menschen am wenigsten, und dennoch kommt in der Regel die Arbeit selbst am höchsten dadurch zu stehen. Im allgemeinen Durchschnitte verdient ein Tagelöhner, der bloß kunstlose und unangestrengte Arbeit verrichtet, in neun Tagen 1 Scheffel Roggen, ist also täglich auf 1 # anzuschlagen. Weiber und schwächere Leute verdienen in zwölf Tagen 1 Scheffel gleich ³/₄ #. Jedoch findet hierin Verschiedenheit Statt.

Stück- oder Akkord-Arbeiter erfordern weniger Aufsicht, und es braucht nur die gemachte Arbeit selbst geprüft zu werden. Diese Bezahlungsart ist unleugbar für den Wirth sowohl als für den Arbeiter entschieden vortheilhaft. Denn es ist ein großer Unterschied, ob ein Arbeiter darauf bedacht ist, seine Arbeit zu fördern, oder nur seine Zeit mit möglichster Schonung seiner Kräfte hinzubringen. Er muß dabei natürlich mehr verdienen, als im Tagelohn, und kann sich daher auch besser nähren, sich zu Hause mehrere Bequemlichkeit verschaffen, gesund und bei Kräften erhalten. Hierdurch wird ihm die Arbeit selbst lieber, er sinnt darauf, wie er sich solche erleichtern kann, schafft sich zweckmäßigere Werkzeuge an, und gewöhnt sich an erleichternde Handgriffe, besonders wenn er eine Art von Arbeit zu gewissen Jahreszeiten häufig macht. Er kann bei manchen Arbeiten Frau und Kinder zu Hülfe nehmen, und letztere dadurch früh zur Arbeitsamkeit gewöhnen, wodurch er um so mehr in Wohlstand kommt. Weit entfernt also, diese Einrichtung zu verwerfen, — wie in der That manche thörichte Landwirthe aus dem Grunde thun, weil ihre Arbeiter dabei zu viel verdienen, obwohl sie klar einsehen, daß ihnen doch die verrichtete Arbeit weniger kostet — wird der kluge Wirth keine Schwierigkeit scheuen, diese Einrichtung bei jeder Arbeit, deren Betrag sich einigermaßen berechnen läßt, oder aus Erfahrung bekannt ist, in Gang zu bringen.

Der Quotenlohn findet am häufigsten beim Abdreschen des Getreides Statt, wobei die Arbeiter den 14ten, 16ten oder 18ten Scheffel als sogenannte Drescherhebe bekommen. Doch trifft man ihn auch selbst bei der Ernte, und zumal bei den Sichelschnittern eingeführt an, welche die 11te, 12te oder 13te Garbe für das ganze Erntegeschäft erhalten. Auch läßt er sich bei einigen andern Arbeiten, besonders bei dem Kartoffelausnehmen, mit Nutzen einführen, und man hat nur darauf zu sehen, daß hier, so wie bei andern Akkordarbeiten, die Sache gehörig und ohne verlustbringende Uebereilung geschehe.

Wenn auch durch solche verdungene Arbeiten für den Landwirth nichts weiter gewonnen wird, als daß die Arbeit schneller vollführt werde, so ist dieser Gewinn in den meisten Fällen schon sehr groß.

§. 197.

Ansetzung arbeitender Familien.

Um sich Tage- oder Stückarbeiter zu sichern, ist es in den meisten Gegenden nothwendig, Wohnungen für solche arbeitende Familien zu haben, und sie ihnen für Geld oder gewisse Tagearbeiten zu vermiethen, mit der Bedingung, daß sie ausschließlich, gegen einen bestimmten Lohn, für den Herrn arbeiten müssen. Die Zahl dieser Familien muß nach Verhältniß der in der Wirthschaft vorfallenden Arbeiten berechnet und angesetzt werden. Sie müssen zu den nothwendigsten Arbeiten zureichen, aber auch nicht überflüssig seyn, weil sie allerdings in manchen Stücken zur Last fallen können. Denn man muß dafür sorgen, daß sie wenigstens ihre Nothdurft haben, und das ganze Jahr hindurch sich täglich etwas verdienen können. Wo dieses geschieht, wird es nicht leicht an solchen arbeitenden Familien fehlen, zumal wenn ihnen außer der Wohnung auch noch die nothwendigste Feuerung gegeben wird. Ein kleiner Garten zum Anbau des nothwendigsten Gemüses oder die Ausweisung eines Stückchen Landes ist ihnen nöthig, aber durchaus nicht so viel, daß es ihnen vortheilhafter werden kann, den Hauptttheil ihrer Arbeit für sich selbst und nicht für die Herrschaft zu verwenden: ein Versehen, welches man in manchen Ländern gemacht hat. In Gegenden, wo man auswärts wohnende und unter keiner Verpflichtung stehende Arbeiter mit Sicherheit haben kann, wird man sich freilich bei solchen besser stehen, wenn man sie gleich etwas theurer bezahlt. Kann man fremde Arbeiter nur zu gewissen Zeiten haben, so muß man solche Arbeiten, die an keine bestimmte Zeit gebunden sind, wohin manche Meliorationsarbeiten gehören, alsdann vornehmen, wenn sich Leute am meisten anbieten und folglich am wohlfeilsten sind.

§. 198.

Handarbeiter.

Um die in einer Wirthschaft erforderlichen Tagelöhner oder Stückarbeiter zu berechnen, kommen unter den gewöhnlichen Arbeiten folgende in Anschlag.

1) Das Pflügen mit den Ochsen und mit zwei Pferden, wenn auf ein Viergespann nur ein Knecht gehalten wird.

2) Das Eggen mit Ochsen, wenn dieses bei einer geringern Pferdehaltung zuweilen geschieht, und auch die Fuhren mit Ochsen, wenn man darauf kein Gesinde hält.

3) Die Arbeiten beim Miste, das Ausbringen aus den Ställen, und das zuweilen sehr nützliche Umstechen, Begießen und Abwässern desselben; dann das Aufladen des Düngers, wo man auf jedes Gespann 1½ bis 2 Menschen rechnet, je nachdem mit Wechselwagen öfter abgefahren wird und der Mist fester liegt. Das Abstoßen des Mistes auf dem Felde verrichtet gewöhnlich der Knecht; doch ist, wenn mehrere Wagen fahren, ein Mensch zur Hülfe oft nützlich, der zugleich die richtige Vertheilung der Haufen beachtet.

4) Das Mistausbreiten auf dem Acker, wobei man annimmt, daß eine weibliche Person täglich 1 bis 1¼ Morgen, eine männliche 1½ bis zwei Morgen bestreue. Es kommt dabei auf die Stärke der Düngung, auf den Zustand des Mistes und die völlige Brechung und gleichmäßige Vertheilung an, welches Letztere so wichtig ist, daß man keinen Tagelohn dabei sparen sollte. Zuweilen wird das Einharken oder Einforken des langen Mistes in die Pflugfurche nöthig, wozu auf zwei Pflüge, manchmal auf jeden Pflug eine Person erforderlich ist.

5) Das Getreidesäen verrichtet in der Regel der Hofmeier. Man rechnet, daß ein Mann 18 Scheffel Winterung und 24 Scheffel

Sommerung täglich aussäet. Geübte Säer können zwar weit mehr aussäen, allein wenn man nach dem Getreidemaaße rechnet, kommt es sehr darauf an, wie stark ausgeworfen werde, und es wird vielleicht, bloß um viel in einem Tage ausgesäet zu haben, mancher Scheffel Getreide unnütz weggeworfen. Man muß daher auf die Fläche mehr als auf das Aussaatsmaaß Rücksicht nehmen, und wenn einer täglich 15 bis 16 Morgen gut säet, zufrieden seyn.

6) Bei der Ernte rechnet man, wenn mit einer Gestellsense in Schwaden gelegt wird, $2\frac{1}{2}$ Morgen auf einen Mäher, und beim Harken, Binden und Zusammensetzen 2 Morgen auf eine Weibsperson. Indessen können kräftige Leute, die mit Lust arbeiten, um $\frac{1}{3}$ mehr verrichten. Jener Satz kann immer etwas höher angenommen werden, wenn das Getreide mit der einfachen Sense angelegt und abgerafft wird. Beim Schneiden mit der Sichel macht eine Person im Durchschnitt einen Morgen fertig.

Wenn beim Einfahren die Entfernung des Ackers vom Hofe nicht groß ist, und die Arbeit mit Wechselwagen rasch geht, so beschäftigt ein Gespann zwei männliche Lader und eine Nachharkerin, sonst aber nur einen Mann.

Zum Abladen in der Scheune werden bei jener raschen Arbeit zwei männliche Ablader und zwei männliche Tasser, und auf jede 10 Fuß der Tiefe des Tasses drei weibliche Personen erfordert. Bei längern Zwischenzeiten sind zwei männliche Personen überhaupt genug.

Wenn man mit den Pferderechen die Stoppel nachrecht, so macht ein Pferd und ein Mann täglich 10 Morgen.

7) Beim Heumähen rechnet man $1\frac{1}{2}$ Morgen auf den Mäher, und eben so viel beim Heuwerben auf eine weibliche Person. Bei der oft großen Entfernung der Wiesen muß weniger angenommen werden, und beim Heuwerben macht die Witterung einen beträchtlichen Unterschied, so daß man bei guter Witterung mit wenigern Personen auskommt. Bei dem Mähen des Klees können, weil der Boden ebener ist, $2\frac{1}{2}$ Morgen auf die Sense, und da seine Behandlung beim Heumachen sehr einfach ist, 4 Morgen auf die Person angenommen werden.

Beim Auf- und Abladen des Heues werden auf der Wiese dieselben, auf dem Heuboden die Hälfte der Personen wie beim Getreideeinfahren angenommen.

8) Beim Bau der behackten Brachfrüchte sind die Methoden verschieden. Wenn er mit den gehörigen Instrumenten auf die zweck-

mäßigste und ersparendste Weise betrieben wird, so werden folgende Handarbeiter per Morgen erfordert: Zum Einlegen der Kartoffeln zwei Personen; zum Ausziehen des nach vollendetem Pferdehacken noch aufgeschlagenen Unkrauts eine Person; zum Aufnehmen eine männliche und acht weibliche Personen.

Beim Rüben- und andern feinen Saatbrillen besäet ein Mann mit der Maschine täglich 5 Morgen. Die Rillen kann ein Pferd mit zwei Mann täglich auf 10 Morgen ziehen.

Beim Bohnenbrillen werden zur Vermeidung des Aufenthalts zwei Personen, ein Mann und ein Junge, genommen, und beschicken 5 bis 6 Morgen.

Das Verhacken und Vereinzeln gedrillter Rüben muß in Akkord gegeben werden. Man bezahlt hier eine Reihe von 40 Ruthen Länge mit 3 Pfennigen, und die Person verdient sich damit 5 bis 6 Gr. täglich. Sie macht also täglich ungefähr 1 Morgen.

Beim Aufnehmen und Abschneiden des Krauts werden vier bis fünf Weiber auf den Morgen erforderlich seyn.

9) Wenn bei der Fütterung und Wartung des sämmtlichen Viehes das Gesinde nicht zureicht, insbesondere wenn viel Häcksel gefüttert wird, so müssen dazu Tagelöhner angestellt werden, deren Zahl sich aber bei den mannigfaltigen Verhältnissen nicht berechnen läßt.

Beim Waschen und Scheeren der Schafe rechnet man auf 1000 Stück 60 bis 70 Arbeitstage.

Auch werden zu mancherlei Hof- und Hausarbeiten Tagelöhner nöthig seyn, wenn man nicht überflüssiges Gesinde unterhält. Auch an die Stelle des kranken Gesindes müssen zuweilen welche angenommen werden.

10) Bei der Gartenbestellung, die indessen nur sehr roh hier angenommen werden kann, und wobei die Mägde helfen, rechnet man auf den Morgen jährlich 5 Arbeitstage.

11) Zur Aufräumung der Gräben und Wasserfurchen, zur Herstellung der Befriedigungen, Ausbesserungen entstandener Schäden und der Wege muß man auf den Morgen der ganzen Feldmark nach den Umständen $\frac{1}{2}$ oder 1 Person rechnen. Es kommt dabei besonders auf mehrere oder wenige Befriedigungen, Wege und Gräben an.

12) Meliorationsarbeiten können nicht berechnet werden. Man benutzt aber die arbeitenden Menschen dazu in den freiern Zeiten.

13) Das Abdreschen des Getreides, welches in den meisten Fällen

gegen eine bestimmte Drescherhebe geschieht, gewöhnlich gegen den 16ten Scheffel.

Es versteht sich, daß diese Sätze nicht ganz allgemein angenommen werden können, und daß sie bei der verschiedenen Manipulation, Geschicklichkeit und Arbeitsamkeit der Menschen variiren. Die Arbeitssätze sind so angenommen, wie man sie von der unangestrengten Arbeit eines Tagelöhners erwarten kann, nicht so, wie sie ein rüstiger, thätiger Arbeiter, der in Verding arbeitet, verrichtet. Indessen wird man sie in Wirthschaften, die nicht an besondern Lokalübeln laboriren, oder in eine allgemeine Kraftlosigkeit versunken sind, auch bei gewöhnlichen Tagelöhnern zureichend finden.

So wie man bei den Pferdearbeiten annehmen kann, daß das Gespann zureiche, wenn man bei der Bestellung damit auskommt, so wird man mit den Handarbeiten ausreichen, wenn man in der Erntezeit zur gehörigen Vollführung derselben Menschen genug hat. Und diese Menschen wird man wiederum bei einer gut eingerichteten Wirthschaft das ganze Jahr hindurch nützlich beschäftigen können.

§. 199.

Frohnden.

Ein größerer oder kleinerer Theil der Arbeit geschieht zuweilen durch Frohnden, sowohl mit dem Gespann als mit der Hand. So vortheilhaft und dringend die Aufhebung der Dienste gegen einen billig auszumittelnden Ersatz für den Berechtigten sowohl als für den Leistenden, und insbesondere für die allgemeine Wohlfahrt in den bei weitem häufigsten Verhältnissen wäre, so darf der Landwirth ihren Gebrauch bis dahin doch nicht vernachlässigen, sondern muß den möglichsten Nutzen daraus zu ziehen suchen. Es kommt dabei auf eine kluge Behandlung der dienstthuenden Leute Vieles an, die nach dem National-, zuweilen nach dem Dorf-Charakter der Menschen verschieden seyn muß. Wer es versteht, die Strenge nur wo sie nöthig ist zu gebrauchen, diese Leute aber durch Güte und kleine Wohlthaten zu einem ihnen selbst vortheilhaften Fleiße zu ermuntern, die Arbeitszeit bei mehrerem Fleiße abzukürzen, ja unter gewissen Bedingungen Tage zu erlassen, besonders mit Rücksicht auf ihre eigenen dringenden Geschäfte, der wird in vielen Fällen ungleich mehr bewirken, als mit der äußersten Strenge möglich ist.

Wie viele Arbeit die Dienste eigentlich thun, läßt sich weder nach den Diensttagen, noch nach der ihnen durch besondere Uebereinkunft oder Observanz zugemessenen Arbeit im Allgemeinen bestimmen. Man muß dabei in jedem Falle auf die Lokalität und die bisherige Erfahrung, wenn sich die Umstände der Bauern nicht verändert haben, Rücksicht nehmen, aber immer von den muthmaßlich zu erwartenden noch beträchtlich abziehen, wenn man sicher ausreichen will.

Da außer einigen Distrikten Deutschlands doch immer nur der kleinere Theil der Arbeit durch Frohnden bestritten werden kann, so muß man ihnen nur diejenigen Arbeiten zutheilen, wobei es auf die Qualität derselben nicht zu sehr ankommt. Beim Pflügen und Eggen, es sey denn auf losem Sandboden, ist es von zu großer Wichtigkeit, wie es geschieht, indem der schlechte Ertrag schlecht gepflügter Felder einen weit größern Verlust ergiebt, als man dabei durch die Ersparung des eigenen Gespanns gewann. Dies ist noch mehr der Fall, wo ihnen ein bestimmtes Tagewerk dabei vorgeschrieben ist. Wo man das Feld durch Hofedienste bearbeiten lassen muß, da findet höchst selten ein verbesserter Ackerbau und Wirthschaftseinrichtung Statt. Wo möglich also muß man die Gespanndienste mit Dünger-, Getreide- und andern Fuhren ihre Verpflichtung abarbeiten lassen. Mehrentheils rechnet man zwei Dienstgespanne einem Hofgespann gleich. Es ist aber, wenn letztere nicht selbst sehr schlecht sind, wohl äußerst selten, daß jene diesen gleichkommen.

Auf Handdienste kann man im Allgemeinen mehr rechnen, wenn die Menschen einigermaßen bei gutem Willen erhalten sind. Man hat deshalb auch angenommen, daß drei dienstthuende Personen zwei Tagelöhnern gleichkommen. Indessen tritt auch hierbei eine große Verschiedenheit ein, und es giebt auch Fälle, wo man fast gar nicht auf sie rechnen kann. Unter andern Umständen sind sie wenigstens bei der Ernte sehr nützlich und bei gewissen Aufmunterungen sehr thätig.

Wenn man sich nun nach den bestehenden Verhältnissen berechnet hat, was man überhaupt oder an jeder Arbeit von den Frohnden erwarten darf, so wird dieses von den durch eigenes Gespann, Gesinde oder Tagelöhner zu verrichtenden Arbeiten abgezogen.

§. 200.

Als Beispiele einer Arbeitsberechnung des Gespanns sowohl als der Menschen, theile ich hier vier ausgefüllte Schemata von verschiedener Form mit, welche sich auf die in der Folge vorkommenden Wirthschaftsberechnungen beziehen, so wie sie in einer hypothetischen zum Beispiel gewählten Wirthschaft von meinen Zuhörern berechnet sind.

I.

Arbeitsberechnung

einer

Dreifelderwirthschaft

von

1000	Morgen	Ackerland,
150	=	Wiesen,
300	=	Weide.

In der Brache werden 50 Morgen mit Klee und 50 Morgen mit Erbsen bestellt.

Morgenzahl.	Arbeiten.	Arbeitstage. Einzelne Pferde.	Zwei Wechsel-Ochsen.	Männl.	Weibl.
	Frühjahrsarbeiten.				
50	Brache zu Erbsen zu pflügen à 2 Morgen . .	—	50	25	—
	zu eggen à 12 " . .	$16\frac{2}{3}$	—		—
$166\frac{2}{3}$	Zum zweitenmal zu Gerste zu pflügen à $2\frac{1}{4}$ M.	—	148	74	—
	zu eggen à 14 "	$47\frac{1}{2}$		—	—
$333\frac{1}{3}$	Zum zweitenmal zu Hafer, zum drittenmal zu Gerste zu pflügen à $2\frac{1}{2}$ Morgen . .	—	$266\frac{2}{3}$	$133\frac{1}{3}$	.
	zu eggen	$83\frac{1}{3}$	—	—	
	Summa	$147\frac{1}{2}$	$464\frac{2}{3}$	$232\frac{1}{3}$	-
	Diese Arbeit muß in 60 Tagen vollführt seyn; die Wirthschaft bedarf dazu also $2\frac{1}{2}$ Pferde und $7\frac{2}{3}$ Wechsel-Ochsen oder 10 Pferde.				
	Sommerarbeiten.				
	Pflugarbeiten.				
$233\frac{1}{3}$	Die Brache zum erstenmal zu pflügen à 2 Mrg.	—	$233\frac{2}{3}$	$116\frac{5}{6}$	—
	zu eggen à 14 "	$66\frac{2}{3}$	—	—	—
$233\frac{1}{3}$	Zum zweitenmal zu pflügen à $2\frac{1}{2}$ Morgen . .	—	$186\frac{2}{3}$	$93\frac{1}{3}$	—
	zu eggen à 18 " . .	$51\frac{5}{6}$			—
$233\frac{1}{3}$	Zum drittenmal zu pflügen à $2\frac{1}{2}$ Morgen . .	—	$186\frac{2}{3}$	$93\frac{1}{3}$	—
	zu eggen à 18 " . .	$51\frac{5}{6}$	—	—	—
50	Erbsenstoppel zu stürzen à $1\frac{1}{2}$ Morgen	—	$66\frac{2}{3}$	$33\frac{1}{3}$	—
	zu eggen à 18 "	$11\frac{1}{9}$	—	—	-
	Summa	$181\frac{1}{3}$	$673\frac{2}{3}$	$336\frac{5}{6}$	-
	Mistarbeiten.				
$116\frac{2}{3}$	Mit Mist zu befahren, 7 Fuder per Morgen, 2 Morgen täglich (14 Fuder)	$233\frac{1}{3}$		—	—
	Drei Gespann fahren $19\frac{4}{9}$ à 2 Fuder	—	—	$58\frac{1}{3}$	$58\frac{1}{3}$
	Zum Streuen 1 Weib per Morgen	—	—	—	$116\frac{2}{3}$
	Summa	$233\frac{1}{3}$		$58\frac{1}{3}$	175

Morgenzahl.	Arbeiten.	Arbeitstage. Einzelne Pferde.	Zwei Wechsel Ochsen.	Männl.	Weibl.
	Erntearbeiten. Getreide.				
333⅓	Winterung zu mähen à 2½ Morgen p. Sense .	—	—	133⅓	—
	Harken und Binden à 2 Morgen p. Person . .	—	—	—	166⅔
	Das Getreide von 10 Morgen täglich p. Gespann einzufahren	133⅓	—		
	Per 3 Gespann täglich 4 Menschen zum Aufladen und Nachharken		—	22	22
	Zum Tassen täglich 2 Männer und 8 Weiber .	—	—	22	88
50	Erbsen zu mähen à 1½ Morgen	—	—	33⅓	—
	Per Gespann täglich 8 Morgen abzufahren . .	25	—	—	—
	Zum Laden à 6 Menschen	—	—	6	6
	„ Tassen à 8 Weiber und 2 Männer . .	—	—	4	16
166⅔	Gerste zu mähen à 3 Morgen	—	—	55⅓	—
	Zum Harken und Binden 3 Morgen p. Weib .	—		—	55⅓
	Funfzehn Morgen p. Gespann abzufahren . . .	44½	—	—	—
	Zum Laden à 4 Personen	—	—	8	8
	„ Tassen 2 Männer und 8 Weiber . . .	—	—	8	32
166⅔	Hafer zu mähen à 3 Morgen p. Sense . . .	—	—	55⅓	—
	Zum Harken und Binden 3 Morgen p. Weib .	—	—	—	55⅓
	Funfzehn Morgen p. Gespann abzufahren . .	44½	—	—	—
	Zum Laden à 4 Personen	-	—	8	8
	„ Tassen 2 Männer und 8 Weiber . . .	—	—	8	32
	Summa	247⅓	—	363⅓	489⅓
	Heuernte.				
150	Wiesen zum erstenmal zu mähen und zu werben	—	—	100	100
	Funfzig Fuder täglich à 7 Fuder einzufahren .	28 4/7	—	—	—
	Zum Laden ꝛc. 6 Morgen	—	—	7½	7½
	„ Tassen, 1 Mann und 5 Weiber	—	—	2½	12½
50	Klee zweimal zu mähen à 2½ Morgen p. Sense	—	—	40	—
	Vier Morgen 1 Weib zu werben	—	—	—	25
	Einzufahren à 7 Fuder	28 4/7	—	—	—
	Aufzuladen à 6 Menschen	—	—	7½	7½
	Auf dem Boden 1 Mann und 5 Weiber . . .	—	—	2½	12½
	Summa	57 1/7	—	160	165
	Summa aller Sommerarbeiten	719 1/7	673⅔	918½	829⅓

Morgenzahl.	Arbeiten.	Arbeitstage. Einzelne Pferde.	Zwei Wechsel-Ochsen.	Männl.	Weibl.
	Herbstarbeiten.				
	Pflugarbeit.				
50	Kleestoppel einfährig à $1\frac{1}{2}$ Morgen zu pflügen .		$33\frac{1}{3}$	$16\frac{2}{3}$	—
	zu eggen à 14 „	$14\frac{2}{7}$	—	—	—
50	Erbsen zum zweitenmal zur Winterung zu pflügen a $2\frac{1}{2}$ Morgen	—	$44\frac{4}{9}$	$22\frac{2}{9}$	—
	zu eggen à 14 „	$14\frac{2}{7}$		—	—
$233\frac{1}{3}$	Brache zur Saat zu pflügen à $2\frac{1}{4}$ Morgen . .		$207\frac{1}{2}$	$103\frac{3}{4}$	—
	zu eggen à 18 . . .	52	—	—	-
$333\frac{1}{3}$	Roggenstoppel zu stürzen à 2 Morgen	—	$333\frac{1}{3}$	$166\frac{2}{3}$	—
	Summa	$80\frac{4}{7}$	$618\frac{2}{3}$	$309\frac{11}{36}$	—
	Grummeternte				
150	Wiesen zu mähen und zu werben	—	—	100	100
	25 Fuder einzufahren a 6 Fuder	$16\frac{2}{3}$	—	—	—
	Zum Laden		—	$4\frac{1}{2}$	$4\frac{1}{2}$
	Zum Tassen	—	—	$1\frac{1}{2}$	$7\frac{1}{2}$
	Summa	$16\frac{2}{3}$	—	106	112
	Summa aller Herbstarbeiten	$97\frac{1}{3}$	$618\frac{2}{3}$	$415\frac{11}{36}$	112
	Winterarbeiten.				
	Mistarbeiten.				
50	Für die Erbsen mit Mist zu befahren, 7 Fuder p. Morgen, täglich 9 Fuder	153	—	--	—
	Zum Laden 1 Mann und 1 Weib . , ...		—	$38\frac{8}{9}$	$38\frac{8}{9}$
	„ Streuen 1 Mann p. Morgen		—	50	—
	Summa	153	—	$88\frac{8}{9}$	$38\frac{8}{9}$
	Verfahren des Getreides.				
	$6\frac{1}{4}$ Wispel Erbsen, $27\frac{1}{2}$ „ Gerste, $47\frac{1}{2}$ „ Roggen, auf 3 Tage zu verfahren. Winterung . . .	645			
	Sommerung . .	264			
	Summa	909			

Arbeiten.	Arbeitstage. Einzelne Pferde.	Zwei Wechsel Ochsen.	Männl.	Weibl.
Verschiedene Fuhren und Arbeiten.				
50 Klafter Holz 1 Meile zu holen	200		—	—
90 Ctr. Steinwolle zu verfahren, 2 Fuhren à 4 Pf. .	24	-	—	—
900 Schafe zu scheeren	-	-	—	50
Wasserfurchen 2c. 500, Hofarbeit 250, Garten 30 . .	—	—	780	—
Summa	224	—	780	50
Rekapitulation.				
Frühjahrsarbeiten: Pflugarbeiten	$147\frac{1}{2}$	$464\frac{2}{3}$	$232\frac{1}{3}$	—
Sommerarbeiten: a) Pflugarbeiten	$181\frac{1}{3}$	$673\frac{2}{3}$	$336\frac{5}{6}$	—
b) Mistarbeiten	$233\frac{1}{3}$	—	$58\frac{1}{3}$	175
c) Getreideernte	$247\frac{1}{3}$	—	$363\frac{1}{3}$	$489\frac{1}{3}$
d) Heuernte	$57\frac{1}{7}$	—	160	165
Summa der Sommerarbeit	$719\frac{1}{7}$	$673\frac{2}{3}$	$918\frac{1}{2}$	$829\frac{1}{3}$
Herbstarbeiten: a) Pflugarbeiten	$80\frac{4}{7}$	$618\frac{2}{3}$	$309\frac{1}{3}\frac{1}{6}$	—
b) Grummeternte	$16\frac{2}{3}$	—	106	112
Summa	$97\frac{1}{3}$	$618\frac{2}{3}$	$415\frac{1}{3}\frac{1}{6}$	112
Winterarbeiten: a) Mistarbeiten	153	—	$88\frac{8}{9}$	$38\frac{8}{9}$
b) Verfahren des Getreides . .	909	—	—	—
Summa	1062	—	$88\frac{8}{9}$	$38\frac{8}{9}$
Verschiedene Fuhren und Arbeiten.				
Holz	200	—	—	.
Wolle	24	—	—	—
Schafe zu scheeren	--	--	—	50
Wasserfurchen 2c.	—	—	500	—
Hofarbeiten	—	—	250	-
Gartenbestellung		—	30	—
Summa	224	—	780	50
Totalsumma aller Arbeiten	2250	1757	2435	1030

Wenn 8 Pferde gehalten werden und 300 Arbeitstage thun		2400 Tage,
und 16 einzelne Ochsen im Wechsel zu 240 Arbeitstagen	=	1920 „
		4320 Tage,

so bleiben 318 über, welche kaum zur Deckung der Nebenfuhren und Zufälligkeiten hinreichen. Wenigstens würde noch ein überkompletes Pferd nöthig seyn. Besonders reichen im Sommer die Pferde bei der Ernte nicht.

Werden 15 Pferde gehalten, also 6 Pferde mehr, so werden sie alle Arbeit decken. Auf 16 Ochsen verlohnt sich kaum, einen Ochsenhirten zu halten, und ihnen die Weide einzugeben, welche hier ohnehin sehr knapp ist, und für das Nutzvieh nöthig.

Kostet die Unterhaltung eines Pferdes 535 # und die eines Ochsen 162, so werden 6 Pferde mehr als 16 Ochsen mit dem Ochsenhirten kosten 258 # oder 28⅔ Scheffel. Diese Ersparung wird aber durch die Unbequemlichkeit, zweierlei Gespanne zu halten, leicht überwogen.

Wenn ein Mann 220 Arbeitstage außer dem Abdreschen thut, so erfordert die Wirthschaft 11 Familien, falls man keine auswärtigen Arbeiter haben kann. Diese werden dann auch mit einiger Hülfe des Hofgesindes zur Vollführung der Ernte in fünf Wochen hinreichen.

Auf 22 Morgen Winterung kommt 1 Pferd.

II.

Arbeitsberechnung

einer

achtschlägigen Koppelwirthschaft

von

1200	Morgen	Ackerland,
150	=	Wiese,
100	=	Außenweide.

Schläge:

1) Brache.
2) Roggen.
3) Gerste.
4) Hafer.
5) Mäheklee.
6, 7, 8) Weide.

Morgenzahl.	Arbeiten.	Arbeitstage. Einzelne Pferde.	Männl.	Weibl.
	Im Frühjahr.			
150	Zum Hafer einmal zu pflügen mit 2 Pferden à 2¼ M.	133⅓	33⅓	—
	zu eggen à 16 Morg. mit 4 Pferd.	37½	—	—
150	Zur Gerste zweimal zu pflügen à 2¼ Morgen . . .	266⅓	66⅓	—
	zu eggen à 16 „ . . .	75	—	—
75	Aufbruch des Dreesches à 1¾ Morgen	85	21¼	—
	zu eggen à 16 „	19⅓	—	
	Mit den übrigbleibenden 90 Fudern Dünger kann der Garten, und mit dem dann noch überflüssigen der schlechtere Theil der Wiesen überdüngt werden. Die größere Entfernung der Wiesen hebt die mindere des Gartens auf, und ich rechne hier wie später bei der gewöhnlichen Mistausfuhr 12 Fuder täglich per Gespann	30	—	—
8	Gartenbestellung, per Morgen 5 Arbeitstage — hier werden nur 3 angenommen, die beiden übrigen kommen im Sommer	—	8	16
1200	Zu Ziehung der Wasserfurchen, Aufräumung der Gräben, Instandhaltung der Befriedigungen, Verbesserung der Wege per Morgen Ackerland ½ Mann; jedoch wird hier nur ¼, im Herbste das andere ¼ berechnet	—	300	—
	1 Tagelöhner täglich zum Häckselschneiden; von diesem wird in jeder Periode ¼ veranschlagt	—	70	—
	Summa	646½	499½	16

Da diese Arbeit in 60 Tagen zu vollführen ist, so sind täglich erforderlich:

Pferde.	Männl. Arbeiter.	Weibl. Arbeiter.
10⅓	8⅓	¼

Im Sommer.

Morgenzahl.	Arbeiten.	Einzelne Pferde.	Männl.	Weibl.
150	Zur Winterung zweimal zu pflügen à 2½ Morgen . .	240	60	—
	zweimal zu eggen à 16 „ . .	75	—	
150	Mit Mist zu befahren, per Morgen 7 Fuder, täglich 12 Fuder	350	60	—
	Latus	665	60	—

Morgenzahl.	Arbeiten	Arbeitstage. Einzelne Pferde	Männl.	Weibl.
	Transport	665	60	—
	Zum Laden per Gespann 1 Weib, $\frac{1}{2}$ Mann	--	$43\frac{1}{2}$	87
	Breiten und Brechen, per Morgen $\frac{1}{2}$ Mann u. $\frac{1}{2}$ Weib	--	75	75
150	Einfahren des Wintergetreides.			
	150 Morgen Winterung à 9 Scheffel Ertrag pro Morgen 1350 Scheffel			
	der Scheffel à 86 Pfund = 116100 Pfd.			
	Das Verhältniß des Korns zum Stroh ist wie 40 : 100, und folglich der Strohertrag . . . . . = 290250 "			
	Summa des Ganzen = 406350 Pfd.			
	Das Fuder zu 3500 Pfund gerechnet, macht 116 Fuder im Ganzen.			
	Hiervon einzufahren täglich 15 Fuder p. Gespann .	32		—
	Wenn also hiernach 32 Pferde oder 8 Gespann das Einfahren in 1 Tage beendeten, so werden 3 zu haltende Gespanne dasselbe in $2\frac{2}{3}$ Tagen beenden.			
	1 Lader und 1 Nachharker auf jedes Gespann . . .		8	8
	In der Scheune täglich 2 Männer und 8 Weiber, so lange das Einfahren dauert	—	$5\frac{1}{3}$	$21\frac{1}{3}$
	Die Winterung zu mähen à $2\frac{1}{2}$ Morgen	—	60	—
	zu sammeln und zu binden à 2 Morg.	—		75
150	Gerstenernte.			
	150 Morg. Gerste à 9 Schfl. p. M. 1350 Schfl.			
	der Scheffel à 86 Pfd. 91800 Pfd. Körner			
	Verhältniß des Korns zum Stroh wie 60 : 100 . 153000 " Stroh			
	Summa des Ganzen = 244800 Pfd.			
	Das Fuder à 3500 Pfd. gerechnet, macht 70 Fuder einzufahren, täglich à 15 Fuder	$18\frac{1}{3}$	—	—
	Das Einfahren wird mit 3 Gespannen, also in $1\frac{1}{2}$ Tage beendet werden.			
	1 Lader, 1 Nachharker p. Gespann	—	$4\frac{1}{2}$	$4\frac{1}{2}$
	In der Scheune täglich 2 Männer, 8 Weiber . . .	—	3	12
	Die Gerste zu mähen à 3 Morgen	—	50	--
	Sammeln und Binden à 2 Morgen		—	75
	Latus	$715\frac{1}{3}$	$309\frac{1}{3}$	358

Morgenzahl.	Arbeiten.	Arbeitstage. Einzelne Pferde.	Männl.	Weibl.
	Transport	715⅓	309⅓	358
150	**Hafererernte.**			
	8 Scheffel Ertrag p. Morgen = 1200 Scheffel à 52 Pfund = 62400 Pfd. Korn			
	Verhältniß des Korns zum Stroh wie 60 : 100 = 104000 „ Stroh			
	Das Ganze folglich = 166400 Pfd.			
	3500 Pfund p. Fuder = 47½ Fuder.			
	Einzufahren täglich à 15 Fuder	12⅓		—
	Mit 3 Gespannen wird das Einfahren also in einem Tage vollbracht werden können.			
	1 Lader, 1 Nachharker p. Gespann	—	3	3
	In der Scheune täglich 2 Männer, 8 Weiber . . .	—	2	8
	Zu mähen täglich à 3 Morgen	—	50	
	Sammeln und Binden à 2 Morgen	—	—	75
150	**Kleeheuernte, erster Schnitt.**			
	Zu mähen à 2 Morgen	—	75	—
	Zu werben à 3 „	—	—	50
	Heugewinnst 1000 Pfd. p. Morgen; auf 150 Morgen also = 150000 Pfund, oder 68 Fuder à 2200 Pfund.			
	Einzufahren 8 Fuder p. Gespann	34	—	—
	Zum Laden 1 Mann und 1 Weib p. Gespann . . .	—	8½	8½
	Beim Aufbringen täglich 1 Mann und 4 Weiber, so lange das Einfahren dauert (3 Tage	—	3	12
150	**Wiesenheuernte, erster Schnitt.**			
	Zu mähen à 1½ Morgen	—	100	—
	Zu werben à 1½ „	—	—	100
	Heugewinnst p. Morgen 800 Pfd., folglich 120000 Pfd. macht das Fuder à 2200 Pfd. 54½ Fuder.			
	Diese einzufahren à 6 Fuder täglich	36⅓	—	—
	Zum Laden 1 Mann, 1 Weib	—	9	9
	Beim Aufbringen 1 Mann, 4 Weiber täglich, so lange das Einfahren dauert (3 Tage nämlich)	—	3	12
150	**Kleeheuernte, zweiter Schnitt.**			
	Zu mähen täglich 2 Morgen	—	75	—
	Zu werben „ à 3 „		—	50
	Kleeheugewinnst p. Morgen 600 Pfund, macht auf 150 Morgen 90000 Pfund Heu, das Fuder à 2200 Pfund = 41 Fuder.			
	Latus	798	637⅚	685½

Morgenzahl.	Arbeiten.	Arbeitstage. Einzelne Pferde.	Männl.	Weibl.
	Transport	798	637$\frac{1}{2}$	685$\frac{1}{3}$
	Diese einzufahren, und zwar täglich 8 Fuder	21		—
	Zum Laden 1 Mann, 1 Weib p. Gespann	—	5	5
	Beim Aufbringen, so lange die Ernte dauert, täglich 1 Mann und 4 Weiber (1$\frac{3}{4}$ Tag)	—	1$\frac{3}{4}$	7
8	Gartenbestellung. Die vom Frühjahr übrigen zwei Arbeitstage werden hier berechnet p. Morgen 5 Arbeitstage		4	12
	$\frac{1}{4}$ des Tagelöhners zum Häckselschneiden	—	70	—
	Summa	819	718$\frac{7}{12}$	709$\frac{1}{3}$
	Da diese Arbeit in 80 Tagen zu vollenden ist, so wird erfordert an Pferden. 10$\frac{1}{4}$ — Männl. Arbeitern. 9 — Weibl. Arbeitern. 9			
	Im Herbst.			
150	Zur Saat zu pflügen à 2$\frac{1}{2}$ Morgen	120	30	—
	zu eggen à 16 "	37$\frac{1}{3}$	—	—
150	Nachheu zu mähen à 1$\frac{1}{2}$ Morgen		100	—
	zu werben	—		100
	Ertrag p. Morgen 400 Pfund; auf 150 Morgen also 60000 Pfund Heu, das Fuder à 2200 Pfund macht 27$\frac{1}{4}$ Fuder.			
	Diese einzufahren und zwar à 6 Fuder täglich . . .	18		—
	Zum Laden p. Gespann 1 Mann und 1 Weib . . .	··	4$\frac{1}{2}$	4$\frac{1}{2}$
	Zum Aufbringen 1 Mann und 4 Weiber (1$\frac{1}{2}$ Tag hindurch)	—	1$\frac{1}{2}$	6
300	Zu Gerste und Hafer zu stoppeln à 2 Morgen . . .	300	75	
75	Aufbruch des Dreesches à 1$\frac{3}{4}$ Morgen	85	21$\frac{1}{4}$	—
	zu eggen à 16 "	19$\frac{3}{4}$		—
	$\frac{1}{4}$ des Tagelöhners zur Ziehung der Wasserfurchen, Räumung der Gräben ꝛc.	—	300	—
	$\frac{1}{4}$ des Tagelöhners zum Häckselschneiden	—	70	—
	Summa	580	602$\frac{1}{4}$	110$\frac{1}{2}$
	Da diese Arbeit in 70 Arbeitstagen vollendet werden muß, so wird erfordert an Pferden. 8$\frac{1}{4}$ — Männl. Arbeitern. 8$\frac{1}{2}$ — Weibl. Arbeitern. 1$\frac{1}{2}$			

Im Winter.

Verfahren des Getreides auf drei Meilen.

	Pferde
Der reine Ertrag nach Abzug der Einsaat betrug an:	
Roggen 1181 Scheffel — Hiervon geht ab:	
a) Das Drescherlohn zum 16ten Schfl. von 1350 Schfl. = 84½ Schfl.	
b) Konsumtion für 8 männl. à 12 Schfl. / 9 weibl. à 10 „ } Dienstboten = 186 „	
270½ Schfl.	
Es bleiben also zum Verfahren 910 Schfl. = 38 Fuhren à 24 Schfl. =	304
Gerste 1181 Scheffel. — Hiervon geht ab:	
a) Das Drescherlohn zum 16ten Schfl. von 1350 Schfl. = 84½ Schfl.	
b) Zu Mehl, Graupen, Grütze ic. . . . . 20 „	
104½ Schfl.	
Es bleiben zum Verfahren 1076½ Schfl. = 34 Fuhren à 32 Schfl. =	272
Hafer 993 Scheffel. — Hiervon ab:	
a) Drescherlohn um den 16ten Schfl. von 1200 Schfl. = 75 Schfl.	
b) Konsumtion für 12 Pferde à 70 Schfl. jährlich . . = 840 „	
915 Schfl.	
Es bleiben zum Verfahren also 78 Schfl. oder 2 Fuhren à 39 Schfl. =	16
Ferner:	
Die Anfuhr von 36 Klaftern Holz 1 Meile her p. Gespann täglich 1 Klafter	144
Nebenfuhren zu Bedürfnissen aus der Stadt	52
Summa	788
½ Tagelöhner zum Häckselschneiden = 70 Arbeiter.	
Die Winterarbeit muß in 72 Arbeitstagen vollendet werden, folglich werden für diese Periode erfordert	
11 Pferde und ein männlicher Arbeiter.	

Rekapitulation.

Total-Summe der männlichen Arbeitstage . . 1890
„ „ der weiblichen „ . . 835½.

Da man annimmt, daß, wenn man im Frühjahre mit dem Gespann und im Sommer mit den Arbeitsleuten zureicht, dann auch mit demselben Viehe und denselben Arbeitern die Wirthschaft in allen Perioden auskomme, so nehme ich in meiner Berechnung zum Ueberfluß 12 Pferde und 9 anzusetzende Tagelöhnerfamilien an. — Wollte man diese Wirthschaft auf Ochsen berechnen, so dürfen doch der vielen Heu- und Erntefuhren wegen nicht unter 8 Pferden gehalten werden, wogegen die übrigen 4 durch 4 Wechselochsen ersetzt werden müßten.

III.

Arbeitsberechnung

einer

siebenschlägigen Fruchtwechselwirthschaft

mit

Stallfütterung

von

1200 Morgen Ackerland und 150 Morgen Wiese

auf sandigem, Lehm- oder Gerstenboden.

Mit der Rotation

von

1) Hackfrüchten (Kartoffeln, Bohnen).
2) Gerste nach Kartoffeln, Weizen nach Bohnen.
3) Klee. 4) Klee. 5) Winterung.
6) Erbsen und Wicken. 7) Winterung.

Morgenzahl.	Arbeiten.	Arbeitstage eines Pferdes.	eines Wechsel-Ochsen.	Männl.	Weibl. und Jungen.
	Frühjahrsperiode von 64 Tagen.				
90	Zu Kartoffeln zum zweitenmal zu pflügen à $2\frac{1}{3}$ Morgen	—	78	38	—
	zu eggen à 16 „	$22\frac{1}{2}$	—	—	—
90	Zur Kartoffeln-Einlage zu pflügen à $2\frac{1}{3}$ Morgen	—	78	39	—
	zu eggen à 16 „	$22\frac{1}{2}$	—	—	—
$81\frac{1}{2}$	Pferdebohnen zur Saat zu pflügen à 2 Morgen	—	$81\frac{1}{2}$	$40\frac{1}{2}$	—
	zu drillen	—	—	18	18
$171\frac{1}{2}$	Zu Erbsen und Wicken zu pflügen à $2\frac{1}{3}$ Morgen	170	—	$73\frac{1}{2}$	—
	zu eggen à 12 „	75	—	—	—
90	Kartoffeln vor dem Laufen mit dem großen Exstirpator zu überziehen à 18 Morgen . . .	20	—	5	—
	Lang zu eggen à 24 „ . . .	15	—		—
$81\frac{1}{2}$	Weizen im Frühjahr zur Kleeeinsaat zu übereggen à 20 Morgen	16	—	—	—
$81\frac{1}{2}$	Gedrillte Bohnen zum erstenmal zu bearbeiten à 6 Morgen	14	—	12	12
90	Zu Gerste mit dem großen Exstirpator zu überziehen à 18 Morgen	20	—	5	—
	zu eggen à 22 „	15	—	—	
	Die Gerste mit dem kleinen Exstirpator unterzubringen à 10 Morgen	18	—	—	
	zu eggen	15	—	—	—
	zu walzen	18		—	—
90	Kartoffeln einzulegen	—	—	—	225
$171\frac{1}{2}$	Erbsen per Morgen mit 4 Fudern Mist zu befahren	229	—	—	—
	Den Mist mit Sorgfalt zu breiten und zu laden	—	—	200	60
	An kleinern Arbeiten	—	—	200	100
	An Nebenfuhren in dieser Periode	72	—	—	—
	Summa der Frühjahrsperiode	724	$237\frac{1}{2}$	631	415

Morgenzahl.	Arbeiten.	Arbeitstage: eines Pferdes.	Arbeitstage: eines Wechsel-Ochsen.	Arbeitstage: Männl.	Arbeitstage: Weibl. und Jungen.
	Sommerperiode von 80 Tagen.				
$171\frac{1}{2}$	Erbsstoppel zu pflügen à $2\frac{1}{2}$ Morgen	—	138	69	--
	zu eggen à 18 „	38	—	—	—
90	Kartoffeln dreimal zu behacken	45	—	45	45
$81\frac{1}{2}$	Bohnen anzuhäufeln	14	—	14	14
$171\frac{1}{2}$	Klee mit dem Schnittpfluge unterzupflügen, täglich $1\frac{1}{2}$ Morgen	—	229	$114\frac{1}{3}$	–
	zu eggen à 16 Morgen	43	—	—	—
	Erntearbeiten.				
$424\frac{1}{2}$	Winterung zu mähen per Sense $2\frac{1}{2}$ Morgen .	—	—	170	—
	Sammeln und Binden per Person 2 Morgen .	—	—	—	213
	Einzufahren per Gespann täglich das Getreide von 12 Morgen	141		—	—
	An Ladern und Nachharkern	—	—	32	32
	In der Scheune zum Tassen	—	—	24	90
$171\frac{1}{2}$	Erbsen u. Wicken zu mähen p. Sense $1\frac{1}{2}$ Morg.	—	–	115	—
	Einzufahren	76	—	—	—
	An Ladern und Nachharkern	—	—	24	24
	Zum Tassen	—	—	24	60
90	Gerste zu mähen per Sense 3 Morgen . . .	—	—	30	—
	Zu sammeln und zu binden	—	—	—	45
	Einzufahren	24	—	—	—
	Lader und Nachharker	—	-	6	6
	In der Scheune zum Tassen	—	—	12	50
117	Klee zu Heu mähen per Sense 2 Morgen . .	—	—	$58\frac{1}{2}$	-
	Zu werben	—	—	—	30
	Einzufahren	39	—	-	—
	Zum Laden und Nachharken	—	—	10	10
	Aufzubringen	—	—	10	40
	Latus	420	367	$757\frac{5}{6}$	659

Morgenzahl.	Arbeiten.	Arbeitstage eines Pferdes.	eines Wechsel-Ochsen.	Männl.	Weibl. und Jungen.
	Transport	420	367	$757\frac{5}{6}$	659
150	Wiesen zu mähen per Sense $1\frac{1}{2}$ Morgen . . .	—	—	100	--
	Zu werben	—	—	—	100
	Einzufahren	50	—	—	—
	Zum Laden und Nachharken	—	—	12	12
	Zum Aufbringen	—	—	12	50
	An Nebenarbeiten sind in dieser Periode zu rechnen . . . . wobei aber anzunehmen, daß der grüne Klee mit einem Paar besonders dazu gehaltenen Ochsen angefahren werde	160	—	340	120
	Summa der Sommerperiode	630	367	$1221\frac{5}{6}$	941

Herbstperiode

von 76 Tagen.

Morgenzahl.	Arbeiten.	eines Pferdes.	eines Wechsel-Ochsen.	Männl.	Weibl. und Jungen.
90	Kartoffelland zu Gerste zu pflügen	—	103	52	—
	zu eggen	18	—	—	—
90	Zu Kartoffeln tief zu pflügen à $1\frac{1}{2}$ Morgen . .	—	120	60	—
	lang zu eggen	$22\frac{1}{2}$	—	—	—
$81\frac{1}{2}$	Bohnenland zu Weizen zu pflügen à $2\frac{1}{2}$ Morgen	—	73	37	
$81\frac{1}{2}$	Zu Bohnen tief zu pflügen à $1\frac{1}{2}$ Morgen . .	-	109	55	—
	zu eggen à 16 „ . .	21	—	—	—
424	Winterung mit dem kleinen Exstirpator unterzubringen	85	—	—	
	Zu eggen	74	—	-	—
117	Kleeheu zum zweitenmal zu mähen	—	—	$58\frac{1}{2}$	--
	Zu werben	—	-	—	30
	Einzufahren	20	—	—	—
	Laden und Nachharken	—	—	10	10
	Aufzubringen	—	—	5	22
	Latus	$240\frac{1}{2}$	405	$277\frac{1}{2}$	62

Morgenzahl.	Arbeiten.	Arbeitstage			
		eines Pferdes.	eines Wechsel-Ochsen.	Männl.	Weibl. und Jungen.
	Transport	240½	405	277½	62
150	Grummet zu mähen	—	—	100	—
	Zu werben	-	—	—	100
	Einzufahren	30	—	--	—
	Zu laden	—	—	8	8
	Aufzubringen	—	—	8	30
90	Kartoffelland mit Mist zu befahren per Morgen 8 Fuder	240	—	—	—
	Zu laden	—	—	30	60
81	Zu Bohnen mit Mist zu befahren 10 Fuder per Morgen	326	—	—	—
	Zu laden und zu breiten	—	—	110	110
90	Kartoffeln aufzunehmen per Morgen 1 Mann, 8 Weiber	—	—	90	720
	Kartoffeln einzufahren per Gespann 3 Morgen und 1 Arbeiter dabei	120	—	30	—
	An Handarbeiten in dieser Periode	—	—	300	80
	An Nebenfuhren	48	—	—	—
	Summa der Herbstperiode	1004½	405	953½	1170

Winterperiode.

	In diese Periode fallen hauptsächlich die Getreidefuhren zum Verkauf. Wenn man annimmt, daß auf eine Fuhre 2 Tage erfordert werden, so werden nach einem gemachten Ueberschlag des Körnerertrages, nach Abzug der Einsaat und der Konsumtion, dazu erfordert	1400	—	—	—
	Jedoch ist hier, so wie bei jeder der andern Perioden anzunehmen, daß ein Theil dieser Arbeit in einer andern zu gelegener Zeit geschehen könne.				
	Latus	1400	—	—	—

Morgenzahl.	Arbeiten.	Arbeitstage eines Pferdes.	Arbeitstage eines Wechsel-Ochsen.	Arbeitstage Männl.	Arbeitstage Weibl. und Jungen.
	Transport	1400	—	—	—
	Die Holz- und Nebenfuhren werden in dieser Periode von den gut genährten und eingefahrnen Ochsen verrichtet, und es können darauf berechnet werden	—	400	—	—
	An Tagelöhnern werden, da das Dreschen in dieser Jahreszeit um den 16ten Scheffel geschieht, noch erforderlich seyn	—	—	140	—
	Summa der Winterperiode	1400	400	140	—

Rekapitulation.

Frühjahrsarbeiten	720	$237\frac{1}{2}$	631	415
Sommerarbeiten	630	367	$1221\frac{1}{6}$	911
Herbstarbeiten	$1004\frac{1}{2}$	405	$953\frac{1}{2}$	1170
Winterarbeiten	1400	400	140	—
Summa	$3758\frac{1}{2}$	$1409\frac{1}{2}$	$2946\frac{1}{2}$	2496

Es ist angenommen, daß dabei folgendes Gesinde gehalten werde:

1 Meier, der das Säen verrichtet.
4 Pferdeknechte.
1 Nebenknecht.
1 Kuhwärter.
1 Ochsenwärter.
1 Schweinewärter.
6 Viehmägde.
1 Hausmagd.

IV.

Arbeitsberechnung

einer

Fruchtwechselwirthschaft in eilf Schlägen

von

1200	Morgen	Ackerland,
150	"	Wiese, à Morgen zu 15 Ctr. Heu,
100	"	Außenweide.

Die eilf Schläge, deren jeder 109 1/11 Morgen Ackerland enthält, liegen in folgender Rotation:

1) Brachfrüchte mit 10 Fudern Düngung.
2) Gerste.
3) Klee.
4) Klee im Winter mit Jauche überfahren.
5) Raps mit 6 Fudern gedüngt.
6) Weizen.
7) Erbsen mit 5 Fudern überdüngt.
8) Roggen.
9) Wicken mit 4 Fudern überdüngt.
10) Roggen.
11) Hafer.

Schläge.	Morgenzahl.	Arbeiten.	Frühjahrsperiode von 64 Arbeitstagen.			
			Ein Pferd.	Ein Wechselochse.	Männl. Handtage.	Weibl. Handtage.
I.	$109\frac{1}{11}$	Brachschlag im vorhergehenden Herbst tief zu pflügen à $1\frac{1}{2}$ Morgen	—	—	—	—
		Zu eggen à 16 Morgen	—	—	—	—
		à 10 Fuder Dünger p. Morgen $1090\frac{10}{11}$ Fuder Dünger aufzufahren, täglich 8 Fuder . . .	—	—	—	—
		Zum Laden pro Gespann $\frac{1}{2}$ Mann, 1 Weib .	—	—	—	—
		Zum Breiten per Morgen 1 Mann	—	—	$109\frac{1}{11}$	—
		Zum 2tenmal den Brachschlag umzupflügen $2\frac{1}{3}$ Morgen pro Tag, und zu eggen à 16 Morgen	$27\frac{3}{11}$	$93\frac{6}{11}$	$46\frac{8}{11}$	—
	$49\frac{1}{11}$	Zum 3tenmal zum Einlegen der Kartoffeln zu pflügen à $2\frac{1}{2}$ Morgen	—	$39\frac{3}{11}$	$19\frac{7}{11}$	—
		Die Kartoffeln einzulegen p. Morgen $2\frac{1}{2}$ Weiber	—	—	—	$122\frac{8}{11}$
		Zu eggen à 18 Morgen, das Viergespann . .	$10\frac{10}{11}$	—	—	—
		Mit dem Exstirpator zu überziehen à 18 Morgen auf 4 Pferde	—	—	—	—
		Lang zu eggen à 24 Morgen	—	—	—	—
		Dreimal die Kartoffeln mit Pferdeschaufel und Hacke zu bearbeiten, 1 Pferd und $1\frac{1}{2}$ Mann täglich 6 Morgen	—	—	—	—
		Die Kartoffeln aufzunehmen p. Morgen 1 Mann, 8 Weiber	—	—	—	—
		Diese abzufahren auf 4 Morgen 1 Gespann und 1 Tagelöhner	—	—	—	—
	60	Zu Rotabaga zum 3tenmal zu pflügen à $2\frac{1}{2}$ M.	—	48	24	—
		Zu eggen à 18 Morgen	$13\frac{4}{11}$	—	—	—
		Mit dem Marqueur zu überziehen; 2 Mann, 1 Pferd bestreiten 20 Morgen	3	—	6	—
		Rotabaga-Samen mit dem Rübendriller zu drillen 1 Mann 6 Morgen	—	—	10	—
		Die zu dicht stehenden Pflanzen mit den Hacken der großen Drillmaschine zu lichten, 1 Pferd, $1\frac{1}{2}$ Mann à 12 Morgen	—	—	—	—
	60	Rotabaga zweimal mit der Pferdeschaufel zu beschaufeln, 1 Pferd, $1\frac{1}{2}$ Mann à 6 Morgen .	—	—	—	—
		Aufzunehmen p. Morgen $\frac{1}{2}$ Mann u. 4 Weiber	—	—	—	—
		Abzufahren per Morgen 1 Gespann, 1 Mann auf 2 Morgen	—	—	—	—
I_1.	$109\frac{1}{11}$	Den Brachschlag zur Gerste zu pflügen à $1\frac{3}{4}$ M.	—	—	—	—
		Lang zu eggen à 20 Morgen	—	—	—	—
		Die Saat mit dem kleinen Exstirpator unterzubringen 2 Pferde 10 Morgen	$21\frac{9}{11}$	—	$16\frac{4}{11}$	—
		Lang zu eggen à 24 Morgen . . . . ,	$18\frac{2}{11}$	—	—	—
		Im Frühjahr mit dem Exstirpator überzuziehen à 18 Morgen 4 Pferde	$24\frac{3}{11}$	—	$6\frac{1}{11}$	—
		Latus	$118\frac{9}{11}$	$180\frac{9}{11}$	$237\frac{10}{11}$	$122\frac{8}{11}$

Sommerperiode von 80 Arbeitstagen.				Herbstperiode von 76 Arbeitstagen.				Winterperiode von 80 Arbeitstagen.			
Ein Pferd.	Ein Wechselochse.	Männl. Handtage.	Weibl. Handtage.	Ein Pferd.	Ein Wechselochse.	Männl. Handtage.	Weibl. Handtage.	Ein Pferd.	Ein Wechselochse.	Männl. Handtage.	Weibl. Handtage.
—	—	—	—	$145\frac{5}{11}$	—	$36\frac{4}{11}$	—	—	—	—	—
—	—	—	—	$27\frac{3}{11}$	—	—	—	—	—	—	—
—	—	—	—	—	—	—	—	$545\frac{5}{11}$	—	—	—
—	—	—	—	—	—	—	—	—	—	$68\frac{2}{11}$	$136\frac{4}{11}$
—	—	—	—	—	—	—	—	—	—	—	—
—	—	—	—	—	—	—	—	—	—	—	—
—	—	—	—	—	—	—	—	—	—	—	—
—	—	—	—	—	—	—	—	—	—	—	—
—	—	—	—	—	—	—	—	—	—	—	—
$10\frac{10}{11}$	—	$2\frac{8}{11}$	—	—	—	—	—	—	—	—	—
$8\frac{2}{11}$	—	—	—	—	—	—	—	—	—	—	—
$24\frac{6}{11}$	—	$36\frac{9}{11}$	—	—	—	—	—	—	—	—	—
—	—	—	—	—	—	$49\frac{1}{11}$	$392\frac{8}{11}$	—	—	—	—
—	—	—	—	$49\frac{1}{11}$	—	$12\frac{3}{11}$	—	—	—	—	—
—	—	—	—	—	—	—	—	—	—	—	—
—	—	—	—	—	—	—	—	—	—	—	—
—	—	—	—	—	—	—	—	—	—	—	—
—	—	—	—	—	—	—	—	—	—	—	—
5	—	$7\frac{6}{11}$	—	—	—	—	—	—	—	—	—
20	—	25	—	—	—	30	240	—	—	—	—
—	—	—	—	—	—	—	—	—	—	—	—
—	—	—	—	120	—	30	—	—	—	—	—
—	—	—	—	—	$124\frac{6}{11}$	$62\frac{3}{11}$	—	—	—	—	—
—	—	—	—	$21\frac{9}{11}$	—	—	—	—	—	—	—
—	—	—	—	—	—	—	—	—	—	—	—
—	—	—	—	—	—	—	—	—	—	—	—
—	—	—	—	—	—	—	—	—	—	—	—
$68\frac{7}{11}$	—	$72\frac{1}{11}$	—	$363\frac{7}{11}$	$124\frac{6}{11}$	220	$632\frac{8}{11}$	$545\frac{5}{11}$	—	$68\frac{2}{11}$	$136\frac{4}{11}$

Schläge.	Morgenzahl.	Arbeiten.	Frühjahrsperiode von 64 Arbeitstagen.			
			Ein Pferd.	Ein Wechselochse.	Männl. Handtage.	Weibl. Handtage.
		Transport	$118\frac{9}{11}$	$180\frac{9}{11}$	$237\frac{10}{11}$	$122\frac{7}{11}$
		Lang zu eggen à 24 Morgen	$18\frac{2}{11}$	—	—	—
		Den Kleesamen unterzuwalzen à 18 Morgen .	$12\frac{1}{11}$	—	3	—
III.	$109\frac{1}{11}$	Im Frühjahr den Klee überzueggen à 16 Morgen	$27\frac{3}{11}$	—	—	—
IV.	$109\frac{1}{11}$	Im Winter mit Jauche zu befahren, 2 Pferde, $1\frac{1}{2}$ Mann 1 Morgen	—	—	—	—
V.	$109\frac{1}{11}$	Nach dem ersten Schnitt die Kleestoppel mit dem Schnittpfluge umzubrechen à $1\frac{1}{2}$ Morgen . .	—	—	—	—
		Zu eggen à 16 Morgen	—	—	—	—
		à Morgen 6 Fuder Dünger = $654\frac{6}{11}$ Fuder aufzufahren, à 10 Fuder täglich	—	—	—	—
		Zu laden pr. Gespann $\frac{1}{2}$ Mann, 1 Weib . .	—	—	—	—
		Zum Breiten per Morgen 1 Mann	—	—	—	—
		Den Dünger flach unterzupflügen $2\frac{1}{2}$ Morgen .	—	—	—	—
		Einzueggen à 18 Morgen	—	—	—	—
		Mit dem Marqueur zu überziehen à 20 Morgen	—	—	—	—
	$109\frac{1}{11}$	Den Raps mit dem kleinen Rübendriller zu drillen, 1 Mann 6 Morgen	—	—	—	—
		Einzuwalzen à 18 Morgen	—	—	—	—
		Nach dem Auflaufen übergeeggt à 18 Morgen .	—	—	—	—
		Im Herbst mit der Pferdehacke angehäufelt, 1 Pferd, $1\frac{1}{2}$ Mann 6 Morgen	—	—	—	—
		Im Frühjahr und Anfangs Sommer zweimal behäufelt	$18\frac{2}{11}$	—	$22\frac{8}{11}$	—
VI.	$109\frac{1}{11}$	Das Rapsfeld zum Weizen umgebrochen $2\frac{1}{4}$ Morgen	—	—	—	—
		Zu eggen à 16 Morgen	—	—	—	—
		Mit dem kleinen Exstirpator die Saat unterzubringen, 2 Pferde 10 Morgen	—	—	—	—
		Zu eggen à 16 Morgen	—	—	—	—
		Im Frühjahr zu übereggen à 16 Morgen. . .	$27\frac{3}{11}$	—	—	—
VII.	$109\frac{1}{11}$	Zu Erbsen gepflügt à $2\frac{1}{3}$ Morgen	—	$93\frac{6}{11}$	$46\frac{8}{11}$	—
		Zu eggen à 12 Morgen	$36\frac{4}{11}$	—	—	—
		Per Morgen 5 Fuder Dünger, $545\frac{5}{11}$ Fuder aufzufahren à 12 Fuder	$181\frac{9}{11}$	—	—	—
		Zu laden per Gespann $\frac{1}{2}$ Mann, 1 Weib . .	—	—	$22\frac{8}{11}$	$45\frac{5}{11}$
		Zu breiten per Morgen 1 Mann	—	—	$109\frac{1}{11}$	—
VIII	$109\frac{1}{11}$	Zu Roggen die Erbsstoppel zu pflügen, $2\frac{1}{2}$ Morg.	—	—	—	—
		Zu eggen à 18 Morgen	—	—	—	—
		Die Saat mit dem kleinen Exstirpator unterzubringen à 10 Morgen	—	—	—	—
		Einzueggen à 18 Morgen	—	—	—	—
		Im Frühjahr überzueggen à 16 Morgen . . .	$27\frac{3}{11}$	—	—	—
		Latus	$467\frac{3}{11}$	$274\frac{4}{11}$	$442\frac{2}{11}$	$168\frac{2}{11}$

Sommerperiode von 80 Arbeitstagen.				Herbstperiode von 76 Arbeitstagen.				Winterperiode von 80 Arbeitstagen.			
Ein Pferd.	Ein Wechselochse.	Männl. Handtage.	Weibl. Handtage.	Ein Pferd.	Ein Wechselochse.	Männl. Handtage.	Weibl. Handtage.	Ein Pferd.	Ein Wechselochse.	Männl. Handtage.	Weibl. Handtage.
$68\frac{7}{11}$	—	$72\frac{1}{11}$	—	$363\frac{7}{11}$	$124\frac{6}{11}$	220	$632\frac{8}{11}$	$545\frac{5}{11}$	—	$68\frac{2}{11}$	$136\frac{4}{11}$
—	—	—	—	—	—	—	—	—	—	—	—
—	—	—	—	—	—	—	—	—	—	—	—
—	—	—	—	—	—	—	—	—	—	—	—
—	—	—	—	—	—	—	—	$38\frac{2}{11}$	180	$99\frac{6}{11}$	—
—	$145\frac{5}{11}$	$72\frac{8}{11}$	—	—	—	—	—	—	—	—	—
$27\frac{3}{11}$	—	—	—	—	—	—	—	—	—	—	—
—	$261\frac{9}{11}$	$65\frac{5}{11}$	—	—	—	—	—	—	—	—	—
—	—	$32\frac{4}{11}$	$65\frac{5}{11}$	—	—	—	—	—	—	—	—
—	—	$109\frac{3}{11}$	—	—	—	—	—	—	—	—	—
$17\frac{3}{11}$	60	$34\frac{1}{11}$	—	—	—	—	—	—	—	—	—
$24\frac{3}{11}$	—	—	—	—	—	—	—	—	—	—	—
$5\frac{5}{11}$	—	$10\frac{10}{11}$	—	—	—	—	—	—	—	—	—
—	—	$18\frac{2}{11}$	—	—	—	—	—	—	—	—	—
$12\frac{1}{11}$	—	3	—	—	—	—	—	—	—	—	—
—	—	—	—	$24\frac{3}{11}$	—	—	—	—	—	—	—
—	—	—	—	$18\frac{2}{11}$	—	$22\frac{8}{11}$	—	—	—	—	—
$18\frac{2}{11}$	—	$22\frac{8}{11}$	—	—	—	—	—	—	—	—	—
—	—	—	—	—	$96\frac{10}{11}$	$48\frac{5}{11}$	—	—	—	—	—
—	—	—	—	$27\frac{3}{11}$	—	—	—	—	—	—	—
—	—	—	—	$21\frac{9}{11}$	—	$16\frac{4}{11}$	—	—	—	—	—
—	—	—	—	$27\frac{3}{11}$	—	—	—	—	—	—	—
—	—	—	—	—	—	—	—	—	—	—	—
—	—	—	—	—	—	—	—	—	—	—	—
—	—	—	—	—	—	—	—	—	—	—	—
—	—	—	—	—	—	—	—	—	—	—	—
—	—	—	—	—	—	—	—	—	—	—	—
—	—	—	—	—	—	—	—	—	—	—	—
—	—	—	—	—	$87\frac{3}{11}$	$43\frac{7}{11}$	—	—	—	—	—
—	—	—	—	$24\frac{3}{11}$	—	—	—	—	—	—	—
—	—	—	—	$21\frac{9}{11}$	—	$16\frac{4}{11}$	—	—	—	—	—
—	—	—	—	$24\frac{3}{11}$	—	—	—	—	—	—	—
—	—	—	—	—	—	—	—	—	—	—	—
$137\frac{2}{11}$	$467\frac{3}{11}$	$440\frac{9}{11}$	$65\frac{5}{11}$	$552\frac{9}{11}$	$308\frac{8}{11}$	$367\frac{6}{11}$	$632\frac{8}{11}$	$583\frac{7}{11}$	180	$167\frac{8}{11}$	$136\frac{4}{11}$

Schläge.	Morgenzahl.	Arbeiten.	Frühjahrsperiode von 64 Arbeitstagen.			
			Ein Pferd.	Ein Wechselochse.	Männl. Handtage.	Weibl. Handtage.
		Transport	467$\frac{3}{11}$	274$\frac{4}{11}$	442$\frac{2}{11}$	168$\frac{2}{11}$
IX.	109$\frac{1}{11}$	Roggenstoppel zu Wicken zu pflügen à 2$\frac{1}{3}$ Morg.	—	93$\frac{6}{11}$	46$\frac{9}{11}$	—
		Zu eggen à 12 Morgen	36$\frac{4}{11}$	—	—	—
		Mit 4 Fudern zu überdüngen 436$\frac{4}{11}$ Fuder, 12 Fuder täglich aufzufahren	145$\frac{5}{11}$	—	—	—
		Aufzuladen pro Gespann $\frac{1}{2}$ Mann und 1 Weib	—	—	18$\frac{2}{11}$	36$\frac{4}{11}$
		Zu breiten per Morgen 1 Mann	—	—	109$\frac{1}{11}$	—
X.	109$\frac{1}{11}$	Zur Winterung zu pflügen à 2$\frac{1}{2}$ Morgen . .	—	—	—	—
		Zu eggen à 18 Morgen	—	—	—	—
		Die Saat mit dem kleinen Exstirpator unterzubringen à 10 Morgen	—	—	—	—
		Zu eggen à 18 Morgen	—	—	—	—
		Im Frühjahr die junge Saat zu eggen à 16 M.	27$\frac{3}{11}$	—	—	—
XI.	109$\frac{1}{11}$	Im Herbst zum Hafer umzubrechen à 2 Morgen	—	—	—	—
		Zu eggen à 12 Morgen	—	—	—	—
		Im Frühjahr die Saat mit dem kleinen Exstirpator unterzubringen à 10 Morgen	21$\frac{9}{11}$	—	16$\frac{4}{11}$	—
		Einzueggen à 18 Morgen	24$\frac{3}{11}$	—	—	—
		Wasserfurchen und Abzugsgräben aufzuräumen auf 2 Morgen 1 Mann	—	—	150	—
		150 Fuder Dünger im Winter auf die Wiese gefahren, 8 Fuder täglich	—	—	—	—
		Zu laden, auf das Gespann $\frac{1}{2}$ Mann, 1 Weib .	—	—	—	—
		Zu breiten à Morgen $\frac{1}{4}$ Mann	—	—	—	—
	150	Wiese zu mähen à 1$\frac{1}{2}$ Morgen	—	—	—	—
		Heu zu werben à 1$\frac{1}{2}$ Morgen, 1 Weib . . .	—	—	—	—
		62$\frac{1}{2}$ Fuder Heu einzufahren, täglich 7 Fuder .	—	—	—	—
		Zu laden per Gespann täglich 1 Mann und 1 Weib	—	—	—	—
		Zu tassen und einzulegen täglich 1 Mann, 4 Weiber	—	—	—	—
	219$\frac{2}{11}$	Klee zu mähen à 2 Morgen	—	—	—	—
		Zu werben à 4 Morgen, 1 Weib	—	—	—	—
		145$\frac{5}{11}$ Fuder einzufahren, täglich 8 Fuder . .	—	—	—	—
		Zu laden per Gespann 1 Mann und 1 Weib .	—	—	—	—
		Zu tassen, täglich 1 Mann, 4 Weiber	—	—	—	—
	90	Grüne Wicken zu mähen à 1$\frac{1}{2}$ Morgen . . .	—	—	—	—
		Zu werben à 2 Morgen, 1 Weib	—	—	—	—
		75 Fuder einzufahren à 9 Fuder täglich . . .	—	—	—	—
		Zum Laden per Gespann 1 Mann, 1 Weib .	—	—	—	—
		Zu tassen, täglich 1 Mann, 4 Weiber	—	—	—	—
	327$\frac{3}{11}$	Winterung zu mähen per Sense 2$\frac{1}{3}$ Morgen .	—	—	—	—
		Zu sammeln und zu binden à 2 Morgen 1 Weib	—	—	—	—
		Latus	722$\frac{5}{11}$	367$\frac{10}{11}$	782$\frac{7}{11}$	204$\frac{6}{11}$

Sommerperiode von 80 Arbeitstagen.				Herbstperiode von 76 Arbeitstagen				Winterperiode von 80 Arbeitstagen.			
Ein Pferd.	Ein Wechselochse.	Männl. Handtage.	Weibl. Handtage.	Ein Pferd.	Ein Wechselochse.	Männl. Handtage.	Weibl. Handtage.	Ein Pferd.	Ein Wechselochse.	Männl. Handtage.	Weibl. Handtage.
$173\frac{2}{11}$	$467\frac{3}{11}$	$440\frac{9}{11}$	$65\frac{5}{11}$	$552\frac{9}{11}$	$308\frac{8}{11}$	$367\frac{6}{11}$	$632\frac{8}{11}$	$583\frac{7}{11}$	180	$167\frac{8}{11}$	$136\frac{4}{11}$
—	—	—	—	—	—	—	—	—	—	—	—
—	—	—	—	—	—	—	—	—	—	—	—
—	—	—	—	—	—	—	—	—	—	—	—
—	—	—	—	—	—	—	—	—	—	—	—
—	—	—	—	—	—	—	—	—	—	—	—
—	—	—	—	—	$87\frac{3}{11}$	$43\frac{7}{11}$	—	—	—	—	—
—	—	—	—	$24\frac{3}{11}$	—	—	—	—	—	—	—
—	—	—	—	$21\frac{9}{11}$	—	$16\frac{4}{11}$	—	—	—	—	—
—	—	—	—	$24\frac{3}{11}$	—	—	—	—	—	—	—
—	—	—	—	—	—	—	—	—	—	—	—
—	—	—	—	$59\frac{1}{11}$	50	$39\frac{9}{11}$	—	—	—	—	—
—	—	—	—	$36\frac{4}{11}$	—	—	—	—	—	—	—
—	—	—	—	—	—	—	—	—	—	—	—
—	—	—	—	—	—	—	—	—	—	—	—
—	—	—	—	—	—	250	—	—	—	200	—
—	—	—	—	—	—	—	—	75	—	—	—
—	—	—	—	—	—	—	—	—	—	$9\frac{4}{11}$	$18\frac{8}{11}$
—	—	—	—	—	—	—	—	—	—	$27\frac{6}{11}$	—
—	—	100	—	—	—	—	—	—	—	—	—
—	—	—	100	—	—	—	—	—	—	—	—
36	—	—	—	—	—	—	—	—	—	—	—
—	—	9	9	—	—	—	—	—	—	—	—
—	—	$2\frac{3}{11}$	9	—	—	—	—	—	—	—	—
—	—	$109\frac{1}{11}$	—	—	—	—	—	—	—	—	—
—	—	—	$54\frac{6}{11}$	—	—	—	—	—	—	—	—
$72\frac{8}{11}$	—	—	—	—	—	—	—	—	—	—	—
—	—	$18\frac{2}{11}$	$18\frac{2}{11}$	—	—	—	—	—	—	—	—
—	—	$4\frac{6}{11}$	$18\frac{2}{11}$	—	—	—	—	—	—	—	—
—	—	60	—	—	—	—	—	—	—	—	—
—	—	—	60	—	—	—	—	—	—	—	—
$33\frac{4}{11}$	—	—	—	—	—	—	—	—	—	—	—
—	—	$8\frac{4}{11}$	$8\frac{4}{11}$	—	—	—	—	—	—	—	—
—	—	$2\frac{1}{11}$	$8\frac{4}{11}$	—	—	—	—	—	—	—	—
—	—	$130\frac{10}{11}$	—	—	—	—	—	—	—	—	—
—	—	—	$163\frac{7}{11}$	—	—	—	—	—	—	—	—
$315\frac{3}{11}$	$467\frac{3}{11}$	$885\frac{3}{11}$	$514\frac{8}{11}$	$718\frac{7}{11}$	446	$717\frac{4}{11}$	$632\frac{8}{11}$	$658\frac{7}{11}$	180	$404\frac{7}{11}$	$155\frac{1}{11}$

Schläge.	Morgenzahl.	Arbeiten.	Frühjahrsperiode von 64 Arbeitstagen.			
			Ein Pferd.	Ein Wechselochse.	Männl. Handtage.	Weibl. Handtage.
		Transport	$722\frac{5}{11}$	$367\frac{10}{11}$	$782\frac{7}{11}$	$204\frac{6}{11}$
		Einzufahren per Gespann das Getreide von 18 Morgen, 1 Lader, 1 Nachharker	—	—	—	—
		Zu tassen 2 Mann, 8 Weiber täglich	—	—	—	—
	$218\frac{2}{11}$	Sommerung zu mähen per Sense 3 Morgen, zu binden 3 Morgen 1 Weib	—	—	—	—
		Einzufahren à 20 Morgen, per Gespann 1 Lader, 1 Nachharker	—	—	—	—
		Zu tassen 2 Mann, 8 Weiber täglich	—	—	—	—
	$128\frac{2}{11}$	Erbsen und Wicken zu mähen p. Sense $1\frac{1}{2}$ M.	—	—	—	—
		Einzufahren täglich 9 Morgen, per Gespann 1 Lader, 1 Nachharker	—	—	—	—
		Zu tassen 2 Mann, 8 Weiber täglich	—	—	—	—
	$109\frac{1}{11}$	Roggen anzumähen und abzureffen à 2 Morgen 1 Mann, 1 Weib	—	—	—	—
		Auf dem Felde abzudreschen per Morgen 2 Drescher, 2 Zuträger	—	—	—	—
		Einzufahren per Gespann 9 Morgen, 1 Lader, 3 Nachharkerinnen	—	—	—	—
		Zu tassen täglich 1 Mann, 4 Weiber	—	—	—	—
	150	Grummet zu mähen und zu werben à $1\frac{1}{2}$ Morgen 1 Mann, 1 Weib	—	—	—	—
		$31\frac{1}{4}$ Fuder einzufahren, à 7 Fuder täglich p. Gespann, 1 Lader, 1 Nachharker	—	—	—	—
		Zu tassen täglich 1 Mann, 4 Weiber	—	—	—	—
	$109\frac{1}{11}$	Klee-Nachmaht zu mähen und zu werben p. Sense 2 Morgen, $\frac{1}{2}$ Weib	—	—	—	—
		$36\frac{4}{11}$ Fuder einzufahren, 7 Fuder täglich p. Gespann, 1 Lader, 1 Nachharker	—	—	—	—
		Zu tassen täglich 1 Mann, 4 Weiber	—	—	—	—
		Das Verfahren des Getreides auf 3 Meilen, 2 Tagereisen $1517\frac{1}{11}$ Pferd	$117\frac{1}{11}$	—	—	—
		Holzfuhren, Meliorations-, Stadt- und andere Fuhren, und täglich noch 1 Tagelöhner extra .	$184\frac{5}{11}$	—	64	—
		Summa	1024	$367\frac{10}{11}$	$846\frac{7}{11}$	$204\frac{6}{11}$

Sommerperiode von 80 Arbeitstagen.				Herbstperiode von 76 Arbeitstagen.				Winterperiode von 80 Arbeitstagen.			
Ein Pferd.	Ein Wechselochse.	Männl. Handtage.	Weibl. Handtage.	Ein Pferd.	Ein Wechselochse.	Männl. Handtage.	Weibl. Handtage.	Ein Pferd.	Ein Wechselochse.	Männl. Handtage.	Weibl. Handtage.
315$\frac{3}{11}$	467$\frac{3}{11}$	885$\frac{3}{11}$	514$\frac{9}{11}$	718$\frac{7}{11}$	446	717$\frac{4}{11}$	632$\frac{9}{11}$	658$\frac{7}{11}$	180	404$\frac{7}{11}$	155$\frac{1}{11}$
130$\frac{10}{11}$	—	32$\frac{8}{11}$	32$\frac{8}{11}$	—	—	—	—	—	—	—	—
—	—	16$\frac{4}{11}$	65$\frac{5}{11}$	—	—	—	—	—	—	—	—
—	—	72$\frac{8}{11}$	72$\frac{8}{11}$	—	—	—	—	—	—	—	—
43$\frac{7}{11}$	—	10$\frac{10}{11}$	10$\frac{10}{11}$	—	—	—	—	—	—	—	—
—	—	5$\frac{5}{11}$	21$\frac{9}{11}$	—	—	—	—	—	—	—	—
—	—	85$\frac{5}{11}$	—	—	—	—	—	—	—	—	—
57	—	14$\frac{3}{11}$	14$\frac{3}{11}$	—	—	—	—	—	—	—	—
—	—	7$\frac{1}{11}$	28$\frac{6}{11}$	—	—	—	—	—	—	—	—
—	—	54$\frac{6}{11}$	54$\frac{6}{11}$	—	—	—	—	—	—	—	—
—	—	218$\frac{9}{11}$	218$\frac{2}{11}$	—	—	—	—	—	—	—	—
48$\frac{5}{11}$	—	12$\frac{1}{11}$	12$\frac{1}{11}$	—	—	—	—	—	—	—	—
—	—	3	12$\frac{1}{11}$	—	—	—	—	—	—	—	—
—	—	—	—	—	—	100	100	—	—	—	—
1	—	—	—	18	—	4$\frac{6}{11}$	4$\frac{6}{11}$	—	—	—	—
—	—	—	—		—	1$\frac{2}{11}$	4$\frac{6}{11}$	—	—	—	—
—	—	—	—		—	54$\frac{6}{11}$	27$\frac{3}{11}$	—	—	—	—
—	—	—	—	20$\frac{8}{11}$	—	5$\frac{2}{11}$	5$\frac{2}{11}$	—	—	—	—
—	—	—	—	—	—	1$\frac{3}{11}$	5$\frac{2}{11}$	—	—	—	—
550	—	—	—	350	—	—	—	500	—	—	—
134$\frac{8}{11}$	—	80	—	108$\frac{4}{11}$	—	76	—	121$\frac{4}{11}$	—	80	—
1281	467$\frac{3}{11}$	1498$\frac{8}{11}$	1058$\frac{1}{11}$	1215$\frac{8}{11}$	446	960$\frac{1}{11}$	779$\frac{5}{11}$	1280	180	484$\frac{7}{11}$	155$\frac{1}{11}$

Berechnung des zu verfahrenden Getreides.

	Raps.		Weizen.		Roggen.		Erbsen.		Wicken.		Gerste.		Hafer.	
	Schfl.	Mtz.	Schfl.	Mtz.	Schfl.	Mtz.	Schfl.	Mtz.	Schfl.	Mtz.	Schfl.	Mtz.	Schfl.	Mtz.
Der Totalertrag nach der Tabelle ist . .	1090	$14\frac{6}{11}$	1090	$14\frac{6}{11}$	2072	$11\frac{7}{11}$	654	$8\frac{8}{11}$	114	$8\frac{8}{11}$	1309	$1\frac{5}{11}$	981	$13\frac{1}{11}$
Hiervon ist abzuziehen:														
Die Einsaat	6	$14\frac{6}{11}$	122	$11\frac{7}{11}$	243	$7\frac{3}{11}$	122	$11\frac{7}{11}$	109	$1\frac{5}{6}$	122	$11\frac{7}{11}$	150	—
Drescherlohn	—	—	68	$2\frac{10}{11}$	129	$8\frac{6}{11}$	40	$14\frac{6}{11}$	7	$2\frac{6}{11}$	81	$13\frac{1}{11}$	61	$5\frac{7}{11}$
17 Personen à 12 Scheffel Roggen, $\frac{1}{2}$ Scheffel Weizen, $\frac{3}{4}$ Scheffel Erbsen und Gerste . .	—	—	8	12	204	—	12	12	—	—	12	12	—	—
17 Pferde à 3 Metzen Hafer täglich . .	—	—	—	—	214	$13\frac{4}{11}$	—	—	—	—	—	—	770	$7\frac{8}{11}$
	6	$14\frac{6}{11}$	199	$10\frac{6}{11}$	791	$13\frac{2}{11}$	176	$6\frac{2}{11}$	116	4	217	$4\frac{8}{11}$	981	$13\frac{1}{11}$
Bleibt zu verfahren . .	1084	—	891	4	1280	$14\frac{5}{11}$	478	$2\frac{6}{11}$	minus 1	$11\frac{3}{4}$	1091	$12\frac{8}{11}$	—	—

Dies erfordert an Pferden auf eine Reise von 2 Tagen:

1084	Scheffel	Raps,	das vierspännige Fuder	ladet	24	Scheffel	.	$361\frac{1}{3}$	Pferdetage.
891	„	Weizen, „	„	„	24	„	.	267	„
1280	„	Roggen, „	„	„	24	„	.	$426\frac{2}{3}$	„
478	„	Erbsen, „	„	„	24	„	.	$159\frac{1}{3}$	„
1091	„	Gerste, „	„	„	32	„	.	$272\frac{3}{4}$	„
								$1517\frac{1}{12}$	Pferdetage.

Direktion der Wirthschaft.

§. 201.

Die Direktion der Wirthschaft steht in so naher Verbindung mit der Arbeit, daß wir sie unmittelbar nach derselben erwägen.

Dirigiren heißt, jedes Maaß und jede Art von Kräften in die ihnen möglichste, zweckmäßigste und nachhaltigste Thätigkeit zu bringen.

Wir haben hierüber bereits in den §§. 151 bis 159 im Allgemeinen, bei der Berechnung der landwirthschaftlichen Arbeiten, geredet, und werden das Speziellere bei der Lehre von der Bearbeitung des Bodens betrachten. Es bleibt also hier nur übrig, von denjenigen Personen zu reden, welchen die Leitung der Arbeiten in verschiedenen Abstufungen übertragen wird, und von den Rücksichten und Maximen, welche dabei zu beobachten sind.

§. 202.

Der Wirthschaftsdirektor sey unbeschränkt.

Die erste Person, von der Alles abhängig ist oder seyn soll, auf welche dann aber auch die ganze Verantwortlichkeit fällt, nennen wir den Wirthschaftsdirektor. Er kann selbst Eigenthümer der Wirthschaft oder ein Anderer seyn, der dann aber, in so fern es auf die Direktion der Wirthschaft ankommt, ganz in dessen Stelle treten, von allen ihm Untergebenen so betrachtet werden, und sich selbst so betrachten muß.

Im letztern Falle ist sein Geschäft immer weit schwieriger, als im erstern. Dort ist er nur sich selbst und seinem Verstande für seine Unternehmungen verantwortlich; hier aber auch dem Eigenthümer oder dem, der ihn an seine Stelle gesetzt hat. Im zweiten Falle ist er verpflichtet, nicht nur nach dem mit dem Eigenthümer verabredeten Plane zu verfahren, sondern diesem auch mehrentheils ein sicheres, bestimmtes disponibles Einkommen aus dem Gute jährlich zu bewirken; wogegen es ihm als Eigenthümer frei steht, dieses auf ein Jahr oder länger ganz oder zum Theil aufzuopfern oder vielmehr im Gute zu belegen.

Weiter aber darf die Beschränkung seiner freien Thätigkeit nicht gehen, wenn er nicht aufhören soll, Direktor der Wirthschaft zu seyn, und mithin von der Verantwortlichkeit für den Erfolg freigesprochen zu werden.

Will der Eigenthümer, der die ganze Direktion einem Andern

übertragen hat, mehr thun, als nachsehen, ob der verabredete Plan ausgeführt werde, und ob der Direktor im Allgemeinen seine Pflichten erfülle; will er sich in die Ausführung selbst mischen, und in derselben auch nur das Mindeste abändern: so hört der Direktor auf, dieses selbstständig zu seyn, und bleibt dann bloß untergeordneter Gehülfe des Eigenthümers.

Diesen nenne ich Aufseher oder Inspektor; jenem freihandelnden Dirigenten der Wirthschaft gebührt eher der Name Verwalter oder Administrator, ob man gleich mit jenem Titel einen höhern Rang als mit diesem verbunden glaubt.

Ihm kann dann aber auch nichts weiter, als die gelungene oder mißlungene Ausführung jedes einzelnen vom Prinzipal ihm überlassenen Geschäftes, durchaus nicht der Erfolg im Ganzen beigemessen werden. Zwei Direktoren dürfen in einem von einem Punkte ausgehenden, und in einem Punkte sich konzentrirenden Geschäfte nicht seyn, oder es entsteht unvermeidlich die nachtheiligste Unordnung und Verwirrung daraus; es sey denn, daß sie in jedem speziellen Akte der Direktion ihr Urtheil und ihren Willen vollkommen vereinigten, das Wort des einen den Sinn des andern vollständig ausspräche, oder beide sich desselben Worts bedienten. Dieses aber ist bei den mannigfaltigen Zufälligkeiten, die schleunige Abänderungen erfordern, wohl unmöglich, und die Erfahrung lehrt, daß, wenn unter so bewandten Umständen Wirthschaften bei einer fast stündlichen neuen Vereinigung der Direktoren bestehen, dennoch immer Fehler vorgehen, die unter einem andern Verhältnisse hätten vermieden werden können.

§. 203.

Beschränkte Lage desselben ist fehlerhaft.

Wenn ein beständig oder von Zeit zu Zeit abwesender Eigenthümer, der die Sache versteht oder zu verstehen glaubt, die Ausführung der Geschäfte nach seiner Vorschrift einem Andern überträgt, so kann dieser keinesweges als Direktor der Wirthschaft angesehen, noch der Erfolg im Allgemeinen ihm beigemessen werden. Es ist in einem solchen Falle für beide Theile sehr wichtig, daß sie das Verhältniß, worin sie zu einander und zu der Wirthschaft stehen, genau und individuell für diesen Fall bestimmen. Vom Aufseher oder Inspektor kann alsdann nur die möglich beste Ausführung einer von einem Andern gemachten Anordnung verlangt werden, keinesweges kann er aber für den Erfolg einstehen, weil die Anordnung selbst fehlerhaft gewesen seyn, und den Grund des schlechten Erfolges in sich gehabt haben kann. Diese Lage hat ungemein große Schwierigkeiten für beide Theile, und wenn dabei nicht inniges persönliches Wohlwollen und liberale Nachsicht eintritt, so kann ein solches Verhältniß schwerlich bestehen. Zufälligkeiten machen oft die Ausführung auf die vorgeschriebene oder verabredete Weise unmöglich. Soll nun der Stellvertreter eine Abänderung, die von der Vorschrift mehr oder minder abweicht, — aber je mehr sie abweicht, den Zweck um so sicherer zu erreichen scheint — machen oder nicht? Diese Frage kann allein nach dem Grade des Zutrauens, welches der eigentliche Wirthschaftsdirektor auf ihn setzt, entschieden werden. Macht Jener nur die mindest mögliche, durch die Umstände nothwendig erforderte Abänderung, so thut er, was man nach strengem Rechte von ihm fordern kann. Er thut aber zum Vortheile des Ganzen vielleicht sehr wenig, und, vielleicht nach seiner eigenen Ueberzeugung, etwas wirklich Schädliches und Unrechtes, und müßte als selbstständiger Mann ganz anders verfahren. Thäte er dieses aber, und der Zufall begünstigte dann seine getroffene, mehr als nothwendige Abänderung nicht, oder bemächtigte sich eine eigensinnige Laune seines Prinzipals, so setzte er sich allerdings Vorwürfen aus, die er bei der mindest möglichen Abweichung hätte vermeiden können.

Ein solches Verhältniß ist in der That so sehr delikat, daß man es höchst selten lange bestehend findet, ohne daß Uneinigkeit und Unzufriedenheit es häufig trübt, wo es dann nur durch gegenseitiges Bedürfniß noch fortdauernd erhalten wird, wobei aber in der Wirthschaft Alles schleppt und wackelt.

§. 204.

Noch schwieriger und verwickelter ist der Fall, wo ein Eigenthümer aus selbstgefühltem Mangel an Kenntnissen und Fähigkeit die Direktion der Wirthschaft einem Andern überträgt, zu dessen Kenntnissen und Talenten er wenigstens im Zeitpunkte der Uebertragung das vollkommenste Zutrauen haben mußte. Er kann zwar im Allgemeinen die Ueberzeugung beibehalten, daß sein Wirthschaftsdirektor die Sache weit besser, als er, verstehe; aber dennoch wird ihm die Vorstellung leicht kommen, oder vielleicht von Andern zugebracht werden, daß dieses oder jenes verbessert werden und dann einen größern Erfolg haben könne. Hier ist eine große Festigkeit des Charakters von beiden Seiten, zugleich mit einer sehr humanen Nachsicht nöthig, wenn die Sache bestehen, in Ordnung bleiben, und nicht in lauter Stückwerk zerfallen soll. Der Wirthschaftseigenthümer muß sich verständiger Weise sagen, daß sein Wirthschaftsdirektor die Sache nicht allein besser verstehe, sondern auch nach seinem besten Wissen ausführen wolle; weil es sonst thöricht von ihm gewesen wäre, ihn gewählt zu haben, oder, wenn er sich damals geirrt hätte, ihn beizubehalten. Aber er wird es doch oft nicht lassen können, seine Vorstellungen, daß dieses oder jenes besser gemacht werden könne, laut werden zu lassen. Dies ist eine Inkonsequenz, die man der menschlichen Schwäche verzeihen muß. Man findet sie allenthalben, z. B. bei dem Verhältnisse des Patienten zum Arzte. Jeder Patient weiß, daß sein Arzt seine Krankheit und die Behandlung derselben besser verstehen müsse, als er selbst, weil er sonst der ärgste Thor wäre, ihn zum Arzt zu wählen und zu behalten; aber dennoch können es die Menschen selten lassen, bei ihrer oder nahe verwandter Personen Krankheit ihrem Arzte Vorschläge zu thun, wovon sie einen bessern Erfolg hoffen, als von den genommenen Maaßregeln des Arztes. Es gehört hier so viel Humanität als Festigkeit von Seiten des Arztes, wie des Wirthschaftsdirektors dazu, solche Vorschläge anzuhören, so viel nöthig und nützlich zu beantworten, aber sich nicht irre machen zu lassen in dem, was man nach eigener Ueberzeugung für das Beste hält. Hat man es nun aber mit Menschen zu thun, die von so größerm Eigendünkel besessen sind, als sie weniger Kenntnisse und Ueberlegung haben, so wird man auf diesen Fall nur Undank einernten, und sie werden sich und Andern immer sagen, daß die Sache weit besser gegangen wäre, wenn man ihre Vorschläge oder — wie sie es in dem Verhältnisse eines Eigenthümers zum Wirthschaftsdirektor denn wohl nennen — ihre Befehle befolgt hätte. Ein rechtlicher, seiner Sache gewisser und auf sich selbst bauender Mann wird solche Aeußerungen, wenn sie ihm selbst vorgetragen werden, kaltblütig und bescheiden, jedoch mit Würde beantworten, und darum nicht minder thätig und konsequent in seinem Geschäfte seyn. Werden sie ihm aber durch einen Dritten zugebracht, so wird er Gerede Gerede seyn lassen, und sich nicht darum bekümmern. Geht es aber bei diesem Verhältnisse so weit, daß der Eigenthümer in die Führung der Geschäfte wirklich eingreift, ungeachtet er dem Administrator das Ganze übertragen hat, Anordnungen macht und Befehle giebt an Unterverwalter oder Ackervoigte, so wird sich kein rechtlicher Mann dieses gefallen lassen, sondern sofort seinen Dienst niederlegen, wozu er dann, wenn er sich anders in dem Kontrakte gehörig vorgesehen hat, das völlige Recht besitzt.

§. 205.

Eigenschaften eines Wirthschaftsdirektors.

Die Eigenschaften, welche der Direktor einer großen Wirthschaft besitzen muß, sind dieselben, die ich von jedem rationellen Landwirthe gefordert habe. Daß dazu noch eine vorzügliche Rechtschaffenheit und ein entschiedenes Uebergewicht des Pflichtgefühls über alle Regungen des Egoismus hinzukommen müsse, wenn die Wirthschaft nicht sein Eigenthum ist, versteht sich von selbst. Männer dieser Art sind selten, und konnten unter den bisherigen Verhältnissen und der Rohheit, worin sich das landwirthschaftliche Gewerbe befand, nicht häufig gebildet werden. Indessen giebt es solche, die sich, besonders durch Enthusiasmus für die Sache, dem sie lange jede persönliche Rücksicht aufopferten, zu einer Stufe seltener Vollkommenheit emporgeschwungen haben, und dennoch wegen des größern Wirkungskreises lieber die Administration großer Landgüter führen, als selbst eine kleinere Pachtung annehmen. Es ist zu bedauern, daß dagegen andere vorzügliche Subjekte, aus Neigung, eine eigenthümliche Wirthschaft zu besitzen, ihre Thätigkeit und Talente mehrentheils auf einen zu kleinen Wirkungskreis beschränkten, obwohl man ihnen dies keinesweges verdenken kann.

Daß Männer dieser Art so salarirt seyn wollen und müssen, daß sie nicht nur mit derjenigen Bequemlichkeit leben können, welche Anstrengung des Geistes durchaus erfordert, sondern auch ihren Kindern eine gebildete Erziehung geben können, ist eine sehr gerechte Forderung, und wer mit ihrer Salarirung geizt, weil er nicht bedenkt, wie groß die Vortheile sind, die ein einsichtsvoller Mann ihm schaffen kann, der wird nie einen solchen erhalten.

§. 206.

Salarirung desselben.

Die Art der Salarirung wird verschieden bestimmt. Man hat es mehrentheils für vortheilhaft gehalten, eine bestimmte Quote von dem reinen Ertrage im Ganzen, oder aber von dem, was eine Wirthschaft **über** eine gewisse Anschlagssumme giebt, als Hauptsalarium zu bestimmen. Diese Einrichtung hat, von einer Seite betrachtet, sehr Vieles für sich, und fällt bei einem wirklich geschickten und rechtlichen Administrator mehrentheils zur Zufriedenheit beider Theile aus. Aber sie wird schwierig in Ansehung der Meliorationen. Diese vermindern immer den Kassenüberschuß, und wenn nach **solchem** nur die Quote bestimmt werden soll, so gereichen sie zum Nachtheile des Administrators, und er muß ein edeldenkender Mann seyn, wenn er in der Hinsicht nicht manche unterläßt. Deshalb wird nun freilich über Meliorationen oft etwas Besonderes bestimmt, und die aus der Wirthschaftskasse darauf verwandten Kosten werden zum reinen Ertrage gezählt. Aber damit ist bei weitem noch nicht genug geschehen; denn die wichtigsten Meliorationen werden durch eine Aufopferung des Ertrages in den ersten Jahren und größere Anstrengung der Wirthschaftskräfte bewirkt, und dieses läßt sich sehr schwer evident nachweisen. Diese Schwierigkeit kann nur durch einen langen, vielleicht lebenslänglichen Kontrakt gehoben werden, wo der Administrator den auch auf ihn fallenden Theil des durch Aufopferungen in den ersten Jahren um so stärker für die Folge erhöheten Ertrages sich und der Wirthschaft aufspart. Einen solchen Kontrakt geht aber Niemand gern ein.

Ich gestehe deshalb, daß ich bestimmte Salarien vorziehe, wobei aber die Aussicht auf Gratifikation gegeben werden kann, wenn sich der Ertrag nach einer Reihe von Jahren nachhaltig vergrößert.

Für eine sehr unangemessene Einrichtung halte ich es, den obern Wirthschaftsbeamten Deputate von Viktualien zu ihrer Konsumtion zu geben, mit dem Rechte, das Uebrige zu verkaufen. Es kann vielleicht nichts mehr als dieses einen noch schwankenden oder schwachen Mann zur Unrechtlichkeit verleiten. Nur der erste Schritt kostet Ueberwindung, und zu diesem findet sich eben hierdurch so leicht Gelegenheit, die zuerst vielleicht nicht den Mann selbst, aber die Frau oder Hausgenossen reizt, sich einen unerlaubten Vortheil zu machen. Man gebe daher den obern Beamten durchaus Alles, was sie von den Erzeugnissen der eignen Wirthschaft gebrauchen, gestehe ihnen aber auch nicht den geringsten Handel für eigene Rechnung zu.

§. 207.

Uebrige Wirthschafts-Beamte.

Auf großen Gütern ist gewöhnlich dem ersten Wirthschaftsbeamten ein Kassen- und Rechnungsführer oder Rentmeister, und ein Korn- und Viktualienschreiber, oder, wie er an einigen Orten heißt, Kastner, Kastenbeamter zugesellt. Sie sind in so fern dem obersten Beamten untergeordnet, daß ersterer nur auf Anweisung desselben Ausgaben macht, und ihm Einnahmen täglich anzeigen muß. Dagegen hat der Oberbeamte mit der Einnahme und Ausgabe des Geldes durchaus nichts zu thun, als daß er die Kasse nachsieht, und wenn sich das Geld darin angehäuft hat, es in großen Summen gegen Quittung herausnimmt.

Auf gleiche Weise verhält sich's mit dem über die Vorräthe gesetzten Beamten, der alle Erzeugnisse der Wirthschaft einnimmt und ausgiebt, und auch für die Anschaffung des Fehlenden sorgt. Er muß aber darin die Anweisung des Oberbeamten genau befolgen, diese Anweisungen, wie an manchen Orten gebräuchlich ist, schriftlich von ihm in Empfang nehmen, und solche Zettel als Belege seiner Rechnung aufbewahren.

Man hat sich dadurch gegen Unrechtlichkeiten und Betrügereien noch mehr zu sichern geglaubt, daß man dieses Personal noch mit einem oder mehreren Kontroleuren und Gegenschreibern vergrößerte. Nach verschiedenen Einrichtungen dieser Art, die mir bekannt sind, müssen dadurch alle Geschäfte auf eine höchst nachtheilige Weise vervielfacht und aufgehalten werden, so daß über die Form das Wesen der Wirthschaft nothwendig leiden muß, und daß sich kaum eine so beträchtliche Veruntreuung denken läßt, die den reellen Nachtheil, welcher hieraus entsteht, überwöge. Die Ausgabe eines Scheffels Getreide muß von vier bis fünf Händen attestirt werden, und drei Personen müssen erst mit ihren Schlüsseln sich versammeln, um zu einem Vorrathe gelangen zu können. Ueberdem aber glaube ich, daß eine solche Einrichtung bei allen ihren Formalitäten zu Veruntreuungen eher anreize, als davon zurückhalte. Personen, die über Veruntreuungen immer wachen sollen, oder denen sie immer zugetrauet werden, werden mit dem Begriff davon so vertraut, daß sie den Abscheu, welchen jeder ehrliche Mann dagegen hat, nur zu leicht verlieren; und ist es nun bei einem solchen Personale einmal dahin gekommen, daß Einer dem Andern etwas nachgesehen hat, so wird dieser jenem so viel mehr nachsehen müssen, und so wird es bald keine besser organisirte Diebesbande geben, als diese sich kontrolirende Gesellschaft, und es wird dann beinahe unmöglich, sie des augenscheinlichsten Betruges zu überführen, weil sie nun, ihrer allgemeinen Sträflichkeit wegen, Alle für einen Mann stehen, und sich einander ihre angebliche Rechtlichkeit bezeugen. Dagegen muß der ein sehr schlechter und von Grund aus verdorbener Mensch seyn, der bei vollem bezeugten Zutrauen Veruntreuungen begeht. Es giebt aber Zeichen, woran man Menschen dieser Art sehr bald erkennt.

§. 208.

Vorwerks- und Unter-Verwalter.

Wenn Besitzungen aus mehrern Gütern oder Vorwerken bestehen, so pflegt ein jedes seinen besondern Aufseher oder Verwalter zu haden, die dann dem allgemeinen Wirthschaftsdirektor subordinirt sind, und von diesem, so oft es nöthig ist, spezielle Vorschriften zu ihrem Verfahren erhalten. Je nachdem diese Vorwerke ihren eigenen Haushalt, Bestand von Zug- und Nutzvieh und die dazu gehörigen Menschen haben, oder in Hinsicht alles dessen mit dem Haupthofe in genauer Verbindung stehen, von daher ihren Bedarf erhalten, und dahin ihren Ertrag abliefern, auch weiter oder näher abgelegen sind, wohnt ein solcher Verwalter auf dem Vorwerke oder auf dem Haupthofe, und begiebt sich von hier aus täglich dahin.

Verwalter dieser Klasse können bloß mechanisch unterrichtete Leute seyn, welche nur die Gewandtheit haben, positive Vorschriften, die ihnen unter allen Umständen gegeben werden, und die sie einholen müssen, auszuführen. Thätigkeit, Aufmerksamkeit, Redlichkeit, ein gewisses praktisches Gefühl und Augenmaaß und pünktliche Folgsamkeit sind die nöthigen Eigenschaften dieser Leute; auf gründliche Kenntnisse kommt es bei ihnen nicht an, und ein Bischen fragmentarisches Wissen, was über ihren täglichen Wirkungskreis hinausgeht, wird vielmehr leicht nachtheilig. Leute dieser Art werden am besten aus dem gewöhnlichen Bauerstande genommen, und man wählt dazu am besten schon früh in der Jugend Burschen aus, die sich durch Aktivität, Ehrliebe und Rechtlichkeit vor andern auszeichnen, sucht sie sich anhänglich zu machen, und giebt ihnen allmählig einen Vorzug, macht sie dann zu sogenannten Ackervoigten oder Meisterknechten, welche die Aufsicht über anderes Gesinde und besondere Geschäfte führen, läßt sie im Schreiben und Rechnen mehr unterrichten, und bringt sie somit dahin, daß sie bei mehr gesetzten Jahren die Uebersicht der Geschäfte einer spezialen Wirthschaft erlangen, und nun die Führung derselben übernehmen können. Bei Menschen, welche man sich auf diese Weise angezogen hat, und die im Gesindestande die Probe ausgehalten und sich fortdauernd gut betragen haben, wird man diejenige Treue und Anhänglichkeit an die Herrschaft, die bei solchen Verwalterstellen so nöthig und unter dem gewöhnlichen Schlage dieser Menschen so selten ist, am sichersten antreffen. Diese Leute müssen so viel als möglich in ihren bäuerlichen Sitten, Lebensart und Kleidung erhalten werden; und man muß ihnen daher die Gelegenheit, mit Andern aus der gewöhnlichen Unterverwalter- oder Schreiber-Klasse umzugehen, abschneiden, und sie durch leicht begreifliche Gründe vor der Thorheit und Lächerlichkeit, den höhern und gebildetern Ständen nachäffen zu wollen, verwahren, ihnen selbst einen gewissen Stolz auf ihren Stand als Landmann einflößen, und die mehrere Achtung, deren sie im Bauernrocke genießen, und die sie durch modische Kleidung nur verringern würden, vorstellen. Sie müssen nicht auf den Gedanken verfallen, sich mit den höhern Ständen zu vergleichen, sondern nur mit Personen ihres Standes. Sobald sie Aufseher abgesonderter Wirthschaften sind, ist es am besten, daß sie heirathen, und daß man sie dabei zu einer vernünftigen Wahl vermöge, aber vor einer Verbindung mit einer Kammerjungfer oder einer geputzten Stadtmamsell warne. Solche Leute müssen dann so gesetzt werden, daß sie mit Behaglichkeit leben, und ihre Kinder, deren Erziehung man sich selbst annehmen muß, gut aufbringen können.

Diese Weise, sich treue und in ihrem Wirkungskreise hinlänglich geschickte Leute zu verschaffen, ist in der That so schwierig nicht, wie man glaubt. Wo das Gesinde nicht, wie in einigen Gegenden, durchaus verdorben ist (wozu meiner Bemerkung nach fast allgemein der Zwangdienst die Hauptveranlassung giebt), wird man häufig solche Knechte antreffen, die sich in einem Jahre, fast in den Nebenstunden, zu Spezialverwaltern bilden lassen.

Aber auch Leute aus dem Bauernstande, die als Soldaten gedient haben und zum Unteroffizier gelangt, dann verabschiedet sind, passen sich oft vorzüglich zu Verwaltern dieser Art.

Man darf aber nie zugeben, daß Leute dieser Art über die ihnen bezeichneten Grenzen mit ihrer Willkühr hinausgehen, weil sie doch selten fähig sind, den ganzen Zusammenhang und insbesondere den Einfluß auf die entferntere Zukunft zu übersehen und zu berechnen. Sie sind selten im Stande, in die Ferne vorauszusehen, denken immer nur auf den Gewinn oder die Ersparung im laufenden Wirthschaftsjahre, und halten sich oft aus Anhänglichkeit für die Herrschaft verpflichtet, diesen durch Vernachlässigung entfernterer Rücksichten zu vergrößern. Sie müssen deshalb pünktlich die ihnen gegebenen Vorschriften zu befolgen angehalten werden, und es ist gut, sie daran zu gewöhnen, daß sie auf militairische Weise die erhaltene Ordre auf der Stelle in ihr Taschenbuch eintragen, und auch aus dem Taschenbuche, worin sie alle Vorfälle anzeichnen müssen, ihren Rapport dem Wirthschaftsdirektor machen, damit die Entschuldigung der Vergessenheit oder des unrichtigen Verstehens wegfalle. Nach ihrer zunehmenden Fähigkeit und Uebersicht des Ganzen kann man ihnen dann die Grenzen ihrer Willkühr immer etwas weiter stecken. Nur muß man es durchaus nie gut heißen, wenn sie selbige überschritten oder in irgend einem Stücke anders verfahren haben, als es ihnen vorgeschrieben war, gesetzt auch, daß sie dadurch wirklich Nutzen geschafft und der Erfolg die Richtigkeit ihrer Maaßregeln bestätigt hätte. Denn der Vortheil, der zufällig einmal dadurch gestiftet worden, würde wahrscheinlich durch höhern Nachtheil überwogen werden, wenn sie sich nun zu viel anmaßten, und an den Vorschriften, die sie erhalten, abänderten, wozu sie ein einmal eingeerntetes Lob sehr leicht anreizen kann.

Das Lesen landwirthschaftlicher Schriften, welches Manche zur Aufklärung der gewöhnlichen Wirthschafter und selbst des Landvolks so allgemein empfehlen, muß man bei allen, die keine wissenschaftliche Bildung genossen haben, entweder gänzlich verhüten, oder es mit großer Vorsicht leiten, und ihnen nur solche Bücher oder vielmehr Stellen aus Büchern zu lesen geben, die ihnen in ihrer Lage keine unrichtigen oder halbwahren und schiefen Vorstellungen geben.

Insbesondere taugen solche Schriften nicht, welche Gutes und Schlechtes, Wahres und Falsches untereinandergemengt in Bruchstücken enthalten, obwohl man sie häufig in der Form von Kalendern, Wochenschriften und Zeitungen unter den unaufgeklärten Landleuten zu verbreiten sucht, und etwas für diese Menschen Nützliches dadurch zu stiften vermeint. Keine Gattung von Schriften erfordert eine größere Auswahl und Vorsicht, und freilich auch mehrern Fleiß und Kunst, als solche, die man populär nennt. Ein jeder Beobachter wird sich der Fälle erinnern, wo unausgewähltes Lesen Vorwitz und Aberwitz bei sonst vernünftigen Menschen aus dieser Klasse erzeugt hat.

§. 209.

Lehrlinge, Bildung derselben.

Man hat gewöhnlich die Meinung, daß die Bildung zum tüchtigen Wirthschafter vermittelst eines Durchganges durch die verschiedenen Klassen eines sogenannten Zöglings, Schreibers, Unterverwalters, Verwalters, Inspektors, oder was man ihnen sonst für Titel giebt, geschehen müsse. Man wird daher oft gebeten, einen jungen Menschen von höherer Erziehung in die Wirthschaft aufzunehmen, und Manche glauben ihn nützlich gebrauchen zu können. Ein solcher junger Mensch wird dann erst als Lehrling einem Schreiber beigesellt, und von diesem zur Aufsicht über eine Zahl von Arbeitern bei irgend einem Geschäfte, von dem er den Grund nicht einsieht, hingestellt, um zuzukucken, weshalb ihn dann die Schreiber mit dem Titel eines Kuckucks zu beehren pflegen. Er vertritt da höchstens die Stelle einer Vogelscheuche, wodurch natürlicherweise nur Langeweile und Unlust bei ihm erregt werden kann. Nachdem er eine Zeitlang so gestanden hat, und er mit der Lokalität etwas bekannt geworden ist, überträgt man ihm diese und jene Ausführung, die er bisher zwar angesehn, aber aus Unbekanntschaft mit den Gründen dennoch kaum beobachtet hat. Nachdem er einige Lehrjahre hindurch hierbei immer mehr abgestumpft und der Sache recht müde geworden, von den übrigen Verwaltern und Schreibern, je nachdem er mehr oder minder zuzusetzen hat, tüchtig gehudelt oder in dem burschikosen Ton — der bei diesen Menschen ein Mitteldding zwischen Handwerksgesellen- und Studentenweise ist — initiirt worden, auch ein gutes deutsches Solo oder L'Hombre spielen gelernt hat, tritt er nun selbst als Verwalter in Kondition, und nennt sich einen Oekonomen. Er schafft sich einige Bücher an, die ihm der Zufall aus der Verlassenschaft eines Kollegen, oder ein Buchhändler, oder ein Antiquar in der Stadt aufheftet, und hält dabei in Kompagnie die landwirthschaftliche Zeitung. Er merkt doch nun, daß es gut sey, etwas zu wissen, und es entsteht ein gewaltiger Durst nach Rezepten bei ihm. Das Ganze, meint er, könne nun einmal nicht besser in der Wirthschaft seyn, als er es gelernt hat, aber so in einzelnen Stücken könnten die Gelehrten mit ihren Arcanis wohl etwas ausrichten. Auf die Weise wird der gewöhnliche Schlag von sogenannten Oekonomen gebildet, die dem ganzen Stande die Verächtlichkeit und das Mißtrauen zugezogen haben, welche man für sie hegt, und die nur immer größer wird, je mehrere Prätentionen ungebildete Leute dieser Art machen, und je mehr sie sich in gewissen äußern Formen den wohlerzogenen Ständen nähern wollen. Es hält schwer, daß diejenigen, welche sich durch eigene Energie daraus emporgehoben haben, sich von der Makel völlig befreien.

Auf diese Weise, welche noch aus den Zeiten herstammt, wo man keine andere Bildung als nach der Art der Handwerkszünfte in jedem Gewerbe kannte, wird nur selten ein guter Landwirth gebildet werden. Will man einen jungen Menschen zur Landwirthschaft erziehen, so ist es allerdings gut, wenn er jeden einzelnen Handgriff kennen und üben lernt. Man lasse ihn daher durchaus alle Arbeiten auf dem Hofe und Felde selbst üben, und von einem geschickten Knechte darin unterweisen. Außerdem aber stehe er unter der unmittelbaren Aufsicht des gebildeten Wirthschaftsdirektors, sey und lebe nur mit ihm, und komme nicht in die Schreiberstuben, so lange nämlich diese Leute noch ihre bisherigen Sitten beibehalten. Er werde dann zugleich in allen Direktionsgeschäften, sey es auch nur als Abschreiber, gebraucht, und allmählig zur Revision gewisser Arbeiten und Ausführungen, wenn er nämlich erst bestimmt weiß, worauf es dabei ankomme. Hiernach kann es oft nützlich seyn, einen solchen jungen Menschen neben einem gesetzten, schon bejahrten Vorwerksverwalter anzustellen, um diesen etwa in der Journal- und Registerführung zu erleichtern und die Ueberbringung der Rapporte abzunehmen. Ein junger genialischer Mensch wird oft mit großem Nutzen zu einem steifen routinirten Menschen gestellt, wie man einem schlank aufschießenden Baume einen steifen Pfahl giebt, um ihn in einer geraden Richtung zu erhalten.

§. 210.

Unteraufseher.

Dagegen sind in allen größeren und selbst mittleren, mit Energie geführten Wirthschaften die Arbeitsaufseher, welche man Meier, Ackervoigte oder Meisterknechte nennt, von Wichtigkeit. Sie werden, wie ich oben von den Unterverwaltern gesagt habe, erzogen, und nachher als solche angestellt. Sie müssen sich nicht besinnen, wo es nöthig ist, selbst mit Hand anzulegen und vorzuarbeiten; aber eigene Anstrengung darf doch nicht das seyn, was man vorzüglich von ihnen fordert, sondern richtige Ausführung der Arbeit mit möglichster Ersparung der Kräfte und der Zeit, und Erhaltung der Ordnung unter den Arbeitern. Man findet der Bedienten dieser Art gewöhnlich zu wenige in den Wirthschaften größeren Umfanges, theils wohl, weil man den Nutzen, den sie stiften, nicht genugsam würdiget, theils weil Menschen, die sich dazu qualifiziren, in manchen Gegenden unter der dienenden und arbeitenden Klasse selten zu finden sind. Die eigene Erziehung derselben scheint freilich langweilig, aber sie verlohnt sich der Mühe. Sind mehrere vorhanden, so müssen die Geschäfte bestimmt unter sie vertheilt werden, und man setzt den einen als Ackervoigt, den andern als Hofvoigt, und vielleicht einen dritten als Viehvoigt an, wenn der Umfang der Geschäfte es erfordert, jedoch so, daß sie im Nothfall einer des andern Stelle vertreten.

§. 211.

Die Wirthschafterin.

Eine weibliche Aufseherin ist bei einem Theile der Hofgeschäfte, bei der Meierei und dem innern Haushalte, überhaupt aber bei allen Arbeiten, die ausschließlich von Weibspersonen verrichtet zu werden pflegen, von großer Wichtigkeit. Trifft man eine Person, welche sich dazu völlig qualifizirt, Kenntnisse, Thätigkeit, Ordnungsliebe und Häuslichkeit verbindet, so ist sie unschätzbar. Selten ist der Fall, wo sich nicht ein gewisser Eigensinn und Vorurtheile mit jenen vorzüglichen Qualitäten verbinden. Diesen muß man, wenn sie aus keiner übeln Quelle herrühren, nachgeben, die Person in ihrer Willkühr nicht zu sehr beschränken, sie in Respekt zu erhalten suchen, und ihr insbesondere über das weibliche Gesinde freie Disposition lassen. Viele Geschäfte werden von weiblichen Personen ungemein viel besser, als von männlichen ausgeführt, indem letztere dabei zu leicht in ein Extrem verfallen, entweder zu wenig Aufmerksamkeit darauf verwenden, oder in eine kleinliche Pedanterie, die ihre Maaßregeln doch nicht auszuführen vermag.

§. 212.

Verhältnisse des Personals in einer größern Wirthschaft.

Unter dem ganzen Personale einer **großen** Wirtschaft muß durchaus eine bestimmte Begrenzung der Geschäfte eines Jeden Statt finden, worin nur auf ausdrückliche Vorschrift des Wirthschaftsdirektors eine Abänderung oder ein Eingriff gemacht werden darf. Es muß nicht zugegeben werden, daß Einer für den Andern irgend ein Geschäft ohne spezielle Einwilligung des Direktors übernehme, weil sonst die Verantwortlichkeit wegfällt, und bei gemachten Fehlern sich Einer durch den Andern entschuldigt. Bei denen aber, die in einem Fache angestellt sind, muß vollkommene militairische Subordination erhalten werden, und es muß bei Ertheilung der Befehle sowohl, als bei Anfragen und etwanigen Beschwerden nie ein Grad übersprungen werden. Die Befehle werden nur durch den unmittelbar Vorgesetzten einem Jeden ertheilt; und wenn selbst der Wirthschaftsdirektor etwas Fehlerhaftes von Einem machen sieht, und es mit der Verbesserung nicht höchst eilig ist, so muß er es nicht ihm, sondern seinem Vorgesetzten verweisen, weil sonst gar zu leicht widersprechende Befehle entstehen, wodurch die Leute verwirrt gemacht werden, oder woraus sie doch so leicht Vorwand hernehmen, Unordnungen zu begehen, und die Anweisungen ihrer unmittelbar Vorgesetzten nicht zu befolgen.

Wenn vom Wirthschaftsdirektor etwas angeordnet wird, was außer dem Gewöhnlichen ist, was andere gemachte Einrichtungen aufhebt, oder ihnen widerspricht, so muß es bestimmt und klar, am besten schriftlich geschehen, und er muß sich, indem er sich seine gegebene Vorschrift von dem, der sie erhalten, wiederholen nnd erklären läßt, überzeugen, daß dieser sie richtig verstanden habe.

§. 213.

Allgemeine Aufsicht des Direktors.

Der Wirthschaftsdirektor darf durchaus keinen **einzelnen** Zweig oder einzelnen Theil der Wirthschaft zu seinem Lieblingsgegenstand machen und darauf seine spezielle Aufmerksamkeit richten. Er wird sonst nie Alles und Jedes gehörig beachten, in seinem Zusammenhange zu übersehen und zu erhalten wissen. Jedoch ist es rathsam, wechselsweise einen Gegenstand nach dem andern, wo möglich unvermerkt, seiner genauern Beobachtung zu unterwerfen, um die dabei nöthigen Verbesserungen richtig anzubringen und entstandenen Fehlern und Unordnungen abzuhelfen. Er muß irgend eine zufällige Veranlassung wahrnehmen, um bis ins kleinste Detail mit seiner Untersuchung einzudringen.

Es ist fehlerhaft, wenn er bei seinen Revisionen gewisse Stunden und Ordnung hält, so daß ein Jeder weiß, wann er hier oder dort hinkommen werde. Es muß Keiner an keinem Orte eine Viertelstunde vor ihm sicher seyn. Um alle Vorgesetzte gegen ihre Untergebenen in Achtung zu erhalten, muß er jenen nie scharfe Verweise in Gegenwart dieser geben, sondern entweder allein, oder, wenn er es nöthig findet, in Gegenwart derer, die nicht unter ihm stehen. Niemals muß er jedoch einen hinter seinem Rücken gegen Andere tadeln, ohne es ihm selbst zu sagen. Vorgesetzte, die dieses thun, verrathen eine unverzeihliche Schwäche.

Er muß durchaus verlangen, daß seine Fragen in jedem Falle, und wenn es auch zum Nachtheile Anderer gereichte, mit strenger Wahrheit beantwortet werden. Geschieht das nicht, so muß er schon vermuthen, daß ein Komplott gegen ihn gemacht werde, und dieses muß er auf der Stelle, wo nöthig durch Versetzungen und Verabschiedungen, zu zerstören wissen.

Er muß sich hüten, in die falsche Ehrsucht, gewisse Geschäfte früh vollführt zu haben, zu verfallen. Dies ist nur dann zu loben, wenn es gehörig geschehen ist.

§. 214.

Hauspolizei.

Ueber die Einrichtung der Hauspolizei und die Behandlung des Gesindes haben wir eine sehr gute Anweisung in Gerikens Anleitung zur Führung der Wirthschaftsgeschäfte, I. Bd., welche in der neuen Auflage noch weiter ausgeführt ist, und worauf ich deshalb verweise. Das Gesinde ist freilich an den meisten Orten von dem Schlage, und erfordert diejenige Behandlung, welche daselbst vorgeschrieben wird. Indessen glaube ich doch, daß man das, was daselbst gesagt wird, nicht so allgemein nehmen dürfe, und daß es doch auch Menschen dieser Art gebe, auf welche man durch edlere Motive, durch Ehrliebe und Moral wirken könne. Ehrgefühl liegt doch in jedem, auch dem rohesten Menschen. Nur wenn es auf der einen löblichen Seite ganz unterdrückt ist, wendet es sich nach der andern tadelhaften. Man kann es oft wieder ordnen.

§. 215.

Nächst dem Betriebe der Geschäfte, wodurch mit dem mindest möglichen Aufwande die größte Quantität von nutzbaren Produkten erzeugt wird, muß der Direktor der Wirthschaft die vornehmste Sorgfalt darauf richten, daß der möglich höchste Geldertrag daraus gelöset werde. Dies geschieht durch Ersparung und durch den vortheilhaftesten Verkauf.

§. 216.

Sparsamkeit.

Die Summe aller Ersparungen, die bei Kleinigkeiten in einer Wirthschaft anzubringen sind, beträgt im Ganzen etwas sehr Ansehnliches. Daher muß es sich der Wirth zum Grundsatz machen, jede Verschwendung, d. h. jede Ausgabe, die nicht zum reellen Nutzen gereicht, mit Sorgfalt zu vermeiden, und Alles mit dem möglich geringsten Aufwande zu erreichen suchen.

Jedoch ist hierbei die Grenzlinie zwischen Sparsamkeit und Geiz gehörig zu ziehen. Die Sparsamkeit wird Geiz, sobald dadurch der Zweck, der höchste nachhaltige Ertrag, verfehlt wird, und jede Ersparung, wodurch sich dieser in der Folge vermindert, ist dahin zu rechnen. Man muß daher sehr wohl erwägen, ob durch eine augenblickliche Ersparung dem Betriebe der ganzen Wirthschaft oder eines Theils derselben, der gewöhnlich wieder Rückwirkung auf das Ganze zu haben pflegt, nicht ein weit größerer Nachtheil in der Folge zugefügt werde. Fälle, die in dieser Hinsicht die genaueste Ueberlegung verdienen, kommen in jeder komplizirten Wirthschaft täglich vor, und ihre richtige Beurtheilung ist das, wodurch sich die Klugheit und Ueberlegung des Wirths vornehmlich offenbart. Eine der wichtigsten Ersparungen macht man durch die Auswahl der zur eigenen Konsumtion nöthigen Produkte.

Man findet häufig, daß wegen besonderer Konjunkturen der Preis mancher Produkte auf dem Markte nicht in gerechtem Verhältnisse zu ihrem innern Werthe steht, und besonders eine Kornart in Rücksicht auf dieses Verhältniß beträchtlich theurer oder wohlfeiler als die andere ist. In dem Falle muß man diejenige, welche ihrem wahren Werthe nach zu geringe steht, auf alle Weise zur eigenen Consumtion mit Ersparung derjenigen, die einen höheren Marktpreis hat, verwenden. Wenn der Scheffel Weizen fast in demselben oder unbeträchtlich höheren Preise mit dem Roggen steht, so muß der ungleich nahrhaftere und edlere Weizen zu jedem möglichen Verbrauch vor dem Roggen angewandt werden. Denn man kann annehmen, daß bei gleicher Güte drei Scheffel Weizen vier Scheffeln Roggen in ihrer nährenden Kraft beinahe gleich sind. Wenn Hafer sich über sein natürliches Verhältniß zum Roggen (wie 5 zu 9) auf dem Markte erhebt, so wird ein gescheidter Landwirth keinen Hafer verfüttern, sondern statt desselben Roggen, oder, wenn es noch vortheilhafter wäre, Weizen oder Gerste nehmen. Wir führen dies hier nur als Beispiel an, und werden an andern Orten über die Zweckmäßigkeit solcher Substitutionen und die dabei zu beobachtenden Regeln ausführlicher reden. Noch wichtiger ist diese Auswahl der Getreidearten bei der Benutzung derselben in der Brauerei und Branntweinbrennerei. Hier ist die Ersparung, welche man durch eine richtige Auswahl bewirkt, so auffallend und von so großem Belange, daß es kaum glaublich scheint, wie sie von manchen Wirthen übersehen werden könne, wenn nicht tägliche Erfahrung dennoch zeigte, daß es geschehe.

Das verschiedene Verhältniß, worin die Eßwaaren, Getreide und andere nahrhafte Früchte, Fleisch verschiedener Art, Fett, Butter, Käse, Milch, Eier, Hering, ihrem Preise und ihrer Nahrungsfähigkeit nach gegen einander stehen, kann oft eine Veränderung in der Konsumtion derselben vortheilhaft machen, wenn nicht das Gesinde zu sehr an eine bestimmte Speisungsart gewöhnt ist, und sich aus Eigensinn selbst gegen eine Verbesserung derselben sträubt.

Ueberhaupt muß man das Gesetz der Sparsamkeit beständig vor Augen haben. Die spezielle Anwendung werden wir bei Gelegenheit mancher Gegenstände zeigen.

§. 217.

Sorge für den nöthigen Bedarf.

Von sehr großer Wichtigkeit ist es, daß zu rechter Zeit ein genauer Ueberschlag vom Bedarf der Wirthschaft in allen und jeden Stücken gemacht und mit dem Bestande verglichen werde, damit man diesen vorräthig erhalte und sich auf keine Weise verleiten lasse, wäre es auch durch die vortheilhaftesten Preise, einen Eingriff darin zu machen. In der Regel muß man von jedem Produkte einen Vorrath zu erhalten trachten, der zwei Monate über die Zeit, wo es wieder gewonnen werden kann, hinausreicht. Bei ungewöhnlich hohen Preisen, die bei der Aussicht auf eine vorzügliche Ernte nach derselben mit größter Wahrscheinlichkeit sehr fallen werden, kann man diesen Termin wohl um etwas verkürzen; aber der Vortheil muß doch sehr auffallend seyn, wenn man sich dazu entschließt, weil die Herbeischaffung oder die frühere Zugutemachung der neuen Frucht in diesem Zeitpunkte leicht nachtheilige Störungen in den Wirthschaftsgeschäften veranlaßt. Auf keinen Fall und um keinen Preis darf man zu kurz rechnen, und sich etwa auf eine frühere Ernte verlassen, weil diese bei dem besten Anscheine sich dennoch verzögern und in große Verlegenheit setzen kann. Es ist deshalb so wesentlich, von den Beständen jederzeit eine klare Uebersicht zu haben.

§. 218.

Verkauf der Produkte.

Der Verkauf der Produkte erfordert eine sehr große Vorsicht und Ueberlegung, mit Rücksicht auf alle Lokalverhältnisse, deren Kenntniß sich daher ein jeder Wirth zu erwerben und fest im Auge zu behalten hat.

Der möglich theuerste Verkauf und die Benutzung der höchsten Preise ist, — was auch einige einseitige Moralisten dagegen sagen, — Pflicht des landwirthschaftlichen Gewerbsmannes. Die vielen Unfälle und das Risiko, denen die Landwirthschaft unterworfen ist, können nicht anders als durch die Benutzung glücklicher Konjunkturen wieder aufgewogen werden. Und wenn diese sich nicht von Zeit zu Zeit ereigneten, so würde man mit den Anschlägen in Rücksicht der unzuberechnenden Unfälle fast immer zu kurz schließen.

Indessen ist es mehrentheils nicht thunlich, daß der Landwirth mit seinem Verkaufe bis auf den wahrscheinlich höchsten Preis gänzlich zurückhalte und unter demselben nichts losschlage. In den meisten Fällen gebraucht er früher Geld, bevor dieser höchste Preis eintritt, und wenn er dieses gleich auf seinen Kredit anderweitig erhalten könnte, so würde sich doch bei einer genauen Berechnung der Unkosten und der Zinsen häufig ergeben, daß kein wahrer Vortheil dabei sey, zumal wenn er in Anschlag bringt, wie sehr ihn die unangenehmen Geschäfte des Geldnegozes von der Beachtung der übrigen abziehen, und iu welche Verlegenheit zuweilen die Wiederbezahlungstermine setzen können. Ohne die mannigfaltigen Fälle, wo solche Spekulationen nachtheilig ausschlagen können, hier anzuführen, wird sich Jeder leicht an Beispiele erinnern, wo übrigens sehr gute Wirthe gerade hierdurch zurückgekommen sind. Wenn es aber auch der Landwirth mit seinem Betriebskapital oder Kassenvorrath zwingen kann, so lähmt er sich doch oft dadurch zu andern vortheilhaften Unternehmungen, wozu sich häufig Gelegenheit findet, wenn größerer Vorrath in der Kasse ist.

Ferner fehlt es, um beträchtliche Aufschüttungen zu machen, in den meisten Wirthschaften an Raum, und besonders an solchem, wo das Getreide gegen alles Verderben und Unfälle gesichert ist.

Vorzüglich aber ist auf die Bequemlichkeit des Verfahrens, da, wo dieses auf der Achse geschehen muß, oder wo es dem Landwirthe nicht vom Hofe abgeholt wird, große Rücksicht zu nehmen. Selten stehen die Getreidepreise dann am höchsten, wenn hierzu die bequemste Zeit vorhanden; wogegen dann, wenn die Preise auf den höchsten Punkt kommen, die wichtigsten Arbeiten auf dem Acker vorfallen und vernachlässigt werden müßten, wenn Getreidefuhren nicht gegen Lohn geschehen könnten. Oft tritt dann der Fall ein, daß man gern verkaufte, aber kein Gespann zum Verfahren übrig hat, so daß die aufgehäuften Vorräthe sodann sehr lästlg werden, und man überdies in den Ruf eines Kornwucherers kommt. Deshalb wird mit wenigen Ausnahmen und Bedingungen die allgemeine Regel wohl die bleiben: daß die beste Zeit zum Verfahren der Produkte diejenige sey, wo die andern Geschäfte am wenigsten darunter leiden.

Allerdings kommt auch bei dem längern Aufbewahren des Getreides der Verlust in Betracht, den das Eintrocknen mit sich bringt, und derjenige, welcher unvermeidlich von Mäusen und Insekten oft entsteht; nicht weniger das Risiko, welchem lange aufbewahrtes Getreide immer ausgesetzt ist.

§. 219.

Preise. Wahrscheinlichkeit ihres Steigens oder Fallens.

Die muthmaßliche Vorausberechnung der Preise ist allemal trüglich; und wenn sich gleich unter besondern Lokalitäten im Allgemeinen und im großen Durchschnitte darüber mit Zuverlässigkeit etwas annehmen läßt, so treten doch sehr häufig Anomalien ein, weil die Konjunkturen, die auf das Steigen und Fallen der Marktpreise Einfluß haben, zu mannigfaltig sind, und durch unzuberechnende Zufälligkeiten herbeigeführt werden.

Der Marktpreis hängt bekanntlich von dem Verhältnisse der Nachfrage zum Anbieten ab. Kann jene durch das zum Verkauf angebotene Produkt nicht befriedigt werden, so überbieten sich die Käufer, und der Preis steigt, und zwar oft über alles Verhältniß des Bedarfs zum Vorrath. Es brauchen nur einige Markttage etliche Scheffel Getreide weniger da zu seyn, als verlangt werden, so können diese wenigen fehlenden Scheffel die Preise beträchtlich in die Höhe bringen. Umgekehrt aber fällt der Preis, sobald mehr Waare vorhanden ist, als gesucht wird, indem nun die Verkäufer gezwungen sind, durch herabgesetzten Preis Käufer zum Kaufe zu vermögen, die sonst nicht gekauft haben würden.

Wenn man das Bedürfniß der Märkte und das Quantum der Produkte, wodurch jenes befriedigt werden kann, wissen könnte, so würde es sich vielleicht auf das ganze Jahr berechnen lassen, wie hoch der Preis im Durchschnitt zu stehen kommen würde. Ueberwiegt Letzteres das Erste nicht beträchtlich, so kann man gewiß annehmen, daß hohe Preise eintreten werden, und zwar oft um so höhere in der Folge, je geringer sie anfangs waren.

In einzelnen Perioden ist es aber häufig nicht sowohl der größere oder geringere Getreidevorrath, als die Meinung, welche sich darüber im Publikum verbreitet hat, was das temporäre Steigen und Fallen der Preise bewirkt. Ist die Besorgniß vor Mangel entstanden und ein Allarm darüber verbreitet, so sucht ein jeder Konsument seinen Bedarf bis zur künftigen Ernte sich so schnell als möglich zu verschaffen; der Produzent dagegen, der sich genug gesichert hält, daß er seinen Vorrath noch immer werde verkaufen können, übereilt sich nicht damit. Das Uebergewicht der Nachfrage, die nicht befriedigt werden kann, treibt also die Preise in die Höhe. Daher rührt es wohl hauptsächlich, daß alle Polizeimaaßregeln, wodurch man sich momentan den Bedarf zu sichern sucht, unmittelbar ein Steigen der Preise zur Folge haben, weil Jedermann glaubt, die Regierung müsse begründete Sorge für die Subsistenz der Einwohner haben. Wenn auf der andern Seite sich die Meinung von sehr ergiebiger Ernte oder von vorhandenen großen Vorräthen verbreitet, so kauft ein Jeder nur seinen täglichen Bedarf, und die Landwirthe werden dagegen besorgt, daß sie ihre Erzeugnisse nicht werden absetzen können, und bieten sie deshalb zu immer wohlfeilern Preisen aus. Sehr häufig findet es sich dann, daß sich beide Theile trogen, und daß nun am Ende des Erntejahres die Preise um so höher werden, je niedriger sie im Anfange standen, weil die Konsumenten nun gar keine Vorräthe gemacht hatten. Wogegen sie dann oft fallen, wenn ein Jeder aus Besorglichkeit sich seinen Vorrath früher angekauft hatte, und die zurückhaltenden Produzenten nun auf einmal besorgt werden, wie sie ihren Vorrath versilbern sollen.

§. 220.
Märkte.

Der Markt für die Produkte, insbesondere für das Getreide, ist zweierlei Art:

a) Er ist bloß auf die Konsumtion der Gegend und deren Einwohner beschränkt. Hier wird der Preis hauptsächlich durch den Ernteausfall der Gegenden bestimmt, woher dieser Markt Zufuhr hat; und wenn man jenen kennt, so kann man mit ziemlicher Sicherheit wissen, ob hohe oder niedere Preise eintreten werden. Erfordert indessen dieser Markt entfernte Zufuhr auch aus dem Auslande, und haben diese entferntern Gegenden auch Exportationen anderswohin, so können die Bedürfnisse sehr weit entfernter Länder und allerlei andere Konjunkturen eine mächtige Einwirkung darauf haben. Insbesondere können dann Ausfuhrverbote im Auslande, ein ausgebrochener oder drohender Krieg und deshalb veranstaltete Anfüllung der Magazine eine Einwirkung äußern, die man nicht voraussehen konnte.

b) Der Markt hat eine Konkurrenz von fremden Käufern, wie dies hauptsächlich der Fall an schiffbaren Strömen und noch mehr in der Nähe des Meeres ist. Hier scheitert man oft mit den wahrscheinlichsten Voraussagungen. Denn die mannigfaltigen Umstände, welche hier eintreten können, lassen sich nicht übersehen und berechnen. Es können hier sehr schnelle und unerwartete Veränderungen vorgehen, je nachdem nämlich fremde Käufer sich nach diesem Markte hinzuwenden bewogen oder genöthigt werden, oder aber es vortheilhafter finden, ihre Einkäufe in einer andern Gegend zu machen. Außer dem wirklichen Bedarf der auswärtigen Käufer können manche andere Handelsspekulationen sie veranlassen, sich bald hier-, bald dorthin zu wenden. Sie können sich bewogen finden, einen etwas theurern Markt einem wohlfeilern vorzuziehen, wenn sie dorthin Waaren zu führen haben, und die Landesprodukte nur als Rückfracht mitnehmen. Auch wird sie in dem Falle die erleichterte Zahlung und der vortheilhaftere Kurs dazu vermögen. Dann können auch diese Käufer durch Krieg und Sperrung der Häfen abgeschnitten werden, wie gegenwärtig der Fall ist, aber uns gleichgültig seyn kann, indem die ostseeischen Gegenden seit mehrern Jahren ohnehin keinen Ueberfluß an Getreide zum Verkauf gehabt haben, und die inländischen Preise zu hoch für auswärtige Käufer stehen.

§. 221.

Auf allen Märkten pflegen die Preise in der Regel in den Zeitpunkten am niedrigsten zu stehen, wo der Landwirth des Geldes am meisten bedarf und überhaupt die Geldumschläge am stärksten betrieben werden. Also zu den Zins- und Zahlungsterminen vor den Quartalen, vornehmlich gegen Neujahr, wo alle minder vermögende verkaufen müssen. Dazu kommt, daß auf Märkten, wo fremde Käufer konkurriren, um die Zeit selten schon Kommissionen gegeben worden, weil die Spekulanten im Auslande noch nicht wissen, wie groß der Bedarf der Gegenden, wohin sie das Korn verführen wollen, sey, auch ihre Erkundigungen noch nicht eingezogen haben, wo sie jenen Bedarf am wohlfeilsten zu erhalten hoffen können, wenn ihnen anders die Wahl zwischen mehrern Handelsplätzen frei steht. Im Frühjahre pflegen die Preise wegen der mindern Konkurrenz der Verkäufer und der stärkern der Käufer gewöhnlich zu steigen. Vor Allem ist dies der Fall an solchen Orten, die ihren Bedarf aus ziemlich weiter Entfernung ziehen müssen, in der letzten Hälfte des Januar und im Februar, wenn sich der schlechten Wege und vielleicht der gehemmten Schifffahrt wegen die Zufuhr vermindert. Man findet deshalb in den Sammlungen, die man von den Preisen langer Reihen von Jahren gemacht hat, daß in gewöhnlichen Jahren, die ungefähr den Bedarf lieferten, die Preise um diese Zeit am höchsten standen. Indessen giebt es Ausnahmen, wenn nämlich in dieser Zeit, wo das Ausdreschen hauptsächlich vor sich geht, der Ausfall die Erwartung übersteigt und die Landwirthe dadurch veranlaßt werden, der Beschwerlichkeit der Wege ungeachtet viel zu verfahren. Man sagt daher, wenn das Getreide unter den Flegel fällt, so wird es sehr wohlfeil werden. Da ereignet es sich denn wohl, daß das Getreide im Frühjahr geringer steht als im Herbste, und immer mehr fällt, je näher die neue Ernte kommt, zumal wenn diese einen guten Anschein giebt.

§. 222.

Wer aufmerksam alle diese Verhältnisse erwägt, und insbesondere den Ernteertrag nicht von einzelnen Flecken, sondern aus der ganzen Gegend, woher ein Markt versorgt wird, wahrzunehmen und zu überschlagen versteht, wird freilich weit häufiger den künftigen Stand der Preise richtig vorhersehen, als sich darin trügen. Indessen ist wohl Niemand so scharfsichtig, daß nicht auch Letzteres hin und wieder der Fall seyn sollte, und es ist dem Landwirthe daher nie zu rathen, daß er mit seiner Handelsspekulation zu weit gehe, und seinen ganzen

Verkauf danach einrichte. Wenn er es auch unter fünfmalen viermal richtig träfe, sich aber nur einmal tröge, so könnte ihn dies in seinem ganzen Gewerbe so zurücksetzen, daß der gemachte Vortheil dadurch weit überwogen würde. Bei einem Theile seines Verkaufs indessen wird ein Jeder, der sich eine richtige Umsicht zutrauen darf — denn auf das Gerede Anderer darf man sich in diesem Punkte weniger als irgendwo verlassen — mit Vortheil spekuliren, weil ihn ein etwaniger Irrthum dabei nicht zu Grunde richten kann.

§. 223.

Wahl zwischen mehreren Märkten.

Wenn der Produzent mehrere Märkte hat, so ist eine kluge und wohlberechnete Auswahl sehr wichtig. Oft kann es vortheilhaft seyn, auf einem nähern Markte beträchtlich wohlfeiler, als auf einem entfernteren zu verkaufen, wenn man auch bei diesem das gewöhnliche Fuhrlohn nach einem allgemeinen Durchschnitte in richtige Anrechnung brächte. Es giebt nämlich Zeiten, wo die Gespannarbeit kaum bezahlbar ist, und wo der höchste Fruchtpreis die Versäumniß nicht ersetzen kann, die dadurch entsteht.

Uebrigens aber muß man bei diesen verschiedenen Märkten häufige Erkundigungen über die Preise und die Stärke der Nachfrage einzuziehen nicht versäumen. Zuweilen steht der Preis einer oder der andern Kornart auf einem Markte in Verhältniß gegen andere Kornarten ungewöhnlich hoch und höher als auf andern Märkten, obwohl er sonst gerade auf diesem Markte niedriger zu stehen pflegte. Dies pflegt sich aber schnell zu ändern. Die Stärke der Nachfrage ist immer ein Vorbote eines steigenden Preises, und auf die Fortdauer eines schon wirklich hoch stehenden Preises kann man minder sicher rechnen, als wenn bei einem noch niedrigern Preise eine Getreideart häufig gesucht und emsig verlangt wird.

Solche Orte, wo man vielen Marktschikanen ausgesetzt ist, und wo falsche Polizeimaaßregeln den freien Handel erschweren, muß man möglichst vermeiden. Dies thun auch in der That alle kluge Landwirthe, und ein solcher Ort wird deshalb durch Mangel an Zufuhr in solchen Jahren, wo kein Ueberfluß ist, mehrentheils sehr strenge bestraft.

Oft können Rückfuhren, die man von einem Orte zu machen hat, den Landwirth veranlassen, diesen vor andern zu wählen. Deshalb findet man, daß Städte, welche gute Waaren für den Landwirth und zu billigen Preisen feil haben, auch wohlfeilere Zufuhr erhalten.

§. 224.

Zusammenkünfte der Landwirthe in Rücksicht auf das Gewerbe.

Zur Wahrnehmung der merkantilischen Konjunkturen ist ein öfteres Besuchen der vornehmsten Marktplätze, Zusammenkommen und gesellschaftliche Verbindung der einsichtsvolleren Landwirthe einer Gegend sehr nützlich, und kann auch manche andere Vortheile gewähren, wenn nur solche Zusammenkünfte nicht zu leicht in Trink- und Spielgelage ausarteten. Geregelte, praktische Landwirthschafts-Gesellschaften in einzelnen Distrikten unter dem Vorsitze eines achtungswürdigen Mannes könnten viel zur Aufnahme des landwirthschaftlichen Gewerbes beitragen.

Handelsspekulationen.

Handelsspekulationen sind zuweilen sehr vortheilhaft mit dem Ackerbau verbunden worden, jedoch mehr von kleinen als größeren Landwirthen. Sie ziehen einen größern Landwirth von seinen Geschäften zu sehr ab, und wenn auch der Vortheil, den er durch jene macht, den Verlust, den er an diesen durch Versäumniß erleidet, einmal weit überwöge, so wird dies nicht immer der Fall, und somit in der Folge, besonders durch die nun leicht entstehende Geringschätzung der landwirthschaftlichen Geschäfte der Verlust desto größer seyn. Dieser Erfolg ist zwar nicht unbedingt nothwendig; aber die Erfahrung lehrt, daß er häufig sey, und er ist dem menschlichen Gemüthe nur zu angemessen. Es geht damit wie mit der Spielsucht, die jedes andere Bestreben zum Erwerbe unterdrückt. Ueberdem gehört eine genaue Kenntniß des unternommenen Geschäfts dazu, wenn man es nicht bloß einmal glücklich, sondern auf die Dauer sicher betreiben will. Auch muß man übrigens Kapital dazu haben, und sich nicht verleiten lassen, das nöthige dem landwirthschaftlichen Betriebe zu entziehen.

Ueber die Verbindung der besonders dazu geeigneten technischen Gewerbe mit der Landwirthschaft werde ich im letzten Theile dieses Werks ausführlich reden.

Landwirthschaftliche Buchhaltung.

§. 225.

Wichtigkeit der Buchhaltung.

Eine vollständige, genaue und alle Verhältnisse darstellende Buchhaltung ist zu einer vollkommenen und zweckmäßigen Verwaltung der Wirthschaft unumgänglich nothwendig. Auch die längste Routine und die größte mechanische Uebung, die man sich, selbst auf einem speziellen Gute, erworben haben könnte, ist höchst selten zureichend, um alle Verhältnisse so zu übersehen und so zu benutzen, daß man das möglich Vollkommenste erreicht zu haben oder zu erreichen sicher sey, wenn man jene nicht in einem solchen Tableau, wie eine gute Buchführung geben muß, vor Augen liegen hat. Bei einer etwas komplizirten Wirthschaft wird es sich durch sinnliche Eindrücke und durch die Erinnerung derselben nie so klar ergeben und so sicher bestimmen lassen, welche Einrichtungen der Erreichung des höchsten Zwecks genau entsprechen, und deshalb beibehalten, oder aber verbessert und verschieden modifizirt werden müssen.

§. 226.

Wir unterscheiden diese Buchhaltung in zwei Hauptabtheilungen, nämlich: in die stehende und in die jährliche.

Stehende Buchhaltung oder Grundbuch.

Zu ersterer gehört das, was man sonst das Lager-, Erb- oder Grundbuch zu nennen pflegt. Dieses muß einen Abriß des Guts im Ganzen und in allen einzelnen nutzbaren Theilen enthalten, und eine vollständige Uebersicht aller Verhältnisse auf möglichst klare und bestimmte Weise vor Augen legen.

Karten. Vermessungs-, Bonitirungs-, Nutzungs-Karte.

Es gehören dazu vor Allem die Karten nebst den sie erläuternden Registern. Man unterscheidet dreierlei Arten von Karten: 1) die Vermessungskarte; 2) die Bonitirungskarte; 3) die Nutzungskarte.

Sie können in der Folge vereint mit einander oder zusammengetragen dargestellt werden. Jedoch werden sie einzeln und in Bezug auf einander angefertigt. Und es ist in mancher Hinsicht nicht ohne Nutzen, jede Art abgesondert und rein beizubehalten.

1) Bei der Vermessungskarte wird nur Rücksicht auf die Fläche und deren bleibende natürliche Abtheilungen und Grenzzeichen genommen. Jedoch können auch wohl solche Gegenstände, welche man wegzuschaffen sich nicht leicht bewogen finden wird, als Merkzeichen angedeutet seyn, wozu also Grenzsteine, Grenzhügel, auch wohl einzelne Bäume gehören.

2) Die Bonitirungskarte, auf welcher die Bodenarten nach ihrer verschiedenen Güte, am besten durch Farben und Nüanzirungen derselben bezeichnet, und die Grenzen und Uebergänge derselben sinnlich angedeutet sind. Wo die Verschiedenheit des Bodens und die Abwechselung desselben groß ist und häufig vorkommt, ist es rathsam, diese Karten nach einem ungleich größern Maaßstabe anzufertigen, als bei der Vermessungs- und Nutzungskarte nöthig ist, und deshalb jeder Abtheilung der Feldflur ein besonderes Blatt zu widmen. Es kann dies an die bei der Bestellung zu nehmenden Maaßregeln besser erinnern. Es muß bei dieser Bonitirungs- oder Bodenartskarte insbesondere auch auf den Feuchtigkeitsgrad geachtet, und dieser bei besonders trockenen und feuchten Stellen auf irgend eine Weise bezeichnet seyn. Sie muß uns ein lebhaftes, aber zugleich mathematisch richtiges Gemälde vom Boden und dessen sämmtlichen physischen Eigenschaften darstellen.

3) Die Nutzungskarte. Sie enthält diejenigen künstlichen Abtheilungen, welche man in der Feldmark gemacht oder zu machen beschlossen hat. Es ist aber rathsam, sich nicht bloß auf die Hauptabtheilungen oder Schläge zu beschränken, sondern auch die Unterabtheilungen, in so fern sie bei der Bestellung irgend in Betracht kommen können, darauf zu bemerken, vielleicht sogar einzelne Gewende oder Ackerbeete, um die darauf zu verwendende Arbeit, Düngung und Einsaat gleich überschlagen zu können. Die Nummern der Hauptabtheilungen oder Schläge werden mit größern, etwa römischen Zahlen, die Unterabtheilungen oder einzelnen Stücke mit kleineren deutschen Zahlen oder Buchstaben bezeichnet. Man kann nach Belieben den Nummern der Unterabtheilungen jedes Schlages eine besondere Ordnung und Folge geben, oder diese Nummern der kleinern Stücke, welches ich vorziehe, die ganze Feldmark hindurchlaufen lassen.

Wenn man diese drei Arten und Zwecke der Karten mit einander vereinigen und sie auf einer Tafel darstellen will, so muß der Maaßstab nur nicht zu klein genommen werden, damit jede Art von Begrenzung deutlich in die Augen falle.

In manchen Fällen, besonders bei einer sehr unebenen Lage und wo man mit dem Wasser zu kämpfen hat, ist eine Nivellirung der Feldmark nach allen Hauptrichtungen und eine Darstellung derselben in einem Nivellementstableau sehr nützlich. Auf derselben kann zweckmäßig die Beschaffenheit des Untergrundes und selbst der merkwürdigern, tiefern Erdschichten, so weit man solche durch einen Erdbohrer untersucht hat, angedeutet werden.

§. 227.

Register.

Zu diesen Karten gehören nun die Register, welche die Vermessung, die Bonitirung bestimmter Größen und den Benutzungsplan verzeichnet enthalten. Diese können in einer Tabelle füglich zusammengetragen seyn und so eine deutliche Uebersicht geben. Wenn die Feldmark in bestimmte und bleibende Schläge abgetheilt ist, so hat jeder Schlag seine Tabelle. In der ersten Vertikalkolumne kommen dann die Unterabtheilungen des Schlages mit ihren Nummern und Benennungen zu stehen. So viele Klassen der Bonität des Ackers man angenommen hat — deren Begründung dann in einer besondern Nachweisung bestimmt angedeutet seyn muß — so viele Vertikalkolumnen werden gemacht, und die Morgen- und Ruthenzahl darin angegeben, welche das Stück von jeder Bodenart enthält. Wenn in den Schlägen oder Abtheilungen niedrige Stellen, die nicht besäet werden können, oder sogenannte Meeschwiesen, Wasserpfühle, Gräben, Wege und andere unbrauchbare Stellen vorkommen, so muß auch deren Flächeninhalt angezeigt werden. Die Summe wird dann in den Vertikal- und Horizontalkolumnen addirt.

Außer dieser Tabelle ist es aber nützlich, noch eine besondere Beschreibung von der Beschaffenheit, wenigstens jedes ausgezeichneten Feldes zu haben, und die etwanigen Eigenthümlichkeiten desselben zu bemerken.

§. 228.

Werthschätzung der einzelnen Theile eines Landguts.

Es giebt eine ungemein nützliche Uebersicht, und trägt Vieles zur richtigen Berechnung der Verhältnisse bei, wenn man jede Bodenart und nach derselben jedes Feld oder jede Abtheilung taxirt. Man vertheilt nämlich den angenommenen Grundwerth des ganzen Gutes, nachdem man den gebührenden Theil für jede andere Benutzung, Gerechtsame und Gefälle abgezogen hat, auf die Ländereien. Nach der Bonität des Bodens macht man nach den Regeln, die in der Lehre von der Agronomie angegeben werden, einen Ueberschlag, was der Morgen jeder Ackerklasse werth sey, am besten nach proportionalen Zahlen. Man setzt z. B. Boden der ersten Klasse zu 10, der zweiten zu 8, der dritten zu 6, der vierten zu 4, der fünften zu 2, und der sechsten zu 1 an, wenn eine solche Differenz nach jenen Regeln begründet ist. Nach dem Antheile, den jeder Schlag oder jedes Feld nun von jeder Bodenart hat, bestimmt man dessen Werth, und man kann sich, nach der Weise der Engländer, dieser Bestimmung nachher bedienen, um eine vollständige Produktionsrechnung von jeder Abtheilung zu machen. Denn eine Produktion kann dadurch um so vortheilhafter seyn, daß sie auf einem Boden von geringerem Werthe bewirkt wird.

Wenn man will, kann man jedoch bei dieser Taxation der Ländereien auch auf andere Umstände als die Beschaffenheit des Bodens Rücksicht nehmen, und muß dann z. B. ein vom Hofe entferntes Feld geringer anschlagen, als ein nahegelegenes, wenn beide auch von gleicher Beschaffenheit des Bodens wären.

Diesen ausgemittelten Werth eines jeden Stücks und des ganzen Schlages kann man dann der Tabelle in einer besondern Kolumne hinzufügen.

Es versteht sich, daß, so wie die Ackerländereien, auch Wiesen, Weiden, Holzungen, Torfmoore und andere nutzbare Grundstücke taxirt werden, und von dem Werthe des Ganzen ihren Theil übernehmen.

In Ansehung der wirthschaftlichen Gebäude aber, deren Werth man zum Grundkapitale des Guts zu rechnen pflegt, halte ich es für zweckmäßiger — wenn man ihren Werth auch besonders aufgenommen hätte — solche mit auf die nutzbaren Ländereien zu vertheilen, indem sie nur um dieser willen vorhanden sind und den Ertrag derselben bedingen. Daß das Lagerbuch eine vollständige Beschreibung dieser Gebäude und ihre Werthschätzung enthalte, versteht sich.

Zur Erläuterung diene nebenstehendes Schema.

§. 229.

Inhalt des Grundbuchs.

Das Lagerbuch enthält ferner eine genaue Nachweisung aller nutzbaren Gerechtigkeiten des Guts, der bestimmten und unbestimmten Gefälle, der Frohnden, der Zehnten, der Mühlen- und Krug-

Nummer und Namen der Felder.	Boden 1ster Klasse zu 10.		Boden 2ter Klasse zu 8.		Boden 3ter Klasse zu 6.		Boden 4ter Klas[se] zu 4.	
	M.	Q.-R.	M.	Q.-R.	M.	Q.-R.	M.	Q.-R.
1) Das Rasenfeld.	10	45	12	90	—	—	—	—
2) Der hohe Block.	—	—	14	90	18	45	—	—
3) Der Keil.	15	135	—	—	—	—	—	—
4) Das Obergewende.	—	—	31	20	—	—	—	—
5) Das Untergewende.	15	90	14	135	—	—	—	—

	M.	Q.-R.	M.	Q.-R.	M.	Q.-R.	M.	Q.-R.
1) Das Steineland.	—	—	50	45	—	—	—	—
2) Die langen Stücke.	—	—	—	—	40	90	—	—
3) Am alten Teiche.	—	—	—	—	—	—	42	135

Der Schlag 2. ist hier zwar beinahe von gleicher Größe, abe[r] um so viel weniger als Landrente zur Last geschrieben [...] worden, als sie bei einer guten Feldeinrichtung seyn dürft[e]

…iesen …zu 3.	Wege- Graben- Hecken zu 0.		Pfühle zu 0.		Summa.		Durchschnittswerth	
Q.-R.	M.	Q.-R.	M.	Q.-R.	M.	Q.-R.	per Morgen.	im Ganzen.
—	—	90	—	—	23	45	$2\frac{22}{31}$	$202\frac{1}{2}$
—	—	—	—	—	32	135	$6\frac{29}{31}$	$225\frac{1}{2}$
—	—	—	1	20	16	155	$9\frac{4}{5}$	$157\frac{1}{2}$
—	—	30	—	—	32	70	$7\frac{4}{5}$	$250\frac{1}{2}$
—	—	—	—	—	30	45	$9\frac{3}{121}$	273
					135	90		1109

Q.-R.	M.	Q.-R.	M.	Q.-R.	M.	Q.-R.	per Morgen.	im Ganzen.
—	—	—	—	—	50	45	8	402
—	—	—	—	—	40	90	6	243
—	—	—	—	—	42	135	4	171
					133	90		816

…ingerem Werthe, als Schlag 1. Die Produktion auf Schlag 2. kann
…leichheit ist übrigens nur des Beispiels wegen greller angenommen

same und Gefälle abgezogen hat, auf die Ländereien. Nach der Bonität des Bodens macht man nach den Regeln, die in der Lehre von der Agronomie angegeben werden, einen Ueberschlag, was der Morgen jeder Ackerklasse werth sey, am besten nach proportionalen Zahlen. Man setzt z. B. Boden der ersten Klasse zu 10, der zweiten zu 8, der dritten zu 6, der vierten zu 4, der fünften zu 2, und der sechsten zu 1 an, wenn eine solche Differenz nach jenen Regeln begründet ist. Nach dem Antheile, den jeder Schlag oder jedes Feld nun von jeder Bodenart hat, bestimmt man dessen Werth, und man kann sich, nach der Weise der Engländer, dieser Bestimmung nachher bedienen, um eine vollständige Produktionsrechnung von jeder Abtheilung zu machen. Denn eine Produktion kann dadurch um so vortheilhafter seyn, daß sie auf einem Boden von geringerem Werthe bewirkt wird.

Wenn man will, kann man jedoch bei dieser Taxation der Ländereien auch auf andere Umstände als die Beschaffenheit des Bodens Rücksicht nehmen, und muß dann z. B. ein vom Hofe entferntes Feld geringer anschlagen, als ein nahegelegenes, wenn beide auch von gleicher Beschaffenheit des Bodens wären.

Diesen ausgemittelten Werth eines jeden Stücks und des ganzen Schlages kann man dann der Tabelle in einer besondern Kolumne hinzufügen.

Es versteht sich, daß, so wie die Ackerländereien, auch Wiesen, Weiden, Holzungen, Torfmoore und andere nutzbare Grundstücke taxirt werden, und von dem Werthe des Ganzen ihren Theil übernehmen.

In Ansehung der wirthschaftlichen Gebäude aber, deren Werth man zum Grundkapitale des Guts zu rechnen pflegt, halte ich es für zweckmäßiger — wenn man ihren Werth auch besonders aufgenommen hätte — solche mit auf die nutzbaren Ländereien zu vertheilen, indem sie nur um dieser willen vorhanden sind und den Ertrag derselben bedingen. Daß das Lagerbuch eine vollständige Beschreibung dieser Gebäude und ihre Werthschätzung enthalte, versteht sich.

Zur Erläuterung diene nebenstehendes Schema.

§. 229.

Inhalt des Grundbuchs.

Das Lagerbuch enthält ferner eine genaue Nachweisung aller nutzbaren Gerechtigkeiten des Guts, der bestimmten und unbestimmten Gefälle, der Frohnden, der Zehnten, der Mühlen- und Krugpächte, des Bier- und Branntweinbrennerei-Urbariums, d. h. des Rechts, diese zu verfertigen und vielleicht in einem gewissen Zwangs-distrikte ausschließlich zu verkaufen. Die Gefälle werden im Durchschnitt geschätzt, die Gerechtigkeiten aber nur als solche und nach der Rente, die sie durch Ueberlassung an Andere, ohne sie selbst zu betreiben, mit vollkommener Sicherheit und ohne Risiko geben würden. Denn der Vortheil, der aus dem eigenen Betriebe einer Brauerei oder Branntweinbrennerei, des Mühlengewerbes u. s. w. hervorgeht, kann nicht als Rente vom Grundwerthe, sondern als Gewerbsprofit betrachtet werden. Wird ein solches Gewerbe betrieben, so hat es seine eigene jährliche Rechnung oder Rubrik im Hauptbuche, und es muß dem Grundkapitale diejenige Rente dann nur zu gut gerechnet werden, die es ohne eigenen Betrieb davon hätte ziehen können.

Der Werth des ganzen Guts oder die Größe des Grundkapitals geht dann aus der Summe des Werths aller dieser nutzbaren Stücke hervor. Oder aber, wenn man jenen als bekannt angenommen hat, so wird er auf diese einzelnen Pertinenzien nach gebührendem Verhältnisse repartirt, und der Werth jedes einzelnen somit bestimmt. Es versteht sich aber, daß die sämmtlichen Lasten, — die bestimmten nach ihrer wahren Größe, die unbestimmten nach einer Fraktion — vorher abgezogen werden. Das Lagerbuch muß auch über diese die genaueste Nachweisung enthalten.

§. 230.

Grundkapitals-Rechnung.

Es ist sehr nützlich, in dieser stehenden Buchhaltung oder dem Lagerbuche eine Kapitalrechnung anzulegen, oder eine Abrechnung mit dem jährlichen Wirthschaftsbetriebe, um zu übersehen, was dieser von Jahr zu Jahr eingebracht habe, und um wieviel das Vermögen dadurch vermehrt sey. In der Form der doppelten Buchhaltung kommen in diesem Lagerbuche auf das Debet der jährlichen Wirthschafts-Verwaltnng zu stehen die jährlichen Zinsen von dem Kapitalwerthe des Guts und des Inventariums, so wie das, was derselben an baarem Gelde etwa vorgeschossen worden. Auf das Credit derselben kommt aber zu stehen, was sie an Gelde und an Naturalien dem Eigenthümer abgeliefert hat; ferner auch was an dauernde Meliorationen verwandt worden, oder um wieviel der Kapitalwerth des Guts dadurch vermehrt sey. Letzteres möchte in manchen Fällen wohl nicht sogleich bestimmt auszumitteln seyn, und deshalb begnügt man sich, nur die Kosten dieser Meliorationen oder den Werth der darauf verwandten Arbeiten, wenn diese auch allein durch die gewöhnlichen Kräfte der Wirthschaft bewirkt werden, zu berechnen. Da aber durch diese Meliorationen das im Gute steckende Kapital vergrößert worden, so werden im folgenden Jahre die Zinsen dafür der Bewirthschaftung, und zwar billigerweise höher (wenn das Grundkapital zu 4 Prozent angesetzt ist, diese zu 6 Prozent) berechnet. Mit diesem Conto im Lagerbuche harmoniren dann die Kapital-Contos der jährlichen Hauptbücher des Wirthschaftsbetriebes, oder jenes wird nach diesem formirt. Dieses Conto steht z. B. folgendermaßen:

Die Administration des Guts .....

Debet *Credit*

Debet	Rthlr.	Gr.	Credit	Rthlr.	Gr.
1803—4.			1803—4.		
Zinsen von 100,000 Rthlr. Ankaufskapital à 4 Prozent	4000	—	Abgeliefert an den Eigenthümer	1200	—
			An nachgewiesenen Meliorationen	3800	—
1804—5.			1804—5.		
Zinsen vom Ankaufskapital à 4 Prozent	4000	—	Abgeliefert an den Eigenthümer	3500	—
Zinsen von angelegten Meliorationen à 6 Prozent	228	—	An nachgewiesenen Meliorationen	2000	—
1805—6.			1805—6.		
Zinsen vom Ankaufskapital à 4 Prozent	4000	—	Abgeliefert an den Eigenthümer	4200	—
Zinsen von angelegten Meliorationen, 5800 Rthlr. à 6 Prozent	348	—	An nachgewiesenen Meliorationen	1600	—
1806—7.			1806—7.		
Zinsen vom Ankaufskapital à 4 Prozent	4000	—	Abgeliefert an den Eigenthümer	6550	—
Zinsen von angelegten Meliorationen, 7400 Rthlr. à 6 Prozent	444	—	An nachgewiesenen Meliorationen	800	—
1807—8.			1807—8.		
Zinsen vom Ankaufskapital à 4 Prozent	4000	—	Abgeliefert an den Eigenthümer	8500	—
Zinsen von angelegten Meliorationen, 8200 Rthlr. à 6 Prozent	502	—	An nachgewiesenen Meliorationen	500	—
	21522	—		32650	—
Saldo der Administration	11128	—			
	32650				

§. 231.
Chronik des Gutes.

Ferner enthält das Lagerbuch eine Geschichte oder Chronik des Guts, worin Alles, was auf seinen Werth und seine Gerechtsame Bezug haben kann, jährlich eingetragen wird. Insbesondere werden auch die gemachten und dem Kapitalwerth, nach vorstehendem §., berechneten Meliorationen hier genauer beschrieben. Auch Nachrichten von den Preisen der Produkte, von der Witterung und der Fruchtbarkeit der Jahre, von der vormaligen Benutzung des Guts, Auszüge aus älteren Aussaats-, Ernte- und Ertrags-Registern finden hier Platz.

Alle erhebliche Veränderungen, die sowohl mit der Eintheilung der Ländereien und mit den Gebäuden, als auch mit den Gerechtsamen des Gutes vorgenommen worden, werden jährlich eingetragen und in Ansehung der letzteren auf die darüber ausgefertigten Dokumente verwiesen.

Auch können in dem Lagerbuche merkwürdige Notizen und Erfahrungen, die auf die Bewirthschaftung desselben speziellen Bezug haben, aufbehalten werden, wenn man dafür nicht etwa ein besonderes Buch hält.

Durch ein solches Lagerbuch hinterläßt man der Nachkommenschaft einen wichtigen Schatz.

§. 232.
Jährliche oder Wirthschafts-Betriebsrechnung.

Der zweite Theil der Buchhaltung besteht in der jährlich abzuschließenden Rechnungsführung über den jährlichen Betrieb des landwirthschaftlichen Gewerbes mit Anzeichnung aller darauf Bezug habenden Notizen. Diese Rechnungsführung ist um so vollkommener, je mehr sie sich über Alles ausdehnt, je weniger sie von dem, was auf den Erfolg des Gewerbes Bezug hat, übersieht, und je klarer und bestimmter sie jedes einzeln, aber im Zusammenhange und in seinen Beziehungen auf das Ganze angiebt. Sie muß deshalb eine Nachweisung nicht nur von der Einnahme und Ausgabe des Geldes und der Naturalien, sondern auch von der Verwendung der Arbeit und jedes andern auf den Erfolg Einfluß habenden Dinges, z. B. des Mistes, enthalten. Die möglichste Vollständigkeit dieser Rechnung ist eine wesentliche Bedingung für den möglich vollkommensten Betrieb der Wirthschaft, und dieser kann ohne jene unmöglich erreicht werden, oder es giebt wenigstens keinen Beweis und keine Sicherheit, daß er erreicht worden sey, und folglich auch keine Nachweisung, wie er vollkommener eingerichtet werden könne.

§. 233.

Mannigfaltige Formen.

Die Formen dieser Buchführung können mannigfaltig seyn. Bis jetzt ist es wohl noch nicht entschieden, welche die zweckmäßigste und vollkommenste sey, vermuthlich, weil wir diese noch nicht besitzen. Es läßt sich daher bis jetzt noch keine ganz allgemein und unbedingt anempfehlen, sondern man kann zureichende Gründe haben, nach den Verhältnissen der Wirthschaft und des Wirthes eine andere zu wählen, als man für die bessere erkennt. Wir haben der Vorschläge und Formeln dazu seit einiger Zeit viele erhalten, deren Kritik uns hier zu weit abführen würde, in welchen ich aber neben vielem Zweckmäßigen und Scharfsinnigen doch immer noch Lücken, Schwierigkeiten und Unbestimmtheiten antreffe. Dies muß uns nicht wundern, wenn wir bedenken, wieviel Fleiß und Scharfsinn darauf verwandt worden, die kaufmännische Buchführung zu ihrer jetzigen Vollkommenheit zu bringen, und daß dennoch auch darüber die Meinungen noch getheilt sind. Die vollständige landwirthschaftliche Buchführung hat aber Schwierigkeiten, die sich bei der kaufmännischen nicht finden, weil sich bei dieser Alles leichter auf einen gemeinschaftlichen Maaßstab, nämlich das Geld, reduziren läßt. Uebrigens ist es nicht zu verlangen, daß ein mit der Landwirthschaft sich praktisch beschäftigender und zugleich wissenschaftlicher Mann das Studium hierauf verwenden solle, welches diese Angelegenheit nothwendig erfordern würde, wenn man zur Erfindung des möglich Zweckmäßigsten und Vollkommensten darin gelangen wollte. Andere aber, die ihre Zeit und Kräfte insbesondere dem Rechnungswesen gewidmet haben, besitzen — wenigstens ist mir bis jetzt noch kein Fall bekannt — nicht die allgemein umfassende Kenntniß und klare Ansicht von dem höhern und rationellen Betriebe der Landwirthschaft, oder üben sie doch nicht praktisch aus. Das Letztere aber scheint mir nöthig zu seyn, um die Methode wirklich an verschiedenen komplizirten Wirthschaften versuchen zu können, weil sich bei der Ausführung oft Schwierigkeiten ergeben, die man sich bei der Theorie nicht denkt.

Da es uns also an einer vollkommenen Methode noch fehlt, so werde ich hier eine Uebersicht von mehreren und von den verschiedenen Theilen, woraus sie zusammengesetzt sind, geben; woraus sich nun ein

Jeder diejenige, welche seinen individuellen Verhältnissen und Zwecken am angemessensten scheint, auswählen und zusammensetzen kann. In der Praxis kann in manchen Fällen eine minder vollkommene vorzuziehen seyn, weil sie den besondern Zwea, den man hat, hinlänglich erreicht, dabei auch leichter fällt, und überhaupt etwas Unvollkommenes gut und vollständig ausgeführt besser ist, als ein höheres Ideal, welches man aber nicht erreicht.

§. 234.

Die gewöhnlichste oder die sogenannte Register-Form.

Die gewöhnlichste und unter dem Namen der landwirthschaftlichen Registerführung bekannteste Art ist folgende:

Außer dem Journale und Manuale hat man drei Hauptbücher:

Nr. 1. für die Geldrechnung.

Nr. 2. für die Getreide- und andere Naturalienberechnung.

Nr. 3. für die Viehberechnung.

§. 235.

Besteht aus: 1) der Geldrechnung.

Der erste Theil der Geldrechnung enthält gemeiniglich die Einnahme, der zweite die Ausgabe.

Zu beiden pflegen die Seiten so liniirt zu seyn, daß in der ersten Kolumne zur linken Hand Monat und Tag, in der zweiten die Nummern der Belege, wo solche Statt finden, stehn; in der Mitte dann die Posten, und rechts eine doppelte Geldkolumne von Thalern, Groschen und Pfennigen. In die erste dieser Geldkolumnen kommt der Betrag der einzelnen Posten, in die zweite aber der Betrag der Einnahme oder Ausgabe monatlich addirt. Um die Sache ganz deutlich zu machen, stehe hier die monatliche Einnahme an baaren Gefällen und für Roggen.

Monat.	Belege.	Einnahme an baaren Gefällen.	Rthl	Gr.	Pf	Rthl	Gr.	Pf.
Julius 1.		Kassenvorrath beim Abschluß der vorigen Rechnung .	210	16	8			
		Für verkauftes Wiesenheu an den Schulzen zu N. . .	64	13	—			
		Für Grundzins von dem Müller N.	4	18	—			
		Grundzins vom Schmied .	3	—	—			
		Für vermiethetes Kartoffelland abschläglich laut des besonders darüber geführten Buchs	12	12	-			
		Rückzahlung der Feuerkassengelder vom Schmied und Müller	6	18	—			
		p. Julius				302	5	8

Monat.	Wsr.	Sch	Mtz.	Für Roggen.	Rthl.	Gr.	Pf.	Rthl.	Gr.	Pf.
Januar 1.	3	—	—	An den Müller N. zu N. à 3 Rthlr.	216	—	—			
— 7.	—	16	—	An den Amtmann N. zu N. à 3 Rthlr. 4 Gr. . . .	50	16	—			
— 15.	8	—	—	An den Kornhändler N. zu N. à 4 Rthlr.	768	—	—			
— 23.	—	1	—	An den Tagelöhner N. à 2 Rthlr.	2	—	—			
				p. Januar				1036	16	

Die Artikel der Geld-Einnahme sind nun nach der Art der Wirthschaft verschieden, und man verbindet oder trennt selbige, je nachdem man sie mehr vereinigt oder mehr abgesondert vor Augen haben will. Eine jede hat aber ihre eigene Rubrik oder Titel. Gewöhnlich sind sie folgende:

1) An baaren Gefällen.
2) Für Getreide, und dann jede Art besonders, als Weizen, Roggen, Gerste, Hafer, Erbsen, Linsen, Hirse, Buchweizen u. s. w.
3) Für Klee-, Lein- und andere Samen, und für Handelsgewächse.
4) Für Obst und Gartengewächse.
5) Für verkauftes Vieh, Pferde, Ochsen, Kühe, Schweine, Kälber,

Federvieh, Schafe, jedes mehrentheils auf einem besondern Folium.

6) Für verkaufte thierische Produkte:
   a) von der Molkerei, Butter, Käse, Milch;
   b) von der Schäferei, Wolle, Felle;
   c) von der Bienenzucht.

7) Für insgemein, worunter zufällige Einnahmen, die unter einer andern Rubrik keinen Platz haben, z. B. Schadenserstattungen u. dgl., zu stehen kommen.

Ist eine kleine Brauerei und Branntweinbrennerei mit der Wirthschaft verbunden, woraus verkauft wird, oder irgend ein anderes Gewerbe, woraus man Geld lös't, so erhält es hier seine Rubrik. Ist aber der Betrieb eines solchen Gewerbes beträchtlich, so pflegt man ihm wohl seine eigene Buchhaltung und Kasse zu geben.

Der zweite Theil der Geldrechnung oder die Ausgabe hat gewöhnlich folgende Rubriken:

1) An den Eigenthümer abgeliefert und für denselben ausgelegt.
2) Für Baumaterialien.
3) = Arbeitslohn beim Bau.
4) = Arbeitslohn für den Garten.
5) = Arbeitslohn in der Wirthschaft.
6) = Arbeitslohn bei Meliorationen.
7) = Gesindelohn und Salarium.
8) = Eisen und Nägel.
9) = Nutzholz.
10) = Brennholz und Torf.
11) = Deputatholz.
12) = Pferde.
13) = Rindvieh.
14) = Schweine.
15) = Die Schäferei.
16) = Schmiedearbeiten.
17) = Stellmacherarbeiten.
18) = Schlosserarbeiten.
19) = Sattlerarbeiten.
20) = Böttcherarbeiten.
21) = Zimmermannsarbeiten.
22) = Schreibmaterialien und Porto.
23) = Diäten und Reisekosten.

Ausgabe.	Julius.			August.			Septbr.			Oktober.			N[illegible]
	Rtl.	Gr.	Pf.	Rtl	Gr.	Pf.	Rtl.	Gr.	Pf.	Rtl.	Gr.	Pf	Rtl.
An den Eigenthümer . . .	—	—	—	—	—	—	—	—	—	—	—	—	—
Arbeitslohn in der Wirthschaft	112	16	—	214	8	—	96	12	—	142	–	—	56
Arbeitslohn bei Meliorationen	—	—	—	—	—	—	64	8	–	30	6	—	30
Gesindelohn und Salarium .	—	—	—	—	–	—	125	8	—	—	–	—	—
Für Eisen	—	—	—	—	—	—	74	4		—	—		—
Für die Schäferei	8	12	—	—	—	—	—	—	—	7	18	—	—
Schmiedearbeit	10	8	—	6	4	—	17	6	—	—	—	—	1[illegible]
Stellmacherarbeit	18	4	–	—	—	—	—	—	—	20	6	–	[illegible]
Konsumtibilien	—	–	—	32	6	—	9	10	—	10	12	—	[illegible]
u. s. w.													
Summa	149	16	—	252	18	—	387	–	—	210	18	—	11[illegible]

Einnahme.	Julius.			August.			Septbr.			Oktober.			Novbr.		
	Rtl.	Gr.	Pf.	Rtl.	Gr.	Pf.	Rtl.	Gr.	Pf.	Rtl.	Gr.	Pf	Rtl.	Gr.	P[illegible]
Baar	302	5	8	200	–	—	300	—	—	—	—	—	—	—	–
Für Weizen	—	—	—	—	—	—	56	8	—	—	—	—	—	—	–
Für Roggen	—	—	—	—	—	—	—	—	—	—	—	—	—	—	–
Für Gerste	—	—	—	—	—		—	—	—	280	12	–	120	8	
Für Erbsen	20	—	—	—	—	—	—	—	—	320	16	—	176	4	–
Für Mastochsen . . .	—	—	—	—	—	—	—	—	—	—	—	—	—	—	–
Für Hammel	–	—	—	—	—	—	—	—	—	—	—	—	—	—	–
Für Wolle	—	—	—	—	–	—	—	—	—	—	—	—	—	–	–
Für Butter	18	4	—	15	12	—	20	8	—	25	16	—	28	14	–
Für Kälber	—	—	—	—	—	–	—	—	—	30	12	—	—		–
u. s. w.															
Summa	340	9	9	215	12	–	376	16	—	657	8	—	325	2	–
Ausgabe	149	16	—	252	18	—	387	—	—	210	18	—	115	20	–

Januar.			Februar.			März.			April.			Mai.			Junius.			Summa.		
Rtl.	Gr.	Pf.	Rtl.	Gr.	Pf.	Rtl.	Gr.	Pf.	Rtl.	Gr.	Pf.	Rtl.	Gr.	Pf.	Rtl.	Gr.	Pf.	Rtl.	Gr.	Pf.
—	—	—	—	—	—	—	—	—	—	—	—	—	—	—	7000	—	—	7000	—	—
32	12	—	40	18	—	52	6	—	49	12	—	62	16	—	54	6	—	950	16	—
—	—	—	45	12	—	50	10	—	33	4	—	40	2	—	—	—	—	294	2	—
—	—	—	—	—	—	125	—	—	—	—	—	—	—	—	130	—	—	510	20	—
—	—	—	52	6	—	—	—	—	—	—		—	—	—	—	—	—	126	10	—
—	—	—	—	—	—	8	12	—	—	—	—	3	4		22	10	—	54	14	—
—	—	—	12	6	—	14	9	—	5	6	—	18	2	—	4	9	—	107	20	—
—	—	—	15	6	—	—	—	—	4	4	—	—	—	—	28	2	—	95	8	—
33	8	—	—	—	—	16	12	—	—	—	—	28	10	—	—	—	—	134	16	—
65	20	—	166	—	—	267	1	—	92	2	—	152	10	—	7239	3	—	9274	10	—

Januar.		Februar.			März.			April.			Mai.			Junius.			Summa.		
Gr.	Pf.	Rtl.	Gr.	Pf.	Rtl.	Gr.	Pf.	Rtl.	Gr.	Pf.	Rtl.	Gr.	Pf.	Rtl.	Gr.	Pf.	Rtl.	Gr.	Pf.
8	—	—	—	—	—	—	—	—	—	—	—			—	—		878	13	8
—	—	330		—	—	—	—	66	16	—	—	—	—	—	—	—	625	4	—
6		—	—	—	540	—	—	730	12	—	440	18	—	—	—	—	2747	22	—
—	—	—	—	—	—	—	—	260	12	—	510	16	—	220	—	—	1602	4	—
—	—	312	16	—	—	—	—	—	—	—	—	—	—	164	8	—	993	20	—
—	—	—	—	—	750	—	—	—	—	—	320	—		—	—	—	1960	—	—
—	—	—	—	—	—	—	—	630	12	—	—	—	—	—	—	—	630	12	—
—	—	—	—	—	—	—	—	—	—	—	—	—	—	1320	—	—	1320	—	—
4	—	27	6	—	43	8	—	40	4		45	6	—	60	8	—	379	—	—
—	—	40	8	—	—	—	—	—	—	—	—	—	—	—	—	—	91	—	—
4	—	710	6	—	1333	8	—	1728	8	—	1316	16	—	1764	16	—	11228	3	8
0	—	166	—	—	267	1	—	92	2	—	152	10	—	7239	3	—	9274	10	—
														Bleibt Bestand			1953	17	3

24) Für Zoll und Accise.
25) = Abgaben und Gefälle, Armengeld.
26) = Feuerkassengeld.
27) = Konsumtibilien und die Hauswirthschaft.
28) = Insgemein, wie die Ueberschrift gewöhnlich zu lauten pflegt für Ausgaben, die unter keine der übrigen Rubriken zu stellen sind.

Die Rekapitulation der Einnahmen und Ausgaben für alle Artikel in jedem Monate auf's ganze Jahr stellt man am besten tabellarisch dar, wie nebenstehendes Schema zeigen wird.

§. 236.

2) der Naturalien-Rechnung.

No. 2. Das Getreide- und Naturalien-Rechnungsbuch hat zuvörderst Rubriken für jede Art von Getreide, in welchen man zweckmäßig die Einnahme und Ausgabe in jedem Monate gegen einander über stellt, und immer einen monatlichen Abschluß über Beides und über den Bestand macht, auf die Weise, wie nebenstehendes Schema A. zeigt.

Auf diese Weise vertritt es zugleich die Stelle eines Scheunen-Registers. Gewöhnlich pflegt man hier zu Lande drei Kornmaaßrubriken, nämlich Wispel, Scheffel und Metzen, zu machen. Indessen scheint mir die erstere überflüssig zu seyn, und die Uebersicht mehr zu erschweren, als zu erleichtern. Die Reduktion auf das größere Maaß ist leicht gemacht. Die Einnahmerubrik auf der rechten Seite enthält auch die eingenommenen Getreideposten, welche nicht aus den Scheunen kommen, in so fern solche vorfallen, z. B. Zinskorn oder angekauftes.

Dann folgen in besondern Rubriken die Ausgaben von sämmtlichen Getreidearten zu jedem besondern Gebrauche. Sie können sehr zweckmäßig tabellarisch gemacht werden, wie nebenstehendes Schema B. der Getreideausgabe für die Hauswirthschaft oder Konsumtion zeigt.

Das zum Verkauf ausgemessene Getreide wird ebenfalls tabellarisch nach beiliegendem Schema C. eingetragen.

Das Geld ist hier nur der Notiz und Uebersicht wegen angezeichnet, befindet sich aber in dem Geldbuche genauer berechnet.

Es folgen sodann die übrigen Getreideausgaben nach ihren verschiedenen Rubriken, z. B. Meßkorn oder Decem an den Prediger und

Schulhalter; bestimmte Korngehalte, z. B. an den Arzt und Chirurgus, Thierarzt, Schornsteinfeger; ferner an die Deputatisten, die Hofmeier, Hirten, Schäfer, auch an den Schmied, wenn die Erhaltung der Pflüge und Eggen mit ihm verdungen ist.

Das Getreide für die Ackerpferde kann ebenfalls tabellarisch eingetragen werden.

Wird eine herrschaftliche Wirthschaft geführt, so haben die Kutsch-, Luxus- und Gastpferde natürlich ihre besondere Rubrik. Auf gleiche Weise wird nun auch das dem übrigen Viehe gegebene Getreide unter die besondern Rubriken des Schweine-, Mast- und Federviehes verzeichnet.

Eine besondere Rubrik enthält dann das wichtige Objekt der Aussaat der verschiedenen Getreidearten, mit Bemerkung des Tages und der Stücke, wann und wo sie geschehen ist. Jede Getreideart hat auch hier ihr besonderes Folium.

Ein Anhang, welcher das Verzeichniß des eingeernteten Getreides nach Mandeln angiebt, mit Bemerkung der Scheunen und Tasse, wo es eingefahren ist, pflegt die Getreiderechnung zu beschließen.

Nach dem Getreide folgt die Einnahme und Ausgabe anderer vegetabilischen Produkte, z. B. des Wiesen- und Kleeheues, der Kartoffeln, Rüben, Möhren, des Kohls, Hanfes, Flachses, Mohns, und was weiter in der Wirthschaft gewonnen wird.

§. 237.

3) der Viehrechnung.

No. 3. Die Viehberechnung in einem besondern Buche enthält zuvörderst ein genaueres Verzeichniß der einzelnen Stücke jeder Viehart nach ihren Nummern und Namen, mit Bemerkung ihrer Art oder Race, Alters, Tugenden oder Fehler, und ihres Werthes beim Anfange des Rechnungsjahres, z. B. von den Kühen auf folgende Weise:

Nummer.	Namen.	Art oder Race.	Alter.	Tugenden oder Fehler.	Werthschätzung.	Haben gekalbet
1.	Wachtel.	Landrace.	7 Jahr.	milcht gut, aber kurz.	40 Rthlr.	den 28sten December.
2.	Zeisig.	Holländischer Race.	8 Jahr.	ausgezeichnet gut.	70 Rthlr.	den 6ten Februar.

Die gegenüberstehende Seite bleibt offen, um noch bei jedem Stücke die im Laufe des Jahres gemachten Bemerkungen beizuschreiben.

Auf eine ähnliche Weise wird von einer jeden andern Viehart ein Verzeichniß angefertigt.

Dann folgen die monatlichen Viehrechnungen in Rücksicht des Zuwachses und Abganges nach folgendem Schema, in welchem die Nummern Bezug haben auf jenes Inventarium:

Viehrechnung vom Monat Julius 1808.

No.	Bestand vom Monat Junius.	Stck.	Zuwachs.	Stck.	Abgang.	Stck.	Bestand.	Stck.
1	Pferde	16						16
2	Füllen von 1806 .	2						2
3	Füllen von 1807 .	3						3
4	Ochsen	29			verkauft No. 3. u. 5.	2		27
5	Kühe	40			gestorben No. 40.	1		39
6	Bullen	2						2
7	Fersen von 1806 .	5						5
8	Fersen von 1807 .	6						6
9	Große Schweine . .	24						24
10	Mittlere dito . . .	16			geschlachtet.	1		15
11	Ferkel	30						30
12	Gänse	50						50
13	Enten	30						30
14	Hühner	60						60

Die Schäferei pflegt ihre besondere Rechnung zu haben, damit man den Abgang jeder Art genauer angeben könne. Dies ist insbesondere nöthig, wenn die Schäferei aus verschiedenen Racen besteht, oder Schafe von verschiedenen Graden der Veredlung enthält.

Dann folgt die Einnahme und Ausgabe der sämmtlichen thierischen Produkte, was z. B. an Butter, Käse, Milch, ferner an Wolle, Eiern, Honig und Wachs u. s. w. gewonnen, verbraucht und verkauft ist. Auch die Häute, welche vom Schlachtvieh, und die Sterbefelle, welche von Schafen eingenommen sind, haben hier ihre Rubrik. Die über das Molkenwerk wird am besten tabellarisch dargestellt, wie folgt:

Monat.	Milch erhalten.	Verbrauchte Milch.		Verkaufte Milch.		Butter gemacht.	Käse gemacht.	Verbrauchte		Verkaufte	
		fette.	abgerahmte.	fette.	abgerahmte.			Butter.	Käse.	Butter.	Käse.
	Qrt.	Qrt	Qrt.	Qrt.	Qrt.	Pfd	Mdl.	Pfd.	Mdl	Pfd	Mdl.
3 — 9.	980	60	80	110	80	38½	7	20	7	18	--
10—16.	1010	54	84	86	90	44	8	18	6	25	1½
17—23.	1004	62	90	76	108	38	8	22	5½	17	2½
24—30.	1008	50	80	94	116	40	9	16	6	23	3
	4002	226	334	366	394	160½	32	76	24½	83	7

§. 238.

Diese Art von Buchführung ist mannigfaltiger Modifikationen fähig, die ein Jeder so, wie er sie nach seinen Ansichten und Zwecken zu haben wünscht, einrichten kann. Selbige auszumitteln, muß einem Jeden überlassen werden.

Sie ist unter allen die gebräuchlichste und bekannteste, und bei dem gewöhnlichen Wirthschaftsbetriebe zureichend. Sie giebt eine deutliche Uebersicht des Ganzen beim Abschlusse eines jeden Monats. Weil man voraussetzen darf, daß sie einem Jeden, der etwa die Bücher zu revidiren hat, bekannt sey, so kann sich ein Wirthschaftsadministrator dadurch am besten legitimiren. Allein der Vorzug, den ihr Manche aus dem Grunde geben, daß sie einfacher und leichter sey, beruhet bloß auf der mehreren Routine, die man darin hat. Sonst zeichnet sie sich keineswegs durch Einfachheit aus, indem sie mehrere Bücher erfordert, die meisten Artikel mehrmals eingetragen werden müssen, und das Nachschlagen beschwerlich ist. Bei allem dem giebt sie doch keine klare Ansicht der Wirthschaftsverhältnisse.

§. 239.

Von der Arbeits-Berechnung.

Es fehlt ihr insbesondere noch eine Nachweisung der bezahlten und verwandten Arbeit, eines der wichtigsten Momente in der ganzen Wirthschaft. Man kann ihr diese jedoch in einem besondern Buche ertheilen. Ueber die Art und Weise, die Arbeitsberechnung zu machen, werden wir bald reden.

In diesem Buche oder im Viehregister könnte dann auch eine Berechnung des Düngers angelegt werden, welche man in den meisten Buchführungen dieser Art ebenfalls zu übersehen pflegt, obwohl Arbeit und Dünger dasjenige ist, woraus der Ertrag einer jeden Wirthschaft hauptsächlich hervorgeht oder modifizirt wird.

§. 240.

Zu welcher Jahreszeit die Rechnung abzuschließen sey?

Bevor wir auf andere Buchführungsmethoden kommen, muß erst die Frage erörtert werden, in welchem Zeitpunkte jährlich abgeschlossen und wieder angefangen werden könne. Man hat dazu sehr verschiedene Termine gewählt. Der beste ist ohne Zweifel derjenige, wo ein gewisser Abschnitt und Ruhestand der Geschäfte erfolgt, und wo der größere Theil der Produktionen schon verwendet, folglich bekannt und ein kleinerer Theil nur noch übrig ist. Der Anfang des bürgerlichen Jahres paßt sich also durchaus nicht dazu. Eben so wenig scheint mir der Herbst- oder Frühjahrstermin jenen Forderungen angemessen. In hiesigen Gegenden ist der erste Julius gebräuchlich, und allerdings in mancher Hinsicht zweckmäßig. Doch gefällt es mir nicht, daß die Heuernte dadurch mehrentheils in zwei Theile zerschnitten wird, und ich ziehe daher den Anfang des Junius vor, und wähle diesen in der Folge für meine eigene Wirthschaft, zumal da in diesem Monate diejenigen Geschäfte, welche besondere Aufmerksamkeit erfordern, ziemlich ruhen, und also zur Untersuchung der Vorräthe, des Inventariums und des Zustandes der ganzen Wirthschaft die meiste Muße ist. Indessen kann man Gründe haben, sich darin nach der Observanz seiner Gegend zu richten, und besonders denjenigen Termin zu wählen, der zur An- und Abtretung der Wirthschaften der gewöhnlichste ist. Auch ist der Anfang des Julius zweckmäßiger in solchen Wirthschaften, die im Junius noch kleine Gerste säen.

§. 241.

Tabellarische Form.

Die zweite Hauptart der Buchführung ist die in tabellarischer Form. Sie kann unter allen die gedrängteste Uebersicht geben, und auf wenigen Blättern ein vollständiges und dennoch detaillirtes Tableau der ganzen Wirthschaft und aller Verhältnisse darstellen. Sie erfordert aber eine sehr große Genauigkeit und Uebung. Ohnedies können leicht Irrungen entstehen, die nicht wohl zu verbessern sind, ohne die Tabellen ganz umzuarbeiten. Besonders aber scheinen mir die Nachweisungen über die Data, welche in diesen Tabellen angeführt sind, sehr schwierig; oder es werden die Tabellen, wenn der Bezug der einen auf die andere klar genug nachgewiesen werden soll, sehr komplizirt. Ich gestehe, daß ich mir noch keinen deutlichen Begriff von dem Ganzen einer solchen tabellarischen Darstellung des Wirthschaftsbetriebes machen kann, welches alle Forderungen erfüllte. Wir haben darüber vielleicht noch das Gyllenbourgsche Werk zu erwarten, wovon ich im vierten Bande der Annalen des Ackerbaues, Seite 123, eine vorläufige Nachricht gegeben habe. Es würde solches ohne Zweifel das Vollendetste seyn, was wir in dieser Art hätten. Indessen gestehe ich, daß mir nach den Proben einiger daselbst abgedruckter Tabellen diese Art der Buchführung ungemein schwierig scheint, besonders weil der Verfasser Alles und Jedes sogleich auf Geld reduziren will, und diese Schätzung nach Gelde unmöglich ganz zutreffend gemacht werden kann, bevor man die Verhältnisse des Wirthschaftsjahrs zu übersehn im Stande ist, welches erst beim Abschlusse der jährlichen Rechnung möglich wird.

In den Manualen aber ist die Tabellenform sehr zweckmäßig, wenn sie bei einzelnen Zweigen und einzelnen Geschäften angewandt wird. Ich werde hier als Beispiel einige Tabellenformeln über einzelne Zweige der Wirthschaft mittheilen, wobei ich es aber einem Jeden überlassen muß, Abänderungen nach dem besondern Zwecke, den er bei der Darstellung seiner Wirthschaftsverhältnisse hat, zu machen. Die Tabellen bleiben auch sehr zweckmäßig, wenn man das Hauptbuch nach der Form der doppelten Buchhaltung führen will, und ersetzen die Stelle der Journale.

§. 242.

Aussaats-Tabelle.

Nach nebenstehendem Schema A., welches einen Theil der Roggenaussaat enthält, werden nun ebenfalls die von jeder anderen Getreideart angefertigt, und das Ganze, welches mehrentheils wohl auf einen Bogen oder doppeltes Folium gebracht werden kann, ergiebt nun eine allgemeine Uebersicht der ganzen Aussaat nach dem Flächeninhalte, der Tracht, worin jedes Getreide nach der letzten Düngung steht, oder der Düngung, die es frisch erhalten hat. Ferner der Pflugfurchen, die jedes Feld bekam, den Tag der Einsaat und den Einfall an Saatkorn nebst dem, was sonst dabei merkwürdig seyn kann.

§. 243.

Ernte-Tabelle.

Die nebenstehende Ernte-Tabelle B. enthält nun den Namen oder die Nummer jedes Stücks, den Flächeninhalt desselben, oder, wenn die-

Aussaats-

Nummer oder Name des Stücks.	Größe. Morgen.	Q.-Ruthen.	Tracht nach dem Dünger.	Fuder Dünger.	Furchen.
Schlag 5. Mühlenfeld	22	45	3	—	3
Schlag 5. Obergewende	35	—	3	—	2½
Schlag 5. Untergewende	38	80	3	—	3
Schlag 2. Teichgewende	42	30	1	260	1½
u. s. w.					
	137	155			

Ernte-

Vo

Namen oder Nummer des Stücks.	Größe oder Einfall. Morgen oder Scheffel.	Q.-Ruthen oder Metzen.	Tage des Mähens.	des Einfahrens.	T der Mäher.
Schlag 5. Mühlenfeld	22 M.	45 Q.-R.	Juli 30. 31.	August 5.	7½
Schlag 5. Obergewende	35 =	— =	— 31. u. Aug. 1.	= 6.	10
Schlag 5. Untergewende	38 =	80 =	Aug. 2. u. 3.	= 8.	10
u. s. w.					

Dünger

Tag.	Kuh- und Ochsenmist. Fuder.	Gemischter Pferde- und Schweinemist. Fuder.	Schafmist. Fuder.	Schippmist. Fuder.	
August 3—12.	260	—	—	—	
November 8—20.	—	200	—	50	
Februar 24.	210	—	—	—	
März 4—12.	—	120	—	—	
April 5—20.	—	—	260	—	
= 1—12.	—	—	—	—	
= 13—28.	—	—	—	—	Aus dem
Mai 1—5.	—	—	—	—	

Diese Tabellen sind lediglich als ausgefüllte Sche

...auf 1808.

...at.	Einfall. Scheffel.	Metzen.	Bemerkungen.
...	24	---	Die Saat ward mit dem kleinen Exstirpator untergebracht gleich ½ Furche.
...	38	10	
...	42	12	Der Dünger war über die Erbsen gefahren. Die Saat mit dem Exstirpator untergebracht.
...	44	10	
	150	—	

... 1808.

...n.

...	Betrag der Mandeln.	Betrag der Garben.	Betrag des Treibels ungefähr nach Mandeln.	Nummer der Scheune.	Nummer des Tasses.	Bemerkungen.
	129	10	2	1	b und c	Die Garbe wiegt 28 Pfund vollkörnig.
	208	—	3	1	a und b	= = = 27½ = =
	215	—	4	1	c und d	= = = 24 = war befallen, nicht sehr körnig.

...Tabelle.

...	Fuder.	Mergel. Fuder.	Kalk. Tonnen.	Gips. Centner.	Ort, wohin und wozu.
	—	—	—	—	Schlag 2 Mittelgewende.
	—	—	—	—	Schlag 3 zu Brachfrüchten.
	—	—	—	—	Schlag 3 zu Brachfrüchten.
	—	—	—	—	Schlag 3 zu Brachfrüchten.
	—	—	—	—	Schlag 3 zu Brachfrüchten.
	—	330	—	—	Außenschlag 8 zu Buchweizen.
...6	420	—	—	—	Außenschlag 8.
	—	—	—	210	Schlag 6 auf Klee.

..., die Ausfüllungen nur willkührlich eingetragen.

ser nicht genau bekannt ist, den Einfall nach Scheffeln und Metzen. Ferner den Tag des Mähens und den Tag des Einfahrens, die Tagearbeiten der Mäher, Sammler und Scheunenarbeiter, die Zahl der eingefahrenen Mandeln und Garben, auch des sogenannten Treidels oder Nachharkels, ungefähr zu Mandeln angeschlagen, endlich die Nummer der Scheune und die Ziffer des Tasses, wohin es gebracht worden. Zuletzt Bemerkungen über die ungefähre Größe und Stärke der Garben, die manchmal in derselben Wirthschaft, besonders wo man nicht einerlei Erntemethode beobachtet, sondern sie nach den Umständen modifizirt, verschieden sind, und überhaupt über die Beschaffenheit, Vollkörnigkeit und Güte des Getreides. Sie wird, wie sie hier vom Roggen angefangen ist, fortgesetzt, und auf eben die Weise von andern Getreidearten angefertigt.

Wenn man auf einer Tabelle eine Uebersicht des ganzen Getreidebaues haben will, so können beide Tabellen zweckmäßig zusammengezogen werden, und hinter der Einfallskolumne der Aussaatstabelle kommt sodann die Kolumne der Ernte-Tabelle, die den Tag des Mähens angiebt, zu stehen.

§. 244.

Dünger-Tabelle.

Nebenstehende Düngerausfuhr-Tabelle C. enthält zuerst die Tage, wo die Ausfuhr geschehen ist. Dann die verschiedenen Mistarten, wobei hier angenommen worden, daß der sämmtliche Rindviehmist zusammenliege, der Pferde- und Schweinemist aber zweckmäßig gemengt an einer andern Stelle. Der Schafmist wird, wie gewöhnlich, unmittelbar aus dem Schafstalle aufs Feld gefahren. Unter Schippmist — ich kenne keinen andern Ausdruck, als diesen provinzialen, dafür — wird derjenige verstanden, der außer der Miststelle auf dem Hofe herum, vor den Scheunen, in der Auffahrt und sonst verzettelt umherliegt, größtentheils aus vermodertem Stroh besteht, jedoch immer mit etwas animalischem Miste vermengt ist. Ferner ist in diese Tabelle die Ausfuhr von Moder, Mergel, Kalk, Gyps, vielleicht auch Asche und anderen Düngungsmitteln mit aufgenommen, weil man sie doch gewöhnlich zum Dünger zu rechnen pflegt. In der letzten Kolumne ist der Ort bezeichnet, wohin sie gefahren worden. Aus dieser Düngertabelle kann dann in die Feldbestellungstabelle der Dünger, welchen jedes Feld erhal.en hat, wenn man will, eingetragen, und diese dadurch vollständig gemacht werden.

§. 245.

Arbeits-Tabelle.

Ungeachtet die Arbeit bei der Wirthschaftsführung eins der wichtigsten Objekte ist, so hat man doch genaue Annotationen und Berechnung derselben zu sehr vernachlässigt. Sind auch die Kosten der Arbeit, die mit eigenem Gesinde und Gespanne oder durch Tagelohn und Stückarbeit vollführt worden, im Allgemeinen berechnet, oder gehen solche aus dem Lohn und der Speisung des Gesindes und der konsumirten Futterung des Zugviehes, ferner aus der Geldrechnung von selbst hervor: so weiß man doch selten, wie hoch sie sich für jedes einzelne Geschäft, für jede Produktion oder für jedes Feld insbesondere belaufen. Und dennoch ist dieses zu wissen von der äußersten Wichtigkeit, indem daraus erst zuverlässige Resultate in Ansehung des Gewinnes und Verlustes, den jeder einzelne Zweig in der Wirthschaft trägt, sich ergeben können. Auch zeigt es sich hierdurch erst, ob die arbeitenden Kräfte auf das Zweckmäßigste verwandt worden oder besser verwendet werden könnten.

Es giebt eine Kontrole der Arbeit ab, die man sich auf keine andere Weise verschaffen kann, und die uns zu sicherern Maaßregeln leitet, als wenn wir die Ausführung der Arbeit selbst mit den Augen unaufhörlich verfolgten.

Hierzu wird vor Allem eine tägliche Anzeichnung der geschehenen Hand- und Gespannarbeiten, mit namentlicher Aufführung des Gegenstandes, für welchen sie verrichtet worden, erfordert. Die Einrichtung dieser Anzeichnung ist nicht gleichgültig, theils um sie dem Aufseher zu erleichtern, theils um eine klarere Uebersicht der auf jeden Gegenstand verwandten Arbeit zu erhalten, und sie dann um so leichter in Summa an ihrem Orte eintragen zu können, ohne einer Irrung dabei ausgesetzt zu seyn. Ich habe verschiedene Formen eines solchen Arbeitsjournals versucht, finde aber, daß es am zweckmäßigsten in nebenstehender wöchentlichen Tabelle geschieht. Es sind hier nämlich viererlei Arten von Arbeitern, die 6, 5, 4 und 3 Groschen täglichen Lohn erhalten, welcher sich selbst in derselben Wirthschaft nach der Jahreszeit zu verändern pflegt. In der ersten Kolumne kommt die Art und der Ort der Arbeit zu stehen, die in dieser Woche verrichtet worden. Bei der Rubrizirung dieser Arbeit muß gleich einige Rücksicht darauf genommen werden, wie sie nachher in das Hauptbuch eingetragen werden soll. Diejenige Arbeit nämlich, welche man abgeson-

dert einzeichnen will, muß hier auch abgesondert aufgeführt werden; wogegen Arbeiten, die unter eine Rubrik kommen sollen, zusammen begriffen werden können. Dies erfordert erst einige Instruktion des Aufsehers. Und ehe er davon hinlänglich unterrichtet ist, ist es besser, wenn er die Arbeiten zu viel separirt, als zu sehr unter eine Rubrik zusammen begreift. Die Anzeichnung der Arbeiten, von denen er gewiß voraussehen kann, daß sie in der Woche vorfallen werden, macht er am Sonntage gleich in dieser Kolumne, und trägt dann die übrigen, die er nicht vorhersah, so wie sie vorgefallen, nach. Es hat allerdings seinen Nutzen, wenn er sich den Ueberschlag der Hauptarbeiten, die vorfallen werden, schon im voraus macht. Dann braucht er nur täglich die Zahl der Arbeiter jeder Art, die mit einer Arbeit beschäftigt gewesen, allenfalls mit der Bleifeder in die Kolumne einzutragen. Es ist am besten, für dieses Journal ein eigenes Buch zu haben mit 52 Blättern, die etwa von Vierteljahr zu Vierteljahr so eingerichtet seyn können, daß der Kopf oder die Ueberschrift nur einmal geschrieben zu werden brauche, und die übrigen kürzern Blätter, die nur liniirt sind, dazu passen. Andere werden es vielleicht vorziehen, eine schwarze Tafel, die mit rothen unauslöschlichen Strichen vertikal und horizontal liniirt ist, an der Wand hängen zu haben, und mit Kreide die Arbeiten und die Zahl der Arbeiter einzutragen. In die Summa-Kolumne wird dann die Zahl der Arbeiter jeder Art, die mit einer Arbeit die Woche hindurch beschäftigt gewesen, zusammengezählt eingetragen, und in der Geldkolumne kommt dann zu stehn, wie viel jede Arbeit gekostet hat. Die Summe der Tagelöhner jeder Art, und die Summe des Geldbetrages muß dann mit der Zahl der gehabten und bezahlten Tagelöhner stimmen.

Wenn Handdienste oder sogenannte Hülfstage unentgeltlich geleistet werden, diese Leute aber mit den Tagelöhnern einer gewissen Klasse gleichzusetzen sind, so werden sie als solche mit berechnet, am Schlusse der Woche aber bemerkt, wie viel derselben da gewesen sind, und was folglich an Tagelohn wirklich weniger ausgezahlt worden. Diesen Dienstleuten wird dann dieses zu gute geschrieben, und von ihrer Verpflichtung in Abrechnung gebracht.

Auf gleiche Weise wird das Arbeits-Journal über die Gespann-Arbeiten geführt. Statt der Kolumnen des Tagelohnpreises erhalten nun Pferde, Ochsen, und die damit arbeitenden Knechte ihre Kolumne. Ob man es nöthig finde, die Pferde- und Ochsenknechte zu unterscheiden, bleibt einem Jeden überlassen. Wenn Tagelöhner mit Pferden oder Ochsen arbeiten, so werden sie unter den Handarbeiten mit aufgeführt, und werden dann hier nicht angesetzt. Die Thiere werden am besten nach der Kopfzahl angezeichnet, nicht nach Gespannen. Die Summe derselben, die täglich bei jeder Arbeit und in der Woche überhaupt gebraucht worden, wird dann ebenfalls gezogen. Die Geldkolumne aber kann hier, wie mir scheint, wegfallen.

Diese wöchentlichen Anzeichnungen werden dann in eine monatliche Uebersicht gebracht, welche Arbeit sehr leicht von statten geht. Ein Schema hierzu, welches die Sache von selbst klar genug darstellen wird, theile ich hier mit. Man braucht sich gerade nicht an eine gewisse Wochenzahl zu binden, wenn man sich die Mühe geben will, es von jeder Periode besonders zu liniiren. Auf einem großen Bogen hat man allenfalls Raum für acht Wochen. In dem nebenstehenden Schema A. ist die Ernteperiode, die in fünf Wochen größtentheils vollendet war, zusammengenommen.

Um die Sache noch deutlicher zu machen, und die Arbeiten anderer Art in einer andern Periode zu zeigen, auch um die Vorstellung, die man sich von großer Schwierigkeit macht, zu entfernen, füge ich noch eine andere Tabelle B. bei, welche die Winterperiode vom Anfange Novembers bis zur Mitte Februars enthält. Einer weitern Erklärung scheint es mir nicht zu bedürfen. Wie leicht dann aus einer solchen tabellarischen Uebersicht die Uebertragung in das Hauptbuch auf das Conto jedes Artikels bei der doppelten Buchhaltung sey, erhellet von selbst.

Ueber die Berechnung des wirthschaftlichen Tagelohns findet sich ein trefflicher Aufsatz in den Annalen der niedersächsischen Landwirthschaft, 4ter Jahrgang 4tes Stück.

Es hat keinen Zweifel, daß man fast alle Artikel der Wirthschaft, jede einzelne Produktion und die jedes einzelnen Feldes tabellarisch sehr gut darstellen könne. Einige Formeln dazu aus dem Gyllenbourgschen Werke kann man nachsehen in den Annalen des Ackerbaues, 4ten Bande S. 164, wo unter andern auch eine sehr vollständige Tabelle für die Meierei vorkommt.

§. 246.

Doppelte Buchhaltungs-Form.

Mir scheint indessen die doppelte Buchhaltungsmethode einen so entschiedenen Vorzug vor der tabellarischen zu haben, daß ich die weitere Ausarbeitung der letztern wenigstens Andern überlassen muß. Ich habe über diese Methode ausführlich im vierten Bande der Annalen des Ackerbaues, Seite 467 u. f., geredet. Ich habe nachmals gefunden, daß sich die Sache noch weit mehr simplifiziren, und einige Schwierigkeiten, die man auf keine Weise überwinden kann, sehr gut umgehen lassen.

In Bezug auf jene Abhandlung will ich hier nur Einiges anführen.

Es ist freilich durchaus nöthig, daß Alles auf einen gemeinschaftlichen Maaßstab reduzirt werde, und es läßt sich hier nicht wohl ein anderer annehmen, als das Geld, weil darauf doch am Ende in jeder Gewerbsrechnung Alles hinausläuft. Nun aber ist man während der Führung der Rechnung oft zweifelhaft, wie man den Geldpreis der Artikel, die nicht unmittelbar zu Gelde gemacht werden, anschlagen soll. Zwar würde ein unrichtiger Anschlag in dem Resultate der ganzen Rechnung keine Aenderung machen wegen des doppelten Anschreibens, einmal auf das Debet, und das andere Mal auf das Credit. Jedoch würde eine unverhältnißmäßige Annahme des Preises unrichtige Resultate bei einzelnen Artikeln geben. Der Durchschnittspreis der meisten Artikel, z. B. des in der Wirthschaft konsumirten Getreides und Viehfutterung, läßt sich während des Laufs des Jahres, und folglich bei den einzelnen Eintragungen nicht bestimmen. Und von diesem Preise hängen ferner die Schätzungen anderer Dinge, die nicht unmittelbar mit Gelde bezahlt werden, wieder ab, z. B. die Arbeiten des Gesindes und des Zugviehes für jeden Artikel. Am Schlusse des Jahres aber wird man bei reiflicher Erwägung aller Umstände und Verhältnisse den Geldwerth jedes Artikels bestimmt genug auszumitteln im Stande seyn. Wenn ich nun z. B. weiß, wie hoch ich den verfütterten Hafer und das Heu dem Zugviehe anschlagen soll, und auch alle Nebenkosten berechnet sind, so ergiebt sich wieder, was mir der Arbeitstag eines Pferdes oder Ochsen koste, und ich kann sie dann in dem Maaße einem jeden Artikel, worauf sie verwandt worden, anschlagen, wenn ich ihre Zahl nur weiß und am gehörigen Orte erörtert habe. Man muß bei der Werthschätzung nur gewisse Prinzipien annehmen, und bei diesen Prinzipien immer bleiben. Wenn man z. B. bei der Schätzung des Getreides den Durchschnitt des Marktpreises annehmen will, so habe ich nichts dagegen, vorausgesetzt, daß man alle Kosten des Verfahrens nach ihrem wirklichen Betrage (wobei Abnutzung des Geschirres und der Pferde selbst, Verwilderung der Knechte und manche zufällige Ausgaben, welche nur die Erfahrung dabei bemerklich macht) davon abzieht. Wenn sich indessen der Marktpreis durch Zufälligkeiten über den natürlichen Preis — d. h. denjenigen, den das Getreide nach der diesjährigen Ernte sonst gegolten haben würde — merklich erhebt, so setze ich den Konsumtionspreis mit Rücksicht auf den natürlichen oder Produktionspreis an, weil ich von jenem höheren Preise für das selbst zu konsumirende Getreide doch keinen Nutzen hätte ziehen können. Auf gleiche Weise verfahre ich mit dem Heu. In Ansehung der bloß zur Viehfütterung gebaueten Gewächse, hauptsächlich der Kartoffeln und Rüben, nehme ich den Kostenpreis (der aus der Rente des Grundes und Bodens, aus dem Werthe des Düngers, welchen sie konsumiren, und aus der Arbeit zusammengesetzt ist) anderthalb Mal dafür an. Stiege auch in benachbarten Orten und in einer Periode des Jahres der Preis derselben auf das Fünf- und Sechsfache, wie dieses z. B. seit einigen Jahren im Frühjahre mit den Kartoffeln hier der Fall gewesen ist, so kommt das nicht in Betracht, weil ich von diesem Preise doch nur wenig Gebrauch machen kann. Den Geldwerth des Mistes bestimme ich mit Rücksicht auf das Stroh und auf das Vieh, zwischen welchen beiden der Totalwerth des ausgefahrnen Mistes so getheilt wird, daß jenem zwei Drittel, diesem ein Drittel zu gute kommt, bisher, das Fuder à 2000 Pfund, zu 1½ Rthlr. Dies sind als Beispiele die Grundsätze, die ich mir in Ansehung der Preisbestimmung zur Norm gemacht habe. Es bleibt jedoch Jedem überlassen, andere anzunehmen, und andere Verhältnisse erfordern wirklich andere. Wo nicht baare Geld-Einnahme oder Ausgabe eintritt, werden die Naturalien den Artikeln also vorerst nur nach Maaß oder Gewicht zu gute oder zur Last geschrieben, und beim Abschlusse auf Geld reduzirt in die Geldkolumne eingetragen.

Die Meisten, welche Berechnungen über einzelne Produktionen halten, nehmen solche von mehreren Feldern zusammen. Dies ist mir aber nicht genug, sondern ich will wissen, was ein jedes Feld gekostet und ertragen habe. Also werden die Conto's nach den Feldern bestimmt, und wenn ein Feld mehrere Produktionen hat, jeder Theil wieder abgesondert. Bei einer guten Führung des Arbeitsjournals hat dieses keine Schwierigkeit. Nun aber fallen die Kosten einer jeden Produktion größtentheils in das vorige Jahr, indem sich das neue mit dem ersten Junius oder Julius anfängt. Da aber die Kosten und der Ertrag gegen einander stehen müssen, so werden die erstern aus der vorjährigen Rechnung entweder bloß in Summa, oder doch nur nach ihren Hauptfactoren auf das Conto des künftigen Jahres als Debet übertragen und nun in der neuen Rechnung auf das Debet des Feldes oder der Produktion und auf das Credit des vorigen Jahres gesetzt.

Der Ertrag der Getreidefelder wird vorerst auf das Debet der Scheunen nach Mandelzahl gebracht. Ich taxire aber die Mandeln erst nach vollendetem Ausdrusch, wo ich wissen kann, was sie an Körnern gegeben haben, und wo der Preis der letztern bestimmt ist. Dieses Scheunen-Conto muß deshalb seyn, damit es die Stelle des Scheunenregisters vertrete. Dann wüßte ich aber auch kein anderes Mittel, die Produktionen jedes Feldes abzusondern, wenn mir anders daran gelegen ist, solche bestimmt zu wissen. Für den, der bloß die Produktionen im Allgemeinen wissen will, kann es überflüssig seyn. Auf das Credit der Scheunen kommt dann der Abdrusch, der auf das Debet jeder Kornart übertragen wird. Auch dies geschieht am besten vorerst nur nach der Scheffelzahl, bis der Werth bestimmt worden, und bei dieser Uebertragung wird der allgemeine Wirthschaftspreis beibehalten. Bei dem Verkauf hingegen wird der wirklich erhaltene Preis angesetzt, und das Saldo der Getreide-Conto's ergiebt dann, wieviel durch Handels-Konjunkturen gewonnen oder verloren sey.

Die Kosten, welche das Getreide von seiner Aufbringung auf den Boden an bis zum Verkauf verursacht, können nicht wohl einzeln auf das Conto jeder Getreideart eingetragen werden. Deshalb ist ein allgemeines Kornboden-Conto vorhanden, in welchem z. B. die Kosten des Umschippens, wiederholten Reinigens, und besonders des Verführens eingetragen werden. Wenn man will, kann man sie dann, nach Verhältniß der Quantität oder des Geldwerths, auf jede einzelne Getreideart wieder repartiren.

Auch andere Produktionen haben ihre besondern Erzeugungs- und Vorraths-Conto's. Ersteres hat auf der Debetseite die sämmtlichen Baukosten, und auf der Creditseite den Ertrag, so wie er vom Felde abgeführt worden. Dieser kommt dann wieder auf das Debet des Vorraths-Conto's zu stehen, und dessen Credit enthält dann die Verwendung für die verschiedenen Artikel. Wenn jedoch einige Erzeugnisse gleich vom Felde ab konsumirt werden, z. B. der grüne Klee, grüne Wicken, auch ein Theil der Wasserrüben, so wird dies unmittelbar demjenigen Vieh-Conto, welches sie erhalten hat, zur Last, und der Produktion zu gute geschrieben. Hier ist die Ausmittelung des Werths nach Gelde allerdings schwankend. Ich bestimme ihn nach ungefährem Ueberschlage der Produktionskosten; Andere werden ihn vielleicht richtiger nach der Nutzung zu bestimmen glauben. Ich glaube jedoch, daß die Gründe für Ersteres bei den gewöhnlichen landwirthschaftlichen Verhältnissen überwiegen.

Das Vieh- und Geschirr-Inventarium wird jetzt mit dem Ablaufe eines jeden Rechnungsjahres taxirt, ein neues Verzeichniß davon angefertigt, oder bei minder erheblicher Veränderung das vorige supplirt. Der Werth des Inventariums wird dann unter Hauptrubriken dem künftigen Jahre zur Last geschrieben. Es kommt sonach eine jede Verbesserung des Inventariums jedem Jahre zu gute, und jede Verschlechterung ihm zur Last. Angekauftes Vieh kommt auf das Debet des Vieh-Inventariums, verkauftes auf dessen Credit. Wenn ein Stück Vieh verunglückt, so wird dieses auch auf das Credit des Inventariums gesetzt, und auf das Debet desjenigen Vieh-Conto's übertragen, wozu es gehört; verunglückt z. B. eine Kuh, so muß der Schaden von der Meierei oder Kuhnutzung getragen werden; verunglückt ein Pferd, so fällt der Verlust dem Gespann-Conto zur Last. Dies ist einer von den Punkten, woran die Meisten im Anfange Anstoß genommen haben, weil es ihnen auffallend ist, daß ein Verlust dem Vieh-Inventarium zu gute geschrieben werden soll. Er fällt ihm allerdings in so fern wieder zur Last, als sich dadurch der Werth desselben beim Jahresschluß vermindert. Es kommt hier, wie in allen Stücken, nur auf eine klare Vorstellung der ganzen Einrichtung dieser Buchhaltung an, und man wird sich aus dieser und einigen andern Schwierigkeiten leicht herauswickeln, wenn man nur mit Debet und Credit den richtigen Sinn, für Ersteres nämlich „hat empfangen," für ihn „ist verwendet," für Letzteres „hat geliefert, hat geleistet," verbindet.

Beim Abschlusse der Rechnung muß die Summe aller Debets und aller Credits gleich seyn. Aber das Debet und Credit der meisten Conto's werden verschieden seyn, und einige haben vielleicht gar kein Debet oder kein Credit. Dasjenige, was ein Conto an dem einen weniger hat, oder die Summe, welche zur Ausgleichung auf der einen Seite fehlt, heißt nach der kaufmännischen Sprache das Saldo. Man kann es auch Verlust oder Gewinn, Minus oder Plus nennen. Werden nun die sämmtlichen Gewinne aller Conto's, die Gewinn gegeben haben, auf die eine Seite, die Verluste aller der Conto's, welche diesen haben, auf die andere Seite geschrieben, so muß die Summe beider wieder gleich seyn. Um nun aber den Ertrag des Gewerbsbetriebes von dem beschlossenen Jahre auszumitteln, kommt auf dem allgemeinen Debet desselben zu stehen: 1) der Verlust aller der Conto's, welche zum Betriebe der Wirthschaft nöthig waren, oder, was einerlei ist, der Kostenaufwand für die Wirthschaft; 2) das Credit des vorigen Jahres. Dagegen kommt auf dem allgemeinen Credit der abzuschließenden Rechnung zu stehen: 1) das Debet des Eigenthümers, oder was er baar und in Naturalien aus der Wirthschaft erhalten hat; 2) das Debet des Meliorationsaufwandes; 3) das Debet des künftigen Jahres; und endlich 4) das Debet von solchen Zufälligkeiten, welche nicht der Gewerbsbetrieb, oder, was einerlei ist, der Pächter, — im Falle, daß das Gut verpachtet wäre — sondern das Grundeigenthum oder der Verpächter zu tragen hätte, als wofür ein besonderes Conto angelegt seyn muß. Nach Abzug des erstern von letztern ergiebt sich dann der reine Wirthschaftsertrag.

§. 247.

Anfängliche Schwierigkeit bei dieser Buchhaltungsform.

Für diejenigen, welche meine Abhandlung über diese Buchführung im 4ten Bande der Annalen des Ackerbaues, und die darauf Bezug habenden verschiedenen Aufsätze in denselben Annalen sammt meinen Zusätzen gelesen haben, z. B. Bd. V. S. 553, 609; Bd. VI. S. 387, 413; Bd. VII. S. 121, werden diese wenigen Bemerkungen zureichen, und es würde also überflüssig seyn, diese Materie nochmals ganz zu behandeln, obwohl ich mir bewußt bin, daß ich in jener ersten Schrift nicht Alles deutlich genug dargestellt habe. Ich glaube aber, es kann mit der größten Deutlichkeit des Vortrages doch nicht vermieden werden, daß sich nicht einiger Anstoß finde, wenn man das Geschäft zuerst angreift. Man wird hierüber aber sehr leicht wegkommen, wenn man einige Uebung mit Nachdenken verbindet. Ich rathe deshalb Jedem, der diese Buchhaltung einführen will, den Versuch damit in *einem* Jahre zu machen, aber seine vorherige Buchführung in diesem ersten Jahre dennoch beizubehalten, damit er bei einigen Irrthümern, die er vielleicht erst in der Folge entdeckte, nicht in Unordnung mit seinem Rechnungswesen komme. Wer sie einmal versucht und sich ganz in den Geist derselben hineingesetzt hat, wird sie sicher nie wieder aufgeben, noch die Beschwerde bereuen, die sie ihm zu Anfange machte. Die klare Uebersicht, welche sie über jeden einzelnen Theil der Wirthschaft nicht nur, sondern insbesondere über das Eingreifen des einen in den andern giebt, und die Ideen, welche sie über die Berichtigung der Verhältnisse erweckt, die genaue Kontrole, welche man aus seinem Zimmer und selbst abwesend über die wirthschaftlichen

Arbeiten und Verwendungen führen kann, die Fingerzeige zur Richtung der Aufmerksamkeit auf diesen oder jenen Punkt, werden die Mühsamkeit, welche sie nur im ersten Jahre verursacht, überschwenglich belohnen. Das Schwierigste dabei und doch das unbedingt Nothwendige ist die richtige Führung und gute Einrichtung der Journale; gar nicht an sich selbst, sondern auch nur in Ansehung der ersten Begriffe, die man denen, welche sie zu führen haben, beibringen muß.

Verhältniß der Düngung, der Fütterung und des Viehstandes.

§. 248.

Der Dünger und der nach seiner Zersetzung zurückgebliebene Moder ist der Hauptbestandtheil der Nahrung aller von uns kultivirten Pflanzen, wodurch sie leben, wachsen, und zu ihrer Vollendung mittelst des Samentragens kommen. Durch die Masse und Kraft des Düngers wird also die Quantität und die Qualität der zu erzeugenden Produkte bedingt. Deshalb kommen nach der Arbeit und ihrer Leitung das erforderliche Verhältniß und die Mittel zu dessen Erzeugung zunächst in Betracht.

§. 249.

In wie fern sich Arbeit und Düngung einander ersetzen.

Man hat den Mangel an Düngung durch vermehrte Arbeit, und wiederum ersparte Arbeit durch vermehrte Düngung ersetzen wollen. Dies ist aber nur anscheinend und auf kurze Zeit möglich gewesen. Jethro Tull glaubte bei seiner häufigen, den Boden in die feinsten Partikeln zermalmenden Beackerung, die er mit seiner Drillkultur verband, aller Düngung überhoben seyn zu können, und ihm sowohl wie seinen Nachfolgern glückte dies zu Anfange auf fruchtbarem und im reichen Düngerstande von älterer Zeit her befindlichem Boden. Denn durch die häufige Bearbeitung und Luftaussetzung wurden alle darin befindlichen Nahrungstheile aufgeschlossen, zu nahrhaftem Extraktivstoff bereitet und den Wurzeln der Pflanzen zugeführt. Allein es dauerte da, wo man wirklich auf die völlige Entbehrung des Düngers bestand, nur wenige Jahre, und die Fruchtbarkeit des Bodens ward so erschöpft, daß ihn nun wiederholte Düngungen kaum zu einer mäßigen Fruchtbarkeit wieder emporbringen konnten. Andere wollten durch das Rajolen oder Umwenden des Bodens dasselbe bewirken, indem sie wähnten, die heruntergebrachte obere Lage der Erdkrume werde durch Ruhe ihre Kraft wieder erhalten, dann wieder heraufgebracht, neue Fruchtbarkeit zeigen, und so der Acker durch alljähriges Wechseln seiner tragenden Erdschicht zu immer gleicher Produktion, ohne ihm nahrhafte Stoffe zuzuführen, genöthigt werden können. Auch diese Methode schien auf einigen Bodenarten, wo der heraufgebrachte Untergrund aus einer glücklichen Erdmischung bestand, und zersetzbare Verbindungen von Kohlen- und Wasserstoff enthielt, der Erwartung zu entsprechen, vereitelte sie aber bald, indem besonders dieser Untergrund den Pflanzen nach einigen Ernten ohne Düngung alle Nahrung versagte.

Wenn nur Wenige in diese Extreme verfallen sind, so findet man dagegen desto häufiger, daß sich die Ackerbauer entweder auf die eine oder die andere jener beiden Kräfte verlassen, je nachdem sie die eine oder die andere mehr in ihrer Gewalt haben und anwenden können. In der Nähe von Städten, wo Dünger wohlfeil zu erhalten ist, oder in Gegenden, wo viele Weideauen und Wiesengründe eine starke Viehhaltung begünstigen, wird der Acker wenig bearbeitet, weder Brache gehalten noch Gewächse gebauet, die ihre Stelle ersetzen; sondern alljährig Getreide, oft derselben Art, eingesäet. Wenn man hingegen wegen des Mangels der Futterung wenig Dünger macht, wird der Acker durch fleißige Bearbeitung, besonders der Brache, und auch durch die hinzukommende Ruhe oder natürlichen Graswuchs tragbar gemacht. Selbst die nahe verwandten Wirthschaftssysteme des Holsteiners und des Mecklenburgers unterschieden sich dadurch, daß jener stark düngte, um dieses thun zu können, einen größern Theil seines Ackers zur Nahrung des Viehes gebrauchte, ihn zum Fruchtbau aber wenig bearbeitete; wogegen der Mecklenburger, dem sein Feldsystem nur eine schwächere Düngung erlaubte, dieses durch die öftere und sorgfältige, das ganze Jahr hindurch fortgesetzte Bearbeitung seiner Brache ersetzte. Ungeachtet ein solcher Ersatz bis auf einen gewissen Punkt möglich ist, so kann er doch nie vollständig seyn, und es hat keinen Zweifel, daß das Höchste nur da erreicht werden könne, wo Boden, Arbeit, Düngung und die ausgewählte Frucht im gerechten und im möglich besten Verhältnisse gegen einander stehen.

Daß es Bodenarten gebe, die von Natur so reich, und seitdem

sie in Kultur genommen, so wenig erschöpft sind, daß sie lange keiner Düngeraufführung bedürfen, ist zwar richtig; allein das gehört zu den seltenen Ausnahmen, auf welche nicht im Allgemeinen, sondern nur besonders Rücksicht genommen werden kann, wie an seinem Orte geschehen wird. Oftmals wird aber auch solchen Aeckern diese Unerschöpflichkeit zugeschrieben, welche ihre Kraft durch das längere Niederlegen zum Grase und durch starken Besatz mit Vieh wieder erhalten.

§. 250.

Die Nahrung der Pflanzen.

Obwohl uns die Natur verschiedene unorganische Materien darbietet, wodurch die Vegetation entweder mittelst eines Reizes, den sie der Lebensthätigkeit geben, oder mittelst ihrer zersetzenden Wirkung auf den Moder belebt und verstärkt werden kann, so ist es doch eigentlich nur der thierisch-vegetabilische Dünger oder jener im gerechten Zustande der Zersetzbarkeit befindliche Moder (Humus), welcher den Pflanzen den wesentlichsten und nothwendigen Theil ihrer Nahrung giebt. Ich sage den *wesentlichsten*; denn es ist unbezweifelt, daß sie auch durch die Zersetzung des Wassers und der gasförmig in der Atmosphäre enthaltenen Stoffe und deren Verbindung einen andern Theil ihrer Nahrung erhalten, und daß durch das Hinzutreten dieser Stoffe die Masse der vegetabilischen Materie auf der Oberfläche des Erdbodens und auf jeder Ackerfläche sich vermehren würde, wenn man die darauf hervorgewachsenen Pflanzen nicht entfernte, sondern wieder auf ihrem Platze in Moder übergehen ließe, wie die oft unerschöpflich *scheinende* Fruchtbarkeit des unkultivirten Bodens oder der alten Wälder bezeugt.

Daß aber aus der eigentlichen unzersetzbaren und feuerbeständigen Erde nichts Bedeutendes in die Vegetation übergehe, diese also nur instrumentell zur Schützung und Haltung der Pflanzenwurzeln und zur Aufbewahrung der Nahrungsstoffe, nicht materiell als Nahrungsstoff selbst, wirke, haben neuerlichst die *Saussure*schen und *Schrader*schen Analysen noch mehr bestätiget.

§. 251.

Sie wird durch das Wachsthum der Pflanzen erschöpft.

Da also die Pflanzen die nährende Materie aus dem Humus oder dem Rückstande der thierischen und vegetabilischen Verwesung ziehen, so muß diese durch das Wachsthum der Pflanzen im Boden vermindert und endlich erschöpft werden, und zwar in dem Verhältnisse, worin die Pflanzen solche ausziehen, oder, was einerlei ist, in sich enthalten; vorausgesetzt nämlich, daß sie von dem Acker abgeerntet und weggeführt werden.

§. 252.

Nach dem Verhältnisse, worin sich die nahrungsfähige Materie (worunter wir denjenigen Theil des Moders, der sich in einem Zustande befindet, worin er zu einem Uebergange in die Pflanzen geschickt ist, hinfort verstehen werden) im Boden befindet, richtet sich die Stärke der Vegetation und die Masse jedes einzelnen Produkts, jedoch beschränkt durch den Raum. Wir nennen dieses die Fruchtbarkeit, den Reichthum oder die Kraft des Bodens, die sich verändert, und mit jedem von ihr gezogenen Produkte, wenn sie keinen Ersatz erhält, sich vermindert.

§. 253.

In welchem Verhältnisse die Erschöpfung geschehe.

Nicht bloß nach der Masse, sondern auch nach der Art des Produkts ist diese Erschöpfung der nahrungsfähigen Materie verschieden. Und nach den allgemeinen Erfahrungen und besonders darüber angestellten Versuchen steht diese Erschöpfung bei dem häufigsten Produkte, den verschiedenen Getreidearten, im Verhältnisse mit der nahrungsfähigen Materie, welche diese Früchte vornehmlich in ihren Körnern enthalten. Man weiß, daß der Weizen mehr als Roggen, dieser mehr als Gerste, die Gerste mehr als Hafer den Acker erschöpfe, und die von Mehreren jetzt angestellten Versuche sind zwar noch nicht vollendet, bestätigen jenes Verhältniß aber auf eine mehr als erwartete Weise.

Nach Einhof's genauer Analyse der Getreidearten fand sich an nahrungsfähigen Stoffen, nämlich Kleber, Stärkemehl und süßlichschleimiger Materie, dem Gewichte nach,

im Weizen 78 Prozent;
im Roggen 70 „
in Gerste 65 bis 70 Prozent, nach Verschiedenheit ihrer Vollkommenheit;
im Hafer 58 Prozent, dessen Untersuchung er noch nicht ganz vollendet hatte.

In andern Früchten:

den Linsen	74	Prozent;
den Erbsen	$75\frac{1}{2}$	=
den Schminkbohnen oder Phaseolen	85	=
den Saubohnen	$68\frac{1}{2}$	=
den Pferdebohnen	73	=

Ein Scheffel Weizen à 92 Pfund enthält also $71\frac{19}{25}$ nahrungsfähige Materie;

ein Scheffel Roggen à 86 Pfund enthält also $60\frac{1}{5}$ nahrungsfähige Materie;

ein Scheffel Gerste à 72 Pfund enthält also $46\frac{4}{5}$ nahrungsfähige Materie;

ein Scheffel Hafer à 52 Pfund enthält also $30\frac{4}{25}$ nahrungsfähige Materie;

ein Scheffel Erbsen à 100 Pfund enthält also $75\frac{1}{2}$ nahrungsfähige Materie;

ein Scheffel Pferdebohnen à 103 Pfund enthält also $75\frac{1}{5}$ nahrungsfähige Materie.

Das Gewicht des Scheffels ist nach sehr vollständigen und reinen Körnern angegeben.

§. 254.

Erschöpfende Kraft der eigentlichen Getreidearten.

Nach dieser Ausmittelung und mit einiger Nebenrücksicht auf die Verschiedenheit des nährenden Stoffes und auf das Stroh, und zugleich nach der Summe der Erfahrungen und angestellten Versuche (wovon erst in der Lehre von der vegetabilischen Produktion die Rede seyn kann) nehmen wir an, daß die Ernten des eigentlichen Getreides in Ansehung ihrer boden-erschöpfenden Kraft in folgendem Verhältnisse, dem Volumen der Körner nach gegen einander stehen:

der Roggen = 10;
der Weizen = 13;
die Gerste = 7;
der Hafer = 5.

Es kommen sich hiernach gleich:

6 Scheffel Roggen;
4,61 = Weizen;
8,58 = Gerste;
12 = Hafer.

Wir würden auch auf einem Boden, der nach seiner Grundmischung und nach seinen physischen Eigenschaften diesen sämmtlichen Getreidearten gleich angemessen wäre, von einer gleichen Quantität der darin enthaltenen nährenden Materie eine Körner-Produktion nach diesem Verhältnisse erwarten können, wenn wir diese Gleichheit, und dann für jede Frucht die angemessenste Bestellung und eine Witterung, die jeder gleich günstig ist, annehmen dürfen. Im Allgemeinen tritt dieses Verhältniß in Ansehung des Ertrags ein, und wenn wir Weizen über dies Verhältniß gegen Roggen bauen, so wird der Abschlag in den folgenden Früchten sich danach richten.

§. 255.

Erschöpfende Kraft anderer Früchte.

Dieses Ertrags- und Erschöpfungsverhältniß läßt sich bis jetzt nur bei jenen gebräuchlichern Getreidearten mit ziemlicher Bestimmtheit festsetzen. In Ansehung der übrigen Feldfrüchte bleibt die Sache noch ungewisser, und es macht ohne Zweifel einen großen Unterschied, ob sie öfter wiederkommen oder nur selten als Zwischenfrüchte zwischen dem Getreide gebauet werden. Hierüber kann erst ausführlicher bei der Lehre vom Fruchtwechsel geredet werden. Hier nur so viel: man hat die Hülsenfrüchte, Erbsen, Bohnen, Wicken, von jeher als verbessernde Früchte angesehen, und diese Eigenschaft aus dem bebrütenden Schatten, aus der Lockerung und Lufteinziehung des Bodens unter denselben, auch aus der dem Acker hinterlassenen starken Stoppel und Wurzel erklärt. Manche haben sie daher der reinen Brache gleichgesetzt, unter der Bedingung jedoch, daß sie nicht zu häufig auf demselben Platze wiederkämen, und daß sie — was nur auf einem noch in Kraft stehenden Acker zu bewirken ist — gut und gedrungen ständen. Sie der reinen Brache — der eine wirkliche Vermehrung der nährenden Kraft des Bodens beigemessen ist — gleich zu setzen, ist der Theorie und Erfahrung nach zu viel. Jedoch kann man annehmen, daß sie als Zwischenfrüchte dem Boden eben so viel wiedergeben, als sie ihm in Hinsicht der für die Getreidefrüchte nöthigen Nahrung entziehen, indem sie wirklich ein ganz verschiedenes quantitatives Verhältniß der nährenden Stoffe gebrauchen, als die eigentlichen Getreidearten. Jedoch würden sie den Boden ohne Zweifel mehr erschöpfen, wenn man sie nach einander darauf bauen wollte.

Ueber andere Früchte sind die Meinungen nach oberflächlichen Beobachtungen in Ansehung jener erschöpfenden Kraft noch mehr getheilt. Den Kartoffeln messen Einige eine starke Aussaugung bei, welche sich durch das Mißrathen des Wintergetreides nach denselben äußere. Jedoch thun dies nur Diejenigen, die unmittelbar nach denselben Wintergetreide säen, für welches sie den Acker allerdings in einem ungünstigen Zustande zurücklassen. Dagegen bemerken wir Andern, die nach denselben Sommerung bauen, weder in dieser, noch in den unserer Rotation gemäß folgenden Früchten, selbst kaum im Wintergetreide, welches im vierten Jahre nach den Kartoffeln kommt, einen Abschlag gegen das Wintergetreide in der reinen Brache. Nach verschiedenen neuern Erfahrungen haben sie und andere Wurzelgewächse, wiederholt gebaut, einen einmal in Kraft gesetzten Acker ohne wiederholte Düngung äußerst wenig entkräftet (verglichen die Staudingerschen Beobachtungen im ökonomischen Hefte 1808). Jedoch scheint mir dies zu weit getrieben, und ich setze sie, in Ansehung ihrer aussaugenden Kraft, einer Roggenernte gleich, schreibe ihnen daneben aber einen gleichen Vortheil, wie einer reinen Brache, weil sie diese bei gehöriger Behandlung vollkommen ersetzen, zu.

§. 256.

Wodurch der Boden Ersatz für die Erschöpfung erhalte.

Die durch die Aberntung der Früchte entstandene Erschöpfung wird in der Regel auf dreierlei Weise ersetzt:

1) Durch die Aufführung und gehörige Einverleibung des eigentlichen Düngers. Nach Verhältniß der Quantität dieses Düngers wird die nährende Kraft des Bodens mehr oder minder verstärkt, und nach dem Verhältnisse dieser Kraft richten sich die Ernten; jedoch nur bis auf einen gewissen ihnen angemessenen Grad, über welchen hinaus der Dünger schädlich werden kann, indem er Lagergetreide oder dergleichen Uebel verursacht. Wir setzen in der Berechnung der zu- und abnehmenden Kraft des Ackers ein Fuder Stallmist, im gerechten Zeitpunkte seiner Vermoderung 2000 Pfund wiegend, = 10 auf einen Morgen Landes; eine Düngung von 5 solchen Fudern also gleich 50.

Es ist indessen auf die Verschiedenheit des Mistes Rücksicht zu nehmen, und wir setzen hier den gewöhnlichen aus den Exkrementen des Rindviehes, der Pferde und Schweine mit Stroh gemengten Stallmist voraus. Mit dem Schafmist, und besonders mit dem Hordenschlage, der schneller in die Gewächse eingeht, aber auch ausgesogen wird, verhält sich's anders.

2) Durch die sogenannte Ruhe oder vielmehr das Eingrasen des Ackers und Benutzung desselben zur Weide. Durch die Fäulniß

des von der Natur hier erzeugten Rasens, der sich darin ansiedelnden Würmer und Insekten und des darauf gefallenen Weidedüngers wird dem Acker eine Kraft mitgetheilt, die man für jedes Jahr einer solchen Ruhe derjenigen gleich setzen kann, welche ein Fuder Dünger auf den Morgen giebt. Wir nehmen also jedes Jahr des zu Grase Liegens ebenfalls zu 10, eine dreijährige Ruhe zu 30 an. Es wird hierbei allerdings einen Unterschied machen, ob der Acker in größerer oder geringerer Kraft niedergelegt worden, indem im erstern Falle ein stärkerer Graswuchs oder eine stärkere Erzeugung nährender Materie darauf vorgeht. Es würde uns aber eine Berechnung dieser Art im Allgemeinen hier zu weit abführen, und ich bemerke deshalb nur, daß ich von einer Ackerkraft rede, die der in den gewöhnlichen Koppelwirthschaften gleich ist.

Einem solchen Ruhe- oder Weidejahre ist ein Kleejahr gleich zu setzen, wenn gleich dieser Klee gemähet und abgefahren wird. Die Erklärung an einem andern Orte.

3) Durch eine gehörig bearbeitete reine Sommerbrache, die nicht bloß den Acker reinigt, sondern ihm auch, vermöge der dadurch vermehrten Einsaugung atmosphärischer Gase und Vermoderung der untergepflügten Gräser und Wurzeln, wirkliche nährende Kraft mittheilt. Wir setzen deshalb ein solches Brachjahr einem Fuder Dünger auf den Morgen gleich, oder nehmen es ebenfalls zu 10 an.

§. 257.

Natürliche Kraft des Bodens.

Ein Ackerboden ist durch die Rotation von Ernten selten oder nie so ganz erschöpft, daß er nicht noch einige nährende Kraft in sich hielte oder etwas hervorbringen könnte; obwohl es häufig bis zu dem Grade kommt, daß er nicht mehr mit Vortheil bestellt werden oder einen reinen Ertrag über die Bestellungskosten geben kann. Diese zurückbleibende Kraft nennen wir die natürliche Kraft des Bodens. Sie kann dem Grade nach verschieden seyn, und wenn sie so ist, daß der Morgen etwa noch zwei Scheffel Roggen über die Einsaat tragen könnte, aber doch ohne zu große Erschöpfung, ungedüngt, ungeruht und ungebracht nicht mehr tragen darf, setzen wir diese natürliche Kraft zu 40.

Erhält ein solcher Boden 5 Fuder Dünger . . .	=	50,
eine reine Brache	=	10,
und hat an natürlicher Kraft	=	40,
so wird seine Kraft	=	100.

§. 258.

Verhältnisse, worin Ertrag und Erschöpfung stehen.

Nach der Summe der Erfahrungen können wir annehmen, daß eine gehörig bestellte Getreidefrucht auf sogenanntem guten warmen Boden (auf kaltgründigem weniger) 30 Prozent von der im Acker vorhandenen Kraft an sich ziehe, und einen verhältnißmäßigen Ertrag an Körnern und auch an Stroh gebe. Das oben angegebene Verhältniß der Getreidearten gegen einander wird dann das Maaß ergeben, welches man an Körnern davon erwarten kann, zugleich aber auch die Erschöpfung, welche der Acker dadurch erleidet, und den Rückstand von Kraft, die im Acker zurückbleibt. Folgende Beispiele werden dieses erläutern.

Diese Angaben gründen sich indessen nicht allein auf die Theorie von der nahrungsfähigen Materie, sondern sie sind aus der Summe der Resultate, welche die Erfahrung im Großen giebt, abgeleitet, und stimmen mit denen überein, welche in guten Wirthschaften in mittleren Jahren auf Mittelboden angenommen werden. Die Theorie dient hier nur zur Begründung einer Formel, wonach der Ertrag in Rücksicht auf die verschiedenen ihn bestimmenden Umstände im Durchschnitt der Jahre berechnet werden kann, und das Zutreffende der Formel beweiset rückwärts die Richtigkeit der Theorie.

Eine mehr aussaugende Frucht wird zwar bei günstiger Witterung einen höhern Ertrag geben können, als ihr hier nach ihrem Verhältnisse zugeschrieben wird. Allein sie wird auch so viel mehr ausziehen, und die folgenden Früchte werden um so viel weniger geben. Es ist uns hier nur um die Ausmittelung des Total-Ertrags und der Kraft, in welcher sich der Boden erhält, zu thun.

In dieser hypothetischen Berechnung sind übrigens die Zahlen so viel möglich rund angenommen, und die kleinen Brüche weggeworfen, weil diese nur die Ueber sicht erschweren würden, ohne das Resultat merklich zu ändern.

§. 259.

Bei der reinen Dreifelderwirthschaft.

Ein Boden habe, wie oben, natürliche Kraft . . .	=	40,
und erhalte 5 Fuder Dünger	=	50,
		90,

und werde dann nach dem Systeme der reinen Dreifelderwirthschaft neun Jahre hindurch ohne wiederholte Düngung bestellt, so wird sich folgendes Resultat ergeben.

Der Ertrag wird hier absichtlich über die Aussaat, oder nach Abzug derselben angenommen, so daß man, um den ganzen Ertrag zu finden, diese hinzufügen müßte. Denn es ist wahrscheinlich, daß in der Aussaat selbst so viel nährende

Kraft stecke, um sich selbst einmal zu reproduziren, und daß also eine stärkere Aussaat bis auf einen gewissen Punkt immer einen höheren rohen Ertrag, obwohl keinen höheren reinen Ertrag, gebe.

Früchte.	Ernteertrag (rund angenommen).	Ausgezogene Kraft nach Verhältniß des Ertrages.	Hinzugekommene Kraft.	Zurückbleibende Kraft.
1. Brache	—	—	10	100
2. Roggen	6 Scheffel	30	—	70
3. Gerste	6 „	21	—	49
4. Brache	—	—	10	59
5. Roggen	3,51 „	17,7	—	41,3
6. Hafer	4,95 „	12,39	—	28,91
7. Brache	—	—	10	38,91
8. Roggen	2,33 „	11,67	—	27,21
9. Hafer	3,22 „	8,17	—	19,07
*)				

Die natürliche Kraft des Bodens, die beim Anfange dieser Rotation 40 war, ist also bis zu 19,07 herabgesetzt, und hat folglich verloren 20,39. Ein Erfolg, den eine solche Wirthschaft, die nach einer fünffudrigen Düngung 6 Getreidefrüchte nimmt, immer haben und sich folglich mit jeder Rotation herabsetzen wird. Sie hätte schon bei No. 5. stehen bleiben müssen, um nicht tiefer zu sinken; kann sich jedoch mit Hülfe des Hordenschlages auch noch erhalten, wenn sie bei No. 6. stehen bleibt, und dann solchen giebt.

§. 260.

Bei Erbsen- und Kartoffelbau in der Brache.

Wenn eine solche Wirthschaft in ihrer gedüngten Brache noch Erbsen bauen will, ohne stärker zu düngen, und, wie oben gesagt worden, die Erbsen das etwa wieder geben, was sie ausziehen, aber nicht die Wirkung der Brache ersetzen, so wird der Erfolg folgendermaßen zu stehen kommen:

*) Ausführlichere Erklärung und Anweisung zu genaueren und richtigeren Berechnungen über die ausgezogene und hinzukommende Kraft siehe Bemerkungen im zweiten Bande am Ende des II. Hauptstücks.

Früchte.	Ernteertrag.	Ausgezogene Kraft nach Verhältniß der Früchte und des Maaßes.	Hinzugekommene Kraft.	Zurückbleibende Kraft.
1. Erbsen	5 Scheffel	—	—	90
2. Roggen	5,4 „	27	—	63
3. Gerste	5,4 „	18,9	—	44,1
4. Brache	—	—	10	54,1
5. Roggen	3,25 „	16,23	—	37,87
6. Hafer	4,54 „	11,36	—	26,51
7. Brache	—	—	10	36,51
8. Roggen	2,19 „	10,95	—	25,56
9. Hafer	3,06 „	7,66	—	17,90

Hier hat also der Boden von seiner vorhin angenommenen Kraft 22,1 verloren.

Wollte eine solche Dreifelderwirthschaft, ohne stärker zu düngen, Kartoffeln statt der ersten Brache bauen, und diese zögen gleich einer Roggenernte aus, gewährten übrigens aber durch ihre Bearbeitung den Vortheil einer Brache, so würde der Erfolg folgender seyn:

Früchte.	Ernteertrag.	Ausgezogene Kraft nach Verhältniß des Ertrages.	Hinzugekommene Kraft.	Zurückbleibende Kraft.
1. Kartoffeln	60 Scheffel	30	10	70
2. Gerste	6 „	21	—	49
3. Hafer	5,88 „	14,7	—	34,3
4. Brache	—	—	10	44,3
5. Roggen	2,65 „	13,29	—	31,01
6. Hafer	3,74 „	9,36	—	21,71
7. Brache	—	—	10	31,71
8. Roggen	1,90 „	9,51	—	22,20
9. Hafer	2,66 „	6,66	—	15,51

Bei dieser Rotation würde der Boden an seiner natürlichen Kraft 24,46 verlieren, und sehr ausgezogen zurückbleiben. Daß hier nach den Kartoffeln Gerste, und nicht Roggen angenommen worden, ist freilich gegen die Regel der Dreifelderwirthschaft, dagegen aber den Gesetzen der Natur gemäß geschehen.

Es erhellt hieraus, wie gegründet der Vorwurf einer nachtheiligen Erschöpfung gegen die Kartoffeln bei diesem Feldsysteme sey, indem nicht nur alle folgende Getreideernten sich durch ihre Einschaltung vermindern, sondern auch eine um so viel größere Erschöpfung erfolgt. Würden freilich diese Kartoffeln durch das Vieh in Dünger verwandelt, und dieser nun in der nächsten Brache dem Acker zurückgegeben, so käme die Sache anders zu stehen. Allein in der Dreifelderwirthschaft werden die Kartoffeln mehrentheils zu anderem Behufe erbauet.

§. 261.

Bei einer siebenschlägigen Koppelwirthschaft.

In einer siebenschlägigen Koppelwirthschaft habe der Boden dieselbe natürliche Kraft . . . . = 40,
erhalte denselben Dünger . . . . = 50,
und liege 3 Jahre zu Grase . . . . = 30,
120,

so ist der Erfolg:

Früchte.	Ernteertrag.	Ausgezogene Kraft nach Verhältniß des Ertrages.	Hinzugekommene Kraft.	Zurückbleibende Kraft.
1. Brache	—	—	10	130
2. Roggen	7,8 Scheffel	39	—	91
3. Gerste	7,8 „	27,3	—	63,7
4. Hafer	7,64 „	19,1	—	44,6

Hier hat der Boden an natürlicher Kraft 4,6 gewonnen, und tritt also in die folgende Rotation um so viel verstärkt ein.

§. 262.

Bei einer neunschlägigen.

Eine Koppelwirthschaft in neun Schlägen:
Natürliche Kraft . . . . = 40,
5 Fuder Dünger . . . . = 50,
Vierjährige Dreeschweide . . . . = 40,
130.

Früchte.	Ernteertrag.	Ausgezogene Kraft nach Verhältniß des Ertrages.	Hinzugekommene Kraft.	Zurückbleibende Kraft.
1. Brache	—	—	10	140
2. Roggen	8,4 Scheffel	42	—	98
3. Gerste	8,4 „	29,4	—	68,6
4. Roggen	4,11 „	20,58	—	48,02
5. Hafer	5,74 „	14,10	—	33,61

Hier hat sich der Boden um 6,33 verschlechtert, und nur einen anscheinend höhern Ertrag gegeben, weshalb auch diese vormals so beliebte Wirthschaftsart jetzt fast allgemein verworfen wird.

§. 263.

Bei einer eilfschlägigen.

Die Koppelwirthschaft in eilf Schlägen düngt in der Regel ihre Dreeschbrache nicht; sie tritt also, bei gleicher natürlicher Kraft und vierjähriger Dreeschweide, mit einer Kraft = 80 in ihre Rotation ein, und es ergiebt sich Folgendes:

Früchte.	Ernteertrag.	Ausgezogene Kraft nach Verhältniß des Ertrages.	Hinzugekommene Kraft.	Zurückbleibende Kraft.
1. Dreeschbrache . . .	—	—	10	90
2. Roggen	5,4 Scheffel	17	—	3
3. Hafer	7,56 „	18,9	—	44,1
4. Mürbe Brache mit 6 Fuder Dünger .	—	—	60	104,1
5. Roggen	6,24 „	31,23	—	72,87
6. Gerste	6,24 „	21,86	—	51,01
7. Hafer	6,12 „	15,30	—	35,98

Der Boden verliert hier 4,02.

§. 264.

Bei einer Fruchtwechselwirthschaft.

Um nun auch Beispiele von Wechselwirthschaften nach der Regel der Fruchtfolge mit Stallfütterung zu geben, müssen wir nothwendig, bei angenommener Gleichheit der natürlichen Kraft, eine stärkere Düngung voraussetzen. Denn ohne sich diese auf andere Weise während des Ueberganges verschafft zu haben, wäre es eine Thorheit, solche einführen zu wollen, weil sie sich gleich durch ihren Brachfruchtschlag erschöpfen würde.

Wir nehmen also bei einer vierschlägigen Wirthschaft dieser Art an, daß sie zu Anfange der ersten Rotation wenigstens mit 8 Fudern auf den Morgen düngen könne, so daß sie mit Einschluß der natürlichen Kraft = 120 antrete.

Früchte.	Ernteertrag.	Ausgezogene Kraft nach Verhältniß des Ertrages.	Hinzugekommene Kraft.	Zurückbleibende Kraft.
1. Kartoffeln	80 Scheffel	34	10	96
2. Gerste	8,23 „	28,8	—	67,2
3. Klee	—	—	—	77,2
4. Roggen	4,63 „	23,16	—	54,04
Die zweite Rotation kann an Dünger geben 10 Fuder			= 100	154,04
1. Kartoffeln	100 Scheffel	56,21	10	107,83
2. Gerste	9,213 „	32,35	—	75,49
3. Klee	—	—	—	85,49
4. Roggen	5,23 „	26,65	—	58,48

Der Boden gewinnt also in zwei Rotationen innerhalb 8 Jahren 18,48 an natürlicher Kraft.

Eine solche Wechselwirthschaft in 7 Schlägen hat

natürliche Kraft . . . . = 40,
bekommt 8 Fuder Dünger . . . . = 80,
120.

Früchte.	Ernteertrag.	Ausgezogene Kraft nach Verhältniß des Ertrages.	Hinzugekommene Kraft.	Zurückbleibende Kraft.
1. Kartoffeln	80 Scheffel	34	10	96
2. Gerste	8,23 „	28,8	—	67,2
3. Klee	—	—	10	77,2
4. Klee	—	—	10	87,2
5. Winterung	5,23 „	26,16	—	61,04
6. Mit vier Fudern Dünger Erbsen . .	—	—	40	101,04
7. Winterung	6,06 „	30,31	—	70,73

Der Boden hat also an Kraft gewonnen 30,73.

§. 265.

Vergleichung der Zu- und Abnahme in der Kraft des Bodens bei verschiedenen Wirthschaften.

Um die Zu- und Abnahme der Kraft in diesen Wirthschaften in ihrem Verhältniß um so besser übersehen zu können, reduziren wir ihre Rotationsjahre auf 10, und so ergiebt sich Folgendes:

	Gewinnt an Kraft.	Verliert an Kraft.
Die reine Dreifelderwirthschaft	—	22,29
Die mit Erbsen	—	24,45
Die mit Kartoffeln	—	26,71
Die siebenschlägige Koppelwirthschaft	5,72	—
Die neunschlägige Koppelwirthschaft	—	6,71
Die eilfschlägige Koppelwirthschaft	—	3,72
Die vierschlägige Fruchtwechselwirthschaft	22,31	—
Die siebenschlägige Fruchtwechselwirthschaft . . .	42,96	—

Hierzu kommt nun der mit jeder Rotation sich vermehrende Düngerstand bei den an Kraft gewinnenden, und die Verminderung desselben in den an Kraft verlierenden Wirthschaften, so daß sich etwa nur die mehr gleich bleibenden Koppelwirthschaften erhalten, die Dreifelder- und Fruchtwechselwirthschaften aber in ihrer Art und ohne andere Aushülfe — jene wegen Mangel an Dünger und Kraft, diese wegen Ueberfluß und Ueberfüllung — auf die Dauer nicht bestehen können. Die Dreifelderwirthschaft wird durchaus genöthigt werden, sich andere Hülfsquellen zu schaffen, oder aber den größern Theil ihres Ackers in dreijähriges Land zu verwandeln, d. h. alle drei Jahre nur eine Ernte zu nehmen, und dem Lande ein Jahr Ruhe und ein Jahr Brache zu geben. Die Fruchtwechselwirthschaft aber wird sich durch den Anbau von Handelsgewächsen, statt eines Theils der Futtergewächse, ihres Düngerüberflusses entledigen müssen, und dadurch freilich ihren Ertrag zur möglichsten Höhe treiben.

Die Düngung scheint hier freilich nur hypothetisch angenommen. Es wird sich aber in der Folge zeigen, wie stark jede Wirthschaft in ihrem zweiten Umlaufe düngen könne. Die Dreifelderwirthschaft kann es ohne mehrere Wiesen oder andere Düngerquellen nicht stärker, es sey denn durch Kleebau und Stallfütterung. Die Koppelwirthschaft düngt unter manchen Verhältnissen stärker. Die Wechselwirthschaft nach der Regel der Fruchtfolge mit Weide oder mit Stallfütterung düngt ebenfalls noch stärker, als hier angenommen ist.

§. 266.

Im Durchschnitt können wir annehmen, um den vermuthlichen Ertrag zu bestimmen, daß 10 Grad Kraft im Boden auf den Morgen geben 0,6 Scheffel Roggen,
0,84 = Gerste,
1,2 = Hafer,
und 0,46 = Weizen.

Jedoch ist bei letzterem die aussaugende Kraft größer als bei den übrigen, und er wird auf angemessenem Boden und bei günstiger Witterung fast eben so viel Scheffel wie der Roggen geben, wenn er genugsame Nahrung antrifft, erschöpft den Boden dann aber auch um so viel stärker; weshalb durch forcirten Weizenbau sich manche Wirthschaften sehr zurückgesetzt haben.

Ein Scheffel	Weizen	über die Einsaat auf den Morgen zieht aus	6,5
=	Roggen	= = = = = = = =	5,-
=	Gerste	= = = = = = = =	3,5
=	Hafer	= = = = = = = =	2,5

Günstiger oder ungünstiger Umstände wegen giebt freilich oft eine Frucht einen größeren oder geringeren Ertrag, als sie nach dem Verhältnisse der im Boden befindlichen Kraft geben sollte. In so fern diese zufällig sind, kann im Allgemeinen keine Rücksicht darauf genommen werden. Wo sie aber bei einem Ackersysteme in der Regel sind, muß es geschehen. So zieht z. B. der Dreeschhafer, zumal der einjährige, nicht so viel aus der noch unzergangenen Narbe, als er thun würde, wenn er alle Nahrungstheile, die darin stecken, nach seiner Kraft anziehen könnte. Um so viel weniger aber eine Frucht anzieht, um so viel erschöpft sie auch minder.

§. 267.

Erzeugung des Düngers und Werth desselben.

Die Fälle, wo der Landwirth den eigentlichen nährenden Dünger auf andere Weise als durch eigene Hervorbringung mittelst des Viehes erhalten kann, sind so selten, daß sie bei dieser Berechnung der Oekonomie im Allgemeinen kaum in Betracht kommen können.

Weil indessen von diesen Fällen, die nur in der Nachbarschaft der Städte eintreten können, so häufig die Rede ist, und der Werth des Düngers so oft nach dem Preise, wozu man ihn hier bezahlt, geschätzt wird, so verweilen wir hier etwas dabei.

Der Preis des Düngers in den Städten richtet sich nach dem Verhältniß, worin die Bevölkerung, der Viehstand und die Dünger erzeugenden Gewerbe gegen die Garten- und Feldkultur, die um die Stadt betrieben wird, stehen. An manchen Orten, wo letztere stark betrieben wird, und wo auch viele Handelsgewächse, besonders die Cichorien, gebauet werden, wird schon ein vierspänniges Fuder mit drei und mehreren Thalern auf der Stelle bezahlt, und dennoch steht das um die Stadt liegende Land in so hohem Pachtpreise, daß die Anbauer nicht würden bestehen können, wenn dieser Mist, im Verhältniß seines wirklichen Werths, nicht immer noch wohlfeil wäre. An andern Orten, wo die Acker- und Gartenkultur bisher noch zurückstand, kauft man ihn wohlfeiler. Indessen kommt er bei genauer Berechnung der

Fuhrkosten und des bei allen städtischen Fuhren fast unvermeidlichen Verlustes höher zu stehen, als man bei dem ersten Anblicke glaubt. Bei der möglich besten Organisation einer großen Düngerausfuhr aus einer großen Stadt nach einer vom Thore ⅓ Meile entfernten Wirthschaft kostet das vierspännige Fuder im Durchschnitt 2 Rthlr., ungeachtet der größere Theil dieses Mistes von der Art ist, die der Städter gern bald los zu werden sucht, und er folglich auf der Stelle nach gemachten Kontrakten äußerst geringe bezahlt wird. Aber auch diese Preise sind in Betracht des wahren Düngerwerths immer sehr geringe. Dieser wahre Werth läßt sich nur dadurch ausmitteln, daß man einen Vergleich zieht, was ein Morgen Landes, der vorher nur eine nothdürftige und seltene Düngung erhielt, bei einer reichlichen und wiederholten an reinem Ertrage mehr gebe oder geben könne. Im dritten Bande meiner englischen Landwirthschaft, Seite 461 u. f. habe ich eine solche Berechnung nach den mir von Bauern angegebenen Datis gemacht, und das Resultat war, daß das Fuder Dünger 6 Rthlr. 9 Gr. werth sey. Um die Sache genauer auszumitteln, berechne man den Ertrag der im §. 259. angegebenen einfachen Dreifelderwirthschaft, und setze dagegen, daß diese Wirthschaft sich Mist genug verschaffen könne, um alle drei Jahre mit sechs Fudern zu düngen, und nun — um von der Dreifelderwirthschaft wenig abzuweichen — Folgendes baue:

1) Brache gedüngt;
2) Raps oder Rübsaat;
3) Weizen;
4) Erbsen gedüngt;
5) Roggen;
6) Gerste;
7) Kartoffeln gedüngt;
8) Gerste;
9) Roggen,

und berechne nun nach dem Verhältniß der im Acker befindlichen Kraft den Ertrag dieser Gewächse, nach Abzug der höhern Kosten ihres Anbaues, und es wird sich der Werth dieses Düngers auf eine auffallende Art ergeben.

Der wahre Werth des Düngers wird aber um so größer, wenn man erwägt, wie er sich progressiv durch sich selbst vermehrt, indem mehrerer Dünger, richtig angewandt, immer mehreres Material zu neuem Dünger neben den eigentlichen Früchten erzeugt, und daß man dann zu der Möglichkeit, solche Früchte zu bauen, die den höchsten Geldertrag geben, nachhaltig gelange. In gleicher Progression sinkt der Düngerstand, wenn einmal Mangel an Dünger eingetreten ist, und dieser nicht durch zweckmäßige Vorkehrungen gehoben wird. Mangel an Dünger hat weniger Stroh zur Folge, wenigeres Stroh giebt wenigern Dünger, und so sinkend fort bis zur gänzlichen Erschöpfung. So kostspielig daher die erste Vermehrung des Düngers auf einem ausgezehrten Boden seyn mag, so läßt sich doch vielleicht kein Kapital vortheilhafter benutzen, als was hierzu verwandt wird.

§. 268.

Maaß und Gewicht des Mistes.

Um uns über das Maaß der Düngung vorläufig zu verständigen, nehmen wir folgende Sätze an, bei denen keine mathematische Genauigkeit und keine allgemeine Gleichheit erwartet werden kann, die sich aber aus großen Durchschnitten ergeben.

Ein vierspänniger Wagen ladet 36 Kubikfuß Stallmist in dem Zustande der halben Vermoderung, worin er mehrentheils ausgefahren zu werden pflegt. In diesem Zustande (den man den speckigen nennt, wo das Stroh noch nicht verwes't, aber mürbe und in Fasern zerfallen ist) wiegt ein rheinländischer Kubikfuß im Zustande seiner gewöhnlichen Feuchtigkeit, d. h. wenn er kein Wasser mehr abtröpfeln läßt, aber auch nicht dürre ist, 56 Pfund, also ein solches Fuder 2016 Pfund. Wir nehmen rund 2000 an. Auf guten Wegen und bei guter Witterung kann freilich mehr geladen werden; da man aber zur Mistausfuhr selten die beste Witterung wählt, so wird diese Angabe der Wahrheit wohl am nächsten kommen. Ist das Stroh noch in seiner röhrigen Gestalt im Miste, so wiegt ein mäßig zusammengedrückter Kubikfuß höchstens nur 48 Pfund, und das Fuder wird dann höher geladen mit aufgezogenen Leitern, so daß es 45 bis 46 Kubikfuß enthält.

Wenn acht solcher Fuder auf einen Morgen gefahren werden, so nennt man dies eine gute oder vollkommene Düngung. Es kommen sodann auf die Quadratruthe 88,8 Pfund, und etwa 0,6 auf einen Quadratfuß. Werden fünf solcher Fuder auf den Morgen gefahren, so nennt man dies eine schwache Düngung, die aber die gewöhnlichste ist, wo dann 55 Pfund auf die Quadratruthe kommen. Eine starke Düngung nennt man es, wenn zwölf solcher Fuder aufgefahren werden, die aber zum Getreide auf unerschöpftem Boden nicht verwandt werden darf.

Guter, nicht mehr strohiger Schafmist wird in der Regel dem Gewichte nach um $^1/_4$ schwächer aufgefahren, weil seine ganze Wirkung stärker und schneller erfolgt, aber minder nachhaltend ist.

Diese Düngung wird nun alle drei, vier, sechs bis neun Jahre wiederholt, und pflegt bei öfterer Wiederkehr schwächer, bei seltnerer stärker zu seyn, wenn anders nicht der Mangel derselben auch im letztern Falle schwach zu düngen nöthigt. Es muß daher bei Berechnung des Düngerstandes nicht bloß auf die jedesmal aufzufahrende Quantität, sondern auch auf die Wiederholung gesehen, und berechnet werden, wie viel in einer gewissen Zahl von Jahren aufgefahren wird oder aufgefahren werden muß.

§. 269.

Verhältniß des Dünger erzeugenden Viehes gegen den Ackerbau.

Da es unter die seltenen Fälle gehört, daß man sich den Mist auf andere Weise vortheilhafter, als durch eigenes Vieh verschaffen kann, so hat man schon lange das Verhältniß des Viehstandes zum Ackerbau zu berechnen und so zu bestimmen gesucht, daß der möglich höchste Vortheil, aus beiden vereint, hervorgehe. Der stärkere Viehstand hebt durch stärkere Düngergewinnung den Ertrag des Ackerbaues, und der Ackerbau durch stärkere Produktion des Viehbedarfs die Viehnutzung. Diese Wechselwirkung giebt das große Schwungrad in jeder regulären Wirthschaft ab, und die Beschleunigung seines Umlaufs, sie geschehe zuerst in welchem Punkte sie wolle, theilt sich dem Ganzen mit, und erhöhet die Kraft der Maschine und ihren Effekt.

§. 270.

Verschiedene Angaben darüber.

Um das richtige Verhältniß zwischen beiden nach jeder Lokalität zu bestimmen, ist man natürlich zuerst auf die Kopfzahl des Viehes gefallen, und hat festzusetzen gesucht, wie viel Stück Vieh dieser oder jener Art auf eine gewisse Ackerfläche zu rechnen sey. Man hat gewöhnlich ein Stück Rindvieh, ein Pferd, zehn Schafe und sechs Schweine einander gleich gerechnet. Aber man hat auch bald eingesehen, daß die Verschiedenheit unter derselben Thierart nach ihrer Größe und nach ihren Futterportionen sehr verschieden seyn müsse, und deshalb hierauf freilich Rücksicht genommen. Eine der vollständigsten Berechnungen, die aus dem Durchschnitte vieler Angaben gezogen worden, findet sich in von Borgstede's Grundsätzen über die Generalverpachtungen der Domainen in den preußischen Staaten, Berlin 1785. Es ist darin zuerst Rücksicht genommen auf das Stroh und anderes Streumaterial, und in der Tabelle bedeutet

A. Gegenden, wo Stroh im Ueberfluß gewonnen wird, dergestalt, daß im Ganzen von jedem Wispel Aussaat 100 bis 120 Mandeln und darüber gerechnet werden könne (ein Wispel Aussaat ist circa zu 20 Morgen anzunehmen, also 5 bis 6 Mandeln pro Morgen, und das Gewicht einer Mandel Winter- und Sommergetreide im Durchschnitt an Stroh zu 160 Pfund), also 800 bis 960 Pfund.

B. Gegenden, wo 90 bis 100 Mandeln pro Wispel Aussaat gerechnet werden (4¼ bis 5 Mandeln pro Morgen, also 720 bis 800 Pfund).

C. Gegenden, wo weniger als 90 Mandeln gewonnen werden, und es also an Stroh zum Einstreuen fehlt.

D. Gegenden, wo dieser Strohmangel durch Einstreuung anderer Surrogate ersetzt werden kann.

E. Gegenden, wo dies durch wohlfeilen Strohankauf geschehen kann.

Bei No. 1. ist angenommen, daß das Vieh gewöhnlich nur Mitte Mai zu Felde gehe, und Mitte Novembers eingestallt werde.

Bei No. 2., daß das Vieh gewöhnlich zu Ende März zu Felde gehe, und Mitte Decembers eingestallt werde.

Bei No. 3. vollkommene Stallfütterung.

Bei No. 4. die Düngung, die von 100 Schafen erfolgt, wenn gar nicht gehordet wird.

Bei No. 5., wenn mit der Schäferei 5 Monate gehordet, sieben Monate aber Nachts im Stalle Dünger gemacht wird.

	Bei zureichendem Heugewinnst, dergestalt, daß jede Kuh wenigstens 8 Centner Heu bekommt.				Bei Ueberfluß von Heugewinnst.				Bei Mangel an Heugewinnst.				
	in kaltgründigem Boden.		in warmem Boden.		in kaltgründigem Boden.		in warmem Boden.		in kaltgründigem Boden.		in warmem Boden.		
	Schfl.	Mtz.	Schfl.	Mtz.	Schfl.	Mtz.	Schfl.	Mtz.	Schfl.	Mtz.	Schfl.	Mtz.	
A.	1	2	1	4	1	$5\frac{3}{5}$	1	8	—	$14\frac{2}{5}$	1	—	No. 1.
B.	—	$14\frac{2}{5}$	1	—	1	2	1	4	—	$13\frac{3}{5}$	—	15	
C.	—	$10\frac{1}{5}$	—	12	—	$12\frac{3}{5}$	—	14	—	10	—	11	
D.	—	$11\frac{7}{10}$	—	13	—	$14\frac{1}{5}$	1	—		12	—	14	
E.	—	$14\frac{2}{5}$	1		1	2	1	4	—	13	—	15	
A.	—	$14\frac{2}{5}$	1	—	1	—	1	2	—	14	—	15	No. 2.
B.	—	$10\frac{1}{5}$	—	12	—	12	—	14	—	$9\frac{1}{2}$	—	11	
C.	—	8	—	10	—	9	—	11	—	7	—	9	
D.	—	$11\frac{7}{10}$	—	13		$14\frac{2}{5}$	1	—	—	12	—	14	
E.	—	$14\frac{2}{5}$	1	—	1	2	1	4	—	13	—	15	
A.	1	$5\frac{3}{5}$	1	8	1	8	1	12	1	4	1	6	No. 3.
B.	1	3	1	5	1	4	1	6	1	2	1	3	
C.	fällt	weg.	—	—	—	—	—	—		—	—	—	
D.	—	$14\frac{2}{5}$	1	—	1	—	1	2	—	12	—	14	
E.	1	2	1	4	1	4	1	6	1	2	1	3	
A.	5	15	7	8	7	3	8	12	4	12	6	4	No. 4.
B.	4	12	6	—	5	15	7	—	4	7	5	—	
C.	3	9	4	8	4	2	5	4	3	4	3	12	
D.	3	$13\frac{3}{4}$	4	14	4	12	5	11	3	8	4	1	
E.	4	12	6	—	5	15	7	—	4	7	5	—	
A.	3	$7\frac{3}{4}$	4	6	4	$3\frac{1}{12}$	1	$1\frac{2}{3}$	2	$12\frac{1}{3}$	3	$10\frac{1}{3}$	No. 5.
B.	2	$12\frac{1}{3}$	3	8	3	$7\frac{5}{12}$	4	$1\frac{1}{3}$	2	$9\frac{5}{12}$	2	$14\frac{2}{3}$	
C.	2	$1\frac{1}{4}$	2	10	2	$6\frac{1}{2}$	3	1	1	$14\frac{1}{3}$	2	3	
D.	2	4	2	$13\frac{1}{2}$	2	$12\frac{1}{3}$	3	$5\frac{1}{12}$	2	$\frac{2}{3}$	2	$5\frac{1}{12}$	
E.	2	$12\frac{1}{3}$	3	$8\frac{1}{2}$	3	$7\frac{5}{12}$	4	$1\frac{1}{3}$	2	$9\frac{5}{12}$	2	$14\frac{2}{3}$	

Für 100 Stück Schafe in Horden wird die Düngung auf 5 Scheffel berechnet, und bei sechsjähriger Düngung der Hordenschlag zu $\frac{1}{2}$, bei neunjähriger zu $\frac{1}{3}$, bei zwölfjähriger zu $\frac{1}{4}$, und nur bei dreijähriger zu voll angenommen.

Nicolai in den Grundsätzen zur Verwaltung des Domainenwesens, nimmt vermuthlich nach Benckendorf an, daß von

einem Stücke Rindvieh 10 zweispännige Hoffuder,
einem Stücke Jungvieh 5 = =
einem Stallpferde . . 15 = =
einem Graspferde . . $7\frac{1}{2}$ = =
100 Stück Schafen . 100 = =

erhalten werden. Er nimmt dann ferner an, daß von Schweinen, Federvieh, und durch fleißiges Einstreuen auf dem Hofe noch halb so viel wie an Rindviehmist erhalten werde. Auf den Morgen rechnet er:

vom Rindviehmist 20 solcher Fuder;
vom Pferdemist . 18 = =
vom Hofmist . . 25 = =
vom Schafmist . 15 = =

An Dienstfudern rechnet er um die Hälfte mehr, auch wohl noch einmal so viel. Demnach bedüngte

ein Stück Rindvieh . . . . $1/2$ Morgen;
ein Stück Jungvieh . . . . $1/4$ =
ein Pferd auf dem Stalle . . $5/6$ =
100 Schafe . . . . . . $6\,2/3$ =

Diese zweispännigen Fuder können nicht einmal zu 1000 Pfund angenommen werden. Denn eine Düngung von 20,000 Pfund auf den Morgen gehörte zu den Seltenheiten. Der durch fleißiges Einstreuen auf dem Hofe erhaltene Mist zeugt übrigens von einer schlechten Wirthschaft, und durch solchen Mist wird der Acker betrogen.

Fredersdorf in seiner Veranschlagung der Domainen rechnet auf eine Kuh bei guter Futterung, und wenn ihr zur Streu $2\,1/2$ Schock gegeben werden, 6 vierspännige Fuder zu 25 Centnern, bei der Stallfütterung 10 vierspännige Fuder; von einem Pferde, wenn es täglich $1\,1/2$ Bund Stroh erhält, $7\,1/2$ Fuder; 15 Schafe gleich einer Kuh; 4 bis 5 ausgewachsene Schweine gleich einer Kuh.

Nach Karbe bedüngen 65 Kühe im Sommer auf der Weide, aber des Nachts auf dem Stalle 100 Morgen; Pferde und kleine Kühe verhalten sich zu jenen wie 2 zu 3; Ochsen auf dem Stalle gefüttert wie 3 zu 2; Masthammel, die Winter und Sommer vorhanden sind, bedüngen 100 Stück 10 Morgen.

Nach von Pfeifer giebt eine auf dem Stalle gefütterte Kuh 200 Centner; ein Mastochse während seiner Mastzeit 80 Centner.

Nach Leopold gaben 4 auf dem Stalle gefütterte Kühe 50 Fuder Dünger, deren 6 auf den Acker zureichten.

In einer von einem sehr erfahrenen und aufgeklärten Landwirthe herrührenden Abhandlung (Annalen der niedersächsischen Landwirthschaft, Jahrgang 5, Stück 1, Seite 129) wird nach angeführten Gründen das Verhältniß des Mistes der verschiedenen Thiere folgendermaßen angenommen: Wenn

der Mist eines Stücks Rindvieh 180 beträgt, so beträgt
der Mist eines Pferdes . . . 170;
der Mist eines Schafes . . . 10;
der Mist eines Schweines . . 18.

Nach diesem Verhältnisse ward der in drei Jahren vom Hofe abgefahrne Dünger vertheilt, und es kamen

auf ein Stück Hornvieh 7,789 vierspännige Fuder,
auf ein Pferd . . . . 7,357 = =
auf ein Schaf . . . 0,432 = =
auf ein Schwein . . . 0,778 = =

die nach der dortigen Ladungsart wahrscheinlich 22 bis 24 hundert Pfund gewogen haben.

Der Graf Podewils nimmt in seinen Wirthschaftserfahrungen, 3ten Bande, nach allgemeinen Durchschnitten auf den Morgen 8 Fuder, das vierspännige Fuder aber nach einer gewiß unrichtigen Schätzung nur zu 10 Centnern an, wonach also 80 Centner auf den Morgen kämen. Bestimmter ist die Berechnung S. 13, wo auf jeden gedüngten Morgen 50 Centner Rauhfutter treffen, wovon ⅓ Heu, ⅔ Getreideabgänge sind.

Bei gutem Boden hat man angenommen, daß auf 10 Morgen außer dem Arbeitsvieh 1 Stück Rindvieh, und zugleich auf jeden Morgen 1 Schaf gehalten werden könne, und zur Düngung zureiche. Es wird aber Wiesenwachs im Verhältniß von 1:5 und zureichende Außenweide dabei vorausgesetzt.

§. 271.

Das Verhältniß läßt sich nicht nach der Kopfzahl des Viehes berechnen.

Es fällt von selbst in die Augen, wie unbestimmt und wie widersprechend diese Angaben sind. Der höchst verschiedenen Ladung des Fuders Mist nicht zu gedenken, kann durchaus keine Berechnung des Mistes nach der Kopfzahl des Viehes Statt finden und der Wahrheit entsprechen, wenn nicht die Futterung, Einstreuung und Haltung des Viehes genau bestimmt wird. Es läßt sich gar kein Durchschnittsverhältniß von dem Miste, den die Thiere machen, angeben, weil die Quantität die aus den Exkrementen und dem zur Auffangung derselben nöthigen Stroh, bei einer zur völligen Sättigung des Viehes zureichenden Fütterung mit saftigen Gewächsen, diejenige sieben- und achtfach übertreffen kann, die dasselbe Vieh giebt, wenn es bei dürrem Strohfutter eben besteht. Wenn man erstern nicht genug einstreuen kann, um ihnen ein reines Lager zu geben, den Mist täglich heraus- oder zurückbringen muß, weil sonst, alles Streuens ungeachtet, das Vieh im Moraste stehen würde, so bringt man bei letzterer das vier Wochen lang unter dem Viehe gelegene Stroh nur wenig und fast wässrig angefeuchtet wieder heraus. Die verschiedene Größe und Dickleibigkeit der Thiere kommt hier zwar in Betracht, aber nur, wenn das größere im Verhältniß so viel stärker als das kleinere gefüttert wird.

§. 272.

Verhältniß des Mistes gegen die Futterung.

Dagegen hat es keinen Zweifel, daß die Quantität des Düngers immer mit der Quantität und der Nahrhaftigkeit des Futters, verbunden mit der Quantität des zur Auffangung der Abgänge erforderlichen Strohes in Verhältniß stehe. Auf andere Einstreuungen können wir uns hier, wo wir nur von den allgemeinen Wirthschaftsverhältnissen sprechen, nicht verbreiten. Wir bekümmern uns also, wenn von Düngergewinn im Allgemeinen die Rede ist, weder um die Zahl noch um die Art der Thiere.

Die Thiere sind bloß wie Maschinen anzusehen, welche zwar auch nach Verhältniß ihrer Größe, hauptsächlich aber nach dem Verhältnisse, wie sie gespeiset werden, die Futterung zum kleinern Theil in eigentliche thierische Substanz, den bei weitem größern Theil aber in Mist — worunter wir nicht nur die Abgänge durch den After, sondern auch die durch den Harn und vielleicht auch den niedergeschlagenen und von der Streu wieder aufgenommenen Theil der Ausdünstung verstehn — verwandeln. Dieser Mist besteht nicht allein aus den Trebern der Futterung, sondern auch aus den wirklichen Abgängen des thierischen Körpers, die immerfort, wenn sie verbraucht sind, abgestoßen und ausgeführt, durch neue aber ersetzt werden. Dieser Mist hat also seine vegetabilische Natur größtentheils verloren und eine animalische angenommen, welches wir hier nur erwähnen, in der Lehre vom Dünger und von der thierischen Produktion aber genauer auseinandersetzen werden.

Ob sich die solide Masse der gereichten und verdauten Futterung in den Exkrementen, selbst im trockenen Zustande, vermehre oder vermindere, kann nach den bisherigen Versuchen noch nicht bestimmt entschieden werden. Letzteres scheint wahrscheinlich, indem die Zunahme des Körpers, das Wachsthum der Wolle, der Absatz der Milch einen Theil davon erfordern. Indessen ist dieser Theil nur geringe, und es ist nicht entschieden, ob nicht das Wasser, welches das Thier im Getränke zu sich nimmt, und die eingesogenen gasigen Stoffe zum Theil durch den thierischen Körper so zersetzt werden, daß sie feste Materie bilden. Gewiß aber ist es, daß das Gewicht der trockenen Futterung vermöge der hinzugekommenen Feuchtigkeit durch die Exkremente weit und über die Hälfte überwogen werde, wenn wir diese in demjenigen Zustande der Feuchtigkeit, worin wir sie als Mist betrachten und brauchen, wägen.

Die überflüssige Feuchtigkeit, besonders des Urins (den wir uns aber nicht als bloßes Wasser vorstellen müssen, sondern der viele solide und sehr kräftige animalisirte Theile in sich enthält), wird durch die Einstreuung aufgefangen, und vermehrt die Masse derselben.

§. 273.

Versuch, dieses Verhältniß zu bestimmen.

Das Verhältniß des Mistes gegen die gereichte Futterung und Einstreuung zu bestimmen, hat deshalb große Schwierigkeit, weil sich der Feuchtigkeitsgrad, der im Gewichte einen so großen Unterschied macht, nicht wohl bestimmen läßt. Es werden deshalb immer die Resultate der gemachten Versuche etwas variiren; und den Mist nach dem Volumen gegen das Volumen der Futterung zu bestimmen, ist noch unsicherer, weil es hier außer der Feuchtigkeit noch auf die Zusammenpressung und die Zersetzung des Strohes und anderer faserigen Theile ankommt, bei deren Fortgange jenes Volumen sich weit mehr als das Gewicht verändert. Indessen sind die bisher gemachten Versuche sowohl im Kleinen, — da man die Exkremente des Afters zuweilen allein, zuweilen mit dem vom Stroh aufgefangenen Urin zugleich in dem verschiedenen Zustande der Zersetzung und in dem Feuchtigkeitsgrade, daß der Mist ohne gewaltsame Zusammenpressung keine Tropfen fallen ließ, abwog — als auch im Großen, wo man die ganze Quantität des ausgefahrenen Mistes, so genau als es sich im Großen thun ließ, dem Gewichte nach bestimmt und mit der soliden Futterung und Einstreuung — das Wasser ungerechnet — verglichen hat, darin ziemlich übereinstimmend: daß sich die Masse der **trockenen** Futterung und Einstreuung zusammengenommen im Miste um 2,3 vermehre.

Hierbei aber muß eine gehörige Behandlung des Mistes und eine Einstreuung gerade in dem Verhältnisse, wie sie zur Auffangung der flüssigen Materie nöthig ist, beobachtet werden, weil bei zu starker Einstreuung diese nicht gehörig von der Feuchtigkeit durchdrungen werden, und folglich die Gewichtsvermehrung nicht erhalten könnte, oder aber bei zu weniger Einstreuung die Feuchtigkeit abfließen würde. Das gerechte Maaß dieser Einstreuung läßt sich aber wiederum nicht nach der Kopfzahl der Thiere bestimmen, sondern sie hängt von der Quantität und Qualität der Futterung und der daraus hervorgehenden Exkremente ab.

Die trockenen sowohl als die saftigen Fütterungsmittel sind in ihrer nährenden Kraft, selbst bei gleichem Gewichte, verschieden (verglichen §. 275). Mit einem geringern Gewichte der nahrhaftern können also mehrere Thiere im gleichen Stande als mit einem größern Gewicht der minder nahrhaften erhalten werden. Wenn nun gleich der Abgang durch den After bei gleich stark genährten Thieren minder groß zu seyn scheint, wenn sie nahrhafteres Futter in geringerer Quantität bekommen, als wenn man ihnen minder nahrhaftes, aber in verhältnißmäßig größerer Menge giebt — weil jenes weniger Trebern hinterläßt — so sind doch die eigentlichen Abgänge des thierischen Körpers und des Urins nicht im geraden Verhältnisse mit der geringeren Quantität geringer. Es wird von einem größtentheils mit Körnern genährten Pferde nicht völlig, aber beinahe so viel Mist gemacht, als wenn es mit bloßem Heu gefüttert wird und dem Gewichte nach das Doppelte erhält. Deshalb ist nicht allein auf das trockene Gewicht der Futterungen, sondern auch mit auf ihre nährenden Theile Rücksicht zu nehmen, und was etwa bei nahrhaftem Futter weniger erfolgte, wird ohne Zweifel durch die bessere Qualität, durch das mehr Animalische des Mistes, der von solchen Thieren fällt, ersetzt.

§. 274.

Bestimmung dieses Verhältnisses beim Heu und Stroh.

Der verdienstvolle Hannöversche Ober-Landes-Oekonomie-Kommissar J. F. Meyer war der Erste, der eine auf gemachte Erfahrungen und Versuche gegründete Formel zur Berechnung des aus dem Futter und der Einstreuung hervorgehenden Mistes angab. Die Gewichtsvermehrung durch die Feuchtigkeit des Urins rechnete er dem Strohe zu, und nahm deshalb, durch Versuche geleitet, dieselbe zu 2,7 an, wenn nämlich nur zur Nothdurft eingestreuet würde, wozu er dann auch das verfütterte Stroh, weil von demselben wenig oder nichts zur Nahrung des Körpers abgesetzt würde, zählte. Beim verfütterten Heu nahm er aber die Gewichtsvermehrung, vermöge der hinzugetretenen Feuchtigkeit, nur zu 1,8 an, weil von dem Heu mehr zur Ernährung des Körpers verwandt würde. Dem Heu gleich setzte er das Gewicht saftiger Fütterungsmittel, nachdem sie ausgetrocknet waren, jedoch machte er eine Ausnahme bei der Fütterung der Körner, denen er eine stärkere Mistvermehrung, als sich auf diese Weise aus ihrer Verfütterung berechnen ließe, zuschrieb, und ihr Gewicht deshalb mit 3 bis 3,7 zu multipliziren vorschlug.

Hiergegen hat ein scharfsinniger Verfasser in der landwirthschaftlichen Zeitung, Rechsik unterschrieben, gegründete Einwendungen gemacht, indem er sagt, es sey die Gewichtsvermehrung des Strohes nur der Futterung zuzuschreiben, und richte sich nach dieser, indem das Stroh ohne solche trockenes Stroh bleiben würde. Er nimmt vielmehr an, daß das Stroh durch die Vermoderung verliere, scheint aber hierin wieder zu weit zu gehen: denn das Stroh würde einen zu unbedeutenden Antheil an der Vermehrung des Mistes gegen die Erfahrung haben; obwohl es an sich richtig ist, daß dessen Gewichtsvermehrung aus der Futterung erfolgt, und der Mist auch ohne alles Stroh durch andere Auffangungs-Materialien, allenfalls nur durch Erde aufgenommen werden könnte.

Nach den Resultaten großer und vielfältiger Versuche bleibt man der Wirklichkeit sehr nahe, wenn man annimmt, daß sich das Gewicht des verfütterten Heues und Strohes, und das Gewicht einer mäßigen, die Nothdurft nicht übersteigenden Einstreuung — welche jedoch den sämmtlichen Urin aufnimmt — im Miste durch den Zutritt der Feuchtigkeit um 2,3 vermehre. Und hierauf läßt sich die Berechnung der Dünger-Erzeugung weit sicherer als auf die Kopfzahl des Viehes gründen.

§. 275.

Bei andern Gewächsen, durch Rücksicht auf ihre Nahrhaftigkeit.

Ungewisser sind wir über die Masse des Düngers, welche aus einer gewissen Quantität verfütterter saftiger Gewächse erfolgt, weil es uns hierüber noch an zureichenden Versuchen im Großen, mit einer hinlänglichen Zahl von Vieh angestellt und lange genug fortgesetzt, fehlt. Bei mehreren im Kleinen angestellten Versuchen scheinen sich Irrungen eingeschlichen zu haben, die das Resultat zweifelhaft machen, wie das hier so äußerst leicht geschehen kann. Nur in Ansehung der Kartoffeln habe ich bereits einige beträchtliche Versuche vor mir liegen, die mit einer größern Stückzahl gemacht und mehrere Monate lang fortgesetzt sind. Da aber die Resultate doch etwas schwanken, und ich hoffen darf, in Kurzem mehrere mitgetheilt zu erhalten, die im jetzigen Winter bei Stoppeln von 10, 12 bis 20 Mastochsen angestellt werden: so will ich jener Resultate hier noch nicht erwähnen, um in der Folge aus mehreren einen sicheren Durchschnitt ziehen zu können.

A priori können wir schon aus der Nahrhaftigkeit dieser Gewächse einen Schluß auf ihre Düngerproduktion ziehen. Diese ist nun durch die Erfahrungen bei der Mastung sowohl als durch die chemischen Analysen um so zuverlässiger bestimmt, da die Resultate beider genau genug übereinstimmen. Ich will daher hier gleich von dieser Nahrhaftigkeit der gebräuchlichsten Gewächse das Wesentlichste anführen, weil uns dieses zu den fernern Berechnungen der Wirthschaftsverhältnisse nöthig ist; obwohl ich mich erst ausführlicher darüber erklären kann, wenn ich von dem Anbau und der Benutzung dieser Gewächse besonders reden werde.

Da das Heu als thierisches Nahrungsmittel vor allen andern bekannt ist und gebraucht wird, so werden sich die übrigen Fütterungsmittel damit am besten vergleichen lassen.

Nach dem Einhofschen Untersuchungen, die er jedoch noch nicht genugsam vollendet hielt, um sie dem Publikum mitzutheilen, haben 100 Theile gutes Heu ungefähr 50 Theile von solchen Materien gegeben, die man als nahrungsfähig annehmen kann.

Von 100 Theilen guten, nicht wässerigen oder nicht schwammigen Kartoffeln blieben, nachdem sie bis zu dem Grade der Trockenheit, worin sich das Heu befindet, ausgetrocknet waren, 30 Theile, und sie enthielten an solchen Stoffen, die man als sehr nahrhaft annehmen kann, 25 Theile. Demnach wären 100 Pfund oder 1 Scheffel Kartoffeln in der Nahrhaftigkeit 50 Pfund Heu gleichzusetzen. Hiermit stimmen auch fast alle mit der Kartoffelmast im Großen gemachten Bemerkungen überein. Denn wenn ein Mastochse täglich 60 Pfund einer nicht gar zu wässerigen Kartoffelart erhält, so gedeiht er dabei eben so gut, wie bei 30 Pfund Heu.

Die Runkelrüben hatten nur 8 Prozent solcher Stoffe, die man mit Sicherheit als nahrhaft annehmen kann, und 4 Prozent schwer zersetzbare Faser. Da es in Ansehung der letztern noch unentschieden ist, in wie fern sie zur Nahrung beitragen könne, so nehmen wir ihre nährende Kraft zu 10 Prozent an.

Die Rotabaga enthielt 12 Prozent bestimmt nahrhafter Theile und noch 3 Prozent schwer zersetzbare Faser. Mit ihr kommt wahrscheinlich die Steck- oder Kohlrübe überein.

Demnach glichen sich also in der Nahrhaftigkeit 100 Pfund Heu, 200 Pfund Kartoffeln, 500 Pfund Runkeln und 370 Pfund Rotabaga.

Die beiden letztern liefern aber beträchtlich vieles Kraut, was mit verfüttert wird; die Runkeln am meisten, aber es ist sehr wässerig und faserig; die Rotabaga wenigeres, aber vielen Eiweißstoff enthaltendes und deshalb nahrhafteres. Wenn wir bei der Berechnung dieser Wurzeln das Kraut ungewogen zugeben, so können wir ohne Bedenken annehmen, daß 460 Pfund Runkeln und 350 Pfd. Rotabaga 100 Pfd. Heu und 200 Pfd. Kartoffeln gleich kommen.

Die genaue Untersuchung der Wasserrüben hatte Einhof nicht vollendet. Er fand jedoch nach oberflächlicher Untersuchung und einer besonders mit der Rotabaga angestellten Vergleichung, daß sie sich wie 2 zu 3 in Ansehung der nährenden Stoffe zu einander verhielten. Demnach wären 525 Pfund gleich 100 Pfund Heu.

Auch in Ansehung der Möhren oder Karotten, die zwar viele wässerige Theile, aber auch sehr vielen nahrhaften Eiweiß- und Zuckerstoff enthalten, können wir nach Einhofs vorläufigen Untersuchungen und nach den bei der Mastung gemachten Beobachtungen annehmen, daß sie zu den Kartoffeln in dem Verhältnisse wie 3 zu 4 stehen. Es wären also 266⅔ Pfund gleich 100 Pfund Heu.

Der Weißkohl oder das Kraut ist noch nicht untersucht, wird aber nach den Erfahrungen bei der Mastung gegen die Kartoffeln wie 1 zu 3 angenommen. 600 Pfund Weißkohl sind also gleich 100 Pfd. Heu.

Der Klee, wenn er in seinem jungen Zustande, bei eben aufbrechender Blüthe gemähet wird, trocknet von 200 auf 20 ein. Es hat dann aber ein solches Kleeheu, der Erfahrung und unserer chemischen Untersuchung nach, beträchtlich mehr Nahrungsstoff, als das Heu der Gräser in sich, und insbesondere, wie das Kraut aller Diadelphisten, vielen Eiweiß- und Zuckerstoff. Es sind also von jungem Klee 90 Pfd. 100 Pfd. gewöhnlichem Wiesenheu gleich zu schätzen.

In demselben Verhältnisse stehen jung gemähete Wicken. Werden sie älter, so ersetzen sie den mindern, in Blättern und Stengeln enthaltenen Nahrungsstoff durch die größere Menge und durch die schon gebildeten Schoten und Körner.

Auch das Luzerne- und Esparcette-Heu anders zu schätzen, haben wir keine Ursache. Ob diese Futtergewächse bei der Austrocknung gar nichts verlieren, und ob dieselbe Masse von Nahrungsstoff in dem getrockneten Heu zurückbleibe, die sie in dem grünen Zustande enthalten, scheint mir noch nicht ausgemacht. Die Verdunstung anderer als wässeriger Theile ist zwar nicht wahrscheinlich; indessen kann die vorhin leicht auflösbare Faser nach der Austrocknung unauflöslicher werden.

Es sind also in der Fütterung als gleich anzunehmen:

Heu.	Kartoffeln.	Runkeln mit Kraut.	Rotabaga mit Kraut.
100.	200.	460.	350.

Wasserrüben.	Möhren.	Weißkohl.	Junges Kleeheu.	Wickheu.
525.	266.	600.	90.	90.

Luzerne- und Esparcetteheu.
90.

§. 276.

Ertrag der Futtergewächse und Nahrhaftigkeit derselben.

Um nun unserm Zweck, das Verhältniß des zu gewinnenden Futters und des daraus erfolgenden Mistes auszumitteln, näher zu kommen, müssen wir die Quantität, die im allgemeinen Durchschnitte, unter Voraussetzung eines angemessenen Bodens und einer vollkommneren Kultur, von diesen Futtergewächsen auf einem Morgen gewonnen werden kann, hier vorläufig bestimmen, obwohl das Genauere hierüber erst in der Lehre von diesen Gewächsen selbst angegeben werden kann, wo wir uns dann auch ausführlicher über die Gründe der im vorigen §. angegebenen Nahrungsfähigkeit erklären werden.

Im 78sten §. sind fünf Klassen von Wiesen nach ihrem Ertrage angenommen worden, und werden zu seiner Zeit bestimmter unterschieden werden. Die Wiesen der ersten Klassen kommen selten vor. Eine gute Wiese ist es schon, die auf den Morgen 1600 Pfund Heu in zwei Schnitten giebt, und diesen nehmen wir hier als den mittlern Wiesenertrag an.

Vom Klee hat man auf den Morgen häufig 30 bis 40 Centner angenommen. Indessen wird zu dieser Durchschnittsannahme ein vorzüglicher, mit Humus reich durchdrungener, tiefer, warmer Klaiboden erfordert. Auf gewöhnlichen, lehmig-sandigen Boden, der aber in guter und tiefer Kultur steht, und in richtiger Fruchtfolge bestellt wird, kann man im Durchschnitte der Jahre, bei guter und regelmäßiger Kleekultur, in zwei Schuren 2400 Pfund, bei einer Schur aber 1600 Pfund Heu rechnen, oder fünffach das grüne Gewicht. In fruchtbar-feuchten Jahren, wo beide Ernten gut gerathen, übersteigt er diesen Ertrag, fällt aber in trockneren Jahren, wo leicht ein Schnitt mißräth, zurück.

Ein gutes dichtes Luzernefeld muß 4000 Pfund an Heu geben, wenn Boden und Klima, was im nördlichen Deutschlande nicht häufig der Fall ist, der Luzerne günstig sind.

Die Esparcette giebt auf ihr geeignetem Boden 2000 Pfund Heu auf den Morgen.

Wicken oder Wickengemenge giebt, wenn dazu frisch gedüngt worden, reichlich 2000 Pfund Heu; wenn aber nicht gedüngt worden, der Boden jedoch noch in guter Kraft ist, 1200 Pfund.

Kartoffeln geben, unter Voraussetzung eines warmen, tief bearbeiteten und gut gedüngten Bodens und einer gebührenden vollständigen Kultur (welche Voraussetzung wir auch bei allen folgenden Gewächsen machen), auf den Morgen 80 Scheffel oder 8000 Pfund über die Einlage. Dies ist im allgemeinen Durchschnitte auf Boden von durchgeführter Kultur fast zu geringe angenommen, indem 12000 Pfund, meiner Erfahrung nach, in gewöhnlichen Jahren nichts Seltenes sind. Wir setzen aber diese und die übrigen Wurzelgewächse lieber geringer als höher an, um nicht in den Verdacht einer Vorliebe für selbige zu gerathen, deren ich von Einigen beschuldigt bin.

Runkeln geben auf den Morgen .	20000	Pfund an Wurzeln.
Rotabaga, Kohl- oder Steckrüben .	20000	=
Wasserrüben	20000	=
Möhren	18000	=
Kohl auf Boden, der für ihn paßt .	36000	=

Es ist also im Ertrage in Rücksicht auf Nahrungsfähigkeit gleich zu schätzen:

Ein Morgen Kartoffeln mit	4000	Pfund	Wiesenheu.
Ein Morgen Runkeln 4347 oder rund	4300	=	=
Ein Morgen Rotabaga	5700	=	=
Ein Morgen Wasserrüben	3800	=	=
Ein Morgen Möhren	6700	=	=
Ein Morgen Kohl	6000	=	=
Ein Morgen Klee in zwei Schnitten .	2600	=	=
Ein Morgen Luzerne	4400	=	=
Ein Morgen Esparcette	2200	=	=
Ein Morgen Wicken	2200	=	=
ungedüngt	1300	=	=

Dies Alles jedoch, ich wiederhole es, unter den Voraussetzungen eines diesen Gewächsen angemessenen, durch längere gute Kultur schon verbesserten und nach Gebühr gedüngten Bodens. Auch müssen diese Ertragssätze, wie sich versteht, im Durchschnitt der Jahre angenommen werden, indem es immer einzelne Jahre geben wird, wo dieses oder jenes Gewächs nicht zu seiner völligen Ausbildung gelangt, andere dagegen, wo es den gewöhnlichen Ertrag bei weitem übertrifft, weswegen es immer auch aus diesem Grunde rathsam ist, mehrer Arten dieser Gewächse zugleich zu bauen, damit das Minus des einen durch das Plus des andern gedeckt werde.

§. 277.

Verhältniß, worin die Nahrhaftigkeit und die Misterzeugung stehen.

Wenn man den Mist und Urin der mit saftigen Futtergewächsen genährten Thiere für sich auffinge, so würde er ohne Zweifel nicht mit der Masse, sondern mit der Nahrungsfähigkeit dieser Gewächse im Verhältnisse stehen. Das mindere Gewicht der solidern würde durch das mehrere Wasser, welches die Thiere dabei gesoffen, ersetzt werden. 200 Pfd. Kartoffeln oder 350 Pfd. Rotabaga, oder 600 Pfd. Weißkohl, oder 50 Pfd. Hafer würden demnach so viel Mist geben wie 100 Pfd. Heu, indem auch durch die nahrhaftern so viel mehr Thiere erhalten werden können. Wenn aber diese Exkremente vom Stroh aufgenommen, und die Gewichtsvermehrung, welche dieses durch die flüssigen Theile erhält, schon für dasselbe berechnet wird, so möchte sich das Verhältniß des übrigbleibenden wohl etwas verändern, und dasjenige Nahrungsmittel weniger Exkremente aus dem Darmkanal geben, was weniger unauflöslichen Faserstoff hat. Deshalb sind wohl die saftigen Futtergewächse, nach Verhältniß ihrer Nahrungsfähigkeit zum Heu, diesem bei der Misterzeugung nicht völlig gleich zu setzen.

Es fehlt uns hier, wie gesagt, mit den meisten dieser Gewächse noch an genugsamen genauen Versuchen, und wir haben nur einige mit den Kartoffeln. Nach dem Durchschnitte der Resultate dieser vor mir liegenden Versuche kann ich annehmen, daß die Quantität des Mistes, die von ihnen zu erwarten ist, sich ergebe, wenn man ihre auf Heu reduzirte Masse oder die Hälfte ihres Gewichts mit 1,8 multiplizirt. 100 Pfund oder 1 Scheffel Kartoffeln geben also 90 Pfd. Mist, und 1 Morgen Kartoffeln, der 80 Scheffel oder 8000 Pfund trägt, und 4000 Pfd. Heu gleich zu schätzen ist, gebe 7200 Pfd. Da aber das Kartoffelkraut der Misterzeugung zu Hülfe kommt, es werde im grünen Zustande zum Theil verfüttert, oder in den Misthaufen gebracht, wo es durch die Einsaugung der Jauche dieselbe Gewichtsvermehrung wie anderes Stroh erhält, so können wir auf die Kartoffeln einen Mistgewinn, der ihrem Gewichte gleich ist, unter der Voraussetzung, daß das Stroh gehörig benutzt werde, bestimmt annehmen.

Da sich über die andern Futtergewächse aus Erfahrung noch nichts Bestimmtes angeben läßt, so werden wir sie im allgemeinen Durchschnitt, ihrem Ertrage auf den Morgen nach, bei der Misterzeugung den Kartoffeln gleich setzen, ohne jedoch der in ihrem größern Ertrage steckenden Nahrungskraft etwas zu vergeben.

Auch wollen wir vom Klee- und Luzerne-Heu, seiner größeren Nahrhaftigkeit gegen das Wiesenheu ungeachtet, keine größere Misterzeugung annehmen.

Wir berechnen also:

1 Morgen Kartoffeln und jeder andern Frucht dieser Art zu	8000	Pfund Mist.
1 Morgen Klee in 2 Schnitten zu	5520	= =
1 Morgen Klee in einem Schnitte zu	3080	= =
1 Morgen Luzerne zu.	9200	= =
1 Morgen gedüngter Wicken zu	4600	= =
1 Morgen ungedüngter Wicken zu.	2760	= =

Wohl zu merken: ausschließlich der Gewichtsvermehrung, die sie im Streustroh hervorbringen.

Im Jahre 1805 erhielt ich durch Verfütterung von 25 Morgen grüner Wicken mit der Einstreuung von etwa 25 Schock Stroh und etwas Kiehnen-Nadeln zureichenden Dünger, um noch 30 Morgen damit zur Winterung gut ausdüngen zu können.

§. 278.

Ertrag des Strohes.

In Ansehung des Strohes, welches den andern Theil des Mistes hergiebt, hatten wir vor Kurzem noch wenig genaue Data über dessen Ertrag. Zwar fehlte es uns nicht an Angaben und an allgemeinen Durchschnitten, wie viel eine Fläche Landes von gewisser Bodenart an Schocken, Mandeln, Stiegen oder Haufen gebe: auch wie viel Schocke Stroh jeder Kornart in einer Wirthschaft geerntet werden oder in der Regel erwartet werden können. Aber es fehlte an einer bestimmten Angabe des Durchschnittsgewichts der Garben und Bunde. Jeder Landwirth, der jemals über seine Grenze gekommen ist, weiß zwar, daß hierin eine erstaunliche Verschiedenheit herrsche, und daß man hier Garben zu 8 Pfd., dort zu 50 Pfd. binde, auch daß die Strohbunde von 10 zu 40 Pfd. abweichen. Dennoch glaubte bisher ein Jeder genug gesagt zu haben, wenn er den Einschnitt seiner Ernte nach solchen unbestimmten Größen angäbe.

Der Körnerertrag, den man auf gewissem Boden und bei gewisser Kultur erwarten kann, ist durch die Erfahrung nach allgemeiner Ueberzeugung ziemlich bestimmt festgesetzt, indem er nach einem genauern Maaß angegeben werden konnte und überhaupt mehrere Aufmerksamkeit darauf verwandt wurde. Deshalb ist der verdienstvolle Ober-Landes-

Oekonomie-Kommissarius Meyer meines Wissens zuerst darauf verfallen, den Strohertrag nach den Körnern auszumitteln.

Daß im Allgemeinen ein Verhältniß zwischen Stroh und Körnern des eigentlichen Getreides existire, hat keinen Zweifel und ist allgemein angenommen. Jeder erfahrne Wirth nimmt einen Satz an, wie viel ein Schock oder eine Stiege von der hergebrachten Größe seiner Bunde scheffeln oder schütten müsse, und sagt bei seinem Probedrusche, daß das Getreide in diesem Jahre entweder gehörig, oder stark, oder schwach scheffele.

Die freilich häufig vorkommenden Verschiedenheiten bei gleicher Kultur und auf gleichem Boden sind also Ausnahmen von der Regel. Wenn das Getreide durch fruchtbare Witterung in der ersten Periode seiner Vegetation sich stark bestaudet, dann mit vielen Halmen in die Höhe schießt, nun aber zur Blüthezeit entweder gerade seiner Geilheit wegen sich lagert, oder aber in der Periode seines Körneransatzes durch ungünstige Witterung und daraus entstehende Krankheiten mancher Art an der Vollendung derselben verhindert wird, oder auch bei der Ernte einen großen Ausfall erleidet, so wird das Verhältniß des Korns gegen das Stroh beträchtlich geringer als gewöhnlich werden. Wenn dagegen ungünstige Witterung die jungen Pflanzen im Bestauden hindert, oder einen großen Theil tödtet, Mäuse und Insekten die Pflanzen zu sehr verdünnen, dann aber eine günstigere Witterung bei der Bildung der Aehren eintritt, die Blüthe, den Körneransatz und Reifung befördert: so ist das Verhältniß des Strohes zum Korne beträchtlich geringer, und man sagt: ich habe schlecht eingeschnitten, dresche aber vortrefflich.

Es versteht sich nun, daß auf diese Ausnahme bei allgemeiner Berechnung der Wirthschaftsverhältnisse keine Rücksicht genommen werden könne.

§. 279.

Dann aber kommt die Art des Bodens und der Bestellung in Betracht. Es giebt nämlich solchen Boden, wo im Allgemeinen der Wuchs des Grases gerade seiner Ueppigkeit wegen dem Ansatze der Körner ungünstig ist, wo alles Getreide sich in der Regel lagert und nicht zur Vollkommenheit kommt, oder mit andern Gräsern und Unkräutern so durchwachsen wird, daß die Aehren dadurch verdünnt werden und den Körnern die Nahrung entzogen wird. Hier ist das Verhältniß des Strohes zum Korne in der Regel bei weitem größer als in andern Gegenden, wo das Getreide minder üppig emporschießt, aber vollständigere Aehren bildet und rein von Unkraut ist. Das Letztere wird durch die Kultur sehr modifizirt, und man findet da, wo entweder gehörige Brachbearbeitung um's dritte Jahr dem Acker gegeben wird, oder wo man andere Sorgfalt auf dessen Reinigung verwendet, bei wenigerem Stroh einen höhern Körnerertrag, als an Orten, wo man die gehörige Bearbeitung und Fruchtfolge vernachlässigt, aber auf besonders starke Düngung bauet.

Diese Verschiedenheit in Ansehung des Bodens und der Kultur muß man also wohl vor Augen haben, wenn man nach der Meyerschen Methode aus dem bekannten Körnerertrage den noch unbekannten Strohertrag ausmitteln will. In einzelnen Wirthschaften ist es am sichersten, das Gewicht der gewöhnlichen Bunde, deren Zahl doch ein jeder Landwirth weiß, durch Abwägung einiger Schocke auszumitteln, und dadurch das Gewicht des eingeschnittenen Getreides zu bestimmen. Wenn nun nach verschiedenen Probe- oder vollendeten Ausdrüschen die Quantität der Körner bestimmt ist, so wird deren Gewicht, nach dem Gewicht eines Scheffels berechnet und abgezogen vom Gewichte des Ernte-Einschnitts, die Masse des Strohes und der Abfälle ergeben, und nun, selbst ohne Wiederholung dieser Prozedur in gewöhnlichen Jahren, der Strohertrag genauer als gewöhnlich ausgemittelt werden können.

§. 280.

Die Meyerschen Angaben des Verhältnisses zwischen Stroh und Korn, die er auf wiederholte Versuche gründete, und im dritten Bande seines Werks über die Gemeinheitstheilungen angegeben hat, zuerst aber in den Annalen der niedersächsischen Landwirthschaft bekannt machte, haben die Aufmerksamkeit vieler Landwirthe erregt, und einige haben ihre Beobachtungen darüber in Schriften bekannt gemacht. Zu diesen gehört bisher zwar nur noch der scharfsinnige Amtsrath Karbe in seiner Einführung der Wechselwirthschaft, der Graf von Podewils in seinen Wirthschaftserfahrungen, von Blankensee in seinem praktischen Handbuche, der Konsistorial-Assessor Leopold, und einige andere Verfasser in den Annalen des Ackerbaues, und ihre sämmtlichen Versuche sind bei einer Sache, die so großen Verschiedenheiten unterworfen ist, zu klein, mit zu wenigen Mandeln angestellt. Mehrere haben mir aber darüber ihre Bemerkungen privatim kommunizirt, und ich behalte mir vor, sie im Vergleich gegen einander und mit denen, die ich selbst und meine

Schüler hier in mehreren Jahren gemacht haben, an einem andern Orte vorzulegen.

Hier sey es genug, zu sagen, daß die Uebereinstimmung auf den meisten Bodenarten — den ungewöhnlichen, z. B. hier den Oder-Bruchboden, ausgenommen — bei reinlicher Kultur, obwohl sehr ungleichem Ertrage, in Ansehung dieses Verhältnisses in jedem einzelnen Jahre sehr groß ist. Die Jahre 1805 und 1806 zeichneten sich, ersteres durch ein ungewöhnlich kleines Verhältniß des Korns zum Stroh, das letztere durch ein sehr großes aus; aber der Boden, vom lehmigen Sande ab bis zum wahren Klai, machte darin geringen Unterschied. Dies scheint vielleicht auffallend, wegen der großen Verschiedenheit in der Länge und Stärke des Strohs, allein es stimmt mit diesem die Länge und Vollheit der Aehren bewundernswürdig überein. Wenn Bunde von gleicher Schwere bei kurzhalmigem und langhalmigem Getreide gebunden werden, so würde auch der Ausdrusch sich sehr gleich seyn, und die Verschiedenheit desselben nach der Mandelzahl liegt bloß in der Verschiedenheit der Schwere der Bunde. Ist das Stroh dünner, so sind auch die Aehren kleiner, und enthalten so viel weniger Körner. Bindet man durch zusammengeknüpfte Bänder und durch Knebeln Bunde von gleicher Dicke, so wird man von den dünnern Halmen der Zahl nach ungleich mehrere fassen, aber an denselben nicht mehrere Körner, als von den wenigern Halmen des dickstrohigen Getreides haben.

§. 281.

Zufolge aller größeren Beobachtungen schwankt das Verhältniß des Korns zum Stroh:

Beim Roggen zwischen	. . . . .	38	und	42	zu	100.
Beim Weizen zwischen	. . . . .	48	=	52	=	100.
Bei der Gerste zwischen	. . . . .	62	=	64	=	100.
Beim Hafer zwischen	. . . . .	60	=	62	=	100.

Bei den Erbsen ist es unbestimmter, und der Ansatz der Schoten steht bekanntlich in sehr verschiedenem Verhältnisse gegen das Kraut. Auch kommt der Ausfall, den sie so leicht bei der Ernte erleiden, hierbei in Betracht. Graf Podewils fand das Verhältniß bei ihnen wie 5 zu 21. Ich glaube, wenn man ein Verhältniß haben will, es im Ganzen wie 35 zu 100 annehmen zu müssen, wenn die Erbsen gehörig angesetzt haben. Sicherer wird man aber hierbei gehen, wenn man das Stroh von einem Morgen Erbsen im Dung zu 2000 Pfund annimmt, indem der Strohertrag bei dieser Frucht weit beständiger als der Körnerertrag zu seyn pflegt.

Auf gleiche Weise wird es sich auch wohl bei den Wicken verhalten. Wenn daher ein Scheffel guter Roggen etwas gehäuft, so wie er in der Haushaltung und beim Verkauf gemessen wird, 86 Pfund wiegt, und das Korn zum Stroh sich im Mittelsatze wie 40 zu 100 verhält, so giebt ein Morgen Roggen:

Wie viel nach dem Korne an Stroh, und wie viel aus diesem an Mist zu erwarten sey.

bei 3 Schfl. Ertrag	645	Pf. Stroh, u. daraus erfolgen	1483	Pf. Mist
= 4 = =	860	= = = = =	1978	= =
= 5 = =	1075	= = = = =	2472	= =
= 6 = =	1290	= = = = =	2967	= =
= 7 = =	1505	= = = = =	3461	= =
= 8 = =	1720	= = = = =	3956	= =
= 9 = =	1935	= = = = =	4450	= =
= 10 = =	2150	= = = = =	4945	= =
= 11 = =	2365	= = = = =	5439	= =
= 12 = =	2580	= = = = =	5934	= =

Wenn 1 Scheffel Weizen 92 Pfund wiegt, und das Korn sich zum Stroh verhält wie 50 zu 100, so giebt ein Morgen:

bei 3 Schfl. Ertrag an Stroh	552	Pf., u. daraus erfolgen	1269	Pf. Mist
= 4 = = = =	736	= = = =	1692	= =
= 5 = = = =	920	= = = =	2116	= =
= 6 = = = =	1104	= = = =	2539	= =
= 7 = = = =	1288	= = = =	2962	= =
= 8 = = = =	1473	= = = =	3385	=
= 9 = = = =	1656	= = = =	3808	=
= 10 = = = =	1840	= = = =	4232	=
= 11 = = = =	2024	= = = =	4655	=
= 12 = = = =	2208	= = = =	5078	= =

Wenn ein Scheffel Gerste*) 60 Pfd. wiegt, und das Korn sich zum Stroh verhält wie 60 zu 100, so giebt ein Morgen Gerste:

bei 3 Schfl. Ertrag Stroh	300	Pf., u. daraus erfolgen	690	Pf. Mist
= 4 = = =	400	= = = =	920	= =
= 5 = = =	500	= = = =	1150	= =
= 6 = = =	600	= = = =	1380	= =

*) Ist kleine Gerste darunter zu verstehen.

bei 7	Schfl.	Ertrag	Stroh 700	Pf.,	u.	daraus	erfolgen	1610	Pf.	Mist
= 8	=	=	= 800	=	=	=	=	1840	=	=
= 9	=	=	= 900	=	=	=	=	2070	=	=
= 10	=	=	= 1000	=	=	=	=	2300	=	=
= 11	=	=	= 1100	=	=	=	=	2530	=	=
= 12	=	=	= 1200	=	=	=	=	2760	=	=

Wenn 1 Scheffel Hafer 52 Pfund wiegt, und das Korn zum Stroh sich verhält wie 60 zu 100, so giebt ein Morgen Hafer:

bei 3	Schfl.	Ertrag	258	Pf.	Stroh,	und	daraus	erfolgen	593	Pf.	Mist
= 4	=	=	344	=	=	=	=	=	791	=	=
= 5	=	=	430	=	=	=	=	=	989	=	=
= 6	=	=	516	=	=	=	=	=	1186.	=	=
= 7	=	=	602	=	=	=	=	=	1384	=	=
= 8	=	=	688	=	=	=	=	=	1582	=	=
= 9	=	=	774	=	=	=	=	=	1780	=	=
= 10	=	=	860	=	=	=	=	=	1978	=	=
= 11	=	=	946	=	=	=	=	=	2175	=	=
= 12	=	=	1032	=	=	=	=	=	2373	=	=

§. 282.

Es ist bei diesen Sätzen der Mistgewinnung aber immer anzunehmen, daß das Verhältniß des Streustrohes, oder wo dies nicht zureicht, eines andern Streusurrogats zu den eigentlichen Nahrungsmitteln so sey, daß es die sämmtlichen Exkremente gehörig auffasse, aber auch genugsam davon durchdrungen, getränkt und in den Stand gesetzt werde, daß es ohne äußere Feuchtigkeit in die beabsichtigte Fäulniß übergehen könne; auch daß aller Abgang durch Abfluß der Jauche und Ausspülung durch Regenwasser verhütet, und der Mist möglichst zusammengehalten werde. Dieser gemengte animalisch-vegetabilische Mist wird dann in dem Zustande angenommen, wo er den Zeitpunkt seiner hitzigen Gährung eben überstanden hat, das Stroh zwar mürbe geworden, aber doch noch nicht zerfallen ist: kurz in dem Zustande, worin man ihn nach der Erfahrung aller praktischen Ackerbauer am vortheilhaftesten auf lockern Acker fährt. Wollte man ihn ganz frisch, oder nachdem er schon völlig zergangen und das Strohige fast sämmtlich aufgelöst wäre, wiegen, so würde dieses Gewichtsverhältniß nicht zutreffen. Die Bestimmung seines Feuchtigkeitszustandes ist schon oben §. 274 gegeben.

§. 283.

Der Weidemist.

Um den Mist auszumitteln, den die Nahrung auf der Weide giebt, hat man denjenigen gewogen, den eine gut genährte Weidekuh auf einer reichlichen Weide auswarf, und gefunden, daß er in 24 Stunden 37 Pfund im Durchschnitt, oder in 5 Monaten oder 153 Weidetagen 5661 Pfund betrug. Auch hat man den Mist des Tages und der Nacht abgesondert gewogen, und jenen 21 bis 23 Pfd., diesen 15 bis 15½ Pfd. schwer gefunden.

Dieser Weidemist geht für die Wirthschaften völlig verloren, die ihr Vieh Tag und Nacht auf Außenweiden lassen, kommt dagegen denen einigermaßen zu Nutzen, welche mit ihrem Acker zur Weide und Fruchtbau wechseln, jedoch nie in dem Maaße, als wenn er im Stalle mit Stroh aufgefangen und gehörig zusammengehalten wäre. Ein beträchtlicher Theil verwittert davon, stäubt und wird durch Insekten zerstört, jedoch — wie die auf solchen Stellen entstehenden Geilhörste beweisen, und die höhere Fruchtbarkeit der Ruhe- und Milchstellen des Viehes auf Weidekoppeln — nicht so ganz, wie Manche behauptet haben. Dieser Dünger bei der Schlagweidewirthschaft, wo man das Vieh in der Regel Tag und Nacht draußen zu lassen pflegt, ist schon mit unter der Dungkraft, die wir der Ruhe beimessen, begriffen.

Wenn aber das Vieh des Nachts in den Stall oder auf den Misthof kommt, so muß der nächtliche von der Weide hergeholte Dünger dem Misthaufen allerdings zu gute kommen, und wir werden für eine reichlich genährte Kuh dafür 2500 Pfd., bei einer schwach genährten — wie es solche Weidekühe gewöhnlich zu seyn pflegen — 1500 Pfd. annehmen können; das eingestreute Stroh, wie sich versteht, besonders gerechnet.

§. 284.

In wie fern die Art des Viehes bei Berechnung des Mistgewinnes in Betracht zu ziehen sey.

Wir machen in Hinsicht des Düngers, der aus dem konsumirten Futter und Streu erfolgt, bei der allgemeinen Berechnung zwar keinen Unterschied unter der Art des Viehes, welches darauf gehalten wird. Indessen muß doch Folgendes darüber bemerkt werden.

Abgemagertes und entkräftetes Vieh giebt von derselben Fütterung nicht so vielen und so kräftigen, so *stark animalisirten* Dünger, als wohlgenährtes und starkes Vieh.

Die Schafe geben einen Dünger von derselben Futterquantität, womit man weiter reicht, als mit dem Rindviehdünger, der dagegen aber auch so viel minder nachhaltend ist. Einen entschiedenen Vorzug scheinen sie aber bei dem Weidedünger zu haben. Ihr auf die Weide selbst fallender Dünger thut größere Wirkung, vertheilt sich nicht nur gleichmäßiger, sondern scheint auch minder zu verstieben, sich mehr mit dem Boden zu verbinden und schneller auf die Vegetation zu wirken. Werden sie von der Weide des Nachts in Horden gelegt, oder auch in den Stall gebracht, so beträgt dieser nächtliche Dünger mehr, als der vom Rindvieh, wenn man nämlich beiden einen gleichen Weideraum zumißt. Daher hat man auch in England auffallend bemerkt, daß Schafweiden, worauf man das Vieh, nach dortiger Gewohnheit, auch des Nachts läßt, sich von Jahr zu Jahr verbessert haben, jährlich mehrere Schafe ernähren können, und dann umgebrochen an Kraft weit mehr als Kuhweiden gewonnen hatten, wogegen letztere, auf wärmerem und trocknerem Boden, nach dem dritten oder vierten Jahre im Graswuchse mehr ab- als zunehmen.

Beim Horden oder Pferchen der Schafe nimmt man an, daß 1200 Schafe in einer Nacht eine schwache Düngung, die einer schwachen halben Stallmistdüngung gleich kommt, 1800 Schafe eine mäßige Düngung, 2400 Schafe eine starke, nur bei besonderen Früchten anwendbare auf den Morgen geben. Wenn 10 Schafe auf der Weide einer Kuh gleich geachtet werden, und eine Kuh in einer Nacht 15 Pfund Dünger giebt, so werden 180 Kühe nur 2700 Pfund, 240 Kühe 3600 Pfund Mist geben, wodurch kein Morgen bedüngt werden konnte. Dagegen bleibt aber die Düngkraft länger im Acker.

§. 285.

Vergleichung mit anderen Annahmen.

Um den Versuch zu machen, wie diese Berechnung des Mistes unmittelbar auf die Futter- und Strohkonsumtion gegründet, mit den Berechnungen zusammenstimme, die nach der Kopfzahl des Viehes gemacht worden, wollen wir einige der letztern, die auf große Erfahrungs-Durchschnitte, aber freilich zu wenig bestimmt, gegründet sind, damit vergleichen.

Die dem §. 270. beigefügte Düngungstabelle bezieht sich zunächst auf die in der Kur- und Neumark bei Veranschlagungen angenommenen Fütterungsprinzipien. Nach diesen wird Folgendes auf die verschiedenen Viearten gerechnet. (Eine Mandel Winterung zu 200 Pfund,

und eine Mandel Sommerung zu 140 Pfund, bei dem hier üblichen starken Bande, angenommen.)

	Winterstroh. Pfund.	Sommerstroh. Pfund.	Heu. Pfund.
Auf einen großen Ochsen . . .	3600	1680	1650
Auf einen Mittelochsen	3000	1400	1375
Auf einen kleinen Ochsen . . .	2400	1120	1100
Auf eine große Kuh	1800	1260	1320
Auf eine Mittelkuh	1500	1050	1100
Auf eine kleine Kuh	1200	840	880
Auf ein Pferd, das beständig auf dem Stalle gefüttert wird .	4800	—	2640

Nach unsern Prinzipien wird also an Mist geben:

	Vom Futter und Stroh. Pfund.	Mist. Pfund.	Bedüngt à 10000 Pfd. Morgen.
Ein großer Ochse	6930	15939	1,59
Ein Mittelochse	5775	13282	1,32
Ein kleiner Ochse	4620	10726	1,07
Eine große Kuh	4380	10074	1
Eine Mittelkuh	3650	8375	0,83
Eine kleine Kuh	2865	6589	0,66
Ein Stallpferd	7440	11508	1,15

Das harte Futter rechnen wir bei letzterem für die Zeit, wo es außer dem Stalle ist.

Wenn man nun nach den verschiedenen strohreichen und stroharmen, in jener Tabelle angenommenen Gegenden und zureichendem, überflüssigem und mangelndem Heugewinn, großes, mittleres und kleines Vieh supponiren muß, auf kaltem Boden 20 bis 22 Metzen Einfall per Morgen, auf warmem Boden 18 bis 19 Metzen annimmt, auf jenem eine etwas stärkere Düngung, etwa von 12000 Pfund, auf diesem eine schwächere von 9000 Pfund sich denkt, so wird man die Vergleichung auf einzelne Stücke und das ihnen bestimmte Futter leicht machen können. Wollen wir aber den allgemeinen Durchschnitt des vorgenannten Viehes und seiner Fütterung annehmen, wie in jener Tabelle geschehen ist, so bedingt ein Stück 1,09 Morgen.

Nach der Instruktion, wie bei der Veranschlagung der Arenden bei den Domainenämtern in Preußen zu verfahren ist, hat man folgende Sätze als der Erfahrung im Großen gemäß angenommen.

Auf $2^1/_4$ bis $2^1/_2$ Morgen jährlich zu besäenden Landes der ersten und zweiten Klasse des Ackers, auf $2\frac{1}{2}$ bis $3\frac{1}{2}$ Morgen der dritten Klasse und auf 4 bis 5 Morgen der vierten Klasse rechnet man Strohgewinn für ein Stück sogenanntes Großvieh (worunter man sich, wie aus allen übrigen Angaben erhellt, kleine Graspferde, kleine Ochsen und Kühe denken muß). Dies ist also halb Winterung, halb Sommerung. Wenn wir in der ersten und zweiten Ackerklasse den Ertrag zu 9 Scheffeln auf den Morgen annehmen, so erfolgt von $1\frac{1}{4}$ Morgen

Roggen à 1935 Pfund	2418	Pfund Stroh,
von $1\frac{1}{4}$ Morgen Gerste à 900 Pfund . . .	1125	= =
dazu an Heu 12 Centner	1320	= =
	4863	Pfund.

Hieraus erfolgen an Mist 11126 Pfund.

Wenn man aber 3 Morgen à 7 Scheffel Ertrag aus der dritten Klasse annimmt, so erfolgen:

von $1\frac{1}{2}$ Morgen Winterung	2257	Pfund
und $1\frac{1}{2}$ Morgen Sommerung	1050	=
dazu Heu 12 Centner	1320	=
	4627	Pfund.

Hieraus erfolgen 10642 Pfund Mist.

Nun werden auf ein Stück Vieh 10 vierspännige Fuder Mist daselbst berechnet, die nach Verhältniß der übrigen Arbeit dortiger Pferde zu 1000 Pfund höchstens angenommen werden können, und es werden auf einen Morgen 15 solcher Fuder berechnet, welche auch bei der, wie es scheint, dort üblichen neunjährigen Düngung erforderlich sind. Folglich bedüngen $1\frac{1}{2}$ Stück 1 Morgen.

Je mehrere Angaben von Düngergewinn nach der Kopfzahl des Viehes, die aus zuverlässigen großen Durchschnitten genommen sind, man mit unsern Sätzen vergleicht, um so mehr Uebereinstimmung wird man finden, aber auch gewahr werden, daß diese Berechnung aus dem Futter- und Strohgewinn weit bestimmter und auf die unendlich mannigfaltigen Verhältnisse passender sey; weswegen wir sie in der Folge zum Grunde aller unserer Wirthschaftsberechnungen legen werden.

§. 286.

Vertheilung des Futters auf das Vieh.

Es kommt bei dieser Berechnung des Düngergewinnes aus dem Viehfutter zwar weder die Kopfzahl, noch die Gattung des Viehes, die darauf gehalten werden kann, in Betracht. Auf welche Weise man die gewonnene Futterung am vortheilhaftesten konsumire, und durch die

Nutzung des darauf gehaltenen Viehes unter allen gegebenen Umständen den Dünger am wohlfeilsten sich verschaffe, kann erst bei der Lehre von der thierischen Produktion auseinandergesetzt werden. Indessen ist es doch bei der Untersuchung der ökonomischen Verhältnisse zu wissen nöthig, wie vielen Viehes man bedarf, um dieses Futter wirklich zu konsumiren, oder wie viele solcher lebenden Maschinen nöthig sind, um es gehörig zu verarbeiten. Diese Frage, die sonst voranzugehen pflegt, folgt bei uns erst nach, und selbst in der Praxis wäre es gut, wenn man sich zuerst um den Futtergewinn bekümmerte, und dann erst auf das zu haltende Vieh dächte, welches sich immer weit leichter als dessen Futterung findet.

§. 287.

Verschiedenheit der Angaben des Futterbedarfs auf ein Stück Vieh.

Die Angaben über den Futterbedarf sind so mannigfaltig, als auffallend verschieden. Man glaubt kaum, daß von derselben Thierart die Rede sey. Aber welch ein Unterschied ist es auch zwischen einem kleinen abgemagerten, auf der dürren Brachweide oder in der Waldung sich herumschleppenden Stücke Rindvieh, und einem auf dem Stalle reichlich gefütterten oder in der Niederung weidenden. Man hat Ochsen, die im Schlächtergewicht 200, und andere, die 2000 Pfund wiegen. Es wäre absurd, beiden eine gleiche oder doch wenig verschiedene Futterquantität beimessen, und eine gleiche Düngermasse von ihnen erwarten zu wollen.

Wir haben gesehen, was man an Winterfutter nach den gewöhnlichen Anschlagsprinzipien auf das Vieh verschiedener Art und Größe aussetzt, und betrachten deshalb nur noch die Angaben einiger Andern. Von Benekendorf rechnet auf einen Zugochsen täglich 1 Scheffel Häcksel von Sommerstroh, den er zu 8 Pfd. annimmt, auf eine Kuh ¾ Scheffel. — 3 Scheffel Gerste- und Haferaussaat gebe 319 Schfl. Häcksel, und da die Winterfütterung 165 Tage daure, können auf 3 Scheffel Sommeraussaat 2 Stück Rindvieh gehalten werden. Das Roggen- und Erbsenstroh sey für die Schafe. Auf Stroh, sagt er, komme es lediglich bei Bestimmung der Viehhaltung an; denn die Sommerweide werde durch Stallfütterung mit Klee ersetzt, und Heu sey beim Anbau der Wurzelgewächse entbehrlich. (Aber wie viel Klee und Wurzelgewächse erbauet werden sollen, ist eben die große Frage.) Sonst rechnet er an Heu auf einen Zugochsen 5 Monate, vom 1sten Jannar bis 1sten Junius, täglich 12 Pfund, auf eine Milchkuh neben Brühfutter und Anmengsel, jährlich 13 Centner, ohne Anmengsel 18 Centner, auf Jung- und Güstvieh neben Anmengsel 7 Centner, ohne solches 11 Centner.

Nach Karbe erhält ein Zugochse in 240 Wintertagen täglich

18 Pfund Häcksel } an Stroh 4800 Pfund,
2 „ Streu }

4 Metzen behackte Früchte = 60 Scheffel jährlich.

Wenn die behackten Früchte zu Ende gehen, täglich 30 Pfund an Kaff, Heu, Häcksel und Streu. Also vermuthlich einen Zusatz von 10 Pfd. Heu statt der Wurzelgewächse, welches also, wenn diese ganz wegfielen, 2400 Pfund jährlich betragen würde.

Eine Milchkuh in 190 Wintertagen bekommt Heu und Stroh zum Futter 18 Pfund, zur Streu 2 Pfund = 3800 Pfund jährlich; daneben täglich 4 Metzen Wurzelgewächse, jährlich 50 Scheffel. Im Sommer 3 Morgen Klee- und Grasweide auf 175 Tage, und die Nacht an Streu 2 Pfund = 350 Pfund jährlich.

Ein Mastochse bekommt in 112 Tagen, wo die Mastung im Durchschnitt vollendet ist:

10 Pfund Häcksel } = 1344 Pfund Stroh.
2 „ Streu }

8 „ Heu = 896 Pfund.

8 bis 9 Metzen Wurzelgewächse = 60 Scheffel.

In meiner Ausgabe von Bergens Anleitung zur Viehzucht habe ich eine Tabelle mitgetheilt, von der Fütterung, welche meine Kühe — zu der Zeit, wo ich das möglich schwerste Niederungsvieh auf dem Stalle hatte — ein Jahr hindurch erhielten. Es kam auf das Stück

		Reduzirt auf Heu.
Weißkohl	4890 Pfund	815 Pfund.
Kartoffeln	3900 „	1950 „
Rüben	1830 „	343 „
Möhren	1230 „	462 „
Grüner Klee	14080 „	3129 „
Heu	—	1660 „
Futterstroh		2312 „
Streustroh		3650 „
		14321 Pfund,

woraus dann 32938 Pfund Mist oder etwas über 16 Fuder zu 2000 Pfund nach unserer Berechnung erfolgen mußten und wirklich erfolgten. Hierbei hatte nun das Vieh zu seiner völligen Sättigung freilich genug, litt aber keinesweges an Unverdaulichkeit. Zum Beweise dessen gab dieser Viehstapel auf das Stück das ganze Jahr im Durchschnitt 10 Hannöversche Quart Milch (gleich 8 Berliner Quart) täglich, oder jede Kuh durchs Jahr 3650 Hannöversche oder 2920 Berliner Quart.

Diese ungleichen Fütterungssätze mögen zureichen, um zu beweisen, daß das Rindvieh von sehr Wenigem zur Noth leben, aber auch sehr Vieles verzehren könne. Es wird aber letzteres durch Nutzung und durch Mist bis auf einen gewissen Punkt reichlicher bezahlen, als ersteres. Ich habe indessen nachmals eine so sehr starke Fütterung, die das große Niederungsvieh, wenn es den möglich höchsten Ertrag geben soll, erfordert, und folglich dieses Vieh nicht vortheilhaft gefunden, worüber ich mich an einem andern Orte erklären werde. Um einen allgemeinen Durchschnittssatz anzunehmen, auf wieviel Futter und Stroh ein Stück Rindvieh mittlerer Art oder von großer Höherace am vortheilhaftesten gehalten werden könne, nehme ich an, daß eine gute Milchkuh und ein Zugochse jährlich an Stroh, zum Fressen und zur Einstreuung, bei der Stallfütterung 4500 Pfund, und an Heu — die sämmtlichen grünen Futtergewächse auf selbiges reduzirt — ebenfalls 4500 Pfund erfordern; beim Weidegange aber, jedoch nächtlicher Einstallung, an 4000 Pfund Stroh und 2800 Pfund auf Heu reduzirter Futtergewächse genug haben. Hieraus würden im ersten Falle 20700 Pfund Mist, oder etwas über 10 Fuder, im zweiten Falle 15640 Pfund oder $7\frac{3}{4}$ Fuder Mist erfolgen.

Ein Ackerpferd auf dem Stalle erfordert bei zureichendem Körnerfutter 7500 Pfund Rauhfutter, wovon $\frac{1}{3}$ als Heu, $\frac{2}{3}$ als Stroh anzunehmen.

Noch abweichender von einander finden wir die Winterfütterung der Schafe angegeben. In den angeführten Tax-Prinzipien finden wir auf 100 Schafe, wenn sie im Winter wenig ausgehen, 4950 Pfd., und wenn sie ausgehen, 3850 Pfd. Heu bestimmt.

Eine veredelte Schäferei erhielt dagegen auf

100	Stück	Mutterschafe	16600 Pf.	Kleeheu,	5500	Pf.	Erbsstroh;
=	=	Jährlinge	22000 =	=	—	=	=
=	=	Zeitschafe	5500 =	=	16600	=	=
=	=	Hammel	— =	=	22000	=	=
			44100 Pf.	Kleeheu,	44100	Pf.	Erbsstroh.

Also im Durchschnitt auf 100 Stück 11025 Pfd. Kleeheu, 11025 Pfd.

Weidebere

Nachdem gedüngt worden, hat der Acker Früchte getragen. Jahre.	Weidejahre, wie sie nach Ablauf der Saatjahre auf einander folgen.	Von der Dreesch- und Ackerweide … 6fältig und darüber und zur Weide: Morgen. gut.	Morgen. mittel.	Morgen. schlecht.	5½fältig und zur Weide: Morgen. gut.	Morgen. mittel.	Morgen. schlecht.	5fältig und zur Weide: Morgen. gut.	Morgen. mittel.	Morgen. …
2	1stes Weidejahr	2	2⅓	2⅔	2⅓	2⅔	3	2⅔	3	3⅓
	2tes =	1⅚	2⅙	2½	2⅙	2½	2⅚	2½	2⅚	3⅙
	3tes =	1⅚	2⅙	2½	2⅙	2½	2⅚	2½	2⅚	3⅙
	4tes =	2	2⅓	2⅔	2⅓	2⅔	3	2⅔	3	3⅓
	5tes =	2⅓	2⅔	3	2⅔	3	3⅓	3	3⅓	3⅔
3	1stes =	2⅓	2⅔	3	2⅔	3	3⅓	3	3⅓	3⅔
	2tes =	2⅙	2½	2⅚	2½	2⅚	3⅙	2⅚	3⅙	3½
	3tes =	2⅙	2½	2⅚	2½	2⅚	3⅙	2⅚	3⅙	3½
	4tes =	2⅓	2⅔	3	2⅔	3	3⅓	3	3⅓	3⅔
4	1stes =	2⅔	3	3⅓	3	3⅓	3⅔	3⅓	3⅔	4
	2tes =	2½	2⅚	3⅙	2⅚	3⅙	3½	3⅙	3½	3[illegible]
	3tes =	2½	2⅚	3⅙	2⅚	3⅙	3½	3⅙	3½	3[illegible]
	4tes =	2⅔	3	3⅓	3	3⅓	3⅔	3⅓	3⅔	4
5	1stes =	3	3⅓	3⅔	3⅓	3⅔	4	3⅔	4	4[illegible]
	2tes =	2⅚	3⅙	3½	3⅙	3½	3⅚	3½	3⅚	4[illegible]
	3tes =	2⅚	3⅙	3½	3⅙	3½	3⅚	3½	3⅚	4[illegible]

= Tabelle.

…de	Kuhweide, wenn die Länderei im Körner=Ertrage ist											
	4fältig und zur Weide			3½fältig und zur Weide			3fältig und zur Weide			2½fältig und zur Weide		
schlecht.	gut. Morgen.	mittel. Morgen.	schlecht. Morgen.	gut. Morgen.	mittel. Morgen.	schlecht. Morgen.	gut. Morgen.	mittel. Morgen.	schlecht. Morgen.	gut. Morgen.	mittel. Morgen.	schlecht. Morgen.
⅔	3½	3⅔	4	3⅔	4	4⅓	4	4⅓	4⅔	4½	5	5½
½	3⅙	3½	3⅚	3½	3⅚	4⅙	3⅚	4⅙	4½	4¼	4¾	5¼
½	3⅙	3½	3⅚	3½	3⅚	4⅙	3⅚	4⅙	4½	4¼	4¾	5¼
⅔	3½	3⅔	4	3⅚	4⅙	4½	4⅙	4½	4⅚	4¾	5¼	5¾
	3½	3⅔	4	3⅚	4⅙	4½	4⅙	4½	4⅚	4¾	5¼	5¾
	3⅔	4	4⅓	4	4⅓	4⅔	4½	5	5½	5	5½	6
⅚	3½	3⅚	4⅙	3⅚	4⅙	4½	4¼	4¾	5¼	4¾	5¼	5¾
⅚	3½	3⅚	4⅙	3⅚	4⅙	4½	4¼	4¾	5¼	4¾	5¼	5¾
	3¾	4⅛	4½	4⅙	4½	4⅚	4¾	5¼	5¾	5¼	5¾	6¼
⅓	4	4⅓	4⅔	4⅓	4⅔	5	5	5½	6	5½	6	6½
⅙	3⅚	4⅙	4⅚	4⅙	4½	4⅚	4¾	5¼	5¾	5¼	5¾	6¼
⅙	3⅚	4⅙	4⅚	4⅛	4½	4⅚	4¾	5¼	5¾	5¼	5¾	6½
½	4	4⅓	4⅚	4½	4⅚	5⅙	5¼	5¾	6¼	5¾	6¼	6¾
⅔	4⅓	4⅔	5	4⅔	5	5⅛	5½	6	6½	6	6½	7
½	4⅙	4½	4⅚	4½	4⅚	5⅙	5¼	5¾	6¼	5¾	6¼	6¾
½	4⅙	4½	5	4½	4⅚	5⅓	5¼	5¾	6¼	6	6½	7

Erbsstroh, ohne das übrige Stroh. Die Kunersdorfsche Schäferei erhielt auf 466 Stück im Jahre 1804:

Heu . . .	1200	Centner;
Pferdebohnen	$4\frac{1}{2}$	Wispel;
Erbsen . .	1	Wispel 22 Scheffel;
Hafer . .	$7\frac{1}{2}$	Scheffel;
Oelkuchen .	330	Stück. Annal. d. A. III. 75.

Welch ein enormer Unterschied!

§. 288.

Verhältniß der Weide.

Um die Weide zu bestimmen, welche eine Kuh erfordert, lege ich nebenstehende, vom Ober-Landes-Oekonomie-Kommissarius Meyer entlehnte Tabelle zum Grunde, in welcher die wesentlichsten Umstände, worauf es dabei ankommt, unterschieden sind.

Zuvörderst muß ich bemerken, daß hier von der sogenannten Dreeschweide oder ruhendem Acker die Rede ist, und daß Kühe kleiner Art, wie sie in den Mecklenburgischen Holländereien gewöhnlich sind, verstanden werden.

Der Acker ist erstlich unterschieden nach seiner natürlichen Kraft, und diese durch das Ertragskorn bestimmt, vom 6fältigen an bis $2\frac{1}{2}$fältigen herab. Dieser Ertrag ist nach der in Mecklenburg üblichen starken Einsaat angegeben, und der Boden, der hiernach zu $4\frac{1}{2}$fältigem Ertrag geschätzt wird, gehört daher schon zu dem guten gewöhnlichen Boden, ein 6fältig zu schätzender zu dem vorzüglichsten und seltenen. Weil sich aber der Graswuchs nicht ganz nach dem Kornertrage richtet, sondern auf feuchterm Boden von gleicher Kraft lebhafter hervorkommt, so ist jede Klasse wieder in Hinsicht auf diesen Graswuchs in gut, mittel und schlecht unterschieden.

Ferner hängt die Ergiebigkeit der Weide von der Zahl der Früchte ab, die der Acker nach der Düngung getragen, und endlich kommt es auf das Jahr an, in welchem der Acker zur Weide liegt. Die Weide ist nämlich im ersten Jahre der Ruhe minder ergiebig, obwohl nach Verhältniß des Graswuchses kräftig, verbessert sich im zweiten Jahre, erhält sich im dritten, nimmt aber im vierten und noch mehr im fünften wieder ab.

Wir werden uns bei den Wirthschaftsberechnungen hauptsächlich der Mittelsätze in den mittlern Kolumnen bedienen. (Siehe die Tabelle.)

§. 289.

Nach dieser Tabelle werden sich dann auch andere als Dreeschweiden in Rücksicht ihres Bedarfs für das Vieh ausmitteln lassen. Wenn die Brache nicht umgebrochen bis zur Mitte des Julius zur Viehweide liegen bleibt, so kann solche nach der Bodenart und der Tracht nach der Düngung zu $^2/_3$ des ersten Dreeschweidejahrs angenommen werden. Sie wird in der Regel durch Schafe benutzt, und man berechnet zuweilen 2 Schafe auf 1 Morgen des Brachfeldes, wenn es bis spät im Sommer unumgebrochen liegen bleibt. Ueber die Stoppelweide findet sich im dritten Bande des Meyerschen Werks über die Gemeinheitstheilung S. 33 auch eine Tabelle nach dem verschiedenen Zeitraume, worin sie benutzt werden kann. Das Gewöhnliche ist wohl von der Mitte Augusts und durch den September und Oktober. Hier wird angenommen, daß, wenn 3 Morgen des Bodens dreeschliegend auf eine Kuhweide gehen, 36 Morgen Stoppel auf einen Kopf zu rechnen seyen, jedoch unter der Voraussetzung, daß der ganze August diese Weide schon verstatte. Es wird immer einen großen Unterschied machen, ob das Land seiner Natur nach graswüchsig, und ob der Acker rein oder unrein gehalten wird. Manchmal sind viele Körner ausgefallen und aufgelaufen, deren junges Gras die Weide nahrhaft macht.

Die beständigen Aenger und Aueweiden sind von so verschiedener Beschaffenheit, daß sich im Allgemeinen gar nichts darüber sagen läßt. In fruchtbaren angeschlammten Niederungen reichen $1^1/_2$ Morgen für ein Stück Rindvieh mittlerer Art; aber es sind auch bis 10 Morgen oft nöthig, um eins der schlechtesten Art zu ernähren.

Ueber die Vor- und Nachweide auf den Wiesen finden wir in ebengenanntem Werke S. 28 eine Tabelle, nach den verschiedenen Terminen der Vor- und Nachweide berechnet. In dem Falle, wo 3 Morgen auf einen Kopf reichten, wenn die Wiese beständig behütet würde, wird eine Kuhweide berechnet, wenn die Wiese behütet wird:

Vom Anfang Augusts bis alten Maitag . .	9	Morgen	40	Q.-Rth.
Von Mitte " " " " . .	11	"	40	"
Vom Anfang " bis neuen Maitag .	10	"	60	"
Vom Anfang Septembers bis alten Maitag	14	"	--	"
Von Michaelis bis alten Maitag	25	"	36	"
Von " " neuen "	36	"	24	"
Von Martini bis neuen Maitag . . .	116	"	80	"
Von " " alten "	48	"	100	"

wobei der Unterschied zwischen altem und neuem Maitag auffallend, aber in der Natur der Sache gegründet ist, weil gerade in diesen 11 Tagen die Vegetation so lebhaft ist, die Weide aber den Wiesen um so nachtheiliger wird. Und noch größer wird er, wenn die Weide bis zum 24sten oder gar letzten Mai darauf fortdauert.

Auch in Ansehung der Holzweiden und ihrer Abschätzung verweise ich auf dasselbe Werk, wo ihre Benutzung nach den verschiedenen Holzarten und dem verschiedenen Bestande dieses Holzes mit der möglichsten Genauigkeit ausgemittelt worden.

Es sind in diesen Meyerschen Berechnungen Kalenbergsche Morgen angenommen, die um $3\frac{3}{4}$ Quadratruthen größer sind als die Magdeburger Morgen. Jene Morgen halten 120 sechszehnfüßige Quadratruthen, der Fuß aber ist kleiner als der rheinländische.

§. 290.

Man nimmt es gewöhnlich als Grundsatz an, daß, wie bei der Winterfütterung, so auch bei der Weide, 10 Schafe einer Kuh gleich zu rechnen seyen. Es ist aber dabei Rücksicht auf die Art der Weide zu nehmen. Denn es giebt Höheweiden, die recht gut 10 Schafe, aber nicht eine Kuh auf gleicher Fläche würden ernähren können, und es giebt andere nur für Rindvieh, durchaus nicht für Schafe geeignete. Aber es kommt auch die Race des Viehes sehr in Betracht, und die Benutzung, welche man davon berechnet. Wo veredeltes Schafvieh einen starken Wollertrag geben soll, da wird eine gewöhnliche Kuhweide kaum auf 7 Schafe zureichen, und auf der andern Seite wird man von einer schweren Kuh wenig Nutzen haben auf einer Weide, die für 15 Schafe allenfalls zureichte. Dieser Unterschied, der nur bei einem gegebenen Lokale beurtheilt werden kann, kommt deshalb bei unserer allgemeinen Berechnung der Verhältnisse nicht in Betracht, und wir nehmen jenen ersten Satz als den im Durchschnitt passendsten an.

§. 291.

Dünger aus dem Abfalle der Branntweinbrennerei u. s. w.

Eine große Benutzung durch das Vieh und einen wohlfeilen Dünger geben die Abfälle der mit der Landwirthschaft zu verbindenden technischen Gewerbe, die deshalb nirgends einen so großen Vortheil, als in dieser Verbindung gewähren können. Dies wird noch mehr der Fall seyn, wenn wir nicht das leichter verführbare Korn, sondern die in ungeheurer Masse zu gewinnenden saftigen Gewächse dazu wählen, in welchen Fällen durchaus kein städtischer Betrieb wegen der Wohlfeilheit des Materials und der höheren Benutzung des Abfalls gegen den ländlichen wird bestehen können. Der bei der Branntweinbrennerei aus Kartoffeln, Runkeln und Möhren erfolgende Abfall scheint nach Verhältniß der Nahrhaftigkeit des Materials noch größer und kräftiger zu seyn, als bei der Brennerei aus Getreide.

§. 292.

Vortheilhafteste Erzeugung des Düngers durch richtige Verbindung der thierischen und vegetabilischen Produktion.

Müßte das Vieh allein um des Düngers willen gehalten werden, so würde dieser und die darauf beruhende vegetabilische Produktion unerschwinglich kostbar werden. Sollte das Nutzvieh durch thierische Produktion den Aufwand, welchen es erfordert, allein bezahlen, und nicht mittelst seines Düngers die Hervorbringung seiner Nahrung zugleich mit der anderer Produkte bewirken: so würde jedes thierische Produkt in kultivirten Gegenden so hoch zu stehen kommen, daß man Viehzucht den unkultivirten lediglich überlassen müßte. Durch diese Wechselwirkung aber zwischen animalischer und vegetabilischer Produktion werden beide so erleichtert und so vortheilhaft, daß wir auch bei ersterer mit der wilden Beweidung Preis halten und den Dünger wohlfeil gewinnen können. Je kraftvoller und je schneller dieser Umsatz betrieben wird, um desto vortheilhafter wird er, und um desto stärker vermehrt sich diese umgewälzte Nahrungsmasse des vegetabilischen und thierischen Lebens.

Es ist also die Hauptaufgabe für den Landwirth, sich den thierischen Dünger in der zur höchsten Produktion vegetabilischer Substanzen zureichenden Quantität auf die möglich wohlfeilste Art, und mit der möglich geringsten Aufopferung in der Erzeugung direkt verkäuflicher Produkte, zu verschaffen.

§. 293.

Wie letztere bewirkt werde.

Dies erreicht er:

1) Wenn er die möglich größte Quantität von nahrhafter Futterung auf dem möglich kleinsten Theile seines Landes erzeugt.
2) Wenn er dieses mit dem möglich geringsten Arbeits- und Kosten-Aufwande thut.
3) Wenn er die Futterung auf demjenigen Theile seines Landes er-

zielt, wo dem Bau anderer Früchte dadurch der mindeste Abbruch geschieht.

4) Wenn er den Anbau und die Auswahl der Fütterungsmittel so einrichtet, daß durch diesen Anbau selbst der Acker zur Produktion anderer Früchte vorbereitet und in Stand gesetzt werde: dergestalt, daß die darauf verwandte Arbeit auch den folgenden Früchten zum Vortheil gereicht.

5) Wenn er durch die Verfütterung derselben die größte Quantität oder den größten Werth an thierischen Produkten erzeugt.

6) Wenn er das Vieh so hält, daß der sämmtliche von ihm fallende Mist zum angemessensten Dünger für seinen Acker und seine Früchte werde, und zu dem Ende in der besten Mengung, Lage und Gährung erhalten wird.

7) Wenn er den gewonnenen Dünger so schnell wie möglich zur Hervorbringung von verkäuflichen oder wiederum Dünger erzeugenden Produkten benutzt, und den Umlauf aus der Erde in die Gewächse, aus den Gewächsen in die Körper der Thiere, und aus diesen wieder zurück in die Erde, in seiner Wirthschaft möglichst beschleunigt.

Diese Aufgaben können auf die vollkommenste Weise nur durch ein auf die Lokalität genau berechnetes und möglichst passendes Feldsystem erreicht werden.

Die Ackerbausysteme.

§. 294.

Worauf sich die Ackerbausysteme gründen.

Die Ackerbau- oder Feldsysteme werden hauptsächlich bedingt durch das gerechte Verhältniß der Arbeit und der Düngung zur Quantität und Qualität des Grundes und Bodens. Wo man Arbeit und Dünger zu jeder Zeit, so viel man gebraucht, von auswärts her vortheilhaft haben kann, da bedarf es gar keines bestimmten Ackersystems, und die ganze Kunst des Ackerbaues beschränkt sich auf die Manipulation und auf die Auswahl der Früchte, welche der Acker in dem Zustande, worin er eben ist, am vortheilhaftesten tragen kann. Man braucht seine Erschöpfung und seine Verwilderung wenig zu fürchten, weil man jener durch stärkere Düngung, dieser durch angestrengtere Arbeit zuvorkommen kann. In Wirthschaften, welche diese Vortheile haben, ist die Verbindung der beiden Hauptzweige der Landwirthschaft, des Ackerbaues und der Viehhaltung, nicht nothwendig, sondern es kann jede für sich, und zuweilen selbst vortheilhafter getrennt, betrieben werden. Dies gehört aber unter die seltenen Fälle, und findet nur in der Nachbarschaft großer Städte oder in höchst bevölkerten Gegenden Statt.

§. 295.

Unter den gewöhnlichen ländlichen Verhältnissen hat die anerkannte Nothwendigkeit der thierischen Düngung für den Gewächsbau allen Zeiten und allen Nationen gelehrt, daß Ackerbau und Viehzucht nothwendig in der genauesten Verbindung stehen müssen, wenn aus beiden der möglichste Vortheil herauskommen soll. Hierüber herrscht nur eine Stimme und Meinung. Aber über die Art dieser Verbindung, über das Verhältniß beider gegen einander, und über die Bestimmung des dem einen oder dem anderen zu widmenden Grundes und Bodens, sind die Meinungen getheilt, und sehr abweichend über die Einrichtungen, die man zur Erreichung seines Zweckes, des möglich höchsten Ertrages aus beiden zusammengenommen, zu wählen habe.

§. 296.

So wie man die Lehre von der Landwirthschaft mehr wissenschaftlich zu behandeln anfing, es jedoch noch an einem richtigen Ueberblick aller Verhältnisse fehlte, sind daher auch die Meinungen über die vortheilhafteste Art des Feldsystems nicht bloß immer mehr getheilt worden, — denn dies war natürlich, da die Verschiedenheit der Lage für Jeden ein anderes Ackersystem vortheilhafter und rathsamer machen konnte, — sondern man hat sich über den Vorzug des einen vor dem andern im Allgemeinen mit dem Eifer gestritten, der manchmal dem religiösen Sekteneifer gleich kam. Dieser Streit ward um so verwickelter, da die Meisten die Verschiedenheit der Lage und Verhältnisse nicht beachteten, und die Gründe verkannten, worauf ein jedes Wirthschaftssystem — soll es diesen Namen verdienen — eigentlich beruht.

Die bisher angegebenen Data, Verhältnisse und Berechnungen werden uns in den Stand setzen, die Hauptarten dieser Ackersysteme nicht nur, sondern auch ihre mannigfaltigen Modifikationen gründlich beurtheilen, und auch bestimmen zu können, auf welchem Areal und unter welchen Ortsverhältnissen ein jedes von ihnen unter jeder Modifikation das angemessenste sey, und den jedesmaligen Zweck des höchsten reinen Ertrages erreichen müsse.

§. 297.

Allgemeine Eintheilung derselben in Felder- und in Wechselwirthschaft.

Diese Ackersysteme theilen sich in zwei Hauptklassen. Die eine hat den ersten Theil ihres Landes ausschließlich zum Fruchtbau oder zu solchen vegetabilischen Produktionen, die unmittelbar zur Nahrung und andern Bedürfnissen der Menschen verwandt werden, bestimmt, einen zweiten Theil aber der Erhaltung des Viehes gewidmet. Sie hat besonderes Ackerland und besonderes Grasland zu Wiesen und Weiden. Die andere Hauptklasse wechselt mit demselben Grund und Boden zwischen beiden Bestimmungen und mannigfaltig verschiedenen Verhältnissen, der Quantität und der Zeit nach, worin das Feld der einen oder der andern gewidmet ist.

Jene begreifen wir unter dem allgemeinen Namen der Felderwirthschaft, diese unter dem der Wechselwirthschaft. Ihre mannigfaltigen Unterabtheilungen und Abweichungen von ihrem originalen Zustande werden wir in der Folge angeben.

Jedoch finden auch unter diesen Systemen Verschmelzungen Statt, indem das Feldersystem neuerlich angefangen hat, einen Theil seines Ackers dem Futterbau zu widmen.

Das Feldersystem.

§. 298.

Dieses System hat also seinen Acker ausschließlich dem Fruchtbau — worunter wir in der Folge immer den Anbau der den menschlichen Bedürfnissen hauptsächlich bestimmten, folglich verkäuflichen Früchte verstehen — gewidmet. Es muß deshalb zur Ernährung seines Viehes andere Ländereien, Weiden, Wiesen oder künstlichen Futterbau auf besonders dazu bestimmtem Lande haben. Wenn es diese genugsam besitzt, so viel nämlich zur vortheilhaftesten Haltung desjenigen Viehes, welches den Acker gehörig ausdüngen kann, erforderlich sind, und selbige auf andere Weise nicht vortheilhafter in Rücksicht auf das Ganze benutzen kann, so erfüllt dieses System allerdings seinen Zweck: den möglich höchsten reinen Ertrag zu gewähren, und ist folglich untadelhaft. Es giebt solche Fälle; aber sie sind seltener, und bei weitem minder allgemein, als dieses System selbst es ist, und als es manchen Vertheidigern desselben scheint.

§. 299.

Verſchiedene Länge des Umlaufs.

Nach den Jahren des Umlaufs oder nach dem Jahre, wo die Brache und zwar der Regel nach mit Düngung wieder eintritt, erhält ſolches den Namen des Dreifelder-, Vierfelder-, Fünffelderſyſtems. Es giebt auch ſechs- und neunfeldrige Syſteme dieſer Art, die man aber, wie wir nachher ſehen werden, als zuſammengeſetzte Dreifelderſyſteme betrachtet. Das bei weitem häufigſte und allgemeinſte iſt das Dreifelderſyſtem. Wir werden daher dieſes zuvörderſt in ſeiner urſprünglichen Reinheit, und dann in den mancherlei Zuſätzen und Ausbeſſerungen, die man ihm gegeben hat, betrachten, und zuletzt von den übrigen reden.

§. 300.

Das Dreifelderſyſtem.

Das Dreifelderſyſtem, ſo wie es wahrſcheinlich ſeit der Römer Zeiten, faſt durch ganz Europa — Italien gerade ausgenommen, wo es erſt ſeit dem 14ten Jahrhundert von den Barberini's eingeführt zu ſeyn ſcheint, und deshalb den Namen des Barberiniſchen erhielt — ſich verbreitet, hält 1) reine den Sommer hindurch gepflügte Brache; 2) bauet es Wintergetreide, 3) Sommergetreide. Die Brache ſoll jedesmal gedüngt werden, und dies iſt in vormaligen Zeiten, wo das Verhältniß des Weide- und Wieſenlandes zum Ackerlande ungleich größer war, als es gegenwärtig iſt, wirklich geſchehen. Jetzt aber iſt dies nur in wenigen fruchtbaren oder wieſenreichen Gegenden der Fall, und vielleicht da, wo man es durch künſtlichen Futterbau und Stallfütterung mit dieſem Syſteme verwebt, erzwingen kann. Gewöhnlich wird jetzt die Brache nur ein um's andere Mal, der Acker alſo alle 6 Jahre gedüngt, häufig aber geſchieht es auch nur um's 9te Jahr; das erſte nennen wir die reiche, das zweite die vermögende, das dritte die arme Dreifelderwirthſchaft. Nicht ſelten iſt es aber durch Vermehrung des Ackerlandes mit dem umgebrochenen Graslande durch immer ſchwächere Düngung, die aus der verminderten Stroherndte und geſchmälerter Weide entſtand, dahin gekommen, daß auch nicht dieſer neunte Theil gehörig ausgedüngt werden kann, und man hat ſich deshalb genöthigt geſehen, einen Theil des Ackers ganz ungedüngt, oder doch nur ſchwach mit Horden belegt zu laſſen, um dem übrigen von Natur beſſeren, oder dem Hofe näher gelegenen

Theile den nothwendigen Dünger geben zu können. Dieſer vernachläſſigte Theil iſt unter dem Namen der Außenfelder, oder, weil man ihn nur alle 3, 6 oder 9 Jahre ein einziges Mal mit Roggen beſtellen kann, des drei-, ſechs- oder neunjährigen Roggenlandes bekannt. Wo der Boden ſeiner natürlichen Beſchaffenheit nach aus fruchtbarem Lehm beſteht, der ſich bei gehöriger Kultur als Weizenacker qualifiziren würde, bauet man auf dieſem Lande auch Dinkel oder Einkorn, und es wird daſelbſt Dinkelland genannt.

§. 301.

Düngerbedarf deſſelben.

Wenn der reiche Dreifelder-Acker in der Winterung und Sommerung auf den Morgen 10 Scheffel Ertrag, und an Stroh von erſterer circa 2000 Pfund, von letzterer 1000 Pfund geben kann, ſo erfolgen hieraus, nach den §. 281 angegebenen Grundſätzen, 6900 Pfd. Dünger, oder 3½ Fuder, deren 5 auf einem Morgen bei dreijähriger Düngung mindeſtens nöthig ſind. Es fehlen alſo noch 1½ Fuder oder 3100 Pfund. Dieſe müſſen aus dem Heu erfolgen. Es ſind alſo noch 1347 Pfund Heu oder der Ertrag von einem Morgen mittlerer Wieſen nöthig. Eine jede Wirthſchaft, welche in dieſer Kraft einmal ſteht, und auf 3 Morgen Ackerland einen Morgen Wieſe hat, dabei dann aber auch hinlängliche Weide, um ihr Vieh im Sommer nutzbar erhalten zu können, kann alſo bei dieſer Wirthſchaft im beſten Stande bleiben, und da zu jenem Dünger noch der nächtliche Dünger des Weideviehes, beſonders der Schafe, kommt, wozu das Weideland das Material giebt, ihren Acker immer in zunehmender Kraft erhalten, und die beſten Früchte bei guter Beſtellung bauen. Auch findet daſſelbe Statt bei ſolchen Wirthſchaften, die auswärtige Zuflüſſe haben, Zehntſtroh konſumiren, und es durch aufgeſtalltes Maſtvieh bei den Trebern des Bieres und Branntweines in Dünger verwandeln. Sie bauen oft ausgezeichnete Früchte, die dann von Manchen als Beweis von der Vorzüglichkeit dieſes Syſtemes im Allgemeinen angenommen werden.

Bei der ſechsjährigen Düngung, wo der Ertrag der Winterung und Sommerung auf gutem Mittelboden nach der gedüngten Brache zu 7 Scheffeln, nach der ungedüngten zu 4½ Scheffel angenommen werden kann, wo folglich in 6 Jahren aus 11½ Scheffel Winterungs- und eben ſo viel Sommerungs-Gewinn, circa 2480 Pfund Winterſtroh und 1150 Pfund Sommerſtroh, überhaupt 3630 Pfund und hieraus 8349 Pfund Miſt oder 4⅓ Fuder erfolgen, und wenigſtens 5 Fuder aufgeführt werden müssen, fehlen noch 1651 Pfund, die 718 Pfund Heu erfordern. Diese Wirthschaft kann sich also im Stande erhalten und ihren mäßigen Ertrag geben, wenn sie auf 6 Morgen Ackerland $^{2}/_{3}$ Morgen Wiesen und dabei zureichende Weide hat, und sich, falls sie jene Nebenhülfen besitzt, auch durch den Weidedünger, besonders der Schafe, ziemlich in ihrer natürlichen Kraft erhalten, und die Erschöpfung abwenden, der sie sonst (vergl. §§. 258—265) unterliegt.

Die Dürftigkeit derjenigen Wirthschaften, die in neunjährigem Dünger stehen, ist allgemein bekannt und erhellt aus den Resultaten, die der §. 262 giebt.

§. 302.

Weidebedarf.

Die gemachte Voraussetzung, daß es diesen Wirthschaften nicht an hinlänglicher Weide fehle, trifft man aber nur selten in der Wirklichkeit an. Soll eine Dreifelderwirthschaft das zur Umwandlung des Strohes und Heues in Mist erforderliche Vieh halten, so ist auf jeden zu bedüngenden Morgen ein Stück Großvieh nöthig. Das auf dem Stalle in der Regel gefütterte Zugvieh geht davon ab, für das übrige aber müssen auf den Kopf, nach Beschaffenheit des Grundes, drei bis fünf Morgen Auen-Weide, in Holzungen aber, je nachdem sie bewachsen sind, 10 bis 15 Morgen gerechnet werden, wenn anders dieses Vieh seine Nutzung nicht größtentheils versagen soll. Und da dieses nur ein höchst seltener Fall ist, so findet man fast allgemein, daß das Rindvieh höchst geringen Ertrag in diesen Wirthschaften gewährt, und mehrentheils kaum den Bedarf der eigentlichen Wirthschaft giebt, wenn es gleich sorgfältig behandelt wird, und im Winter genugsame Futterung hat. Die Viehnutzung beschränkt sich daher fast nur auf die Schafe, denen aber auch diese Wirthschaften selten eine so zureichende und gesunde Weide gewähren können, daß sie den möglichst vollkommenen Ertrag geben. Mehrentheils muß um ihretwillen das Brachfeld bis nach der Mitte des Sommers unumgebrochen liegen bleiben, was gegen die eigentlichen Bedingungen dieses Systemes streitet, und auf gutem lehmigen Boden den sonst zu erwartenden Körner- und Strohertrag beträchtlich herabsetzt.

§. 303.

Um die Zweckmäßigkeit einer Dreifelderwirthschaft, die sich in Kraft erhalten kann, — denn ohne das fällt ihre Unzweckmäßigkeit in die

Augen — in einem gegebenen Falle zu beurtheilen, muß man daher zuvörderſt unterſuchen, ob jene erforderlichen Verhältniſſe zwiſchen Acker- und Graslaud vorhanden ſind; dann aber auch, ob letzteres durch wechſelnden Aufbruch nicht weit höher zu benutzen, um dadurch alle Verhältniſſe noch mehr zu berichtigen; das Ganze aber, wo nicht durch höheren Fruchtbau, doch, ohne dieſen im Ertrage zu ſchmälern, durch ſtärkere Viehnutzung zu einem noch höhern Ertrage zu bringen ſey.

In Ländern, wo ein Ueberfluß von wildem aber reichem Weidelande und dabei zureichender Acker, um dem Volke ſeinen Bedarf an Getreide zu geben, vorhanden, Ausfuhr aber ſchwierig und unbelohnend iſt, wie z. B. in den meiſten Gegenden von Ungarn, iſt vielleicht kein Wirthſchaftsſyſtem im Allgemeinen angemeſſener, als dieſes. Je höher aber die Bodenkultur ſteigt, und je mehreres Land der wilden Natur entriſſen und dem Pfluge unterworfen wird, je höher Bevölkerung, Bedarf und Abſatz ſteigt, um deſto weniger bleibt es, einzelne Lokalitäten ausgenommen, paſſend: weil es ihm entweder an dem nöthigen Weidelande ſchon mangelt, oder dieſes doch vortheilhafter benutzt, und das Vieh beſſer und wohlfeiler ernährt werden kann.

§. 304.

Dieſes Ackerſyſtem hat das Uebele vor andern, daß es, einmal im Sinken, immer tiefer in ſeinen Verhältniſſen herabſinkt, und das Gleichgewicht ſich nicht durch Zulegen in die leichte Schale, ſondern nur durch Erleichtern der ſchweren Schale herſtellen läßt. Es hat in ſich ſelbſt keine Hülfsmittel. Da es ſeinen Dünger größtentheils aus dem Strohe zieht, die Gewinnung deſſelben unmittelbar mit verminderter Düngung ſich verringert, und weniger gewonnenes Stroh wieder weniger Dünger giebt, ſo fällt es immer tiefer, wenn es einmal im Fallen iſt. Es iſt daher mit dieſem Syſteme in manchen und gerade in denjenigen Gegenden, wo man den Getreidebau mit äußerſter Anſtrengung betrieb, der Acker ſo tief heruntergekommen, daß es in Jahren, wo die Ernte unter den mittelmäßigen ausfiel, ſogleich an Getreide fehlte und auswärtige Zufuhr nöthig ward.

§. 305.

Die Brache.

Man hat es bei dieſem Syſteme längſt als einen großen Fehler anerkannt, daß ein ſo großer, wie der dritte Theil des Ackers, faſt gänzlich unbenutzt bleiben ſolle, und doch ſo vielen Aufwand von Arbeit erfordere, vorzüglich da, wo er ſeiner Natur nach am fruchtbarſten iſt. Man hat daher ſchon lange gefragt, ob die Brache ſo ganz unentbehrlich ſey, und ob man dieſe, wenn gleich mit einigem Abſchlag in den andern Feldern, nicht dennoch vortheilhafter beſtellen könne. Man berief ſich auf den Gartenboden, der jährlich trägt, und auch auf die Wirthſchaft emſiger ackerbauender Stadtbürger, die ihr Feld jährlich benutzten, und es dennoch im guten Kulturzuſtande erhielten. Auch wußte man daſſelbe von der Wirthſchaft der Brabanter und der in der Pfalz und andern Gegenden ſich verbreitenden Mennoniten. Allein Andere zeigten dagegen, daß ein beſtändiger Getreidebau dennoch nicht gehe, und daß dieſes Getreide, wenn auch nicht an Stroh, doch an Körnern dabei ſo zurückſchlage, daß bald in drei Jahren nicht mehr als in zweien erbauet, in der Folge aber der Acker ganz verwildert und unfruchtbar werde, ſo daß man dergleichen Stadtacker, um ihn wieder in Stand zu ſetzen, eine Reihe von Jahren ruhen laſſen, und dann durch ſorgfältige Brachbearbeitung zum Getreidebau wieder vorbereiten müſſe. Eine Bemerkung, die wir ſchon in den älteſten landwirthſchaftlichen Schriftſtellern und in den verſchiedenen Stadt-Chroniken aufbewahrt finden.

Beſommerte Brache.

Andere Arten von Früchten fing man indeſſen an mit beſſerem Erfolg in einem Theile der Brache zu bauen. Raps und Rübſen, Leindotter, Mohn, Waid und Wau, Hanf, Lein, Tabak und manche andere Handels- und Gewürzpflanzen, auch verſchiedene Gartengemüſe zur menſchlichen Nahrung kamen allmählig in das Brachfeld. Allein man bemerkte auch hiernach einen beträchtlichen Abſchlag in der Winterung, wenn man nicht durch ſtärkere Düngung und eine ſorgfältige Behandlung dieſer Gewächſe während ihrer Vegetation das Uebel wieder verbeſſerte. Auch fehlte die Zeit zur Vorbereitung und frühern Beſtellung des Wintergetreides, was doch nun einmal nach der Brache folgen mußte; weswegen gute Wirthe dieſen Anbau auf den nothwendigen Bedarf beſchränken. Am beſten befand man ſich bei den Hülſenfrüchten, Erbſen, Bohnen, Linſen und Wicken, wenn man ſie, ſtatt wie vormals im Sommerfelde, nun im Brachfelde ausſäete. Deshalb verbreitete ſich dieſe Methode immer mehr, und ward in manchen Gegenden zur Regel, ſo daß man daſelbſt dieſe Früchte ausſchließlich mit dem Namen der Brachfrüchte belegt.

Dieſe Hülſenfrüchte haben allerdings die Eigenſchaft, dem nachtheiligen Einfluſſe der Getreidearten auf den Boden gewiſſermaßen entgegen zu wirken, indem ſie die Bindung und Verſchloſſenheit, die dieſe ihm zuziehen, durch das tiefere Eindringen ihrer ſtärkern rohrigen Wurzeln verbeſſern, durch ihren bebrütenden Schatten eine Gährung oder eine Wechſelwirkung des Bodens mit der unter ihnen gleichſam ruhenden Luftſchicht bewirken, das Unkraut zum Theil unterdrücken, und zu ihrer Nahrung eine andere quantitative Verbindung der Urſtoffe zu fordern ſcheinen. Indeſſen erſetzen ſie die Wirkung der Brache nie völlig, und einiger Abſchlag des Getreides iſt unter übrigens gleichen Umſtänden immer bemerklich. Auch weiß man, daß ſie bei gewöhnlicher Kultur ſelbſt nicht gerathen, wenn ſie zu oft auf denſelben Platz kommen; ihr Mißrathen aber zieht immer eine beträchtliche Verſchlechterung des Ackers und Zurückſchlagen der folgenden Getreideernten nach ſich, bis eine neue Brache das Uebel wieder hebt.

Um das Gerathen derſelben zu ſichern, hat man zu ihrem nur auf einen Theil der Brache eingeſchränkten Anbau gewöhnlich das beſte Land gewählt, und pflegt dieſes, um den Getreideabſchlag danach zu verhüten, ſtärker zu düngen, einen Theil des Düngers vielleicht vor ihrer Einſaat, einen andern Theil nach ihrer Aberntung aufzufahren oder die Horden darauf zu legen. Hierbei kommt dann aber ein anderer Theil des Feldes im Dünger zu kurz, nnd es erklärt ſich, was man in vielen Wirthſchaftsarchiven ſehr auffallend dokumentirt findet, daß der Totalertrag des Getreides ſeit Einführung des Erbſenbaues in der Brache abgenommen, und immer in dem Verhältniſſe ſtärker abgenommen habe, als man den Bau der Erbſen in der Brache vermehrte. Daher giebt es noch immer viele erfahrne Dreifelderwirthe, welche dieſe und ähnliche Früchte durchaus nicht in die Brache ſäen, ſondern ſie, ſoviel es ihnen rathſam ſcheint, in das Sommerfeld bringen, und ſelbſt ihre Nachbarn, die in Anſehung der vortheilhaftern Benutzung anderer Meinung ſind, müſſen eingeſtehen, daß die Getreide-Ernten jener r e i n e n Dreifelderwirthe die ihrigen beträchtlich überwiegen.

Sonſt hat der Hülſenfruchtbau in der Brache offenbar den Vortheil, daß durch das nahrhaftere Stroh derſelben nicht nur das Vieh, beſonders die Schafe, beſſer ernährt, ſondern auch eine größere Düngerquantität gewonnen wird.

§. 306.

Der Klee an der Stelle der Brache.

Allein es ſchien eine große Revolution im Gebiete der Landwirthschaft vorzugehen, ohne die alte Form des Dreifeldersystems zu verletzen, als man den vorher fast nur in besonderen Koppeln gebauten Klee unter die Sommerung zu säen und im Brachjahre zu benutzen lehrte. Dieser Klee, zeigte man, erschöpfe den Acker keinesweges, bereichere ihn vielmehr durch seine Wurzeln und seine zum drittenmale austreibenden saftreichen Blätter, und befördere überdem eine besondere Anziehung der nahrhaften Theile aus der Atmosphäre. Er erhalte den Boden so locker und so rein, daß ein einfurchiger Umbruch seiner Stoppel eine der Brache gleiche, oder sie noch übertreffende Aufnahme dem Wintergetreide gewähre. Das reichliche und nahrhafte, nun von der Brache zu gewinnende Futter werde durch die Sommerstallfütterung und Ueberfluß von Heu eine um Vieles erhöhte Viehnutzung und wahren Ueberfluß von Düngung gewähren. Wiesen und Weiden würden entbehrlich seyn, und jedes andere bis dahin gerühmte Fütterungsmittel. Der Klee sey Eins und Alles, und auf ihn und die Abschaffung der Trift und Brache beruhe das Glück der Welt.

Man versprach wirklich nicht zu viel, wenn es möglich gewesen wäre, den Klee in dieser Rotation nach zwei Getreideernten um's dritte Jahr immer zu bauen, und einen guten dichten Kleewuchs zu erhalten. Allein es zeigte sich bald, daß dieses nicht anging, daß der Klee selbst auf dem ihm zuträglichsten Acker bei einer so häufigen Wiederkunft, und ohne daß der Boden sorgfältiger und tiefer bearbeitet würde, bald gänzlich mißrathe, sodann allen Unkräutern Platz mache, den Boden nachtheilig binde, und einen großen Mißwachs im Getreide zur Folge habe. Selbst der eifrige Apostel dieser Lehre, der höchst verdienstvolle Schubart, deshalb mit dem Namen eines Edlen von Kleefeld belegt, zog sich in seiner Meinung und Lehre bald zurück, beschränkte diesen Kleebau erst auf den sechsten, dann auf den neunten Theil des Feldes, und empfahl zuletzt auch Runkeln, Kohlrüben und Kartoffeln zur Viehfütterung in einem Theile der Brache zu bauen, in einen andern Theil aber Erbsen zu säen. Sein Name wird in der deutschen Geschichte des vorigen Jahrhunderts unauslöschlich unter der Zahl der Wohlthäter der Menschheit stehen, wenn er sich gleich, wie jeder Sterbliche, vom Irrthume nicht frei erhielt.

Er drang mit regem Eifer auf die Abschaffung der Brache und der Hut- und Triftgerechtigkeit auf dem Acker, und seine Wünsche sind erst jetzt, nach langem Schwanken der Regierungen, durch den König Maximilian Joseph von Baiern und einige andere deutsche Fürsten, die als erleuchtete Väter ihres Volks das Wohl desselben über das Ansehen herkömmlicher erschlichener Rechte schätzen, ausgeführt worden.

§. 307.

Streit über die Entbehrlichkeit der reinen Brache.

Durch jenes Schubartsche System ward nun der längst geführte Streit über die Nothwendigkeit und Entbehrlichkeit der Brache auf's Lebhafteste erneuert, und diese Frage schien einen langen Zeitraum hindurch die wichtigste unter allen, so daß unzählige Ballen Papier verschwendet worden, ohne daß jedoch die Sache zu irgend einem Resultate gekommen wäre.

Da diese Frage sich hauptsächlich auf dieses System bezieht, so wählen wir diese Gelegenheit, um sie auseinanderzusetzen.

§. 308.

Was unter Brache zu verstehen sey.

Sie ist hauptsächlich dadurch verdunkelt worden, daß man keinen bestimmten Begriff mit dem Worte verband. Das Wort kommt ohne Zweifel von brechen her, und Brache hieß derjenige Zustand des Landes, worin das Land einen ganzen Sommer, oder noch besser ein ganzes Jahr hindurch, durch häufiges Umackern gebrochen und zertrümmert wurde, um es zu den künftigen Saaten auf das vollkommenste vorzubereiten: eine Operation, die schon von den römischen Schriftstellern über den Ackerbau ausführlich gelehrt, unter gewissen Bedingungen als nothwendig empfohlen wurde, so daß sie auch für jede besondere Furche einen besondern Ausdruck hatten; die erste iringere, die zweite vertere, die dritte infringere, die vierte revertere, die fünfte refringere, und die sechste oder Saatfurche liraro nannten, eben so wie wir solche auch mit verschiedenen Ausdrücken bezeichnen. Man hat das Wort aber auch in einem ganz andern Sinne genommen. Weil man nämlich den Acker fehlerhaft und gegen die Bestimmung des Brachjahres aus Nachlässigkeit oder wegen Mangel an Weide bis in den Junius, welcher daher Brachmonat heißt, oft aber noch fehlerhafter bis in den August hinein ungerührt liegen ließ, und ihn dennoch Brachacker nannte, so hat man allmählig auch einen falschen Sinn untergeschoben, und ruhendes, zur Weide liegendes Land Brache genannt; wodurch dann bei diesem Streite über die Brache ein widersinniges Mißverständniß sich eingeschlichen hat.

Es muß das Wort also nothwendig in seinem wahren, eigenthümlichen und ursprünglichen Sinne genommen werden, und brachen heißt, den Acker, ohne ihm im Brachjahre eine Ernte abzunehmen, durch wiederholtes Pflügen im Sommer zur künftigen Saat vorbereiten, und nur vom Umbruch der ersten Furche an kann ein Acker Brache genannt werden. Bis dahin heißt er ruhender Acker, und wenn er zur Benutzung des Graswuchses so liegt, — dreisch oder dreesch (ein ursprünglich Mecklenburgischer, aber passender Ausdruck, den wir statt mehrerer andern, welche man dafür hat, beibehalten).

§. 309.

Nutzen der Brachbearbeitung.

Der Nutzen dieser Brachbearbeitung ist unverkennbar, und um so größer, je bindender und lehmiger der Boden ist.

Durch das einfache Pflügen im Frühjahr oder Herbste wird der Acker zwar umgewandt und gerührt, aber nicht so gepulvert, daß die sämmtlichen zusammengeballten Erdklöße zum Zerfallen in lockere Erde gebracht würden. Die zusammengeballte Erde verhärtet sich vielmehr, wenn sie unzertrümmert wieder untergebracht wird, zu harten Klumpen, und es trägt selbst das feste Anstreichen des Pfluges, besonders bei nasser Witterung, dazu bei, die Erde zu verballen, und hauptsächlich, wenn die feucht gepflügte Furche einer stärkeren Sonnenhitze ausgesetzt wird, die ihr dann eine ziegelartige Beschaffenheit giebt. Diese verballte Erde ist unfruchtbar, indem die meisten feinfaserigen Pflanzen mit ihren Wurzeln nicht hineindringen können, sondern sie umgehen müssen, und es bleibt also die darin enthaltene Fruchtbarkeit verschlossen. Es ist gleich, ob geballte Erde oder Steine den Hauptheil des Bodens ausmachen. Um die Zertrümmerung dieser Erdklöße zu bewirken, gab es kein anderes Mittel, als eine gehörige Brachbearbeitung, ein ganzes Jahr hindurch fortgesetzt, wodurch sie sämmtlich an die Oberfläche gebracht und der atmosphärischen Feuchtigkeit ausgesetzt, im Zustande ihrer Mürbheit durch die Egge und andere Instrumente zertrümmert wurden. Wenn dies vom Herbste an bis zur künftigen Winterungssaat mit Auswahl des gerechten Feuchtigkeitszustandes geschieht, so wird die Ackererde in ein gleichmäßiges, lockeres Pulver verwandelt, und alle darin vorhandenen fruchtbaren Theile werden zur Wirkung gebracht, weswegen schon allein ein erschöpft scheinender Acker durch eine gehörige Brache ohne neue Düngung zuweilen zu einer unerwarteten neuen Fruchtbarkeit gebracht werden kann.

Die zweite Wohlthat der Brache für den Acker besteht in der

Zerſtörung des Wurzel- und Samenunkrauts. Durch die häufige Losreißung und Herumwälzung der Wurzeln, ihre Luftausſetzung, zumal bei heißem Sonnenſcheine, werden ſie endlich getödtet und gehen in eine fruchtbare Fäulniß über. Die Samen kommen an die Oberfläche, werden aus den Erdklößen, worin ſie oft in unglaublicher Menge vorhanden ſind, entbunden, in eine zum Keimen günſtige Lage gebracht, und dann in ihrem jungen Zuſtande durch Pflug und Egge zerſtört, da dann auch dieſe jungen Kräuter zur Vermehrung der Fruchtbarkeit durch ihre Verweſung beitragen. Der Brachacker wird alſo von dem unter dem Getreide ſich ſo unglaublich vermehrenden Unkraute befreit, unter der Bedingung, daß die Brache früh und fleißig genug bearbeitet ſey, und die Reinheit des Ackers hängt von der mehreren oder minderen Vollkommenheit dieſer Operationen ab.

Es iſt drittens durch die allgemeine empiriſche Erfahrung längſt bekannt, durch die neuere Naturlehre aber in ein helles Licht geſtellt worden, daß auch die reichſte Ackererde der Einwirkung der Atmoſphäre ausgeſetzt werden müſſe, wenn ſie fruchtbar werden und bleiben ſoll, und daß ſie daraus Stoffe aufnehme, welche erſt durch ihre Verbindung mit derſelben zuträgliche Pflanzennahrung erzeugen. Die gebundene Borke der Oberfläche ſo wenig wie die geballten Erdklöße ſind fähig, dieſe Stoffe aufzunehmen. Die atmoſphäriſche Luft kann nur in die lockere Erde eindringen, und ſich mit jedem Partikel derſelben in Berührung und Wechſelwirkung ſetzen. Die Einſaugung der luftförmigen Stoffe geſchieht nur bei höherer Temperatur, und ſcheint bei der erſten Wärme des Frühjahrs am ſtärkſten zu ſeyn. Nur ein Boden, der in gelockerter und oft veränderter Oberfläche der Atmoſphäre und dem Lichte ausgeſetzt iſt, genießt dieſer Wohlthat, und die Brache macht ihn dazu am meiſten fähig.

Endlich wird durch die Brache die vollkommenſte und innigſte Mengung der Beſtandtheile des Bodens und des hineingebrachten Düngers bewirkt. Soll letzterer ſeine vollkommene Wirkſamkeit äußern, ſo muß er jedes Erdpartikelchen berühren und beſchwängern, wie es denn auch jedem Ackerbauer bekannt iſt, daß klumpig im Acker liegender Miſt von weniger Wirkſamkeit ſey. Dieſe Mengung aber kann nicht vollſtändiger als durch eine Brache befördert werden, die nach Aufbringung des Miſtes noch mehrere Umwendungen und Rührungen erhält.

Dazu kommt noch, daß eine Brache die Ausführbarkeit der nöthigen Ackergeſchäfte mit möglich mindeſten Kräften verſtattet, indem die Vorbereitung des Landes und die Ausfuhr des Düngers nun zu einer Zeit geschehen kann, wo ein Stillstand der übrigen Ackergeschäfte eintritt; weshalb man in großen Wirthschaften ohne überflüssiges Gespann das Winterfeld nur dann zur Saat früh genug im Stande haben zu können glaubt, wenn es durch die Brache vorbereitet worden, sonst aber immer die so nachtheilige Verspätung derselben besorgt.

§. 310.

Wie die Brache nur entbehrlich werden könne.

Ungeachtet die Brache also durch die Aufopferung einer jährigen Benutzung eines großen Theils des Bodens, zumal des guten, und durch die viele Bearbeitung sehr kostspielig wird, so kann dennoch eine Wirthschaft, die so häufig nach einander Getreide baut, bei der gewöhnlichen und in den meisten Fällen nur möglichen Kultur, jener Vortheile wegen, ihrer nicht entbehren. Selbst bei der starken Düngung, welche die Felder in städtischen Fluren zuweilen erhalten, hat die Unterlassung derselben allgemein den Erfolg gezeigt, daß das Getreide, des üppigen Anscheins im Frühjahr ungeachtet, dennoch an Körnern höchst geringe lohnte, auch endlich das Unkraut so überhand nahm, und der Boden eine so nachtheilige Beschaffenheit bekam, daß man zur Haltung der Brache genöthigt wurde. Da aber auch diese in einem Jahre eine eingewurzelte Unart des Ackers nicht zu heben vermögend ist, so hat man sich mehrentheils genöthigt gesehen, solches Land eine Reihe von Jahren dem wilden Graswuchse zu überlassen, und es, was wegen der großen Dungkraft möglich war, zum Heuschlage zu benutzen; worauf es dann erst nach sorgfältiger Bearbeitung zum lohnenden Körnerbau wieder in Stand gesetzt wird. Nur bei einer ungleich sorgfältigeren Bearbeitung, wie sie z. B. die Belgen ihrem Acker geben, indem sie die Erdkrume, nachdem sie wohl durchgearbeitet, nicht bloß mit dem Pfluge, sondern auch mit der Egge, Walze und andern Werkzeugen auf's sorgfältigste gepulvert ist, in hohen schmalen Beeten zusammenhäufen, die Mitte derselben nur besäen, die Kanten aber sorgfältig aufgelockert der atmosphärischen Einwirkung aussetzen, dann aber auch, zwar nicht nach den strengsten Regeln des Fruchtwechsels, aber doch häufig und so oft sie es nützlich finden, andere Gewächsarten bauen, und dann zugleich mit der Hand jede Furche behacken und jäten, — läßt sich die Brache ohne Verwilderung entbehren.

Indessen ist auch eine dreijährige Wiederholung der Brache nicht so nothwendig, wie man vormals annahm, und der Acker kann, unter gewissen Bedingungen, durch die Benutzung derselben mit verschiedenen Gewächsen, welche Futterung und dadurch demselben mehreren Dünger geben, oft im bessern Stande erhalten werden, als durch die immer um's dritte Jahr wiederkehrende Brachbearbeitung. Es gehören dann aber ein vorzüglicher Fleiß und Aufmerksamkeit, mehrere arbeitende Kräfte und eine günstige Witterung dazu, um den Boden, in den Zwischenzeiten zwischen Ernte und Saat, möglichst eu bearbeiten. Diese Gelegenheit giebt besonders die späte Aussaat der vierzeiligen Gerste, die allenfalls eine dreimalige Beackerung im Frühjahre verstattet, außer der bereits im Herbste gegebenen ersten Fahre. In der That ist diese halbe Brache in mehreren Gegenden, wo man die reguläre Brache erst nach der Mitte des Sommers zu bearbeiten anfängt, wirksamer als diese. Deshalb ist diese späte Gerste, welche häufig in der Mitte des Junius erst gesäet wird, solchen Wirthschaften, ihres unsichern Gedeihens ungeachtet, dennoch sehr zu empfehlen. Wenn hierzu nun in dem Jahre, wo vollkommene Brache wirklich gehalten wird, eine recht sorgfältige, mindestens viermalige Beackerung bei warmer trockener Witterung kommt, so kann der Boden in Kraft und Reinheit bleiben, und es können in einem, zuweilen auch zwei folgenden Brachjahren Hülsenfrüchte, Klee und andere sogenannte Brachgewächse ohne Bedenken gebauet werden.

§. 311.

Zusammengesetztes Dreifeldersystem.

Daraus ist dann das zusammengesetztere Dreifeldersystem, oder richtiger das sechs-, neun- und zwölffeldrige, welches in manchen Wirthschaften ziemlich regulär befolgt wird, entstanden. Diese Systeme haben folgende Rotationen:

1) Brache. 2) Winterung. 3) Sommerung. 4) Erbsen und Klee. 5) Winterung. 6) Sommerung.

Oder:

1) Brache. 2) Winterung. 3) Sommerung. 4) Klee. 5) Winterung. 6) Sommerung. 7) Erbsen. 8) Winterung. 9) Sommerung.

Oder:

1) Brache. 2) Winterung. 3) Sommerung. 4) Klee. 5) Winterung. 6) Sommerung. 7) Brache. 8) Winterung. 9) Sommerung. 10) Erbsen. 11) Winterung. 12) Sommerung.

Indessen findet man selten, daß aufmerksame und überlegende

Wirthe sich genau an diese Rotation binden. Sie richten sich vielmehr in Ansehung der Haltung oder Nichthaltung der Brache nach dem Zustande, worin sie ihren Acker in jedem Jahre antreffen, säen nur Klee, wenn sich der Boden bei der Gersteneinsaat mürbe, zerfallend und rein von Unkraut findet, und Hülsenfrüchte unter derselben Bedingung, wählen zu beiden den reinsten Theil des Feldes aus, und binden sich nicht an eine strenge Folge; nur machen sie es sich zum Gesetz, den Klee nicht früher als im neunten Jahre auf denselben Fleck zu bringen, weil die Erfahrung das Mißrathen desselben bei öfterer Wiederkehr sie gelehrt hat. Und wenn nach geschehener Aussaat der Hülsenfrüchte diese, es sey wegen ungünstiger Witterung, oder weil sie sich dennoch in der Beschaffenheit des Ackers betrogen haben, nicht üppig emporkommen, und mit dichtem Laube das Feld bedecken, benutzen sie solche im grünen Zustande zum Futter, oder pflügen sie unter, und geben dem Acker sodann eine vollständige Brachbearbeitung.

Unter diesen Bedingungen können solche Wirthschaften ihren Acker in gutem Stande erhalten, und sich einträglicher Fruchternten rühmen. Dagegen ist ein Mißwachs bei denen, die mit zu großer Sparsamkeit diese Wirthschaft betreiben wollen, häufiger, als man es öffentlich erfährt, oder wird doch auf andere Ursachen geschoben, und deshalb findet man so viele erfahrene Dreifelderwirthe, die zu dem reinen orthodoxen Systeme wieder zurückkehren, oder, gewarnt durch das Beispiel ihrer Nachbarn, solches nie verlassen haben, ja sogar ihre Erbsen und ihren nöthigen Klee im Sommerfelde bauen, und danach reine Brache halten. Den Pächtern machen es vorsichtige Gutsbesitzer, von erfahrnen Landwirthen belehrt, häufig zur Bedingung, die Brache gar nicht, oder nur einen bestimmten Theil derselben zu besommern, und deshalb wird auch die Brachbenutzung in die Pachtanschläge in der Regel nicht aufgenommen. Viele vorsichtige Wirthe sehen also noch immer die Brache als die Basis eines sichern und nachhaltig einträglichen Feldbaues an.

Einige glückliche Flecke des Erdbodens, wo dieser dem Getreide, Klee und den Hülsenfrüchten, vermöge seiner aus Thon, Kalk und vegetabilisch-animalischer Erde bestehenden Mischung, so angeeignet ist, daß diese Früchte alles Unkraut überwinden, und die etwanigen aufkommenden Pflanzen desselben leicht ausgezogen werden können; wo dieser Boden durch seine innere, vermittelst der Mistdüngung leicht zu erneuernde Gährung von selbst in ein feines Pulver zerfällt, und die deshalb eine alljährige Bestellung ertragen — können hier ihrer Seltenheit wegen nicht in Betracht kommen. Auf ſie hat der Fluch nicht gewirkt, der bei Adam's und Eva's Austritt aus dem Paradieſe auf den Boden gelegt ward.

§. 312.

Vertheidigung des Dreifelderſyſtems.

Ungeachtet das reine Dreifelderſyſtem den dritten Theil ſeines Ackers oder doch den größten Theil deſſelben unbenutzt laſſen muß, ſo hat man es dennoch als das vorzüglichſte unter allen, ſogar als das einzig mögliche gute Feldſyſtem häufig vertheidigt, und zwar aus folgenden Gründen:

1) Das Alterthum und die Allgemeinheit dieſes Syſtems beweiſe deſſen Vorzüglichkeit, indem es nicht denkbar ſey, daß ein fehlerhaftes Syſtem den Beifall aller Nationen und Zeiten erhalten, ſich ſo allgemein verbreiten und fortdauern könne.

2) Kein anderes bekanntes und bisher erdachtes Syſtem baue mehr Getreide als dieſes. Das Getreide aber mache die Hauptnahrung und das Hauptbedürfniß der Menſchen aus, werde deshalb auch am meiſten geſucht und am theuerſten und gleichmäßigſten bezahlt. Wenn es minder thieriſche Produkte hervorbringe, ſo ſey dies gerade ein Beweis ſeiner vorzüglichen Nutzbarkeit, indem ein Acker durch vegetabiliſche Produktion wenigſtens dreimal ſo viel Nahrung für die Menſchen hervorbringe, als durch thieriſche Produktion. Es ſey alſo gleich wohlthätig für die Menſchheit, den Staat und den einzelnen Landwirth.

3) Dieſes Syſtem vertheile ſeine Arbeiten am beſten. Zwiſchen der Sommer- und Winterausſaat ſey hinlängliche Muße, die Brache zu bearbeiten und die Düngerausfuhr zu beſchaffen. Der Acker könne folglich früh genug zur Aufnahme der Winterungsſaat, als der vorzüglichſten und einträglichſten, in Ordnung ſeyn. Deshalb erfordere es das wenigſte Geſpann.

4) Alle Arbeiten ſeyen dabei einfach und kunſtlos, können daher mit den gewöhnlichen Arbeitern ohne Unterſchied vollführt werden. Auch bedürfe es nur der einfachſten und bekannteſten Werkzeuge.

5) Es beruhe auf der einmal beſtehenden Eintheilung und dem Beſitzſtand der Felder. Alle den Ackerbau betreffende Geſetze, Anordnungen und Obſervanzen, wohlhergebrachte Gerechtſame und Servitute ſtehen damit in innigſter Verbindung, und das Syſtem ſelbſt könne nicht abgeändert werden, ohne dieſe ſämmtlich zu vernichten.

§. 313.

Widerlegung der zur Vertheidigung deſſelben angeführten Gründe: Alterthum und Allgemeinheit deſſelben.

Dieſe Gründe verlieren aber ihren Anſchein bei näherer Erwägung.

Ad 1. Das Alterthum und die allgemeine Verbreitung dieſes Syſtems hat keinen Zweifel. Es ſtammt von den Römern her, und dieſe hatten es in ihren entlegenen Provinzen, beſonders denen, woher ſie den Getreidebedarf hauptſächlich nahmen, eingeführt, ungeachtet in dem nähern Umkreiſe der großen Stadt und dem ganzen ſtark bevölkerten Theile Italiens nur ein gartenähnlicher Feldbau mit zweckmäßiger Wechſelung der Früchte herrſchte. Die römiſche Geiſtlichkeit, welche hauptſächlich neben andern Künſten auch die des Ackerbaues unter den rohen Völkern verbreitete, lehrte ſie ſolches als das zweckmäßigſte Syſtem kennen. Bei ihnen war noch Ueberfluß des Ackers vorhanden, obwohl der vormalige beliebige Ausbruch des ungetheilten wüſten Landes und das Umherziehen mit den Viehheerden nicht mehr ſtatthaft war.

In Karl's des Großen Capitulare de villis et curtis imperatoris wird die Beobachtung der Dreifelder ſeinen Beamten beſtimmt vorgeſchrieben. Kein Wunder alſo, daß in Zeiten, wo Autorität Alles galt, und der Verſtand ſich jeder poſitiven Vorſchrift blindlings unterwarf, dieſes Syſtem ſich durch die chriſtliche Welt ſo allgemein verbreitete, und daß die geſetzlichen Einrichtungen des Eigenthums ſowohl als der Feldpolizei ſich ganz auf ſolches bezogen. Daß in nachmaligen finſtern und unruhigen Zeiten, wo der Ackerbau allein in den Händen des in Stupidität und Sklaverei verſunkenen Bauers, unter der Aufſicht der niedern Klaſſen der Freigelaſſenen ſich befand, nichts darin abgeändert wurde, iſt natürlich. Das Herkommen herrſchte lange mit unwiderſtehlicher Gewalt über Künſte und Wiſſenſchaften, und der leiſeſte Zweifel gegen ſeine Vernunftmäßigkeit ward als Ketzerei in jedem Fache betrachtet. Daher iſt auch erſt in den neueſten Zeiten die Frage über die allgemeine Vernunftmäßigkeit dieſes Syſtems in Anregung gebracht worden, und es waren nur einige kleine Flecke des Erdbodens in den Niederlanden, in Holſtein und einigen Grafſchaften Englands, wo ein anderes Syſtem des Feldbaues ſich auf andere Weiſe früher ausgebildet hatte. Genug, um den Beweis für die Güte des Syſtems durch ſein Alterthum und ſeine allgemeine Verbreitung unhaltbar zu machen.

§. 314.

Uebergewicht seines Kornbaues.

Ad 2. Mit der stärkeren Einsaat, welche dieses System, in Ansehung des eigentlichen Getreides, auf gleicher Fläche des pflugbaren Ackers erlaubt, hat es seine Richtigkeit, und das Dreifeldersystem steht darin nur dem vier- und fünffeldrigen nach. Wenn man aber die Fläche des Graslandes an Wiesen und Weiden, deren es zur Erhaltung seines in Hinsicht des Düngers unentbehrlichen Viehes bedarf, hinzunimmt, und also sein ganzes Areal berechnet, sich dieses, sey es auch nur in Ansehung der Weiden, pflugbar denkt, so kommt es schon mit der möglichen Einsaat anders zu stehen. Nur unter der Voraussetzung, daß dieses Grasland zureichend und nicht zur abwechselnden Kultur brauchbar ist, kann also jene Behauptung zugegeben werden, und unter dieser Bedingung giebt es allerdings Fälle, wo man für die besondere Lokalität dem Systeme den Vorzug einräumen muß.

Allein Aussaat und Ertrag ist etwas sehr Verschiedenes, und nur aus dem letzteren geht, nach Abzug der Einsaat und der sämmtlichen Kosten, der reine Gewinn für den Landwirth und die Nation hervor. Und hierin werden in den bei weitem meisten Fällen andere Systeme ihren Vorzug beweisen. Nehmen wir aber gar auch andere zur Nahrung und zu den Bedürfnissen der Menschen nutzbare vegetabilische Produkte hinzu, die andere Systeme ohne Nachtheil des Getreidebaues weit mehr hervorbringen können, so zeigt sich ihr Vorzug noch auffallender.

Die höhere Viehnutzung anderer Wirthschaftsarten gesteht man zu, legt aber auf solche einen geringen Werth, und hält sie weder für den Landwirth, noch für die Nation von großer Wichtigkeit. So lange in unkultivirten Gegenden ein großer Ueberfluß des wilden Weidelandes vorhanden und der Viehzucht ausschließlich gewidmet war, stand der Viehpreis in niedrigem Verhältnisse gegen den des Getreides. Der Preis des Viehes steigt, so wie Kultur zunimmt und man das Land vortheilhafter durch den Pflug benutzen lernt, theils weil weniger zur Weide liegen bleibt, theils weil größere Wohlhabenheit sich durch alle Klassen verbreitet, und jede in den Stand kommt, die kraftvollere, obgleich theurere Nahrung zu bezahlen. Dann wird die Nachfrage nach thierischen Produkten so groß, daß man kultivirtes Land und künstlich erzogene Produkte für das Vieh bestimmen kann, und den Acker durch selbiges eben so hoch als durch Getreidebau benutzt, indem man es jetzt von einer weit geringern Fläche zu ernähren weiß. Der Landwirth berechnet, wie viel ihm, außer dem baaren Ertrage ſeiner Viehfütterung, der Dünger, vermittelſt des dadurch vermehrten Getreideertrages, werth ſey, und findet ſich bewogen, die thieriſche Produktion noch immer zu vermehren, bis nun durch die vermehrte Erzeugung die Nachfrage ſo reichlich befriedigt werden kann, daß der Preis der thieriſchen Produkte wieder fällt, wo dann wiederum mehr auf die Erzeugung des Getreides und anderer verkäuflichen Gewächſe verwandt wird, welches nun mit um ſo größerem Erfolge wird geſchehen können, da der Acker durch die vermehrte Viehzucht in größere Kraft geſetzt worden. Dies iſt der Gang, den das Schwanken des Verhältniſſes zwiſchen Viehzucht und Ackerbau allgemein genommen hat, und nothwendig nehmen muß, wo nicht gewaltſame Eingriffe den Gang der Natur ſtören, und er iſt gleich nützlich für die Nation in jedem Zuſtande ihres Reichthums, und für den produzirenden Landwirth. Nur in England ſchien eine Zeit lang das richtige Verhältniß zwiſchen Getreidebau und Viehzucht erreicht zu ſeyn, indem der Preis der thieriſchen Lebensmittel in einem faſt zu niedrigen Verhältniſſe gegen den des Getreides zu ſtehen kam. Bei uns iſt es noch bei weitem nicht dahin gediehen, und wir können noch die thieriſche Produktion um ſehr Vieles erhöhen, mit derſelben aber zugleich den Ertrag unſerer Getreideſaaten, ehe wir einen Ueberfluß von jenem erhalten, und von andern Ländern darin unabhängig werden. Ein Syſtem, welches dieſes thut, ohne erweislich die Produktion anderer Früchte zu vermindern, und den Acker in einen höheren Stand der Fruchtbarkeit verſetzt, hat daher unbezweifelte Vorzüge.

§. 315.

Mindere Arbeit.

Ad 3. In ſeinem einfachen reinen Zuſtande kann dieſes Syſtem ſeine Arbeiten bequem vollführen, wenn es Kräfte genug für die Saatbeſtellung und die Ernte hat. Außer dieſen Zeiten hat es aber für die zu jenen erforderlichen Kräfte zu wenig zu thun, und kann ſie in der Wirthſchaft nicht thätig genug beſchäftigen, weshalb auch größere und kleinere Wirthſchaften auf Nebengeſchäfte denken müſſen, wenn ihr Geſpann ſeine zureichende Ernährung bezahlen ſoll. Wird es aber durch ſtärkere Benutzung der Brache verwickelter gemacht, ſo müſſen ſeine arbeitenden Kräfte ſogleich vermehrt werden, oder es kommt in den geſchäftvollen Zeiten mit der Arbeit in Rückſtand, und erleidet davon mannigfaltigen Schaden. Der Vorzug, den andere Syſteme durch eine gleichmäßigere Beſchäftigung des Zugviehes und der Menſchen haben, wird Jedem einleuchten, der die Vertheilung der Arbeiten durch jede Jahreszeit bei ſelbigem ins Auge faßt.

§. 316.

Einfachheit ſeiner Handgriffe.

Ad 4. Daß Trägheit und Indolenz durch ein Syſtem befördert werden, kann wohl unmöglich demſelben zum Ruhme gereichen. So viele Kunſtfertigkeit, wie zur Vollführung jeder andern Beſtellungsart erforderlich iſt, kann auch dem einfältigſten und ſteifſten Menſchen beigebracht werden, wenn man nur ſelbſt den Willen und die Thätigkeit dazu hat. Der Erfolg wird zeigen, daß das Intereſſe, welches jeder Menſch an den Früchten ſeiner Arbeit nimmt, beſonders wenn ſie ihm künſtlicher ſcheint, die Thätigkeit und Aufmerkſamkeit vermehre. Ueber die Werkzeuge haben wir uns ſchon an einem andern Orte erklärt. Freilich iſt dieſe Kunſtfertigkeit und dieſe Kenntniß der Werkzeuge noch nicht allgemein verbreitet; aber iſt es ein Grund, ſich der Verbreitung einer anerkannt guten Sache zu widerſetzen, weil ſie noch nicht verbreitet iſt?

§. 317.

Eingeführte und geſetzliche Einrichtungen.

Ad 5. Jene Einrichtungen erſchweren freilich die Vertauſchung dieſes Syſtems gegen ein anderes in den meiſten Ländern jedem einzelnen Landwirthe ſehr, und machen ſie ihm oft unmöglich. Es iſt deshalb auch dem einſichtsvollſten und thätigſten Landwirthe nicht zu verdenken, wenn er ſich den unendlichen, oft damit verbundenen Schwierigkeiten nicht ausſetzen oder gar das Unmögliche nicht unternehmen will, und ich habe oft erklärt, daß man ein vortrefflicher Landwirth ſeyn und dennoch bei dieſen Syſtemen bleiben könne, vielleicht gar Unverſtand verriethe, wenn man bei der jetzigen Lage der Dinge zu einem andern übergehen wollte. Wenn aber von allgemeiner Nutzbarkeit und Vorzuge die Rede iſt, ſo kommen nur die Geſetze der Natur, nicht die der Menſchen in Betracht, indem ſich dieſe vernunftmäßig jenen unterwerfen, und in Uebereinſtimmung damit ſetzen müſſen. Dies kann und wird geſchehen allenthalben, wo klare Begriffe über Staats- und Landwirthſchaft in die Kabinette der Geſetzgebung eindringen. Es iſt ein tödtender Zirkelſchluß, wenn man ſagt: bei der jetzigen Einrichtung iſt ein verbeſſertes Wirthſchaftsſyſtem nicht vortheilhaft, und weil das System nicht vortheilhaft ist, so verlohnt sich's nicht der Mühe, jene Einrichtung abzuändern! — Dennoch hört man täglich Geschäftsmänner nach dieser Schlußform raisonniren.

§. 318.

Zerstückelung des Landeigenthums.

Die Einrichtungen, welche die Veränderungen dieses Systems erschweren und sie dem Einzelnen oft unmöglich machen, bestehen hauptsächlich in der Zerstückelung jedes Landeigenthums, die sich auf dieses System gründet, und das System so lange unabänderlich erhalten hat. Ein jedes Gut hat nicht nur eine mehrentheils gleiche Ackerfläche in jedem Drittheile, worin die ganze Flur eingetheilt ist, liegen, sondern es sind auch die zu jedem Gute gehörigen Aecker noch in demselben Theile der Feldflur, in größern oder kleinern Stücken, wunderbar getrennt und vermengt. Hieraus folgt die Nothwendigkeit für Jeden, die einmal festgesetzte Ordnung in der Bestellung dieser Felder zu befolgen; theils weil nach jedem einzelnen Stücke keine Wege hingehn, und sie so auf- und durcheinander stoßen, daß durch die Pflugwendungen des Andern Saat leiden würde, wenn Jeder nach Gefallen sein Stück bestellen wollte; hauptsächlich aber, weil bis zur allgemeinen Bestellungszeit und unmittelbar nach vollbrachter Ernte, oft schon, wenn die Hocken noch auf dem Felde stehen, eine gemeinschaftliche Behütung des ganzen Theils der Feldflur durch allerlei Vieh der sämmtlichen Interessenten (wozu häufig auch die einer benachbarten Gemeinde und Andere, die gar kein Ackerland haben, gehören) eintritt; das Brachfeld aber derselben das ganze Jahr hindurch unterworfen bleibt. Diese Einrichtung ist gleich alt mit dem Systeme selbst, und gründete sich darauf, daß jeder einzelne Eigenthümer die Weide seines Ackers einzeln nicht benutzen konnte, ohne dem andern Schaden zu thun. Diese Stoppel- und Brachweide ist bei der Vermehrung des Ackerlandes und Verminderung der übrigen Weide ein immer größeres Bedürfniß geworden, weil ohne selbige das Vieh den Sommer hindurch gar nicht erhalten werden kann. Deshalb wird über jede Verminderung oder Beeinträchtigung derselben von jedem Interessenten und den Vorstehern der Gemeinheiten eifersüchtig gewacht.

Also konnte diese, aus der niedrigen Stufe der Kultur herstammende und fast allgemein verbreitete Einrichtung auch bei der entstandenen Erkenntniß einer bessern Wirthschaft da schwer gehoben werden, wo jeder kleine Besitzer schon früher zum freien und erblichen Eigenthümer gemacht wurde. Nur in solchen Ländern, wo der Gutsherr sich seine Rechte über die Bauern und die ihm zugetheilten Felder vorbehielt, und ihnen nur den Anbau derselben unter gewissen Bedingungen überließ, hatte er die Macht, das Hoffeld herauszunehmen, und den Bauern das ihrige anzuweisen, wo es ihm paßlich schien; weswegen nur einzelne deutsche Provinzen an dieser Feldzerstückelung nicht leiden, und deshalb dann auch früher zu einem zweckmäßigern Ackersysteme gekommen sind.

§. 319.

Hülfsmittel dabei.

Ein Palliativmittel gegen jenes Uebel hat man dadurch angewandt, daß man einen Theil des Brachfeldes, mehrentheils den zunächst am Dorfe liegenden, der Hut und Weide entzog, und den Bau der Futterkräuter oder anderer Früchte dadurch begünstigte, welches nur durch einen gerechten Machtspruch der Regierungen oder der gesetzgebenden Macht, die durch Schubart's durchdringende Stimme dazu aufgefordert waren, nicht ohne heftige Reklamationen der Weide-Interessenten bewirkt werden konnte. Hierdurch ist etwas, aber nicht genug geholfen.

In einigen Staaten hat neuerlich die aufgeklärte souveraine Macht mit höchster Energie durchgegriffen, und alle Hut und Weide auf des Andern Acker, sobald er ihn bestellte, unbedingt untersagt, und somit jeden vorher nur beschränkten Grundeigenthümer zum vollkommenen gemacht. Wenn daselbst angenommen werden kann, daß kein Anderer als der Grundeigenthümer Weiderecht besaß, so kompensirt es sich gegen einander; die Rechte Keines sind gefährdet, sondern es ist nur ihr Mißbrauch zum Nachtheil Anderer und des allgemeinen Besten aufgehoben. Es wird aber hierdurch die Stallfütterung des Viehes wohl größtentheils zur unbedingten Nothwendigkeit, indem kein Eigenthümer seinen bestellten Acker zu befriedigen verpflichtet ist, sondern ein Jeder, der sein Vieh noch austreiben will, für allen Schaden einstehen muß; ja sogar der Einzelne oder die Gemeinde, die ihr Vieh austreibt, den Schaden zu ersetzen gehalten ist, der in ihrer Nachbarschaft durchs Vieh an einer Frucht geschieht, wenn gleich nicht erwiesen werden kann, daß das ihrige ihn veranlaßt habe.

Ob nun diese allgemeine Einführung der Stallfütterung in jenen Staaten so schnell möglich sey, und der Viehstand bei der strengen Beobachtung dieser Vorschriften nicht zum Nachtheile des Ackerbaues zu sehr vermindert werden müsse, ist eine Frage, die man ohne genaue

Kenntniß der Lokalität nicht beantworten kann. Auch sind dadurch noch nicht alle Schwierigkeiten gegen die Einführung eines verbesserten Ackersystemes gehoben.

Mühsamer, aber auch von größerer Wirkung und keinesweges unmöglich ist der allgemeine Umsatz der Aecker, wodurch einem Jeden das Seinige an Grund und Boden, nach gerechtem Ersatz der Quantität durch Qualität, in einer oder in einigen zusammenhängenden Flächen zugetheilt wird, die er dann befriedigen und nach seiner Willkühr benutzen kann. Hierdurch allein kann sich der Ackerbau der Nation und jedes Einzelnen zur höchsten Vollkommenheit erheben und dasjenige System in jeder Wirthschaft eingeführt werden, was diese Vollkommenheit bewirkt. Aber freilich sind die Hindernisse, die diesem allgemeinen Ackerumsatze entgegen stehen, — vielleicht nicht so sehr in physischer Hinsicht, als in moralischer und politischer — schwer zu überwinden, wo einmal vollkommene Eigenthumsrechte jeder Klasse der Grundinhaber zugesichert sind.

Ein anderes, freilich auch nur palliatives Hülfsmittel denke ich mir in folgender Einrichtung, die nach dem Lokale verschiedene Modifikationen leiden kann. Es werde eine dreifeldrige Feldflur in neun gleiche Theile getheilt, und sechs oder sieben Jahre hindurch — je nachdem die Weideberechtigung ausgedehnter oder beschränkter war — jedem Eigenthümer in jedem Schlage die willkührliche Benutzung seiner Ackerstücke überlassen, ohne daß er darin durch irgend eine Vor- und Nachhutung, die immer von geringem Belange ist, gestört werde. Nur verpflichte man ihn, daß er zu der vorletzten Frucht im fünften oder sechsten Jahre dünge, mit der letzten Frucht aber weißen Klee einsäe. In den übrigen zwei oder drei Jahren kommt dann das Land zur gemeinschaftlichen Weide, welche durch ihre Qualität alle vorherige Brach- und Stoppelweide bei weitem übertreffen muß, und nach zurückgelegten Weidejahren den Acker zu einem weit bessern Fruchtbau durch die Rasenfäulniß und den mehr konzentrirten Weidedünger geschickt gemacht hat. Durch die mannigfaltigen freien Versuche der Ackerbauer wird sich bald die Rotation ergeben, welche nach der Beschaffenheit des Bodens und den Wirthschaftsverhältnissen die vortheilhafteste sey, und diese wird von den meisten ohne allen Zweifel eingeführt werden. Welche Schwierigkeiten diese Einrichtung haben könne, — wenn sie ernstlich und mit Ueberlegung bei der Abtheilung der Schläge, besonders in Hinsicht der Wege, die möglichst zu allen Stücken führen müssen, betrieben würde — sehe ich nicht ein.

§. 320.

Es sind indessen in der Fruchtfolge der Dreifelderwirthschaft selbst auf Fluren, die in Ansehung der Behütung gemeinschaftlich waren, schon oft Veränderungen mit allgemeiner Uebereinstimmung der Interessenten vorgenommen worden. So sind mir verschiedene Dorffelder bekannt, wo man 1) Brache, 2) Gerste, 3) Erbsen, 4) Roggen, 5) Hafer, 6) Roggen und danach wieder Brache hat, oder man düngt 1) zu Gerste, nimmt 2) Roggen, 3) Brache, 4) Roggen, 5) Erbsen, 6) Gerste, 7) Roggen, 8) Hafer, 9) Brache.

In sehr starkem Boden besorgt man nach gedüngter Brache von der Winterung Lagerkorn, und säet deshalb zuerst lieber Gerste, von der man hier versichert, daß sie sich minder nachtheilig als der Weizen lagere. Von der Dreifelderwirthschaft aber im Ganzen abzugehen, entschließt man sich bei dem Allen nicht.

§. 321.

Die vierfeldrige Wirthschaft.

Die vierfeldrige Wirthschaft ist an einigen Orten schon seit undenklichen Zeiten auf Gemeindefluren eingeführt. Man baut daselbst nach der Brache 1) Winterung, 2) Sommerung, 3) Winterung oder Sommerung, auch wohl gar in diesem Felde Erbsen, und hält danach wieder Brache. Letzteres ist ein so unwirthschaftliches Verfahren, wie es sich nur denken läßt, indem die Erbsen, gehörig bestellt, eine vortreffliche Vorfrucht zum Getreide abgeben, und der Acker keinesweges einer darauf folgenden Brache bedarf.

Es ist ein vierfeldriges System aber auch von manchen privativen Gutsbesitzern für sich sowohl, als für ihre Bauern eingeführt worden, wovon sich manche ungemein große Wirkung versprachen. Die Idee scheint mir auf einem Mißverständnisse über das vierfeldrige System der Engländer zu beruhen. Denn es kam besonders seit der Zeit in Anregung, als Friedrich der Große, den Vorzug der englischen Landwirthschaft anerkennend, diese durch den Engländer Brown und einige nach England geschickte Wirthschaftsverständige zuerst auf seinen Domainen, dann durch beträchtliche Unterstützungen anderer unternehmender Gutsbesitzer allgemein in seinen Staaten einführen wollte. Es war anfangs dabei auf ein Kleefeld angesehen, außer der Brache, von deren Benutzung zugleich gesprochen wurde. Nachmals aber wollte man die Getreidefrüchte nach einander nehmen, und nun im vierten Felde Klee haben, welcher natürlich noch schlechter als in der Dreifelderwirthschaft gerieth. Nun werden mehrentheils drei Getreidefrüchte in so eingetheilten Feldern gebaut, und dann Brache gehalten, und mir ist nur ein einziges Beispiel eines Gutes bekannt, welches wirklich auf einem Theile seiner Felder schon seit 25 Jahren den Fruchtwechsel von 1) behackten Früchten, 2) Gerste, 3) Klee, 4) Winterung betreibt.

§. 322.

Die fünffeldrige Wirthschaft.

Auch fünf Felder findet man an einigen Orten bei Dorfgemeinden mit mannigfaltiger Verschiedenheit in der Folge der Früchte. Wo nach der Brache 1) Winterung, 2) Erbsen, 3) Winterung, 4) Sommerung gebaut wird, da gehört es nicht zu den übelsten, falls die Brache dann vollständig bearbeitet wird. Mit kleinen Abänderungen könnten diese vier- und fünffeldrigen Systeme leichter zu einem richtigen Fruchtwechsel, als das dreifeldrige gebracht werden, indem der Futterbau einen angemessenen Platz darin findet.

Ueber die Verhältnisse, worin die Dreifelderwirthschaft in Ansehung der Arbeit, des Düngerstandes und des Ertrages in sich selbst und mit andern Wirthschaftssystemen stehe, wird die allgemeine tabellarische Uebersicht aller Wirthschaftsarten am Schlusse dieses Kapitels mehreres Licht verbreiten.

Das Wechselsystem.

Die Schlag-, Koppel-, Holsteinische und Mecklenburgische Wirthschaft.

§. 323.

Diejenige Wirthschaftsart, wo der Acker eine Reihe von Jahren nach einander zum Fruchtbau und dann wiederum eine Reihe von Jahren zur Viehweide, zuweilen auch zum Heuschlage, diente, ist seit jeher von Deutschen, Engländern und Italiänern Wechselwirthschaft genannt worden, und verdient diesen Namen vorzüglich. Auch ich habe mich des Worts im ersten Bande meiner englischen Landwirthschaft in dem Sinne bedient, und es ist nicht meine Schuld, wenn man mit diesem Ausdrucke nachher ein anderes Fruchtfolgesystem ausschließlich hat bezeichnen wollen und schlechthin dafür angenommen hat. Man drückt sich jetzt freilich gegen die Meisten verständlicher aus, wenn man die obigen Namen statt Wechselwirthschaft gebraucht. Aber diese sind wieder zweideutig, und bezeichnen bei Andern nur eine besondere Gattung jenes Systems.

Unter Schlägen verstehen Manche nicht ein zusammenhängendes Feld, sondern zuweilen getrennte Feldstücke, die aber in jedem Jahre auf gleiche Weise bestellt werden, oder die Ordnung, in welcher diese Feldstücke vertheilt sind. Koppel hingegen heißt bei ihnen ein zusammenhängendes Stück, wenn gleich auf diesem Stücke in einem Jahre verschiedene Früchte gebauet werden. Viele geben diesen Namen nur einem umzäunten Stücke Landes. Andere wollen die Holsteinische Wirthschaft deshalb ausschließlich Koppelwirthschaft, die Mecklenburgische aber Schlagwirthschaft nennen, weil dort Umzäunungen, hier keine gebräuchlich sind. Die Meisten nehmen in den Gegenden, wo diese Wirthschaft eingeführt ist, die Ausdrücke gleichbedeutend. Ich denke mir unter Schlägen die Vertheilung einer Feldflur nach einer gewissen Fruchtfolge, so daß nach Ablauf der mit den Schlägen gleichen Jahreszahl ein jeder Schlag sich wieder in dem Zustande befinde, worin er zu Anfange des Umlaufs war, fordere aber nicht unbedingt den örtlichen Zusammenhang der Felder jedes Schlages, welcher insbesondere bei der Stallfütterung keinesweges nöthig ist, wo vielmehr, unter gewissen Verhältnissen, Trennungen in Hinsicht des Orts nützlich seyn können. Koppel aber nenne ich einen Schlag, der auch im örtlichen Zusammenhange steht. Um alle Mißverständnisse zu vermeiden, und nicht bloß einigen einzelnen Provinzen, sondern allen Deutschen verständlich zu werden, nenne ich die Wirthschaftsart, von der wir jetzt reden, im Allgemeinen die Wechselwirthschaft mit Weide. Und um ihre besondern Abarten zu unterscheiden, nenne ich sie Koppelwirthschaft, wenn sie nach der bisher gewöhnlichen landüblichen Art geführt wird; und zwar Holsteinische, wenn sie mit überwiegenden Weidejahren, und Mecklenburgische, wenn sie mit überwiegenden Frucht- und Brachschlägen eingerichtet ist.

§. 324.

Geschichte der Koppelwirthschaft.

Es ist wahrscheinlich, daß diese Wirthschaftsart im Norden noch aus den Zeiten herstammt, wovon Tacitus sagt, arva per annos mutant et superest ager (sie verändern jährlich die Felder, und der Boden ist überflüssig vorhanden). Freilich ging man in jenen Zeiten wohl ohne alle Ordnung von einem Flecke des Bodens zum andern über, so wie der bisher angebaute erschöpft war und mit reichlichen Früchten nicht mehr lohnte. Denn es war aufzubrechender Boden, der zur Weide gedient hatte, genug vorhanden. Wie aber bei vermehrter Bevölkerung das Eigenthum Grenzen erhielt, sah man sich genöthigt, zu dem verlassenen Acker zurückzukehren, fand, daß er durch die Ruhe und den Weidedünger seine Kraft wieder erhalten hatte, und ließ nun den später aufgebrochenen wieder zur Weide liegen. Von dieser Wechselung finden wir noch in manchen Gegenden Spuren, indem man die aufgepflügten Ackerbeete unter alten Eichen noch deutlich erkennt. Wahrscheinlich hatte sich dieses Verfahren in dem nördlichsten Theile von Deutschland, der dänischen Halbinsel erhalten, war daselbst zu einem regulären Systeme geworden, um sich von hier aus nun wieder auf benachbarte Provinzen zu verbreiten. Der Landdrost von der Lühe lernte die Vorzüge dieses Systems zu Anfange des vorigen Jahrhunderts daselbst kennen, und fing in den Dreißiger-Jahren desselben an, es auf seinen Gütern in Mecklenburg, jedoch mit gewissen Modifikationen, einzuführen. Er zog sich dadurch heftigen Widerspruch, Streit, Spott und Feindschaft zu, die nachher bei Gelegenheit der Streitigkeiten mit dem Herzoge wahrscheinlich theils die Verfolgungen veranlaßte, denen er unterlag und die seine neue Wirthschaft in Unordnung brachten und seine Vermögensumstände zerrütteten. Deshalb fand er lange Zeit nur versteckte Nachahmer, die das System mit verschiedenen neuen Modifikationen ganz in der Stille auf ihren Gütern einführten, öffentlich aber wohl gar dagegen sprachen. Auf einmal kam es an den Tag, daß viele Güter, die bei der Dreifelderwirthschaft in die höchste Erschöpfung verfallen waren, und deshalb ihr Düngerland auf eine immer kleinere Fläche hatten beschränken müssen, durch dieses System gehoben, aufs neue in Kraft gesetzt und zu einem ungleich höhern Ertrag gebracht worden waren. Während und nach dem siebenjährigen Kriege erhielt es aber erst den allgemeinen Beifall, und verbreitete sich über den größten Theil von Mecklenburg und von da aus einzeln in benachbarte Provinzen. Aus diesen Zeiten sind auch die ersten Schriften, welche wir darüber haben: z. B. „Rosenow's Versuche einer Abhandlung vom Ackerbau in der Koppelwirthschaft, Leipzig 1759," „Schumacher's gerechtes Verhältniß der Viehzucht zum Ackerbau aus der Mecklenburgischen Wirthschaftsverfassung," „Gedanken von der Mecklenburgischen Wirthschaft und Ausführungskund von Densow," „von Fegesack, zur Aufnahme der Landwirthschaft, Berlin 1766."

Die Vortheile, welche aus dieser Wirthschaftsart hervorgingen, insbesondere auf solchen Gütern, die einmal in einen Abfall ihres Düngerstandes gekommen waren, leuchteten nun einem Jeden so ein, daß man dieses System als das vollkommenste unter allen möglichen ansah, und sich in dortigen Gegenden glücklich pries, bei der gänzlichen Abhängigkeit der Bauern seine Aecker ohne Weitläuftigkeit zusammenziehen und in Schläge legen zu können. Jetzt fing man erst den Werth des Grundes und Bodens zu schätzen an, wobei dann freilich mancher Bauer den seinigen ganz oder zum Theil verlor.

§. 325.

So wie hier der Zufall dieses System kennen lehrte, und seine Verbreitung begünstigte, verfielen doch auch in andern Gegenden denkende Köpfe auf dasselbe. Die vorzügliche Kraft des geruhten Bodens, die Sicherheit und Größe der Ernten, welche er giebt, und wiederum das reichliche Weidegras, was auf hohen Weiden, die unerschöpft einige Jahre lang vom Pfluge ruhen, gegen andere, die unaufgebrochen lange Jahre gelegen haben, hervorkommt, mußte aufmerksame Beobachter auf die Vortheile dieses Wechsels leiten. Camillo Tarello in seinem Ricordo d'agricultura lehrte dieses System, und zwar in seiner größern Vollkommenheit, auf rationelle Gründe gestützt. Nach ihm sollte das Grasland mittelst eines achtmaligen Pflügens aufgebrochen und zum Fruchtbau benutzt werden, ohne Dünger, es sei denn etwa Kalk, früher darauf zu bringen, als mit der letzten Saat, unter welche Klee und zweckmäßige Gräser zu säen wären, und womit dann das Land eine Reihe von Jahren zur Weide oder zur Fütterung des Viehes liegen bleiben solle. Auch Bertrand zu Orbe in der Schweiz lehrte in seinen éléments d'agriculture dieses System, und bewies die Vorzüge des auf dem Acker entstandenen Rasens vor ältern Weiden, und wiederum die Fruchtbarkeit, welche die Rasenfäulniß den nachher gebauten Früchten gebe. Auch findet man es in der Schweiz und in einigen südlichen Gegenden Deutschlands, ich weiß nicht, seit wann, eingeführt.

§. 326.

Bei dem Allen hat dieses System viele Widersprüche von Andern erlitten, denen es aber mehrentheils an einem vollständigen Begriffe davon fehlte. Man glaubte, der Kornbau würde dadurch zu sehr beschränkt, und hielt es für eine Schande der Kultur, so vieles Land unbestellt liegen zu lassen. Man glaubte, die Verminderung der Arbeit sey der einzige Grund des Beifalls, den es hin und wieder erhalten habe; man berief sich auf die Einziehung der Bauerhöfe in Mecklenburg, und versicherte somit, daß es durch verminderte Nahrung und verminderten Verdienst der Menschen geradezu zur höchsten Entvölkerung des Staates führe.

Die Königl. Akademie der Wissenschaften zu Berlin machte daher die Frage über die Anwendbarkeit der Koppelwirthschaft, vorzüglich in der Mark Brandenburg, im Jahre 1791 zur Preisaufgabe, zu deren Beantwortung sehr viele Schriften einliefen, noch mehrere aber durch die über selbige entstandenen Streitigkeiten, besonders durch die von dem Staatsminister Grafen von Herzberg über diesen Gegenstand gehaltene Vorlesung, worin er sich gegen die Koppelwirthschaft erklärte, herauskamen. Diese Schriften sind von verschiedenem Gehalte, und haben vielleicht sämmtlich in einzelner Hinsicht Verdienst. Allein sie stellen weder die Verhältnisse der Wirthschaften klar genug gegen einander, noch geben die meisten von ihnen eine hinlänglich deutliche Ansicht von der Koppelwirthschaft dem, der sie gar nicht kennt.

§. 326 b.

Das Wesentlichste der Koppelwirthschaft, welches aber von den Gegnern derselben am meisten übersehen worden, ist, daß sie ihren sämmtlichen Grund und Boden, der dem Pfluge seiner physischen Beschaffenheit nach einigermaßen unterworfen werden kann, in ihren Wechsel mit aufnimmt. Sie hat kein Fleckchen Landes, welches sie nicht kultivirt, wenn es der Kultur fähig ist. Nur der zu feuchte, unabwässerliche Boden ist zu Wiesen, der zu steile und vielleicht zu abgelegene dem Holze gewidmet, dann aber auch dieser Benutzung ausschließlich. Sie bedarf keiner Weide auf Wiesen, oder benutzt diese wenigstens nicht anders dazu, als in dem Falle, daß es ihnen im Frühjahre und Spätherbste völlig unschädlich wäre. Ihre Holzung aber ist vollkommen geschlossen, und kein Stück Vieh unterdrückt den jungen Ausschlag oder benagt die aufgewachsenen Bäume. Besondere Weidereviere aber gestattet sie durchaus nicht, sondern Alles, was eine Reihe von Jahren zur Viehweide diente, kommt nun, durch Weidedünger und Rasenfäulniß in Kraft gesetzt, eine andere Reihe von Jahren zum Fruchttragen. Dagegen wird nun der abgetragene, jedoch von rechtswegen nicht erschöpfte Acker niedergelegt, um dem Viehe Nahrung zu geben, und neue Kräfte durch Graswuchs und Weidedünger zu erlangen.

Es ist in vielen Fällen an sich schon unrichtig, daß diese Wirthschaft gegen die Dreifelderwirthschaft ihre Einsaat beschränke. Es giebt der Fälle viele, wo diese beim Uebertritt in die Koppelwirthschaft vermehrt worden ist, indem das vormalige, zur Erhaltung des Viehes unentbehrliche Weideland, insbesondere der verödete und nur noch mit einzelnen struppigen Bäumen besetzte Forstgrund zu den Ackerschlägen genommen ward, oft mit großem Gewinn für die Holzkultur selbst.

Durch die reichere und kultivirte Weide aber ist sie nun im Stande, so viel mehreres Vieh zu halten, und es besser und mit größerer Sicherheit zu ernähren. Neben der höhern Benutzung desselben gewinnt sie nun den zureichenden Dünger, und der Acker erhält selbst den auf der Weide fallenden, der bei der Felderwirthschaft so gut wie ganz verloren ist, für den Fruchtbau. Da nun der Ertrag der Körner so ganz von der im Acker befindlichen Kraft abhängt, so wird dieser von derselben Einsaat so beträchtlich vermehrt, daß in den meisten Fällen, auch bei wirklich verminderter Einsaat, solcher eher vergrößert als herabgesetzt wird. Man hat es deshalb fast allgemein zugeben müssen, daß ein im Wechsel liegender Acker, bei gleicher Düngung und Fruchtfolge, nach der Ruhe ein Korn mehr Ertrag gebe, welches als reiner Gewinn von großer Bedeutung ist.

Dazu kommt nun aber die höhere Benutzung, welche sie aus dem Viehe zieht, indem sie diesem den ganzen Sommer hindurch eine zureichende und sich mehr gleichbleibende Weide geben, und fast in jedem Falle wegen des größern Umfanges oder wegen der größern Kraft derselben weit mehreres Vieh halten kann. Die allgemein zugestandene höhere Nutzung des Viehes kann also, wenn der Körnerertrag sich auch nur gleich bliebe, immer als Vortheil dieser Wirthschaftsart gegen die Felderwirthschaft betrachtet werden.

§. 327.

Das Verhältniß, nach welchem der Acker zwischen Fruchtbau und Weide wechselt, ist nun bei diesen Wirthschaften sehr verschieden, und aus diesem verschiedenen Verhältnisse mit allen seinen Nebenfolgen geht der mannigfaltige Unterschied dieser Wirthschaftsart hervor.

Unterschied zwischen der Holsteinischen und Mecklenburgischen.

Zuvörderst der Unterschied zwischen den, der größern Landüblichkeit wegen sogenannten Holsteinischen und Mecklenburgischen Wirthschaften.

Bei ersterer überwiegt die Weide und Viehhaltung den Ackerbau, oder hat doch einen merklich größern Antheil am Ertrage des Ganzen, als bei der Mecklenburgischen; der Holsteiner beackert nicht nur weniger Land, sondern wendet auch weniger Arbeit daran. Nach der ursprünglichen, zwar nicht mehr allgemeinen, aber doch noch häufigen Nationalwirthschaft wird keine vollständige Brache gehalten, und findet kein Sommerpflügen Statt. Man hat sich wenigstens lange gescheut, durch zu starkes Pflügen die Grasnarbe und die Keime der Gräser zu zerstören, und den wilden Graswuchs für's künftige zu schwächen. Das Weideland wird daher nicht mittelst einer Brache umgebrochen, sondern häufig gleich auf die erste Furche Hafer gesäet, oder bei mehr sandiger Beschaffenheit Buchweizen. Diesen sogenannten Dreeschhafer haben auch diejenigen — und wie ich glaube mit Grunde — beibehalten, welche, von der Nützlichkeit einer vollkommneren Bearbeitung überzeugt, Brache nach demselben halten. Auch bei dem Niederlegen des Landes zur Weide vermeidet man gewöhnlich die zu starke Auflockerung und Krautzerstörung, pflügt daher zu der letzten Frucht — gewöhnlich Hafer — absichtlich nur einmal, und nennt diesen Hafer deshalb Hartlandshafer, weil das Land hart dabei bleiben soll.

§. 328.

Die Holsteinische.

Der Holsteiner — es versteht sich, daß hier immer von der Mehrheit die Rede ist, indem man in Rücksicht auf Einzelne in Holstein Wirthschaften antrifft, die völlig nach Mecklenburgischer Art gestaltet sind — hat mehrere Schläge und einen längern Umlauf (Roulirung, Turnus, Rotation). Er bauet gewöhnlich mehrere Getreidesaaten nach einander, läßt dann aber den Acker um so länger wieder zur Weide liegen.

Das gewöhnlichste Verhältniß ist in Holstein, daß ein Fünftel Winterung, ein Fünftel Sommerung und drei Fünftel Weide sind. Wird Brache gehalten, welches jetzt um so häufiger wegen des allgemein eingeführten Mergelns geschieht, so beträgt sie doch nur ein Zehntel. Man nimmt dann gewöhnlich:

1) Dreeschhafer;
2) Brache;
3) Winterung;
4) Sommerung;
5) Winterung oder Sommerung, und dann fünf Jahre Weide.

Unter 10 Schlägen hat man selten oder nie. Man findet aber auch Abtheilungen von 12, 13 und 14 Schlägen, welche ihre Pflug- und ihre Weidejahre in einer Folge nach einander haben, und dann mit einem noch größern Verhältnisse des Weidelandes zum Pfluglande. Denn mehr als fünf Früchte bauet man wohl nie hinter einander.

Zur Umlegung der Schläge entschließt man sich in Holstein deshalb weniger als in Mecklenburg, weil jeder Schlag mit einer Befriedigung eingefaßt ist, die aus Graben und Wall besteht, mit einer darauf gepflanzten Hecke besetzt, die man Knick zu nennen pflegt, und die man bei einer Wirthschaft, die so vorzüglich auf Weide berechnet ist, für etwas so Wesentliches hält, daß Manche den ganzen Unterschied zwischen Mecklenburgischer und Holsteinischer Wirthschaft in diesen Knicken setzen; weshalb denn auch der Streit über den Nutzen und Schaden dieser Knicke so lebhaft geführt ist.

Sie werden jedesmal abgehauen, wenn die Koppel aufgebrochen wird, wachsen dann während des Getreidetragens langsam heran, und gewähren während der Weidezeit unleugbar vielen Nutzen.

Um dieser Knicke willen, deren erste Anlage mühsam und kostspielig ist, entschließt man sich also zu einer Abänderung der Koppeln nicht leicht, und auf Gütern, wo die Zahl derselben zu groß schien, hat man lieber eine oder die andere herausgenommen, und sie auf eine besondere Weise bewirthschaftet; ungefähr so, wie die Mecklenbürger ihre Nebenkoppel zu benutzen pflegen.

Da der Holsteiner ungleich mehr Vieh hält, als der Mecklenburger, auch solches im Sommer sowohl als im Winter besser nährt, so gewinnt er im Allgemeinen weit mehrern Dünger, und erhält sein Land hierdurch neben der längern Ruhe in weit größerer Kraft. Hierdurch gewinnt er der minderen Bearbeitung ungeachtet weit größere, aber im Allgemeinen vielleicht minder sichere Ernten.

Da diese Wirthschaftsart in Holstein seit uralter Zeit bestand, und der Boden dabei von Jahr zu Jahr an Kraft zunehmen mußte, so scheint seine Grundbeschaffenheit ursprünglich sehr gut zu seyn, obwohl sie (es versteht sich, daß wir hier nicht von den Niederungen oder Marschen reden) in Ansehung ihrer eigentlichen Erdmischung keine Vorzüge weder vor Mecklenburg noch vor vielen andern norddeutschen Provinzen hat. Aber Reichthum von Humus und Ueppigkeit der Vegetation findet man häufig auf Boden, wo der Sand so prädominirt, daß er bei einer andern Kultur nur das Bild der Unfruchtbarkeit darstellen würde. Hieraus erklärt sich die wunderbare Wirkung des aufgefahrenen merglichten Lehms (eine Operation, welche man jetzt unter die Eigenthümlichkeiten der Holsteinischen Wirthschaft zählen kann), die man in andern Gegenden vor verstärkter Mistdüngung in dem Maaße nicht erwarten kann.

Auf die Molkerei, welche man in Holstein und Mecklenburg Holländerei zu nennen pflegt, wird dort die größte Aufmerksamkeit verwandt, weil man im Durchschnitte rechnet, daß aus selbiger die Hälfte des reinen Ertrages der Wirthschaft, zuweilen selbst mehr als aus dem Fruchtbau herauskomme.

Ueber die Benutzung der Schläge werden wir bei der allgemeinen Uebersicht der Verhältnisse der verschiedenen Wirthschaftsarten gegen einander das Wesentliche angeben.

§. 329.

Die Mecklenburgische.

Der Mecklenburger verwendet dagegen eine ungleich größere Aufmerksamkeit auf den Körnerbau und die Beackerung des Bodens, und die Wirthschaftsart ist überhaupt verwickelter und mannigfaltiger bei ihm. Er hält in jedem Umlaufe ein- oder gar zweimal völlig reine Brache, die in der Regel im Herbste schon umgebrochen und einen ganzen Sommer hindurch mit großem Fleiße bearbeitet wird. Er hat deshalb natürlich weniger Weide und weniger Vieh, und dieses wird im Sommer und Winter schlechter genährt, weshalb der Viehertrag bei dieser Wirthschaft ungleich geringer als bei der Holsteinischen ist.

Deshalb aber düngt er auch schwächer, und sucht den mangelnden Dünger zum Theil durch stärkere Beackerung zu ersetzen, nach welcher er freilich oft bessere Kornernten, als der Holsteiner nach stärkerer Düngung bewirkt, aber auch den Boden mehr erschöpft. Diesen Düngermangel hat man indessen durch die sorgfältigste Benutzung des von der Natur erzeugten und aufbewahrten Düngers, vorzüglich des Moders, der sich in Niederungen und Sinken seit Jahrtausenden angehäuft hatte, und zuweilen durch den Gebrauch der Wasserkräuter, besonders des dort sogenannten Tangs oder Porsts, mit vielem Fleiße zu ersetzen gesucht, und dadurch auf manchen Gütern die Erschöpfung des Bodens verhindert. Der Gebrauch des merglichten Lehms verbreitete sich in Mecklenburg zwar auch auf manchen in Kraft erhaltenen Gütern sehr nützlich, wird aber daselbst das Glück nicht machen, wie auf dem kraftreichern Holsteinischen Boden.

Wenn der Holsteiner seine sämmtlichen Schläge mehrentheils in einer Rotation bewirthschaftet, so trifft man auf den Mecklenburgischen Gütern gewöhnlich mehrere Schlagordnungen an, und man unterscheidet folgende drei Arten.

§. 330.

Verschiedene Schlag-Abtheilungen.

1) Die Binnen- oder Hauptschläge. Zu diesen ist der bessere, seit jeher, auch schon bei der Dreifelderwirthschaft, mehr in Dünger gehaltene Acker gewählt. Sie liegen dem Hofe am nächsten, und stoßen entweder auf selbigen zu, oder sind doch durch kürzere Wege damit verbunden. Sie machen den Hauptbestandtheil des Gutes aus, und ihre Weide ist mehrentheils dem nutzbaren Rindviehe bestimmt.

2) Die Außenschläge. Sie enthalten das schlechtere oder mehr vernachlässigte und abgelegene Land, welches man bei der Felderwirthschaft sechs- und neunjähriges Roggenland zu nennen pflegt, und sie sind entweder aus diesem oder aus vormals gemachtem und erschöpftem Aufbruch entstanden. Die Weide auf selbigem ist für das Rindvieh zu kärglich, auch wohl zu entfernt, und deshalb für die Schäferei bestimmt, die der Holsteiner in der Regel gar nicht hat, der Mecklenburger aus der Dreifelderwirthschaft beibehielt, sie aber bis auf die neueste Zeit sehr vernachlässigte, und wohl höchst geringen reinen Ertrag davon hatte. Von rechtswegen sollten diese Außenschläge wenigstens den Pferch der Schafe erhalten. Weil man dessen aber für die Binnenschläge mehrentheils zu bedürftig ist, so wird er ihnen häufig auch entzogen, und sie erhalten gar keinen Dünger, sondern müssen aus der sogenannten Ruhe einige Saaten abtragen. Aber diese Ruhe hilft wenig, weil sich kein Rasen darauf erzeugt und also auch wenig Weidedünger darauf fällt.

3) Die Nebenkoppeln. Sie enthalten mehrentheils vorzügliches und nah am Hofe belegenes Land, sind größtentheils eingezäunt, und den Wörthen oder Wurthen der Felderwirthschaft gleich zu schätzen. Ihr Zweck ist hauptsächlich, dem Zug- und Haushaltsvieh Weide zu geben, welches letztere man von dem Holländereivieh, welches mehrentheils verpachtet ist, unterscheidet. Dann dienen sie aber auch zum Futterbau und Heugewinnung, und werden auch deshalb wohl Kleekoppeln genannt. Jedoch werden sie auch wechselsweise zum Getreidebau benutzt. Manche haben sie neuerlich nach der Regel der Fruchtfolge zu bewirthschaften angefangen, und insbesondere die vierschlägige Rotation von 1) behackten Früchten, 2) Gerste, 3) Klee, 4) Winterung

dafür gewählt. Ueberhaupt findet aber keine allgemeine und reguläre Bewirthschaftung derselben Statt, sondern man behandelt sie willkührlich nach dem Bedarf eines jeden Jahres und zur Beihülfe der Hauptschläge. Ihre Größe ist mehrentheils nach dem Verhältnisse des erforderlichen Zug- und Haushaltsviehes eingerichtet, weil sie ursprünglich nur zu dessen Weide bestimmt waren.

Man konnte da nämlich die Zugochsen besser verpflegen und näher zur Hand haben, wenn man sie brauchte. Gewöhnlich trifft man drei solcher Koppeln, wovon nach der ursprünglichen Einrichtung eine mit Getreide bestellt, eine andere zu Heu gemähet, eine dritte zur Weide gebraucht und so alle zwei oder drei Jahre damit gewechselt werden sollte.

§. 331.

Nach dem Zustande, worin sich die Schläge befinden, heißen sie 1) Weide-, 2) Saat-, 3) Brachschläge. Wo in dem Umlaufe zwei Brachen, eine unmittelbar nach dem Aufbruch der Weide, eine andere zwischen den Saaten gehalten wird, da heißt erstere Raubbrache, grüne Brache, Dreeschbrache, Ruhebrache, Altbrache, und man sagt dann, der Acker trage, weil er in der Regel hier keinen Mist erhält, aus der Ruhe, richtiger vermöge der Rasenfäulniß. Die andere heißt Mürbebrache, Schwarzbrache, neue Brache, und weil sie gedüngt wird, Mist- oder fette Brache.

§. 332.

Roulirung der Schläge.

Diese Schläge machen bei der Holsteinischen sowohl als Mecklenburgischen Wirthschaft einen Zirkel oder Umlauf, so daß alle Jahre einer in die Stelle des andern tritt. Dieser Umlauf dauert so viele Jahre als Schläge sind, und im Jahre nach vollendetem Umlaufe muß jeder Schlag sich an der Stelle und in dem Zustande finden, worin er zu Anfange desselben war. Daraus folgt dann auch, daß jedes Jahr gleich viele Schläge jeder Art vorhanden sind. Dies bewirkt dann die so nützliche Gleichheit und Regularität der Wirthschaft durch alle Jahre, welche die Uebersicht nicht nur so sehr erleichtert, sondern auch einen gleichmäßigen Ertrag aus den verschiedenen Zweigen der Wirthschaft sichert; so daß sich die Ordnung und der Etat bei keiner Wirthschaftsart mit geringerer Mühe beachten und bestimmen läßt, als bei dieser, wenn sie einmal gehörig eingerichtet worden. Dagegen aber ist auch die Einrichtung bei keiner Wirthschaftsart schwieriger und erfordert größere Ueberlegung, weil nachher eine jede Abänderung, ohne totale Abänderung des Ganzen, kaum möglich ist, und die vorige Ordnung gänzlich zerstört.

§. 333.

Verbindung der Koppeln nach ihrer Nummer.

Wo es irgend möglich ist, legt man die Schläge nach ihren Nummern und ihrer Folge auch örtlich in einem Kreise, so daß z. B. bei 11 Schlägen Nr. 11. wiederum mit Nr. 1. grenze. Dadurch erreicht man, daß die Weideschläge neben einander liegen, das Vieh sie entweder gänzlich übergehen, oder doch, ohne Wege zu betreten, von einer zur andern kommen könne. Auch läßt man eine und dieselbe befriedigte Koppel, in welcher das Vieh die Nacht zubringt, so lange sie zu Grase liegt, um neue Befriedigungen zu ersparen, zur Nachtkoppel dienen; welches aber Andere verwerfen, weil diese Koppel dadurch in Ansehung des Weidedüngers auf Kosten der übrigen begünstigt wird, es sey denn, daß man eine solche Koppel vor andern zu verbessern besondere Ursache habe. Ueberdies ist das Zusammenhängen der Weidekoppeln wegen der Viehtränken von Wichtigkeit, indem man dann mit einer für 2 oder 3 Koppeln ausreichen kann. Da diese Viehtränken nicht immer leicht einzurichten sind, so erfordern sie bei der örtlichen Einrichtung der Schläge viele Rücksicht.

§. 334.

Gleichheit der Koppeln.

In der Regel soll der Flächeninhalt der Schläge gleich seyn. Man hat aber häufig bei ungleichem Boden die schlechtern nach Verhältniß größer gemacht, um wo möglich gleichen Körnerertrag und gleiche Weide in jedem Jahre zu haben. Weil der schlechtere, mehrentheils sandigere Boden leichter zu bearbeiten ist, so wird auch der Unterschied der Arbeit nicht merklich. Und weil man auch der Güte des Bodens nach die Einsaat zu vermehren und zu vermindern pflegte, so war auch darin die von ältern Oekonomen so hochgeschätzte Gleichheit. Allein an Dünger fehlte es nun um so mehr, da dieser schwächer auf den Acker einer größeren Koppel gestreut werden kann, ungeachtet der schlechtere Boden desselben um so stärker bedarf, wenn er gleichmäßig tragen soll. Man hat sich daher mehrmals genöthigt gesehen, von diesen größern Schlägen den schlechtern Theil anders zu behandeln, ihn länger zu Grase liegen zu lassen, weniger Früchte davon zu nehmen, und ihn nur bei einigen Saaten als Supplement zu gebrauchen. Oder aber man hat sich vermittelst der Nebenkoppeln geholfen, und in dem Jahre, wo dieser größere und schlechtere Schlag zur Düngung kam, keine Nebenkoppel gedüngt, um desto mehr auf jenen verwenden zu können.

§. 335.

Wenn sonst der Boden verschieden ist, und man ihn dennoch in eine Rotation nehmen will, so richtet man es so viel möglich so ein, daß jeder Schlag einen fast gleichen Theil von jeder Art des Bodens erhalte. Dies macht oft viele Schwierigkeit, und nöthigt, den Koppeln andere Formen zu geben, als man es in geometrischer Rücksicht thun würde. Einen kleinern Fleck schlechten Bodens, den man der Oertlichkeit wegen mit einem Hauptschlag nehmen muß, sucht man durch stärkere Düngung, oder besser durch Befahren mit einer fruchtbaren Erdart, zu verbessern.

Zuweilen hat man es nöthig gefunden, einen Schlag von durchaus schlechterer Beschaffenheit doch mit in die Rotation zu nehmen, ihn aber zu schonen, und, wie man es nennt, derouliren zu lassen. Man läßt ihn nämlich ein Jahr länger zur Weide liegen, und greift dagegen einen andern, der es ertragen kann, vor. Ersterer trägt dann in der Rotation eine Ernte weniger; letzterer aber hat eine kürzere Ruhe und trägt eine Ernte mehr, wodurch denn natürlich jenem aufgeholfen, dieser aber geschwächt wird. Es ist ein Nothbehelf, der nur mit großer Vorsicht angewandt werden darf, gemißbraucht aber die ganze Wirthschaft auf mehrere Rotationen in Unordnung bringen kann. Man hat besonders darauf zu achten, daß Pächter, denen dieser Kunstgriff ungemein vortheilhaft seyn kann, sich solchen nicht erlauben, wenn nicht die ganze Einrichtung schon bei der Anlage hierauf berechnet war. Man sagt, daß auch viele habsüchtige Eigenthümer selbigen in den glücklichen Ausfuhrjahren des Getreides in Mecklenburg gebraucht hätten.

§. 336.

Lage der Koppeln.

Die Lage der Koppeln hängt also oft von der Oertlichkeit, von der Figur des ganzen Areals und von der Lage des Wirthschaftshofes ab. Aber es dürfen auch andere Hinsichten nicht vergessen werden, die oft eine viel buntere Eintheilung begründen, als der Figur nach nöthig scheint. Die vollkommenste Lage der Koppeln ist ohne Zweifel die, wenn sie in einem ganzen oder halben Zirkel um den Hof herum liegen, sich zunächst an demselben, keilförmig zulaufend, fast vereinigen, und dann immer weiter ausbreiten. Man pflegt dies eine fächerförmige Lage oder en éventail zu nennen. Hierzu ist aber eine günstige Lage des Hofes fast nothwendig, und eine ziemliche Gleichheit nebst ununterbrochenem Zusammenhange des Ackerlandes.

§. 337.

Figur der Koppeln.

Am besten ist es, wenn jede Koppel nur mit vier Seiten begrenzt ist, und keine Winkel hat, die immer die Beackerung erschweren. Ein reguläres Quadrat oder Oblongum wäre allerdings vorzuziehen, kann aber bei jener Lage nicht Statt finden, und die Form eines abgestumpften Triangels hat auch wenige Nachtheile.

Gar zu schmal dürfen sie nicht seyn und auch nach dem Hofe zu nicht werden, weil dies das Querpflügen erschwert, einen Uebertritt auf den angrenzenden Schlag oder eine Anwende, die man gern vermeidet, nothwendig macht. Auch wird bei einer sehr langen und schmalen Gestalt die Grenze mit dem nebenliegenden verlängert, und es ist folglich eine größere Befriedigung nöthig, oder das Zurückhalten des Weideviehes wird schwerer.

§. 338.

Eine völlig tadellose Anlage ist nur selten wegen der einmal vorhandenen Hoflage und wegen der Figur des Ganzen möglich. Man muß häufig die Kommunikation der Koppeln mit dem Hofe durch einen oder mehrere gemeinschaftliche Wege bewirken, und die Koppeln nur auf einen solchen Weg zustoßen lassen. Nur muß man es möglichst vermeiden, daß eine Koppel hinter der andern liege, und zu jener nicht anders zu gelangen sey, als über diese. Auch muß man auf dem möglich geradesten Wege und nicht durch weite Umschweife auf eine jede kommen können.

§. 339.

Gleichmäßige Entfernung vom Hofe.

Daß die Entfernung der einen gegen die der andern nicht zu groß sey, und daraus eine große Ungleichheit in den Arbeiten jedes Jahres entstehe, ist möglichst zu verhüten, aber nicht immer ist die Möglichkeit vorhanden. Wenn die Feldmark eine lange schmale Figur bildet, und der Hof obendrein an einer schmalen Seite liegt, so ist das Uebel unabänderlich.

Es ist sonst die Regel, einen Schlag nicht zu theilen und aus mehreren Koppeln bestehen zu lassen. Wenigstens ist dies bei der Weidewirthschaft sehr wichtig, obwohl gleichgültiger und oft rathsamer bei der Stallfütterung.

Bei obiger Lage indessen könnte man sich vielleicht dadurch helfen, daß man z. B. bei 7 Schlägen 14 Koppeln machte, und ein jeder Schlag seine erste Koppel so viel näher liegen hätte, wie die andere weiter zurückliegt. Es versteht sich, daß die Schläge nicht zu klein seyn dürften.

§. 340.

Nothwendige Abweichungen von der Regel.

Häufig ist es aber auch wegen der physischen Beschaffenheit des Areals nicht möglich, die Schläge zusammenhängend zu machen, weil sie durch Bäche, Brüche, Moore und Seen unterbrochen werden. Hier ist die Verschiedenheit unendlich, und man muß die allgemeinen Regeln beobachten, so viel wie es möglich ist. Bei langer Ueberlegung und häufiger Betrachtung der Fläche sowohl in der Natur als auf der Karte verfällt man auf mancherlei Ideen, worunter man dann die in den meisten Rücksichten möglich beste wählen muß, ohne absolute Vollkommenheit zu verlangen. Wenn solche Stellen nicht breit sind, so geht man mit den Grenzen der Schläge gewöhnlich gerade hindurch, und sucht die Verbindung durch Brücken oder Dämme zu erhalten. Wo dies aber nicht angeht, muß man Wasser oder sumpfige Niederungen zu Grenzen der Schläge annehmen.

§. 341.

Gräben und Wege.

Wo es irgend möglich ist, macht man die nöthigen Abzugsgräben auch zu Grenzgräben der Koppeln. Ein Gleiches ist mit den Wegen der Fall, die man gern mit Gräben einfaßt und in möglichst gerader Linie legt, um weniger Land zu verlieren und den kürzesten Weg von einem Punkte zum andern zu haben. Da indessen zu jeder Koppel ein Weg führen muß, und man ihn ungern durch eine andere Koppel hindurch legt, so werden zuweilen Umwege nothwendig.

§. 342.

Schwierigkeiten, welche das Bauerfeld oft macht.

Die Lage des Bauerfeldes macht, wo der Wirthschaftshof mit dem Dorfe zusammenhängt, am meisten Schwierigkeit. In Mecklenburg, wo man noch unbeschränkter Herr der Feldmark war, hat man die Dörfer häufig ausgebauet, und ihnen ihre Felder da angewiesen, wo sie der Einrichtung des Hoffeldes nicht entgegen waren. Wo der Gutsherr das Eigenthum der Bauerländerei verloren hat, ohne daß eine den Ackerbau begünstigende Gesetzgebung das Zusammenlegen und Austauschen der Ländereien verstattet, muß man sich durch manche Schwierigkeiten hindurchwinden.

§. 343.

Ist der Boden so abwechselnd verschieden, daß man ihn in einer Rotation nicht zweckmäßig benutzen kann, so muß man mehrere Rotationen machen, und in dem Falle ist doch mehr auf die Gleichheit des Bodens, als auf die Oertlichkeit der Schläge zu sehn. Da kommen dann, so wie sich der Boden ändert, die Koppeln verschiedener Rotationen unter einander zu liegen, und durchkreuzen sich oft sonderbar. Eine gute Einrichtung hier zu machen, erfordert am meisten Ueberlegung, und man muß es bei der Weidewirthschaft wo möglich so einrichten, daß die grenzenden Koppeln verschiedener Rotationen in denselben Jahren zur Weide zu liegen kommen.

Ist der Boden eines Gutes häufig abwechselnd, und dabei von solcher Güte und Kraft, daß er eine zweckmäßige, obgleich sehr komplizirte Bewirthschaftung reichlich lohnen würde, so müssen seine Rotationen so vervielfältigt werden, daß man die Wirthschaft kaum mehr in diese Kategorie bringen kann.

§. 344.

Die Zahl der Schläge.

Zuvörderst also entsteht die Frage, in wie viele Rotationen, und dann, in wie viel Schläge jeder Art ein Gut zu legen sey. Man hat diese Zahl der Schläge in Mecklenburg für das Hauptproblem der Landwirthschaft gehalten, und sehr lebhaft darüber gestritten, welche Zahl die vortheilhafteste sey. Natürlich hat man sich nicht darüber verglichen, und wird sich nie darüber vergleichen können, weil die Verhältnisse, wovon diese Zahl abhängt, allenthalben verschieden sind. In jedem gegebenen Falle aber die zweckmäßigste Zahl zu treffen, ist freilich von großer Wichtigkeit.

§. 345.
Abtheilungen der Schläge.

Die Größe der Feldmark, ihre Form, ihre Lage gegen den Hof, ihre Unterbrechungen und die Verschiedenheit des Bodens entscheiden zuvörderst, ob Alles in eine Rotation gebracht werden könne, oder ob es in mehrere, in Binnen- und in Außenschläge gelegt werden müsse. Die Anlegung von Vorwerken oder besondern Wirthschaftshöfen für abgelegene Theile eines großen Gutes hat in Mecklenburg zu wenig Beifall gefunden, und die Feldfluren sind für einen Hof fast zu groß. Deshalb hat man häufig solches Land zu Außenschlägen, d. h. zu vernachlässigtem Acker machen müssen, was seiner natürlichen Güte nach dies Schicksal nicht verdiente, und wo es fast allein auf die Errichtung eines Wirthschaftshofes ankäme, um es nach einiger Zeit mit den Binnenschlägen in gleichen Ertrag zu setzen.

Diese Außenschläge werden ihrer Entfernung wegen sehr vernachlässigt, wenig oder vielmehr gar nicht gedüngt, und sind hauptsächlich zur Schafweide bestimmt. Dazu passen sie auch freilich in ihrem jetzigen Zustande noch am besten, indem die Schafe nicht nur bei hinlänglichem Raume mit schlechter Weide vorlieb nehmen, sondern auch abgetragenes Land durch ihren Weidedünger mehr als das Rindvieh verbessern, wenn es lange dreesch liegt. Wenn diese Schläge den ihnen zukommenden Hordenschlag erhalten, so ist dieser am angemessensten für sie, weil an eine Mistauffuhr, des weiten Weges halber, kaum zu denken ist.

§. 346.
Nebenkoppeln.

Die Nebenkoppeln sind oft zur Aufhelfung einer Wirthschaft und um Gleichgewicht darin zu erhalten, unentbehrlich. Sie müssen dem Viehstand aufhelfen und durch ihre größere Futterproduktion den sämmtlichen übrigen Acker in Kraft erhalten. Wo sie fehlten, hat man zuweilen einen Hauptschlag aus der Rotation genommen, und ihn in solche Nebenkoppeln zertheilt.

§. 347.
Hauptschläge.

Bei der Ausmittelung der Schlagzahl in der Hauptrotation muß Rücksicht genommen werden:

1) auf die Art des Bodens. Der sandigere Boden verbessert sich durch längere Ruhe mehr, als durch häufiges Pflügen, und eine öftere und starke Brachbearbeitung nützt ihm wenig, kann ihm vielmehr schädlich werden. Er braucht aus dem Dreesche nicht vor Winter umgebrochen zu werden, sondern es ist mehrentheils früh genug, wenn dieses in der Mitte des Sommers geschieht. Er kann aber auch ohne Sommerpflügen im Jahre des Umbruchs nach Holsteinischer Art bestellt werden, am vortheilhaftesten mit Buchweizen, welcher ihn fast besser zur Winterung vorbereitet, als die Brache. Der stark lehmige Boden hingegen wird nur durch häufiges Sommerpflügen zu großer Fruchtbarkeit gebracht. Deshalb müssen die Brachen vermehrt werden, so wie der thonige Bestandtheil des Ackers zunimmt. Die Weide aber kann auf eine kleinere Fläche eingeschränkt werden, weil dieser Boden grasreicher ist. Wenn man viele Getreidesaaten nach einander nähme, würde er zu sehr verwildern, und bei einer langen Weide sich zu sehr binden. Ist der Boden kaltgründig, mit einer undurchlassenden thonigen Unterlage der Feuchtigkeit ausgesetzt, so kann es der Fall seyn, daß man ihn wirklich vortheilhafter länger zur Weide oder zur Heugewinnung als zum Getreidebau benutzt, besonders wenn er gut durchdüngt ist, und einen Stamm von guten Gräsern in sich hat. Wenn einzelne Strecken dieser Art zwischen den Koppeln liegen, so werden sie zuweilen mit den übrigen nicht zugleich umgebrochen, sondern dienen zu Wiesen, wenn die Koppeln schon Korn tragen, und man nimmt ihnen dann eine oder zwei Früchte weniger, zuweilen nur Hafer ab.

2) Auf die Quantität des zur Ausdüngung einer Brache erforderlichen Mistes, und die mögliche Gewinnung desselben. Die Mistbrache soll nämlich ausgedüngt werden, und ihre Größe muß sich also nach dem Düngergewinn der Wirthschaft richten. Diesen hat man, wie allenthalben, auch in Mecklenburg mehrentheils nach der Kopfzahl des Viehes berechnet, sich aber auch eben so oft, wie anderwärts, betrogen. Man hat in Mecklenburg ziemlich allgemein angenommen, daß ein Stück Vieh den Dünger zu 100 sechszehnfüßigen Quadratruthen gebe. So viel Stück Vieh also, so viel 100 Quadratruthen Brache. Wenn nun ein Stück Vieh die Weide auf 300 Quadratruthen verlangte, so mußten, um einen Morgen zu bedüngen, 300 Quadratruthen Weide da seyn. Verlangte es nach der Beschaffenheit des Bodens oder nach der Erschöpfung desselben mehr an Weide, so mußte auch die Zahl der Weidekoppeln vermehrt worden. So haben Viele gerechnet, und glaubten recht gründlich gerechnet zu haben.

Allein die Quantität des Mistes — denn nur der Wintermist kommt hier in Betracht — ergiebt sich weder aus der Weide, noch aus der Kopfzahl des Viehes, sondern allein aus der Quantität des gewonnenen und ökonomisch verwandten Futters. Es kommt also auf den Stroh- und Heugewinn vorzüglich an, bei welcher Zahl und Rotation der Schläge die Brache genugsam ausgedüngt werden könne, und dann kommt erst die Zahl des Viehes in Betracht, welches dieses am vortheilhaftesten verzehrt; und nun muß berechnet werden, wie viel es an Weide bedürfe, um neben dem Dünger den möglich größten Nutzen zu geben. Also nicht bloß, wie Manche angegeben haben, ist hier auf die Beschaffenheit und die mehrere oder mindere Graswüchsigkeit des Ackers selbst, sondern weit mehr auf die Quantität und Qualität der Wiesen und der etwa zum Futtergewächsbau genutzten Nebenkoppeln zu sehen. Oder aber es muß auch Winterfutter in einem der Hauptschläge gebaut und somit die Zahl der Schläge um einen vermehrt werden. Dies findet man aber bei den gewöhnlichen Koppelwirthschaften selten, und kann auf gewöhnlichem Boden fast nur bewerkstelligt werden, wenn man die Regel des Fruchtwechsels befolgt, indem nach drei und mehreren Kornernten der Acker in keinem dem Klee günstigen Zustande zu seyn pflegt.

3) Auf die Arbeit. Diese vermehrt sich mit der Stärke der einfachen oder doppelten Brachen, und vermindert sich bei dem längern Dreeschliegen. Es kommt also in Betracht, ob vermehrtes Arbeitsvieh nutzbar zu halten oder eine Beschränkung desselben vortheilhafter sey.

4) Auf die Berechnung und Vergleichung des Ertrages aus dem Körnergewinn und der Viehnutzung. Wenn die Aussaat vermindert wird, so verringert sich der Körnerertrag nicht in gleichem Verhältnisse, indem er nach einer längern Ruhe, insbesondere auf loserm Boden, um so stärker zu seyn pflegt, oder wenigstens nicht in dem Maaße, daß er nicht zuweilen durch höhere Viehnutzung und ersparte Arbeitskosten genugsam wieder ersetzt würde.

5) Auf das Verhältniß der Wiesen, ob nämlich von selbigen so viel Heu gewonnen werde, daß nach Abzug dessen, was das Arbeitsvieh bedarf, für das auf die Weide zu haltende Nutzvieh genug zur Winterfütterung übrig bleibe, und auch der erforderliche Dünger daraus erzeugt werden könne.

Endlich 6) wie oben gesagt, auf die Größe des Gutes, die Lage des Feldes und die Verschiedenheit des Bodens. Die vortheilhafte Lage des Hofes gegen die Feldmark kann zuweilen einen Grund abgeben, die Zahl der Schläge mehr einzuschränken, weil sie sonst da, wo sie sich dem Hofe nähern, zu schmal werden würden.

§. 348.

Mecklenburgische Schlageintheilung.

Die gewöhnlichsten Einrichtungen der Schlagordnung sind folgende:

Die sechsschlägige. Sie hat eine große Brache, bauet drei Früchte nach einander, und hat zwei Weideschläge. Sie ist beliebt auf den Gütern, welche reichliche Wiesen und fruchtbaren Weidegrund besitzen. Sie bedarf des Düngers viel, theils wegen der Größe der Brache, theils weil eine zweijährige Ruhe die Kraft des Bodens minder wirksam als eine längere herstellt. Wo man sie auf schwächern Gütern des stärkern Kornbaues wegen einführte, ist der Erfolg schlecht gewesen.

Die siebenschlägige hat eine Brache, drei Getreide- und drei Weideschläge. Sie ist jetzt eine der beliebtesten, indem sich das Land, wie man zu sagen pflegt, in drei Jahren genugsam ausliegt, mit dem dritten Jahre im stärksten Graswuchse steht, die Brache leichter als in der vorigen ausgedüngt werden kann, und zur Abtragung von drei Ernten gerade die nöthige Kraft erhält. Sie kann zwar mit mindern Wiesen als die vorige ausreichen, jedoch nicht ohne einen beträchtlichen Heugewinn. Es haben sie neuerlich Einige mit vier Kornschlägen zu benutzen' angefangen, welches aber ohne höchst fruchtbare Weide oder Futterbau in Nebenkoppeln Erschöpfung herbeiführen muß, es sey denn, daß man eine verbesserte Fruchtfolge wähle. Von dieser können wir erst in der Folge reden, und haben hier nur die gewöhnliche bei Aufzählung der Schlagordnungen im Sinne.

Die achtschlägige hat gewöhnlich eine Brache, vier Getreide- und drei Weideschläge. Sie erfordert zu ihren vier Saaten eine stärkere Düngung, welche nur aus einem beträchtlichen Heugewinn hervorgehen kann, indem das Stroh der dritten und vierten Saat sehr abnimmt. Man trifft sie auch mit vier Weide- und drei Getreideschlägen auf Gütern an, die sich von ihrer Erschöpfung erholen müssen, oder auch bei den Rotationen besserer Außenschläge.

Die neunschlägige. Gewöhnlicherweise hat sie eine Brache, vier Getreide- und vier Weideschläge. Unter den Schlagordnungen mit einfacher Brache hat sie diese am kleinsten, und da das Land in der erwähnten Ordnung vier Jahre gelegen, so bedarf sie des Düngers am wenigsten. Sie kann sich also mit einem geringern Wiesenverhältnisse behelfen, wird dann aber freilich das auf dem beträchtlichen Weideraum zu haltende Vieh nur schwach durchfüttern können. Man hat aber auch fünfmal nach einander Getreide genommen, und nur drei Weideschläge gehabt: eine Einrichtung, die nur der vorzüglichste Boden ertragen kann, der aber doch immer mehr Geiz als wahre Oekonomie zum Grunde zu liegen scheint.

Die neunschlägige mit zwei Brachen trifft man jetzt wohl kaum mehr an, ob sie gleich vormals nicht selten war, und auf bindendem Boden, dem eine starke Bearbeitung günstig war, vorzügliche Kornernten gewährte.

Fünf Weideschläge, drei Kornschläge und eine Brache findet man nur auf Außenschlägen.

Die zehnschlägige mit zwei Brachen, vier durch die Mürbebrache getrennten Getreideschlägen, und vier Weideschlägen, gehört unter die seltenen. Sie kann sich jedoch bei dem geringsten Wiesenverhältnisse ziemlich in Kraft erhalten, und die zehnschlägige Eintheilung scheint mir vorzüglich zu einer verbesserten Fruchtfolge geeignet. Wenn sie sonst, wie man wohl versucht hat, fünfmal Getreide nach einer Brache nimmt, so arbeitet sie ihrem Ruin entgegen.

Die eilfschlägige. Sie nimmt zwei Saaten nach der gewöhnlich ungedüngten Rauhbrache, und drei Saaten nach der Mistbrache, hat folglich vier Weideschläge. Sie war vormals die beliebteste in Mecklenburg, und es giebt auch noch Viele, die nicht bereuen, dabei geblieben zu seyn. Auf gutem lehmigen Boden, dem die Ruhe und die Brachbearbeitung die seltene Düngung ersetzt, kann sie mit wenigem Dünger und also auch mit geringem Wiesenwachse ausreichen, und ihr Vieh mäßig ausfüttern.

Die zwölfschlägige, welche nach jeder Brache drei Ernten nimmt, kommt in ihren Verhältnissen der sechsschlägigen gleich. Wenn sie mit ihr gleichen Dünger gewinnt, so kann sie der ersten Brache einigen Dünger geben, die zweite Brache aber um desto stärker düngen, und scheint mir dann einen Vorzug vor der sechsschlägigen zu haben, weil der Dünger hier vermindert wird, wo er weniger nöthig ist, und vielleicht gar Lagergetreide geben könnte, aber um so stärker dahin kommt, wo der Acker seiner bedarf. Kann sie nur eine Brache oder alle zwölf Jahre nur einmal düngen, so wird ihre starke Aussaat einen nach Verhältniß geringen Ertrag geben, und dennoch Erschöpfung zurücklassen.

§. 349.

Fruchtfolge bei derselben.

Die Folge der Früchte ist mit wenigen Ausnahmen die, daß man nur nach der Brache Winterung, dann aber zwei-, drei- und in einigen Fällen gar viermal Sommerung, zuerst gewöhnlich Gerste, dann Hafer nimmt. Hülsenfrüchte werden im Ganzen wenig gebaut, und man nahm die Erbsen, wenn man sie bauete, häufig in Abtragschlag. Der Ertrag derselben an dieser Stelle konnte wenig dazu aufmuntern. Jetzt werden sie mehrentheils im dritten Fruchtschlage gesäet, und dann nach demselben der Acker mit Winterung zu Grase niedergelegt. Der Bau anderer Früchte gehört noch zu den Seltenheiten, die von neueren Verbesserern eingeführt sind, und die nicht in Betracht kommen können, wenn von der landüblichen Mecklenburgischen Wirthschaft die Rede ist.

Den Acker länger als vier Jahre zur Weide liegen zu lassen, hat man in Mecklenburg nie rathsam gefunden, weil schon mit dem vierten Jahre die Ergiebigkeit derselben abnimmt, nach demselben der Boden sich aber gar vermooset, und das Vieh nur kümmerlich ernährt. Dies rührt wohl weniger von dem Unterschied des Klima's und Bodens in Mecklenburg und Holstein, als von der mehreren Erschöpfung her, worin das Land zu Grase niedergelegt wird. Von Camillo Tarello's Prinzip, den Dünger erst mit der letzten Saat unterzubringen, oder gar auf den jungen Rasen zu streuen, will man daselbst nichts wissen, und der Uebergang zu dieser Methode, wo man den Dünger gleichsam als ein Kapital erst in den Boden belegt, würde freilich einen zu großen Verlust in der Kornernte nach sich ziehn, obwohl dieser durch die reichere Weide und dann durch die aus dem neuen Ausbruch zu gewinnenden Früchte in der Folge genugsam ersetzt werden könnte.

Die Einsäung des weißen Klees mit der letzten Frucht hat sich in den neuesten Zeiten fast allgemein verbreitet, und es giebt nur noch Wenige, die solches aus Nachlässigkeit oder aus Anhänglichkeit an die alte Form unterlassen, und ihm wenigern Nutzen für das Weidevieh als dem wilden Grase zugestehen wollen. Die Holländer oder Molkereipächter, deren Stimme doch hierin wohl entscheidend ist, sind aber so bestimmt dafür, daß sie diese Einsaat zur Bedingung machen, wenn sie ein höheres Pachtgeld für die Kuh geben sollen. Besonders macht es im ersten Weidejahre einen großen Unterschied, wenn dieser auch im zweiten und dritten nicht so merklich ist. Wie man den Ertrag der Weide nach der Art und Graswüchsigkeit des Bodens nach den abgenommenen Früchten und nach den Weidejahren zu schätzen habe, zeigt die im §. 288 angehängte Tabelle.

§. 350.

Erfolg dieser Wirthschaftsart.

Durch diese Wirthschaftsart ist ein beträchtliches, nach der allgemeinen Aussage aller ältern Leute durch die Dreifelderwirthschaft erschöpftes Land während eines Menschenalters zu einer ungleich höhern Fruchtbarkeit, starken Kornausfuhr, um's Dreifache vermehrtem Viehstande und großer Wohlhabenheit gediehen. Dies ist ein so auffallender Beweis für die Vorzüge dieses Systems gegen ein anderes, daß es die Aufmerksamkeit aller norddeutschen Provinzen auf sich gezogen, und sehr viele Nachahmer gefunden hat, allenthalben, wo die der freien Benutzung des Grundeigenthums durch alte Einrichtungen angelegten Fesseln sie verstatteten, und die Größe der Güter eine solche Abänderung verlohnte, die nie ohne Weitläufigkeit und ohne Aufopferung von baarem Ertrage in den ersten Jahren geschehen kann.

§. 351.

Vorzüge derselben.

Zu den Vorzügen dieser Koppelwirthschaft gehört besonders Folgendes. Sie erspart viele Arbeit, und die verwandte Arbeit verlohnt sich auf jedem Flecke weit mehr, als bei dem Dreifeldersystem, wo sie das ungedüngte Land nur zu oft vergeblich beackert, indem sie wenig über die Aussaat davon gewinnt. Die Arbeit geht in einer sehr regulären Ordnung, ist nicht nur durch alle Jahre gleich, sondern vertheilt sich auch gut unter die Jahreszeiten. Jede Art von Arbeit kann in dem Zeitpunkte geschehen, der für dieselbe am zweckmäßigsten ist, und bei der Beackerung der schon im Herbste umgebrochenen Brache findet die Auswahl der günstigsten Witterung zum Pflügen und Eggen Statt; weshalb denn auch Jeder anerkennt, daß man, um vorzügliche Brachen zu sehen, Mecklenburg bereisen müsse. Der Dünger wird dem Acker zur rechten Zeit mitgetheilt, und aufs genaueste mit der Erdkrume gemischt, so daß er seine volle Wirksamkeit auf die Früchte äußert. Der Koppelwirth ist mit der ganzen Vorbereitung seines Ackers zur Winterungssaat in der Regel zu rechter Zeit fertig, und kann, worauf so Vieles ankommt, das früheste günstigste Saatwetter wählen, was man bei andern Wirthschaften minder in seiner Gewalt hat.

Man hat ihr vorgeworfen, daß sie die Arbeit des Feldbaues zu sehr verminderе, dadurch die Thätigkeit der Nation lähme, und der Bevölkerung schade. Aber dieser Vorwurf kann nur von denen gemacht werden, die da nicht bedenken, daß sie keine wüstliegenden Strecken dulde, sondern Alles in Kultur nehme, Jedes zu dem, wozu es die Natur geschaffen hat. Wenn die Bevölkerung sich seit ihrer Einführung in Mecklenburg vermindert hätte, was doch erweislich nicht der Fall ist, so wäre es nur dem zu großen Umfange der Güter und dem Mangel an kleinen Nahrungen beizumessen.

Wie die Arbeit, ist sich auch die Ernte — ungewöhnliche Jahre abgerechnet — immer gleich, und zwar nicht bloß in Ansehung der abzuerntenden Fläche, sondern auch des wirklichen Ertrages. Die Verschiedenheit in der Fruchtbarkeit der Jahre ist dabei wenigstens nicht so groß, wie in andern Wirthschaften. Die Winterung mißräth, ihrer zweckmäßigen und frühen Bestellung wegen, sehr selten. Man kann fast mit Sicherheit auf etwas Gewisses rechnen, wenn keine besondern Unglücksfälle eintreten. Eben deshalb hört man aber auch weniger von einem ungewöhnlich hohen Ertrage, den man einmal von einem Theile des Feldes in einem Jahre gehabt habe, und den man sich selbst kaum zu erklären weiß. Deshalb rechnet man dabei mit mehrerer Zuverlässigkeit auf einen bestimmten reinen Ertrag, den ein Gut Jahr aus Jahr ein geben wird.

So viele Kenntnisse und Ueberlegung die Anlegung der Schläge und die erste Einrichtung dieser Wirthschaft erfordert, wenn sie anders zweckmäßig und beständig seyn soll, so leicht ist sie zu betreiben, wenn sie einmal gut eingerichtet worden. Sehr große Wirthschaften dieser Art können mit sehr weniger Aufmerksamkeit in ihrem Gange und Stande erhalten werden. Es hat Alles seine gewiesenen Wege und seine immer gleiche Folge nach Ort und Zeit. Es ist wenig Anderes dabei zu beachten, als der eingeführte Mechanismus des Pflügens, Eggens, Säens, Mähens, Sammelns, Einfahrens u. s. w., und dieser ist in den Gegenden, wo man diese Wirthschaft landüblich findet, so bekannt und in seiner Art wirklich so gut, daß ein jeder Bauer als Ackervoigt, oder jeder sogenannte Schreiber — der insgemein weder schreiben noch rechnen kann — dieses zu dirigiren und in Ordnung zu halten vermag.

Der Viehstand ist in der Regel verpachtet, und für ihn sorgt der Holländer, der dann auch auf die Wiesen- und Heuwerbung sehr aufmerksam ist, und dem Administrator der Wirthschaft sehr gern die Mühe dabei abnimmt, wenn er ihn nur machen läßt. Das Vieh hat seine zugemessene Weide im Sommer, und bekommt das gewonnene Heu und Stroh im Winter, was das Zugvieh übrig läßt. Muß es sich in minder fruchtbaren Jahren gleich kümmerlich damit behelfen, so weiß man doch, daß es nothdürftig durchkommt, und weiter kümmert sich der Herr der Wirthschaft um nichts. Der Holländer hat seinen Kontrakt schon so gemacht, daß er zur Noth auch dabei bestehen kann.

Durch diesen festen Gang der Wirthschaft und bei der Gleichmäßigkeit des Ertrages ist aber in der Regel der eigentliche Profit des Gewerbsbetriebes geringer. Ein Gut giebt seine bestimmte Rente, und diese ist mit dem reinen Ertrage der Wirthschaft im Durchschnitte der Jahre fast gleich. Man kauft ein völlig eingerichtetes Gut, was nicht noch besondere bisher unentdeckte Quellen hat, ziemlich sicher, aber kann auch, so lange man in dieser Wirthschaft bleibt, nicht viel mehr als die Rente davon haben; es sey denn durch außerordentliche Konjunkturen, die den Kornpreis sehr in die Höhe treiben.

Ich sage darum nicht, daß ein spekulirender Kopf nicht auf vielen einzelnen Gütern Gelegenheit finde, durch Meliorationen sich beträchtliche Vortheile zu verschaffen. Aber dies ist etwas Anderes, als der eigentliche Wirthschaftsbetrieb, und findet nur unter besondern Lokalitäten Statt. Ungeachtet Vieles dieser Art aufgesucht und jetzt so leicht nicht mehr zu finden ist, so ist doch allerdings noch wohl Manches auf Gütern, die in Koppelwirthschaft liegen, verborgen.

§. 352.

Die bequeme Regelmäßigkeit dieser Wirthschaft empfiehlt sie besonders auf sehr großen Gütern. Ist sie daselbst einmal eingerichtet, so können 4000 Morgen oft mit weit geringerer Aufmerksamkeit und Sorge bewirthschaftet werden, als auf eine andere Weise 400 Morgen. Die allgemeine Aufsicht ist sehr leicht zu führen, sobald man sich nur eine Uebersicht des Ganzen einmal erworben hat. Jede Arbeit hat ihr bestimmtes Maaß und ihre bestimmte Zeit. Daß sie mit den einmal angemessenen Kräften zu rechter Zeit vollendet seyn müsse, weiß der Ackervoigt oder Vorpflüger, und er richtet sich danach ein. Nur darf man den Gang der Geschäfte nicht im mindesten stören, weil sonst Alles aus seiner Ordnung kommt und nicht mehr eingreift. Es ist eine Maschine, in welcher die Verrückung des Einen Alles verrückt, und bei welcher es schwer ist, eine Veränderung, die sich über alle Theile erstrecken muß, zu machen, ohne Alles auf einen Augenblick in

Stillstand und in eine ganz neue Ordnung zu bringen. Aendert oder stört man aber Nichts, so geht es regelmäßig seinen Gang fort, und leistet die erwartete Wirkung. Deshalb fürchten sich denn auch nicht ohne Grund Viele, nur die mindeste Abänderung, die sie sonst wohl für vortheilhaft erkennen, zu veranstalten. Der Bau von 10 Morgen Klee oder Kartoffeln auf einer Brachkoppel von mehreren 100 Morgen kann schon den regulären Gang ihrer Bearbeitung stören, und sie wird darüber zu spät für die Winterungssaat fertig, oder ist minder vollkommen dazu vorbereitet.

Bei ihrem festen Gange ist es sogar nicht schwierig, in der Entfernung viele große Güter auf diese Weise selbst zu administriren, ohne einmal einen geschickten Aufseher auf jedem derselben zu haben. Es ist genug, von Zeit zu Zeit einmal nachzusehen, ob die Maschine nicht stocke, und ihr allenfalls etwas Oel zu geben. Die Rechnungsführung kann höchst einfach und dennoch genau genug seyn. Man hat in Mecklenburg Eigenthümer und Pächter mehrerer großen Güter gekannt, die ihre ganze Wirthschaftsrechnung mit Kreide an der Thür führten.

Ferner ist die Arbeit nicht nur mehr geordnet und gleichmäßiger, sondern auch allerdings geringer, als bei jeder anderen Wirthschaftsart. Deshalb paßt sie sich vor allen andern in den Gegenden, wo der Arbeiter weniger, besonders aber keine außerordentlichen und hinzuzunehmenden zu haben sind. Man gebraucht ein Jahr wie das andere dieselbe Zahl von Zugvieh und von Menschen, und die Arbeit derselben ist durch alle Jahreszeiten so gut wie möglich vertheilt. Wenn gleich die Menschen, welche man in einer Periode gebraucht, in der andern nicht beschäftigt werden können, so sind sie einmal daran gewöhnt, alsdann keinen Verdienst in der Wirthschaft zu haben, und suchen sich einen Nebenerwerb, oder schlafen.

In minder kultivirten und bevölkerten Ländern, wo bei den großen, noch wenig benutzten Landflächen eine extensive Wirthschaft unstreitig rathsamer als eine intensive ist, findet sie vor allen andern die nützlichste Anwendung, und ich würde in dem Falle vorerst an der hergebrachten Form kaum etwas ändern.

Sie hat den großen Vorzug, daß sie nachher so leicht eine totale Abänderung verstattet, den Uebergang zu jeder andern Wirthschaftsart erleichtert, und gewissermaßen vorbereitet, ja sogar eine zweckmäßige Parzellirung großer Güter am besten einleiten kann, indem die Einrichtung einer besondern Wirthschaft auf jeder geruhten Koppel so leicht auszuführen ist.

§. 353.

Mängel derselben.

Aber von der möglichsten Vollkommenheit im Allgemeinen und ohne Rücksicht auf besondere Lokalitäten, die der höheren Vervollkommnung überhaupt im Wege stehen können — ist sie noch weit entfernt. Nach der Holsteinischen Methode ist der Ertrag des Fruchtbaues nach dem Verhältnisse der im Acker befindlichen Kraft, wie man auch allgemein anerkennt, zu geringe. Bei der Mecklenburgischen dagegen liegt der Mangel am Viehstande keinesweges in zu geringer Kopfzahl, — denn diese hat man oft nur zu stark gemacht — aber an zureichender Nahrung für dasselbe, im Sommer sowohl als im Winter. Hieraus erfolgt nicht nur eine zu schwache Benutzung desselben, sondern, was vielleicht wichtiger ist, Mangel an Dünger, durch dessen Abhelfung bei der sehr guten Beackerung ein ungleich höherer Körnerertrag zugleich mit einer mehreren Zunahme der Kraft im Acker bewirkt werden könnte.

Der Korn- und Strohgewinn wird ferner aber in beiden Wirthschaftsarten durch die ununterbrochene Folge von drei, vier und mehrern Getreidearten ungemein vermindert, und wenn gleich der Mecklenburger nach seiner trefflich bearbeiteten Brache in der Winterung das gewinnt, was der Acker nach seiner Kraft zu geben vermag, so schlagen doch die übrigen Früchte, insbesondere die dritte und vierte, so sehr zurück, daß im Ganzen der Körnergewinn nur auf 4 bis $4\frac{1}{2}$ Korn in Mecklenburg angenommen wird.

Durch mehreren Futtergewinn und eine andere Folge der Früchte würde sich ohne Zweifel der Ertrag des Ackers im Körnerbau sowohl als in der Viehnutzung beträchtlich vermehren lassen, wenn, wie Viele auch bereits angefangen haben, eine andere Bestellung der unter dem Pfluge stehenden Schläge eingeführt wird, ohne daß man darum nöthig habe, die einmal bestehenden Schlageintheilungen beträchtlich abzuändern, oder Stallfütterung, bei der sich Manche so große Schwierigkeiten denken, einzuführen.

Um die Zweckmäßigkeit dieser Abänderung und die Art und Weise derselben klar darzustellen, müssen wir an diesem Orte eine der wichtigsten Lehren, nämlich die vom Fruchtwechsel, vorläufig in ein helleres Licht zu stellen suchen; obwohl sie eigentlich erst bei der allgemeinen Lehre von der vegetabilischen Produktion vorgetragen werden sollte.

Der Fruchtwechsel.

§. 354.

Alte Erfahrungen für den Fruchtwechsel.

Schon seit uralten Zeiten haben aufmerksame Beobachter des Feld- und Gartenbaues bemerkt, daß der Erdboden die Gewächse in ungleich größerer Vollkommenheit hervorbringe, wenn man damit abwechsele, und daß eine Folgereihe derselben nach Verschiedenheit des Bodens Vorzüge von einer andern habe. Wollte man den Anbau nur auf einzelne Gewächse oder Gewächsarten beschränken, so fand man seit jeher nöthig, daß der Boden nach einigen Ernten Ruhe oder Zeit haben müsse, Nahrungskraft für diese Gewächsart zu sammeln; daß Düngung und Bearbeitung dieses zwar erleichtere und schneller bewirke, jedoch auch Zeit dazu erforderlich sey, in welcher dieser angemessene Nahrungsstoff durch die Natur bereitet werden könnte. Der Gärtner, der mit den Früchten häufig wechselt, bedurfte dieser Ruhe nicht; allein der Ackerbauer, der nur Körner gewisser Art erzielen wollte, mußte selbst bei stärkerer Düngung seinem Acker jene Ruhezeit geben. Wo mit höherem Betriebe des Ackerbaues der Werth des Grundes und Bodens gestiegen war, fiel es leicht in die Augen, daß diese Verschiedenheit nicht in der Verschiedenheit der Naturgesetze beim Acker- und Gartenboden, sondern nur darin liegen könne, daß der Gärtner neben der sorgfältigern Bearbeitung seines Bodens eine Abwechselung mit den Früchten vornehme. Alte Nationen haben schon ihren Ackerbau nach dieser auffallenden Erfahrung eingerichtet, ihn dadurch zu großer Vollkommenheit getrieben, und sogar häufig zwei Früchte in einem Jahre mit glücklichem Erfolge auf demselben Boden gebauet. Die Römer wußten zwar, wie nützlich eine fleißige Brachbearbeitung, Lüftung und Sonnung dem Acker sey, wenn er nur Weizen, Gerste und Hafer oder ähnlichen Samen tragen sollte; aber sie wußten, daß

Mutatis quoque requiescunt fructibus arva,
Nec ulla interea est inaratae gratia terrae.

„Also ruh'n dir auch bei veränderter Frucht die Gefild' aus,
„Ohne daß du den Zins der müßigen Brache verlierst."

Theoretische Gründe für und gegen den Fruchtwechsel.

Nun aber entstand die Frage, welche Arten von Früchten man am vortheilhaftesten nach einander bauen müsse, und welche Frucht die beste Vorbereitung für die künftige sey. Diese Frage zu entscheiden, war um so schwieriger, da die Erfahrung keine ganz übereinstimmende Antwort darauf gab, wie bei der Verschiedenheit des Bodens und des Klima's auch natürlich nicht geschehen konnte. Man suchte also schon in der frühesten Zeit der aufkeimenden Naturwissenschaft diese Frage theoretisch und auf dem Wege der Analogie und Induktion aufzulösen, und warf also die fernere Frage auf: ob die verschiedenen Pflanzenarten jede eines besondern Nahrungsstoffes bedürften, um ihre eigenthümlichen Säfte daraus zu bilden, und ob deshalb ein Boden diese besondern Nahrungsstoffe enthalten müsse, wenn eine Pflanze gewisser Art darin fortkommen solle? So wie die Frage hier gestellt war, mußte sie bei längern Beobachtungen und Versuchen nothwendig dahin entschieden werden: daß jede Pflanze nicht eines eigenthümlichen Nahrungsstoffes bedürfe, sondern ihr eigener Organismus aus jeder Pflanzennahrung ihre besondern Säfte bereite. Pflanzen von den verschiedensten Eigenschaften, die schärfsten und giftigsten, wachsen mit den mildesten und zuträglichsten in demselben Ballen Erde. Pflanzen der verschiedensten Art entziehen sich neben einander stehend die Nahrung, welches sie nicht thun würden, wenn sie von ganz verschiedenen Nahrungsstoffen lebten. Auch bestehen alle Pflanzen und alle verschiedenen Theile und Säfte derselben, wie man freilich erst späterhin entdeckte, aus denselben Urstoffen. Die Hauptbestandtheile aller sind Kohlenstoff, Sauerstoff und Wasserstoff, denen sich mehrentheils etwas Azot, jedoch nur bei wenigen in beträchtlicher Menge beimischt, wozu noch wenige Erde und einiges Kali, bei einzelnen auch Phosphor und Schwefel sich hinzugesellt. Diese Bestandtheile finden sie in jedem fruchtbaren Boden sämmtlich, in so fern sie solche nicht aus der Atmosphäre erhalten. Die mannigfaltige quantitative Verbindung dieser Stoffe, woraus die unendliche Verschiedenheit der vegetabilischen Materien hervorgeht, bewirken die Pflanzen durch ihren eigenthümlichen Organismus. Und hieraus schlossen die Meisten, daß ein Boden, der Frucht genug für eine Pflanze besitze, sie auch für die andere haben müsse, und daß etwa nur die physische Eigenschaft des Bodens ihn der einen günstiger als der andern mache.

§. 355.

Allein wenn es auf Theorie und apriorisches Raisonnement hier ankommt, so ist es schon genug für die entgegengesetzte Meinung, daß die Pflanzen diese Urstoffe in verschiedenem Verhältnisse haben und zusammensetzen müssen. Höchst wahrscheinlich haben ihre Wurzeln eine elektive Kraft und Sinn, wodurch sie sich die Urstoffe gerade in dem Verhältnisse anziehen und auswählen, wie sie solche ihrer Natur nach gebrauchen. Zu ihrem vorzüglichen Gedeihen ist es aber nöthig, daß sie in ihrem Wirkungskreise diese Stoffe in einem angemessenen Verhältnisse schon antreffen, und vielleicht in solchen Verbindungen, die jenem schon analog sind. Ist dieses Verhältniß nicht vorhanden, sind einige jener Urstoffe zwar da, aber in geringer Menge und in solchen Verbindungen, welche die Thätigkeit des Pflanzenlebens erst auflösen muß, um sich den Theil von jedem, dessen die Pflanze bedarf, anzueignen, so wird es ihr schwerer gemacht; sie wird minder schnell fortkommen und gedeihen. Wenn keiner der Stoffe, deren sie bedarf, im Boden gänzlich fehlt, aber nicht in hinlänglichem Verhältnisse da ist, so muß sie ihn mit ihren Wurzeln gleichsam länger und weiter zusammensuchen, damit sie ihn in jedem Momente, wo sie dessen bedarf, anziehen könne. Ja es läßt sich nicht ohne Wahrscheinlichkeit annehmen, daß ein der Pflanze an sich nöthiger Stoff auch in zu großem Verhältnisse im Boden seyn, und daß die Pflanze sich schon durch die Abstoßung des sich zu stark darbietenden Stoffes oder durch seine Abtrennung von dem übrigen schwächen könne. Und so läßt es sich allerdings erklären, warum Pflanzenarten, oft nach einander gebaut, in einem Boden zu minderer Vollkommenheit kommen, wenn gleich dieser Boden noch alle die Nahrungsstoffe in sich enthält, deren sie bedürfen, und sie diese Vollkommenheit wieder völlig erreichen, nachdem der Boden geruhet hat, oder eine andere Frucht darauf gebauet ist. Es läßt sich sogar denken, daß eine andere Pflanze, die ein entgegengesetztes Verhältniß der Urstoffe zu ihrer Nahrung gebraucht, gerade durch Ausziehung desselben das angemessene Verhältniß für eine andere wieder herstellen könne, so daß jene nun besser darauf fortkommt, als wenn diese darauf nicht gewachsen wäre und dem Boden Nichts entzogen hätte. Nahrungsstoff hat die dazwischen gekommene Pflanze allerdings auch weggenommen, aber in einem andern Verhältnisse. Durch solchen Wechsel kann folglich der Boden endlich ganz erschöpft werden, und so, daß er nun gar keine Pflanze mehr ernährt; aber für jede einzelne Pflanze wird er langsamer erschöpft, als wenn nur diese beständig darauf erbauet wäre.

Vergl. Einhof in Annalen des Ackerbaues. 8 Bd. S. 321 u. f.

§. 356.

Gründe aus der Erfahrung.

Wachsen mehrere Pflanzenarten zugleich auf demselben Boden, so giebt freilich jede nicht einen so hohen Ertrag, als wenn sie den Boden allein eingenommen hätte. Denn auch ohne Hinsicht auf den Raum, den eine der andern über und unter der Erde wegnimmt, gebraucht jede von jedem Stoffe etwas, und entzieht es also der andern. Allein wir wollen auf die Erfahrung zurückkommen. Hier finden wir alle aufmerksamen Gärtner und viele Ackerbauer darin übereinstimmend, daß es vortheilhaft sey, gewisse Pflanzen untereinander zu bauen, und daß man einen stärkeren Ertrag von jeder erhalte, als wenn man auf demselben Stücke Landes jede besonders auf einem eigenen Theile baue. Wo ein sehr industriöser Gärtnereibetrieb herrscht, da findet man zuweilen fünf bis sechs verschiedene Früchte zugleich auf demselben Beete untereinander wachsend, und nach der einstimmigen, auf langer Erfahrung beruhenden Versicherung dieser Gärtner würden sie ihr Land, ihren Dünger und ihre Arbeit bei weitem nicht so hoch benutzen, wenn sie jedesmal nur eine Pflanze abgesondert baueten. In der richtigen Auswahl dieser Früchte bestehe, sagen sie, ihre größte Kunst, woraus sie ein Geheimniß machen, und in welcher es einer dem andern zuvorzuthun sucht.

Aber auch beim Feldbau ist der Vortheil verschiedener Gemengearten in manchen Gegenden allgemein anerkannt und entschieden. Eine Hülsenfrucht — Bohnen, Erbsen und Wicken — mit einem Getreide — Sommerroggen, Hafer oder Gerste — ausgesäet, giebt einen reichlichern Ertrag, als eins von beiden allein gebauet. Ja, man hat längst bemerkt, daß Hülsenfrüchte unter dem Getreide auf so dürrem Boden, wo sie allein gar nicht fortkommen würden, einen guten Ertrag geben, ohne dem Getreide merklich zu schaden. So geräth nach allgemeiner Erfahrung der Weizen unter Roggen gesäet auf Aeckern, wo der Weizen allein nicht fortkommt; man hat sogar den Ertrag des Weizens allein in dieser Mengung stärker gefunden, als wenn bloßer Weizen gesäet war. Dieses Gemenge geräth auch, wenn es in die Weizenstoppel gesäet wird, in welcher Weizen allein, der allgemeinen Erfahrung nach, auch auf dem ihm zuträglichsten Boden durchaus nicht gedeihet.

So bestätigt die Erfahrung allerdings jene Hypothese: daß durch eine Zwischenfrucht anderer Art das gestörte gerechte Verhältniß der Urstoffe für eine Getreideart wiederhergestellt werden könne. Weizen in Weizenstoppel geräth, wie eben gesagt, durchaus nicht. Auch Weizen nach Gerste — es sey denn ungemein starker Boden, den man nur zu entkräften suchen muß — wird schwach. Roggen nach Roggen geht noch am besten. Aber der Körnerertrag sinkt doch tief herunter. Bringt man nun aber zwischen diese Früchte ein Gewächs aus der Diadelphistenklasse, Erbsen, Wicken, Bohnen oder Klee, und danach dann jene zweite Frucht wieder, so gedeiht sie vollkommen. Ja, wenn man jene Früchte grün gemäht hat, oder der zweite Wuchs des Klees untergepflügt ist, so wird das zweite Getreide oft besser als das erste. Diese und andere Erfahrungen der Art sind so allgemein anerkannt, und fallen jedem Beobachter so auf, daß ich mehrere anzuführen und weitläufiger darüber zu reden mich enthalte, da ich bei der Lehre vom Bau einzelner Gewächse darauf zurückkommen muß.

§. 357.

Die Gärtnerei liefert unzählige Beweise, daß Erde für ein Gewächs vorerst untauglich geworden sey, andere Gewächse aber noch sehr gut abtragen könne. Die Mistbeeterde ist nach einmaligem Gebrauche für dasselbe Gewächs, z. B. die Melonen, durchaus nicht mehr tauglich, bis sie mehrere Jahre der Atmosphäre ausgesetzt gelegen und mit frischem Miste wieder durchgearbeitet worden. Aber Schminkbohnen, Laktuken und andere Kräuter trägt sie noch. Luxurirende Blumen, wie die Nelken, erfordern eine häufige Erneuerung der Erde in den Scherben, wenn sie gleich noch überflüssig fett zu seyn scheint, und der Blumenliebhaber nimmt nie dieselbe Erde wieder zu derselben Blumenart. Junge Obstbäume dürfen nicht auf dieselbe Stelle gepflanzt werden, wo ein alter Baum gleicher Art gestanden hatte. Bei den Baumschulen ist es allgemeine Regel, mit den Revieren zu wechseln.

Ich und mein seliger Freund Einhof hatten mehrere Male Anstalten gemacht, Versuche anzustellen über die Veränderung, welche der Humus im Boden erleidet, wenn ein Gewächs gewisser Art bis zur Erschöpfung darauf gebauet würde. Aber wir sind darin gestört worden, und solche Versuche haben große Schwierigkeiten und Hindernisse, die man, ohne beständig darauf zu achten, nicht leicht überwindet, da sie unter freiem Himmel angestellt werden müssen.

Es kann so mancher Zufall nicht abgewehrt werden, der in einem Augenblicke die Arbeit vieler Jahre zerstört und kein sicheres Resultat gewinnen läßt. Es gehört ein besonderer, gut umzäunter, den Versuchen einzig gewidmeter Garten dazu, aus welchem man auch Vögel und Insekten verbannen könnte.

§. 358.

Es ist eine allgemeine Beobachtung, daß, wenn eine Saat nicht wegen Schwäche und Fehler des Bodens, sondern durch zufällige andere Ursachen mißräth, oder sehr geringen Ertrag giebt, dieselbe Frucht im folgenden Jahre wenigstens besser darauf fortkomme, als sie sonst in ihrer eigenen Stoppel thun würde. Umgekehrt aber geräth eine Frucht in der Stoppel einer ihr angemessenen Vorfrucht (z. B. der Weizen nach Klee oder Bohnen) um so besser, je üppiger diese stand. Dasselbe Gewächs ist also für sich selbst durch stärkeren Ertrag erschöpfend; für ein anderes ist es nicht also, sondern eher bereichernd.

§. 359.

Der Körneransatz, die Bildung der mehlichten Samen und Substanzen ist das, was den Erdboden am meisten zu erschöpfen scheint. Werden die Pflanzen grün abgeschnitten, zur Zeit der Blüthe im Zustande ihres üppigsten Wachsthums gemähet und abgefahren, so nehmen sie wenig oder gar keine Kraft aus dem Boden, scheinen solche vielmehr unter gewissen Bedingungen zu verstärken, — eine Wahrheit, wovon mich so wie jeden genauen Beobachter jährlich neue Bemerkungen immer fester überzeugen. Entschieden ist es noch nicht, ob während der Reifung des Samens eine stärkere Anziehung, besonders des Kohlenstoffs, aus dem Boden geschehe. Aber gewiß ist es, daß bei der Bildung und Reifung des Samens der Schleim der ganzen Pflanze konsumirt und diese in ein faseriges Stroh verwandelt werde. Es ist also ein großer Unterschied, ob die saftige Stoppel und Wurzel oder die dürre dem Acker zurückbleibt, und ob diese Wurzel bei voller Lebensthätigkeit noch kohlensaures Gas in der Erde abscheidet. Wie viel diese zurückbleibenden Wurzeln bewirken, hat man beim Spergelbau unter andern bemerkt. Wird er grün gemähet, so verbessert er den Boden merklich, wird er aber, wie zuweilen geschieht, gerauft, so soll er stark aussaugen. Daher vielleicht auch das besondere Erschöpfende des Leins. Diese Thatsachen sind so allgemein bekannt, daß die neuerlich von Einigen wie es scheint aus Widerspruchsgeist erregten Zweifel gar keinen Eindruck machen können, und deshalb keiner Widerlegung bedürfen.

§. 360.

Indessen gehe ich nicht so weit wie Einige, zu behaupten, daß alle nicht zum Samenansatz gekommene Früchte dem Boden gar nichts entzögen, wenn sie abgeerntet werden. Alle Knollen- und Rübenfrüchte sammeln in ihrer Stammwurzel gleichsam einen Vorrath nahrhafter Stoffe zur Ernährung ihres Triebes im folgenden Jahre. Diese Wurzel ist gewissermaßen ein Magazin für diese, ihrer Natur nach zweijährigen Pflanzen, woraus sie im künftigen Frühjahre ihren Blüthetrieb ernähren sollen. Blieben diese Wurzeln im Boden, so würden sie allerdings, wie die Erfahrung und selbst praktische Versuche im Großen gelehrt haben, sehr kräftig düngen. Herausgenommen entziehen sie dem Boden allerdings Nahrungsstoff, ungeachtet sie ihn in anderer Hinsicht durch die zu ihrem Anbau nöthige Bearbeitung mechanisch verbessern und als Vorbereitung zu andern Früchten von großem Nutzen sind. Wenn Gewächse dieser Art, zu welcher auch verschiedene Handelspflanzen zu rechnen, ihre Wurzeln, Stengel, Strünke und einen Theil ihres Laubes dem Boden hinterlassen, so geben sie ihm einen Theil des Nahrungsstoffes zurück.

§. 361.

Diejenigen Saaten, welche mit ihrem lockern, aber dichten Gefieder den Boden bedecken, bringen auch auf der Oberfläche desselben eine chemische Veränderung oder Wechselwirkung mit den atmosphärischen Stoffen hervor. Unter der dunkeln Beschattung, die Erbsen und Wicken und gut stehender Klee geben, ereignen sich zwischen den Gasarten, welche die Pflanzen aushauchen und einsaugen, und den Partikeln des Bodens mannigfaltige Verbindungen, denen wir zwar auf die Spur gekommen sind, die wir jedoch noch nicht bestimmt genug kennen gelernt haben. Vom Vorhandenseyn einer mephitischen Luft unter der Decke dieser Gewächse kann man sich schon durch den Geruch überzeugen. Der Wind entführt diese Gase und Ausdünstungen nicht leicht, das Licht zersetzt sie nicht, und es erhält sich eine gleichere Temperatur darunter. Daher findet man unmittelbar nach dem Abmähen einer solchen dichten, blattreichen Saat auch den bindigsten Erdboden locker, porös und durch die innere Gährung aufgetrieben. Seine Oberfläche hat eine schwärzere Farbe. Er ist frei von Unkraut, und man sieht in den ersten Tagen nichts darauf, als Stoppel und Erde. Aber in sehr kurzer Zeit begrünt er, und die äußerst lebhafte Vegetation der wilden Kräuter, welche darauf vorgeht, beweist, daß er einen Reichthum nahrhafter und schnell in die Pflanzen übergehender Stoffe angesogen habe; weshalb es so wichtig ist, ihn durch schnelles Umpflügen rein zu erhalten, und die Lockerheit der Oberfläche zu benutzen. Ganz anders verhält sich der Boden nach dem Abmähen einer halmigen Getreidefrucht. Seine Oberfläche ist fest geschlossen, mit einer Borke überzogen und dürre, und obendrein mit Unkraut aller Art bedeckt, so daß er ein mehrmaliges Pflügen erfordert, bevor er zur Aufnahme einer andern Saat geschickt wird.

Aber die starken, tiefer eindringenden Wurzeln dieser Gewächse äußern auch, abgesehen von der chemischen, eine höchst vortheilhafte mechanische Wirkung auf den bindigen Boden. Abgestorben, aber noch nicht verweset, bilden sie lauter hohle Röhren, welche den Boden trennen, locker erhalten und der atmosphärischen Luft Zutritt verschaffen. Sie ersetzen dadurch die Stelle eines mehrmaligen Auflockerns durch den Pflug, und machen eine einjährige Bestellung zureichend.

Diese Hülsenfrüchte scheinen also, selbst wenn sie reifen und nahrhaften Samen tragen, dem Boden, nach allgemeiner Erfahrung, wenig zu entziehen, was sie ihm nicht auf eine andere Art wiedergeben, wenn man auch nicht annehmen will, daß sie ein verschiedenes Verhältniß von Urstoffen gebrauchen. Werden sie aber grün vor der Bildung des Samens gemäht, so ist es unverkennbar, daß sie den Boden wirklich bereichern und in den Stand setzen, eine Frucht zu tragen, wozu er vorher unvermögend war. Eine unerläßliche Bedingung ist es aber, daß sie dicht und üppig stehen, indem sie sonst alle diese Vortheile nicht gewähren, vielmehr das Gegentheil thun, den Boden dicht und hart machen. Deshalb ist es nothwendig, sie in der vollen Kraft des Ackers zu säen, wenigstens auf keinen andern Boden, als der ihnen besonders zusagt, wie der kalkhaltige Lehm es thut. Und da ihr Gedeihen dennoch manchen Zufälligkeiten unterworfen ist, so wird der weiter hinausdenkende Landwirth sie grün abmähen oder unterpflügen, sobald ihr Mißrathen entschieden ist.

§. 362.

Wenn diejenigen Gewächse, welche wir unter dem Namen Hackfrüchte begreifen und ebenfalls unter die verbessernden Zwischenfrüchte zählen, zwar, wie oben gesagt, dem Boden einen Theil seiner nährenden Stoffe entziehen, und also, wenn dies nicht merklich werden soll, eine stärkere Düngung erfordern, als nöthig gewesen wäre, wenn man statt derselben eine reine Brache gehalten hätte, so vertreten sie doch durch ihre Bearbeitung, die man ihnen vermittelst zweckmäßiger Instrumente so bequem geben kann, die Stelle der Brachbearbeitung. Sie thun dies sogar mit beträchtlich minderem Arbeitsaufwande, und die Lockerung und Pulverung des Bodens, die Luftaussetzung, die Mengung seiner Bestandtheile, wenn man will, die Vertiefung desselben durch Heraufholung eines Theiles des Untergrundes, die Vertilgung des Unkrauts, wird unter gehöriger Behandlung dadurch eben so gut wie durch die Brache erreicht. Die große Menge von thierischer Nahrung aber, welche sie geben, ersetzt durch den Mist die Kraft, die sie ausziehen, fast zwiefach. Und läßt man sie — wie freilich nicht ökonomisch, aber mit großer

Ersparung häufig in England geschieht — vom gehordeten oder getüderten Mastvieh auf dem Acker selbst verzehren, so ist ihr Anbau einer neuen starken Düngung gleich zu achten. (Wenn die Engländer von langen Fruchtfolgen ohne alle Mistauffuhr reden, so kommen immer solche Gewächse dazwischen.) Diese Methode hat doch immer den Vortheil, daß das Mastvieh wenigstens die Pacht des Landes sammt der Arbeit bezahlt; wogegen die Brache fast gar keinen Ertrag giebt, aber beträchtliche Kosten verursacht.

Die Wurzelgewächse, welche besonders zu dieser ökonomischen Pflanzenklasse gehören, haben das Eigenthümliche, daß sie eine sehr gute Vorfrucht für die Gerste ausmachen, und darin nach vielen Beobachtungen sogar eine reine Brache übertreffen; dagegen aber für das Wintergetreide nicht als unmittelbare Vorfrucht passen, welches zum Theil, aber doch wohl nicht allein, von der verspäteten Einsaat des letzteren abzuhängen scheint. Dennoch geräth das Wintergetreide ohne neue Düngung in demselben Umlaufe wieder vortrefflich, nachdem ein Schotengewächs dazwischen gekommen war.

Bauet man aber statt dieser Wurzelgewächse mit derselben Manipulation des Pferdehackens ein Schotengewächs, wozu sich auf lehmigem Boden die Pferdebohnen vorzüglich eignen, so wird die Winterung so gut wie nach der Brache, oder, wie Einige behaupten, noch besser. Deshalb sind in der Grafschaft Kent, wo so vorzüglich viel Weizen gebauet wird, die gedrillten Bohnen als die vorzüglichste Vorfrucht für denselben anerkannt.

Mehrere Handelsgewächse, besonders der gepflanzte oder gedrillte Raps, können in diese Stelle eintreten, wenn man erst einen genugsamen Düngerschatz für sie gesammelt und des Viehfutters zu viel hat.

§. 363.

Sehr wichtig ist ferner die Wechselung der Fruchtarten in Hinsicht auf die Unterdrückung des Unkrauts, indem gewisse Saaten sich mit gewissen Unkrautsarten am leichtesten vermischen, solche auf- und zur Reife kommen lassen und ihre Vermehrung begünstigen; wogegen andere diese Unkrautsart gar nicht dulden. Diese Rücksicht ist bei der Wahl des Fruchtwechsels auf einem mit besondern Unkrautsarten angefüllten Boden von großer Wichtigkeit, und es kann dadurch, wenn sie gehörig getroffen worden, der Acker völlig davon gereinigt werden.

§. 364.

Diese Erfahrungen und Gründe bestimmen die Regeln, welche man bei dem Fruchtwechsel zu befolgen hat. Zugleich aber tritt die Rücksicht auf Viehfütterung ein, die wieder doppelt ist. Nämlich 1) in Ansehung des daraus unmittelbar zu ziehenden Gewinnstes, und 2) des dadurch zu erhaltenden Düngers.

Das Gesetz des Fruchtwechsels verlangt zwar keinesweges, wie Manche sich eingebildet haben, daß die Hälfte des Ackers zum Futterbau verwandt werde. Selbst in England giebt es ganze Gegenden, die die Regel des Fruchtwechsels seit undenklichen Zeiten beobachtet haben, aber nicht einen Halm zur Viehfütterung bauen, sogar ihr Stroh nach der Stadt verkaufen, und überall kein Vieh halten, weil sie Dünger genug und überflüssig an dem schlammigen, mit Muscheln bedeckten Seekraute haben, welches die Fluth an ihre Ufer führt, und welches sie mit großer Sorgfalt bergen. Sie bauen hauptsächlich, wechselnd mit dem Getreide, gedrillte Schotenfrüchte, die sie zum Theil grün nach London verkaufen. Aber es erfordert das Gesetz einer richtigen Oekonomie mehrentheils, daß ein großer Theil des Ackers zum Futterbau verwandt werde, um dadurch den Dünger zu einem desto einträglichern Getreidebau herbeizuschaffen. Ob mehr oder weniger, das bestimmen die übrigen Verhältnisse der Oekonomie, besonders die Menge des nur zum Graswuchs geeigneten Bodens und etwa das Vorhandenseyn anderer Düngerquellen. Und so ist es dann allerdings häufig der Fall, daß ein Fruchtwechsel gewählt werden muß, wo $\frac{1}{2}$, $\frac{2}{5}$, $\frac{3}{8}$, $\frac{3}{7}$ des Ganzen zum Futterbau mit dem nachhaltigsten Vortheil bestimmt werden; wogegen in andern Fällen $\frac{1}{4}$, $\frac{1}{5}$, $\frac{1}{6}$ schon genug sind, und alles Uebrige mit verkäuflichen Produkten, aber dennoch nach den Regeln des Fruchtwechsels bestellt werden kann.

§. 365.

Es ist noch zu kurze Zeit, daß diese Regel der Fruchtfolge überhaupt ins Licht gestellt worden, und deshalb sind die besondern Gesetze und Modifikationen derselben noch bei weitem nicht genugsam erforscht. Es hat keinen Zweifel, daß wir über die vortheilhafteste Folge der mannigfaltigen Produktionen mit der Zeit immer mehrere Aufschlüsse erhalten werden. Die Verschiedenheit des Erdbodens, der Düngung und der Beackerung macht aber einen großen Unterschied, welchen man im Auge behalten muß, wenn man Versuche darüber anstellt. Auch können einzelne Jahre kein sicheres Resultat geben, da die besondere Witterung Einfluß darauf haben kann. So hat man z. B. im Magdeburgischen beobachtet, daß Gerste nach Möhren schlechter als nach andern Wurzeln geriethe, Erbsen aber vortrefflich, und daß nach diesen dann ohne neue Düngung Gerste wieder gut einschlage.

Allein in Ansehung der wichtigsten und gebräuchlichsten Früchte und Saaten haben wir schon so unbezweifelte Erfahrungen, daß wir leitende Grundsätze daraus abziehen können. Verschiedene derselben sind schon seit alten Zeiten anerkannt, nur nicht genugsam beachtet worden. Daß die Getreidearten selbst gewechselt werden müssen, weiß Jedermann. Man weiß, daß Weizen nach Weizen nie gerathe; auch daß Weizen nach Gerste — der Boden sey denn etwa zu geil — höchstens mittelmäßig ausfalle. Hieran ist nicht allein der Mangel genugsamer Bearbeitung des Bodens Schuld, indem er doch nach Erbsen gut und nach Hafer, der den Boden sonst noch stärker bindet, immer besser als nach Gerste wird. Die Wintergerste läßt wegen ihrer frühen Aberntung Zeit genug zum dreimaligen Pflügen; aber man weiß, daß immer schlechter Weizen darauf folgt; weswegen man in fetten Marschländern in ihre Stoppel immer erst eine andere Frucht, Rapssaat oder Bohnen nimmt, und dann erst Weizen oder wieder Gerste baut. Hafer erträgt eine mehrjährige Folge dagegen besser, zumal auf einem aus dem Grase gebrochenen Boden, wo er manchmal bis zur dritten Ernte im Ertrage wieder zugenommen hat. Roggen nach Roggen wird zwar häufig gesäet, aber doch mit schlechtem Körnerertrage, wenn er gleich in einem Boden, der vom vorigen Jahre noch unzersetzten Dünger enthält, im zweiten Jahre üppiger als im ersten ins Kraut schießt. Gerste nach Wintergetreide ist in der Regel vortheilhafter, als umgekehrt. Wenn aber eine Zwischenfrucht zwischen beide kommt, so scheint sich's nach vielen Versuchen umgekehrt zu verhalten.

Ueberhaupt kommen Halmfrüchte, die ununterbrochen auf einander folgen, nie zu der Vollkommenheit und dem Körneransatze, als wenn sie mit Früchten aus einer andern Klasse abwechseln; weshalb man längst, wo man in der Felderwirthschaft die Brache zu bestellen anfing, in selbige doch andere Früchte zu nehmen sich bewogen fand.

§. 366.

Ungeachtet dies so sehr vor Augen lag, so fielen doch nur Wenige auf den Gedanken, die Fruchtfolge zu ändern, und z. B. bei der Vierfelderwirthschaft statt 1) Winterung; 2) Sommerung; 3) Erbsen, nun 1) Winterung; 2) Erbsen; 3) Sommerung zu säen, und dann Brache zu halten. Einige aber, die es thaten, standen sich ungleich besser dabei. Sie gewannen mehrere Körner und mehreres Stroh. Manche deutsche Landwirthe waren der Sache sehr nahe, zu denen auch der praktische von Eckart in seiner sogenannten Experimental-Oekonomie gehörte. Aber noch war in diesen Zeiten die Blendung des Vorurtheils so groß, daß man nicht sah, was dicht vor Augen lag, oder seinen Augen nicht trauete, wenn das Gesehene der auf Autorität gegründeten Meinung widersprach.

Auch Wöllner und selbst Germershausen führten schon Gründe für jene Einrichtung der Fruchtfolge an. Aber obwohl Viele lehrten, daß die auf einander folgenden Früchte um so besser geriethen, je ungleichartiger sie wären, und Niemand dieser Lehre in der Theorie seinen Beifall versagte, so gab doch Keiner die Fruchtfolge des Dreifelderſystems auf. Zwar waren die Meisten durch die zum Gesetz gewordene Observanz des eingeführten Systems daran verhindert; aber es gab doch viele Gutsbesitzer, größerer und kleinerer Art, in Deutschland, die mit ihren Feldern machen konnten, was sie wollten.

Mich selbst hat weder das Nachdenken noch die Lesung der englischen Schriften zuerst auf diese Folge der Früchte geführt, sondern nur Zufall und Noth, und da man mich mit dem Namen eines Vaters dieses sogenannten Systems in Deutschland beehrt hat, so darf ich hier die kleinen Umstände erzählen, die mich darauf führten. Ich war ein lebhafter Anhänger des Kleebaues und der Stallfütterung nach dem Schubartschen Systeme, und wollte jenen im dritten oder Brachjahre durchsetzen. Allein er mißrieth und der Acker verqueckte, die einjährig darin bestellte Winterung versagte völlig, ungeachtet die Kleestoppel noch einmal dazu gedüngt wurde, oder der Klee im Winter eine Düngung erhielt. Ich gewann mit Hülfe eines mittelmäßigen Luzerne- und Hafergrasfeldes die grüne Futterung zureichend für den Sommer, aber kein Heu für den Winter, welches ich mir doch von meinem Kleefelde berechnet hatte. Nur die in einem zerstörten Luzernefelde gebauten Kartoffeln und Rüben hatten mir bei dem geringen Wiesenheugewinnste einen Winter glücklich durchgeholfen. Voll Dankbarkeit für selbige brach ich einen Theil meines mit Klee besamten, aber schlecht bestandenen Ackers zu Kartoffeln um. Die reichliche Ernte derselben verspätete sich, und ich konnte bei ohnehin nasser Witterung keinen Roggen hineinsäen, wie ich sonst würde gethan haben, nahm deshalb Gerste. Weil ich indessen durchaus Kleevorrath haben wollte, so säete ich ihn wieder sehr dick unter die Gerste. Die Gerste gerieth außerordentlich, und erregte Bewunderung auf einem Felde, welches nur selten mittelmäßige Gerste trug. Im folgenden Jahre hatte ich hier zum erstenmale guten Klee, wogegen ein anderes Feld, worauf der Klee in die zweite Getreidetracht gesäet, ungeachtet es im Winter überdüngt war, nur Sauerampfer brachte. Letzteres ward nach einem traurigen Schnitte dreimal zu Roggen gepflügt; ersteres nach zwei Schnitten nur einmal, und der Roggen auf diesem ward entschieden besser als auf jenem. Diese Erfahrung bestimmte meine künftige Fruchtfolge. Ich war indessen weit entfernt, irgend einen höhern Werth, als den der besondern Nützlichkeit für meine Verhältnisse, darauf zu setzen. Ich schämte mich vielmehr, von einem Befolger der Pfeiferschen,

Mayerschen, Gugemusischen und Schubartschen Lehren ein Kartoffelbauer und ein Nachahmer der kleinen Gärtner geworden zu seyn, die in meiner Nachbarschaft ihren Morgen Landes ungefähr auf dieselbe Weise benutzten. Ich befrug sie indessen über ihre Erfahrungen, und fand, daß sie mit den meinigen stimmten. Nur verfiel ich darauf, mich bei meinem größern Kartoffelbau eines Mecklenburgischen Hakens zum Anhäufen zu bedienen, aus welchem ich nachher dasjenige Instrument formte, dessen man sich jetzt in Deutschland am häufigsten zum Kartoffelbau bedient.

§. 367.

Warum dieser Fruchtwechsel das englische System genannt worden.

Erst später fielen mir neue englische Schriftsteller in die Hand, welche gerade diese oder eine ähnliche Fruchtfolge als die Basis jeder höhern Ackerkultur betrachteten, die Brache nur durch die sorgsame Bearbeitung der in entfernten Reihen stehenden staudigern Früchte ersetzen lehrten, den Kleebau nur dann für sicher und durch dichte Beschattung des Bodens für verbessernd hielten, wenn er mit der ersten Saat in einen Acker gesäet würde, der durch den Bau jener Früchte völlig gelockert und gereinigt wäre, und die nur den Klee in diesem Zustande eine wohlthätige Vorfrucht vor Weizen nannten, aber in ein schlechtes Kleefeld Weizen zu säen — wenn es sich nicht völlig ausgelegen habe oder zuvor nicht durch Sommerpflügen gereinigt sey — für ein Verbrechen gegen alle Grundsätze eines guten Ackerbaues erklärten. Diese Lehren und viele merkwürdige, bisher übersehene Erfahrungen der Engländer, die mit den meinigen so sehr stimmten, bewogen mich, solche dem deutschen Publikum zuerst in dem Hannöverschen Magazin, dann in meiner Anleitung zur Kenntniß der englischen Landwirthschaft vorzulegen.

Man hat diese Fruchtfolge daher das englische System nicht ganz ohne Grund genannt, obwohl es in England keinesweges allgemein, sondern nur in einigen Grafschaften landüblich war, aber jetzt in den Wirthschaften aller aufgeklärteren und verbessernden Landwirthe gefunden wird, und sich von da aus nun freilich immer mehr verbreitet.

Den großen Beifall, den diese Lehre in jenem Werke vorgetragen erhielt, erweckte demselben auch viele Gegner, die gerade daher, daß es aus England herstamme, einen Grund zu seiner Verwerflichkeit hernahmen. Bei der Unkenntniß aller englischen Verhältnisse schrieben sie den Getreidemangel, den England gerade damals in einigen Jahren erlitten hatte, diesem Systeme zu, obgleich alle englische Schriftsteller einstimmig behaupteten, daß dieser bei der zunehmenden Bevölkerung nur eine Folge der noch überwiegenden Dreifelderwirthschaft, der großen öden Weidereviere, die sie erfordert, und in andern Gegenden des zu vielen, gar nicht aufgebrochenen oder doch zu lange ruhenden Graslandes sey. Diese Schriftsteller zeigen einstimmig, daß jenem Mangel nur durch die mehrere Einführung dieses Fruchtfolgesystems abgeholfen werden könne, indem die wenigen und kleinen Grafschaften, wo es zu Hause ist, hauptsächlich die ungeheure Hauptstadt und die vielen andern Handels- und Fabrikstädte, ja ganze Fabrik-Grafschaften — z. B. Norfolk, das weit größere Lancaster — mit Getreide versorgten.

Wenn dieses System, sagten ferner die Gegner, für eine so vieles Fleisch konsumirende Nation, wie die Engländer, passend sey, so sey es doch für uns nicht also, weil die Mehrheit der Deutschen größtentheils von vegetabilischen Nahrungsmitteln lebe. Denn dieses System verlange die Hälfte des Ackers zur Viehfütterung. Koppelwirthe konnten diese Einwendung nicht machen, weil auch diese mindestens die Hälfte der Viehnahrung widmen. Aber die Dreifelderwirthe beriefen sich auf ihre stärkere Aussaat. Es läßt sich ihnen aber leicht erweisen, daß sie, selbst abgesehen von den großen Weideräumen und Wiesen, die sie gebrauchen, wenn ihre Wirthschaft in einiger Kraft bleiben soll, doch selbst von ihrem pflugbaren Acker nicht die Hälfte zur Nahrung der Menschen verwenden, denn sie müssen ihr Zugvieh fast allein mit Körnern ernähren, und ihrem Nutzvieh damit häufig aufhelfen. Dagegen kann bei diesem Wirthschaftssysteme alles erbaute Getreide zur menschlichen Nahrung verwandt werden, da die Futterernte zur Ernährung des stärksten Viehstapels zureicht. Es gehören ferner zu den Wechselfrüchten, welche die Hälfte des Ackers einnehmen, auch alle Hülsenfrüchte, besonders die behackten Bohnen, Wicken und Erbsen. Endlich vertreten so viele Handelsgewächse, die während ihrer Vegetation Bearbeitung leiden, wie schon öfter gesagt worden, die Stelle der Vorfrüchte für das Getreide, sobald sich nämlich eine Wirthschaft in den Düngerstand gesetzt hat, daß sie diese ohne Erschöpfung ihres Ackers bauen, und sich mit geringer Futtererzeugung behelfen kann.

§. 368.

Zwei vortreffliche Schriftsteller, der Amtsrath Karbe in seiner Einführung der englischen Wechselwirthschaft, und der durchlauchtige Herzog Friedrich zu Schleswig-Holstein-Beck über die Wechselwirthschaft und deren Verbindung mit der Stallfütterung, haben dies System gründlich vorgetragen, auf unsere Verhältnisse modifizirt, und den großen Nutzen, welchen dessen allgemeine Einführung haben würde, gezeigt. Es sind gegenwärtig in Dänemark, Schlesien, der Mark Brandenburg, Sachsen, Franken, Westphalen, ja selbst bis nach Kur- und Esthland hinauf unzählige Beispiele davon aufgestellt. Der Erfolg bestätigt allgemein den Werth des Systemes, ungeachtet man bei dem Uebergange nicht selten übereilt verfuhr, und ungeachtet nur wenige schon in die zweite Rotation getreten sind, wo es seine Wirkung erst auffallend zeigen kann.

Dennoch macht man sich häufig noch zu einseitige Vorstellungen, und glaubt, daß eine besondere Zahl der Schläge und bestimmte Ordnung der Früchte darunter zu verstehen sey. Der Eine denkt es sich nur mit der Stallfütterung, der Andere mit der Weide vereinbarlich. Aber es kann mit beiden sehr zweckmäßig verbunden werden: der Stallfütterung im Großen wohl nur allein einen sichern Grund unterlegen; der Weidewirthschaft eine vollkommenere Winterfütterung und höhere Benutzung des Viehes gewähren. Die Zahl der Schläge aber, oder die Länge der Rotation, das Verhältniß des zum Fruchtbau und des zur Viehfütterung gewidmeten Landes, gestatten eine größere Mannigfaltigkeit als die Koppelwirthschaft, und werden nur durch die örtlichen Verhältnisse und die Zwecke, die man hat, bedingt.

§. 369.

Charakteristische Eigenschaften dieses Systems.

Die wesentlichen Eigenschaften dieses Systems sind folgende:

1) Eine unbenutzte Brache fällt dabei in der Regel weg. Statt derselben aber werden nach einem gewissen Umlaufe von Jahren solche Früchte theils zur Fütterung, theils zum Verkauf gebauet, welche während ihres Wachsthums und zur Beförderung desselben den Durchgang der leichten Pflüge oder der Pferdehacken und Pferdeschaufeln entweder nur in einer oder in zwei sich durchkreuzenden Reihen verstatten, wodurch der Boden alle die Vortheile, welche die Brache gewähren kann, erhält. Mir ist wenigstens noch kein so bindender oder so verwilderter Boden vorgekommen, daß er nicht durch die gehörige Bearbeitung dieser Früchte mit für ihn zweckmäßigen Werkzeugen eben so mürbe und zerfallend als durch die Brache geworden seyn sollte. Indessen will ich doch zugeben, daß Boden existiren könne, der zu Anfang dieser Fruchtfolge einer Brache bedarf, die dann aber, vollendet gegeben, nie wieder nöthig wird. Dieser Schlag erhält die Hauptdüngung, welche in dem starken Maaße, wie sie diese Wirthschaft geben kann, für jede andere Frucht zu stark seyn würde, für Früchte dieser Art es aber nie seyn

kann. Diese wirkt dann mit der Bearbeitung zugleich, den Boden zum Zerfallen zu bringen und die darin befindlichen Unkrautskeime zu zerstören.

2) Nach diesen Hackfrüchten folgt in der Regel Sommerung, theils weil ihre späte Aberntung eine frühe Einsaat der Winterung nicht verstattet, theils weil die Erfahrung gelehrt hat, daß die Sommerung auf dem gewöhnlichen Lehmboden hier einen höheren Ertrag als die Winterung gebe, dennoch aber dem Boden genugsame Kraft, in der Folge Winterung abzutragen, hinterlasse. Diese Sommerung kann Sommerweizen, Hafer oder Gerste seyn. Die letzte ist indessen das Gewöhnlichste, und zwar die große zweizeilige, oder aber die nackte und Himmelsgerste, deren Gedeihen hier so groß als sicher ist. Sollte der Boden jedoch wegen Versäumniß des genugsamen Behackens oder wegen einer höchst ungünstigen nassen Witterung eines Sommers nicht vollkommen mürbe und rein geworden seyn, so verdiente in diesem ungewöhnlichen Falle die kleine vierzeilige Gerste den Vorzug, weil vor ihrer Einsaat im Frühjahr noch einige Mal gepflügt werden könnte. In der Regel aber ist dieses Pflügen so wenig nöthig, daß die Frühjahrsbestellung vollkommen ohne dasselbe, bloß durch den ein- oder zweimaligen Gebrauch des Exstirpators und der Eggen, gemacht werden kann, wodurch man in dieser mit dringenden Geschäften besetzten Jahreszeit ungemein erleichtert wird.

Manche haben die Besorglichkeit, daß die in so kräftiges Land gesäete Sommerung sich lagern werde, welche aber die Erfahrung genugsam widerlegt, wenn anders nicht zu dicht — was hier nicht nur überflüssig, sondern schädlich wäre — gesäet wird. Die tiefe Beackerung des Bodens sichert gegen Lagerkorn. Und wenn der Boden vertieft werden soll, so geschieht es bei der Vorbereitung zu den Hackfrüchten, denen das tiefe Pflügen nie schädlich wird, und unter welchen der heraufgebrachte Boden seine Rohheit verliert.

3) Nun wird die Hauptregel beobachtet, daß nie zwei halmtragende Früchte nach einander kommen, sondern jedesmal eine andere Zwischenfrucht. Es sey denn am Schlusse der Rotation, wenn die Hackfrüchte wieder darauf folgen, wo die Verwilderung und die Verballung des Bodens also nicht schädlich werden kann. Die Auswahl dieser Zwischenfrucht hängt von der Zahl der Schläge und den Wirthschaftsverhältnissen ab. Es kann Klee, es können Hülsenfrüchte, Oelsaaten oder jede andere seyn, die nur nicht in das Geschlecht der grasartigen Pflanzen gehören. Da es indessen

4) eine unumgängliche Forderung ist, daß der Klee in ein völlig reines, stark durchgearbeitetes und gedüngtes Land komme, so wird derselbe mehrentheils unter die Frucht gesäet, welche auf die Hackfrüchte folgt, und findet also im dritten Jahre nach jener seinen Platz. Hier ist höchst selten ein Mißrathen desselben zu besorgen, wenn man mit dessen Einsaat gehörig verfährt. Er dringt in den noch tief gelockerten Boden mit seinen Wurzeln so ein, daß ihm keine Winterwitterung nachtheilig werden kann. Und was man sonst, allerdings nach der Erfahrung, von dem Müdewerden des Ackers zum Kleetragen gesagt hat, findet hier durchaus nicht Statt, indem zwanzigjährige Versuche gelehrt haben, daß er nach vierjähriger Wiederholung immer besser geworden sey. Dieser Klee kann nun entweder ein Jahr benutzt werden, oder er kann zwei Jahre zum Mähen dienen. Im erstern Falle wird er in der Regel einfurchig mit Winterung bestellt, welches durch den Gebrauch des Schnittpfluges auf die vorzüglichste Weise geschieht. Im zweiten Falle kann man zuweilen der Sommerung den Vorzug geben, besonders wenn man noch einen dritten Schnitt vom Klee nehmen, oder ihn im Nachsommer zur Weide benutzen wollte. Indessen ist doch auch diese zweijährige Kleestoppel so sehr für diese Winterung geeignet, daß man in den meisten Fällen solche vorzieht. Und sie kann auch nach zwei Kleeschnitten mittelst des Schnittpfluges und nachmaligen Gebrauchs des kleinen Exstirpators auf das vollkommenste bestellt werden. In einigen Fällen kann dieser Klee nun auch im dritten Jahre zur Weide liegen bleiben, in welchem Falle aber entweder Hafer auf denselben folgen, oder aber der Acker zur Winterung mehrmals gepflügt werden müßte.

5) Es hat bei längern Rotationen oder wo man Futterung und Dünger in größter Menge gewinnen und den Acker in die höchste Kraft setzen will, große Vortheile, wenn noch eine solche Saat dazwischen kommt, die nicht zur Reife oder zum Ansatz des Samens gelangt, sondern in ihrem grünen Zustande abgemähet wird, wozu sich vor Allem Wicken und Buchweizen passen. Ihre Stoppel hinterläßt nun einen zur reichsten Winterungssaat vollkommen vorbereiteten Boden. Bei diesen Früchten finden auch vorzüglich

6) doppelte Ernten in einem Jahre Statt. Man kann sie freilich bei diesem Wirthschaftssysteme auch in mehreren Schlägen anbringen; indessen sind diese doppelten Ernten in unserem Klima und in größern, mit keinen überflüssigen arbeitenden Kräften versorgten Wirthschaften nicht so allgemein anwendbar, wie Manche behauptet haben.

Der Bau der Rüben in die Stoppel der Winterung geräth zwar auch bei uns zuweilen sehr gut, aber ihre Einsaat muß in der geschäftvollen Erntezeit schnell vollführt werden. Die neuerlichst gerühmte Methode, Möhren im Frühjahre unter die Winterung zu säen, kenne ich nicht aus der Erfahrung, und finde ihrer auch bei den Engländern, welche sonst diese doppelten Ernten häufig zu gewinnen suchen, nicht erwähnt. Wo nach meiner Erfahrung noch ohne Beschwerde eine doppelte Ernte Statt findet, ist auf einem gedrillten und gepferdehackten Bohnen- oder Mais-Felde, wo zwischen den Reihen nach vollendeter Bearbeitung sehr vortheilhaft Rüben gesäet werden können. Das Wickenfeld trägt erst grüne Wicken, und nach denselben ebenfalls grün abzumähenden Buchweizen, der mehrentheils ganz vortrefflich geräth, oder aber Wasserrüben, die früh genug gesäet werden können, und die Bearbeitung reichlich bezahlen. Auch hat man zweimal Wicken zum grünen Abmähen eingesäet.

7) Wenn in längern Rotationen zweimal gedüngt werden soll, so kommt der zweite Dünger nie zu einer Getreidefrucht, sondern unter eine andere, am besten unter die grün abzumähenden, weil deren Wuchs nie zu üppig werden kann, theils auch, weil er hier das Unkraut auf eine unschädliche Weise hervortreibt, solches aber nicht zur Reife kommt. Er wird hier durch schnellen Umbruch der grünen Stoppel mit dem Boden gemengt und innig vereinigt, und verliert doch seine erste Geilheit, welche die junge Getreidepflanze zu stark treibt, und vor Allem Lagerkorn erzeugt.

8) Es ist keine wesentliche Bedingung, daß die Hälfte des Ackers zur Viehfutterung bestimmt werde, wohl aber, wie aus dem Gesagten erhellet, daß nur die Hälfte eigentliches Getreide trage. Von verkäuflichen Früchten überhaupt können, wenn man will, weit mehrere, und zwar, sobald ein hinlänglicher Düngervorrath gesammelt ist, die einträglichste unter allen gebauet werden. Nur ist es, um zu diesem Ueberfluß von Dünger zu gelangen, der hier, mit der vollkommenen Bearbeitung verbunden, so erstaunliche Wirkung thut, mehrentheils nöthig, in der ersten Rotation sich mit der Hälfte der verkäuflichen Früchte zu begnügen, um des Futters vollkommen genug zu bauen.

§. 370.

Bedingungen bei der Einführung dieses Systems.

Die nothwendigen Erfordernisse einer auf diese Regel der Fruchtfolge gegründeten Wirthschaft, bei deren Mangel die Einführung unmöglich ist, oder doch nur unvollkommenes Stückwerk bleibt, sind folgende:

1) Vollkommenes Eigenthum und freie Benutzung des Feldes, eine Abwesenheit aller Servitute und Rechte, die ein Anderer darauf hat, oder doch eine zweckmäßige Beschränkung derselben.

2) Eine gute und nicht zu sehr getrennte oder zu weit entfernte Lage der Felder. Das Gegentheil macht wenigstens ungemeine Schwierigkeit bei dieser eine ununterbrochene Aufmerksamkeit fordernden Kultur.

3) Bei ihrer Einführung ein nicht zu sehr ausgemagertes Land, oder besondere Hülfsquellen, um sich den ersten kraftvollen Dünger zu verschaffen. Sie ohne solche auf einem durch die Felderwirthschaft erschöpften Boden einführen zu wollen, erfordert wenigstens große Aufopferungen oder die Anlage eines beträchtlichen Kapitals, indem der Bau verkäuflicher Früchte vorerst sehr eingeschränkt werden muß, um genugsame Futterung, d. h. Düngermaterial zu gewinnen. Ihre Einführung ist deshalb nach der gewöhnlichen Koppelwirthschaft, die ihren Acker in mehrerer Kraft erhalten hat, in der Regel weit leichter, als nach der mehrentheils erschöpfenden Dreifelderwirthschaft, und in manchen Fällen isl es rathsam, durch jene hindurch zu der höhern Wirthschaft überzugehen. Von den zweckmäßigsten Hülfsmitteln bei dem Uebergange werden wir weiter reden.

4) Mehrere Arbeit. Es wird zwar mehrentheils diejenige Menschenzahl, welche in der Felderwirthschaft zu einer schnellen und gehörigen Ausführung der Ernte nöthig war, zureichen, alle Arbeiten dieser Wirthschaft zu vollführen; sie müssen aber in eine größere und anhaltende Thätigkeit dabei gesetzt werden. Die Vertheilung der Arbeiten durch das ganze Jahr kann so eingerichtet werden, daß sich eine ununterbrochene Reihe von Beschäftigungen und beständiger Verdienst für die Menschen, selbst für die schwachen Alten und Kinder, dabei finde. Diese Arbeiten erfordern zwar keinesweges eine schwer zu erlangende Kunstfertigkeit; indessen findet doch eine mehrere Theilung der Arbeit und eine daraus erfolgende größere Uebung in denselben und in der Handhabung gewisser Werkzeuge dabei Statt, wodurch die Arbeit leichter und wohlfeiler wird. Daß sich bei dieser Wirthschaft gewöhnlich der Anreiz zu mehreren Meliorationen vorzüglich findet, und dazu wiederum mehrere Arbeiter erfordert werden, hängt nicht unmittelbar mit derselben zusammen. Eine vermehrte Anspannung kann nur wegen der stärkern Düngerausfuhr, der größeren Ernten und der mehr zu verfahrenden Produkte nöthig werden. Die Beackerung und Bestellung selbst

wird eher dadurch erleichtert. Denn wenn gleich einige Operationen bei der Feldbestellung hinzukommen, die bei andern Wirthschaften nicht gewöhnlich sind, so werden dadurch nur weit schwerere erspart. Auch sind diese Gespannarbeiten sehr gleichmäßig durch alle Jahreszeiten vertheilt.

5) Einen sehr aufmerksamen, thätigen, überlegenden und entschlossenen Wirthschaftsaufseher. Diese Bedingung ist unumgänglich, da eine genaue Wahrnehmung der Zeit zu jedem Geschäfte mehrere Abweichungen von dem gewohnten Leisten, und mannigfaltige Abwechselungen in der Bestellung und Ernte und in Besorgung des Viehstapels hier angewandt werden können, um den möglich höchsten Ertrag hervorzubringen. Insbesondere ist der Unterschied zwischen einer einmal eingerichteten Koppelwirthschaft und der unsrigen darin sehr groß.

6) Paßt sie nur da, wo ein hinlänglicher Absatz aller Produkte Statt findet, und deshalb der Grund und Boden im gerechten Werthe gegen die Arbeit steht. Wo diese sehr theuer im Verhältniß zu jenem ist, oder wo man nur Gelegenheit hat, alle Arbeit durch Frohnden, die zu andern als den gewöhnlichen Arbeiten nicht angewiesen sind, vortheilhaft bewirken zu lassen, da findet sie noch keine Anwendung.

7) Endlich ist ein größeres Betriebskapital und ein stärkeres Inventarium, wie von selbst erhellt, dabei nöthig.

§. 371.

Diese Regel des Fruchtwechsels findet nun sowohl bei der Weide des Viehes auf einigen Theilen des Ackers, als bei der Stallfütterung desselben ihre Anwendung. In jenem Falle wird durch sie die Koppelwirthschaft zu ihrer höchsten Vollkommenheit gebracht, und dieses hat unter Verhältnissen, welche die Stallfütterung erschweren, unbezweifelte Vorzüge. Der höchst mögliche Ertrag von Grund und Boden kann aber nur durch die Verbindung mit der Stallfütterung hervorgebracht werden. Nicht allgemein verhält es sich vielleicht so mit dem höchsten Profit vom angelegten Kapital und Arbeit.

Wir betrachten also zuerst die

Wechsel-Weidewirthschaft oder Wechselwirthschaft nach der Regel der Fruchtfolge.

§. 372.

Bei dieser Wirthschaftsart bleibt also ein Theil des Landes zur Weide für das Rindvieh, oder, wenn man will, nur für die Schafe liegen. Allein das Land wird in voller starker Dungkraft und mit der angemessensten Besamung von Weidekräutern niedergelegt. Es giebt also eine ungleich nahrhaftere und reichere Weide, die mehr Vieh oder dasselbe Vieh auf einer ungleich kleinern Fläche ernährt. Außerdem aber bauet sie in der Regel anderes Futter, entweder bloß zum Winterbedarf, oder auch um einen Theil des Viehes im Sommer auf dem Stalle entweder ganz oder neben der Weide zu ernähren, auf jeden Fall so hinreichend, daß die Weide nie zu früh im Frühjahre angegriffen oder übertrieben zu werden braucht.

§. 373.

Auf einer geringern Anzahl von Schlägen, als acht, paßt sich dieses System eigentlich nicht. Wenn der Getreidebau nicht zu sehr eingeschränkt werden soll, und man noch einen Schlag zum Futterbau nehmen wollte, so würde die Weide nicht lange genug liegen können. Ganz kleine Wirthschaften ausgenommen, — denen aber überhaupt die Stallfütterung immer weit angemessener als die Weide ist, — würde ich die sechs- und siebenschlägige Wirthschaft immer in eine zwölf- und vierzehnschlägige in gewisser Hinsicht umwandeln, wodurch auch der Uebergang um so mehr erleichtert wird.

Acht Schläge ist also das Geringste, was wir annehmen, und hier würde ich folgende Fruchtfolge vorschlagen:

(Das Zeichen ** bedeutet hier und in der Folge starke Düngung, * schwache Düngung.)

1) a. **Gedrillte Bohnen. b. **Kartoffeln.
2) a. Winterung. b. Sommerung.
3) a. Mäheklee. b. Mäheklee.
4) a. Sommerung. b. Winterung.
5) a. *Erbsen. b. *Wicken.
6) a. Winterung. b. Winterung.
7) 8) Weide mit weißem Klee und Gräsern.

Oder:

1) Dreeschhafer.
2) a. **Gedrillte Bohnen. b. **Kartoffeln.
3) a. Winterung. b. Sommerung.
4) a. *Wicken. b. *Erbsen.
5) a. Sommerung. b. Winterung.
6) a. Mäheklee.
7) 8) Weide.

In neun Schlägen:

1) Dreeschhafer.
2) **Gedrillte u. behackte Früchte.
3) Gerste.
4) Klee.
5) Winterung.
6) *Erbsen und Wicken.
7) Winterung.
8) 9) Besamte Weide.

Oder:

1) Dreeschhafer.
2) **Behackte Früchte.
3) Gerste.
4) *Erbsen und Wicken.
6) Mäheklee.
7) 8) 9) Weide.

In zehn Schlägen:

1) Dreeschhafer.
2) **Behackte Früchte.
3) Gerste.
4) Mäheklee.
5) Winterung.
6) *Erbsen und Wicken.
7) Winterung.
8) 9) 10) Besamte Weide.

Wo man mehr Klee zum Mähen haben wollte und weniger Weide, würde man jenen zwei Jahre nutzen, und dagegen einen Weideschlag weniger nehmen.

Oder:

1) **Rapssaat und Erbsen.
2) Winterung.
3) *Behackte Früchte.
4) Gerste.
5) Klee.
6) Winterung.
7) Sommerung.
8) 9) 10) Weide.

Oder auf sandigem Boden:

1) Buchweizen.
2) Roggen.
3) **Behackte Früchte.
4) Hafer.
5) Spörgel.
6) Roggen.
7) 8) 9) 10) Weide.

In eilf Schlägen:

1) Hafer.
2) **Behackte Früchte.
3) Gerste.
4) Klee.
5) Winterung.
6) Grüne Wicken.
7) **Rapssaat.
8) Winterung.
9) 10) 11) Weide.

Es versteht sich, daß der Rapssaatbau nicht eher eintreten dürfe, als bis die Wirthschaft in reichem Düngerstande ist. Sonst folgt hier auf die Wicken nochmals Winterung, und man behält vier Weideschläge, wenn man nicht etwa lieber den Klee aus dem vierten Jahre im fünften Jahre stehen lassen will.

Oder:

1) **Rapssaat.	7) *Erbsen und Wicken.
2) Winterung.	8) Winterung und Sommerung.
3) *Behackte Früchte.	9) } Weide.
4) Gerste.	10) } Weide.
5) Klee.	11) Weide bis zur Mitte des Sommers.
6) Winterung.	

In zwölf Schlägen:

1) Wicken.	5) **Behackte Früchte.	9)	Besamte Weide.
2) Winterung.	6) Gerste.	10)	
3) Mäheklee.	7) *Erbsen.	11)	
4) Hafer.	8) Winterung.	12)	

Hier kann nun ebenfalls No. 12. in der Mitte des Sommers umgebrochen werden, und in No. 1. Rapssaat kommen, falls der Düngerstand es erlaubt.

Oder:

1) Wicken.	5) Erbsen.	9) Mäheklee.	
2) Winterung.	6) Winterung.	10)	Weide.
3) **Behackte Früchte.	7) *Gedrillte Bohnen.	11)	
4) Gerste.	8) Hafer.	12)	

In vierzehn Schlägen:

1) **Raps.	6) Gerste.	11)	Weide.
2) Winterung.	7) Klee.	12)	
3) Erbsen.	8) Klee.	13)	
4) Winterung.	9) Winterung.	14)	
5) **Hackfrüchte.	10) Hafer.		

Oder:

1) Hafer.	6) Winterung.	11)	Weide.
2) **Hackfrüchte.	7) Erbsen.	12)	
3) Gerste.	8) Gerste.	13)	
4) Klee.	9) **Behackte Bohnen.	14)	
5) Klee.	10) Weizen.		

Die mehrschlägigen Rotationen kann man als Verdoppelungen oder Vervielfachung der minderschlägigen betrachten, die mannigfaltig ineinander greifen. Ich füge hier nur noch die von einer vierundzwanzigschlägigen bei, welche auf einem Gute, dessen drei Vorwerke mit ihrer Feldflur an einander grenzen, gegenwärtig eingerichtet wird, so daß Alles zwar ein Ganzes ausmacht, aber doch von diesen drei Höfen auf einer Feldmark von 3000 Morgen betrieben wird. Sie ist folgende:

1) **Raps.
2) Winterung.
3) *Kartoffeln.
4) Gerste.
5) Mäheklee.
6) Mäheklee.
7) Winterung.
8) *Erbsen und Wicken.
9) Winterung.
10) } Weide.
11) } Weide.
12) } Weide.
13) Dreeschhafer.
14) **Gedrillte Bohnen.
15) Winterung.
16) Mäheklee.
17) Winterung.
18) *Grüne Wicken, hernach Rüben.
19) Sommerung.
20) Erbsen.
21) Winterung.
22) Kleeweide.
23) Weide.
24) Vorweide, dann zu Raps umgebrochen.

Wenn es in diesen Rotationen nöthig seyn sollte, eine völlig reine Brache, vielleicht zur Aufführung von Mergel oder Kalk zu halten, so kann es in einem der minder unentbehrlichen Schläge immer geschehen, und dennoch vielleicht noch einige Nutzung im Vor- oder Nachsommer durch grüne Wicken oder Rüben davon genommen werden.

Die letzterwähnte Wirthschaft ist auf eine sehr starke, edle Schäferei hauptsächlich berechnet, und dieser ist die ganze Weide bestimmt, wogegen das Rindvieh wahrscheinlich auf dem Stalle wird gehalten werden.

Stallfütterungswirthschaft.

§. 374.

Stallfütterungssystem.

Das Wesentliche derselben besteht darin, daß das Vieh im ganzen Jahre hauptsächlich durch abgeschnittenes und ihm zugeführtes Futter ernährt wird, und wenig, etwa nur zu Ende des Sommers, oder gar nicht weidet. Es wird wirklich nach dem eigentlichen Sinne des Worts im Stalle gehalten, oder auf einem dazu eingerichteten Hofe gefüttert, oder aber in besonderen beweglichen starken und hohen Horden, deren Platz alljährlich verändert und nach der Hauptfutterkoppel hin verlegt wird. Gewissermaßen kann man hierher auch das in einigen Gegenden gebräuchliche Tüdern des Viehes rechnen. Ueber die Vortheile der einen oder der andern Methode zu reden, ist hier der Ort nicht, wo wir diese Fütterungsart bloß in Hinsicht auf die allgemeinen Wirthschaftsverhältnisse betrachten. Wir haben im Deutschen sonst kein Wort, diese Fütterung durch Zuführung der Nahrung auszudrücken. Die Engländer nennen es Soiling, ohne Rücksicht auf den Ort und die Methode, wo und wie es geschieht.

§. 375.

Vortheile der Stallfütterung.

Die überwiegenden Vortheile dieser Wirthschaftsart bestehen in Folgendem:

1) Sie bedarf eines weit geringern Flächenraums zur Ernährung ihres Viehes.

a) Indem sie ihren zum Futtertragen bestimmten Acker gehörig vorbereitet, und seine Begrasung nicht der Natur überläßt, sondern durch Besamung und Bepflanzung solche Gewächse darauf erzeugt, welche sowohl seiner besondern Beschaffenheit, als der Natur desjenigen Viehes, dem man sie bestimmt, vollkommen angemessen sind. Hierdurch macht sie sich die Produktionskraft der Natur auf die möglich höchste Weise zu Nutzen, und zieht eine vielfach stärkere Quantität von Nahrung von einer Fläche Landes, als diese sonst hervorbringen würde.

b) Indem sie diese Futtergewächse ihren völligen Wachsthum und den angemessensten höchsten Grad ihrer Entwickelung erreichen läßt, in welchem sie der Quantität und Qualität nach den höchsten Ertrag geben. Die Entwickelung und Ausdehnung der meisten Futterkräuter nimmt nämlich bis auf einen gewissen Punkt progressiv zu, und geht am schnellsten und stärksten vor sich, je mehr sie sich diesem höchsten Punkte nähert. In ihrer ersten Jugend ist dieser Zuwachs geringe in einer bestimmten Zeit, wird aber dann am stärksten, wenn die Blüthe sich zu entwickeln anfängt. Wird dieser Zeitpunkt, wie bei der Weide geschieht, nicht abgewartet, so kann der höchste Ertrag nicht davon erfolgen. Sobald das Aufblühen aber geschehen ist, steht das Wachsthum des Krauts wieder still, und bei der Bildung des Samens vermindert sich die Nahrhaftigkeit des Krautes. Dieser glückliche Zeitpunkt kann folglich nur beim Abmähen gehörig beobachtet werden. Durch Samenansatz ungeschwächt, macht es alsdann oft vermehrte Schüsse, die man wieder bis zu demselben Grade der Vollendung kommen läßt.

c) Indem dadurch verhütet wird, daß durch das Auftreten des Viehes keine Pflanze zerstört oder in ihrem Emporkommen gehindert werde, welches auf der Weide mit beträchtlichem Nachtheile geschieht.

Hierdurch erreicht man der Erfahrung gemäß, daß mit höchstens der Hälfte des zur Weide erforderlichen Landes — den Acker von derselben Güte und derselben Kraft angenommen — das Vieh so reichlich und so vollkommen ernährt werden kann, wie mit dem Ganzen, und daß man folglich wenigstens die Hälfte des Landes zu andern Zwecken oder zur Ernährung mehreren Viehes erspart.

§. 376.

2) Der Mist, um dessentwillen das Vieh beim Ackerbau größtentheils gehalten wird, kann nur bei dieser Wirthschaft auf das vollkommenste benutzt werden.

Bei jeder Weidewirthschaft geht immer der größere Theil des bessern Sommermistes verloren. Auf den beständigen Hütungsplätzen der Feldwirthschaft verliert ihn der Ackerbau völlig, ohne daß er selbst der Weide beträchtlich aufhülfe, indem wir nicht bemerken, daß alter unaufgebrochener Anger, wo beständig Rindvieh weidet, in dem Verhältnisse des darauf gefallenen Mistes an Kraft zunehme. Der Mist thut vielmehr oft keine andere Wirkung, als daß er dem Viehe die Stellen, worauf er fiel, auf mehrere Jahre verleidet; weshalb man häufig die Rindviehhirten dazu ermuntert, diesen Mist aufzusammeln und zu ihrem Vortheile zu benutzen. Nicht so ganz geht er auf der Dreeschweide der Koppelwirthschaft verloren. Indessen wird doch der bei weitem größte Theil davon verschwendet, und der Acker erhält von selbigem nicht diejenige Kraft, die er erhalten würde, wenn ihm derselbe Mist gehörig vorbereitet beigemischt wäre. Da er einzeln zerstreut nicht in eine solche Gährung gehen kann, woraus eine konsistente Masse erfolgt, so verflüchtigt sich der größte Theil gasförmig, der Rest zerstäubt und wird von Insekten verzehrt. Der Verlust wird um so größer, je länger der Acker zur Weide liegt; wogegen derjenige besser benutzt wird, welcher bald zum Unterpflügen kommt. Auf keinen Fall aber kommt der Mist so zu Nutzen, als wenn er mit der Streu genau vermischt, verbunden und diese selbst dadurch zu einem wirksamen Dünger gemacht wird. Nur durch die Stallfütterung fängt man die sämmtlichen Auswürfe des Viehes auf, läßt diese mit der Streu verbunden den gerechten Zeitpunkt ihrer Gährung erreichen, verhütet das zu frühe Auflösen und das zu starke Verdunsten. Man hat es endlich in seiner Gewalt, diesen Mist in dem gerechten Zeitpunkte seiner Gährung in denjenigen Acker und auf denjenigen Fleck zu bringen, wo er den größten Nutzen stiftet, und wo man ihn zum Vortheil des ganzen Wirthschaftsbetriebes am nöthigsten gebraucht.

§. 377.

3) Die Stallfütterungswirthschaft kann mit dem Lande, was sie zur Viehfütterung und zum Fruchtbau gebraucht, schneller wechseln, und folglich alle Vortheile der Wechselung um so mehr erreichen. Sie kann die Fütterungsmittel in der Ordnung und Folge bauen, daß dem Anbau verkäuflicher Früchte, besonders des Getreides, der möglich mindeste Abbruch auch in dieser Hinsicht geschieht, indem sie die Futterernten nur als Vorbereitung zum Getreide nimmt, und den Acker dadurch in völliger Reinheit, Lockerheit und Kraft erhält, mithin die Brache um so unnöthiger macht, und ihre Wirkungen reichlich ersetzt.

§. 378.

4) Sie kann dem Viehe alle Jahreszeiten hindurch eine gleich starke, kräftige und wohlschmeckende Nahrung geben, — wenn sie nämlich das Verhältniß und die Folge ihrer angebauten Futtergewächse gehörig einrichtet — es folglich immer bei gleichen Kräften, Gesundheit, mithin höherer Nutzung erhalten. Die Weidewirthschaft kann dieses, ohne ein großes Uebermaaß von Weide zu haben, wegen der Ungleichheit der Jahresfruchtbarkeit nicht.

Die Stallfütterung ist nämlich im Stande, sich einen Theil des Sommerfutters von einem Jahre zum andern aus dem reicheren für das ärmere überzusparen, indem es dem Viehe ungemein zuträglich und angenehm ist, wenn ihm auch im Sommer neben dem grünen trockenes Futter gereicht wird. Dadurch kann sie also jene immer gleiche Nahrung nicht nur bewirken, sondern auch alle andere Wirthschaftsverhältnisse im vollkommensten Gleichgewicht erhalten, indem sie auf eine gleichmäßige Masse des Düngers in jedem Jahre rechnen darf, bei aufgespartem Futter es aber auch in ihrer Gewalt hat, einen größeren Viehstapel zu halten, wenn ihr solches der Nutzung oder des Düngers wegen vortheilhaft schiene.

§. 379.

5) Endlich ist es nicht nur gewiß und durch unzählige Erfahrungen

ausgemacht, daß das Vieh bei gehöriger Behandlung auf dem Stalle vollkommen und eben so lange gesund bleiben könne, insbesondere wenn man ihm zuweilen auf einem freien Raume, bei Gelegenheit des Tränkens und Badens, Bewegung verstattet; sondern es wird dadurch auch gegen manche der gefährlichsten Krankheiten, denen das Weidevieh ausgesetzt ist, geschützt. So ist es unter andern dem gefährlichen Milzbrande nicht unterworfen, und gegen ansteckende Krankheiten weit mehr gesichert, so daß in Gegenden, wo Stallfütterung überall eingeführt ist, eine allgemeine Verbreitung derselben nicht zu besorgen steht. Wenigstens hat die Stallfütterung in diesem Punkte entschiedene Vorzüge vor der Weide bei der Felderwirthschaft, wenn auch Manche bei einer gesunden Koppelweide das Vieh eben so gesichert halten.

§. 380.

Bedenklichkeiten bei der Stallfütterung.

Bei diesen unverkennbaren Vortheilen der Stallfütterung hat man dennoch viele Bedenklichkeiten und Einwendungen dagegen gemacht, die wichtig genug scheinen, um ihre allgemeinere Einführung bisher zu hindern. Mit Uebergehung derer, deren Unwichtigkeit und Ungrund von selbst in die Augen springt, wollen wir hier nur diejenigen untersuchen, die von größerer Wichtigkeit allerdings zu seyn scheinen. Sie sind folgende:

1) Der Anbau der Futtergewächse macht mehrere Menschenhände und stärkere Anspannung nöthig, als nach manchen Ortsverhältnissen darauf zu verwenden ökonomisch rathsam seyn könnte.

Antwort: Der Anbau der zur Sommerstallfütterung gebräuchlichen Gewächse macht eine ganz unbedeutend vermehrte Arbeit. Beim Klee kommt nichts weiter als das Aussäen selbst in Berechnung, und wenn man den Samen selbst gewinnt, das Ausdreschen desselben, welches dann besonders unbedeutend ist, wenn man zum eigenen Gebrauche nur die Köpfe abdrischt, und ihn mit den Hülsen aussäet.

Der Anbau der Futterwicken ist nicht erheblicher, indem die dazu gegebene Pflugfurche in der Brache nicht minder nöthig gewesen wäre. Die Arbeit beim Anbau anderer Futtergewächse, auf welche man ein zu großes Gewicht legt, kommt nicht auf die Kosten der Sommerfütterung, sondern der Winterfütterung, wovon hier eigentlich nicht die Rede ist.

§. 381.

2) Das Geschäft der Fütterung auf dem Stalle oder Viehhofe er-

fordert wegen des Mähens, Zuführens vom Felde, und des Vorlegens der Fütterung selbst, dann des Einstreuens und Ausbringens des Mistes, beträchtlich mehrere Menschen und mehreres Gespann, als die Verpflegung des Weideviehes.

Antwort: Dieser Gegengrund ist wohl unter allen der erheblichste, indem mehrere Arbeit dabei auf keine Weise abzuläugnen ist. Indessen ist der Unterschied so groß nicht, wie er denen erscheint, die mit einer guten Einrichtung und Manipulation nicht bekannt sind. Das Mähen des Futters für 80 Stück Vieh, -- wenn anders der Klee gut steht, das Aufladen und Anfahren desselben kann ein Mann und ein Weib oder Junge vollkommen verrichten, und dabei dem Viehwärter in der Vorlegung dieses Futters noch genugsam zu Hülfe kommen. Wir nehmen also an, daß drei Personen außer den eigentlichen Viehmägden auf 80 Stück Vieh (und zu 100 reichten sie auch hin) bei der Stallfütterung nöthig sind. Wenn nur eine Art von Vieh auf der Weide gehalten würde, so daß milchendes und güstes, junges und altes nicht getrennt wäre, so würde freilich ein Hirte zureichen. Sobald wir sie aber auf mehrere Heerden uns vertheilt denken, wird der Unterschied geringer werden. Diese Personen reichen auch zu, die Einstreuung und Ausmistung zu besorgen, wenn diese auf die beste Weise vermittelst einer Schleife geschieht. Dagegen ist aber die Arbeit der Mägde, gleich reichliche Milch angenommen, bei der Stallfütterung geringer, weil die weiten Wege und die Zeitverschwendungen, welche bei der Weide vorkommen, hier wegfallen; nicht zu gedenken, daß bei dem Melken selbst eine weit genauere Aufsicht als auf der Weide möglich ist, und von der Milch weniger verschüttet werden und abhanden kommen kann. Das Einfahren der grünen Futterung geschieht am besten entweder durch die sich dazu passenden Kühe selbst, oder durch einige besondere Ochsen, die dabei völlig fett werden, indem sie auf dem Stalle und auf dem Felde fressen, und ihnen diese mäßige Arbeit nur zur Verdauung dient, folglich sie ihr Futter am Ende des Sommers recht gut bezahlen. Die stärkere Mistausfuhr wird man wohl nicht leicht als eine Last, die allerdings die Stallfütterung beträchtlich vermehrt, ansehen wollen.

Indessen gebe ich zu, daß solche Verhältnisse eintreten können, wo die Verwendung von 2 Menschen mehr auf 80 Kühe in der Sommerzeit Schwierigkeit machen könne; nur können solche Fälle nicht häufig seyn, wo es an der Möglichkeit, diese 2 Menschen mehr herbeizuschaffen, fehlte. Wo man Menschen auf alle Weise ersparen mußte, hat man die Einrichtung getroffen, die Stallfütterung nur bis zur Erntezeit fortzusetzen, dann aber, auch um die Stoppelweide des Klees zu benutzen und den Nachwuchs, das Vieh auszutreiben.

§. 382.

3) Die Stallfütterung erfordert eine künstlichere und zusammengesetztere Einrichtung des Stalles, großen Raum, um das Futter aufzubewahren, und mannigfaltige Geräthe; folglich ein weit größeres stehendes Kapital.

Antwort: Bei diesem Einwurfe hat man sich die Schwierigkeiten ohne Zweifel größer vorgestellt, als sie wirklich sind. Es erleichtert allerdings ein zweckmäßig eingerichteter Stall die Sache sehr. Das Futter kann darin längere Zeit unverdorben aufbehalten und weit leichter unter das Vieh vertheilt werden. Aber in jedem Stalle wird man einen Ort zu dieser Aufbewahrung ausfindig machen, wenn man nur die Zahl des Viehes um einige Stücke vermindern will. Der Wagen oder der Karren, die Forke, Harke und Sense, welche hierzu mehr nöthig sind, können wohl kaum in Berechnung gebracht werden. Diejenigen, welche diesen Einwurf machen, sprechen auch von großen Kellerräumen und Futterschneidemaschinen, die aber eigentlich nicht der Sommerstallfütterung, von welcher hier nur die Rede ist, angerechnet werden können.

§. 383.

4) Bei einem kleinen Viehstapel können die Mehrkosten gegen die Weide ganz unbedeutend seyn. Aber der größere Arbeitsaufwand steigt mit der Kopfzahl des Viehes in größerem Verhältnisse gegen den bei der Weide. Es ist zumal bei der Koppelwirthschaft fast gleich, ob ein Hirte 20 oder 200 Stück zu hüten habe. Bei der Stallfütterung hingegen nimmt die Zahl der anzustellenden Menschen mit der Zahl des Viehes in gleichem Verhältnisse zu, und auf jede 50 Stück wird ein Mann mehr erfordert. Wenn also bei der Stallfütterung in kleinen Wirthschaften Vortheil ist, so vermindert sich derselbe immer mehr, je größer sie werden.

Antwort: Dieser Einwurf sagt eigentlich nichts weiter, als daß die Stallfütterung bei mäßigen Wirthschaften und Vorwerken noch vortheilhafter als bei großen sey, ohne doch den Vortheil überhaupt absprechen zu können. Er ist übrigens bei dem ersten und zweiten Einwurfe beantwortet.

§. 384.

5) Auch wird bei großen Feldfluren der Aufwand des Futter-

anfahrens immer größer, weil die Entfernung des Futterfeldes weiter ist. Diese weitere Entfernung ist hingegen bei der Weide von geringer Bedeutung.

Antwort: Sehr entferute Futterkoppeln würden allerdings die Sache schwieriger machen. Allein es läßt sich bei einer auf Stallfütterung angelegten Feldeintheilung wohl immer die Einrichtung treffen, daß man einen Theil des Klee- oder Wickenschlages, der zur grünen Fütterung bestimmt ist, in der Nähe des Hofes habe. Sonst hat man dieser Beschwerde auch durch die Anlegung eines Hürdenhofes auf einer entfernten Futterkoppel wohl abgeholfen.

§. 385.

6) Auf großen Gütern ist der Boden mehrentheils von verschiedener Beschaffenheit, und wenn bei einem allgemeinen Umlaufe der Klee und andere Futtergewächse auf einen ihnen nicht angemessenen Platz kommen, so sind sie dem Mißrathen unterworfen, oder geben doch nicht gleich starken Ertrag. Es läßt sich folglich keine reguläre Schlagordnung dabei befolgen; oder man darf auf hinreichende Ausfütterung eines gleich starken Viehstapels nicht Rechnung machen, und wird in gewissen Jahren, wo man auf eine dürrere Koppel mit dem Klee kommt, weniger Vieh halten können.

Antwort: Wenn auf die Verschiedenheit des Bodens, wie zuweilen in der Koppelwirthschaft geschieht, bei der Eintheilung der Feldmark keine Rücksicht genommen worden, so macht dies allerdings eine große Schwierigkeit. Dann tritt aber auch bei der Weide derselbe Fall ein, und es müßte ein besonders günstiges Schicksal seyn, wenn das Weidevieh nicht darunter litte, dem durch Ueberſparung des Futters nicht so wie bei einer wohleingerichteten Stallfütterung abgeholfen werden kann. Eine zweckmäßige Eintheilung der Feldmark nach der Güte des Bodens ist aber bei der Stallfütterungswirthschaft leichter möglich, weil hier der Zusammenhang jedes Schlages und der Schläge nach Nummern nicht so nöthig ist, und man es darum sehr wohl so einrichten kann, daß alle Jahre ein den Futtergewächsen zusagendes Feld und zwar nahe genug beim Hofe damit bestellt werde.

§. 386.

7) Das Gedeihen des Klees kann zwar durch eine gute Kultur ziemlich gesichert werden, jedoch nicht so, daß die Möglichkeit seines Mißrathens uns ganz außer Sorge setze. Und wenn dieses einträte, so wäre die ganze Wirthschaft dadurch zerstört.

Antwort: Ungeachtet der Klee wohl das Hauptfütterungsmittel für den Sommer bleiben wird, so wäre es doch sehr fehlerhaft, sich auf selbigen allein zu verlassen, da, auch ohne ein gänzliches Mißrathen desselben bei guter Bestellung zu besorgen, immer Zeiten eintreten können, wo er nicht genugsames Futter darreicht, oder wo es ihn dazu zu verwenden nicht rathsam wäre. Der Klee kommt eigentlich nicht früh genug, um die grüne Fütterung damit anzufangen, und zwischen seinen beiden Schnitten tritt eine Periode ein, wo er zu alt wird oder noch zu jung ist, um vortheilhaft gebraucht zu werden. Auch fehlt es nach dem zweiten Schnitte, wenn man anders Winterung in die Stoppel säen will, daran. Eine wohleingerichtete Stallfütterungswirthschaft muß also durchaus mehrere Gewächse zur Hand haben, welche die Stelle des grünen Klees vertreten, wenn es nöthig ist, sonst aber auf andere Weise benutzt werden, wozu hauptsächlich Wicken und auf trockenem Boden Spörgel und Buchweizen gehören; wenn man nicht etwa besondere Futterkoppeln zum langjährigen Gebrauche mit Luzerne oder Esparcette angesäet hat, oder künstliche Wiesen mit Gräsern. In dem bei guter Kultur kaum möglichen Falle des Aufwinterns des Klees können sogleich theilweise Wicken in dieses Feld eingesäet werden, von deren Saat um so leichter ein Vorrath zu halten ist, da sie sich zehn und mehrere Jahre konserviren.

§. 387.

8) Nach den Erfahrungen, die man besonders in Holstein gemacht hat, ist die Butter von dem auf dem Stalle gefütterten Viehe nicht von der Güte und Dauerhaftigkeit, wie die vom weidenden. Und da es dem Landwirthe bei einer starken Viehhaltung so wichtig ist, seine Butter in gutem Rufe zu erhalten, und über deren Absatz nicht verlegen zu seyn, so ist dies schon ein zureichender Grund gegen die Stallfütterung.

Antwort: Bei den wenigen Versuchen, die man in Holstein mit der Stallfütterung im Großen gemacht hat, ist dies wirklich der Fall gewesen. Allein bei einer der bekanntesten ist es notorisch, daß man bei der Molkerei nicht diejenige Reinlichkeit beobachtete, wodurch sich sonst die holsteinischen Molkereien auszeichnen. Auch war die Futterung, welche das Vieh erhielt, schlecht, und bestand, der übel gewählten Fruchtfolge wegen, mehr aus Hederich und andern Unkräutern, als aus Klee. Nun ist es richtig, daß die Reinhaltung des Euters der Kühe bei der Stallfütterung schwieriger als bei der Weide sey, und daß deshalb um so mehrere Vorkehrungen gegen die Verunreinigung der Milch getroffen werden müssen, welches man freilich von Leuten, die der Sache abgeneigt sind, ohne die strengste Aufsicht nicht erwarten kann. Geschieht dies aber, so haben Milch und Butter bei der Sommerstallfütterung einen völlig so aromatischen Geschmack, wie bei der Weide, dieselbe Festigkeit und alle andere Qualitäten, so daß es gewiß zu erwarten steht, es werde sich eine solche Butter, mit Holsteinischer Sorgfalt bereitet, eben so gut wie die dortige Weidebutter erhalten, obwohl mir davon noch kein bestimmtes Beispiel vorgekommen ist, weil da, wo größere Stallfütterungen betrieben werden, die Butter vortheilhafter im Sommer gleich verkauft wird.

§. 388.

9) Endlich hat man gesagt, es werde bei allgemeiner Einführung der Stallfütterung in einem Lande der Markt mit Fleisch und Fettwaaren überfüllt werden, und folglich der Preis derselben um so mehr herabsinken, da dieser Markt nie so ausgedehnt wie der für das Getreide sey. Das zum Behuf der Stallfütterung in die Landwirthschaft verwandte höhere Kapital werde folglich geringe oder gar keine Zinsen tragen, mithin für den Privat- und Nationalreichthum verloren, und der Landwirthschaft im Uebrigen oder andern Gewerben entzogen seyn. Selbst der Kapitalwerth des Grundes und Bodens werde dabei eher verlieren als gewinnen.

Antwort: Ohne mich auf die falsche staatswirthschaftliche Ansicht, aus welcher dieser Einwurf nur hervorgegangen seyn kann, einzulassen, will ich ihn bloß in privatwirthschaftlicher Hinsicht beantworten. Der Markt für Fleisch und Butter ist in den meisten Ländern ausgedehnter, als der für das Getreide, weil die Verführung dieser Waaren in gleichem Werthe minder kostbar ist. Man hat es deshalb in manchen Gegenden oft vortheilhaft gefunden, das Getreide in Zucht- und Mastvieh zu verfüttern, weil es sich mit diesem Produkte selbst forttrug. Zwar ist dieses seit einer Reihe von Jahren der politischen Konjunkturen und der den Bedarf nirgends übersteigenden Getreideproduktion wegen nicht der Fall gewesen. Aber vormals geschah es im südlichen Deutschland und in einigen Provinzen Frankreichs. Der leichter transportablen Butter kann es nirgends an Absatz fehlen, wo sie von der gehörigen Güte gemacht wird. In Holstein, wo seit 15 bis 20 Jahren die Butterproduktion beträchtlich, wie Einige behaupten, über $1/3$ zugenommen hat, ist dennoch ihr Preis beständig gestiegen, ungeachtet sich zugleich die Ausfuhr derselben aus Mecklenburg beträchtlich vermehrte. Vor 8 Jahren hatte sich in jenem Lande ein neuer und sehr vortheilhafter Markt für die Butter in Ostindien eröffnet, wohin sie in kleinen in Thon eingeschlagenen Gefäßen versandt wurde. Allgemein haben die Preise des Fleisches und der Fettwaaren, selbst im Verhältnisse gegen das Getreide, zugenommen, welches daher zu rühren scheint, daß wilde Gegenden, die bisher einzig und allein durch Viehzucht benutzt wurden, bei vermehrter Bevölkerung mehr urbar gemacht und zum Getreidebau verwandt werden. Auch kommt der gestiegene Preis der Wolle hier in Betracht, deren stärkere Erzeugung zwar durch Stallfütterung des Rindviehes nicht unmittelbar, aber doch mittelbar durch die Erübrigung größerer Weideräume für die Schafe bewirkt werden wird. Ob übrigens bei höherer Kultur die thierischen Produkte in ihrem Preise gegen den Preis anderer Dinge fallen werden, ist noch problematisch, indem zugleich mit deren stärkeren Erzeugung auch die Konsumtion zunimmt, weil zugleich damit die Nationalwirthschaft und Reichthum sammt der Bevölkerung steigt. Auf keinen Fall aber können sie unter ihren natürlichen Preis fallen, d. h. denjenigen, der ihre Hervorbringungskosten und den gerechten Profit bezahlt, weil, wenn dies geschähe, die angestrengtere Produktion sogleich nachlassen würde. Auch bezweckt die Stallfütterungswirthschaft nicht allein eine größere Produktion thierischer Substanzen, sondern eben so sehr eine Ersparung des Bodens für vegetabilische Produktionen und Vermehrung des dazu erforderlichen Düngers.

§. 389.

Wahre Hindernisse derselben.

Es scheinen also die Gründe gegen die Stallfütterung und die damit nothwendig verbundene höhere Ackerkultur — soll jene anders von Bestand seyn — einzeln betrachtet, unerheblich. Indessen können sie doch zusammengenommen in einzelnen Fällen die Einführung derselben vorerst unräthlich machen, und der Weidewirthschaft bei einer guten Feldeintheilung das Wort reden. In Gegenden, wo die Manipulation der Stallfütterung noch ganz unbekannt ist, wo man bei der dienenden Klasse sowohl, als bei denen, welchen man die specielle Aufsicht übertragen muß, Vorurtheile und Widerwillen dagegen antrifft, gehört wenigstens eine sehr genaue Aufsicht dazu, die vielleicht jeder Einzelne diesem Zweige der Wirthschaft, bei vielen andern neuen Einrichtungen, nicht widmen kann. Man muß sich daselbst die Menschen dafür erst zuziehen, oder die Hauptviehwärter aus andern Gegenden kommen lassen.

Nicht an sich, sondern in Hinsicht des höhern Wirthschaftsbetriebes, welcher damit verbunden ist, erfordert sie ein beträchtlich größeres Betriebskapital. Besonders aber wird sie da minder anwendbar seyn, wo man Grund und Boden gar nicht zu sparen hat, sondern dessen fast einen Ueberfluß besitzt, weil man Arbeit und Kosten dafür auch bei einer minder intensiven Bewirthschaftung herbeizuschaffen nicht vermögend ist. In solchen Fällen wird Wechselwirthschaft mit Weide wenigstens vorerst angemessener seyn, und dann um so leichter zur Stallfütterung übergehen können. Dagegen wird die Stallfütterung in dem Verhältnisse vortheilhafter, in welchem der Werth des Grundes und Bodens steigt, und in welchem größerer Verlag auf die Landwirthschaft verwandt wird.

Am wenigsten paßt sich die Stallfütterung auf sehr sandigem Boden, der weniger als 25 Prozent Lehm und Humus enthält. Diesem Boden ist die sogenannte Ruhe oder das Eindreeschen und der Weidegang besonders nützlich, um ihm die Bindung zu geben, die er bei zu häufiger Beackerung gänzlich verliert.

Auch ist er für die Schafe mehr als für Rindvieh geeignet, deren Stallfütterung vorerst sich noch nicht verbreiten wird, und wenigstens auf solchem Boden nicht paßt. Der Futtergewächsbau für den Sommer ist hier der dürren Zeiten wegen auch bei zureichender Düngung noch immer sehr mißlich, so sicher auch der Bau der Futterwurzeln für den Winter darauf betrieben werden kann.

§. 390.

Man unterscheidet unter ganzer und halber Stallfütterung. Unter letzterer versteht man nicht, — was sonst auch Statt findet — daß ein Theil des Viehstapels auf dem Stalle bleibt, und der andere weidet, sondern daß das Vieh seine Nahrung täglich zum Theil von der Weide holt, zum Theil im Stalle erhält. Diese halbe Stallfütterung haben Manche in Ansehung der Benutzung des Viehes für die einträglichste Art gehalten, und dabei den größten Molkenertrag gehabt. Es ist auch natürlich, daß die Freßlust des Viehes durch diese Veränderung gereizt, und seine Verdauungskräfte gestärkt werden. Vorzüglich wird sie da rathsam, wo man einen nicht zu weit entfernten Weideanger der Gefahr der Ueberschwemmung oder andrer Ursachen wegen nicht vortheilhafter benutzen kann, solcher aber doch zur völligen Ernährung des nöthigen Rindviehes im Sommer nicht zureicht.

§. 391.
Verbindung der Stallfütterung mit verschiedenen Feldsystemen.

Die Stallfütterung läßt sich bei verschiedenen Ackersystemen betreiben und damit verbinden. In dieser Hinsicht haben wir einen dreifachen Unterschied zu bemerken.

Die erste und älteste Methode des Futtergewinnes ist die in besondern Futterkoppeln oder Kleegärten. Man hat dazu gewöhnlich nahe am Hofe belegene Koppeln ausgewählt, und bauet darin dreijährig, und mehrentheils schon im ersten Jahre der Aussaat, zugleich mit dem untergesäeten Getreide, grün zu benutzenden Klee, oder, wo der Boden ihr zuträglich, Luzerne. Wenn diese Futterkräuter ausgehen, werden ein oder zwei Jahre Wurzel- oder Kohlgewächse darin gebauet, vielleicht auch eine Getreide- oder Hülsenfrucht, und sie dann wieder zu Futterkräutern niedergelegt. Diese Futterkoppeln konsumiren aber einen großen Theil des Düngers, indem der Klee ohne starke Düngung so oft wiederholt nicht darin fortkommt. Der Hauptzweck des Futterbaues und der Stallfütterung: der ganzen Feldflur eine so viel reichlichere Düngung zu verschaffen, — fällt also dabei weg, und der sonst absurde Einwurf gegen den Futterbau, daß er zu vielen Dünger wegnehme, ist in diesem Falle gewissermaßen gegründet. Ferner fällt aber auch der andere Hauptvortheil: der Wechsel zwischen grünen und körnertragenden Ernten — dabei weg. Die Brache muß ungenutzt dabei liegen bleiben, oder der Acker verwildert. Nur in das weite Feld und in den allgemeinen Umlauf gebracht können grüne Ernten neben der chemischen Verbesserung des Bodens durch den Dünger auch die mechanische durch die Lockerung bewirken und die Reinheit desselben erhalten.

Daher kann der Futterbau in besondern Koppeln nur als ein sehr mangelhaftes Hülfsmittel angesehen werden, wodurch man in der Felder- und Koppelwirthschaft sich einige Beihülfe zur Viehfütterung verschafft, welches aber bei der allgemeinen Stallfütterung im Großen durchaus zweckwidrig ist. Eine verhältnißmäßig kleine Koppel mit ausdauernden Futterkräutern, Luzerne und Mähegräsern besäet, kann nahe beim Hofe auch der kompletten Stallfütterung zuweilen ganz bequem seyn, um als Zwischenfütterung zu dienen.

§. 392.

Das zweite System des Futterbaues ist das bei der Dreifelderwirthschaft: ihn in und statt der Brache zu nehmen. Wir haben bereits oben von diesem, durch Schubart hauptsächlich verbreiteten Systeme, dessen Möglichkeiten und dessen Schwierigkeiten gesprochen. Es wird hierdurch dem Ackerbau kein Dünger entzogen, und der Klee giebt dem Acker vielmehr neue Kräfte, wenn er gut, dicht und rein steht. Allein dieses kann man nur auf besonders fruchtbarem und für ihn geeignetem Boden bei dieser Rotation erwarten, und dann doch nur unter der Bedingung, daß er nur im neunten Jahre wieder auf dieselbe Stelle komme. Die große Mißlichkeit seines Gerathens und die Unzulänglichkeit seiner Ernten in Wirthschaften, denen es an Wiesen fehlt, um das Vieh Winter und Sommer hindurch in gleichmäßiger Fütterung zu erhalten, hat sich hier so häufig gezeigt, daß dieses System außer einigen glücklichen Distrikten keinen Fortgang gewinnen konnte, vielmehr wieder aufgegeben werden mußte, und mit demselben dann zugleich die Stallfütterung selbst. Bei einem zufälligen einjährigen Mißrathen halfen sich industriöse Wirthe durch die Aussaat von Wicken oder anderem Futtergemenge, durch Abfütterung der Erbsen wohl durch. Wenn dieses aber öfter kam, und nicht vom Zufalle abzuhängen, sondern klar genug in der Sache selbst zu liegen schien, so sah man sich genöthigt, davon abzustehen, wenn gleich Manche, die es durchzusetzen sich zu lange bestrebten, bis zur gänzlichen Verwilderung ihrer Felder dabei verharrten.

§. 393.

Das dritte, unter den bisher versuchten einzig glückliche System, worauf bei der Einführung der Stallfütterung mit Sicherheit zu rechnen, ist das des Fruchtwechsels, wo der Klee jedesmal in stark und tief bearbeitetes Land, welches noch die volle Kraft des Düngers hat, gebaut wird, und wo mehrentheils zu demselben Behuf auch andere Futtergewächse ihm im Sommer zu Hülfe kommen, und wieder andere im Herbste und Winter folgen, so daß das Vieh durch alle Perioden des Jahres mit einer reichlichen und saftigen Futterung versorgt ist. Wir haben die Gründe, worauf dieses System beruht, oben ausführlich auseinandergesetzt, und werden das Uebrige, wo von dem Bau dieser einzelnen Gewächse und von der Fütterung des Viehes selbst die Rede seyn wird, anführen; so daß wir hier nichts weiter darüber zu sagen brauchen.

§. 394.

Deshalb wollen wir hier nur diejenigen Rotationen angeben,

welche nach der verschiedenen Zahl der Schläge zu wählen sind, um mit mindest möglicher Aufopferung der verkäuflichen Früchte den höchsten Futter- und Düngergewinn zu verschaffen. Wir setzen dabei einen lehmigen Boden voraus, der mindestens 30 Prozent abschwemmbaren Thon und Humus, und höchstens 70 Prozent Sand enthält, und der gewöhnlich entweder Weizenboden zweiter Klasse, oder Gerstboden erster und zweiter Klasse, oder guter und Mittelboden genannt wird. Auf sandigerem Boden, der zwischen 25 bis 30 Prozent abschwemmbaren Thon enthält, geräth zwar der Klee bei zureichender Düngung auch in den meisten Jahren, ist aber in trockenen doch so unsicher, daß man nicht darauf würde rechnen können, wenn die ganze Feldmark oder einzelne Schläge aus so losem Boden beständen; weshalb auf Gütern dieser Art die Weidewirthschaft, wie schon gesagt, immer sicherer bleiben wird. Uebrigens wird man bei der Auswahl der in diesen Rotationen vorkommenden Früchte auf den mehreren oder minderen Thongehalt, so wie auch auf den beigemischten Kalk und den bereits erlangten Reichthum an Humus zu sehen, und danach diese verschiedentlich zu bestimmen haben; worüber erst in der Folge das Nähere angegeben werden kann.

In vier Schlägen.

1) **Behackte Früchte zur Fütterung u. vielleicht gedrillte Bohnen.
2) Gerste.
3) Klee.
4) Roggen oder Weizen.

Diese in manchen englischen Wirthschaften sehr gebräuchliche und vormals in einer kleineren Wirthschaft von mir eingeführte Fruchtfolge haben Manche durch ein *unbegreifliches* Mißverständniß für die einzige Form einer Fruchtwechselwirthschaft gehalten. Sie paßt eigentlich nur für kleinere Wirthschaften, und jede große wird ihre Schläge zweckmäßiger mehr theilen.

In fünf Schlägen

wird nach der Winterung noch Hafer genommen, welches wegen der darauf folgenden reinigenden Frucht ohne Bedenken geschehen kann. Ich fand bei einem damit gemachten Versuch den Hafer im Verhältniß der übrigen Früchte indessen zu wenig einträglich, um dabei zu bleiben. Wo man sich aber erst in einen starken Futtervorrath setzen wollte, da könnte auch das Kleefeld zwei Jahre benutzt werden.

In sechs Schlägen.

1) bis 4) Wie oben.
5) *Erbsen und nach Bedarf grün zu mähende Wicken.
6) Roggen.

Ich gebe in den meisten Fällen der sichern, einträglichern und besonders mehr Stroh liefernden Winterung gern ein Uebergewicht gegen die Sommerung in diesen Rotationen, um so mehr, da ihre Bestellung nach den Vorfrüchten bei Anwendung gehöriger Instrumente zur gerechten Jahreszeit so leicht bewerkstelliget werden kann. Träfe es indessen, daß man mit der Winterungsbestellung nicht fertig werden könnte, so bleibt immer noch die Sommerung auf einem Theile eines Schlages zu wählen.

In sieben Schlägen.

Hier kann nach dem Roggen noch Hafer genommen werden. In den meisten Fällen wird aber eine Wirthschaft, die sich in volle Kraft setzen und ihre Viehfutterung aufs vollkommenste sichern will, das Kleefeld lieber zwei Jahre liegen lassen, und sich mit zwei Winterungs-, einem Sommer-, und halbem oder $^2/_3$ Erbsschlag begnügen. Hier und überall, wo im ersten Schlage der behackten Früchte zu viel zu seyn scheinen, können in einem Theile desselben gedrillte und behackte Bohnen genommen werden, unter welche man nach vollendetem Behacken noch sehr zweckmäßig Rüben säen kann, die übrigens auch nach den grün abgemäheten Wicken einen sehr guten Platz finden, hier jedoch der Winterung wegen früh aufgenommen werden müssen.

In acht Schlägen.

1) **Behackte Früchte.	5) *Erbsen.
2) Gerste.	6) Roggen.
3) Klee.	7) Wicken.
4) Hafer.	8) Roggen.

Oder:

1) **Behackte Früchte.	5) Roggen.
2) Gerste.	6) *Erbsen und Wicken.
3) Klee.	7) Roggen.
4) Klee.	8) Hafer.

In neun Schlägen.

1) **Behackte Früchte.	6) *Erbsen.
2) Gerste.	7) Gerste.
3) Klee.	8) Wicken.
4) Klee.	9) Roggen.
5) Roggen.	

In zehn Schlägen.

1) **Behackte Früchte.	3) } Klee, nach dem ersten
2) Gerste.	4) } Schnitte umgebrochen.

5) *Rapssaat.
6) Weizen.
7) Erbsen.
8) Roggen.
9) *Wicken, grüne.
10) Roggen.

Es versteht sich, daß man, um den Bau der Rapssaat, welche in diesen Fruchtwechseln vorzüglich vortheilhaft ist, zu betreiben, erst in dem gehörigen Düngerzustande seyn müsse, wohin man aber bei einem Futterbau, wie dieser ist, in kurzer Zeit gelangt.

In eilf Schlägen

würde nur nach dem Roggen noch Hafer genommen.

In zwölf Schlägen.

1) **Behackte Früchte.
2) Gerste.
3) Klee.
4) Klee.
5) Klee, nach dem ersten Schnitte umgebrochen.
6) *Raps.
7) Weizen.
8) Erbsen und Wicken.
9) Roggen.
10) *Gedrillte Bohnen, danach Rüben.
11) Gerste.
12) Roggen.

Oder,

um einen noch stärkern Handelsgewächsbau zu betreiben, wenn der Ueberfluß von Dünger, den die vorige Rotation giebt, es erlaubt: das Kleefeld im vierten Schlage umgebrochen nach dem ersten Schnitte, und

5) *Raps.
6) Weizen.
7) Wicken.
8) Roggen.
9) **Taback.
10) Weizen.
11) Bohnen, dann Rüben.
12) Gerste.

Die Fortsetzung dieser Materie im folgenden Bande.

Grundsätze

der

rationellen Landwirthschaft.

Von

A. Thaer.

Zweiter Band.

Sechste Auflage.

Berlin,
Druck und Verlag von Georg Reimer.
1868.

Vorrede
zur ersten Auflage.

Dieser Band enthält, außer dem Schlusse des Hauptstücks von der Oekonomie, den Theil der Wissenschaft, welcher nothwendig auf die Chemie begründet und zurückgeführt werden muß, wenn wir zu sicheren Bestimmungen und neuen fruchtbaren Folgerungen gelangen wollen. Deshalb muß die Theorie, oder das Chemische dieser Lehre, in so fern sie auf die Praxis Bezug hat, nicht nur vorgetragen, sondern mit letzterer mehr in Verbindung gesetzt werden, als es bisher auch von den neuesten und vorzüglichsten Schriftstellern über Agrikultur-Chemie, selbst von unserm Hermbstädt geschehen war. Ich durfte hier nicht zu kurz seyn, ohne dem größeren Theile meines Publikums unverständlich zu werden, Mißverständnisse zu erregen, und Lücken in denjenigen Kenntnissen zu lassen, die zu einer rationellen Beurtheilung und Untersuchung des Bodens unumgänglich nöthig sind. Dadurch ist das dritte Hauptstück weitläuftiger geworden, als ich glaubte; und was dieser Band vom zweiten Abschnitt des vierten Hauptstücks noch hätte fassen können, war zu unbedeutend, um es von dem Uebrigen zu trennen.

Wenn ich Alles so ausführlich, wie jenes, behandeln wollte, so würde das Werk freilich über die bestimmten Grenzen hinausgehen. Ich werde aber, wenn ich auf das allgemein Bekannte komme, kürzer seyn können, ohne der Genauigkeit und Vollständigkeit etwas zu vergeben, mich auch oft auf das Vorgesagte beziehen können. So werde ich insbesondere die Lehre von den einzelnen vegetabilischen Produktionen mehr aphoristisch und gewissermaßen tabellarisch vortragen, da bei selbiger Mißverständnisse weniger zu besorgen sind, und sie nur zu oft und zu weitläuftig von Andern behandelt ist. Ich hoffe gerade dadurch das Wesentlichste und Wissenswürdigste hervorzuheben, was unter dem Wortschwall bisher dem Auge entrückt war. Auch werde ich mich in Ansehung der Lehre von der Vegetation im Allgemeinen kürzer fassen können, als ich glaubte, da mein Schwiegersohn Crome diesem Bedürfnisse der rationellen Ackerbaulehre gleichzeitig durch sein Handbuch der Naturgeschichte für Landwirthe abhelfen wird. Und so werden vier Bände von der bestimmten Bogenzahl im Ganzen das Werk dennoch fassen.

Um mein Geistes-Eigenthum — denn nur die Benutzung desselben überläßt der Verfasser den Käufern seines Werks — um so förmlicher zu dokumentiren, habe ich jedes Exemplar mit meiner eigenhändigen Unterschrift versehen, und jedes andere für gestohlenes Gut erklärt. Dem ungeachtet erfrecht sich ein Nachdrucker, seine Diebeswaare öffentlich auszubieten. Man sagt, daß ihn der Buchstabe der Gesetze seines Staates schütze, und daß im gerichtlichen Wege Nichts gegen ihn auszurichten sey. Mag es, — ich habe zu der Rechtlichkeit desjenigen Publikums, dem dieses Werk gewidmet ist, das Zutrauen, daß Niemand ein falsches Exemplar, wodurch der Verfasser offenbar bestohlen worden, ohne Widerwillen ansehen, viel weniger bei sich dulden werde. Wie kann Jemand, der Belehrung in diesem Werke sucht, sich unablässig sagen wollen: der Mann, der sie dir hier giebt, ist durch das Buch, welches du in Händen hast, um seinen rechtmäßigen Erwerb betrogen worden! Auch würde man noch andere Folgen eines solchen Nachdrucks empfinden, da bei künftigen Anführungen die Bände- und Seitenzahl nie passen können.

Der Verfasser.

Inhaltsverzeichniß des zweiten Bandes.

Verhältnisse der Wirthschaftssysteme gegen einander.

Uebergang in eine neue Wirthschaftsart. 31.

Drittes Hauptstück.

Agronomie, oder die Lehre von den Bestandtheilen des Bodens.

Die Kieselerde. 69.

Die Thonerde. 74.

Der Thon. 80.

Die Kalkerde. 93.

Der Gyps. 106.

Der Mergel. 110.

Die Bitter- oder Talkerde. 117.

Das Eisen. 120.

Der Humus. 122.

Der Torf. 132.

Die Bodenarten, ihre Eigenschaften, Werth und Benutzung, in so fern sie aus den Gemengsverhältnissen der Bestandtheile ihrer Ackerkrume hervorgehen.

Viertes Hauptstück.

Agrikultur. 185.

Erste Abtheilung.

Die Lehre von der Düngung. 187.

Vegetabilische Düngungsmittel. 238.

Mineralische Düngungsmittel. 248.

Zweites Hauptstück.

Fortsetzung.

Verhältnisse der Wirthschaftssysteme gegen einander,

in einem Beispiele dargestellt.

Verhältnisse der Wirthschaftssysteme gegen einander.

§. 395.

In einem Beispiele dargestellt.

Um die Verhältnisse der jetzt am meisten in Frage begriffenen Wirthschaften gegen einander darzustellen, dienen folgende tabellarische Berechnungen von neun Wirthschaftsarten auf einem und demselben Areal. Diese Berechnungen sind sehr mannichfaltig angestellt worden, mit allerlei Modifikationen in Ansehung der Eintheilung der Schläge, der Früchte, des Viehes und der Arbeit. Ich theile hier nur das Gewöhnlichste mit, und überlasse es jedem meiner Leser, jede Idee, die er sich über die Bewirthschaftung eines gegebenen Areals macht, auf ähnliche Weise sich darzustellen.

Das hier angenommene Areal hat 1450 Magdeb. Morgen, wovon 150 Morgen Wiesen sind. Bei der Dreifelderwirthschaft liegen 300 Morgen raumer Weideanger, oder so viel Holzweide, als diesen gleich kommt, zu beständiger Weide, und müssen bei dieser Wirthschaftsart beibehalten werden. Bei den Wechselwirthschaften aber konnten 200 Morgen davon zu den Schlägen gezogen und umgebrochen, folglich zu Ackerland gemacht werden. Daher vermehrt sich dieses hier bis auf 1200 Morgen.

Der Boden ist als guter Gerstboden, oder als ein milder, vielleicht etwas kalkhaltiger, mit Sand zu 50 bis 60 Prozent gemengter Lehmboden angenommen.

Es ist ferner vorausgesetzt, daß der Acker bei den mehrschlägigen Wirthschaften schon eine Rotation durchgegangen sey, und wenigstens schon einmal die volle hier angegebene Düngung erhalten habe; auch daß bei der Beackerung, Bestellung und Ernte Alles mit gehöriger Sorgfalt, Wahrnehmung des gerechten Zeitpunktes und Fleiße ausgeführt werde, und jede Frucht die ihr gebührende Behandlung erhalte.

Die zu diesem §. gehörigen Tabellen, wie sie die frühere Ausgabe enthielt, sind aus nachstehenden Gründen verändert und berichtigt worden.

Nr. 1. Der Unterschied, den es macht, wenn diese Wirthschaft nur Pferde und keine Ochsen hält, ist doch beträchtlich. Da aber ungeachtet des Mangels an Weide und Futterung keine absolute Unmöglichkeit da ist, Ochsen zu halten, so ist es, um die Wirthschaftskosten hierin gleich zu stellen, richtiger, wenn hier weniger Pferde, dagegen aber Ochsen berechnet werden. Die Kühe mußten deshalb von 20 auf 12 Stück reduzirt werden; dagegen sind aber, um die Sommerweide möglichst zu benutzen, 50 Stück Schafe mehr angenommen. Für diese wird nun freilich das Winterfutter geringer, ist aber noch so, daß bei dem hier vorhandenen Ueberflusse von Stroh 750 Landschafe gut erhalten werden können. Die Weide auf der Brache, welche in den vorigen Tabellen gar nicht gerechnet war, ist hier nach Band I. §. 289 mit 100 Morgen Außenweide gleich gesetzt worden. Die Zahl des männlichen Gesindes ist wegen der Verminderung der Pferde um eins vermindert, dagegen der männliche Tagelohn um 38 Scheffel Roggen höher angesetzt, weil das Pflügen mit den Ochsen so viel Tagelohn mehr kostet. Die Druck- und Berechnungsfehler in dieser Tabelle sind, so wie in allen folgenden, berichtigt.

Nr. 2. Auch hier sind aus denselben Gründen Ochsen mit Verminderung der Pferde angenommen. Der Tagelohn ist nach einer genaueren Berechnung hier so viel höher angesetzt, als die Aberntung der Erbsen und des Kleefeldes diesen Aufwand gegen Nr. 1. vermehrt, wozu noch die stärkere Mistausfuhr dieser Wirthschaft kommt.

Nr. 3. hat folgende Berichtigungen erhalten: Es war auf der alten Tabelle die Ochsenweide den Kühen zum reinen Ertrage, und die Kosten jener wohl etwas zu niedrig angesetzt. Die Brachweide ist hier, des frühen Aufbruchs wegen, zu unbedeutend, um berechnet werden zu können, zumal da Wirthschaften dieser Art in der Regel keine Schafe halten.

Die Tagearbeit war zu geringe angesetzt, sie hat zwar 120 Morgen Getreide weniger abzuernten, aber 171 Morgen Klee zu Heu zu machen, auch hat sie ungefähr $\frac{1}{4}$ mehr Mist auszufahren. So wie der Tagelohn hier steht, ist er speziell berechnet.

Nr. 4. Diese Wirthschaft kann mit demselben Arbeitsvieh ausreichen, wie Nr. 3. Nr. 4. hat zwar 240 Morgen Brache zu bearbeiten, Nr. 3. nur $171\frac{3}{7}$, jene also $68\frac{4}{7}$ Morgen mehr. Dagegen hat Nr. 4. nur 240 Morgen Sommerung, Nr. 3. aber $347\frac{6}{7}$, jene also $102\frac{6}{7}$ Morgen weniger, wodurch die Arbeit ungefähr gleich bleibt.

Um völlige Gleichheit zu erhalten, ist die Brachweide auf dem einen Brachschlage gleich der Weide bei der Dreifelderwirthschaft berechnet, nämlich 120 Morgen = 24 Morgen Dreeschweide. Wenn es gleich in der Mecklenburgischen Koppelwirthschaft nicht gebräuchlich ist, die Mürbebrache zur Weide im ersten Theile des Sommers liegen zu lassen, so könnten die Brachen doch durch die Haltung von Schafen — obwohl sie diesen Wirthschaften observanzmäßig nicht berechnet sind — so viel genutzt werden.

Endlich ist der Tagelohn nach einer genaueren Berechnung erhöhet worden.

Nr. 5. Es war unrichtig, hier einen Knecht mehr anzusetzen. Die Tagelohn-Arbeiten aber müssen hier mehr kosten, als bei Nr. 4, weil mehrere Ochsen zu halten sind, und mehreres Getreide ausgesäet wird.

Nr. 6. Es war in der alten Tabelle für die Pferde Weide angenommen, nach der bei dieser Wirthschaft ziemlich gebräuchlichen Einrichtung, die übrigen Kosten der Pferde dagegen niedriger angesetzt. Um darin mehrere Gleichheit zu erhalten, ist ihre Erhaltung mit den andern Wirthschaften gleich gemacht. Die Pflugarbeit ist hier geringer, und darum der Tagelohn, der freilich durch die mehreren Mistarbeiten und durch die doppelte Aberntung des Kleeschlags sich wieder vermehrt, um ein Weniges geringer angesetzt worden.

Nr. 7. Wegen der stärkeren Mistausfuhr, des Kartoffeln- und Heueinfahrens sind hier noch 2 Pferde mehr als in der alten Tabelle angesetzt. Auch sind die Kosten der Pferde und Ochsen nun eben so hoch angesetzt worden, als in den andern Wirthschaften; denn außer Nr. 1. könnten alle die andern Wirthschaften den Vortheil, der durch eine grüne Futterung der Pferde erwächst, sich allenfalls auch verschaffen. Durch die Verfütterung des Klees mit Pferden ward der Vortheil derselben dieser Wirthschaft höher berechnet, als der vorherigen, und dies darf in Hinsicht auf die Vergleichung nicht geschehen.

Der Tagelohn war nach einer genauern Berechnung, besonders in Hinsicht der starken Düngerausfuhr, zu geringe berechnet, oder es ist vielmehr darin, wie an mehreren Stellen dieser Tabelle, ein Zahlenirrthum vorgegangen. Nach genauer Nachrechnung muß es so stehen wie hier.

Nr. 8. Es ist in der neuen Tabelle mehr Zugvieh angenommen, weil nach genauerer Berechnung die vielen Mist-, Ernte- und Getreidefuhren dieses erfordern. Auch ist der Arbeitslohn beträchtlich höher angesetzt. Es war aber in der alten Tabelle ein Rechnungsfehler von 500 Scheffeln eingeschlichen, und deshalb ergiebt sich nach der genauesten Nachrechnung in der neuen Tabelle dennoch ein höherer Ertrag.

Nr. 9. Hier sind ebenfalls 2 Pferde mehr angenommen, und ein höherer Tagelohn; auch verschiedene Rechnungsfehler verbessert.

Das Stroh, welches in den sämmtlichen Tabellen bei der Gerste nur zu 100 Pfund per Scheffel angenommen war, ist hier zur Uebereinstimmung mit den Bd. I. S. 281 angenommenen, aber, wie oben erinnert, nur für die kleine Gerste passenden Prinzipien zu 113 Pfund per Scheffel berechnet worden; von einem Scheffel Roggen 215 Pfund, und von einem Scheffel Hafer 86 Pfund.

Die Misterzeugung aus dem Stroh, Heu und den Kartoffeln hätte ich nach neueren Beobachtungen wenigstens um $\frac{2}{10}$ wieder höher annehmen sollen. Ich habe aber darin keine Abänderung machen wollen, so offenbar es ist, daß den Kartoffeln dabei Unrecht geschieht.

a. Wirthschaftsart und Rotation.	b. Morgenzahl.	c. Einsaat per Morgen.	d. Ertrag per Morgen.	e. Totalertrag des Schlages.	f. Reiner Ertrag nach Abzug der Einsaat.	g. Strohertrag.	h. Heu und Futter auf Heu reduzirt.	i. Mist aus Stroh, Heu und Futter.	k. Mist kommt per Morgen, Fuder à 20 Ctn
	Morg.	Scheff.	Scheff.	Scheff.	Scheff.	Centn.	Centn.	Centn.	Fuder.
Nr. 1. Einfache reine Dreifelderwirthschaft.								Aus Stroh 11588 Aus Heu 3600	
1) Brache, gedüngt	111$\frac{1}{9}$	—	—	—	—	—	—	—	6,8
2) Roggen . . .	111$\frac{1}{9}$	1$\frac{1}{8}$	7	777$\frac{7}{9}$	652$\frac{7}{9}$	1670	—	—	—
3) Gerste . . .	111$\frac{1}{9}$	1$\frac{1}{8}$	7	777$\frac{7}{9}$	652$\frac{7}{9}$	878	—	—	—
4) Brache . . .	111$\frac{1}{9}$	—	—	—	—	—	—	—	—
5) Roggen . . .	111$\frac{1}{9}$	1$\frac{1}{8}$	4$\frac{1}{2}$	500	375	1075	—	—	—
6) Hafer . . .	111$\frac{1}{9}$	1$\frac{3}{8}$	5	555$\frac{5}{9}$	402$\frac{1}{9}$	477	—	—	—
7) Brache mit halben Horden .	111$\frac{1}{9}$	—	—	—	—	—	—	—	—
8) Roggen . . .	111$\frac{1}{9}$	1$\frac{1}{8}$	5	555$\frac{5}{9}$	430	1193	—	—	—
9) Gerste . . .	111$\frac{1}{9}$	1$\frac{1}{8}$	4	444$\frac{4}{9}$	319	501	—	—	—
Wiesen . . .	150	—	—	—	—	—	1800	—	—
Außenweide .	300	—	—	—	—	—	—	—	—
Werth der Weide auf 333$\frac{3}{9}$ Morg. Brache = 100 M. Außenweide.									
	1450	—	—	—	—	5794	1800	15188	—

l.	m.			n.		o.		p.
Vieh, nach Kopfzahl.	Futter auf den Kopf und für jede Art im Ganzen.			Ertrag		Kosten der Wirthschaft nach dem Werthe eines Scheffels Roggen.		Reiner Ertr g nach Abzug der Kosten, nach Scheffel Roggen.
	Stroh.	Heu.	Weide.	des Viehes nach dem Werth eines Scheffels Roggen	des Getreides, reduzirt auf Scheffel Roggen.			
Stück.	Centn.	Centn.	Morg.	Scheff.	Scheff.		Scheff.	Scheffel.
Pferde. 8	(50) 400	(30) 240				8 Pferde à 54 Scheffel . .	432	
Ochsen. 16	(38) 608	(40) 640	($4\frac{1}{2}$) 72			16 Ochsen à 7 Scheffel .	112	
Kühe. 12	(38) 456	(25) 300	(3) 36	111		5 männliches Gesinde à 50 Scheffel . .	250	
						Schäfer . . .	70	
Schafe. 750	($5\frac{1}{2}$) 4125	($\frac{82}{100}$) 620	292	447		2 weibliches Gesinde à 40 Scheffel . .	80	$1514\frac{4}{9}$
	Bleibt übrig 205					Drescherlohn .	189	
						Männliches Tagelohn .	200	
						Weibliches Tagelohn .	98	
—	—	—	—	—	—			
—	—	—	—	—	$652\frac{7}{9}$			
—	—	—	—	—	$489\frac{4}{9}$			
—	—	—	—	—	—			
—	—	—	—	—	375			
—	—	—	—	—	201			
—	—	—	—	—	—			
—	—	—	—	—	430			
—	—	—	—	—	$239\frac{3}{9}$			
—	—	—	—	—	—			
—	—	—	—	—	—			
—	—	—	—	558	$2387\frac{5}{9}$		1431	
				$2945\frac{5}{9}$				

a. Wirthschaftsart und Rotation.	b. Morgenzahl.	c. Einsaat per Morgen.	d. Ertrag per Morgen.	e. Totalertrag des Schlages.	f. Reiner Ertrag nach Abzug der Einsaat.	g. Strohertrag.	h. Heu und Futter auf Heu reduzirt.	i. Mist aus Stroh, Heu und Futter.	k. Mist kommt per Morgen, Fuder à 20 Ctn.
	Morg.	Scheff.	Scheff.	Scheff.	Scheff.	Centn.	Centn.	Centn.	Fuder.
Nr. 2. Felderwirthschaft mit Erbsen und Klee, und Stallfütterung.								Aus Stroh 19496 Aus Heu 8040	
1) Erbsen, gedüngt	111$\frac{1}{9}$	1$\frac{1}{8}$	5	555$\frac{5}{9}$	430$\frac{5}{9}$	2220	—	—	6
2) Roggen . . .	111$\frac{1}{9}$	1$\frac{1}{4}$	6	666$\frac{6}{9}$	541$\frac{6}{9}$	1431	—	—	—
3) Gerste . . .	111$\frac{1}{9}$	1$\frac{1}{8}$	6	666$\frac{6}{9}$	541$\frac{6}{9}$	752	—	—	—
4) Brache, gedüngt und Horden . .	111$\frac{1}{9}$	—	—	—	—	—	—	—	6,4
5) Roggen . . .	111$\frac{1}{9}$	1$\frac{1}{8}$	8	888$\frac{8}{9}$	763$\frac{8}{9}$	1009	—	—	—
6) Gerste . . .	111$\frac{1}{9}$	1$\frac{1}{4}$	8	888$\frac{8}{9}$	763$\frac{8}{9}$	1003	—	—	—
7) Klee	111$\frac{1}{9}$	—	—	—	—	—	2220	—	—
8) Roggen . . .	111$\frac{1}{9}$	1$\frac{1}{8}$	7	777$\frac{7}{9}$	652$\frac{7}{9}$	1670	—	—	—
9) Hafer . . .	111$\frac{1}{9}$	1$\frac{3}{8}$	8	888$\frac{8}{9}$	735	763	—	—	—
Wiesen . . .	150	—	—	—	—	—	1800	—	—
Weiden . . .	300	—	—	—	—	—	—	—	—
100$\frac{1}{9}$ Morgen Brachweide = 33 Morgen Außenweide.									
	1450	—	—	—	—	8848	4020	17536	—

l.	m.			n.		o.		p.
Vieh, nach Kopfzahl.	Futter auf den Kopf und für jede Art im Ganzen.			Ertrag		Kosten der Wirthschaft nach dem Werthe eines Scheffels Roggen.		Reiner Ertrag nach Abzug der Kosten, nach Scheffel Roggen.
	Stroh.	Heu.	Weide.	des Viehes nach dem Werth eines Scheffels Roggen	des Getreides, reduzirt auf Scheffel Roggen.			
Stück.	Centn.	Centn.	Morg.	Scheff.	Scheff.		Scheff.	Scheffel.
Pferde 10	(50) 500	(30) 300				10 Pferde à 54 Scheffel . .	540	
Zugochsen. 16	(50) 800	(65) 1040	(4) 64			16 Zugochsen à 7 Scheffel .	112	
						6 männliches Gesinde à 50 Scheffel . .	300	
Kühe auf den Stall. 36	(50) 1800	(55) 1980		495		4 weibliches Gesinde à 40 Scheffel . .	160	
Schafe. 800	(7) 5600	($\frac{87}{100}$) 700	($\frac{41}{100}$) 333	508		Schäfer . . .	80	
						Drescherlohn .	281	
						Männliches Tagelohn .	247	
	Bleibt übrig. 1048					Weibl. Lohn .	133	$2885\frac{7}{18}$
—	—	—	—	—	$430\frac{5}{9}$			
—	—	—	—	—	$541\frac{6}{9}$			
—	—	—	—	—	$406\frac{2}{9}$			
—	—	—	—	—	—			
—	—	—	—	—	$763\frac{8}{9}$			
—	—	—	—	—	$572\frac{7}{9}$			
—	—	—	—	—	—			
—	—	—	—	—	$652\frac{7}{9}$			
—	—	—	—	—	$367\frac{1}{2}$			
—	—	—	—	—	—			
—	—	—	—	—	—			
—	—	—	—	1003	$3735\frac{7}{18}$		1853	
				$4738\frac{7}{18}$				

a. Wirthschaftsart und Rotation.	b. Morgenzahl.	c. Einsaat per Morgen.	d. Ertrag per Morgen.	e. Totalertrag des Schlages.	f. Reiner Ertrag nach Abzug der Einsaat.	g. Strohertrag.	h. Heu und Futter auf Heu reduzirt.	i. Mist aus Stroh, Heu und Futter.	k. Mist kommt per Morgen, Fuder à 20 Ctn.
	Morg.	Scheff.	Scheff.	Scheff.	Scheff.	Centn.	Centn.	Centn.	Fuder.
Nr. 3. Mecklenburgische Koppelwirthschaft in 7 Schlägen.									
								Aus Stroh 11922 Aus Heu 8388	
1) Brache, gedüngt	$171\frac{3}{7}$	—	—	—	—	—	—	—	5, 6
2) Roggen . . .	$171\frac{3}{7}$	$1\frac{1}{8}$	$8\frac{1}{2}$	1457	1457	3132	—	—	—
3) Gerste . . .	$171\frac{3}{7}$	$1\frac{1}{8}$	$8\frac{1}{2}$	1457	1457	1646	—	—	—
4) Hafer . . .	$171\frac{3}{7}$	$1\frac{1}{3}$	8	1371	3171	1183	—	—	—
5) Klee, ein Schnitt dann Weide zu $\frac{1}{3}$	—	—	14 Ctn.	—	—	—	2394	—	—
6) u. 7) Weide .	$514\frac{2}{7}$	—	—	—	—	—	—	—	—
Wiese . . .	150	—	—	—	—	—	1800	—	—
Außenweide .	100 = 60 Dreeschweide.				—	—	—	—	—
	1450	—	—	—	—	5961	4194	20310	—

l. Vieh, nach Kopfzahl.	m. Futter auf den Kopf und für jede Art im Ganzen. Stroh.	Heu.	Weide.	n. Ertrag des Viehes nach dem Werth eines Scheffels Roggen	Ertrag des Getreides, reduzirt auf Scheffel Roggen.	o. Kosten der Wirthschaft nach dem Werthe eines Scheffels Roggen.		p. Reiner Ertrag nach Abzug der Kosten, nach Scheffel Roggen.
Stück.	Centn.	Centn.	Morg.	Scheff.	Scheff.		Scheff.	Scheffel.
Pferde 8	(50) 400	(30) 240				8 Pferde à 54 Scheffel . .	432	
Zugochsen. 16	(38) 608	(40) 640	(4) 64			16 Ochsen à 7 Scheffel . .	112	
Kühe. 122	(38) 4636	(27) 3294	(3¼) 396	1417½		5 männliches Gesinde à 50 Scheffel . . .	250	2670½
						6 weibliches Gesinde à 40 Scheffel . .	240	
						Drescherlohn .	202	
						Männliches Lohn	200	
						Weibl. Lohn .	94	
	Bleibt übrig. 317	Bleibt übrig. 20						
—	—	—	—	—	—			
—	—	—	—	—	1264			
—	—	—	—	—	948			
—	—	—	—	—	571			
—	—	—	—	—	—			
—	—	—	—	—	—			
—	—	—	—	—	—			
—	—	—	—	—	—			
—	—	—	—	1417½	2738		1530	
				4200½				

a. Wirthschaftsart und Rotation.	b. Morgenzahl.	c. Einsaat per Morgen.	d. Ertrag per Morgen.	e. Totalertrag des Schlages.	f. Reiner Ertrag nach Abzug der Einsaat.	g. Strohertrag.	h. Heu und Futter auf Heu reduzirt.	i. Mist aus Stroh, Heu und Futter.	k. Mist kommt per Morgen, Fuder à 20 Ctn.
	Morg.	Scheff.	Scheff.	Scheff.	Scheff.	Centn.	Centn.	Centn.	Fuder.
Nr. 4. Mecklenburgische Koppelwirthschaft in 10 Schlägen mit 2 Brachen.								Aus Stroh 12488 Aus Heu 6960	
1) Ruhebrache, schwach gedüngt	120	—	—	—	—	—	—	—	3
2) Roggen . . .	120	$1\frac{1}{8}$	8	960	825	2064	—	—	—
3) Hafer . . .	120	$1\frac{3}{8}$	10	1200	1035	1032	—	—	—
4) Mürbe Brache, gedüngt . . .	120	—	—	—	—	—	—	—	5
5) Roggen . . .	120	$1\frac{1}{8}$	8	960	825	2064	—	—	—
6) Gerste . . .	120	$1\frac{1}{8}$	8	960	825	1084	—	—	—
7) Mäheklee, 1 Schnitt .	120	—	14 Ctn.	—	—	—	1680	—	—
dann Weide zu $\frac{1}{3}$ 8) 9) 10) Weide	360	—	—	—	—	—	—	—	—
Wiesen . . .	150	—	—	—	—	—	1800	—	—
Außenweide .	100 = 60 Dreeschweide.				—	—	—	—	—
120 Morgen Brachweide = 24 Dreeschweide.									
	1450	—	—	—	—	6244	3480	19448	—

l. Vieh, nach Kopfzahl.	m. Futter auf den Kopf und für jede Art im Ganzen. Stroh.	Heu.	Weide.	n. Ertrag des Viehes nach dem Werth eines Scheffels Roggen	des Getreides, reduzirt auf Scheffel Roggen.	o. Kosten der Wirthschaft nach dem Werthe eines Scheffels Roggen.		p. Reiner Ertrag nach Abzug der Kosten nach Scheffel Roggen.
Stück.	Centn.	Centn.	Morg.	Scheff.	Scheff.		Scheff.	Scheffel.
Pferde. 8	(50) 400	(30) 240				8 Pferde à 54 Scheffel . .	432	
Zugochsen. 16	(38) 608	(40) 640	(4) 64			16 Ochsen à 7 Scheffel . .	112	
Kühe. 104	(50) 5200	(30) 5200	(4) 420	1280		5 männliches Gesinde à 50 Scheffel . .	250	
						6 weibliches Scheffel . .	240	2545¾
						Drescherlohn .	202½	
						Männliches Lohn . .	194	
	Bleibt übrig. 36					Weibl. Lohn .	90	
—	—	—	—	—	—			
—	—	—	—	—	825			
—	—	—	—	—	517½			
—	—	—	—	—	—			
—	—	—	—	—	825			
—	—	—	—	—	618¾			
—	—	—	—	—	—			
—	—	—	—	—	—			
—	—	—	—	—	—			
—	—	—	—	—	—			
—	—	—	—	1280	2786¼		1520½	
				4066¼				

a. Wirthschaftsart und Rotation.	b. Morgenzahl.	c. Einsaat per Morgen.	d. Ertrag per Morgen.	e. Totalertrag des Schlages.	f. Reiner Ertrag nach Abzug der Einsaat.	g. Strohertrag.	h. Heu und Futter auf Heu reduzirt.	i. Mist aus Stroh, Heu und Futter.	k. Mist kommt per Morgen, Fuder à 20 Ctn.
	Morg.	Scheff.	Scheff.	Scheff.	Scheff.	Centn.	Centn.	Centn.	Fuder.
Nr. 5. Mecklenburgische Wirthschaft in zwölf Schlägen mit zwei Brachen.								Aus Stroh 12004 Aus Heu 6400	
1) Brache, halb gedüngt . . .	100	—	—	—	—	—	—	—	3,2
2) Roggen . . .	100	$1\frac{1}{8}$	$7\frac{1}{2}$	750	$637\frac{1}{2}$	1612	—	—	—
3) Gerste . . .	100	$1\frac{1}{8}$	$7\frac{1}{2}$	750	$637\frac{1}{2}$	847	—	—	—
4) Hafer . . .	100	$1\frac{3}{8}$	6	600	$462\frac{1}{2}$	516	—	—	—
5) Brache, gedüngt	100	—	—	—	—	—	—	—	6
6) Roggen . . .	100	$1\frac{1}{8}$	8	800	$687\frac{1}{2}$	1720	—	—	—
7) Gerste . . .	100	$1\frac{1}{8}$	7	700	$587\frac{1}{2}$	791	—	—	—
8) Hafer . . .	100	$1\frac{3}{8}$	6	600	$462\frac{1}{2}$	516	—	—	—
9) Mäheklee, 1 Schnitt, dann $\frac{1}{3}$ Weide . . .	100	—	14 Ctn.	—	—	—	1400	—	—
10) 11) 12) Weide	300	—	—	—	—	—	—	—	—
Wiesen . . .	150	—	—	—	—	—	1800	—	—
Außenweide .	100	= 60 Dreeschweide.			—	—	—	—	—
100 Morgen Brachweide auf Nr. 5.	. .	= 20 Dreeschweide.							
	1450	—	—	—	—	6002	3200	18404	—

l. Vieh, nach Kopfzahl.	m. Futter auf den Kopf und für jede Art im Ganzen. Stroh.	Heu.	Weide.	n. Ertrag des Viehes nach dem Werth eines Scheffels Roggen	Ertrag des Getreides, reduzirt auf Scheffel Roggen.	o. Kosten der Wirthschaft nach dem Werthe eines Scheffels Roggen.		p. Reiner Ertrag nach Abzug der Kosten nach Scheffel Roggen.
Stück.	Centn.	Centn.	Morg.	Scheff.	Scheff.		Scheff.	Scheffel.
Pferde. 8	(50) 400	(30) 240				8 Pferde à 54 Scheffel . .	432	
Zugochsen. 20	(38) 760	(40) 800	(4) 80			20 Ochsen à 7 Scheffel . .	140	
						5 männliches Gesinde à 50 Scheffel . .	250	
Kühe. 90	(53⅔) 4830	(24) 2160	(3⅔) 333	1039½		5 weibliches Gesinde à 40 Scheffel . .	200	2199¾
						Drescherlohn .	202	
						Männl. Lohn .	227	
						Weibl. Lohn .	95	
—	—	—	—	—	—			
—	—	—	—	—	637½			
—	—	—	—	—	478⅛			
—	—	—	—	—	231¼			
—	—	—	—	—	—			
—	—	—	—	—	687½			
—	—	—	—	—	440⅝			
—	—	—	—	—	231¼			
—	—	—	—	—	—			
—	—	—	—	—	—			
—	—	—	—	—	—			
—	—	—	—	—	—			
—	—	—	—	1039½	2706¼		1546	
				3745¾				

a. Wirthschaftsart und Rotation.	b. Morgenzahl.	c. Einsaat per Morgen.	d. Ertrag per Morgen.	e. Totalertrag des Schlages.	f. Reiner Ertrag nach Abzug der Einsaat.	g. Strohertrag.	h. Heu und Futter auf Heu reduzirt.	i. Mist aus Stroh, Heu und Futter.	k. Mist kommt per Morgen, Fuder à 20 Ctn.
	Morg.	Scheff.	Scheff.	Scheff.	Scheff.	Centn.	Centn.	Centn.	Fuder.
Nr. 6. Koppelwirthschaft nach neuester Holsteinischer Art zu zehn Schlägen.								Aus Stroh 12928 Aus Heu 9300	
1) Dreeschhafer .	120	1½	12	1440	1260	1238	—	—	—
2) Brache, gedüngt	120	—	—	—	—	—	—	—	8
3) Roggen . . .	120	1⅛	10	1200	1065	2580	—	—	—
4) Gerste . . .	120	1⅛	10	1200	1065	1356	—	—	—
5) Roggen . . .	120	1⅛	5	600	465	1290	—	—	—
6) Mäheklee . .	120	—	20 Ctn.	—	—	—	2400	—	—
7) 8) 9) 10) Weide	480	—	—	—	—	—	—	—	—
Wiesen, gedüngt	150	—	15 Ctn.	—	—	—	2250	—	1
Außenweide .	100	= 60 Mrg. Dreeschweide.			—	—	—	—	—
	1450	—	—	—	—	6464	4650	22228	—

l. Vieh, nach Kopfzahl.	m. Futter auf den Kopf und für jede Art im Ganzen. Stroh.	Heu.	Weide.	n. Ertrag des Viehes nach dem Werth eines Scheffels Roggen	des Getreides, reduzirt auf Scheffel Roggen.	o. Kosten der Wirthschaft nach dem Werthe eines Scheffels Roggen.		p. Reiner Ertrag nach Abzug der Kosten, nach Scheffel Roggen.
Stück.	Centn.	Centn.	Morg.	Scheff.	Scheff.		Scheff.	Scheffel.
Pferde. 8	(50) 400	(30) 240				8 Pferde à 54 Scheffel . .	432	
Zugochsen. 16	(38) 608	(40) 640	(4) 64			16 Ochsen à 7 Scheffel . .	112	
Kühe. 125	(43½) 5437½	(30) 3750	(3,8) 476	1651½		5 männliches Gesinde à 50 Scheffel . .	250	
						7 weibliches Gesinde à 40 Scheffel . .	280	3028
						Drescherlohn .	213¾	
						Männliches Lohn . .	198	
						Weibl. Lohn .	96½	
—	—	—	—	—	630			
—	—	—	—	—	—			
—	—	—	—	—	1065			
—	—	—	—	—	798¾			
—	—	—	—	—	465			
—	—	—	—	—	—			
—	—	—	—	—	—			
—	—	—	—	—	—			
—	—	—	—	—	—			
—	—	—	—	1651½	2958¾		1582¼	
				4610¼				

a. Wirthschaftsart und Rotation.	b. Morgenzahl.	c. Einsaat per Morgen.	d. Ertrag per Morgen.	e. Totalertrag des Schlages.	f. Reiner Ertrag nach Abzug der Einsaat.	g. Strohertrag.	h. Heu und Futter auf Heu reduzirt.	i. Mist aus Stroh, Heu und Futter.	k. Mist kommt per Morgen, Fuder à 20 Ctn.
	Morg.	Scheff.	Scheff.	Scheff.	Scheff.	Centn.	Centn.	Centn.	Fuder.
Nr. 7. Achtschlägige Wirthschaft nach der Regel des Fruchtwechsels mit Weide.								Aus Stroh 19790 Aus Heu 10800 Aus Kartoffeln 6000	
1) Dreeschhafer .	150	$1\frac{1}{2}$	12	1800	1575	1548	—	—	—
2) Kartoffeln . .	150	7	87	13050	12000	750	6000	—	9
3) Gerste . . .	150	$1\frac{1}{8}$	10	1500	$1331\frac{1}{4}$	1695	—	—	—
4) Erbsen . . .	150	$1\frac{1}{8}$	6	900	731	3000	—	—	3,1
5) Roggen . . .	150	$1\frac{1}{4}$	9	1350	1181	2902	—	—	—
6) Mäheklee . .	150	—	24 Ctn.	—	—	—	3600	—	—
7) 8) Weide . .	300	—	—	—	—	—	—	—	—
Wiesen . . .	150	—	12 Ctn.	—	—	—	1800	—	—
Außenweide .	100	= 60 Mrg. Dreeschweide.			—	—	—	—	—
	1450	—	—	—	—	9895	11400	36590	—

l. Vieh, nach Kopfzahl.	m. Futter auf den Kopf und für jede Art im Ganzen. Stroh.	Heu.	Weide.	n. Ertrag des Viehes nach dem Werth eines Scheffels Roggen	des Getreides, reduzirt auf Scheffel Roggen.	o. Kosten der Wirthschaft nach dem Werthe eines Scheffels Roggen.		p. Reiner Ertrag nach Abzug der Kosten, nach Scheffel Roggen.
Stück.	Centn.	Centn.	Morg.	Scheff.	Scheff.		Scheff.	Scheffel.
Pferde 12	(50) 600	(30) 360				12 Pferde à 54 Scheffel . .	648	
						16 Ochsen à 7 Scheffel . .	112	
Zugochsen auf dem Stalle. 16	(50) 800	(65) 1040				6 männliches Gesinde à 50 Scheffel . .	300	
Kühe, mit Futter neben der Weide 220	(38½) 8470	(45⅖) 9990	($1\frac{7}{11}$) 360	3037½		11 weibliches Gesinde à 40 Scheffel . .	440	4323½
						Drescherlohn .	269	
oder Kühe. 120	(40) 4800	(30) 3600	(3) 360			Männliches Lohn	257	
						Weibl. Lohn .	124	
Mastochsen. 158	(23) 3634	(40) 6326				Kartoffeln-Arbeit 1 Morg. à 1¾ Scheffel	262	
—	—	—	—	—	787½			
—	—	—	—	—	—			
—	—	—	—	—	998½			
—	—	—	—	—	731			
—	—	—	—	—	1181			
—	—	—	—	—	—			
—	—	—	—	—	—			
—	—	—	—	—	—			
—	—	—	—	—	—			
—	—	—	—	3037½	3698		2412	
				6735½				

a.	b.	c.	d.	e.	f.	g.	h.	i.	k.
Wirthschaftsart und Rotation.	Morgenzahl.	Einsaat per Morgen.	Ertrag per Morgen.	Totalertrag des Schlages.	Reiner Ertrag nach Abzug der Einsaat.	Strohertrag.	Heu und Futter auf Heu reduzirt.	Mist aus Stroh, Heu und Futter.	Mist kommt per Morgen, Fuder à 20 Ctn.
	Morg.	Scheff.	Scheff.	Scheff.	Scheff.	Centn.	Centn.	Centn.	Fuder.
Nr. 8. Achtschlägige Wirthschaft nach der Regel des Fruchtwechsels mit Stallfütterung des Rindviehes.									
								Aus Stroh 27434 Aus Heu 17700 Aus Kartoffeln 6000	
1) Kartoffeln . . .	150	7	87	13050	12000	750	6000	—	9
2) Gerste . . .	150	$1\frac{1}{8}$	12	1800	$1631\frac{1}{4}$	2034	—	—	—
3) Klee	150	—	24 Ctn.	—	—	—	3600	—	—
4) Hafer . . .	150	$1\frac{3}{8}$	14.	2100	$1893\frac{3}{4}$	1806	—	—	—
5) Erbsen . . .	150	$1\frac{1}{8}$	6	900	$731\frac{1}{4}$	3000	—	—	4
6) Roggen . . .	150	$1\frac{1}{8}$	10	1500	$1331\frac{1}{4}$	3225	—	—	—
7) Wicken . . .	150	$\frac{3}{4}$	20 Ctn.	—	—	—	3000	—	—
8) Roggen . . .	150	$1\frac{1}{8}$	9	1350	$1181\frac{1}{4}$	2902	—	—	3
Wiesen, gedüngt	150	—	15 Ctn.	—	—	—	2250	—	1
Außenweide .	100	—	—	—	—	—	—	—	—
	1450	—	—	—	—	13717	14850	51134	—

l.	m.			n.		o.		p.
Vieh, nach Kopfzahl.	Futter auf den Kopf und für jede Art im Ganzen.			Ertrag		Kosten der Wirthschaft nach dem Werthe eines Scheffels Roggen.		Reiner Ertr.g nach Abzug der Kosten, nach Scheffel Roggen.
	Stroh.	Heu.	Weide.	des Vieyes nach dem Werth eines Scheffels Roggen	des Getreides, reduzirt auf Scheffel Roggen.			
Stück.	Centn.	Centn.	Morg.	Scheff.	Scheff.		Scheff.	Scheffel.
Pferde. 12	(50) 600	(30) 360				12 Pferde à 54 Scheffel . .	648	
Zugochsen auf dem Stalle. 24	(50) 1200	(65) 1560				24 Zugochsen à 7 Scheffel .	168	
						8 männliches Gesinde à 50 Scheffel . .	400	
Kühe allein 235	(40) 9420	(55) 12925	—	3231¼		12 weibliches Gesinde à 40 Scheffel . .	480	
oder Kühe. 120	(40) 4800	(55) 6600				Drescherlohn .	384	
						Männliches Lohn . .	315	
Mastochsen 158	(30) 4740	(40) 6320				Weibl. Lohn .	146	5942¼
						Kartoffeln-Arbeit 1 Morg. a 1¾ Scheffel	262	
und Hammel auf der Stoppel u. Weide. 300	(8) 2377	—	100	100				
—	—	—	—	—	—			
—	—	—	—	—	1223½			
—	—	—	—	—	—			
—	—	—	—	—	946¾			
—	—	—	—	—	731¼			
—	—	—	—	—	1331¼			
—	—	—	—	—	—			
—	—	—	—	--	1181¼			
—	—	—	—	—	—			
—	—	—	—	—	—			
—	—	—	—	3331¼	5414		2803	
				8745¼				

a. Wirthschaftsart und Rotation.	b. Morgenzahl.	c. Einsaat per Morgen.	d. Ertrag per Morgen.	e. Totalertrag des Schlages.	f. Reiner Ertrag nach Abzug der Einsaat.	g. Strohertrag.	h. Heu und Futter auf Heu reduzirt.	i. Mist aus Stroh, Heu und Futter.	k. Mist kommt per Morgen, Fuder à 20 Ctn.
	Morg.	Scheff.	Scheff.	Scheff.	Scheff.	Centn.	Centn.	Centn.	Fuder.
Nr. 9. Zehnschlägige Wirthschaft nach der Regel des Fruchtwechsels mit Stallfütterung des Rindviehes und Schafweide.								Aus Stroh 21946 Aus Heu 15060 Aus Kartoffeln 4785	
1) Dreeschhafer	120	$1\frac{1}{2}$	14	1680	1500	1444	—	—	—
2) Brache mit Horden belegt, vor oder nach selbigen Wicken zu Heu	120	$\frac{3}{4}$	20 Ctn.	—	—	—	2400	—	4
3) Roggen	120	$1\frac{1}{8}$	10	1200	1065	2580	—	—	—
4) Erbsen	120	$1\frac{1}{8}$	6	720	585	2400	—	—	6
5) Roggen	120	$1\frac{1}{8}$	9	1080	945	2322	—	—	—
6) Kartoffeln	120	7	87	10440	9570	600	4785	—	10
7) Gerste	120	$1\frac{1}{8}$	12	1440	1305	1627	—	—	—
8) Mäheklee	120	—	24 Ctn.	—	—	—	2880	—	—
9) 10) Kleeweide für die Schafe	240	—	—	—	—	—	—	—	—
Außenweide	100 = 60 M. Dreeschweide.				—	—	—	—	—
Wiesen, gedüngt	150	—	15	—	—	—	2250	—	1
	1450	—	—	—	—	10973	12315	41791	—

l. Vieh, nach Kopfzahl.	m. Futter auf den Kopf und für jede Art im Ganzen.			n. Ertrag		o. Kosten der Wirthschaft nach dem Werthe eines Scheffels Roggen.		p. Reiner Ertrag nach Abzug der Kosten nach Scheffel Roggen.
	Stroh.	Heu.	Weide.	des Viehes nach dem Werth eines Scheffels Roggen	des Getreides, reduzirt auf Scheffel Roggen.			
Stück.	Centn.	Centn.	Morg.	Scheff.	Scheff.		Scheff.	Scheffel.
Pferde. 12	(50) 600	(30) 360				12 Pferde à 54 Scheffel . .	648	
Zugochsen auf dem Stalle. 16	(50) 800	(65) 1040				16 Ochsen à 7 Scheffel . .	112	
						6 männliches Gesinde à 50 Scheffel . .	300	
Kühe auf dem Stalle. 121	(40) 4840	(55) 6655	—	1663¾		7 weibliches Gesinde à 40 Scheffel . .	280	
Schafe. 1200	(3) 3600	(3) 3600	(¼) 300	1350		Dem Schäfer außer seiner schon abgerechneten Quote . . .	80	5188½
	übrig für Mastvieh 1133	660	—	165		Drescherlohn .	307	
						Männl. Lohn .	255	
						Weibl. Lohn .	122	
—	—	—	—	—	750	Kartoffeln-Arbeit per Morgen 1¾ Schfl.	210	
—	—	—	—	—	—			
—	—	—	—	—	1065			
—	—	—	—	—	585			
—	—	—	—	—	945			
—	—	—	—	—	—			
—	—	—	—	—	978¾			
—	—	—	—	—	—			
—	—	—	—	—	—			
—	—	—	—	—	—			
—	—	—	—	—	—			
—	—	—	—	3178¾	4323¾		2314	
				7502½				

Die Verhältnisse dieser Wirthschaften kommen also folgendermaßen zu stehen.

Nr.	Strohgewinn.	Futtergewinn nach Heu.	Macht Dünger.	Kosten der Wirthschaft.	Ertrag aus dem Vieh.	Ertrag aus dem Korn.	Reiner Ertrag.
	Centner.	Centner.	Centner.	Scheffel.	Scheffel.	Scheffel.	Scheffel.
1.	5794	1800	15188	1431	558	2387	1514
2.	8848	4020	27536	1853	1003	3735	2885
3.	5961	4194	20310	1530	1417	2783	2670
4.	6244	3480	19448	1520	1280	2786	2545
5.	6002	3200	18404	1546	1039	2706	2199
6.	6464	4650	22228	1582	1651	2958	3028
7.	9895	11400	36590	2412	3037	3698	4323
8.	13717	14850	51134	2803	3331	5414	5942
9.	10973	12315	41791	2314	3178	4323	5188

§. 396.

Erklärung der Tabellen.

In Ansehung der Kolumnen ist Folgendes zu merken:

a. enthält unter der Bestimmung der Wirthschaftsart die Folge der Früchte oder die Rotation der Schläge.

In Ansehung der Früchte ist zu bemerken, daß nur die gewöhnlichen hier angenommen sind, die jede Wirthschaftsart bauen kann und in der Regel bauen wird. Die in starkem Düngerstande befindlichen würden edlere Fruchtarten und Handelsgewächse mit noch größerem Vortheile bauen können, wie Weizen, Raps, Mais, Taback u. s. w., und sie sind häufig von uns darauf berechnet worden. Sie bleiben dann aber in gar keinem Verhältnisse mit den übrigen, und deshalb ist solcher Früchte hier nicht erwähnt. Bei dem hohen Düngerstande der Wirthschaften Nr. 7, 8 und 9 wird schon ein Jeder von selbst darauf verfallen. In dem Schlage der behackten Früchte sind durchaus nur Kartoffeln angenommen, ungeachtet andere Futtergewächse einen höheren Ertrag geben, oder beim Ueberschusse des Futters auch behackte Bohnen, Mais oder Handelsgewächse in einem Theile dieses Schlages vortheilhafter gebaut werden könnten.

b. giebt die Morgenzahl der Schläge an.

c. die Einsaat, so wie sie bei einer guten Vertheilung der Saat, wenn sie mit der Hand und ohne besondere Instrumente zum Unterbringen geschieht, der allgemeinen Erfahrung nach erforderlich ist, ohne Rücksicht auf die Prinzipien, die man bei Veranschlagungen in gewissen Gegenden angenommen hat.

d. der Ertrag per Magdeb. Morgen nach Berl. Scheffeln — wohl zu merken — nicht das wievielste Korn oder die Vermehrung der Aussaat. Diese Bestimmung des Ertrages ist, wie man bei genauerer Erwägung leicht bemerken wird, keinesweges willkührlich, sondern theils nach den §. 250 u. f. angegebenen Grundsätzen und Verhältnissen, theils nach allgemeinen Erfahrungen angenommen; jedoch ist dieser Ertrag, besonders wo er höher hinangeht, immer etwas herunter gesetzt, um dem Zufalle das Gehörige zu zollen. Wem er über das Gewöhnliche der gewöhnlichen Wirthschaften hinauszugehen scheint, den bitte ich, das Ungewöhnliche der Verbindungen, woraus er hervorgeht, zu beachten. Uebrigens ist eine untadelhafte Bestellung und möglichste Schonung bei der Ernte vorausgesetzt. Der Ertrag des Klees und der Kartoffeln hätte insbesondere bei der starken Düngung und bei der Stelle, die sie einnehmen, höher berechnet werden müssen. Ich habe aber wegen des möglichen Mißrathens des erstern so viel zurückgeschlagen, und von letzterer das Wenigste angenommen, was man erwarten kann.

e. giebt den ganzen Ertrag des Schlages, und f. den reinen Ertrag, nach Abzug der Einsaat, an. Die Wicken geben keinen reinen Körnerertrag, weil in der Regel nur so viele reif werden, als man zur Aussaat gebraucht. Von diesen wenigen wird das Stroh wie Heu berechnet, dem es nicht viel nachsteht.

g. Der Strohertrag ist nach den §§. 280 und 281 angegebenen Sätzen ausgemittelt. Das Stroh von 1 Morgen Kartoffeln ist zu 5 Centnern gewiß nicht zu hoch angenommen, in der Voraussetzung, daß solches in keiner Wirthschaft, die den Werth des Düngers ganz zu schätzen weiß, verzettelt werden wird.

Das im Jahre 1809 zum ersten Male gewonnene Kartoffelstroh betrug nach völliger Austrocknung von einer dem Ansehen nach feinkrautigern Kartoffelart per Morgen 907 Pfd., von einer grobkrautigern nur 605 Pfd. Wir hatten das Gegentheil dem Ansehen nach erwartet. Wegen des vielen Eiweißstoffes ist es im Dünger weit schätzbarer, als anderes Stroh.

h. Die Kartoffeln sind hier zu ihrem halben Gewichte auf Heu reduzirt. Bei dem Wiesenertrage ist nur eine Mehrheit von 3 Centnern per Morgen angenommen, wenn die Wirthschaftsverhältnisse die Düngung derselben zuließen, ungeachtet sich der Unterschied wohl auf 6 Centner belaufen wird. Der Klee-Ertrag ist nur um 4 Centner höher angenommen, wenn er mit der ersten Frucht nach der gedüngten Brachfrucht ausgesäet ward, ungeachtet die Erfahrung lehrt, daß er dann oft um die Hälfte größer sey. Ein einzelner Kleeschnitt ist zu 14 Centner angenommen. (Unter Centner werden 100 Pfund verstanden.)

i. giebt die Düngermasse dem Gewichte nach an, welche von dem verfütterten Stroh, Heu und Kartoffeln erfolgt. Wegen der hier angenommenen Sätze muß ich mich ausführlich erklären.

Ich hatte bisher angenommen, daß man die Düngermasse einer Wirthschaft erfahre, wenn man das verfütterte und mit der Futterung verhältnißmäßig eingestreute Stroh und das Heu mit 2,3 multiplizire: theils weil ich dieses in ganzen Wirthschaften, wo man den Stroh- und Heugewinn und den ausgefahrenen Mist ziemlich genau berechnen konnte, durchgehends zutreffend fand, theils weil viele im Kleinen angestellte Versuche es bestätigten. Warum ich von der Meyerschen Annahme abgewichen, habe ich anderswo erklärt. Nun aber habe ich die Nachrichten von vielen im Winter 180⁸/₉ mit aufgestallten Mastochsen genau angestellten Versuchen erhalten, deren Resultate zwar sehr verschieden zu seyn scheinen, aber sich bei genauerer Erwägung doch sehr gut in Harmonie bringen lassen, wenn man auf gewisse Nebenumstände Rücksicht nimmt. Ich werde mich darüber erst ausführlich erklären können, wenn ich auch die Resultate der im Winter 180⁹/₁₀ von verschiedenen thätigen Beförderern unserer Wissenschaft angestellten Versuche erhalte. Einige jener Versuche bestätigen zwar das vorhin angenommene Verhältniß des Mistes zum Futter genau; andere aber, denen ich vorerst eine gleiche Genauigkeit zutraue, und die weder zu sehr im Kleinen noch zu sehr im Großen angestellt worden, auch die Pluralität für sich haben, ergeben, daß sich Stroh und Heu im Miste bei ziemlich starker Einstreuung nur ums Doppelte vermehre, und daß man nur die Vermehrung um 2,3 annehmen könne, wo nach Verhältniß des Futters spärlich eingestreut wird. — Nach den meisten mir zugekommenen Beobachtungen, wo Kartoffeln in beträchtlicher Menge und als Hauptfutter gegeben waren, können diese nur zu ³/₅ ihres Gewichts beim Miste berechnet werden, wenn man anders dem daneben konsumirten Stroh obige Gewichtsvermehrung zuschreibt. Es geschieht hierbei den Kartoffeln gewissermaßen Unrecht. Denn im Grunde rührt der größte Theil jener Gewichtsvermehrung des Strohes von ihnen her, und man würde ohne die Kartoffeln bei weitem weniger Vieh halten, und weniger Stroh durch Jauche zu Mist machen können. Es kommt hier aber bloß auf die Masse im Ganzen an, und damit ich den Wirthschaften, die Kartoffeln bauen, keine Vorzüge gebe, die irgend zweifelhaft scheinen könnten, da sie schon so große unabsprechliche haben, so will ich den Mist aus Kartoffeln nur zur Hälfte ihres Gewichts in diesen Tabellen anschlagen.

k. die Fuderzahl, welche per Morgen zu der Frucht, gegen welche sie übersteht, aufgefahren wird, das Fuder zu 2000 Pfund oder 20 Centner angenommen. (Unter Centner werden auch hier immer 100 Pfund verstanden.)

l. das Vieh, nämlich zuerst das Zugvieh, welches gehalten werden muß, und dann das Nutzvieh, welches gehalten werden kann. Die Bestimmung des ersteren gründet sich auf die Arbeitsberechnungen, die nach den §. 200 angehängten Schematen über jede Wirthschaftsart mehrere Male gemacht sind. Indessen ist die Zahl immer etwas stärker angenommen, als sich daraus ergab, da manche Zufälligkeiten die Arbeiten aufhalten können. Das Nutzvieh aber ist nach der Quantität des vorhandenen Futters und Strohes und der Weide, wo sie in Betracht kommt, bestimmt. Jedoch kann die Kopfzahl größer oder geringer angenommen werden, je nachdem man es vortheilhafter findet, per Kopf schwach oder stark zu füttern. In der Art des Nutzpreises hat man ebenfalls freie Wahl, und kann z. B. Mastvieh statt Milchvieh nehmen. Denn es ist hier nicht der Ort, auszumitteln, in welchem Falle Eins oder das Andere vortheilhaft seyn könnte.

m. enthält das Stroh, Heu und Weide, welche dem Vieh gegeben werden können, erstere nach Centnern, letztere nach Morgen. In Klammern steht, wie viel auf den Kopf komme, und darunter, wie viel auf den ganzen Stapel. Die per Kopf angenommenen Sätze sind wohl zu beachten, indem sie nach dem Vermögen der Wirthschaft, und je nachdem das Vieh bloß auf dem Stalle gefüttert wird, oder auf die Weide geht, sehr verschieden sind. Es versteht sich, daß grünes Futter und Kartoffeln auf Heu reduzirt sind.

n. Erste Kolumne: der anzunehmende Ertrag des Viehes. Es ist eine längst anerkannte Wahrheit, daß dieser nicht nach der Kopfzahl, sondern nach der gegebenen Futterung und Weide berechnet werden könne, vorausgesetzt, daß man weder zu kärglich, noch zu verschwenderisch mit dem Futter und der Weide verfährt, und einen der Quantität der Futterung angemessenen Viehschlag halte. Hier ist nun die Dreeschweide per Morgen = $1\frac{1}{4}$ Scheffel Roggen, oder (wenn man will) = $1\frac{1}{2}$ Rthlr. angenommen, und von der übrigen Außenweide sind 100 Morgen = 60 Morgen Dreeschweide — (in der Feldwirthschaft diese Weide per Morgen zu 1 Scheffel Roggen, oder = 1 Rthlr.) — gerechnet. Bei der Fütterung aber ist das Heu oder das darauf reduzirte Futter in 100 Pfund, oder der Centner zu $^1/_4$ Scheffel Roggen oder zu 6 Gr. angenommen, das Stroh aber gar nicht berechnet, und hiernach ist dann der Ertrag des Viehes ausgemittelt, so daß es dabei auf die Art und die Kopfzahl des Viehes gar nicht ankommt, und sich dasselbe Resultat ergeben muß, man wähle, welches Vieh man wolle, und halte dessen mehr oder weniger, je nachdem man es schwächer oder stärker füttern will. Die Wartung des Viehes ist unter den Kosten der Wirthschaft mit begriffen. Auch ist auf Geltevieh nicht Rücksicht genommen, indem auch dieses sein angemessenes Futter — zumal da auf Stroh und Spreu gar nichts gerechnet wird — durch Zuwachs bezahlen muß, und in den meisten Wirthschaften neben dem andern Vieh wird gehalten werden können. Es wird vielleicht Manchen der Ertrag des Viehes bei der angenommenen Fütterung viel zu gering angeschlagen scheinen, und er ist es wirklich. Ich nahm ihn aber so geringe an, damit Niemand den Vortheil der futterreichen Wirthschaften zu hoch berechnet finde. Uebrigens ist eigentlich gar nicht auf die Art und Zahl des Viehes bei der Berechnung Rücksicht genommen, sondern nur auf den Werth der Futterung, wenn diese durch zweckmäßiges Vieh benutzt wird.

n. Zweite Kolumne: der reine Ertrag des Getreides auf Roggen reduzirt, so daß 1 Scheffel großer Gerste — denn diese wird hier nur angenommen — $^3/_4$ Scheffel Roggen und 1 Scheffel Hafer zu $^1/_2$ Scheffel Roggen gerechnet ist, Erbsen aber dem Roggen gleich, obwohl sie einen höhern innern Werth haben.

o. Die Kosten der Wirthschaft. Bei den Pferden findet hier ein merklicher Unterschied Statt, weil neben anderen Kosten (auch die des Geschirrs) nur ihr Körnerfutter berechnet worden. Wo es also die Wirthschaftsverhältnisse erlauben, daß die Pferde im Sommer grünes Futter, auch vielleicht im Winter Kartoffeln bekommen, da kommt ihre Erhaltung eigentlich in einem größern Verhältnisse geringer zu stehen, als hier in diesem Falle angenommen worden. Wenn man mit den Kosten die Heu-Rationen, die ihnen zugeschrieben worden, vergleicht, so stehen sie ungefähr im umgekehrten Verhältnisse. Denn je mehr Heu, desto weniger Korn erhalten sie. Die Ochsen sind nur um $^1/_7$ geringer berechnet, wo sie starke Heufutterung haben, und folglich überall kein Kornfutter gebrauchen. Die Zahl des Gesindes und der Arbeiter gründet sich auf Berechnungen. Der männliche Tagelohn ist zu $^1/_8$ Scheffel Roggen berechnet, der weibliche zu $^1/_{12}$ Scheffel, weil der nach §. 147 angenommene Preis zu $^1/_9$ Scheffel nur als der geringste und im Durchschnitte zu niedrig angesetzt wäre. Die Kartoffelnarbeit mit der Hand ist besonders berechnet, per Morgen zu $1^3/_4$ Scheffel Roggen, wofür sie bei dem gehörigen Gebrauche zweckmäßiger Instrumente sehr gut verrichtet werden kann, einschließlich des Aufnehmens. Die Sätze der angeführten Kosten sind so berechnet, daß man bei mäßigen Kornpreisen den Scheffel Roggen à $1^1/_3$ Rthlr., auch in Ansehung der baaren Geldausgabe sicher ausreicht. Indessen gebe ich zu, daß noch einige bestimmte Ausgaben, z. B. für den Wirthschafts-Aufseher und Aufseherin, dann gewöhnlich einige Nebenausgaben hinzukommen, worauf es aber hier bei der Vergleichung der Verhältnisse nicht ankommt. Auch steht ein höheres Kapital im Inventarium, besonders des Viehes, welches sich aber durch dessen Nutzung gewiß obendrein verzinset.

p. zeigt dann den reinen Ertrag der Wirthschaft an, nach dem Werthe von 1 Scheffel Roggen. Wie dieses zu Gelde zu berechnen sey, muß Jedem überlassen werden, da es von der Lokalität und von den Konjunkturen der Zeit abhängt. Als Minimum kann man 1 Rthlr. annehmen.

Kleine Brüche sind bei der Berechnung mehrentheils weggelassen oder kompensirt worden, da es hier allein auf die Hauptresultate ankommt, und der Ueberblick durch jene nur erschwert wird, es auch scheinen würde, als ob man hier eine Genauigkeit affektiren wollte, die der Natur der Sache nach nicht Statt findet.

§. 397.

Erklärung der Wirthschaftsarten.

Wegen der Wirthschaftsarten, die hier angenommen sind, ist noch Folgendes zu bemerken:

Nr. 1. zeigt, daß eine einfache Dreifelderwirthschaft mit so wenigen Wiesen an Allem Mangel leide, einen schlechten Ertrag gewähre, und progressiv herabsinke.

Da das Heu in einem so geringen Verhältnisse mit dem Stroh steht, dieses fast nur mit wässerigen Theilen angefüllt ist, und damit faulen kann, so bleibt es zweifelhaft, ob wirklich so viel Dünger daraus erfolgt. Auf allen Fall ist er aber strohig und mager, folglich von weit geringerer Wirkung, und in der Hinsicht ist der Körnerertrag vielleicht zu hoch angenommen.

Nr. 2. stellt ein jetzt sehr gewöhnliches Wirthschaftssystem dar. Man findet es in dem größten Theile des jetzigen, von der Natur so sehr begünstigten Königreichs Westphalen, und man könnte es daher das Neu-Westphälische nennen. Auf dem fruchtbaren, mergelichten, zum Theil humusreichen Boden dieser Provinzen, wo die Brache bestellt werden darf, aber die Anger- und Holzweiden nicht aufgebrochen und zu Ackerland gemacht werden können, paßt es sich sehr gut, und kann örtlicher Verhältnisse wegen nicht gegen ein besseres vertauscht werden. Auf dem minder fruchtbaren, zäheren, Quecken und Unkraut erzeugenden Boden aber hat es sich auf die Dauer nicht ausführbar gezeigt, und eine öftere Brache ist dabei nöthig befunden. Der Viehstand bleibt immer zu geringe, wenn er gleich den nothdürftigen Dünger reicht. Es liegt übrigens auch bei diesem Systeme die Regel des Fruchtwechsels in so fern zum Grunde, als man überzeugt ist, daß ohne Brache nach zwei Halmfrüchten durchaus eine andere Frucht eintreten muß.

Nr. 3. 4. 5. sind Mecklenburgische Koppel-Wirthschaften verschiedener Art. Im Körnerertrage kommen sie sich ziemlich gleich; im Viehertrage überwiegt die mit einer Brache beträchtlich. Die Arbeiten und Kosten dieser Wirthschaften sind die geringsten, und das ist es, was sie vorzüglich empfiehlt, wo es an Menschen und an Betriebskapital mangelt. Durch Futterbau in Nebenkoppeln erhalten sie oft ein anderes Verhältniß, worauf aber hier nicht Rücksicht genommen werden kann.

Nr. 6. ist eine Holsteinische Wirthschaft, wie sie jetzt häufig betrieben wird, wo nämlich Brache auf den vortheilhaften Dreeschhafer folgt. Die längere Ruhe und die stärkere Düngung gewähren einen stärkeren Körnerertrag, wenn gehörige Bearbeitung des Bodens hinzukommt, woran es vormals, als man in Holstein gar keine Brache hielt, fehlte. Damals war der Viehertrag dem Körnerertrag in den meisten Wirthschaften gleich, oder überwog ihn gar; der ganze Ertrag war aber doch geringer als jetzt.

Nr. 7. ist eine Fruchtwechselwirthschaft mit Weide, wobei aber das Vieh des Nachts auf den Stall genommen, und des Morgens besonders gefüttert wird. Der höhere Körnerertrag geht aus der starken Düngung, die jedesmal nur eine Getreidefrucht abträgt, verbunden mit der Ruhe des Bodens, hervor, und ist eher zu geringe als zu hoch angenommen. Den Viehertrag ergiebt die Menge des Futters in Verbindung mit der Weide.

Nr. 8. eine Futterwechselwirthschaft, zur Stallfütterung des Rindviehes angelegt, und darauf berechnet. Der große Düngergewinn berechtigt **wenigstens** zu dieser Annahme des Körnerertrages. Die Arbeiten und Kosten belaufen sich hier am höchsten, aber dennoch bleibt der reine Ertrag am stärksten. Diese Wirthschaft wird in der Folge wegen ihres großen Düngergewinns und der zunehmenden Kraft ihres Bodens zu edlern und einträglicheren Früchten überzugehen genöthigt seyn, und ihren reinen Ertrag noch beträchtlich erhöhen.

Nr. 9. verbindet die Schafhaltung mit der Stallfütterung der Kühe. Daß bei der für die Schafe ausgesetzten Kleeweide, wozu noch die reichliche Stoppelweide kommt, und bei der angegebenen Winterfutterung (wo die Hälfte des Strohes Erbsenstroh seyn kann) hier nur auf edle Schafe gerechnet ist, versteht sich von selbst. Bei der angenommenen starken Fütterung behält sie Heu übrig, dessen Benutzung die Umstände ergeben werden. Sie muß nothwendig in eine gewaltige Kraft kommen.

In welchem Verhältnisse jede Wirthschaft den Morgen ihres Areals benutzt, wird sich Jeder leicht berechnen können.

Man bemerke, daß der Düngerstand nach dem Minimum, und weit unter dem, was andere Versuche ergeben, angenommen sey.

Der Uebergang in eine neue Wirthschaftsart.

§. 398.

Nur nach einer richtigen Ueberlegung aller Verhältnisse kann der rationelle Landwirth sich erst zum Uebergang zu einer intensivern Wirthschaft bestimmen. Wir wollen das, was sich, ohne ein gegebenes Lokal vor Augen zu haben, hierüber im Allgemeinen sagen läßt, anführen.

Nothwendige Vermehrung des Betriebskapitals.

Zuvörderst muß man wohl erwägen, daß sich ein solcher Uebergang nie ohne Anlage eines größern Betriebskapitals machen lasse. Die Stärke desselben kann sehr verschieden seyn, und man kann mit einem größern oder kleinern seinen Zweck, aber — unter Voraussetzung gleicher Geschicklichkeit — mit jenem schneller als mit diesem erreichen. Der stärkere Futtergewinn, worauf zuvörderst Alles ankommt, erfordert immer einige Aufopferung an verkäuflichen Früchten: entweder in der

Aussaat, welche zu Anfange durch reicheren Ertrag noch nicht ersetzt werden kann; oder im Ertrage selbst, indem man ihnen zum sicheren Futterbau einen Theil des Düngers, den des kräftigern Feldes, entzieht. Dazu kommt denn die nach und nach zu beschaffende Vermehrung des Inventariums, des Arbeits- und Gesindelohns. Man nennt dies mit Unrecht Aufopferung, die man im Ertrage des Guts machen müsse. Aufopferung ist es nicht, es ist nur vermehrte Kapitalsanlage zum kräftigern Betriebe des Gewerbes. Denn richtige Zinsen und Wiedererstattung des Kapitals können ohne ungewöhnliche Unglücksfälle nie fehlen. Allein in Händen haben muß man dieses Kapital, wenn die Sache nicht stocken oder rückgängig werden soll.

Die Stärke desselben ist, wie gesagt, verschieden. Wenn man aber mit mittlerer Schnelligkeit und gehöriger Ueberlegung vorschreiten will, so muß es wenigstens doppelt so stark seyn, als der bisherige jährliche reine Ertrag eines Gutes war, in so fern er aus der Wirthschaft hervorging. Hiermit darf man dennoch in der Vermehrung des Viehinventariums sich nicht übereilen. Auch sind hierin keine neuen Bauten oder erheblichen Veränderungen in den Gebäuden mit einbegriffen.

Verbessernde Umwandlungen einer Wirthschaft ohne Kapitalsanlage sind geradezu unmöglich. Wo sie ohne solches bewirkt zu seyn scheinen, da ist das Kapital unmerklich durch Ersparungen in andern Stücken, oder durch angestrengte eigene Arbeit hervorgebracht. Der Mangel des Kapitals, es sey, daß man es nicht anlegen konnte, oder nicht wollte, ist der Grund der meisten fehlgeschlagenen Unternehmungen dieser Art. Daher muß man den Manche verleitenden Irrthum, als sey es ohne solches möglich, nicht bestärken, sondern ausrotten.

Daß ferner der Grund und Boden privates Eigenthum sey, worauf keine, der Sache entgegenstehenden Servituten ruhen, versteht sich von selbst. Vor Allem müssen diese, wenn sie Statt finden, abgefunden werden.

§. 399.

Aus der Felderwirthschaft in die Koppelwirthschaft.

Von dem Uebergange einer Felderwirthschaft in die Koppelwirthschaft, sie sey von der gewöhnlichen Art, oder nach der Regel des Fruchtwechsels eingerichtet, läßt sich, ohne ein gegebenes Lokal vor Augen zu haben, nichts Genaueres angeben, als was überhaupt von der Einrichtung einer Koppelwirthschaft in den §§. 333 bis 353 gesagt worden. In den meisten Fällen, wo man ein bisher in drei Feldern zusammenhängend gelegenes Gut in Koppelwirthschaftsschläge legt, wird natürlich alte Weide aufzubrechen seyn, weil diese nun entbehrlich wird. Kann sie mit in die Rotation des Ganzen gebracht werden, so muß man es so einrichten, daß sie allmählig vorbereitet werde, und in das Verhältniß zum Fruchttragen komme, worin ein Theil des bisherigen Ackerlandes zur Weide niedergelegt wird. Wie jenes geschehe, gehört in die Lehre von der Urbarmachung, und ich bemerke hier nur, daß ein solches neues Land nicht zu stark angegriffen werden dürfe, sondern nach höchstens zwei Früchten eine Düngung erhalten, dann wieder zu Grase niedergelegt, oder nach der Regel des Fruchtwechsels behandelt werden müsse. So muß man auch dahin sehen, daß das zur Weide niederzulegende bisherige Ackerland noch in Kraft sey, und nach der Düngung nicht mehr als höchstens vier Früchte abgetragen habe, damit sogleich eine gehörige Weide darauf entstehen könne.

Kann das alte aufzubrechende Weideland seiner Lage und Beschaffenheit wegen nicht in dieselbe Rotation kommen, sondern muß es eine eigene erhalten, so muß man dennoch, um die Wirthschaftsverhältnisse zwischen Weide- und Körner- sammt Strohertrag nicht zu stören, eben so verfahren, und in dem Maaße sich neue Weide auf dem Ackerlande verschaffen, wie man die alte zum Fruchtbau wieder umbricht.

Wenn nach vollführter Theilung und Zusammenlegung einer zerstückelten Feldmark Acker, nicht bloß von verschiedener natürlicher Güte, sondern auch in sehr verschiedenem Düngerzustande zusammenkommt, und in künftige bleibende Schläge getheilt werden soll: so erfordert es eine genaue Spezialuntersuchung und einen wohlüberlegten Plan, wie man die verschiedenen nun zusammengelegten Feldstücke in eine gleichmäßige Kraft für die Folge setze. Die dabei zu beobachtenden Maaßregeln lassen sich nur in besonderen Beispielen entwickeln.

§. 400.

Aus der Felderwirthschaft in die Fruchtwechselwirthschaft.

Der Uebergang aus einer auf schon separirtem Lande bestehenden Felderwirthschaft zum Fruchtwechsel mit Stallfütterung ist in dem Falle nicht schwierig, wo der ganze Acker in durchgehender Düngung bestanden hat. Wo aber nur ein Theil der Feldmark Mistland war, ein andrer Theil aber gar keinen oder nur selten und spärlich Dünger erhielt, ist er ebenfalls schwierig, und man darf nicht erwarten, ohne große äußere Hülfen sobald zum Ziele zu kommen. Da indessen hierbei der örtliche Zusammenhang, und die Grenzung der Schläge nach ihren Nummern nicht so nothwendig ist, wie bei der Koppelwirthschaft, so kommt man doch allmählig leichter in Ordnung. Liegt das außer Würden gekommene Land, wie gewöhnlich, entfernter und neben einander, so wird man sich mehrentheils bewogen sehen, zwei oder gar mehrere Rotationen zu machen, oder den Acker in Binnen- und Außenschläge zu theilen; erstere dann zuvörderst in Kraft zu setzen, letztere aber so lange hinzuhalten, bis ihnen durch die Kraft und den Ueberfluß der Binnenschläge aufgeholfen werden kann. Soll dies aber geschehen, so werden die Hauptschläge um so später zu einem Ueberfluß von Dungkraft kommen, und man muß dann um so länger auf den Bau der Handelsgewächse Verzicht leisten.

Wenn aber die Lage und Figur der ganzen Feldmark und der verschiedenartigen Theile derselben es rathsamer macht, so kann man die Einrichtung treffen, daß jeder Schlag von besserm Hauptbestande ein Supplement von schlechterem und magerem Lande bekomme, welches nicht nothwendig mit demselben völlig zusammenhängend zu seyn braucht. Dieses zugegebene Supplement wird dann nach und nach, oder immer weiter und weiter mit dem übrigen in gleiche Kraft gesetzt, bis dahin aber so behandelt, daß es sich durch Ruhe verbessere, und nur etwa eine oder die andere Frucht mit dem Hauptheile des Schlages zugleich trage.

Bei diesem Uebergange aus der Felderwirthschaft zum Fruchtwechsel muß das Hauptbestreben das seyn, so schnell als möglich Futterung und aus dieser Dünger zu gewinnen. Ohne alle Aufopferung der Getreideeinsaat geht dieses nicht an. Nur gebe man sowohl um des höhern Ertrages, als hauptsächlich um des Strohes willen keine Winterung auf, und entkräfte eben so wenig das dazu bestimmte Land.

Die Tabelle A zeigt einen solchen Uebergang auf einer Feldmark, die im neunjährigen Dünger stand, zu einer neunjährigen Fruchtwechselwirthschaft mit Stallfütterung. Wenn im ersten Uebergangsjahre noch kein Klee vorhanden ist, so fange man dennoch die ganze, oder wo dies nicht möglich ist, die halbe Sommerstallfütterung mit grünen Wicken an, welche in den in diesem Jahre zur Düngung kommenden Brachschlag in gehörigen Zwischenräumen gesäet werden, nachdem der sämmtliche Winterdünger entweder aufgefahren und untergepflügt ist, oder derselbe über die ausgesäeten Wicken verbreitet wird. Es können sogar in demselben Sommer mit dem aus den ersten Wicken gemachten Dünger noch die spätesten Wicken wieder gedüngt werden. Man muß es nur möglich zu machen suchen, daß das Vieh bis zur Mitte des Junius,

Uebergang einer dreifeldrigen Wirthschaft, die in neunjäh
Stallfütterung des Rindviehes, wobei die Außen-, auc

Alter Zustand.	Brache			Win	
	gedüngt. a.	vor 3 Jahren gedüngt. b.	vor 6 Jahren gedüngt. c.	in erster Tracht. d.	in T
Erstes Jahr des Uebertrags.	Winterung mit Klee.	Winterung.	Winterung.	Stoppel-roggen.	Som
Zweites Jahr.	Klee.	Sommerung.	Bleibt am vor-theilhaftesten zur Schafweide liegen.	Brache.	B mi We
Drittes Jahr.	Klee.	Wicken *	½ Hackfrüchte. * * ½ Brache. *	Winterung.	Wi
Viertes Jahr.	Winterung.	Winterung.	Gerste mit Klee.	Wicken. *	G
Fünftes Jahr.	Wicken. *	Erbsen.	Klee.	Winterung.	Wi
Sechstes Jahr.	Winterung.	Winterung.	Klee. * 1 Schnitt.	Erbsen.	Hac
Siebentes Jahr.	Erbsen und Wicken. *	Hackfrüchte. * *	Rapssaat.	Winterung.	G mi
Achtes Jahr.	Winterung.	Gerste mit Klee.	Weizen.	Hackfrüchte. * *	S
Neuntes Jahr.	Erbsen und Wicken. *	Klee.	Winterung und Sommerung.	Gerste mit Klee.	S 1 S
	8.	3.	7.	2.	

stand, in eine neunschlägige Fruchtwechselwirthschaft mit Stoppelweide ganz den Schafen gewidmet seyn kann.

	Sommerung			
...ter ...t.	in zweiter Tracht. g.	in vierter Tracht. h.	in sechster Tracht. i.	Es wird in d. Roggen in die Stoppel statt Gerste gesäet. In g. etwas Roggen zum Grünfutter im Frühjahr.
...ung.	Brache.	Brache. * mit dem gemachten Wickenmist.	Wicken. * *	Die Sommer-Stallfütterung wird mit den Wicken in i. angefangen.
...n.	Winterung.	Winterung.	Winterung mit Klee.	Wicken und Klee, zum Theil im Sommer verfüttert, zum Theil zu Heu.
...ung ...ee.	Sommerung.	Sommerung. Erbsen.	Klee.	Stallfütterung in voller Kraft und reichlicher Heugewinn.
	Hackfrüchte. * *	Winterung.	Klee.	Großer Futter- und Mistgewinn.
...itt.	Gerste mit Klee.	Hackfrüchte. * *	Winterung.	Der zweijährige Klee wird nach dem ersten Schnitte umgebrochen und mit Winterraps besäet.
...at.	Klee.	Gerste mit Klee.	Wicken.	Rapssaatbau beginnt.
...n.	Klee. * 1 Schnitt.	Klee.	Winterung.	
...ung ...ung.	Rapssaat.	Klee. * 1 Schnitt.	Erbsen und Wicken. *	
...hte.	Weizen.	Rapssaat.	Winterung.	
	6.	5.	9.	Die Schläge und Früchte folgen nun ferner nach vorstehenden Nummern.

wo die Wicken genugsam herangewachsen sind, hingehalten werde, welches durch ausgesäeten Futterroggen in der Sommerungsstoppel, der nach der Mitte des Mai mähbar wird, in Ermangelung anderer Hülfsquellen geschehen kann. Ferner kommt es darauf an, sich zu dieser Sommerstallfütterung schon die nöthige Einstreuung zu ersparen oder herbeizuschaffen. Wo Strohankauf nicht möglich ist, wird man sich durch Baumlaub, Schilf, Moos, torfartige schwammige Substanzen, altes Dachstroh, wenn man früh genug Anstalten dazu getroffen hat, mehrentheils helfen können. Sonst aber muß der Stall so eingerichtet werden, daß wenig oder gar keine Einstreuung nöthig sey, sondern daß der Mist in flüssiger oder breiartiger Gestalt aus dem Stalle geschafft und mit Erde, losem Torfe oder Rasen, die von den Feldrainen abgestochen worden, vermischt werde. Diese Schwierigkeit mit der Einstreuung findet nur in den beiden ersten Jahren Statt; in der Folge wird Stroh genug gewonnen. Schafft man hier äußere Surrogate der Einstreuung herbei, so gewinnt man durch diese Verfütterung der grünen Wicken eben so viel Dünger wieder, als man darauf verwandt hatte, und hat nun, da der zu den Wicken untergebrachte Dünger unverloren ist, doppelt so viel gedüngtes Land zur Winterung, als man ohne selbige gehabt haben würde, wodurch dann der Strohmangel schon im 3ten Jahre gehoben ist. Auch ist es in der Hinsicht rathsam, einen Theil des Sommerfeldes mit Roggen zu bestellen, weil dieser mehr Stroh liefert.

Viele, welche zu dieser Wirthschaft übertreten wollten, haben den Anfang damit gemacht, Kartoffeln in der Brache zu bauen, und diesen allen Dünger zu widmen, oder die noch übrige Dungkraft des Ackers dazu zu verwenden. Da sie nun nach selbigen keine Winterung, oder doch nur mit schlechtem Erfolge bestellen konnten, so verloren sie in diesem einträglichsten Getreide, und litten dann im folgenden Jahre großen Mangel an Stroh. Deshalb betreibe man diesen Bau ohne äußere Hülfsmittel durchaus nicht im ersten Jahre in irgend beträchtlicher Ausdehnung. Man suche nur so viel Wicken oder Wickengemenge, wie möglich, im ersten Sommer zu bauen, um zureichende Sommerfütterung, und wenn es seyn kann, noch ein überflüssiges zum Heu davon zu haben. Denn diese Wicken sind im Gegensatze von den Kartoffeln eine vortreffliche Vorfrucht für die Winterung.

In die gedüngte Winterung wird nun im Frühjahr Klee gesäet, von dem man einige Beihülfe schon in diesem Nachsommer hoffen kann. Ferner wird es sehr rathsam seyn, in die Stoppel der vorjährigen fetten Winterung statt der Sommerung wieder Roggen in die Stoppel zu säen. Sollte man auch im Werthe des Ertrages gegen die Gerste sogar verlieren, wie doch nicht wahrscheinlich ist, so gewinnt man um so viel mehr Stroh, und man ist nun dessentwegen völlig außer Sorge.

Im zweiten Uebergangsjahre bauet man Wicken auf eben die Weise, und man wird schon im Stande seyn, einen Theil eines andern Brachschlages zu Hackfrüchten, sollten es auch größtentheils nur Rüben seyn, zu düngen. Da nun auch schon ein Kleeschlag vorhanden ist, so wird man, wenn mäßige Einstreuung herbeigeschafft werden kann, durch Hülfe der Stallfütterung vielleicht die ganze Brache vor der Einsaat auszudüngen im Stande seyn. Unter die gedüngte Winterung ist wieder Klee gesäet.

Im dritten Jahre ist man dann im Stande. Es sind zwei Kleeschläge, ein Wickenschlag, ein Hackfruchtbauschlag, ein Erbsenschlag, deren Anbau bis dahin fast eingestellt werden mußte, und vier Getreideschläge vorhanden, woraus sich nun reichliche Futterung für Sommer und Winter erwarten läßt, und wobei der größte Theil des Strohes, welches sich durch die gedüngte Winterung sehr vermehrt hat, bloß zur Einstreuung dienen kann.

Auf diesen Vortrag hatte mein verstorbener talentvoller Zuhörer seinen sorgfältig ausgearbeiteten Uebergangsplan gegründet, der im Mai- und Junius-Stück der Annalen 1809, und auch besonders unter dem Titel: „der Uebergang aus einer gewöhnlichen Dreifelderwirthschaft in eine nach Thaerschen Grundsätzen geordnete Fruchtwechselwirthschaft, von A. von Essen, Berlin 1809" abgedruckt ist. Ich verweise in Ansehung des genaueren Details hierauf, zugleich aber auch auf Bemerkungen, die ich dazu im November-Stücke der Annalen 1809 gemacht habe.

In dem beigefügten Schema A ist im 6ten Jahre der Uebergang zum Rappssaatbau in der zweijährigen Kleestoppel angedeutet, weil die Wirthschaft in Ueberfluß von Futter und Dünger kommt.

§. 401.

Uebergang zu einem sechsfeldrigen Fruchtwechsel.

Es ist in den meisten Fällen, wenn nicht andere besondere Gründe das Gegentheil rathen, am besten, wenn man beim Uebergange aus der dreifeldrigen Wirthschaft eine solche Zahl der Schläge wählt, daß man die alten drei Felder gerade darin zertheilen könne, nämlich 6, 9 und 12. Aus einer vierfeldrigen werden sich besser 8 und 12 machen lassen. Es macht bei jedem Uebergange und bei jeder neuen Feldeintheilung große Schwierigkeit, und erzeugt oft unabwendliche Unordnungen, wenn man die bisherigen Grenzen aller Felder und Schläge verändern muß. Zuweilen ist dies jedoch unvermeidlich.

Den Uebergang in eine sechsschlägige Wirthschaft zeigt Tabelle B. Der Futtergewinn im zweiten Jahre wird es schon möglich machen, einen halben Schlag im dritten Jahre zu Hackfrüchten gehörig auszudüngen, und den Erbsen und Wicken eine halbe Düngung zu geben. Im vierten Jahre ist eine Durchdüngung des ganzen Hackfruchtschlages und eine halbe Düngung des Erbsenschlages möglich.

Wenn die Felderwirthschaft im sechsjährigen Dünger stand, so ist die Sache viel leichter, und man kann schon im dritten Jahre ganz in Ordnung seyn. Indessen versteht es sich, daß man den vollen Ertrag einer Fruchtwechselwirthschaft nie erwarten dürfe, als bis man die ganze Rotation, von dem Jahre an zu rechnen, wo man in Ordnung war, einmal durchgemacht hat.

In den meisten Fällen, wo man aus einer Felderwirthschaft in eine Wechselwirthschaft übergehet, wird alte Weide, ohne welche jene doch nicht bestehen konnte, aufzubrechen seyn. Es kommt auf die Lage an, ob ein besonderer Schlag oder gar mehrere daraus gemacht werden können, wo denn die Zahl der kräftigen Schläge zu 7, 10 u. s. w. angenommen werden kann; oder ob dieses Land verschiedenen Schlägen zuzutheilen sey, oder ob es eine besondere Bewirthschaftung erhalte. Auf allen Fall kommt es dadurch beim Uebergange sehr zu Hülfe, daß man den Getreidebau in keinem Jahre zu beschränken braucht, und vieles Stroh davon gewinnt. Sobald also genugsames Futter vorhanden ist, um diese Weide entbehren zu können, wird sie mit Brache oder auf andere Weise, wovon in der Lehre von der Urbarmachung die Rede seyn wird, aufgebrochen und mit Winterung bestellt.

Uebrigens lassen sich hier so mannichfaltige Fälle annehmen, daß sich ohne ein gegebenes Lokal gar nichts darüber sagen läßt.

§. 402.

Uebergang aus einer Mecklenburgischen Koppelwirthschaft zum Fruchtwechsel mit Stallfütterung.

Bei dem Uebergang aus einer Koppelwirthschaft zu einer Wirthschaft nach der Regel des Fruchtwechsels wird es selten rathsam seyn, von der Zahl der Schläge, die man hatte, abzuweichen. Soll Weide dabei bleiben, so sind indessen 6 und 7 Schläge zu wenig, und es würde leicht seyn, sie in 12 und 14 zu theilen. Will man dagegen zur Stallfütterung übergehen, so ist dieses nicht nöthig.

B.

Uebergang einer dreifeldrigen Wirthschaft, die in neunjährigem Dünger stand, in eine sechsschlägige Wirthschaft mit Stallfütterung.

	Brache,		Winterung,		Sommerung,		
Alter Zustand.	$\frac{1}{3}$ gedüngt.	$\frac{2}{3}$ ungedüngt.	$\frac{1}{3}$ in erster Tracht, $\frac{1}{3}$ in dritter Tracht, $\frac{1}{3}$ in fünfter Tracht.		$\frac{1}{3}$ in zweiter Tracht, $\frac{1}{3}$ in vierter Tracht, $\frac{1}{3}$ in sechster Tracht.		
	a.	b.	c.	d.	e.	f.	
Erstes Jahr d. Uebergangs.	Winterung mit Klee.	Winterung.	Sommerung.	Sommerung.	Brache.	Wicken. * *	Wicken größtentheils grün auf dem Stalle zu verfüttern, und den Dünger, so weit er reicht, auf den übrigen Theil der Brache zu bringen.
Zweites Jahr.	Klee.	Sommerung.	Brache.	Wicken. * *	Winterung.	Winterung mit Klee.	Man verliert einen Sommerungsschlag. Dagegen ist der Futtergewinn beträchtlich.
Drittes Jahr.	Winterung.	Wicken und ein Theil Hackfrüchte. * *	Winterung.	Winterung mit Klee.	Sommerung.	Klee.	Es wird bei zureichendem Dünger ein Theil von b. mit Hackfrüchten bestellt. Um reichlicher Stroh zu gewinnen, hat dieses Jahr drei Winterungs-Schläge.
Viertes Jahr.	Sommerung.	Winterung mit Klee.	Wicken und Erbsen. *	Klee.	Hackfrüchte. * *	Winterung.	Es kann ein Schlag zu Hackfrüchten ausgedüngt werden, und bleibt noch zu einer schwachen Düngung von c. übrig.
Fünftes Jahr.	Hackfrüchte. * *	Klee.	Winterung.	Winterung.	Gerste.	Erbsen und Wicken. *	Die Ordnung ist nach der neuen Nummer der Schläge festgestellt.
	1.	3.	6.	4.	2.	5.	

Bei diesem Uebergange zur Stallfütterung wird es in den meisten Fällen rathsam seyn, langsam zu verfahren: im ersten Sommer halbe Stallfütterung zu haben, im zweiten einen Theil des Viehes ganz auf dem Stalle zu behalten, im dritten nur noch weniges Vieh ausgehen zu lassen, oder dem Stallvieh bei Tage einige Weide noch zu verstatten: so wie man nämlich allmählig den Futterbau vermehrt und die Weide einschränkt.

Das umstehende Schema C eines Ueberganges einer siebenschlägigen Wirthschaft zu dem Fruchtwechsel von 1) Hackfrüchten; 2) Gerste; 3) und 4) Klee; 5) Winterung; 6) Erbsen und Wicken; 7) Winterung, wird dieses genug erläutern.

Im ersten Jahre werden Wicken in den ohnehin aufzubrechenden Schlag g gesäet, und mit dem Winterdünger befahren. Es läßt sich annehmen, daß in dem Schlage d Klee mit der letzten Sommerung gesäet worden, auf den freilich nicht viel, aber doch ein halber Schnitt zu rechnen ist. Hiermit wird das Vieh Morgens und Abends gefüttert, so daß es die kleine Beschränkung der Weide nicht fühlt, vielmehr gewinnt, womit doch schon eine größere Winterfutterungs-Ernte verbunden seyn wird.

Im zweiten Jahre erfolgt die Aufopferung eines Sommerungs-Schlages. Wo dies zu empfindlich wäre, da könnte in c, welcher Schlag doch zu Hackfrüchten noch nicht ganz ausgedüngt werden kann, zum Theil Dreeschhafer genommen werden, dessen Stoppel man dann im Herbst nachdüngt und sie in diesem Falle zu kleiner Gerste bereitet.

Im dritten Jahre wird es rathsam seyn, 2 Winterungsschläge zu nehmen, doch kann immerhen auch ein Theil des einen Schlages zur Sommerung bleiben.

Im vierten Jahre passen dagegen 2 Sommerungsschläge besser. Jedoch kann man ohne Bedenken und wenigstens mit mehrerem Gewinn an Stroh Stoppelroggen in a säen.

Und so ist im fünften Jahre die neue Ordnung im Gange, die jedoch bei der jährlich steigenden Düngkraft der Wirthschaft bald zu schwelgerischen Früchten übergehen muß.

§. 403.

Uebergang aus einer eilfschlägigen Mecklenburgischen Wirthschaft.

Bei einer eilfschlägigen Wirthschaft und überhaupt bei allen, die eine doppelte Brache hielten, findet ein Uebergang ohne Verminderung der Körnerausfaat, vielmehr mit einer schnellen Vermehrung derselben

C.

Uebergang einer siebenschlägigen Koppelwirthschaft in eine siebenschlägige Fruchtwechselwirthschaft mit Stallfütterung.

	a.	b.	c.	d.	e.	f.	g.	
Alte Ordnung.	Brache. *	Winterung.	Sommerung.	Sommerung.	Weide.	Weide.	Weide.	
Erstes Jahr.	Winterung mit Klee.	Sommerung.	Sommerung.	Klee halb zu mähen.	Weide.	Weide.	Wicken im Umbruch *	Anfang der halben Stallfütterung und der Futtervermehrung für den Winter.
Zweites Jahr.	Klee.	Sommerung.	Weide.	Weide.	Hackfrüchte, zum Theil. *	Wicken. *	Winterung mit Klee.	Halbe Stallfütterung u. größerer Winterfutterbau. Es wird ein Sommerungsschlag aufgeopfert.
Drittes Jahr.	Winterung.	Weide.	Wicken. *	Hackfrüchte. *	Gerste mit Klee.	Winterung.	Klee.	Stallfütterung mit einem noch bleibenden Weideschlage. Zwei Winterungsschläge.
Viertes Jahr.	Sommerung.	Hackfrüchte. *	Winterung.	Gerste mit Klee.	Klee.	Erbsen und Wicken. *	Klee.	Ein Winterungs- und zwei Sommerungsschläge, wenn man in a. nicht lieber Stoppelroggen nehmen will.
Fünftes Jahr.	Erbsen und Wicken. *	Gerste mit Klee.	Hackfrüchte. * *	Klee.	Klee.	Winterung.	Winterung.	Neue Ordnung vollendet.
	6.	2.	1.	3.	4.	7.	5.	Ordnung der künftigen Fruchtfolge.

Statt, wie das Schema D zeigt. Wenn man den Uebergang zur Stallfütterung nämlich allmählich machen will, so fängt man damit an, die am längsten geruhete Koppel umzureißen und mit Dreeschhafer zu besäen, statt sie zu brachen. Nach dem Hafer folgen Hackfrüchte, so weit nämlich eine im zweiten Jahre noch schwache Düngung reicht. Die Hauptdüngung verbleibt nämlich der Fettbrachenkoppel, die aber, statt reine Brache zu halten, mit grünen Wicken besäet wird, so daß in der Regel der aus diesen Wicken im ersten Jahre hervorgegangene Mist nur der Hackfruchtbestellung im zweiten Jahre gewidmet, aber in Hinsicht der Kraft der Rasenfäulniß auch mehr als sonst verbreitet werden darf. In e wird im ersten Jahre unter die Sommerung Klee gesäet, von welchem im zweiten Jahre immer eine mäßige Ernte zu erwarten ist. g wird, statt niedergelegt zu werden, gebrachet, und es bleiben folglich nur 3 Weideschläge, da der vierte durch die Stallfütterung der Wicken reichlich ersetzt wird. Wir gewinnen in dem ersten Jahre einen Sommerungsschlag. Das zweite Jahr verliert aber an der Winterung, indem sie in dem Schlage g in magere Brache statt in die Ruhebrache kommt.

Das zweite Jahr liefert dem dritten schon so vielen Dünger, daß neben dem Wickenschlag der Hackfruchtschlag größtentheils ausgedüngt werden kann. Dieses Jahr hat schon seine zwei Kleeschläge, aber noch nicht an der rechten Stelle und folglich noch nicht im vollen Ertrage. Es fängt mit dem Erbsenbau in c an.

Das vierte Jahr wird seinen Dünger über drei Schläge verbreiten, aber freilich ihn noch nicht stark geben, und von g nur einen Theil zu Bohnen düngen können. Der übrige Theil muß reine Brache bleiben, da er schon zu sehr entkräftet ist. Es ist jetzt ein nach der Regel der Fruchtfolge entstandenes Kleefeld da.

Das fünfte Jahr wird die Schläge h, e und c ausdüngen können, und durch seinen Futter- und Strohertrag nur so viel Mist liefern, daß im sechsten Jahre die Hackfrüchte auf einem stark angegriffenen Schlage eine kräftige, die Bohnen und Wicken aber eine zureichende Düngung erhalten.

Nun wird die Dungkraft der Wirthschaft den Anbau der edleren Früchte und der Handelsgewächse bald rathsam machen.

Im sechsten Jahre sind 4 Winterungsschläge angegeben. Wenn das der Arbeit wegen schwierig scheint, so hängt es von Jedem ab, einen, z. B. den Kleestoppelschlag, zur Sommerung zu bestimmen. Oft ist aber die Bestellung der Winterung nach angemessenen Vorfrüchten nicht schwierig.

D.

Uebergang einer zwölfschlägigen Koppelwirthschaft in eine eilfschlägige Fruchtwechselwirthschaft mit Stallfütterung.

	a.	b.	c.	d.	e.	f.	g.	h.	i.	k.	l.
Alte Ordnung.	Brache.	Winterung.	Sommerung.	Brache. *	Winterung.	Sommerung.	Sommerung.	Weide.	Weide.	Weide.	Weide.
Erstes Jahr.	Winterung.	Sommerung.	Wicken. *	Winterung.	Sommerung mit Klee.	Sommerung.	Brache.	Weide.	Weide.	Weide.	Weide.
Zweites Jahr.	Sommerung.	Wicken. *	Winterung.	Sommerung mit Klee.	Klee.	Brache.	Winterung.	Weide.	Weide.	Hafer.	Hackfrüchte *
Drittes Jahr.	Wicken. *	Winterung.	Erbsen.	Klee.	Klee.	Winterung.	Sommerung.	Weide.	Hafer.	Hackfrüchte *	Gerste mit Klee.
Viertes Jahr.	Winterung.	Erbsen.	Winterung.	Klee.	Winterung.	Wicken. *	Bohnen. *	Hafer.	Hackfrüchte *	Gerste.	Klee.
Fünftes Jahr.	Erbsen.	Winterung.	Bohnen. *	Winterung.	Wicken. *	Winterung.	Hafer.	Hackfrüchte *	Gerste.	Klee.	Klee.
Sechstes Jahr.	Winterung.	Bohnen. *	Winterung.	Wicken. *	Winterung.	Erbsen.	Hackfrüchte * *	Gerste.	Klee.	Klee.	Winterung.
	9.	10.	11.	6.	7.	8.	1.	2.	3.	4.	5.

§. 404.

Uebergang zu einer Weidewirthschaft nach der Regel des Fruchtwechsels.

Wenn bei einem Uebergange aus der gewöhnlichen Koppelwirthschaft zu einem regelmäßigen Fruchtwechsel Weideschläge bleiben sollen, so muß dahin gesehen werden, daß sie zusammenhängend bleiben, was bei der völligen Stallfütterungswirthschaft nicht nöthig, auch oft nicht zweckmäßig ist. Wie dabei, jedoch unter verschiedenen Modifikationen, zu verfahren sey, zeigt E in dem Uebergange einer zehnschlägigen Koppelwirthschaft zu der Fruchtfolge, die No. 9 der tabellarisch berechneten Wirthschaften hatte.

Im ersten Jahre wird der vorletzte Weideschlag i zu Hafer umgebrochen, der eigentliche Brachschlag k ebenfalls; letzterer erhält den Dünger und wird nach und nach mit Wicken besäet. Gegen den Dreeschhafer wird die Sommerung in b aufgeopfert und dieser Schlag als Mürbebrache behandelt. Dagegen bleibt c für dieses eine Jahr zur Weide liegen, damit es auch an Weide nicht fehlen möge, ungeachtet die Wicken derselben beträchtlich zu Hülfe kommen.

Im zweiten Jahre wird a gebrachet. Die Winterung in b wird freilich, weil sie mager ist, etwas zurückschlagen, aber durch die in k ersetzt werden. Der Dünger von dem vorjährigen Klee- und Wickenschlage wird so weit reichen, daß ein beträchtlicher Theil von c mit Hackfrüchten bestellt werden kann. Es bleiben nur 2 Weideschläge, und die Stallfütterung muß, jedoch noch mit keinem vermehrten Viehstapel, betrieben, sondern mehr auf Vermehrung des Winterfutters gedacht werden.

Im dritten Jahre bleibt dasselbe Verhältniß, jedoch hat der Dünger zugenommen.

Im vierten Jahre haben wir sicheren und vollkommenen Klee (auf welchen man nur dann rechnen kann, wenn er mit der ersten Frucht nach gehörig bearbeiteten Hackfrüchten gebauet wird), und die Stallfütterung kann einen beträchtlich höheren Viehstand ernähren.

Die dem fünften Jahre beigefügten Nummern zeigen die künftige Folge der Schläge.

Zur Berechnung der progressiven Fortschritte einer Wirthschaft während des Ueberganges kann man sich ebenfalls jener Tabellenform, wonach ich vollendete Wirthschaften berechnet habe, und der daselbst angegebenen Produktionssätze nach Verhältniß der erlangten Kraft des Bodens bedienen, wenn man sie auf jedes Jahr besonders stellt. Es versteht sich, daß der in jedem Jahre gewonnene Mist dem folgenden

E.

Uebergang einer zehnschlägigen Koppelwirthschaft in eine zehnschlägige Fruchtwechselwirthschaft mit zwei Weideschlägen.

	a.	b.	c.	d.	e.	f.	g.	h.	i.	k.
Alte Ordnung.	Brache.	Winterung.	Sommerung.	Brache. *	Winterung.	Sommerung mit Klee.	Weide.	Weide.	Weide.	Weide.
Erstes Jahr.	Winterung.	Brache.	Ruhe und Weide.	Winterung.	Sommerung.	Klee.	Weide.	Weide.	Hafer.	Brache mit Wicken. *
Zweites Jahr.	Brache.	Winterung.	Hackfrüchte. *	Sommerung.	Klee.	Weide.	Weide.	Hafer.	Brache mit Wicken. *	Winterung.
Drittes Jahr.	Winterung.	Hackfrüchte. *	Gerste.	Klee.	Weide.	Weide.	Hafer.	Brache mit Wicken. *	Winterung.	Erbsen.
Viertes Jahr.	Hackfrüchte. * *	Gerste.	Klee.	Weide.	Weide.	Hafer.	Brache mit Wicken. *	Winterung.	Erbsen.	Winterung.
Fünftes Jahr.	Gerste.	Klee.	Weide.	Weide.	Hafer.	Brache mit Wicken. *	Winterung.	Erbsen. *	Winterung.	Hackfrüchte. * *
	7.	8.	9.	10.	1.	2.	3.	4.	5.	6.

erst angerechnet, und in der Kolumne k auf die Schläge vertheilt werden muß. Wenn man dabei zugleich die Kosten des vermehrten Inventariums berechnet, so wird sich zeigen, wie groß die Aufopferung sey, welche man in den ersten Jahren, vornehmlich im zweiten, zu machen habe, oder vielmehr, um welche Summe das stehende und Betriebskapital zum höheren Betriebe des Gewerbes und zur nachhaltigen Verbesserung des Guts vermehrt werden müsse, und wann es sich dann zu verzinsen und wieder zu bezahlen anfange. Eine Berechnung, die von jedem verbessernden Landwirthe nach seinem Lokal anzulegen ist, bevor er die Sache unternimmt.

Diese Berechnungen werden, gehörig gemacht, nur in dem Falle unzutreffend seyn, daß während der Uebergangsjahre ein besonderes Unglück die Wirthschaft trifft, wie totaler Mißwachs, gewaltige Kriegsbedrückungen, oder auch nur starke Fouragelieferungen, welche gerade in dieser Zeit eine Wirthschaft sehr zurücksetzen, wenn sie gleich von einer vollendeten ohne so auffallenden Nachtheil ertragen werden können.

Bemerkungen
über das Verhältniß, in welchem die Kraft des Bodens, der Ertrag der Ernten und die Erschöpfung gegen einander stehen.

Daß ein Verhältniß zwischen dem Körnerertrage und der Kraft des Bodens, und wiederum ein Verhältniß zwischen den abgenommenen Ernten und der Aussaugung des Bodens existire, ist allgemein anerkannt und durch alte Erfahrungen bestätigt. Einzelne Sätze darüber hatte man auch längst als begründet angenommen. Ein allgemeines Verhältniß war aber noch nie ausgesprochen. Ich habe es im ersten Bande dieses Werks zuerst versucht, und gleichzeitig mit mir hat es der verdienstvolle J. F. Meyer in seinem Werke über Pachtanschläge, S. 56 u. f., aber auf eine ganz andere Weise gethan.

Da jene von mir angegebene Formel, wodurch ich eigentlich nur die Erschöpfung des Ackers andeuten wollte, eine große Aufmerksamkeit, zugleich aber auch manche Mißdeutungen, wie ich bereits erfahren habe, erregt hat: so will ich mich hier näher darüber erklären, und sie, so viel es jetzt schon möglich ist, genauer zu bestimmen suchen. Eine vollständige Berichtigung wird sie erst erhalten können, wenn sie an künftige aufmerksam beobachtete Erfahrungen und Versuche gehalten wird, und sie kann dann fruchtbarer an Folgerungen werden, als ich, bei ihrer ersten Entwerfung, selbst erwartete.

Ein offenbares Mißverständniß wäre es, die natürliche oder zurückbleibende Kraft des Bodens in allen Fällen gleich, zu 40 Grad anzunehmen. Diese habe ich als das Minimum angesetzt, als den Grad, welchen ein so weit erschöpfter Mittelboden behält, wenn seine Bestellung, sogar in Rücksicht auf die nächste Ernte, kaum mehr vortheilhaft bleiben würde, falls man ihm keinen neuen Nahrungsstoff gäbe — als die äußerste Erschöpfung, wohin man einen Ackerboden kommen lassen sollte. Ein guter Gerstboden, der nicht über 50 bis 60 Prozent Sand, vielleicht etwas Kalk und 2 Prozent Humus hat, wird ohne muthwillige Erschöpfung nicht so tief heruntersinken, und wir werden ihm bei einer sechsjährigen Düngung und abgenommenen 4 Getreidefrüchten immer noch eine Kraft von 60 Graden beimessen, und wenn wir ihn weiter erschöpfen wollten, noch Ernten in diesem Verhältnisse von ihm erwarten können. Bei andern Feldsystemen und natürlich reicherem Boden wird er noch höhere Grade von Kraft besitzen, wenn man ihm dennoch neuen Dünger zuführt. Je mehr Thon ein Boden enthält, um desto später wird er in den Zustand kommen, den wir eigentlich mit jenen 40 Graden bezeichnen, weil er seine Nahrungstheile fester anhält, und zwar befriedigende Ernten versagt, demungeachtet aber doch noch Kraft in sich hat, wie wir daraus erkennen, daß wir ihm noch Ernten abzwingen können durch solche Mittel, welche die in ihm verschlossenen Nahrungsstoffe nur aufschließen. Es gehört viele Kunst dazu, um ihn ganz auszusaugen; dann aber freilich ein desto größerer Aufwand, um ihn wieder in die erforderliche Kraft zu setzen.

Jene Bodenkraft, die wir nur deshalb die natürliche nennen, weil sie zurückbleibt, wenn wir ihr eine Erfrischung geben, und insbesondere dann, wenn wir eine neue Rotation mit der Hauptdüngung anfangen, steigt und fällt auf demselben Acker, nach dem Verhältniß der gegebenen Düngung zu den abgenommenen Ernten am Ende jeder Rotation, und tritt in einem höheren oder geringeren Grade zur folgenden über.

Ich habe durch den §. 258 Veranlassung gegeben, die Aussaugung aller Früchte gleich, und zwar zu 30 Prozent, der jedesmal im Acker befindlichen Kraft anzunehmen, und mich in der zweiten Anmerkung nicht deutlich genug erklärt über das Verhältniß, in welchem die stärker anziehenden Früchte sich davon mehr zueigneten, und dann auch in demselben Verhältnisse stärkere Ernten gäben. Es kam mir damals nur auf das Resultat bei ganzen Rotationen an. Diese Verschiedenheit findet aber nach allen Erfahrungen Statt. Weizen, welcher auf einem ihm angemessenen Boden mehrentheils gleichen Scheffelertrag mit dem Roggen giebt, saugt den Boden bekanntlich stärker als dieser aus, und sehr wahrscheinlich nach dem Verhältnisse, worin er den Roggen in Ansehung seiner Schwere und seiner nahrhaften Theile überwiegt. Auf Boden also, und auf einer Stelle, wo Weizen überhaupt paßt, werden wir seine Anziehung = 40 Prozent annehmen, und danach seinen Ertrag bestimmen können. Er steht nämlich in dem Verhältnisse seines Nahrungsstoffes gegen den Roggen wie 13 : 10, seine Anziehung danach wie 39 : 30. Und da sie noch etwas kräftiger scheint, so nehmen wir 40. Die Sommerung dagegen zieht schwächer an, wie auch schon nach der kürzeren Zeit ihrer Vegetation zu vermuthen ist. Wir können für selbige nur 25 Prozent, als der Wahrheit nahe kommend, annehmen. Ob Gerste oder Hafer stärker aussauge, darüber sind die Meinungen seit jeher getheilt gewesen, und es kommt dabei wohl auf den Zustand des Bodens an. Erstere wird stärker aussaugen, wenn der Boden die Lockerung und Vorbereitung erhalten hat, welche diese Frucht erfordert, indem sie nur unter dieser Bedingung vollständige Ernten giebt. Der Hafer hingegen hat an sich eine stärkere Anziehungskraft, und auf einem zäheren und minder bearbeiteten Boden wird er mehr aussaugen, als Gerste, aber auch in dem Verhältnisse eine so viel stärkere Ernte geben. Deshalb nehmen wir sie im Durchschnitt als gleich an.

Wollen wir nach der im Boden vorhandenen Kraft den Ernteertrag jeder einzelnen Frucht bestimmen, so müssen wir überhaupt auf mehrere Nebenumstände Rücksicht nehmen. Eine Frucht wird auf Boden von gleicher Natur und gleicher Kraft einen höheren Ertrag geben, wenn jene Nebenumstände sie begünstigen. Dahin gehört denn besonders — außer der Witterung, die wir weder in unserer Gewalt haben, noch vorhersehen können — eine ihr gerade angemessene Beackerung oder Vorfrucht, und Zerstörung desjenigen Unkrauts, was dieser Frucht besonders zuwider ist. Diese müssen wir also im Auge behalten, wenn wir einen Voranschlag des zu erwartenden Ertrages nach der Kraft des Bodens und der Anziehungskraft des Getreides machen wollen; denn diese Anziehungskraft äußert nur ihre volle Wirkung, wenn ihr Nichts entgegen steht.

Wenn wir die mittlere anziehende Kraft des Roggens zu 30 Prozent von der im Acker befindlichen Kraft und hiervon 6 Scheffel Ertrag über die Aussaat angenommen haben, folglich auf jeden Scheffel 5 Grad kommen, so werden wir nach dem Verhältnisse ihrer nährenden Theile (§. 254. des ersten Bandes)

für Weizen $6\frac{1}{2}$ Grad Kraft,
für die Gerste $3\frac{1}{2}$ „ „
für den Hafer $2\frac{1}{2}$ „ „

per Scheffel anzunehmen haben, und hiernach den Ertrag jeder Getreideart per Scheffel, so wie die von einer jeden Ernte ausgesogene Kraft am besten berechnen können. Wir müssen nämlich die anziehende Kraft einer Getreideart von der Kraft des Bodens unterscheiden, die ein Scheffel dieser Getreideart zu seiner Ausbildung gebraucht; denn Beides scheint nicht in völlig gleichem Verhältnisse zu stehen. Die Kraft aber, welche ein Scheffel jedes Getreides zu seiner Ausbildung gebraucht, ist gleich der Kraft, die durch dieses Maaß dem Acker entzogen wird.

Um dieses durch ein Beispiel zu erläutern, nehmen wir einen Boden an, der in 140 Graden Kraft stehe.

Weizen zieht an 40 Prozent:

$$100 : 40 = 140 : x = 56.$$

1 Scheffel Weizen erfordert $6\frac{1}{2}$ Grad Kraft:

$$6{,}5 : 1 = 56 : x \text{ giebt } 8{,}6 \text{ Scheffel,}$$

welche aus diesen 140 Graden entstehen können.

Roggen zieht an 30 Prozent:

$$100 : 30 = 140 : x = 42.$$

1 Scheffel Roggen erfordert 5 Grad Kraft:

$$5 : 1 = 42 : x \text{ giebt } 8{,}4 \text{ Scheffel.}$$

Gerste zieht an 25 Prozent:

$$100 : 25 = 140 : x = 35.$$

1 Scheffel Gerste erfordert $3\frac{1}{2}$ Grad Kraft:

$$3{,}5 : 1 = 35 : x \text{ giebt } 10 \text{ Scheffel.}$$

Hafer zieht an 25 Prozent:

$$100 : 25 = 140 : x = 35.$$

1 Scheffel Hafer erfordert $2\frac{1}{2}$ Grad Kraft:

$$2{,}5 : 1 = 35 : x \text{ giebt } 14 \text{ Scheffel.}$$

(Dies ist sämmtlich über die Aussaat anzunehmen.)

Oder wenn wir den Ertrag als bekannt annehmen, und die ausgesogene Kraft finden wollen, so verfahren wir umgekehrt.

Wir nehmen 8 Scheffel Weizen über die Aussaat an. 1 Scheffel erfordert $6\frac{1}{2}$ Grad, folglich sind ausgesogen 52 Grad, und es bleiben von den oben angenommenen 140 Graden 88.

Nehmen wir 8 Scheffel Roggen à 5 Grad, so ziehen diese aus 40 Grad, und es bleiben 100.

Nehmen wir 11 Scheffel Gerste à $3\frac{1}{2}$ Grad, so ziehen diese aus 38_5, und es bleiben $101,_5$.

Nehmen wir 14 Scheffel Hafer à $2\frac{1}{2}$ Grad, so ziehen diese aus 35 Grad, und es bleiben 105 Grad.

Ob jene nach der Kraft des Bodens und der Anziehung der Frucht ausgemittelte Scheffelzahl wirklich erfolge oder auch noch stärker sey, hängt von Nebenumständen ab, die theils in unserer Gewalt stehen, theils nicht. Die Aussaugung des Bodens aber läßt sich nach der wirklich gewonnenen Scheffelzahl jeder Getreideart ausmitteln; es sey denn eine so beträchtliche Menge Unkraut auf dem Acker zur Reife gekommen, daß sich dieses einen erheblichen Antheil der Bodenkraft angeeignet und dem Getreide entzogen habe.

Im ersten Bande habe ich aus den angeführten Gründen angenommen, daß gutstehende und nicht oft wiederkommende Hülsenfrüchte, besonders Erbsen, dem Boden so viel wiedergäben, als sie ihm entzögen, und daß sie nur negativ der Brache, welche die Kraft des Bodens um 10 Grad vermehrt, nachständen. Nach der Summe der Erfahrungen aber in der Dreifelderwirthschaft nehmen die Meisten doch an, daß die Winterung und die darauf folgende Sommerung nach Erbsen, bei gleicher Düngung und gleicher Furchenzahl, gegen die reine Brache um 1 Scheffel per Morgen zurückschlüge. 10 Grad weniger Kraft begründet diesen Rückschlag noch nicht, wohl aber 20 Grad. Denn von 20 Grad zieht der Roggen 5 Grad an, und giebt daraus 1 Scheffel; folglich von 20 Grad weniger Kraft auch 1 Scheffel Ertrag weniger; in demselben Verhältnisse die Sommerung von den übrigbleibenden 14 Graden. Daher setze ich ihre positive Erschöpfung auf 10 Grad, und zwar im Allgemeinen, und ohne Rücksicht auf ihren stärkeren oder schwächeren Ertrag, weil die Erfahrung lehrt, daß sie den Acker um so weniger verschlechtern, je besser sie stehen. Einige aufmerksame Beobachter haben die Bemerkung gemacht, daß, wenn die Winterung nach den Erbsen gut stehe und dem Brachroggen nichts nachgebe, die darauf folgende Sommerung um so mehr zurückschlage; weshalb sie auf den Fall nicht Gerste, sondern Hafer einsäen.

In Ansehung der Kraftzunahme, welche der Boden durch die Dreeschweide erhält, können ebenfalls genauere Bestimmungen Statt finden, indem nach der Kraft, worin der Boden niedergelegt wird, der Graswuchs oder die Reichhaltigkeit der Weide verschieden seyn, mithin aus der Stärke des Rasens und des Weidedüngers ein höherer oder geringerer Kraftzusatz erfolgen muß. Man könnte dieses bestimmen:

a) nach dem umgekehrten Verhältnisse des Flächeninhalts, der zu einer vollen Kuhweide erfordert wird.

Wenn	3 1/3	Morgen	auf	eine	Kuhweide	kommen	= 10	Grad.
—	3	—	—	—	—	—	= 11	—
—	2 2/3	—	—	—	—	—	= 12	—
—	2 1/3	—	—	—	—	—	= 13	—
—	2	—	—	—	—	—	= 14	—

Dagegen:

Wenn	3 2/3	Morgen	auf	eine	Kuhweide	kommen	= 8	Grad.
—	4	—	—	—	—	—	= 6	—
—	4 1/3	—	—	—	—	—	= 4	—

b) oder nach der Kraft, in welcher der Boden zu Grase niedergelegt wird.

Würde der Boden mit

40	Grad	Kraft	niedergelegt,	so	gewinnt	er	jährlich 10	Grad.
50	—	—	—	—	—	—	11	—
60	—	—	—	—	—	—	12	—
70	—	—	—	—	—	—	13	—
80	—	—	—	—	—	—	14	—
90	—	—	—	—	—	—	15	—

Dagegen würde der Boden mit

30	Grad	Kraft	niedergelegt,	aber	nur 8	Grad.
20	—	—	—	—	— 6	—
19	—	—	—	—	— 4	—

Wie sich der Werth der Weiden nach den Graden der Bodenkraft bestimmen lasse, wird in der Lehre von denselben näher erörtert werden.

So wird auch der Kraftzusatz beim Klee verschieden seyn, je nachdem er dicht und stark steht und je nachdem er wieder hervorgewachsen war, als man ihn umpflügte. Das Letztere macht einen erheblichen Unterschied, und es ist fühlbar, welche vegetabilische Düngung ein dichter, acht bis zehn Zoll herangewachsener Klee dem Acker geben muß. Je dichter aber der Klee steht, um desto eher findet dieses Heranwachsen Statt, weil er alsdann nur einer Furche bedarf. Man kann sicher annehmen, daß Klee, welcher auf 60 Grad Kraft gesäet worden, den Acker um 10 Grad, auf 70 Grad Kraft um 12 Grad, auf 80 Grad Kraft um 14 Grad, auf 90 Grad Kraft um 16, u. s. f. bereichere.

Dasselbe ließe sich von der Stoppel grün gemäheter Wicken annehmen, wenn man sie ebenfalls vor dem Unterpflügen etwas austreiben lassen könnte, was aber nur geschehen darf, wenn sie dicht und in starker Kraft stehen, und bei eben aufgebrochener Blüthe gemähet werden. Sonst muß man mit dem Umbruche eilen, und deshalb kann selten mehr als 10 Grad Verbesserung durch sie angenommen werden, wenn sie auch über 60 Grad Kraft hatten.

Auch der Brache ist eine stärkere Wirkung beizumessen, wenn sie dem Boden in seiner höheren Kraft gegeben wird. In so fern sie den Boden pulvert, und die darin befindlichen Nahrungstheile aufschließt, wird sie immer eine stärkere Ernte geben, je fleißiger sie bearbeitet wird. Hierdurch wird sie dann freilich aber auch eine stärkere Aussaugung bewirken. Außerdem aber nimmt die Brache ohne Zweifel eine atmosphärische Düngung an, und diese wird um so kräftiger seyn, je mehr Kraft sich im Boden befindet; auch wird bei größerer Kraft ein stärkeres Austreiben des Unkrauts erfolgen, und hierdurch der Acker mehr bereichert werden. Wenn wir also einer Brache bei 40 Grad Bodenkraft 10 Grad Kraftzuwachs beimessen, so können wir bei 50 Grad 11, bei 60 Grad 12 u. s. f. annehmen.

Was die Aussaugung der behackten Früchte anbetrifft, so läßt sich darüber, bei den widersprechenden Erfahrungen, mit Zuverlässigkeit noch Nichts bestimmen, da Einige sie für stark aussaugend, Andere für sehr schonend erklären. Nach meinen Beobachtungen kann ich ihnen keine stark aussaugende Kraft beimessen, und wenn ich den Kartoffeln zwei Fuder Dünger per Morgen mehr gegeben habe, als der reinen Brache, so habe ich wenigstens keinen Rückschlag der zwei darauf folgenden Getreideernten, der Gerste nämlich und des Roggens zusammengenommen, bemerkt. Ich bitte Andere, darauf zu achten, da der Fall nicht selten vorkommt, daß man den ganzen Brachschlag wegen Mangels an Dünger im Frühjahre noch nicht ganz mit Hackfrüchten bestellen kann. Ich glaube indessen, daß es einen Unterschied mache, ob man, besonders die Kartoffeln, dicht oder weitläufig pflanze, und in jenem Falle wirklich einen etwas höheren Ertrag davon habe; den ich aber nicht will, weil er die Bearbeitung erschwert und die Verbesserung des Ackers zurückhält, und deshalb auch nur 80 Scheffel, aber die schwache Einsaat von 5 Scheffeln berechne. Aus diesen Gründen setze ich ihre Aussaugung auf 30, rechne ihnen aber den Vortheil der Bearbeitung gleich der Brache mit 10 wieder zu gut.

An alle mir bekannten Erfahrungen gehalten, finde ich diese Sätze passend. Ich bin aber überzeugt, daß sie noch mehr berichtigt werden können. Insbesondere möchte auf verschiedenem Boden ein verschiedenes Verhältniß in einem oder dem anderen Stücke eintreten. Außerordentlicher Boden darf gar nicht in Betracht kommen, dessen Kraft man zuweilen fast zu vermindern, nicht zu vermehren trachtet.

Daß eine gewisse Ordnung in der Natur hier Statt finde, wodurch sich der Ertrag der Ernten bestimmt, wird wohl kein aufmerksamer Beobachter läugnen. Daher die Gleichmäßigkeit der Ernten im Durchschnitt einer Reihe von Jahren, die man seit Jahrtausenden beobachtet hat. Daher nach einer sehr reichen Winterungsernte höchstens eine mittelmäßige der Sommerung, und nach einer ungewöhnlichen Sommerung zwei Jahre darauf selten eine vorzügliche Winterung bei der Dreifelderwirthschaft. So entsteht der Wechsel überreicher und kärglicher Ernten, indem jene, durch die Jahreswitterung begünstigt, aus dem Boden über die Gebühr ausziehen; diese dagegen, von der Witterung zurückgehalten, dem Boden mehr hinterlassen, als sie ihrer Natur nach thun sollten. Eine aufmerksame Beobachtung dieses Naturgesetzes könnte uns zu Maaßregeln leiten, die uns gerade in den Jahren eine gute Ernte sichern, wo der gewöhnliche Wirthschaftsgang eine schlechte erzielt, indem wir auf dieses die volle Kraft aufsparen, welche selbst den ungünstigen Einfluß der Witterung überwindet. So kann dann wirklich ein schlechtes Jahr für einen ausgezeichneten Landwirth höchst vortheilhaft werden, und so sagt es auch dem allgemeinen Besten in dieser Hinsicht zu, daß ein gleiches Feldsystem ferner nicht allgemein herrsche.

Da die Verstärkung der Bodenkraft durch zweierlei Mittel erreicht werden kann, 1) durch stärkere Düngung, 2) durch Verschonung mit reifenden Früchten: so muß es Jeder nach seiner individuellen Lage berechnen, welches von beiden, oder in welchem Verhältnisse er beide Mittel anwenden könne. Wenn man erst dahin gelangt ist, daß man das Material zur stärkeren Düngung selbst producirt, so giebt ersteres ohne Zweifel den höheren Ertrag; bevor man jenes aber thun kann, wird man letzteres mit größerem Erfolge, als erzwungene Hülfsmittel, die in der Regel nicht nachhaltend seyn können, anwenden.

Da diese Lehre nun wichtig genug scheint, um eine klare Ansicht davon zu geben, und alle Mißverständnisse zu vermeiden, so will ich als Exempel noch eine Berechnung des Kraftgewinns und Verlustes der No. 1—9 tabellarisch dargestellten Wirthschaften beifügen. Für die Einsaat will ich nur 1 Scheffel per Morgen annehmen, und von dem dort angegebenen Totalertrage abziehen, um nach den Körnern die ausgezogene Kraft zu berechnen.

No. I.
Reine Dreifelderwirthschaft.

	Kraftvermehrung.	Kraftverminderung.
a) Brache	10 Grad	— Grad
6 Fuder Dünger	60 =	— =
b) Roggen, 6 Scheffel	— =	30 =
c) Gerste, 6 Scheffel	— =	21 =
d) Brache	10 =	— =
e) Roggen, 3½ Scheffel	— =	17,5 =
f) Hafer, 4 Scheffel	— =	10 =
g) Brache schwach gepfercht . . .	28 =	— =
h) Roggen, 4 Scheffel	— =	20 =
i) Gerste, 3 Scheffel	— =	10,5 =
	108 Grad	109 Grad.

Verliert 1 Grad in 9 Jahren.

No. II.
Vervollkommnete Dreifelderwirthschaft.

	Kraftvermehrung.	Kraftverminderung.
a) 6 Fuder Dünger	60 Grad	— Grad
Erbsen	— =	10 =
b) Roggen, 5 Scheffel	— =	25 =
c) Gerste, 5 Scheffel	— =	17,5 =
d) Brache	10 =	— =
8 Fuder Dünger incl. des Pferchs	80 =	— =
e) Roggen, 7 Scheffel	— =	35 =
f) Gerste, 7 Scheffel	— =	24,5 =
g) Klee	12 =	— =
h) Roggen, 6 Scheffel	— =	30 =
i) Gerste	— =	17,5 =
	162 Grad	159,5 Grad.

Vermehrt die Kraft mit 2½ Grad in 9 Jahren.

No. III.
Siebenschlägige Koppelwirthschaft.

	Kraftvermehrung.	Kraftverminderung.
a) Brache	12 Grad	— Grad
5,8 Fuder Dünger	58 =	— =
b) Roggen, 7½ Scheffel	— =	37,5 =
c) Gerste, 7½ Scheffel	— =	26,25 =
d) Hafer, 7 Scheffel	— =	17,5 =
e) Mäheklee	10 =	— =
f) g) Weide	20 =	— =
	100 Grad	81¾ Grad.

Vermehrt ihre Kraft in 7 Jahren um 18¾ Grad.

No. IV.
Zehnschlägige Koppelwirthschaft.

	Kraftvermehrung.	Kraftverminderung.
a) Brache	10 Grad	— Grad
1,4 Fuder Dünger	14 „	— „
b) Roggen, 7 Scheffel	— „	35 „
c) Hafer, 9 Scheffel	— „	22,5 „
d) Brache	10 „	— „
5 Fuder Dünger	50 „	— „
e) Roggen, 7 Scheffel	— „	35 „
f) Gerste, 7 Scheffel	— „	24,5 „
g) Mäheklee	10 „	— „
h) i) k) Weide	30 „	— „
	124 Grad	117 Grad.

Vermehrt ihre Kraft in 10 Jahren um 7 Grad.

No. V.
Zwölfschlägige Koppelwirthschaft.

	Kraftvermehrung.	Kraftverminderung.
a) Brache	10 Grad	— Grad.
3,2 Fuder Dünger	32 „	— „
b) Roggen, 6½ Scheffel	— „	32,5 „
c) Gerste, 6½ Scheffel	— „	22,75 „
d) Hafer, 5 Scheffel	— „	12,5 „
e) Brache	10 „	— „
6 Fuder Mist	60 „	— „
f) Roggen, 7 Scheffel	— „	35 „
g) Gerste, 6 Scheffel	— „	21 „
h) Hafer, 5 Scheffel	— „	12,5 „
i) Mäheklee	10 „	— „
k) l) m) Weide	30 „	— „
	152 Grad	136¼ Grad.

Vermehrt ihre Kraft in 12 Jahren um 15¾ Grad.

No. VI.
Holsteinische zehnschlägige Wirthschaft.

	Kraftvermehrung.	Kraftverminderung.
a) Dreeschhafer, 11 Scheffel	— Grad	27,5 Grad.
b) Brache	12 „	— „
8 Fuder Dünger	80 „	— „
c) Roggen, 9 Scheffel	— „	45 „
d) Gerste, 9 Scheffel	— „	31,5 „
e) Roggen, 5 Scheffel	— „	25 „
f) Mäheklee	10 „	— „
g) h) i) k) Weide	40 „	— „
	142 Grad.	129 Grad.

Vermehrt ihre Kraft in 10 Jahren um 13 Grad.

No. VII.

Achtschlägige Fruchtwechselwirthschaft mit Weide.

	Kraftvermehrung.	Kraftverminderung.
a) 9 Fuder Dünger	90 Grad	— Grad.
Kartoffeln	10 „	30 „
b) Gerste, 9 Scheffel	— „	31,5 „
c) Erbsen	— „	10 „
3 Fuder Dünger	30 „	— „
d) Roggen, 8 Scheffel	— „	40 „
e) Mäheklee	12 „	— „
f) g) Weide	20 „	— „
h) Dreeschhafer, 11 Scheffel	— „	27,5 „
	162 Grad	139 Grad.

Vermehrt ihre Kraft in 8 Jahren um 21 Grad.

No. VIII.

Achtschlägige Fruchtwechselwirthschaft mit Stallfütterung.

	Kraftvermehrung.	Kraftverminderung.
a) 9 Fuder Dünger	90 Grad	— Grad
Kartoffeln, 80 Scheffel	10 „	30 „
b) Gerste, 9 Scheffel	— „	31,5 „
c) Klee	15 „	— „
d) Hafer, 13 Scheffel	— „	32,5 „
e) 4 Fuder Dünger	40 „	— „
Erbsen	— „	10 „
f) Roggen, 9 Scheffel	— „	45 „
g) Grüne Wicken	10 „	— „
3 Fuder Dünger	30 „	— „
h) Roggen, 8 Scheffel	— „	40 „
	195 Grad	189 Grad.

Vermehrt ihre Kraft um 6 Grad in 8 Jahren.

No. IX.

Zehnschlägige Fruchtwechselwirthschaft mit Stallfütterung des Rindviehes und zwei Weideschlägen für die Schafe.

	Kraftvermehrung.	Kraftverminderung.
a) Dreeschhafer, 13 Scheffel	— Grad	32,5 Grad
b) Wickenbrachen	10 „	— „
Pferchung von 1800 Schafen per Morgen	40 „	— „
c) Roggen, 9 Scheffel	— „	45 „
d) Erbsen	— „	10 „
6 Fuder Dünger	60 „	— „
e) Roggen, 8 Scheffel	— „	40 „

f) Kartoffeln	10 Grad.	30 Grad.
10 Fuder Dünger	100 „	— „
g) Gerste, 11 Scheffel	— „	38,5 „
h) Klee	15 „	— „
i) k) Weide	30 „	— „
	265 Grad	196 Grad.

Vermehrt ihre Kraft in 10 Jahren um 69 Grad.

Letztere ist daher eine höchst bereichernde Wirthschaft, die zu stärkeren Früchten, Weizen und Raps übergehen muß, dabei aber den Ertrag ihrer Schäferei, die natürlich veredelt seyn wird, ungleich höher, als es berechnet worden, bringen wird. Allein es ist bei diesen Berechnungen nirgends Rücksicht auf die Industrie beim Viehstapel genommen. So wie denn überhaupt diese Berechnungen nicht als Ertragsberechnungen anzusehen sind, sondern nur die Verhältnisse der Wirthschaftsmethoden auf einer Ackerfläche von der beschriebenen Art vergleichend darstellen sollen.

Der Körnerertrag war in den 18 diesem Bande beigefügten Berechnungen nach der Erfahrung angenommen, und nicht nach den hier angegebenen Regeln. Man wird aber finden, daß er mehrentheils und im Ganzen stimme, wenn man ihn nach diesen berechnet, wobei aber anzunehmen ist, daß jeder Schlag eine Rotation schon durchgegangen sey, und in der Kraft sich befindet, wohin er durch eine schonende Behandlung gelangt. Es soll dieses in verschiedenen genauern Uebergangsberechnungen in den Annalen deutlicher gezeigt werden.

Drittes Hauptstück.

Agronomie,

oder

die Lehre

von den Bestandtheilen, physischen Eigenschaften, der Beurtheilung und Werthschätzung des Bodens.

Que sera-ce lorsque les citoyens éclairés, las des tumultes et des plaisirs factices des villes, porteront dans les campagnes les lumières, dont ils se seront munis et appliqueront à l'agriculture les ressources si riches des sciences physiques!

FOURCROY.

§. 1.

Was dem Manufakturgewerbe das rohe Material, das ist dem landwirthschaftlichen der Grund und Boden. Wie der Fabrikant jenes aufsucht, auswählt, und vorerst im Allgemeinen schätzt, um es nur nicht über seinen wahren Werth zu bezahlen, so auch der Landwirth. Einmal im Besitz desselben untersucht er es aber genauer, sortirt es, und bestimmt jede Sorte für diejenige Waare, durch welche das Material nicht nur, sondern auch die darauf zu verwendende Arbeit, am höchsten bezahlt wird. Er würde Arbeit verschwenden, wenn er aus haariger Wolle feines Tuch verfertigen wollte, und Material, wenn er aus feiner grobes würkte. Zu dieser Aussonderung ist eine weit genauere Sachkenntniß nöthig, als zum Ankauf in Masse.

Eben so kann auch dem Landwirthe das nicht genügen, was über die Beurtheilung des Bodens beim Ankauf §. 70 u. f. angegeben ist, wenn er seinen nun in Besitz genommenen Boden und die darauf zu verwendende Arbeit durch die zweckmäßigsten Produkte aufs höchste benutzen will. Denn die richtige Auswahl der letztern hängt hauptsächlich von der genauern Kenntniß seines rohen Materials oder seines Grundes und Bodens ab.

Was dem Manufakturisten die Formen und Muster sind, die die Kunst darstellte, das sind dem Landwirthe die Samen und Keime, welche ihm die Natur darreicht. Für diese die Art des Bodens angemessen auszuwählen, und die Vorbereitung desselben nach seiner Verschiedenheit gehörig einzurichten, sind Hauptaufgaben für den Landwirth, die er um so besser lösen wird, je genauer er seinen Boden kennt. Eine sichere und gründliche Beurtheilung des Bodens kann sich aber nur auf richtige physisch-chemische Kenntnisse gründen. Wenn auch die empirische, durch lange Uebung erlangte Kenntniß zur Unterscheidung und Beurtheilung einzelner Bodenarten zureicht, so wird sie doch nie mit Zuverlässigkeit auf andere Bodenarten angewandt werden könne . Die Erfahrungen, welche man auf der einen gemacht hat, werden verleiten und trügen, wenn man sie auf einer andern anwendet, deren Verschiedenheit man nicht zu beachten und zu ergründen vermag.

§. 2.

Wir werden also die Bodenarten hier gründlicher, gestützt auf die Entdeckungen der Naturlehre, die uns seit einer kurzen Zeit hierin unglaublich viel weiter gebracht haben, untersuchen. Freilich ist der Zeitraum noch zu kurz, in welchem die vereinte Aufmerksamkeit der Naturforscher und Agronomen auf diesen Gegenstand ernstlich verwandt worden, als daß nicht noch Vieles zu untersuchen, aufzuklären und genauer zu bestimmen übrig bliebe. Allein zu einer richtigen Ansicht der Sache genügt schon das Vorhandene, und genauere Berichtigungen dürfen wir in Kurzem erwarten. Auch um letztere benutzen zu können, müssen wir uns hier in das Gebiet der Naturlehre selbst begeben, und klare Begriffe über die Bestandtheile und die davon abhangenden Eigenschaften des Bodens zu erlangen suchen. — Begriffe, die denn auch bei der Lehre von der Düngung oder der chemischen Verbesserung des Bodens uns ferner zu statten kommen werden, weshalb wir in diesem Vortrage darauf zugleich Rücksicht nehmen.

§. 3.

Bestandtheile des Erdbodens.

Die aus einer lockern zerkrümelten Materie bestehende Oberfläche unsers Planeten, welche wir gewöhnlich den Erdboden nennen, besteht aus einer Mischung und Mengung von höchst verschiedenartigen Stoffen. Wir nennen sie im gewöhnlichen Sprachgebrauche Erde. Sie enthält aber Materien, welche die Naturlehre in dem strengeren Sinne dieses Wortes nicht mit begreift; nur der überwiegende Theil dieser Masse besteht wirklich aus eigentlichen Erden. Die Hauptbestandtheile dieses Gemenges sind nämlich: Kiesel-, Thon- und Kalk-, zuweilen auch Bitter-Erde, denen mehrentheils einiges Eisen, andere einfache Stoffe aber nur in unbedeutender Quantität zugemengt sind. Außer diesen einfachen Stoffen enthält sie aber, wenn sie anders fruchtbar, d. h. zur Hervorbringung nützlicher Gewächse tauglich seyn soll, noch eine sehr zusammengesetzte Materie, die man ihrer pulverichten Form wegen zwar auch Erde, Dammerde, Gewächserde, Modererde, vegetabilisch-animalische Erde genannt hat, die von den wirklichen Erden aber so gänzlich verschieden ist, daß sie durchaus damit nicht verwechselt werden darf; weswegen es uns nöthig schien, eine besondere Benennung, nämlich das lateinische Wort humus, für dieselbe einzuführen, und nachdem es von Vielen angenommen worden, nun beibehalten.

§. 4.

Unterschied der Erde und des Humus.

Jene eigentlichen Erden unterscheiden sich von dem Humus am wesentlichsten dadurch, daß sie bisher unzerlegte Körper sind, und ohne die Einwirkung uns bis jetzt unbekannter Potenzen auch wohl nicht zerlegt werden können. Deshalb sind sie beständig und bleibend, können durch keine bekannten Kräfte der anorganischen Natur zerstört, oder in ihrem Wesen verändert werden. Dagegen aber ist der Humus ein sehr zersetzbares, nur durch die Kraft des vegetabilischen und thierischen Lebens hervorgebrachtes Gebilde, welches sich in und durch sich selbst, noch mehr aber durch äußere Einwirkung verändert und zerstört, und sich aufs neue auf der Oberfläche unsers Erdbodens durch organische Kraft wieder erzeugt, folglich auf derselben Stelle nicht nur in verschiedener Quantität, sondern auch veränderter Qualität zu verschiedenen Zeiten vorhanden ist.

§. 5.

Wir werden erst von jenen beständigen und bleibenden Erden, welche den unveränderlichen Grundbestand des Bodens ausmachen und deshalb auch Grunderden heißen, reden, und sie erst im Allgemeinen, nachher jede besonders in ihrer vollkommenen Reinheit, und endlich in ihren gewöhnlichen Mischungen und Mengungen betrachten.

Entstehung der Erdlagen.

Nach der Lage, worin wir diese verschiedentlich gemengten Erden auf der Oberfläche unsers Planeten antreffen, ist es wahrscheinlich, daß sie sich uranfänglich nicht in diesem pulverichten Zustande befanden, sondern daß diese Oberfläche aus einer Felsenmasse von ungeheuren Gebirgen und von Abgründen bestand; wahrscheinlich von der Art, wie wir noch jetzt die Oberfläche des Mondes mit stark bewaffneten Augen erblicken. Die Felsenmasse verwitterte durch die Gewalt der Luft, des Feuers und Wassers. Das auf den Höhen, von dem daselbst starken Niederschlage aus der Luft, größtentheils in Eisgestalt gesammelte Wasser schmolz, durchbrach entweder plötzlich seine Schranken, oder zog sich fortströmend herab, und führte die mehr oder minder zertrümmerten und gepulverten Steinmassen mit sich in die Abgründe, füllte diese aus, und setzte Erd- und Steinlagen in wechselnden Schichten darin ab. Denn es scheint unverkennbar, daß die Erdlagen, so wie wir sie insbesondere in den Gegenden, die mit Gebirgen in Verbindung stehen, finden, durch Schwemmungen entstanden seyen und zwar häufig nicht durch eine plötzliche, sondern durch eine allmählige und wiederholte, indem die verschiedenen Lagen keinesweges nach der Ordnung ihrer spezifischen Schwere angetroffen werden, sondern auf ganz verschiedene Weise mit einander abwechseln.

Wir erwähnen dessen hier in so fern, als die Kenntniß der verschiedenen Lagen des Erdbodens, auch in größerer Tiefe, die Aufmerksamkeit des Landwirths verdient: theils, weil sie die Gänge des unterirdischen Wassers erklären, und deshalb bei Abfangung der Quellen und vorzunehmenden Abwässerungen von großer Wichtigkeit sind; theils, weil ihre Kenntniß die Auffindung von brauchbaren Erd- und Steinarten, besonders des Mergels und des Kalks, der Stein- und Braunkohle, erleichtert, worauf wir an seinem Orte zurückkommen werden.

In den meisten Ebenen finden sich also die Erdlagen schichtweise in horinzontaler oder gering abhängender Lage, und auf die Weise, wie wir noch jetzt Erdschichten durch den Absatz des Wassers entstehen sehen. Zuweilen ist die Folge und Stärke dieser Schichten durch eine beträchtliche Fläche sehr regulär und gleichartig, so daß allgemeine Ueberschwemmungen sie nach einander über diese ganze Fläche abgesetzt zu haben scheinen. Zuweilen gehen die Lagen nur strichweise und scheinen durch schmälere Wasserströme in verschiedenen Epochen gebildet, oder in früheren Schluchten und Spalten abgesetzt zu seyn. Manchmal findet man aber auch eine große Unordnung, indem die verschiedenen Erdarten, mehrentheils mit Gesteinen untermengt, nesterweise wechseln, so daß daselbst irgend ein Naturereigniß sie durcheinander gerissen zu haben scheint.

An den Gebirgen zweiter Ordnung und in den hüglichten Gegenden findet man aber mannichfaltige Verschiedenheiten. Ihre Erd- und Steinlagen stehen zuweilen wagerecht, liegen aber wechselnd schräg und parallel mit der Oberfläche der Anhöhe, seltener horizontal; zuweilen werden schrägstehende Lagen von vertikalen unterbrochen. Dennoch findet man auch hierin eine gewisse Ordnung, und diese aufrecht und schräg stehenden Lagen scheinen durch innere Gewalt aus der Tiefe des Erdbodens hervorgehoben zu seyn. Die Ordnung in der Folge der Erdschichten, welche man hier antrifft, macht Darwin sehr sinnlich durch den Erfolg, wenn man mit großer Gewalt einen stumpfen Pfriem durch ein Buch Papier stößt. Es entsteht auf der entgegengesetzten Seite ein Hügel, und die Lagen der Blätter in diesem Hügel korrespondiren natürlich mit der Lage der Blätter in der Ebene. Die obersten Blätter werden geplatzt seyn und sich zurückgezogen haben, und auf der Spitze des Hügels kommt dasjenige Blatt zum Vorschein, was auf der Ebene noch durch mehrere andere bedeckt war. So trifft man auch auf den Spitzen solcher Hügel diejenige Erdlage an, die in der Ebene noch sehr tief liegt, und dann folgen hier die Erdlagen ferner in derselben Ordnung, wie man sie auf dem Gipfel des Hügels findet. Wenn man also auf den hervorragenden Hügeln oder Bergen eine Erdart oder Gestein findet, so kann man erwarten, daß sich dieses auch nach derselben Ordnung der Erdschichten in der Ebene finden werde, wenn man so tief eingräbt. Weil aber diese Lagen nach Verhältniß der Höhe des Berges in der Ebene sehr tief nachgegraben werden müßten, so würde es oft unmöglich werden, sie herauf zu fördern, und man muß sich deshalb mehrentheils begnügen, Kalk, Mergel und Steinkohlen aus den Bergen und Hügeln zu brechen, obwohl man sie in der Ebene ebensowohl erwarten könnte. Am Berge selbst kommen die Erdlagen am meisten an derjenigen Seite zu Tage, wohin sich der Abhang neigt, und das meiste Wasser herabströmt, weil dieses die oberen Lagen des losen Bodens weggespült hat. Dies sey hier im Allgemeinen genug über die verschiedenen Schichtungen des Bodens.

§. 6.

Chemie der Erden.

Ich sehe mich genöthigt, hier, unter Voraussetzung der allgemeinen Begriffe, die chemische Lehre von den Erden in Hinsicht auf die Beurtheilung des Bodens und den Ackerbau genauer vorzutragen, als bisher geschehen ist. Denn ungeachtet sie in verschiedenen Schriften neuerlich mit Rücksicht auf den Ackerbau behandelt worden, so verdienen doch manche Momente eine genauere Erwägung und Anwendung auf die Prozeduren des Ackerbaues, als man ihnen bisher gegeben hat, woraus manche nachtheilige Mißverständnisse unter den Agronomen entstanden zu seyn scheinen. Die vollständigste Kenntniß dieser Lehre ist dem rationellen Ackerbauer unumgänglich nöthig, wenn er den Grund so vieler bei seinem Geschäfte vorkommenden Erscheinungen einsehen und sich eine befriedigende Erklärung über manche Erfolge, die ihm sonst widersprechend scheinen müssen, geben will. Auch ist eine vollkommene Kenntniß der Erden und ihrer Eigenschaften dem Landwirthe, der Alles, was ihm die Natur in seinem Boden gegeben hat, aufs vortheilhafteste benutzen, und deshalb nach den Umständen Kalkbrennerei, Glashütte, Ziegelei, Topf- und Porzellanfabriken anlegen will, ungemein wichtig. Insbesondere aber kann ihn nur eine gründliche Kenntniß der Erden, nach allen ihren Qualitäten, sicher leiten, wenn er sich der großen Mittels zur Verbesserung und Befruchtung des Bodens bedienen will, welches die häufige Gelegenheit, verbessernde Erdarten aus der Tiefe des Bodens hervorzuholen und auf dem Acker zu verbreiten, an die Hand giebt, weshalb diese Digression in das Gebiet der Chemie mir unerläßlich scheint.

§. 7.

Die älteren Chemiker, fast bis zur Mitle des vorigen Jahrhunderts, nahmen nur eine eigene elementarische Erde an, welche die Basis des ganzen Erdballs sey, die im hohen Grade unzerstörbar, in größerer oder geringerer Menge einen Bestandtheil aller festen Körper ausmache. Man fing erst später an, die Thon- und die Kieselerde zu unterscheiden. Den Kalk zählte man eigentlich nicht unter die Erden, oder hielt ihn doch für einen zusammengesetzten Körper. So wie aber die Chemie in der Untersuchung der mineralischen Körper fortschritt, lernte man die wesentlichen Verschiedenheiten nicht nur der einfachen schon bekannten Erden, sondern auch immer mehrere neue Stoffe kennen, welche man in diese Klasse der unzerlegbaren Körper setzte. Man wich von dem vormaligen Begriff von Erde, daß es nämlich ein geschmackloser und im Wasser unauflösbarer Körper sey, aber ab, verließ den Glauben an eine elementarische Erde, und sah jede Erdart als eine eigene ursprüngliche Substanz an.

Vielleicht hätte man wohlgethan, das Wort Erde zur Bezeichnung eines bestimmten Begriffs ganz aus der Wissenschaft zu verbannen, oder es nur für die im Wasser für sich unauflöslichen und geschmacklosen Erden beizubehalten, weil man jetzt in der That keine genügende Definition von dem geben kann, was die Chemiker Erde nennen.

Kiesel- und Thon-Erde sind die häufigsten und ich möchte sagen eigentlichsten Erden. Nächst diesen aber kommt der Kalk am meisten vor, und ist am merkwürdigsten, steht aber den Kalien ohne Zweifel näher, als jene Erden. Von diesen hat man in der Folge die damit lange verwechselte Bitter- oder Talk-Erde unterschieden, durch deren Zwischenkunft sich jedoch ein Uebergang von jenen unauflöslichen Erden zu diesen kalischen finden und das Zusammenstellen in einer Klasse roher Naturkörper rechtfertigen läßt. In der Folge sind durch die Zerlegung besonderer mineralischer Produkte oder steinichter Körper noch unzerlegbare Stoffe entdeckt worden, welche man ebenfalls in die Kategorie von Erden gesetzt hat. Einige nähern sich jenen unschmackhaften, andere diesen kalischen Körpern. Es ward Mode in der Chemie, dieser Stoffe immer mehrere zu entdecken, und es ward manches Produkt der Scheidekunst dafür ausgegeben, welches aber in der Folge sich nicht als ein solches bewährte. Die meisten Chemiker nehmen jetzt nur neun besondere sogenannte Erdarten an, wovon uns aber die fünf übrigen nicht interessiren, da sie sich nur sehr selten oder gar nicht auf der Oberfläche unsers Erdbodens in erdiger Gestalt finden.

Weil es bisher noch keiner Bemühung gelungen ist, die reinen Erden zu zerlegen, so zählt man sie zu den einfachen Körpern oder Urstoffen. Indessen machen mehrere genau beobachtete Erscheinungen es fast unzweifelhaft, daß es zusammengesetzte Körper sind. Sie werden nämlich in den organischen Körpern gebildet. Denn der verdienstvolle Schrader in Berlin hat überzeugend dargethan, daß Getreide-Pflanzen, welche durchaus vor aller Berührung insbesondere mit Kalkerde gesichert waren, mehr Kalk, auch Kieselerde enthielten, als die Körner, aus welchen sie hervorgingen. Auch Saussure fand in der Asche verschiedener Holzarten, die auf Boden, der gar keine Kalkerde enthielt, gewachsen waren, beträchtlich vielen Kalk, und Einhof dasselbe (Hermbstädt's Archiv der Agrikultur-Chemie, 2ten Bds. 1s St. S. 217). Vauquelin zeigte, daß die Exkremente und Eier der Hühner weit mehr Kalkerde enthielten, als die Nahrung, welche ihnen gegeben war. Da nun alle Wirkungen der Natur wenigstens nach atomistischen Begriffen nur in Bewegung und Wechselwirkung schon vorhandener Stoffe bestehen, so muß zu Allem, was sich durch die Natur erzeugt, das Material schon da gewesen seyn. Mithin läßt sich ein Stoff, der erst gebildet wird, nicht für einfach annehmen, sondern muß nothwendig zusammengesetzt seyn. Auch scheint es, daß Kalkerde und Kali sich in einander umwandeln, da man in derselben Pflanze Kali fand, wenn sie im grünen Zustande, aber statt dessen Kalk, wenn sie im trocknen eingeäschert ward.

§. 8.

Verhalten der Erden gegen das Feuer und gegen das Oxygen.

Die Erden sind im Feuer unzerstörbar, und man kann sie der größten Glühhitze aussetzen, ohne daß sie sich verflüchtigen. Auch sind sie für sich und jede besonders unschmelzbar; selbst das Feuer mit Oxygengas angefacht, kann sie nicht zum Fluß bringen. Aber merkwürdig ist es, daß sie diesen Charakter verlieren, wenn verschiedene untereinander gemengt werden. Kiesel-, Kalk- und Thon-Erde fließen einzeln durchaus nicht, sind aber leicht zu schmelzen, wenn sie alle drei zusammengemengt werden.

Zum Oxygen haben die Erden nach den meisten Erfahrungen überall keine Anziehung, weswegen sie unverbrennlich sind. Indessen glaubte doch von Humboldt gefunden zu haben, daß verschiedene Erden, insbesondere die Thonerde, auch in völlig reinem Zustande Oxygen anzögen. Andere haben dies geläugnet, und geglaubt, daß diese Erde noch Metalloxyd oder verbrennliche Materie enthalten haben müsse. Bis jetzt hat sich der große Mann, dessen fernere Erklärung Jeder als entscheidend annehmen würde, hierüber noch nicht weiter geäußert. Der Punkt ist indessen in der Lehre von der Befruchtung des Erdbodens so wichtig nicht, wie Manche glauben, da es keine Acker-Erde ohne Metalloxyd oder verbrennliche Materie giebt.

Die Farbe aller Erden ist rein weiß, und diejenige, welche sie in ihrem natürlichen Zustande haben, rührt von andern Zumischungen, hauptsächlich vom Eisenoxyd in seinem mannichfaltigen Zustande her. Ohne dieses würde uns die ganze Oberfläche unsers Erdballs weiß erscheinen.

§. 9.

Gegen das Wasser.

Das Verhalten der Erden gegen das Wasser ist dagegen in den verschiedenen Erden sehr verschieden. Wie schon gesagt, lösen sich nur die Kalk- und die neu entdeckten kalischen Erden im Wasser auf. Jener erfordert indessen 680 Mal seines Gewichts an Wasser, um völlig aufgelöst zu werden. Thon- und Kiesel-Erde sind durchaus unauflöslich, und von der Bittererde kann höchstens äußerst wenig, etwa der zehntausendste Theil, sich im Wasser auflösen.

Jedoch haben alle Erden eine mechanische Anziehung zum Wasser, und halten es, wenn sie damit vermengt sind, in größerer oder geringerer Menge zurück. Wir nennen dies ihre wasserhaltende Kraft. Diese ist nicht nur in den verschiedenen Erden verschieden, sondern sie weicht auch nach unseren Versuchen bei gemengten Erden ab, und diese halten das Wasser nicht ganz nach dem Verhältnisse ihrer Mengung. So besitzen insbesondere die gemengte Thon- und Kiesel-Erde, nach unseren Versuchen, eine beträchtlich größere wasserhaltende Kraft, als jede für sich ungemengt hatte.

Die Bestimmung der wasserhaltenden Kraft einer zusammengesetzten Erdmasse ist für uns von großer Wichtigkeit. Man erforscht sie, wenn man Erde bis zu dem Grade austrocknet, daß sie in der Hitze des siedenden Wassers am Gewichte nichts mehr verliert, dann ein bestimmtes Gewicht derselben mit Wasser sorgfältig durchknetet, und den Brei auf ein gewogenes Haar Tuch gießt. Man läßt das überflüssige Wasser abtropfen, und wenn die Erde kein Wasser mehr fahren läßt, so wiegt man sie mit dem Tuche wieder, und zieht dann das Gewicht des Tuches und der trocknen Erde ab, so findet man in dem Reste die Quantität des Wassers, welche sie an sich gehalten hatte.

Da indessen mancher Erdboden viel Wasser aufnimmt, ohne es tropfbar fahren zu lassen, solches aber bei warmem, trocknem Wetter durch die Ausdünstung mehr oder minder leicht verliert, so ist auch hierauf Rücksicht zu nehmen, und man muß, um die wasserhaltende Kraft des Bodens auch in dieser Hinsicht zu bestimmen, die Erde einem gleichen Wärmegrade aussetzen, und die Zeit bemerken, in welcher die eine und die andere Erdart völlig austrocknet.

Vollkommen verlieren die Erden, insbesondere die Thonerde, ihr Wasser nie, und sie haben noch Wasser in sich, wenn sie ganz trocken und dürre scheinen. Dieses kann nur in der stärksten Glühhitze von ihnen ausgetrieben werden. Deshalb muß man einen bestimmten Grad der Temperatur annehmen, in welchem man die Ausdörrung in diesem Versuche bestimmt.

§. 10.

Gegen die flüchtigen Stoffe.

Mit dem Azot, dem Kohlenstoff und reinen Hydrogen lassen sich die Erden zwar nicht verbinden. Es ist aber aus vielen Gründen glaublich, daß sie sich mit einer Vereinigung jener Stoffe verbinden, und die aus solchen bestehende organische Materie, oder den Rückstand der Verwesung aufnehmen und innig mit sich vereinigen können. Es sprechen dafür mehrere Erscheinungen, die sich bei der Vegetation zeigen, und auf welche wir in der Folge zurückkommen werden.

Die kalischen Erden verbinden sich mit dem Schwefel, indem man sie entweder damit glüht, oder damit im Wasser kocht. Diese Verbindungen stimmen im Wesentlichsten mit denen überein, die aus der Verbindung des Schwefels mit Alkalien hervorgehen. Man nennt diese Verbindungen, einer gewissen Aehnlichkeit wegen, Lebern. Es ist wahrscheinlich, daß eine ähnliche Verbindung mit der stark hydrogenisirten Kohle, besonders die auch einiges Azot enthält, d. i. mit jenem Rückstande der Verwesung, vorgehe, die sich aber bei höherer Temperatur schnell wieder zersetzt.

§. 11.

Gegen die Säuren.

Die sämmtlichen Erden, mit Ausnahme der Kieselerde, haben eine große Verwandtschaft zu den Säuren, und lösen sich darin auf. Die Säure wird gesättigt, und verliert ihre saure Eigenschaft, aber auch die alkalischen Erden verlieren ihre Eigenschaften und ihre Einwirkung, die sie auf die Pflanzen und organische Materie haben. Es entstehen dann erdige Mittelsalze daraus, die leichter oder schwerer oder gar nicht im Wasser auflöslich sind. Durch dieses Verhalten mit den Säuren und die Erzeugnisse der Salze werden die Erden bei ihrer Zerlegung hauptsächlich unterschieden.

§. 12.

Verhalten der Erden gegen einander.

Die Erden haben aber auch unter sich eine anneigende Verwandtschaft, und gehen eine wahre chemische Verbindung ein. Viele Erd- und Steinarten, welche wir in der Natur finden, sind nicht Gemenge, sondern eigentliche Gemische. Die Metalloxyde scheinen zu dieser innigen Vereinigung mit beizutragen. Wir können die Erden chemisch mischen, indem wir sie zusammenschmelzen. Es scheint aber auch auf dem nassen Wege eine solche Vereinigung vorzugehen. Nach Guyton's und Gadolin's Versuchen schlagen sich einige Erden, z. B. die Kalk- und Kiesel-Erde, die Thon- und Kiesel-Erde, einander aus ihren Auflösungen nieder, nicht indem sie sich mit der Säure und dem Alkali, worin die andere Erde aufgelöst ist, vereinigen und diese davon trennen, sondern indem sie sich mit der andern Erde mischen und in Vereinigung mit derselben niederfallen. Diese innige Vereinigung der Erden kann bei der Lehre vom Boden sehr wichtig seyn, wenn sie noch genauer erforscht wird.

Wir werden jetzt erst die unauflöslichen Kiesel- und Thon-Erden in ihrem chemisch-reinen Zustande nach ihren Eigenschaften betrachten, dann zu den verschiedenen Gemengen, die wir von ihnen in der Natur antreffen, übergehen. Sodann werden wir von den kalischen Erden ebenfalls in ihrem reinen Zustande handeln, und darauf das zusammengesetztere Gemenge aus jenen und diesen Erden betrachten, nachdem wir vorher eine genauere Untersuchung der sogenannten Dammerde oder des Humus angestellt haben. Alles vorzüglich in Rücksicht auf den Gebrauch, den wir in der Lehre von der Kenntniß des Bodens, vom Dünger und Vegetation davon machen können, die sich sämmtlich nur auf diese chemisch-physikalische Lehre begründen lassen.

Die Kieselerde.

§. 13.

Die Kieselerde in ihrem reinen Zustande.

Der Name derselben ist von dem Worte Kiesel entlehnt, der, so wie der Quarz, fast gänzlich aus derselben besteht, weshalb sie auch Quarzerde genannt wird. Weil sie sich mit den Kalien zu Glase verbindet, ward sie auch glasartige Erde genannt, und weil sie die älteren Chemiker als die ursprüngliche Erde ansahen, und sie wirklich den, den Erden beigemessenen Charakter im eminenten Grade an sich trägt, ward sie elementarische Erde genannt.

Sie findet sich auch von allen Erdarten am häufigsten in der Natur. Alle harten, am Stahle Funken gebenden Steine, die ungeheuren Gebirgsmassen von Granit, Porphyr, Gneus u. s. w., sammt den ausgebreiteten Sandmeeren, sind größtentheils aus Kieselerde gebildet. Es giebt überhaupt wenig Stein- und Erdarten in der Natur, die nicht mehr oder weniger Kieselerde enthielten. Auch die Pflanzen enthalten dieselbe, und lassen sie nach dem Verbrennen in ihrer Asche zurück. Besonders reichhaltig sind die grasartigen Gewächse daran, und man findet sie in ihrer äußern Haut zuweilen durch die Vegetationskraft abgesondert, und gewissermaßen krystallisirt. Indessen findet sie sich so wenig wie andere Erden völlig rein in der Natur, und selbst der Quarz, der größtentheils aus ihr besteht, hat noch Beimischungen von Thonerde und Eisenoxyd.

§. 14.

Nur durch die Kunst können wir sie chemisch rein und von allen Beimischungen befreit aus den Mineralien darstellen. Sie erscheint dann in der Form eines weißen, sehr feinen, dabei doch aber etwas hart anzufühlenden Staubes, der sich wenig an die Finger hängt, und beim Drücken und Reiben ein etwas scharfes Gefühl veranlaßt. Sie ist völlig geschmack- und geruchlos. Im Feuer erleidet sie durchaus keine Veränderung, und wie heftig dies auch seyn mag, sie schmilzt nicht und wird nicht verflüchtigt.

§. 15.

Verhalten gegen das Wasser.

Sie hat keine Verwandtschaft zum Wasser. Denn ohne ein Zwischenmittel hat man nie das geringste darin auflösen können. Vermengt man sie damit, so senkt sie sich bald daraus wieder ab, und läßt nichts aufgelöst zurück. Indessen haben wir doch in der Natur einige Quellen, worin Kieselerde sich aufgelöst befindet, und die nach Bergmann's und Klaproth's genauen Untersuchungen durchaus keine andere Materie enthalten, welche eine Verbindung der Kieselerde mit dem Wasser hervorgebracht haben könnte, so daß wir bis jetzt nicht anzugeben wissen, wie die Natur dieselbe bewirkte. Die merkwürdigste ist der Geyser in Island, eine sehr heiße Quelle, die in ihrem Bassin eine Rinde von Kieselerde absetzt, und Krystalle, Stalaktiten und Inkrustationen bildet.

Auch ist die mechanische Anziehung der Kieselerde zum Wasser nur geringe. Sie saugt beim Benetzen nicht begierig an, wird auch nicht teigicht und zusammenhängend dadurch. Sie hält höchstens die Hälfte ihres Gewichts davon an sich, ohne es tropfenweise fahren zu lassen; auch läßt sie es schnell verdunsten.

§. 16.

Gegen die Säuren.

Vorzüglich unterscheidet sie sich dadurch von den meisten Körpern, daß sie von keiner Säure, außer der einzigen Flußspathsäure, angegriffen und aufgelöst wird. Man kann die feine Kieselerde mit Schwefel-, Salz- und Salpetersäure sieden, ohne daß das geringste davon aufgenommen wird. Nur in der Schmelzhitze vereinigt sich die feuerbeständige Borax- und Phosphorsäure damit. Die einzige Flußspathsäure löset sie sogar in Luftgestalt auf, und ist fähig, diesen so feuerbeständigen Körper mit sich zu verflüchtigen.

§. 17.

Gegen die Alkalien.

Die feuerbeständigen Alkalien, sie seyen im ätzenden oder im kohlensauren Zustande, lassen sich dagegen leicht mit der Kieselerde vereinigen, und lösen sie vollständig auf. Wenn man Kali oder Natrum mit der Kieselerde schmilzt, kommen jene in der Glühhitze zuerst in Fluß, und machen dann auch die Kieselerde flüssig, die sich dann damit verbindet.

Das Glas.

Das Produkt, welches man aus dieser Verbindung erhält, ist verschieden nach dem Verhältniß, in welchem man beide zusammengesetzt hat. Ist die Kieselerde überwiegend, so entsteht daraus das so nützliche Glas. Je größer das Verhältniß der Kieselerde ist, um so dauerhafter der Luft und den Säuren widerstehend ist das Glas. Ist dem Glase aber zu viel Alkali zugesetzt, so wird es leicht blind an der Luft und ist auch nicht ganz sicher gegen konzentrirte Säuren. Metalloxyde werden vom Glase beim Schmelzen aufgenommen, und dasselbe dadurch verschieden gefärbt. Die grüne Farbe des Glases rührt vom Eisenoxyd her, womit die Kieselerde verunreinigt war. Wenn dieses durch die Sonnenstrahlen desoxydirt wird, so läuft es mit Regenbogenfarben an.

Wenn aber das Alkali überwiegend ist, und das Gemisch aus vier Theilen von diesem und einem Theile Kieselerde besteht, so erhält man eine glasige durchsichtige Materie, die an der Luft leicht feucht wird, und zu einer dicklichen Feuchtigkeit zergeht. Sie läßt sich im Wasser leicht vollständig auflösen, und heißt dann Kieselfeuchtigkeit.

Hier haben wir also zwar eine Auflösung der Kieselerde, aber nur durch ein Verbindungsmittel, das Alkali. Stumpft man dieses ab durch Säure, so läßt das Wasser auch die Kieselerde fallen, und sie sammelt sich im Grunde. Nur wenn die Kieselfeuchtigkeit mit zu vielem Wasser verdünnt ist, oder wenn man überschüssige Säure hinzugegeben hat, erfolgt der Niederschlag nicht, bis man die Auflösung verdunsten läßt. Man hat diese Erscheinung verschieden erklärt; wahrscheinlich hängt sie von der in den kleinen Partikeln äußerst geschwächten Kohäsionskraft ab. Am sichersten verfährt man deshalb, wenn man die mit einem Ueberschuß von Säure gesättigte verdünnte Kieselfeuchtigkeit erst verdampfen läßt, sodann in Wasser wieder aufweicht und mehrere Male auswäscht, um die reine Kieselerde daraus darzustellen.

§. 18.

Körper, welche die Kieselerde vorzüglich enthalten.

Unter den Körpern, welche größtentheils aus Kieselerde bestehen, und den Charakter derselben in hohem Grade an sich tragen, bemerken wir hier folgende, deren Kenntniß dem Landwirthe zuweilen nützlich seyn kann.

1) Alle sogenannten Edelsteine, den Diamant ausgenommen: der Rubin, Saphyr, Smaragd, Chrysolith, Topas, Hyacinth, Amethist, Chalcedon, Karneol, Achat und Granat.

2) Die Feuersteine und Hornsteine. Ersterer wird als Geschiebe auf dem flachen Lande vorzüglich in sandigen Gegenden, aber auch in Kreidegebirgen, umgeben von dem reinsten Kalk, gefunden. Wie er hier hingekommen oder entstanden sey, hat die Geologen seit langer Zeit beschäftiget, und die Muthmaßung, daß sich die Kalkerde in Kieselerde verwandelt habe, hat wirklich Vieles für sich, indem man den Uebergang von Kalk in Feuerstein oft deutlich bemerkt, und man zuweilen mitten in Feuersteinen organische Produkte antrifft, die die neuere Entstehung derselben beweisen.

Der Feuerstein.

Der Nutzen des Feuersteins ist so bekannt als groß. Die Bearbeitung desselben zu Flintensteinen ist von Wichtigkeit. Vormals war diese Kunst nur in Spanien und Frankreich bekannt; jetzt macht man die Flintensteine auch in den Oestreichischen Staaten. Man hatte sonst seltsame Meinungen über die Verfertigung derselben, und glaubte, daß sie in den Gebirgen rauh wären und geschnitten würden, oder daß sie auf Maschinen geschliffen würden. Es hat aber keinen Zweifel, daß sie mit gewissen stählernen Instrumenten aus freier Faust geschlagen werden, wozu aber doch geübte Arbeiter gehören. Aber nicht alle Feuersteine passen sich dazu: zum Theil sind sie zu weich, zum Theil springen sie unter dem Hammer nicht zu regelmäßigen Stücken. Friedrich Wilhelm der Erste schickte seinen Büchsenschäfter nach St. Anges, woselbst er sich in Arbeit gab und die Handgriffe lernte. Er kam zurück und verfertigte aus den einheimischen Steinen wirklich Flintensteine; sie waren aber so spröde, daß sie schon beim zweiten Schuß sprangen. Außerdem werden die Feuersteine zur Bereitung der Smalten, des Steinguts, zum Glasschleifen, zu Glättsteinen für Buchbinder und Vergolder und zum Glase, besonders zur Verfertigung des schönen Flintglases in England gebraucht.

Der Hornstein hat Aehnlichkeit mit ihm, hat indessen ein matteres hornartiges Ansehen und einen splittrigen Bruch.

3) Der Feldspath, von blättrigem Gewebe, meist fleischrother Farbe, in rautenförmige Stücke zerspringend. Er findet sich als Geschiebe in mehreren anderen Steinarten eingesprengt.

4) Quarz. Er besteht aus krystallinischen, glasartigen Theilen, zerspringt in eckige Stücke, und kommt mehrentheils mit weißer Farbe und durchsichtig vor. Man findet ihn theils in derben Massen, theils krystallisirt. Sind seine Krystalle groß, durchsichtig und säulenförmig, so heißt er Bergkrystall.

5) **Granit, Gneus** und **Porphyr** sind zusammengesetzte Steinarten, aus verschiedenen Steinen gebildet. Aus ihnen bestehen größtentheils die Urgebirge; sie finden sich aber auch, besonders der Granit, in großen Blöcken im flachen Lande. Der Granit besteht aus Quarz, Feldspath und einem andern zum Thongeschlecht gehörigen Steine, dem **Glimmer**. Sein Korn und seine Farbe sind mannichfaltig verschieden. Der Gneus ist mit dem Granit nahe verwandt, besteht aus Feldspath, Quarz und Glimmer. Seine Theile sind inniger gemengt, und er hat mehrentheils ein schieferartiges blättriges Ansehen. Der Porphyr besteht aus Feldspath, Quarz und verhärtetem Thon oder Jaspis, zuweilen auch Glimmer.

Sand und dessen Arten.

6) Der **Sand**, welcher wahrscheinlich aus dem Quarze größtentheils entstanden ist. Er unterscheidet sich in seinen Bestandtheilen von diesem nicht. Durch große Wasserfluthen, durch die Einwirkung der Luft, vielleicht des Feuers und anderer Potenzen, ward der Quarz zerkleinert, und die kleinen Stücke durch die Bewegung, die Wasser und Wind ihnen gab, zu rundlichen Körnern abgeschliffen.

Dieser Sand unterscheidet sich nach der Größe und Durchsichtigkeit seiner Körner und nach seiner Farbe hauptsächlich in folgende Arten:

a. **Mehl-** oder **Quellsand**, der aus sehr feinen, klaren, ungefärbten Körnern besteht, und mehrentheils von Quellen und Flüssen ausgeworfen wird.

b. **Perlsand, Grant**, von großen rundlichen, halb durchsichtigen Körnern. Man findet ihn mehrentheils nur unter der Oberfläche der Erde. Doch wird er auch von Flüssen heraufgespült.

c. **Flugsand**. Seine Körner sind von verschiedener Größe. Er ist vermischt mit andern Theilen, führt fast immer Thon, zuweilen auch etwas Kalk bei sich. Er ist vom Winde leicht beweglich, woher er seinen Namen erhalten hat, und wird daher durch diesen und durch Wasser gleich einer Flüssigkeit nach den niedrigsten Stellen fortgetrieben, bis er sich vor einem Widerstande in großer Masse zusammenhäuft, und solche angehäufte Hügel werden dann, wenn ihre Oberfläche nicht durch solche Pflanzen, die mit Hülfe einiger Dammerde darauf wachsen, befestiget ist, durch West- und Ostwinde fortgewälzt, und übersanden oft fruchtbare Fluren.

In der Tiefe des Erdbodens findet man den Sand zwischen andern Erdlagen in fortlaufenden Adern oder Schichten. Diesen verdanken wir unser reinstes Brunnen- und Quell-Wasser. Das Wasser fintert hindurch, setzt seine unreinen Theile darin ab, und erscheint in desto größerer Reinheit, je weiter es sich durch den Sand gezogen hat.

Die Sandkörner haben außer dem überwiegenden Antheile von Kieselerde noch immer etwas Thonerde in sich, auch Eisenoxyd. Der Sand besitzt eine noch geringere wasserhaltende Kraft, als die staubige Kieselerde. Daher, und weil er auch mit dem Humus wenig mechanische Anziehung hat, rührt seine Unfruchtbarkeit.

Ist der Sand durch ein Bindungsmittel, Thon oder Kalk, und durch mechanische Zusammenpressung in harte Massen verbunden, so heißt er Sandstein. In Ansehung der Feinheit und Dichtigkeit giebt es verschiedene Sorten, welche, wenn sie noch weicher aus dem Boden kommen, in kubische Bausteine, Quadersteine, Mühlsteine, Schleifsteine, Wetzsteine u. s. w. verarbeitet werden. Zu diesen gehört auch der Filtrirstein, welcher das Wasser wie ein feiner Schwamm durchlaufen läßt, und den man gebraucht, um trübes Wasser zu reinigen. Er war sonst eine Seltenheit; jetzt findet man ihn in Sachsen und an mehreren Orten häufig.

Thonerde, Alaunerde.

§. 19.

Thonerde im reinen Zustande.

Man findet diese reine Erdart am meisten in derjenigen Masse, die man längst Thon nannte, und hiervon hat sie den Namen Thonerde erhalten. Sie macht aber auch einen wesentlichen Bestandtheil eines unter dem Namen Alaun bekannten Salzes aus, und ist daher von der neuern chemischen Schule Alaunerde genannt worden. Weil indessen der Name Thonerde unter den Deutschen gebräuchlicher geblieben ist, so werden wir diesen beibehalten, müssen aber wohl bemerken, daß wir sie mit dem Thone, der ein zusammengesetzter Körper ist, nicht verwechseln müssen.

Unterscheidung derselb'en vom Thon.

Unter Thonerde verstehen wir also die reine elementarische Erde; unter Thon aber, von welchem wir in der Folge reden werden, die Verbindung desselben mit Kieselerde und Eisenoxyd.

§. 20.

Nächst der Kieselerde finden wir unter allen Erden die Thonerde in der größten Menge und am meisten verbreitet auf unserm Erdboden. Der Thon, in welchem die Thonerde immer einen Bestandtheil ausmacht, ist in größerer oder geringerer Menge fast in jeder Bodenart vorhanden, und findet sich auch in großen Lagern unter der Oberfläche der Erde. Ueberdem macht die Thonerde einen Bestandtheil der meisten Steinerden aus, und ist in einigen vorwaltend. Die organischen Körper enthalten sie nur in sehr geringer Menge, und wenn wir gleich aus der Asche der meisten Vegetabilien einige Thonerde ausgeschieden haben, so scheint sie doch den Gewächsen nicht wesentlich, sondern vielmehr zufällig in ihre Substanz oder in ihre Asche gekommen zu seyn.

Die Thonerde ist für den Landwirth von der größten Wichtigkeit, indem sie im Thone einen wesentlichen Bestandtheil des fruchtbaren Bodens ausmacht. Von ihrer Kenntniß hängt die genauere Kenntniß des letzteren ab, und von dieser wieder die richtige Beurtheilung der Wirkungen des Thons im Acker, die Verbesserung und Verschlechterung des Ackers durch ihn. Auch ist sie in Hinsicht auf Ziegelbrennerei und Verfertigung von Töpferwaare merkwürdig. Deshalb werden wir erst die Eigenschaften der reinen Thonerde, dann die des Thons kurz, aber gründlich durchnehmen.

§. 21.

Wenn man gleich den Thon seit uralten Zeiten wegen seiner nützlichen Eigenschaften kannte, und ihn zur Verfertigung irdener Waaren und Ziegel benutzte, so ist doch die Thonerde noch nicht lange als ein besonderer Naturstoff angesehen worden. Lange hat man sie mit der Erde überhaupt verwechselt, dann bald dem Kalke, bald der Kieselerde, die durch Säuren oder Phlogiston einen andern Charakter angenommen hätten, beigezählt. Erst in der Mitte des vorigen Jahrhunderts wurde es erwiesen, daß sie eine eigene Erdart ausmache, und mit andern Erden nicht verwechselt werden dürfe.

Sie kommt in der Natur nie rein vor.

So häufig sie auch vorkommt, treffen wir sie doch in der Natur nirgends rein an. Meistens ist sie mit andern Erden und metallischen Oxyden, zuweilen mit Säuren verbunden. Nur im Garten des Pädagogiums zu Halle hatte man eine weiße erdige Substanz, welche man eine Zeit lang für chemisch-reine Thonerde hielt, gefunden; aber theils hat sich nachher durch eine genauere chemische Analyse gezeigt, daß sie, obgleich größtentheils aus Thonerde bestehend, dennoch andere Substanzen, Kalkerde und Eisenoxyd, enthielte; theils ist es höchst wahrscheinlich, daß sie kein Produkt der Natur, sondern der alchemischen Sudelköche sey, die dort hauseten.

Nur die Chemie kann die Thonerde aus ihren Verbindungen rein darstellen. Am meisten und leichtesten wird sie aus dem Alaun abgeschieden, in welchem sie mit Schwefelsäure aufgelöst ist. Wenn man diese, nachdem der Alaun im Wasser aufgelöst worden, durch Alkali neutralisirt, so fällt die Thonerde nieder. Jedoch bedarf es noch einiger andern Handgriffe, um sie von ihren fremdartigen Beimischungen völlig zu befreien.

22.

Verbindet sich nicht mit Kohlensäure.

Die reine Thonerde ist nicht fähig, sich mit der Kohlensäure zu verbinden, wenigstens nicht mit ihr durchdrungen zu werden, wie die Kalkerde und Bittererde, wodurch sie sich insbesondere von letzterer sehr merklich unterscheidet. Manche haben zwar von einer Vereinigung der Thonerde mit der Kohlensäure gesprochen, aber Saussure hat gezeigt, daß die chemisch-reine Thonerde keine Verwandtschaft zur Kohlensäure besäße.

Physische Eigenschaften.

Die physischen Eigenschaften der reinen Thonerde können einigermaßen abweichend seyn, wenn die Handgriffe und die Qualität und Quantität der Reagentien, welche man bei ihrer Ausscheidung anwendet, verschieden sind. Auch hat man oft die Eigenschaften des Thons auf die reine Thonerde übergetragen, und daher scheint es zu rühren, daß die physischen Eigenschaften der letztern von verschiedenen Chemikern verschieden angegeben werden. Indessen ist dieser Unterschied nicht bedeutend, und es kann in dieser Hinsicht nie eine Verwechselung mit andern Erdarten vorfallen.

Die reine Thonerde ist eine weiße, sanft anzufühlende, pulverförmige Substanz, welche zwar keinen eigentlichen Geschmack besitzt, aber doch, auf die Zunge gebracht, ein eigenes Gefühl hervorbringt, welches aus der Einsaugung der Feuchtigkeit der Zunge durch die Thonerde entsteht. Ein ähnliches Gefühl bringt sie auch hervor, wenn sie als ein feiner Staub in die Nase gezogen wird. Der eigenthümliche Geruch, welchen der rohe Thon, besonders wenn er angehaucht oder angefeuchtet wird, von sich giebt, ist der reinen Thonerde nicht eigen, und man hat ihr solchen unrichtig beigemessen.

§. 23.

Verhalten gegen das Wasser.

Gegen das Wasser äußert die Thonerde eine weit stärkere Anziehung, als alle andere Erden, indem sie davon mehr zurückhält. Sie besitzt also die größte wasserhaltende Kraft. Diese ist aber nach den verschiedenen Bereitungsarten der Thonerde merklich verschieden. Wenn sie frisch niedergeschlagen ist, so hält sie, ehe sie wieder ausgetrocknet worden, oft das Sechsfache ihres eigenen Gewichts an Wasser an, wogegen sie, wenn sie in mäßiger Wärme ausgetrocknet worden, nur 1½ bis zwei Mal so viel, als sie selbst wiegt, von demselben aufnehmen kann, ohne es tropfenweise fahren zu lassen. Wird sie scharf ausgetrocknet oder gar geglüht, so kann sie, wie wir hören werden, noch weit weniger Feuchtigkeit in sich halten.

Die mit Wasser angefeuchtete Thonerde stellt einen mehr oder weniger schlüpfrigen Teig dar. Dieser Teig aus der reinen Thonerde ist aber nie so dehnbar, wie der aus gutem rohen Thon, und man kann ihn nicht so leicht formen, wie diesen. Auch trocknet der aus dieser reinen Erde bereitete Brei leichter aus.

§. 24.

Unauflöslich im reinen Wasser.

Die reine Thonerde läßt sich in reinem Wasser nicht auflösen. Wird sie unter vieles Wasser gemengt, so erscheinen ihre einzelnen Partikeln halb durchsichtig. Sie vertheilen sich im Wasser äußerst fein, und setzen sich nur höchst langsam daraus wieder ab. Das Wasser hält aber nichts davon wirklich aufgelöst zurück. Dagegen kann kohlensaures Wasser nach Saussure etwas Thon auflösen, welche Verbindung aber nur so schwach ist, daß sie sich schon an der Luft leicht zersetzt, wo dann die vorher klare Flüssigkeit sich trübt, und die Thonerde als ein gallertartiges leichtes Sediment fallen läßt.

§. 25.

In einer gelinden Wärme von etwa 18 bis 20 Grad Reaumur verliert die Thonerde das ihr nur locker anhängende Wasser. Einen andern Theil der Feuchtigkeit aber, der nach Buchholz 28 Prozent, nach Saussure aber noch weit mehr beträgt, läßt sie in dieser Wärme nicht fahren, sondern es ist hierzu eine starke Glühhitze erforderlich.

§. 26.

Verhalten im Feuer.

Für sich läßt sich die reine Thonerde in der gewöhnlichen Hitze nicht schmelzen; allein in dem Brennpunkte großer Brennspiegel und in einem mit Oxygengas angefachten Feuer erleidet sie eine Art von Schmelzung, welche aber doch keine völlige Verglasung hervorbringt. Aber mit Kalkerde vermengt, kann sie völlig in Fluß gebracht werden. Auch ist sie mit Kieselerde vereinigt eher zum Schmelzen geneigt.

Durch das Glühen aber erleidet die Thonerde jedesmal doch eine starke Veränderung. Es erfolgt keine Schmelzung, aber doch eine Art von Zusammensinterung. Sie verliert dadurch ihre mechanische Anziehung zum Wasser, und wird im Gefühle hart. Mit Wasser vermengt wird sie nicht mehr zum schlüpfrigen Brei, und kommt überhaupt in ihren physischen Eigenschaften der Kieselerde jetzt mehr gleich. Daher rührt es, daß der Thon nach dem Brennen nicht mehr formbar bleibt, und es läßt sich auch daher der Nutzen zum Theil erklären, den das Brennen des thonichten Bodens bewirkt. Man kann derselben ihre vorigen Eigenschaften nur dadurch wiedergeben, daß man sie in Säuren auflöst und durch Alkalien wieder niederschlägt.

§. 27.

Sie hat keine alkalischen Eigenschaften.

Die Thonerde äußert durchaus keine alkalischen Eigenschaften, und verändert die auf Alkali reagirenden Papiere nicht. Auch kann sie sich mit dem Schwefel nicht vereinigen, wie die Alkalien, Kalk- und Bittererde. Wir haben keine Erfahrung, daß sie im reinen Zustande das Oxygen, Hydrogen, Azote und den Kohlenstoff anziehen könne. Jedoch ist es sehr wahrscheinlich, daß sie sich nicht ganz gleichgültig gegen diese Stoffe verhalte. Wenigstens hat sie gegen eine Vereinigung dieser Stoffe wie im Humus, Verwandtschaft.

§. 28.

Wahlverwandtschaft mit andern Erden.

Gegen andere Erden äußert sie aber eine wahre Verwandtschaft, und sie kann sich mit ihnen unter gewissen Umständen wirklich chemisch verbinden. Die Kieselerde wird von ihr begierig angezogen, und nach Guyton kann sie dieselbe aus der Kieselfeuchtigkeit niederschlagen. Die genaue Verbindung der Kieselerde mit der Thonerde finden wir deshalb auch so häufig in der Natur im gewöhnlichen Thone.

Die Kalkerde wird ebenfalls von der Thonerde begierig angezogen. Dies beweist schon die leichte Schmelzbarkeit beider Erden, wenn sie in Vereinigung sind. Noch mehr aber die Fähigkeit der Thonerde, das

Kalkwasser zu zersetzen und allen Kalk abzuscheiden. Bringt man frisch niedergeschlagene Thonerde in Kalkwasser, so verliert dies seinen alkalischen Geschmack, die Thonerde setzt sich in demselben ab, und mit ihr fällt der Kalk nieder. Diese Abscheidung des Kalks kann nur durch eine chemische Verwandtschaft der Thonerde zu ihm, und durch eine genaue chemische Verbindung beider Erden, hervorgebracht werden.

§. 29.

Verhalten gegen die Säuren.

Die Säuren lösen die reine Thonerde auf, um so leichter, je weniger sie vorher ausgetrocknet war; aber langsamer und schwerer, wenn sie vorher geglühet war. Es geht dabei kein Brausen vor, und es entwickelt sich keine Wärme. Die Thonerde ist aber nicht fähig, den Säuren ihre saure Eigenschaft ganz zu rauben, und unterscheidet sich dadurch von den Alkalien und alkalischen Erden sehr. Diese Auflösungen besitzen einen zusammenziehenden Geschmack, und röthen das Lackmuspapier noch. Es entstehen Salze daraus, welche zum Theil krystallisirbar, zum Theil es nicht sind, und die sich meistens sehr leicht im Wasser wieder auflösen lassen. Zu der Schwefelsäure äußert die Thonerde eine vorzügliche Verwandschaft, und giebt damit eine schmutzige, an der Luft leicht feucht werdende Masse; wenn der Verbindung aber etwas Kali zugesetzt wird, den Alaun. Die Thonerde aber kann auch einen geringen Theil von Schwefelsäure in sich halten, ohne einen salzartigen Körper damit zu bilden, und es ist daher oft schwer, diese Säure ganz von ihr zu trennen. Selbst bei der Niederschlagung aus der Alaunauflösung wird von der Thonerde etwas Schwefelsäure niedergerissen, die durch vielfaches Abwaschen nicht ganz aus ihr zu entfernen ist.

Die Salz-, Salpeter- und Phosphor-Säure geben mit der Thonerde keine krystallisirbaren Salze, sondern meistens nur schmierige Massen.

§. 30.

Gegen die Alkalien.

Besonders bemerkenswerth ist noch die Wirkung der Alkalien auf die reine Thonerde, indem sie als ein charakteristisches Zeichen angesehen werden kann, und man sich derselben oft zur Abscheidung der Thonerde von andern Erden bedient. Die Kalk- und Bitter-Erde werden von den reinen Alkalien nicht angegriffen, die Thonerde wird aber dadurch völlig aufgelöst. Auch hier geht die Vereinigung am leichtesten vor sich, wenn sie frisch niedergeschlagen und noch feucht ist, am schwersten, wenn sie vorher geglühet worden.

Das Ammonium ist zwar auch fähig, die Thonerde in geringer Menge in sich aufzunehmen; leichter und in weit größerer Menge lösen sie aber das ätzende Kali und Natrum auf. Feuchte Thonerde in ätzende und erwärmte Kalilauge getragen, löset sich auf, und die Flüssigkeit wird durchsichtig. Kohlensaure Alkalien, wenn sie ganz mit Kohlensäure gesättigt sind, nehmen aber die Thonerde nicht auf.

§. 31.

Alle Alkalien, so wie die Kalk- und Bitter-Erde, besitzen eine nähere Verwandtschaft zu den Säuren, als die Thonerde, und man kann also letztere von ihren Verbindungen mit den Säuren dadurch abscheiden. Und so wird dann auch die Auflösung der Thonerde in Alkalien wieder durch Säuren zersetzt und die Thonerde niedergeschlagen, indem sich die Säure mit den Alkalien verbindet, und die Verwandtschaft derselben mit der Thonerde aufhebt.

Der Thon.

§. 32.

Der Thon.

Dieser besteht, wie schon öfters bemerkt worden, aus einer Verbindung der Thonerde mit der Kieselerde. Diese Erdarten sind nicht, wie man mehrentheils die Sache sich vorzustellen pflegt, bloß vermengt, sondern wirklich chemisch verbunden. Vieler Thon, so wie wir ihn in der Erde finden, ist noch mit Kieselerde in feinerer oder gröberer Sandgestalt vermengt; diese kann aber bloß mechanisch durch Schwemmen, weit mehr aber, wie neuere Erfahrung uns gelehrt hat, durch Sieben von ihm getrennt werden, wogegen jene innige Verbindung nur durch chemische Reagentien aufgelöst werden kann. Der Thon gleicht weder der reinen Thonerde, noch der reinen Kieselerde; seine Eigenschaften richten sich aber auch nicht ganz nach dem quantitativen Verhältnisse, worin beide Stoffe in ihm verbunden sind. Er besitzt besondere Eigenschaften, die man nicht hervorbringt, wenn man Thonerde mit Kieselerde mechanisch vermengt. Ja es scheint, als ob die Natur jene genaue Vereinigung nicht bewerkstelligen könne, denn wir haben zwar Thonerde und Kieselerde chemisch vermischen gelernt, aber diese Mischungen waren noch kein Thon.

§. 33.

Eisenoxyd.

Ein allgemeiner und daher vermuthlich wesentlicher Bestandtheil des Thons ist neben jenen beiden Erdarten das Eisen in mehr oder minder oxydirtem Zustande. Diese Materie nennt man im gemeinen Leben Eisenrost. Sie entsteht aus der Vereinigung des Oxygens mit dem Eisen, welche sich mit Beihülfe der Feuchtigkeit leicht bildet. Sie hat verschiedene Farben, die in mancherlei Nuancirungen aus dem Schwarzen ins Gelbe, Braune und endlich Rothe übergehen, und die sich nach den Graden der Oxydation richten, indem die schwarze Farbe nächst der weißen den geringsten, die rothe den höchsten Grad anzeigt. Dieses Eisenoxyd ist ein geschmack- und geruchloses, in Wasser unauflösliches Pulver. Von Säuren aber wird es aufgelöst, und giebt damit Salze, die wie Tinte schmecken. Diese Eisensalze lassen sich wieder mit Alkalien zerlegen, indem diese eine nähere Verwandtschaft mit den Säuren haben. Die abstringirenden oder Gerbestoff enthaltenden Vegetabilien, wie Galläpfel, Eichenrinde, trennen das Eisen von der Säure, und so färbt das fein zertheilte Eisen das Gemisch tintenschwarz.

Zuweilen ist das Eisen im Boden von einer Säure ergriffen. Am häufigsten von der Kohlensäure, womit es einen unauflöslichen, geschmacklosen und wenigstens der Vegetation unschädlichen, vielleicht nützlichen Körper ausmacht. Andere Säuren verjagen die Kohlensäure mit Aufbrausen daraus, gleich als ob Kalk darin wäre. Dies hat mich bei einem oberflächlichen Versuch, ob ein Lehm mergelicht sey, selbst einmal getrogen.

Zuweilen ist das Eisenoxyd an Phosphorsäure gebunden. Besonders in Brüchern und Sümpfen, wo sich die Phosphorsäure aus vermoderten organischen Körpern entwickelt. Dies ist zwar auch ein unauflöslicher Körper, der aber die Muthmaßung gegen sich hat, daß er der Vegetation nachtheilig sey.

An Schwefelsäure gebunden, die sich aus verwitterndem Schwefelkies im Boden erzeugt, macht das Eisen das Mittelsalz, welches man gewöhnlich Vitriol nennt.

In irgend beträchtlicher Quantität mit dem Thon verbunden scheint es immer nachtheilig auf die Vegetation zu wirken, und wenn man Schwefelsäure der Vegetation vortheilhaft befunden hat, so war es auf kalkigem Boden, wo sie sich mit dem Kalk und nicht mit dem

Eisen verband, und mit jenem Gyps machte. Nur mit Humus oder andern sehr kohlenstoffhaltigen Materien verbunden, hat der Eisenvitriol fruchtbare und düngende Wirkungen geäußert, wenn man diese Substanz in geringer Quantität aufbrachte; wovon ausführlicher in der Lehre vom Dünger gesprochen wird.

§. 34.

Entstehung des Thons aus verwittertem Stein.

Der Thon ist wahrscheinlich auch aus hartem Stein entstanden. Mehrere harte Mineralien, die aus Thon- und Kieselerde mit Eisenoxyd bestehen, verwittern mit der Zeit durch die Einwirkung der Atmosphäre, und verwandeln sich in Thon. Vor allen der Thonschiefer, welcher sehr häufig vorkommt und aus welchem ganze Gebirge bestehen, und der Feldspath. Diese Verwitterung sehen wir noch täglich vor unsern Augen vorgehen. Kahle entblößte Thonschieferfelsen bedecken sich mit einer Lage von Thon, in welcher bald Vegetabilien ihren Wohnsitz nehmen. Ja man kann diese dünne Erdlage bald verstärken, wenn man Stücke Thonschiefer mit dem Pfluge abspaltet, und sie mit frischem Dünger, der zu ihrer Verwitterung beizutragen scheint, versetzt. Dieser Thon wurde wahrscheinlich durch Wasserfluthen herabgeschwemmt, und nun wieder in Ebenen zu solchen Lagen abgesetzt, worin wir den Thon jetzt finden. Es werden dabei wahrscheinlich aus der Atmosphäre Stoffe, besonders Oxygen angezogen.

§. 35.

Verbindung der Bestandtheile des Thons.

Die drei wesentlichen Bestandtheile des Thons, Thonerde, Kieselerde und Eisenoxyd, sind in mannichfaltigem Verhältnisse darin verbunden, und man findet selten zwei Thonarten, die darin übereinstimmten. In den meisten Fällen hat die Kieselerde das Uebergewicht; diese kann bis 93 Prozent darin steigen, und dennoch behält das Gemisch die Eigenschaften des Thons. Seltener, jedoch zuweilen prädominirt die Thonerde.

Neuere Versuche haben uns aber in unserm hiesigen Laboratorium gelehrt, daß in dem abgeschwemmten und dadurch vom Sande gereinigten Thone die Kieselerde auf eine doppelte Weise vorhanden sey. Wenn man nämlich diesen Thon mit genugsamem Wasser anhaltend sieden läßt, so setzt sich eine Kieselerde ab, die man zwar nicht Sand nennen kann, welche aber doch grobkörniger als die aus der Kieselfeuchtigkeit niedergeschlagene ist. Die Menge dieser, bloß durch das Sieden abgetrennten Kieselerde ist in verschiedenen Theilen verschieden. Sie ist aber schwer völlig davon zu trennen. Indessen wenn dieses auch auf das sorgfältigste geschehen ist, so bleibt dennoch im Thone noch beträchtlich viel Kieselerde zurück, die sich nur durch chemische Reagentien abscheiden läßt. Wir setzen diese genaueren Versuche fort, besonders um zu entscheiden, — was uns jetzt fast wahrscheinlich ist — ob alle Thonarten, nach Absonderung dieser minder und wohl nur mechanisch gebundenen Kieselerde, sich in ihrem Gehalte an Kiesel- und Thonerde vielleicht völlig oder beinahe gleich seyen.

Das Eisenoxyd weicht in seiner Menge sehr ab, von 1 bis zu 10 und 12 Prozent.

Zuweilen enthält der Thon auch Manganoxyd, welches aber nicht häufig und nur in sehr geringer Menge vorkommt, und deshalb von uns nicht in Betracht gezogen wird.

§. 36.

Farbe des Thons.

Man findet den Thon mit sehr verschiedenen Farben, weiß, grau, braun, roth, schwarz und in den mannigfaltigsten Schattirungen dieser Farben. Zuweilen sind brennbare Körper, Humus und erdharzige Materie die Hauptursache dieser Farben, und diese machen ihn gewöhnlich grau, ins Schwarze übergehend, oder ganz schwarz. Diese Thonarten brennen sich aber im Feuer ganz weiß, indem sich der Kohlenstoff mit Oxygen verbindet, und als Kohlensäure entweicht. In den meisten Fällen ist aber das Eisenoxyd, zuweilen auch das Manganoxyd, die Ursache der Farbe. Nicht bloß die Quantität, in welcher dieses dem Thone beigemischt ist, sondern auch der Grad der Oxydation, worin es sich befindet, bringen die mannichfaltigen Nuancirungen der Farbe hervor. Sie geht um so mehr von der hellgelben in die dunkelgelbe und rothe über, je höher der Oxydationszustand des Eisens steigt. Diese Thonarten brennen im Feuer nicht weiß. Ihr Eisenoxyd zieht vielmehr noch mehr Oxygen an, wird damit völlig gesättigt, und dadurch ziegelroth. Diese Farbe erhalten daher beim Brennen alle die Thonarten, welche 4 bis 6 Prozent Eisenoxyd enthalten, und sie fällt um so dunkler aus, je höher das Verhältniß des Eisenoxyds steigt.

Zuweilen bringen Eisenoxyd und Humus oder erdharzige Körper die Farbe des Thons zugleich hervor. Solche Thonarten werden zwar im Feuer heller von Farbe, indem eine Ursache derselben, der Humus, verflüchtigt wird. Allein sie werden nie ganz weiß, da die andere Ursache, das Eisen, zurückbleibt. Es kommt also hier auf das Verhältniß des brennbaren Stoffs und des Eisenoxyds an, ob der Thon beim Brennen viel Farbe verliere, oder nicht. Verliert er viel von der Intensität der Farbe, so sind brennbare Theile, verliert er wenig, so ist Eisenoxyd das, was vorzüglich die Farbe hervorbrachte. Man findet zuweilen auch ganz weiße Thonarten. Diese enthalten nicht brennbare Substanz; aber sie sind doch niemals ganz frei von Eisenoxyd. Es steht dieses nur auf der niedrigsten Stufe der Oxydation, wo es dem Thone keine Farbe mittheilen kann. Werden diese Thonarten aber geglüht, so oxydirt sich das Eisen mehr, und der Thon wird gelb, oft ziemlich hochroth gefärbt. Bleiben weiße Thonarten im Feuer ungefärbt, so ist dies ein Beweis, daß sie sehr wenig Eisen enthalten.

§. 37.

Geruch des Thons.

Der Thon äußert diejenige besondere Empfindung, welche die Thonerde auf der Zunge oder als Staub in die Nase gezogen hervorbringt, unter ähnlichen Umständen fast in einem noch höhern Grade, und man kann ihn durch dieselbe leicht von andern Erdarten unterscheiden. Er saugt begierig die Feuchtigkeit der Zunge ein, und hängt sich an dieselbe fest. Außer dieser Empfindung besitzt der Thon aber noch einen eigenthümlichen Geruch, den die reine Thonerde nicht hat, und den man einen erdigen Geruch nennt. Er stößt ihn in vorzüglich starkem Grade aus, wenn er trocken war und angefeuchtet wird; weswegen man ihn in der ganzen Atmosphäre bemerkt, wenn nach einer Dürre der erste Regen eintritt. Saussure schreibt diesen Geruch dem Eisenoxyd zu. Man findet ihn aber bei Thonarten, die sehr wenig davon enthalten, eben so stark, wie bei solchen, die viel davon haben. Man ist auch noch nicht einig, ob er durch wirklich von ihm ausdünstende Partikeln entstehe, oder aber von einer besonderen Veränderung in der ihn umgebenden Atmosphäre hervorgebracht werde.

§. 38.

Verhalten des Thons gegen das Wasser.

Unter den Eigenschaften des Thons ist sein Verhalten gegen das Wasser besonders merkwürdig. Er zieht dasselbe, wenn er trocken, jedoch nicht völlig ausgedörrt ist, leicht ein, und wird, ist Wasser genug vorhanden, zu einer mehr oder weniger schmierigen, zusammenhängenden und dehnbaren Masse, welche jeden Eindruck bald annimmt und behält, und sich zu allen Gestalten formen läßt.

Fetter und magerer Thon.

Diese Eigenschaft, welche uns den Thon so nützlich macht, besitzt nicht aller Thon in gleichem Maaße. Man nennt den, der sie in größerem Verhältnisse hat, fetten; den, der sie in geringerem Verhältnisse zeigt, mageren Thon. Die Dehnbarkeit und Formbarkeit des Thons ist nicht bloß der Thonerde zuzuschreiben. Denn diese besitzt sie in reinem Zustande minder. Sie ist vielmehr ein Produkt der Verbindung der Thonerde mit der Kieselerde, und auch das Eisenoxyd scheint Antheil daran zu haben. Mehrentheils hat zwar der dehnbarere oder fettere Thon mehr Thonerde in sich, und der sprödere oder magere weniger; aber die Dehnbarkeit stimmt doch nicht allgemein mit diesem Verhältnisse überein.

§. 39.

Der mit Wasser durchdrungene Thon läßt jetzt mehreres Wasser nicht in sich eindringen. Auf einem Kuchen oder Becken, der aus Thonteig verfertigt ist, bleibt das Wasser völlig stehen, ohne durchzusintern. Diese Eigenschaft macht das Vorhandenseyn des Thons im Erdboden, auch unter der Ackerkrume und in tiefen Schichten sehr merkwürdig. Das Wasser wird dadurch verhindert, sich tiefer in die Erde zu versenken, und ohne selbige würden wir in der Erde nicht eher Wasser finden, bis wir auf feste Felsen kämen. Diese Thonlagen, welche mit durchlassenden Erdlagen abwechseln, sind die gewöhnlichste Ursache der Quellen, indem sich das Wasser darauf anhäuft, und nun durch seinen Seitendruck einen Ausweg bahnt. Sie sind auch die Ursache der Wassergallen oder der nassen Stellen im Acker, weil sich das Wasser nicht in die Tiefe ziehen kann, sondern darauf stehen bleiben muß, bis es verdunstet, und deshalb bis zur Oberfläche der lockeren Erde heraufstauet.

§. 40.

Wenn man den Thon in vielem Wasser vertheilt, so macht er dasselbe trübe, und bleibt darin schwimmen. Das Wasser löst aber nichts von ihm auf. Es gehört oft eine lange Zeit dazu, ehe es wieder völlig klar wird. Daher kommt es, daß das Wasser solcher Flüsse, deren Bette aus Thon besteht, mehr oder weniger trübe ist. Die aufgerissenen und im Wasser zertheilten Thonpartikeln können sich bei der beständigen Bewegung des Wassers nicht wieder daraus absetzen. Deshalb finden wir, daß die durch ausgetretene Flüsse angeschwemmten

Aecker größtentheils thonicht sind. Der schwerere von ihnen mit fortgerissene Sand setzt sich bald aus ihnen wieder ab, und wird nur stellenweise angehäuft. Aber der fein vertheilte Thon wird weiter mitgenommen, und kann sich nur bei der Ruhe des Wassers ablagern.

§. 41.

Verhalten im Froste.

Ist der angefeuchtete Thon der Frostkälte ausgesetzt, so bekommt er in seiner Masse Risse, zerfällt auch wohl gänzlich zur Krume. Dieses Auseinanderreißen der Thonmasse und deren Zerfallen entsteht von der Ausdehnung, welche das Wasser beim Gefrieren erleidet. Die Eiskrystalle oder Nadeln treiben die Thonpartikeln auseinander. Man läßt daher auch den Thon, wenn man ihn zur Verbesserung des Bodens gebrauchen will, durch Hülfe des Frostes zerfallen, und bereitet ihn dadurch zu einer besseren Vereinigung mit der Ackerkrume.

§. 42.

In der Hitze.

Selbst in der Wärme läßt der angefeuchtete Thon das Wasser schwer fahren, um so schwerer, je fetter er ist. Er hält es stärker zurück, als alle anderen Erdarten. Wenn das Wasser aus ihm verdampft, so wird er mehr oder weniger hart; der fette Thon mehr, der magere minder. Setzt man den feuchten Thon einer starken Hitze aus, so zerspringt er oft in Stücke. Die elastischen Dämpfe schaffen sich nämlich einen Ausweg, und zerreißen daher die Masse. Deswegen ist es bei der Ziegelbrennerei durchaus nothwendig, die gestrichenen Ziegel erst lufttrocken werden zu lassen, und sie dann im Ofen eine Zeitlang erst mäßig zu erwärmen.

Bei der Austrocknung des Thons verliert er immer in seinem Umfange, und zieht sich zusammen. Dies rührt von der Verdampfung des Wassers her, nach welcher sich die Thonpartikeln mehr nähern können. Daher entstehen bei heißer und trockner Witterung die Risse in sehr thonichtem Acker. Aus dieser Ursache müssen die Töpfe und Ziegel größer geformt werden, als sie nach dem Brennen seyn sollen.

Völlig verliert er sein Wasser nur in einer sehr starken Glühhitze, und zieht sich dann immer mehr zusammen. Er erleidet eine Zusammensinterung, die seine Partikeln noch mehr aneinander bringt. Man nennt das Zusammenziehen des Thons in der Wärme das Schwinden. Fette Thonarten sind ihm mehr ausgesetzt, als magere.

Das Schwinden eines und desselben Thons findet aber in

verschiedenen Hitzegraden immer gleichförmig Statt, d. h. dieselbe Hitze zieht denselben Thon immer auf gleiche Weise zusammen. Daher hat man den Thon zu Pyrometern brauchbar gefunden, wodurch man die Intensität der höheren Hitzegrade mißt.

§. 43.

Im Glühefeuer.

Im gewöhnlichen Glühefeuer läßt sich auch der natürliche Thon nicht schmelzen. Wenn das Feuer aber durch Luft sehr angeblasen oder gar durch Oxygengas angefacht wird, so kommt er in Fluß. Ein Zusatz von Kalk vergrößert die Schmelzbarkeit des Thons ungemein, und auch durch Eisenoxyd wird sie vermehrt. Ein starker Zusatz von Kalk und Eisen ist daher bei Ziegel- und Töpferwaaren nachtheilig, weil diese, wie man es nicht selten in den Ziegelöfen sieht, alsdann in einer starken Glut auseinanderfließen. Ein geringer Zusatz kann aber vortheilhaft seyn, weil er einen Anfang von Verglasung, eine stärkere Zusammensinterung bewirkt, und dadurch die Festigkeit der Masse vermehrt.

§. 44.

Der geglühete Thon ist in seinen Eigenschaften sehr von dem ungeglüheten verschieden. Seine Stücke sind oft so hart, daß sie mit dem Stahle Funken geben, und sie lassen sich im Wasser nicht erweichen. Reibt man sie zu einem feinen Pulver und vermengt sie mit Wasser, so geben sie keinen zusammenhängenden, schlüpfrigen und formbaren Teig mehr. Das Pulver läßt das Wasser hindurchgehen und hält wenig davon zurück, ist also jetzt der Kieselerde oder dem Sande gleich. Man kann dem gebrannten Thon durch die Kunst auf keine Weise seine vorige Schlüpfrigkeit und Dehnbarkeit wiedergeben. Indessen scheinen doch die Luft, die Feuchtigkeit und der thierische Dünger wenn sie lange darauf wirken, ihn allmählig zu seiner ursprünglichen Natur zurück zu bringen.

§. 45.

Verhalten gegen die Luft.

Die Luft scheint überhaupt eine mächtige Wirkung auf den Thon, sowohl den gebrannten als ungebrannten, auszuüben. Wir sehen dies vorzüglich an der vortheilhaften Wirkung, welche solcher Thon auf den Aeckern hervorbringt, der eine Zeitlang der Luft ausgesetzt gewesen ist. Es ist allgemein bekannt, daß der Lehm von alten Wänden und Backöfen eine sehr gute Düngung abgebe und die Fruchtbarkeit des Bodens vermehre. Höchst wahrscheinlich zieht der Thon aus der Luft fruchtbare Stoffe an sich.

Man glaubte längst, daß der Thon Salpeter aus der Luft aufnehme, und man hat sich wirklich überzeugt, daß aller Lehm die Salpetererzeugung in den Salpeterplantagen befördere. Gebildeter Salpeter ist aber in der Luft nicht vorhanden. Allein es ist aus mehreren Beobachtungen und Erfahrungen wahrscheinlich, daß der Thon bei seiner Berührung mit der Luft Azote, Hydrogen, vielleicht auch die thierischen Ausdünstungen aus derselben einsauge. Wenn man Thon in großen Ballen zusammengeknetet an feuchten Orten lange liegen läßt, so entstehen alle Merkmale einer Fäulniß, und es erzeugt sich Ammonium, welches die Gegenwart des Azot beweist, und dieses ist die Basis der Salpetersäure.

Wenn es von der reinen Thonerde noch nicht ganz ausgemacht ist, ob sie Oxygen aus der Luft einsauge, so hat es doch beim Thon selbst gar keinen Zweifel. Humboldt hat dieses nicht nur bei allen Thonarten, die er untersuchte, sondern auch selbst bei dem harten Thonschiefer gefunden.

Durch die Einsaugung der verschiedenen bekannten und unbekannten Stoffe aus der Atmosphäre wird der Thon immer mürber, weniger zähe, magerer. Diese Thatsache ist durch viele Erfahrungen und chemische Versuche bestätigt. Wir haben Thon untersucht, der an der Oberfläche lag, und andern, der tiefer heraufgeholt war. Beide hatten ein gleiches Verhältniß von Thon, Kieselerde und Eisenoxyd. Jener war indessen auffallend magerer, als dieser. Da also die Luft den Thon mürber macht, so läßt sich der Nutzen einer fleißigen Bearbeitung des thonigsten Bodens auch in dieser Hinsicht leicht begreifen, indem durch die Bearbeitung die Luft mehr Berührungspunkte mit der Ackerkrume erhält, tiefer eindringt, um so mehr von ihrer Materie absetzen kann, mithin das Verwittern und Mürbewerden des Thons veranlaßt.

§. 46.

Gegen die Säuren.

Die Säuren greifen den kalklosen Thon wenig an, und erregen kein Aufbrausen, es sei denn, daß er viel kohlensaures Eisenoxyd enthalte. Die reine Thonerde und das Eisenoxyd sind zwar für sich in Säuren ziemlich leicht auflöslich, sie werden aber im Thone durch die Kieselerde vor dem Angriff der Säure geschützt. Die Säuren, welche man auf den Thon gießt, lösen von jenen Materien wohl Etwas, aber nicht Alles auf. Sie lösen um so mehr davon auf, je größer das Verhältniß derselben ist, und um so weniger, je geringer es gegen die Kieselerde steht. Eine fette Thonart wird demnach den Säuren mehr Thonerde abgeben, als eine magere, und von einer stark eisenhaltigen werden die Säuren mehr Eisenoxyd aufnehmen, als von einem Thon, der wenig Eisen führt. Hieraus ist es zu erklären, wie ein stark eisenhaltiger Boden durch seinen Eisengehalt minder fruchtbar seyn kann, als ein anderer, der übrigens dieselbe Mischung, nur weniger Eisen hat. Denn das Eisenoxyd ist an und für sich der Vegetation nicht nachtheilig, sondern erst alsdann, wenn es sich mit gewissen Säuren verbindet. Da sich aber im Boden leicht Säuren erzeugen, und einen stark eisenhaltigen Thon mehr angreifen, als den, der dessen minder hält, so werden sie dort auch mehr von jener den Pflanzen nachtheiligen Wirkung äußern.

§. 47.

Die meisten Säuren sind also unfähig, Thon völlig zu zerlegen, Thonerde und Eisenoxyd von der Kieselerde ganz zu trennen. Man kann Salpeter- und Salzsäure über Thon sieden lassen, ohne daß die Thonerde und das Oxyd völlig aufgelöst werden. Nur konzentrirte Schwefelsäure kann eine völlige Auflösung des Thons bewirken. Es gehört aber eine große Quantität derselben dazu, und man muß sie anhaltend über dem Thon sieden lassen.

Leichter geschieht die Scheidung der Thonerde und des Eisenoxyds aus dem Thone, wenn man diesen vorher mit Alkali, am besten mit ätzendem, glühet. Wenn dieses geschehen ist, und man dann die Masse mit so viel Säure übergießt, daß nicht allein das Alkali gesättigt wird, sondern noch ein beträchtlicher Ueberschuß bleibt, so löst dieser Ueberschuß die Thonerde und das Eisenoxyd bald und rein auf, und die Kieselerde läßt sich nun völlig abscheiden. Diese Alkalien scheinen die Verbindung der Kieselerde mit der Thonerde und dem Eisenoxyd lockerer zu machen, und den Schutz, den letzteres durch erstere vor der Säure erhält, zu schwächen. Dies ist also die sicherste und leichteste Methode, den Thon zu zerlegen.

§. 48.

Verbindung des Thons mit andern Substanzen.

Außer den zum Thon wesentlich gehörigen Körpern, der Kieselerde, Thonerde und Eisenoxyd, finden wir in ihm oft noch andere Materien vermengt oder vermischt.

Mehrentheils enthält er noch feinkörnigen Sand, von welchem er sich durch das Schwemmen nicht völlig trennen läßt. Auch ist er mit gröberm Sande in größerer oder geringerer Menge vermengt, den man bald durch das Abwaschen erkennen kann. Er heißt dann Lehm, und wir werden davon in der Folge mehr sagen.

Humus ist sehr oft in dem Thone vorhanden, und scheint darin mehr eingemischt, als bloß eingemengt zu seyn. Aller an der Oberfläche oder nicht tief im Untergrunde liegender Thon ist mehr oder weniger damit versehen, und wir haben ihn sogar im Thone, der fünf Klafter tief herausgeholt war, merklich angetroffen.

Kalk ist ein häufiger Begleiter des Thons, und in Gegenden, die reich an Kalk sind, findet man öfter Thon mit als ohne Kalk. Zuweilen ist der Kalk in kleinen Stückchen ihm beigemengt, und dann ist er leicht durch das Ansehen zu unterscheiden. Zuweilen ist er ihm aber inniger beigemischt, und dann entdeckt man ihn nur durch chemische Untersuchung. In einigen Fällen ist der Kalk mit Schwefelsäure verbunden als Gyps gegenwärtig. Wenn er auf ein gewisses Verhältniß im Thone steigt, so heißt diese Verbindung Mergel, welche wir in der Folge genauer betrachten werden.

§. 49.

Die physischen Eigenschaften des Thons, seine wasserhaltende Kraft und Dehnbarkeit können durch jene Beimischungen sehr modifizirt werden. Diese verringern nämlich dieselben um desto mehr, je größer ihre Quantität ist. Thon mit grobkörniger Kieselerde, Sand, Humus und Kalk versetzt, zerfällt leichter im Wasser, hält davon nicht so viel zurück, trocknet leichter aus, und wird nicht zu hart. Feucht ist er weniger schlüpfrig und dehnbar, als der reine Thon.

Die Quantitäten, in welchen sich diese Materien dem Thone beimischen, sind mannigfaltig verschieden, und daraus ergiebt sich, daß es auch die Eigenschaften des Thons seyn müssen. Dazu kommt aber, daß auch die Verhältnisse der Grundbestandtheile des Thons, der Kieselerde, Thonerde und des Eisenoxyds, auf seine physische Beschaffenheit Einfluß haben, und daß man folglich unzählig verschiedene Arten selbst von Thon, den man in diesem Sinne als rein annehmen kann, antreffen müsse. Eine bestimmte Klassifikation und Unterscheidung der Thonarten ist also unmöglich, weil sich die Grenzen der einen und der andern Art nicht bestimmen lassen, und der magerste Thon durch unzählige Abstufungen zu dem fettsten Thon übergeht. Indessen wollen wir doch einige der merkwürdigsten Arten des Thons ausheben, und ihre hervor=

stechendsten Eigenschaften angeben, weil sie dem Landwirthe merkwürdig, und unter manchen Verhältnissen zur möglich höchsten Benutzung seines Grundes und Bodens nützlich seyn können.

§. 50.

Thonarten.

Der Porzellanthon ist der reinste und feinste von allen. Er hat seinen Namen daher erhalten, weil er zur Verfertigung des feinen Porzellans gebraucht wird. Man findet ihn in verschiedenen Ländern, in Deutschland bei Aue im Erzgebirge, bei Giehren, bei Strablow, Teichenau und Tarnowitz in Schlesien, bei Grunnerітz im Saalkreise, bei Wien, Passau, Höchst u. s. w.

Wahrscheinlich ist er durch die Verwitterung des Feldspaths entstanden. Er ist weiß, graulich weiß, gelblich weiß oder röthlich, fühlt sich sanft an, hängt sich wenig an die Zunge, und ist trocken zerreiblich. Er zerfällt im Wasser unmittelbar zu Pulver. Zuweilen ist er mit Theilchen von Kalk und Glimmer versetzt. Die Verhältnisse seiner Bestandtheile weichen von einander ab. Der englische von Cornwallis enthält nach Wedgewood 60 Prozent Thonerde und 20 Prozent Kieselerde; andere ungleich mehr von letzterer. Eisen und Eisenoxyd hat er nicht in bedeutender Menge. Man macht aber auch genaue Mengungen von verschiedenen Thonarten, um eine gute Porzellanmasse hervorzubringen.

§. 51.

Der Pfeifenthon dient vorzüglich zur Verfertigung von Tabackspfeifen. Er ist nächst dem Porzellanthon der reinste von Farbe, aber sehr verschieden, weiß, grau, bläulich oder gar schwarz. Er enthält nämlich oft brennbare Materien, die ihm die dunkle Farbe geben. Im Feuer brennt er sich weiß, bleibt jedoch zuweilen etwas röthlich gefärbt. Im Wasser zertheilt er sich, und nimmt damit angeknetet keine große Zähigkeit an. Man findet ihn in Ansehung der Güte sehr verschieden. Zu den vorzüglichsten zählt man den bei Köln, nächstdem den bei Maestricht. Man findet ihn aber auch gut bei Bunzlau, Plauen, zu Weißensprünk in der Kurmark, in Hessen, im Württembergischen u. s. w.

§. 52.

Der Bolus ist eine der fettsten Thonarten, und in den Apotheken gebräuchlich. Man verfertigt aus ihm kleine Kuchen, die mit einem Stempel versehen unter dem Namen Siegelerde verkauft werden. Er ist ziegelroth, braun oder ganz weiß. Eine feine Art davon ist der Armenische Bolus.

Diese Thonart ist sehr fett anzufühlen, und giebt mit Wasser zusammengerührt einen sehr zähen und schlüpfrigen Teig. Er wird an der Luft und nachher im Feuer sehr hart. Der weiße Bolus bekommt durch das Glühen eine gelbliche oder röthliche Farbe.

Der Röthel ist eine Art Bolus, welcher sehr viel Eisenoxyd enthält. Der Bolus wird an verschiedenen Orten gegraben. Unter den deutschen Arten ist der, welcher bei Striegau, Zittau und Nürnberg gefunden wird, der beste.

§. 53.

Der Töpfer- oder Ziegelthon hat den Namen von seiner Anwendung zur Verfertigung der gemeinen Töpferwaare und der Ziegel erhalten. Er findet sich häufig in großen Lagern im flachen Lande. Er ist ein sehr zäher, schlüpfriger Thon, der aber oft etwas Kalk und Sand enthält. Er fühlt sich fett an und hängt sich stark an die Zunge. Das Wasser saugt er begierig ein, zerfällt nicht darin, wird aber dann sehr zähe und dehnbar. Beim Austrocknen wird er beträchtlich hart, und bekommt leicht Risse. Im Feuer geglüht brennt er zu einer steinharten Masse, die sich nicht zwischen den Fingern zerreiben und nur schwer zu Pulver zerstoßen läßt.

§. 54.

Die Walkererde ist eine magere Thonart, welche zum Walken oder Reinigen des Tuchs gebraucht wird. Man glaubte sonst, daß sie nur in England gefunden werde; allein man weiß, daß viele unserer Thonarten eben so brauchbar seyen. In England war die Ausfuhr der Hampshirischen Walkererde sogar bei Lebensstrafe verboten. Jetzt wird sich Niemand dieser Gefahr mehr aussetzen.

Die Walkererde ist zerreiblich, zerfällt im Wasser leicht zu Pulver, ohne sich sehr zu vertheilen, und eine breiartige Masse zu bilden. Die englische ist braun und mit gelblichen Adern durchzogen. Im Feuer geglüht wird sie erst schwarz, die Schwärze verliert sich aber wieder, wenn sie länger geglüht wird.

Derjenige Thon, welchen ich im Boden Letten nenne, kommt in der Magerkeit und in seinen Eigenschaften dieser Walkererde gleich. Er hält wenig Thonerde in seiner Mischung, um desto mehr feine Kieselerde, und zuweilen etwas Kalk. Er besitzt daher wenig Zähigkeit und Bindigkeit, wird trocken zwar ziemlich hart, aber bleibt doch staubig.

Feucht zerfällt er sehr leicht, und fließt auseinander, so daß Wasserfurchen in demselben schwer stehen, und sich beim Regen wieder zuschlammen. Wenn er trocken geworden und in Klumpen zusammengeballt ist, zerfällt er bei einem mäßigen Regen sehr leicht.

Ich unterscheide ihn deshalb vom Lehm, weil dieser eine Mengung von magerem oder fetterem Thon mit grobkörniger Kieselerde oder Kreide ist.

§. 55.

Der Ortstein ist eine Substanz, welche größtentheils aus Thon besteht, mit einer starken Beimischung von kohlensaurem und phosphorsaurem Eisen, und mit derselben zu einer harten Masse wird. Er ist nicht bloß durch seine Härte, sondern auch wohl durch das phosphorsaure Eisen der Vegetation sehr nachtheilig, wenn er sich flach unter der Oberfläche des Bodens befindet, wo er sich zum Theil auflöst, und in genauere Berührung mit den Pflanzenwurzeln kommt. Er verwittert mit der Zeit an der Luft, und ist daher wohl nur zum Bauen unter der Erde zu benutzen. Wenigstens ist dies bei verschiedenen Arten der Fall. Unter dem Wasser hält er sich auch. Er ist braun, oder von einer Mittelfarbe zwischen dem Dunkelschwarzen und Gelblichbraunen. Er besitzt oft Adern, deren Farbe bläulichschwarz ist.

Man hat ihn zuweilen auf Eisen behandelt, und deshalb wird er von den Mineralogen mehrentheils zum Eisengeschlechte gezählt.

Wo er flach liegt, macht er den Boden zu Allem durchaus unbrauchbar, und auch Fichten kommen nicht darauf fort. Das einzige Mittel, solchen Boden fruchtbar zu machen, ist, ihn auszugraben, welches man auf kleinen Stellen, zuweilen aber mit großen Kosten gethan hat.

Die Kalkerde.

§. 56.

Die Kalkerde.

Die Kalkerde ist eine am häufigsten in der Natur anzutreffende Substanz. Sie findet sich in mächtigen Gebirgen zusammengehäuft, und bildet mit andern Erdarten und metallischen Oxyden verbunden eine große Menge von Mineralkörpern. Wir finden sie aber auch in großer Menge in den Thieren, und die Knochen und Schalen derselben sind größtentheils daraus gebildet. Sie macht ebenfalls einen stetigen Bestandtheil der Gewächse aus. Wir treffen sie wenigstens in jeder vegetabilischen Asche an. Endlich findet sie sich in den meisten natürlichen Wassern aufgelöst.

§. 57.

Bis jetzt nimmt man sie als einen einfachen Körper an, obgleich wir nach mehreren Versuchen und Beobachtungen glauben müssen, daß sie ein zusammengesetzter sey, und besonders in den organischen Körpern täglich erzeugt werde. Nicht ohne Grund muthmaßt man, daß sie hauptsächlich aus Azot gebildet werde, und mit den Alkalien in sehr naher Verwandtschaft stehe, so daß diese in jene und jene in diese umgebildet würden. Wenn dieses aber auch gewiß wäre, so würden wir doch die Substanz und die Art und Weise nicht kennen, wodurch ihre Basis umgewandelt wird. Das häufige Vorkommen der Kalkerde in den thierischen Körpern, die mannichfaltigen Abdrücke und Versteinerungen, welche die Kalkgebirge enthalten, die deutliche Entstehung dieses Kalks aus Schalenthieren, und endlich die höchst wahrscheinliche Produktion der Kalkerde durch organische Körper hat manche Naturforscher veranlaßt, zu glauben, daß alle Kalkerde ein Produkt der organischen Natur sey. Diese Meinung hat aber das gegen sich, daß auch auf den Urgebirgen auf einer Höhe, wo man keine Versteinerungen und Eindrücke organischer Körper mehr findet, sich dennoch oft Kalkstein finde.

§. 58.

Verbindung mit Säuren.

Die Kalkerde gehört zu den alkalischen Erden, und sie zeigt sehr ähnliche Eigenschaften mit denen der Alkalien. Sie hat eine große Neigung, sich mit den Säuren zu verbinden, und da sie diese allenthalben antrifft, so finden wir sie auch immer mit einer derselben verbunden, ausgenommen in den Kratern der Vulkane, wo man zuweilen reine Kalkerde, deren Kohlensäure durch das Feuer ausgetrieben war, gefunden hat. Vorzüglich sind es die Kohlensäure und die Schwefelsäure, welche wir in Vereinigung mit der Kalkerde antreffen: seltener die Phosphorsäure, Salzsäure, Borax- und Salpetersäure.

§. 59.

Kohlensaure Kalkerde.

Die **kohlensaure Kalkerde**, welche man **rohen Kalk** nennt, ist die Grundlage des Kalksteins und der Kreide, und ein vorwaltender Bestandtheil in vielen anderen Mineralien. Sie kommt mit Thon vor bunden im Mergel vor, und ist mit Thon und Sand vermengt in vielen Aeckern mehr oder weniger befindlich. Man kann sie von allen Beimischungen befreien, und durch die Kunst rein darstellen.

§. 60.

In diesem reinen Zustande ist die kohlensaure Kalkerde ein lockeres weißes Pulver, ohne allen Geruch und Geschmack. Sie besteht nach den genauesten Versuchen aus 56 Prozent chemisch reiner Kalkerde, 40 Prozent Kohlensäure und 4 Prozent Wasser. Dieses Wasser ist ihr wesentlich, und gehört zu ihrer Grundmischung. Es kann nicht durch mäßige Hitze aus ihr verflüchtigt werden. Sie hört eher auf, kohlensaure Kalkerde zu seyn, bevor sie ihr Wasser fahren läßt. Dieses Wasser ist nicht im feuchten, sondern im festen, krystallisirten Zustande in derselben enthalten, und hat seinen Wärmestoff verloren, auf dieselbe Weise, wie das Krystallwasser der Salzkrystalle.

§. 61.

Verhalten gegen das Wasser.

Mit dem reinen Wasser läßt sie sich leicht vermengen, aber nicht davon auflösen, setzt sich auch in der Ruhe bald wieder daraus ab. Wenn man sie mit Wasser zu einem Brei anrührt, so hält sie, auf ein Haartuch gebracht, die Hälfte ihres eigenen Gewichts davon zurück, läßt aber dies ihr nur schwach anhängende Wasser leicht, noch leichter als der Sand, wieder verdunsten. Dagegen aber löst sie sich im Wasser auf, wenn dieses mit Kohlensäure angeschwängert ist. Man darf sie nur mit kohlensaurem Wasser zusammenschütteln, um ihre Auflösung zu bewirken. Die Quantität der Kalkerde, welche aufgelöst wird, richtet sich nach der Quantität der im Wasser befindlichen Kohlensäure, und steigt mit dieser. Wir nennen eine solche Auflösung kohlensaures Kalkwasser. Man findet dieses häufig in der Natur, und unsere meisten Brunnenwasser sind als solche anzusehen; noch mehr aber die Quellwasser, welche aus Kalkgebirgen hervorkommen.

Das kohlensaure Kalkwasser, es mag durch die Natur oder Kunst bereitet seyn, wird augenblicklich zersetzt, und die kohlensaure Kalkerde wieder abgeschieden, wenn sich die Kohlensäure aus dem Wasser entfernt. Dies geschieht schon, wenn dasselbe an der freien Luft steht, besonders wenn es bewegt wird (daher hat man bemerkt, daß gewisse Quellwasser größere Wirkung bei der Wiesenüberrieselung haben, wenn das Wasser so, wie es hervorquillt, über sie geleitet werden kann, als wenn es schon eine Zeitlang an der Luft geflossen hat). Das sonst klare Wasser wird trübe, und läßt seinen Kalk fallen. Wenn viele Kalkerde im Wasser aufgelöst ist, setzt sie sich als eine Kruste an die Gefäße, oder sie bildet, indem sie sich übereinander häuft und anhängt, mannichfaltige Figuren. Schneller noch wird die Kohlensäure aus dem kohlensauren Kalkwasser verjagt, wenn dieses aufgekocht wird. Wir bemerken daher bei dem Kochen unserer Brunnenwasser eine Trübung, und die Absetzung einer Kruste in den Kesseln, welche von den Einfältigen Salpeter genannt wird, aber nichts weiter ist, als abgeschiedene kohlensaure Kalkerde.

§. 62.

Auch durch solche Körper, welche die Kohlensäure einschlucken, wird der Kalk aus dem kohlensauren Kalkwasser niedergeschlagen. Die ätzenden Alkalien, Natrum, Kali und Ammonium, bewirken dies augenblicklich, indem sie das Auflösungsmittel des Kalks, die Kohlensäure, an sich ziehen. Selbst die Alkalien im gewöhnlichen kohlensauren Zustande sind in größerer Menge dazu geschickt, indem sie nicht völlig mit Kohlensäure gesättigt sind.

§. 63.

Verhalten im Feuer.

Wenn der kohlensaure Kalk nur mäßig erhitzt wird, so erleidet er weiter keine Veränderung, als daß er das ihm anhängende Wasser verliert und austrocknet. Geht aber seine Hitze bis zur Glühhitze, so verliert er auch sein Krystallisationswasser und seine Kohlensäure gänzlich. Er wird ätzend, und erhält alkalische Eigenschaften. In diesem Zustande nur ist er als chemisch reine Kalkerde anzusehen, und man nennt ihn gebrannten oder ätzenden Kalk. Dieses ist die überaus nützliche Materie, die seit undenklichen Zeiten zu Bauten gebraucht worden. Seine Bereitung im Großen zu beschreiben, ist hier der Ort nicht. Wir müssen aber seine physischen und chemischen Eigenschaften betrachten, um die vielen merkwürdigen Erscheinungen, die er hervorbringt, und seine Wirkungen als Düngungsmittel und als Mörtel erklären zu können.

§. 64.

Gebrannter Kalk.

Der gebrannte Kalk besitzt einen alkalischen, ätzenden, die Geschmacksorgane sehr beleidigenden Geschmack. Er verändert die Pflanzenfarben gleich dem Alkali. Werden seine Stücke mit Wasser benetzt, so saugen sie dasselbe in beträchtlicher Menge ein, und bleiben doch ganz trocken dabei. Nach und nach bemerkt man eine Erhitzung, die immer steigt.

Endlich erhalten die Stücke Risse und Borsten, und zerfallen in ein sehr weißes, lockeres, mild anzufühlendes und trockenes Pulver. Der Grad der sich hier entwickelnden Hitze kann so hoch steigen, daß er den Siedepunkt des Wassers übertrifft. Auch bemerkt man im Dunkeln zuweilen ein Leuchten.

Auch wenn man den vierten Theil des Gewichts des Kalks an Wasser angewandt hat, so ist der in Pulver zerfallene Kalk dennoch nicht naß. Er hat das Wasser gänzlich eingeschluckt, und es als Krystall in sich gebunden. Sein Gewicht ist aber vergrößert. Hieraus erklärt sich allein die starke Erhitzung, welche beim Löschen des Kalks Statt findet, und der man vormals allerlei hypothetische Ursachen unterschob. Das Wasser, welches vom Kalke eingesogen wird, geht, indem es sich chemisch mit der Kalkerde verbindet, aus dem flüssigen in den festen Zustand über. Der Wärmestoff, welchem dasselbe seinen flüssigen Zustand verdankte, wird frei, und entweicht nach außen. Das mit dem Kalke verbundene Wasser läßt sich nun ohne Glühhitze auch nicht wieder davon trennen.

§. 65.

Gelöschter Kalk.

Der einmal gelöschte Kalk läßt sich leicht mit dem Wasser vermengen, und es wird nun keine neue Wärme entwickelt. Wird er mit vielem Wasser zusammengerührt, so stellt er einen zusammenhängenden Brei, mit noch mehrerem Wasser eine milchartige Flüssigkeit, die Kalkmilch heißt, dar. Der gelöschte Kalk ist noch ätzend, nur nicht in dem Maaße, wie der ungelöschte. Er schmeckt alkalisch, wie dieser, und verändert das mit Pflanzensäften gefärbte Papier.

§. 66.

Löschung an der Luft.

Auch an der Luft leidet der gebrannte ungelöschte Kalk eine Veränderung. Seine Stücke zerfallen früher oder später, je nachdem die Luft feucht ist, in ein Pulver. Der Kalk saugt dann Wasser aus der Atmosphäre ein, und löscht sich selbst, wobei oft eine empfindliche Hitze zu bemerken ist. Aber er erleidet außerdem noch eine andere Veränderung. Er verliert nach und nach seine Aetzbarkeit, seinen Geschmack und seine Brauchbarkeit zum Mörtel. Er zieht nämlich neben dem Wasser auch die Kohlensäure aus der Luft an, und wird dadurch endlich wieder in den Zustand des milden oder kohlensauren Kalks versetzt, und kann nun seine vorigen Eigenschaften erst durch neues Brennen wieder erhalten.

Die Zeit, in welcher der gebrannte Kalk an der Luft ganz wieder zu mildem Kalk umgeändert wird, richtet sich nach dem Feuchtigkeits- und Kohlensäure-Gehalt der Atmosphäre, welche ihn umgiebt. Je mehr Feuchtigkeit und je mehr Kohlensäure darin vorhanden ist, desto schneller geschieht es. Aus der ganz trocknen Luft nimmt der gebrannte Kalk keine Kohlensäure auf, wenn sie gleich reichlich damit versehen ist. Die Feuchtigkeit muß der Kohlensäure als Vereinigungsmittel mit dem Kalke dienen. Man kann daher gebrannten Kalk oft lange an trocknen Orten aufbewahren, ohne daß er unbrauchbar wird. Jedoch kann man sich hierauf nicht verlassen, wenn man ganz reinen Kalk haben will, z. B. um ihn bei dem Aufblähen des Viehes zu gebrauchen. Zu diesem Zwecke muß man ihn frisch gebrannt in verpichten gläsernen Gefäßen aufbewahren.

§. 67.

Kalkwasser.

Der gebrannte Kalk ist in reinem Wasser ohne Zwischenmittel völlig auflöslich, und er verliert diese Auflöslichkeit auch nicht, wenn er vorher gelöscht war. Allein es bedarf einer großen Menge Wassers, um ihn aufzulösen. Ein Theil erfordert 680 Theile Wasser. Diese Auflösung ist leicht zu bewerkstelligen. Man darf nur den gelöschten oder ungelöschten Kalk mit Wasser zusammenschütteln. Sie wird Kalkwasser genannt, ist völlig klar und durchsichtig, und hat den alkalischen Geschmack des Kalkes. Sie verhält sich gegen Pflanzenfarben völlig wie die Auflösung eines Alkali.

Stellt man das Kalkwasser an die Luft, so bildet sich auf der Oberfläche ein Häutchen, welches endlich so schwer wird, daß es zu Boden sinkt. Man nennt es Kalkrahm. Die Erzeugung desselben findet immer von neuem Statt, bis endlich das Wasser allen Kalk verloren hat, und geschmacklos geworden ist. Diese Erscheinung wird durch die Kohlensäure der Luft bewirkt. Dieselbe vereinigt sich mit dem aufgelösten Kalk, der nun in kohlensaurem Zustande nicht mehr aufgelöst bleiben kann. Die Aufbewahrung des Kalkwassers muß deshalb in fest verschlossenen Gefäßen geschehen.

§. 68.

Der im Wasser entweder völlig aufgelöste oder nur zu Kalkmilch zerfallene und mechanisch mit dem Wasser vermengte Kalk zieht die Kohlensäure schnell an sich, und kann bald damit gesättigt werden, wenn man ihn mit kohlensaurem Gas zusammenschüttelt. Alle Wasser, die Kohlensäure enthalten, werden durch ihn desselben beraubt, und er zersetzt demnach auch das kohlensaure Kalkwasser. Der Kalk ist daher eins der besten Mittel, die Kohlensäure als Gas oder in Flüssigkeiten aufgelöst zu entdecken, und ihre Quantität zu bestimmen. Man bedient sich also desselben öfter zur Untersuchung der Atmosphäre und der Wasser auf Kohlensäure.

§. 69.

Schwefelkalk.

Der gebrannte Kalk vereinigt sich leicht mit dem Schwefel, und zeigt verschiedene Phänomene, je nachdem man die Verbindung bewirkt hat. Wenn man gepulverten ätzenden Kalk mit gepulvertem Schwefel vermengt glühet, so wird die Masse bräunlich und backt zusammen. Man nennt dies Schwefelkalk oder Schwefelleber. Sie besitzt keinen Geruch, und ist eine einfache Verbindung des Kalks und Schwefels. So wie sie aber feucht wird, entweder durch Benetzung mit Wasser, oder durch die Feuchtigkeit der Luft, so verbreitet sich ein stinkender Geruch nach Hydrothionsäure. Ein Theil des Schwefels zersetzt das Wasser; das Hydrogen des letztern löst einen Theil des Schwefels auf, und bildet jene Säure, die sich wieder mit dem Kalk verbindet. Und so entsteht Hydrothion-Schwefelkalk.

Derselbe erzeugt sich auch, wenn man Kalkmilch oder Kalkwasser mit Schwefel kocht. Die Flüssigkeit wird braun, und stößt denselben Geruch aus. Diese, so wie die auf trockenem Wege bereitete und mit Wasser angefeuchtete Schwefelverbindung, erleidet an der Luft eine Zersetzung, indem der Schwefel Oxygen anzieht. Wenn sie mit Säuren vermischt wird, so wird sie schnell zersetzt, unter Entwickelung vieler gasförmigen Hydrothionsäure, und man ahmt auf die Weise die natürlichen Schwefelbäder durch die Kunst sehr gut nach.

§. 70.

Phosphorkalk.

Auch mit dem Phosphor läßt sich der Kalk in der Hitze durch Zusammenschmelzen vereinigen. Es entsteht eine bräunliche Masse, die man Phosphorkalk nennt, und welche das Wasser noch heftiger zersetzt, als der Schwefelkalk. Dabei erzeugt sich viel gephosphortes Hydrogengas, welches zum Theil entweicht, und sich gleich entzündet, zum Theil von Kalk zurückgehalten wird, und erst durch Säure aus demselben ausgetrieben werden kann.

§. 71.

Verbindung mit den flüchtigen Stoffen.

Mit dem reinen Hydrogen, Azot und Kohlenstoff geht, so weit unsere Erfahrung reicht, der Kalk keine Verbindung ein. Aber es ist keinem Zweifel unterworfen, daß er sich mit diesen Stoffen vereinige, wenn sie vermischt sind, und daß er sich mit dem hydrogenisirten Kohlenstoff, mit dem azothaltigen und mit dem mit Hydrogen und Azot zugleich verbundenen vereinigen könne. Hieraus läßt es sich erklären, wie alle organische Körper von dem gebrannten Kalke angegriffen und zerstört werden. Sie verlieren, wenn sie mit Kalk zusammengeschüttelt werden, ihren Zusammenhang, ihre Farbe, und zerfallen in eine krümlige Masse.

Zerstörende Wirkung auf organische Materie.

Mit Kalk bedeckte Leichname verwesen schnell, ohne die üblen Dünste auszustoßen, welche unter andern Umständen ihre Fäulniß begleiten, weshalb man Körper, die an ansteckenden Seuchen starben, in Kalk verscharrt. Selbst der lebende Organismus wird durch den gebrannten Kalk angegriffen. Kränkelnde Pflanzen und Samenkörner, Insekten und Insektenlarven, werden durch ihn getödtet. Diese Erscheinungen, welche der Kalk wie die Alkalien hervorbringt, beweisen seine Verbindungsfähigkeit mit den Urstoffen der organischen Natur, dem Hydrogen, Kohlenstoff und Azot, genugsam. Denn es läßt sich nicht denken, daß eine Substanz, die auf eine solche ausgezeichnete Art auf die organischen Körper wirkt, sich gleichgültig gegen ihre Elemente verhalten sollte. Wir müssen vielmehr annehmen, daß der Kalk einige derselben, in einem gewissen Verhältnisse vermischt, anzuziehen strebe, sich mit ihnen verbinde, und so das Gleichgewicht der ganzen Mischung aufhebe.

§. 72.

Auch der gelöschte Kalk behält sie im minderen Grade.

Der gebrannte gelöschte Kalk äußert jene Wirkung nicht in einem so hohen Grade, wie der ungelöschte, weil dieselbe hier durch die entwickelte Wärme unterstützt wird. Sie ist aber immer noch stark genug, um eine schnellere Zerstörung der Thier- und Pflanzenkörper zu veranlassen. Auf dieser zerstörenden Kraft beruht zum Theil seine starke Wirkung als Düngungsmittel. Er beschleunigt dadurch die Zersetzung und Auflösung der im Boden befindlichen Düngertheile, und macht, daß sich die den Pflanzen zuträglichen Nahrungstheile im reichlichen Maaße entwickeln. Aber eben deswegen befördert er auch das Aussaugen des

Bodens, und dieser wird, wenn man ihm keinen neuen Dünger zuführt, um so früher unfruchtbar; weswegen es bei der Kalkdüngung so nothwendig ist, die Mistdüngung oder eine ähnliche damit zu verbinden.

Aber auch dem kohlensauren Kalk kann man eine ähnliche Einwirkung auf die organischen Körper nicht absprechen, besonders wenn Fäulniß und Verwesung schon ihren Anfang genommen haben. Auch er scheint, obwohl in einem geringern Grade, auf gewisse Verbindungen von Hydrogen, Azot und Kohlenstoff eine Einwirkung zu haben, und von ihnen etwas aufzunehmen, wodurch ihre Grundmischung zerstört oder lose gemacht wird.

§. 73.

Der Mörtel.

Eine der vorzüglichsten Eigenschaften des Kalks, welche ihm beim Bauwesen eine so große Nutzbarkeit giebt, ist die, daß er mit allen harten steinartigen Körpern, wenn er damit als feuchter Brei zusammen kommt, erhärtet, und eine steinharte Masse bildet. Sand mit gelöschtem Kalk zu Mörtel vereinigt, trocknet an der Luft schnell aus; die Masse hängt nicht allein unter sich zusammen, sondern legt sich auch an andere Steine stark an, und dient zum Verbindungsmittel der letztern. Diese Bindungsfähigkeit entsteht aus der großen Kohäsionskraft, welche Kieselerde und Kalk gegen einander äußern. Der Kalkbrei bietet dem Sande und andern harten Steinarten, die größtentheils aus Kieselerde bestehen, viele Berührungspunkte dar, wodurch seine Kohärenz mit diesen vermehrt wird. Das Wasser, was ihn feucht macht, verdunstet. Dadurch wird die Kohäsion vermehrt. Endlich zieht der Kalk Kohlensäure aus der Atmosphäre an. Er leidet dadurch eine Art von Krystallisation, wodurch sein Zusammenhang unter sich und mit den kieselichten Körpern noch mehr verstärkt wird.

§. 74.

Unschmelzbarkeit.

Der Kalk ist auch bei der heftigsten Glühhitze für sich allein nicht zum Schmelzen zu bringen. Jedoch kann ein zu heftiges Feuer eine Wirkung auf ihn hervorbringen, wodurch er seine Auflösbarkeit im Wasser und seine Brauchbarkeit zum Mörtel verliert. Man kennt diesen Umstand bei der Kalkbrennerei sehr gut, und sucht ihn zu vermeiden. Solcher Kalk wird todter oder todt gebrannter Kalk genannt. Es erleidet derselbe hier wohl eine Art von Verglasung oder Zusammensinterung, wodurch seine Kohäsionskraft vermehrt, und seine Anziehungskraft zum Wasser verringert wird.

Mit der Kieselerde vermengt, läßt sich aber der Kalk gänzlich schmelzen.

§. 75.

Verbindung mit den Säuren.

Zu allen Säuren besitzt der Kalk eine starke Verwandtschaft, und diese ist bei den meisten Säuren noch stärker, als die der Alkalien. Der Kalk zieht die Kohlensäure stärker an, als das Kali, Natrum und Ammonium, und kann sie diesen entziehen; weswegen er als das vorzüglichste Mittel gebraucht wird, kohlensaure Alkalien in ätzende zu verwandeln. Auch zur Schwefelsäure, Salzsäure, Salpetersäure und Phosphorsäure hat er eine stärkere Verwandtschaft, als die reinen Alkalien, und diese sind daher nicht im Stande, seine Verbindungen mit denselben aufzuheben.

§. 76.

Werden Säuren mit gebranntem, vorher gelöschtem Kalk zusammengebracht, so geht die Vereinigung schnell, ohne das mindeste Aufbrausen, vor sich. Giebt die angewandte Säure, die Salz- und Salpetersäure, mit dem Kalke ein auflösliches Mittelsalz, so wird der Kalk in die Flüssigkeit aufgenommen und unsichtbar; die Auflösung wird klar. Giebt aber die Verbindung mit der Säure, wie Schwefelsäure und Phosphorsäure, ein unauflösliches oder schwer auflösliches Mittelsalz, so bleibt der Kalk in der Flüssigkeit schwimmend, und sondert sich, nachdem er sich mit der Säure vereinigt hat, wieder ab.

Werden flüssige mit Wasser vermischte Säuren auf ungelöschten gebrannten Kalk gegossen, so entsteht eine Erhitzung und ein Aufwallen der Flüssigkeit, welche aber nicht sowohl von der Einwirkung der Säure, als vielmehr von der Einsaugung und Krystallisation des Wassers herrühren. Dieses Aufwallen ist also sehr von dem verschieden, was die Säuren mit kohlensaurem Kalke erregen.

§. 77.

Aufbrausen des kohlensauren Kalks mit Säuren.

Der kohlensaure Kalk löst sich nämlich eben so leicht in Säuren auf, wie der gebrannte, und indem dieses geschieht, wird die Kohlensäure aus ihm in Gasform ausgetrieben. Das kohlensaure Gas erhebt sich in Blasen, und verursacht ein starkes Aufbrausen der Flüssigkeit. Da diese Erscheinung die Auflösung der kohlensauren Kalkerde in Säuren jedesmal begleitet, so sieht man dieselbe als ein Kennzeichen der Gegenwart der kohlensauren Kalkerde in einer Erdart an. Brauset diese nämlich mit Säuren auf, so hält man dafür, daß Kalk vorhanden sey. Indessen ist dieses kein völliger Beweis, und bedarf einiger Einschränkungen. Man kann zwar sicher annehmen, daß, wenn bei Uebergießung einer Erde mit Säuren kein Aufbrausen entsteht, auch kein kohlensaurer Kalk in bedeutender Menge da sey; aber umgekehrt ist der Schluß nicht sicher. Denn die kohlensaure Bittererde und das kohlensaure Eisenoxyd lassen ihre Kohlensäure mit eben derselben Erscheinung fahren, wenn sie mit andern Säuren übergossen werden, und können also die Ursache derselben bei dem Probiren der Erde seyn.

§. 78.

Der gebrannte Kalk verliert, wenn er sich mit Säuren vereinigt, seine Aetzbarkeit und seine alkalischen Eigenschaften gänzlich, so wie die Säuren ihren eigenthümlichen Charakter einbüßen.

Es findet auch kein Unterschied Statt, ob es kohlensaurer Kalk oder gebrannter gewesen sey, der mit der Säure verbunden worden. Beides sind bloße Verbindungen der reinen Kalkerde mit der angewandten Säure.

§. 79.

Kalkartige Mittelsalze.

Die Mittelsalze, welche die Kalkerde mit den Säuren darstellt, sind bei verschiedenen Säuren verschieden, und unterscheiden sich wieder von denen, welche dieselben Säuren mit andern Erdarten geben, merklich. Nur eins dieser Salze, der mit Schwefelsäure verbundene Kalk oder der Gyps, wird hier in näheren Betracht kommen.

§. 80.

Kalkige Mineralien.

Von den zum Kalkgeschlechte gehörigen Mineralien, die größtentheils aus kohlensaurem Kalke bestehen, bemerken wir folgende:

1) Der Kalkspath. Er ist ganz aus kohlensaurem Kalk gebildet. Man findet ihn derb oder krystallisirt im Innern der Erde, wo er oft die Gangart der Erze ausmacht. Seine Krystallform ist verschieden, säulenförmig, pyramidalisch, rhomboidalisch u. s. w. Der Kalkspath besitzt mehr oder weniger Durchsichtigkeit, ist farblos und zerspringt in rautenförmige Stücke. Der Doppelspath, welcher die Gegenstände, die man durch ihn sieht, verdoppelt, gehört zu dem Kalkspath.

2) Der Kalkstein. Von dieser Steinart trifft man oft ganze

Gebirge, aus welchen er zum Brennen, wozu er am geschicktesten ist, bergmännisch gewonnen wird. Er ist derb und von Farbe grau, gelblich, röthlich, zuweilen auch vielfarbig. Der beste ist der graue. Ueberdem unterscheidet er sich noch in Hinsicht seines Bruches. Es giebt Kalksteine von erdigem, splittrigem und schiefrigem Bruche. Der Kalkstein besitzt eine größere oder geringere Härte, die indessen nie so groß ist, daß er mit dem Stahle Funken giebt. Er hat weder Glanz noch Durchsichtigkeit, kann aber ersteren zuweilen durch Politur annehmen. Sehr häufig finden sich in ihm Eindrücke und Versteinerungen von Schalthieren. Zuweilen ist er mit erdharzigen Substanzen durchdrungen, und dann stößt er, wenn man seine Stücke an einander reibt, einen stinkenden, knoblauchartigen Geruch aus. Er heißt Schweine- oder Stinkstein.

Der Kalkstein ist gemeiniglich nicht so rein wie der Kalkspath. Denn oft enthält er Eisenoxyd, Thon und Kieselerde. Der Rüdersdorfer Kalkstein besteht nach Simon aus 53 Prozent Kalkerde, 42,50 Prozent Kohlensäure, 1,12 Prozent Kieselerde, 1 Prozent Thonerde, 0,75 Prozent Eisen, 1,63 Prozent Wasser. Die schwedischen Kalksteine enthalten nach Simon etwas mehr Kieselerde, Thonerde und Eisenoxyd, auch etwas Braunsteinoxyd.

Eine Abart des Kalksteins ist der Marmor. Er unterscheidet sich bloß von ihm durch seine geringern fremdartigen Beimischungen, größere Härte, feinern Bruch und verschiedene Farben, welche letztere ihm oft ein sehr schönes Ansehen geben.

3) Kreide. Sie ist eine feste Kalkart von verschiedener Härte, fühlt sich mager an, färbt leicht ab und läßt sich leicht schaben. Sie ist weiß oder gelblichweiß von Farbe. Den Namen Kreide hat sie von der Insel Kreta, jetzt Kandia, welche sie in großer Menge und von vorzüglicher Güte liefert. Sie ist aber auch in vielen andern Ländern anzutreffen, wo sie ganze Vorgebirge bildet, z. B. in England, Dänemark, Frankreich u. s. w. Ersteres besteht wahrscheinlich ganz in seinem Kerne aus einem Kalkfelsen. Sie kann zum Kalkbrennen dienen, und ist im gemeinen Leben bekanntlich nützlich. Es giebt noch andere Mineralien, die auch den Namen Kreide führen, aber nicht mit der wahren Kreide verwechselt werden dürfen. Die spanische Kreide ist eine Art Speckstein, die zu dem Bittererdengeschlecht gehört. Die schwarze Kreide gehört zum Schiefergeschlecht.

4) Pulverförmiger Kalk. Oft findet man in Hügeln, Ebenen und Niederungen eine weiße, mehr oder weniger ins Gelbe oder Graue

fallende bröcklige Erdart, welche größtentheils aus kohlensaurem Kalk besteht. Sie ist mager anzufühlen, backt wenig zusammen, und giebt mit Wasser angerührt keine bindende Masse. Wir nennen sie pulverförmigen oder erdigen Kalk. An vielen Orten wird sie aber Mergelkalk genannt, zuweilen auch schlechthin Mergel. Sie hat aber einen zu großen Antheil an Kalk, mehrentheils über 90 Prozent, als daß man sie zu den Mergelarten zählen sollte. Sie kann, in Ziegelformen gestrichen, zu lebendigem Kalke gebrannt werden, paßt sich aber auch ungebrannt als Düngungsmittel, indem sie an der Luft leicht in ein feines Pulver zerfällt. Sie ist deshalb für den Landwirth von großer Wichtigkeit. Wahrscheinlich ist sie mit der folgenden Art gleichen Ursprungs.

5) Blätter- oder Muschelkalk. Man findet diesen zuweilen in Bergen, häufiger aber in Niederungen mit einer starken Lage mooriger Dammerde bedeckt. Zu oberst trifft man eine Lage von noch unzergangenen Muschelschalen an, die etwas tiefer schon ganz in Blätter zerfallen sind, unter welchen dann lockerer, ganz unten aber zuweilen beinahe steinichter Kalk liegt. Man kann hier die Entstehung des Kalks aus Schalthieren und seine allmählige Bildung zum Stein sehr deutlich wahrnehmen.

6) Kalksinter und Kalktuff. Diese Kalkarten sind aus Wassern entstanden, welche viel kohlensauren Kalk durch Hülfe der Kohlensäure aufgelöst hatten, so wie sie letztere verloren, die Kalkerde aber fallen ließen, die sich nun schichtweise übereinander legte, oder andere Körper überzog. Der Kalksinter, der auch Tropfstein heißt, findet sich in verschiedenen wunderbaren Formen, besonders in manchen Höhlen, z. B. der Baumanns- und Bielshöhle am Harz, in der Höhle von Antiparos u. s. w.

Kalktuff heißt jenes Kalkkonglomerat, das sich im Wasser absetzte, ohne daß dieses durchtröpfelte. Man findet denselben in Karlsbad, in Schlesien, am Harz und fast an allen Orten, wo es viele Kalkgebirge giebt. Zuweilen kommt er in Gestalt kleiner aneinander gebackener Kugeln vor, die inwendig hohl und gemeiniglich mit einem Sandkorne versehen sind. Sie heißen Erbsen- oder Roggensteine.

Der Gyps.

§. 81.

Unter den Verbindungen, welche der Kalk mit den verschiedenen Säuren macht, kommt hier nur diejenige mit der Schwefelsäure in Betracht, die wir im gemeinen Leben Gyps, in der wissenschaftlichen Sprache schwefelsauren Kalk nennen. Dieser ist ein völlig geschmackloser und im Wasser schwer auflöslicher Körper, der, wenn er von brennbaren Substanzen und metallischen Oxyden rein ist, immer eine weiße Farbe besitzt. Ein Theil desselben erfordert zu seiner Auflösung nach Buchholz 461½ Theile Wasser; doch sind die Angaben darüber verschieden. Nach Buchholz löst sich fast gleich viel in heißem und kaltem Wasser auf, nach Andern in jenem mehr. Wegen dieser schweren Auflöslichkeit kann man den Gyps durch die Kunst nicht in Krystallen darstellen. Wir erhalten ihn durch die Auflösung nur in kleinen krystallinischen Körnern. Man kann eben der Ursache wegen auch die Kalkerde vermittelst der Schwefelsäure nicht in einen flüssigen Zustand bringen, und er bleibt folglich im Filtrum immer zurück. Gießt man mit Wasser verdünnte Schwefelsäure auf Kalk, so geht zwar eine Verbindung beider vor sich, aber der daraus entstandene Gyps bleibt als eine weiße pulverichte Masse unaufgelöst zurück, und nur ein sehr kleiner Theil derselben wird von der Flüssigkeit aufgenommen.

§. 82.

Die Auflösung des wenigen Gypses im Wasser ist dem äußern Ansehen nach vom reinen Wasser gar nicht verschieden. Sie besitzt indessen etwas Geschmack, obgleich der trockene Gyps ganz geschmacklos ist. Dieser Geschmack läßt sich nicht gut beschreiben. Man nennt ihn einen harten Geschmack, und man bemerkt ihn an einigen Quellwassern, die Gyps aufgelöst enthalten, weswegen man diese Wasser harte Wasser nennt. Wird die Gypsauflösung abgeraucht, so schlägt sich in dem Maaße, wie die Feuchtigkeit verdunstet, Gyps in ihr nieder. Denn die bleibende Flüssigkeit behält nur noch so viel Gyps, wie sie aufzulösen vermögend ist. In Wasser, was Kohlensäure enthält, löst sich weit mehr Gyps auf, als in reinem Wasser. Er läßt aber auch das, was er mehr aufgenommen hatte, mit seiner Kohlensäure zugleich fahren, verliert es mithin an der Luft größtentheils, und in der Siedhitze gänzlich. Die mit Gyps verunreinigten oder harten Wasser sind zu manchem Gebrauche fehlerhaft, dagegen aber auf Wiesen geleitet sehr düngend und fruchtbringend.

§. 83.

Der Gyps besteht nach Buchholz's Untersuchungen, die die genauesten zu seyn scheinen, aus 33 Prozent Kalkerde, 43 Prozent Schwefelsäure und 24 Prozent Krystallwasser. Doch können andere Gypsarten ein anderes Verhältniß haben. Sein Krystallwasser verliert der Gyps in der Luft nicht. Die Gypskrystalle zerfallen daher an der Luft nicht, eben so wenig, wie sie Feuchtigkeit aus der Luft an sich ziehen. Wenn aber der Gyps erhitzt wird, so läßt er sein Krystallwasser völlig fahren, ohne zu knistern. Er verliert von seinem Gewichte so viel, wie sein Wasser beträgt. Die Hitze, bei welcher dies geschieht, braucht nicht groß zu seyn, bei weitem nicht so stark, wie die zum Brennen des Kalks erforderliche. Wenn der Gyps, in mäßige Stücken zerschlagen, gebrannt wird, so wird er durch das Brennen ganz mürbe und leicht zerreiblich.

§. 84.

Der Gyps, welcher also im Feuer sein Krystallwasser verloren hat, wird **gebrannter Gyps** genannt. In diesem Zustande findet er seine Anwendung als Mörtel, und dann auch besonders zu Abgüssen. Wenn der gebrannte Gyps fein gepulvert, und als feines Mehl mit Wasser zusammengerührt wird, so zieht er das Wasser begierig wieder an, und verbindet es im festen Zustande als Krystallwasser mit sich. Dabei entsteht, wie beim Kalke, eine Erhitzung, jedoch keine so starke, weil nämlich die Vereinigung nicht so schnell vor sich geht. Ist mehr Wasser zugesetzt, als der Gyps zu seiner Krystallisation gebraucht, so bleibt die Masse breiartig, schießt aber dann zu Krystallen an, und macht eine harte Masse. Hierauf beruht seine Brauchbarkeit als Mörtel.

§. 85.

Auch an der Luft zieht der Gyps nach und nach Feuchtigkeit wieder an, und nimmt sie als Krystallwasser auf. Gebrannter Gyps, der an die Luft gelegt wird, vermehrt sein Gewicht, und verliert dagegen die Eigenschaft, sich mit Wasser zu erhitzen, und seine Brauchbarkeit als Mörtel. Nur durch neues Brennen kann er wieder in den vorigen Zustand versetzt werden, und man kann ihn dann wieder zu Mörtel gebrauchen.

§. 86.

Wenn der Gyps in einer zu starken Hitze gebrannt wird, so erleidet er auch eine ähnliche Veränderung, wie der Kalk in zu heftigem Feuer. Er wird todt gebrannt, löscht sich dann nicht mit Wasser, giebt keinen Mörtel und wird auch wohl zu Dünger dadurch unbrauchbar.

Zum eigentlichen Schmelzen kommt der Gyps nicht anders, als in einer sehr großen und anhaltenden Hitze. Ein solcher zusammengegangener Gyps zeigt dann oft die Erscheinung, daß er im Finstern leuchtet. Eine Zersetzung und Trennung der Schwefelsäure vom Kalk erleidet der Gyps in der Hitze nicht. Es ist bloß sein Wasser, was er darin verliert. Nur wenn er mit brennbaren Substanzen, mit Kohlen oder vegetabilischen Körpern in der Glühhitze zusammenkommt, so wird er zersetzt, seine Schwefelsäure verliert dann ihr Oxygen, und der aus ihr sich ausscheidende Schwefel wird zum Theil verflüchtigt, zum Theil bleibt er mit der Kalkerde verbunden, und liefert damit Schwefelkalk oder Schwefelleber. Man bemerkt daher bei allen Gypsbrennereien einen schwefelichten Geruch.

Es ist wahrscheinlich, daß eine ähnliche Zersetzung, aber weit langsamer, in geringerer Temperatur vorgehe, wenn er mit modernden kohlenstoffhaltigen Körpern zusammenkommt, und daß daher seine düngende Eigenschaft zum Theil herrühre. Gypshaltige Wasser geben, wenn sie verunreinigt werden, einen schwefelicht stinkenden Geruch, und Fourcroy leitet daher den Gestank in gewissen Gegenden von Paris ab.

§. 87.

Die Kalkerde ist der Schwefelsäure näher verwandt, als die Alkalien, mithin läßt sich der Gyps durch sie nicht zerlegen. Kohlensaure Alkalien bringen aber eine völlige Zersetzung des Gypses leicht hervor, welches vermittelst einer doppelten Wahlanziehung bewerkstelligt wird. Kocht man z. B. gepulverten Gyps in einer Auflösung des kohlensauren Kali, so geht das Kali mit der Schwefelsäure und die Kalkerde mit der Kohlensäure zusammen. Diese Kalkerde bleibt dann als kohlensaurer Kalk unaufgelöst als ein weißes Pulver zurück. Das schwefelsaure Kali wird aber in der Flüssigkeit aufgelöst. Diese chemischen Eigenschaften des Gypses bemerken wir hier besonders in Hinsicht auf die Lehre von der Gypsdüngung, welche bisher noch dunkel, obwohl durch die augenscheinlichsten Resultate genug bestätigt war.

§. 88.

Gyps-Mineralien.

Der im Mineralreiche vorkommende Gyps bildet oft ganze Gebirge. Er findet sich unter verschiedener Gestalt: entweder als ein pulverförmiger Körper, oder in derben Massen, oder krystallisirt. Zu den gewöhnlichsten Arten gehören folgende:

1) Der Mehlgyps, gypsartige Bergmilch, Himmelsmehl.

Dies ist Gyps in pulverförmigem Zustande, und er findet sich in der Nachbarschaft von Gypsfelsen, wo er wohl vermittelst des Wassers abgerissen und in pulverförmiger Gestalt zu Tage gebracht wird. An einigen Orten sieht man ihn aus der Erde hervorquillen. In Zeiten der Hungersnoth glaubte man, dies sey vom Himmel herabgeschicktes Mehl, und vermischte es mit wirklichem Getreidemehl, backte Brod daraus, was freilich keine Nahrung geben konnte, indessen doch nicht so tödtlich war, wie Manche es von dem mit Gyps vermischten Mehle glaubten.

2) Der gemeine dichte Gypsstein. Man findet ihn an Flötzgebirgen in großen Massen. Er ist nicht sehr hart, läßt sich mit den Zähnen zerbeißen, wo er ein Knistern verursacht, nimmt keine Politur an, und ist ziemlich zähe, so daß man ihn schwer zu Pulver schaffen kann. Man findet ihn von verschiedener Farbe, meistens graulich und weiß. Eine Abart von ihm ist der Alabaster, der vom Gypse eben das ist, was der Marmor vom Kalke, ein halb krystallisirter Stein, der Politur annimmt, und der zu allerlei Bildhauerarbeit, Vasen und Statuen verarbeitet wird. Er hat oft allerlei recht schöne Farben, die von metallischen Oxyden herrühren, und in einem und demselben Stücke oft sehr mannichfaltig sind. Er nimmt jedoch keine so gute Politur wie der Marmor an, wegen seiner geringern Härte. Seine Masse ist auch nicht so dauerhaft und verwittert leichter an der Luft.

3) Der Gypsspath. Dieser kommt oft da vor, wo vorher derber Gypsstein liegt, und ist mit ihm durchmengt. Er ist mehr oder weniger durchsichtig, verschiedenartig gefärbt, und läßt sich mit dem Messer in dünne Scheiben spalten, die weich und durchsichtig sind. Zu ihm gehört das Frauen- oder Marienglas, das aus ziemlich großen rautenförmigen Stücken besteht, und sich leicht schneiden läßt. Zuweilen ist der Gypsspath in ansehnlichen Krystallen angeschossen, die entweder tafelförmig oder pyramidalisch sind. Der Gypsspath ist übrigens auch zähe und schwer in Pulver zu verwandeln.

4) Der Gypssinter ist auf eben die Weise entstanden, wie der Kalksinter, nämlich vom kohlensauren Wasser, welches ihn in großer Menge aufgelöst hat, abgesetzt. Zuweilen findet man auch Gyps und kohlensauren Kalk mit einander gemengt. Solche kalkartigen Gypse brausen dann mit Säuren auf.

Der Gyps ist auch in vielem Wasser enthalten. Manche Brunnenwasser enthalten ihn und heißen dann harte Wasser, die zu mancherlei Gebrauche, besonders zum Branntweinbrennen, sehr untauglich sind. Zuweilen, jedoch nur selten, trifft man ihn in der Ackerkrume an, und auch mit Mergel und Thonarten vermengt. Auch findet man ihn in der Asche einiger Gewächse, er hat aber wahrscheinlich in den Pflanzen nicht präexistirt, sondern er ist durch Verbrennung erzeugt worden, indem sich die Schwefelsäure mit dem Kalke verbunden hat.

Der Mergel.

§. 89.

Diese für den Ackerbau so äußerst wichtige Substanz ist vielen Landwirthen bekannt gewesen als ein Mittel, die Fruchtbarkeit zu vermehren und dem Acker aufzuhelfen. Und in manchen Gegenden hat man wirklich ganze Distrikte gefunden, denen schon vor alten Zeiten durch den Gebrauch derselben ist aufgeholfen worden. Auch kannten ihn die Römer. Die allgemeine Aufmerksamkeit hat die Mergelung doch erst seit kurzem auf sich gezogen, und es giebt noch viele Landwirthe, die von dieser Substanz durchaus keinen klaren Begriff haben, obgleich wenig chemische Kenntnisse dazu gehören, um den Mergel von allen andern Erdarten zu unterscheiden. Aus der gänzlichen Unbekanntschaft mit dem Mergel rührt es zum Theil her, daß man die Wirkung des Mergels ableugnet, ihn sogar verschreiet und nachtheiligen Erfolg von seiner Anwendung gesehen haben will. Es war dann aber nicht Mergel, den man auf das Land führte, sondern vielleicht ein bindender eisenhaltiger Thon, oder eine andere Erdart, die sich für den Boden gar nicht paßte. Als Düngungsmittel werden wir vom Mergel in der Folge reden. Hier nur von seiner Natur und seiner natürlichen Gegenwart im Boden.

§. 90.

Der Mergel ist eine Vereinigung der kohlensauren Kalkerde mit dem Thon. Beide Substanzen befinden sich meistentheils auf eine innige Art vermengt, so daß man weder mit dem bloßen Auge, noch selbst mit dem Mikroskope die Kalktheilchen und einzelne Thontheilchen unterscheiden kann. Wir haben es der Natur noch nicht abgemerkt, wie sie diese Erdart bereitet. Denn wenn man Vermengungen von Kalk und Thon gemacht hat, so sind diese von dem natürlichen Mergel doch noch sehr verschieden gewesen; sie haben z. B. das Zerfallen an der Luft und das Verwittern mit dem natürlichen Mergel nicht gleich gehabt.

§. 91.

Die Verhältnisse, in welchen Thon und Kalk im Mergel mit einander verbunden sind, sind höchst mannichfaltig verschieden. Zuweilen ist das Verhältniß beider gleich; dann ist der Thon mehr oder minder überwiegend, dann ist es wieder der Kalk. Die Natur hat sich kein bestimmtes Maaß vorgeschrieben, worin sie beide Erdarten vermengt. Nach diesen verschiedenen Verhältnissen des Thons und des Kalks hat man den Mergel klassifizirt, und den verschiedenen Sorten verschiedene Benennungen gegeben. Die Klassifikation, welche Andreä in seinem Werke über die Erdarten des hannöverschen Landes aufgestellt hat, ist in der That die zweckmäßigste und auch in Deutschland fast allgemein angenommen. Nach Andreä heißt Mergel schlechthin eine Verbindung von ungefähr gleichen Theilen Thon und Kalk. Ist der Thon überwiegend, so daß er beträchtlich über die Hälfte bis zu $^2/_3$ geht, so heißt die Verbindung Thonmergel. Steigt das Verhältniß des Thons noch höher, so daß der Kalk unter $^1/_4$, der Thon über $^3/_4$ ausmacht, so wird er kalkichter oder mergelichter Thon genannt. Wenn der Kalk dagegen überwiegend ist, beträchtlich über die Hälfte bis zu $^2/_3$ steigt, so heißt er Kalkmergel, und ist die Quantität des Kalks noch größer, über $^3/_4$, so nennt man dies Gemenge thonichten Kalk.

§. 92.

Wir finden den Mergel und seine Abarten an sehr vielen Orten. Jetzt, da man ihn mit mehr Sorgfalt aufsucht, zeigt es sich, daß man ihn in den meisten Gegenden antreffe, und daß er fast allenthalben im Untergrunde des Ackers liege. Es sind selten Gegenden, wo man ihn gar nicht findet, oder wo er zu tief liegt, um ihn herauszuholen. Am häufigsten findet man ihn in gebirgigen Gegenden in der Nachbarschaft von Flötzgebirgen, wo er nicht selten die Bestandtheile des Untergrundes im Boden ausmacht, und große ausgebreitete Lager bildet. Im flachen Lande muß man ihn mehr aufsuchen. Er liegt da mehr nesterweise und zerstreut, flacher oder tiefer in der Erde, auf Höhen und in Niederungen, in trockenen und in sumpfigen Gegenden. Mit einiger Wahrscheinlichkeit kann man auf die Gegenwart des Mergels schließen, wenn man gewisse Pflanzen auf dem Boden findet. Die Tussilago farfara und alpina, die Salvia glutinosa und pratensis vegetiren sehr lebhaft auf Boden, der Mergel hält. Nicht eine einzelne Pflanze zeigt ihn an; aber wo sie sich ausbreiten und einen üppigen Wuchs zeigen, können sie allenfalls als Wegweiser zur Auffindung des Mergels dienen. Wenn die Medicago lupulina, ohne daß der Boden im Dünger steht, häufig dasteht, so halte ich auch dies für ein Merkmal. Auch unter der wilden Brombeere wird man mehrentheils Mergel oder wenigstens mergelichten Thon finden. Sonst zeigt sich solcher tiefe und nesterweise liegende Mergel zuerst mehrentheils an Abhängen, in Hohlwegen, wo die obere Erde abgefallen ist, und dann zu Tage kommt. Mehrentheils pflegt ein solches Mergelnest oben mit Thon bedeckt zu seyn; und wo man solchen Thon trifft, der mit Kalkkörnern durchwirkt ist, da kann man fast mit Sicherheit schließen, daß tiefer unten sich wirklicher Mergel finden werde. Diese Mergellagen sind in ihrer ganzen Dicke mehrentheils nicht von gleicher Beschaffenheit, besonders beim Thonmergel nicht. Oben pflegen die Schichten weniger Kalk zu enthalten, als unten, und gemeiniglich wird der Mergel um so kalkreicher, je tiefer man eindringt.

§. 93.

An den Eigenschaften des Mergels haben der Thon und der Kalk zugleich Antheil. Beide Erdarten verändern in der Mischung gegenseitig und durch einander ihre physischen Eigenschaften. Die Zähigkeit und schlüpfrige Beschaffenheit des Thons wird durch den Kalk verringert, und das spröde rauhe Wesen des Kalks wieder durch den Thon gemildert. Je höher die Quantität des einen oder des andern Bestandtheils im Mergel steigt, je mehr nimmt dieser die äußere Beschaffenheit dieses oder jenes Körpers an.

Der eigentliche Mergel aus ungefähr gleichen Theilen von Thon und Kalk steht weder dem Thone noch dem Kalke näher. Die Eigenschaften beider haben sich in gleichen Verhältnissen amalgamirt. Der Thonmergel und der kalkichte Thon nähern sich mehr dem Thone. Sie sind daher angefeuchtet schlüpfrig und dehnbarer, geben einen Thongeruch von sich, und trocknen zu festen, doch mehr zerreiblichen Klumpen zusammen. Mergeliger Thonboden ist feucht oft noch schwerer zu bearbeiten, als mergelloser Thon, trocken aber weit leichter. Der Kalkmergel und der thonichte Kalk gleicht mehr dem Kalke. Er fühlt sich trocken rauher an, ist feucht weniger zusammenhängend, und die trockenen Stücke lassen sich leicht zwischen den Fingern zerreiben. Es kommt indessen hierbei sehr auf die Beschaffenheit des Thons an, ob dieser nämlich fett oder mager ist. Ein fetter Thon bedarf eines größern Zusatzes von Kalk, um seine Eigenschaften zu verstecken. Ein magerer Thon bedarf nur wenigen Kalks, um dieselbe Wirkung hervorzubringen. Oft findet man Mergelarten, worin die eine dem Thonmergel, die andere dem Kalkmergel in ihrem äußern Verhalten mehr gleichen, und die dennoch eine gleiche Quantität von Kalk und Thon enthalten. Jener hatte aber einen bindenden fetten, dieser einen magern Thon. Die Natur des Thons hat also auf alle Eigenschaften des Mergels einen beträchtlichen Einfluß.

§. 94.

Farben desselben.

Der Mergel besitzt mancherlei Farben. Er ist weiß, gelb, gelblich, braun, graulich, violet, röthlich, roth, grau, bläulich, schwarz u. s. w. Theils werden diese Farben durch das im Thone befindliche Eisen oder Manganoxyd hervorgebracht, theils rühren sie von brennbaren Materien, Erdharzen oder Humus her. Die Mergelarten, welche mit letzterem allein vermischt sind, sind gemeiniglich grau, bläulich oder schwarz, und sie brennen sich dann im Feuer weiß; der von Erdharzen durchdrungene giebt, besonders wenn man ihn erwärmt, oder seine Stücke aneinander reibt, einen eigenthümlichen Geruch von sich. Aus der Farbe des Mergels kann man sehr wenig schließen, etwa oberflächlich auf seinen Gehalt an Metalloxyd oder brennbaren Stoffen. Sie kann keinesweges dazu dienen, uns über die innere Beschaffenheit des Mergels, über seinen Thon- und Kalkgehalt Aufschluß zu geben. Gleichgefärbte Mergelarten sind oft in ihren Verhältnissen von Thon und Kalk sehr verschieden, und wiederum stimmen Mergelarten, die ganz abweichende Farben besitzen, in dieser Hinsicht völlig überein.

§. 95.

Konsistenz.

In Ansehung des Zusammenhangs und des Gefüges der einzelnen Theile weicht der Mergel sehr von einander ab. Zuweilen ist er so weich und zart, wie Pulver, oder doch so wenig zusammenhängend, daß man ihn leicht zerdrücken kann. Dann ist er wieder steinhart. Ersteren nennt man erdigen, letzteren Steinmergel. Dieser unterscheidet sich oft noch durch sein Gefüge. Er ist entweder von schieferartigem Bruche, und besteht aus übereinander liegenden Scheiben, die sich mit einem Messer von einander ablösen lassen, oder es zeigt sich keine bestimmte Lage, und er zerspringt beim Zerschlagen in unregelmäßige Stücke. Jenen nennt man daher Schiefelmergel, diesen schlechthin Steinmergel. Auch aus den Verschiedenheiten, die der Mergel in dieser Hinsicht zeigt, kann man nicht mit Sicherheit auf seine Bestandtheile schließen. Zuweilen hat harter Mergel einen Ueberschuß von Thon, zuweilen auch von Kalk und er nähert sich dem Kalksteine, und bei erdigem Mergel kann man auch keinesweges sagen, daß er einen Ueberschuß von Kalk besäße; denn der Thon konnte mager seyn, so daß der Mergel nicht stark zusammenhängt. Wenn der Mergel mit Wasser übergossen wird, so dringt dasselbe mehr oder weniger leicht in seine Poren ein. Es hebt dann die Kohäsion der einzelnen Partikeln auf, treibt sie auseinander und verursacht, daß die Stücke in ein feines Pulver zerfallen. Dies ist eine wesentliche Eigenschaft des Mergels, wodurch man ihn vorläufig erkennt, und wodurch er seinen Nutzen auf den Boden durch die innige Vermengung mit der Ackerkrume äußert. Die Luft entwickelt sich in Blasen, die im Wasser in die Höhe steigen und zuwellen ein gelindes Geräusch und eine Art von Aufbrausen veranlassen. Man kann zwar nicht annehmen, daß eine Erdart, die im Wasser zerfällt, immer Mergel sey; denn auch sehr magere Thonarten zerfallen darin. Man kann aber sicher schließen, daß, wenn eine Erdart nicht im Wasser zerfällt, es kein Mergel sey. Jeder Mergel, selbst der Steinmergel, wird im Wasser mürbe und pulvrig. Auch an der Luft verliert der Mergel seinen Zusammenhang und zerfällt hier eben so fein, wie unter dem Wasser, nur gehört eine längere Zeit dazu. Dies macht die Anwendung des Mergels zur Verbesserung des Bodens so bequem. Man braucht den Mergel nicht erst zu Pulver zu zermalmen, um ihn mit der Erdkrume zu vermengen, sondern man kann das Verkleinerungsgeschäft ganz der Luft überlassen. Die atmosphärische Feuchtigkeit dringt in den auf dem Acker liegenden Mergel ein, und pulvert ihn. Frost kommt der Zerkleinerung sehr zu statten, und er muß bei zähen Mergelarten, zuweilen beim Steinmergel, zu Hülfe kommen, wenn das Zerfallen zu Stande kommen soll, weshalb man solche Mergelarten gern vor Winter aufführen läßt. Die Feuchtigkeit, welche der Mergel eingesogen hat, dehnt sich beim Gefrieren aus, und treibt die Partikeln auseinander, so wie wir dies beim Thone bemerkt haben.

§. 96.

Das Zerfallen des Mergels an der Luft und im Wasser hängt in Hinsicht der dazu erforderlichen Zeit theils von dem Verhältnisse des Thons und der Beschaffenheit desselben, theils von dem mehr oder weniger festen Zustande ab, den der Mergel durch die Verbindung seiner Theile hat. Reiner fester Kalk zerfällt gar nicht, eben so wenig wie reiner fester Thon. Ist der Kalk also sehr hervorstechend im Mergel, so verhindert dies sein Zerfallen; ist der Thon überwiegend, so geschieht es ebenfalls, wenigstens langsam. Zum leichten Zerfallen gehört ein gewisses Verhältniß von beiden, und dies gerechte Verhältniß wird durch die mehrere oder mindere Fettigkeit des Thons mit bestimmt.

Bei Mergelarten, die den Thon von gleicher Qualität besitzen, die aber verschiedene Verhältnisse desselben mit dem Kalk enthalten, wird der eigentliche Mergel am leichtesten, der Kalk- und Thonmergel aber schwerer zerfallen. Dann kommt es auch auf die besondere Verbindung der Theile unter sich an. Haben sie sich im Steinmergel wie Stein verhärtet, so erfordert dieser die längste Zeit, und unter dem Steinmergel zerfällt der schieferige leichter, als der, welcher keinen schieferigen Bruch hat.

§. 97.

Verhalten gegen die Säuren.

Die flüssigen Säuren bringen aus bekannten Ursachen ein starkes Aufbrausen hervor. Werden sie auf den Mergel gegossen, so verbinden sie sich mit dem Kalk; die Thonerde aber bleibt unangegriffen von den Säuren, so lange diese noch Kalkerde aufzunehmen haben. Erst wenn die Kalkerde genug von der Säure aufgenommen ist, und dann noch ein Ueberschuß von Säure bleibt, so kann auch etwas Thonerde und Eisenoxyd aufgelöst werden.

§. 98.

Im Feuer.

Wir wissen, daß der kohlensaure Kalk zwar für sich nicht zum Schmelzen zu bringen ist, und daß der Thon sich im heftigsten Feuer sehr schwer verglaset. Wenn aber beide Substanzen mit einander verbunden sind, so kommen sie leicht in Fluß. Der Mergel ist also eine schmelzbare, verglasbare Substanz. Es bedarf keiner sehr großen Hitze, um ihn in Fluß zu bringen. Deshalb bedient man sich auch des Mergels beim Scheiden der Metalle, um die Erze leicht zum Schmelzen zu bringen. Häufig geschieht dies bei der Gewinnung des Eisens.

§. 99.

Beimischung anderer Substanzen.

Sehr häufig ist der Mergel noch mit andern Theilen vermengt, die eigentlich nicht zu seiner Mischung gehören. Die gewöhnlichsten sind Bittererde, Sand und Gyps. Die Bittererde findet man häufig im Mergel, und zwar in dem, von welchem man recht gute Wirkung sieht. Sie ist auch im kohlensauren Zustande darin, wo sie mit Säuren ein Aufbrausen erregt, sich in solchen auflöst, und folglich bei der oberflächlichen Untersuchung des Mergels mit dem Kalke verwechselt wird. Da man aber über ihre Wirkung ungewiß ist, so wird es darauf ankommen, sie genauer zu unterscheiden. Mergel mit Bittererde verbunden heißt bittererdhaltiger Mergel, und je nachdem der Thon oder der Kalk darin vorwaltend ist, bittererdiger Thon- oder Kalkmergel. Einiger Sand ist dem Mergel immer beigemischt. Ist seine Zumischung beträchtlich, so nennen wir ihn sandigen Thon- oder Kalkmergel. Steigt das Verhältniß des Sandes auf 60, 70 bis 80 Prozent, — mergeligen Sand. Einiger Sand im Mergel ist sehr gut; er bewirkt, daß der Mergel um so schneller verwittert und zerfällt. Auch Gyps ist im Mergel, und zeigt sich zuweilen in kleinen glänzenden krystallinischen Adern zwischen dem Mergel. Man bemerkt ihn, wenn man den Mergel zwischen Kohlen legt und glüht. Er stößt alsdann einen schwefeligen Geruch aus. Wahrscheinlich verbessert er den Mergel und macht ihn mürber. Hierüber fehlen uns aber noch genugsame Beobachtungen. Ist er in bedeutender Menge darin, so heißt er gypsiger Thon- und Kalkmergel.

§. 100.

Aeußere Gestalten.

Die äußere Gestalt, worin sich der Mergel befindet, ist also sehr verschieden. Folgendes sind die Hauptarten, nicht dem Gehalt, sondern der Gestalt nach:

a) Steinig und dann mehrentheils schiefrig. In der Erde ist er mehrentheils noch ziemlich mürbe; wenn er aber zuerst an die Luft kommt, wird er härter und verändert seine Farbe, und zerfällt dann oft erst nach 2 oder 3 Jahren völlig. Dieser Mergel ist manchmal sehr kalkreich, und nähert sich dem Kalkstein, so daß er auch zuweilen zu Kalk gebrannt, und zugleich roh zum Mergeln gebraucht wird. Natürlich ist aber der daraus gewonnene Kalk unrein und schlecht. Manchmal ist er von derselben Härte und Gestalt; aber Thon- und Kieselerde überwiegt dennoch den Kalk darin.

b) Thonig und lehmig, wo man ihn denn doch aber durch die oben angegebenen Zeichen sehr leicht vom Thon und Lehm unterscheiden kann.

c) In blättriger Gestalt, den man Papiermengel zu nennen pflegt. Man findet selbigen nur in dünnen Lagen.

d) Muschelmergel, in welchem man häufig noch die Ueberbleibsel von Schneckenhäusern, besonders auf der obern Fläche antrifft. Tiefer unten sieht er wie schmutzige Kreide aus, und ganz unten ist er manchmal halb krystallisirt und steinartig. Dieser Mergel findet sich mehrentheils nur in Gründen unter Torf und schwarzer Moorerde, wo vormals Wasser gestanden hat. Er besteht größtentheils aus Kalk, wird deshalb Mergelkalk genannt, und oft als Kalk gebrannt und gebraucht. Er zerfällt aber an der Luft und im Wasser, und wird mit letzterem, im gehörigen Verhältniß vermengt, ungebrannt zum Uebertünchen gebraucht. Dieser Mergel wirkt, auf den Acker gebracht, wenigstens nicht so schnell, wie man erwarten sollte, und enthält wahrscheinlich oft Phosphorsäure.

Die erste Art findet man fast nur in bergigen Gegenden; die zweite mehrentheils in Hügeln, die gewöhnlich mit einem braunen Lehm bedeckt zu seyn pflegen, auf welchem sich der Brombeerenstrauch eingewurzelt hat. Diese Hügel selbst sind oft nichts weniger als fruchtbar, obgleich der Lehm der Oberfläche schon einige Kalktheile enthält. Der Mergel scheint hier den Humus schnell konsumirt zu haben, oder dieser ist, durch jenen auflöslicher gemacht, herabgespült worden. Durch stärkere Düngung werden solche Hügel aber fruchtbar. Ich führe dies an, damit man sich durch die scheinbare Unfruchtbarkeit dieser Hügel nicht abschrecken lasse, hier nach Mergel zu graben. Die beiden letztern Arten finden sich nur in Gründen.

Die Bitter- oder Talkerde.

§. 101.

Wir finden diese Erde nicht so verbreitet in der Natur, wie die vorhergehenden, auch nie rein, sondern mit andern Erden gemischt und mit Säuren verbunden. Manche Mineralien enthalten sie, und sie ist im Meerwasser und in den Salzsoolen, hauptsächlich mit Salz- und Schwefelsäure verbunden, häufig vorhanden, so wie sie auch in den thierischen Körpern, mehrentheils mit Phosphorsäure vereinigt, oft vorkommt. Auch die Aschen der meisten Gewächse enthalten sie in größerer oder geringerer Menge; zuweilen macht sie einen ganz beträchtlichen Bestandtheil der Ackererde und auch des zur Düngung brauchbaren Mergels aus.

Diese Erde, welche überhaupt erst kürzlich entdeckt und unterschieden worden, hat in den neuesten Zeiten in Hinsicht des Ackerbaues wieder mehrere Aufmerksamkeit erregt. B e r g m a n n und Andere erklärten sie für eine sehr fruchtbare Erde. Ein Engländer Tennant aber hatte die Beobachtung gemacht, daß ein zur Düngung gebrauchter, gebrannter Kalk eine sehr nachtheilige Wirkung that, und fand bei der Untersuchung desselben, daß er viele Bittererde enthielte. Er schloß daraus auf eine allgemein schädliche Wirkung der Bittererde. Höchstens beweist dieser Fall aber nur, daß sie in ihrem kohlensäurefreien Zustande nachtheilig wirken könne, in welchem sie sich von Natur nie befindet. In ihrem natürlichen Zustande kommt sie dem kohlensauren Kalke vielmehr in allen Stücken gleich. Lampadius hat sie der Vegetation des Roggens sehr zuträglich gefunden, und Einhof hat einen sehr fruchtbaren Mergel untersucht, der 20 Prozent Bittererde enthielt.

§. 102.

Die kohlensaure Bittererde ist völlig geschmack- und geruchlos. Wenn sie mit Wasser benetzt und zusammengerührt wird, so giebt sie mit demselben eine wenig zusammenhängende Masse, die bald wieder austrocknet. In Hinsicht ihrer wasserhaltenden Kraft ist sie der kohlensauren Kalkerde gleichzusetzen. Ueberhaupt verhält sie sich auch gegen das Wasser ebenso wie diese; in reinem Wasser ist sie unauflöslich, und nur, wenn es mit kohlensaurem Gas angeschwängert ist, kann es kohlensaure Bittererde auflösen.

§. 103.

Die reine kohlensäurefreie Bittererde unterscheidet sich aber sehr merklich vom Kalk. Sie ist nicht ätzend, nicht alkalisch wie dieser; es entsteht keine Erhitzung, wenn man sie mit Wasser übergießt; der Brei, der daraus entsteht, wird bei seiner Austrocknung nicht hart und zusammenhängend und liefert auch mit Sand vermengt keinen Mörtel. Sie scheint das Wasser zwar einzuschlucken und mit sich zu vereinigen, aber nicht es zu verdichten oder in Krystalle zu verwandeln. Sie verändert die blaue Farbe der Pflanzensäfte nur höchst wenig.

§. 104.

Bittererdige Mineralien.

Zu den Mineralien, welche Bittererde führen, und die sich durch ein fettes, seifenartiges Gefühl auszeichnen, gehören folgende:

1) Der Serpentinstein, ein harter Stein von dichtem Korn, schwarzgrün oder schwarzgrau von Farbe, und zuweilen mit schönen rothen Flecken versehen. Er bricht in Schichten, welche oft ganze Gebirge ausmachen. In Deutschland ist der beste Serpentinsteinbruch zu Zöplitz in Sachsen, woselbst man den Serpentinstein in erstaunlicher

Menge verarbeitet. Er wird auf der Drehbank zu allerlei Gefäßen, Dosen, Büchsen, Vasen, Leuchtern, Reibemörsern u. s. w., geformt, welche nachher mit einem feinen Sandsteine polirt werden. Seine Bestandtheile sind Bittererde, Kieselerde und Eisenoxyd.

2) Der Talk hat ein blättriges Gewebe und ist sehr fett im Anfühlen. Man findet ihn theils erdig, theils als Stein. Jener besteht aus schlüpfrigen, etwas schimmernden Theilen, und ist meistens von ziemlich weißer Farbe. Dieser ist hart, läßt sich in Scheiben zertheilen und hat oft einen Silber- oder Goldglanz, weshalb er auch Silber- oder Goldtalk genannt wird.

Er wird als ein vorzügliches Mittel, das Reiben der Maschinen zu vermindern, gebraucht, wozu er besser seyn soll, als Oel und Seife, indem das Holz dabei nicht aufschwillt, und auch das Metall vor dem Abnutzen bewahrt wird.

Von ihm hat die Bittererde den Namen Talkerde erhalten; denn er enthält 44 Prozent derselben. Das Uebrige ist Kiesel- und Thonerde.

Eine Abart des Talks ist der Topfstein. Er hat eine grünlich graue oder dunkelgrüne Farbe, und läßt sich sehr gut drehen und zu Gefäßen verarbeiten. Er bricht in großen Massen und wird vorzüglich in der Schweiz viel gefunden.

3) Der Seifenstein. Er ist eine glatte, wie Seife schlüpfrige Steinart, welche sich mit dem Nagel schaben läßt, abfärbt und durchsichtig ist. Man hat verschiedene Arten davon: erdigen oder weichen und festen; dieser heißt auch wohl spanische Kreide, weil man ihn ehemals aus Spanien zu uns brachte; er wird besonders zum Zeichnen bei Stickereien gebraucht. Er schreibt auf Glas, und die abgewischten Züge kommen bei feuchter Witterung wieder zum Vorschein. Man findet ihn in mehreren Orten Deutschlands, z. B. im Bayreuthischen.

4) Asbest. Diese Steinart besteht aus einem Gewebe von Fasern, die entweder parallel neben einander liegen, oder sich durchkreuzen. Im erstern Falle und wenn seine Fasern biegsam sind, heißt er auch wohl Amianth. Seine Farbe ist mehrentheils grünlich weiß oder grünlich grau. Man findet noch mehrere Arten von ihm, welche man Federweiß, Bergfleisch, Bergleder, Bergkork u. s. w. seiner ähnelnden Gestalt wegen nennt. Man findet ihn häufig in Sachsen, Schlesien, Böhmen, Ungarn, Schweden u. s. w.

Aus dem Amianth bereitet man die unverbrennliche Leinwand, das unverbrennliche Papier und die unverbrennlichen Dochte, welche sonst dem Aberglauben viel Nahrung gaben. Zur Leinwand werden die eingeweichten und ausgekämmten Fasern über einen Flachsfaden gesponnen, dann gewebt und die Leinwand geglühet; zum Papier werden die Fasern gestampft und der weiche Brei wie Papiermasse behandelt.

5) Meerschaum. Von diesem Material werden die beliebten Pfeifenköpfe verfertigt. Man war sonst über den Ursprung desselben zweifelhaft, und hielt es für ein Produkt des Meeres, woher sein Name entstanden ist. Jetzt wissen wir mit Sicherheit, daß er in Natolien, nicht weit von der Stadt Konie (vormals Iconium), bei dem Dorfe Klitschik gegraben wird. Er bricht daselbst in einer grauschiefrigen Kalkkluft nicht tief unter der Oberfläche in Adern. So wie er an die Luft kommt, ist er schmierig. Man läßt ihn aber an der Luft erhärten, und schneidet und bohrt Pfeifenköpfe daraus, die nach Konstantinopel verkauft, dort gefärbt, oder in Wachs und Oel gesiebet werden. Dann kommen sie zu uns, und erleiden eine Umarbeitung. Aus dem Abfalle macht man die unächten Köpfe. Er besitzt ungeachtet seiner Weichheit starken Zusammenhang, und ist daher weniger zersprengbar, als andere Fossilien. Außerdem sind das starke Anhängen an die Zunge und seine spezifische Leichtigkeit charakteristische Kennzeichen von ihm. Nach Wiegleb besteht er aus gleichen Theilen Bittererde und Kieselerde. Er soll auch in Spanien, unweit Madrid, ferner in Ungarn und Nordamerika vorkommen.

Das Eisen.

§. 105.

Eisengehalt des Bodens.

Das Eisen ist im Boden, wie wir schon beim Thon erwähnten, häufig und in verschiedener Gestalt enthalten.

Es findet sich nämlich als säurefreies Oxyd in verschiedenen Graden der Oxydation in weißer, grüner, schwarzer, rother Farbe mit der Thonerde gemengt und inniger damit verbunden, und ist die Ursache der verschiedenen Farbe alles Thons. Wir können bis jetzt noch nichts Bestimmtes darüber angeben, ob und welchen Einfluß es auf die Vegetation und Güte des Bodens habe. Der Oxydationsgrad scheint nach allen Beobachtungen keine Verschiedenheit zu machen, und deshalb ist die Farbe des Bodens, in so fern sie von selbigem abhängt, gleichgültig.

Ferner finden wir kohlensaures Eisenoxyd in manchen Lehmarten.

Auch dieses scheint gleichgültig, wenigstens unschädlich. Durch Uebergießung mit stärkern Säuren entweicht die Kohlensäure mit Aufbrausen, eben so wie die aus dem Kalke, und deshalb ist dieses Aufbrausen, welches Manche als ein sicheres Zeichen des Kalk- oder Mergelgehalts angenommen haben, trüglich.

Endlich finden wir das Eisen mit Schwefel- und Phosphorsäure verbunden im Boden, jedoch minder häufig. Mit der ersteren macht es die Substanz, die man gewöhnlich Vitriol, und den Boden, worin es sich findet, deshalb vitriolischen Boden nennt. Die Materie findet sich nur da, wo Schwefelkiese vorhanden sind, durch deren Verwitterung sich die Säure erzeugt und mit dem Eisen verbindet. Zuweilen kommt sie in feucht liegendem Thone vor, am häufigsten aber doch nur in torfichten Mooren, aus denen zuweilen der Eisenvitriol mit Vortheil gezogen werden kann. In größerer Menge ist sie der Vegetation nachtheilig und tödtlich; in geringerer Menge aber hat sie nach ältern und neuern Erfahrungen eine fruchtbringende Eigenschaft, insbesondere, wenn sie mit kohlenstoffhaltigen Materien, mit Erd- oder Braunkohle, verbunden ist. (Vergl. Annalen des Ackerbaues 1809, August- und Septemberstück, S. 164, und Oktober- und Novemberstück S. 455.) Hierüber Mehreres in der Lehre von der Düngung.

Mit der Phosphorsäure verbunden finden wir das Eisen gewöhnlich in der Materie, die man Ur-, Ortstein oder Wiesenerz nennt, und deren wir schon unter den Thonarten erwähnt haben. Sie verwittert und vermengt sich zuweilen mit der Ackerkrume, wo sie jedoch, der Luft ausgesetzt, ihre der Vegetation tödtliche Eigenschaft allmählig zu verlieren scheint. Ein Erdboden, wo sich der Ortstein flach unter der Oberfläche findet, gehört allemal zu den schlechtesten und unbrauchbarsten.

§. 106.

Braunstein.

Wir erwähnen noch des **Manganoxydes** oder **Braunsteins**, der oft einen, obwohl geringen Bestandtheil der Ackerkrume ausmacht, sich auch gewöhnlich in den Pflanzen und Thieren befindet. Man hat von selbigem noch keinen Einfluß auf die Vegetation bemerkt.

§. 107.

Dies sind die beständigen, unveränderlichen, unerschöpflichen und unverbrennlichen Bestandtheile des Erdbodens, welche nach ihrer quantitativen Vermengung die Verschiedenheit des Bodens bilden, worauf wir in der Folge zurückkommen werden, wenn wir nun erst einen andern Bestandtheil jedes fruchtbaren Bodens, wovon dessen Fruchtbarkeit abhängt, und welcher eigentlich nur die Nahrung der Pflanzen, in so fern sie aus dem Boden gezogen wird, ausmacht, werden betrachtet haben. Dies ist:

Der Humus.

§. 108.

Begriff des Wortes Humus.

Der sonst gewöhnliche Name für diese Substanz ist Dammerde. Dieser Ausdruck ist von Vielen mißverstanden worden, da man sich darunter die gemengte Ackererde dachte, und nicht diesen besondern Bestandtheil derselben. Dies ist sogar von einigen wissenschaftlichen agronomischen Schriftstellern geschehen, und dadurch die Verwirrung in dieser Lehre noch stärker vermehrt worden. Ich habe deshalb jenen Namen dafür eingeführt, der sehr bestimmt den Begriff ausdrückt. Ueberhaupt paßt als wissenschaftliche Benennung der Ausdruck Erde nicht. Er ist eigentlich keine Erde, sondern bloß seiner pulverförmigen Substanz wegen so genannt worden.

§. 109.

Eigenschaften des Humus.

Der Humus macht einen mehr oder minder großen Bestandtheil des Bodens aus. Die Fruchbarkeit des Bodens hängt eigentlich ganz von ihm ab, denn außer dem Wasser ist er es allein, was den Pflanzen im Boden Nahrung giebt. Er ist der Rückstand der vegetabilischen und thierischen Fäulniß, ein schwarzes, ist es trocken, staubiges, ist es feucht, sanft und fettig anzufühlendes Pulver. Er ist zwar nach Verschiedenheit der Körper, woraus er entstand, und nach den Umständen, unter welchen die Fäulniß oder Verwesung derselben vor sich ging, verschieden, hat aber doch gewisse allgemeine Eigenschaften, und ist sich im Wesentlichen gleich. Er ist ein Gebilde der organischen Kraft, eine Verbindung von Kohlenstoff, Hydrogen, Azot und Oxygen, wie sie von den unorganischen Naturkräften nicht hervorgebracht werden kann, indem jene Stoffe in der todten Natur nur paarweise Verbindungen eingehen. Jenen allgemein verbreiteten Stoffen gesellen sich im Humus noch einige andere in geringerer Menge bei, Phosphor, Schwefel, etwas wirkliche Erde, und zuweilen verschiedene Salze.

So wie der Humus eine Erzeugung des Lebens ist, so ist er auch die Bedingung des Lebens. Er giebt die Nahrung dem Organismus. Ohne ihn läßt sich daher kein individuelles Leben, wenigstens der vollkommnern Thiere und Pflanzen, auf dem Erdboden denken. Also war Tod und Zerstörung zur Erhaltung und Hervorbringung neuen Lebens durchaus nothwendig. Je mehr Leben da ist, um so mehr erzeugt sich Humus, und je mehr Humus sich erzeugt hat, um desto mehr ist Nahrung des Lebensorgans vorhanden. Jede organische Natur eignet sich während ihres Lebens immer mehrere rohe Naturstoffe an, und verarbeitet sie am Ende zu Humus, so daß diese Materie sich um so stärker vermehrt, je menschen- und thierreicher eine Gegend ist, und je größere Produktion man aus dem Boden zu ziehen sucht; vorausgesetzt, daß man sie nicht muthwillig durch das Wasser in den Ocean fortführen oder durch Feuer zerstören läßt. Wir können die Geschichte des Humus von Anbeginn der Welt studiren, wenn wir nur die Fortschritte der Vegetation auf kahlen Felsen betrachten. Erst erzeugten sich Flechten und Moose, in deren Moder vollkommnere Pflanzen Nahrung finden, die durch ihre Verwesung immer die Masse desselben vermehren, und somit endlich ein Lager von Humus hervorbringen, worin die stärksten Bäume wachsen können.

Die Dammerde, sagt Voigt im Anhange zu Saussure's Untersuchungen der Vegetation sehr schön, ist das zum Theil entmischte, aber nicht gänzlich desorganisirte Vegetabil. Sie bildet eine große allgemeine Pflanze ohne Organisation, und trägt die andern Pflanzen nur auf sich, und nährt sie, wie eine Knospe vom Stamme getragen und ernährt wird, oder wie ein Kaktustrieb auf Kosten des alten Blattastes. Die Dammerde besteht aus vegetabilischen Substanzen, kann also auch wieder darin verwandelt werden, und wird zu dieser Absicht oft sorgfältig vorbereitet.

§. 110.

Bestandtheile.

Der Humus ist in der Qualität seiner Bestandtheile den Körpern gleich, aus welchen er entstand. Allein im quantitativen Verhältnisse erleiden sie eine Veränderung. Die Urstoffe treten in eine andere Verbindung, ein Theil verflüchtigt sich. Der Humus hat nach Saussure weniger Oxygen, aber mehr Kohlenstoff und Azot, als die Gewächse, woraus er entstand. Aber auch die Umstände, unter welchen sich der Humus bildet, haben auf das quantitative Verhältniß und die besondere Verbindungsart seiner elementarischen Theile ohne Zweifel einen großen Einfluß. Er ist deshalb verschieden, wenn er sich unter der freien oder unter dem verschlossenen Zutritt der Atmosphäre bildet, verschieden bei dem Zutritte von vielem Wasser, oder bei geringerer Feuchtigkeit. Dies ist ausgemacht, obgleich weder die Umstände, die auf die Bildung des Humus Einfluß haben, noch die Abweichungen, die sich dabei finden, schon genugsam untersucht sind.

§. 111.

Verschiedenheit und Veränderlichkeit.

Auch wenn sich der Humus einmal gebildet hat, so ist er noch keinesweges unveränderlich und nicht unzerstörbar. Er steht besonders in beständiger Wechselwirkung mit der atmosphärischen Luft. Unter einer mit Quecksilber gesperrten Glocke zieht er das Sauerstoffgas mächtig an, theilt ihm Kohle mit, und verwandelt es in kohlensaures Gas. Ist die Glocke mit Wasser gesperrt, so entsteht ein leerer Raum, in welchen das Wasser eintritt, indem es das kohlensaure Gas in sich aufnimmt. Es geht also mit dem Humus eine unmerkliche Verbrennung vor. Bei der vollkommnen Holzkohle bemerken wir dieses nicht. Es muß also von der besondern Verbindung des Kohlenstoffs mit Hydrogen und Azot herrühren. Durch diese Erzeugung von kohlensaurem Gas wirkt der Humus wahrscheinlich auf die Vegetation, auch vermittelst des Bodens, besonders wenn das Kraut der Pflanzen die Oberfläche stark bedeckt, und dadurch die zu schnelle Entweichung der mit entwickeltem kohlensaurem Gas angefüllten Luftschicht hindert. Saussure fand, daß saftige halb vertrocknete Pflanzen sich augenscheinlich schneller erholten, wenn er sie auf Humus oder auf eine mit Humus angefüllte Erde legte, als wenn sie auf einer andern magern feuchten Erde lagen. Nach den unter der Glocke angestellten Versuchen kann man berechnen, wie ungeheuer groß die Menge von Kohlensäure seyn muß, die sich auf einem Morgen von einem an Humus reichen Lande entwickelt.

§. 112.

Extraktivstoff des Humus.

Zugleich aber geht in dem Humus noch eine andere Veränderung vor, die uns ebenfalls Saussure noch genauer kennen gelehrt hat. Es bildet sich nämlich darin eine gewisse im Wasser auflösliche Materie, die man Extraktivstoff nennt. Man scheidet diesen Stoff aus, wenn man einen an der Luft gelegenen Humus mehrere Male auskocht, und dann die braune Brühe verdunsten läßt, wo dieser Stoff dann als ein brauner und schwarzer Brei zurückbleibt. Wenn durch wiederholte Abkochung der Humus dieses auflöslichen Stoffes fast völlig beraubt scheint, man ihn dann aber wieder eine Zeitlang der Berührung der Atmosphäre aussetzt, so erhält man aufs neue mehreren Extraktivstoff. Bewahrt man aber den Humus in verschlossenen Gefäßen auf, so erhält man keinen weiter. Der seines auflöslichen Extraktes so beraubte Humus ist nach Saussure minder fruchtbar, und enthält verhältnißmäßig weniger Kohle, als der nicht ausgekochte. Diesen Extraktivstoff, im Wasser verdünnt, sah Saussure unmittelbar in die Wurzeln der Pflanzen übergehen. Es scheint also wohl diejenige Form zu seyn, in welcher nächst der Kohlensäure die Nahrung und insbesondere der Kohlenstoff den Pflanzen zugeführt wird. Ohne Auskochung durch bloßes Pressen erhält man wenig aus altem Humus. Aus frisch entstandenem oder mit thierischem Miste versetztem giebt er auch durch bloße Auspressung mehr. An der Luft verändert sich dieser Extraktivstoff. Auf seiner an die Luft gestellten Auflösung erzeugt sich ein Häutchen, das, wenn die Auflösung geschüttelt wird, in Flocken niederfällt, worauf dann ein neues entsteht. Jener Niederschlag ist nun im Wasser unauflöslich geworden, wird aber wieder auflöslich, wenn ein Alkali dazu kommt. Mancher Humus, den wir in der Natur finden, scheint zum großen Theile aus solchem abgeschiedenen, aber unauflöslich gewordenen Extraktivstoff zu bestehen.

§. 113.

Wirkung der Alkalien auf den Humus.

Die feuerbeständigen Alkalien lösen aber den Humus fast gänzlich auf, so wie auch jenen unauflöslich gewordenen Extraktivstoff, und es entweicht während ihrer Einwirkung Ammonium. Diese Auflösung wird durch Säuren zersetzt, welche daraus ein verbrennliches Pulver niederschlagen, dessen Menge im Verhältniß zum Humus aber geringe ist. Der Alkohol löst den Humus nicht auf; er trennt nur wenig Extraktivstoff und Harz davon.

§. 114.

Auflösbarkeit und Vergänglichkeit des Humus.

Der eigentlichen Fäulniß ist der Humus nicht empfänglich, er scheint vielmehr derselben widerstehend zu seyn. Denn der abgesonderte Extraktivstoff kann in faulichte Gährung kommen, thut es aber nicht, so lange er mit den übrigen Theilen des Humus verbunden ist. Aber dennoch wird der Humus, durch Erzeugung der Kohlensäure und des Extraktivstoffs, wenn er der Luft ausgesetzt ist, noch mehr aber durch das Wachsthum der Pflanzen, wenn er dem Boden nicht durch Dün=

gung wiedergegeben wird, endlich völlig verzehrt. Wäre das nicht, so müßte sich der Humus zu einer weit größern Menge auf der Oberfläche des Erdbodens angehäuft haben, als man ihn findet. „Die Zerstörbarkeit dieser vegetabilischen Erde," sagt Saussure der Aeltere, „ist „eine Thatsache, die weiter keinen Einwurf leidet, und Ackerbauer, die „durch oft wiederholtes Umpflügen die Düngung ersetzen wollten, haben „die traurige Erfahrung davon gemacht. Sie haben ihre Felder all„mählig ärmer und durch die Zerstörung der Pflanzenerde unfruchtbar „werden sehen." Er bezieht sich hier wahrscheinlich auf die Versuche, die sein Landsmann Chateauvieux mit der Tull'schen Drillmethode, ohne Dünger, bei Genf machte, und die in du Hamel traité sur la culture des terres ausführlich beschrieben sind. Solche Beispiele liegen uns aber täglich vor Augen. Nur indem wir einen Theil der auf dem Boden erzogenen Pflanzen ihm im Dünger zurückgeben, verhüten wir die Erschöpfung des Humus, indem er durch die Vegetation doch mehr erzeugt als verzehrt wird, so daß, wenn Alles, was auf dem Erdboden wächst, auch darauf verfaulte, die Anhäufung des Humus beträchtlich seyn würde, wie wir es auch in alten Waldungen und auf unbewohnten Flächen, die eine der Vegetation günstige Lage haben, wirklich vorfinden.

§. 115.

Verbindung mit dem Thone.

Nach den Grunderden, womit sich der Humus vermischt, verhält er sich verschieden, und äußert verschiedene Wirkungen. Der Thon hält vermöge seiner Zähigheit die mit ihm vermischten und zertheilten Partikeln des Humus an, und sichert sie mehr gegen die Einwirkung der atmosphärischen Luft, folglich gegen die Zersetzung. Deshalb, und weil die Pflanzen ihre Wurzeln im Thon nicht so frei und nach allen Seiten hin ausdehnen können, muß der Thon mit vielem Humus durchdrungen seyn, soll er fruchtbar sich zeigen. Er bedarf deswegen einer sehr reichlichen Düngung, wenn er erst in Kultur gebracht werden soll, und von Natur wenig Humus enthielt. Ist er aber einmal damit geschwängert und ganz durchdrungen, so bleibt er um so länger fruchtbar, ohne einer neuen Düngung zu bedürfen. Der Thon scheint sich aber auch innig und chemisch mit dem Humus zu vereinigen, so daß dieser gewissermaaßen seine Eigenschaften, insbesondere seine schwarze Farbe verliert. Wir haben Thonarten untersucht, die fast ganz weiß waren, und bei welchen man auch kein anderes Merkmal von Humus antraf. Beim Glühen aber wurden sie schwarz, und gaben auch mehrere Merkmale des Gehalts von hydrogenisirtem Kohlenstoff an. Beim fernern Glühen verschwand die schwarze Farbe, und sie hatten sehr merklich an Gewicht verloren. Es ist gar nicht selten, daß der angeschwemmte Boden in den Marschen und Niederungen ganz weiß aussieht; aber seine hohe Fruchtbarkeit läßt doch auf einen starken Gehalt von Humus oder von den Stoffen, woraus er besteht, schließen. In solchem aufgeschwemmten Boden findet man den Humus fast immer am innigsten und stärksten mit dem Thone verbunden, weil er als Schlamm mit dem Thone gemischt, von dem Wasser daselbst abgesetzt wurde.

§. 116.

Verhalten gegen den Sand.

Dem Sande kann man bloß eine mechanische Wirkung zum Humus beimessen. Wegen seiner Lockerheit gestattet er der atmosphärischen Luft freien Zutritt zu allen Partikeln des Humus, begünstigt also die Abscheidung des Kohlenstoffs als Kohlensäure und Extraktivstoff, und zersetzt also den Humus schneller. Wenn es dem mit Sande genugsam vermischten Humus nicht an Feuchtigkeit fehlt, so ist dieser Boden ungemein fruchtbar. Aber seine Fruchtbarkeit wird auch schnell erschöpft, weil der Humus zersetzt wird. Man findet hier im Oderbruche solche Stellen, wo auf dem Sande, den die Strömungen des Wassers angehäuft hatten, sich vor zehn oder zwölf Jahren noch eine starke Lage von Humus befand, die sich aber zusehends erschöpft hat, so daß man jetzt nur klaren weißen Flugsand darauf sieht. Es ist sonderbar, daß auch diese ganz unfruchtbaren Stellen im Frühjahr mit schönem grünen Rasen sich überziehen. Dies ist nicht anders zu erklären, als von der Menge des kohlensauren Gases, welches sich dort erzeugt. Dagegen verbessert sich daselbst der mit zu vielem Humus vermischte Boden durch längere Beackerung. Wird hier mit losem schwammigen Humus, der sich ohne Beimischung von Grunderden angehäuft hat, Sand vermengt, so verbessert ihn dies sehr. Der Sand preßt ihn zusammen, so daß er nicht so schwammig bleibt, nicht zu viele Feuchtigkeit anzieht, und auch den Pflanzenwurzeln mehr Haltung und Festigkeit giebt. Dies ist der Fall, wo man mit Sand düngen kann, und große Wirkung davon sieht, größer als selbst von aufgefahrnem Miste. Auch den sauren Humus und den Torf zersetzt der Sand, oder vielmehr er wird durch die Beihülfe des Sandes von der übermäßigen Nässe befreit, und dann von der Atmosphäre zersetzt.

§. 117.

Veränderung, welche der Humus durch Entziehung der Luft erleidet.

Anders als der an der Luft gelegene verhält sich derjenige Humus, welcher der Einwirkung derselben lange entzogen ist, es sey, daß er in tiefere Lage durch seine obere Schicht selbst, oder durch andere Erde oder durch Wasser bedeckt wurde. Genugsam ist dieser Zustand noch nicht untersucht, und wir können über das Eigenthümliche der Veränderungen, die mit solchem der Luft entzogenen Humus vorgehen, nur mit Wahrscheinlichkeit reden. Er besitzt aber besondere Eigenschaften, selbst dann, wenn er keine Säure hat.

Wir finden solchen Humus oft in Sinken und Niederungen, besonders neben Wäldern angehäuft. Das aus den höhern Stellen hier zusammenfließende Wasser nahm allerlei Vegetabilien und selbst schon gebildeten Humus mit sich fort, und setzte ihn hier ab, wo er dann oft mächtige Lager bildet. Er ist allerdings fast immer mit Grunderden vermengt, die von der Art sind, woraus die umliegende Gegend besteht. Solcher Humus, wenigstens der tiefer liegende, ist vom Zutritte der Luft ausgeschlossen gewesen, hat sich also auf eine ganz andere Weise in sich selbst zersetzt, und andere Materien in sich erzeugt. Die Erzeugung der Kohlensäure und des Extraktivstoffs findet höchst wahrscheinlich ohne Zutritt der Luft nicht Statt. Vermuthlich geht ein Theil Hydrogen mit einem Theile Oxygen zu Wasser zusammen. Ein anderer Theil von Hydrogen löst dagegen Kohlenstoff, und entweicht damit als gekohltes Hydregengas. Bestimmt wird der Kohlenstoff diesem Humus in geringerer Menge als die übrigen Elemente entrissen. Es tritt also gerade der entgegengesetzte Fall ein, als bei dem, der an der freien Luft lag.

Je länger der Humus also bedeckt liegt, desto mehr muß der Kohlenstoff in ihm anwachsen, und er also eine Art von langsamer Verkohlung erleiden. Die tiefer liegenden Schichten dieses Humus, welche früher entstanden und älter sind, als die höher liegenden, haben daher ein mehr kohlenartiges Ansehn, sind schwärzer und kompakter, und geben beim Brennen mehr Kohle, als die höher liegenden. Wenn aber die Kohle nur in ihrer Verbindung mit Hydrogen auflöslich bleibt, so ist ein solcher Humus schwer zersetzbar, und daher wenig wirksam, bis er nach längerer Luftaussetzung seine Natur wieder verändert hat. Durch Vermengung mit frischem, viel Ammonium ausdünstendem Mist, wird er, wie die Erfahrung lehrt, schneller wirksam, und oft verspürt man die Wirkung der Aufführung eines solchen Humus auf den Acker nicht eher, als bis derselbe eine Mistdüngung erhält.

Aber auch der Kalk befördert seine Zersetzbarkeit sehr, und oft ist man im Stande, diese Mischung um so leichter zu bewirken, wenn man unter solchem Moder eine Schicht von erdigem, aus Muscheln entstandenem Kalk antrifft, wie dies häufig der Fall ist. Fast eine gleiche Bewandniß hat es mit dem Humus oder Moder, der unter Wasser gelegen hat. Steht das Wasser nicht hoch über demselben, und trocknet von Zeit zu Zeit aus, so daß er in Berührung mit der Luft komme, so ist ein solcher Moder weit schneller wirksam, als der, welcher tief unter Wasser gelegen hat.

§. 118.

Entstehung der Säuren im Humus bei der Nässe.

Wenn der Humus immer feucht, jedoch nicht ganz mit Wasser bedeckt liegt, so erzeugt sich in demselben eine Säure, die schon dem Geschmacke sehr auffallend ist, sich aber noch deutlicher durch das Röthen des Lackmuspapiers offenbart. Man hat dies schon lange gewußt, und daher solche Wiesen und Gründe mit Recht sauer genannt, obwohl dieser Ausdruck häufig gemißbraucht ward. Wir haben aber wohl die Sache zuerst genauer untersucht, und die eigenthümliche Beschaffenheit dieser Säure erforscht, die wir anfangs für eine Säure besonderer Art, deren Basis Kohlenstoff sey, zu halten verleitet wurden. Sie ist aber mehrentheils Essig-, zuweilen auch Phosphorsäure, die sich sonderbar fest an den Humus hängt, so daß man sie nicht abwaschen und selbst durch das Kochen nicht davon trennen kann. Die Flüssigkeit, womit der Humus gekocht ist, bekommt zwar einen säuerlichen Geschmack, aber der größte Theil der Säure bleibt an jenem hangen. Was das Wasser sonst noch aufgelöst hat, besteht in einer geringen Menge von einer braunen, im trocknen Zustande spröden Materie, die aber von dem Extraktivstoffe des gewöhnlichen Humus sehr verschieden ist, und nicht die Eigenschaften besitzt, sich beim Zutritt der Luft aus dem Wasser niederzuschlagen. Dagegen führt dieser Humus eine große Menge von unauflöslichen Extraktivstoffen, und zuweilen besteht der größte Theil seines Gewichts daraus. Wenn er daher mit einer alkalischen Lauge digerirt wird, so wird die Lauge dunkelbraun, sogar von vieler aufgelösten Substanz dickflüssig. Wird zu der Lauge dann eine Säure geschüttet, so schlägt sich der Extraktivstoff in dunkelbraunen Flocken nieder, und nimmt, was merkwürdig ist, wenn man nur etwas mehr

Säure, als zur Neutralisirung des Alkali nöthig ist, hinzusetzt, die Essig- und Phosphorsäure wieder in sich auf, so daß er eben so sauer bleibt, wie er vorher war. Ist aber gerade nur so viel Säure, als nöthig ist, das Alkali abzustumpfen, hinzugesetzt, so bleiben die Säuren an das Alkali gebunden in der Flüssigkeit zurück, und der Extraktivstoff ist dann nicht mehr sauer. Dieser saure Humus enthält Ammonium, welches vorher an die Säure gebunden durch einen stechenden Geruch sehr merklich wird, wenn man die Auflösung mit Alkalien behandelt.

§. 119.

Saurer Humus.

Dieser saure Humus ist unfruchtbar und der Vegetation nachtheilig. Wenn die Säure stark ist, und den sämmtlichen Humus durchdrungen hat, so können nur gewisse wenig nutzbare Gräser darauf fortkommen: die Riedgräser, Carices, die Binsen, Junci, Dunggras, Eriophorum u. s. w. Diese, vorzüglich die Binsen, sind seine gewöhnlichen und eigenthümlichen Bewohner, und wo man sie findet, kann man mit Sicherheit annehmen, daß der Boden vielen sauren Humus enthalte.

Wenn wir aber den Boden nur trocken legen, und von der schädlichen Feuchtigkeit, welche die Entstehung der Säuren begünstigte, befreien können, so haben wir Mittel, ihm diese schädliche Eigenschaft zu benehmen und ihn in fruchtbaren Humus zu verwandeln. Wir finden dann in ihm einen von der Natur uns aufbewahrten Schatz von vegetabilischen Nahrungsstoffen, den wir auf das Vortheilhafteste auf der Stelle selbst, oder indem wir ihn als Dünger auf andere Felder führen, benutzen können. Wir wissen nämlich, daß er durch Alkali, Asche, Kalk und Mergel von seiner Säure befreit und schnell auflöslich gemacht werde. Wenn wir aber auch diese Materien nicht anwenden können, so können wir doch aus ihm selbst ein wirksames Gegenmittel bereiten, indem wir ihn brennen. Es wird dadurch nicht nur aus ihm selbst das so wohlthätige Kali und Kalk erzeugt, sondern es hat auch das Feuer an sich das Vermögen, seine Säure größtentheils zu vertilgen; weswegen das Rasenbrennen am vortheilhaftesten auf solchem Boden angewandt wird.

§. 120.

Abstringirender Humus.

Ein ähnlicher Humus erzeugt sich aus Gewächsen, die vielen Gerbestoff oder doch etwas Aehnliches enthalten, besonders aus dem Heidekraut, selbst an trocknen Orten. Man findet da, wo sich diese in Familien lebenden Pflanzen eingewuchert haben, oft eine ganz schwarze Erde, woran freilich zuweilen das Eisen einigen Antheil hat, die aber doch aus vielem Humus, der ganz unauflöslich ist, besteht. Dieser Humus begünstigt nur die Vegetation derjenigen Gewächse, woraus er entstand, und diese Gewächse gedeihen nur, wo sie ihn vorfinden. Das Heidekraut ist sehr schwer fortzubringen, wo sich dieser Humus nicht erzeugt hat. Wo er ist, läßt es wenig andere Pflanzen aufkommen. Durch Mergel, Kalk und Ammonium enthaltenden Mist kann dieser Humus umgewandelt werden, und somit wird denn auch jenes Heidekraut vertilgt. Auch das Brennen leistet einige Dienste; nur kann das Feuer selten stark genug unterhalten werden.

Ein ähnlicher Humus entsteht aus dem Laube einiger Bäume, besonders der Eichen, wenn er bei seiner Faulung nicht mit kräftigem thierischen Mist oder Kalk oder Alkalien versetzt wird. Allmählig verliert dieser Humus jedoch seine schädliche Eigenschaft an der Luft, und wird endlich zu mildem Humus, aber später wirksam.

§. 121.

Verschiedenheit des durch Fäulniß und durch Verwitterung entstandenen Humus.

Auch scheint bei frisch entstandenem Humus ein erheblicher Unterschied obzuwalten zwischen dem, der der Rückstand einer vollkommnen Fäulniß ist, und dem, der nur vermoderte, weil ihm die Bedingungen der Fäulniß, Wärme und Feuchtigkeit fehlten, wo aber ein desto freierer Zutritt der Luft Statt fand. Genau ist diese Verschiedenheit noch nicht untersucht. Indessen scheint jener offenbar weniger Kohle zu enthalten, und glimmt nur, wenn er entzündet wird; dieser ist schwärzer, hat mehr Kohle, brennt deshalb lebhafter, und macht mehr Wärmestoff frei. Die meisten Versuche, welche insbesondere Saussure mit dem Humus anstellte, sind mit jenem vorgenommen, indem man ihn aus Weiden und andern modernden Bäumen am bequemsten und reinsten sammeln konnte. Man findet oft in vormaligen Brüchern, welche abgewässert worden, einen dem vermoderten Holze sehr ähnlichen Humus, der den Hauptbestandtheil des Bodens bis zu einer Tiefe von 1½ bis 2 Fuß ausmacht. Ein solcher an Nahrungsstoff so reicher Boden ist dennoch beim Ackerbau sehr mißlich, und insbesondere für die Cerealien wenig geeignet. Ob dieses allein von der zu großen Losigkeit des Bodens, oder von einer besonderen Qualität des Humus herrühre, ist mir noch zweifelhaft, und wir stellen gegenwärtig Versuche darüber an.

Seine Aehnlichkeit mit dem Moder der Weidenbäume bestätigt uns auch die Bemerkung, daß das Cerastium vulgatum solche Stellen vor allen andern Pflanzen überzieht.

§. 122.

Thierischer und vegetabilischer Humus.

Endlich unterscheidet sich der Humus, insbesondere der frischere, je nachdem er mehr aus der Fäulniß vegetabilischer oder thierischer Körper entstanden ist, sehr merklich. Der letztere hat mehr Azot, mehr Schwefel und Phosphorstoff beigemischt, welches man bei dem Verbrennen aus dem Geruche, der dem verbrannter thierischer Körper gleich kommt, schon sehr deutlich bemerken kann.

Es bedarf noch genauerer pneumatischer Untersuchungen des Humus, um die Verhältnisse der Bestandtheile in den verschiedenen Arten zu bestimmen.

Der Torf.

§. 123.

Entstehung des Torfes.

Auch der Torf ist eine Art von Humus. Ueber die Entstehung des Torfs, und das was er sey, hat man sehr verschiedene Meinungen gehabt. Vormals hielt man ihn für mineralischen, oder doch halb mineralischen Ursprungs. Denn man glaubte, daß er eine zusammengehäufte Masse und von erdharzigen Theilen durchdrungen sey. Indessen ist diese Meinung längst aufgegeben worden. Man trifft zwar Torfarten mit Erdharzen geschwängert an, aber man hat auch solchen, der keine Spur davon enthält. Und wäre auch Erdharz darin, so ist wohl erwiesen, daß selbst das Erdharz vegetabilischen Ursprungs sey.

Der Torf also ist nichts anderes, als eine zusammengehäufte, von mehr oder minder verweseten Pflanzentheilen entstandene Materie. Er entsteht an niedrigen feuchten Stellen, wo gewisse, der Fäulniß mehr widerstehende Gräser und Laubmoose wachsen, und sich so daselbst anhäufen, dann aus andern Theilen, welche das herbeifließende Wasser an der Stelle anschwemmt. Alles häuft sich übereinander, das Vegetabilische geht in Verwesung über, verliert, je länger es liegt, sein organisches Gewebe immer mehr, und wird zu einer kompakten schwammigen Masse zusammengeballt. Wenn die Verwesung so weit gediehen ist, daß das organische Gewebe ganz zerstört worden, so ist der Torf weiter nichts als ein Humus, und zwar ein saurer. Denn jeder Humus, wenn er nur einigen Zusammenhang hat, und nicht zuviel mit Grunderden vermengt ist, läßt sich als Torf benutzen und brennen. Die Pflanzen, woraus der Torf sich bildet und gewissermaßen wächst, sind lauter solche, die einen feuchten Standort haben. Die Riedgräser (Carices), die Dunggräser (Eriophorum), der Porsch (Ledum palustre), und vorzüglich das Torfmoos (Sphagnum palustre), sind alle in ihm verwebt. Indessen hat man dem Torfmoose einen vorzüglichen Antheil an dieser Erzeugung des Torfs bisher zugeschrieben, und es ist wohl gewiß, daß es einen großen Theil zur Bildung des Torfs hergiebt. Van Marum, der verdienstvolle holländische Naturforscher, hält indessen noch eine andere Pflanze, die Conferva rivularis, für die Hauptmutter des Torfes, so daß er sogar der Meinung ist, man könne Torf erzeugen und pflanzen, wenn man diese Pflanze nur an einer feuchten Stelle einheimisch mache. Vergl. Hermbstädts Archiv, Bd. 1. S. 420.

Die Umstände können sehr verschieden seyn, unter welchen der Torf entsteht. Die Lage des Bodens gegen die rund umher liegende Gegend, besonders gegen den benachbarten Wasserspiegel, und der hiervon abhängende Feuchtigkeitszustand, dann auch die Beschaffenheit der Pflanzen, woraus der Torf entsteht, und endlich die Beschaffenheit des Untergrundes können an verschiedenen Orten sehr von einander abweichen, und hierdurch wird wohl die mannichfaltige Verschiedenheit hervorgebracht, die wir am Torfe bemerken. Wir finden den Torf an dem einen Orte, wo Alles der schnellen Verwesung günstig war, als eine homogene, schwere und schwarze Masse; an andern, wo die Verwesung nur langsam vor sich gehen konnte, als eine lose leichte Masse, in der man noch sehr viele Fasern von unzerstörten Pflanzen findet, oder die fast ganz aus solchen besteht. Zuweilen hat sich auch wirklich Erdharz, durch einen besonderen, noch nicht genugsam bekannten Verwesungsprozeß, darin erzeugt. Es giebt noch viele andere Abweichungen bei dem Torfe, die mehr oder weniger in die Augen fallend sind, und zum Theil sich nur bei einer genauern Analyse zeigen. Der Torf selbst ist in einem und demselben Lager verschieden. Oben findet man gemeiniglich einen losen faserigen Torf, weiter unten ist er weniger faserig, und je tiefer man kommt, je kompakter, fester, schwerer und schwärzer wird die Masse. Dies läßt sich leicht erklären. Der Torf entsteht nicht auf einmal, sondern nach und nach bildet sich eine Lage über die andere. Erst wenn eine Generation von Pflanzen abgestorben ist, wächst auf ihren Rückbleibseln eine neue, und so erhebt sich allmählig das ganze Lager; die unten liegenden Schichten haben also ein höheres Alter, als die obern, und in ihnen ist die Verwesung schon weiter vorgerückt. Da diese nun, je weiter sie geht, die Rückbleibsel der Pflanzentheile immer in einen mehr kohlenartigen Zustand versetzt, so werden auch die untern Schichten mehr zerstört, schwärzer und kohlenartiger seyn.

Wie sich der Torf vom Humus unterscheidet.

Der Torf kommt dem Humus um so mehr gleich, je stärker die Pflanzenfasern darin zersetzt sind; nur ist er von dem Humus, der sich auf dem Acker, in Wäldern und an andern Stellen erzeugt, verschieden, weil er unter andern Bedingungen entsteht. Der Humus, welcher durch die Verwesung vegetabilischer Körper sonst entsteht, ist keiner so anhaltenden Feuchtigkeit ausgesetzt, wie der Torf. Auch wirken auf ihn die Grunderden des Bodens, womit er sich vermengt, die aber beim eigentlichen Torfe nicht vorhanden sind. In den meisten Fällen stimmt der Torf mit dem sauren Humus überein, und oft hat er die Eigenschaften des letztern so sehr, daß man ihn mit diesem durchaus für eins halten muß.

Der Torf enthält mehrentheils, wie der saure Humus, Essigsäure, Phosphorsäure und auch Ammonium. Wenn er aber auch nicht sauer ist, so besitzt er doch eine große Menge von unauflöslichem Extraktivstoff, welcher durch Kali oder Asche auflösbar wird. Zuweilen trifft man im Torfe Schwefelkies an, der ohne Zweifel von außen, man kann nicht recht ausmachen wie, hineingekommen ist. Solcher Torf giebt beim Brennen einen schwefelichten Geruch, und er wittert auch zuweilen auf seiner Oberfläche ein tintenartig schmeckendes Salz aus, das aus schwefelsaurem Eisen oder Vitriol besteht.

So wie der Humus aus Kohlenstoff, Hydrogen, Azot und Oxygen zusammengesetzt ist, eben so machen diese Elemente die Bestandtheile des Torfs aus. Wenn man den Torf einer trocknen Destillation unterwirft, so erhält man eben die Substanzen, die der Humus liefert, zwar in etwas verschiedenen Verhältnissen, weil der Kohlenstoff im Torfe überwiegender ist. Indessen ist nicht aller Torf gleich reich an diesem Stoffe. Je älter er ist, desto mehr besitzt er davon, und da von der Menge des Kohlenstoffs die Güte des Torfs zum Brennen abhängt, so ist solcher alte, am meisten Kohlenstoff enthaltende dazu der beste. Der Torf kann durch trockene Lage, durch Vermengung mit Alkali oder

Kalk in Verwesung gesetzt, von seiner Säure befreit, und in einen milden, fruchtbaren Humus umgewandelt werden. Hiervon ein Mehreres in der Lehre von der Düngung.

§. 124.

Die Braunkohle.

Eine andere brennbare Substanz, die sich zuweilen nicht tief unter der Oberfläche des Bodens, zuweilen unter den Torfmooren findet, ist die Braun- und Erdkohle oder das bituminöse Holz. Es ist dem Landwirthe nicht bloß als Brennmaterial, insbesondere bei der Kalkbrennerei, wichtig, sondern es scheint auch einen vorzüglich wirksamen Dünger abzugeben, besonders wenn es mit Schwefelkies und Eisen durchdrungen ist, und dann durch die Verwitterung des erstern Eisenvitriol darin erzeugt wird, das besonders in dieser Verbindung, in geringem Maaße auf den Acker gebracht, düngend zu sein scheint.

Die Bodenarten,

ihre Eigenschaften, Werth und Benutzung, in so fern sie aus den Gemengsverhältnissen der Bestandtheile der Ackerkrume hervorgehen.

§. 125.

Das Verhältniß der verschiedenen Bestandtheile macht die Bodenarten aus.

Jede einzelne der vorerwähnten Substanzen würde für sich einen unfruchtbaren oder doch zum Ackerbaue untauglichen Boden ausmachen. Nur das möglich beste Verhältniß ihrer Mengung giebt den möglich besten Boden ab, und die unendliche Verschiedenheit in diesen Verhältnissen bewirkt die unzählige Verschiedenheit der Bodenarten, so daß sich bei diesen keine bestimmten Abschnitte oder Grenzen, sondern nur Uebergänge angeben lassen.

Man hat bisher die Bodenarten nach dem Grade ihrer Fruchtbarkeit, die man an ihnen bemerkte, und nach den mehr oder minder edlen Früchten, die sie reichlich zu tragen vermochten, empirisch abgetheilt; aber die Bestimmung dieser Bodenarten ist so mangelhaft gegeben, wie sie ohne Kenntniß ihrer Bestandtheile auch nur gegeben werden kann. Wenn man dagegen eine Bestimmung der Bodenarten nach ihren Bestandtheilen versuchte, so ward auf den Grad ihrer Fruchtbarkeit und ihr Verhalten beim Ackerbau zu wenig Rücksicht genommen, und es wurden keine genauern Beobachtungen darüber angestellt, oder wenigstens nicht mitgetheilt. Wir haben zuerst mehrere hundert Arten von Ackerboden chemisch untersucht, und zugleich über ihr Verhalten beim Ackerbau und bei der Vegetation uns die möglich genauesten Nachrichten, von jeder besonders, zu verschaffen gesucht. Die hieraus sich ergebenden Resultate haben uns zwar in den Stand gesetzt, mit mehrerer Bestimmtheit, als bisher geschehen ist, darüber etwas sagen zu können; aber dennoch sind sie bis jetzt nicht zureichend, um die Sache so klar zu machen und so über alle Zweifel zu erheben, wie es doch möglich zu seyn scheint, und wie es wahrscheinlich in der Folge geschehen wird. Wenn man das Folgende also auch nur als einen ersten und daher immer unvollkommenen Versuch einer genaueren Bestimmung und Klassifikation der Bodenarten ansehen kann, so halte ich ihn dennoch für verdienstlich, in so fern er die erste Bahn bricht, auf welcher wir zu genauern Bestimmungen gelangen werden.

Bei der Schätzung der Bodenarten, zuvörderst nach ihren Bestandtheilen, nehme ich eine Gleichheit ihrer übrigen Verhältnisse in Ansehung ihrer Lage, ihres Feuchtigkeitszustandes, ihrer Tiefe, ihres Untergrundes u. s. f. an, und setze voraus, daß sie hierin einander gleich und fehlerfrei sind. In der Folge werden wir auf jene Eigenschaften zurückkommen, und ihren verschiedenen Einfluß auf die verschiedenen Bodenarten würdigen.

§. 126.

Verhalten des Humus im Boden.

Der Humus ist, wie oben gesagt, diejenige Substanz, welche im Erdboden den Pflanzen die Nahrung giebt. Die **Kraft** oder der **Reichthum** des Bodens, oder was man auch zuweilen seine **Fettigkeit** (obgleich darunter auch zuweilen die Beschaffenheit des Thons verstanden wird) nennt, hängt daher lediglich von ihm und seinem Verhältnisse ab. Zugleich aber hat er auch, physisch und als unzersetzter Körper betrachtet, eine merkliche Einwirkung auf den Boden. Er macht den thonichten Boden porös, begünstigt die Einwirkung der Luft darauf, befördert seine Mürbheit und sein Zerfallen. Den Sand befestigt er, und hält durch seine Vermengung mit selbigem die Feuchtigkeit mehr an, und zwar thut er Beides mehr, als er es für sich allein thun würde, so daß der aus Humus und Sand in gerechtem Verhältnisse gemengte Boden mehr gebunden und Feuchtigkeit haltend ist, als wenn einer dieser Bestandtheile zu sehr überwöge. Den überreichen Kalkboden kühlt er, wie man zu sagen pflegt, macht ihn milder und weniger reizend, befestigt seine Konsistenz, und hält auch in ihm die Verdunstung der Feuchtigkeit mehr zurück.

Indessen kann diese fruchtbare Substanz auch in übergroßer Menge im Boden vorhanden seyn, so daß dieser dadurch zu lose und zu schwammig wird, und den Pflanzenwurzeln nicht die nöthige feste Haltung giebt. Er saugt in diesem Uebermaaße die Feuchtigkeit wie ein Schwamm begierig ein, wird davon bei nasser Witterung überfüllt, und fast morastig, so daß die Pflanzen alles Uebel erleiden, welches eine übermäßige Nässe ihnen verursacht, davon krank werden und absterben. Bei der Dürre läßt er dagegen die Feuchtigkeit durch starke Ausdünstung leicht fahren, und wird daher an der Oberfläche ganz dürre und staubig, so daß die darin liegenden Samenkörner nicht keimen können, oder, was noch schlimmer ist, im Keime wieder vertrocknen. Einige Zolle tiefer, wo ihn die Atmosphäre nicht berührt, kann er dagegen noch so naß seyn, daß man aus einer Handvoll herausgegriffener Erde das Wasser tropfenweise herauspressen kann. Ein solcher, mit Humus überfüllter Boden zieht sich ferner bei jeder erheblichen Veränderung der Temperatur stark zusammen, und bläht sich wieder auf, wodurch die Pflanzenwurzeln lose gemacht und in die Höhe gezogen werden, so daß sie oft kaum durch die Spitzen ihrer Wurzeln mit dem Boden in Verbindung bleiben, sondern obenauf zu liegen kommen; weswegen ein solcher Boden sich oft gar nicht zu Winterungssaaten paßt, sondern allein zur Sommerung, und manchmal auch nicht zur Gerste, sondern nur zu dem zähern Hafer benutzt werden kann. Er begünstigt endlich manche Unkrautsarten weit mehr, als die Cerealien, und jene nehmen daher so sehr in ihm überhand, daß sie diese ersticken.

Der an Humus, und selbst an gutem milden Humus überreiche und hervorstechende Boden ist also keineswegs der nutzbarste, obwohl man ihn als Düngung zur Befruchtung eines andern Bodens gebrauchen könnte.

Ist er feucht, so ist er mehr zu Wiesen geeignet, und giebt, wenn er anders nicht sumpfig wird, mit den zweckmäßigsten Gräsern, dem Alopecurus pratensis, den größeren Poa- und Festuca-Arten bestockt, den allerfruchtbarsten Wiesengrund ab. Liegt er trocken, so läßt er sich zuweilen durch das Aufführen irgend einer magern Erdart, oder leichter und zweckmäßiger durch das Brennen verbessern, wodurch ein Theil des überflüssigen Humus verzehrt und in Asche verwandelt wird; wonach man sich jedoch im Anfange vor Lagergetreide zu hüten hat.

§. 127.

Verhältniß des Humus zum Thon im humosen Boden.

Unter allen Grunderden kann der Thon die stärkste Zumischung von Humus ertragen, indem die Eigenschaften des letztern die Nachtheile des erstern verbessern. Bis zu welchem Grade die Beimischung des Humus die Fruchtbarkeit und den Werth des thonigen Bodens vermehre, getraue ich mir noch nicht zu bestimmen. Der reichste Boden, den wir untersucht haben, und der aus dem Oderbruche genommen war, enthielt 19$^3/_5$ Prozent Humus, mit 70 Prozent Thon, etwas feinen Sand und kaum bemerklichen Kalk. Dieser Boden lag aber zu niedrig und zu feucht, um seine Fruchtbarkeit gehörig schätzen und benutzen zu können. Winterung war jenes Fehlers wegen gar nicht darauf zu bauen, und Sommerung mißlich. Er hatte übrigens hinlängliche Bindung, und eine sehr angemessene wasserhaltende Kraft. Sonst sind 11$^1/_2$ Prozent das Höchste gewesen, was wir in thonichtem Ackerboden, sogenanntem Klai- oder Marsch-Boden, an Humus gefunden haben. Wir haben aber auch denjenigen unerschöpflichen Boden zu untersuchen keine Gelegenheit gehabt, der jährlich reifende Früchte ohne alle Düngung tragen soll, und auf welchem man, wird er nur genugsam bearbeitet, durchaus keine Abnahme an Fruchtbarkeit zu verspüren versichert, auch welcher durch aufgebrachten Dünger sich nur verschlechtert.

Er soll sich in der Ukraine, in Ungarn an den Niederungen der Theiß, und an verschiedenen andern kleinen Stellen selbst in Deutschland finden. Denn obwohl man verschiedene von uns untersuchte Bodenarten ehemals für unerschöpflich hielt, nachdem sie dem Meere abgewonnen oder zuerst aus dem alten Rasen aufgebrochen worden, so hat sich doch in der Folge gezeigt, daß sie nach einer Reihe von reifenden Saaten des Düngers bedürftig wurden, wenn man sie anders nicht zu Grase und zur Weide niederlegte, und sie dadurch neue Kräfte gewinnen ließ, oder aber sie durch unerschöpfte, aus dem Untergrunde hervorgeholte Erde mittelst des Rajolens, Kuhlens, Wühlens oder Grabenauswurfs wieder befruchtete. Es giebt nur noch wenige Gegenden, wo man des Düngers ganz entbehren zu können glaubt, und dies sind solche, wo das Land mehr zu Viehweiden als zum Kornbau benutzt wird.

Der reichste von uns untersuchte thonige Ackerboden, dessen Fruchtbarkeit für das Non plus ultra gehalten ward, war vom rechten Ufer der Elbe einige Meilen von ihrem Ausflusse, und hielt wie gesagt 11½ Prozent Humus mit 4½ Prozent Kalk, und übrigens größtentheils Thon mit etwas grober, aber ziemlich vieler feiner, nur durch das Kochen abzutrennender Kieselerde. Er war zwar stark gebunden, aber bei mäßiger Feuchtigkeit nicht sehr zähe; er ward mit den stärksten Früchten, Raps, Weizen, Wintergerste, Bohnen bestellt, verlangte aber doch alle sechs Jahre zum Raps eine starke Mistdüngung und Brache.

Wir haben den Humus mit Thon gemengt in solchen angeschwemmten Niederungsboden, die insbesondere bei einem zweckmäßigen Fruchtwechsel von der höchsten Fruchtbarkeit waren, in verschiedenen Gradationen gefunden. Ein Boden aus dem Budjadinger Lande, welcher in der Gegend weit und breit für den fruchtbarsten gehalten wurde, hatte 8⅖ Prozent Humus mit 3 bis 4 Prozent Kalk, und übrigens fast lauter Thon. Ein Boden aus dem Amte Wollup, der 6½ Prozent Humus hatte, war noch ein trefflicher Weizenboden, indem er nämlich diese Frucht noch in dritter Tracht sehr üppig trug.

Die schwarze Farbe des Bodens steht nicht immer im Verhältniß mit seinem Humus. Er ist zuweilen weißlich, wie schon erwähnt, und hat dennoch mehr Humusgehalt, als ein anderer, der schwärzlicher aussieht. Seine schwarze Farbe kommt aber zum Vorschein, wenn man ihn in einem verschlossenen Tiegel glüht.

Diese reichen Thon- oder Klaiboden finden sich nur in Niederungen, die entweder notorisch oder doch höchst wahrscheinlich mit dem abgesetzten Schlamm des Wassers tiefer oder flacher bedeckt worden sind, also an den Ufern der Ströme, deren Wasser langsam übertrat und sich langsam wieder zurückzog, oder in solchen Thälern, die vormals, ehe sich das Wasser einen Ausweg bahnte, Seen waren. Man setzt diese Ackerarten in die erste Klasse, und nennt sie gewöhnlich starken Weizenboden, weil sie noch in dritter Tracht nach dem Dünger bei dem Dreifeldersysteme Weizen zu tragen vermögen.

Die in diese Klasse zu ordnenden Bodenarten haben indessen Gradationen in ihrer Fruchtbarkeit und ihrem Werth. Ob man diese nach Verhältniß ihres Humusgehalts allein bestimmen könne, getraue ich mir nicht zu entscheiden, indem die Vergleichung der Fruchtbarkeit an entfernten Orten zu schwierig, und wohl vom Klima mit abhängig ist. Ob der mehrere oder mindere Kalkgehalt und der ihnen wahrscheinlich zuweilen beigemischte thierische Stoff die Fruchtbarkeit erhöhe, ist ebenfalls nicht zu entscheiden.

Nach dem Resultate unserer Untersuchungen glaube ich jedoch annehmen zu müssen, daß die Ackererde mindestens zwischen 5 bis 6 Prozent Humus halten müsse, um in diese Klasse gesetzt zu werden.

Wir nehmen, um die Verhältnisse des Bodenwerths auszusprechen, den Werth des uns bekannten fruchtbarsten Bodens zu 100 an, welcher proportionale Werth dann durch den Einfluß, den seine Lage und andere Verhältnisse auf seine Nutzbarkeit haben können, zu erhöhen und zu vermindern ist.

§. 128.

Verhältniß des Humus zum Sande.

Ist der Humus mit wenigerem Thon und mit mehrerem Sande vermengt, so daß derselbe keine feste Bindung hat, wechselsweise zwar leicht durchfeuchtet wird, aber auch schnell wieder austrocknet, so gehört ein solcher Boden nicht zu dieser Klasse. Hier kann das Uebermaaß des Humus leicht zu groß werden, und wir haben einen Boden, der 26 Prozent Humus hielt, und übrigens ohngefähr zur Hälfte aus Thon und zur Hälfte aus Sande bestand, schon zu lose und dem Getreidebau minder zuträglich gefunden. Wie er zuerst abgewässert und aus dem Grase gebrochen war, trug er sehr gute Erndten, die sich aber bald verminderten, und als man ihm durch reichliche Düngung das Verlorne wieder zu geben suchte, ward er immer uneinträglicher.

Dagegen haben wir anderen Boden von mehr sandiger Beschaffenheit, welcher etwa 10 Prozent Humus enthielt, sehr fruchtbar gefunden, und für alle Getreidearten, nur nicht für Weizen geeignet, insbesondere wenn er zuweilen einige Jahre zur Weide niedergelegt ward. Dieser Boden war indessen des Düngers sehr bedürftig, und hatte den größten Nutzen davon, wenn man ihn der letzten Frucht vor dem Niederlegen zu Grase gab. Ohne Düngung und ohne Ruhe kann ein solcher Boden, wie die Erfahrung lehrt, leicht erschöpft werden.

Boden dieser Art steht natürlich durch einen allmähligen Uebergang mit dem des vorigen §. 127 in Verbindung, so wie sich nämlich sein Thongehalt vermehrt. Indessen fehlen uns bis jetzt noch sichere Data darüber, wie stark das Thonverhältniß seyn müsse, um ihn zu sicherem und nachhaltigem Weizenboden zu qualifiziren.

Wenn er etwa 20 Prozent abschwemmbaren Thon und 10 Prozent Humus, im Uebrigen Sand hat, so trägt er noch treffliche Gerste; hat er merklich wenigern Thon, so trägt er bei einer feuchten Lage, oder in einem feuchten Jahre sicherer Hafer, und immer sehr reichen Roggen, wenn man anders durch eine gute frühe Bestellung dessen Auswinterung vorbeugt.

Man kann ihn hauptsächlich nach seiner Gebundenheit taxiren; je mehr er diese Qualität besitzt, desto mehr nähert er sich dem für die erste Klasse angenommenen Werthe von 100. Je weniger er aber Thon hat und mehr aus Sand besteht, desto tiefer fällt er, selbst bei 10 bis 15 Prozent Humus, zu dem Werthe von 80 herab. Auf diesem Punkte bleibt er, wenn er anders nicht zu flach ist und auf bloßem Sande ruht, bei einem solchen Humusgehalte wohl immer stehen, zumal da er auch zum Graswuchse so sehr geeignet ist.

Denn man findet diesen Boden in der Regel nicht anders, als in Niederungen, denen es an Feuchtigkeit selten fehlt. Er ist hier aus dem Moder der Wasserpflanzen entstanden, die sich in dem Wasser, welches vormals diese Gründe bedeckte, seit Jahrtausenden erzeugt hatten, und bei dem Zurücktreten desselben nun in eine schnellere oder langsamere Verwesung übergingen; weswegen dieser Humus auch mehr oder minder kohlenstoffhaltig zu seyn scheint.

§. 129.

Säure vermindert seine Fruchtbarkeit.

Bei den beiden vorgedachten Bodenarten setzen wir immer voraus, daß der Humus milde oder säurefrei sey. Der saure Humus macht einen unfruchtbaren Boden, wovon in der Folge die Rede seyn wird; manchmal aber hat er einen nur sehr geringen Grad von Säure, so daß seine Fruchtbarkeit nicht viel, und nicht in Ansehung aller Pflanzen, jedoch immer etwas leidet. Er trägt, so wie die Säure merklicher wird, schlechtere Gerste, obwohl noch immer Hafer. Der Roggen ist dem Roste und dem Befallen ausgesetzt. Die Körner sind grobhülsig und minder mehlreich. Die darauf wachsenden Gräser sind sowohl ihren Arten als ihren Säften nach dem Viehe minder angenehm und gedeihlich, obwohl sie einen beträchtlichen Heuertrag geben. So wie die saure Beschaffenheit des Humus also zunimmt, vermindert sich der Werth dieses Bodens, und sinkt so stufenweise zu der Bodenart, die man Moorboden nennt, herab.

§. 130.

Merkmale und Bestimmung des Humus-Gehalts.

Die schwarze Farbe des Bodens läßt in der Regel einen großen Reichthum an Humus erwarten; sie kann nur in einigen Fällen trügen, wo sie von Eisen- oder Braunsteinoxyd herrührt. Schon die auffallende Fruchtbarkeit des von Humus gefärbten Bodens wird dies unterscheiden lassen. Sonst entdeckt es sich bald, wenn man einen Ballen dieser Erde in einem Tiegel beim Zutritte der Luft glühet, wo sich dann, wenn die schwarze Farbe vom Humus herrührte, solche äußerlich bald verliert, und die Erde weiß wird; was aber nicht geschieht, wenn sie vom Eisen herrührt.

Um die Quantität des Humus zu bestimmen, ist das einfachste Mittel, ihn zu verbrennen. Man erhält etwa 10 Minuten lang in vollem Glühen ein bestimmtes Gewicht der von Fasern und Steinen gereinigten und völlig ausgetrockneten Erde, rührt sie mit einer gläsernen Röhre fleißig um, und läßt sie so lange fortglühen, bis die schwarze Farbe gänzlich verschwunden ist. Um das gänzliche Verbrennen des Humus zu befördern, und die Arbeit abzukürzen, setzt man der Erde etwas salpetersaures Ammonium zu, welches sich völlig wieder verflüchtigt. Der Verlust des Gewichts zeigt die Quantität Humus an, welche der Boden enthielt. Es hat freilich die Erde, insbesondere die thonige, bei diesem Glühen noch etwas Wasser verloren, welches ihr so fest anhing, daß es ihr nicht durch das Austrocknen, sondern bloß durch das Glühen entzogen werden konnte. Dies ist indeß unbedeutend, und kann, wenn man nur die Erde vorher vollkommen austrocknete, nicht über ½ Prozent betragen. Enthielt indessen der Boden vielen Kalk, so würde die Verflüchtigung seiner Kohlensäure und seines Krystallisationswassers von größerer Erheblichkeit seyn, und so müßte dieser Kalk vorher ausgeschieden werden.

Die Säure des Humus entdeckt man dadurch, daß man einen Streifen Lackmuspapier in einen aus dieser Erde mit Wasser gemachten Brei steckt; wird er roth gefärbt, so ist Säure darin vorhanden. Der saure Humus verräth sich auch schon durch seinen Geruch, wenn er geglüht wird, und der dann dem des brennenden Torfs gleich ist. Giebt der Humus beim Verbrennen einen Geruch wie verbrannte Federn, so ist dies dagegen ein Zeichen, daß er zum Theil thierischen Ursprungs, und somit in der Regel kräftiger und zersetzbarer sey.

Eine genauere Untersuchung des Humus würde ohne Zweifel am zweckmäßigsten durch die trockne Destillation im pneumatischen Apparate angestellt werden, ist aber nicht für den Landwirth. Arthur Young hat sie indessen häufig angestellt, und insbesondere die Quantität des erhaltenen gekohlten Wasserstoffgases mit der Fruchtbarkeit des Bodens im Verhältniß gefunden, so daß er dieses Verfahren als einen Fruchtbarkeitsmesser vorschlug, worin auch Priestley ihm beipflichtete, und mit seinen Beobachtungen unterstützte.

§. 131.

Der Thon. Dessen gute Eigenschaften.

Der Thon befördert die Fruchtbarkeit:

1) durch seine wasserhaltende Kraft, indem er sich von der zur Nahrung der Pflanzen unumgänglich nöthigen Feuchtigkeit, selbst bei anhaltender Dürre, nicht trennt, und diese, auch bei anscheinender großer Trockenheit, den Pflanzen doch noch nothdürftig läßt;

2) wirkt er durch die Festhaltung des Humus, welchen er nicht bloß physisch einhüllt und schützt, sondern auch durch die gewissermaßen chemische Verbindung, die er mit dieser zusammengesetzten Substanz eingegangen ist;

3) durch die festere Haltung, welche er den Pflanzenwurzeln giebt, und selbst wohl durch den Widerstand, welchen er ihrer zu großen Ausdehnung entgegensetzt; wodurch sie zum Austriebe mehrerer Haarwurzelbüsche genöthigt werden, durch die jede Pflanze ihre Nahrung in der Nähe sucht, und sie ihren Nachbarn folglich weniger raubt;

4) durch die Abhaltung der den Wurzeln immer nachtheiligen atmosphärischen Luft, und durch die schwächere Leitung der Wärme, wodurch er eine gleichmäßige Temperatur, bei einem schnellen Wechsel derselben in der Luft, dem Boden mehr erhält. Die Wirkungen eines schnellen Wechsels von Wärme und Kälte sind daher den auf thonichtem Boden wachsenden Früchten, wenn er nicht eben zu naß ist, minder nachtheilig, als denen auf sandigem Boden;

5) indem er das zur Bildung der Kohlensäure so nöthige Oxygen, höchst wahrscheinlich aber auch Azot an sich zieht, und die Wechselwirkung dieser allgemein verbreiteten Stoffe befördert.

§. 132.

Dessen nachtheilige Eigenschaften.

Sein Uebermaaß wird aber nachtheilig:

1) indem er die Feuchtigkeit bei nasser Witterung zu lange anhält, sie weder durchsintern noch leicht verdunsten läßt, sondern damit zu einem Brei zerfließt;

2) indem er sich bei trockener Witterung zu sehr erhärtet, dem Eindringen der Pflanzenwurzeln zu starken Widerstand leistet, und sich in eine fast ziegelartige Masse zusammenzieht;

3) indem er im Sommer bei starker Austrocknung sowohl, als im

Winter beim Froste Risse und Spalten bekommt. Hierdurch werden die Wurzeln theils zerrissen, theils werden sie in eine ihnen höchst nachtheilige unmittelbare Verbindung mit der atmosphärischen Luft gebracht, wodurch ihr Verderben bewirkt werden kann;

4) indem er die nährenden Stoffe oder den Dünger stark und nicht so leicht davon trennt, wie losere Erde. Ist er einmal damit reichlich versehen und gewissermaßen gesättigt, so bleibt er zwar um so länger in Kraft. Ist er aber einmal ausgezehrt und arm, so thun die ersten Düngungen weit mindere Wirkung auf die Pflanzen, und jene müssen sehr stark seyn, wenn die ersten Früchte Nutzen von ihnen haben sollen;

5) indem er die Bearbeitung des Bodens schwer macht, bei feuchtem Wetter Pflug, Egge und Wagen kaum zuläßt, sich an Pflug und Egge wie ein Teig fest anhängt, ihre Einwirkung verhindert und der Zertheilung widersteht; dagegen bei trockener Witterung sich zusammenzieht und dermaßen erhärtet, daß er durch den Pflug mit schwerer Arbeit nur in große Schollen zerbrochen werden kann, die dann, bis sie wieder Feuchtigkeit erlangen, auch mit der Egge und selbst mit der Walze nicht gezwungen werden können; weswegen man häufig das Zerschlagen derselben mit Keulen zu Hülfe nehmen muß, und selbst dadurch seinen Zweck nur unvollkommen erreicht.

§. 133.

Verhältniß des Thons zum Sande.

Die üblen Eigenschaften des überwiegenden Thons im Boden können zum Theil durch die Zumengung des Humus, jedoch nicht völlig überwunden werden, worüber wir im §. 127 geredet haben. Auch die Zumischung des Kalks verbessert sie gewissermaßen, worüber wir in der Folge reden werden. Vorzüglich und am häufigsten aber werden sie durch den Sand überwunden. Einige Zumischung von Sande enthält die ackerbare Krume fast immer, und ganz ohne selbigen würde sie kaum urbar zu machen seyn. Es kommt deshalb bei der Beurtheilung der meisten Bodenarten vorzüglich auf das Verhältniß an, worin Sand und Thon gemengt sind.

§. 134.

Sand.

Bevor ich diese Verhältnisse angebe, muß ich mich bestimmt über das erklären, was ich Sand nenne. Ich verstehe darunter bloß diejenige grobkörnige Kieselerde, welche sich bei sorgfältigem Abschwemmen zu Boden gesetzt hat, und die man auf diese Weise sammeln kann. Es scheidet sich sonst, wie uns spätere Versuche gelehrt haben, und wie ich in Einhofs Grundriß der Chemie in einer Anmerkung Seite 208 bis 210 angezeigt hatte, mittelst des Siedens des Thons im Wasser noch eine beträchtliche Quantität feingekörnter Kieselerde ab, so daß, wenn diese Operation lange und sorgfältig fortgesetzt wird, nur wenig Kieselerde mit der reinen Thonerde vermengt bleibt. Die Quantität dieser feingekörnten Kieselerde scheint (denn als völlig ausgemacht wage ich es noch nicht anzugeben) den Unterschied zwischen sogenanntem fetten und magern Thon auszumachen, der Thon an sich aber immer gleich zu seyn, und nur mit einer gewissen Quantität feiner Kieselerde chemisch oder doch auf eine mechanisch unscheidbare Weise verbunden zu bleiben. Da es uns hier aber nur darauf ankommt, den Werth und die Nutzbarkeit des Bodens nach dem Verhältnisse seiner Bestandtheile zu bestimmen, und dieses auf eine minder schwierige und allgemein anwendbare Weise auszumitteln: so nehmen wir auf jene feinkörnige und durch bloßes Abschwemmen nicht abzusondernde Kieselerde keine Rücksicht, und nehmen das, was mit Vorsicht abgeschwemmt worden, als Thon an. In den meisten Fällen lassen sich aus dem abgeschwemmten Thon von 100 Theilen noch 15 Theile solcher feinen Kieselerde durch das Sieden abscheiden. Nur bei einigen besonderen Bodenarten betrug sie beträchtlich mehr. So hatte z. B. neu angeschlemmter Boden von der Nogat-Insel bei Danzig eine große Menge solcher feinen Kieselerde. Es gehören noch längere Untersuchungen dazu, um zu bestimmen, in wie fern Thon, der dieser feinen Kieselerde viel enthält, eines minderen Zusatzes von Sande bedarf, um die gerechte Lockerheit zu bekommen.

§. 135.

Verhältnisse, worin die Bestandtheile stehen sollen.

Wenn der Boden ungefähr aus gleichen Theilen abschwemmbarem Thon und zurückbleibendem Sande besteht, so nennen wir dieses Lehm. Und diesen Namen behält die Erde, wenn der Sand zwischen 40 und 60 Prozent ausmacht; je nachdem er mehr oder weniger Sand hat, heißt er lockerer oder zäherer Lehm.

Enthält die Erde weniger als 40 Prozent Sand, so heißt sie Thonboden. Dieser wird immer strenger, und zeigt die üblen Eigenschaften stärker, je geringer der Antheil von Sande ist. Hat er nur 20 und weniger Prozent Sand, so wird er ein sehr zäher, schwer zu verarbeitender, und dem Mißwachse leicht ausgesetzter Boden, wenn anders nicht eine starke Zumischung von Humus oder von Kalk ihn mildert. Jedoch kommt hier allerdings die Beschaffenheit des Thons in Rücksicht der ihm beigemengten Kieselerde in Betracht, und er ist minder fehlerhaft, wenn er bei wenigem Sande von dieser sehr viel besitzt.

§. 136.

Thon- oder Weizenboden.

Dieser Thonboden ist gewöhnlich unter dem Namen Weizenboden zweiter Klasse, oder schwacher Weizenboden bekannt, in so fern er nicht so vielen Humus besitzt, daß er Weizen ohne frischen Dung tragen, und mithin zur ersten Klasse gerechnet werden kann. Jedoch darf es ihm nicht ganz am Humus mangeln. Selten treffen wir auf der Höhe Boden an, der bei gewöhnlicher Kultur mehr als 3 Prozent Humus enthielte. Er ist dabei doch für den Weizen besonders geeignet, und trägt ihn mit mehrerer Sicherheit und besserem Erfolge, als Roggen. Nur muß er dazu Nahrungstheile haben, und da er diese nicht in seinem natürlichen Humus genugsam besitzt, so kann Weizen nur in erster oder zweiter Tracht mit Vortheil auf ihm gebaut werden. Nächstdem ist er der Gerste günstig, wenn er 30 bis 40 Prozent Sand hat; hat er aber weniger und wird dieses nicht durch eine starke Zumischung von Kalk ersetzt, so paßt er sich nach dem Weizen besser für Hafer. Er trägt ferner bei hinlänglicher Dungkraft Hülsenfrüchte; der mit mehrerem Sande vermischte vorzüglich Erbsen, der zähere aber noch sicherer Bohnen.

Sein Werth fällt, wenn er nicht zu den humosen, merglichten, kalkichten Boden gerechnet werden kann, mit der Quantität des Sandes, so daß der, welcher 40 Prozent Sand enthält, im Werthe am höchsten, der, welcher nur 5 Prozent Sand hat, am niedrigsten steht. Zwar hat bei kräftiger Düngung, und wenn eine passend wechselnde Witterung nicht nur die Bearbeitung der Brache, sondern auch die Vegetation begünstigt, der strengere thonichte Boden, besonders im Weizen, zuweilen einen Vorzug; wenn man aber dagegen die Schwierigkeit seiner Bearbeitung und den Mißwachs, dem er vor dem milderen unterworfen ist, berechnet, so kann man seinen mindern Werth nicht in Zweifel ziehen. Ich setze den Boden, der 40 Prozent Sand und gegen 60 Prozent abschwemmbare Erde hat, wenn er gegen 2 Prozent natürlichen Humus besitzt, zu 70, den, der nur 30 Prozent Sand hat, zu 60, den von 20 Prozent zu 50, und den von 10 Prozent zu 40. Wenn er nicht über 1 Prozent Humus enthält, so fällt er mindestens um 20 Prozent seines Werthes herab, und wohl um so mehr, je zäher er ist, so daß der zähe, mit wenig oder gar keinem Humus — nämlich mildem, auflöslichem — durchdrungene, dann gewöhnlich naßkalte, sogenannte Schluffboden auf einer der niedrigsten Stufen der Bodenarten und im Werthe dem Sandboden gleich steht. Dagegen steigt sein Werth mit einem höheren Humusgehalt, und wohl in einem um so größeren Verhältnisse, je zäher er ist, bis zu dem Boden erster Klasse hinauf, wohin er freilich auch durch eine sehr bereichernde Düngung und Behandlung gelangen kann.

§. 137.

Lehmboden.

Derjenige Boden, welcher mehr als 40 bis 60 Prozent Sand enthält, wird Lehmboden schlechthin genannt. Je weniger Sand er über 40 Prozent enthält, desto besser ist er — immer unter Voraussetzung eines gleichen Humusgehalts. — Bis 50 Prozent bleibt er zum Weizen- und Gerstenbau gleich geeignet. Steigt aber der Sand über 50 Prozent bis 60 Prozent, so kann er zwar Weizen bei guter Kultur noch immer vortheilhaft tragen, jedoch mit minderem Erfolge, und mit mehrerer Erschöpfung, als Roggen, wird dann aber für Gerste ganz vorzüglich geeignet, und kommt in die Klasse des starken Gerstbodens zu stehen.

Wegen der großen Sicherheit dieses Bodens, der leichteren Bearbeitung, der gemäßigten Temperatur und Feuchtigkeitshaltung hat er so viele Vorzüge vor dem strengeren Thonboden, daß man ihn, ungeachtet seiner mindern Weizentragbarkeit, doch in seinen verschiedenen Gradationen mit diesem gleich schätzen kann. Diese Gradationen sind aber entgegengesetzter Art. 40 Prozent Sand zeigen sich uns als das vollkommenste Verhältniß. Wie sich dort der Werth des Bodens verminderte, wenn der Sand abnahm, so vermindert er sich hier, wenn er zunimmt. Jedoch nach unsern bisherigen Beobachtungen nicht in gleicher Proportion. Der Werth des Bodens scheint bei folgenden entgegengesetzten Verhältnissen ungefähr gleich zu seyn:

50 Prozent Sand = 35 Prozent oder 50 Prozent abschwemmbarer Thon = 65;

60 Prozent Sand = 30 Prozent oder 40 Prozent abschwemmbarer Thon = 70.

So viel nämlich dem ersteren an der möglichsten Vollkommenheit wegen zu geringer Bindung mangelt, so viel fehlt dem letzteren wegen zu geringer Lockerheit.

Boden dieser Art läßt sich sehr viel verarbeiten, ohne staubig zu werden, verballt und verschalet sich aber auch nicht. Er leidet nicht leicht an Nässe, hält aber die Feuchtigkeit genug an, um ziemlich anhaltender Dürre widerstehen zu können; ja es leiden bei dieser die jungen Pflanzen weit weniger, als auf zähem Boden, weil ihre Wurzeln sich mehr verbreiten und tiefer eindringen können. Deshalb ist besonders die Gerste so viel sicherer darauf. Er trägt Weizen freilich nur, wenn er in kräftigem Düngerstande ist; aber Roggen bei einem schwächern Düngerstande besser, als der strengere Boden. Den Hülsenfrüchten, dem Klee und andern Futtergewächsen, den Kartoffeln und Rüben, endlich auch den meisten Handelsgewächsen: Raps, Lein, Taback u. s. w., ist er sehr günstig, und erlaubt eine bessere Bearbeitung derselben. Er verschließt sich seltener gegen Pflug und Egge. Deshalb ist dieser Boden, wenn gleich in vorzüglichen Jahren, nicht so einträglich an Weizen, doch in den angegebenen Gradationen dem eigentlichen Weizenboden gleich zu schätzen.

§. 138.

Im Uebermaaß wird nämlich der Sand nachtheilig:

1) indem er die Feuchtigkeit nicht an sich hält, sie schnell durchseihen und verdunsten läßt, und mit derselben fruchtbare Stoffe;

2) indem er sich mit dem Humus nicht verbindet, kaum eine physische, viel weniger eine chemische Anziehung dazu hat, auch aus der Atmosphäre keine fruchtbaren Stoffe aufnimmt;

3) indem der Sandboden eine häufige Bearbeitung, — die zur Vertilgung des Unkrauts, welches bei zureichendem Humus sehr leicht in ihm einwuchert, oft nöthig wäre, — doch nicht erträgt, weil er dadurch alle Bindung verliert, und, wie man es nennt, leicht ausgesoort oder erkältet werden kann, indem der Humus, der nur in seinen Zwischenräumen angehäuft, aber nicht mit ihm verbunden war, durch Wind und Wetter entführt wird;

4) indem er die Wärme stark leitet, und die Einwirkung des Frostes sowohl, als der starken Hitze bei jedem schnellen Wechsel der atmosphärischen Temperatur den Pflanzen sehr empfindlich macht.

§. 139.

Sandiger Gerstboden.

Wenn der Boden mehr als 60 bis 80 Prozent Sand hat, so heißt er sandiger Lehmboden. Er nimmt nun in seinem Werthe mit dem stärkern Zusatze von Sande stärker ab, und wenn der zu 60 Prozent

Sand 60 werth war, so fällt der, welcher 65 Prozent hat, bis zu 50, der von 70 Prozent zu 40, der von 75 Prozent zu 30, und der von 80 Prozent zu 20 herab. Zum Weizenbau wird er mißlich, und bei 70 Prozent Sand unter gewöhnlicher Kultur untauglich. Gerste kann er, besonders wenn ihn seine Lage (wovon jedoch erst in der Folge) begünstigt, vortrefflich tragen, wenn der Sommer nicht zu dürre ist. Deshalb wird er unter dem Namen schwacher Gerstboden begriffen. Zum Roggen ist er der sicherste Boden. Er ist immer leicht zu bearbeiten, jedoch dem Verquecken mehr als bindender Boden ausgesetzt. Den Dünger hält er nicht stark an, sondern zersetzt ihn schneller, und läßt ihn in die Früchte übergehen. Deshalb bedarf er einer öftern Düngung, die aber aus eben dem Grunde schwächer seyn kann. Bei einer reichlichen, oft wiederholten Düngung und schonenden Bestellung kann er sich jedoch an Humus sehr bereichern, und dann zu einer hohen Fruchtbarkeit kommen, die sich aber bei einer erschöpfenden Behandlung leicht wieder verliert.

Wenn er 75 Prozent und darüber an Sande hat, so schätzt man ihn gewöhnlich nur als Haferboden. Er trägt aber auch dann im Durchschnitt der Jahre Gerste noch vortheilhafter, als Hafer, wenn er genugsame Dungkraft hat.

§. 140.

Sandboden.

Hat der Boden über 80 Prozent Sand, so heißt er Sandboden, und in so fern dieser Sand nicht über 90 steigt, lehmiger Sandboden.

Bis zu 85 Prozent Sand pflegt er noch in die Kategorie von Haferboden gebracht zu werden. Der Hafer ist aber sehr mißlich und von geringem Ertrage. Er trägt von den Cerealien nur Roggen und Buchweizen mit Sicherheit, und wenn er in gutem Düngungszustande erhalten wird, so wird Roggen nach Roggen immer vortheilhafter, als Hafer nach Roggen seyn, weil diesem die Austrocknung, der dieser Boden im Sommer unterworfen ist, nicht so nachtheilig werden kann. Unter allen Futtergewächsen sind Kartoffeln und Spörgel noch die zuverlässigsten auf selbigem.

Er wird aber durch viele Beackerung, die er denn doch, wenn er in Dünger gehalten wird, des Unkrauts wegen erfordert, leicht so lose, daß alle Früchte darauf mißrathen. Deshalb ist die Ruhe oder das Niederlegen zu Grase ihm vorzüglich nöthig, und zu seiner vortheilhaftesten Benutzung nothwendig, da er dann, besonders mit Schafschwingel, Raygras, weißem Klee und Pimpinelle besäet, zwar selten dem Rindvieh, aber immer den Schafen eine nutzbare Weide giebt, und nun wieder umgebrochen immer vorzüglichen Roggen trägt.

Sein Werth fällt mit jedem Prozente, welches er an Sand mehr enthält, um 1, von 20 bis 10 herab; wenn wir auch annehmen, daß er noch 1 bis 1½ Prozent Humus enthalte, welches aber häufig nicht der Fall, und dann sein Werth noch geringer ist.

§. 141.

Schlechter Sandboden.

Hat der Boden aber 90 Prozent Sand, so kommt er in der niedrigsten Klasse des Bodens zu stehen, welcher nur — wenn man ihn anders nicht mit Dünger, der aus ihm nie ersetzt werden kann, überhäuft — nach einer langen Ruhe eine Frucht mit Vortheil zu tragen vermag, und von dieser bald erschöpft wird. Wenn man ihn so schonend behandelt, so wird der, welcher bis 94 Prozent Sand hat, in seinen Ruhejahren noch eine leidliche Schafweide geben, und per Morgen ein Schaf ernähren können, indem er noch die kleinern Festuca-Arten und das Anthoxanthum trägt. Wenn er aber noch mehr Sand enthält, so trägt er nichts als die Aira canescens oder den sogenannten Bocksbart und einige andere nahrungslose Pflanzen, und sinkt dann zum vollkommenen Flugsande herab, dessen schwache Narbe oder Borke zu rühren, wegen der dann entstehenden Sandwehen, sehr gefährlich ist.

Man kann annehmen, daß der Boden mit jedem Prozente an Sande mehr, um 1 auch ferner herabsinke; so wie er aber zum Flugsande wird, in den meisten Fällen, einen negativen Werth habe.

§. 142.

Mancher Sand besteht nicht allein aus Kieselerde, sondern hat Körner von kohlensaurem Kalk beigemischt, wenn man anders den Kalk vor dem Abschwemmen nicht ausgeschieden hat. Dieser kalkichte Sand ist nicht unauflöslich, wie der Kieselsand, und befördert die Fruchtbarkeit wohl mehr. Doch fehlen uns genugsame Beobachtungen hierüber.

§. 143.

Verhältniß des Kalks zum Boden.

Die Gegenwart des Kalkes, insbesondere wenn er mit dem Thone innig gemischt ist, erhöhet bis zu einem gewissen Verhältnisse die Fruchtbarkeit des Bodens sehr:

1) indem er den Thon locker und mürbe macht, wenn er innig und gleichmäßig mit selbigem gemischt ist, so daß er nun leicht in ein

feines Pulver auseinanderfällt, wenn er einer feuchten Luft ausgesetzt wird;

2) indem er ihn leichter austrocknet und die Anhäufung des Wassers darin verhindert. Dagegen scheint er dem Sande mehrere Bindung und Feuchtigkeitshaltung zu geben, und sich mit Hülfe des Humus genauer mit ihm zu verbinden;

3) indem er die Zersetzung und Wechselwirkung der nährenden Stoffe im Acker befördert, und die dem Thone zu fest anhängende organische Materie mehr löset. Ob er seine Kohlensäure dem Humus oder vielleicht den Pflanzen selbst abgebe, und diese dagegen aus der Luft wieder an sich ziehe, folglich als ein unmittelbar nährender Körper wirke, ist noch zweifelhaft, indessen aus mehreren Gründen wahrscheinlich. Wir werden hierauf zurückkommen, wenn wir vom Kalke als Düngungsmittel reden;

4) indem er die im Boden sich so leicht erzeugende Säure nicht entstehen läßt, und wenn sie entstanden ist, bald neutralisirt und unschädlich macht;

5) indem er besonders mehlreiche, feinhülsige Früchte liefert, und allen Gewächsen aus der Diadelphisten-Klasse ausgezeichnet günstig ist, also Hülsenfrüchte und alle Kleearten auf ihm am sichersten gedeihen.

Im Ueberfluß kann er aber auch nachtheilig werden, wie wir dies an dem kreidigen Boden bemerken:

1) indem er die Feuchtigkeit nicht anhält, und sie insbesondere leicht verdunsten läßt, selbst mehr als der Sand; weswegen er bei trockener Witterung ausgedörrt und staubig wird;

2) indem er den Mist und den Humus sehr schnell zersetzt, ihren Uebergang in die Pflanzen oft zu stark befördert, sie daher übermäßig treibt, ihnen dann aber in der höchsten Periode ihrer Entwickelung keinen Nachsatz mehr geben kann, und sie verschmachten läßt.

Da ich Erdarten mit überwiegendem Kalke nicht kenne, so führe ich das an, was Chaptal davon sagt: „Erden, die Kalk in hervorstechendem Verhältnisse enthalten, sind porös, leicht, sehr durchdringlich von Wasser und gut zu verarbeiten; sie bilden einen Teig, der fast keine Konsistenz hat, lassen das Wasser aber mit Leichtigkeit wieder fahren; sie trocknen aus, ohne Spalten zu bekommen, und ohne eine beträchtliche Minderung in ihrer Masse zu erfahren. Die Luft dringt leicht durch, und kann die Keime in einer gewissen Tiefe beleben. Weil das Wasser ohne Widerstand hineindringt, aber eben so schnell sich wieder daraus entfernt, so befinden sie sich abwechselnd in dem Zustande einer Ueberfüllung damit und einer Austrocknung, und die Pflanze, unfähig, bei allen diesen Abwechselungen zu bestehen, schmachtet und geht aus, sobald Trockenheit und Feuchtigkeit nur einigermaßen lange währen."

Nach Reissert und Seitz, Annalen des Ackerbaues IX. 236, ist der Kalkboden, der 40 Prozent Kalk und 36 Prozent Sand, übrigens größtentheils Thon hat, nach starkem Regen und wenn es feucht ist, schwerer zu bearbeiten als der Lehm, aber, wenn er ausgetrocknet ist, weit leichter.

Das vortheilhafteste Verhältniß des Kalks im Boden ist wohl das, wenn er mit dem abschwemmbaren Thon gleich ist. Unter allen künstlichen Bodenmengungen, 54 an der Zahl, auf welchen Tillet die Vegetation des Getreides versuchte, zeigte sich die am vortheilhaftesten, welche aus $^3/_8$ Töpferthon, $^3/_8$ Muschelmergel und $^2/_8$ Sand bestand.

So wie der Kalk im Boden zunimmt, bedarf es des Sandes weniger zur Verminderung der nachtheiligen Eigenschaften des Thons. Völlig darf jedoch der Sand nicht fehlen, weil sandloser Mergel zu bindend und feucht zu schlammig wird. Jenes Tillet'sche Verhältniß scheint auch nach der Erfahrung im Großen das vorzüglichste.

Wenn der Kalk aber auch nur in geringerem Verhältnisse der Ackerkrume beigemischt ist, so daß er auf die Konsistenz des Bodens wenig Einfluß zu haben scheint, so wird die Fruchtbarkeit doch dadurch erhöhet, vermuthlich der chemischen Wechselwirkung wegen, die er auf den Humus und Dünger hat. Eine Beimischung von 10 Prozent Kalk erhöhet allen thonigen und lehmigen Boden nach allgemeinen, jedoch noch nicht bestimmten Beobachtungen von 5 bis auf 10 Prozent seines Werthes, und um so mehr, je reichhaltiger der Boden zugleich an Humus ist.

Dagegen wird der Kalk nachtheilig, wenn sein Verhältniß über das des Thons hinausgeht, und um so mehr, wie jenes steigt. Mit vielem Sande vermischt giebt er einen zu dürren, hitzigen Boden ab, dem auch bei starkem Dünger nur solche Früchte mit Vortheil abgewonnen werden können, welche die Dürre gut ertragen, z. B. der Mais. Der größtentheils aus Kalk bestehende Kreideboden kommt diesem gleich, leidet aber, so wie von der Dürre, auch von der Nässe, indem er alsdann schlammig wird.

Da ich aber von Boden, der an Kalk überreich ist, keine Erfahrung habe, so getraue ich mir noch nicht, über dessen Werthverhältniß etwas zu bestimmen.

§. 144.

Beimischung des Humus in anderen Bodenarten als nothwendige Bedingung ihrer Fruchtbarkeit.

Wenn wir oben von den Bodenarten sprachen, in welchen der Humus ein hervorstechender und nicht leicht erschöpfbarer Bestandtheil war, so verstanden wir solche darunter, die über 5 Prozent davon enthielten, was nur bei den vom Wasser abgesetzten Niederungsboden oder sogenannten Marschen der Fall ist. Dem Höheboden, dem mehr thonichten sowohl als dem mehr sandigen, ist er selten bis zu 5 Prozent zugemischt, und sie enthalten gewöhnlich nicht mehr als 3 Prozent vom milden auflöslichen Humus, besonders wenn sie abgetragen haben, und nun eine neue Düngung, sollen sie anders vortheilhafte Ernten geben, erfordern. Seine Quantität vermindert sich nämlich darin nach dem Verhältniß der ihm abgenommenen Früchte gegen die ihm gegebene Düngung. Indessen ist dies nicht so beträchtlich, wie es scheint. Eine sehr starke Düngung von 200 Centnern Mist hinterläßt nach ihrer Vermoderung kaum 30 Centner trockenen Humus, und dieser wird auf 1 Morgen, unter 12000 Centner Erde, welche die Ackerkrume ungefähr enthält, vertheilt. 400 Centner bekommen dadurch 1 Centner Humus, folglich ¼ Prozent.

Es ist also von großer Wichtigkeit, ob und in welchem Verhältnisse der Boden diese vegetabilische Nahrung schon enthalte und es ist um so schwerer, sie ihm zu geben, je weniger er davon besitzt.

§. 145.

Wie das Verhältniß dieser Beimischung den Werth ändere.

Mit dem Verhältnisse seines Humusgehalts steigt also der Werth des Bodens. 2 Prozent Humus haben wir mehrentheils in gutem lehmigen Ackerboden angetroffen, auch wenn er abgetragen hatte; oder, um mich bestimmter auszudrücken, so viel verlor er durch das Glühen, wenn er von Fasern vorher gereinigt, der etwanige Kalk ausgeschieden, und er dann in einer den Siedepunkt etwas übersteigenden Hitze völlig ausgetrocknet war. Es kann hierunter um so weniger Verlust von Wasser mit begriffen seyn, da es wahrscheinlich ist, daß der Thon dieses Wasser aus der Atmosphäre schon wieder angezogen hatte, wenn die ausgeglühete Erde gewogen ward.

2 Prozent Humus nehmen wir also als Normalsatz für lehmige Ackererde an, für die sandig-lehmige aber nur 1½, und für die sandige 1 Prozent, und setzen diese als Bedingung bei der Werthsbestim-

mung, die wir oben dem Thon und Sandboden gegeben haben, voraus. Mit jedem halben Prozent, welches der Boden an mildem Humus mehr hat, steigt er um 5 Prozent seines Werths: so daß ein Boden, der bei 2 Prozent Humus 50 werth war, bei 2½ Prozent 52½, bei 3 Prozent 55 werth wird. Mit jedem halben Prozent, welches er darunter hat, fällt er aber um eben so viel im Werthe.

Bei der gewöhnlichen Klassifikation des Bodens kommt der Humus ebenfalls in Betracht. Es ist bekannt, daß derselbe Grund bald als Gerst-, bald als Haferboden bonitirt wird, je nachdem er stärker und häufiger gedüngt und minder erschöpfend behandelt worden, sein Gehalt an Humus sich also vermehrt oder durch eine entgegengesetzte Behandlung vermindert hat. Ein lehmiger Boden, der als Haferboden von verständigen Bonitirern gewürdigt wird, pflegt nicht mehr als 1 Prozent Humus zu enthalten. Hat derselbe Boden 3 Prozent und darüber, und ist er sonst fehlerfrei, so kann er Weizenboden zweiter Art werden. Er kann diesen Zuwachs an Humus durch Kultur bekommen; aber dies ist nicht so leicht, wie Mancher glaubt.

Es wird hier durchaus vorausgesetzt, daß der Humus milder Art, frei von Säuren und abstringirenden Stoffen, folglich auflöslich sey. An saurem Humus kann der Boden zuweilen sehr reich, aber dennoch wenig fruchtbar seyn. Wir fanden in einem sandigen Boden aus Pommern, auf welchem man das vierte Korn an Roggen schon für eine gute Ernte hielt, 5 Prozent Humus. Er verrieth seine Natur aber schon durch den torfigen Geruch beim Abglühen, und zeigte eine merkliche Säure bei genauerer Untersuchung. Er war aus der dort üblichen Düngung mit Heide-Palten entstanden. Für diesen Boden ließe sich dennoch durch das Befahren mit Mergel viel erwarten.

§. 146.

Beimischung des sauren Humus.

Der mit völlig saurem, das Lackmuspapier stark röthendem Humus angefüllte Boden (Bruch- oder Moorboden, der sich dem Torfe mehr oder weniger nähert) ist für jedes nutzbare Gewächs, im hohen Grade sogar für Elsen, fast untauglich, und hat daher in diesem Zustande einen sehr geringen Werth. Aber er ist der Verbesserung sehr fähig, wenn er keine andern Fehler hat, die diese verhindern. Diesen Boden findet man nämlich fast nur in Brüchern und Sinken, wo er mehrentheils auf einer Unterlage von zähem Thon oder Lehm (Schluff) ruhet. Es kommt nur darauf an, ob er abgewässert werden könne.

Ist dies geschehen, so läßt er sich am schnellsten und zweckmäßigsten durch das Abbrennen verbessern. Durch die Wirkung des Feuers wird schon die Säure zum Theil ausgetrieben, noch mehr durch das Kali der Asche neutralisirt, und somit kann ein solcher Boden zuweilen in einen reichen Weizenboden umgeschaffen werden.

§. 147.

Heidhumus.

Der mit Heidhumus angefüllte Boden, moorerdiger Boden genannt, trägt in seinem natürlichen Zustande nur Heidekraut und ähnliche Pflanzen. Durch Abbrennen des Heidekrauts, Dünger, Kalk und Mergel, auch durch anhaltende Bewässerung kann er fruchtbar gemacht werden, und es kommt dann auf seine Grundmischung an, welchen Werth er habe. Zuweilen ist diese sehr gut, und es läßt sich keine andere Ursache seiner Unfruchtbarkeit annehmen, als daß sich jene nur in Familien wohnende und sich ihre besondere Nahrung selbst bereitende Pflanze seiner einmal bemächtiget hat. Vertilgt man dies Heidegeschlecht, und zerstört die, andern Pflanzen feindselige Eigenschaft ihres hinterlassenen Humus, so wird der Boden sehr fruchtbar. Kalk oder Mergel, den man auch öfter unter dem Heidboden findet, ist hierzu sehr behülflich. Mit Rücksicht auf die leichtere oder schwerere Bewirkung dieser Verbesserung kann dem Heidboden, dessen natürlicher Werth nicht über 1 anzusetzen ist, ein höherer beizumessen seyn.

In diesem oder allen Fällen aber, wo eine Schätzung des Bodens in Hinsicht auf das Interesse verschiedener Personen geschehen soll, muß man es meines Erachtens zum Grundsatz annehmen, den Boden nur nach seinem gegenwärtigen Zustande zu taxiren, indem die mögliche Verbesserung doch erst durch Industrie, Kenntniß und Kapital bewirkt werden kann, und man sich in unendliche Schwierigkeiten verwickeln würde, wenn man die größeren oder geringeren Kosten, und die Wahrscheinlichkeit, daß es geschehen werde, berechnen wollte.

§. 148.

Eine Anleitung zur Untersuchung der Ackererde würde hier überflüssig seyn, da unsere Methode von Einhoff im dritten Bande des Hermbstädtschen Archivs der Agrikulturchemie beschrieben, und dann noch genauer in seinem von mir herausgegebenen Grundriß der Chemie für Landwirthe, 1808, angehängt ist.

Da uns bei den vielen Untersuchungen dieser Art immer mehrere Bemerkungen vorkommen und zu neuen Handgriffen leiten, so wird der

Professor Crome solche in der Folge ausführlicher mittheilen.*) Bei den Untersuchungen des Bodens wird jetzt nicht nur auf dessen wasserhaltende Kraft, sondern auch besonders auf seine spezifische Schwere im feuchten und trockenen Zustande Rücksicht genommen, weil wir uns davon manche nutzbaren Resultate versprechen.

§. 149.

Werthsbestimmung des Bodens nach den folgenden Tabellen.

In so fern ich die Fruchtbarkeit und Güte der von uns zerlegten Bodenarten aus eigner Erfahrung oder aus zuverlässigen Nachrichten kenne, kann ihr Werth nach den angegebenen Grundsätzen in der That zutreffend geschätzt werden, vorausgesetzt, daß sie eine gleich gute Lage und eine ihrer Beschaffenheit angemessene — der humusreiche lose Boden z. B. in einer ebenen Niederung, denn anders findet er sich wohl nicht — haben.

Die folgende Tabelle A enthält die Bestandtheile solcher uns vorgekommenen Bodenmengungen, welche zur Erläuterung dieser Sätze dienen können, nebst dem Werthsverhältnisse, welches wir ihnen in proportionalen Zahlen von 100 bis 1 beimessen.

Die Tabelle B klassifizirt die Bodenarten nach den in den Brandenburgischen Taxprinzipien angenommenen Klassen (vergl. 1ster Theil §. 75), und schätzt sie nach den eben daselbst (§. 84—92) durch Erfahrung bei der Dreifelderwirthschaft ausgemittelten Ertragssätzen — welche wenigstens noch immer die zuverlässigsten sind, die wir bis jetzt haben. — Nur ist für die besseren Bodenarten eine Benutzung der Brache — obwohl schwache — ein Brachjahr ums andere berechnet, weil solche bei gutem Boden allgemein Statt finden kann, und der Kornpreis um ein Geringes gegen jene Taxprinzipien verändert. In der vorletzten Kolumne ist der jährliche reine Ertrag, der daraus hervorgeht, in Gelde ausgemittelt, und in der letzten Kolumne danach das Verhältniß derselben berechnet, wenn der beste Boden zu 100 angenommen wird. Beide Tabellen sind zu verschiedenen Zeiten, ohne Rücksicht auf einander zu nehmen und nach ganz verschiedenen Prinzipien gemacht. Ich überlasse die Vergleichung jedem Leser. Das Wirthschaftskorn ist bei letzterer so angenommen, daß die Kosten bei einer gewöhnlichen

*) Der Boden und sein Verhältniß zu den Gewächsen, oder Anweisung, den Boden, vorzüglich vermöge der darauf wild wachsenden Pflanzen, kennen zu lernen und seinen Werth zu beurtheilen; nebst einer Beschreibung der Mergelarten, Moderarten und der Torflager. In vorzüglicher Hinsicht auf die Landwirthschaft bearbeitet von G. E. W. Crome. Hannover 1812. 8.

Tabelle zur Vergleichung des Werths eines Morgens Land

T

Bodenart.	Tracht nach dem Dünger.	Kornart.	Einsaat. Metzen.	Ertragskorn.	Total-Ertrag. Metzen.	W schaf
I. Klasse. Reicher Weizenboden.	Vortracht	Erbsen	20	5	100	das
	1ste	Weizen	22	7	154	das
	2te	Große Gerste	20	7	140	das
	3te	Weizen	20	6	120	das
	4te	Große Gerste	18	6	108	das
II. Klasse. Weizenboden.	Vortracht	Erbsen	20	5	100	da
	1ste	Weizen	22	6	132	da
	2te	Große Gerste	20	6	120	da
	3te	Roggen	20	5	100	da
	4te	Große Gerste	18	5	90	da
III. Klasse. Starker Gerstboden.	Vortracht	Erbsen	20	5	100	da
	1ste	Roggen	20	6	120	da
	2te	Große Gerste	20	6	120	da
	3te	Roggen	18	5	90	da
	4te	Große Gerste	16	5	80	da
IV. Klasse. Gerstboden.	Vortracht	Erbsen	18	4	72	da
	1ste	Roggen	20	6	120	da
	2te	Kleine Gerste	20	6	120	da
	3te	Roggen	18	4	72	da
	4te	Hafer	16	5	80	da
V. Klasse. Haferboden in neunjähriger Düngung.	1ste	Roggen	18	5	90	da
	2te	Hafer	18	5	90	da
	3te	Roggen	16	$3\frac{1}{2}$	56	da
	4te	Hafer	16	$3\frac{1}{2}$	56	da
	5te	Roggen	14	3	42	da
	6te	ruhet oder giebt doch keinen reinen Ertra				
VI. Klasse. Dreijähriger Roggenboden, alle neun Jahre halb gedüngt oder gepfercht.	1ste	Roggen	16	3	48	da
	2te	Roggen	14	$2\frac{1}{2}$	35	da
	3te	Roggen	12	2	24	da

denen Klassen nach den angenommenen Brandenburgischen

Angenommener Preis eines Scheffels.		Geld-Ertrag jedes Jahres.			Ertrag einer Bestellungszeit.			Jährlicher Durchschnitts-Ertrag.			Wenn der Werth eines Morgens erster Klasse zu 100 angenommen wird, so ist der Werth
Rthl.	Gr.	Rthl.	Gr.	Pf.	Rthl.	Gr.	Pf.	Rthl.	Gr.	Pf.	
1	—	2	12	—							
1	6	6	21	—							
—	18	3	18	—							100
1	6	4	16	6							
—	18	2	12	9							
					20	8	3	3	9	4½	
1	—	2	12	—							
1	6	5	3	4							
—	18	2	19	6							71,9
1	—	2	12	—							
—	18	1	16	6							
					14	15	4	2	10	6⅔	
1	—	2	12	—							
1	—	3	18	—							
—	18	2	19	6							63,6
1	—	2	6	—							
—	18	1	12	—							
					12	19	6	2	3	3	
1	—	1	3	—							
1	—	3	18	—							
—	16	2	12	—							46,7
1	—	1	3	—							
—	12	1	—	—							
					9	12	—	1	14	—	
1	—	2	6	—							
—	12	1	3	—							
1	—	1	—	—							18,8
—	12	—	12	—							
1	—	—	21	—							
					5	18	—	—	15	4	
1	—	—	12	—							
1	—	—	15	9							4,4
1	—	—	4	6							
					1	8	3	—	3	7	

Wirthschaft bei jeder Bodenart gedeckt werden können, zumal wenn der Durchschnittspreis des Getreides etwas höher als der angenommene steht.

§. 150.

In die Sinne fallende Kennzeichen der Bodenarten.

Wenn man den durch eine gehörige Zerlegung bekannten Gehalt eines Bodens häufig mit seinen äußern in die Sinne fallenden Eigenschaften vergleicht, so kann man die Uebung erlangen, jenen ziemlich richtig nach diesen zu bestimmen. Nächst der Farbe entdeckt sich der Humusgehalt durch die Leichtigkeit der Erde, durch einen eigenthümlichen schimmligen Geruch und durch den weißen Anflug des Lichen humosus; der Thon durch die Zähigkeit und das fettige Gefühl; der Sand durch das rauhe Gefühl zwischen den Fingern; noch bestimmter aber, wenn man die zerkrümelte Erde durch ein mäßig vergrößerndes Glas betrachtet, wodurch man die Quantität des Sandes gegen die der übrigen Erde sehr gut bestimmen kann, auch den schwarzen Humus unterscheidet. Vom Daseyn des Kalks versichert man sich mehrentheils nur durch das Aufbrausen mit Säuren, und von seiner größeren und geringeren Quantität durch die mehrere oder mindere Heftigkeit desselben, wenn zu einer genaueren Untersuchung nicht Zeit und Gelegenheit ist.

§. 151.

Konsistenz des Bodens.

Die Konsistenz des Bodens ergiebt sich aus den Eigenschaften und dem quantitativen Verhältnisse der prädominirenden Erdart. Es bedarf also darüber keiner weitern Erörterung, als in so fern man die Grade dieser Konsistenz (Bindigkeit) durch folgende Ausdrücke bezeichnet:

Hart, zähe, widerspenstig, unbändig nennt man einen Boden, der bei einiger Feuchtigkeit wie ein klebriger Teig sich an Pflug und Egge hängt, nur schwer abfällt, beim Abfallen zusammenhängend bleibt, so daß er nur durch einen Stich oder Schnitt getrennt werden kann, und dann auf der Schnittseite glatt und glänzend ist. Bei mehrerer Trockenheit ist er dagegen hart wie ein Ziegel, und seine Schollen können nur durch einen gewaltsamen Stoß in würfelige oder blättrige Stücke, oft gar nicht in Pulver, zertheilt werden. Dieser Boden verhärtet sich, wenn nach Regen warmer Sonnenschein kommt, zuweilen auf der Oberfläche, und bleibt darunter noch im feuchten Zustande. Er heißt alsdann verstockter, verschaalter Boden; hierher gehört der über 80 Prozent Thon haltende Boden.

Steif, strenge: wenn der Boden im trockenen Zustande mit geringerer Gewalt getrennt werden kann, und dann in Stücke bricht, die ein mattes, körniges Ansehen haben und abkrümeln, jedoch vom Pfluge und Spaten selten in Pulver, sondern nur in Schollen und größeren Klößen abfällt, die sich erst durch starkes Eggen zertheilen lassen: dies thut der über 50 Prozent Thon haltende Boden.

Locker, mürbe heißt der Boden, wenn er bei einiger Feuchtigkeit zwar Klöße bildet, die zusammenhängen, die sich aber durch einen gelinden Druck oder Stoß trennen lassen und aus einander fallen: wie es der zwischen 20 bis 40 Prozent Thon haltende Boden thut.

Lose: wenn seine Partikeln, abgetrocknet, wenig oder gar keinen Zusammenhang und Anziehung zu einander haben, sondern von selbst in Pulver, ohne Klöße zu bilden, zerfallen. Der über 90 Prozent Sand haltende Boden, der Kreideboden, der humose, mit wenigem Thone versetzte Boden sind von dieser Art. Ist er so lose, daß der Wind ihn leicht in Bewegung setzt und fortwehet, so heißt er staubiger, fliegender Boden.

Die verschiedenen Grade der Bindung lassen sich am besten beurtheilen, wenn man den Boden 48 Stunden nach einem mäßigen Regen untersucht. Man kann sie bei einiger Uebung sehr gut durch das Aufstoßen mit dem Stocke oder sogar durch den Fußtritt unterscheiden.

§. 152.

Tiefe des Bodens.

Nächst den Bestandtheilen kommt die Tiefe des Bodens bei seiner Schätzung in Betracht. Hierunter versteht man diejenige Tiefe der Oberfläche, in welcher selbige mit Humus durchdrungen und überhaupt von gleicher Mischung und von gleicher Beschaffenheit ist. Bei gewöhnlichem Boden geht sie nur um ein weniges tiefer, als bisher gepflügt worden ist, und man bemerkt beim perpendikulären Abstechen der Erde die Grenze deutlich. Zuweilen beträgt sie nur 3 Zoll, gewöhnlich 6 Zoll, manchmal 10 bis 12 Zoll. Nur bei außerordentlicher Kultur oder bei aufgeschwemmtem, vom Wasser abgesetztem Boden findet man ihn auf $1^1/_2$, 2 bis 3 Fuß mit Humus gleichartig durchdrungen.

Wir nennen einen Boden schon tief, wenn die fruchtbare Erde durch das gewöhnliche Pflügen nicht bis auf den Grund erreicht wird, d. h. mehrentheils, wenn sie über 6 Zoll stark ist. Wir nehmen daher 6 Zoll als die mittlere Tiefe an, die der Boden haben muß, wenn er fehlerfrei seyn und nicht unter den Werth herabsinken soll, den wir ihm seinen Bestandtheilen nach beimessen.

Der tiefere Boden enthält eine größere Quantität fruchtbarer Erde oder vegetabilischen Nahrungsstoffes, der, wo nicht allen Pflanzen, doch gewiß einigen zu Nutzen kommt, wenn er auch nicht bis zu seiner vollen Tiefe gelockert wird. Er giebt aber einem jeden guten Ackerbauer den Vortheil, ihn von Zeit zu Zeit tiefer zu lockern, und von seiner untern Lage für alle Früchte Nutzen zu ziehen, an die Hand, und es ist genug, wenn dieses auch nur alle sechs bis sieben Jahre einmal geschieht. Dann bringen die Wurzeln, selbst des Getreides, so tief ein, holen die Nahrung, die sie bei einem seichten Boden nur durch ihre horizontalere Verbreitung an sich ziehen können, aus der Tiefe herauf, und können sich dichter an einander schließen, ohne daß jede einen engern Wirkungskreis für ihre Wurzeln habe. Der tiefere Boden zeigt deshalb durchaus, bei übrigens gleicher Beschaffenheit, dichtere Saaten. Die Grenze des Eindringens der Getreidewurzeln ist durchaus nicht, wie Einige behauptet haben, auf 6 Zoll beschränkt; ich habe sie deutlich bis 12 Zoll auf Boden, der ihnen so tief zusagte, verfolgen können. Die Wurzeln der Hülsenfrüchte, des Klees gehen ungleich tiefer, der Luzerne und der Wurzelgewächse nicht zu gedenken; er begünstigt daher so vorzüglich den abwechselnden Bau dieser Gewächse.

Ferner hat er den unläugbaren, Jedem ins Auge fallenden Vorzug, daß er von der Feuchtigkeit und von der Dürre weniger leidet. Die niedergeschlagene Feuchtigkeit hat mehreren Raum sich zu versenken, ehe sie auf den undurchlassenden Untergrund kommt, von wo sie wieder heraufstauen und die ganze Erdkrume zu einem Brei machen müßte. Nur der tiefere thonige Boden läßt sich durch verdeckte Abzüge wirksam entwässern. Da aber der tiefere Boden wiederum mehr Feuchtigkeit in seine Poren aufnehmen kann, so hält er sie länger, und giebt sie gleichsam aus dem unterirdischen Magazine der Oberfläche wieder ab, so wie sie solche gebraucht. Wir finden deshalb Beides, das Widerstehen der Feuchtigkeit und der Dürre, am auffallendsten auf rajoltem Boden. Auch haben alle aufmerksamen Beobachter die Bemerkung gemacht, daß tieferer Boden, des dichteren Standes der Halme ungeachtet, selten Lagergetreide gebe, wenigstens nie anders, als wenn Sturm und Schlagregen es niederwirft, ja daß es sich selbst dann oft wieder aufrichte.

Bei dem seichten Boden findet durchaus das Gegentheil Statt. Dieser unterscheidet sich nun in solchen, welcher keine Vertiefung zuläßt, und in solchen, dem sie durch eine Rajolarbeit oder durch allmählig tieferes Pflügen — womit allerdings auch eine tiefere Durchdringung verbunden seyn muß — gegeben werden kann. Hiervon wird die Rede seyn, wenn wir auf den Untergrund kommen.

Der unergründliche Boden, der eine so mächtige Lage von fruchtbarer Erde hat, daß man sie auch durch das Rajolen kaum erreichen kann, macht es möglich, ihn durch das Heraufbringen neuer Erde aus dem Grunde, fast ohne allen Dünger, in seiner Fruchtbarkeit zu erhalten, entweder durch das vollkommene Rajolen, oder durch das sogenannte Kuhlen, wo die untere Erde stellenweise heraufgegraben und über die Oberfläche verbreitet wird. Deshalb steht ein solcher Boden auch in einem fast unglaublichen Werthe.

In welchem Verhältnisse vermehrt oder vermindert aber die größere oder geringere Tiefe des Bodens seinen Werth? Wir nehmen eine 6zöllige Tiefe als diejenige an, welche der Boden haben soll. Mit jedem Zolle größerer Tiefe vermehrt sich sein Werth, wie wir sicher annehmen können, um 8 Prozent, bis zu der Tiefe von 12 Zoll, so daß ein 12zolliger Boden beinahe um die Hälfte mehr werth ist, als ein 6zolliger. Bei noch größerer Tiefe, welche durch den Pflug nicht erreichbar ist, steigt der Werth zwar nicht mehr in derselben Progression, aber doch wohl immer noch um 5 Prozent, da auch die unter der Sohle der Pflugfurche liegende Erde nicht ganz ohne Nutzen ist.

Dagegen fällt sein Werth mit jeder Verminderung seiner Tiefe unter 6 Zoll in eben dem Verhältnisse.

Hat also ein Boden, der bei 6 Zoll Tiefe 50 werth war,

7	Zoll,	so ist	sein	Werth	54,
8	=	=	=	=	58,
9	=	=	=	=	62,
10	=	=	=	=	66,
11	=	=	=	=	70,
12	=	=	=	=	74,
5	=	=	=	=	46,
4	=	=	=	=	42,
3	=	=	=	=	38.

Es hat keinen Zweifel, daß dem Boden diese Werthsvermehrung durch tiefere Bearbeitung und Durchdringung nachhaltig gegeben werden könne, zuweilen mit mehrerem, zuweilen mit minderem Aufwande, als die Werthsvermehrung beträgt.

§. 153.

Der Untergrund.

Was unter der fruchtbaren Ackererde liegt, heißt Untergrund.

Dieser besteht entweder aus derselben Grunderde, wie die Ackerkrume, ist nur nicht von Humus durchdrungen und mit der Atmosphäre in keine Berührung gekommen; oder es ist eine ihrer Natur nach verschiedene Erdschicht. Er hat beträchtlichen Einfluß auf die Güte des Ackers und um so größer, je seichter die Ackererde ist.

Thonichter Untergrund findet sich gewöhnlich unter thonigem und lehmigem Boden, unterscheidet sich davon in der eigentlichen Grunderde wohl nicht, ist aber völlig roh, zusammengeballt und undurchlassend. Er findet sich aber auch unter einer sandigen Oberfläche, wo er bei einer horizontalen und gelind abhängigen Lage diesen Boden sehr verbessern kann, indem er das Versenken der Feuchtigkeit sehr verhindert, und diesen Boden über Erwarten feucht erhält. Zuweilen kann er durch das Pflügen oder doch durch das Graben heraufgebracht und in einem guten Verhältnisse mit dem Sande gemengt werden, wodurch dieser zu Anfange zwar oft noch verschlechtert, in der Folge aber — wenn die gleichartige Mischung bewirkt werden kann — sehr verbessert wird. Liegt er muldenförmig, so kann er bei nasser Witterung jedoch auch den losen Boden zu feucht und, wie man es nennt, sappicht machen.

Zuweilen ist dieser Untergrund mergelicht oder kalkhaltig, selbst wo man in der Ackererde kaum eine Spur von Kalk antrifft. Hier thut eine Vertiefung des Bodens durch Pflügen oder Rajolen oder durch das sogenannte Kuhlen die auffallendste Wirkung, macht ihn sogleich nachhaltend fruchtbarer, indem der mergelichte Thon, so zähe er auch im Untergrunde war, an der Oberfläche zerfällt, und sich leicht vermengen läßt. Dieser Boden ist folglich einer großen Verbesserung fähig.

Sandiger Untergrund findet sich auch unter ziemlich strengem Thon- und Lehmboden, und macht dann, wenn er weder zu tief noch zu flach, d. h. 1 bis 1½ Fuß unter der Oberfläche liegt, und wenn seine Lage mächtig genug ist, einen höchst glücklichen Boden, einen Boden, den man schwer aber warm nennt, aus: weil er nie an Feuchtigkeit leidet, sondern jeden Ueberfluß derselben versinken läßt.

Ist der sandige Untergrund nur mit einer seichten Schicht fruchtbarer Erde bedeckt, so ist ein solcher Boden der Ausdörrung sehr unterworfen, wenn er gleich bei feuchter Witterung, und so lange er die Winterfeuchtigkeit im Frühjahre noch hält, sehr fruchtbar scheint. Stellen dieser Art nennt man Schein- oder Schrind-Stellen.

Zuweilen ist eine solche Schicht von Sand oder Kies aber auch nur sehr dünn, und darunter liegt wieder undurchlassender Thon.

Fehlt es diesem Boden an Abzug, so häuft sich das Wasser in dieser Sandschicht, wie in einem Behälter, an, und stauet zur Oberfläche herauf. Dadurch wird der Boden wassergallig, kalt und hungrig, indem das sich versenkende Wasser die aufgelösten Düngertheile beim Abtrocknen mit sich herabzieht, und in der tieferen Sandlage absetzt. Dieser Boden gehört unter die fehlerhaftesten, wenn er nicht durch Abgrabungen verbessert wird, die das in der Sandschicht stockende Wasser abführen. Hierdurch aber wird er gründlich geheilt.

Je unergründlicher und loser der Sand unter Sandboden ist, desto dürrer wird dieser. Erhält der Sand in einiger Tiefe mehrere Bindung, wodurch das Versenken der Feuchtigkeit gehemmt wird, so hat er mehrere Frischheit.

Der steinige Untergrund kommt mehr oder minder zu Tage, oder ist minder oder mehr mit krümeliger Erde bedeckt. Zuweilen beträgt die Ackerkrume, besonders an Bergen, kaum einige Zoll.

Der Kalkstein macht immer den besten steinigen Untergrund aus. Er ist an der Oberfläche mehrentheils rauh, verwittert und spaltig. Er nimmt Erde gleichsam in sich auf, in welche die Pflanzenwurzeln eindringen. Ja, einige Pflanzen scheinen den Stein selbst anzugreifen, und vielleicht Nahrung aus seiner Kohlensäure zu ziehen: am stärksten die Esparsette, jedoch auch die meisten Diadelphisten, wie auch Bäume und Sträucher: so, daß solche Kalk- und Gypsfelsen doch minder unfruchtbar und unbrauchbar sind, als andere Felsen.

Der Thonschiefer, flach mit Krume bedeckt, verwittert, wenn der Pflug etwas abreibt oder Stückchen abspaltet, und man versichert, dadurch den Boden tiefer gemacht und verbessert zu haben. Der Granit schließt alle Vegetation aus, und flacher darauf ruhender Boden nimmt keine Verbesserung an, es sey denn, daß man durch Aufbringen von Erde die Krume vermehre.

Steingeschiebe machen zuweilen den Untergrund aus, und es kommt darauf an, ob sie genugsam oder nur flach mit Erdkrume bedeckt sind. Im ersteren Falle schaden sie nicht, sondern können in thonichtem Boden sehr nützlich seyn, wenn sie der überflüssigen Feuchtigkeit Abzug geben. Von einzelnen Steinen, die bis zur Oberfläche emportreten, wird noch die Rede seyn.

Der Ocher oder Eisenstein, welcher sich nicht selten unter der Oberfläche findet, ist der Vegetation höchst nachtheilig, vergiftet sie gleichsam, wenn er anders nicht so stark mit Erdkrume bedeckt ist, daß die Wurzeln ihn nicht erreichen. Ueber demselben pflegt schon eine braungefärbte rauhe Erde zu liegen, die einer Natur mit dem Steine ist; diese wird immer härter, und geht so in Stein über. Die Bäume gehen aus, sobald ihre Wurzeln darauf stoßen.

In Hinsicht der Feuchtigkeit unterscheiden wir hauptsächlich den durchlassenden und den undurchlassenden Untergrund. Jenes ist der sandige und mehrentheils der steinige, indem letzterer selten ohne alle Spalten ist. Dieses der thonige und lehmige. Je weniger Sand er enthält, desto undurchlassender ist er; es kann aber auch Lehm, der vielen Sand enthält, undurchlassend werden, wenn er sich festgesetzt hat. So erzeugt sich, wenn immer in gleicher Tiefe gepflügt wird, unter der Sohle der Furche durch den Pferdetritt und den Druck des Pfluges eine solche Borke, die kein Wasser durchläßt, und in harten Stücken bricht, wenn gleich darüber und darunter der Boden ziemlich locker und durchlassend ist.

§. 154.

Feuchtigkeit des Bodens.

Von einem undurchlassenden Untergrunde rührt die in den meisten Fällen fehlerhafte Feuchtigkeit des Bodens hauptsächlich her. Denn obgleich die Ackerkrume eine verschiedene wasserhaltende Kraft hat, und an sich der Feuchtigkeit oder Dürre mehr ausgesetzt ist, so scheint doch diese natürliche Feuchtigkeit der Vegetation nicht nachtheilig zu werden, wenn nämlich nicht mehr Wasser im Boden ist, als seine Erdarten vermöge ihrer Anziehungskraft anhalten. Wenn aber das Wasser sich nicht versenken und nicht abziehen kann, und die lockere Erde damit wie ein Brei zerfließt, so wird die Nässe den meisten unserer kultivirten Pflanzen höchst verderblich. Wenn der undurchlassende Untergrund keinen Abhang nach einer Seite hat, vielmehr muldenförmig liegt, obwohl die Oberfläche des Bodens eben ist, so wird das Wasser wie in einem Becken eingeschlossen, und der Boden kann nur langsam durch die Verdunstung abtrocknen.

Auch die Quellgründe hängen in der Regel von der Beschaffenheit des Untergrundes ab.

§. 155.

Die Nässe kann ferner als Tagewasser sich von der umliegenden höheren Gegend herabziehen, ohne fernern Abzug zu haben. Es kann endlich Durchsinterungswasser seyn, welches sich von einem höher stehenden Wasserspiegel eines benachbarten Flusses oder Sees durch eine durchlassende Erdschicht hindurchzieht.

Wir werden diese Ursache der Nässe genauer zu untersuchen in der Lehre von den Abwässerungen Gelegenheit haben, und erwähnen ihrer hier nur, in so fern die Nässe und ihre mehr oder minder leicht zu überwindende Ursache auf den Werth des Bodens Einfluß hat.

Die Nässe macht zuweilen den Boden fast zu aller Benutzung untauglich, zuweilen zur Wiese, aber nicht zum Ackerbau geschickt; manchmal erlaubt sie die Bestellung mit Sommerung, besonders mit Hafer, aber nicht mit Winterung.

Man beurtheilt den Zustand der fehlerhaften Nässe am sichersten im Frühjahre. Zur andern Zeit entdeckt man ihre Spuren wohl an den darauf stehenden Pflanzen, aber doch minder deutlich.

Den Grad der Feuchtigkeitshaltung beurtheilt man am besten etliche Tage nach einem mäßigen Regen. Man nennt alsdann einen Boden

a) dürre, wenn er gar kein Gefühl von Feuchtigkeit, in der Hand gedrückt, giebt;

b) trocken, durstig, wenn er nur beim Zerreiben und starken Drucke einige Feuchtigkeit bemerken läßt;

c) frisch, wenn man seine Feuchtigkeit gleich fühlt;

d) feucht, wenn er bei einem gelinden Drucke die Hand naß macht;

e) naß, wenn sich tropfbares Wasser ausdrücken läßt, und eine ausgestochene Scholle oder abgeschnittene Pflugfurche blänkert;

f) wassersüchtig oder sumpfig, wenn Wasser darauf steht, oder in den Fußstapfen gleich einquillt.

Die vier ersten Grade hängen von der Beschaffenheit seiner Erdmischung größtentheils ab, jedoch hat auch die Lage einen Einfluß darauf; die beiden letzteren allein von seiner Umgebung.

§. 156.

Temperatur des Bodens.

Unter Temperatur, oder was man Wärme und Kälte des Bodens nennt, verstehen wir nicht die, durch atmosphärische Wärme und Wirkung der Sonnenstrahlen, nach Verschiedenheit des Klima und der Lage, ihm mitgetheilte Wärme, wovon in der Folge geredet werden wird, sondern diejenige, welche von innern, im Boden selbst liegenden Ursachen abhängt.

Unsere Erdkugel scheint im Innern einen bestimmten Grad von Wärme zu haben, indem man in einer Tiefe von 10 Fuß unter der

Oberfläche die Wärme fast überall und zu jeder Jahreszeit gleich, = 7 Grad Reaumur findet. Man hat lange vermuthet, daß diese Wärme von einem im Innern der Erde vorhandenen Centralfeuer, oder doch von einer großen, von dem Zeitpunkte ihrer ersten Bildung noch anhaltenden und nach ihrem Mittelpunkte sich immer vermehrenden Hitze herrühre. Allein diese Meinung ist schon dadurch widerlegt, daß man, so tief man immer mit den Schachten der Bergwerke eingedrungen ist, in der Regel keine Vermehrung der Wärme verspürt hat. Auf 1200 Fuß unter der Oberfläche blieb sie sich völlig gleich, und nur in einigen ungarischen Bergwerken hat man einige Vermehrung der Wärme verspürt, die man aber von Lokalursachen eben so ableiten muß, wie die hohe Temperatur einiger Quellen, und zuweilen schon der Oberfläche des Erdbodens, wo diese hervorkommen. Die durch solche Lokalerhitzungen im Untergrunde herrührende Wärme des Bodens gehört zu den Seltenheiten.

Man bemerkt aber häufig eine Verschiedenheit in der Temperatur des Bodens, schon vermittelst des frühern oder spätern Erweichens des Eises und Schnees, auch des schnellen Gefrierens der Oberfläche an einer Stelle vor der andern, ohne daß die Lage des Feldes dabei in Betracht kommen konnte; welches in Ansehung des Pflügens im Spätherbste und im Frühjahre einen sehr merklichen Unterschied macht. Man hat auch bereits einige genauere Beobachtungen mit dem Thermometer darüber angestellt, die aber noch nicht häufig genug wiederholt sind, um bestimmtere Resultate, und in Ansehung der Ursachen dieser verschiedenen Temperatur mehr, als das Folgende, zu ergeben.

Die Temperatur des Bodens hängt zuvörderst augenscheinlich von seinem Feuchtigkeitszustande ab. Der feuchte Boden ist im Durchschnitt kälter, thauet später auf, gefriert leichter, und erlangt die zur Vegetation erforderliche Wärme schwerer. Man nennt deshalb einen solchen Boden naßkalt, den trocknen Boden warm, und den dürren hitzig. Dies rührt unverkennbar daher, weil durch die Verdunstung des Wassers eine Menge freien Wärmestoffs konsumirt, dem Erdboden also entzogen wird.

Ferner finden wir aber auch bei Boden von gleicher Feuchtigkeit nicht selten dennoch eine Verschiedenheit der Temperatur. Ein mit Dammerde, unzergangenem Mist und faulenden Substanzen angefüllter Boden hat einen höheren Wärmegrad. Er thauet auf seiner Oberfläche früher auf, und verzehrt seinen Schnee schnell, so daß der gemeine Landmann zu sagen pflegt: dieser Boden fresse den Schnee.

Hier rührt die Wärme ohne Zweifel von den chemischen Zersetzungen her, die darin vorgehen, wobei fast immer Wärmestoff frei wird. Und so ist es auch buchstäblich wahr, wenn man sagt: der Mist erwärme den Boden. Er thut dies theils mechanisch, indem er ihn lockert und somit trockner macht, theils chemisch, indem er zersetzt wird.

Dann verspürt man, daß der kalkhaltige Boden wärmer sey, weil er diese chemischen Zersetzungen beschleunigt und die stärkste Wechselwirkung auf den Mist und den Humus äußert.

Endlich leitet auch der eine Boden die Wärme, die er von außen her empfängt, stärker als ein anderer, der Sand mehr als der Thon, wenn letzterer nicht übermäßig feucht ist. Eine schleunige Veränderung der Temperatur hat deßhalb auf die Pflanzen auf Sandboden mehr Einfluß, als auf die auf Thonboden, und deshalb werden die Nachtfröste, besonders die Frühreife dem erstern leichter nachtheilig, als dem letztern, wie man das häufig bei solchen Saaten, die gegen jeden Frost sehr empfindlich sind, zu bemerken Gelegenheit hat. Wahrscheinlich leitet auch ein Untergrund die höhere Temperatur aus der Tiefe leichter als ein anderer herauf, und bewirkt dadurch, daß der Frost minder tief eindringe, und früher vergehe.

Man bestimmt die Grade der Temperatur eines Bodens durch die Ausdrücke

a) hitzig,
b) warm,
c) gemäßigt,
d) kalt.

Genauere Untersuchungen, die man mit dem Thermometer hauptsächlich im Frühjahre beim Entweichen des Frostes, anstellen wird, werden vielleicht noch manche merkwürdige Resultate über die Verschiedenheit des Bodens in dieser Hinsicht geben.

§. 157.

Der Werth und die Eigenschaften des Bodens hängen aber nicht allein von seiner innern eigenthümlichen Beschaffenheit, sondern auch von seiner Lage, Gestalt und Umgebungen ab, und modifiziren jene auf mannigfaltige Weise.

Ebene oder unebene Oberflächen.

Die Gestalt der Oberfläche, ob sie hügelig oder eben, horizontal oder abhängig sey, hat einen verschiedenen Einfluß, je nachdem die Grundmischung des Bodens beschaffen ist.

Der mehr sandige, lose und trockene Boden ist um so fruchtbarer, je ebener er liegt und je niedriger gegen die ihn umgebende Gegend. Hier wird ihm Feuchtigkeit, an deren Ueberfluß er selten leidet, länger erhalten. Dagegen verliert dieser Boden immer mehr an seinem Werthe, wenn er auf Anhöhen, Hügeln oder den höhern Rücken der ganzen Gegend liegt, wo sich seine Feuchtigkeit nicht nur stärker herunterzieht, sondern ihm auch vom Winde — und mit derselben wohl oft seine fruchtbarsten Theile — geraubt wird. In dieser Lage verlohnt ein sandiger Boden, der in der Ebene allerdings noch zu kultiviren wäre, seinen Anbau gar nicht; ja es wird oft gefährlich für die ganze umliegende Gegend, seine Narbe mit dem Pfluge zu verwunden, indem so leicht die schädlichsten Sandwehen dadurch erregt werden.

Dagegen kann eine hügelige und abhängende Lage dem thonigen Boden, und dem, der einen undurchlassenden Untergrund hat, häufig vortheilhaft seyn, indem die überflüssige Feuchtigkeit dadurch Abzug erhält. In den meisten Fällen kann man hier durch Gräben und Wasserfurchen, wenn sie gehörig angelegt sind, allen Nachtheilen der Nässe zuvorkommen. Es findet sich mehrentheils ein Ausweg für das Wasser, und wenn dies nicht der Fall ist, doch eine niedrige Stelle, wohin man es zusammenleiten kann.

Steile Anhöhen sind indeß nie erwünscht, wegen der Schwierigkeit ihrer Bestellung.

Man hat sich lange darüber gestritten, ob die größere Oberfläche des hügeligen Bodens in Ansehung der Produktion Vorzüge vor der geringeren Oberfläche des ebenen Bodens habe. Die meisten Theoretiker haben behauptet, jene habe keine Vorzüge, und könne nicht mehr Pflanzen tragen, als die horizontale Fläche, weil die Pflanzen immer perpendikular stehen, mehrere folglich weder an den Wurzeln noch an den Gipfeln Platz hätten. Hiervon aber haben sich die Praktiker nie überzeugen können, und Letztere scheinen offenbar Recht zu haben. Schon in Hinsicht des Platzes scheint es unläugbar, daß solcher für mehrere Pflanzen zureiche, wenn sie sich über einander erheben; wo der Gipfel des einen Baumes, oder die Aehre der einen Pflanze sich ausbreitet, da hat die Wurzel einer andern ihren Platz. Von Menschen, die auf Stufen stehen, können in demselben Raume mehrere zusammengedrängt werden, als auf der ebenen Fläche möglich wäre. Platz ist aber überdem für die Cerealien genug vorhanden, und es kommt nur auf die Oberfläche des Bodens an', woraus sie Nahrung ziehen, und diese ist doch auf einem Hügel immer größer, als auf seiner Basis. Der Hügel hat bei einer gleichen Tiefe seiner Ackerkrume, doch bestimmt mehr fruchtbare Erde, als die Basis desselben haben würde. Und endlich rauben sich die an einer Anhöhe stehenden Pflanzen die Luft und das Licht weniger. Und sonach müßte der Boden, wenn er sich übrigens gleich ist, nicht allein nach der geometrischen Fläche, die natürlich auf den Karten nur angegeben seyn kann, sondern auch nach der Linie seiner Oberfläche geschätzt werden; wie denn das wirklich in der Praxis und bei der Vermessung einzelner Stücke auch geschieht.

§. 158.

Hohe und niedere Lage.

Die hohe oder die niedere Lage des Bodens gegen die Meeresfläche macht einen beträchtlichen Unterschied im Klima und in der atmosphärischen Temperatur. Die Wärme ist auf Bergen in gleicher Zone immer geringer, als in der Ebene und Niederung, und selbst in den heißesten Zonen sind die Gipfel hoher Berge mit beständigem Eis und Schnee bedeckt. Jedoch liegt diese Eisgrenze in den heißen Erdstrichen höher, und kommt um so tiefer herab, je mehr wir uns dem Pole nähern. In demselben Verhältnisse, wie die Wärme, nimmt die Vegetation ab; die Bäume und Gewächse werden auf den größern Höhen immer niedriger und verkrüppelter. Auf größern Höhen wachsen nur Nadelhölzer, und noch höher hinauf nur besondere Bergpflanzen.

Aber schon bei minderen Höhen verspüren wir, wenn auch übrigens die Lage günstig ist, eine schwächere Vegetation der Cerealien. Weizen wächst indessen auf angemessenem Boden auf den Bergen noch besser als Roggen, und Hafer besser als Gerste, jedoch nur relativ, und die Reifung erfolgt später. An Feuchtigkeit mangelt es auf Bergen selten, weil auf ihnen ein stärkerer Niederschlag der atmosphärischen Feuchtigkeit vorgeht. Deshalb hat ein trockener, wärmerer Boden daselbst oft Vorzüge vor dem feuchten. Weil es jedoch in der Regel nicht an Abzug fehlt, so kann man die Feuchtigkeit daselbst immer durch zweckmäßige Abgrabung und Abfangung der Quellen heben.

Eine große Beschwerde, die ihren Werth sehr vermindert, ist aber bei bergigen Feldern die Schwierigkeit der Auffuhr des Düngers, die oft ohne die größte Anstrengung nicht beschafft werden kann, weshalb man sich da häufig mit Hürdenlagern behelfen muß; dann ist auch ihre Beackerung sehr schwierig und angreifend für das Zugvieh.

Endlich ist bei steilen Abhängen die Abspülung der fruchtbaren Erde bei heftigen Regengüssen, und das Einreißen der Wasserströme sehr gefährlich. Wenn der Bergboden also auch zuweilen reiche Ernten giebt, so wird der steile Abhang doch in der Regel wohl am vortheilhaftesten durch zweckmäßige Holzkultur genutzt.

§. 159.

Richtung nach der Himmelsgegend.

Bei den Abhängen der Berge und Hügel, und selbst bei der ebenen schrägen Fläche des Bodens, kommt es viel auf die **Himmelsgegend** an, wohin sie gerichtet sind.

Gegen Norden wird der Boden später erwärmt, dunstet schwächer aus, und bleibt länger feucht. Der vegetabilische Nahrungsstoff kommt später in Gährung, und wird langsamer zersetzt. Die Vegetation dauert kürzere Zeit, fängt später an, hört früher auf. Die Pflanzen erhalten wegen Mangels an Wärme und Licht minder ausgebildete Säfte und Früchte. Auch leiden die Pflanzen öfter durch kalte Winde und Fröste.

Gegen Süden erhält der Boden eine frühe und starke Durchwärmung, genießt des meisten und vertikalsten Lichtes. Die Vegetation beginnt daher früh, und die Früchte kommen zu ihrer höchsten Vollkommenheit. Dagegen aber leidet der Boden eher an Dürre. Auch ist er den mehr aus Süden kommenden Platzregen und Schloßenschauern ausgesetzt.

Gegen Osten dunstet der Boden stark aus, erhält weniger vom Niederschlage der atmosphärischen Feuchtigkeit, und trocknet am schnellsten aus. Die Vegetation wird von der Morgensonne früh geweckt, und nach der nächtlichen Ruhe und eingesogener Feuchtigkeit in Thätigkeit gesetzt. Die Früchte kommen daher in dieser Lage vorzüglich früh empor, und werden vollkommen reif, können dagegen zwar auch durch Nachtfröste leichter unterdrückt und zerstört werden. Nachtfröste indessen schaden hier manchmal weniger, weil die Sonne nicht so plötzlich aufthauet, da sie Morgens früh nicht so stark wirkt.

Gegen Westen erhalten die Gewächse erst die Wärme und das direkte Licht der Sonne, nachdem die nächtliche Feuchtigkeit verdunstet und die nach der Ruhe vermehrte Lebensthätigkeit schon wieder ermattet ist; daher die an der Westseite wachsenden Früchte im Allgemeinen nicht so früh und in so hohem Grade ihre Vollkommenheit erreichen, wie die an der Ostseite. Uebrigens aber führt der westliche Wind mehrere Feuchtigkeit herbei, und der Boden leidet an dieser Seite weniger von der Dürre. Am besten ist sie etwas gegen Süden gerichtet. Hier ist der Schaden, der aus dem plötzlichen Aufthauen entsteht, am größten, weil die Sonne sie erst trifft, wenn sie um Mittag am stärksten ist.

Die Vortheile und Nachtheile dieser Lage werden hauptsächlich bestimmt durch die Grundmischung und übrigen Eigenschaften des Bodens. Der thonige, feuchte und kalte Boden wird verbessert, wenn er seinen Abhang nach der trocknern Ost- und Südseite hat, und ist ungleich fehlerhafter, wenn er nach Westen und Norden hängt. Umgekehrt verhält sich's mit dem sandigen und kalkreichen, trocknen und warmen Boden, für den der westliche Abhang immer der erwünschteste ist, und der nach Südosten abhängend immer um so stärker von der Dürre leidet. Der nördliche Abhang, wenn er so steil ist, daß ihn die Sonne nur sehr schräg trifft, ist in keinem Falle wohlthätig.

§. 160.

Beschattung oder Licht.

Die Sonnenstrahlen und das Licht werden dem Boden zuweilen durch umliegende Gegenstände entzogen, durch Berge, Waldungen, einzelne hohe Bäume und Gebäude. Ohne Rücksicht auf die Wärme, welche die Sonnenstrahlen geben, ist das Licht an sich zum Gedeihen der Pflanzen und vielleicht selbst zur Beförderung gewisser Zersetzungen im Boden unentbehrlich.

Wir wissen, daß alle Pflanzen das Licht suchen, und sich immer nach der Seite hinneigen, wo sie es finden. Man bemerkt dies im Freien, deutlicher in Zimmern und Gewächshäusern, und am auffallendsten, wenn man die Gewächse in hölzerne Kästen setzt, die nur einige Ritzen haben, zu welchen sich dann die Pflanzen mit dem äußersten Bestreben hindrängen. In dichten Pflanzungen treiben die Gewächse mit aller ihrer Kraft in die Höhe, wetteifernd, sich den Vortheil des Lichts abzugewinnen. Sie wachsen daher um so stärker und schneller in die Länge, je dichter sie stehen, aber freilich auf Kosten der Stärke ihrer unteren Theile, die dann schwächer bleiben. Alle im Dunkeln und im Schatten gewachsenen Pflanzen haben ein bleiches, kränkelndes Ansehen, ein loses, schlaffes, wassersüchtiges Gewebe, und lange, dünne, kraftlose, leicht abbrechende Schüsse; nicht den bestimmten, ihnen sonst eigenthümlichen, sondern einen faden wässrigen Geschmack: ein Zustand, den man im Französischen mit dem besonderen Ausdrucke étiolement benennt. Je stärker dagegen das Licht ist, welches die Pflanzen trifft, je vertikaler es auf sie fällt, desto stärker, ausgebildeter und kräftiger werden die Pflanzen in allen ihren Theilen und Substanzen. Die grüne Farbe der Blätter hängt ganz von dem Lichte ab, weswegen auch alle unentwickelten Blätter bleich sind. Diese besondere Wirkung des Lichts ist, wie genaue Versuche erwiesen haben, unabhängig von der Wärme, welche die Sonnenstrahlen zugleich geben. Denn man hat das Sonnenlicht durch ein starkes künstliches Licht bei gleicher Temperatur ersetzen können.

Auf einem beschatteten Boden keimen die Pflanzen zwar freilich — denn zur Keimung der Samen und zur Austreibung der ersten Wurzelfaser ist eine beschattete Lage vortheilhaft, — wachsen auch zu ziemlicher Größe oft empor, bilden aber keine nährenden Theile aus, und bringen unvollkommene Früchte. Daher auch die wenige Nahrhaftigkeit des unter dicht stehenden Bäumen gewachsenen Grases.

§. 161.

Windaussetzung.

Der Boden ist entweder dem Winde frei ausgesetzt, oder hat Schutz gegen selbigen durch vorliegende Anhöhen und Berge, Holzungen, Gebäude oder Hecken, nach einer oder der andern Seite. Nach seiner verschiedenen Beschaffenheit kann ihm dieses nützlich oder schädlich seyn. Dem thonigen feuchten Boden ist im Allgemeinen ein starker Luftzug besser, als eine gedeckte, diesen abhaltende Lage. Der Schnee geht später auf, und der Boden trocknet besonders im Frühjahre, später ab, wenn ihn die Winde nicht treffen können. Dagegen wird der trockene, sandige und warme Boden durch eine den Wind abhaltende Umgebung oft sehr verbessert, und kann mehrentheils durch Hecken, womit man ihn umgiebt, oder durch Pflanzungen an den übelsten Windseiten, sehr verbessert oder fruchtbar gemacht werden. Einem solchen Boden thut nämlich der Wind vielen Schaden, indem er die Feuchtigkeit ihm schneller entzieht, die verbesserte, mit Humus vermischte Ackerkrume, und letztern, da er noch leichter und beweglicher als der Sand ist, verweht, somit auch die Wurzeln der Gewächse entblößt, und an andern Stellen die Pflanzen mit rohem Sand überschüttet.

Auf die Gewächse selbst hat der Wind einen verschiedenen Einfluß. Bei einigen befördert er die Befruchtung in der Blüthezeit, bei andern verhindert er sie, und letztere kommen daher fast nur in einer gedeckten Lage zum reichlichen Samenansatz.

§. 162.

Atmosphäre.

Endlich kommt die mit dem Boden in Verbindung stehende Atmosphäre und ihre Temperatur in Betracht, deren Verschiedenheit man unter dem Namen **Klima** begreift. In so fern das Klima durch die Grade der Breite bestimmt wird, und sich danach die mittlere Temperatur der Atmosphäre richtet, nehmen wir hier nicht Rücksicht darauf, indem sich dieses von selbst versteht, und aus thermometrischen Beobachtungen erhellet.

Aber die Veränderungen des atmosphärischen Zustandes und der Temperatur, die wir in einigen nahe gelegenen Distrikten und Landstrichen bemerken, verdienten allerdings eine größere Aufmerksamkeit, als wir bisher darauf gerichtet haben.

Zur Verschiedenheit der Wärme tragen, außer den mehr oder minder vertikal auffallenden Sonnenstrahlen, viele andere Ursachen bei: die in der Atmosphäre vorgehenden Zersetzungen, die Wirkung der Ausdünstung der Erdfläche, die Mittheilung der Temperatur anderer Erdstriche durch die daher kommenden Winde, die Lage des Bodens gegen gewisse Winde, die Gebirge und Waldungen, welche ein Land begrenzen und durchschneiden, es vor Kälte schützen, oder durch beschneite Gipfel erkälten, die Höhe des Landes, die Nachbarschaft des Meeres oder großer Landseen, ein sandiges oder morastiges Erdreich u. s. f.

Der Niederschlag der Feuchtigkeit aus der Atmosphäre ist in einzelnen Distrikten augenscheinlich stärker, als in andern. Um die Verschiedenheiten genauer zu bestimmen, fehlt es uns noch an Regenmessungen, die unter allen meteorologischen Messungen für den Ackerbau ohne Zweifel die interessantesten wären.

Wir haben schon bemerkt, daß an den Gipfeln der Berge ein stärkerer Niederschlag der atmosphärischen Feuchtigkeit vor sich gehe, als in den Ebenen. Aber auch nach diesen zieht sich die dunstförmige Feuchtigkeit der Atmosphäre, hier mehr, dort weniger, hin, und setzt sich in Regen, Thau und Nebel ab. Die dem Meere, Seen und selbst großen Strömen näher gelegenen Distrikte erhalten mehr von den Ausdünstungen des Wassers, und sind in der Regel feuchter, insbesondere wenn diese Gewässer ihnen westwärts liegen. Hierdurch wird oft der dürre Boden verbessert, und insbesondere zum Graswuchse tüchtiger gemacht, der ohnehin feuchte Boden aber um so mehr verschlechtert.

Die Ausdünstungen von beträchtlichem stehenden Wasser, insbesondere von Mooren, haben zuweilen eine höchst giftige Eigenschaft, und verderben durch die von ihnen aufsteigenden Nebel manchmal ganze Feldfluren dermaßen, daß das Getreide alljährlich mit verschiedenen Krankheiten befallen wird, und, der üppigsten Vegetation im Frühjahre ungeachtet, nur sehr wenige und schlechte Körner giebt. Durch Abwässerung ist diesem Uebel einzig und allein und vollständig abgeholfen worden, zum Beweise, daß es keinen andern Grund habe.

Auch die Hochwaldungen von beträchtlichem Umfange scheinen die Feuchtigkeit herbeizuziehen, oder das in der Luft gasförmig aufgelöste Wasser zu zersetzen, indem man allgemein in waldigen Gegenden einen stärkeren Niederschlag von Feuchtigkeit bemerkt hat.

Endlich ziehen sich nach gewissen Gegenden die Wolken, insbesondere die Gewitter mehr als nach andern hin. Man will bemerkt haben, daß sie theils den Strömen, theils dem höchsten Rücken der Gegenden folgten und ihnen nachzögen, zuweilen aber auch von den Schluchten der Gebirge ihre Richtung erhielten. Es giebt jedoch Fälle von sogenannten Wetterscheiden, die sich danach noch nicht ganz erklären lassen, und die man nur aus der Erfahrung kennt. Es giebt Feldmarken, die fast jedes Gewitter trifft, welches aus einer besondern Himmelsgegend heraufzieht, und andere, die sehr selten davon betroffen und nur vom Rande der Wolken berührt werden. Da die Gewitterregen mehrentheils wohlthätig sind, so zeichnen sich erstere in der Fruchtbarkeit aus, sind aber dagegen dem Hagelschaden auch mehr unterworfen.

§. 163.

Außer dem Wasser enthält die Atmosphäre und besonders die untere Schicht derselben häufig Stoffe, die auf die Vegetation eine große Einwirkung haben, und zwar in verschiedenen Verhältnissen. Das kohlensaure Gas und das gekohlte, geschwefelte und gephosphorte Wasserstoffgas ist bekanntlich der Vegetation sehr zuträglich, und auch wirklich düngend für den Boden. Es sind wahrscheinlich aber auch oft andere, zusammengesetztere Stoffe, insbesondere animalische Ausdünstungen, die noch nicht völlig zersetzt worden, oder deren Urstoffe sich auf eine besondere Weise verbunden haben, in der Atmosphäre enthalten. Sehr bewohnte, menschen- und viehreiche Gegenden, wo viel Feuermaterial konsumirt wird, und mannigfaltige Zersetzungen, welche die Atmosphäre anfüllen, vorgehen, zeichnen sich auffallend durch größere Fruchtbarkeit aus, die nach gewissen Beobachtungen unabhängig ist von dem in solchen Gegenden sonst freilich mehr erzeugten Dünger. In und um große Städte kann man diesen Einfluß der Atmosphäre auf die Fruchtbarkeit, selbst des schlechtern Bodens kaum verkennen. Daß die Luft aber auch schädliche Stoffe enthalten könne, beweist die im vorigen §. angeführte Erfahrung von den moorichten Ausdünstungen, so wie auch die schädliche Wirkung, welche der Berberitzenstrauch nach unläugbaren Erfahrungen auf das Getreide äußert.

§. 164.

Reinheit des Bodens vom Unkraut.

Der Werth des Bodens kann beträchtlich verändert werden, je nachdem er mehr oder minder rein — denn ein völlig reiner gehört unter die Seltenheiten — vom Unkraut ist.

Unkraut heißt eine jede Pflanze, die auf einem Platze steht, wo sie unserm Wunsch und Zwecke nach nicht stehen sollte. Denn eine solche thut allemal Schaden, indem sie den angebauten Pflanzen Platz und Nahrung raubt, und die Aussaugung des Bodens befördert, ohne Nutzen zu bringen. Wir reden hier indessen nur von denjenigen Unkrautsarten, die mit ihren Samen und Wurzeln den Boden so angefüllt haben, daß sie nur mit vieler Mühe und Aufopferung zu vertilgen sind, und einen beträchtlichen Einfluß auf den Rückschlag der Ernten haben.

Wir unterscheiden dieses Unkraut in agronomischer Hinsicht in drei Arten:

1) in solches, welches sich durch Samen allein vermehrt;

2) in solches, welches sich in der Regel nur durch den Austrieb seiner Wurzeln vermehren kann;

3) in solches, welches aus beiden zugleich hervorkommt.

§. 165.

Samenunkraut.

1) Das Samenunkraut unterscheidet sich wieder in zweierlei Gattungen: nämlich in das einjährige, welches in einem Sommer hervorkommt, seinen Samen reif macht, ihn ausstreut, und dann vergeht; und in das zweijährige, welches im ersten Jahre nur heranwächst, den Winter aushält, und dann im zweiten Jahre seinen Samen reift. Beide Arten haben keine austreibende Wurzel, und vergehen mit derselben, wenn ihr Same gereift ist.

Der Same der Gewächse, welche in diese Klasse gehören und hier in Betracht kommen, ist von der Art, daß er nur zum Keimen kommt, wenn er sehr nahe an der Oberfläche liegt, und die Atmosphäre auf ihn einwirken kann. Liegt er tiefer, oder ist er von einem Erdkloße eingeschlossen, so keimt er nicht, erhält sich aber vollkommen gesund und keimungsfähig, bis er in eine günstige Lage gebracht wird. Die Länge der Zeit, wo er sich in diesem Zustande erhalten kann, scheint unendlich zu seyn; indem bei neuem Umbruche eines Ackers, der wahrscheinlicher Weise schon tausende von Jahren unkultivirt gelegen hatte, und auf dem sich keine Pflanze dieser Art zeigte, dieses Unkraut den Acker nun über und über bezog. So sieht man hier im Oderbruche den Ackersenf in einer gewaltigen Menge zuweilen hervorkommen, wenn man nie umgebrochenes und vormals sumpfiges Grasland aufbricht, und im zweiten Jahre die Narbe zerstört und die Erde gelockert hat. Dieser Same kann hier nur vor uralten Zeiten hergeschwemmt und mit der Erde vom Wasser abgesetzt seyn. Auch hat man diese Unkrautsarten häufig aus der Erde hervorkeimen sehen, die man mehrere Fuß tief und sogar auf altem Holzgrunde hervorholte. Unter einem Gebäude, welches gewiß 200 Jahre gestanden, fand man eine schwarze Erde, welche man nebst dem Schutte auf einen Gartenplatz brachte, und es wuchs eine Saat von Wucherblume (Chrysanthemum segetum) hervor, die man vorher auf diesem Platze nie gesehen hatte. Dieser auffallenden Erscheinungen wegen haben sogar Manche geglaubt, daß diese Pflanzen ohne Samen und Keime von der Natur hervorgebracht würden. Dies ist aber bei den Pflanzen dieser Art gegen alle Analogie, und kein Verständiger wird hier eine Ausnahme von der Regel: Omne vivum ex ovo, annehmen.

Die Menge, worin dieser feine Same in der Erde liegen kann, übertrifft ebenfalls alle Vorstellung. Wenn man den Acker fein pulvert, so treibt eine dichte Saat davon hervor, die man durch das Unterpflügen gewiß vollkommen zerstört, indem die zarte Pflanze dieses nicht verträgt. Sogleich aber erzeugt sich an der neu hervorgebrachten Oberfläche eine andere eben so dichte Saat, und ich habe dies selbst in einem Sommer sechsmal wiederholt, ohne auch nur eine Abnahme dieses Unkrauts zu bemerken, und ohne daß es für das folgende Jahr völlig zerstört ward. Mit der Wucherblume hat man dasselbe bis ins dritte Jahr wiederholt, ohne ihren Samen in der Ackerkrume völlig vertilgen zu können.

Das einjährige Samenunkraut zeigt sich in der Regel nur unter dem Sommergetreide, und das Wintergetreide ist oftmals ganz frei davon, wenn anders die Aussaat im Herbste so früh geschehen ist, daß der in der Oberfläche liegende Same zum Laufen kommen konnte. Es hält den Winter nicht aus, und vergeht, wo nicht eher, doch gewiß im Frühjahre. Nur in dem Falle, daß die Oberfläche aufs neue gerührt worden, an den Rändern der Beete abgekrümelt ist, oder Erdklöße erst im Winter oder Frühjahre zerfallen sind, und hierdurch frischer Same an die Atmosphäre gekommen ist, oder endlich, wenn dieser durch Wind oder Wasser hergeführt worden, erscheint es auch unter dem Wintergetreide, aber doch immer in unbedeutender Menge, oder nur, wo die Saat ausgewintert ist. Das zweijährige Unkraut zeigt sich dagegen in seiner Vollendung nur unter dem Wintergetreide, obwohl es unter dem Sommergetreide läuft, dann aber in der Regel zerstört wird, ehe es zu Blüthe und Samentragen kommt.

Das häufigste und allgemeinste jährige Unkraut machen die Pflanzen aus, welche man in der landwirthschaftlichen Sprache mit dem gemeinschaftlichen Namen des Hederichs zu belegen pflegt. Hierunter werden verschiedene, obwohl sehr ähnliche Pflanzen verstanden, nämlich:

Der Ackersenf (Sinapis arvensis), welcher nur in starkem, reichem und Feuchtigkeit haltendem Boden gedeiht, auf magerm und trocknem aber nicht fortkommt, sondern bald vergeht; weswegen man sogar Saat, worin dessen Samen enthalten, ungestraft auf letztern aussäen kann. Er läuft hier wohl, wird aber von den andern Pflanzen unterdrückt. Dagegen überzieht er den reichen humosen Boden, wenn er im Frühjahre die Oberhand über die Saat bekommt, dermaßen, daß ein totales Mißrathen der letztern daraus erfolgen kann. Er ist indessen immer leichter zu vertilgen, weil der Same nicht in einer harten Hülse eingeschlossen ist, und früher zum Laufen kommt. Auch ist er nicht so ganz unnütz, weil er zum Theil mit dem Sommergetreide geerntet, dann durch Siebe abgesondert und zu Oel geschlagen wird. Von fleißigen kleinen Ackerbauern wird das üppige und nahrungsreiche Kraut, bevor das Getreide schoßt, ausgezogen und zu einer sehr wohlthätigen Futterung für das Vieh verwandt.

Der Ackerrettig (Raphanus raphanistrum) wächst auf lehmigsandigem und sandig-lehmigem, minder starkem Boden, und kommt selbst bei ungünstiger Witterung fort. Je magerer der Boden und je ungünstiger die Witterung, um desto eher unterdrückt er das Getreide; wogegen dieses auf reicherem Boden und bei günstiger Witterung ihn dennoch zuweilen überwindet, wenn seine lebhafte Vegetationsperiode vollendet ist. Er unterscheidet sich am auffallendsten vom Ackersenf durch seine gegliederte harte Hülse. Dieselbe verhindert, daß er nicht so gut wie jener zum Oelschlagen gebraucht werden kann. Auch ist der Same selbst zu klein und zu wenig Oel gebend. Das Kraut ist rauher und minder saftig, als das vom Ackersenf, jedoch dem Viehe angenehm und nahrhaft; weshalb man sogar den damit angefüllten Boden als Futterfeld gebraucht hat, ohne etwas einzusäen, indem man nur durch Pflügen und Eggen sein Aufgehen mehrmals in einem Sommer beförderte.

Verschiedene andere Pflanzen, Abarten aus dem Geschlechte der Brassica, des Rapses und Rübsens, können ebenfalls im Boden einwuchern, und werden dann auch, ihrer großen Aehnlichkeit wegen, mit unter dem Namen des Hederichs begriffen.

Es scheinen diese Unkrautsarten in den Aeckern des nördlichen Deutschlands seit Menschengedenken sich sehr vermehrt zu haben. Es ist jetzt eine seltene Ausnahme, ein Feld davon frei zu finden. Sie werden zum Theil durch Unvorsichtigkeit im Reinigen der Saat fortgepflanzt; aber auch die größte Vorsicht hilft nichts, wenn ihr Same einmal viel im Acker liegt. Sie sind nur durch fleißige Bearbeitung und Rührung der Ackererde in den Sommermonaten, dann durch Einschränkung des Sommerkornbaues und vermehrten Winterungsbau zu vermindern, und endlich durch Ausziehung der einzelnen Pflanzen zu vertilgen.

Ein ungleich nachtheiligeres, aber nicht so allgemein verbreitetes Samenunkraut ist die gelbe Wucherblume (Chrysanthemum segetum). Es hat einen so üppigen Wuchs, ist so hart, und vermehrt sich so schnell und übermäßig, daß es den Boden zu allem Sommergetreidebau ganz untauglich und werthlos machen kann. Dies Gewächs keimt spät, und erst, wenn der Boden ziemlich durchwärmt ist, wächst dann aber so schnell und so frech empor, daß es die vor seinem Keimen schon ziemlich herangewachsene Saat noch unterdrückt. Es breitet sich mit seinen starken saftigen Zweigen und Blättern über das ganze Feld aus, und scheint alle Kraft an sich zu ziehen. Es ist so zähe, daß eine Pflanze, welche nur eben ihre Blüthenknospen zeigte, ausgerissen nicht nur aufblüht, sondern auch reifen Samen macht. Wenn es ausgejätet und in Haufen zusammengeworfen worden, kommt es nicht in eine zerstörende Gährung, sondern die obenliegenden Pflanzen treiben noch hervor, vegetiren fort und setzen Samen an, so daß zu seiner Zerstörung kein anderes Mittel ist, als es entweder tief zu vergraben, oder zu verbrennen. Sein Same geht auch die Leiber der Thiere durch, ohne die Keimkraft zu verlieren, und wird daher mit dem Miste verbreitet. In Gegenden, wo man das Uebel in der Nachbarschaft kennt, aber noch frei davon ist, wendet man daher die größte Sorgfalt an, um sich dagegen zu schützen. Wenn Pferde oder anderes Vieh aus solchen Ortschaften, wo man daran leidet, herkommen, so sorgt man dafür, daß der Mist gleich verbrannt werde, den sie fallen lassen, und Stroh oder Heu aus solchen Orten nimmt man durchaus nicht. Um die anfangende Verbreitung zu verhüten, werden Feldbesichtigungen gehalten, und für jede Wucherblume, die man auf dem Felde findet, muß 1 bis 2 Gr. Strafe erlegt werden.

Hat es im Acker einmal überhand genommen, so ist dessen Zerstörung äußerst schwierig, besonders in gemengten Feldmarken, und immer mit beträchtlichen Aufopferungen verbunden; jedoch auch nicht so unmöglich, wie Manche sie gehalten haben. Häufig wiederholtes Pflügen, und Eggen im Sommer, wodurch immer eine neue Erdlage an die Luft gebracht wird, zerstört eine große Menge Samen bald nach der Keimung; jedoch reicht ein Sommer nicht hin, wenn auch alle drei Wochen gepflügt wird. Es darf zwischen zwei Brachen keine Sommerung gesäet und kein Gewächs gebauet werden, wozwischen diese gelbe Wucherblume aufkommen kann, ohne dieses sorgfältig zu jäten. Mit gehöriger Anstrengung gelangt man doch dahin, wie zwei in den Annalen der Niedersächsischen Landwirthschaft, Bd. III. S. 320, und Bd. IV. S. 129 beschriebene Beispiele beweisen. Nach der Schwierigkeit ihrer Vertilgung läßt sich der verminderte Werth des Bodens, worin sie eingesamt ist, leicht beurtheilen.

Eben so nachtheilig, aber doch leichter zu überwinden, ist der wilde, Flug-, Wind- oder Taub-Hafer (Avena fatua), eigentlich auch ein Sommergewächs, welches aber doch unter dem Wintergetreide häufig aufkommt. Da der Same in der tieferen Lage nicht so leicht, ohne zu keimen, erhalten wird, sondern hervortreibt, so kann man einen Acker in einem Jahre ziemlich davon befreien, wenn man die Saat, worunter er sich befindet, sobald er aufblühet, abmähet und verfüttert oder zu Heu macht, wozu er sich vortrefflich schickt. Läßt man ihn stehen, so reift er sehr schnell, und verstreut seinen Samen, bevor das übrige Getreide abgeerntet wird. Weil sein Same vom Winde so leicht beweglich ist, ja sogar von selbst fortkriecht, indem nämlich seine starken Grannen sich bei abwechselnder Feuchtigkeit ausdehnen und zusammenziehen, so daß man sich desselben sogar als Hygrometers bedient hat, so kann man ihn von dem benachbarten Felde sehr leicht erhalten, wenn man völlig frei davon war; und deshalb sind die Gegenden, wo er sich häufig findet, niemals ohne Gefahr, wenn nicht alle Nachbarn zu seiner Vertilgung übereinkommen.

§. 166.

Unter die durchwinternden Unkräuter, die deshalb mehr in der Winterung vorkommen, sich jedoch auch in früh gesäeter Sommerung oft zeigen, gehören die blaue Kornblume (Centaurea cyanus), die verschiedenen Chamillenarten (Matricaria chamomilla, Anthemis cotula, Anthemis arvensis, Chrysanthemum leucanthemum); ferner der Hahnenkamm oder Klapperkraut (Rhinanthus cristagalli), der wilde Mohn oder die Klapprosen (Papaver rhoeas), auch der Radel (Agrostemma githago), welcher, einer kürzlich von mir gemachten Erfahrung nach, lange im Acker liegen kann, ungeachtet er ein ziemlich großes Korn hat. Auch von allen diesen liegt der Same im Acker, und es hilft oft nicht allein, wenn man auch die größte Sorgfalt in Reinigung des Samens beobachtet. Sie sind aber der Winterung so nachtheilig nicht, wie jene Sommerpflanzen dem Sommergetreide, indem eine starke dichte Saat auf gesundem, kräftigem, nicht nassem Boden sie überwindet, und sie sich daher nur an den Stellen stark zeigen, wo die Saat ausgewintert ist.

Eine gleiche Bewandniß hat es mit der Trespe (Bromus secalinus und arvensis). Häufig wird deren Same zwar mit dem Getreide ausgesäet, allein er liegt auch im Boden, und kann sich wahrscheinlich lange darin halten, wenn er nicht in eine seiner Keimung günstige Lage kommt. Denn man weiß, daß man mehr Trespe als Korn geerntet hat, wenn gleich reine Aussaat genommen war: weswegen die unverständige Meinung, daß Roggen sich in Trespe verwandeln könne, lange Zeit hindurch Glauben fand. Die Trespe verlangt anhaltende Feuchtigkeit, die dem Roggen verderblich ist. An feuchten Stellen und bei feuchter Witterung erstarkt jene, und unterdrückt die erkrankte Roggenpflanze. Bei trockner Witterung dagegen kümmert die Trespe, und wird vom Roggen unterdrückt; weshalb an solchen Stellen und in solchen Jahren zuweilen gar keine Trespe aufkommt, wenn man sie gleich in Menge mit ausgesäet hatte.

Ich übergehe andere minder schädliche und in unserm Klima minder verbreitete Samenunkräuter, so wie alle diejenigen, die mehr durch unreine Saat erzeugt werden, als im Boden liegen, oder wenigstens durch eine anhaltende Aufmerksamkeit auf Reinheit der Saat bald erschöpft werden können; z. B. die Vogelwicke, die Hauhechel u. s. w.

§. 167.

Wurzelunkraut.

2) Zu den Wurzelunkräutern, die sich selten durch Samen vermehren, weil diese nicht zur Reife kommen, und die den Acker gewaltig überziehen, mithin unfruchtbar machen können, gehören die Quecken und Päden (Triticum repens), und verschiedene Agrostisarten.

Jedermann weiß, wie schwierig es ist, einen sehr verqueckten Acker, zumal wenn er, seiner Lage und seinem Untergrunde nach, zur Nässe geneigt ist, davon zu reinigen, besonders wenn feuchte Sommer einfallen, wo selbst die sorgfältigste Bearbeitung der Brache fruchtlos werden kann. Von ihrer Vertilgung wird in der Lehre von der Beackerung die Rede seyn. Hier nur, in so fern sie auf den Werth des Bodens einen Einfluß haben.

Ein sehr verqueckter Acker versagt die sonst zu erwartenden Ernten, so lange er in diesem Zustande bleibt. Indessen ist er in einem nicht zu feuchten Sommer durch gehörig angewandte Pflugarten immer zu reinigen, ohne daß man die von Vielen angewandte Mühe des Abharkens und Verbrennens derselben anzuwenden nöthig hätte. Ein solcher Acker ist mehrentheils nicht arm, und wird durch das Verfaulen der getödteten Quecken noch mehr bereichert. Kann man ihn also sogleich zur Brache nehmen, oder auch zum Bau stark zu behackender Früchte anwenden, so verliert der gute Ackerbauer wenig dadurch, und muß nur etwas mehrere Arbeit als bei einem reinen Acker anwenden. Hierauf muß jedoch allerdings bei der Schätzung zurückgeschlagen werden. Beim Kaufe kommt es in geringern Betracht, bei einer Pachtung aber in so größeren, je kürzer sie ist. Die nassen Aecker, die mit Quecken durchzogen und schwer davon zu befreien, sind schon ihrer Natur nach fehlerhaft.

Ferner gehört unter die schädlichsten Wurzelunkräuter die Feldwinde, welche, ihrer tief eingehenden Wurzeln wegen, sehr schwer zu überwinden ist, und durch die Verbreitung sowohl ihrer Blätter, als durch ihren windenden, das Getreide umfassenden und solches niederziehenden Stengel höchst schädlich werden kann.

Dann die Schachtelhalm-, Schaftheu-, oder Katzensteertarten, wovon die meisten auf solchem Boden wachsen, der stockende Nässe im Untergrunde hat. Sie scheinen dem Getreidebau nicht sehr nachtheilig, rauben höchstens den Halmen etwas Platz, entziehen aber wenig oder gar keine Nahrung, indem sie diese tiefer aus dem Untergrunde heraufholen. Allein sie sind nachtheilig für den Futterkräuterbau und für die Weide, indem sie den meisten Vieharten nicht zusagen, sondern wirklich schädlich werden.

Der Huflattig (Tussilago farfara und petasites) verbreitet sich mit seinen großen Blättern in einem beträchtlichen Umfange, und ist ungemein schwer, nur durch beständig wiederholtes Abstechen zu überwinden. Er kommt auf thonigem und mergeligem Boden am meisten vor.

Die wilde Brombeere (Rubus caesius) verbreitet sich oft sehr stark, und liebt, wenigstens vorzugsweise, solche Stellen, wo Lehmmergel liegt. Sie ist schwer zu vertilgen, indem sie äußerst tief mit ihren Wurzeln eindringt, aus selbigen neu hervorschießt, und das Getreide an ganzen Stellen unterdrückt.

§. 168.

3) Zu den Gewächsen, die sich durch Samen und Wurzelaustrieb zugleich vermehren, gehört vor allen die Felddistel (Seratula arvensis). Sie verbreitet sich nur auf gutem lehmigen Boden, und giebt, wo sie üppig wächst, immer ein Merkmal von Fruchtbarkeit ab. Die Natur scheint besonders für die Erhaltung dieses Gewächses gesorgt zu haben: sie hat ihm Stacheln gegeben, welche das Vieh abhalten, sobald es einmal erstarkt ist. Es macht sehr viele Austriebe aus den Wurzeln und aus jedem Theile der Wurzel, und um so mehrere, je häufiger man es jung absticht, so daß dieses Abstechen die Sache nicht zu verbessern scheint. Dabei erzeugt es eine Menge von Samen, welcher sich durch sein Gefieder sehr weit verbreitet, und die Pflanze in großer Menge aussäet. Der Acker kann damit so überzogen werden, daß man den darauf gelegten Fluch: „er soll dir Dornen und Disteln tragen" sehr stark empfindet.

Auf gleiche Weise verbreiten sich verschiedene Ampferarten (Rumices) mit ihren starken Wurzelblättern über den Acker, und sind eben so fruchtbar durch Wurzelaustriebe wie durch Samen.

Es giebt der Unkräuter, die nachtheilig werden können, ungleich mehrere. Wir begnügen uns, hier nur derer zu erwähnen, welche am häufigsten den Ackerboden verderben. Von den Wiesenunkräutern werden wir zu einer andern Zeit reden.

§. 169.

Reinheit von Steinen.

Der Boden kann ferner unrein seyn von Steinen. Wir unterscheiden in agronomischer Hinsicht diese Steine in solche, die der Pflug nicht aus ihrer Lage bringen kann, und in solche, die ihm weichen.

Jene großen Steine, die schon aus der Oberfläche hervorragen, oder noch schlimmer mit der Ackerkrume so eben bedeckt sind, daß man sie nur nicht sieht (weswegen man sie häufig blinde Steine zu nennen pflegt), geben bei der Bearbeitung des Ackers ein großes Hinderniß ab, und erschweren insbesondere oft das tiefere Eindringen mit dem Pfluge, und den Gebrauch anderer Werkzeuge. Sie sind zwar oft so weit weggeschafft, daß man beim flachen Pflügen nicht auf sie stößt, wenn man aber tiefer pflügen will, häufig darauf trifft, so daß eine Vertiefung des Bodens nicht eher zu bewerkstelligen ist, als bis man sie herausgeschafft hat. Man findet zuweilen unerwartet große Stücke, die mit ihrer hervorragenden Spitze nur klein zu seyn scheinen, und deren Ausgrabung oder genugsam vertiefte Versenkung sehr große Arbeiten und Kosten verursacht. Nach den Lokalverhältnissen bezahlt sich ihre Fortschaffung und oftmals nöthige Sprengung mehr oder weniger durch den Gebrauch, den man davon machen kann. Man hat diesen Umstand also wohl zu untersuchen, und Rücksicht darauf zu nehmen, besonders in dem Falle, wo man durch Vertiefung dem Boden eine höhere Kultur zu geben gesonnen ist, auch wo man mehr verfeinerte Ackerwerkzeuge brauchen will.

Kleine Steine, die dem Pfluge und der Egge ausweichen, sind dennoch, wenn sie den Boden stark anfüllen, dem Ackerbau nachtheilig. Sie geben natürlich den Pflanzen keine Nahrung, und können der Ackerkrume, wovon sie einen Theil ausmachen, deßhalb gar nicht zugerechnet werden. Besonders aber werden sie schädlich durch die starke Abreibung der Werkzeuge, und indem sie auf der Oberfläche liegend der Sense in den Weg kommen, und lange Stoppeln stehen zu lassen nöthigen. Bei der Einführung einer verfeinerten Kultur sucht man sie daher durch Ablesen wegzuschaffen, welches aber oft nicht ohne beträchtliche Kosten geschehen kann. Einige wollen nun bemerkt haben, daß dieses Reinigen des Ackers von Steinen eine nachtheilige Wirkung gehabt habe. Die Gründe, welche sie a priori vom Nutzen der Steine anführen, daß sie nämlich den Acker bald abkühlen, bald erwärmen, und die Saat schützen sollen, auch die Feuchtigkeit mehr erhalten, sind von der Art, daß sie keine gründliche Prüfung aushalten. Was die angeblichen Erfahrungen betrifft, nach welchen der Boden sich durch das Ablesen der Steine verschlechtert haben soll, so stehen ihnen so viele genauer angestellte und wiederholte Beobachtungen entgegen, daß man ihnen ebenfalls keinen Glauben beimessen kann. Wenn es Kalksteine waren in einem thonigen Boden, so kann man ihnen vielleicht nicht allen Nutzen absprechen, indem diese, wenn sie in Berührung mit Düngertheilen kommen, und auch selbst durch die Lebenskraft der Pflanzenwurzeln allmählig wohl zersetzt werden, und somit den Boden verbessern und auch den Pflanzen einige Nahrung geben können. Waren es aber wie gewöhnlich Kiesel- oder Feuersteine, so müssen wir ihren Nutzen, wenigstens bis auf bestimmtere Erfahrungen, gänzlich bezweifeln.

§. 170.

Methode der agronomischen Untersuchung.

Um eine gehörige Beschreibung einer Feldmark in Hinsicht ihrer Bodenarten zu machen, die nicht bloß zur Schätzung derselben, sondern zu einer beständigen Richtschnur ihrer Bestellung und Behandlung dienen soll, ist es durchaus nöthig, ein wohlgeordnetes Verfahren zu beobachten. Wenn das Feld nicht ohnehin in Beete abgetheilt ist, die bei der Uebergehung desselben leiten können, so müssen Parallellinien, je nachdem sich der Boden mehr oder weniger verändert, in Entfernungen von 5, 10 bis 15 Ruthen abgesteckt werden. Man entwirft dann zugleich eine Karte von der abzuschätzenden Breite oder der Koppel nach einem hinlänglich großen Maaßstabe, welcher etwa viermal so groß wie der gewöhnlich zu Feldmarkkarten gebrauchte seyn kann. Auf dieser Karte zieht man dieselben Parallellinien, theilt diese in Glieder oder Stationen von 5 oder 10 Ruthen, und numerirt diese Stationen mit Zahlen, die von einer Linie zur andern fortlaufen. Nach dieser Richtung wird sodann das Feld übergangen. Außer den Kettenziehern muß ein Gräber mit dem Spaten, ein Mann, der einen Korb, um die Erdproben aufzunehmen, trägt oder schiebt, zu Hülfe genommen werden. Der Geometer führt die Karte und das Protokoll, wenn man zu letzterem nicht einen besondern Gehülfen nehmen will; der Agronom achtet auf den Boden, und dirigirt das ganze Geschäft. So wie er nämlich eine Veränderung im Boden wahrnimmt, läßt er Halt machen, die Stelle auf der Karte bezeichnen, und untersucht diese Abänderung genauer, wo es nöthig ist, durch Ausstechung einiger Spatenstiche der Erde, wovon, wenn eine genauere Untersuchung erforderlich scheint, etwa ein Pfund wohl durcheinander gemengt in eine Tüte oder Beutel gethan wird, welche man mit der Nummer der Stationen oder mit Buchstaben bezeichnet. Die Grenze dieser Bodenwechselung wird vom Feldmesser so genau wie nöthig ist bestimmt, und auf der Karte aufgezeichnet; auch bemerkt, ob der Uebergang mehr grell oder verwaschen sey. Die übrigen zu machenden Bemerkungen, die sich nämlich auf alle oben angegebenen Eigenschaften des Bodens beziehen müssen, werden in das Protokoll unter der Nummer der Station eingetragen.

So wird nun nach den abgestochenen Parallellinien die ganze Feldmark hinauf und herunter übergangen, und somit entsteht das Brouillon der agronomischen Karte schon während des Geschäfts.

Diese Karte kann nun auf verschiedene Weise ausgearbeitet werden. Am besten ist es, die verschiedenen Bodenmischungen durch Fardenilluminationen anzudeuten, die scharfen oder allmähligen Uebergänge mit Nuancirungen anzugeben; die Anhöhen und Vertiefungen nach der gewöhnlichen Art durch Striche anzudeuten; den stärkeren Humusgehalt vielleicht durch schwarze Punkte, die man nach Verhältniß dichter oder entfernter aufträgt, anzuzeigen, und so fort alles Bemerkenswerthe durch bestimmte Zeichen. Mittelst einer solchen Karte wird man dann ein getreu darstellendes Gemälde von seiner Feldmark vor Augen haben, um in jeder Hinsicht die zweckmäßigsten Einrichtungen treffen zu können. Eine genauere schriftliche Beschreibung wird dann aus dem Protokoll mit Bezug auf die Nummern der Karte entworfen. Es ist nicht schwierig, auf dieser Karte auch das Gefälle, die Sinken und die Richtung des Wasserlaufs anzudeuten. Will man dieses indessen genauer wissen, so ist natürlich eine Nivellirung nöthig, die man nach verschiedenen Richtungen der Feldmark vornimmt, und ein Nivellementsprofil davon entwirft. Wenn sich der Untergrund erheblich verändert, und man diesen zu untersuchen und zu bemerken nöthig findet, so läßt sich solcher auf diesen Nivellirungsprofilen nach der Stärke der Schichten durch Farben sehr gut angeben. Man muß alsdann bei der Nivellirung den Erdbohrer so tief und so häufig, wie nöthig scheint, gebrauchen, was ohne große Schwierigkeiten geschehen kann.

Wenn nach den äußern Merkmalen die Bestandtheile des Bodens zweifelhaft bleiben, oder wenn man überhaupt geneigt ist, sie bestimmter zu analysiren, so werden sie einer mehr oder minder genauen chemischen Untersuchung unterworfen. Man wird bei Gegeneinanderhaltung der mitgenommenen Erdproben in feuchtem und trocknem Zustande durch Gesicht und Gefühl sehr leicht entdecken können, welche gleichartig und ungleichartig sind, und braucht deßhalb nicht jede mitgebrachte Probe besonders zu untersuchen.

Für jeden wissenschaftlichen Agronomen kann wohl keine Bemühung sich nützlicher und angenehmer belohnen, als diese, indem er sich nun von manchen Erscheinungen, die ihm vorher räthselhaft waren, befriedigende Erklärungen wird geben, zugleich aber manchen Uebeln auf die zweckmäßigste Art abhelfen können.

Viertes Hauptstück.

Agrikultur.

§. 1.

Die Agrikultur, im eigentlichen Sinne des Worts, beschäftigt sich damit, den Boden in denjenigen Zustand zu setzen, daß er die darauf zu erzielenden Ernten in gewünschter Vollkommenheit hervorbringen könne.

Chemische Agrikultur.

Sie thut dies theils, indem sie ihm solche Materien zuführt, welche seine Fruchtbarkeit befördern, d. h. seine nährenden Stoffe vermehren oder aufschließen. Dieses nennen wir daher die chemische Agrikultur, oder in gewöhnlicher Sprache die Düngung.

Mechanische Agrikultur.

Theils, indem sie durch Bearbeitung den Boden hierzu geschickt macht, und in den Stand setzt, daß die Pflanzenwurzeln ihn genugsam durchdringen, und die darin enthaltenen fruchtbaren Theile — welche hierdurch zugleich gehörig gemengt und in Berührung mit einander gebracht werden — auffinden können. Wir nennen dies die mechanische Agrikultur, oder die Bearbeitung des Ackers. Wir werden folglich Beides in zwei Abschnitten dieses Hauptstücks vortragen.

Erste Abtheilung.

Die Lehre von der Düngung.

§. 2.

Nährender, zersetzender Dünger.

Der dem Boden zugeführte Dünger wirkt auf zweierlei Weise. Einmal: indem er dem Acker neue nahrhafte Materien für die Pflanzen mittheilt, und zweitens; indem er die darin schon enthaltenen Stoffe durch chemische Wechselwirkung zersetzt, und wiederum so verbindet, daß sie dadurch zum Uebergange in die Pflanzen fähig werden; vielleicht auch, indem er die Lebensthätigkeit der Pflanzen, wodurch sie sich diese Stoffe aneignen, aufregt.

Einige Düngerarten scheinen das Eine oder das Andere entweder einzig oder doch hauptsächlich nur zu thun, andere hingegen Beides zugleich zu bewirken.

Wir sagen im Allgemeinen: der Dünger mache fruchtbar; und Manchem scheint diese Bestimmung seiner Wirkung zu genügen. Es ist aber nicht bloß für die Theorie, sondern auch für die Praxis von großer Wichtigkeit, zu unterscheiden, auf welche Weise jedes Düngungsmittel es thue, und unter welchen Umständen dasselbe Düngungsmittel mehr auf die eine oder die andere Art wirke. Nur bei genauer Erwägung dieses Unterschiedes werden wir uns manche widersprechend scheinenden Erfahrungen erklären, und die unter verschiedenen Umständen zu wählenden Maaßregeln bei der Anwendung der verschiedenen Düngungsmittel richtig treffen können.

Nicht unschicklich vergleichen die Engländer den Dünger ersterer Art mit den eigentlichen Nahrungsmitteln, den zweiter Art mit Salz und Gewürz und aufreizenden Getränken.

§. 3.

Vegetabilischer und animalischer Moder.

Alle in Fäulniß oder Verwesung übergegangenen animalischen Substanzen enthalten die Materie zur Hervorbringung und Vollendung aller und jeder angebauter Vegetabilien. Je nachdem wir die Keime der einen oder der andern Pflanze durch Samen oder Wurzeln mit ihnen in gehörige Verbindung bringen, erwächst daraus diejenige Pflanze, deren Form von der schaffenden Natur in dieselben gelegt war. Der Moder enthält die Nahrung für alle; doch ist es immer höchst wahrscheinlich, daß diese Nahrung quantitativisch, oder in Ansehung des Verhältnisses der Urstoffe nicht völlig gleich sey, und daß Moder gewisser Verbindung das Wachsthum der einen Pflanze mehr als der andern befördere.

§. 4.

Der vegetabilische Moder scheint fast allein als Nahrungsmittel für die Pflanzen zu wirken, und nur wenig zur Aufschließung der schon im Boden befindlichen, aber unauflöslich gewordenen, von ihm selbst zurückgebliebenen Theile, so wie auch nicht viel zur Lebensthätigkeit der Pflanzenwurzeln beizutragen. Der thierische Moder hingegen thut Beides, führt nicht allein alle zur Pflanzennahrung erforderlichen Stoffe und selbst einige, die der vegetabilische wenig besitzt — Azot, Phosphor, Schwefel — herbei, sondern befördert auch die Zersetzung des unauflöslichen Humus, und reizt die Pflanzen zu größerer Lebensthätigkeit auf.

Der mineralische Dünger, wenn er keine organische Materie in sich hält, wirkt allein, oder doch größtentheils durch die Zersetzungen, die er erregt.

§. 5.

Todte, aber vom Organismus rückständige Materien.

Die unter der Kraft des Lebens in drei-, vier- und mehrfachen Verbindungen vereinigten Urstoffe, welche, nach dem quantitativen Verhältnisse dieser Verbindungen, die mannigfaltigsten organischen Materien darstellen, treten zum Theil wieder zu den Gesetzen der anorganischen Natur zurück, wenn die Lebensthätigkeit des organischen Wesens, dem sie einverleibt waren, auf sie zu wirken aufhört. Sie vereinigen sich zum Theil wieder nach den Gesetzen der Wahlverwandtschaft zu Verbindungen der einfachsten Art, nämlich je zwei zu zwei; zum Theil aber treten sie in zusammengesetztere neue Verbindungen, welche zwar nicht mehr Verbindungen des Leben's, aber doch noch Folgen desselben sind, und auf keine andere Weise hervorgebracht werden können. Man kann sie also nicht mehr Lebensverbindungen nennen, aber sie haben ihren Ursprung vom Leben, und machen wieder die Nahrung und die Bedingung des Lebens aus, indem *sie* es hauptsächlich sind, durch welche sich die Pflanzen ernähren, die dann wiederum den Thieren zur Nahrung dienen.

Diese neu gebildeten Materien, der mehr oder minder zersetzte Moder, und der zurückbleibende *Humus*, sind verschieden nach den Körpern, woraus sie entstanden, und nach den Umständen, unter welchen sie sich daraus erzeugten.

Der Prozeß ihrer Umwandlung ist das, was wir Verwesung, Gährung und Fäulniß nennen, deren Erklärung zwar nicht hierher gehört, von denen wir aber Folgendes bemerken müssen.

§. 6.

Bedingungen der Zersetzung.

Die Bedingungen derselben sind, nächst der Abwesenheit des Lebens, *Wärme*, *Feuchtigkeit* und *einige Verbindung* mit der *Atmosphäre*. Je nachdem diese Umstände stärker oder schwächer hinzutreten, wird dieser Prozeß verschieden modifizirt, hat einen raschern oder trägern Gang, und giebt verschiedene Resultate.

Die vegetabilischen Körper gehen die bekannten Grade der Gährung durch, und verweilen in jedem kürzere oder längere Zeit, bevor sie durch den letzten Grad derselben, die Fäulniß, völlig zersetzt, d. h. in den Zustand des Moders gebracht werden, welchen man zwar nicht als einen bleibenden, unveränderlichen, aber doch als einen Beharrungszustand ansehen kann. Thierische Körper hingegen überspringen die ersten Gährungsgrade, oder eilen wenigstens so schnell durch selbige hindurch, daß man sie kaum bemerkt, und gehen sogleich zur Fäulniß über, zu welcher sie auch die Vegetabilien mit fortreißen, wenn sie mit ihnen in Berührung stehen.

Diese Fäulniß ist aber ebenfalls nach der verschiedenen Stärke jener Bedingungen, oder der Einwirkung der Wärme, der Feuchtigkeit und der Luft, verschieden modifizirt, so wie das Produkt, welches daraus erfolgt.

Verwesung ohne Fäulniß.

Bei einem ganz freien Zutritte der Luft und Mangel der Feuchtigkeit und der höheren Wärme kann Gährung und Fäulniß nicht bemerklich eintreten. Es entsteht aber doch eine Zersetzung, die wir Verwesung nennen, und die einer langsamen Verbrennung gleich kommt, bei welcher ein verschiedener und gewöhnlich geringerer Rückstand verbleibt; indem nämlich der größte Theil des Kohlenstoffes mit Sauerstoff vereinigt als Kohlensäure davon geht.

§. 7.

Thierische Fäulniß.

Die schnellere Zersetzung der thierischen Körper durch Fäulniß rührt ohne Zweifel von der mannichfaltigern, vermittelst des Durchganges durch mehrere lebende Systeme (indem nämlich die Vegetabilien den Thieren ihre Nahrung erst vorbereiten müssen) erzwungenen Zusammensetzung derselben her. Das Produkt derselben ist verschieden, und ist von größerer Wirksamkeit auf die Pflanzen, indem es ihnen nicht bloß Nahrung, sondern auch Reiz sie aufzunehmen zu geben scheint. Es wird deshalb aber auch um so leichter und schneller konsumirt und erschöpft. Darum ist der animalische Dünger bei weitem der kräftigere, aber auch der am wenigsten anhaltende und ausdauernde. Es scheint, als wenn er auch denjenigen Grad der Zersetzung, worin er den Pflanzen die meiste Nahrung geben kann, zuweilen überspringe, und nur jenes Produkt der Verwesung §. 6. hinterlasse.

§. 8.

Der Mist.

Alle modernden thierischen Körper geben einen Dünger, und zwar den allerkräftigsten ab, und sie sind sämmtlich zu diesem Zwecke anwendbar. Am häufigsten aber bedienen wir uns derjenigen Abgänge der Thiere, die sie während ihres Lebens aus dem Darmkanal und mit dem Urine auswerfen, weil wir sie am häufigsten haben, und am vortheilhaftesten und wohlfeilsten uns verschaffen können. Wir versetzen sie sehr zweckmäßig mit vegetabilischen Abgängen, wodurch diese zu einer schnellern Fäulniß und mit wenigerem Verluste hingerissen, dagegen die zu heftige Zersetzung jener animalischen Theile moderirt wird. Man hat dieses natürlichen Dünger genannt, im Gegensatze von anderm, den man künstlichen Dünger zu nennen pflegt; keinesweges, weil jener einfacher ist, und weniger Kunst erfordert, sondern weil er der gewöhnlichste und von Manchen sogar der einzig gekannte und ausschließlich angewandte ist.

§. 9.

Exkremente der Thiere.

Die chemische Untersuchung dieser thierischen Abgänge gehört nicht hierher, um so weniger, da uns die bisher angestellten Untersuchungen noch keine sehr erheblichen Resultate für die Praxis des Ackerbaues geben, die wir jedoch davon in der Folge erwarten können.

Nur Folgendes, um irrige Vorstellungen davon zu vermeiden und um Aufschlüsse über verschiedene Erscheinungen zu geben.

Der Auswurf der Thiere durch den Darmkanal besteht nur zu einem Theil aus den Träbern und den unzersetzten Fasern der Nahrungsmittel; zum andern Theile aber aus verbrauchten und in den Darmkanal abgesetzten, folglich ganz animalisirten Stoffen des Körpers, so daß diese Auswürfe selbst bei den von Vegetabilien sich nährenden Thieren mehr animalischer als vegetabilischer Natur sind, und sich in allen Stücken so verhalten. Jedoch macht der Fütterungs- und Feistigkeitszustand der Thiere hierin einen merklichen Unterschied. Wird ihnen der Magen nur angefüllt mit einer Materie, die sehr wenige nährende Theile, sondern nur schwer auflösliche Fasern enthält, mit bloßem Stroh ohne jüngeres Kraut und Körner, so geht dieses fast unzersetzt durch den Darmkanal mit ab, und ist, weil der abgemagerte Körper wenig von seinen thierischen Theilen abstößt und auswirft, weniger von thierischer Natur. Zwar reicht schon dieses Wenige zu, dem durch den thierischen Körper durchgegangenen Stroh eine stärkere und schnellere Tendenz zur Fäulniß zu geben. Aber ungleich kräftiger ist derjenige Mist von Thieren, welche durch nahrhaftes, Stärkemehl, Kleber-, Eiweiß-, Schleim- und Zuckerstoff enthaltendes Futter in einen Feistigkeitszustand versetzt und erhalten werden, und die dann ungleich mehrere animalische Theile abstoßen und auswerfen, indem sie solche von den angezogenen nahrhaften Stoffen täglich wieder ersetzen. Dagegen enthält ihr Auswurf weniger vegetabilische Träber und unzersetzbare Faser. Daher der auffallende Unterschied zwischen dem Miste des Mastviehes jeder Art, und dem, der von magerm und kümmerlich durchwinterndem fällt. Jenem können in Verhältniß seiner Quantität bei weitem mehr Einstreuungsmittel zugesetzt werden, ohne den gleichmäßigen Uebergang in Fäulniß zu sehr zurückzuhalten und zu verhindern.

§. 10.

Urin.

Mit den thierischen Abgängen aus dem Darmkanal vermengt sich in der Regel der abgehende **Urin**. Diese Flüssigkeit, welche zwar größtentheils aus Wasser besteht, enthält jedoch sehr viele und ungemein wirksame Theile, einen eigenthümlichen Stoff und verschiedene phosphorsaure Salze, besonders aber Ammonium. Man hat den abgedunsteten Urin, so wie die aus ihm gezogenen Salze in kleinen Quantitäten, die Vegetation ungemein befördernd gefunden. Dr. **Belcher** in den Communications to the board of Agriculture hat aber die Bemerkung gemacht, daß die Pflanzen davon leicht überreizt und getödtet würden, welches Letztere er aber auch einem besondern, häufig danach erzeugten kleinen gelben Insekte beimißt. Nach der Summe der Erfahrungen scheinen diese höchst wirksamen Theile am meisten zur Benutzung zu kommen, wenn sie mit den Exkrementen der Gedärme vermittelst schicklicher Auffangungsmittel gemengt und vereinigt werden, da sie dann zu einer erwünschten Zersetzung derselben, und Hervorbringung neuer Verbindungen vermuthlich Vieles beitragen.

§. 11.

Stallmist.

Der gewöhnliche Mist besteht also aus diesen vermengten Auswürfen mit vegetabilischen Einstreuungsmitteln, in der Regel mit Stroh, versetzt, und diese zusammengesetzte Masse verstehen wir gewöhnlich unter dem Ausdruck Stallmist. Wir betrachten diese Masse zuerst in dieser Zusammensetzung.

§. 12.

Verschieden nach der Thierart.

Sie unterscheidet sich sehr merklich nach der Verschiedenheit der

Thiere, wovon die Auswürfe gefallen sind, wenn gleich die Fütterungsmittel, womit diese Thiere ernährt wurden, dieselben waren.

Es sind bisher nur einige dieser Mistarten chemisch zergliedert und genauer geprüft worden.

Der Hornviehmist ist nämlich von Einhof und mir einer genauern Untersuchung unterworfen worden. (S. Hermbstädts Archiv der Agrikulturchemie, I. 225.) Es gehören aber noch genauere Untersuchungen, besonders unter dem pneumatischen Apparate dazu, um eine Vergleichung der verschiedenen Mistarten in Ansehung ihrer Bestandtheile anstellen zu können. Wir bemerken deshalb hier vorerst nur diejenigen Erscheinungen, welche in die Augen fallend bei ihnen vorgehen, und worin sie von einander abweichen.

§. 13.

Der Pferdemist.

Der Pferdemist untergeht bei zureichender Feuchtigkeit und mäßigem Zutritte der Luft eine sehr schnelle Gährung, wobei sich eine beträchtliche Hitze entwickelt, die so stark ist, daß sie die Feuchtigkeit und mit derselben zugleich viele flüchtige Stoffe austreibt, so daß er ohne neue ihm mitgetheilte Feuchtigkeit nicht zu einer breiartigen Masse wird, sondern, wenn er anders kompakt liegt, in ein trocknes Pulver zerfällt, und so verbrennt, daß er endlich fast nur Asche zurückläßt. Liegt er sehr locker, und so, daß die Luft ihn durchziehen kann, so zergeht er ungleich, verkohlt zum Theil torfartig, und setzt vielen Schimmel an, welcher der Erfahrung nach seine düngende Wirkung sehr vermindert. Er besitzt diese Eigenthümlichkeit in einem höheren Grade, wenn er von kraftvollen, mit Körnern genährten Thieren fällt, als wenn er von solchen, die nur Gras, Heu und Stroh erhielten, kommt; jedoch sind sie auch bei diesem noch merklich. Wird dieser Dünger vor seiner vollendeten Zersetzung in den Acker gebracht, so äußert er eine sehr schnelle Wirkung, und treibt die Pflanzen kräftig empor, welches zum Theil der aufs neue entwickelten Wärme, wenn er seine Zersetzung, unter die Erde gebracht, vollendet, beizumessen ist. Auf nassem, kaltem, lehmigem Boden wirkt er hierdurch sehr vortheilhaft, indem er dessen nachtheilige Eigenschaften verbessert, dieser Erdboden aber seine Wirkung moderirt. Auf trocknem, warmem, sandigem oder kalkigem Boden wirkt er dagegen in diesem Zustande oft höchst nachtheilig. Die Pflanzen werden anfangs übertrieben und überreizt, danach aber, wenn diese Wirkung aufhört, schwach und kränklich. Seine Wirkung ist auch wenig nachhaltig, indem er sich selbst durch seine heftige Gährung schnell konsumirt, und einen geringen Rückstand zurückläßt. Nur im feuchten und gebundenen Boden ist dieses anders, und vorzüglichen Nutzen bringt er in solchem, der mit vielem, aber unauflöslich gewordenem Humus angefüllt ist, indem er die Zersetzung desselben, besonders durch das entwickelte Ammonium, auffallend bewirkt.

Hat er seine hitzige Gährung vollendet, so hinterläßt er zwar einen jedem Boden höchst wohlthätigen und sehr auflöslichen Rückstand, der aber nur eine kleine Masse beträgt.

Wenn man ihn allein anwenden will, so wird er entweder auf lehmigen, feuchten Boden, sobald er nur, was sehr früh geschieht, seine erste Gährung angefangen hat, gebracht und untergepflügt, wo er denn diesen Boden durch seine fortgehende Gährung und Erwärmung selbst mechanisch verbessert und auflockert und mehrmals damit durchgepflügt ihn zur Aufnehmung jeder Saat trefflich vorbereitet.

Soll er dagegen auf warmem und lockerm Boden gebraucht werden, so ist es ohne Zweifel am vortheilhaftesten, wenn man ihn mit saftigen vegetabilischen Substanzen und mit Erde, am besten mit abgestochenem Rasen, vermengt oder durcheinander schichtet, durch selbige auch den zu freien Zutritt der Luft abhält, und ihn bei trockener Witterung mit genugsamer Feuchtigkeit unterstützt.

Hierdurch erhält man dann eine sowohl kräftige als weit reichende und auch dem lockern Boden angemessene Mengung.

§. 14.

Der Rindviehmist.

Der Stallmist des Rindviehs tritt zwar ebenfalls schnell in die faulige Gährung, wenn er zusammengepreßt mit seiner natürlichen Feuchtigkeit liegt. Sie geht aber minder heftig und mit einer geringern Entwicklung von Wärmestoff vor sich; weswegen die Feuchtigkeit weniger ausdunstet, und es keines neuen Zusatzes derselben in der Regel bedarf. Er zerfällt deshalb nicht zu Pulver, sondern geht in eine breiartige, oder wie man sagt, speckige Masse über. So lange er zusammengehäuft liegt, wird er nie zu Pulver zerfallen, sondern, wenn er völlig austrocknet, in eine torf- und kohlenähnliche Substanz übergehn. Er ist spezifisch schwerer als das Wasser, sowohl im frischen Zustande, wenn er mit Stroh nicht vermengt ist, als in dem zergangenen Zustande, wenn das rohrige Stroh schon in Fasern aufgelöst ist.

Auf den Acker äußert er seine Wirkung minder schnell, aber um desto nachhaltiger auf viele und mehrere Früchte, und wenn er nicht sehr zertheilt worden, so trifft man ihn in torfiger Gestalt nach 2 bis 3 Jahren in kleinern oder größern Stücken in der Ackererde an. In höherem oder geringerem Zersetzungsgrade auf den Acker gebracht, scheint er darin keine merkliche Wärme zu entwickeln. Deshalb paßt er so vorzüglich und gewissermaßen einzig für den warmen Acker, den er, wie man sagt, kühlt, was doch aber eigentlich nur negative zu verstehen ist. Auf sehr gebundenem lehmigem Acker scheint er leicht unwirksam zu werden, wenn er unter der Ackerkrume liegt, und nicht durch häufiges Umpflügen mit der Atmosphäre in Berührung gebracht wird. In seinem frischen Zustande untergepflügt behält er durch das rohrige Stroh mehr Verbindung mit der Atmosphäre, und scheint sich mittelst derselben besser zu zersetzen. Auch thut das rohrige Stroh eine gute mechanische Wirkung auf diesem Boden.

§. 15.

Der Schafmist.

Der Stallmist der Schafe zersetzt sich leicht, wenn er kompakt in seiner natürlichen Feuchtigkeit liegt, aber schwer und langsam, wenn er locker ist, und seine Feuchtigkeit sich versenken kann. Im Boden aber scheint er immer schnell zu zergehen; denn er äußert seine Wirksamkeit sehr früh und kräftig, übertreibt die erste Saat leicht, wenn er stark aufgefahren wird; weswegen man durchweg die Regel beobachtet, ihn dem Gewichte und Volum nach schwächer aufzubringen. Seine Wirkung aber wird durch zwei Saaten mehrentheils erschöpft.

Er entwickelt, besonders wohl aus dem Urin, sehr vieles Ammonium, wodurch er vorzüglich solchen Aeckern nützlich wird, die unauflöslichen Humus in sich enthalten.

Gewöhnlich ist der aus den Ställen ausgefahrne Schafmist von zweierlei Beschaffenheit. Der obere ist strohig, trocken und unzersetzt; der untere dagegen zergangen, feucht und gebunden. Wenn man ihn nicht durch das Umstechen vorher zu einer mehr gleichartigen Masse macht, so ist es höchst fehlerhaft, ihn ohne Unterschied auf dasselbe Feld zu fahren. Der strohige Mist wirkt nur nachtheilig auf warme trockne Höhen, desto vortheilhafter auf feuchte und, wie man es nicht unrichtig nennt, etwas versäuerte Gründe. Auf solche kann man diesen strohigen Mist stark auffahren; der zergangene Mist muß dagegen auf jeden Boden nur sehr dünne verbreitet werden, weil er sonst Lagerkorn hervorbringt.

Ueber den reinen Pferchdünger der Schafe in der Folge.

§. 16.

Schweinemist.

Ueber den strohigen Stallmist der Schweine sind die Meinungen sehr getheilt, indem ihn Einige für einen sehr kräftigen, Andere für einen unwirksamen Dünger erklären. — Die Art der Fütterung hat zwar bei dem Miste aller Thiere einen Einfluß, aber bei keinem scheint sie einen so großen wie beim Miste der Schweine zu haben, und es macht nicht nur in Ansehung der Quantität, sondern auch der Qualität einen großen Unterschied, ob der Mist von magern, kümmerlich ernährten, oder von Mastschweinen herrührt. Ferner kommt es sehr auf die Behandlung dieses Mistes an, ob man nämlich das den Schweinen untergelegte Stroh trocken zu erhalten sucht, indem man der Feuchtigkeit einen schnellen Abzug durch die durchlöcherten Bohlen giebt, und dann diese Jauche besonders auffängt und benutzt, oder abfließen läßt. In diesem Falle erhält das Stroh wenig thierische Partikeln, und kann fast nur die Wirkung einer faulenden Streuung thun. Wird dagegen auf irgend eine Weise die Jauche mit dem Stroh in Verbindung gesetzt und darin erhalten, der Mist dann in eine der Gährung günstige Lage gebracht, so entsteht ein sehr wirksamer Dünger daraus, und der nach überstandener erster Gährung durchaus von aller nachtheiligen Schärfe, die man dem Schweinemiste sonst zuschreibt, frei ist.

§. 17.

Federviehmist.

Vom Federvieh wird auf den meisten Wirthschaftshöfen zwar nur eine geringe Masse von Mist, der aber dagegen höchst wirksam und schätzbar ist, erzeugt. Dieser Mist zeichnet sich nämlich von den Exkrementen der vierfüßigen Thiere auf eine besondere Weise aus, und enthält einen besondern Stoff, der größtentheils Eiweißstoff zu seyn scheint. Wir haben eine genaue chemische Untersuchung darüber von Vauquelin, der insbesondere einen merkwürdigen Unterschied unter dem Miste der Hähne und der Eier legenden Hühner entdeckte, der aber bei den nicht Eier legenden Hühnern sich wieder verliert. Dieser Federviehmist äußert in einer kleinen Masse, aber bei einer sorgfältigen Vertheilung eine vorzüglich treibende Kraft, die aber minder bemerklich wird, wenn man diesen Mist klumpig unter die Oberfläche bringt. Es scheint durchaus nöthig, um seine Wirkung gehörig zu benutzen, daß man ihn, verkleinert und zertheilt, nur als Ueberstreuungsmittel gebrauche.

§. 18.
Menschliche Exkremente.

Die menschlichen Exkremente sind ein anerkannt wirksames Düngungsmittel, und zeichnen sich in ihrer Grundmischung von den Exkrementen der Hausthiere sehr merkich aus. Sie sind wahrscheinlich auch unter sich nach der mehr animalischen oder mehr vegetabilischen Nahrung der Menschen verschieden.

Wo man ihren Gebrauch gehörig kennt, und den Ekel dagegen völlig überwunden hat, werden sie vor jeder andern Mistart geschätzt. Man ist so weit gegangen, zu behaupten, daß die Auswürfe eines jeden Menschen zureichend seyn würden, so viele vegetabilische Nahrung zu erzeugen, wie er zu seinem Lebensunterhalt bedürfte. Dies ist jedoch, wie sich leicht berechnen läßt, sehr übertrieben. Daß aber eine sehr beträchtliche Produktion aus diesen Exkrementen hervorgehen kann, wenn man sie sammelte und gehörig behandelte, und daß dadurch in Europa eine Million Menschen mehr ernährt werden könne, hat keinen Zweifel. Bis jetzt sind sie zum größten Theile ungenutzt von der Natur wieder zersetzt, oder durch das Wasser dem Abgrunde des Meeres zugeführt worden. Dies rührt theils von dem üblen Geruche, den sie anfangs verbreiten, von dem Ekel, welchen sie erregen, und von einem daraus herstammenden Vorurtheile, daß sie den darauf gewachsenen Pflanzen einen üblen Geschmack mittheilen, theils aber auch davon her, daß man sie nicht gehörig behandelte, und sodann einen nachtheiligen, oder doch einen der Mühe nicht entsprechenden Erfolg davon bemerkte.

Sie wirken nämlich ungemein stark und überreizend, wenn sie vor überstandener Gährung in den Acker gebracht und nicht sehr sorgfältig vertheilt werden. Man muß sie also als Mengedünger bereiten, am besten mit abgestochenem Rasen in Haufen bringen, und diesen etwas gebrannten Kalk zusetzen. Hierdurch wird ihre übermäßige Kraft gehörig vermindert, und in einer größeren Masse vertheilt, ohne die kräftigen Stoffe verloren gehen zu lassen. Dieser Mist verliert hier allen widrigen Geruch, zerfällt und mischt sich zu einer kräftigen Erde, und kann dann am vortheilhaftesten und wirksamsten als Ueberstreuungsmittel genutzt werden. Es versteht sich, daß er mehrere Male durchgestochen werden müsse.

Wird er, wie es gewöhnlich geschieht, da, wo man ihn nicht ganz umkommen läßt, auf den allgemeinen Misthaufen verbreitet, so kommt er bei weitem weniger zu Nutzen, und vertheilt sich nicht genugsam. Aus den Städten kann man ihn mehrentheils in beträchtlichen Massen haben. Man erhält ihn daselbst an sich mehrentheils umsonst, aber dennoch ist eine Ausbringung und seine Ausfuhr oft kostspielig. Auf dem Lande, in den Höfen und Dörfern seine Verwitterung zu verhindern, und ihn durch Anlegung von Abtritten zu sammeln, ist immer eine sehr nützliche Vorkehrung. Man kann ihn da sogleich mit Rasenerde auffangen, und mit Kalk vermischen, wodurch zugleich das Widrige seines Anblicks an Gebäuden und Zäunen vermieden wird.

Bei Paris existirt eine beträchtliche Fabrik, in welcher ein sehr wirksames und sehr gesuchtes Düngepulver unter dem Namen Poudrette daraus fabrizirt wird. Man bringt diesen Mist auf eine abhängige, mit Steinplatten belegte Fläche, so hoch, daß er sich erhitzen, dann noch mehr verbreitet, austrocknen kann. Man durchzieht ihn dann mit Eggen, zertheilt ihn damit, und bringt ihn dann unter Schuppen, wo er sich mehrentheils aufs neue erhitzt und völlig austrocknet. Dann wird er völlig zu Pulver gemacht, welches braunem Schnupftaback gleich sieht, und wird nun besonders an die Gärtner verkauft, die nothwendig eine große Wirkung von diesem Pulver verspüren müssen, indem sie es theuer bezahlen.

Die Niederländer schätzen diesen Dünger ebenfalls sehr hoch, holen ihn selbst im flüssigen breiartigen Zustande zur Axe und zu Schiffe, des schrecklichen Gestankes ungeachtet, weit her, und gebrauchen ihn entweder als Kompost oder mit vielem Wasser verdünnt. So wird er auch in China und Japan sehr hoch geschätzt, weswegen man ihn Japanesischen Dünger genannt hat.

§. 19.

Behandlung des Stallmistes.

Wir kehren zu der Behandlung des Stallmistes zurück, dessen größter und vorzüglicher Theil in der Regel vom Rindviehe herrührt.

Der Rindviehmist wird in den meisten Fällen mit Stroh aufgefangen. Wenn dieses auch nicht der Wärme und Reinlichkeit des Viehes wegen geschähe, und nicht die bequemste Art wäre, so würde man sie dennoch bloß in Hinsicht auf den Dünger wählen müssen, weil durch diese Vermengung die Zersetzung des Strohes am meisten befördert, die Verwitterung des Mistes aber und sein flüchtiger Theil am besten zurückgehalten wird. Von dem rohrigen Stroh werden besonders die flüssigen Theile und der Urin aufgenommen, und setzen an selbiges ihre fruchtbarsten Theile ab.

§. 20.

Aufbewahrung des Mistes im Stalle.

Die Behandlung dieses Mistes ist mannichfaltig verschieden. Einige lassen den Mist lange im Stalle liegen, und indem sie den Auswurf der Thiere mit immer neuem Stroh bedecken, wird er zu einer beträchtlichen Höhe angehäuft, und das Vieh kommt folglich sehr hoch über die Futterdiele zu stehen, weswegen man die Krippen beweglich macht, und sie immer weiter in die Höhe bringt. Man thut dies theils bloß der Bequemlichkeit wegen, indem man nun des häufigen Ausmistens überhoben ist, und den Mist auf einmal ausfahren kann, wobei allerdings Arbeit erspart wird. Aber man ist auch überzeugt, auf diese Weise einen weit wirksamern Dünger zu erhalten, indem er hier mit seiner natürlichen Feuchtigkeit und bei einem geringen Zutritte der atmosphärischen Luft sich zu zersetzen anfängt, durch Ausdünstung wenig oder gar nichts verliert, und selbst die niedergeschlagenen Ausdünstungen des Viehes wieder aufnimmt. Dies hat seine vollkommene Richtigkeit, und die dagegen von Manchen geäußerte Besorgniß, daß die Ausdünstungen desselben dem Viehe nachtheilig seyn möchten, sind ungegründet. Man bemerkt in solchen Ställen keinen widrigen Geruch, und die Luft bleibt sehr respirabel, wenn der äußern reinen Luft nur nicht aller Zugang abgeschnitten ist, was wohl selten oder nie geschehen kann. Der so gewonnene Dünger, besonders der unterliegende, befindet sich in einem sehr erwünschten Zustande, und hat den Zeitpunkt, wo er am meisten durch die Ausdünstung zu verlieren pflegt, überstanden. Seine flüchtigen Stoffe haben sich schon zu festen vereinigt.

Nur ist diese Methode bei einer reichlichen und saftigen Futterung kaum anwendbar, wenn man nicht eine erstaunliche Menge Stroh zur Einstreuung verwenden kann. Die Menge der Exkremente wird bei einer solchen Futterung so groß, daß sich die Feuchtigkeit durch Einstreuung nicht dämpfen läßt, und daß das Vieh dennoch durchtritt und im Moraste steht.

Um die Vortheile dieser langen Aufbewahrung des Mistes im Stalle zu erreichen, und die Nachtheile derselben dennoch zu vermeiden, ist ohne Zweifel diejenige Einrichtung der Ställe, welche Schwerz im zweiten Bande seiner Belgischen Landwirthschaft beschreibt und mit Kupfertafeln erläutert, ungemein vortheilhaft. Es ist nämlich hinter dem Stande des Viehes ein anderer, wenigstens eben so breiter und vertiefter Raum angebracht, in welchen der Mist gelegt wird, so wie man ihn unter dem Viehe wegnimmt, und in welchen sich auch die sämmtliche Feuchtigkeit herabzieht. Hier untergeht er seine Zersetzung, und wird alsdann in der Regel sogleich auf, den Acker abgefahren. Müßte nicht auf die Kostbarkeit des Raums, indem nämlich die Ställe beinahe noch einmal so breit seyn müssen, als ohnedies nöthig ist, unter den meisten wirthschaftlichen Verhältnissen Rücksicht genommen werden, so verdiente diese Methode einen allgemeinen und entschiedenen Vorzug.

Haben die Stände nur eine ziemliche Breite, deren Raum es verstattet, daß man den Mist vierzehn Tage bis drei Wochen lang hinter dem Viehe anhäuft, so ist hierdurch schon Vieles gewonnen, indem der Zeitpunkt, wo die stärkste Verdunstung des Mistes vorgeht, dann schon überstanden wird.

So lange es also möglich ist, wird es besser seyn, den Mist im Stalle zu erhalten, weil er ohne allen Zweifel um so mehr gewinnt, je länger er hier liegt. Aber immer ist dies bedingt durch die nothwendige Reinlichkeit und trockenes Lager des Viehes. Stände es im Moraste, so würde man durch die ihm zugezogene Kränklichkeit am Viehe doch ungleich mehr verlieren, als man am Miste gewönne. Von einem feuchten Stande entstehen bösartige Geschwülste und Entzündungen des Schenkels, die sogar, wie die Erfahrung gelehrt hat, tödtlich werden. Auch ist es unvermeidlich, daß bei einem schmutzigen Lager die Milch unrein werde.

Bleibt der Mist unter dem Viehe liegen, so muß dahin gesehen werden, daß er sich hinten nicht mehr als vorne anhäufe, weil sonst die Thiere widernatürlich stehen müssen. Dies geschieht ohne besondere Aufmerksamkeit aber leicht, indem die Excremente dahin fallen, und die Viehwärter solche dann mit desto mehr Stroh bedecken wollen. Nur bei einer dürren strohichten Futterung wird es deshalb möglich seyn, den Mist ganz unter dem Viehe zu lassen; es sey denn etwa, daß der Stall mit hohl liegenden Bohlen belegt sey, durch welche sich die Flüssigkeit hindurchzieht: eine Methode, die man in einigen Gegenden, wo man aber das Vieh weniger um des Düngers willen hält, antrifft.

§. 21.

Aufbewahrung auf der Miststelle.

Häufiger aber wird der Stallmist erst auf die Miststelle gebracht, wo man ihn längere oder kürzere Zeit liegen, mehr oder weniger sich anhäufen läßt, bevor man ihn auf den Acker fährt.

Diese Miststellen findet man auf verschiedene Weise angelegt. Zuweilen haben sie eine beträchtliche Vertiefung, und bestehen aus einer wirklichen Grube: eine Einrichtung, die wohl durchaus fehlerhaft ist, indem sich die Feuchtigkeit darin übermäßig anhäuft, so daß sie alle Zersetzung und Gährung des Mistes verhindert, und auch den Zutritt der atmosphärischen Luft zu sehr abschneidet. Ueberdem erschwert sie das Ausbringen des Mistes, der dann ganz naß geladen werden muß, und dessen kräftigster Theil bei dem Abfahren abträufelt. Der Nachtheil dieser so stark vertieften Rindviehmiststellen ist so allgemein anerkannt, daß man sie jetzt kaum mehr antrifft, es sey denn da, wo man keinen Raum zur Verbreitung und Anhäufung des Mistes übrig hat.

Andere haben im Gegentheil, überzeugt von dem Nachtheile einer zu nassen Lage, den Mist auf einer ebenen Fläche oder gar auf einer erhabenen Stelle liegen. Hier verliert er aber seine Feuchtigkeit zu sehr, und wird seiner wirksamsten Theile beraubt.

Eine geringe Vertiefung der Miststelle scheint also am zweckmäßigsten. Sie muß nur nach einer Seite etwas abhängig seyn, und daselbst einen durchgestochenen Abzug haben, welcher die überflüssige Feuchtigkeit ab und nach einem zweckmäßigen Jauchenbehälter hinleitet. An ihrem ganzen Umfange herum muß sie einen erhabenen Rand haben, um zu verhindern, daß ihr kein fremdes Wasser zufließe. Wird dieses nur abgehalten, so wird die Feuchtigkeit in der Miststelle selten zu stark, wenn man auch die sämmtliche aus den Ställen abfließende Feuchtigkeit in die Miststelle hineinleitet; es sey denn, daß das Vieh sehr viele wässrige Nahrung, z. B. Branntweinstrank erhalte. Die natürliche Feuchtigkeit, und selbst das aus der Atmosphäre unmittelbar niedergeschlagene Wasser zieht der Mist an sich, und verdunstet das Wässrige durch seine Wärme. Meiner Ueberzeugung nach wird man von der Jauche am meisten Vortheil haben, wenn man sie auf die Weise dem strohichten Miste einverleibt. Der Jauchenabzug wird dann unbedeutend seyn, außer etwa bei sehr feuchter Witterung, wo der Behälter sie aufnehmen muß. Besondere Abzüge der Jauche auf dem Boden der Miststelle anzulegen, um dieser einen Ausweg zum Jauchenbehälter hin zu bahnen, fand ich unnöthig. Ist die Stelle nur abhängig, so zieht sich die Jauche durch den Mist hindurch und ab.

Man hat eine Bedachung der Miststelle vorgeschlagen, und zuweilen wirklich ausgeführt. Sie soll nicht allein das Regenwasser, sondern auch die Sonnenstrahlen abhalten. Allein auf einer großen Miststelle hat eine solche Bedachung viele Schwierigkeiten, und erschwert die Abfuhr des Mistes, wenn mit vielen Wagen zugleich gefahren wird, unvermeidlich.

Man legt die Miststelle auf einer oder auf beiden langen Seiten des Stalles an, in nicht größerer Entfernung, als daß ein beladener Wagen zwischen derselben und dem Stalle herfahren könne. Dieser Weg wird erhöht und gepflastert, und er muß zugleich einen Damm abgeben, der das von der Dachtraufe des Stalles herabfallende Wasser in die Miststelle zu laufen verhindert, und diesem Wasser muß man einen besondern Abzug zu geben suchen. Bedeckte Kanäle laufen unter diesem Damme vom Viehstande ab zur Miststelle hindurch, um die Jauche dahin zu führen, die von der Einstreuung im Stalle nicht aufgenommen wird.

Wenn man den Mist erst in einem höhern Grade der Zersetzung abfahren will, so muß die Miststelle mehrere Abtheilungen haben, die man nach der Reihe anfüllt und ausleert. Man wird sonst immer den unzergangenen Mist zugleich mit dem zergangenen ausführen müssen, oder viele Arbeit mit der Wegräumung des erstern haben.

§. 22.

Ob die verschiedenen Mistarten vermengt oder abgesondert aufzubewahren sind.

Man hat entweder besondere Miststellen für den Mist jeder Thierart, insbesondere der Pferde und der Schweine, oder man bringt den Mist aller auf dieselbe Miststelle, und unter den Rindviehmist.

Wo eine auffallende Verschiedenheit des Bodens sich findet, und der Raum des Hofes es erlaubt, kann es rathsam seyn, diese Absonderung zu erhalten, und jede Mistart nach ihren oben angegebenen Qualitäten auf diejenigen Aecker und auch wohl zu denjenigen Früchten unterzubringen, wozu sie vorzüglich passen. Die Pferdemiststelle wird alsdann tiefer angelegt, manchmal in einer engen, aber beträchtlich vertieften Grube, damit die Feuchtigkeit mehr erhalten, durch diese die Hitze moderirt werde, der Mist kompakt liege und von der Atmosphäre minder berührt werde. So wird seine Gährung und Fäulniß langsamer vor sich gehen, und eine nicht so pulverichte, sondern mehr breiartige Masse daraus werden, besonders wenn man ihn von Zeit zu Zeit mit Feuchtigkeit versieht. Will man seine Gährung noch mehr moderiren, so ist es sehr zweckmäßig, ihn mit dem Schweinemiste zu durchsetzen, und auch die Jauche des letztern zu dieser Miststelle hinzuleiten. Hierdurch wird auch der kältere und minder zersetzbare Schweinemist zur Gährung und Fäulniß mit fortgerissen, und es entsteht aus diesem Gemenge eine sehr gute Masse.

Unter andern und weit häufiger eintretenden Umständen wird es aber rathsamer seyn, die sämmtlichen Mistarten, die auf einem Hofe gemacht werden, bis auf den Federviehmist, durcheinander zu bringen, und zwar so, daß sie abwechselnd geschichtet und gleichmäßig verbreitet werden, um sie mit einander in Berührung zu setzen. Dies hat den großen Vortheil, daß das Mangelnde und Nachtheilige der einen Mistart durch die andere gehoben und verbessert, der Pferdemist in seiner überschnellen Gährung zurückgehalten, die des Rindvieh- und Schweinemistes aber verstärkt werde, woraus dann eine gleichmäßige, egal zersetzte und sogenannte speckartige Masse entsteht.

Der Schafmist wird in der Regel abgesondert erhalten, theils weil der Schaafstall nicht mit in dem Umfange des gewöhnlichen Wirthschaftshofes begriffen zu seyn pflegt, theils weil man ihn den ganzen Winter gern im Stalle liegen läßt, und ihn immer mit neuer Streu bedeckt, so daß er oben immer trocken genug bleibt. Auch ist die Ausfuhr desselben im Winter mit manchen Schwierigkeiten verbunden, selbst wenn man die Schafe bei Tage heraustreiben kann. Wenn er sich einigermaßen angehäuft hat, und nun gerührt wird, entwickelt er einen stechenden Dunst des Ammoniums, der Wegräumung der Raufen und Horden nicht zu gedenken.

In so fern jedoch diese Schwierigkeiten der Lokalität nach nicht in Betracht kämen, würde eine Vermengung des Schafmistes mit dem Rindviehmiste allerdings nützlich seyn, und alle Diejenigen, welche es thun, versichern, davon den größten Nutzen verspürt zu haben.

§. 23.

Abhaltung der Luft während der Gährung.

Unsere im Hermbstädt'schen Archiv Bd. I. mitgetheilten Versuche, so wie die fernern auf diesen Gegenstand gerichteten Beobachtungen haben mich vollkommen überzeugt, daß der Mist kräftiger werde und weniger verliere, wenn man ihm den freien Zutritt der atmosphärischen Luft, so viel als möglich — denn vollkommen kann es nicht ohne Wasser geschehen — abschneidet, nämlich so lange er sich im stärksten Grade seiner Gährung befindet, und die Entwickelung flüchtiger Stoffe am stärksten vorgeht. Ich würde also allerdings eine Bedeckung mit Erde für vortheilhaft halten, wenn sie nicht mit zu vieler Arbeit und Umständen verbunden wäre. Da dies aber der Fall ist, so genügt, wie ich glaube, eine ebenmäßige Verbreitung des Mistes auf einer verhältnißmäßigen Fläche. So lange der frisch ausgebrachte Mist oben liegt, tritt er in keine merkliche Gährung, verhindert aber, daß die nun in Gährung kommende, darunter liegende Schicht von der Atmosphäre zu stark berührt werde. Die sich entwickelnden Gase, mit Ausnahme des ammonischen (welches sich in dieser Lage aber wenig erzeugt), sind schwerer als die atmosphärische Luft, halten sich also unter und in der obern Mistlage auf, welche sie gegen das Verwehen schützt, so daß sie wahrscheinlich wieder angezogen werden, und in neue Verbindung treten. Auf einer so behandelten Miststelle bemerkt man keinen erheblichen Geruch. Die zunächst über derselben aufgefangene Luft trübt das Kalkwasser unmerklich, und Salpetersäure erregt keinen Dampf. Nur wenn man den Mist rührt, erfolgt Beides sehr stark. Ein Beweis, daß Kohlensäure, Azot und Hydrogen sich zwar stark entbinden, aber bei einer ruhigen und gegen die atmosphärische Einwirkung mäßig geschützten Lage wenig in Gasgestalt entfernen, sondern neue Verbindungen eingehen.

Die Vorsicht aber, den Mist ebenmäßig und nicht auf einer zu großen Fläche auszubreiten, ist sehr wichtig. Wird er in kleinen Hügeln auf die Miststelle geworfen, so erfolgt diese Bedeckung nicht, und obendrein kommt er hohl zu liegen, und in diesen Höhlungen erzeugt sich dann Schimmel, wovon man weiß, daß er die Güte des Mistes herabsetze. Einige Zusammenpressung dieses übereinander geschichteten Mistes ist ihm offenbar vortheilhaft, und deshalb ist es rathsam, die Stelle mit einem Geländer zu umziehen, damit das aus dem Stalle gelassene Vieh darauf herumtrete. Ich weiß, daß Einige dieses Zusammenpressen des Mistes für nachtheilig erklärt haben. Ich habe aber gefunden, daß der Mist an einer Stelle, wo täglich mehrere Wagen über ihn wegfuhren, gerade von der besten Beschaffenheit und vollkommen zersetzt war.

Wenn ein Theil der Miststelle auf die Weise 5 bis 6 Fuß hoch aufgeschichtet ist, und man nun diesen Mist gleichmäßig zergehen lassen, mit dem neuen Miste aber eine andere Stelle anlegen will, so ist es gewiß sehr rathsam, die erstere mit einer Lage von Erde oder von abgestochenem Rasen zu bedecken. Unter dieser Bedeckung vermodert er gleichmäßig, und ohne durch Verdunstung etwas Erhebliches zu verlieren. Was etwa ausdunstet, wird von der Erde aufgenommen. Mit den obenauf gelegten, noch nicht zergangenen Rasen wird nach abgefahrnem Miste der Grund ausgefüllt, und diese werden dadurch zu einem reichhaltigen Dünger.

Ob die Miststelle auszupflastern sey.

Um allen Verlust durch die Versenkung der Jauche in den Boden zu vermeiden, hat man angerathen, die Miststelle ausschlagen, oder sie auch mit kleinen Kieseln auspflastern, mit Steingrus belegen, und auch wohl gar mit Kalkmörtel oder Zement aussetzen zu lassen, um so einen völlig wasserdichten Grund zu haben. Wo der Boden an sich thonicht ist, da sind diese Vorkehrungen ganz unnöthig. Auf sandigem Boden aber können sie nützlich seyn, wenn eine Miststelle frisch angelegt wird. Bei einer alten Miststelle kann man sich dieser Vorrichtung jedoch selbst auf Sand überheben, weil dieser, wenn er einmal mit der Mistjauche durchdrungen ist, nichts weiter anzuziehen und durchzulassen scheint. Ich habe den Grund einer solchen Mistgrube auf einen Fuß tief durchdrungen und ganz schwarz gefunden, darunter aber, scharf abgeschnitten, den reinen weißen Sand, so daß ich überhaupt nicht besorge, Sand werde den Dünger zu tief versinken lassen.

Wenn eine Miststelle leer gefahren worden, und man eine neue Lage darauf bringen will, ist es immer rathsam, den Grund mit allerlei schwer verwesenden vegetabilischen Abfällen, Baumlaub, trocknem Kraute, Strünken, Holzerde oder auch mit Rasen, kurz mit Allem, was Jauche aufnehmen kann, und nach seiner Vermoderung Dünger abgiebt, ausfüllen zu lassen.

Behandlung des Mistes in der Schweiz.

In der Schweiz, wo man alle kleinern Manipulationen mit großer Aufmerksamkeit und Sorgfalt verrichtet, wird der Strohmist, von dem man die Jauche ziemlich absondert und solche besonders benutzt, so wie er aus dem Stalle kommt, in reguläre Haufen aufgesetzt. Man legt hier das längere Stroh auswärts, und bringt es mit der Gabel zusammen, so daß der eigentliche Mist nach Innen und außer der freien Kommunikation mit der Luft kommt. Diese Haufen werden wagerecht 5 bis 6 Fuß hoch und sorgfältig verpackt aufgeführt. Sie sollen dann das Ansehen eines großen Bienenkorbes bekommen, indem man äußerlich bloßes Stroh sieht. Sie werden dann mit Jauche oder nur mit Wasser bei dürrer Zeit begossen, um sie immer in der zur Gährung erforderlichen Feuchtigkeit zu erhalten. Der Mist soll inwendig vortrefflich, gleichartig und speckig werden, ungeachtet ihm ein Theil der Jauche entzogen worden. Man hat es dadurch auch in seiner Gewalt, den Mist in dem Zersetzungsgrade, worin man ihn haben will, anzuwenden, indem diese Haufen von einander abgesondert stehen. Diese Sache ist gewiß genauerer komparativer Versuche werth.

§. 24.

Gerechter Zustand des Mistes zur Ausfuhr.

Ueber den günstigen Zeitpunkt der Ausfuhr des Mistes auf den Acker, und über den Zustand desselben, worin er sich befinden soll, wenn er dem Boden einverleibt wird, sind die Meinungen sehr getheilt. Die Meisten haben zwar den Grundsatz beobachtet, daß nur vermoderter Mist, in welchem das Stroh wenigstens seinen Zusammenhang verloren habe, wenn gleich noch nicht völlig zerstört sey, dessen ganze Masse sich gleichmäßig abstechen lasse, oder der in einem butter- oder speckartigen Zustande sey, auf den Acker gefahren werden müsse. Diesen Zustand erreicht der Mist früher oder später, je nachdem die Temperatur höher oder niedriger und die Feuchtigkeit ihm in dem gerechten Maaße erhalten ist. Im Sommer kann der Mist in 8 bis 10 Wochen dahin gelangen; im Winter erfordert es 20 Wochen und darüber. Der Mist hat in diesem Zustande seine Gährungswärme völlig verloren, und er dunstet nur zu Anfange, wenn er gerührt wird, zuerst mit einem stinkendem dumpfigen Geruche, nachher eine Zeitlang mit einem moschusartigen aus. Er hat eine gelbliche Farbe, die aber an der Luft bald schwarzbraun wird. Auf den Acker gestreut nimmt er bei der Trockniß die Gestalt eines kohligen Torfs an, zieht aber Feuchtigkeit schnell an sich, und zerfällt, läßt sich auch dann mit Ackerkrume gleichmäßig mengen.

Andere geben dem langen unzersetzten Miste den Vorzug, und suchen es so einzurichten, daß sie ihn sogleich aus dem Stalle auf den Acker bringen. Wenn dieser Mist schon im Stalle zum Theil seine Hauptgährungsperiode überstanden hat, so ist wirklich seine Unterlage wenigstens in demselben Zustande, als hätte er auf der Miststelle gelegen, und gelangt im Winter bei der höhern Temperatur der Stallluft schneller dahin. Zuweilen fährt man aber auch den ganz frischen und strohigen Mist auf den Acker, und pflügt ihn so gut wie möglich unter, meint auch in einigen Fällen davon eine größere Wirkung davon verspürt zu haben, als vom zergangenen Miste.

Auf dem zähen und kaltgründigen Boden ist letzteres Verfahren, wenn es die Wirthschaftsverhältnisse leiden, ohne allen Zweifel zu empfehlen, besonders wenn man den Mist stark auf-, und dann durch sorgfältiges Einlegen in die Furche unter die Erde bringt. In dem Falle hat er die Kraft, die Gährung hier anzufangen, sich zu erwärmen, dem Boden selbst seine Wärme mitzutheilen, ihn erst durch das Stroh zu lüften, und dann dadurch und zugleich durch die Entwickelung seiner Gase zu lockern, und damit zu durchdringen. Durch sein erzeugtes Ammonium wirkt er besonders auf den unzersetzbaren Humus, der sich vorzüglich in solchem Boden befindet. Er erregt mancherlei Wechselwirkungen, und äußert besonders diejenige, vermöge welcher der

Dünger die noch im Boden enthaltenen nährenden Theile aufschließt, stärker als derjenige Mist, der seine Gährung schon überstanden hat. Dagegen aber hat man von diesem langen Miste wenig oder gar keinen Nutzen gehabt, oft sogar Nachtheil verspürt, wenn er auf trocknen, lockern und ausgezehrten Boden, der wenige Nahrungstheile in sich enthielt, und dem sie durch diesen Mist erst gegeben werden sollten, gebracht wurde. Insbesondere habe ich seine Nachtheile sehr deutlich wahrgenommen, wenn er kurz vor der Einsaat eingebracht wurde, und vor der Vegetation nicht zersetzt war. Fiel Dürre ein, so verdorrten die Pflanzen um so leichter; trat aber feuchte Witterung ein, so trieben die Pflanzen zwar stark darauf empor, bekamen aber ein gelbliches und verbleichtes Ansehen, starben zum Theil ab, oder blieben doch schwächlich, waren dem Honigthau unterworfen, und bekamen unvollkommene Körner. Sie schienen durch zu vieles Hydrogen und mit zu wenigem Kohlenstoff genährt zu seyn.

Wenn dieser Mist auf oder im Acker ausdörrt, so zerfällt er in etlichen Jahren nicht, mischt sich nicht mit der Erdkrume, und wird wohl erst sehr spät zu wirklichem fruchtbaren Moder, weil er nachher in keine Gährung kommen kann, sondern nur verwittert. Daher wohl die Bemerkung, daß Mist, der auf die erste Frucht keine Wirkung thue, auch auf die folgenden keine äußere.

Es kommt daher allerdings viel darauf an, den Mist gerade in einem der Bodenart angemessenen Zustande auf- und in den Acker zu bringen.

§. 25.

Luftaussetzung des Mistes; wann sie unschädlich sey.

Den Mist, der eben in seiner höchsten und hitzigen Gährung sich befindet, zu rühren und zu vertheilen, scheint mir nicht bloß der Theorie, sondern auch mehreren Beobachtungen nach höchst nachtheilig. Hier gehen wahrscheinlich viele seiner wirksamsten Stoffe verloren, wenn er in freie Berührung mit der Luft kommt. Bevor er aber seine Gährung lebhaft angefangen hat, oder nachdem seine hitzige Gährung vollendet ist, scheint er in beiden Fällen durch Luftaussetzung gar nichts zu verlieren, was wenigstens nicht auf andere Weise wiedergewonnen wird.

Den langen frischen Mist im Winter über den Boden auszubreiten, und ihn so bis zur Frühjahrsbeackerung liegen zu lassen, thut eine augenfällige und sehr erwünschte Wirkung; vorausgesetzt, daß abfließendes Wasser seine ausgezogenen Theile nicht wegführe, sondern selbige nur in den Boden hineinziehe. Diese Bedeckung des Bodens über Winter macht ihn ungemein locker und auffallend fruchtbar. Ich habe häufig gesehen, daß man das Stroh, welches freilich zum Theil ausgewaschen und nicht vermodert war, wieder zusammenbrachte, und aufs neue zur Einstreuung brauchte, oder aber solches auf einer naßkalten Stelle in den Acker brachte, und dennoch hatte der Boden, worauf es lag, eine allem Anschein nach eben so große Fruchtbarkeit angenommen, als wäre der sämmtliche Mist untergebracht worden. Häufig werden Wiesen auf diese Weise gedüngt. Langen und kurzen Mist über ausgesäete Erbsen und Wicken verbreiten, ihn darauf liegen und diese hindurchwachsen lassen, habe ich zu oft versucht, um auf warmem, lockerm Mittelboden vom vorzüglichen Effekt dieser Methode nicht vollkommen überzeugt zu seyn. Insbesondere hat sie mir bei späterer Einsaat immer eine vorzügliche Ernte dieser Frucht gesichert. Was aber merkwürdiger ist und schwer erklärbar zu seyn scheint — ein solcher Acker hat sich auch in Ansehung der folgenden Früchte gegen den ausgezeichnet, wo mehr zergangener Mist untergepflügt war. Jedoch wurde immer mit dem Umpflügen der Stoppel nach Abbringung der Frucht möglichst geeilt.

Im Jahre 1808 säete ich Sommerrübsen auf mageres Land und Klee darunter, und belegte es mit ganz frischem strohigen Mist. Im Herbste 1809 ließ ich den Klee umbrechen und mit Roggen besäen. Die Saat zeichnete sich jetzt gegen die nebenstehende, welche im Sommer Dünger mit Brache erhalten hatte, sehr zu ihrem Vortheil aus.

Daß derjenige Dünger, welcher seine hitzige Gährung überstanden hat, durch freie Luftaussetzung, wenn er nämlich auf der Oberfläche des Ackers ausgestreuet liegt, auch in der heißesten Jahreszeit und bei sehr dürrer Witterung nicht verliere, sondern eher gewinne, scheint mir jetzt nach einer Menge von komparativen, von mir und Andern angestellten Versuchen fast unzweifelhaft zu seyn, so wenig Glauben diese Bemerkung bei denen, die keine Versuche darüber angestellt haben, zu finden scheint. Man glaubt, er müsse nothwendig durch Verdunstung verlieren, und dies scheint a priori so wahrscheinlich, daß man den Rath, mit der Unterpflügung des gestreuten Mistes im Sommer möglichst zu eilen, bisher allgemein gegeben hat. Die Bemerkungen praktischer Landwirthe in Mecklenburg vom Gegentheil machten mich zuerst aufmerksam darauf. — Vermuthlich ist die Verdunstung des ausgegohrnen Mistes nicht so groß, wie sie zu seyn scheint. Er giebt zwar bei seiner Ausfuhr und seiner ersten Verbreitung einen starken moschusartigen Geruch von sich; diese erste Ausdünstung ist aber auf keine Weise zu vermeiden, und wenn man weiß, wie äußerst fein und expansibel die

Ausdünstungen, welche diesen Geruch erregen, sind, — indem nämlich einige Grane Moschus Jahre lang eine große Atmosphäre mit ihrem Geruche anfüllen, und solchen allen Körpern, welche in diese Atmosphäre kommen, mittheilen können, ohne etwas Merkliches von ihrem Gewichte zu verlieren — so braucht man sie in der Quantität nicht hoch anzuschlagen. Nachher giebt solcher Mist weiter keinen Geruch von sich, und verliert nach einem gemachten Versuche nicht an seiner Schwere. Es gehen zwar freilich wohl einige Zersetzungen noch mit ihm vor, wenn er in feuchtem Zustande ist, indem er nämlich Sauerstoff einsaugt, und Kohlensäure entwickelt. Es läßt sich aber mit Wahrscheinlichkeit annehmen, daß diese mit der Feuchtigkeit sich in den Boden ziehe, und ihn befruchte. Bei der Trockniß geht aber keine Zersetzung vor sich. Man findet einen Brachacker, wo solcher Mist einige Wochen lang gelegen hat, sehr stark und lebhaft begrünt, selbst an solchen Stellen, die nicht unmittelbar mit diesem Miste in Berührung standen: ein Beweis, daß sich seine befruchtende Wirkung, bevor er unter die Erde kommt, auch in seinem Umkreise verbreite, und vom Erdboden angezogen werde.

Aus diesen Gründen scheint die Verbreitung des Mistes auf den Acker, wenn er auch längere Zeit liegen muß, ehe er untergepflügt wird, keine Bedenklichkeit zu haben; es sey denn auf einem abhängigen Felde, wo das abfließende Regen- oder Schneewasser ihn auswaschen und entkräften kann. In letzterem Falle muß er, wenn man die Ausfuhr zu einer Zeit vollführen will, wo er nicht untergebracht werden kann, in Mieten gefahren werden. Es ist aber zu bemerken, daß er sich, wenn er in solchen Mieten steht, selbst im Winter weit stärker zersetze, und weit mehr zusammenfalle, als auf dem Hofe, welches nur von der stärkeren Berührung der Luft, und dadurch bei fortdauernder Gährung bewirkten Verdunstung herrühren kann.

Ein sehr fehlerhaftes und nachtheiliges Verfahren ist es, den Mist in den kleinen Haufen, worin er vom Wagen abgestoßen wird, auf dem Acker liegen zu lassen. Hat er seine Gährung noch nicht überstanden, so zersetzt er sich in solchen kleinen Haufen mit dem größten Verluste, indem ihm der Wind die sich entwickelnden flüchtigen Theile entführt, und er zersetzt sich überdem ungleich, in der Mitte stark, im Umkreise wenig oder gar nicht. Seine größte Kraft, und seine am meisten aufgelösten Theile ziehen sich auf der Stelle, wo der Haufen liegt, in den Boden, und das Unkräftige, minder Aufgelöste bleibt zurück; weswegen nachher, auch bei der sorgfältigsten Ausstreuung, die

Plätze, wo die Haufen gelegen haben, sich mehrere Jahre lang oft durch übermäßige Geilheit der Saaten, die sich an solchen Stellen wohl gar niederlegen, auszeichnen, wogegen um sie herum die Früchte nur kümmerlich stehen. Man muß es sich daher zu einer unverbrüchlichen Regel machen, den Mist sogleich auszustreuen, wenn er in solchen Haufen abgestoßen worden, und dieses kaum einen Tag verschieben.

§. 26.

Zeit der Ausfuhr des Mistes.

Die Zeit, den Mist auszufahren, ist nach den Wirthschaftseinrichtungen sehr verschieden. In der Felderwirthschaft mit reiner Brache, so wie in der Koppelwirthschaft, geschieht es in der Regel allein in dem Zeitraume zwischen der Frühjahrsbestellung und der Ernte. Dieser Mist besteht also hauptsächlich aus demjenigen, welcher im Winter gemacht worden, wozu in solchen Wirthschaften, die das Vieh des Nachts aufstallen, noch der nächtliche Mist vom vorigen Sommer und vom diesjährigen Frühjahre kommt. Der größere Theil dieses Mistes ist daher schon stark zersetzt, und nur der oberste noch unvermodert. Ein aufmerksamer Landwirth wird Beides unterscheiden, und den zergangenen Mist auf feuchtere, kältere, den unzergangenen auf trocknere und wärmere Stellen führen lassen. Es hat aber allerdings Schwierigkeiten, daß dieses gehörig geschehe.

Diejenigen Wirthschaften, welche ihren Mist zu verschiedenen Früchten benutzen und zu verschiedenen Jahreszeiten ausfahren können, haben auch darin einen Vorzug, daß sie ihren Mist bei einer guten Anlage der Miststelle in dem Zustande wählen und ausfahren können, worin er dem Boden mit Rücksicht auf die zu bauende Frucht am angemessensten ist. Der frühere oder spätere Wintermist wird hauptsächlich zu den Hackfrüchten aufgefahren. Den Kartoffeln auf lehmigem Boden ist der unzergangene strohige Mist besonders vortheilhaft, weil er die Bindung des Bodens, welche den Kartoffeln bei ihrer Keimung leicht nachtheilig werden kann, lockert, und die Setzkartoffel in Verbindung mit der Luft erhält. Es ist daher auf solchem Boden sehr rathsam, den sämmtlichen Mist in die Kartoffelnfurche beim Einlegen zu bringen, wie an seinem Orte gezeigt werden wird. Andern Wurzelgewächsen und insbesondere dem Kohl ist der zergangene Mist weit angemessener, und auf losem Boden ist dieser eine nothwendige Bedingung für ihr Gedeihen. Sodann wird der Mist für die Erbsen und Wicken ausgefahren, entweder zum Unterpflügen, oder auf die oben erwähnte Art zum Ueberstreuen. Der später gemachte Mist, welcher bei der höheren Temperatur sich schneller zersetzt, wird den spätern Hackfrüchten, besonders aber dem Raps gewidmet. Was nun nach der Mitte des Sommers gemacht wird, kann zum Theil noch zur Winterung verwandt werden, der man zwar bei dieser Wirthschaftsart keine Hauptdüngung giebt, der man aber doch zuweilen etwas nachzuhelfen rathsam findet; oder er wird auf die Stoppel derjenigen Felder gebracht, die im künftigen Jahre Hack- oder Hülsenfrüchte tragen sollen; oder aber er wird zum Kompost gebraucht und Mengehaufen davon angelegt. Der Mistwagen steht daher in diesen Wirthschaften niemals still, weil immer paßlicher Mist vorhanden und bei der gleichmäßigen Vertheilung der Gespannarbeit durchs ganze Jahr immer Zeit dazu übrig ist.

Wird der Mist auf die Brache gefahren, so sind die Meinungen zwar nicht übereinstimmend, auf welche Furche dieses geschehen müsse. Von den Meisten geschieht es so, daß er mit der vorletzten Fahre untergepflügt werde. Hiergegen haben einige das Bedenken, daß er alsdann mit der letzten wieder heraufgebracht werde und obenauf zu liegen komme, welches sie für sehr nachtheilig halten. So wenig ich dieses Obenaufliegen scheue und den Verlust dieses Mistes besorge, so halte ich es doch allerdings für besser, wenn er mit drei Furchen durchgepflügt werden kann, und deshalb würde ich ihn, so weit es thunlich ist, sogar mit der ersten Furche, wenn diese erst nach der Mitte des Sommers gegeben wird, einpflügen. Aber das Unterbringen mit der letzten Furche halte ich durchaus für fehlerhaft und für eine häufige Ursache des Mißrathens der Saat. Er kann bei dieser Methode nie gehörig mit dem Boden gemengt werden, kommt klümprig zu liegen, erhitzt sich an einigen Stellen zu stark und bleibt an andern unverwest, so daß man ihn dann noch nach mehreren Jahren torfartig und unzersetzt im Boden antrifft. Die Saat steht danach scheckig und horstig; es ziehen sich Insekten, auch Mäuse stark danach her, und Stellen, die zu geil getrieben hatten, wintern sodann aus. Insbesondere ist das Unterbringen des langen unzersetzten Mistes mit der letzten Furche zur Winterung oft von den übelsten Folgen. Der Acker wird dadurch bollig, oder kann sich nicht setzen. Wenn feuchte warme Witterung eintritt, die Einsaat früh geschehen ist, der Mist dadurch vor Winter noch in Gährung kommt, so entsteht leicht ein Uebertreiben der Saat, sie wird geil, aber schwächlich, wahrscheinlich mit Hydrogen überfüllt und überreizt. Sie hält dann den Winter nicht aus, sondern fault und stirbt ab. Kommt dieser lange unzertheilte Mist vor Winter nicht in Gährung, so bewirkt er, wenn Wärme und Trockniß im Frühjahre eintritt, durch seine Hitze leicht das Verscheinen der Saaten, indem diese bleich werden und absterben. Alle diese Fälle habe ich beobachtet, und daß es zuweilen unter sehr günstigen Umständen dennoch gut gerathe, ist eine Ausnahme von der Regel.

Gegen das Unterpflügen des Mistes mit einer frühern als der vorletzten Furche haben Einige ein Vorurtheil, und meinen, er werde hier seine Kraft auf den Austrieb des Unkrauts unnütz und schädlich verschwenden. Allein der stärkere Austrieb des Unkrauts, den er wirklich bewirkt, weit entfernt, schädlich zu seyn, ist vielmehr höchst vortheilhaft, indem die Unkrautssamen und Wurzeln nicht nur um so mehr dadurch zerstört werden, sondern auch das jung untergepflügte Kraut die Kraft des Düngers und des Ackers offenbar vermehrt. Jede aufmerksame Beobachtung widerlegt dieses Vorurtheil, welches nur von dem Einen oder dem Andern nachgesprochen wird.

§. 27.

Vertheilung des Mistes auf den verschiedenen Feldern.

Eine zweckmäßige Vertheilung des Mistes ist in einer Wirthschaft von so großer Wichtigkeit, daß sie eine angestrengte Aufmerksamkeit und vollkommene Umsicht verlangt.

Man findet häufig gegen zu starke Düngung oder Ueberdüngung gewarnt, und es ist gewiß, daß eine solche insbesondere den Getreidesaaten leicht nachtheilig werden könne, indem sie Lagerkorn giebt, und die Beispiele sind nicht selten, wo man, um eine ausgezeichnete Saat auf einem Acker zu haben, sehr wenig erntete. Es giebt ein Maximum der Dungkraft, besonders der frischen, dem man nahe kommen muß, um das möglich Höchste zu gewinnen, welches man aber nicht überschreiten darf, wenn man sich nicht einem großen Verluste aussetzen will. Dieser Grad aber läßt sich nicht bestimmt angeben. Wir wissen, daß er nach der Bodenart verschieden ist, und daß thoniger feuchter Acker eine stärkere Düngung verlange und ertrage, als der sandige und kalkige warme Boden. Allein es kommt auch auf die Zufälligkeit der Witterung an: wenn diese ausgezeichnet fruchtbar ist, so kann schon eine Düngung, die bei gewöhnlicher Witterung völlig gerecht gewesen wäre, eine zu große Geilheit des Getreides und einen Rückschlag in der Ernte bewirken. In solchen Jahren bemerkt man daher, daß der Unterschied des Ertrages in kraftlosen und kraftvollen Wirthschaften minder erheblich ist, als in gewöhnlichen oder unfruchtbaren Jahren. Wenn man unmittelbar zu Getreide düngt, so ist es daher rathsam, an demjenigen, was man auf diesem Boden als Maximum annehmen kann, etwas fehlen zu lassen.

Man entgeht aber in Wirthschaften, die sich zu einem hohen Düngerstand erhoben haben — denn in andern ist es nicht zu besorgen — dieser Gefahr der Ueberdüngung am sichersten, wenn man nicht zu Getreide, sondern zu solchen Früchten den Dünger unterbringt, denen ein sehr starker Trieb nie schädlich wird. Kohl, die meisten Wurzelgewächse (Kartoffeln können doch allerdings überdüngt werden), gedrillte Bohnen, Mais, Rapssaat, grün abzumähende Wicken können nicht überdüngt werden. Sie nehmen von der ersten Gellheit des Mistes so viel weg, daß das darauf folgende Getreide nicht darunter leidet. Der Mist wird wenigstens kälter oder minder aktiv, verliert das überflüssige Hydrogen und Azot, wenn gleich wenig von seinem Kohlenstoffe.

Weit häufiger aber sind die Fälle, wo man nur für eine solche Vertheilung des Mistes zu sorgen hat, daß alle Aecker, die dessen bedürftig sind, das Minimum oder das Nothdürftigste erhalten. Unter diesen Umständen giebt man nun gemeiniglich die Regel, daß man nur dahin trachten müsse, die Hauptfelder, welche die Basis der ganzen Wirthschaft ausmachen, oder auf welche man sich in Ansehung des Korn- und Strohgewinnes am sichersten verlassen könne, vollständig auszudüngen, wenn gleich die minder wichtigen darüber ungedüngt blieben. Die Anwendung dieser Regel findet freilich nur zu oft Statt, und sie darf nicht zu sehr eingeschränkt werden. Auf der andern Seite aber muß man sie auch nicht zu weit ausdehnen, wie es häufig geschieht, indem man den Hauptfeldern mehr giebt, als sie nothwendig gebrauchen, und den übrigen dagegen Alles entziehen muß. Man wird freilich in vielen Fällen von einer angegebenen Quantität Mist einen größeren unmittelbaren Gewinn haben, wenn man ihn in etwas größerer Quantität auf guten Acker bringt, als wenn man ihn diesem zum Theil entzieht und ihn auf schlechteren Acker fährt. Allein in der Folge wird der letztere durch Entziehung des Mistes nun so schlecht, daß sein Rückschlag gegen das, was er bei einiger Düngung würde abgetragen haben, doch im Ganzen nicht durch den höheren Ertrag des guten Bodens ersetzt wird. Wer also auf die allgemeine Krafterhaltung in seiner Feldflur Rücksicht nimmt, und weiter hinaus auf den künftigen Zustand seines Gutes und auf künftige Ernten sieht, wird jenen Grundsatz, nur für die Düngung der bessern Felder zu sorgen, und die schlechtern zu vernachlässigen, nicht so weit ausdehnen, wie der auf einen kurzen Termin sich beschränkende Zeitpächter. Wenn man ein heruntergekommenes Gut in Kraft setzen will, so wird man vielleicht genöthigt seyn, den bessern und noch nicht erschöpften Feldern vorerst etwas von dem Dünger zu entziehen, den sie sonst erhielten, und dieses den Feldern, die man wieder heben will, zukommen zu lassen. Man muß jene dann schonender behandeln, und dies kann freilich einen Rückschlag im Totalertrage der Ernten geben, worauf man sich gefaßt machen muß. Denn die erste Düngung erschöpfter Felder äußert oft sehr geringe Wirkung. Hier das Mittel zu treffen, und weder auf der einen noch der andern Seite zu weit zu gehen, auch den nothwendigen Strohgewinn nicht aus den Augen zu setzen, wenn man auch den geringern Ertrag des Korns zu erleiden entschlossen wäre, erfordert eine weise Ueberlegung.

Ist man mit dem Düngungsetat im Reinen, und im Stande, dem sämmtlichen Acker sein gehöriges Maaß zu geben, so ist beim Aufführen des Düngers doch immer auf die Beschaffenheit eines jeden Feldes zu sehen. Wenn man nämlich den thonigen zähen Boden und den lockern sandigen und kalkigen in gleichem Düngungszustande erhalten will, so muß dennoch dem erstern immer eine stärkere Düngung auf einmal gegeben werden, weil er diese, ohne zu geil zu werden, ertragen kann, eine schwache Düngung aber gar keine Wirkung auf ihn äußert, sondern in ihrer Zersetzung zurückgehalten wird, und unvermodert in ihm liegt. Dagegen kann er nach einer doppelten Düngung auch doppelt so viele Ernten abtragen, ohne erschöpft zu werden. In einem lockern warmen Boden wird dagegen der Dünger schnell zersetzt, und eine starke Düngung kann schädliche Folgen haben, indem sie nach Verhältniß der Witterung das Lagern oder das Verscheinen des Getreides nach sich zieht. Der Mist wird aber nun schneller konsumirt, und deshalb muß diese schwache Düngung um so öfter wiederholt werden. Je loser und je sandiger der Boden ist, desto nutzbarer wird ihm eine öftere und schwächere Bemistung. Im Allgemeinen kann man jedoch annehmen, daß beiden entgegengesetzten Bodenarten eine gleiche Quantität Mist *in einer Reihe von Jahren* gebühre.

§. 28.

Maaß und Gewicht des Mistes.

Die Quantität des Mistes wird gewöhnlich nach Fudern geschätzt, nach vier-, drei- und zweispännigen Karren. Es ist an einem andern Orte gesagt worden, daß dieselben Pferde eine größere Last ziehen, je mehr sie vertheilt sind, und dies ist denn auch bei den Mistfudern der

Fall. Ein vierspänniges Fuder wird unter sonst gleichen Umständen nicht die doppelte Quantität enthalten von dem, was man auf ein zweispänniges laden kann. Man rechnet deshalb gewöhnlich bei kräftigem Gespann auf ein vierspänniges Fuder 2000 Pfund, und auf ein zweispänniges 1200 bis 1400 Pfund. Es ist aber überhaupt etwas sehr Unbestimmtes, was auf ein Fuder an Mist geladen zu werden pflegt. Es kommt dabei nicht nur auf die Kraft des Zugviehes, sondern auch auf die Gewohnheit, die Aufsicht beim Laden, die Jahreszeit, die Wege und die Entfernung an. Das Gewicht desselben Mistes ist dann auch verschieden, je nachdem er trocken oder naß ist. Wenn man also über den Mist nach dem Gewicht etwas bestimmen, und den ganzen Düngungsetat und seine zweckmäßigste Vertheilung ausmitteln will, so muß man eine solche Ladung, wie gewöhnlich gemacht wird, abwiegen, und dieses von Zeit zu Zeit wiederholen, damit man die Quantität des auf- und auszufahrenden Düngers nach dem Augenmaaße schätzen lerne. Durch eine große Wage, womit man ganze Fuder wiegt, und die auf dem Wirthschaftshofe so viele Vortheile hat, wird dieses sehr erleichtert.

2000 Pfund ist eine mäßige Ladung für vier Pferde, und man wird wenigstens der Wahrheit so nahe kommen, wie hier möglich ist, wenn man diese als das Durchschnittsgewicht eines Fuders annimmt. Jedoch fährt man mit starken Gespannen auf kurzen und guten Wegen und im Sommer auch oft 3000 Pfund. Den Mist nach dem Volumen schätzen ist noch unsicherer, indem es da auf das mehr oder minder zergangene Stroh ankommt, und auf das Verhältniß des Strohes im Dünger überhaupt. Ein Kubikfuß sehr strohiger Mist wiegt oft nicht über 44 Pfund; ein Kubikfuß, worin das Stroh schon zu Fasern zerfallen ist, wiegt, ohne zusammengepreßt zu seyn, 56 bis 58 Pfund. Die eigentliche Düngkraft des Mistes steht daher doch immer in gleichmäßigerm Verhältnisse mit seiner Schwere, als mit seinem Volumen.

§. 29.

Stärke der Mistausfuhr.

Von 2000pfündigen Fudern werden 5, 8 bis 10 auf 1 Magdeburger Morgen gefahren. Das erste nennt man eine *schwache*, das zweite eine *gute*, das dritte eine *starke* oder *reiche* Düngung.

Bei	5 Fudern	oder	10000 Pfd.	fallen auf 1 Quadratruthe	$55\frac{5}{9}$	Pfd.
„	6 „	„	12000 „	„	$66\frac{2}{3}$	„
„	7 „	„	14000 „	„	$77\frac{7}{9}$	„

Bei	8 Fudern	oder	16000 Pfd.	fallen auf	1 Quadratruthe	$88\frac{8}{9}$	Pfd.
=	9 =	=	18000 =	=		100	=
=	10 =	=	20000 =	=		$111\frac{1}{9}$	=

Es fallen also bei der stärksten Düngung auf einen Quadratfuß ungefähr 0,7 Pfd.

§. 30.

Ausfuhr des Mistes.

Die Ausfuhr des Mistes ist unter den Wirthschaftsverrichtungen eine der wichtigsten, und erfordert daher eine besondere Aufmerksamkeit des Arbeitsaufsehers, damit sie nicht nur mit Fleiß, sondern auch mit gehöriger Ordnung verrichtet werde. Es ist deshalb rathsam, so viel Gespann wie möglich, und eine diesem angemessene Anzahl von Handarbeitern zusammenzunehmen. Je nachdem das Feld, wohin er gefahren werden soll, näher oder entfernter ist, muß auf drei oder zwei Gespann ein Wechselwagen genommen werden, damit immerfort ein Wagen zum Aufladen auf der Miststelle stehe. Es muß überhaupt das gehörige Zeitmaaß beobachtet und erhalten werden, so daß z. B. bei drei Gespannen sich das eine auf dem Hinwege, das andere zum Abladen auf dem Felde, das dritte auf dem Herwege befinde, und keins länger stille stehe, als zum Vorhängen der Pferde vor den geladenen Wagen erforderlich. Es muß daher die Zeit abgemessen werden, welche nach dem Verhältniß der Entfernung für jedes Gespann zum Hinfahren und Zurückkommen erforderlich ist. Die Anzahl der Lader muß dann so eingerichtet werden, daß sie zwar in vollständiger Beschäftigung sind, daß aber auch nie das Gespann auf die Vollendung einer Ladung zu warten brauche. Da diese Arbeit nach dem Zustande, worin sich der Mist befindet, verschieden ist, so läßt sich die Zahl der Menschen, die dabei nöthig sind, nicht allgemein bestimmen. Man rechnet gewöhnlich auf 1 Gespann $1\frac{1}{2}$ Menschen oder eine männliche und eine weibliche Person. Geht die Arbeit sehr schnell, und liegt der Mist sehr fest, so reichen diese kaum.

Die Stärke der Düngung, die man einem Felde geben will, wird gewöhnlich und besser nach der Entfernung, worin die Haufen von einander abgestoßen werden, als nach der Größe dieser Haufen bestimmt, weil die Leute besser die Entfernung der Haufen, als die Größe derselben abmessen können. Gewöhnlich habe ich gefunden, daß von solchen Fudern, die mindestens 2000 Pfund und wohl etwas darüber halten, 9 Haufen abgestoßen werden, so daß man jeden Haufen zu 222 Pfund anschlagen kann. Nach der Stärke der Düngung, die man geben will, läßt sich dann leicht die Entfernung bestimmen, worin die Fuder in geraden Reihen, und die Reihen neben einander kommen sollen. Jene bestimmt man am besten nach der einfachen oder doppelten Länge des Wagens, nach der Entfernung der Vorderpferde oder der Hinterpferde vom Hintertheile des Wagens, die Entfernung der Reihen aber nach Schritten, welches billig von dem Arbeitsaufseher selbst geschehen muß. Es tritt auch nicht selten der Fall ein, daß man eine Stelle des Feldes stärker, die andere schwächer zu düngen sich bewogen findet. Anhöhen z. B. können eine stärkere Düngung vertragen, den Niederungen aber, besonders am Fuße jener, genügt mehrentheils eine schwächere, weil sich die fruchtbare Materie hierher herabzieht. Man findet nicht selten, daß unverständige Arbeitsaufseher gerade das Gegentheil geschehen lassen, weil sie glauben, daß der Dünger den Anhöhen doch wenig zu Nutzen komme, und die Knechte sind nicht minder geneigt, die Anhöhen zu überspringen. In solchen Fällen ist es um so nöthiger daß ein Arbeitsaufseher oder doch ein gehörig instruirter Hofmeister auf dem Felde sey, und die Vertheilung des Düngers anordne, auch zuweilen, wo es nöthig ist, Hülfe leiste, damit die Gespanne ihre gehörige Zeit beobachten.

Wenn man außer den beim Laden beschäftigten Menschen noch genugsam andere hat, so ist es am besten, das Ausstreuen des Mistes unmittelbar vornehmen zu lassen, damit der Aufseher hierauf zugleich achten könne. Der Mist wird sich auch um so leichter vertheilen lassen, je weniger er sich in den Haufen gesackt hat, und man wird es am sichersten vermeiden, daß diese Haufen nicht zu lange liegen, welches, wie oben gesagt, sehr nachtheilig ist.

§. 31.

Brechung des Mistes.

Auf eine gute, gleichmäßige Streuung und sogenannte Brechung des Mistes kommt viel an. Man muß also dabei die Arbeiter nicht sparen, sondern nur darauf achten, daß es mit möglichstem Fleiße geschehe, und wohl einen verständigen Mann anstellen, der den Miststreuern nachgeht, und liegen gebliebene Klumpen besser vertheilt. Von diesem fordert man eine vollständige Streuung, und er wird also die Streuer schon anhalten, das Nöthige zu thun. Schlecht ausgestreuter Mist hat natürlich üble Folgen auf mehrere Ernten. Nächstdem ist dann eine vollständige Unterbringung des Mistes, besonders des strohigen, zu bewirken, und bei letzterem ist es fast immer rathsam, Leute mit Forken oder Harken hinter den Pflügen hergehen zu lassen, um ihn in die Furchen gleichmäßiger zu vertheilen. Daß der lange Mist aus den Furchen zuweilen hervorstehe, ist zwar kein so großes Uebel, zumal wenn noch mehrere Male gepflügt werden soll. Allein daß er schleppt und sich vor dem Pfluge anhäuft, dann auf einen Klumpen zusammenkommt, und andere Stellen nichts erhalten, muß sorgfältig vermieden werden.

§. 32.

Mengedünger oder Kompost.

Es ist in manchen Gegenden üblich, diesen strohigen Stallmist entweder mit allerlei vegetabilischen Substanzen oder auch wohl nur mit bloßer Erde zu vermengen, ihn damit vollkommen zergehen zu lassen, und dann diese inniger gemischte Substanz, welche man Mengedünger, oder jetzt nach dem englischen Namen Kompost nennt, auf den Acker zu bringen. Diese Methode ist von Vielen vielleicht übertrieben gerühmt und zu allgemein anempfohlen, von Andern dagegen zu unbedingt verworfen worden.

Die Methoden, deren man sich dabei bedient, sind mannichfaltig. Einige fahren dergleichen Materialien, besonders abgestochene Rasen, schon auf die Düngerstelle selbst, füllen den Grund damit an, worauf sie den Dünger bringen, und legen dann wieder eine Schicht davon auf jede Mistlage. Nachdem er so zergangen ist, wird er herausgeworfen und in höhere Haufen zusammengeschlagen, in welchen er bis zur vollkommnern Vermoderung liegen und mehrmals umgestochen werden soll, bevor er gebraucht wird. Bei diesem Verfahren werden die flüchtigen und flüssigen Theile des Mistes mehr zusammengehalten, und können, wenn der Zusatz aus Rasen besteht, sich gleich in nähere Verbindung und Wechselwirkung mit den erdigen Theilen setzen, wobei, zumal wenn auch etwas ätzender Kalk hinzukommt, mancherlei Zersetzungen und Verbindungen der Stoffe entstehen, die man sonst gar nicht oder spät erreicht. Es ist nicht unwahrscheinlich, daß das Wasser selbst hierbei zum Theil zersetzt werde, und in feste Verbindungen übergehe.

Andere legen diese Mengehaufen auf einer andern Stelle, entweder neben dem Hofe, vortheilhafter aber auf dem Acker, wo er gebraucht werden soll, unmittelbar an, wodurch wenigstens die doppelte Fuhre der Zusatzmaterialien erspart wird.

Die Anlegung eines solchen Mengehaufens geschieht auf zweierlei Art.

a) Durch eine reguläre Schichtung der Materialien übereinander. Zu unterst bringt man eine gute ebene Lage von Erde oder Rasen, die auf allen Seiten 5 bis 6 Fuß breiter gemacht wird, als der eigentliche Haufen werden soll. Dann wird eine etwa einen Fuß hohe Lage von Mist aufgefahren. Je frischer dieser Mist aus dem Stalle kommt, desto besser. Hierauf wieder eine Schicht von Erde oder Rasen. Sind andere moderungsfähige Materialien vorhanden, so werden sie auf diese Erdschicht gebracht. Dann kommt wiederum eine Lage von Mist, und so fort, bis der Haufen etwa 6 Fuß hoch schräg auflaufend aufgeführt ist, wo er dann wieder mit einer Erdlage bedeckt wird. Häufig wird diesem Düngerhaufen ätzender Kalk zugemischt, der aber nicht in unmittelbare Berührung mit dem Miste kommen darf, weil er ihn zu heftig und zu schnell zersetzen würde, sondern man legt ihn zwischen zwei Lagen von Erde, oder aber zwischen die Erde und andere schwerer verwesliche Materien, wie Baumlaub und dergleichen. Ist der hervorstehende Rand mit der Düngerjauche, die sich zumal bei regnigter Witterung aus dem Haufen herabzieht, durchdrungen, so wird er abgestochen und über den Haufen verbreitet.

So läßt man den Haufen in Gährungshitze kommen, und so lange ruhig stehen, bis diese völlig vorüber ist. Erst wenn sie vollendet ist, und man gar keine Wärme inwendig mehr verspürt, wird der Haufen umgestochen, und zwar so wieder aufgesetzt, daß das Obere zu unterst, und das Aeußere, noch nicht Vermoderte, inwendig komme. Zu unterst legt man dann wohl wieder eine Lage frischer Erde. Diese wieder aufgesetzten Haufen macht man schmal, lang und dachförmig, weil man überzeugt ist, daß eine stärkere Luftaussetzung die Qualität des Düngers verbessere, und selbst sein Gewicht vermehre. Es geht hier ohne Zweifel eine starke Salpetererzeugung vor. Deshalb werden auch diese Haufen von denen, die große Aufmerksamkeit darauf wenden, zu wiederholten Malen umgesetzt, damit immer eine neue Lage an die Luft komme.

b) Andere bringen die Materialien, besonders wenn sie deren eine große Mannichfaltigkeit haben, rund um einen zur Anlegung des Haufens bestimmten Platz herum, ein jedes für sich. Sie machen dann die Erdlage, worauf der Haufen zu stehen kommen soll, in der Mitte, und stellen sodann bei jedem Häufchen Menschen mit Schaufeln, die zu gleicher Zeit die Materialien aufwerfen, wodurch diese um so genauer untereinander kommen. Mergel, Moder, zerfallener Torf, Moos, Baumlaub und Nadeln, Sägespäne, vegetabilische und thierische Abgänge u. s. f.

werden auf die Weise und mehrentheils mit etwas zerfallenem Kalk, Asche, Ofenruß vermengt, und dann frischer Mist dazwischen gelegt, oder aber die Materialien mit Düngerjauche begossen. Der Kalk wird in dem Verhältnisse stärker oder schwächer zugesetzt, je nachdem die Materialien schwerer oder leichter verweslich sind, am meisten, wenn solche darunter sind, die eine hervorstechende Säure enthalten, und dadurch der Zersetzung widerstehen. Je mehr thierische Substanzen dazu kommen, um desto sparsamer kann man mit dem Kalk seyn. Auch diese Haufen müssen bis zur überstandenen Gährungshitze ruhig stehen bleiben, dann aber ein oder mehrere Male durchstochen und wieder aufgesetzt werden.

Diejenigen, welche wenigstens den Gebrauch des Stallmistes zu diesen Mengehaufen verwerfen, halten solche für eine unnütze Vermehrung der Arbeit. Dieser Mist, sagen sie, könne im Acker genugsam mit der Erde verbunden und zertheilt werden, und dies geschähe auf eine weit leichtere und zweckmäßigere Weise, als in solchen Mengehaufen. Die faulende Gährung des Mistes im Acker selbst sey diesem sehr wohlthätig; und sie haben auf thonigem, kaltem Acker gewiß Recht zu dieser Behauptung.

Was aber noch mehr gegen die allgemeine Anwendung dieses Mengedüngers streitet, und solche erschwert, ist dies, daß der Stallmist dann wenigstens um ein Jahr später gebraucht werden und zur Wirksamkeit kommen kann. Und dies ist in einer Wirthschaft, wo man noch keinen Ueberfluß an Mist hat, von sehr großer Wichtigkeit. Man kann aus dem frisch gebrauchten Miste dann schon neues Düngematerial — unangesehen die nutzbare Produktion — erzeugt haben, bevor jener Kompost dem Acker einverleibt wird.

Folglich kann man nicht wohl auf die Anlegung solcher Komposthaufen denken, bevor man nicht einigen Ueberfluß über den nothwendigen Dünger besitzt. Dann aber werden die Anlagen solches Komposts um so rathsamer, je mehr man an Materialien besitzt oder herbeischaffen kann, die ohne solche Vermengung schwer auflösbar seyn würden. Man kann sich einen großen Schatz dadurch bereiten, und sich einen reichlichen Ertrag von solchen Saaten sichern, die mißlich scheinen und einer Aufhülfe bedürfen.

Man bedient sich nämlich dieses Komposts ohne allen Zweifel und nach unzähligen Erfahrungen am vortheilhaftesten, wenn man ihn nicht unterpflügt, sondern auf die Oberfläche des Ackers bringt. Man führt ihn entweder auf die Saatfurche, überstreuet diese vom Wagen ab durch

Leute, die ihn mit Schaufeln auswerfen, damit, und egget ihn dann zugleich mit der Saat ein, oder pflügt ihn mit solcher flach unter. Oder man bedient sich desselben, um ihn auf ähnliche Weise über die gelaufene Saat, über die Winterung oft erst im Frühjahre, auszustreuen, wenn sie schon ihre Vegetationsperiode angefangen hat. Hier ist eine solche Ueberdüngung mit Kompost, auch in sehr geringer Quantität, von einer wunderbaren Wirkung, wie nicht nur alle Diejenigen bezeugen, die es einzeln versucht haben, sondern wie es auch ganze Gegenden, wo diese Methode landüblich ist, beweisen. In einem beträchtlichen Distrikte von England, in der Grafschaft Hereford, ist diese Methode seit undenklichen Zeiten eingeführt, und es wird kein Mist anders als in dieser Gestalt und auf diese Weise, welche die Engländer Topdressing nennen, gebraucht. Es ist aber bekannt, daß man daselbst ohne eine übrigens sehr ausgezeichnete Kultur vorzügliche Ernten gewinne, und wie die dortigen Landwirthe versichern, nie Mißwachs habe. Sie schreiben dem Kompost, über die vegetirenden Saaten gestreut, eine magische Wirkung zu, und versichern, daß, wenn ihr Weizen im Frühjahre auch völlig ausgewintert scheine, oder die Gerste nicht fort wolle und kränkle, es sey, daß sie vom Froste, von Dürre oder von Nässe gelitten habe, die Ueberstreuung mit Kompost sogleich helfe, sogleich ein neues Hervorgrünen bewirke, und Alles wieder herstelle. Diese große Wirkung ist auf eine unzubezweifelnde Weise von allen Engländern bestätigt.

Es giebt also eine große Aushülfe und Sicherheit, wenn man in einer Wirthschaft erst so weit gediehen ist, daß man sich einen solchen wirksamen Düngervorrath auf künftige Jahre bereiten kann, ohne in dem gegenwärtigen damit zu kurz zu kommen.

Man findet in verschiedenen Schriften eine unzählige Menge von Rezepten zu solchem Kompost, worin die Quantität jedes Materials nach Maaß oder Gewicht apothekermäßig vorgeschrieben ist. Dies ist leere Pedanterie! Das allgemeine Rezept ist: Nimm Alles, was du von vegetabilischen, animalischen und angemessenen mineralischen Substanzen erhalten kannst, mische es durcheinander, setze etwas ätzenden Kalk zu, und Erde so viel, als zur Auffangung der sich entwickelnden Stoffe nöthig ist, laß es in Gährung kommen, und stich es danach öfter um, bis es sich zu einer gleichartigen Masse vereinigt hat.

§. 33.
Einstreuungssurrogate.

Man bedient sich, insbesondere wenn das Stroh mangelt, mancher andern vegetabilischen Einstreuungsmittel, theils um die Auswürfe des Viehes aufzufangen, und demselben ein trocknes Lager zu geben, theils um die Masse des Düngers zu vermehren, indem nämlich die dazu gebrauchten Vegetabilien durch die thierischen Auswürfe schneller zur Fäulniß fortgerissen werden und in fruchtbaren Moder übergehen, als ohne diese Vermengung geschehen seyn würde. Die Zweckmäßigkeit und die Auswahl dieser Einstreuungsmittel hängt also davon ab, wie sie diese Absichten erfüllen, dem Viehe ein gutes Lager geben, und schneller oder langsamer zersetzt werden.

Das gewöhnlichste ist das Baumlaub. Die Nadeln der Kiefern und Tannen, welche sich in den Holzungen beträchtlich anhäufen, und mehrentheils mit Moos durchwachsen sind, kommen am häufigsten in Gebrauch, weil in den Gegenden, die Strohmangel haben, sich nur dieses Holz zu finden pflegt. Sie gehen, mit den thierischen Auswürfen vermischt und wohl zusammengehalten, ungleich schneller in Verwesung als für sich allein über. Jedoch muß solcher Mist immer länger als der mit bloßem Stroh versetzte liegen. Ist dieses geschehen, so scheint ein solcher Mist dem strohigen in der Wirksamkeit durchaus nicht nachzustehen, vielmehr Vorzüge vor letzterem zu haben, indem diese Nadeln ungleich mehr kräftige Nahrungstheile als das Stroh besitzen.

Das Laub der Eichen ist schwer zersetzbar, und enthält einen abstringirenden Stoff, welcher der Vegetation vor der völligen Zersetzung nicht günstig ist. Daher muß dieser Mist sehr lange liegen, wenn man eine wohlthätige Wirkung von ihm haben will. Bringt man ihn vor der Zersetzung in den Boden, so erhalten sich diese Blätter sehr lange, ehe sie in Verwesung übergehen, und können dann, insbesondere auf losem Boden, mehr nachtheilig als vortheilhaft wirken.

Das Laub der Buchen, Nußbäume, Kastanien scheint zwar in frischem Zustande der Vegetation noch nachtheiliger als das der Eichen zu seyn, weil unter diesen Bäumen wenige Gräser aufkommen. Im Miste aber verliert es diese nachtheilige Eigenschaft bald, und zersetzt sich ungleich schneller, so daß ich und Andere eine weit bessere Wirkung von diesem Laubmiste als von dem aus Eichenblättern verspürt haben.

Das Laub anderer Bäume, der Elsen, Weiden und Pappeln, scheint ebenfalls leicht verweslich, hat aber wenige Konsistenz, und beträgt als Einstreuungsmittel nicht viel.

Es giebt manche Gegenden und Wirthschaften, welche auf diesen Walddünger oder dieses Streulingrechen ihren Düngerstand vorzüglich begründen, indem sie ihr sämmtliches Stroh zur Erhaltung ihres Viehes im Winter verfüttern. Bei ihrer jetzigen Verfassung wäre es in der That unmöglich, daß sie ohne selbiges bestehen könnten. Es ist aber anerkannt, daß dieses Hülfsmittel nicht anders als auf Kosten der Forstkultur herbeigeschafft werden könne, und daß der Nachtheil, welcher dieser dadurch geschieht, den Vortheil überwiege, welchen der kümmerliche Ackerbau davon hat. Die Befugniß zu diesem Streulingrechen ist daher zu einer höchst lästigen Servitut für die Forsteigenthümer geworden, deren Abfindung aber bei der eingeführten Wirthschaftsart große Schwierigkeiten hat. Der Eigenthümer einer Forst kann sich zwar dieses Streulingrechens zuweilen mit Vortheil für sein Gut im Ganzen bedienen, wenn er mit Vorsicht und Mäßigung dabei verfährt. Dieses thun die Berechtigten aber nicht.

§. 34.

Heidekraut.

Nächstdem kommt in den Heidegegenden das Heidekraut als Einstreuungsmittel am häufigsten vor. Es wird entweder abgemäht, oder es wird die Heidenarbe selbst mit einer eigends dazu eingerichteten Hacke dünn abgeschält und angefahren. Dieses Heidekraut verweset allerdings schwer, wird jedoch in Jahresfrist im Miste so mürbe, und seiner abstringirenden Eigenschaft so beraubt, daß es im Acker dann bald zergeht. In einem Theile des Lüneburgischen, des Bremenschen und des Pommerschen halten Manche dieses Heidekraut für ein so unentbehrliches Bedürfniß des Ackerbaues, daß sie sich der Urbarmachung der Heide, deren Möglichkeit sie sonst anerkennen, nur aus dem Grunde widersetzen, weil man ohne Heidekraut keinen Dünger machen könne; welches in der That bei der jetzigen Verfassung ihrer Wirthschaft auch richtig ist. Mittelst einer weiten Heidehiebs-Berechtigung und angestrengten Ausübung derselben sind Manche im Stande, ihren an sich schlechten Acker in auffallender Fruchtbarkeit zu erhalten. Da das Heidekraut aber langsam wieder wächst, zumal wenn die Narbe mit weggehackt worden, so sind vielleicht 100 Morgen Heideland nicht zureichend, 1 Morgen Ackerland in Kraft zu erhalten, und es findet daher diese Operation nur da nachhaltig Statt, wo einzelne kleine Ackerhöfe mit großen Heiderevieren umgeben liegen. Muß das Heidekraut in größerer Entfernung gehauen und angefahren werden, so erfordert es großen Aufwand von Arbeit, so daß Menschen und Gespann den größten Theil des Jahres nur damit beschäftigt sind. Es ist gewiß mehrentheils schwieriger, das zur Düngung eines Morgens nöthige Heidekraut herbeizuschaffen, als diesen Morgen mit Mergel oder Moder zu befahren. Dennoch scheuet dort Niemand jene Arbeit, und erschrickt vor dieser. So groß ist die Macht der Gewohnheit.

Wenn dieser Heidedünger mit wenigen thierischen Exkrementen vermischt (denn, außer daß man dem Viehe das Heidekraut unterstreut, wird nun dieser Heidemist noch mit andern Heideplaggen in Mieten auf dem Acker aufgesetzt, und bleibt darin, bis er mürbe geworden, stehen), wohl zergangen und dick aufgebracht wird, so bringt er oft sehr ansehnliche Ernten von Roggen und insbesondere von Heidekorn hervor. Da sehr wenig Unkraut aufkommt, so bedarf der Acker keiner Brache, und trägt sechs bis sieben Ernten ab, die freilich immer schlechter werden. Wer nicht weiß, mit welchen Schwierigkeiten diese Düngergewinnung verbunden ist, der ist leicht geneigt, diese Operation für etwas Empfehlungswürdiges zu halten, und diesen Gegenden ihre Heidereviere zu beneiden. Unter Andern ward der berühmte de Luc auf seiner Reise durch diese Gegenden dadurch veranlaßt, sich gegen die vorsehende Gemeinheitstheilung zu erklären.

Es giebt allerdings Fälle, wo der berechnende Landwirth sich dieser Aushülfe bedienen und insbesondere in die Schafställe Heidekraut einfahren lassen kann, indem es durch den Schafmist vorzüglich zersetzt wird.

§. 35.

Verschiedene Vegetabilien zur Einstreuung tauglich.

Mancherlei andere vegetabilische Einstreuungsmittel: Schilf, Binsen, Wasserpflanzen, Pfriemenkraut, Moos, Farrenkraut u. s. w., können behufs der Einstreuung zuweilen gewonnen und mit Vortheil gebraucht werden. Einige, besonders das Farrenkraut, so wie jedes Kraut, das bei der Einäscherung viel Kali giebt, geben einen vorzüglich fruchtbaren Moder. Sie vermodern um so schneller, je saftiger sie noch sind, wenn man sie in den Mist bringt. Dann erreicht man aber den Zweck nicht so gut, dem Viehe dadurch ein trocknes Lager zu geben. Einmal völlig ausgetrocknet, zergehen solche Pflanzen schwer, und man muß den Mist lange aufbewahren. Nur wenn das Rohr eine lange Zeit auf Dächern gelegen hat, und durch die Luft mürbe geworden ist, zergeht es schnell, und scheint einen besonders fruchtbaren Dünger zu erzeugen.

Den Scheurenabfall darf man nur mit großer Vorsicht in den Mist bringen, wenn man sich des Unkrauts im Acker entledigen will. Die darin befindlichen Gesäme werden selbst durch die faulende Gährung nicht sämmtlich zerstört. Man verwendet ihn am sichersten zum Wiesendünger.

§. 36.

Loser Torf zur Einstreuung.

Man findet zuweilen in feuchten Sinken eine moosige, mit allerlei Wasserpflanzen durchwachsene Substanz, woraus man wohl Streichtorf bereitet. Dieser kann man sich, wenn sie abgetrocknet ist, als Einstreuung mit großem Vortheil bedienen, indem sie mit dem Miste schnell vermodert, die Feuchtigkeiten stark anzieht, und dann einen vorzüglich wirksamen Dünger abgiebt. Es versteht sich, wenn es an Einstreuung mangeln sollte, denn sonst kann sie mit minderer Arbeit direkt auf den Acker gefahren und daselbst mit Strohmist durchsetzt werden, wo sie schnell und genugsam vermodert.

Auch des wirklichen Torfs loser Art bedient man sich zu Zeiten als Einstreuungsmittels, besonders in den Schafställen. Auf seine düngende Eigenschaft überhaupt werden wir noch zurückkommen.

Erde als Einstreuungsmittel.

Verschiedene haben angerathen, sich der Erde als Einstreuungsmittels zu bedienen. Abgestochene Grassoden von unbrauchbaren Plätzen können durch ihre Vermoderung einen trefflichen Dünger geben, und dieser wird freilich durch das Einbringen in die Ställe, wo sie die Mistjauche einsaugen, sehr verbessert. Bloße Erde kann aber nicht zu wahrem Dünger werden, sondern nur den Mist und einen Theil der Jauche aufnehmen. Es würde aber sehr schwer halten, dem Viehe dadurch ein trocknes Lager zu geben, und eine gewaltige An- und Abfuhr, auch Ein- und Ausbringungsarbeit verursachen. Ich erinnere mich nicht, die Ausführung dieses Vorschlages irgendwo gesehen zu haben; auch ist mir kein anderes Beispiel dieser Praxis bekannt, als an der Seeküste von Norfolk und Suffolk, wo sie den von der See ausgeworfenen, größtentheils aus zertrümmerten Muscheln und Kalk bestehenden Sand trocken anfahren und in die Ställe bringen. Indessen geschieht auch dies nur in Städten. Der daraus entstehende Dünger soll sehr wirksam seyn.

Etwas Anderes ist es, wenn Erde, insbesondere mergelichte, auf den Hof angefahren und in Haufen gebracht wird, um sie mit Jauche zu beschwängern. Den Haufen giebt man in der Mitte eine kesselförmige Vertiefung, in welche die Jauche gegossen wird, und dann befördert man ihr Durchdringen, indem man Löcher mit eisernen Stangen von der kesselförmigen Vertiefung ab in den Haufen hineinbohrt. Ist der Haufen genugsam durchdrungen, so wird er auf den Acker gefahren. Auch hat man die ganze Miststelle mit einem Wall von solcher Erde als Befriedigung umgeben, und auf dem Rücken dieses Walles einen kleinen Kanal gezogen, in welchen die überflüssige Jauche gegossen wird. Nachdem dieser Lehmwall so einige Jahre gestanden, und ohne Zweifel auch äußerlich die Ausdünstungen des Viehhofes an sich gezogen, hat man die Erde mit besonders großer Wirkung auf den Acker gefahren. Wie bedeutend aber die Arbeit dieser An- und Abfuhr sey, muß sich ein Jeder nach der Lokalität berechnen, bevor er sich zu einer solchen, an sich nützlichen Operation entschließt.

§. 37.

Streuloser Mist und Gülle.

So gewöhnlich und zweckmäßig das Auffangen der thierischen Exkremente mit Stroh oder andern Einstreuungsmitteln zu seyn scheint, so ist es doch keinesweges allgemein. Man hält nämlich das Vieh — und zwar in solchen Gegenden und Wirthschaften, wo man auf eine hohe Viehnutzung seine Hauptabsicht richtet — in den Ställen, manchmal im Winter allein, aber auch zuweilen bei Sommer-Stallfütterung, ohne alle Einstreuung. Die Einrichtung dazu ist verschieden; mehrentheils steht das Vieh auf ausgedielten Ständen, die nach-hinten zu ein wenig abhängig sind. Hinter diesen Ständen geht ein ausgemauerter oder mit Bohlen ausgesetzter Kanal her, in welchen alle Exkremente, die das Vieh fallen läßt, sogleich mit einem Besen gefegt werden. Häufig hat man auch Wasserleitungen oder Pumpen in den Ställen, um sogleich nachspülen zu können. Damit sich das Vieh auf keine Weise verunreinige, sind die Schwänze mit einem Bindfaden, der über eine über dem Stand angebrachte Triele läuft, und auf der andern Seite ein kleines Gewicht hat, aufgewunden. Oder damit das Vieh um so trockner liege, sind durchlöcherte Dielen über einen ausgemauerten Behälter gelegt, worauf das Vieh steht, in welchem sich die flüssige Jauche sammelt, und aus welchem sie durch Kanäle in die Jauchereservoirs abgeleitet wird. Der konsistente Mist wird dann ebenfalls hinter das Vieh an die Wand gefegt, und der Stand jedesmal mit Wasser völlig gereinigt, so daß der Boden rein wie in einem Putzzimmer ist. Daß diese Einrichtung zum Wohlbefinden des Viehes, welches dann dabei überdies gebürstet und gestriegelt wird, so wie zur Reinlichkeit des Molkenwesens beitrage, hat keinen Zweifel.

Eine andere Einrichtung ist einfacher, aber für das Vieh minder behaglich. Hier sind die Stände so kurz, daß das Vieh die Hinterbeine fast widernatürlich anziehen muß, wenn es in gerader Richtung gegen den Futtergang stehen soll. Hinter den Ständen ist eine Vertiefung, die 1½ bis 2 Fuß niedriger ist, als der Stand. In diese Vertiefung fällt dann, wenn es anders gerade steht, der Mist, und bei den weiblichen Thieren auch der Urin. Das Vieh muß aber dabei so gedrängt stehen, daß es beim Stehen und Liegen keine schräge Richtung annehmen kann, was es sonst gewiß thun wird. Auch muß das Vieh sehr daran gewöhnt seyn, sonst gleitet es mit den Hinterbeinen von der beträchtlichen Höhe in die Vertiefung herab, fällt und beschädigt sich an den Schienbeinen und Knieen.

Bei allen diesen Einrichtungen wird nun der Mist verschieden behandelt. Man bringt entweder den konsistenten Mist aus dem Stalle heraus, und schlägt ihn, mit Stroh vermischt, regulär in Haufen zusammen, und zwar so, daß der eigentliche Mist größtentheils nach innen kommt, und das Stroh ihn äußerlich bedeckt. Diese Haufen werden dann zuweilen mit Jauche angefeuchtet.

Oder aber man bringt auch etwas Stroh in den Stall, legt es zuweilen dem Viehe unter, pumpt zu der im Kanal befindlichen Materie noch Wasser hinzu, zieht das Stroh mittelst einer Forke durch die flüssige Masse einige Male durch, und bringt es dann außer dem Stalle in Haufen. Zu dem Uebrigen pumpt man noch mehr Wasser hinzu, rührt es damit um, und läßt es dann durch geöffnete Kanäle in das Jauchenreservoir abfließen. Auf diese Weise hält man den festen und mit Stroh gemengten Mist von dem flüssigen oder der sogenannten Gülle ganz abgesondert, und bedient sich des einen oder des andern nach den Umständen.

Der Güllenbehälter sind mehrere, und die Einrichtung der Kanäle ist so gemacht, daß man bald den einen, bald den andern auffüllen kann. Es muß nämlich die Gülle, um am vortheilhaftesten gebraucht zu werden, erst einen gewissen Gährungs- oder Faulungsgrad überstanden haben, bis wohin man den Zutritt der frischen Luft von ihr abhält, und sie nur zuweilen einmal umrührt. Auf das richtige Treffen dieses Grades kommt, wie man versichert, viel an. Die in ihren gerechten Zustand gekommenen Behälter werden nach einander ausgefahren, und dann wieder frisch angefüllt.

Die Lobeserhebungen, welche man von dieser Methode in Hinsicht der Wirksamkeit des Düngers macht, sind sehr groß, scheinen aber doch übertrieben. Man sagt, daß man mittelst des Strohes dieselbe Masse von Dünger gewönne, die man bei der gewöhnlichen Einstreuung gewinnen würde, und daß selbst dieser Dünger durch das förmliche Zusammenschlagen in einen fruchtbringenden Zustand versetzt würde. Ueberdies aber sey die flüssige Gülle ihrem Effekte nach ebensoviel, nach Andern das Doppelte werth, wie der strohige Mist, so daß man durch diese Methode das Doppelte, oder gar das Dreifache gegen die gewöhnliche an Dungkraft erhalte. Hierin scheint ein so großer Widerspruch zu liegen, daß man der Behauptung ohne überzeugende komparativ angestellte Versuche unmöglich Glauben beimessen kann. Indessen läugne ich nicht die Möglichkeit, daß man doch mehr an Dungkraft dadurch gewinnen könne, indem nämlich bei dieser Behandlung fruchtbringendere Zersetzungen und neue Verbindungen der Urstoffe vor sich gehen können, als bei der gewöhnlichen. Es läßt sich vielleicht annehmen, daß bei der Gährung und Fäulniß der Jauche, so wie überhaupt des Mistes, eine Zersetzung des Wassers vor sich gehe, und somit eigne Substanzen erzeugt werden, die wir noch nicht genugsam kennen. Daß der flüssige Dünger zuweilen auffallend viel bewirke, besonders auf sandigem Boden, und daß er insbesondere die zu große Lockerheit, welche dieser durch viele Bearbeitung und Strohdüngung erhalten hat, sehr verbessere, haben unbezweifelte Erfahrungen im Großen gelehrt. In die Güllenbehälter bringt man noch allerlei vegetabilische und animalische Abfälle, insbesondere gesammelten menschlichen Urin.

Wenn ich also der Methode an sich nicht allen Vortheil absprechen will, so fragt sich's dennoch, ob er der Arbeit und Sorgfalt werth sey, welche sie erfordert, wenn man nämlich unsere gewöhnliche Methode, bei welcher aber Alles auch auf das sorgfältigste eingerichtet seyn muß, dagegen hält. Sobald nämlich bei unserer Methode der zusammengehaltene Mist mehrere Feuchtigkeit hat, als er in sich aufnehmen kann, muß diese Jauche ebensowohl aufgefangen und benutzt werden. Wo man sie abfließen läßt, — was freilich wegen des Mangels einer guten Einrichtung des Misthofes noch häufig geschieht — da wird eine wirksame Dungkraft verschwendet, insbesondere bei einer saftigen Futterungsart. Für diese die Miststelle durchziehende und wieder abfließende Jauche sind Behälter immer höchst nöthig.

§. 38.
Behandlung des flüssigen Mistes und der Jauche.

Die Behandlung und Ausführung des flüssigen Düngers ist sonst auf keine Weise so weitläufig und beschwerlich, wie sie Manche sich vorstellen. Die Jauche wird aus den ausgemauerten und mit Zement ausgesetzten Behältern mittelst einer Pumpe oder eines Ziehbrunnens herausgebracht, und entweder in großen Tonnen oder eigends dazu bestimmten Kästen, die auf Karren stehen, ausgefahren. Diese haben hinten ein Zapfloch, vor welches ein Brett oder Kasten in der Breite des Karrens befestigt ist, auf oder in welchen sich die Jauche ergießt, und sich so beim Fahren verbreitet. Je nachdem man stärker oder schwächer damit düngen will, wird langsamer oder schneller gefahren.

Man gebraucht diese Jauche hauptsächlich zu solchen Früchten, die eine starke, schnellwirkende Dungkraft ertragen, z. B. zur Rapssaat. Andere benutzen sie für den Klee oder andere Futterfelder und auf Wiesen. Dem Getreide könnte sie leicht, wenn sie anders nicht sehr wässerig und schwach ist, eine zu große Geilheit zuziehen. Den größten Vortheil thut sie dem sandigen Boden, welchen sie fester und feuchthaltender macht. Auf Mittelboden wechselt man gern mit dieser und der strohigen Düngung ab. Dem sehr gebundenen Boden kann sie aber die Strohdüngung nicht ersetzen.

Die aufbewahrte Jauche findet überdem eine sehr nützliche Anwendung, wenn der konsistente strohige Mist zu dürre geworden ist, und die Gährung deshalb nicht vor sich gehen will. In diesem Falle ist sie gewiß nicht vortheilhafter zu benutzen, als wenn man sie über den Misthaufen verbreitet.

§. 39.
Die Pferchdüngung.

Endlich kommt noch in Ansehung der Düngung mit thierischen Auswürfen der Pferch oder Hordenschlag in Betracht. Das Vieh wird durch eine bewegliche, aus Latten oder Strauchwerk verfertigte Umzäunung des Nachts in einen engen Raum eingeschlossen, und somit werden auf demselben ihre Auswürfe, selbst ihre Ausdünstungen konzentrirt. Damit sich diese dem Boden um so besser mittheilen, pflegt man diesen Platz kurz vorher umzupflügen.

In der Regel wird diese Methode nur mit den Schafen betrieben. Indessen hat man doch auch mit andern Thieren etwas Aehnliches bewerkstelligt. Man hat z. B. Mastrindvieh in der Nähe der Fettweiden oder Futterschläge des Nachts in eine feststehende Umzäunung gebracht, die mit Stroh ausgelegt war, um somit den nächtlichen Mist, der auf die Fettweide nur nachtheilig fiel, aufzufangen. Auch hat man sogar einen Hordenschlag für die Gänse gemacht, und will davon einen erheblichen Nutzen verspürt haben. Dies sind indessen noch seltene Beispiele, und die gewöhnliche Pferchung geschieht nur mit Schafen.

Ueber die Vortheile und Nachtheile dieser Pferchung sind die Meinungen noch immer sehr getheilt.

Daß diese nächtliche enge Einsperrung der Gesundheit der Schafe und dann auch der Qualität der Wolle einigermaßen nachtheilig sey, ist wohl entschieden. Nur die härtern Schafarten können sie ertragen, und in England hat man manche lang- und feinwollige Schafarten, denen sie in kurzer Zeit tödtlich wird, ungeachtet dieselben Schafe bei freier Bewegung sonst Winter und Sommer draußen bleiben. Denn es ist ein großer Unterschied, ob die Thiere durch freie Bewegung dem Eindruck, welchen schlechte Witterung auf sie macht, widerstehen können, oder so eingesperrt sie leidend ertragen müssen. Wenn gleich nun unsere Landschafe und selbst die edlen spanischen es auszuhalten vermögen, ohne davon umzukommen, so muß man doch zugestehen, daß sie sich besser befinden, wenn sie des Nachts entweder frei herumlaufen oder unter Dach kommen, und am meisten ist dieses bei den Lämmern bemerklich.

Aber auch, ohne Hinsicht auf die Thiere, verliert man gewiß an Dünger nicht, sondern gewinnt vielmehr, wenn man die Schafe des Nachts in einen gestreuten Stall bringt, und somit strohigen Dünger macht, der zwar keine so schnelle Wirkung wie der Pferch äußert, aber ungleich nachhaltiger ist.

Dagegen aber hat diese Düngungsart den großen Vortheil, daß sie die Arbeit und Fuhren des Mistes erspart, und dieser Vortheil ist um so größer, je entlegener die Felder und je beschwerlicher die Wege dahin sind; weshalb man sie vor allen auf bergigen und entfernten Aeckern anwendet. Auch wird man alsdann dazu gezwungen, wenn man kein Stroh und anderes Streuungssurrogat übrig hat. Es ist also die Lokalität, welche hier, wie in den meisten Fällen, entscheidet.

Die Engländer sind zum Theil noch in anderer Hinsicht gegen den Hordenschlag. Sie behaupten nämlich, und führen unzubezweifelnde Erfahrungen dafür an: daß eine Schafweide sich verschlechtere, wenn man ihr den nächtlichen Dünger nehme, und sich dagegen augenscheinlich verbessere, wenn man ihr solchen lasse. Im erstern Falle könne sie in den folgenden Jahren immer weniger Schafe ernähren, im zweiten dagegen immer mehrere, und verbessere sich somit progressiv. Höchst auffallend sey ferner der Unterschied in der Fruchtbarkeit einer aufgebrochenen Schafkoppel, wenn man ihr während der Weidejahre den nächtlichen Dünger gelassen oder entzogen habe. Man hat hiergegen gesagt, daß die Schafe, wenn sie einen freien, großen Weideraum hätten, sich des Nachts dennoch zusammendrängen, und ihren nächtlichen Dünger nicht vertheilen, sondern auf einen Fleck fallen lassen würden, wo er durch seine Ueberhäufung die Weide nur verderben möchte; ja daß sie sogar alle Nächte denselben Platz wählen würden. Ich habe diese Bemerkung aber selbst bei den Engländern, die den Hordenschlag vertheidigen, nicht gefunden. Es scheint mir also, als ob diejenigen Schafe, welche in umzäunten Weidekoppeln frei herumgehen, und nicht durch Hirten und Hund immer zusammengehalten werden, diese Gewohnheit nicht annehmen.

§. 40.

Verfahren bei der Pferchung.

Bei der Schafpferchung ist Folgendes zu bemerken: Man macht den Hordenschlag nie größer, als nothwendig erforderlich ist, weil bei einem größern Spielraume der Thiere der Dünger nicht gleichmäßig vertheilt werden würde, indem sie sich nämlich dennoch zusammendrängen möchten. Man giebt daher in der Regel dem Schafe nur 10 bis 12 Quadratfuß Raum darin, damit es gerade seinen Platz in der Zeit, wo es darauf steht, bedüngen könne.

Die einzelnen Hordenstücke, woraus die Umzäunung zusammengesetzt wird, sind 10 bis 12 Fuß, selten 14 Fuß lang, damit sie der Schäfer unter dem Arme tragen und fortschlagen könne. Je größer die Anzahl von Schafen ist, um desto mehrere können von derselben Umfassungslänge oder Hordenzahl eingeschlossen werden. Wenn wir die Horden zu 10 Fuß lang annehmen, und jedes Schaf 10 Quadratfuß Raum haben soll, so sind für 200 Schafe 18 Stück, für 300 Schafe nur 20 Stück erforderlich, wenn sie in Quadrat gesetzt werden. Ueberdem bedarf eine geringere wie eine größere Anzahl von Schafen nur eines Hirten und einer Schäferkarre, und die Mühe und Kosten des Hordenschlags kommen also auf den Kopf um so geringer, je größer die Heerde ist, und umgekehrt. Deshalb hält man es auch im Allgemeinen nicht für vortheilhaft, einen Hordenschlag mit weniger als 300 Stück zu halten.

Die Stärke der Düngung, welche man durch den Hordenschlag giebt oder geben will, ist verschieden. Man sucht sie durch einen weitern oder engern Raum, worin man die Thiere zusammenhält, und durch die Zeit, in welcher man sie auf demselben Platze stehen läßt, zu bestimmen. Dies ist aber in der That nicht zureichend, indem nämlich die Auswürfe von der Nahrung abhängen, welche die Schafe auf der Weide genießen. Bei einer reichen Weide kann dieselbe Anzahl von Schafen ihren Platz in einer Nacht eben so stark bedüngen, wie bei einer kümmerlichen Weide in zwei Nächten. Genauer läßt sich hierüber aber noch Nichts angeben. Nur der Augenschein bestätigt einem Jeden die Richtigkeit dieser schon an sich einleuchtenden Thatsache.

Man unterscheidet sonst einen ganzen, halben und starken Hordenschlag. Wenn man eine mittelmäßige Weide voraussetzt, so nennt man es einen ganzen Hordenschlag, wenn man mit 600 Schafen in 3 Nächten 1 Morgen bedüngt, oder, was einerlei ist, wenn 1800 Schafe in einer Nacht 1 Morgen bedüngen. Einen halben oder schwachen Hordenschlag nennt man es, wenn 1200 Schafe auf 1 Morgen kommen; einen starken Hordenschlag aber, wenn 2400 dazu gebraucht werden.

Bei gleicher Weide macht aber ferner die Länge der Nächte einen Unterschied. In den kurzen Nächten bleiben sie etwa nur 8 Stunden, in den langen Nächten 12 und mehr Stunden darauf stehen. Hierzu kommt, daß in den gewöhnlichen Schafwirthschaften die Thiere mehrentheils die knappste Weide haben, wenn die Nächte am kürzesten sind, und dagegen eine weit bessere, wenn sie im Frühjahre die Wiesen und die Brache vor ihrem Umbruche, nach der Ernte aber die Stoppel zu beweiden haben. Um hierin eine Gleichheit zu erhalten, schlägt man zuweilen die Horden in den längern Nächten um, so daß zwei Flecke in einer Nacht damit belegt werden. Wo die Schäfer aber hieran nicht gewöhnt sind, muß man es durch Verengerung des Raums in den kurzen Nächten zu zwingen suchen. Es werden also nach Verhältniß der Kürze der Nächte entweder weniger Hordenstücke genommen, oder sie werden auf verschiedene Weise gesetzt. Im Quadrat umfaßt nämlich eine gleiche Zahl einen größern, im Oblongum einen geringern Raum. 20 zwölffüßige Horden umschließen im Quadrat 25 Quadratruthen; werden sie aber so gesetzt, daß auf jeder Seite 8 in die Länge und 2 in die Breite kommen, so umfassen sie nur einen Raum von 16 Quadratruthen. Um das Verhältniß dieses Raumes zu der Länge der Nächte durch eine verschiedene Setzung der Horden zu bestimmen, hatte der ältere Graf von Podewils eine Tabelle angefertigt, welche sich in dessen Nachrichten für die Gusow'sche Wirthschaft in den Annalen des Ackerbaues, Bd. I. S. 466, befindet, und welche die verschiedene Stärke der Düngung nach der Form, worin die Horden gesetzt werden, sehr klar darstellt.

Die Schafe werden bei Sonnenuntergang in die Horden gebracht, und Morgens nicht eher herausgelassen, als bis der Thau abgetrocknet ist, weil ihnen dieser wegen der heftigen Begierde, womit sie fressen, wenn sie des Nachts gehungert und gedurstet haben, leicht schädlich werden soll. Ehe man sie herausläßt, jagt man sie in den Horden herum, damit sie sich vorher völlig ausleeren, und ihren Dünger nicht verschleppen. Es wird allgemein empfohlen, die Schäfer dazu anzuhalten, daß sie dieses thun.

§. 41.

Benutzung des Pferches.

Der Hordenschlag ist ein sehr zersetzbarer und daher schnell und stark wirkender Dünger. Er thut deshalb auf die erste Frucht eine ungemein starke Wirkung, auf die zweite aber nur eine geringe, und wenn er schwach gegeben worden ist, gar keine. Nur der starke Hordenschlag, wo nämlich 2400 Schafe auf 1 Morgen kommen, kann bis zur dritten Frucht nachhaltig seyn, insbesondere, wenn im frischen Dung kein Getreide, sondern ein anderes Gewächs, gewöhnlich Rapssaat gebaut wird. Ein so starker Hordenschlag wird hierdurch nämlich nicht allein am vortheilhaftesten benutzt, sondern man würde auch beim Getreide das Lagern besorgen müssen, welches nach der Hordendüngung sehr leicht erfolgt.

Gewöhnlich giebt man jedoch, wenn man zu einer solchen Frucht stark düngen will, den Hordenschlag nicht so stark, sondern erst eine Stallmistdüngung, und legt, nachdem diese untergepflügt worden, einen schwächeren Hordenschlag darüber.

Das Getreide, welches auf Hordenschlag, besonders nach starkem wächst, hat gewisse üble Qualitäten, die es dem Bäcker, Brauer und Branntweinbrenner unannehmlich machen, wovon an einem andern Orte.

In der Regel wird das Land, worauf man die Horden legen will, kurz vorher umgepflügt, und dann eilt man so sehr wie möglich, den Pferch flach unterzubringen, und mit Erde wieder zu bedecken. Diese fast allgemein befolgte Regel ist mir indessen nach den Versuchen eines Freundes zweifelhaft geworden, der von dem länger obenauf liegenden Pferch eine stärkere Wirkung verspürt haben wollte: eine Beobachtung, die ich aber fernern Untersuchungen noch überlassen muß. Gewiß ist es, daß man manchmal einen leichten Hordenschlag über die schon untergebrachte Saat mit großem Nutzen gelegt hat. Von einer Behordung eines bestellten Kartoffelfeldes habe ich sehr große Wirkung gesehen.

Auch bedient man sich des Hordenschlages zuweilen zur Bedüngung hochgelegener Wiesen oder künstlicher Futterfelder mit sehr gutem Erfolge, besonders wenn sie zu abgelegen vom Hofe sind, um den Dünger auf der Achse hinzuschaffen.

Einige, die gegen den unmittelbaren Hordenschlag Bedenklichkeiten, und Stroh zur Einstreuung im Ueberfluß haben, dennoch aber sehr entfernte oder an Bergen gelegene Felder mit dem Schafmiste bedüngen wollen, legen feststehende Horden in der Nachbarschaft dieser Felder an, versehen sie mit hinlänglicher Streu, und bringen die Schafe des Nachts, auch wohl, wenn diese Plätze durch Bäume beschattet sind, in der heißesten Zeit des Mittags hinein, und erhalten so einen reichlichern Dünger mit geringerer Arbeit — denn das Anfahren des Strohes ist sehr viel leichter — in der Nähe dieser Felder. Man kann den Schafen in solchen feststehenden ausgestreuten Horden mehreren Spielraum geben, und die Einstreuung giebt ihnen ein gesunderes Lager, als der feuchte Erdboden.

§. 42.

Düngung mit thierischen Abfällen.

Da jede thierische Substanz ein kräftiges Düngungsmittel ist, so würde die Fruchtbarkeit des Bodens und die Produktion ungemein gewinnen, wenn außer den Auswürfen der Thiere auch alle absterbenden thierischen Körper und die sonst unzubenutzenden Abfälle des Schlachtviehes sorgfältiger als Düngungsmittel gebraucht würden, und wenn man verhütete, daß nichts davon aus dem großen Kreislaufe der Natur verschleudert werde.

Aeser.

Die Aeser der Thiere geben einen vorzüglich wirksamen Dünger. Wenn man sie in Gruben oder ausgemauerten Behältern, besonders da, wo sie sich bei einer Abdeckerei zusammenhäufen, brächte, sie mit ätzendem Kalke bestreute und mit Erde bewürfe, und die Masse, nachdem sie ihren Gestank verloren, was vermittelst des Kalks sehr schnell geschieht, durcharbeitete: so würde schnell ein Dünger von gewaltiger Kraft daraus hervorgehen, und der Tod bald neues Leben und neuen Lebensgenuß hervorbringen. Wenn dagegen die Aeser an der Luft verwittern oder tief unter der Oberfläche verscharrt oder ins Wasser geworfen werden, so werden sie aus jenem Zirkel herausgestoßen und die Lebensmaterie vergeudet.

Knochen.

Selbst die Knochen werden mürbe, wenn sie mit ätzendem Kalk vermischt werden, lassen sich dann leicht zermalmen, und thun, so bereitet, eine auffallend große Wirkung. Man brennt sie sonst auch zuweilen, wo sie sich auf Schindangern angehäuft haben, zu Asche, die freilich als Düngungsmittel nicht ganz unwirksam ist, aber doch nur aus phosphorsaurem Kalk besteht, aus welchem der wirksame thierische Leim ganz ausgetrieben ist.

§. 43.

Fische.

An den Seeküsten hat man oft Gelegenheit, Fische als Düngungsmittel anzuwenden, und selbst auch an den Mündungen großer Ströme, wie z. B. vor mehreren Jahren an der Elbe, als eine unbezwingliche Menge von Heringen sich daselbst einfand. Sie müssen aber durchaus erst mit ätzendem Kalk bestreut und dann mit Erde gemengt werden, um den vollen Nutzen davon zu erhalten. Ein so bereitetes Gemenge thut, wenn es über die Saaten gestreut wird, der Erfahrung nach eine sehr große Wirkung; wogegen die unzersetzten Fische auf den Acker gestreut und untergepflügt im ersten Jahre eine nachtheilige, in den folgenden aber eine nur geringe Wirkung gezeigt haben.

Es ist derselbe Fall mit dem schlechten Heringsthran, den man auch zuweilen als Dünger gebraucht hat. Unzersetzt hat man ihn, wie jedes ölige Wesen, der Vegetation nachtheilig gefunden. Wird er aber zuvor durch Kalk oder Alkalien zersetzt, so giebt er nach vielen gemachten Versuchen ein sehr kräftiges Düngungsmittel ab.

§. 44.

Hörner und Klauen.

Die hornartige Substanz der Thiere gehört unter die allerkräftigsten Düngungsmittel, zersetzt sich leichter als die Knochen und von selbst. Sie besteht größtentheils aus thierischem Leim, und löst sich daher fast ganz in Azot, Hydrogen, Kohlen- und Sauerstoff, Phosphor und phosphorsauren Kalk auf, die dann wahrscheinlich in verschiedene quantitative Verbindungen übergehen, und sehr fruchtbare Materien bilden. Man bedient sich am meisten der Abfälle der Drechsler und Kammmacher. Die fein geraspelten Späne zersetzen sich am schnellsten, und wirken daher am mächtigsten. Ihre Wirkung dauert dann aber auch nur ein Jahr.

In diesem Jahre kann sie aber auch leicht für Getreidefrüchte zu stark werden, und zu geiles, zum Lagern geneigtes Korn hervorbringen. Auch soll dieses Korn wegen ihrer treibenden Fruchtbarkeit in den Halmen später zur Reife kommen und trocknen, ferner am stärksten mit Mehlthau befallen werden, die Körner minder mehlhaltig seyn, und sich im Uebrigen eben so verhalten, wie die auf Schafpferch gewachsenen: vermuthlich wegen des vielen Azots, welches in beiden enthalten ist. Man wende sie deshalb lieber zu anderen Gewächsen an, die eine geile Düngung besser ertragen können. Sind gröbere Hornstücke darunter, oder nimmt man zerhackte Klauen, so geht die Zersetzung später vor sich; sie thun ihre Wirkung minder im ersten Jahre, sind aber nachhaltig für die folgenden. Nach den Vorschriften der Engländer bringt man 5 bis 600 Pfund auf den Morgen, und hält dies für eine starke Düngung. Ich habe 24 Scheffel solcher Abfälle der Hornarbeiter aufbringen lassen, die theils aus feineren Spänen, theils aus gröberen zurückgeworfenen Stücken bestanden. Je nachdem mehr oder weniger von letzteren darunter war, wog der Scheffel 24 bis 32 Pfund. Das Quantum nach dem Volumen zu bestimmen, ist hier wohl sicherer als nach dem Gewichte. Denn die feinern Späne wiegen weniger, als die groben Stücke, wirken dagegen schneller.

Die Klauen, welche die Schlächter zuweilen aufbewahren, müssen, um sie auf dem Acker zu zertheilen, klein gehauen werden, was sehr schwierig ist, wenn man sie nicht etwa lange in Wasser, dem etwas Kalk und Asche zugesetzt worden, erweicht hat. Man kann sich ihrer aber mit großem Vortheil zur Düngung der Wiesen bedienen. Man sticht nämlich in einer Entfernung von $1\frac{1}{2}$ bis 2 Fuß Löcher, und in jedes Loch einen solchen sogenannten Ochsenpantoffel, in welchem sich das Wasser sammelt. Im ersten Jahre zeigt sich nur um den Rand eines jeden Stücks herum ein üppiger Graswuchs, im zweiten Jahre, wo sich die Substanz völlig aufgelöst hat, zeigt sich die lebhafteste Vegetation über die ganze Wiese.

§. 45.

Schlächter-Abfall.

Aller Schlächterabfall, der in Gruben gesammelt wird, und aus Blut, Haaren und andern Unreinigkeiten besteht, ist ebenfalls ein sehr wirksamer Dünger, der mit Erde versetzt in kleinerer Quantität schnelle und große Wirkung hervorbringt. Es ist fast Verschwendung, ihn wie andern Mist aufzufahren und gleich unterzupflügen, indem man als Kompost weit mehr damit ausrichten kann.

Lohgerber-Abfälle.

So ist auch der Abfall der Lohgerber — ich meine den eigentlich thierischen, nicht die von ihnen gebrauchte Lohe — eins der allerkräftigsten Düngungsmittel, welches ebenfalls mit Sparsamkeit nur als Kompost zur Obenaufdüngung gebraucht werden sollte.

Haare und Wolle.

Die Haare und Wolle der Thiere sind der hornigen Substanz in ihren Bestandtheilen gleich, sie zersetzen sich aber nicht so schnell, wenn sie nicht mit etwas Kalk gemengt werden. Die wollenen Lappen und alte Hüte werden in England sorgfältig gesammelt, und als Dünger vortheilhaft verkauft. Man bringt sie in Gruben mit etwas zwischengestreutem Kalk zusammen, läßt sie vermodern, und vermengt sie mit Erde. Ich finde in Young's Annalen einige Beispiele angeführt, wo man mit besonders großer Wirkung jede Setzkartoffel in einen wollenen Lappen eingewickelt, und so gelegt hatte. Ein bekannter deutscher, immer etwas enthusiastischer Schriftsteller gab den Rath, daß Jedermann seinen Hut, statt ihn länger unnützer Weise auf dem Kopfe zu tragen, auf den Acker bringen solle, woraus er in der Folge eine allgemeine Fruchtbarkeit und einen Ueberfluß von Nahrungsmitteln ableitete. Gewiß ist es, daß, wenn nur alles Abgetragene zur Düngung gehörig benutzt würde, eine beträchtliche Produktion daraus hervorgehen könnte.

Altes Leder.

Schuhe und altes Leder zergehen zwar an der Luft nicht leicht, werden aber mit etwas Kalk bestreut ebenfalls in eine fruchtbare schleimige Masse zersetzt.

Fettgrieven.

Die Grieven der Lichtzieher — wenn sie nicht etwa schon unter die Seifensiederasche kommen — geben ebenfalls eine sehr schätzbare Düngung, die aber nur im Kompost und zur Ueberstreuung gebraucht werden muß.

Zuckererde.

Endlich gehört auch der Abfall der Zuckersiedereien oder die Zuckererde, welche größtentheils aus Blut, Schleimstoff und Kalk besteht, zu den höchst wirksamen thierischen Düngungsmitteln, und man hat in Wirthschaften bei großen Städten, wo man alle diese Abfälle haben konnte, keins in kleiner Masse wirksamer gefunden, als dieses.

Alle diese Düngungsmittel haben nur die Nachbarn großer Städte und sehr bevölkerte Gegenden voraus.

Vegetabilische Düngungsmittel.

§. 46.

Die bloß vegetabilischen Düngungsmittel haben bei weitem nicht die Kraft und schnelle Wirkung der thierischen, sind dagegen aber sehr nachhaltend im Boden. Sie scheinen mehr ausdauernden Humus zu erzeugen, welcher sich minder schnell zersetzt und in neue Pflanzen übergeht. Das Hinzutreten der thierischen Substanzen, so wie der Kalk und die Alkalien, beschleunigen ihre völlige Zersetzung. Eine bloß vegetabilische Düngung, von Zeit zu Zeit angebracht, erhält den Acker um so sicherer in Kraft, und giebt ihm verlorene Kraft nachhaltender wieder, als thierische Düngung; weswegen einem sehr erschöpften Boden durch sogenannte Ruhe mehr als durch Mist geholfen wird.

Wir haben schon derjenigen vegetabilischen Substanzen erwähnt, die als Einstreuungsmittel am nutzbarsten gebraucht werden, und in Vermengung mit den Auswürfen der Thiere dann zur schnellen Zersetzung fortgerissen werden, die übermäßige Fäulniß der thierischen Substanz aber moderiren.

Es kommen aber noch andere vegetabilische Substanzen in Betracht, die ohne jene Vermengung mehrentheils unmittelbar dem Acker, der sie hervorbrachte, wieder mitgetheilt und ihm einverleibt werden. Dies geschieht theils zufällig, theils absichtlich.

Alles Unkraut, welches auf dem Acker wächst, und vor dem Samenansatze wieder untergepflügt wird, vermehrt ohne Zweifel seine Kraft. Denn obwohl die meisten Pflanzen des Moders im Boden bedürfen, um sich auszubilden und zu wachsen, so nehmen sie doch auch, wie mannichfaltige Erfahrungen und Versuche lehren, luftförmige Stoffe und wahrscheinlich die Urbestandtheile des zersetzten Wassers in sich auf, und wandeln solche vermöge ihrer Lebensthätigkeit in organische Stoffe um, so daß man mit Ueberzeugung annehmen kann, eine jede wachsende Pflanze vermehre die organische Materie und den Humus, wenn sie auf der Stelle, wo sie wuchs, vermodert. Daher ist eine starke und mehrmals ausgrünende Brache, abgesehen von den übrigen Vortheilen, welche sie dem Acker giebt, als eine schwache Düngung oder Vermehrung seiner Kraft anzunehmen. Je stärker das Ausgrünen des Unkrauts ist, je mehr es emporzutreiben zwischen jeder Furche Zeit hat, um desto mehr Kraft wird es gewinnen. Der mit Hederich am meisten angefüllte Acker wird am meisten Nutzen von der Brache haben, selbst ohne Hinsicht auf den Vortheil, der aus der Zerstörung dieses Unkrauts erfolgt.

Auch selbst die Stoppel, welche von den meisten Früchten im Acker zurückbleibt, giebt ihm wenigstens einigen Moder zurück. Je stärker diese Stoppel ist, um desto mehr bewirkt sie, und daher wird der Acker bei gleicher Mistdüngung merklich weniger in solchen Gegenden ausgesogen, wo man den Gebrauch hat, eine sehr hohe Stoppel beim Schneiden des Getreides stehen zu lassen. Es ist dann aber von Wichtigkeit, diese Stoppel bald unterzupflügen, weil sie nur im Boden in eigentliche Fäulniß überzugehen scheint, der Luft ausgesetzt aber mehr verwittert. Die Stoppel anderer Früchte, die stärkere Stengel und Wurzeln haben, überwiegen zum Theil die Getreidestoppel in der Masse dessen, was sie dem Boden zurückgeben. Am auffallendsten düngen aber diejenigen Gewächse durch ihre umgepflügte Stoppel und zerstörten Wurzeln, welche nicht durch Reifung des Samens in dürres Stroh verwandelt wurden, sondern noch schleimige Theile in sich behielten. Daher die anerkannte verbessernde Eigenschaft der grünen Wicken und des Klees, die in der Regel vor ihrem Unterpflügen überdem noch neue saftreiche Blätter hervortreiben, und auch bei ihrer Aberntung manche Abfälle auf dem Felde zurücklassen.

Am wirksamsten düngt der Rasen oder die Grasnarbe, die sich nach einer längeren Ruhe auf dem Boden erzeugt. Das dichte Gewebe von Kraut und Wurzeln, gemengt mit der thierischen Materie der absterbenden Würmer und Insekten, wozu sich noch der Rückstand des Düngers des weidenden Viehes gesellt, giebt dem Erdboden eine beträchtliche Kraft, welche mehrere Ernten ohne aufgefahrnen Dünger zu geben vermögend ist. Man hat dies fälschlich der Ruhe des Ackers selbst zugeschrieben, welche doch keine andere als eine negative Wirkung haben kann. Derjenige Boden, welcher in der größten Kraft niedergelegt worden, und daher die reichste Grasnarbe zu bilden vermag, wird während seiner Ruhejahre, nicht durch seine Unthätigkeit, sondern gerade durch seine produzirende Kraft am meisten an neuer Kraft gewinnen. Der irrige Begriff von Ruhe hat vielleicht mit dazu Veranlassung gegeben, oder doch das gewöhnliche Verfahren erhalten, daß man nur erschöpften Acker zu Grase niederlegt, in der Hoffnung, er werde durch die Ruhe Kräfte wieder erhalten. Er thut dies freilich, indem noch immer einige Produktion darauf vorgeht, oder weit langsamer und in weit geringerer Progression, als wenn er in mehrerer Kraft niedergelegt wurde. Je fruchtbarer der niedergelegte Boden noch ist, um desto mehr Blätter und Wurzeln, auch desto mehr Würmer und Insekten werden sich darauf erzeugen, desto mehr Mist wird darauf fallen; und er wird sich um so stärker bereichern, je reicher die Quelle von Nahrungsstoff ist, den er in sich hält.

§. 47.
Unterpflügen grüner Saaten.

Eine schnellere und reichhaltigere vegetabilische Düngung geben wir aber dem Acker, wenn wir angemessene Pflanzen, die zu einer größeren Stärke und Entwickelung kommen, darauf aussäen, und sie im Zeitpunkte ihrer Blüthe entweder geradezu unterpflügen oder sie erst durch darauf getriebenes Vieh abfressen und niedertreten lassen, dann aber sogleich unterbringen. Diese Methode ist uralt, und stand bei den Römern in größtem Rufe. Sie hat sich in Italien bis auf den heutigen Tag fortgepflanzt, und man hält daselbst eine solche grüne Düngung, auch wo es an thierischem Miste nicht mangelt, dennoch für höchst nützlich, um den Boden in die höchste Fruchtbarkeit zu versetzen. Das dortige Klima begünstigt diese Methode freilich mehr als das unsrige, indem man solche Saaten erst nach der frühern Aberntung aussäet, wo dann noch Zeit genug zu ihrem Heranwachsen übrig bleibt. Unter allen Pflanzen, die hierzu gebraucht werden, hat keine so viel Ruhm, wie die weiße Lupine, welche von den ältesten Zeiten an bis auf die jetzigen bloß zu dieser Absicht angebauet wird, indem sie sonst weder als menschliches noch als thierisches Nahrungsmittel im Kraut und in der Frucht, wegen ihres barschen Geschmacks, nützlich gebraucht werden kann. Bei einer vorläufigen Untersuchung hat sich gezeigt, daß diese Pflanze vielen kleberartigen Stoff in sich enthalte, woraus sich die vorzügliche düngende Kraft, die ihr beigemessen wird, erklären läßt. Der Same selbst wird nach Simonides Gemälde der Toskanischen Landwirthschaft, S. 114, nachdem man ihm seine Keimkraft genommen hat, um die Olivenbäume eingegraben, um ihnen Düngung zu geben. Ob diese Pflanze sich in ihrer düngenden Kraft so besonders auszeichne, daß sie dieserhalb bei uns angebauet zu werden verdiene, werden uns anzustellende Versuche lehren. Wir haben sie zu dem Ende vermehrt, und sie wächst bei uns, wie allen Gärtnern bekannt ist, sehr gut. Ob sie nach der

Roggenernte eingesäet sich noch hinlänglich entwickle, um grün untergepflügt zu werden, kann ich jetzt auch noch nicht bestimmen.

Wir haben aber mehrere Gewächse, die sich ebenfalls zu diesem Zwecke passen. Sie müssen folgende Eigenschaften haben:

a) Das zu wählende muß dem Boden, seinem Vermögen, seinem Feuchtigkeitsgrade und seiner Lage angemessen seyn, damit es nicht dürftig, sondern üppig darauf wachse.

b) Der Same muß wohlfeil, d. h. leicht zu gewinnen oder in geringer Quantität zur Besamung eines Ackers zureichend seyn.

c) Es muß in möglich kürzester Zeit zu der erforderlichen Größe und Entwickelung kommen, damit es, in die Brache gesäet, die erforderlichen Pflugarten zulasse, oder aber nach einer anderen Frucht in demselben Jahre gebauet werden könne.

d) Es muß den Boden locker erhalten, und ihn mit seinen Wurzeln stark durchbringen, mit seinem Kraute beschatten.

e) Es muß vielen Schleim und einen der thierischen Natur ähnlichen Stoff in sich enthalten.

f) Bald in Fäulniß übergehen.

Alle diese Eigenschaften vereinigt kein Gewächs so sehr, wie der Ackerspörgel, und mit diesem sind daher auch bei uns am meisten glückliche Versuche angestellt worden. Vergleiche Annalen der Niedersächsischen Landwirthschaft, III. Jahrgang 1stes Stück, S. 223. Man kann diesen Spörgel vor dem Unterpflügen erst schnell mit Vieh betreiben, welches man dann aber auch des Nachts darauf lassen muß, wenn man die volle Wirkung davon haben will.

Man hat auch manche andere Pflanzen dazu gebraucht, und diejenigen, die öligen Samen tragen, vorzüglich wirksam gefunden; nächst diesen hat man andere aus der Diadelphistenklasse, Erbsen, Wicken, Bohnen, dazu gebraucht, insbesondere in England, wo man jedoch in der Regel erst allerlei Vieh, besonders Schweine hineintreibt, die sich darin mästen, ohne welche Benutzung auch die Auslage für den Samen wohl zu hoch kommen würde.

Ferner ist der Buchweizen oder das Heidekorn dazu gebraucht worden, welches in grünem Zustande aber ebenfalls ein sehr nahrhaftes Viehfutter giebt.

Auch Wasserrüben hat man, wie schon Friedrich der Große erzählt, hauptsächlich zu diesem Zwecke ausgesäet; und endlich empfiehlt mein verehrungswürdiger Freund Hermbstädt, der darüber angestellte Versuche erzählt, die Runkelrüben, um mit verschiedenen Zusätzen einen wirksamen Dünger daraus zu bereiten. Vergl. dessen Archiv der Agrikulturchemie, Bd. I. S. 79 u. s. f.

Eine Methode, welche da, wo sie bekannt war, sich so ununterbrochen erhalten hat, verdient keinesweges vergessen, sondern mit mehrerer Aufmerksamkeit, als bisher bei uns geschehen ist, versucht zu werden. Es scheint beim ersten Anblicke Verschwendung, eine grüne Saat, die man abmähen und auf dem Stalle mit dem Viehe verfüttern könnte, so niederwalzen oder niedertreten zu lassen. Man glaubt, der Dünger könne dem Acker wieder zu gut kommen, wenn man sie erst für das Vieh genutzt habe, und man hat Recht. Allein man kann ja immer mehr aussäen, als man mit dem mehrentheils festgesetzten Viehstande benutzen, und mit seinen Arbeitern, einernten kann. Und dann scheint es nach den Bemerkungen der Italiener einigen Bodenarten vortheilhafter, wenn sie zu Zeiten eine bloß vegetabilische, und wie man es dort nicht ganz unrichtig nennt, abkühlende Düngung erhalten.

Manche haben diese Methode nur für entferntere, neu aufgebrochene oder erschöpfte Ländereien empfohlen. Aber auf den ganz außer Kraft gekommenen wird sie wenig bewirken, weil die als Dünger ausgesäeten Gewächse zu kümmerlich daselbst aufkommen. Der Acker, der Dungkraft erzeugen soll, muß hier wie überall noch Dungkraft haben. Diese Düngungsart ist also mehr zur Erhaltung der Fruchtbarkeit im Acker, als zur ersten Begründung derselben anwendbar, und daher ist sie wahrscheinlich bei uns bisher so wenig in Gebrauch gekommen. Es läßt sich übrigens beinahe fühlen, was sie bewirken kann, wenn man ein dicht bekrautetes Hülsenfrucht=Feld ansieht, und sich denkt, daß diese grüne Masse nun untergepflügt werde.

§. 48.

Vegetabilische Abfälle.

Jeder vegetabilische Abfall und sogenannte Unrath kann, wenn er zusammengehalten, in Verwesung gesetzt, und zu dem Ende mit etwas thierischem oder mit Kalk versetzt wird, zum Dünger dienen. Küchenabfall, Unkraut, vermodertes Holz und Sägespäne, gebrauchte Gerberlohe tragen zur Vermehrung des Düngervorraths bei. Man bemerkt, daß alle diejenigen Vegetabilien, welche bei der Einäscherung vieles Kali geben, besonders düngend sind, z. B. die Strünke der Tabackspflanzen und das Stroh des türkischen Weizens, wenn man sie nicht vortheilhafter benutzen kann. Eine vorzüglich düngende Eigenschaft hat auch das Kartoffelkraut, welches aber, wenn es sich schnell auflösen soll, in seinem grünen Zustande zusammengetreten, oder aber sogleich in den Mist gebracht werden muß. Man hat es auch mit Rasenerde und etwas Kalk in Mengehaufen gebracht, und von diesem Kompost eine ganz vorzügliche Wirkung verspürt. Es ist keineswegs unbedeutend, was ein Acker Kartoffeln an diesem Düngmateriale wiedergiebt. Bleibt es auf dem Acker liegen und wird dann untergepflügt, so zersetzt es sich freilich auch allmählig, und es läßt sich daraus zum Theil die geringe Erschöpfung erklären, die Manche vom Kartoffelbau bemerkt haben. Die Zersetzung geschieht aber langsam, und es ist dann der Bestellung im Wege.

So giebt es auch manche andere nützliche Pflanzen, die sehr hohe Stengel treiben, z. B. die Sonnenblume (Helianthus annuus) und der Erd-Apfel oder Erd-Artischocke (Helianthus tuberosus), und außer ihrer eigentlichen Frucht eine große Menge Moder geben können, welches bei ihrem Anbau allerdings Rücksicht verdient.

Das Kraut der salzigen sowohl als der süßen Seen, von jenen besonders die Fucusarten, von diesen der Armleuchter (Chara vulgaris), welcher immer mit einem kalkigen Schleim überzogen ist, gehören zu den wirksamsten Düngungsmitteln, die für sich oder mit thierischem Miste versetzt in Fäulniß gebracht und aufgefahren werden.

§. 49.

Der Moder.

Zu den vegetabilischen Düngungsmitteln gehört auch der Moder, welcher sich theils in Niederungen und Sinken, theils unter dem Wasser in Teichen findet. Denn wenn er gleich zuweilen und zwar um so besser mit thierischen Theilen vermischt ist, und mehrentheils auch eine starke Zumischung von Grunderden hat, die sich nach der Erdart der umliegenden Gegend richten, so hat doch die vermoderte vegetabilische Substanz, wo nicht quantitativ, doch virtuel das Uebergewicht darin. Er kommt daher in seiner Wirkung der vegetabilischen Düngung am meisten gleich, d. h. er ist minder treibend und reizend, aber nachhaltend und nahrungsreicher, als der thierische Dünger. Man nennt ihn deshalb einen kühlenden, fruchthaltenden Dünger.

Wir haben von der verschiedenen Art und Beschaffenheit des Moders in dem Hauptstücke von der Agronomie geredet, und besonders seinen säurefreien und sauren Zustand unterschieden.

Es ist ein großer Vortheil, wenn man einen solchen von der Natur seit Jahrtausenden zusammengehäuften und aufgesparten Schatz von fruchtbarer Materie auf seinem Grund und Boden findet. Und wie groß auch die Beschwerlichkeiten und Kosten seyn mögen, ihn heraus auf den Acker zu schaffen, so werden sie sich doch immer belohnen und hoch rentiren, wenn man nur das Kapital daran zu wenden vermag. Gestehen muß man aber, daß dieses oft beträchtlich sey, und sich nicht immer in den ersten Jahren wiederbezahle.

Die Hauptschwierigkeit bei dem Ausbringen des Moders ist die, daß man ihn erst vom Wasser befreie: denn es ist ein seltener Fall, daß er trocken genug liegt. Zuweilen kann dies durch Abzugsgräben völlig erreicht werden; mehrentheils sind aber die Sinken, worin er liegt, von Anhöhen so umgeben, daß ein hinlänglich tiefer Durchstich der letzteren zu schwierig wird. Hier muß man sich mit Schöpfmaschinen, Schneckenschrauben oder Pumpen helfen, wodurch die Arbeit allerdings sehr vermehrt wird. Man nimmt die Arbeit des Ausbringens entweder im Sommer oder auch im Winter beim Froste vor. Im Frühjahr und Herbst ist sie, wenn die Arbeiter im Nassen stehen müssen, der Kälte wegen kaum ausführbar. Im heißen Sommer giebt besonders derjenige Moder, der unter Wasser gestanden hat, und nicht schnell ganz trocken gelegt werden kann, eine sehr ungesunde Ausdünstung, wovon die arbeitenden und in der Nachbarschaft wohnenden Menschen leicht erkranken, besonders Fieber bekommen. In manchen Fällen läßt sich daher die Arbeit im Winter am besten betreiben, wenn man das Wasser im Spätherbst hat ablassen können. Jedoch wird sie wegen des Loshauens des gefrornen Moders und des Eises, welches man mit auskarren muß, beträchtlich vermehrt.

§. 50.

Ausfahrung des Moders.

Den Moder unmittelbar aus seiner Ablagerung auf den Acker zu fahren, ist nur bei dem ganz trocknen rathsam. Den feuchten bringt man immer erst aufs Trockne, und läßt ihn hier wenigstens so lange liegen, bis seine Feuchtigkeit völlig verdunstet ist, weil er sodann sehr zusammenfällt, und der Transport leichter wird. Das Ausbringen geschieht mit Hand- oder Pferdestürzkarren. Letztere nimmt man gewöhnlich einspännig. Welches vortheilhafter sey, muß man sich nach den Ortsverhältnissen berechnen. Wird er nur eine kurze Strecke fortgekarrt, so ist in der Regel die Arbeit mit Menschen, bei einer weiteren aber die mit Pferden minder kostspielig. Zuweilen sind aber auch die Pferdekarren gar nicht anwendbar, wenn nämlich der Grund, worüber gekarrt werden muß, zu sumpfig ist, so daß man Bretter über den Weg herlegen muß.

Man sucht die Arbeit in Verding zu betreiben, und macht diesen entweder nach Schachtruthen oder nach Stürzkarrenladungen. Ueber den Preis läßt sich nur dies im Allgemeinen sagen, daß die Arbeiter dabei mehr als bei gewöhnlichen Arbeiten verdienen müssen, weil diese zu den beschwerlichen und ungesunden gehört. Eine stärkere Branntweinskonsumtion ist ihnen dabei wirklich nützlich.

Vermengung des Moders.

Ist es völlig zergangener Moder, so bringt man ihn in kleinere Haufen, damit er um so eher abtrockne, und in der größten Oberfläche der atmosphärischen Einwirkung ausgesetzt sey. Sind aber viele unzergangene Pflanzentheile darin, Moos und andere Wasserpflanzen, so bringt man ihn, nachdem er etwas abgetrocknet, in große Haufen, damit er sogleich in Gährung und Hitze komme, und jene Vegetabilien verwesen. Man befördert dies sehr, wenn man ihm sogleich etwas frisch gebrannten Kalk, Asche oder auch frischen Stallmist von Pferden zusetzt.

Diese Zusätze sind alsdann besonders nöthig, wenn der Moder Säure enthält, und in dem Falle auch bei solchem, welcher schon völlig aufgelöst ist. Manchmal kann es rathsam seyn, mit diesen Zusätzen zu warten, bis man ihn auf den Acker gefahren hat, wenn er anders daselbst nicht gleich verbreitet, sondern erst in Haufen aufgesetzt werden soll, weil man sich dadurch die doppelte Fuhre der zuzusetzenden Materialien erspart. Es geschieht jedoch nur bei schnell abtrocknendem Moder, den man bei dem Auskarren gar nicht in Haufen bringt, sondern bald auf das Feld fährt, wo er gebraucht werden soll.

Will man von jedem Moder oder Schlamme eine schnelle Wirkung haben, so ist ein Zusatz von thierischem Dünger oder von Alkalien und alkalischen Erden sehr wichtig. Denn dadurch wird er bald auflöslich, und wie man sagt lebendig. Jedoch ist es, wenn der Moder milde ist, nicht immer nöthig, ihn in den Haufen damit zu vermengen. Man kann es auch, nachdem er auf den Acker ausgestreuet worden, und diese Materien darüber her, durch fleißig wiederholtes flaches Pflügen und Eggen thun. Die Verbindung des Mergels, besonders des kalkreichen, des gebrannten Kalks, oder einer Mistdüngung mit der Moderung hat immer den auffallendsten Effekt gezeigt. Eine Mistdüngung braucht aber nur schwach, halb so stark wie eine gewöhnliche zu seyn, und man würde von einer stärkern, wenn man Getreide danach einsäete, nur Lagerkorn zu besorgen haben. Wendet man dagegen die Moderung ohne andere Düngung an, so hat man oft bei der ersten und selbst bei der zweiten Frucht gar keine Wirkung davon, und hatte der Moder noch Säure, wohl eine nachtheilige. Indessen zeigt sich die gute Wirkung doch immer in der Folge, mehrentheils vom dritten Jahre an, und dann um so nachhaltiger.

Quantität des Moders oder Schlammes.

Die Quantität, worin der Moder aufgefahren worden und aufzufahren sey, wird sehr verschieden angegeben: hier sehr stark, eine Ladung von 16 Kubikfuß auf eine Quadratruthe, folglich 180 Ladungen auf 1 Morgen; dort sehr schwach, 20 solcher Ladungen auf 1 Morgen; dort über 1 Zoll, hier 1 bis 2 Linien hoch. Es kommt dabei vorerst auf die Beschaffenheit des Moders an, ob er eine starke Zumischung von Grunderden habe, oder zum größeren Theile aus wirklichem Moder bestehe. Manchmal hat ganz schwarzer Moder doch nur 8 bis 10 Prozent Humus, und besteht übrigens aus Erde. Seine Aufführung kann dennoch höchst wirksam seyn, besonders wenn die Grunderde der Bodenart entgegengesetzt ist, aus geschlämmtem Thon besteht, und auf Sandboden gebracht wird. Enthält er aber größtentheils nur Kieselerde, so kann man von dieser auf sandigem Boden gar keinen Nutzen erwarten, und es kommt nur der eigentliche Humusgehalt in Betracht. Hier wird also eine sehr starke Auffuhr nöthig, wenn sie zur erheblichen Verbesserung des Bodens gereichen soll. Nach einer chemischen Untersuchung des Moders würde man die Quantität der Auffuhr ohngefähr so zu bestimmen haben, daß auf jeden Quadratfuß, der bei einer sechszölligen Tiefe, also zum halben Kubikfuß gerechnet, beinahe 50 Pfund wiegt, doch mindestens 1 Pfund reiner Humus kommen müsse, folglich, wenn der Moder nur 10 Prozent Humus hat, 10 Pfund, welches auf 1 Morgen 259,000 Pfund betrüge, folglich, die Ladungen zu 1600 Pfund angenommen, beinahe 162 auf 1 Morgen. So wie aber der Humusgehalt des Moders stärker wird, so bedarf es dessen weniger. Daß eine schwächere Bemoderung von gar keinem Nutzen seyn könne, soll hierdurch nicht behauptet werden; allein eine auffallende und nachhaltende Verbesserung läßt sich wohl nicht erwarten, wenn man die Ackererde nicht mit 2 Prozent Humus bereichert.

Das Gewicht des Moders ist verschieden, und er ist um so leichter, je mehr er aus Humus besteht, und vorzüglich wenn er noch nicht ganz verweste Substanzen enthält. Man kann daher die Stärke der Ladungen nicht nach dem Volumen, sondern muß sie nach dem Gewichte bestimmen.

Eine sehr genaue Mengung des Moders mit der Ackererde ist sehr wichtig, und zwar, daß dieses bald oder doch in dem Jahre der Auffuhr geschehe. Denn wird er nicht gleich zertheilt und gemengt, so ballt er sich in Klöße zusammen, die dann oft erst nach langer Zeit, besonders in konsistenterem Boden, in Pulver zerfallen und sich gleichmäßig vertheilen, bis dahin aber wenig oder gar keine Wirkung thun. Es ist daher gewiß sehr fehlerhaft, auf die erste Furche, womit man den Moder untergebracht hat, oder auch auf die zweite, gleich eine Saat zu bringen. Man muß vielmehr eine stark bearbeitete Brache darauf halten, und durch vielfaches flaches Pflügen und scharfes Eggen die genaueste Mischung zu bewirken trachten. Vorzüglich ist dieses bei erdigem Moder nöthig; der noch nicht völlig zergangene moosige kann noch eher im Acker etwas klümprig liegen bleiben, indem er sich bei seiner ferneren Zersetzung mehr zertheilt. Auf gemoderten Acker zwischen zwei Furchen eine schnell heranwachsende Düngerpflanze zu säen, besonders Spörgel, ist von einem meiner Korrespondenten mit besonders großem Erfolge versucht worden.

§. 51.

Düngung mit Torf.

Auch des Torfs, besonders des losen, und der von dem Torfe abgefallenen modrigen Erde (Torfmulme) bedient man sich vortheilhaft zum Dünger. Diese Materie muß aber, wenn sie Säure, und noch mehr, wenn sie harzigen Stoff hat, lange aufgeschichtet liegen, und entweder mit gebranntem Kalk, oder mit strohigem Stallmist, oder, was oft hinreichend gewesen seyn soll, mit vielem scharfen Sande in den Haufen durchsetzt werden. Man muß diese Haufen in einer mäßigen, jedoch nicht zu starken Feuchtigkeit erhalten, welches am allerwirksamsten durch aufgegossene Mistjauche geschieht. Auch mit kalkigem Mergel kann er sehr vortheilhaft durchschichtet werden. Man muß diese Mengehaufen oft durchstechen.

Wenn der Torfabfall lange gelegen hat, so wird er auch ohne andere Zuthaten schon zu einem nutzbaren Dünger, insbesondere auf gebundenem, thonigem Boden.

Es giebt solche Lagen der Torfmoore neben dem Ackerlande, wo diese Anwendung sehr nutzbar im Verhältniß der darauf zu verwendenden Kosten geschehen kann.

Zu den ursprünglich vegetabilischen Düngungsmitteln gehört endlich noch die bituminöse, mit Eisenvitriol geschwängerte Erdkohle (Schwefelkohle), welche im Großen wohl zuerst in der Gräflich Einsiedelschen Herrschaft Reibersdorf zu Oppelsdorf bei Zittau als Düngungsmittel mit ungemeinem Erfolge angewandt ist. Da aber der Eisenvitriol an dieser Wirkung wohl den größten Antheil hat, so werden wir darauf zurückkommen, wenn wir von den salzartigen Düngungsmitteln reden.

Auch werden wir dann erst die Aschendüngung, obwohl sie vegetabilischen Ursprungs ist, betrachten.

Mineralische Düngungsmittel.

§. 52.

Verbesserung der physischen Eigenschaft des Bodens durch Aufführung von Grunderden.

Da ein überschießendes Verhältniß einer jeden Grunderde, und selbst des Humus, den Boden in seinen physischen Eigenschaften, seiner Konsistenz, Feuchtigkeitshaltung u. s. w. fehlerhaft machen kann, so ist es möglich, diesen Fehler durch den Zusatz einer entgegengesetzten Erdart zu verbessern. Man kann dies die physische Verbesserung des Bodens nennen, im Gegensatze von der chemischen, worunter man die eigentliche Düngung oder die Zuführung von wirklicher vegetabilischer Nahrung, aber auch von solchen Substanzen begreift, welche die Nahrungstheile aufschließen und zum Uebergange in die Pflanzen geschickt machen.

Jene Verbesserung der physischen Eigenschaft des Bodens durch die Vermengung mit einer entgegengesetzten Erdart ist allerdings möglich, aber nur unter wenigen Umständen mit Vortheil ausführbar.

Thonigen und zähen Lehmboden mit Sand zu verbessern, oder auch umgekehrt den sandigen Boden mit fettem Lehm, ist beinahe nur dann ausführbar, wenn der Untergrund aus dieser entgegengesetzten Erdart besteht. In einigen, obgleich seltenen Fällen kann man es schon durch ein tieferes Pflügen bewirken, welches dann aber mit Vorsicht so eingerichtet werden muß, daß man auf einmal kein Uebermaaß der untern und noch rohen Erde heraufbringe. Oefter kann diese Erde nur durch Rajolen erreicht werden, oder durch sogenanntes Kuhlen oder Wühlen, wo man Gruben gräbt und die erforderliche Erde herauswirft und verbreitet.

Muß die verbessernde Erdart von einem entfernteren Platze hergeholt oder aus einer beträchtlichen Tiefe herausgegraben werden, so wird die Sache so kostspielig, daß nur besondere Lokalitäten sie ökonomisch rechtfertigen können. Denn um eine solche physische Verbesserung des Bodens zu bewirken, oder gleichsam einen neuen Boden zu schaffen, ist eine so große Masse von Erde erforderlich, daß er in den meisten Fällen zu theuer bezahlt werden würde. Man berechne, wie sich die Bestandtheile der aufzufahrenden Erdart gegen die Bestandtheile des zu verbessernden Bodens verhalten, und wie viel demnach von jener erforderlich sey, um in einer Krume von wenigstens 8 Zoll Tiefe eine zweckmäßige Erdmischung zu bewirken. Hieraus ergiebt sich nämlich das Kubikmaaß, welches man auf einer Fläche gebraucht, und danach lassen sich dann mit Rücksicht auf die Lokalverhältnisse die Kosten des Ausgrabens, Ladens, Anfahrens und Verbreitens berechnen, oder durch eine mit Aufmerksamkeit angestellte Probe ausmitteln. Dazu kommt aber noch, daß Sand mit Thon und Lehm, die nicht mergelicht sind oder keine Kalktheile enthalten, sich sehr schwer genau mit einander vermengen lassen, weil diese nicht von selbst zerfallen. Der Thonboden sey mit Sand oder der Sand mit thoniger Erde befahren, so muß er häufig und zwar zuerst ganz flach und allmählig tiefer durchgepflügt, geegget, gewalzt, und die Klöße mit Keulen zerschlagen werden. Zu dem allen muß immer derjenige Zeitpunkt gewählt werden, wo der Thon gerade den Grad von Trockenheit hat, daß seine Schollen durch die Werkzeuge getrennt und zermalmt werden können. Dies findet mehrentheils nur in der Mitte des Sommers Statt; selten aber ist ein Sommer dazu hinreichend. Durch Vermengung mit Mist und mit gebranntem Kalk erleichtert man das Zerfallen, auch wohl durch das Einsäen von Pflanzen, deren Wurzeln in die Thonklöße eindringen, und dann untergepflügt werden. Bewirkt man die genaue Mengung nicht, so verdirbt man den Boden auf lange Zeit mehr, als daß man ihn verbessert, indem die wenigsten Pflanzen es ertragen, daß sie mit ihren Wurzeln auf so heterogene Erdarten stoßen. Wenn ältere Schriftsteller und mündliche Sagen von solchen bewirkten Bodenverbesserungen erzählen, so kann man wohl in den meisten Fällen annehmen, daß die aufgefahrene Erdart ein mehr oder minder kalkhaltiger Mergel war. Noch vor kurzer Zeit nannte man in Holstein das Mergeln Erd- oder Lehmfahren, und ohne von Mergel einen Begriff zu haben.

Nur von solchem Lehm oder Thon, der eine Reihe von Jahren der Atmosphäre ausgesetzt in Erdwällen, Erdmauern oder Wellerwänden, insbesondere in der Nähe der Wohnungen und der Viehhöfe gestanden, und aus der Atmosphäre fruchtbare Stoffe angezogen hat, kann man eine wirklich düngende Wirkung erwarten. Ein solcher Lehm zerfällt auch leichter, und mengt sich mit dem Boden.

Auch hat man die lehmige und thonige Ackererde wohl gebrannt, und dadurch eine dauernde physische Verbesserung dieses Bodens bewirkt. Da der Thon nämlich durch das Brennen seine wasserhaltende und bindende Eigenschaft verliert, und dann, wenn er anders krümelig bleibt, in Ansehung seiner physischen Qualitäten dem Sande gleich wird, so ist der Boden hierdurch lockerer geworden. Wahrscheinlich hat dieses Brennen jedoch auch eine noch nicht genug erklärte chemische Wirkung.

§. 53.

Auffahrung des Sandes.

Das Auffahren des Sandes ist wohl am häufigsten und mit dem größten Vortheil auf reichhaltigen, aber zu losen und der Nässe zu stark ausgesetzten modrigen Boden angewandt worden. Der aufgefahrne Sand senkt sich allmählig von selbst herab, und durchdringt die Modererde, deren schwammige Konsistenz er zugleich zusammenpreßt. Er muß daher so viel möglich auf der Oberfläche erhalten werden, und er ist am wirksamsten gewesen, wenn man ihn nicht unterpflügte, sondern in der Zeit, wo das Land zu Grase lag, obenauf streuete, wodurch auch zugleich der Graswuchs, wie durch einen kräftigen Dünger, vermehrt und verbessert wurde. Auf solchen Bodenarten thut der Sand nach vielfachen Erfahrungen ungleich größere Wirkung, als der kräftigste Dünger, der hier sogar manchmal nachtheilig wird.

§. 54.

Kalkdüngung, wie sie wirke.

Der Kalk im Boden hat zwar auf die physische Beschaffenheit desselben, wie in der Lehre von der Agronomie gesagt worden, einen beträchtlichen Einfluß. Allein bei dem Auffahren desselben nehmen wir wohl nur seine chemische Wirkung in Anspruch, indem solche wohl nie so stark eingerichtet wird, daß er durch jenen eine erhebliche Veränderung in der Konsistenz des Bodens bewirken könne.

Die chemische oder eigentliche düngende Wirkung des Kalkes scheint wieder von zweierlei Art zu sein. Eines Theils wirkt er als ein bloß zersetzendes Mittel auf den Humus, den er auflöst, in Bewegung und in den Zustand setzt, worin er in die Pflanzen leicht übergehen kann. Deshalb ist die Kalkdüngung um so wirksamer, je reichhaltiger der Boden an Humus, und um so auffallender, je auflöslicher dieser Humus seiner Natur nach war. Insbesondere wird der saure Humus durch ihn von seiner Säure befreit, und dadurch erst fruchtbar.

Andern Theils aber ist es höchst wahrscheinlich, daß der Kalk auch durch seine Kohlensäure etwas wirke, und durch selbige den Pflanzen wirklich Nahrung gebe. Die Lebensthätigkeit der Pflanzenwurzeln, besonders gewisser Vegetabilien, scheint die Kraft zu haben, ihm diese Kohlensäure zu entziehen, die er dann aber in eben dem Maaße aus der Atmosphäre wieder anzieht. Denn es ist unläugbar, daß eine Kalkdüngung auch auf solchem Boden, der sehr wenig Humus enthält, und sogar eine wiederholte Düngung dieser Art immer noch einige Wirkung thue, wenn gleich bei weitem keine so starke, wie da, wo noch Humus im Boden ist, oder wo er ihm durch eine abwechselnde vegetabilische und animalische Düngung wiedergegeben wird. Ferner wissen wir, daß einige Pflanzenarten vom Kalke besonders viele Kraft erhalten, und mit ihren Pflanzenwurzeln in den rohen Kalkstein eindringen, und ihn gewissermaßen zersetzen. Dies ist besonders bei der Esparcette merklich, welche 10 bis 20 Fuß tief mit ihrer Pfahlwurzel in den Kalkstein eindringt, Büschel von Nebenwurzeln ausschlägt, die den Kalkstein an ihrem Orte mürbe und krümelig machten, und deren Kraut um so üppiger vegetirte, je tiefer sie eingedrungen war, wenn gleich der Kalkfelsen nur mit sehr flacher und unfruchtbarer Krume bedeckt war.

Der gebrannte, von seiner Kohlensäure befreite Kalk hat eine stärkere düngende Kraft, als der ungebrannte. Er ist in diesem Zustande freilich weit mehr zersetzend und wirksam auf die organische Materie. Allein wir müssen annehmen, daß seine größere Wirksamkeit auch noch einen andern Grund habe. Er zieht seine verlorne Kohlensäure, zumal wenn er in feinem Pulver mit der Ackererde vermengt ist, ohne Zweifel in sehr kurzer Zeit wieder an; aber diese frisch angezogene Kohlensäure hängt ihm wahrscheinlich nicht so fest an, daß er sie den Pflanzen nicht leichter wieder abgeben sollte. Er nimmt solche dann sogleich wieder auf, und so entsteht eine fortdauernde Wechselung dieser Kohlensäure zwischen dem Kalke, den Wurzeln und der Atmosphäre. Daraus läßt es sich erklären, wie selbst sehr kalkhaltiger Boden von einer Düngung mit gebranntem Kalke merklich Fruchtbarkeit erhalte, und wie man einige Wirkung von einer neuen Kalkung verspüre, wenn gleich von einer vorhergehenden älteren offenbar noch Kalk genug in der Ackerkrume ist.

Auf diese verschiedenen Wirkungen des Kalkes — die gegebene Erklärung derselben sey richtig oder nicht — müssen wir nothwendig Rücksicht nehmen, wenn wir die verschiedenen Wirkungen des Kalkes als Düngungsmittel erklären wollen. Sie sind am stärksten und auffallendsten auf Boden, der vielen sauren Humus enthält, welcher vorher der Vegetation nicht zu Nutzen kam. Nächstdem auf Boden, welcher bisher stärkere oder schwächere Mistdüngungen, aber noch nie eine Kalk- oder ähnliche Düngung erhalten hatte. In diesem Falle thut er oft mehr als eine neue Mistdüngung, erschöpft aber für die Folge diesen Boden, und macht es wenigstens nöthig, daß eine kräftige Düngung anderer Art nach einigen Jahren auf ihn folge. Da in jedem beackerten Boden, gesetzt auch, daß er sehr mager scheine, noch immer einiger, wahrscheinlich schwer auflöslicher Humus zurückgeblieben ist, so wird eine erste Kalkdüngung auch auf magerm Boden wohl immer eine auffallende Wirkung leisten. Die schwächste Wirkung, aber doch immer noch einige, thut eine in kurzer Frist wiederholte Kalkdüngung, und sie wird immer schwächer, je öfter sie ohne dazwischen gebrachte humose Düngung wiederkommt.

Auf gewisse Saaten hat die Kalkdüngung einen stärkern Einfluß, als auf andere: nach verschiedenen Bemerkungen auf das Wintergetreide eine geringere, als auf die Sommerung, aber die stärkste auf die Hülsenfrüchte, den Klee und kleeartige Gewächse.

Die wiederholten Kalkdüngungen erträgt übrigens der sehr thonhaltige Boden besser, als der mehr sandige, wobei die physische Wirkung des Kalks als eine gelockerte Erdart, theils aber auch die chemische, indem nämlich der Thon den Humus weit hartnäckiger anhält, in Betracht kommt. Auch der moorartige Boden, wenn er trocken gelegt worden, erträgt wiederholte und starke Kalkdüngungen, indem immer zersetzbare Materie genug vorhanden bleibt, worauf jene wirken können. Hier wird Kalk eine lange Zeit hindurch mehr bewirken, als Mist.

Dagegen wird ein magerer sandiger Boden durch wiederholte Kalkdüngungen, ungeachtet sie jedesmal noch eine schwache unmittelbare Wirkung zu leisten scheinen, endlich ganz verdorben werden. Trifft der Kalk keine organische Materie an, auf welche er wirken kann, auch vielleicht wenig Thon, mit welchem er sich wahrscheinlich lieber zu Mergel verbindet, so vereinigt er sich mit dem Sande zu Mörtel, der schwer auflöslich wird. Man ackert daher auf solchem überkalkten Boden lauter Mörtelstücke heraus, die sich kaum zertheilen lassen, und es kostet wiederholte Mistdüngungen, ehe man einen solchen Boden wieder zu einem lohnenden Ertrage bringen kann. Den Beweis hiervon geben manche Aecker und ganze Güter in Schlesien; dasselbe hat man aber auch in England in den Grafschaften, wo Dreifelderwirthschaft mit einem geringen Viehstande betrieben wird, aber viel Kalk vorhanden ist, auffallend bemerkt.

§. 55.

Manipulation der Kalkdüngung.

Man bedient sich des Kalks gewöhnlich im frisch gebrannten oder kohlensäurefreien Zustande, theils seiner größern obengedachten Wirksamkeit wegen, theils aber auch, weil er nur in diesem Zustande in ein feines Pulver zerfällt, und sich innig mit der Ackerkrume vermengen läßt. Man eilt deshalb möglichst, den gebrannten Kalk zum Zerfallen zu bringen, und ihn sodann mit der Erdkrume oder aber auch mit organischen Düngungsmaterialien zu vermengen.

Man hat zwei Hauptmethoden, ihn dem Acker beizumischen, bei welchen dann freilich noch mancherlei Verschiedenheiten in der Manipulation Statt finden.

Die eine ist die: daß man die Kalkstücke auf einen Haufen zusammenbringt, in der Nähe eines Orts, wo man genugsames Wasser haben kann. Man übergießt ihn dann mit so vielem Wasser, wie erforderlich ist ihn zu löschen, d. h. ihn zu einem feinen Pulver, aber nicht zum Teig zu machen. Er muß hierbei durchgearbeitet werden, und die unzerfallenen größeren Stücke müssen herausgeholt, wieder zusammengebracht, und aufs neue benetzt werden, damit Alles in ein feines Pulver zerfalle. Der Kalk zieht hier sein durch das Brennen verlornes Krystallisationswasser wieder an, aber wenig von seiner Kohlensäure, und bleibt folglich noch in seinem ätzenden Zustande. Er wirkt daher auf die Weise wohl am stärksten und zerstörendsten auf unzersetzte organische Materien im Boden, auf die Insekten, Pflanzenfasern und selbst wohl auf manche Unkrautssamen, die er zerstört, auflöst und zu fruchtbarem Moder umwandelt. Er wird sodann gleich mit Wagen oder Karren auf den Acker ausgefahren, und von dem Fuhrwerke ab mit Schaufeln auf den umgepflügten Acker ausgestreuet. Da dieser Staub sehr beschwerlich ist, so muß man sich bei dem Zuge des Wagens sorgfältig nach dem Winde richten, so daß dieser ihn von den ausstreuenden Menschen, auch von den Pferden wegwehe. Man hat, wo diese Kalkdüngung sehr gebräuchlich ist, auch an den dazu bestimmten Karren mit dem Rade umlaufende Walzen angebracht, ungefähr wie an den Säemaschinen, welche das Kalkpulver ausstreuen.

Die zweite gebräuchlichere Art ist die: daß man die Kalkstücke in kleine Haufen, etwa eines Scheffels stark, auf den Acker in gehörigen

Zwischenräumen vertheilt, und solche dann mit Erde, die man rings um den Haufen aussticht, und dadurch zugleich einen kleinen Abzugsgraben für das Wasser macht, bedeckt. Wenn der Kalk durch die Feuchtigkeit der Luft mehrentheils zerfällen ist, so sticht man ihn mit der Erde durch, und sind noch Stücke darunter, so setzt man ihn nochmals wieder auf, und bedeckt ihn mit neuer Erde. Diese Bedeckung mit Erde hat man zwar vermuthlich in dem falschen Wahne, als verliere der Kalk einen flüchtigen Stoff, zuerst eingeführt; aber sie ist doch reell nützlich, weil sich ohne solche Bedeckung bei regnichter Witterung über den Kalkhaufen eine Borke erzeugt, welche theils das weitere Eindringen der Feuchtigkeit verhindert, theils aber schwerlich wieder zu Pulver zerfällt, sondern in Stücken zusammengeklebt bleibt.

Eine dritte Art, den Kalk zur Vertheilung auf den Acker vorzubereiten, ist noch die: daß man ihn mit Rasen oder Rasenerde, da, wo man sie nahe beim Acker haben kann, z. B. an den Rainen und Abhängen der Felder oder bei binsigen auszustechenden Sinken, in Mieten zusammenbringt, ihn darin zerfallen und den Rasen zersetzen läßt. Diese Mieten werden dann einige Male umgestochen und wieder aufgesetzt. Hier kann sich der Kalk mit der Erde und dem Humus sehr wirksam verbinden und zertheilen, und dieser oft leicht zu bereitende Kompost ist von trefflicher Wirkung. So bringt man ihn auch zwischen moosigen Torf und mit unzergangenen vegetabilischen Substanzen noch stark versetzten Moder. Von seinem Gebrauche zu andern Kompostarten ist §. 32. geredet worden.

§. 56.

Behandlung des ausgestreuten Kalks.

Eine wesentliche Bedingung, wenn man von dem Kalk die erwünschte und möglich höchste Wirkung haben will, ist die, daß er auf das allergenaueste und innigste mit der Ackerkrume durchmengt werde, so daß jedes seiner feinsten Partikeln mit jedem Partikel der Erde in Berührung und Wechselwirkung komme. Hierbei ist also die größte Aufmerksamkeit nöthig. Wenn man ihn auf den gestürzten und vorgeeggeten Acker ausgestreuet hat, so wird er bei trockenem Wetter nochmals stark durchgeegget, und sodann so flach, wie immer möglich, untergepflügt. Am besten bedient man sich hierzu des Exstirpators, der ihn mit der Erde durchwühlt. Nun wird wieder geegget, und darauf um ein Weniges tiefer gepflügt. So muß er mit Einschluß der Saatfurche wenigstens viermal mit Pflug, Egge oder dem genannten Werkzeuge durchgearbeitet werden, und zwar immer bei trocknem Wetter. Die

Kalkdüngung erfordert also nothwendig eine reine und vollkommene Brache. Auf die Weise wird dann auch die gerühmte Wirkung des Kalks, daß er das Land vom Unkraute reinige, völlig erreicht. Verfährt man dagegen hierin nachlässig, so thut der Kalk wenige Wirkung. Von einer schwachen Kalkung verspürt man gar keine, von einer starken oft eine nachtheilige, indem der Kalk zu Mörtelstücken wird. Wo man den großen Fehler beging, ihn mit der ersten Furche zur vollen Pflugtiefe unterzubringen, da hat sich eine Kalkborke unter derselben erzeugt, welche dem Pfluge so im Wege ist, daß der Boden dadurch ganz flach geworden. Dies ist nämlich in den Gegenden geschehen, wo der Kalk wohlfeil ist, und man also verschwenderisch damit umging.

§. 57.

Quantität der Kalkdüngung.

Die Quantität des aufzuführenden Kalks wird sehr verschieden angegeben. Das Geringste, was man mit Nutzen aufgebracht hat, sind 16 Scheffel auf den Morgen gewesen; aber ich finde auch Angaben, besonders bei den Engländern, von 150 Scheffeln auf den Morgen, insbesondere bei neu urbar gemachtem Lande. Es kommt dabei 1) auf die Qualität des Kalks an, ob er nämlich ziemlich rein oder mit vielem Thon oder Sand vermengt sey, auch, wenn man ihn dem Volumen nach mißt, ob er kompakter oder loser sey. Ferner auf die Art des Bodens, indem der gebundene thonige Boden und der viele unzersetzte Pflanzentheile enthaltende, moorige, aber trocken gelegte — denn auf feuchtem Boden thut der Kalk durchaus keine gute Wirkung — eine sehr starke Kalkung mit Vortheil ertragen kann, der mehr sandige aber einer geringern bedarf. Endlich ist unter der Kalkdüngung, die nur einmal unternommen wird, und derjenigen, die regulär abwechselnd mit der Mistdüngung wiederkommen soll, ein Unterschied zu machen. Jene nimmt man nur vor, um dem Acker auf einmal eine radikale Verbesserung, welche man sich vom Kalk unter schon angegebenen Bedingungen versprechen kann, zu geben; diese, um ihn fortdauernd in Fruchtbarkeit zu erhalten. Jene Kalkung muß sehr stark, diese darf nur schwach seyn, und muß mit der Mistdüngung im Verhältnisse stehen; denn man pflegt im letzteren Falle alle drei bis sechs Jahre mit Mist und Kalkdüngung abzuwechseln. Es giebt allerdings aber auch Gegenden, wo man drei bis vier Mal nach einander alle drei Jahre die Brache kalkt, bevor man eine Mistdüngung giebt, wobei dann freilich der Acker aufs äußerste erschöpft worden ist.

§. 58.
Widersprüche über Kalkdüngung.

Ueber die Vortheile und Nachtheile der Kalkdüngung findet man die auffallendsten Widersprüche, aus welchen man ohne den Leitfaden einer richtigen Theorie sich gar nicht, mit demselben aber sehr leicht herauswickeln kann. Der Kalk, besonders der frisch gebrannte, giebt durch sein Anziehen oder Wiederabgeben der Kohlensäure den Pflanzen allerdings wohl einige wirkliche Nahrung, allein sie ist von keiner großen Bedeutung, und seine Hauptwirkung besteht darin, daß er den Humus und die vegetabilischen Theile zersetzt und zu einem gesunden Nahrungsstoff für die Pflanzen umwandelt. Daher ist seine Wirkung groß, wenn er dieser Materie viel antrifft. Die Zerstörung des Unkrauts bei guter Behandlung ist schon von gutem Belange. Natürlich hat man daher von einer Kalkdüngung, manchmal sogar von einer wiederholten so reiche Ernten gehabt, wie von keiner Mistdüngung. Unverständige haben daher der erstern vor der letzteren den Vorzug gegeben, und diese ganz entbehren zu können geglaubt. Aber die Erschöpfung des Bodens zeigte sich dann früher oder später als abschreckendes Beispiel, und nun hat man vor der Gefahr einer jeden Kalkdüngung gewarnt. Der Verständige aber, der einsah, daß der Kalk diesen Mist keinesweges entbehrlich mache, seine Wirkung aber verstärke, benutzte die Fruchtbarkeit, welche der Kalk den ersten Saaten gab, um desto mehr Material zu einer stärkeren Mistdüngung zu gewinnen, und somit durch Mist dem Acker das wieder zu ersetzen, was der Kalk in die üppige Vegetation übergetrieben hatte. Er bedient sich auch da des Kalkes noch fortdauernd auf eine mäßige Weise, wo Andere gänzlich von dessen Aufsuhr abgeschreckt sind.

§. 59.
Kosten der Kalkdüngung.

Die Anwendbarkeit der Kalkdüngung hängt hauptsächlich von den Kosten ab, wofür man sie haben kann, und diese sind der Lokalität nach sehr verschieden. Wenn man einen Wispel Kalk, welcher im Durchschnitt auf 1 Morgen urbares Ackerland gehört, für 10 bis 12 Rthlr. auf den Acker bringen kann, so ist es dieser Ausgabe werth, besonders in dem Falle, wo der Boden in guter Dungkraft steht, aber mit Unkraut so angefüllt ist, daß die Ernten deshalb seiner Kraft nicht entsprechen, und unter der Voraussetzung, daß man doch eine Brache halten will und muß. Hier wird sich diese Auslage in kurzer Zeit wiederbezahlen. Es versteht sich, daß man statt des Kalkes kein anderes, in seiner Wirkung ihm gleichkommendes Düngungsmittel, kalkreichen Mergel, Seifensieder- oder gute Torfasche, mit geringeren Kosten haben könne. Die Kosten einer Kalkdüngung lassen sich nach der Lokalität von Jedem leicht berechnen.

Sie sind da am geringsten, wo man einen Kalksteinbruch in der Nähe hat, oder in Kalksteingeschieben den Lesekalk in Menge findet, oder auch von dem sogenannten Mergelkalk leicht Kalkziegel streichen kann; wenn zugleich das Feuermaterial, Holz, Steinkohle und Torf, wohlfeil ist, und man ihn also leicht an Ort und Stelle brennen kann, ohne ihn weit anfahren zu lassen. Bei einer weiteren Anfuhr des rohen Kalksteins muß man wohl erwägen, daß er beinahe doppelt so schwer ist, wie der gebrannte, und daß man also bei der Fuhre leicht so viel verliert, wie man durch das Selbstbrennen gewinnt. Wenn gleich der reine Kalk auch zur Düngung immer besser ist, als der unreine, so kann man doch auch letztern dazu gebrauchen. Wenn er nur nicht über 15 Prozent Thonerde hat, so ist er zum Brennen noch zu brauchen, und an Sand kann er noch mehr halten. Mancher Kalkstein ist mit vielen metallischen Oxyden vermengt, die ihn wegen der schmutzigen Farbe zum Mörtel verwerflich machen; zum Dünger bleibt er aber dennoch gut. Nur gegen den bittererdigen Kalk hat Tennant und nach ihm mehrere Engländer gewarnt, und wollen von der kohlensäurefreien Bittererde eine höchst nachtheilige Wirkung auf die Vegetation bemerkt haben.

Jetzt weiß man, daß bittererdiger Boden keineswegs unfruchtbar, vielmehr wegen seines Ertrags sehr wünschenswerth ist. Man hat ihn in mehrern Distrikten in Sachsen und Oestreich, und überall da, wo die Krume aus verwittertem Serpentinstein gebildet wurde, angewendet.

§. 60.

Wirkung des Kalks auf Wiesen.

Ueber die Wirkung des gebrannten Kalks auf Wiesen gestreut sind die Meinungen ebenfalls getheilt. Ich kenne darüber keine genau angestellten und verschiedentlich modifizirten Versuche, aber so viel scheint mir aus den zerstreuten Erfahrungen zu erhellen, daß man vorsichtig damit verfahren müsse, und daß ein starkes Aufbringen des ätzenden Kalks leicht gefährlich werden könne. Ein schwaches Ueberstreuen soll dagegen auf trocknen Wiesen sehr gute Wirkung, auf nassen aber gar keine gethan haben, und man hat besonders bemerkt, daß die Kleearten und Wicken stärker dadurch hervorgelockt sind.

Sehr kalkhaltige Gewässer thun durch Ueberstauung und Ueberrieselung den Wiesen vorzügliche Dienste, aber hier wird kohlensaurer und dennoch fein zertheilter Kalk niedergeschlagen.

§. 61.
Ungebrannter Kalk.

Der ungebrannte Kalk ist allerdings auch wirksam; aber theils ist seine Wirkung nicht so groß, wie die vom gebrannten, und er muß in größerer Menge aufgebracht werden, wenn er Etwas leisten soll; theils ist es sehr schwer, ihn so fein zu pülvern, wie nöthig ist. Er kommt deshalb fast nur zufällig und als Abfall in Gebrauch. Der Abkehricht von Kalkstein-Chausseen wird mit sehr großem Nutzen auf die anliegenden Aecker gebracht, der dann freilich auch andere düngende Theile in sich begreift. Von dem Marmorstaube aus den Werkstätten der Steinhauer hat man sehr gute Wirkung gesehen.

Selbst der alte Mörtel scheint sich mit der Zeit aufzulösen, wenn er in Verbindung mit faulenden Theilen kommt. Er thut wenigstens, auf Wiesen gebracht, eine sehr auffallende Wirkung, aber erst nach einigen Jahren.

§. 62.
Der Mergel.

Der Mergel besteht aus Thon und kohlensaurem Kalk, wie wir wissen, in sehr verschiedenen Verhältnissen, aber innig mit einander vermischt, soll er anders den Namen Mergel verdienen. Mittelst dieser Bestandtheile wirkt er als Düngungsmittel auf eine doppelte Weise: physisch durch den Thon, indem er die Konsistenz des losen Bodens dadurch verbessert, und zwar auf eine beständig nachhaltende Weise, und chemisch durch den Kalk oder eigentlich düngend, welche Wirkung sich aber nach und nach vermindert, und endlich ganz verliert. Diese beiden Wirkungen müssen wir wohl unterscheiden. Er thut mehr die eine oder die andere, je nachdem der Thon oder der Kalk in ihm überwiegt. Um die erstere merklich durch den thonigen Mergel zu erreichen, muß er natürlich weit stärker aufgefahren werden, als der kalkige Mergel, von dem man nur die letztere erwartet, und jene physische nachhaltende Verbesserung findet auch nur auf demjenigen Boden Statt, welcher deren bedarf; wogegen einem ohnehin zu thonigen Boden das Auffahren des Thonmergels, wenigstens nachdem die Wirkung des Kalkes vorüber ist, nur nachtheilig werden könnte.

Durch die innige Mengung der beiden Bestandtheile hat der Mergel den großen Vorzug vor dem bloßen Thon oder Lehm, und vor dem kohlensauren Kalk, oder etwa vor einer künstlichen Vermengung beider, daß er sich von selbst vollkommen zertheilt, in das feinste Pulver zerfällt, und sich in den kleinsten Partikeln mit der Ackerkrume vermengen läßt.

§. 63.

Meinungen über den Mergel.

Der Nutzen des Mergels ist schon in uralten Zeiten bekannt gewesen, und er ist hier und da, wo einige Betriebsamkeit im Ackerbau herrscht, immer aufgefahren worden. Daß sich sein Gebrauch nicht mehr verbreitete, lag wohl hauptsächlich an der Unkenntniß seiner Natur. Man verband den Begriff des Mergels immer nur mit einem Mineral von einer gewissen in die Sinne fallenden Beschaffenheit. Da nun der Mergel so mannichfaltige Gestalten und Farben hat, so erkannte Niemand den Mergel, der anders aussah, als die ihm bekannte Art. So ließ der **große Friedrich** — der die gesundesten und richtigsten Begriffe vom Ackerbau hatte, aber endlich durch den geringen Erfolg, den seine Anordnungen, weil man sie mißverstand, hatten, davon abgeschreckt wurde — in den sechziger Jahren viele Mergelgräber kommen, welche die sämmtlichen Marken durchreisen, und nach Mergel suchen mußten, erhielt aber von allen Orten her den Bericht, daß, der sorgfältigsten Untersuchung ungeachtet, nirgends Mergel aufzufinden sey; und dennoch liegt in den Marken der Mergel im größten Ueberflusse, und zwar gerade von einer solchen Beschaffenheit, wie sie dem größten Theile des Bodens am angemessensten ist. Das Vorurtheil, daß hier kein Mergel zu finden sey, war so eingewurzelt, daß man mich beinahe verspottete, als ich anfangs vom Mergeln sprach. Diese aus gebirgigen Orten hergekommenen Mergelgräber kannten vermuthlich nur den steinigen Mergel, der sich freilich nicht anders als in gebirgigen Gegenden findet. In andern Gegenden kannte man nur den weißen Mergelkalk, welcher sich nicht leicht anders als in Niederungen und in wenig mächtigen Lagern findet. Der lehmige Mergel, welcher in den Ebenen am meisten verbreitet ist, war fast allgemein verkannt, und wo der Zufall dessen Nutzen gelehrt hatte, wie in der Pretzer Probstei in Holstein (vergl. Thaer's vermischte Schriften, Band I. S. 631), da glaubte man, ausgegrabener Lehm thue diese Wirkung, und nahm nun freilich zu Zeiten Lehm, der kein Mergel war, hatte also auch nicht die erwartete Wirkung davon. Die Chemie konnte uns zuerst Aufschlüsse über die Erfahrungen geben, die im Widerspruch mit einander zu stehen schienen.

Ferner stand der Verbreitung des Mergels der Mißbrauch entgegen, welchen man davon gemacht hatte. Wo man sich nämlich von seiner großen düngenden Eigenschaft überzeugt hatte, berechnete man häufig, daß er wohlfeiler als der Mist sey, glaubte des letztern entbehren zu können, schränkte den Viehstand ein, und verkaufte Heu und Stroh an Andere, die nicht mergelten. Natürlich ward also der Boden, nachdem die chemische Wirkung des Mergels vorüber war, unfruchtbar, und eine zweite Mergelung half bei einem humusleeren Boden sehr wenig. Deshalb entstand schon vor mehreren hundert Jahren das Sprichwort: der Mergel mache reiche Väter, aber arme Kinder, und das Wort ausmergeln, welches man, selbst ohne Rücksicht auf seinen Ursprung, überhaupt für das Erschöpfen des Bodens gebraucht. Bei einer guten Wirthschaft ist aber jenes Sprichwort so wenig wahr, daß man im Gegentheil sagen kann, der Mergel vermehre den Reichthum progessiv bei jeder Generation, indem durch ihn auch das Material des Mistes selbst in immer größerer Quantität erzeugt wird.

§. 64.

Ueber die Natur, die Kenntniß, die Art und die Lage des Mergels haben wir S. 114 ff. in den §§. 89—100 in der Lehre von der Agronomie geredet. Es bleibt also nur die Rede von seiner Anwendung und von der Manipulation übrig.

Auffuhr des Mergels an begünstigten Orten.

Da die Anfuhr das Erheblichste und Kostspieligste ist, so muß man vor Allem ihn an der nächsten Stelle des zu bemergelnden Feldes aufzufinden suchen. Gesetzt auch, daß er an einer solchen Stelle, der tiefern Lage wegen, beschwerlicher zu gewinnen und aufzuladen wäre, so wird dies, der nahen Anfuhr wegen, doch immer ersetzt. Diese Rücksicht tritt da am stärksten ein, wo man vom lehmigen Mergel eine stärkere Auffuhr machen, und somit losen Boden durch die Thontheile verbessern will. Glücklicherweise findet sich aber dieser thonige Mergel in Gegenden, wo er an einem Orte steht, auch fast allgemein verbreitet, liegt nur flacher oder tiefer unter der Oberfläche; wogegen der kalkige steinige Mergel sich oft nur an einzelnen Stellen abgelagert hat, und oft weit her angefahren werden muß, was aber bei der geringen Quantität, deren man bedarf, dann auch leichter geschehen kann.

Bei einer nicht merklich verschiedenen Entfernung hat man dann die Stelle zur Mergelgrube zu wählen, wo er am flachsten liegt, und wo die Grube dem mindesten Wasserlauf ausgesetzt seyn wird. In allen ebenen Gegenden liegt der Mergel am flachsten an der Spitze der Hügel, und zwar mehrentheils solcher Hügel, die sich durch eine dunkelbraune, bei mäßiger Feuchtigkeit zerkrümelnde Lehmerde auf der Oberfläche auszeichnen.

Bevor man die Mergelgrube anlegt, muß man sich durch den Erdbohrer, oder durch neben einander eingesenkte Löcher überzeugen, daß der Mergel, von gewünschter Beschaffenheit, sich daselbst in beträchtlichen Lagern befinde. Es ist jedoch selten, daß man ihn ganz ununterbrochen findet, und daß besonders in den obern Schichten nicht Sandadern und Sandlagen dazwischen kommen. Diese dürfen daher nicht abschrecken, und das Unbrauchbare kann bei der Bearbeitung der Mergelgrube leicht bei Seite geschafft, und sogar zur Ausfüllung der tief ausgegrabenen Stelle nützlich angewandt werden.

Man untersucht sodann den Gehalt des aufgefundenen Mergels. Er ist selten ganz gleich, und wechselt von Stellen zu Stellen ab. Man muß daher mehrere Stücke untersuchen, und den Gehalt im Durchschnitt nehmen, indem er bei dem Ausfahren ziemlich durcheinander gemengt wird. Je sandiger der Boden ist, worauf man den Mergel bringen will, um desto nutzbarer ist der mergelichte Thon, der wenig Kalktheile hat, und er wird schon brauchbar, wenn er 12 bis 15 Prozent Kalk enthält, obwohl man ihn, um die Wirkung des Kalkes zu erreichen, so viel stärker auffahren muß. Nur der vielen Sand enthaltende Mergel ist für solchen Boden verwerflich. Auf thonigem und lehmigem Boden hingegen würde jener Mergel nicht passen, und man muß da solchen aufzufinden trachten, der wenigstens 40 Prozent, besser aber noch mehr an Kalk enthält. Dagegen schadet hier der sandige Mergel, der manchmal vielen Kalk hat, nicht, sondern ist im Gegentheil vorzüglich anwendbar. Der steinige Mergel in gebirgigen Gegenden ist für den Thonboden besonders geeignet, indem er wenig Thonerde, sondern größtentheils Kalk und feine Kieselerde zu enthalten pflegt. Nur zerfällt er oft erst spät.

§. 65.

Einrichtung der Mergelgrube.

Nachdem man sich von der Zweckmäßigkeit der Stelle und ihres Gehalts überzeugt hat, legt man durch Abräumung der Oberfläche die Mergelgrube an. Diese Abräumung muß so tief geschehen, bis man auf die eigentliche Mergellage, welche einen gehörigen Gehalt hat, kommt. Der Abraum ist manchmal zur Ausfüllung von Sinken, die sich in der Nachbarschaft der Mergelhügel zu finden pflegen, zu gebrauchen. Sonst bringt man ihn auf den untern Rand der Grube in genugsame Entfernung, um nicht auf die Wand derselben zu drücken, aber doch auch nicht zu weit weg, weil man sich dessen zur Ausfüllung der tief ausgegrabenen Stellen in der Folge nützlich bedienen kann. So wie man alle Arbeiten bei der Operation möglichst zu verdingen suchen muß, so ist dies auch schon bei dem Abraume der Fall, und man macht diesen Verding schachtruthenweise, oder nach anderen in der Gegend bekannten Maaßen. Will man sich der abgeräumten Erde nicht zu einem besondern Zwecke an einem entferntern Orte bedienen, so läßt man sie nicht durch Pferde, sondern nur durch Handkarren wegschaffen, zuweilen auch nur durch den Wurf auf den Rand hinauswerfen. Dieses Wegschaffen giebt man dann zugleich mit in Verding. Manchmal kann man sich auch des Rollbretts, welches in der Folge beschrieben werden wird, nützlich bedienen.

Zuweilen ist es rathsamer, den Abraum von der ganzen Fläche und in der vollen Breite, die man der Grube zu geben gedenkt, wegschaffen zu lassen, zuweilen aber erst eine schmalere Breite zu nehmen, nämlich in dem Fall, wo man nicht sehr tief zu gehen gedenkt, und den fernern Abraum dann wieder zur Ausfüllung der ausgestochenen Breite gebrauchen will. Man kann sich auf die Weise von einer niedern Stelle eines Mergelhügels immer weiter nach dessen Gipfel zu hineinarbeiten. Will man hingegen stark in die Tiefe gehen, wozu man sich oft, weil der Mergel immer gleichartiger und kalkreicher wird, veranlaßt findet, so muß die Mergelgrube gleich weit genug angelegt werden, damit man mehr Raum darin habe, und sich gegen das Einstürzen der Wände sichern könne.

Eine Breite von 6 Ruthen und eine Länge von 8 Ruthen machen eine mäßige Mergelgrube aus. Jedoch giebt es Fälle, wo man sie doppelt so groß macht.

Sodann muß man der Mergelgrube eine besondere Einfahrt und Ausfahrt geben, damit das Fuhrwerk nicht darin zu wenden brauche. Beide müssen gelinde abgedacht seyn, so daß sie bequem in die Grube hinein und heraus führen.

§. 66.

Laden und Ausfuhr des Mergels.

Bei der Arbeit der Mergelausfuhr muß man das gerechte Verhältniß zwischen den Arbeitern, die den Mergel loshacken und laden, und dem Fuhrwerke zu treffen suchen, so daß eins nie auf das andere zu warten braucht. Dies Verhältniß ist nach der Entfernung verschieden, wohin der Mergel abgefahren wird, und wiederum nach der Tiefe, aus welcher er hervorgeholt werden muß, nach seiner Zähigkeit, nach der Witterung, und oft nach dem Wasser, welches sich in der Grube sammelt. Es muß so eingerichtet werden, daß immer ein Fuhrwerk zum Laden in der Grube bereit stehe, aber auch nicht zu warten brauche, um voll geladen zu werden. Es dürfen für die Lader wenigstens nur so lange Pausen eintreten, als nöthig sind, den Mergel loszuhacken, oder ihn aus einer größern Tiefe herauf zu werfen. Geht die Arbeit schnell, so müssen besondere Hacker und besondere Lader da seyn.

Wenn die Entfernung größer ist, so kann natürlich jedes Fuhrwerk nicht so schnell wieder zurückkehren, als wenn in der Nähe abgestoßen wird. Es muß sich also das Verhältniß des Fuhrwerks zu den Arbeiten danach vermehren oder vermindern, welches sich leicht bei Beobachtung der Lokalität bestimmen läßt. Kann man bei derselben Zahl der Handarbeiter an einem Tage mehr Gespann geben, so fährt man weiter ab; kann man weniger geben, dann näher der Mergelgrube. Und so auch umgekehrt, wenn man mehr oder weniger Handarbeiter hat.

§. 67.

Kosten und Bezahlung der Arbeit.

Bei der Verdingung der Arbeit pflegt man manchmal das Abfahren, wozu man jedoch die Pferde und das Fuhrwerk giebt, mit einzuschließen oder nicht. Ersteres geschieht, wenn man besondere Pferde und Karren zum Mergel- und Moderfahren angeschafft hat, wozu man dann solche Pferde zu nehmen pflegt, an denen nicht viel zu verderben ist. Wenn die weiteste Entfernung nicht über 70 bis 80 Ruthen ist, so bezahlt man für ein Fuder, welches etwa 18 Kubikfuß hält, in Holstein 1½ Schilling oder 9 Pfennige schwer Geld. Hat man aber Knechte oder besondere Führer bei den Pferden, so bezahlt man für das Laden eines Fuders 6 bis 7 Pfennige. Ich gebe hier für ein solches Fuder zu laden einen schlechten Groschen, welches wenig mehr als einen Schilling schwer Geld macht. Es versteht sich aber, daß alsdann beim Loshauen und Laden keine besondern Schwierigkeiten sich finden dürfen, und daß der Mergel nicht aus der Tiefe heraufgeworfen zu werden brauche, ehe er auf den Wagen geladen wird. So richtet man es ein, wenn man Ackergespann bei müßigen Zeiten zum Mergelfahren nimmt, welches man den Arbeitern nicht übergeben will, und wozu man auch Knechte hat.

Ob es rathsamer sey, besondere Pferde darauf zu halten, oder das Ackergespann in müßigen Zeiten damit zu beschäftigen, hängt ganz von Lokalverhältnissen ab. Will man die Sache bis zu einer bestimmten Ausdehnung betreiben, so ist Ersteres fast unumgänglich nöthig. Denn sonst richtet sich der Fortschritt der Arbeit nur nach der Muße, die die Pferde und zugleich die gewöhnlichen Arbeiter haben. Hält man besondere Mergelpferde, so muß man auch besondere Arbeiter zu diesem Geschäfte anstellen.

Nach den Pferden richtet sich auch in den meisten Fällen wohl das Fuhrwerk. Bei eigenen Mergelpferden sind einspännige Stürzkarren ohne Zweifel am rathsamsten, und die mit dieser Arbeit immer beschäftigten Pferde gewöhnen sich leicht so, daß bei zwei oder drei Karren nur ein Treiber zu seyn braucht. Das Umstürzen der Karren thun dann die Leute, welche mit dem Ausstreuen zugleich beschäftigt sind. Nimmt man die Ackerpferde, so ist ein zweispänniger Wagen vorzuziehen. Zu vierspännigen Zügen rathe ich nicht, wenn der Weg nicht sehr weit und schwierig ist. Auf kurzen Wegen ziehen zwei Pferde fast eben so viel wie vier. Mit diesen habe ich höchstens Ladungen von 25 Kubikfuß erreicht, mit jenen 18 bis 19 in der Regel fahren lassen. Der Kubikfuß wiegt in seinem gewöhnlichen Feuchtigkeitszustande 100 bis 103 Pfund Berliner Gewicht.

§. 68.

Ungleichheit des Mergels in einer Grube.

Selten bleibt sich der Mergel, insbesondere der thonige, in einer Grube ganz gleich. Es kommen Schichten und Sätze, wo er beträchtlich mehr, andere, wo er weniger Kalk hat. Wenn man noch nicht geübt genug ist, dies ziemlich sicher durch das Ansehen unterscheiden zu können, so muß man öfters eine oberflächliche Untersuchung anstellen. Je tiefer man kommt, desto gleichartiger pflegt er zu werden. Oft findet sich eine Sandschicht oder Sandader dazwischen. Dieser Sand ist manchmal sehr kalkreich, und dann ist er vortrefflich auf thonigem Boden, oder um ihn zwischen Moder oder Torf zu bringen. Kann man aber den Sand oder den kalkartigen Lehm nicht gebrauchen, so muß man ihn doch aus dem Wege schaffen, und stößt ihn dann in die ausgestochenen Tiefen, wo man nicht weiter gehen will, hinein.

§. 69.

Bearbeitung der Grube.

Ob man mit dem Ausstechen des Mergels tiefer eindringen solle oder nicht, entscheidet der Umfang der Mergellage und die Art des

Mergels, der immer kalkhaltiger zu werden pflegt, je tiefer man kommt. Aber die Arbeit wird mühsamer und kostspieliger, und auch ohne große Vorsicht gefährlicher. Es muß der Mergel dann aus der Tiefe in Absätzen heraufgeworfen werden, ehe er geladen werden kann, und dieses kostet oft das Doppelte. Sehr aufmerksam muß man darauf seyn, daß die Leute die Wände gerade erhalten, und nicht über die perpendikuläre Linie hineinarbeiten, weil sonst sehr leicht durch das Einstürzen einer Wand ein Unglück entsteht.

Bei dem tieferen Eindringen hat man dann auch mehrentheils mit dem Wasser zu kämpfen, welches sich theils von oben herab in die Grube zieht, theils aus den Sandadern hervorbringt. Man muß es durch eine Schnecke oder Pumpe herausschöpfen. Zuweilen wird aber der Zufluß des Wassers aus einer Quelle so stark, daß man die Grube verlassen muß, es sey denn, daß der Grund derselben noch hoch genug läge, um sich dessen durch einen Stollen entledigen zu können.

Selten pflegt man daher tiefer einzugehen, als 10—12 Fuß. Indessen haben es sich Einige nicht verdrießen lassen, sehr guten Mergel 24 Fuß heraufzuholen.

§. 70.

Quantität.

Die Quantität des aufzufahrenden Mergels ist sehr verschieden. Es kommt dabei auf die Art des Mergels, die Beschaffenheit des Bodens und den Zweck an, welchen man damit erreichen will. Je kalkhaltiger der Mergel ist, um desto weniger bedarf es dessen, weil man bei diesem Mergel nur auf die düngende Kraft der Kalktheile Rücksicht nimmt. Man hält deshalb eine Aufführung von 20 bis 25 Ladungen à 18 Kubikfuß per Morgen schon für eine gute Mergelung. Solcher Mergel hat dann aber 60 und mehrere Prozent Kalk, und wird auf lehmigem oder thonigem Boden gebraucht.

Je mehr der Thon überwiegt, desto stärker muß aufgefahren werden, und insbesondere auf sandigem Boden, welcher dann aber außer der chemischen Befruchtung vom Kalk eine physische und ausdauernde Verbesserung dadurch erhält. Mit mergeligem Lehm wird ein solcher Boden 1 Zoll hoch über und über wohl befahren, da dann 120 Ladungen erwähnter Stärke auf den Morgen gehören. In den meisten Gegenden, wo man die Mergelung erst anfing, hat man diesen Mergel so stark und oft noch stärker gebraucht, allerdings mit nachhaltigem Nutzen und zur radikalen Verbesserung des Bodens. Indessen finde ich, daß man in allen Gegenden, wo man mit der Sache bekannter geworden, und sie mehr im Großen betrieben hat, sparsamer damit geworden sey, und sich statt 60 solcher Ladungen oft mit 40 begnüge. Man hat von dieser schwächeren Mergelung dennoch die erwünschte Wirkung gehabt, nur keine so nachhaltige, und nur auf 10 bis 12 Jahre ausdauernde. Aber man hat dann um so mehr Vortheil dabei gefunden, die Mergelung nach 12 bis 16 Jahren zu wiederholen, was bei jener starken Mergelung sich nicht so vortheilhaft zeigte. Daher läßt man die Arbeit, welche man daran wenden kann, zu Anfang lieber einer größeren Fläche zu gute kommen, und 60 solcher Fuder sind bei Mergel, der etwa 25 Prozent Kalk enthält, das Gewöhnlichste, wodurch das Land ½ Zoll hoch bedeckt wird. Hat der Mergel beträchtlich weniger Kalk, — in welchem Falle er sich nur auf sandigem Boden paßt — so muß man in dem Verhältniß mehr auffahren, wenn man eine befriedigende Wirkung von ihm haben will.

§. 71.

Wiederholung des Mergelns.

Aus der Verschiedenheit der Stärke der Auffuhr des Mergels und des Bodens lassen sich die widersprechenden Erfahrungen, die man über die Wiederholung des Mergelns gemacht hat, erklären. Einmal hat man nämlich vom zweiten oder dritten Mergeln keine Wirkung verspürt, oder gar eine nachtheilige. Ein anderes Mal hat die zweite, ja die dritte Mergelung mehr gewirkt als die erste. Im erstern Falle war Alles, was der Mergel geben kann, noch genug im Boden vorhanden; man hatte aber die Mistdüngung vernachlässigt, und der erschöpfte Humus konnte durch keinen gewöhnlichen Mergel ersetzt werden. War es thoniger Mergel, so ward ein Boden, dem es vielleicht an Thon ohnehin nicht gebrach, mit Thon überfüllt, und wirklich dadurch verdorben. Im zweiten Falle hatte man die Mistdüngung nicht verabsäumt, und der Mergel war dem Boden in Ansehung seiner physischen Wirkung angemessener: die Konsistenz des Bodens verbesserte sich.

Wo man regulär mergelt, aber auch genugsam mistet, nimmt man es als ein Zeichen an, daß der Acker des Mergels mehr als des Mistes wieder bedürfe, wenn Unkraut irgend einer Art überhand darauf nimmt und üppig wächst. Dann vertilgt nicht nur der Mergel, mit dem freilich eine fleißig bearbeitete Brache verbunden ist, das Unkraut, sondern giebt auch mehrere Fruchtbarkeit, als der Mist. Denn das Ueberhandnehmen und die Ueppigkeit des Unkrauts beweiset, daß noch vegetabilischer Nahrungsstoff genug im Boden, dieser aber dem Unkraut angemessener als dem Getreide sey. Die chemischen Wirkungen des Mergels ändern die Natur des Humus wahrscheinlich um.

Wo aber wiederholte Mergelungen gebräuchlich sind, ist man in der Regel sparsamer in der Quantität. Vom thonigen Mergel fährt man dann auf sandigen Boden 25 bis 30 Ladungen, vom kalkigen Mergel auf Lehmboden oft nicht mehr als 10 Ladungen auf.

§. 72.

Dauer seiner Wirkung.

Die Dauer seiner Wirkung wird eben so verschieden angegeben, und muß es den Umständen nach seyn. Sandiger Boden wird durch eine starke Auffuhr von Thonmergel auf ewig verbessert in seinen physischen Eigenschaften, und trägt fortdauernd bessere Ernten, wenn er zu rechter Zeit Mistdüngung erhält. Die chemische Wirkung des Mergels verspürt man, je nachdem er schwächer oder stärker aufgefahren ist, 10 bis 20 Jahre. Die Wirkung des kalkigen Mergels auf Thonboden nimmt man in der Regel auf 12 Jahre an. Dem Pachter werden in einigen Gegenden die Kosten der Mergelung in diesem Verhältnisse ersetzt, wenn er vor vollendeter Abnutzung abgeht. Hat er ihn z. B. 5 Jahre benutzt, so bekommt er $^7/_{12}$ der Kosten, hat er ihn 9 Jahre benutzt, $^3/_{12}$ heraus.

Der Effekt des Mergels steigt in der Regel bis zum dritten Jahre, hält sich dann 3 Jahre in seiner Höhe — gerechte Mistdüngung vorausgesetzt — und nimmt dann wieder ab. Jedoch kommt es darauf an, ob der Mergel schneller oder langsamer zerfällt. Er äußert seine volle Wirkung erst dann, wenn er sich recht innig mit der Ackererde verbunden hat. Deshalb kommt es auch so sehr auf seine Behandlung an, nachdem er aufgefahren worden.

§. 73.

Zeit der Ausfuhr.

Wenn man besondere Pferde auf das Mergelfahren hält, — wie es da geschieht, wo diese Operation im Großen betrieben wird — so fährt man mit der Arbeit, wenn es die Witterung und der tief eingedrungene Frost nicht verhindert, ununterbrochen durch alle Jahreszeiten fort. Gebraucht man aber nur das gewöhnliche Gespann — oft selbst die Zugochsen — dazu, so trifft die Zeit der Muße nur im Spätherbste und Winter, und dann nach der Frühjahrsbestellung bis zur Ernte ein. Der vor und im Winter ausgefahrne Mergel ist von der schnellsten Wirkung, weil er durch den Frost am besten zerfällt. Wenn der Frost vor dem Schnee nur nicht zu tief eingedrungen ist, so verlohnt sich's der Mühe, diesen da, wo man ausstechen will, wegräumen, die gefrorenen Brocken durchbrechen, und den Mergel dann mit Schlitten auffahren zu lassen. Oft aber wird doch die Arbeit zu schwierig. Der später aufgefahrene zerfällt selten genug, um sich hinlänglich mit der Ackerkrume, des mehrmaligen Pflügens ungeachtet, zu mengen, und kann dann auf die nächste Winterung keine merkliche Wirkung haben. Die Regel der Engländer, daß der Mergel zweier vollen Sommer Sonne und eines vollen Winters Frost gehabt haben müsse, ehe man ihn unterpflüge, wird selten befolgt. Bringt man ihn, wie es gewöhnlich geschieht und vorgeschrieben wird, auf die gestürzte Brache, so müßte man nach jener Regel 2 Jahre ungenützte Brache halten. Die Engländer bringen ihn aber auch auf den umgestürzten Dreesch: Gras und Klee sollen kräftig hierdurch wachsen und eine reiche Weide geben, der Mergel sich aber nun nach dem Umbruch leicht mit der Erde mengen. Wenn indessen der vor und im Winter aufgefahrene Mergel bis gegen die Mitte des Sommers liegt, so ist er gewöhnlich zerfallen genug, um sich durch fleißiges Pflügen, Eggen und Walzen mit der Ackererde genau mengen zu lassen. Aber der im Frühjahr gefahrene zerfällt selten genug, um nicht vorerst in Stücken und Klößen im Boden zu bleiben, wenn er untergepflügt wird. Von jenem hat man daher eine schnellere, von diesem eine spätere, im ersten Jahre keine merkliche Wirkung.

Einige, die aus dem aufgefahrenen Mergel so früh wie möglich Nutzen ziehen wollen, säen schon Sommerung ein, Gerste und Hafer oder Buchweizen, mehrentheils aber mit schlechtem Erfolge. Eine reine, fleißig bearbeitete Brache ist durchaus nöthig, wenn er bald wirken soll.

§. 74.

Ausstreuung und Unterpflügung.

Daß die Ausstreuung mit Sorgfalt geschehe, so daß er gleichmäßig verbreitet werde, versteht sich von selbst. Darauf wird er bei trocknem Wetter scharf durchegget, dann, wenn Klöße oder Stücken bleiben, gewalzt, und nun, nachdem er einen Regen erhalten, aber wieder abgetrocknet ist, nochmals geegget. Alsdann wird er, und zwar so flach wie möglich, zum erstenmale untergepflügt. Und nun erhält das Land mindestens noch drei Furchen mit jedesmal darauf folgendem Eggen. Die genauere Verbindung mit der Ackererde wird dann die Natur bewirken. Kommt er aber klumpig zu liegen, so kann sie das nicht, und es wird dann erst bei den nachfolgenden Bestellungen die Mengung allmählig geschehen. Was sich aber nicht in feinem Pulver gemengt hat, ist bis dahin nicht nur unwirksam, sondern der Vegetation positiv nachtheilig.

§. 75.

Kosten der Mergelung.

Die Kosten der Mergelung werden sehr verschieden angegeben, und müssen es natürlicher Weise seyn. Die Arbeit des Auswerfens und Aufladens richtet sich hauptsächlich nach der Tiefe, aus welcher er herausgefördert wird. Jedoch kommt auch die Zähigkeit des Mergels und das Wasser, womit man zu kämpfen hat, in Betracht. Kann der Mergel, nachdem er losgehackt worden, sogleich aufgeladen werden, so ist ziemlich allgemein die Bezahlung für eine Ladung von 18 Kubikfuß zwischen 6 und 8 Pfennige. In Holstein zahlt man dafür $1\frac{1}{2}$ Schilling oder 9 Pfennige schwer Geld, wobei aber die Arbeiter, denen man Pferde und Fuhrwerk, aber keine Instrumente giebt, ihn zugleich ausfahren und abstoßen müssen, vorausgesetzt, daß die Entfernung nicht weit sey, und daß 25 Ladungen in einem Tage gefahren werden können. Hier bezahle ich für ein solches Fuder ohne Ausfahren, und wenn den Leuten die Hacken dazu gegeben werden, 1 Groschen schlecht Geld, welches etwa 1 Schilling Dänisch beträgt. Hierbei haben die Arbeiter einen gerechten Verdienst.

Das Ausfahren richtet sich ganz nach der Entfernung. Kalkhaltiger Mergel wird auf thonigem Boden nicht selten eine Meile und weiter herbeigeholt, so daß ein Gespann täglich nur 2 Fuder, oft nur 1 Fuder herschaffen kann. Diese Mergelung kommt daher sehr hoch, ungeachtet sie nur sparsam gebraucht wird, und überwiegt dann mehrentheils die Kosten einer Kalkdüngung. Lehmmergel kann nur benutzt werden, wenn er in der Nähe liegt, und man sucht ihn daher auf einer jeden Feldbreite so nahe wie möglich aufzufinden, und spart deshalb die Kosten lieber nicht, die das Abräumen mehrerer Gruben verursacht. Nach der Entfernung wird es sich in jedem besondern Falle leicht berechnen lassen, wie oft gefahren werden könne.

Eine häufig zutreffende Berechnung der Kosten, um einen Morgen mit Lehmmergel zu befahren, wird folgende seyn:

60 Fuder Mergel auszustechen und zu laden, à 8 Pfennige	1 Rthlr. 18 Gr.
2 Pferde, welche im Durchschnitt in drei Tagen 1 Morgen befahren, das Pferd täglich mit Einschluß des Fuhrwerks, à 8 Gr.	2 = — =

Das Ausstreuen des Mergels, per Morgen	— Rthlr. 8 Gr.
Die Kosten des Abräumens und anderer zufälliger Nebendinge, auf den Morgen	— „ 4 „
Der Führer, täglich 6 Gr.	— „ 18 „
	5 Rthlr. — Gr.

Dies ist indessen nach den günstigsten Umständen berechnet: wenn aber Schwierigkeiten eintreten, steigen die Kosten natürlich höher. In den kürzesten Wintertagen können vielleicht nur 15 Fuder gefahren werden, in langen Tagen aber auch 25. In jenen kann man die Arbeit der Pferde aber auch nicht so hoch berechnen, in diesen muß sie höher angeschlagen werden.

Bei einer scharf betriebenen Mergelung in beträchtlicher Entfernung vom Hofe säete man Wicken auf das schon bemergelte Land, fütterte auf solchem die Mergelpferde, und ließ sie Tag und Nacht an der Stelle.

§. 76.

Erfolg der Mergelung.

Man hat von dem Mergel, besonders vom lehmigen auf Sandboden immer eine merkliche Wirkung verspürt, wenn dieser Boden auch ganz ausgesogen und so unfruchtbar war, daß er selbst nach mehrjähriger Ruhe die Bestellung nicht bezahlte; allein diese Wirkung wird nur relativ, aber nicht absolut auffallend seyn. Der Ertrag wird sich von $2\frac{1}{2}$ Scheffel vom Morgen auf 5 Scheffel mehrere Ernten hindurch, besonders bei der dritten erheben, hernach aber, wenn man dem Lande nicht lange Ruhe oder Mist giebt, wieder sinken. Auf einem Boden aber, welcher noch Kraft und Humus in sich hat, welcher zuweilen eine Düngung erhielt, und dann nicht ganz ausgesogen zur Dreeschweide niedergelegt wurde, sieht man von einer Mergelung ungleich höheren Effekt, und man hat häufig 10 Scheffel von einem Morgen geerntet, von dem man ohne Düngung etwa 4 Scheffel hätte erwarten dürfen.

Noch größer wird aber diese Wirkung, wenn man eine, auch nur schwache Mistdüngung damit verbindet. Ist der Boden in geringer Kraft, so ist es rathsam, diese Mistdüngung zu höchstens 4 Fudern auf den Morgen zugleich mit dem Mergel oder im folgenden Jahre zu geben. Hätte er aber noch Kraft, so wäre Lagerkorn davon zu besorgen, und man kann zwei bis drei Ernten von dem bloßem Mergel nehmen, bis eine Mistdüngung unbedenklich scheint. Sobald man dies verspürt, darf man durchaus nicht länger damit säumen, indem die Kraft des

Bodens sonst stärker erschöpft wird, als ohne Mergelung geschehen wäre, und dann sehr schwer wieder herzustellen ist.

Auch wird mit der Mergelung sehr zweckmäßig eine Moderung verbunden, und diese Verbindung thut großen und schleunigen Effekt, selbst auf ausgesogenem Boden.

Vom Unterpflügen einer grünen Saat von Buchweizen auf gemergeltem Lande hat man in England große Wirkung gesehen. Der Spörgel würde sich nicht minder dazu passen.

§. 77.

Die Mergelung ist unter allen Meliorationen diejenige, wozu sich am häufigsten Gelegenheit findet, und die dann den nachhaltigsten und, wenige andere ausgenommen, den höchsten und auffallendsten Nutzen bringt.

§. 78.

Düngererde besonderer Art.

Endlich giebt es noch eine Erde, deren man sich mit auffallender Wirkung zum Düngen bedient, die einen beträchtlichen Antheil von Kalk hat, aber zugleich sehr reich an Humus ist. Man findet sie in den Niederungen an großen Strömen, deren Boden vom Wasser ohne Zweifel abgelagert worden. Sie ist bläulich von Farbe, und wie ein sehr magerer zerkrümelnder Lehm, aber sanft anzufühlen. Zuweilen ist sie mit kleinen Muscheln vermischt, jedoch nicht immer. Sie liegt gewöhnlich nicht unter der oberen Ackererde, sondern zwischen dieser und jener düngenden Erde liegt ein unfruchtbarer Lehm, welcher durchstochen und abgeräumt werden muß.

Bei der Untersuchung dieser Erde aus den Oldenburgischen Marschen fanden sich folgende Bestandtheile: sehr feiner, zur Hälfte durch Schlämmen, zur Hälfte durch Sieben abgeschiedener Sand 36, kohlensaurer Kalk 14, Humus 5, fetter Thon 44, Gyps 1; = 100.

Der Humus war offenbar thierischer Natur, und gab beim Verbrennen einen sehr stinkenden Geruch.

Ich vermuthe, daß man diese wirsame Düngererde an mehreren Orten finden könne, wo man sie noch nicht kennt. Sie ist durch den Moder der Wasserpflanzen, der Fische und Schalthiere gebildet, und mit dem feinen Sand hier abgesetzt, nachher aber durch einen Niederschlag des von der Höhe herabstürzenden Wassers bedeckt worden. Es verlohnt sich der Mühe, in allen Thälern, die vormals wahrscheinlich unter Wasser standen, danach zu suchen.

Man verfährt bei dem Herausbringen derselben (was man in Niedersachsen Kuhlen oder Wühlen, und die Erde daher Kuhl- oder Wühl-Erde nennt) folgendermaßen:

Man macht zuerst eine Grube von 5 bis 6 Fuß Breite und 12 Fuß Länge, wirft die obere Ackererde zu einer Seite, den unfruchtbaren Thon, der 4 bis 5 Fuß tief liegt, zur andern, und bringt dann die gesuchte Erde, die bis zu einer großen Tiefe liegt, heraus, so tief, wie man ohne Gefahr kommen kann. Dann setzt man die Grube fort, legt die Ackererde wieder auf die Seite, stößt nun aber den unfruchtbaren Thon in die vorige Grube, und bringt die Düngererde weiter heraus. So fährt man fort, bis man so viel Düngererde hat, wie man gebraucht. Die ganze Grube wird nun wieder zugeworfen, die Ackererde oben, die Düngererde aber über das Feld vertheilt.

Diese Düngererde ist für sich allein, wenigstens im Anfange, ganz unfruchtbar, mit der Ackererde aber vermischt und tüchtig durchgearbeitet bringt sie eine hohe Fruchtbarkeit hervor, und ein solches gekuhltes Land zeichnet sich lange Zeit dadurch aus.

§. 79.

Gypsdüngung. Geschichte derselben.

Die Düngung mit Gyps oder schwefelsaurem Kalk ist zwar keine neue Erfindung, sondern man trifft schon in älteren Zeiten Spuren ihrer Anwendung auf einzelnen Flecken an, deren Kenntniß sich aber nicht verbreitete. Erst nach der Mitte des vorigen Jahrhunderts lernte der um die Landwirthschaft sehr verdiente Pfarrer Mayer zu Kupferzell im Hohenloheschen den Gebrauch desselben aus einer Korrespondenz mit dem Grafen von der Schulenburg auf Hehlen im Hannöverschen kennen, wo der Gyps in der Gegend von Niedek, unweit Göttingen, schon seit langer Zeit gebraucht war. Mayer verbreitete den Ruhm desselben in seinen Schriften, und er fand besonders in der Schweiz Eingang, wo seine Wirkung durch entscheidende Versuche von Tschiffeli und Anderen angestellt, und in den Abhandlungen der ökonomischen Gesellschaft zu Bern bekannt gemacht wurde. In Deutschland war es hauptsächlich Schubart von Kleefeld, der seine großen Wirkungen auf den Klee ins Licht stellte. Dagegen traten sehr viele Gegner auf, die denselben nach angeblichen oder doch unvollkommenen Versuchen für ganz unwirksam oder gar schädlich erklärten, so daß die Sache wirklich lange zweifelhaft blieb.

Insbesondere setzten sich die Aufseher verschiedener Salinen dagegen, indem sie eine Schmälerung des Absatzes ihrer Abfälle, welche in den Gegenden gebraucht wurden, besorgten. Dagegen fand die Gypsdüngung in Frankreich, besonders in der Gegend um Paris, vielen Beifall, und sie verbreitete sich von da nach Amerika, wohin man anfangs den Gyps von Montmartre in großen Ladungen kommen ließ. Nirgends hat sich der Gebrauch des Gypses so schnell verbreitet, wie in den verschiedenen Nordamerikanischen Provinzen; nirgends aber fand der Gyps weniger Beifall, als bei den englischen Landwirthen. Ich erklärte dies, in meinem Werke über englische Landwirthschaft, aus den vielen Kalktheilen, womit der Boden in den meisten Provinzen Englands von Natur oder durch Kunst überhäuft ist. Allein ich irrte, weil der Gyps auf kalkhaltigem Boden, ja sogar in den Gegenden, wo es viele Gypsfelsen giebt, und die Erdmischung also wahrscheinlich schon Gypstheile enthält, dennoch durch seine Ueberstreuung sehr wirksam ist. Vielleicht verschloß das Vorurtheil gegen Alles, was aus Frankreich, zum Theil auch aus Deutschland kommt, den Engländern die Augen. Die Empfehlungen aus Amerika scheinen sie ihnen neuerlich aber wieder geöffnet zu haben.

§. 80.

Wirkung derselben.

In den Erfahrungen über die düngende Wirkung des Gypses scheint allerdings viel Widersprechendes zu liegen, und gewiß ist es, daß mancherlei noch nicht völlig ergründete Umstände solche sehr modifiziren. Der Gyps wirkt wenigstens mehr auf trockenem als auf feuchtem Boden, und mehr bei trockener als bei feuchter Witterung. Letztere hält seine Wirkung wenigstens zurück, und scheint sie, besonders bei gebranntem Gyps, gänzlich zu vereiteln. Auf einem ausgesogenen Boden, der wenig oder gar keinen Humus mehr enthält, wirkt er gar nichts. Auf die Vegetation mancher Pflanzen hat er nur einen sehr unmerklichen Einfluß, dagegen auf andere einen sehr großen. Zu letzteren gehören alle bekannteren Pflanzen mit schmetterlingsförmigen und Kreuzblumen. Er wirkt ohne allen Zweifel auf die Gewächse selbst, und deshalb am stärksten, wenn sich sein Staub auf den Blättern ansetzt und lange darauf haftet. Ich habe dies sehr überzeugend bei einer Weißdornhecke gesehen, deren eine vom Gypsstaube etwas berührte Seite nach 8 Tagen auf das lebhafteste ausgrünte, wogegen die andere, welche von dem Staube Nichts erhalten hatte, auffallend gegen jene zurückblieb. Er wirkt doch aber nicht allein auf die Weise, sondern zugleich auf den Boden, weswegen ich schon vor längerer Zeit meine

Meinung, als sey jenes seine einzige Wirkung, zurückgenommen hatte. Noch mehr habe ich mich von seiner Wirkung auf den Boden durch einen kürzlich angestellten Versuch überzeugt. Wir streuten im Herbste 1808, auf eine genau abgestochene Quadratruthe, Gyps über Roggensaat. Im Frühjahre 1809 ward dieser ziemlich abgetragene Acker mit weißem Klee zur Weide besäet. Es ist sonst sehr wenig Klee aufgekommen: auf der gegypsten Stelle aber steht er abgeschnitten dicht und üppig.

§. 81.

Wie der Gyps hier wirke, ist §. 86 d. v. H. in der Lehre von der Agronomie angedeutet worden. Wahrscheinlich tritt er in eine langsame Wechselwirkung mit dem Humus, indem dieser seine Säure zersetzt, und Kohlensäure oder einen mehr zusammengesetzten Stoff — den wir noch nicht kennen und vielleicht seiner schnellen Zersetzung wegen nie werden kennen lernen — bildet. Der entsäuerte Schwefel geht wahrscheinlich mit dem Kalk und einem andern Theile der hydrogenisirten Kohle in Verbindung. Diese Zersetzung macht der auffallende Gestank wahrscheinlich, welchen die Zumischung des Gypses zu faulenden Substanzen erregt. Jene Kohlensäure und jene neuen Verbindungen sind dann wahrscheinlich zur Nahrung gewisser Pflanzen so vorzüglich geeignet. Daher hat aber auch der Gyps nur unter der Bedingung eine Wirkung, daß er Humus oder faulende Substanzen noch genugsam im Boden antreffe.

§. 82.

Gebrauch des Gypses.

Man bedient sich des Gypses hauptsächlich zum Klee und zu kleeartigen Gewächsen, zuweilen doch auch zu Hülsenfrüchten. Da er auf alle Gewächse aus dem Geschlecht der Brassica auch merklich wirkt, so vermuthe ich, daß er für die Rapssaat sehr nützlich seyn würde, kenne indessen noch keine damit angestellten Versuche.

§. 83.

Bereitung desselben.

Er wird in gebranntem und ungebranntem Zustande gebraucht, und seine Wirkung scheint übrigens gleich zu seyn, wenn nur den gebrannten Gyps nicht gleich ein starker Regen befällt, wodurch er zusammengeschwemmt und wieder zur harten Masse wird. Es kommt nur auf möglichst feine Pulverung an, und um recht wirksam zu seyn, muß er förmlich zu Staub zermalmt werden. Dies ist aber mit dem ungebrannten ungleich schwieriger, als mit dem gebrannten, welcher letztere sich sehr leicht pulvern läßt.

Die Pulverung geschieht an einigen Orten auf die wohlfeilste Art durch Stampfmühlen. Wo man diese nicht hat, bedient man sich verschiedener Vorrichtungen mit der Hand. Man stößt ihn in Mörsern, in Trögen und mit dem Apparate, dessen man sich zum Hirse=, auch wohl zum Oelsaat=Stampfen bedient, sogenannten Tretstampfen. Oder man zerkleinert ihn in einem langen Troge, in welchem man einen abgenutzten Mühlstein auf der hohen Kante hin und her drehet. Er wird dann, wenn er recht wirksam seyn soll, gesiebt, und die ungepulverten Körner werden nochmals gestampft. So bereitet muß er an einem trockenen Orte aufbewahrt werden, damit er durch angezogene Feuchtigkeit nicht wieder zusammengehe.

§. 84.

Ausstreuung.

Man wählt dann einen windstillen Tag, wo es beträchtlich gethauet hat, und säet den Gyps mit der Hand des Morgens früh oder Abends spät insbesondere über den Klee aus, damit er an den feuchten Blättern hängen bleibe. Windige und regnichte Witterung muß man durchaus vermeiden. Man hat ihn dann am wirksamsten gefunden, wenn der Klee in seiner Vegetation schon so weit gekommen, daß er mit seinen Blättern den Boden ziemlich bedeckte, also zu Anfange des Maimonats. Jedoch haben Einige ihn auch mit Nutzen auf den jungen, in demselben Jahre gesäeten Klee im Herbste gestreuet. Manchmal hat man ihn auch nach dem ersten Schnitte zur Beförderung des zweiten gesäet, der dann oft bei schlechtem Anscheine besser als der erste geworden ist.

Die Quantität, wie man ihn aufsäet, ist zwischen 1 und 2 Scheffel auf den Morgen. Wenn er recht fein und zu Staub gepulvert war, so reichte ersteres schon zu. Sonst muß man aber allerdings mehr nehmen.

§. 85.

Sicherer Erfolg.

Von allen selbst angestellten oder mir genauer bekannt gewordenen Versuchen weiß ich nicht einen einzigen, wo sich nicht die Wirkung des Gypses augenscheinlich gezeigt hätte, vorausgesetzt, daß sie mit gehöriger Vorsicht angestellt waren, und nicht durch eine unerwartet einfallende ungünstige Witterung vereitelt wurden. Ich trage daher kein Bedenken, den Gebrauch des Gypses zur Verstärkung des Kleewuchses allenthalben unbedingt zu empfehlen, wo man den Gyps zu einem solchen Preise haben kann, daß der Morgen mit 1½ Scheffel feinem Gyps zu bestreuen nicht über 1 Rthlr. 8 Gr. koste. Man kann sicher erwarten, daß man auf einem gehörig bestandenen, aber sonst nicht sehr üppigen Kleefelde 6 bis 8 Centner Kleeheu mehr gewinnen werde, als ohne Gyps, jedoch vorausgesetzt, daß sich ein zureichender Stamm von Pflanzen auf dem Felde befinde; denn wo dieser nicht ist, kann ihn der Gyps nicht hervorbringen. Wenn aber nur auf jedem Quadratfuß wenigstens eine vollständige Pflanze steht, so wird durch den Gyps bewirkt werden, daß sich der Klee in der Blüthe über das ganze Feld verbreitet. Steht dagegen der Klee sehr dicht und hat der Boden so viele Kraft, daß er von selbst üppig vegetirt, so würde der Gyps eine Ueberdüngung bewirken, wodurch nur zum Anfaulen des Klees wegen übermäßiger Stärke und Dichtheit Veranlassung gegeben würde; weswegen man in solchem Falle nicht gypsen darf.

§. 86.

Auf das Getreide hat der Gyps nach allen damit angestellten Versuchen eine unbedeutende direkte Wirkung, d. h., wenn man ihn unmittelbar auf dasselbe ausstreut. Aber einstimmig ist man darüber, daß eine gegypste Kleestoppel weit üppigeres Getreide, insbesondere Weizen, hervorbringe, als eine ungegypste. Dies bewirkt er wahrscheinlich nur durch die Stärke der Kleewurzeln, Stoppeln und Abfälle, die der gegypste Klee dem Boden hinterläßt, indem sich bekanntlich die Stärke des folgenden Getreides nach der Stärke des Kleeschnittes richtet. Indirekt also kommt die Gypsdüngung dem Getreidebau schon an Ort und Stelle zu statten. Noch mehr aber wirkt sie auf diesen durch die Futter- und folglich Düngervermehrung, welche sie in der Wirthschaft überhaupt hervorbringt.

Es ist also dieses Düngungsmaterial, welches man des geringeren Volumens wegen, worin man es gebraucht, schon aus einer weitern Entfernung herholen kann, allerdings von einer sehr großen Wichtigkeit. Nur wiederhole ich, daß man in einem humusleeren Acker Nichts davon erwarten, und diesen unmittelbar dadurch nicht bereichern könne.

§. 87.

Düngende Kraft der Salze.

Der Gyps führt uns auf die düngende Eigenschaft anderer Salze, die jedoch außer den Salinenabfällen in der Praxis wenig vorkommen, weil diese Salze zu kostbar sind.

Die damit angestellten Versuche beschränken sich daher auch nur auf kleine Flächen. Sie haben, namentlich in Ansehung des Küchensalzes, Folgendes ergeben. Eine starke Ueberstreuung damit hemmt vorerst alle Vegetation. Nachdem es aber fortgespült, vielleicht zum Theil durch den Humus zersetzt ist, hat sich in den folgenden Jahren eine sehr üppige Vegetation danach gezeigt. Eine schwache Ueberstreuung hat auf reichem Boden eine merkliche aber nur kurz dauernde Wirkung gehabt, auf armem Boden aber keine. Man hat sich also auch da, wo unreines Salz von den Salinen wohlfeil verkauft wurde, dieses Düngungsmittels höchst selten bedient.

Von der natürlichen Düngung aber, welche das Seewasser gewiß auch vermittelst seines Salzes giebt, verspürt man an dem Meerufer eine beträchtliche Wirkung, und die salzigen Marschen werden besonders als Viehweide vor andern geschätzt. Das darauf gewachsene Gras wird sowohl als Weide wie als Heu von allem Vieh begierig gefressen, und ist ihm besonders gedeihlich. Das Salz wird übrigens, selbst am Gestade des Meeres, schnell wieder aus dem Boden herausgewaschen, indem man bei der Untersuchung eines solchen Bodens kaum eine Spur von Salz angetroffen hat.

Bei den mit Salpeter angestellten Versuchen hat man in sehr kleinen Quantitäten eine weit größere Wirkung als vom Küchensalze verspürt. Diese Düngung ist aber in der Praxis durchaus unanwendbar, und wir erwähnen ihrer hier nur, weil sie die Fruchtbarkeit des von selbst Kalksalpeter erzeugenden Bodens bestätigt. Doch muß bei dieser Gelegenheit bemerkt werden, daß man häufig Salpeter im Acker enthalten wähne, worin keiner ist. Manche sehen den weißlichen Anflug, der sich auf moderreicher Erde ansetzt, für Salpeter an. Es ist dies aber nichts als eine Art Flechte (Lichen humosus), welche dieser Boden schnell erzeugt, und die allerdings ein Beweis von hoher Fruchtbarkeit ist. Der im Boden erzeugte Salpeter wird schnell wieder ausgewaschen, und man entdeckt ihn selten bei Zerlegungen. Mehr findet man ihn in den auf Salpeter erzeugendem Boden gewachsenen Pflanzen, in welchen er jedoch nur einen zufälligen fremden, keinesweges wesentlichen Bestandtheil, z. B. bei den Runkelrüben, ausmacht.

Andere Neutralsalze kommen wohl in gar keinen Betracht.

Da man jetzt einen so bestimmten Begriff von Salzen hat, und diese Salze nur höchst selten in ganz unbedeutenden Quantitäten und nur zufällig im Boden angetroffen werden, so sollte man doch endlich von den Salzen des Bodens und des Düngers, so wie von dem Oel derselben, welches sich eben so wenig darin befindet, zu reden, und verständigere Begriffe dadurch zu verwirren aufhören!

§. 88.

Metallische Salze, insbesondere Eisenvitriol.

Neuerlich sind die metallischen Salze, und namentlich der Vitriol oder das schwefelsaure Eisen, als Düngungsmittel in Ruf gekommen. Man hielt sonst den Vitriol der Vegetation für sehr nachtheilig, und einen unfruchtbaren Thonboden nannte man — manchmal auch wohl mit Recht — einen vitriolischen Boden. Neuerlich erst hat uns die Theorie sowohl, als auch gleichzeitig die Erfahrung auf den Gebrauch des Vitriols geführt. Als man nämlich die Wirkung des Oxygens auf die Keimung der Samen und das erste Hervortreiben der jungen Pflanzen bemerkte, glaubte man dieses Oxygen in Oxyden, Säuren und sauren Salzen anbringen zu können. Aber bestimmte Wirkung hat man höchstens nur von solchen Oxyden und Säuren gesehen, die leicht zersetzt werden, und ihr übriges Oxygen fahren lassen. Bei Säuren und sauren Salzen scheint mir, nach den angestellten Versuchen, die Wirkung auf Beförderung des Keimens noch sehr zweifelhaft. Die Wirkung des in Wasser aufgelösten Eisenvitriols als Düngungsmittel zeigte sich in den Versuchen ebenfalls verschieden; Einige haben gar keine, Andere schädliche, noch Andere vortheilhafte Wirkungen dabei wahrgenommen. Die meisten dieser Versuche, wovon ich Kenntniß erhalten habe, sind in Ansehung der gebrauchten Quantität und des Erdbodens, welchen man damit befeuchtete, zu unbestimmt. Beides aber sind sehr wichtige Momente, ohne welche sich die widersprechenden Resultate, welche diese Versuche ergeben, nicht erklären lassen.

Die zufälligen Erfahrungen, welche man über die düngende Kraft verschiedener Fossilien, die mit Eisenvitriol stark durchdrungen sind, gemacht hat, haben dieser Sache eine praktische Wichtigkeit gegeben, die sie ohne solche nicht würde gehabt haben. In England hat man nämlich einen vitriolhaltigen Torf, und in Deutschland in der gräflich Einsiedelschen Herrschaft Reibersdorf eine vitriolhaltige Erdkohle gefunden, welche höchst wirksame Düngungsmittel in kleinen Quantitäten abgeben.

Es scheint aus selbigen zu erhellen, daß der Eisenvitriol eine große Wirkung auf die Vegetation hervorbringe, wenn er mit Kohle genau verbunden ist. Wahrscheinlich geht hier, unter der Einwirkung des Lichts und der Luft, eine Zersetzung der Schwefelsäure vor, deren Oxygen sich mit dem Kohlenstoff verbindet, und Kohlensäure oder eine ähnliche, den Pflanzen freundliche Materie bildet. Der Schwefel und die Kohle gehen nicht unwahrscheinlich vermöge des an letztere gebundenen Hydrogens eine andere wohlthätige Verbindung ein.

Auf eine gleiche Weise mag dann auch der reine Eisenvitriol in Verbindung mit dem Humus treten, den er im Boden antrifft, und dadurch vortheilhaft wirken, ohne selbigen aber nachtheilig. Genauere Versuche müssen dies erst aufklären, und insbesondere ob und unter welchen Verhältnissen eine Düngung mit Vitriol vortheilhaft seyn könne.

Der große und entschiedene Nutzen der vitriolhaltigen Erdkohle und des vitriolhaltigen Torfes ermuntert aber zu einer ferneren Aufsuchung derselben, und Anwendung zu diesem Gebrauche.

Jene Kohle wird gepulvert über die Saatfurche oder die Saat ausgestreuet, aber nicht untergepflügt.

In Ansehung der Quantität der Kohle wird Vorsicht angerathen. Zu stark wirkt sie nachtheilig, und wo Haufen derselben nur einige Tage oder Stunden gelegen haben, wächst in mehreren Jahren Nichts; weswegen man sie nur auf wenig nutzbaren Rainen oder Wegen abladen darf. Auf einen thonigen kalkigen Acker kann man 30 bis 36 Berliner Scheffel per Morgen bringen; auf sandigen und kalkigen Boden aber nur 15 bis 18 Scheffel. Ich verweise auf die sehr vollständige Beschreibung ihres Gebrauchs von Herrn Blume, Annalen 1809, Oktober- und November-Stück, S. 471 u. f., und Crome's Untersuchung derselben, September-Stück S. 164 u. f.

§. 89.

Säuren.

Ob die Säuren eine befruchtende Eigenschaft haben, ist eine Frage, welche nur die Theorie interessirt, weil man sie in der Praxis wenigstens höchst selten gebrauchen kann. Sie muß hier jedoch berührt werden.

Man hat sie zuerst nach Theorie empfohlen, weil sie Sauerstoff enthielten, und dieser der Vegetation günstig sey. Aber nahm man ihre Zersetzbarkeit im Boden nicht zu unbedingt an?

Die Versuche, welche man damit angestellt hat, haben widersprechende Resultate gegeben, und es ist auffallend, daß selbst berühmte Naturforscher, welche sie anstellten, den Bestand des Bodens nicht angeben. Es erhellet aber aus Nebenumständen, daß es immer kalkhaltiger Boden war, wo die Schwefelsäure — denn dies ist die einzige, die man angewendet hat — gut wirkte. Hier aber machte sie Gyps und trieb Kohlensäure aus, woraus sich dann ihre gute Wirkung analogisch leicht erklären läßt. Der Boden, wo sie uns sehr nachtheilige Wirkung zeigte, enthielt fast gar keinen Kalk.

§. 90.

Die Asche.

Zu den wirksamen und häufig angewandten Düngungsmitteln gehört endlich die Asche.

Die ausgebrannte Asche besteht aus Erden und Kali, denen sich Metalloxyde und verschiedene Salze zuweilen beimischen. Unter den Erden ist die Kalkerde immer prädominirend, wenn gleich die Pflanzen nicht auf kalkhaltigem Boden gewachsen sind.

Dem Kali kann man als Zersetzungsmittel eine große düngende Wirkung nicht absprechen. Aber mehrentheils kommt nur Asche zum Gebrauch, welche schon ausgelaugt ist, und diese hat immer noch eine beträchtliche, wenn auch nicht ganz so große Wirkung, wie die unausgelaugte. Es muß daher in der Asche etwas Besonderes, noch nicht Erkanntes seyn, was den ungleich größern Effekt der ausgelaugten Asche gegen den von einer gleichen Quantität derselben Erden etwa hervorgebrachten bewirkt. Es ist in der Asche wahrscheinlich noch etwas vom vegetabilischen Leben Zurückgebliebenes, was unsere Sinne nicht erreichen können. Dieser Gedanke scheint sich auch dadurch zu bestätigen, daß man fast allgemein beobachtet hat, Asche, die bei langsamem Feuer und bei mehr vermindertem Zutritt der Luft gebrannt worden, sey als Düngungsmittel weit wirksamer, als die mit hellem Feuer gebrannte.

Die unausgelaugte Asche versetzt man zuweilen, um ihr eine große Wirksamkeit zu geben, mit frischgebranntem, in Pulver zerfallenem Kalk, und befeuchtet diese wohl durchgerührte Mengung etwas. Das Kali der Asche wird hierdurch ätzend. Man bedient sich dieses Mittels zum Ueberdüngen, besonders des Klees in schwachem Maaße. So wird auch nach dem Abbrennen des Rasens gern noch etwas Kalk hinzugefügt.

Obwohl diese Einäscherungs-Methode des Rasens hierher zu gehören scheint, so werden wir doch erst bei der Lehre von der Urbarmachung des Bodens darüber reden, indem sie dabei hauptsächlich ihre Anwendung findet.

§. 91.

Seifensieder-Asche.

Am häufigsten kommt die ausgelaugte Holzasche als Seifensiederasche (Aescherich) in Gebrauch. Kali enthält sie wenig mehr, aber sie ist mit Kalk vermengt, und mehrentheils mit einigen gelatinösen Theilen, auch Grieven und andern Abfällen, die bei der Lichtzieherei und Seifensiederei vorkommen. Gewöhnlich wird von den Seifensiedern auch aller Auskehricht aus dem Hause und Hofe darunter gemengt, wodurch sie aber nicht verbessert wird. Die Wirksamkeit dieses Düngungsmittels ist nun so allgemein bekannt, daß sie wohl allenthalben aufgesucht und weit verfahren wird, ungeachtet man sie vor 20 Jahren an den meisten Orten noch wegwarf, und aus den Städten als einen unnützen Schutt loszuwerden suchte.

Sie wird zum Ueberstreuen der Wiesen vielleicht am häufigsten gebraucht, wo sie statt des Mooses ein üppiges Gras und besonders das Hervortreiben der kleeartigen Gewächse so schleunig als nachhaltend befördert.

Auf dem Acker aber ist sie nicht minder wirksam. Man muß sie nur, wie alle diese Düngungsmittel, mit der Ackerkrume sorgfältig zu mengen suchen, und deshalb zum ersten Male sehr flach unterpflügen, damit die Egge sie noch fassen könne. Sie wird zu 18 bis 20, höchstens 30 Scheffeln auf den Morgen gebracht, und sorgfältig ausgestreuet. Man bezahlt eine solche Düngung an einigen Orten gern mit fünf bis acht Thalern, wogegen man sie an anderen Orten noch sehr wohlfeil haben kann. Diesen Werth kann sie jedoch nur da haben, wo der Boden durch Mistdüngung in Kraft gesetzt ist. Auf einem ausgezehrten Boden würde sie der Erwartung nicht entsprechen. Deshalb ist sie auch nur da in großen Ruf gekommen, wo sich der Acker in jenem Zustande befindet. Ihre Wirkung ist alsdann auch nachhaltig, und man behauptet, sie auf 10 bis 12 Jahre zu verspüren, jedoch wohl nicht, wie Benekendorf sagt, ohne weitere Mistdüngung.

§. 92.

Aescherei der Pottaschen-Siedereien.

Wo Holz in so großem Ueberflusse vorhanden ist, und so wenig Absatz findet, daß man es nicht vortheilhafter als zur Pottaschen-Siederei benutzen kann, bedient man sich des Rückstandes, nachdem das Kali ausgelaugt worden, mit so großem Nutzen zur Düngung, daß man diese manchmal als einen zureichend belohnenden Vortheil der ganzen Anlage betrachtet. Man bringt sie auf ältere Aecker, oder man setzt dadurch den abgeholzten und umgebrochenen Forstgrund um so schneller in Kraft.

Jede Haushaltung pflegt übrigens etwas ausgelaugte Holzasche zu haben. Wäre es auch nur wenig, so verdient sie doch aufbewahrt und gehörig benutzt zu werden. Wird sie, wie häufig geschieht, klumpenweise auf den Misthaufen geworfen, so kommt sie wenig zu Nutzen, indem die Asche durchaus dünn vertheilt seyn muß, wenn sie eine gute Wirkung thun soll, zusammengehäuft aber gerade den Fleck unfruchtbar macht, worauf sie fällt.

§. 93.

Die Torf-Asche.

Die Torfasche ist nicht nur von der Holzasche sehr verschieden, indem man in allen mir bekannten Untersuchungen gar kein freies Kali und nur sehr wenig neutralisirtes darin gefunden hat, sondern ihre Bestandtheile weichen auch in den verschiedenen Torfarten auffallend von einander ab. Der Kalk ist ihr überwiegender Bestandtheil, vorausgesetzt daß der Torf nicht vielen Sand eingemengt enthielt. Der Kalk befindet sich darin im freien und kohlensauren oder in schwefel-, phosphor- und essigsaurem Zustande. Sie enthält mehrentheils einen beträchtlichen Zusatz von Eisenoxyd und zuweilen auch von Vitriol, wenn dieser durch heftige Glut nicht zersetzt ist.

Nach der Verschiedenheit dieser Bestandtheile richtet sich wahrscheinlich die Verschiedenheit ihrer düngenden Kraft, die man von ihrer Aufbringung auf Aecker und Wiesen hier und dort bemerkt hat. Allein wir haben noch zu wenig Analysen der Torfasche mit Rücksicht auf diese düngende Kraft, als daß man etwas Sicheres darüber sagen könnte. Die leichte und lockere Asche hat man allgemein wirksamer als die schwere gefunden, ohne Zweifel, weil letztere zu viele Kieselerde hatte. Einige geben der weißen und grauen, Andere der röthlichen einen Vorzug. Die letztere Farbe rührt vom Eisenoxyd her. Ich habe von einer rothbraunen, sehr viel Eisen, aber auch viel Kieselerde enthaltenden Asche fast mehr nachtheilige als vortheilhafte Wirkungen gesehen (vergleiche Hermbstädts Archiv der Agrikulturchemie, S. 354); weshalb ich bis jetzt nicht glauben kann, daß dem Eisenoxyd eine vortheilhafte Wirkung beizumessen sey. Es verdient die Sache aber noch genauere Aufmerksamkeit in Gegenden, wo vieler Torf gebrannt wird. Denn hier wendet man die Asche um so mehr zum Dünger an, da sie zu anderm Behuf nicht benutzt werden kann.

In einigen Gegenden von England und Holland brennt man aber auch den Torf bloß um des Düngers willen zur Asche. Beträchtliche Torfmoore, die keinen Absatz ihres Torfes als Feuermaterial haben, werden dazu benutzt. Man führt Oefen von Steinen oder Lehm auf, legt unten auf den Rost erst trocknen Torf, darüber aber frischen nassen Torf, so wie er aus dem Moore gestochen wird. Ersterer wird angezündet, die Glut trocknet den nassen Torf aus, und theilt sich ihm bald mit, so daß sie hernach beständig erhalten werden kann, fast ohne daß man trocknen Torf wieder zuzulegen nöthig hätte. Man sucht nämlich diese Glut gehörig zu mäßigen, weil Jedermann überzeugt ist, daß die Asche viel von ihrer düngenden Wirkung verliere, wenn mit zu großer Heftigkeit gebrannt würde. Die Asche wird unter dem Roste herausgezogen, und so dauert der fabrikmäßige Betrieb immer fort, indem die bereitete Asche weithin geholt wird.

§. 94.

Verbrennung der Stoppel und des Strohes auf dem Acker.

Man hat der Asche, verbunden mit der Wirkung des Feuers, in England neuerlich eine so große Kraft zugeschrieben, daß man den Rath gegeben, nicht nur die hohe Stoppel, die man gewöhnlich vom Getreide stehen läßt, anzuzünden, sondern auch das sämmtliche Stroh über den Acker gestreut zu verbrennen, und glaubt nach angeblichen Versuchen eine größere Wirkung hiervon verspürt zu haben, als wenn das Stroh in den Mist gebracht worden wäre. Wir lassen diese Bemerkung vorerst dahin gestellt, da sie höchstens nur unter gewissen Verhältnissen und nur auf sehr reichem Boden anwendbar seyn kann. Der Gebrauch, die hohe Stoppel anzuzünden, findet sich auch in Ungarn auf einigen sehr reichen Ländereien.

§. 95.

Salinen-Abfall.

Der Abfall der Salinen, der Pfannen- und Dornstein oder Halbötzig, oft mit der Asche vermischt, gehört unter die wirksamsten Düngungsmittel, und wird von den umliegenden Gegenden zu ziemlich hohen Preisen gekauft und abgeführt. Der Absatz in den Pfannen und an den Gradirwerken besteht größtentheils aus Gyps, hat jedoch immer noch einige andere Salztheile beigemischt. Einige schätzen ihn höher als den Gyps, Andere demselben nur gleich.

§. 96.

Düngersalze.

Mannichfaltige künstliche Düngungssalze, die in sehr kleinen Quantitäten wunderbare Wirkungen hervorbringen sollen, und deren Zusammensetzung man geheim hält, sind Geburten der Gewinnsucht und der

Charlatanerie, die aber in unsern Zeiten ihr Glück hoffentlich nicht weiter machen werden.

Hiermit müssen indessen diejenigen künstlichen Zusammensetzungen von Gyps, Eisenoxyd, Kochsalz u. s. w. nicht verwechselt werden, welche unter andern der verdienstvolle Lampadius in Freiberg (vergl. Leipziger ökonomische Anzeigen, Michaelis 1805) versucht und empfohlen hat. Denn diese sollen im gehörigen Maaße, und nicht wie jene Wundersalze zu wenigen Lothen oder Pfunden auf einem Morgen angewandt werden.

§. 97.

Wechselung der Düngungsmittel.

Es scheint keinem Zweifel unterworfen, daß man durch eine gehörige Abwechselung der treibenden und warmen animalischen, der nachhaltigen und kühlenden vegetabilischen und der auflösenden mineralischen Düngung, ja selbst durch die Abwechselung der verschiedenen Arten dieser Hauptklassen, eine weit höhere Produktion bewirken könne, als wenn man sich nur an eine Düngungsart hält. Es kommt aber wahrscheinlich viel darauf an, daß man die Ordnung, das Verhältniß und die Zeit, mit Rücksicht auf den Boden, seinen jedesmaligen Zustand und seine abgetragenen Früchte, gerecht treffe. In verschiedenen Gegenden scheint man sich hierüber in der That Regeln gemacht zu haben, die aber nur auf dunklen empirischen Begriffen beruhen. Auf eine rationelle Weise läßt sich bis jetzt noch nicht mehr darüber sagen, als in dem Vorstehenden gelegentlich angedeutet ist, weil es uns noch an bestimmten Erfahrungen und genauen Versuchen fehlt. Indessen dürfen wir hoffen, daß bei einer mehr rationellen Ansicht und dahin gerichteter Aufmerksamkeit sich solcher rationellen Erfahrungen (sit venia verbo) bald mehrere ergeben werden, damit wir durch den Gebrauch aller in Händen habenden Mittel die Kräfte und Stoffe der Natur aufs beste benutzen, und zu ihrem höchsten Zwecke — Vermehrung des Lebens und des Lebensgenusses — verwenden lernen.

In wie fern auch besondere Düngungsmittel gewissen Pflanzen zusagen, und diesen in Hinsicht der Quantität ihrer Produktion sowohl als ihrer gewünschten Qualitäten besonders zuträglich sind, darüber dürfen wir bald mehrere Erfahrungen erwarten, nachdem Nau, Reissert und Seitz, Annalen des Ackerbaues, Bd. IX. S. 210, die Bahn hierzu gebrochen haben. Was darüber bisher bemerkt worden, wird in der Lehre von der Produktion einzelner Früchte vorgetragen werden.

§. 98.

Der Landwirth, dem die ungewöhnlicheren Düngungsmittel zu Gebote stehen, und der sie gehörig zu gebrauchen weiß, wird von manchen Regeln, die ein Anderer, der sie nicht vortheilhaft erhalten und anwenden kann, beobachten muß, abgehen können. Er kann mit ihrer Hülfe ein anderes Feldsystem, eine andere Fruchtfolge, eine sogenannte freie Wirthschaft betreiben, welche seinen übrigen Verhältnissen angemessener ist, als die, welche er ohne solche nicht selbst produzirte Düngungsmittel befolgen müßte. Reicher Moder macht einen Theil der Mistdüngung und dann vielleicht des Futterbaues entbehrlich, — durch Gyps wird auch bei flacher Beackerung dem natürlich reichen Boden die Kraft Klee zu produziren länger erhalten — des städtischen Düngers und der Abfälle von Manufakturen nicht zu gedenken.

Dagegen muß man sich aber nicht verleiten lassen, das Verfahren Derjenigen, die solche Düngungsmittel reichlich anwenden, und einen glänzenden Erfolg darstellen, den sie nicht selten anderen Prozeduren beimessen — zur Norm zu nehmen, wenn man ihnen im Gebrauch dieser Düngungsmittel nicht nachahmen kann.

FSC
www.fsc.org
MIX
Papier | Fördert gute Waldnutzung
FSC® C083411

Kolibri 360 GmbH
Ferdinand-Jühlke-Straße 7
99095 Erfurt, Deutschland
produktsicherheit@kolibri360.de